ENERGY

시작하라.

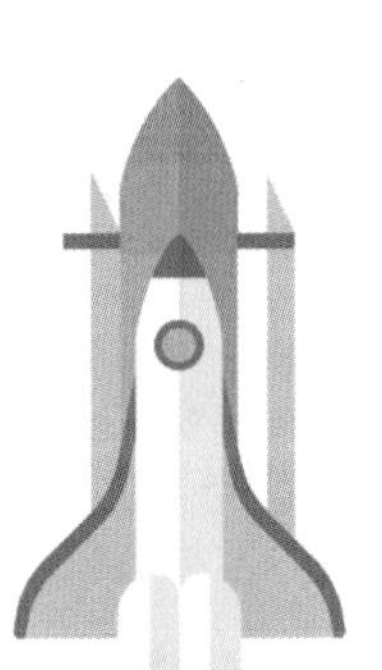

그 자체가 천재성이고,
힘이며, 마력이다.

– 요한 볼프강 폰 괴테(Johann Wolfgang von Goethe)

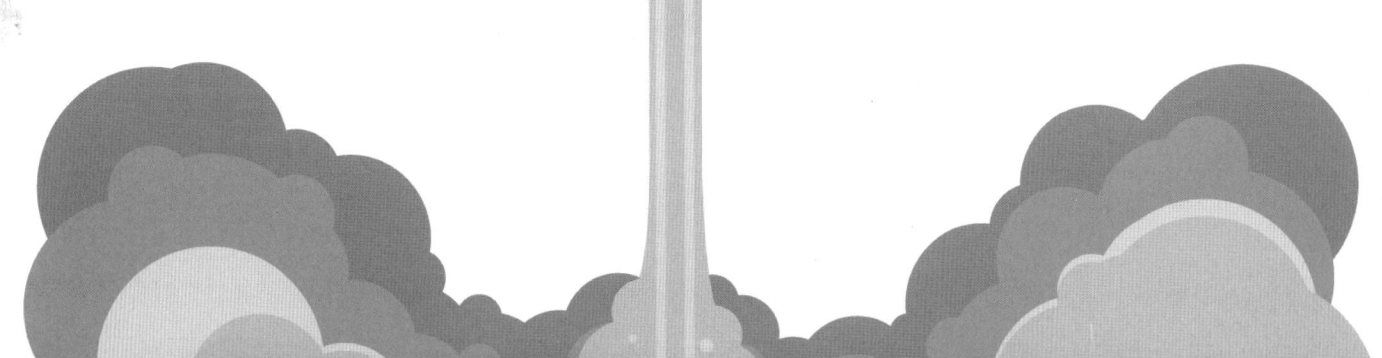

NOTICE

1

개편 출제기준 적용사항

2026년 시험부터는 새로운 출제기준에 따라 시행될 예정입니다.

1. 기존 5과목인 대기환경관계법규가 1과목인 대기환경관리의 항목 중 하나로 통합되며 5과목에서 4과목으로 변경됨
2. 대기관리권역법 등 신규 항목이 추가됨

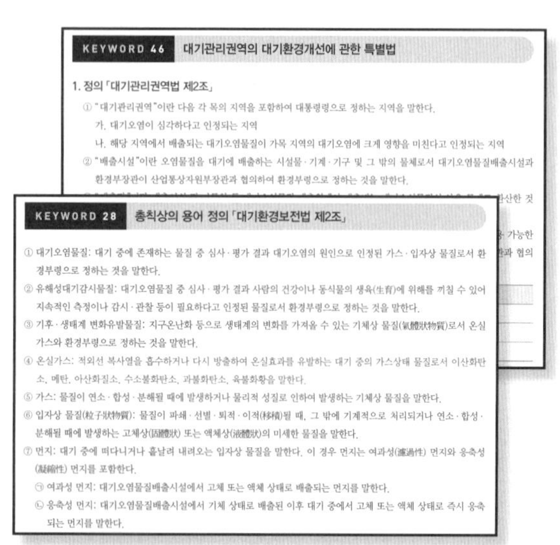

KEYWORD 46 대기관리권역의 대기환경개선에 관한 특별법

1. 정의 「대기관리권역법 제2조」

① "대기관리권역"이란 다음 각 목의 지역을 포함하여 대통령령으로 정하는 지역을 말한다.

가. 대기오염이 심각하다고 인정되는 지역

나. 해당 지역에서 배출되는 대기오염물질이 가목 지역의 대기오염에 크게 영향을 미친다고 인정되는 지역

② "배출시설"이란 오염물질을 대기에 배출하는 시설물·기계·기구 및 그 밖의 물체로서 대기오염물질배출시설과 환경부장관이 산업통상자원부장관과 협의하여 환경부령으로 정하는 것을 말한다.

KEYWORD 28 총칙상의 용어 정의 「대기환경보전법 제2조」

① 대기오염물질: 대기 중에 존재하는 물질 중 심사·평가 결과 대기오염의 원인으로 인정된 가스·입자상 물질로서 환경부령으로 정하는 것을 말한다.

② 유해성대기감시물질: 대기오염물질 중 심사·평가 결과 사람의 건강이나 동식물의 생육(生育)에 위해를 끼칠 수 있어 지속적인 측정이나 감시·관찰 등이 필요하다고 인정된 물질로서 환경부령으로 정하는 것을 말한다.

③ 기후·생태계 변화유발물질: 지구온난화 등으로 생태계의 변화를 가져올 수 있는 기체상 물질(氣體狀物質)로서 온실가스와 환경부령으로 정하는 것을 말한다.

④ 온실가스: 적외선 복사열을 흡수하거나 다시 방출하여 온실효과를 유발하는 대기 중의 가스상태 물질로서 이산화탄소, 메탄, 아산화질소, 수소불화탄소, 과불화탄소, 육불화황을 말한다.

⑤ 가스: 물질이 연소·합성·분해될 때에 발생하거나 물리적 성질로 인하여 발생하는 기체상 물질을 말한다.

⑥ 입자상 물질(粒子狀物質): 물질이 파쇄·선별·퇴적·이적(移積)될 때, 그 밖에 기계적으로 처리되거나 연소·합성·분해될 때에 발생하는 고체상(固體狀) 또는 액체상(液體狀)의 미세한 물질을 말한다.

⑦ 먼지: 대기 중에 떠다니거나 흩날려 내려오는 입자상 물질을 말한다. 이 경우 먼지는 여과성(濾過性) 먼지와 응축성(凝縮性) 먼지를 포함한다.

㉠ 여과성 먼지: 대기오염물질배출시설에서 고체 또는 액체 상태로 배출되는 먼지를 말한다.

㉡ 응축성 먼지: 대기오염물질배출시설에서 기체 상태로 배출된 이후 대기 중에서 고체 또는 액체 상태로 즉시 응축되는 먼지를 말한다.

이에 저희 에듀윌 교재에는 2026년 시험의 완벽 대비를 위해 개편 출제기준에 따른 모든 내용을 반영하였습니다. 학습에 불편함이 없도록 참고하시어 합격하시기 바랍니다.

대기오염공정시험기준 및 대기환경관계법규 개정에 따른 변경사항

대기환경기사 필기 1과목과 4과목에서는 대기환경보전법, 환경정책기본법, 대기오염공정시험기준 등 대기 관련 법령이 출제됩니다. 이 법령들은 사전 고지 없이 자주 개정되며, 시행일 이후 치러지는 시험부터 개정된 내용이 적용됩니다. 이에 따라 저희 에듀윌 교재는 개정안이 고시될 때마다 이론과 기출문제에 즉시 반영하고 있습니다. (최신 반영: 대기환경보전법 2025.06.30 개정안) 다만, 향후에도 개정 가능성이 있으며, 시험에 반영될 수 있습니다. 추가 개정안이 고시될 경우 에듀윌 도서몰(book.eduwill.net)에 관련 내용을 정리하여 안내드릴 예정이니 학습에 참고해 주시기 바랍니다.

경로 안내 에듀윌 도서몰(book.eduwill.net) ▶ 회원가입/로그인 ▶ 도서자료실 ▶ 부가학습자료 ▶ 대기환경기사 검색

에듀윌과 함께 시작하면,
당신도 합격할 수 있습니다!

대학 졸업을 앞두고 취업준비를 하며
대기환경기사 시험을 준비하는 취준생

비전공자이지만 더 많은 기회를 만들기 위해
대기환경기사에 도전하는 수험생

환경 관련 업체에서 일하며 승진을 위해
대기환경기사에 도전하는 주경야독 직장인

누구나 합격할 수 있습니다.
시작하겠다는 '다짐' 하나면 충분합니다.

마지막 페이지를 덮으면,

에듀윌과 함께
대기환경기사 합격이 시작됩니다.

환경 쌍기사 취득 취업의 문이 넓어집니다!

* YES24 수험서 자격증 한국산업인력공단 환경분야 대기환경 베스트셀러 1위(2024년 10월 3주 주별베스트)
* YES24 수험서 자격증 한국산업인력공단 환경분야 대기환경 베스트셀러 1위(2024년 8월 2주 주별베스트)
* YES24 수험서 자격증 한국산업인력공단 환경분야 수질환경 베스트셀러 1위(2024년 11월 3주 주별베스트)
* YES24 수험서 자격증 한국산업인력공단 환경분야 수질환경 베스트셀러 1위(2024년 9월 3주 주별베스트)

에듀윌 대기환경기사

4주 완성 학습 플래너

1, 2주차 학습전략

빠른 회독으로 전체적인 내용 파악

WEEK	DAY	학습내용	완료
WEEK 01	DAY 01	25년 기출문제	☐
	DAY 02	24년 기출문제	☐
	DAY 03	23년 기출문제	☐
	DAY 04	22년 기출문제	☐
	DAY 05	21년 기출문제	☐
	DAY 06	20년 기출문제	☐
	DAY 07	19년 기출문제	☐
WEEK 02	DAY 08	18년 기출문제 1회독	☐
	DAY 09	핵심이론 특강(1~6강)	☐
	DAY 10	25~24년 기출문제	☐
	DAY 11	23~22년 기출문제	☐
	DAY 12	21~20년 기출문제	☐
	DAY 13	19~18년 기출문제 2회독	☐
	DAY 14	핵심이론 특강(7~11강)	☐

3, 4주차 학습전략

기출 위주 학습으로 합격점수 완성

WEEK	DAY	학습내용	완료
WEEK 03	DAY 15	빈출공식 계산문제 특강	☐
	DAY 16	25~24년 기출문제	☐
	DAY 17	23~22년 기출문제	☐
	DAY 18	21~20년 기출문제	☐
	DAY 19	19~18년 기출문제 3회독	☐
	DAY 20	핵심이론 복습	☐
	DAY 21	25~24년 기출문제	☐
WEEK 04	DAY 22	23~22년 기출문제	☐
	DAY 23	21~20년 기출문제	☐
	DAY 24	19~18년 기출문제 4회독	☐
	DAY 25	25~24년 기출문제	☐
	DAY 26	23~22년 기출문제	☐
	DAY 27	21~20년 기출문제	☐
	DAY 28	19~18년 기출문제 5회독	☐

에듀윌 대기환경기사

필기 4주끝장

빈출공식+8개년 기출

WHAT?

대기환경기사 자격증이란?

대기환경기사 필기시험 정보

01 필기시험 일정

구분	원서 접수	시험 날짜	합격자 발표
1회	2026.01	2026.02	2026.03
2회	2026.04	2026.05	2026.06
3회	2026.07	2026.08	2026.09

※ 2026년도 시험 일정은 2025년 12월에 확정되며, 정확한 시험 일정 및 시험 정보는 한국산업인력공단(Q-Net) 참고

02 필기시험 진행방법

구분	내용
시험과목	대기환경관리, 연소공학, 대기오염방지기술, 대기오염공정시험기준
검정방법	• 객관식, 4지택일형, CBT 시험방식으로 진행 • 시험시간은 과목당 30분으로 총 120분임
합격기준	• 100점을 만점으로 전과목 평균 60점 이상인 경우 • 한 과목이라도 40점 미만인 경우 과락으로 불합격임

03 응시자격

① 대기환경 관련학과의 대학졸업자 또는 졸업예정자

② 산업기사 등급 이상의 자격을 취득한 후 응시하려는 종목이 속하는 동일 및 유사 직무분야에서 1년 이상 실무에 종사한 사람

※ 정확한 응시자격은 한국산업인력공단(Q-net) 참고

신규 개편 출제기준(2026~2030년 적용)

적용기간(2025.01.01~2025.12.31)		
1 과목	대기오염 개론	1. 대기오염 2. 2차오염 3. 대기오염의 영향 및 대책 4. 기후변화 대응 5. 대기의 확산 및 오염예측
2 과목	연소공학	1. 연소 2. 연소계산 3. 연소설비
3 과목	대기오염 방지기술	1. 입자 및 집진의 기초 2. 집진기술 3. 유체역학 4. 유해가스 및 처리 5. 환기 및 통풍
4 과목	대기오염 공정시험 기준	1. 일반분석 2. 시료채취 3. 측정방법
5 과목	대기환경 관계법규	1. 대기환경보전법 2. 대기환경보전법 시행령 3. 대기환경보전법 시행규칙 4. 대기환경보전법 관련법

5과목 → 1과목으로 통합

적용기간(2026.01.01~2030.12.31)		
1 과목	대기환경 관리	1. 대기오염개론 2. 대기오염의 영향 및 대책 3. 대기모델링과 영향 평가 4. 대기환경관련 법규
2 과목	연소공학	1. 연소 2. 연소계산 3. 연소설비
3 과목	대기오염 방지기술	1. 방지시설 설치 · 운전관리 2. 악취 관리 3. 실내공기질 관리 4. 이동오염원 관리
4 과목	대기오염 공정시험 기준	1. 대기오염물질 측정분석

개편 출제기준

개편 출제기준 이론 반영 & 강의 무료 제공!

2026년부터 적용되는 대기환경기사 필기시험 출제기준은 과목 통폐합과 신규 항목 추가 등 전반적으로 개편되었습니다. 개정된 모든 내용은 에듀윌 교재에 반영되어 있으며, 새롭게 바뀐 출제기준에 맞춰 2026년 필기시험 대비 특강을 무료로 제공합니다.

경로 안내 에듀윌 도서몰(book.eduwill.net) ▶ 회원가입/로그인 ▶ 동영상강의실 ▶ 대기환경기사 검색

※ 동영상강의는 2025년 11월 내로 업로드 될 예정입니다.

HOW?

정말 4주만에 합격이 가능할까요?

STEP 01 전 문항 빈출도 표기된 기출문제로 반복 학습

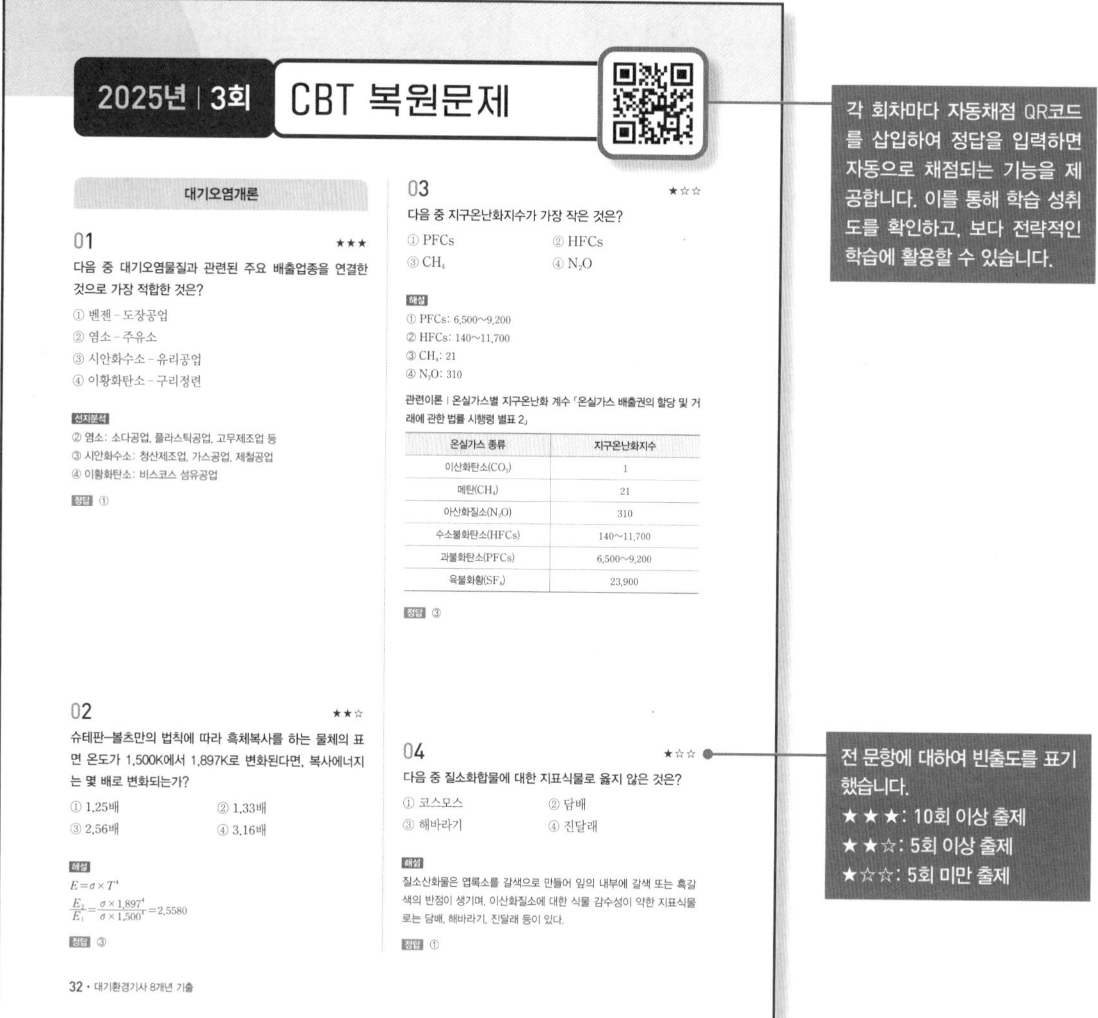

2025년 | 3회 CBT 복원문제

대기오염개론

01 ★★★

다음 중 대기오염물질과 관련된 주요 배출업종을 연결한 것으로 가장 적합한 것은?

① 벤젠 – 도장공업
② 염소 – 주유소
③ 시안화수소 – 유리공업
④ 이황화탄소 – 구리정련

선지분석
② 염소: 소다공업, 플라스틱공업, 고무제조업 등
③ 시안화수소: 청산제조업, 가스공업, 제철공업
④ 이황화탄소: 비스코스 섬유공업

정답 ①

02 ★★☆

슈테판–볼츠만의 법칙에 따라 흑체복사를 하는 물체의 표면 온도가 1,500K에서 1,897K로 변화된다면, 복사에너지는 몇 배로 변화되는가?

① 1.25배 ② 1.33배
③ 2.56배 ④ 3.16배

해설
$E=\sigma\times T^4$
$\frac{E_2}{E_1}=\frac{\sigma\times1,897^4}{\sigma\times1,500^4}=2.5580$

정답 ③

03 ★☆☆

다음 중 지구온난화지수가 가장 작은 것은?

① PFCs ② HFCs
③ CH_4 ④ N_2O

해설
① PFCs: 6,500~9,200
② HFCs: 140~11,700
③ CH_4: 21
④ N_2O: 310

관련이론 | 온실가스별 지구온난화 계수 「온실가스 배출권의 할당 및 거래에 관한 법률 시행령 별표 2」

온실가스 종류	지구온난화지수
이산화탄소(CO_2)	1
메탄(CH_4)	21
아산화질소(N_2O)	310
수소불화탄소(HFCs)	140~11,700
과불화탄소(PFCs)	6,500~9,200
육불화황(SF_6)	23,900

정답 ③

04 ★☆☆

다음 중 질소화합물에 대한 지표식물로 옳지 않은 것은?

① 코스모스 ② 담배
③ 해바라기 ④ 진달래

해설
질소산화물은 엽록소를 갈색으로 만들어 잎의 내부에 갈색 또는 흑갈색의 반점이 생기며, 이산화질소에 대한 식물 감수성이 약한 지표식물로는 담배, 해바라기, 진달래 등이 있다.

정답 ①

32 • 대기환경기사 8개년 기출

각 회차마다 자동채점 QR코드를 삽입하여 정답을 입력하면 자동으로 채점되는 기능을 제공합니다. 이를 통해 학습 성취도를 확인하고, 보다 전략적인 학습에 활용할 수 있습니다.

전 문항에 대하여 빈출도를 표기했습니다.
★★★: 10회 이상 출제
★★☆: 5회 이상 출제
★☆☆: 5회 미만 출제

“ 최신 8개년 기출문제 분석과 자동채점 QR코드로 완벽 구성 ”

빈출 KEYWORD 중심 학습으로
전체적인 내용 파악

STEP 02 빈출 KEYWORD로 정리한 핵심이론으로 복습

환경 전문 저자의 과목별 합격 GUIDE를 제공합니다.

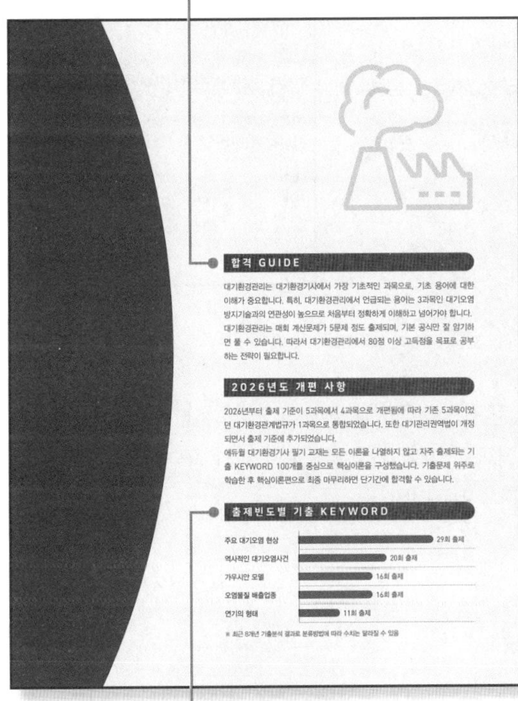

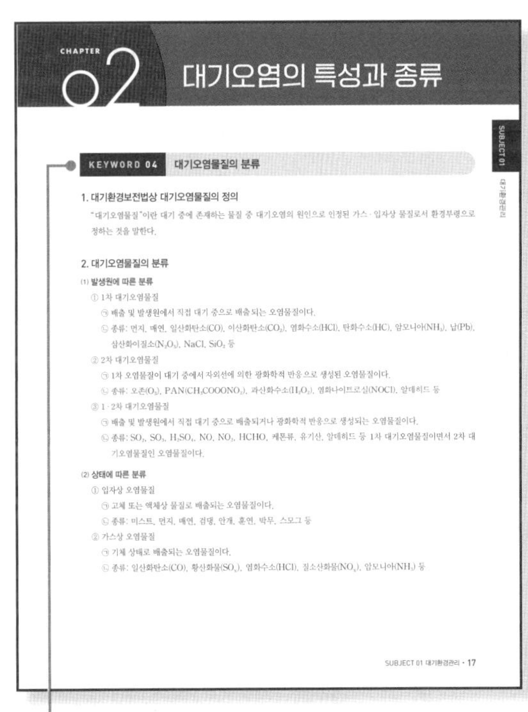

8개년 기출문제를 분석하여 자주 나온 KEYWORD를 순서대로 제시합니다.

기출문제의 빈출 KEYWORD를 중심으로 이론을 정리했습니다.

“ 기출문제 반복학습 & 알짜이론으로 초단기 합격 완성 ”

HOW?

정말 4주만에 합격이 가능할까요?

STEP 03 전과목 이론 강의&빈출 계산문제 해설특강으로 완벽 정복

❶ 빈출공식 BEST 30+계산문제 해설특강

대기환경기사 필기시험에서는 공식을 암기해야만 풀 수 있는 계산문제가 자주 출제되고 있습니다.

에듀윌 대기환경기사 필기교재는 8개년 기출문제를 분석하여 자주 나오는 빈출공식 30개를 기출문제와 함께 수록하였습니다. 해당 빈출공식과 계산문제를 푸는 방법을 자세히 설명하는 계산문제 원포인트 특강을 제공합니다.

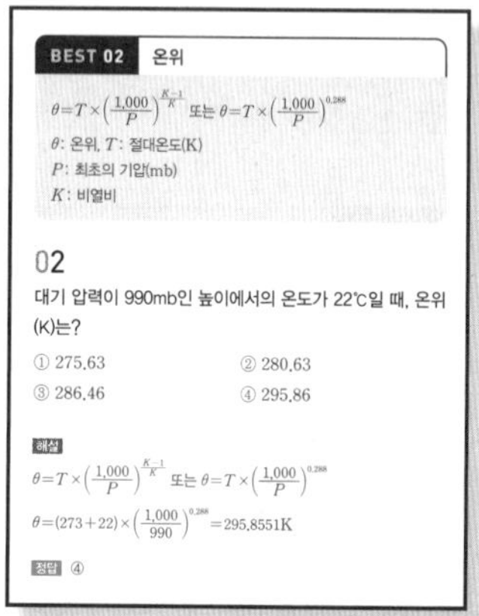

BEST 02 온위

$\theta = T \times \left(\frac{1,000}{P}\right)^{\frac{K-1}{K}}$ 또는 $\theta = T \times \left(\frac{1,000}{P}\right)^{0.288}$

θ: 온위, T: 절대온도(K)

P: 최초의 기압(mb)

K: 비열비

02

대기 압력이 990mb인 높이에서의 온도가 22℃일 때, 온위(K)는?

① 275.63　② 280.63

③ 286.46　④ 295.86

해설

$\theta = T \times \left(\frac{1,000}{P}\right)^{\frac{K-1}{K}}$ 또는 $\theta = T \times \left(\frac{1,000}{P}\right)^{0.288}$

$\theta = (273+22) \times \left(\frac{1,000}{990}\right)^{0.288} = 295.8551K$

정답 ④

❷ 전과목 이론 총정리 강의

에듀윌 대기환경기사 필기 교재에는 빈출 개념으로 정리된 핵심이론이 수록되어 있습니다. 수험생의 확실한 합격을 위해 환경 전문 교수의 전체 이론 총정리 강의를 제공합니다. 기출문제를 충분히 공부한 후 부족한 개념은 핵심이론 강의를 통해 보충학습 및 마무리 학습을 할 수 있습니다.

이찬범 교수

전과목 이론 총정리 & 빈출 계산문제 강의 전부 무료 제공!

강의 수강경로

에듀윌 도서몰(book.eduwill.net) → 회원가입/로그인 → 동영상강의실 → 대기환경기사 검색

STEP 04 우선순위 암기노트로 공식&법령 마무리 점검

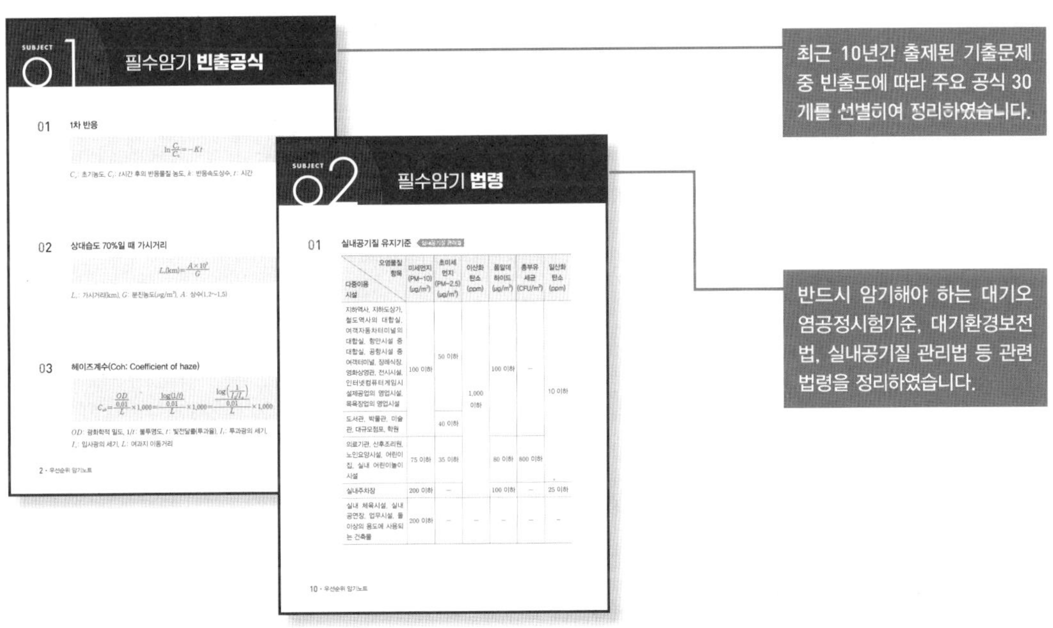

SUBJECT 01 필수암기 빈출공식
01 1차 반응
02 상대습도 70%일 때 가시거리
03 헤이즈계수(Coh: Coefficient of haze)
SUBJECT 02 필수암기 법령
01 실내공기질 유지기준
최근 10년간 출제된 기출문제 중 빈출도에 따라 주요 공식 30개를 선별하여 정리하였습니다.
반드시 암기해야 하는 대기오염공정시험기준, 대기환경보전법, 실내공기질 관리법 등 관련 법령을 정리하였습니다.

STEP 05 교수님과 1:1 질문/답변으로 보충 학습

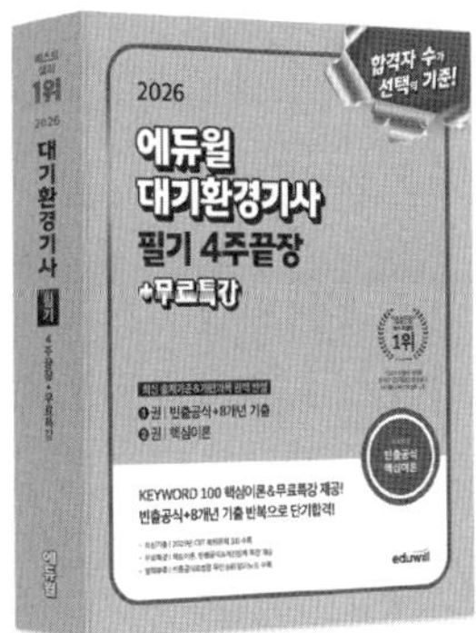

기출문제와 이론을 학습하면서 모르는 문제나 궁금한 사항은 저자에게 직접 1:1 문의하여 보충 학습할 수 있습니다. 에듀윌 도서몰을 통해 문의하시면 보다 친절하고 명쾌한 해설로 이해도를 높일 수 있습니다.

경로 안내 에듀윌 도서몰(book.eduwill.net) → 문의하기 → 교재(내용, 출간)

차례 CONTENTS

PART 1 빈출공식 BEST 30

PART 2 최신 8개년 기출문제

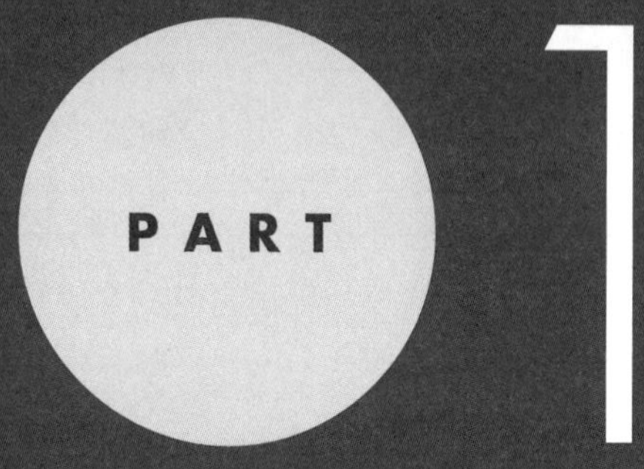

빈출공식 BEST 30

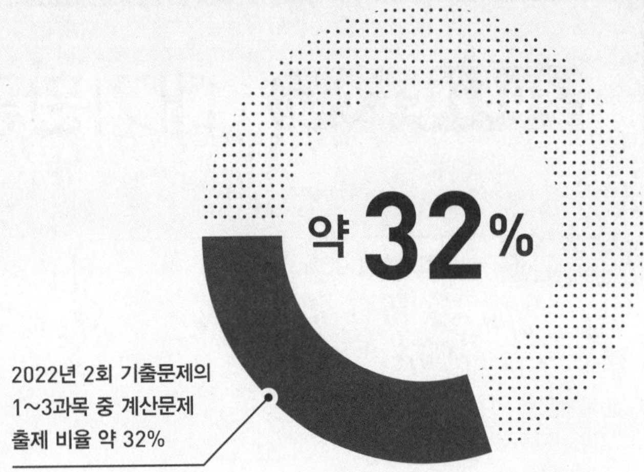

계산문제 출제경향 분석

대기환경기사 필기시험에서 계산문제가 가장 많이 출제되는 과목은 연소공학입니다. 회차에 따라 차이가 있지만 일반적으로 연소공학 과목의 절반 정도는 계산문제가 출제되며, 대기환경관리, 대기오염방지기술 과목에서도 계산문제가 약 25% 이상 출제됩니다. 대기오염공정시험기준 과목의 경우 대부분 규정과 관련되어 있으나, 공식을 외워서 풀 수 있는 문제가 간혹 출제되어 해당 내용을 수록했습니다.

대부분 문제에 맞는 공식을 적용하고 단위 환산만 잘 하면 정답을 맞힐 수 있으며, 공식을 응용해야 하는 수준으로는 잘 출제되지 않습니다.

PART 1은 대기환경기사 기출문제 8개년을 분석하여 자주 출제되는 공식 30개를 선별하였으며, 해당 공식의 기출문제와 함께 수록했습니다.

무료특강 제공

PART 1 내용은 환경 분야 전문 교수의 무료특강을 제공합니다.

강의 수강경로

에듀윌 도서몰(https://book.eduwill.net) ··· 회원가입/로그인 ··· 동영상 강의실 ··· 대기환경기사 검색

SUBJECT 01 대기환경관리

BEST 01 헤이즈계수(1,000m 당)

$$Coh = \frac{\frac{\log(1/t)}{0.01}}{L} \times 1{,}000$$

t: 빛 전달률

L: 여과지 이동거리(m)

01

먼지의 농도를 측정하기 위해 공기를 0.3m/s의 속도로 1.5시간 동안 여과지에 여과시킨 결과 여과지의 빛 전달률이 깨끗한 여과지의 80%로 감소했다. 1,000m당 *Coh*는?

① 6.0 ② 3.0
③ 2.5 ④ 1.5

해설

$$Coh = \frac{\frac{\log(1/t)}{0.01}}{L} \times 1{,}000$$

$$Coh = \frac{\frac{\log(1/0.8)}{0.01}}{\frac{0.3\text{m}}{\text{s}} \times 1.5\text{hr} \times \frac{3{,}600\text{s}}{\text{hr}}} \times 1{,}000 = 5.9821$$

※ 1,000m당의 *Coh*를 묻고 있으므로 1,000을 곱한 것이다.

정답 ①

BEST 02 온위

$$\theta = T \times \left(\frac{1{,}000}{P}\right)^{\frac{K-1}{K}} \text{ 또는 } \theta = T \times \left(\frac{1{,}000}{P}\right)^{0.288}$$

θ: 온위, T: 절대온도(K)

P: 최초의 기압(mb)

K: 비열비

02

대기 압력이 990mb인 높이에서의 온도가 22℃일 때, 온위(K)는?

① 275.63 ② 280.63
③ 286.46 ④ 295.86

해설

$$\theta = T \times \left(\frac{1{,}000}{P}\right)^{\frac{K-1}{K}} \text{ 또는 } \theta = T \times \left(\frac{1{,}000}{P}\right)^{0.288}$$

$$\theta = (273+22) \times \left(\frac{1{,}000}{990}\right)^{0.288} = 295.8551\text{K}$$

정답 ④

03

대기압력이 950mb인 높이에서 공기의 온도가 −10℃일 때 온위(Potential temperature)는?

① 약 267K ② 약 277K
③ 약 287K ④ 약 297K

해설

$$\theta = T \times \left(\frac{1{,}000}{P}\right)^{0.288}$$

$$\theta = (273-10) \times \left(\frac{1{,}000}{950}\right)^{0.288} = 266.9140\text{K}$$

정답 ①

BEST 03 최대지표농도

$$C_{max}=\frac{2Q}{\pi e U H_e^2}\times\left(\frac{K_z}{K_y}\right)$$

Q: 오염물질 배출량
U: 풍속(m/s)
H_e: 유효굴뚝높이(m)
K_z: 수직방향확산계수
K_y: 수평방향확산계수

04

유효굴뚝높이 200m인 연돌에서 배출되는 가스량은 $20m^3/sec$, SO_2 농도는 1,750ppm이다. K_y=0.07, K_z=0.09인 중립 대기조건에서 SO_2의 최대 지표농도(ppb)는? (단, 풍속은 30m/sec이다.)

① 34ppb　② 22ppb
③ 15ppb　④ 9ppb

해설

$$C_{max}=\frac{2\times 1{,}750\text{ppm}\times 20\text{m}^3/\text{sec}}{\pi\times e\times 30\text{m/sec}\times(200\text{m})^2}\times\left(\frac{0.09}{0.07}\right)$$
$$=8.7825\times10^{-3}\text{ppm}=8.7825\text{ppb}$$

※ $1\text{ppm}=10^3\text{ppb}$

정답 ④

BEST 04 최대농도착지거리

$$X_{max}=\left(\frac{H_e}{K_z}\right)^{\frac{2}{2-n}}$$

H_e: 유효굴뚝높이(m)
K_z: 수직확산계수, n: 대기안정도계수

05

유효굴뚝높이 130m의 굴뚝으로부터 배출되는 SO_2가 지표면에서 최대농도를 나타내는 착지지점(X_{max})은? (단, Sutton의 확산식을 이용하여 계산하고, 수직확산계수 K_z=0.05, 대기안정도계수 n=0.25이다.)

① 4,880m　② 5,797m
③ 6,877m　④ 7,995m

해설

$$X_{max}=\left(\frac{H_e}{K_z}\right)^{\frac{2}{2-n}}=\left(\frac{130}{0.05}\right)^{\frac{2}{2-0.25}}=7{,}995.1512\text{m}$$

정답 ④

06

A굴뚝으로부터 배출되는 SO_2가 풍하측 5,000m 지점에서 지표 최고농도를 나타냈을 때, 유효굴뚝높이는? (단, Sutton의 확산식을 사용하고, 수직확산계수는 0.07, 대기안정도 지수(n)는 0.25이다.)

① 약 120m　② 약 140m
③ 약 160m　④ 약 180m

해설

$$X_{max}=\left(\frac{H_e}{K_z}\right)^{\frac{2}{2-n}}$$

$$5{,}000\text{m}=\left(\frac{H_e}{0.07}\right)^{\frac{2}{2-0.25}}$$

$H_e=120.6971\text{m}$

※ H_e 값은 공학용계산기의 SOLVE 기능으로 구하는 것이 편리합니다.

정답 ①

BEST 05 가우시안 분산식

$$C(x,y,z)=\frac{Q}{2\pi U\sigma_y\sigma_z}\left[\exp\left(-\frac{1}{2}\left(\frac{y}{\sigma_y}\right)^2\right)\right]$$
$$\times\left[\exp\left\{-\frac{1}{2}\left(\frac{(z-H_e)}{\sigma_z}\right)^2\right\}+\exp\left\{-\frac{1}{2}\left(\frac{(z+H_e)}{\sigma_z}\right)^2\right\}\right]$$

Q: 오염물질 배출량
U: 풍속(m/s)
H_e: 유효굴뚝높이(m)
y: 풍향에 직각인 수평거리(m)
z: 지면으로부터 오염물질까지의 높이(m)
σ_y: 수평확산계수
σ_z: 수직확산계수

07

가우시안 모델의 대기오염 확산방정식을 적용할 때 지면에 있는 오염원으로부터 바람부는 방향으로 200m 떨어진 연기의 중심축상 지상오염농도(mg/m³)는? (단, 오염물질의 배출량은 6g/s, 풍속은 3.5m/s, σ_y, σ_z는 각각 22.5m, 12m이다.)

① 0.96 ② 1.41
③ 2.02 ④ 2.46

해설

$$C(x,y,z)=\frac{Q}{2\pi U\sigma_y\sigma_z}\left[\exp\left(-\frac{1}{2}\left(\frac{y}{\sigma_y}\right)^2\right)\right]$$
$$\times\left[\exp\left\{-\frac{1}{2}\left(\frac{(z-H_e)}{\sigma_z}\right)^2\right\}+\exp\left\{-\frac{1}{2}\left(\frac{(z+H_e)}{\sigma_z}\right)^2\right\}\right]$$

Q: 오염물질 배출량(mg/s)

$$Q=\frac{6\text{g}}{\text{s}}\times\frac{10^3\text{mg}}{\text{g}}=6{,}000\text{mg/s}$$

H_e: 유효굴뚝높이(m)
지면에 있는 오염원이므로 "0"
y: 풍향에 직각인 수평거리(m)
중심축 상 오염농도를 구하므로 "0"
z: 지면으로부터 오염물질까지의 높이(m)
지상의 오염농도를 구하므로 "0"

$$C(x,0,0)=\frac{6{,}000}{2\pi\times3.5\times22.5\times12}\left[\exp\left(-\frac{1}{2}\left(\frac{0}{22.5}\right)^2\right)\right]$$
$$\times\left[\exp\left\{-\frac{1}{2}\left(\frac{0-0}{12}\right)^2\right\}+\exp\left\{-\frac{1}{2}\left(\frac{0+0}{12}\right)^2\right\}\right]$$
$$=\frac{6{,}000}{2\pi\times3.5\times22.5\times12}\times\exp(0)\times[\exp(0)+\exp(0)]$$
$$=2.0210\text{mg/m}^3$$

※ exp(0)=1

정답 ③

08

유효고 50m인 굴뚝에서 NO가 200g/sec의 속도로 배출되고 있다. 굴뚝 유효고에서의 풍속은 10m/sec일 때, 500m 풍하방향 중심선상 지표면에서의 NO 농도는? (단, σ_y=30m, σ_z=15m이다.)

① 약 3μg/m³ ② 약 5μg/m³
③ 약 27μg/m³ ④ 약 55μg/m³

해설

$$C(x,y,z)=\frac{Q}{2\pi U\sigma_y\sigma_z}\left[\exp\left(-\frac{1}{2}\left(\frac{y}{\sigma_y}\right)^2\right)\right]$$
$$\times\left[\exp\left\{-\frac{1}{2}\left(\frac{(z-H_e)}{\sigma_z}\right)^2\right\}+\exp\left\{-\frac{1}{2}\left(\frac{(z+H_e)}{\sigma_z}\right)^2\right\}\right]$$

Q: 오염물질 배출량(μg/sec)

$$Q=\frac{200\text{g}}{\text{sec}}\times\frac{\mu\text{g}}{10^{-6}\text{g}}=200\times10^6\mu\text{g/sec}$$

y: 풍향에 직각인 수평거리(m)
중심축상 오염농도를 구하므로 "0"
z: 지면으로부터 오염물질까지의 높이(m)
지상의 오염농도를 구하므로 "0"
H_e: 유효고 50m 이므로 "50"

$$C(x,0,0)=\frac{200\times10^6}{2\pi\times10\times30\times15}\left[\exp\left(-\frac{1}{2}\left(\frac{0}{30}\right)^2\right)\right]$$
$$\times\left[\exp\left\{-\frac{1}{2}\left(\frac{0-50}{15}\right)^2\right\}+\exp\left\{-\frac{1}{2}\left(\frac{0+50}{15}\right)^2\right\}\right]$$
$$=\frac{200\times10^6}{2\pi\times10\times30\times15}\times1\times\left[2\times\exp\left\{-\frac{1}{2}\left(\frac{50}{15}\right)^2\right\}\right]$$
$$=\frac{200\times10^6}{\pi\times10\times30\times15}\times\left[\exp\left\{-\frac{1}{2}\left(\frac{50}{15}\right)^2\right\}\right]$$
$$=54.6916\mu\text{g/m}^3$$

정답 ④

BEST 06 상대습도 70%에서 가시거리

$L=\frac{A\times 10^3}{G}$

L: 가시거리(km)

G: 분진농도(μg/m^3)

A: 상수

09

입자상 물질의 농도가 0.25mg/m^{3}이고, 상대습도가 70%일 때, 가시거리(km)는? (단, 상수 A는 1.3이다.)

① 4.3 ② 5.2

③ 6.5 ④ 7.2

해설

$L=\frac{A\times 10^3}{G}$

$G=\frac{0.25\text{mg}}{\text{m}^3}\times\frac{10^3\mu\text{g}}{\text{mg}}=250\mu\text{g/m}^3$

$L=\frac{1.3\times 10^3}{250}=5.2\text{km}$

정답 ②

10

먼지의 농도가 0.075mg/m^{3}인 지역의 상대습도가 70%일 때, 가시거리는? (단, 계수는 1.2로 가정한다.)

① 4km ② 16km

③ 30km ④ 42km

해설

$L(\text{km})=\frac{A\times 10^3}{G}$

$G=\frac{0.075\text{mg}}{\text{m}^3}\times\frac{10^3\mu\text{g}}{\text{mg}}=75\mu\text{g/m}^3$

$L=\frac{1.2\times 10^3}{75}=16\text{km}$

정답 ②

BEST 07 슈테판-볼츠만의 법칙

$E=\sigma\times T^4$

σ: 비례상수

T: 흑체의 절대온도(K)

11

슈테판-볼츠만의 법칙에 따르면 흑체복사를 하는 물체에서 물체의 표면온도가 1,500K에서 1,997K로 변화된다면, 복사에너지는 약 몇 배로 변화되는가?

① 1.25배 ② 1.33배

③ 2.56배 ④ 3.14배

해설

(1) 표면온도가 1,500K인 경우

$E_1=\sigma\times 1{,}500^4$

(2) 표면온도가 1,997K인 경우

$E_2=\sigma\times 1{,}997^4$

(3) 복사에너지의 변화

$\frac{E_2}{E_1}=\frac{\sigma\times 1{,}997^4}{\sigma\times 1{,}500^4}=3.1416$

정답 ④

12

슈테판-볼츠만의 법칙에 의하면 표면온도가 1,500K에서 1,800K가 되었다면 흑체에서 복사되는 에너지는 약 몇 배가 되는가?

① 1.2배 ② 1.4배

③ 2.1배 ④ 3.2배

해설

$E=\sigma\times T^4$

$E=\frac{1{,}800^4}{1{,}500^4}=2.0736$

정답 ③

BEST 08 연기의 상승높이

$\Delta H = 150 \times \frac{F}{U^3}$

$F = g \times V_s \times \left(\frac{D}{2}\right)^2 \times \left(\frac{T_s - T_a}{T_a}\right)$

ΔH: 연기의 상승높이(m)
F: 부력(m^4/s^3)
U: 풍속(m/s)
g: 중력가속도($9.8m/s^2$)
V_s: 연기의 배출속도
D: 굴뚝의 직경(m)
T_a: 대기의 온도(K)
T_s: 굴뚝 배출가스의 온도(K)

13

불안정한 조건에서 굴뚝의 안지름이 5m, 가스온도가 173℃, 가스속도가 10m/s, 기온이 17℃, 풍속이 36km/h일 때, 연기의 상승높이(m)는? (단, 불안정 조건 시 연기의 상승높이는 $\Delta H = 150\frac{F}{U^3}$이며, F는 부력을 나타낸다.)

① 34 ② 40
③ 49 ④ 56

해설

$\Delta H = 150 \times \frac{F}{U^3}$, $F = g \times V_s \times \left(\frac{D}{2}\right)^2 \times \left(\frac{T_s - T_a}{T_a}\right)$

$F = 9.8m/s^2 \times 10m/s \times \left(\frac{5}{2}\right)^2 \times \left(\frac{(273+173)-(273+17)}{(273+17)}\right)$

$= 329.4828m^4/s^3$

$\Delta H = 150 \times \frac{F}{U^3}$

$\Delta H = 150 \times \frac{329.4828}{\left(\frac{36km}{h} \times \frac{1,000m}{km} \times \frac{h}{3,600s}\right)^3} = 49.4224m$

정답 ③

14

불안정한 대기상태에서 굴뚝의 연기방출속도가 15m/sec, 굴뚝 안지름이 4m일 때 이 연기의 상승높이는? (단, 연기의 상승높이 $\Delta H = 150 \times (F/U^3)$, F는 부력, 배기가스 온도는 127℃, 대기온도 17℃, 풍속 6m/sec이다.)

① 125m ② 135m
③ 145m ④ 155m

해설

$\Delta H = 150 \times \frac{F}{U^3}$

F: 부력(m^4/sec^3), U: 풍속(m/sec)

$F = g \times V_s \times \left(\frac{D}{2}\right)^2 \times \left(\frac{T_s - T_a}{T_a}\right)$

$F = 9.8 \times 15 \times \left(\frac{4}{2}\right)^2 \times \left(\frac{(273+127)-(273+17)}{(273+17)}\right)$

$= 223.0345m^4/sec^3$

$\Delta H = 150 \times \frac{223.0345}{6^3} = 154.8851m$

정답 ④

SUBJECT 02 연소공학

BEST 09 공연비(AFR)

$$공연비(AFR) = \frac{공기의\ 질량\ 또는\ 부피(몰수)}{연료의\ 질량\ 또는\ 부피(몰수)}$$

15

옥탄(C_8H_{18})을 완전연소시킬 때의 AFR(Air Fuel Ratio)은? (단, 무게 기준으로 한다.)

① 15.1 ② 30.8
③ 45.3 ④ 59.5

해설

연료를 옥탄(C_8H_{18}) 1kmol에 해당하는 114kg으로 가정한다.

옥탄(C_8H_{18}) 분자량 $=(12\times8)+18=114$

$C_8H_{18}+12.5O_2 \rightarrow 8CO_2+9H_2O$

이론산소량(kg)$=12.5\times32=400$kg

$$이론공기량(kg) = \frac{이론산소량}{0.232} = \frac{400}{0.232} = 1,724.1379kg$$

※ 무게 기준이므로 0.232로 나누어야 합니다.

$$AFR = \frac{이론공기량}{연료의\ 질량} = \frac{1,724.1379}{114} = 15.1240$$

정답 ①

16

메탄을 연소할 때 부피를 기준으로 한 부피공연비(AFR)는 얼마인가?

① 6.84 ② 7.68
③ 9.52 ④ 11.58

해설

메탄(CH_4) 1mol이 연소할 때 산소(O_2) 2mol이 필요하다.

$CH_4+2O_2 \rightarrow CO_2+2H_2O$

$$이론공기량 = \frac{이론산소량}{0.21} = \frac{2}{0.21} = 9.5238mol$$

$$부피공연비(AFR) = \frac{연소에\ 사용되는\ 공기의\ 몰수}{연료의\ 몰수} = \frac{9.5238}{1} = 9.5238$$

※ 기체 1mol의 부피는 표준상태에서 22.4L로 일정하므로 몰수 대신 부피를 넣어도 같은 값이 나온다.

정답 ③

BEST 10 저위발열량

저위발열량$=$고위발열량$-600(9H+W)$
H: 수소의 함량
W: 수분의 함량

17

수소 13%, 수분 0.7%가 포함된 중유의 고위발열량이 5,000kcal/kg일 때, 이 중유의 저위발열량(kcal/kg)은?

① 4,126 ② 4,294
③ 4,365 ④ 4,926

해설

저위발열량$=$고위발열량$-600(9H+W)$
$=5,000$kcal/kg$-600(9\times0.13+0.007)$
$=4,293.8$kcal/kg

정답 ②

BEST 11 이론공기량

부피 기준 이론공기량$=\frac{\text{이론산소량}}{0.21}$

질량 기준 이론공기량$=\frac{\text{이론산소량}}{0.232}$

18

메탄올 2.0kg이 완전연소하는 데 필요한 이론공기량(Sm^3)은?

① 2.5　　② 5.0
③ 7.5　　④ 10.0

해설

메탄올(CH_3OH, 분자량 32) 1mol이 연소하기 위해서는 산소(O_2) 1.5mol이 필요하다.

$CH_3OH+1.5O_2 \rightarrow CO_2+2H_2O$

$32kg : 1.5\times22.4Sm^3=2kg : xSm^3$

$x=2.1Sm^3$(여기서 구한 x값은 이론산소량임)

이론공기량$=\frac{\text{이론산소량}}{0.21}=\frac{2.1}{0.21}=10Sm^3$

정답 ④

19

분자식 C_mH_n인 탄화수소 $1Sm^3$를 완전연소 시 이론공기량이 $19Sm^3$인 것은?

① C_2H_4　　② C_2H_2
③ C_3H_8　　④ C_3H_4

해설

$C_3H_4+4O_2 \rightarrow 3CO_2+2H_2O$

C_3H_4 1kmol($22.4m^3$)이 완전연소할 때 산소는 4kmol($4\times22.4m^3$)이 필요하다.

$22.4m^3 : 4\times22.4m^3=1m^3 : x$

$x=4m^3$(여기서 구한 x값은 이론산소량임)

이론공기량$=\frac{4}{0.21}=19.0476m^3$

정답 ④

BEST 12 건조연소가스량

실제건조연소가스량
=이론공기 중 질소량+과잉공기량+건조연소생성물

20

C: 80%, H: 15%, S: 5%의 무게비로 구성된 중유 1kg을 1.1의 공기비로 완전연소시킬 때, 건조배출가스 중의 SO_2 농도(ppm)는? (단, 모든 S 성분은 SO_2가 된다.)

① 3,026　　② 3,530
③ 4,126　　④ 4,530

해설

이론산소량$=1.867C+5.6H+0.7S-0.7O$
$=(1.867\times0.8)+(5.6\times0.15)+(0.7\times0.05)$
$=2.3686Sm^3$

이론공기량$=\frac{\text{이론산소량}}{0.21}=\frac{2.3686}{0.21}=11.2790Sm^3$

이론공기 중 질소량=이론공기량$\times0.79$
$=11.2790\times0.79=8.9104Sm^3$

과잉공기량=이론공기량$\times$(공기비-1)
$=11.2790\times(1.1-1)=1.1279Sm^3$

$C+O_2 \rightarrow CO_2$

$12kg : 22.4Sm^3=0.8kg : xSm^3$

CO_2 배출량$(x)=1.4933Sm^3$

$S+O_2 \rightarrow SO_2$

$32kg : 22.4Sm^3=0.05kg : xSm^3$

SO_2 배출량$(x)=0.035Sm^3$

실제건연소가스량
=이론공기 중 질소량+과잉공기량+건조연소생성물(CO_2+SO_2)
$=8.9104+1.1279+1.4933+0.035=11.5666Sm^3$

$SO_2(ppm)=\frac{0.035}{11.5666}\times10^6=3,025.9540ppm$

정답 ①

빈출공식

BEST 13 1차 반응속도식

$\ln \frac{C_t}{C_o} = -k \times t$

C_t: t시간이 지난 후의 반응물질 농도(ppm)

C_o: 초기농도

k: 반응속도상수

t: 반응시간

21

어떤 물질의 1차 반응에서 반감기가 10분이었다. 반응물이 1/10 농도로 감소할 때까지 얼마의 시간(분)이 걸리겠는가?

① 6.9 ② 33.2

③ 693 ④ 3,323

해설

$\ln \frac{C_t}{C_o} = -k \times t$

(1) 반응속도상수 k 구하기

반감기란 반응물질의 농도가 절반이 될 때까지의 시간이다. 문제에서 반감기가 10분이라고 했으므로 초기농도(C_o)를 100이라고 할 때 반응물질 농도가 50이 되는 데 걸리는 시간이 10분이다.

$\ln \frac{50}{100} = -k \times 10\text{min}$

$k = 0.0693\text{min}^{-1}$

(2) 1/10 농도로 감소할 때까지 걸리는 시간 구하기

$\ln \frac{10}{100} = -0.0693\text{min}^{-1} \times t$

$t = 33.2263\text{min}$

정답 ②

BEST 14 2차 반응식속도

$\frac{1}{C_t} - \frac{1}{C_o} = k \times t$

C_t: t시간이 지난 후의 반응물질 농도

C_o: 초기농도

k: 반응속도상수

t: 반응시간

22

어떤 2차 반응에서 반응물질의 10%가 반응하는 데 250s가 걸렸을 때, 반응물질의 90%가 반응하는 데 걸리는 시간(s)은? (단, 기타 조건은 동일하다.)

① 5,500 ② 2,500

③ 20,300 ④ 28,300

해설

(1) 2차 반응속도식을 이용하여 k값 구하기

$\frac{1}{C_t} - \frac{1}{C_o} = k \times t$

$\frac{1}{90} - \frac{1}{100} = k \times 250\text{s}$

$k = 4.44 \times 10^{-6}$

(2) 반응물질의 90%가 반응하는 데 걸리는 시간 구하기

초기농도(C_o)를 100이라고 하면 t시간이 지난 후 물질의 농도(C_t)는 10이다.

$\frac{1}{10} - \frac{1}{100} = 4.44 \times 10^{-6} \times t$

$t - 20,270.2703\text{s}$

※ k값과 t값은 공학용계산기의 SOLVE 기능을 이용하여 구하는 것이 편리합니다.

정답 ③

BEST 15 폭발범위

(1) 폭발하한값

$$\frac{100}{LEL}=\frac{V_1}{L_1}+\frac{V_2}{L_2}+\frac{V_3}{L_3}$$

LEL: 혼합가스의 폭발하한값(%)
V_n: 각 성분가스의 부피(%)
L_n: 각 성분가스의 폭발하한값(%)

(2) 폭발상한값

$$\frac{100}{UEL}=\frac{V_1}{U_1}+\frac{V_2}{U_2}+\frac{V_3}{U_3}$$

UEL: 혼합가스의 폭발상한값(%)
V_n: 각 성분가스의 부피(%)
U_n: 각 성분가스의 폭발상한값(%)

23

메탄: 50%, 에탄: 30%, 프로판: 20%으로 구성된 혼합가스의 폭발범위는? (단, 메탄의 폭발범위는 5~15%, 에탄의 폭발범위는 3~12.5%, 프로판의 폭발범위는 2.1~9.5%이고, 르샤틀리에의 식을 적용한다.)

① 1.2~8.6%　② 1.9~9.6%
③ 2.5~10.8%　④ 3.4~12.8%

해설

(1) 폭발하한값 구하기

$$\frac{100}{LEL}=\frac{50}{5}+\frac{30}{3}+\frac{20}{2.1}$$

$LEL=3.3871\%$

(2) 폭발상한값 구하기

$$\frac{100}{UEL}=\frac{50}{15}+\frac{30}{12.5}+\frac{20}{9.5}$$

$UEL=12.7574\%$

(3) 폭발범위: $3.3871\sim12.7574\%$

정답 ④

BEST 16 이론연소온도

$$t_1=\frac{H_l}{G\times C_p}+t_2$$

t_1: 이론연소온도(℃)
t_2: 기준온도(℃)
H_l: 저발열량(kcal/Sm³)
G: 이론연소가스량(Sm³/Sm³)
C_p: 연소가스의 평균정압비열(kcal/Sm³·℃)

24

저발열량이 6,000kcal/Sm³, 평균정압비열이 0.38kcal/Sm³·℃인 가스연료의 이론연소온도(℃)는? (단, 이론연소가스량은 10Sm³/Sm³, 연료와 공기의 온도는 15℃, 공기는 예열되지 않으며 연소가스는 해리되지 않는다.)

① 1,385　② 1,412
③ 1,496　④ 1,594

해설

$$t_1=\frac{H_l}{G\times C_p}+t_2=\frac{6{,}000}{10\times0.38}+15=1{,}593.9474℃$$

정답 ④

25

저위발열량이 4,900kcal/Sm³인 가스연료의 이론연소온도(℃)는? (단, 이론연소가스량: 10Sm³/Sm³, 기준온도: 15℃, 연료연소가스의 평균정압비열: 0.35kcal/Sm³·℃, 공기는 예열되지 않으며, 연소가스는 해리되지 않는 것으로 한다.)

① 1,015　② 1,215
③ 1,415　④ 1,615

해설

$$t_1=\frac{H_l}{G\times C_p}+t_2=\frac{4{,}900}{10\times0.35}+15=1{,}415℃$$

정답 ③

BEST 17 과잉공기비(m)

(1) 완전연소

$$m=\frac{21}{21-O_2}$$

O_2: 산소의 농도(%)

(2) 불완전연소

$$m=\frac{N_2}{N_2-3.76(O_2-0.5CO)}$$

N_2: 질소의 농도(%)

O_2: 산소의 농도(%)

CO: 일산화탄소의 농도(%)

26

연료를 2.0의 공기비로 완전연소시킬 때, 배출가스 중의 산소 농도(%)는? (단, 배출가스에는 일산화탄소가 포함되어 있지 않다.)

① 7.5 ② 9.5
③ 10.5 ④ 12.5

해설

문제에서 배출가스에 일산화탄소가 포함되어 있지 않다고 했으므로 완전연소 시 과잉공기비(m) 공식을 사용한다.

$$m=\frac{21}{21-O_2}=2$$

$O_2=10.5\%$

정답 ③

27

A석탄을 사용하는 가열로의 배출가스를 분석한 결과 CO_2: 14.5%, O_2: 6%, N_2: 79%, CO: 0.5%이었다. 이 경우의 공기비는?

① 1.18 ② 1.38
③ 1.58 ④ 1.78

해설

불완전연소 시 과잉공기비(m)$=\frac{N_2}{N_2-3.76(O_2-0.5CO)}$

$$m=\frac{79}{79-3.76(6-0.5\times0.5)}=1.3768$$

정답 ②

BEST 18 최대탄산가스율[CO_{2max}(%)]

$$CO_{2max}(\%)=\frac{CO_2\text{ 발생량}}{\text{이론건연소가스량}}\times100$$

28

CH_4의 최대탄산가스율(%)은? (단, CH_4는 완전연소한다.)

① 11.7 ② 21.8
③ 34.5 ④ 40.5

해설

$CH_4+2O_2 \rightarrow CO_2+2H_2O$

메탄(CH_4) 1mol 연소 시 1mol의 이산화탄소(CO_2)가 생성된다.

$$\text{이론공기량}=\frac{\text{이론산소량}}{0.21}=\frac{2}{0.21}=9.5238\text{mol}$$

이론공기 중 질소량 $=9.5238\times0.79=7.5238$mol

이론건연소가스량=이론공기 중 질소량+건연소생성물(CO_2)

$$(CO_2)_{max}(\%)=\frac{1}{7.5238+1}\times100=11.7319\%$$

정답 ①

SUBJECT 03 대기오염방지기술

BEST 19 헨리의 법칙

$P=HC$
P: 분압(atm)
H: 헨리상수($atm \cdot m^3/kg \cdot mol$)
C: 유해가스의 농도($kg \cdot mol/m^3$)

29

일정한 온도 하에서 어떤 유해가스와 물이 평형을 이루고 있다. 가스분압이 38mmHg이고 Henry상수가 $0.01atm \cdot m^3/kg \cdot mol$일 때 액 중 유해가스 농도($kg \cdot mol/m^3$)는?

① 3.8 ② 4.0
③ 5.0 ④ 5.8

해설

$P=HC$

$$38mmHg \times \frac{1atm}{760mmHg} = \frac{0.01atm \cdot m^3}{kg \cdot mol} \times C$$

$$0.05atm = \frac{0.01atm \cdot m^3}{kg \cdot mol} \times C$$

$$C = \frac{0.05}{0.01} kg \cdot mol/m^3 = 5kg \cdot mol/m^3$$

정답 ③

BEST 20 집진효율

$$집진효율(\%) = \frac{유입량 - 유출량}{유입량} \times 100$$

30

집진율이 85%인 사이클론과 집진율이 96%인 전기집진장치를 직렬로 연결하여 입자를 제거할 경우, 총 집진효율(%)은?

① 90.4 ② 94.4
③ 96.4 ④ 99.4

해설

1차	유입: 100 유출: $100 \times (1-0.85) = 15$
2차	유입: 15 유출: $15 \times (1-0.96) = 0.6$
총 집진효율	$\frac{100-0.6}{100} \times 100 = 99.4\%$

정답 ④

BEST 21 레이놀즈수(*Re*)

$$Re = \frac{D \times \rho \times V}{\mu} = \frac{D \times V}{\nu}$$

D: 관의 직경(m)
ρ: 유체의 밀도(kg/m^3)
V: 유체의 속도(m/s)
μ: 점성계수(kg/m·s)
ν: 동점성계수(m^2/s)

31

20℃, 1기압에서 공기의 동점성계수는 1.5×10^{-5}m^2/s이다. 관의 지름이 50mm일 때, 그 관을 흐르는 공기의 속도(m/s)는? (단, 레이놀즈수는 3.5×10^4이다.)

① 4.0 ② 6.5
③ 9.0 ④ 10.5

해설

$$Re = \frac{D \times V}{\nu}$$

$$3.5 \times 10^4 = \frac{0.05\text{m} \times V\text{m/s}}{\frac{1.5 \times 10^{-5}\text{m}^2}{\text{s}}}$$

$V = 10.5$m/s

※ V값은 공학용계산기의 SOLVE 기능을 이용해서 구하는 것이 더 편리합니다.

정답 ④

BEST 22 절단입경

$$d_{p50} = \left[\frac{9 \times \mu \times B}{2 \times (\rho_p - \rho) \times \pi \times N_e \times V} \right]^{0.5}$$

d_{p50}: 절단입경(m)
μ: 가스의 점도(kg/m·s)
B: 유입구의 폭(m), N_e: 유효회전수
V: 입구의 유속(m/s)
ρ_p: 입자의 밀도(kg/m^3)
ρ: 가스의 밀도(kg/m^3)

32

유입구 폭이 20cm, 유효회전수가 8인 원심력 집진장치(Cyclone)를 사용하여 다음 조건의 배출가스를 처리할 때, 절단입경(μm)은?

- 배출가스의 유입속도: 30m/s
- 배출가스의 점도: 2×10^{-5}kg/m·s
- 배출가스의 밀도: 1.2kg/m^3
- 먼지입자의 밀도: 2.0g/cm^3

① 2.78 ② 3.46
③ 4.58 ④ 5.32

해설

$$d_{p50} = \left[\frac{9 \times \mu \times B}{2 \times (\rho_p - \rho) \times \pi \times N_e \times V} \right]^{0.5}$$

ρ_p: 입자의 밀도(kg/m^3)

$$\rho_p = \frac{2\text{g}}{\text{cm}^3} \times \frac{0.001\text{kg}}{\text{g}} \times \frac{10^6\text{cm}^3}{\text{m}^3} = 2{,}000\text{kg/m}^3$$

$$d_{p50} = \left[\frac{9 \times 2 \times 10^{-5} \times 0.2}{2 \times (2{,}000 - 1.2) \times \pi \times 8 \times 30} \right]^{0.5} = 3.4560 \times 10^{-6}\text{m}$$

$= 3.4559\mu$m

정답 ②

BEST 23 충전탑 높이

충전탑 높이$=H_{OG}\times N_{OG}$
H_{OG}: 기상총괄이동단위높이(m)
N_{OG}: 기상총괄단위수
$N_{OG}=\ln\frac{1}{1-\eta}$ (η: 효율)

33

가스 중 플루오린화수소를 수산화나트륨 용액과 향류로 접촉시켜 87% 흡수시키는 충전탑의 흡수율을 99.5%로 향상시키기 위한 충전탑의 높이는? (단, 흡수액상의 플루오린화수소의 평형분압은 0이다.)

① 2.6배 높아져야 함　② 5.2배 높아져야 함
③ 9배 높아져야 함　④ 18배 높아져야 함

해설

(1) 87%일 때 기상총괄단위수

$$N_{OG}=\ln\frac{1}{1-0.87}=2.0402$$

(2) 99.5%일 때 기상총괄단위수

$$N_{OG}=\ln\frac{1}{1-0.995}=5.2983$$

(3) 충전탑 높이의 비 구하기

$$\frac{H_{99.5\%}}{H_{87\%}}=\frac{H_{OG}\times 5.2983}{H_{OG}\times 2.0402}=2.5970\text{배}$$

정답 ①

BEST 24 종말침강속도

$V_g=\frac{d_p^2(\rho_p-\rho)g}{18\mu}$
V_g: 침강속도(m/s)
d_p: 입자의 직경(m)
ρ_p: 입자의 밀도(kg/m^3)
ρ: 공기의 밀도(kg/m^3)
g: 중력가속도(m/s^2)
μ: 공기(유체)의 점도(kg/m·s)

34

Stokes 운동이라 가정하고, 직경 20μm, 비중 1.3인 입자의 표준대기 중 종말침강속도는 몇 m/s인가? (단, 표준공기의 점도와 밀도는 각각 3.44×10^{-5}kg/m · s, 1.3kg/m^3이다.)

① 1.64×10^{-2}　② 1.32×10^{-2}
③ 1.18×10^{-2}　④ 0.82×10^{-2}

해설

입자의 밀도(ρ_p)는 입자의 비중 1.3으로 구한다.

비중$(s)=\frac{\rho_p}{\rho_w}$ [ρ_w(물의 밀도)$=1{,}000kg/m^3$]

$$\rho_p=s\times\rho_w=1.3\times1{,}000kg/m^3=1{,}300kg/m^3$$

$$V_g=\frac{(20\times10^{-6}m)^2\times(1{,}300-1.3)kg/m^3\times9.8m/s^2}{18\times3.44\times10^{-5}kg/m\cdot s}$$
$$=0.8222\times10^{-2}m/s$$

정답 ④

BEST 25 전기집진장치의 집진효율

$\eta = 1 - e^{\left(-\frac{A \times W_e}{Q}\right)}$

A: 단면적(m^2)

D: 직경(m)

L: 길이(m)

W_e: 먼지의 겉보기 이동속도 또는 표류속도(m/s)

Q: 처리가스량(m^3/s)

35

98% 효율을 가진 전기집진기로 유량이 5,000m^3/min인 공기흐름을 처리하고자 한다. 표류속도(W_e)가 6.0cm/sec일 때, Deutsch 식에 의한 필요 집진면적은 얼마나 되겠는가?

① 약 3,938m^2 ② 약 4,431m^2

③ 약 4,937m^2 ④ 약 5,433m^2

해설

Deutsch 공식을 이용한다.

$\eta = 1 - e^{\left(-\frac{A \times W_e}{Q}\right)}$

$0.98 = 1 - e^{\left(-\frac{A \times 0.06\text{m/sec}}{\frac{5,000\text{m}^3}{\text{min}} \times \frac{\text{min}}{60\text{sec}}}\right)}$

$A = 5,433.3653\text{m}^2$

※ A값은 식을 이항하는 것보다 공학용계산기의 SOLVE 기능을 이용하여 구하는 것이 더 편리합니다.

정답 ④

BEST 26 송풍기의 동력

$P(\text{kW}) = \frac{Q \times \Delta P}{102 \times \eta} \times \alpha$

Q: 처리가스량(m^3/s)

ΔP: 압력손실(mmH_2O)

η: 송풍기 효율

α: 여유율(문제의 조건에 없으면 1로 간주함)

36

처리가스량이 30,000m^3/hr, 압력손실이 300mmH_2O인 집진장치를 효율이 47%인 송풍기로 운전할 때, 송풍기의 소요동력(kW)은?

① 38 ② 43

③ 49 ④ 52

해설

$P(\text{kW}) = \frac{Q \times \Delta P}{102 \times \eta} \times \alpha$

$P = \frac{\frac{30,000\text{m}^3}{\text{hr}} \times \frac{\text{hr}}{3,600\text{s}} \times 300\text{mmH}_2\text{O}}{102 \times 0.47}$

$= 52.1485\text{kW}$

정답 ④

37

집진장치의 압력손실 200mmH_2O, 처리가스량 3,600m^3/min, 송풍기 효율 70%, 송풍기 축동력에 여유율 20%를 고려한다면 이 장치의 소요동력은?

① 약 202kW ② 약 240kW

③ 약 286kW ④ 약 343kW

해설

$P(\text{kW}) = \frac{Q \times \Delta P}{102 \times \eta} \times \alpha$

$P = \frac{\frac{3,600\text{m}^3}{\text{min}} \times \frac{\text{min}}{60\text{s}} \times 200\text{mmH}_2\text{O}}{102 \times 0.7} \times 1.2$

$= 201.6807\text{kW}$

정답 ①

SUBJECT 04 대기오염공정시험기준

BEST 27 비산먼지의 농도(C)

$C=(C_H-C_B)\times W_D\times W_S$

C_H: 채취먼지량이 가장 많은 위치에서의 먼지농도(mg/m^3)

C_B: 대조위치에서의 먼지농도(mg/m^3)

W_D, W_S: 풍향, 풍속 측정결과로부터 구한 보정계수

단, 대조위치를 선정할 수 없는 경우에는 C_B는 $0.15mg/m^3$으로 한다.

38

특정 발생원에서 일정한 굴뚝을 거치지 않고 외부로 비산되는 먼지의 농도를 고용량공기시료채취법으로 분석하고자 한다. 측정조건과 결과가 다음과 같을 때 비산먼지의 농도($\mu g/m^3$)는?

- 채취시간: 24시간
- 채취개시 직후의 유량: $1.8m^3/min$
- 채취종료 직전의 유량: $1.2m^3/min$
- 채취 후 여과지의 질량: 3.828g
- 채취 전 여과지의 질량: 3.419g
- 대조위치에서의 먼지농도: $0.15\mu g/m^3$
- 전 시료채취 기간 중 주 풍향이 90° 이상 변함
- 풍속이 0.5m/sec 미만 또는 10m/sec 이상되는 시간이 전 채취시간의 50% 미만임

① 185.76　② 283.80
③ 294.81　④ 372.70

해설

(1) 흡인공기량 구하기

$$\text{흡인공기량}=\frac{Q_s+Q_e}{2}\times t$$

Q_s: 채취개시 직후의 유량(m^3/min)

Q_e: 채취종료 직전의 유량(m^3/min)

t: 채취시간(min)

$$\text{흡인공기량}=\frac{(1.8+1.2)m^3/min}{2}\times(24\times60)min=2,160m^3$$

(2) 채취한 비산먼지의 농도 구하기

$$\text{먼지농도}=\frac{W_e-W_s}{V}$$

W_e: 채취 후 여과지의 질량(g)

W_s: 채취 전 여과지의 질량(g)

V: 총 공기흡입량(Sm^3)

$$\text{먼지농도}=\frac{(3.828-3.419)g}{2,160m^3}\times\frac{10^6\mu g}{g}=189.3519\mu g/m^3$$

(3) 각 측정지점의 채취먼지량과 풍향, 풍속의 측정결과로부터 비산먼지의 농도 구하기

비산먼지농도$(C)=(C_H-C_B)\times W_D\times W_S$

C_H: 채취먼지량이 가장 많은 위치에서의 먼지농도(mg/m^3)

C_B: 대조위치에서의 먼지농도(mg/m^3)

W_D, W_S: 풍향, 풍속 측정결과로부터 구한 보정계수

단, 대조위치를 선정할 수 없는 경우에는 C_B는 $0.15mg/m^3$로 한다.

$C=(189.3519-0.15)\times1.5\times1.0=283.8029\mu g/m^3$

풍향에 대한 보정

풍향변화범위	보정계수
전 시료채취 기간 중 주 풍향이 90° 이상 변할 때	1.5
전 시료채취 기간 중 주 풍향이 45°~90° 변할 때	1.2
전 시료채취 기간 중 풍향이 변동이 없을 때 (45° 미만)	1.0

풍속에 대한 보정

풍속범위	보정계수
풍속이 0.5m/sec 미만 또는 10m/sec 이상이 되는 시간이 전 채취시간의 50% 미만일 때	1.0
풍속이 0.5m/sec 미만 또는 10m/sec 이상이 되는 시간이 전 채취시간의 50% 이상일 때	1.2

정답 ②

BEST 28 Lambert-Beer 법칙

흡광도$(A)=\log\frac{1}{t}$

t(투과도)$=\frac{\text{투사광의 강도}}{\text{입사광의 강도}}$

39

단색화장치를 사용하여 광원에서 나오는 빛 중 좁은 파장 범위의 빛만을 선택한 뒤 액층에 통과시켰다. 입사광의 강도가 1이고, 투사광의 강도가 0.5일 때, 흡광도는? (단, Lambert-Beer 법칙을 적용한다.)

① 0.3 ② 0.5
③ 0.7 ④ 1.0

해설

t(투과도)$=\frac{\text{투사광의 강도}}{\text{입사광의 강도}}=\frac{0.5}{1}=0.5$

흡광도$(A)=\log\frac{1}{t(\text{투과도})}=\log\frac{1}{0.5}=0.3010$

정답 ①

BEST 29 배출농도 보정공식

$C=C_a\times\frac{21-O_s}{21-O_a}$

C: 오염물질의 농도(ppm)
C_a: 실측 오염물질의 농도(ppm)
O_s: 표준 산소농도(%)
O_a: 실측 산소농도(%)

40

어떤 사업장의 굴뚝에서 배출되는 오염물질의 농도가 600ppm이고 표준 산소농도가 6%, 실측 산소농도가 8%일 때, 보정된 오염물질의 농도(ppm)는?

① 692.3 ② 722.3
③ 832.3 ④ 862.3

해설

$C=C_a\times\frac{21-O_s}{21-O_a}$

$C=600\times\frac{21-6}{21-8}=692.3077\text{ppm}$

정답 ①

BEST 30 배출가스의 평균유속

$V=C\sqrt{\frac{2gh}{\gamma}}$

C: 피토관 계수
g: 중력가속도(9.8m/s^2)
h: 동압(mmH_2O)
γ: 굴뚝 내의 습한 배출가스 밀도(kg/Sm^3)

41

피토관을 사용하여 굴뚝 배출가스의 평균유속을 측정하고자 한다. 측정조건과 결과가 다음과 같을 때, 배출가스의 평균유속(m/s)은?

- 동압: $13\text{mmH}_2\text{O}$
- 피토관계수: 0.85
- 배출가스의 밀도: 1.2kg/Sm^3

① 10.6 ② 12.4
③ 14.8 ④ 17.8

해설

$V=C\sqrt{\frac{2gh}{\gamma}}$

$V=0.85\times\sqrt{\frac{2\times9.8\times13}{1.2}}=12.3859\text{m/s}$

정답 ②

최신 8개년 기출문제

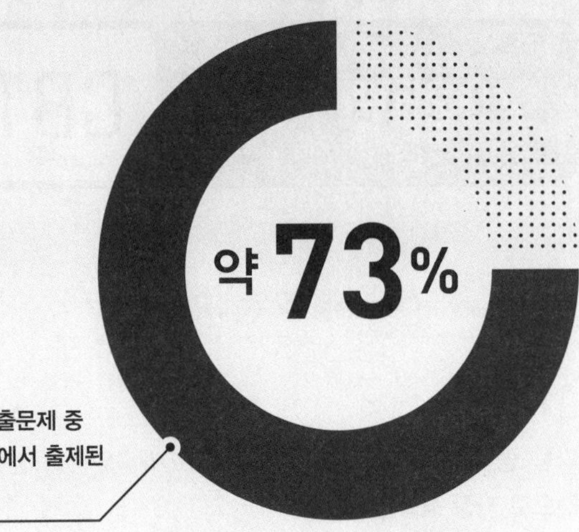

8개년 출제경향 분석

대기환경기사 필기시험은 2022년 4회 시험부터 CBT 시험으로 시행되고 있습니다. 이에 저희 교재는 CBT 시험을 직접 복원해 수록했습니다.

CBT 시험은 기존의 기출문제가 그대로 출제되기도 하고, 보기에 있는 내용 또는 문제의 숫자가 일부 변형되어 출제되는 경우도 많습니다. 따라서 단기간에 합격하기 위해서는 기출문제 위주로 학습하는 전략이 필요합니다. 특히 자주 출제되는 문제와 단순한 계산 문제는 반드시 맞혀야 하는 문제라고 생각하고 학습하는 것을 추천해 드립니다.

2026년부터 대기환경기사 출제기준이 5과목에서 4과목으로 개편되며 기존 5과목인 대기환경관계법규가 1과목으로 통합되었으며, 전체 문항 수가 100문제에서 80문제로 감소했습니다. 이점 참고하여 학습해 주시기 바랍니다.

빈출문항 표기

에듀윌 대기환경기사 필기 교재에는 모든 기출문제의 빈출도를 분석하여 별표로 표기했습니다.

★ ★ ★	빈출문제로 반드시 맞혀야 하는 문제
★ ★ ☆	내용을 이해하고, 해설까지 꼼꼼히 공부해야 하는 문제
★ ☆ ☆	간단하게 답만 확인하는 정도로 공부할 문제

2025년 | 3회 CBT 복원문제

대기오염개론

01 ★★★

다음 중 대기오염물질과 관련된 주요 배출업종을 연결한 것으로 가장 적합한 것은?

① 벤젠 – 도장공업
② 염소 – 주유소
③ 시안화수소 – 유리공업
④ 이황화탄소 – 구리정련

선지분석

② 염소: 소다공업, 플라스틱공업, 고무제조업 등
③ 시안화수소: 청산제조업, 가스공업, 제철공업
④ 이황화탄소: 비스코스 섬유공업

정답 ①

02 ★★☆

슈테판–볼츠만의 법칙에 따라 흑체복사를 하는 물체의 표면 온도가 1,500K에서 1,897K로 변화된다면, 복사에너지는 몇 배로 변화되는가?

① 1.25배　② 1.33배
③ 2.56배　④ 3.16배

해설

$E=\sigma \times T^4$

$\frac{E_2}{E_1}=\frac{\sigma \times 1,897^4}{\sigma \times 1,500^4}=2.5580$

정답 ③

03 ★☆☆

다음 중 지구온난화지수가 가장 작은 것은?

① PFCs　② HFCs
③ CH_4　④ N_2O

해설

① PFCs: 6,500~9,200
② HFCs: 140~11,700
③ CH_4: 21
④ N_2O: 310

관련이론 | 온실가스별 지구온난화 계수 「온실가스 배출권의 할당 및 거래에 관한 법률 시행령 별표 2」

온실가스 종류	지구온난화지수
이산화탄소(CO_2)	1
메탄(CH_4)	21
아산화질소(N_2O)	310
수소불화탄소(HFCs)	140~11,700
과불화탄소(PFCs)	6,500~9,200
육불화황(SF_6)	23,900

정답 ③

04 ★☆☆

다음 중 질소화합물에 대한 지표식물로 옳지 않은 것은?

① 코스모스　② 담배
③ 해바라기　④ 진달래

해설

질소산화물은 엽록소를 갈색으로 만들어 잎의 내부에 갈색 또는 흑갈색의 반점이 생기며, 이산화질소에 대한 식물 감수성이 약한 지표식물로는 담배, 해바라기, 진달래 등이 있다.

정답 ①

05

★★☆

광화학반응에 관한 설명으로 가장 거리가 먼 것은?

① 광화학반응에 의한 생성물로는 PAN, 케톤, 아크롤레인, 질산 등이 있다.
② 대기 중에서의 오존농도는 보통 NO_2로 산화되는 NO의 양에 비례하여 증가한다.
③ 알데하이드는 NO_2 생성에 앞서 반응 초기부터 생성되며 탄화수소의 감소에 대응한다.
④ NO에서 NO_2로의 산화가 거의 완료되고, NO_2가 최고농도에 달하면서 O_3가 증가하기 시작한다.

해설

알데하이드는 O_3 생성에 앞서 반응 초기부터 생성되며 탄화수소의 감소에 대응한다.

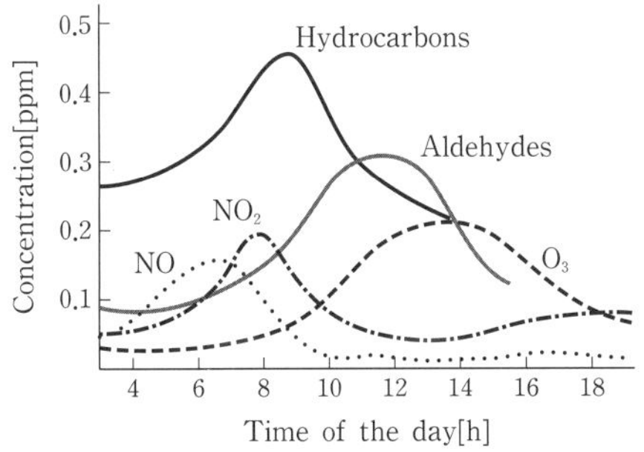

정답 ③

06

★☆☆

150℃, 1atm에서 이산화황의 농도가 3.5g/m³이다. 표준상태에서는 약 몇 ppm인가?

① 963 ② 1,135
③ 1,462 ④ 1,898

해설

ppm = mL/Sm^3

SO_2 분자량 = 64g/mol

$$\frac{3.5g \times \frac{22.4L}{64g} \times \frac{1{,}000mL}{1L}}{m^3 \times \frac{273K}{(273+150)K}} = 1{,}898.0769ppm$$

정답 ④

07

★★☆

다음 각종 환경관련 국제협약(조약)에 관한 주요 내용으로 옳지 않은 것은?

① 람사르 협약: 자연자원의 보전과 현명한 이용을 위한 습지 보전 협약
② CES: 멸종위기에 처한 야생동식물의 보호를 위한 협약
③ 몬트리올 의정서: 오존층 파괴물질인 염화불화탄소의 생산과 사용규제를 위한 협약
④ 바젤 협약: 폐기물의 해양투기로 인한 해양오염을 방지하기 위한 협약

해설

바젤 협약은 유해폐기물의 국가 간 이동과 관련된 협약이다.

정답 ④

08

★★☆

고도가 높아짐에 따라 기온이 급격히 떨어져 대기가 불안정하고 난류가 심할 때 연기의 확산 형태는?

① 상승형(Lofting)
② 환상형(Looping)
③ 부채형(Fanning)
④ 훈증형(Fumigation)

선지분석

① 상승형[지붕형(Lofting)]: 대기의 상태가 하층부는 안정하고 상층부는 불안정할 때 볼 수 있다.
③ 부채형(Fanning): 매우 안정적인 복사역전 상태일 때 볼 수 있다.
④ 훈증형(Fumigation): 대기의 상태가 하층부는 불안정하고 상층부는 안정할 때 볼 수 있다.

정답 ②

09

★☆☆

지상으로부터 500m까지의 평균 기온감률이 0.85℃/100m이다. 200m 고도의 기온이 25℃라 하면 300m에서의 기온은?

① 22.35℃ ② 23.45℃
③ 24.15℃ ④ 24.75℃

해설

$$25℃+\left(\frac{-0.85℃}{100m}\right)\times(300m-200m)=24.15℃$$

정답 ③

10

★★☆

오존에 관한 설명으로 가장 거리가 먼 것은?

① 대기 중 오존의 배경농도는 0.01~0.02ppm 정도이다.
② 청정지역의 오존농도 일변화는 도시지역보다 매우 크므로 대기 중 NO, NO_2 농도 변화에 따른 오존의 광화학적 생성과 소멸을 밝히기에 유리하다.
③ 도시나 전원지역의 대기 중 오존농도는 가끔 NO_2의 광해리에 의해 생성될 때보다 높은 경우가 있는데, 이는 오존을 소모하지 않고 NO가 NO_2로 산화되기 때문이다.
④ 대류권에서 오존의 생성률은 과산화기의 농도와 관계가 깊다.

해설

도시지역의 오존농도 일변화는 청정지역보다 매우 크므로 대기 중 NO, NO_2 농도 변화에 따른 오존의 광화학적 생성과 소멸을 밝히기에 유리하다.

정답 ②

11

★☆☆

온실효과 및 지구온난화에 관한 설명으로 가장 적절한 것은?

① 지구온난화지수(GWP)는 SF_6가 HFCs에 비해 크다.
② 대기의 온실효과는 실제 온실에서의 보온작용과 같은 원리이다.
③ 온실효과에 대한 기여도는 N_2O > PFCs이다.
④ 북반구에서의 계절별 CO_2 농도 경향은 봄·여름이 가을·겨울철보다 높은 편이다.

선지분석

② 대기의 온실효과는 실제 온실에서의 보온작용과 다른 원리이다.
③ 온실효과에 대한 기여도는 PFCs가 N_2O보다 크다.
④ 북반구에서의 계절별 CO_2 농도 경향은 봄·여름이 가을·겨울철보다 낮은 편이다.

관련이론

온실효과

- 대기가 온실의 유리와 같은 역할을 하기 때문에 온실효과라고 부른다.
- 온실은 땅이 태양에너지를 흡수해 데워진 공기가 유리나 비닐에 의해 확산되지 못하여 온실 내부의 온도가 상승한다.
- 대기의 온실효과는 온실가스에 의해 복사에너지가 흡수되는 현상으로 실제 온실과는 차이가 있다.

온실가스별 지구온난화 계수「온실가스 배출권의 할당 및 거래에 관한 법률 시행령 별표 2」

온실가스 종류	지구온난화지수
이산화탄소(CO_2)	1
메탄(CH_4)	21
아산화질소(N_2O)	310
수소불화탄소(HFCs)	140~11,700
과불화탄소(PFCs)	6,500~9,200
육불화황(SF_6)	23,900

정답 ①

12

★☆☆

A 지역의 화력발전소에서 10km 떨어져 있고, 평균풍속이 1m/sec인 주거지역의 SO_2 농도를 계산하였더니 0.05ppm이었다. SO_2의 화학반응을 고려한다면 주거지역의 SO_2 농도는 얼마인가? (단, SO_2의 대기 중에서 반응속도상수는 $4.8\times10^{-5}s^{-1}$이고 1차 반응이다.)

① 0.01ppm ② 0.02ppm
③ 0.03ppm ④ 0.04ppm

해설

1차 반응속도식을 이용한다.

$$\ln\frac{C_t}{C_0}=-kt$$

C_t: t시간이 지난 후의 반응물 농도, C_0: 초기농도,
k: 반응속도상수, t: 반응시간

$$\ln\left(\frac{C_t}{0.05}\right)=\left(-\frac{4.8\times10^{-5}}{\text{sec}}\right)\times10\text{km}\times\frac{1{,}000\text{m}}{\text{km}}\times\frac{\text{sec}}{1\text{m}}$$

$C_t=0.0309\text{ppm}$

정답 ③

13

★★☆

지상 10m에서의 풍속이 7.5m/sec이면 50m에서의 풍속은? (단, Deacon 식을 적용하고, P=0.25이다.)

① 약 10.1m/sec ② 약 11.2m/sec
③ 약 14.8m/sec ④ 약 16.8m/sec

해설

$$\frac{U_2}{U_1}=\left(\frac{Z_2}{Z_1}\right)^P$$

U: 풍속, Z: 높이, P: 풍속지수

$$\frac{U_2}{7.5\text{m/sec}}=\left(\frac{50\text{m}}{10\text{m}}\right)^{0.25}$$

$U_2=11.2151\text{m/sec}$

정답 ②

14

★☆☆

직경이 4m인 굴뚝에서 연기가 10m/s의 속도로 풍속 5m/s인 대기로 방출된다. 대기는 27℃, 중립상태($\Delta\theta/\Delta Z$=0)이고, 연기의 온도가 167℃일 때 TVA 모델에 의한 연기의 상승고(m)는? (단, 아래의 식을 이용한다.)

> TVA 모델: $\Delta H=\dfrac{173\times F^{\frac{1}{3}}}{U\times\exp\left(0.64\times\dfrac{\Delta\theta}{\Delta Z}\right)}$
>
> 부력계수(F): $F=\dfrac{[g\times V_s\times D^2\times(T_s-T_a)]}{4T_a}$

① 약 196m ② 약 165m
③ 약 145m ④ 약 124m

해설

(1) 부력계수(F) 구하기

$$F=\frac{[g\times V_s\times D^2\times(T_s-T_a)]}{4T_a}$$

g: 중력가속도 (9.8m/s^2)
V_s: 연기의 속도(m/s)
D: 굴뚝의 직경(m)
T_s: 연기의 절대온도(K)
T_a: 대기의 절대온도(K)

$$F=\frac{9.8\times10\times4^2\times[(273+167)-(273+27)]}{4\times(273+27)}$$

$=182.9333\text{m}^4/\text{s}^3$

(2) 연기의 상승고(m) 구하기

$$\Delta H=\frac{173\times F^{\frac{1}{3}}}{U\times\exp(0.64\times\frac{\Delta\theta}{\Delta Z})}\quad (U\text{: 풍속(m/s)})$$

$$\Delta H=\frac{173\times182.9333^{\frac{1}{3}}}{5\times\exp(0.64\times0)}=196.4146\text{m}$$

※ $\exp(0)=1$

정답 ①

15 ★☆☆

다음에서 설명하는 대기분산모델로 가장 적합한 것은?

- 적용 모델식: 가우시안 모델
- 적용 배출원의 형태: 점, 선, 면
- 개발국: 영국
- 특징: 도시지역에서 오염물질의 이동 계산, 영국에서 많이 사용하는 모델임

① OCD ② UAM
③ ISCLT ④ ADMS

해설

ADMS(Atmospheric Dispersion Modeling System)
- 영국 CERC에서 개발한 모델로, 다양한 산업·교통 배출원에 적용할 수 있다.
- 건물의 난류 효과, 복잡한 지형, 열 배출 등 상세한 조건을 반영하여 예측할 수 있다.
- 영국, 유럽을 중심으로 규제 및 연구용으로 널리 사용되었다.

선지분석

① OCD(Offshore and Coastal Dispersion model)
- 미국 EPA가 해안 및 해상 지역의 오염물질 확산을 평가하기 위해 개발한 모델이다.
- 해상 석유 플랫폼, 연안 발전소 등에서 배출되는 오염물질이 바다 위와 해안에 미치는 영향을 예측할 때 사용된다.
- 바람과 대기 안정도 외에 해상 특유의 기상조건(육·해풍, 해양 표면 효과 등)을 반영할 수 있다.

② UAM(Urban Airshed Model)
- 도시 규모의 광역 대기질 예측 모델로 광화학반응, 2차 오염물질(오존 등) 형성까지 시뮬레이션할 수 있는 3차원 격자형 모델이다.
- 자동차 배출가스, 산업 배출 등 복합 배출원을 가진 대도시에서의 오존, 미세먼지 농도 예측에 적합하다.

③ ISCLT(Industrial Source Complex Long Term model)
- 산업단지 등 고정배출원의 장기(연평균, 계절별 등) 농도평균을 예측하는 모델로 낮은 굴뚝, 다양한 지형, 건물 장애 효과 등을 반영하여 예측할 수 있다.
- 현재는 AERMOD로 대체되었지만, 과거에는 미국 EPA의 대표적인 규제용 모델이었다.

정답 ④

16 ★★★

런던 스모그와 LA 스모그에 대한 설명으로 옳지 않은 것은?

① 런던 스모그의 가시거리는 100m 이하이다.
② LA 스모그는 광화학적 산화반응에 의해 발생했다.
③ 런던 스모그는 주로 자동차 배출가스 중의 질소산화물과 반응성 탄화수소에 의해 발생했다.
④ LA 스모그의 대기 안정도는 침강역전 상태이다.

해설

LA 스모그는 주로 자동차 배출가스 중의 질소산화물과 반응성 탄화수소에 의해 발생했다.

관련이론 | 런던 스모그와 LA 스모그

항목	런던 스모그	LA 스모그
기온	4℃ 이하	24~32℃
기간	겨울(12~1월)	여름(7~9월)
습도	85% 이상	70% 이하
시간	이른 아침	한낮
역전형태	접지역전(방사성 역전)	공중역전(침강성 역전)
대기의 안정도	기온역전, 무풍상태(매우 안정된 대기)	
오염물질	황산화물, H_2SO_4, 미스트 등	질소산화물, 오존, HC, PAN 등 광화학적 부산물
오염원	공장, 가정난방, 화력발전소 등 화석연료 사용	자동차
반응형태	열적 환원반응	광화학적 산화반응
가시거리	100m 이하	1km 이하
색	짙은 회색	연한 갈색

정답 ③

17

★☆☆

대기와 해양의 상호작용에 해당하는 엘니뇨와 라니냐에 관한 설명으로 옳지 않은 것은?

① 라니냐는 엘니뇨와 상대적인 현상으로 무역풍이 상대적으로 약화되어 서태평양의 온도가 감소한다.
② 대기와 해양의 상호작용으로 열대 동태평양에서 중태평양에 걸친 광범위한 구역에서 해수면의 온도 상승을 엘니뇨라 한다.
③ 엘니뇨와 라니냐는 서로 독립적인 현상이 아니라, 반대 위상을 가지는 자연계의 진동현상이라 할 수 있다.
④ 엘니뇨 시기에는 서태평양의 기압이 높아지고 남태평양의 기압이 내려가는 남방진동이 나타난다.

해설

라니냐는 엘니뇨의 반대 현상으로 무역풍이 상대적으로 강해져 서태평양의 온도가 상승한다.

관련이론 | 엘니뇨와 라니냐

- **엘니뇨 현상**
  열대 태평양 남미 해안으로부터 중태평양에 이르는 넓은 범위에서 해수면의 온도가 평균보다 0.5℃ 이상 높은 상태가 6개월 이상 지속되는 현상이다.
- **라니냐 현상**
  적도무역풍이 평년보다 강해지며, 서태평양의 해수면과 수온이 평년보다 상승하게 되고, 찬 해수의 용승현상 때문에 적도 동태평양에서 저수온 현상이 강화되어 나타나는 현상으로 해수면의 온도가 6개월 이상 0.5℃ 이상 낮은 현상이 지속되는 것을 말한다.

정답 ①

18

★☆☆

입자상 오염물질 중 흄(Fume)에 관한 설명으로 가장 거리가 먼 것은?

① 금속 산화물과 같이 가스상 물질이 승화, 증류 및 화학반응 과정에서 응축될 때 주로 생성되는 고체 입자이다.
② 20~50μm 정도의 크기가 대부분이다.
③ 활발한 브라운 운동을 한다.
④ 아연과 납 산화물의 훈연은 고온에서 휘발된 금속의 산화와 응축과정에서 생성된다.

해설

흄(Fume) 입자의 크기는 0.1~1μm 정도가 대부분이다.

관련이론 | 흄(Fume)의 특징

- 주로 금속이나 유기물질이 고온에서 기화(증발) 후 공기 중에서 산화되거나 응축해 생기는 초미세 고체 입자이다.
- 아연, 납 등의 금속이 고온에서 증발 → 산화 → 응축되며 발생하는 산화물 미립자이다.
- 입자 크기는 보통 1μm 이하이며, 대부분 0.1~1μm 범위에 형성되기 때문에 브라운 운동이 활발하다.
- 산업적으로 용접, 금속 주조, 고온처리 과정에서 많이 발생한다.

정답 ②

19

★★☆

먼지의 농도가 0.075mg/m^{3}인 지역의 상대습도가 70%일 때 가시거리(km)는? (단, 상수 A는 1.2이다.)

① 4　　② 16
③ 30　　④ 42

해설

상대습도 70%에서의 가시거리

$$L_v(\text{km}) = \frac{A \times 10^3}{G}$$

G: 분진농도(μg/m^3), A: 상수

$$L_v = \frac{1.2 \times 10^3}{75} = 16\text{km}$$

정답 ②

20

★★★

유효굴뚝높이가 60m인 굴뚝으로부터 SO_2가 125g/s의 속도로 배출되고 있다. 굴뚝 높이에서의 풍속이 6m/s일 때, 이 굴뚝으로부터 500m 떨어진 연기중심선상에서 오염물질의 지표농도(μg/m³)는? (단, 가우시안 모델식을 사용하고, 수평확산계수(σ_y)는 36m, 수직확산계수(σ_z)는 18.5m이며, 배출되는 SO_2는 화학적으로 반응하지 않는다.)

① 52 ② 66
③ 2,483 ④ 9,957

해설

가우시안 분산식을 이용한다.

$$C(x,y,z)=\frac{Q}{2\pi U\sigma_y\sigma_z}\left[\exp\left\{-\frac{1}{2}\left(\frac{y}{\sigma_y}\right)^2\right\}\right]\times\left[\exp\left\{-\frac{1}{2}\left(\frac{z-H_e}{\sigma_z}\right)^2\right\}+\exp\left\{-\frac{1}{2}\left(\frac{z+H_e}{\sigma_z}\right)^2\right\}\right]$$

Q: 오염물질 배출량

$$Q=\frac{125\text{g}}{\text{sec}}\times\frac{10^6\mu\text{g}}{\text{g}}=125\times10^6\mu\text{g/sec}$$

U: 풍속(m/s)

H_e: 유효굴뚝높이(m)

유효굴뚝높이=60m이므로 "60"

y: 풍향에 직각인 수평거리(m)

중심축상 오염농도를 구하므로 "0"

z: 지면으로부터 오염물질까지의 높이(m)

지상의 오염농도를 구하므로 "0"

$$C(x,0,0)=\frac{125\times10^6}{2\pi\times6\times36\times18.5}\left[\exp\left\{-\frac{1}{2}\left(\frac{0}{36}\right)^2\right\}\right]\times\left[\exp\left\{-\frac{1}{2}\left(\frac{0-60}{18.5}\right)^2\right\}+\exp\left\{-\frac{1}{2}\left(\frac{0+60}{18.5}\right)^2\right\}\right]$$

$$=51.7659\mu\text{g/m}^3$$

정답 ①

연소공학

21

★☆☆

기체연료에 관한 설명으로 옳지 않은 것은?

① 코크스 가스는 CH_4 및 H_2가 주성분이고, 발열량이 고로가스에 비해 크다.
② 천연가스를 수분, 기타의 잔류물을 제거하여 200기압 정도로 압축하여 자동차의 연료로 사용하면 옥탄가가 높아 유리하다.
③ 고로 가스의 주성분은 CO_2, H_2이다.
④ 발생로 가스는 코크스나 석탄을 불완전연소해서 얻는 가스이다.

해설

고로 가스의 주성분은 CO, N_2이다.

정답 ③

22

★★☆

3%의 황이 함유된 중유를 매일 100kL 사용하는 보일러에 황 함량이 1.5%인 중유를 30% 섞어 사용할 때, SO_2 배출량은 몇 % 감소하겠는가? (단, 중유의 황 성분은 모두 SO_2로 전환되며, 중유의 비중은 1.0으로 가정한다.)

① 30% ② 25%
③ 15% ④ 10%

해설

황(S) 1mol이 산소(O_2) 1mol과 반응하면 이산화황(SO_2) 1mol이 생성된다.

$$S+O_2\rightarrow SO_2$$

전량을 황 함량 3% 중유 사용 시 SO_2의 배출량

$$100{,}000\text{L}\times\frac{1\text{kg}}{\text{L}}\times\frac{3}{100}\times\frac{22.4\text{Sm}^3}{32\text{kg}}=2{,}100\text{Sm}^3$$

황 함량 1.5% 중유를 30% 섞었을 때 SO_2의 배출량

$$\left(100{,}000\text{L}\times\frac{1\text{kg}}{\text{L}}\times\frac{3}{100}\times\frac{22.4\text{Sm}^3}{32\text{kg}}\times0.7\right)+\left(100{,}000\text{L}\times\frac{1\text{kg}}{\text{L}}\times\frac{1.5}{100}\times\frac{22.4\text{Sm}^3}{32\text{kg}}\times0.3\right)=1{,}785\text{Sm}^3$$

SO_2 저감량

$$\frac{2{,}100-1{,}785}{2{,}100}\times100=15\%$$

정답 ③

23

★☆☆

가솔린엔진과 디젤엔진의 상대적인 특성을 비교한 내용으로 틀린 것은?

① 가솔린엔진은 예혼합연소, 디젤엔진은 확산연소에 가깝다.
② 가솔린엔진은 연소실 크기에 제한을 받는 편이다.
③ 디젤엔진은 공급 공기가 많기 때문에 배기가스 온도가 낮아 엔진 내구성에 유리하다.
④ 디젤엔진은 가솔린엔진에 비하여 자기착화온도가 높아 검댕, CO, HC의 배출농도 및 배출량이 많다.

해설

디젤엔진은 가솔린엔진에 비하여 자기착화온도가 낮아 압축점화가 가능하며, 검댕과 NO_X의 배출농도 및 배출량은 많으나 CO, HC의 배출농도 및 배출량이 적다.

정답 ④

24

★★☆

C_3H_7OH 9kg을 완전연소할 때 필요한 이론산소량(Sm^3)은?

① 11.78　② 12.64
③ 13.52　④ 15.12

해설

C_3H_7OH의 분자량은 60kg/kmol이다.

$C_3H_7OH + 4.5O_2 \rightarrow 3CO_2 + 4H_2O$

$C_3H_7OH : O_2 = 60kg : 4.5 \times 22.4Sm^3 = 9kg : xSm^3$

$x = 15.12Sm^3$

정답 ④

25

★☆☆

과잉공기가 지나칠 때 나타나는 현상으로 가장 거리가 먼 것은?

① 연소실 내 온도가 증가한다.
② 배기가스 중 NO_X의 양이 증가한다.
③ 배기가스의 온도가 낮아지고 매연이 감소한다.
④ 황산화물에 의한 전열면의 부식을 가중시킨다.

해설

과잉공기가 지나칠 때 연소실 내의 온도가 감소한다.

정답 ①

26

★★☆

어떤 1차 반응에서 100초 동안 반응물의 1/2이 분해되었다면 반응물의 1/10이 남을 때까지 걸리는 시간은?

① 234초　② 332초
③ 498초　④ 615초

해설

1차 반응식을 이용한다.

$\ln\frac{C_t}{C_0} = -kt$

C_t: t시간 후의 농도(ppm), C_0: 초기농도(ppm)

k: 반응속도상수(sec^{-1}), t: 시간(sec)

$\ln\left(\frac{50}{100}\right) = -k \times 100sec$

$k = 6.9315 \times 10^{-3}sec^{-1}$

반응물이 10% 남을 때까지 걸리는 시간

$\ln\left(\frac{10}{100}\right) = -(6.9315 \times 10^{-3})sec^{-1} \times t$

$t = 332.1915sec$

정답 ②

27

★☆☆

아래 식을 이용하여 $C_2H_4(g) \rightarrow C_2H_6(g)$ 반응의 엔탈피를 구하면?

㉠ $2C+2H_2 \rightarrow C_2H_4(g)$	$\Delta H_f=52.3kJ$
㉡ $2C+3H_2 \rightarrow C_2H_6(g)$	$\Delta H_f=-84.7kJ$

① $-137.0kJ$　② $-32.4kJ$
③ $32.4kJ$　④ $137.0kJ$

해설

㉠의 역반응식과 ㉡의 정반응식을 합한다.

$C_2H_4(g) \rightarrow 2C+2H_2$　$\Delta H_f=-52.3kJ$

$2C+3H_2 \rightarrow C_2H_6(g)$　$\Delta H_f=-84.7kJ$

$C_2H_4(g)+H_2 \rightarrow C_2H_6(g)$

$\Delta H_f=(-52.3)+(-84.7)=-137.0kJ$

정답 ①

28

★☆☆

르 샤틀리에가 주장한 열역학적인 평형이동에 관한 원리를 가장 적합하게 설명한 것은?

① 평형상태에 있는 물질계의 온도, 압력을 변화시키면 그 변화를 감소시키는 방향으로 반응이 진행된다.
② 평형상태에 있는 물질계의 온도, 압력을 변화시키면 그 변화를 증가시키는 방향으로 평형이동이 진행된다.
③ 평형상태에 있는 물질계의 온도, 압력을 변화시키면 그 변화는 도중의 경로에 관계하지 않고 시작과 끝 상태만으로 결정된다.
④ 평형상태에 있는 물질계의 온도, 압력을 변화시키면 그 변화는 압력에는 무관하고, 온도 변화를 감소시키는 방향으로 반응이 진행된다.

해설

르 샤틀리에 원리는 평형상태에 있는 물질의 온도, 압력을 변화시키면 그 변화를 감소시키는 방향으로 반응이 진행한다는 것을 설명한 원리이다.

정답 ①

29

★☆☆

석유계 액체연료의 탄수소비(C/H)에 대한 설명 중 옳지 않은 것은?

① C/H비가 클수록 이론공연비가 증가한다.
② C/H비가 클수록 방사율이 크다.
③ 중질연료일수록 C/H비가 크다.
④ C/H비가 크면 비교적 비점이 높은 연료는 매연이 발생하기 쉽다.

해설

탄수소비(C/H비)가 클수록 이론공연비가 감소한다.

관련이론 | 액체연료의 탄수소비(C/H비)

- 연료의 탄소와 수소의 비로, 석유계 연료의 탄수소비는 연소공기량과 발열량, 연소특성에도 영향을 미친다.
- 탄수소비가 클수록, 비교적 비점이 높을수록 연료의 매연 발생량은 증가한다.
- 탄수소비가 클수록 이론공연비가 감소하며 방사율이 커진다.
- 중질연료일수록 탄수소비가 크다.
- 탄수소비가 클수록 비교적 점성이 높은 연료이며, 매연이 발생하기 쉽다.
- 탄수소비: 중유 > 경유 > 등유 > 휘발유

정답 ①

30

★★★

황 함유량이 1.4wt%인 중유를 매시 109ton 연소시킬 때 SO_2의 배출량(Sm^3/hr)은? (단, 표준상태를 기준으로 하고, 황은 100% 반응하며, 이 중 5%는 SO_3로 배출, 나머지는 SO_2로 배출된다.)

① $931Sm^3/hr$　② $980Sm^3/hr$
③ $1,015Sm^3/hr$　④ $1,068Sm^3/hr$

해설

$S+O_2 \rightarrow SO_2$

$$\frac{109,000kg_{-중유}}{hr} \times \frac{1.4kg_{-S}}{100kg_{-중유}} \times \frac{95kg_{-S}}{100kg_{-S}} \times \frac{22.4Sm^3{}_{-SO_2}}{32kg_{-S}}$$

$=1,014.79Sm^3/hr$

정답 ③

31

★★★

다음 연소방식 및 연소장치에 관한 설명으로 거리가 먼 것은?

① 확산연소는 화염이 길고 그을음이 발생하기 쉽다.
② 예혼합연소는 혼합기의 분출속도가 느린 경우 역화의 위험이 있으므로 역화방지기를 부착해야 한다.
③ 유동층에서는 저열량연료, 점착성연료는 적용이 불가능하며, 탈황제의 주입 시 별도로 배연탈황설비가 필요하다.
④ 기화연소는 연료를 고온의 물체를 접촉 또는 충돌시켜 액체를 가연성 증기로 변환 후 연소시키는 방식이다.

해설
유동층에서는 저열량연료, 점착성연료의 적용이 가능하며, 탈황제를 연소실에 직접 주입할 수 있어 별도의 배연탈황설비 없이 탈황이 가능하다.

정답 ③

32

★☆☆

N_2O_5 분해반응은 아래와 같이 45℃에서 반응속도상수가 $5.1\times10^{-4}s^{-1}$인 1차 반응이다. N_2O_5의 농도가 0.25M에서 0.15M로 감소하는 데 필요한 시간은 얼마인가?

$$2N_2O_5(g) \rightarrow 4NO(g)+3O_2(g)$$

① 5min ② 9min
③ 12min ④ 17min

해설
1차 반응식을 이용한다.

$$\ln\frac{C_t}{C_0}=-kt$$

$$\ln\left(\frac{0.15}{0.25}\right)=-(5.1\times10^{-4})\times t$$

$$t=1{,}001.6189\text{sec}\times\frac{1\text{min}}{60\text{sec}}=16.69\text{min}$$

정답 ④

33

★★☆

등가비(Ø, Equivalent ratio)와 연소상태와의 관계를 설명한 것 중 옳지 않은 것은?

① Ø=1인 경우 완전연소로 연료와 산화제의 혼합이 이상적이다.
② Ø>1인 경우 연료 과잉이며, NO 발생량은 최대가 된다.
③ Ø<1인 경우 공기 과잉이며, CO 발생량은 최소가 된다.
④ Ø>1인 경우 불완전연소가 발생하며, 연료 과잉이다.

해설
Ø>1인 경우 연료 과잉이며, CO 발생량은 최대가 된다.

관련이론

당량비(등가비)
- 이론공연비와 실제 공급되는 공연비에 대한 비이다.
- 등가비와 공기비는 상호 반비례 관계이다.

당량비(등가비)의 관계식
- 등가비(Ø)=$\dfrac{\text{실제 연료량/산화제}}{\text{완전연소를 위한 이상적 연료량/산화제}}$
- 등가비>1: 연료에 비해 공기 부족, 불완전연소, 일산화탄소 발생량 증가
- 등가비=1: 이상적인 연소 형태
- 등가비<1: 연료에 비해 공기 과잉, 질소산화물 증가

정답 ②

34

★☆☆

질소 및 산소를 포함하지 않은 액체 연료의 이론건배기가스량 G_{od}(Sm^3/kg)와 이론공기량 A_O의 관계로 알맞은 것은? (단, H는 연료 중의 수소의 중량분율이다.)

① $G_{od}=A_O-8.2H$
② $G_{od}=A_O-5.6H$
③ $G_{od}=A_O-4.5H$
④ $G_{od}=A_O-3.7H$

해설

이론건연소가스량=이론공기 중 질소량+건연소생성물

$G_{od}=(1-0.21)A_O+1.867C+0.7S+0.8N$

$\quad = A_O-0.21A_O+1.867C+0.7S+0.8N$

여기서 $0.21A_O$는 이론산소량(O_O), 1.867C는 CO_2 발생량, 0.7S는 SO_2 발생량, 0.8N은 N_2 발생량이다.

이론산소량(O_O)$=1.867C+5.6H+0.7S-0.7O$

G_{od}

$=A_O-(1.867C+5.6H+0.7S-0.7O)+1.867C+0.7S+0.8N$

$=A_O-5.6H+0.7O+0.8N$

연료 중 산소와 질소는 없으므로

$G_{od}=A_O-5.6H$

정답 ②

35

★☆☆

1 centi-poise(cP)는 몇 kg/m · sec인가?

① 1/1,000 ② 1/100
③ 100 ④ 1,000

해설

1cP=0.01g/cm · sec

$$=\frac{0.01\text{g}}{\text{cm}\cdot\text{sec}}\times\frac{1\text{kg}}{1{,}000\text{g}}\times\frac{100\text{cm}}{1\text{m}}=0.001\text{kg/m}\cdot\text{sec}$$

정답 ①

36

★★★

연소 가스 분석 결과 CO_2는 11%, O_2는 7%일 때, $(CO_2)_{max}$(%)는?

① 11.5% ② 16.5%
③ 22.5% ④ 33.5%

해설

CO=0일 때

$$CO_{2max}(\%)=\frac{21\times CO_2}{21-O_2}=\frac{21\times 11}{21-7}=16.5\%$$

정답 ②

37

★★☆

액체 연료의 성분 분석 결과 탄소 84%, 수소 11%, 황 2.4%, 산소 1.3%, 수분 1.3%이었다면 이 연료의 저위발열량은? (단, Dulong 식을 사용하여 계산한다.)

① 약 8,000kcal/kg ② 약 10,000kcal/kg
③ 약 13,000kcal/kg ④ 약 15,000kcal/kg

해설

저위발열량=고위발열량−물의 증발잠열

물의 증발잠열$=600(9H+W)$

H, W: 수소, 물의 함량

(1) 고위발열량(H_h) 계산

$$H_h(\text{kcal/kg})=8{,}100C+34{,}250\left(H-\frac{O}{8}\right)+2{,}250S$$

C, H, O, S: 탄소, 수소, 산소, 황의 함량

$$H_h=(8{,}100\times 0.84)+34{,}250\times\left(0.11-\frac{0.013}{8}\right)+(2{,}250\times 0.024)$$
$$=10{,}569.8438\text{kcal/kg}$$

(2) 저위발열량(H_l) 계산

$$H_l=H_h-600(9H+W)$$
$$=10{,}569.8438-600\times(9\times 0.11+0.013)$$
$$=9{,}968.0438\text{kcal/kg}$$

정답 ②

38 ★★☆

프로판 : 부탄=1 : 1의 부피비로 구성된 LPG를 완전연소시켰을 때 발생하는 건조연소가스의 CO_2 농도가 13%이었다. 이 LPG $1m^3$를 완전연소할 때, 생성되는 건조연소가스량(m^3)은?

① 12 ② 19
③ 27 ④ 38

해설

LPG $1m^3$에는 프로판과 부탄이 각각 $0.5m^3$ 들어있다.

구분	프로판(C_3H_8)	부탄(C_4H_{10})
연소 반응식	$C_3H_8+5O_2 \rightarrow 3CO_2+4H_2O$	$C_4H_{10}+6.5O_2 \rightarrow 4CO_2+5H_2O$
이론 산소량	$0.5\times5=2.5m^3$	$0.5\times6.5=3.25m^3$
이론 공기량	$\frac{2.5}{0.21}=11.9048m^3$	$\frac{3.25}{0.21}=15.4762m^3$
이론공기 중 질소량	$11.9048\times0.79=9.4048m^3$	$15.4762\times0.79=12.2262m^3$
과잉공기량	x	
건조 연소생성물	$0.5\times3=1.5m^3(CO_2)$	$0.5\times4=2m^3(CO_2)$

건조연소가스량=이론공기 중 질소량+과잉공기량+건조연소생성물
$=(9.4048+12.2262)+x+(1.5+2)$
$=25.1310+x$

문제에서 건조연소가스의 CO_2의 농도가 13%로 주어졌다.

CO_2 농도$=\frac{1.5+2}{25.1310+x}\times100=13$

$x=1.7921m^3$

건조연소가스량$=25.1310+1.7921=26.9231m^3$

정답 ③

39 ★☆☆

메탄: 50%, 에탄: 30%, 프로판: 20%으로 구성된 혼합가스의 폭발범위는? (단, 메탄의 폭발범위는 5~15%, 에탄의 폭발범위는 3~12.5%, 프로판의 폭발범위는 2.1~9.5%이고, 르 샤틀리에의 식을 적용한다.)

① 1.2~8.6% ② 1.9~9.6%
③ 2.5~10.8% ④ 3.4~12.8%

해설

(1) 폭발하한값 구하기

$$\frac{100}{LEL}=\frac{V_1}{L_1}+\frac{V_2}{L_2}+\frac{V_3}{L_3}=\frac{50}{5}+\frac{30}{3}+\frac{20}{2.1}$$

LEL: 폭발하한, V: 각 가스의 부피(%), L: 각 가스의 폭발하한계

$LEL=3.3871\%$

(2) 폭발상한값 구하기

$$\frac{100}{UEL}=\frac{V_1}{U_1}+\frac{V_2}{U_2}+\frac{V_3}{U_3}=\frac{50}{15}+\frac{30}{12.5}+\frac{20}{9.5}$$

UEL: 폭발상한, V: 각 가스의 부피(%), U: 각 가스의 폭발상한계

$UEL=12.7574\%$

(3) 폭발범위: 3.3871~12.7574%

정답 ④

40 ★☆☆

다음은 옥탄가에 관한 설명이다. ( ) 안에 들어갈 말로 옳은 것은?

> 옥탄가는 시험 가솔린의 노킹 정도를 (㉠)과 (㉡)의 혼합표준연료의 노킹 정도와 비교했을 때, 공급 가솔린과 동등한 노킹 정도를 나타내는 혼합표준연료 중의 (㉠)%를 말한다.

① ㉠ iso−octane, ㉡ n−butane
② ㉠ iso−octane, ㉡ n−heptane
③ ㉠ iso−propane, ㉡ n−pentane
④ ㉠ iso−pentane, ㉡ n−butane

해설

옥탄가는 시험 가솔린의 노킹 정도를 iso−octane과 n−heptane의 혼합표준연료의 노킹 정도와 비교했을 때, 공급 가솔린과 동등한 노킹 정도를 나타내는 혼합표준연료 중의 iso−octane%를 말한다.

정답 ②

대기오염방지기술

41
★★★

집진율이 88%인 사이클론과 집진율이 94%인 전기집진장치를 직렬로 연결하여 입자를 제거할 경우, 총 집진효율(%)은?

① 90.3　　② 94.3
③ 96.3　　④ 99.3

해설

1차	유입: 100 유출: $100\times(1-0.88)=12$
2차	유입: 12 유출: $12\times(1-0.94)=0.72$
총 집진효율	$\frac{100-0.72}{100}\times 100\% = 99.28\%$

정답 ④

42
★★★

전기집진장치 유지관리에 관한 사항으로 가장 거리가 먼 것은?

① 시동 시 고전압 회로의 절연저항이 100kΩ 이상이 되어야 한다.
② 운전 시 1차 전압이 낮은데도 과도한 2차 전류가 흐를 때는 고압회로의 절연불량인 경우가 많다.
③ 운전 시 2차 전류가 주기적으로 변동하는 것은 방전극에 의한 영향이 크다.
④ 정지 시 접지저항은 적어도 연 1회 이상 점검하고 10Ω 이하로 유지한다.

해설

전기집진장치 시동 시 고전압 회로의 절연저항이 100MΩ 이상이 되어야 한다.

정답 ①

43
★★☆

덕트 직경이 30cm, 공기 유속이 15m/s일 때 레이놀즈 수는? (단, 공기의 점성계수는 약 1.85×10^{-5}kg/m · sec, 밀도는 1.2kg/m^{3}이다.)

① 약 290,000　　② 약 330,000
③ 약 360,000　　④ 약 390,000

해설

$$Re=\frac{D\times\rho\times V}{\mu}$$

D: 원통의 직경(m)
ρ: 유체의 밀도(kg/m^3)
V: 유체의 속도(m/s)
μ: 점성계수(kg/m · sec)

$$Re=\frac{0.3\text{m}\times1.2\text{kg/m}^3\times15\text{m/sec}}{1.85\times10^{-5}\text{kg/m}\cdot\text{sec}}=291{,}891.8919$$

$D=30\text{cm}=0.30\text{m}$

정답 ①

44
★★☆

유해가스와 물이 일정한 온도에서 평형상태에 있다. 기상의 유해가스의 분압이 40mmHg일 때 수중 가스의 농도가 16.5kmol/m^{3}이다. 이 경우 헨리상수(atm · m^3/kmol)는 약 얼마인가?

① 1.5×10^{-3}　　② 3.2×10^{-3}
③ 4.3×10^{-2}　　④ 5.6×10^{-2}

해설

헨리의 법칙을 이용한다.

$P=HC$

P: 분압(atm), H: 헨리상수(atm·m^3/kmol)
C: 유해가스의 농도(kmol/m^3)

$$40\text{mmHg}\times\frac{\text{atm}}{760\text{mmHg}}=H\times16.5\text{kmol/m}^3$$

$H=3.1898\times10^{-3}\text{atm}\cdot\text{m}^3/\text{kmol}$

정답 ②

45

★☆☆

목(Throat) 부분의 지름이 30cm인 Venturi Scrubber를 사용하여 $360m^3$/min의 함진가스를 처리할 때, 320L/min의 세정수를 공급할 경우 이 부분의 압력손실(mmH_2O)은? (단, 가스 밀도는 $1.2kg/m^3$이고, 압력손실계수는 (0.5+액가스비)이다.)

① 약 545 ② 약 578
③ 약 613 ④ 약 664

해설

$$\Delta H = (0.5+L)\times\frac{\gamma V^2}{2g}$$

L: 액가스(L/m^3), γ: 배출가스의 비중량 또는 밀도(kg/m^3)
V: 가스 유속(m/s), g: 중력가속도($9.8m/s^2$)

$$V=\frac{Q}{A}=\frac{\frac{360m^3}{min}\times\frac{min}{60sec}}{\frac{\pi}{4}\times(0.3m)^2}=84.8826m/sec$$

$$L=\frac{320L/min}{360m^3/min}=0.8889L/m^3$$

$$\Delta P=(0.5+0.8889)\times\frac{1.2\times84.8826^2}{2\times9.8}=612.6797mmH_2O$$

정답 ③

46

★☆☆

직경이 500mm인 관에 $60m^3$/min의 공기가 통과한다면 공기의 이동속도는?

① 5.1m/sec ② 5.7m/sec
③ 6.2m/sec ④ 6.9m/sec

해설

$$v=\frac{Q}{A}=\frac{\frac{60m^3}{min}\times\frac{min}{60sec}}{\frac{\pi}{4}\times(0.5m)^2}=5.0930m/sec$$

정답 ①

47

★☆☆

액측 저항이 큰 경우 이용하기 유리한 가스분산형 흡수장치는?

① 충전탑 ② 다공판탑
③ 분무탑 ④ 하이드로필터

해설

- 액측 저항이 큰 경우 유리한 가스분산형 흡수장치: 단탑, 포종탑, 다공판탑, 기포탑 등
- 가스측 저항이 큰 경우 유리한 액분산형 흡수장치: 충전탑, 분무탑, 벤츄리 스크러버, 사이클론 스크러버 등

관련이론 | 기체의 용해도와 흡수장치

- 기체와 흡수액 간의 용해도가 큰 기체는 상대적으로 헨리상수가 작으며 가스(기체)의 저항이 지배적이므로 액분산형 흡수장치를 사용한다.
- 가스측 저항이 큰 경우 유리한 액분산형 흡수장치: 충전탑, 분무탑, 벤츄리 스크러버, 사이클론 스크러버 등
- 기체와 흡수액 간의 용해도가 작은 기체는 상대적으로 헨리상수가 크고 흡수액(액체)의 저항이 지배적이므로 가스분산형 흡수장치를 사용한다.
- 액측 저항이 큰 경우 유리한 가스분산형 흡수장치: 단탑, 포종탑, 다공판탑, 기포탑 등

정답 ②

48

★★☆

냄새물질의 화학구조에 대한 설명으로 가장 거리가 먼 것은?

① 골격이 되는 탄소 수가 적을수록 관능기 특유의 냄새가 강하고 자극적이나 8~13개일 때 가장 냄새가 강하다.
② 불포화도(이중결합 및 삼중결합의 수)가 높으면 냄새가 더욱 강하게 난다.
③ 락톤 및 케톤 화합물은 환상이 크게 되면 냄새가 강해진다.
④ 분자 내 수산기의 수가 증가할수록 냄새가 강하다.

해설

분자 내 수산기의 수가 증가할수록 냄새가 약하다.

정답 ④

49

★☆☆

배출가스의 흐름이 층류일 때 입경 100μm 입자가 100% 침강하는 데 필요한 중력침강실의 길이는? (단, 중력 침강실의 높이는 1m, 배출가스의 유속은 2m/s, 입자의 종말침강속도는 0.5m/s이다.)

① 1m ② 4m
③ 10m ④ 16m

해설

100% 제거하기 위한 중력집진장치의 설계 공식

$$\frac{V_g}{V}=\frac{H}{L}$$

V_g: 입자의 종말침강속도(m/s), V: 유속(m/s), H: 높이(m), L: 길이(m)

$$\frac{0.5}{2}=\frac{1}{L}$$

$L=4\text{m}$

정답 ②

50

★☆☆

입구 직경이 400mm인 접선유입식 사이클론으로 함진가스 100m³/min을 처리할 때, 배출가스의 밀도는 1.28kg/m³이고 압력손실계수가 8이면 사이클론 내 압력손실은?

① 83mmH₂O ② 92mmH₂O
③ 114mmH₂O ④ 126mmH₂O

해설

$$\Delta P=k\times\frac{\gamma V^2}{2g}$$

k: 압력손실계수

γ: 배출가스의 비중량 또는 밀도(kg/m^3)

V: 가스유속(m/s)

g: 중력가속도(9.8m/s^2)

$$V=\frac{Q}{A}=\frac{\frac{100\text{m}^3}{\text{min}}\times\frac{\text{min}}{60\text{sec}}}{\frac{\pi}{4}\times(0.4\text{m})^2}=13.2629\text{m/sec}$$

$$\Delta P=8\times\frac{1.28\times(13.2629)^2}{2\times 9.8}$$
$$=91.9011\text{mmH}_2\text{O}$$

정답 ②

51

★☆☆

평판형 집진기(3.0m×2.3m)가 평행으로, 극판 간 거리 0.3m로 6개가 설치되어 있다. 내부는 양면 집진판이며 양 끝 집진판은 하나의 집진면을 가질 때 집진장치를 가동하여 얻을 수 있는 집진효율은? (단, 유입 배기가스 총 유량은 $100\text{m}^3/\text{min}$이며 각 집진판으로 균일하게 분배되어 처리되며, 10g/m^3의 먼지를 분진 입자의 겉보기 이동속도 0.1m/sec로 고정하여 집진장치를 가동한다.)

① 99.5% ② 98.4%
③ 97% ④ 95.5%

해설

Deutsch－Anderson 식을 이용한다.

$$\eta=1-e^{\left(-\frac{A\times W_e}{Q}\right)}$$

A: 단면적(m^2)

$A=3.0\text{m}\times 2.3\text{m}\times 10=69\text{m}^2$

W_e: 먼지의 겉보기 이동속도(m/sec)

Q: 유량(m^3/sec)

$$Q=\frac{100\text{m}^3}{\text{min}}\times\frac{\text{min}}{60\text{sec}}=1.6667\text{m}^3/\text{sec}$$

$$\eta=\ 1-e^{\left(-\frac{69\times 0.1}{1.6667}\right)}=0.9841=98.41\%$$

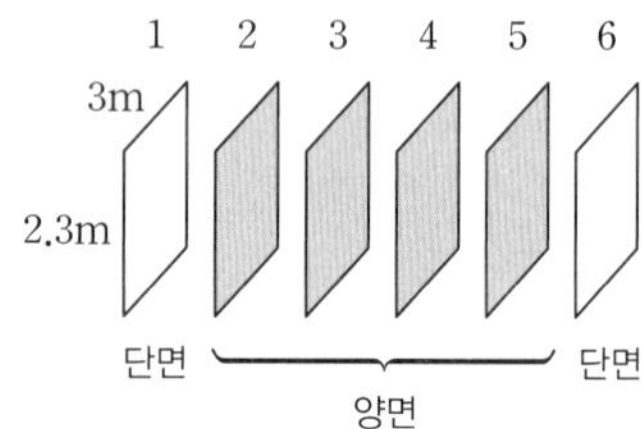

정답 ②

52 ★☆☆

다음 여과재(Filter bag) 재질 중 내산성 및 내알칼리성이 모두 양호한 것은?

① 비닐론　② 사란
③ 테트론　④ 나일론(폴리에스테르계)

선지분석

② 사란: 알칼리에 약함
③ 테트론: 내산성을 가지고, 알칼리에 약함
④ 나일론(폴리에스테르계): 내산성을 가지고, 알칼리에 약함

관련이론 | 여과재 재질의 종류

종류	최고사용온도(℃)	내산성	내알칼리성
목면	80	없음	보통
사란	80	보통	없음
양모	80	보통	없음
데비론	95	우수	우수
카네카론	100	우수	우수
비닐론	100	우수	우수
나일론(폴리아미드계)	110	보통	우수
오론	150	우수	없음
나일론(폴리에스테르계)	150	우수	없음
테트론	150	우수	없음
유리섬유(Glass fiber)	250	우수	없음
테프론	250	우수	우수

정답 ①

53 ★★☆

저위발열량이 9,000kcal/Sm^3인 기체연료를 15℃의 공기로 연소할 때, 이론 연소가스량은 25Sm^3/Sm^3이고 이론 연소온도는 2,500℃이다. 이때 연료가스의 평균 정압비열(kcal/Sm^3·℃)은? (단, 기타 조건은 고려하지 않는다.)

① 0.145　② 0.243
③ 0.384　④ 0.432

해설

$$\text{이론연소온도} = \text{기준온도} + \frac{\text{저위발열량}}{\text{평균 정압비열} \times \text{이론 연소가스량}}$$

$$= 15 + \frac{9{,}000}{x \times 25} = 2{,}500℃$$

$x = 0.1449\text{kcal/Sm}^3 \cdot ℃$

정답 ①

54 ★★☆

반지름이 200mm, 유효높이가 10m인 원통형 백 필터를 사용하여 농도가 8g/m^3인 배출가스를 20m^3/s로 처리하고자 한다. 겉보기 여과속도를 1.5cm/s라고 할 때 필요한 백 필터의 수는?

① 99　② 103
③ 107　④ 111

해설

여과유량＝여과속도×필터면적×필터의 개수
원통형 필터면적＝$\pi \times 2 \times 0.2\text{m} \times 10\text{m}$
$20\text{m}^3/\text{sec} = 0.015\text{m/sec} \times (\pi \times 2 \times 0.2\text{m} \times 10\text{m}) \times n$
$n = 106.1033 \rightarrow 107$개

정답 ③

55

★☆☆

어떤 전기집진장치의 처리가스량 대 집진면적의 비(A/Q)가 $20m^2/(1,000m^3/hr)$일 때 집진효율은 90%이다. 이 전기집진장치의 A/Q가 $40m^2/(1,000m^3/hr)$일 때 예상되는 집진효율(%)은? (단, Deutsch-Anderson 식을 이용하여 계산하고, 기타 조건의 변화는 없다.)

① 약 92%　② 약 94%
③ 약 97%　④ 약 99%

해설

$\eta=1-e^{\left(-\frac{A\times W_e}{Q}\right)}$

η: 집진효율
A: 집진면적
W_e: 먼지의 겉보기 이동속도
Q: 처리가스량

(1) A/Q = $20m^2/(1,000m^3/hr)$일 때 먼지의 겉보기 이동속도

$0.9=1-e^{\left(-\frac{20\times W_e}{1,000}\right)}$

$W_e=115.1293m/hr$

(2) A/Q = $40m^2/(1,000m^3/hr)$일 때 집진효율

$\eta=1-e^{\left(-\frac{40\times 115.1293}{1,000}\right)}=0.9900=99.00\%$

※ W_e 값은 공학용계산기의 SOLVE 기능을 이용해서 구하는 것이 더 편리합니다.

정답 ④

56

★★☆

충전탑(Packed tower) 내 충전물이 갖추어야 할 조건으로 적절하지 않은 것은?

① 단위 체적당 넓은 표면적을 가질 것
② 압력손실이 작을 것
③ 충전밀도가 작을 것
④ 공극률이 클 것

해설

충전탑 내 충전물은 충전밀도가 커야 한다.

정답 ③

57

★☆☆

다음 중 저온부식을 방지하기 위한 방법으로 가장 거리가 먼 것은?

① 과잉공기를 줄여서 연소한다.
② 가스 온도를 산노점 이하가 되도록 조절한다.
③ 연료를 전처리하여 황 함량을 낮춘다.
④ 장치표면을 내식재료로 피복한다.

해설

저온부식을 방지하기 위해서는 연소 가스의 온도를 산노점보다 높게 유지해야 한다.

정답 ②

58

★★☆

Bag filter에서 먼지부하가 $360g/m^2$일 때마다 부착먼지를 간헐적으로 탈락시키고자 한다. 유입가스 중의 먼지농도가 $10g/m^3$이고, 겉보기 여과속도가 1cm/sec일 때 부착먼지의 탈락시간 간격은? (단, 집진율은 80%이다.)

① 약 0.4hr　② 약 1.3hr
③ 약 2.4hr　④ 약 3.6hr

해설

부착먼지의 탈락시간 간격(t)$=\frac{L_d}{C_i\times V_f\times\eta}$

L_d: 먼지부하(g/m^2), C_i: 입구 먼지농도(g/m^3)
V_f: 여과속도(m/hr), η: 집진효율

$$t=\frac{\frac{360g}{m^2}}{\frac{10g}{m^3}\times\frac{0.01m}{sec}\times\frac{3,600sec}{hr}\times\frac{80}{100}}=1.25hr$$

정답 ②

59

★★★

전기집진장치에서 먼지의 전기 비저항이 높은 경우 전기 비저항을 낮추기 위해 주입하는 물질로 가장 거리가 먼 것은?

① 수증기　② NH_3
③ H_2SO_4　④ NaCl

해설

전기집진장치에서 먼지의 전기 비저항이 낮은 경우 NH_3 주입, 온도와 습도 조절 등으로 전기 비저항을 높이고, 전기 비저항이 높은 경우 황함량이 높은 연료를 사용하거나 SO_3, H_2SO_4, NaCl, 트라이에틸아민을 주입하여 전기비저항을 낮춘다.

정답 ②

60

★☆☆

벤츄리 스크러버의 특성에 관한 설명으로 옳지 않은 것은?

① 유수식 중 집진율이 가장 높고, 목부의 처리가스 유속은 보통 15~30m/s 정도이다.
② 물방울 입경과 먼지 입경의 비는 150 : 1 전후가 좋다.
③ 액가스비의 경우 일반적으로 친수성은 10μm 이상의 큰 입자가 0.3L/m^3 전후이다.
④ 먼지 및 가스 유동에 민감하고 대량의 세정액이 요구된다.

해설

밴츄리 스크러버는 유수식 중 집진율이 가장 높고, 목부의 처리가스 유속은 보통 60~90m/s 정도이다.

정답 ①

대기오염공정시험기준

61

★★☆

다음은 비분산적외선분광분석법 중 응답시간(Response time)의 성능 기준을 나타낸 것이다. ㉠, ㉡에 들어갈 말로 알맞은 것은?

> 제로 조정용 가스를 도입하여 안정된 후 유로를 스팬가스로 바꾸어 기준 유량으로 분석기에 도입하여 그 농도를 눈금 범위 내의 어느 일정한 값으로부터 다른 일정한 값으로 갑자기 변화시켰을 때 스텝(Step) 응답에 대한 소비시간이 (㉠) 이내이어야 한다. 또 이때 최종 지시값에 대한 90%의 응답을 나타내는 시간은 (㉡) 이내이어야 한다.

① ㉠ 1초, ㉡ 40초
② ㉠ 1초, ㉡ 60초
③ ㉠ 5초, ㉡ 40초
④ ㉠ 5초, ㉡ 60초

해설

응답시간은 스텝 응답에 대한 소비시간이 1초 이내이어야 하며, 최종 지시값에 대한 90%의 응답을 나타내는 시간은 40초 이내이어야 한다.

정답 ①

2025년

62 ★☆☆

환경대기 중의 시료채취 시 주의사항으로 옳지 않은 것은?

① 바람이나 눈, 비로부터 보호하기 위하여 측정기기는 실내에 설치하고 채취구를 밖으로 연결할 경우 채취관 벽과의 반응, 흡착, 흡수 등에 의한 영향을 최소한도로 줄일 수 있는 재질과 방법을 선택한다.

② 시료채취 시간은 원칙적으로 그 오염물질의 영향을 고려하여 결정한다.

③ 채취관을 장기간 사용하여 관 내에 분진이 퇴적하거나 퇴적할 분진이 기체와 반응 또는 흡착하는 것을 막기 위하여 채취관은 항상 깨끗한 상태로 보존한다.

④ 입자상 물질을 채취할 경우에는 채취관 벽에 분진이 부착 또는 퇴적하는 것을 피하고 특히 채취관은 수평 방향으로 연결할 경우에는 되도록 관의 길이를 길게 하고 곡률반경을 작게 한다.

해설

입자상 물질을 채취할 때 채취관은 수평 방향으로 연결할 경우 관의 길이는 되도록 짧게 하고 곡률반경은 크게 한다. 또한 입자상 물질을 채취할 때에는 기체의 흡착, 유기성분의 증발, 기화 또는 변화하지 않도록 주의한다.

정답 ④

63 ★★☆

기체크로마토그래피에서 일반적으로 사용하는 고정상 액체의 종류 중 탄화수소계에 해당하는 것은?

① 이염기산다이에스테르

② 스쿠아란

③ 폴리아미드수지

④ 메틸실리콘

선지분석

① 이염기산다이에스테르: 에스테르계

③ 폴리아미드수지: 폴리아미드계

④ 메틸실리콘: 실리콘계

관련이론 | 고정상 액체의 종류

종류	물질명
탄화수소계	• 헥사데칸 • 스쿠아란(Squalane) • 고진공 그리이스
실리콘계	• 메틸실리콘 • 페닐실리콘 • 사이아노실리콘 • 불화규소
폴리글리콜계	• 폴리에틸렌글리콜 • 메톡시폴리에틸렌글리콜
에스테르계	이염기산다이에스테르
폴리에스테르계	이염기산폴리글리콜디에스테르
폴리아미드계	폴리아미드수지
에테르계	폴리페닐에테르
기타	• 인산트리크레실 • 다이에틸포름아미드 • 다이메틸술포란

정답 ②

64

★☆☆

다음은 자외선/가시선 분광법에서 사용되는 흡수셀의 세척 방법에 대한 설명을 나타낸 것이다. (　　) 안에 들어갈 말로 옳은 것은?

> 탄산소듐(Na_2CO_3) 용액 (20g/L)에 소량의 음이온 계면활성제를 가한 용액에 흡수셀을 담가 놓고 필요하면 (　　)로 약 10분간 가열한다. 흡수셀을 꺼내 정제수로 씻은 후 질산(1+5)에 소량의 과산화수소를 가한 용액에 약 30분간 담가 놓았다가 꺼내어 정제수로 잘 씻는다.

① 20~30℃　　② 30~40℃
③ 40~50℃　　④ 50~60℃

해설

흡수셀 세척 시 용액에 흡수셀을 담가놓고 필요하면 40~50℃로 약 10분간 가열한다.

정답 ③

65

★★☆

기체-액체 크로마토그래피에서 사용되는 고정상 액체(Stationary Liquid)의 조건으로 옳은 것은?

① 사용온도에서 증기압이 낮고, 점성이 작은 것이어야 한다.
② 사용온도에서 증기압이 낮고, 점성이 큰 것이어야 한다.
③ 사용온도에서 증기압이 높고, 점성이 작은 것이어야 한다.
④ 사용온도에서 증기압이 높고, 점성이 큰 것이어야 한다.

해설

기체-액체 크로마토그래피에서 사용하는 고정상 액체는 사용온도에서 증기압이 낮고, 점성이 작은 것이어야 한다.

정답 ①

66

★★☆

다음 중 흡광차분광법에 대한 설명으로 옳지 않은 것은?

① 광원부는 발·수광부 및 광케이블로 구성된다.
② 일반 흡광광도법은 미분적이며 흡광차분광법은 적분적이라는 차이점이 있다.
③ 광원으로 180~2,850nm의 파장을 갖는 제논 램프를 사용한다.
④ 주로 사용되는 검출기는 자외선 및 가시선 흡수 검출기이다.

해설

흡광차분광법은 광전자증배관(Photo Multiplier Tube) 검출기 또는 PDA(Photo Diode Array) 검출기를 주로 사용한다.

정답 ④

67

★★☆

어떤 사업장의 굴뚝에서 배출되는 오염물질의 농도가 400ppm이고 표준산소농도가 5%, 실측산소농도가 9%일 때, 보정된 오염물질의 농도(ppm)는?

① 527.3　　② 533.3
③ 535.3　　④ 539.3

해설

$$C = C_a \times \frac{21 - O_s}{21 - O_a} = 400 \times \frac{21-5}{21-9} = 533.3333\text{ppm}$$

C_a: 실측오염물질농도(ppm)
O_s: 표준산소농도(%), O_a: 실측산소농도(%)

정답 ②

68

★★★

굴뚝 내 배출가스 유속을 피토우관으로 측정한 결과 그 동압이 38mmH_2O였다면 굴뚝 내의 배출유속(m/s)은? (단, 배출가스의 온도는 235℃, 공기의 비중량은 1.3kg/Sm^3, 피토우관 계수는 0.98이다.)

① 31.41 ② 32.00
③ 32.52 ④ 33.78

해설

$$V=C\sqrt{\frac{2gh}{\gamma}}$$

C: 피토우관 계수
h: 배출가스 동압측정치(mmH_2O)
g: 중력가속도(9.8m/s^2)
γ: 굴뚝 내의 습한 배출가스 밀도(kg/m^3)

$$\gamma=\frac{1.3\text{kg}}{\text{Sm}^3\times\frac{(273+235)\text{K}}{273\text{K}}}=0.6986\text{kg/m}^3$$

$$V=0.98\times\sqrt{\frac{2\times9.8\times38}{0.6986}}=31.9986\text{m/sec}$$

정답 ②

69

★☆☆

다음 중 대기오염공정시험기준상 화학분석 일반사항에 대한 내용으로 옳지 않은 것은?

① 냉수는 15℃ 이하, 온수는 60~70℃, 열수는 약 100℃를 말한다.
② 혼액 (1+2), (1+5), (1+5+10) 등으로 표시한 것은 액체상의 성분을 각각 1 용량 대 2 용량, 1 용량 대 5 용량 또는 1 용량 대 5 용량 대 10 용량의 비율로 혼합한 것을 뜻한다.
③ "약"이란 그 무게 또는 부피 등에 대하여 ±5% 이상의 차가 있어서는 안 된다.
④ "냉후"라 표시되어 있을 때는 보온 또는 가열 후 실온까지 냉각된 상태를 뜻한다.

해설

"약"이란 그 무게 또는 부피 등에 대하여 ±10% 이상의 차가 있어서는 안 된다.

정답 ③

70

★★☆

0.02M 황산 용액 100mL를 중화하는 데 필요한 0.3M 수산화나트륨 용액의 양은 몇 mL인가?

① 13.33 ② 15.37
③ 16.23 ④ 18.97

해설

$n_1M_1V_1=n_2M_2V_2$
$2\times0.02\text{M}\times100\text{mL}=1\times0.3\text{M}\times x\text{mL}$
$x=13.3333\text{mL}$

정답 ①

71

★★☆

연도 배출가스 중의 수분의 부피백분율을 측정하기 위하여 흡습관에 배출가스 10L를 흡인하여 유입시킨 결과 흡습관의 중량은 0.82g 증가하였다. 이때 가스흡인은 건식 가스미터로 측정하여 그 가스미터의 가스 게이지압은 4mmHg이고, 온도는 27℃이었다. 그리고 대기압은 760mmHg이었다면 이 배출가스 중 수분량(%)은?

① 약 10% ② 약 13%
③ 약 16% ④ 약 18%

해설

$$X_w=\frac{\frac{22.4}{18}m_a}{V_m\times\frac{273}{273+\theta_m}\times\frac{P_a+P_m}{760}+\frac{22.4}{18}m_a}\times100\%$$

X_w: 배출가스 중의 수증기의 부피 백분율(%)
m_a: 흡습 수분의 질량($m_{a2}-m_{a1}$)(g)
V_m: 흡입한 가스량(L)
θ_m: 가스미터에서의 흡입 가스온도(℃)
P_a: 측정공 위치에서의 대기압(mmHg)
P_m: 가스미터에서의 게이지압(mmHg)

$$X_w=\frac{\frac{22.4}{18}\times0.82}{10\times\frac{273}{273+27}\times\frac{760+4}{760}+\frac{22.4}{18}\times0.82}\times100\%$$

$$=10.0355\%$$

정답 ①

72

★★★

이온크로마토그래피의 일반적인 장치 구성순서로 옳은 것은?

① 펌프 – 시료주입장치 – 용리액조 – 분리관 – 검출기 – 써프렛서
② 용리액조 – 펌프 – 시료주입장치 – 분리관 – 써프렛서 – 검출기
③ 시료주입장치 – 펌프 – 용리액조 – 써프렛서 – 분리관 – 검출기
④ 분리관 – 시료주입장치 – 펌프 – 용리액조 – 검출기 – 써프렛서

해설

이온크로마토그래피의 장치 구성순서

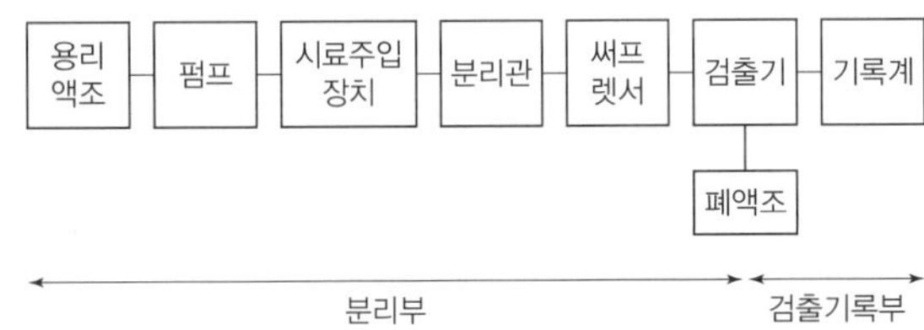

정답 ②

73

★★☆

자외선/가시선 분광법에서 빛의 흡수율이 80%일 때 흡광도는?

① 0.10 ② 0.36
③ 0.70 ④ 0.82

해설

흡광도$(A)=\log\frac{1}{t(\text{투과도})}=\log\frac{1}{I_t/I_0}$

I_0: 물체에 입사하는 빛의 세기
I_t: 물체를 투과한 빛의 세기

$A=\log\frac{1}{1-0.8}=0.6990$

정답 ③

74

★☆☆

어느 분리관의 보유시간이 5분, 피크의 좌우 변곡점에서 접선이 자르는 바탕선이 길이가 10mm, 기록지 이동속도가 5mm/min이었다면 이론단수는?

① 100 ② 400
③ 800 ④ 1,600

해설

이론단수$(n)=16\times\left(\frac{t_R}{W}\right)^2$

t_R: 기록지 이동속도(mm/min)×보유시간(min)
W: 피크의 좌우 변곡점에서 접선이 자르는 바탕선의 길이(mm)

$n=16\times\left(\frac{5\text{mm/min}\times 5\text{min}}{10\text{mm}}\right)^2=100$

정답 ①

75

★☆☆

링겔만 매연 농도표에 의한 배출가스 중 매연의 농도 측정 시 연도 배출구에서 몇 cm 떨어진 곳의 농도와 비교하는가?

① 10~30cm ② 15~30cm
③ 30~45cm ④ 45~60cm

해설

측정위치의 선정은 될 수 있는 한 바람이 불지 않을 때 굴뚝 배경의 검은 장해물을 피해 연기의 흐름에 직각인 위치에 태양광선을 측면으로 받는 방향으로부터 농도표를 측정치의 앞 16m에 놓고 200m 이내(가능하면 연도에서 16m)의 적당한 위치에 서서 굴뚝배출구에 서 30~45cm 떨어진 곳의 농도를 측정자의 눈높이의 수직이 되게 관측 비교한다.

정답 ③

76
★★☆

원자흡수분광광도법에 사용되는 불꽃을 만들기 위한 가연성 가스와 조연성 가스의 조합 중, 불꽃 온도가 낮고 일부 원소에 대하여 높은 감도를 나타내는 것은?

① 아세틸렌 - 아산화질소
② 프로페인 - 공기
③ 수소 - 공기
④ 석탄가스 - 공기

해설

- 프로페인 - 공기 불꽃: 불꽃 온도가 낮고 일부 원소에 대하여 높은 감도를 나타낸다.
- 아세틸렌 - 아산화질소: 불꽃 온도가 높기 때문에 불꽃 중에서 해리하기 어려운 내화성 산화물(Refractory Oxide)을 만들기 쉬운 원소의 분석에 적당하다.
- 수소 - 공기: 원자 외 영역에서의 불꽃 자체에 의한 흡수가 적기 때문에 이 파장 영역에서 분석선을 갖는 원소의 분석에 적당하다.
- 수소 - 공기, 아세틸렌 - 공기 불꽃은 대부분의 원소 분석에 유효하게 사용된다.

정답 ②

77
★★☆

굴뚝 배출가스 중의 일산화탄소를 분석하는 방법 중 주 시험방법은?

① 화학발광법
② 자외선가시선분광법
③ 비분산적외선분광분석법
④ 기체크로마토그래피법

해설

배출가스 중 일산화탄소를 분석하는 방법 중 자동측정법 - 비분산적외선분광분석법이 주 시험방법이다.

관련이론 | 배출가스 중 일산화탄소 분석방법

자동측정법(비분산적외선분광분석법)이 주 시험방법이며, 시험방법들의 정량범위는 표와 같다.

분석방법	정량범위
자동측정법 - 비분산적외선분광분석법	0~1,000ppm
자동측정법 - 전기화학식 (정전위전해법)	0~1,000ppm
기체크로마토그래피	TCD: 1,000ppm 이상 FID: 1~2,000ppm

정답 ③

78

★☆☆

대기오염공정시험기준상 굴뚝 배출가스 중의 폼알데하이드의 분석방법으로 가장 적절한 것은?

① 중화법
② 페놀디슬폰산법
③ 크로모트로핀산법
④ 4-아미노안티피린법

해설

배출가스 중 폼알데하이드 분석방법

- 고성능액체크로마토그래피법
- 자외선/가시선분광법-크로모트로핀산법
- 자외선/가시선분광법-아세틸아세톤법

정답 ③

79

★☆☆

굴뚝 배출가스 내 산소측정 분석계 중 측정셀, 자극보조가스용 조리개, 검출소자, 증폭기 등으로 구성되는 것은?

① 자기풍 분석계
② 덤벨형 자기력 분석계
③ 압력 검출형 자기력 분석계
④ 전기화학식 질코니아 분석계

해설

압력 검출형 자기력 분석계는 측정셀, 자극보조가스용 조리개, 검출소자, 증폭기로 구성되어 있다.

선지분석

① 자기풍 분석계: 측정셀, 비교셀, 열선소자, 자극 증폭기
② 덤벨형 자기력 분석계: 측정셀, 덤벨, 자극편, 편위검출부, 증폭기
④ 전기화학식 질코니아 분석계: 고온가열부, 검출기, 증폭기

정답 ③

80

★★★

비산먼지의 농도를 구하기 위해 측정한 조건 및 결과가 다음과 같을 때 비산먼지의 농도(mg/m^3)는?

〈측정조건 및 결과〉

- 채취먼지량이 가장 많은 위치에서의 먼지농도(mg/m^3): 5.8
- 대조위치에서 먼지농도(mg/m^3): 0.17
- 전 시료채취 기간 중 주 풍향이 45°~90° 변한다.
- 풍속이 0.5m/sec 미만 또는 10m/sec 이상되는 시간이 전 채취시간의 50% 이상이다.

① 5.6　② 6.8
③ 8.1　④ 10.1

해설

각 측정지점의 채취먼지량과 풍향풍속의 측정결과로부터 비산먼지의 농도를 구한다.

비산먼지농도$(C)=(C_H-C_B)\times W_D\times W_S$
$=(5.8-0.17)\times 1.2\times 1.2=8.1072mg/m^3$

C_H: 채취먼지량이 가장 많은 위치에서의 먼지농도(mg/m^3)
C_B: 대조위치에서의 먼지농도(mg/m^3)
W_D, W_S: 풍향, 풍속 측정결과로부터 구한 보정계수
단, 대조위치를 선정할 수 없는 경우에는 C_B는 $0.15mg/m^3$로 한다.

풍향에 대한 보정

풍향변화범위	보정계수
전 시료채취 기간 중 주 풍향이 90° 이상 변할 때	1.5
전 시료채취 기간 중 주 풍향이 45°~90° 변할 때	1.2
전 시료채취 기간 중 풍향이 변동이 없을 때(45° 미만)	1.0

풍속에 대한 보정

풍속범위	보정계수
풍속이 0.5m/sec 미만 또는 10m/sec 이상되는 시간이 전 채취시간의 50% 미만일 때	1.0
풍속이 0.5m/sec 미만 또는 10m/sec 이상되는 시간이 전 채취시간의 50% 이상일 때	1.2

정답 ③

대기환경관계법규

81 ★★★

대기환경보전법규상 특정대기유해물질로 옳지 않은 것은?

① 이황화메틸 ② 베릴륨
③ 바나듐 ④ 1,3－부타디엔

해설

바나듐은 특정대기유해물질에 해당하지 않는다.

관련이론 | 특정대기유해물질 「시행규칙 별표 2」

카드뮴 및 그 화합물, 시안화수소, 납 및 그 화합물, 폴리염화비페닐, 크롬 및 그 화합물, 비소 및 그 화합물, 수은 및 그 화합물, 프로필렌 옥사이드, 염소 및 염화수소, 불소화물, 석면, 니켈 및 그 화합물, 염화비닐, 다이옥신, 페놀 및 그 화합물, 베릴륨 및 그 화합물, 벤젠, 사염화탄소, 이황화메틸, 아닐린, 클로로포름, 포름알데히드, 아세트알데히드, 벤지딘, 1,3－부타디엔, 다환 방향족 탄화수소류, 에틸렌옥사이드, 디클로로메탄, 스틸렌, 테트라클로로에틸렌, 1,2－디클로로에탄, 에틸벤젠, 트리클로로에틸렌, 아크릴로니트릴, 히드라진

정답 ③

82 ★☆☆

대기환경보전법규상 운행차배출허용기준을 초과하여 개선명령을 받은 자동차에 대한 운행정지표지의 색상기준으로 옳은 것은?

① 바탕색은 노란색, 문자는 검정색
② 바탕색은 흰색, 문자는 검정색
③ 바탕색은 초록색, 문자는 흰색
④ 바탕색은 노란색, 문자는 흰색

해설

운행정지표지 「시행규칙 별표 31」

1. 바탕색은 노란색으로, 문자는 검정색으로 한다.
2. 이 표는 자동차의 전면유리 우측상단에 붙인다.

정답 ①

83 ★★★

대기환경보전법령상 초과부과금 부과대상이 되는 오염물질이 아닌 것은?

① 황화수소 ② 암모니아
③ 일산화탄소 ④ 시안화수소

해설

일산화탄소는 초과부과금 부과대상에 해당하지 않는다.

관련이론 | 초과부과금 산정기준 「시행령 별표 4」

구분 / 오염물질		오염물질 1킬로그램당 부과금액
황산화물		500
먼지		770
질소산화물		2,130
암모니아		1,400
황화수소		6,000
이황화탄소		1,600
특정대기유해물질	불소화물	2,300
	염화수소	7,400
	시안화수소	7,300

정답 ③

84

★★☆

대기환경보전법령상 대기오염 경보단계의 3가지 유형 중 "중대경보" 발령 시 조치사항으로 가장 거리가 먼 것은?

① 주민의 실외활동 금지 요청
② 자동차의 통행 금지
③ 사업장의 조업시간 단축 명령
④ 사업장의 연료사용량 감축 권고

해설

사업장의 연료사용량 감축 권고는 "경보" 발령 시 조치사항에 해당한다.

관련이론 | 경보단계별 조치에 포함되어야 하는 사항 「시행령 제2조」

1. 주의보 발령: 주민의 실외활동 및 자동차 사용의 자제 요청 등
2. 경보 발령: 주민의 실외활동 제한 요청, 자동차 사용의 제한 및 사업장의 연료사용량 감축 권고 등
3. 중대경보 발령: 주민의 실외활동 금지 요청, 자동차의 통행금지 및 사업장의 조업시간 단축명령 등

정답 ④

85

★☆☆

대기환경보전법상 제조기준에 맞지 아니하는 첨가제 또는 촉매제임을 알면서 사용한 자에 대한 과태료 부과기준으로 옳은 것은?

① 1천만원 이하의 과태료
② 500만원 이하의 과태료
③ 300만원 이하의 과태료
④ 200만원 이하의 과태료

해설

과태료 「법 제94조」

제조기준에 맞지 아니하는 첨가제 또는 촉매제임을 알면서 사용한 자에 대하여 200만원 이하의 과태료를 부과한다.

정답 ④

86

★★☆

대기환경보전법규상 고체연료 사용시설 설치기준(석탄사용시설)에 관한 내용 중 (　　)에 알맞은 것은?

> 배출시설의 굴뚝높이는 100m 이상으로 하되, 굴뚝 상부 안지름, 배출가스 온도 및 속도 등을 고려한 유효굴뚝높이가 (　　) 이상인 경우에는 굴뚝높이를 60m 이상 100m 미만으로 할 수 있다.

① 150m　② 250m
③ 320m　④ 440m

해설

고체연료 사용시설 중 석탄사용시설은 유효굴뚝높이가 440m 이상인 경우 굴뚝높이를 60m 이상 100m 미만으로 할 수 있다.

관련이론 | 석탄사용시설 설치기준 「시행규칙 별표 12」

가. 배출시설의 굴뚝높이는 100m 이상으로 하되, 굴뚝 상부 안지름, 배출가스 온도 및 속도 등을 고려한 유효굴뚝높이(굴뚝의 실제 높이에 배출가스의 상승고도를 합산한 높이를 말한다. 이하 같다)가 440m 이상인 경우에는 굴뚝높이를 60m 이상 100m 미만으로 할 수 있다. 이 경우 유효굴뚝높이 및 굴뚝높이 산정방법 등에 관하여는 국립환경과학원장이 정하여 고시한다.
나. 석탄의 수송은 밀폐 이송시설 또는 밀폐통을 이용하여야 한다.
다. 석탄저장은 옥내저장시설(밀폐형 저장시설 포함) 또는 지하저장시설에 저장하여야 한다.
라. 석탄연소재는 밀폐통을 이용하여 운반하여야 한다.
마. 굴뚝에서 배출되는 아황산가스(SO_2), 질소산화물(NO_X), 먼지 등의 농도를 확인할 수 있는 기기를 설치하여야 한다.

정답 ④

2025년

87

★★☆

대기환경보전법규상 한국환경공단이 환경부장관에게 보고해야 할 위탁업무 보고사항 중 "자동차 시험 검사 현황"의 보고횟수 기준은?

① 수시　　② 연 1회
③ 연 2회　　④ 연 4회

해설

위탁업무 보고사항「시행규칙 별표 38」

업무내용	보고횟수	보고기일
수시검사, 결함확인 검사, 부품결함 보고서류의 접수	수시	위반사항 적발 시
결함확인검사 결과	수시	위반사항 적발 시
자동차배출가스 인증생략 현황	연 2회	매 반기 종료 후 15일 이내
자동차 시험검사 현황	연 1회	다음 해 1월 15일까지

정답 ②

88

★☆☆

대기환경보전법규상 자동차연료 제조기준 중 바이오가스의 항목에 따른 제조기준으로 옳지 않은 것은?

① 메탄(부피%): 85.0 이상
② 수분(mg/Nm^3): 32 이하
③ 황분(ppm): 10 이하
④ 불활성가스(CO_2, N_2 등)(부피%): 5.0 이하

해설

바이오가스 제조기준「시행규칙 별표 33」

항목	제조기준
메탄(부피%)	95.0 이상
수분(mg/Nm^3)	32 이하
황분(ppm)	10 이하
불활성가스(CO_2, N_2 등)(부피%)	5.0 이하

정답 ①

89

★★☆

다음은 대기환경보전법규상 대기오염 경보단계 중 "경보" 해제기준이다. (　　) 안에 알맞은 것은?

> 경보가 발령된 지역의 기상조건 등을 검토하여 대기자동측정장소의 오존농도가 (　　)일 때에는 주의보로 전환한다.

① 0.1ppm 이상 0.3ppm 미만
② 0.12ppm 이상 0.3ppm 미만
③ 0.1ppm 이상 0.5ppm 미만
④ 0.12ppm 이상 0.5ppm 미만

해설

오존의 대기오염경보 단계별 농도기준「시행규칙 별표 7」

경보단계	발령기준	해제기준
주의보	기상조건 등을 고려하여 해당지역의 대기자동측정소 오존농도가 0.12ppm 이상인 때	주의보가 발령된 지역의 기상조건 등을 검토하여 대기자동측정소의 오존농도가 0.12ppm 미만인 때
경보	기상조건 등을 고려하여 해당지역의 대기자동측정소 오존농도가 0.3ppm 이상인 때	경보가 발령된 지역의 기상조건 등을 검토하여 대기자동측정소의 오존농도가 0.12ppm 이상 0.3ppm 미만인 때는 주의보로 전환
중대경보	기상조건 등을 고려하여 해당지역의 대기자동측정소 오존농도가 0.5ppm 이상인 때	중대경보가 발령된 지역의 기상조건 등을 고려하여 대기자동측정소의 오존농도가 0.3ppm 이상 0.5ppm 미만인 때는 경보로 전환

정답 ②

90 ★★☆

대기환경보전법규상 운행차배출허용기준에 관한 사항으로 옳지 않은 것은?

① 희박연소(Lean Burn) 방식을 적용하는 자동차는 공기과잉률 기준을 적용하지 아니한다.
② 휘발유와 가스를 같이 사용하는 자동차의 배출가스 측정 및 배출허용기준은 가스의 기준을 적용한다.
③ 알코올만 사용하는 자동차는 탄화수소 기준만 적용한다.
④ 수입자동차는 최초등록일자를 제작일자로 본다.

해설
알코올만 사용하는 자동차는 탄화수소 기준을 적용하지 아니한다.

관련이론 | 운행차배출허용기준「시행규칙 별표 21」
- 휘발유와 가스를 같이 사용하는 자동차의 배출가스 측정 및 배출허용기준은 가스의 기준을 적용한다.
- 알코올만 사용하는 자동차는 탄화수소 기준을 적용하지 아니한다.
- 휘발유사용 자동차는 휘발유·알코올 및 가스(천연가스를 포함한다)를 섞어서 사용하는 자동차를 포함하며, 경유사용 자동차는 경유와 가스를 섞어서 사용하거나 같이 사용하는 자동차를 포함한다.
- 희박연소(Lean Burn) 방식을 적용하는 자동차는 공기과잉률 기준을 적용하지 아니한다.
- 수입자동차는 최초등록일자를 제작일자로 본다.

정답 ③

91 ★☆☆

대기환경보전법령상 기본부과금의 농도별 부과계수기준 중 연료의 황 함유량이 0.5% 이하인 경우 농도별 부과계수는? (단, 연료를 연소하여 황산화물을 배출하는 시설(황산화물의 배출량을 줄이기 위하여 방지시설을 설치한 경우와 생산공정상 황산화물의 배출량이 줄어든다고 인정하는 경우)은 제외한다.)

① 0.2　② 0.4
③ 0.7　④ 1.0

해설
연료를 연소하여 황산화물을 배출하는 시설의 기본부과금의 농도별 부과계수「시행령 별표 8」

구분	연료의 황 함유량(%)		
	0.5% 이하	1.0% 이하	1.0% 초과
농도별 부과계수	0.2	0.4	1.0

정답 ①

92 ★★★

실내공기질 관리법규상 “신축 공동주택의 소유자”에게 권고하는 실내 라돈 농도의 기준으로 옳은 것은?

① 1세제곱미터당 148베크렐 이하
② 1세제곱미터당 248베크렐 이하
③ 1세제곱미터당 500베크렐 이하
④ 1세제곱미터당 600베크렐 이하

해설
신축 공동주택의 실내공기질 권고기준「실내공기질 관리법 시행규칙 별표 4의2」
1. 폼알데하이드: 210μg/m^3 이하
2. 벤젠: 30μg/m^3 이하
3. 톨루엔: 1,000μg/m^3 이하
4. 에틸벤젠: 360μg/m^3 이하
5. 자일렌: 700μg/m^3 이하
6. 스티렌: 300μg/m^3 이하
7. 라돈: 148Bq/m^3 이하

정답 ①

93

★☆☆

대기환경보전법상 한국자동차환경협회의 정관에 따른 업무와 거리가 먼 것은?

① 운행차 저공해화 기술개발
② 자동차 배출가스 저감사업의 지원
③ 자동차관련 환경기술인의 교육훈련 및 취업지원
④ 운행차 배출가스 검사와 정비기술의 연구 · 개발사업

해설

한국자동차환경협회의 업무「법 제80조」

1. 자동차와 건설기계 저공해화 기술개발 및 배출가스저감장치와 저공해엔진의 보급
2. 자동차와 건설기계 배출가스 저감사업의 지원과 사후관리에 관한 사항
3. 자동차와 건설기계의 배출가스 검사와 정비기술의 연구 · 개발사업
4. 환경부장관 또는 시 · 도지사로부터 위탁받은 업무
5. 그 밖에 자동차와 건설기계의 배출가스를 줄이기 위하여 필요한 사항

정답 ③

94

★☆☆

다음은 대기환경보전법상 공회전 제한에 관한 사항이다. (　　) 안에 들어갈 장소로 거리가 먼 것은?

> 시 · 도지사는 자동차의 배출가스로 인한 대기오염 및 연료 손실을 줄이기 위하여 필요하다고 인정하면 그 시 · 도의 조례로 정하는 바에 따라 (　　) 등의 장소에서 자동차의 원동기를 가동한 상태로 주차하거나 정차하는 행위를 제한할 수 있다.

① 정체도로　　② 주차장
③ 터미널　　④ 차고지

해설

공회전의 제한「법 제59조」

시 · 도지사는 자동차의 배출가스로 인한 대기오염 및 연료 손실을 줄이기 위하여 필요하다고 인정하면 그 시 · 도의 조례로 정하는 바에 따라 터미널, 차고지, 주차장 등의 장소에서 자동차의 원동기를 가동한 상태로 주차하거나 정차하는 행위를 제한할 수 있다.

정답 ①

95

★★☆

대기환경보전법령상 3종 사업장의 분류기준에 해당하는 것은?

① 대기오염물질발생량의 합계가 연간 2톤 이상 10톤 미만
② 대기오염물질발생량의 합계가 연간 10톤 이상 20톤 미만
③ 대기오염물질발생량의 합계가 연간 20톤 이상 80톤 미만
④ 대기오염물질발생량의 합계가 연간 80톤 이상 100톤 미만

해설

사업장의 분류「시행령 별표 1의3」

종별	오염물질발생량 구분
1종 사업장	대기오염물질발생량의 합계가 연간 80톤 이상인 사업장
2종 사업장	대기오염물질발생량의 합계가 연간 20톤 이상 80톤 미만인 사업장
3종 사업장	대기오염물질발생량의 합계가 연간 10톤 이상 20톤 미만인 사업장
4종 사업장	대기오염물질발생량의 합계가 연간 2톤 이상 10톤 미만인 사업장
5종 사업장	대기오염물질발생량의 합계가 연간 2톤 미만인 사업장

정답 ②

96

★☆☆

대기환경보전법상 환경기술인 등의 교육을 받게 하지 아니한 자에 대한 과태료 처분기준으로 옳은 것은?

① 50만원 이하의 과태료
② 100만원 이하의 과태료
③ 200만원 이하의 과태료
④ 300만원 이하의 과태료

해설

과태료「법 제94조」

환경기술인 등의 교육을 받게 하지 아니한 자에게는 100만원 이하의 과태료를 부과한다.

정답 ②

97 ★★★

환경정책기본법령상 오존(O_3)의 환경기준 중 8시간 평균치 기준(㉠)과 1시간 평균치 기준(㉡)으로 옳은 것은?

① ㉠ 0.03ppm 이하, ㉡ 0.03ppm 이하
② ㉠ 0.003ppm 이하, ㉡ 0.1ppm 이하
③ ㉠ 0.06ppm 이하, ㉡ 0.03ppm 이하
④ ㉠ 0.06ppm 이하, ㉡ 0.1ppm 이하

해설

환경기준 「환경정책기본법 시행령 별표 1」

항목	기준
오존(O_3)	8시간 평균치 0.06ppm 이하 1시간 평균치 0.1ppm 이하

정답 ④

98 ★★★

실내공기질 관리법규상 신축 공동주택의 실내공기질 권고기준으로 옳은 것은?

① 벤젠 30μg/m^3 이하
② 폼알데하이드 300μg/m^3 이하
③ 에틸벤젠 700μg/m^3 이하
④ 스티렌 210μg/m^3 이하

선지분석

② 폼알데하이드 210μg/m^3 이하
③ 에틸벤젠 360μg/m^3 이하
④ 스티렌 300μg/m^3 이하

관련이론 | 신축 공동주택의 실내공기질 권고기준 「실내공기질 관리법 시행규칙 별표 4의2」

1. 폼알데하이드 210μg/m^3 이하
2. 벤젠 30μg/m^3 이하
3. 톨루엔 1,000μg/m^3 이하
4. 에틸벤젠 360μg/m^3 이하
5. 자일렌 700μg/m^3 이하
6. 스티렌 300μg/m^3 이하
7. 라돈 148Bq/m^3 이하

정답 ①

99 ★☆☆

환경정책기본법상 시·도지사가 해당 지역의 환경적 특수성을 고려하여 규정에 의한 환경기준보다 확대·강화된 별도의 환경기준을 설정할 경우, 누구에게 통보하여야 하는가?

① 국무총리　② 보건복지부장관
③ 환경부장관　④ 국토교통부장관

해설

환경기준의 설정 「환경정책기본법 제12조」

시·도지사는 해당 지역의 환경적 특수성을 고려하여 필요하다고 인정할 때에는 환경기준보다 확대·강화된 별도의 환경기준을 설정·변경할 수 있으며, 이 경우 지체 없이 환경부장관에게 통보하여야 한다.

정답 ③

100 ★★☆

대기환경보전법상 벌칙기준 중 7년 이하의 징역이나 1억원 이하의 벌금에 처하는 것은?

① 대기오염물질의 배출허용기준 확인을 위한 측정기기의 부착 등의 조치를 하지 아니한 자
② 제작차 배출허용기준에 맞지 아니하게 자동차를 제작한 자
③ 배출가스 전문정비사업자로 등록하지 아니하고 정비·점검 또는 확인검사 업무를 한 자
④ 황 연료사용 제한조치 등의 명령을 위반한 자

선지분석

① 대기오염물질의 배출허용기준 확인을 위한 측정기기의 부착 등의 조치를 하지 아니한 자: 5년 이하의 징역이나 5천만원 이하의 벌금
③ 배출가스 전문정비사업자로 등록하지 아니하고 정비·점검 또는 확인검사 업무를 한 자: 5년 이하의 징역이나 5천만원 이하의 벌금
④ 황 연료사용 제한조치 등의 명령을 위반한 자: 5년 이하의 징역이나 5천만원 이하의 벌금

정답 ②

2025년 | 2회 CBT 복원문제

자동채점 

대기오염개론

01

★☆☆

파스킬(Pasquill)의 대기안정도에 관한 내용으로 옳지 않은 것은?

① 낮에는 풍속이 약할수록(2m/s 이하), 일사량이 강할수록 대기가 안정하다.
② 낮에는 일사량과 풍속으로, 야간에는 운량, 운고, 풍속으로부터 안정도를 구분한다.
③ 안정도는 A~F까지 6단계로 구분하며 A는 매우 불안정한 상태, F는 가장 안정한 상태를 뜻한다.
④ 지표가 거칠고 열섬효과가 있는 도시나 지면의 성질이 균일하지 않은 곳에서는 오차가 크게 나타날 수 있다.

해설

파스킬(Pasquill)의 대기안정도에 따르면 낮에는 풍속이 약할수록(2m/s 이하), 일사량이 강할수록 대기가 불안정하다.

정답 ①

02

★☆☆

0.5N 질산 용액 100mL를 제조하기 위하여 필요한 비중 1.4인 농질산의 농도(wt%)로 옳은 것은?

① 2.02 ② 2.25
③ 3.34 ④ 3.47

해설

질산(HNO_3)의 분자량은 63g/mol이다.

$$\frac{1.4\text{g}}{\text{mL}}\times\frac{x\text{g}}{100\text{g}}\times100\text{mL}\times\frac{1\text{eq}}{63\text{g}}=\frac{0.5\text{eq}}{\text{L}}\times0.1\text{L}$$

$x=2.25\text{g}$

정답 ②

03

★★★

원심력 집진장치에 사용되는 용어에 관한 설명으로 틀린 것은?

① 임계입경(Critical diameter)은 100%분리한계입경이라고도 한다.
② 분리계수가 클수록 집진율은 증가한다.
③ 분리계수는 입자에 작용하는 원심력을 관성력으로 나눈 값이다.
④ 사이클론에서 입자의 분리속도는 함진가스의 선회속도에는 비례하는 반면, 원통부 반경에는 반비례한다.

해설

분리계수는 입자에 작용하는 원심력을 중력으로 나눈 값이다.

관련이론 | 원심력 집진장치의 분리계수

$$S=\frac{V^2}{R\times g}$$

V: 유입가스의 속도
R: 내통의 반경
g: 중력가속도

정답 ③

04 ★☆☆

굴뚝연기의 모양이 다음과 같을 때 이를 나타내는 기온의 연직분포 그래프로 옳은 것은?

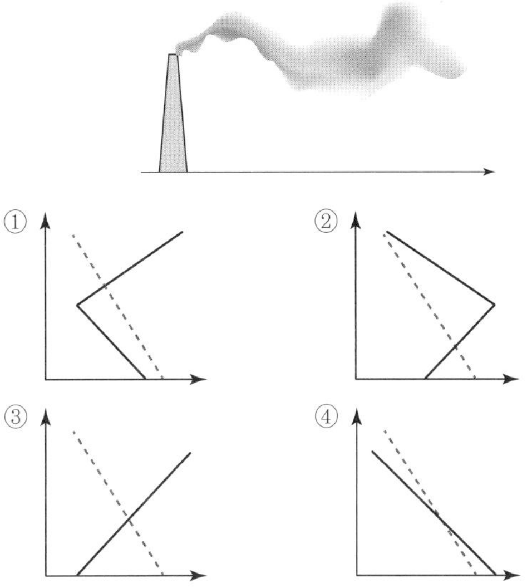

해설

과단열 상태에서 발생하는 환상형 연기의 모양이다.

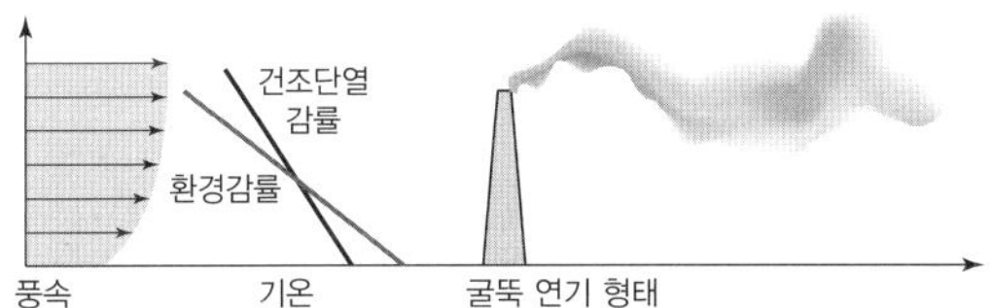

선지분석

① 훈증형: 대기의 하층부는 불안정하고 상층부는 안정할 때 볼 수 있다.

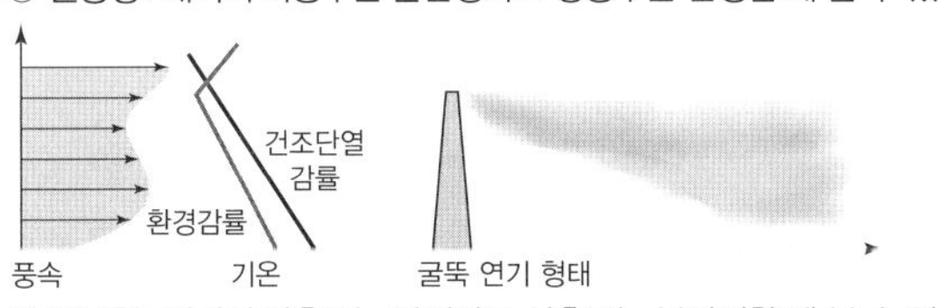

② 지붕형: 대기의 하층부는 안정하고 상층부는 불안정할 때 볼 수 있다.

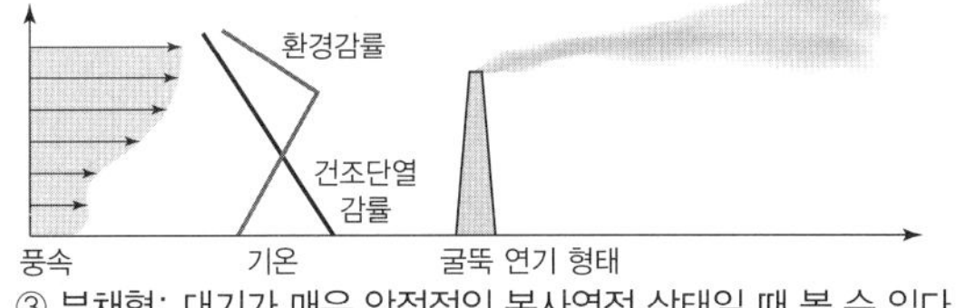

③ 부채형: 대기가 매우 안정적인 복사역전 상태일 때 볼 수 있다.

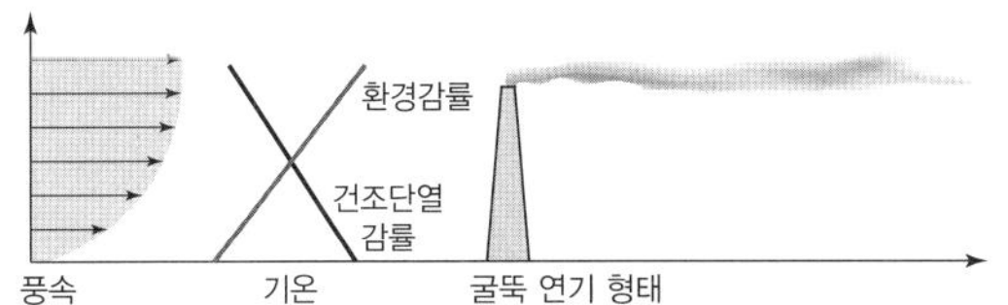

정답 ④

05 ★★☆

지상으로부터 500m까지의 평균 기온감률은 1.2℃/100m이다. 100m 고도에서의 기온이 18℃일 때 400m에서의 기온은?

① 8.6℃　　② 10.8℃
③ 12.2℃　　④ 14.4℃

해설

$$18℃+\left(\frac{-1.2℃}{100m}\right)\times(400m-100m)=14.4℃$$

정답 ④

06 ★★☆

오염물질에 대한 식물피해에 관한 설명으로 가장 거리가 먼 것은?

① 황화수소는 어린잎과 새싹에 피해가 많은 편이며, 강한 식물로는 복숭아, 딸기 등이 있다.
② 에틸렌은 고목의 생장 저해가 특징적이며, 글라디올러스가 가장 민감한 편이며, 0.1ppb에서 피해가 안정된다.
③ 암모니아는 잎 전체에 영향을 주는 편이다.
④ 일산화탄소는 식물에는 별로 심각한 영향을 주지 않으나 500ppm 정도에서 토마토 잎에 피해를 보인다.

해설

에틸렌은 식물의 호르몬에 영향을 주고, 완두콩, 스위트피, 토마토가 가장 민감한 식물이다.

정답 ②

07

★★☆

다음 중 산성비에 대한 설명으로 옳지 않은 것은?

① 산성비 생성의 주요 원인 물질은 다이옥신, 중금속 등이다.
② 산성비는 $10^{-5.6}$M보다 수소 이온 농도가 높다.
③ 산성비는 대기 중에 배출되는 황산화물과 질소산화물이 황산, 질산 등의 산성 물질로 변하여 발생한다.
④ 산성비가 토양에 내리면 토양은 Ca^{2+}, Mg^{2+}, Na^{+}, K^{+} 등의 교환성염기를 방출하고, 그 교환자리에 H^{+}가 치환된다.

해설
산성비 생성의 주요 원인 물질은 황산화물, 질소산화물 등이다.

정답 ①

08

★★☆

다음 중 1atm이 아닌 것은?

① 13.6psi
② 1.0332kgf/cm^2
③ 10,332mmH$_2$O
④ 101,325Pa

해설
1atm = 760mmHg = 10,332mmH$_2$O = 101.325kPa
= 1.0332kgf/cm^2 = 14.7psi = 1,013.25mbar

정답 ①

09

★★☆

다음 중 오존층 보호를 위한 국제환경협약으로만 옳게 연결된 것은?

① 바젤 협약 – 비엔나 협약
② 오슬로 협약 – 비엔나 협약
③ 비엔나 협약 – 몬트리올 의정서
④ 몬트리올 의정서 – 람사르 협약

해설
- 바젤 협약: 유해폐기물의 국가 간 이동 관련 협약
- 오슬로 협약: 해양투기 관련 협약
- 람사르 협약: 습지보호 관련 협약

정답 ③

10

★☆☆

다음 중 오존에 대한 설명으로 옳지 않은 것은?

① 오존의 농도는 구름의 양이 많은 가을에 증가한다.
② 오존의 농도는 기후의 영향을 받으며 교통량이 증가할수록 증가한다.
③ 오존의 생성과 소멸이 계속적으로 일어나면서 오존층의 오존 농도가 유지된다.
④ 대기 중 오존의 배경농도는 0.01~0.02ppm 정도이다.

해설
오존의 농도는 구름의 양이 많은 가을에 감소한다.

정답 ①

11

★★☆

열섬효과에 관한 설명으로 옳지 않은 것은?

① 열섬효과로 도시 주위의 시골에서 도시로 바람이 부는데 이를 전원풍이라 한다.
② 열섬효과는 고기압의 영향으로 하늘이 맑고 바람이 약한 때에 잘 발생한다.
③ 도시에서는 인구와 산업의 밀집지대로서 인공적인 열이 시골에 비하여 월등하게 많이 공급된다.
④ 도시의 지표면은 시골보다 열용량이 적고 열전도율이 높아 열섬효과의 원인이 된다.

해설

도시의 지표면은 시골보다 열용량이 크고 열전도율이 낮아 열섬효과의 원인이 된다.

정답 ④

12

★☆☆

다음 중 기체의 확산속도는 기체 분자량의 제곱근에 반비례한다는 것을 설명하는 법칙으로 옳은 것은?

① Reynolds 수 ② Henry 법칙
③ Graham 법칙 ④ Charles 법칙

선지분석

① Reynolds Number: 관성력과 점성력의 비를 나타내는 수이다.
② Henry 법칙: 온도와 기체의 부피가 일정할 때 기체의 용해도는 용매와 평형을 이루고 있는 기체의 분압에 비례한다는 법칙이다.
④ Charles 법칙: 일정한 압력에서 기체의 부피는 절대온도에 비례한다는 법칙이다.

정답 ③

13

★☆☆

역전(Inversion)에 관한 설명으로 옳지 않은 것은?

① 난류역전, 해풍역전은 지표역전에 해당한다.
② 침강역전, 전선역전은 공중역전에 해당한다.
③ 해풍역전은 이동성이므로 오염물질을 오랫동안 정체시키지는 않는 편이다.
④ 복사역전층에서는 안개가 발생하기 쉽고 매연이 쉽게 확산하지 못하는 편이다.

해설

난류역전, 해풍역전은 공중역전에 해당한다.

관련이론 | 역전(Inversion)의 종류

- 지표역전(접지역전): 복사역전, 이류역전
- 공중역전: 난류역전, 전선역전, 침강역전, 해풍역전

정답 ①

14

★☆☆

부피가 3,500m^{3}이고 환기가 되지 않은 작업장에서 화학반응을 일으키지 않는 오염물질이 분당 60mg씩 배출되고 있다. 작업을 시작하기 전에 측정한 이 물질의 평균농도가 10mg/m^{3}라면 1시간 이후의 작업장의 평균 농도는 얼마인가? (단, 상자모델을 적용하며, 작업시작 전, 후의 온도 및 압력조건은 동일하다.)

① 11.0mg/m^3 ② 13.6mg/m^3
③ 18.1mg/m^3 ④ 19.9mg/m^3

해설

$$\frac{10\text{mg}}{\text{m}^3}+\frac{\frac{60\text{mg}}{\text{min}}\times 60\text{min}}{3{,}500\text{m}^3}=11.0286\text{mg/m}^3$$

정답 ①

15

★★☆

유효굴뚝높이가 200m인 연돌에서 배출되는 가스량은 $20m^3/s$, SO_2 농도는 1,750ppm이다. K_y=0.07, K_z=0.09인 중립 대기조건에서 SO_2의 최대 지표농도(ppb)는? (단, 풍속은 30m/s이다.)

① 34ppb ② 22ppb
③ 15ppb ④ 9ppb

해설

Sutton의 확산방정식을 이용한다.

$$C_{max}=\frac{2Q}{\pi e U H_e^2}\times\frac{K_z}{K_y}$$

Q: 오염물질 배출량, U: 풍속, H_e: 유효굴뚝높이,
K_z: 수직방향확산계수, K_y: 수평방향확산계수

$$C_{max}=\frac{2\times 1{,}750\text{ppm}\times 20\text{m}^3/\text{sec}}{\pi\times e\times 30\text{m/sec}\times(200\text{m})^2}\times\left(\frac{0.09}{0.07}\right)$$

$$=8.7825\times 10^{-3}\text{ppm}=8.7825\text{ppb}$$

※ $1\text{ppm}=10^3\text{ppb}$

정답 ④

16

★☆☆

다음 각종 환경 관련 국제협약(조약)에 대하여 시간순으로 나열한 것으로 옳은 것은?

① 리우 선언 – 비엔나 협약 – 교토 의정서 – 몬트리올 의정서
② 비엔나 협약 – 리우 선언 – 몬트리올 의정서 – 교토 의정서
③ 비엔나 협약 – 몬트리올 의정서 – 리우 선언 – 교토 의정서
④ 몬트리올 의정서 – 교토 의정서 – 리우 선언 – 비엔나 협약

해설

환경 관련 국제협약(조약)

- 비엔나 협약: 1985년 오존층 보호를 위해 맺어졌다.
- 몬트리올 의정서: 1989년 오존층 보호를 위해 체결되었다.
- 리우 선언: 1992년 지속 가능한 발전을 위해 선언되었다.
- 교토 의정서: 1997년 지구온난화 방지를 위해 체결되었다.

정답 ③

17

★★☆

열섬현상에 대한 설명으로 옳지 않은 것은?

① 겨울보다 여름에 더욱 뚜렷하며, 맑고 잔잔한 날의 야간에 잘 나타난다.
② 고기압의 영향으로 하늘이 맑고 바람이 약할 때 잘 나타난다.
③ 도시의 지표면은 시골보다 열용량이 크고 열전도율이 낮아 열섬효과의 원인이 된다.
④ 열섬현상으로 인해 대기오염물질이 축적되고 응결핵이 되어 주변 지역보다 비가 많이 내린다.

해설

열섬현상은 일교차가 심한 봄, 가을이나 추운 겨울에 주로 발생한다.

정답 ①

18

★★☆

다음은 지구온난화와 관련된 설명이다. (　　) 안에 알맞은 것은?

> (㉠)는 온실기체들의 구조상 또는 열축적 능력에 따라 온실효과를 일으키는 잠재력을 지수로 표현한 것으로 이 온실기체들은 CH_4, N_2O, CO_2, SF_6 등이 있으며 이 중 (㉠)가 가장 큰 값을 나타내는 물질은 (㉡)이다.

① ㉠ GHG, ㉡ CO_2
② ㉠ GHG, ㉡ SF_6
③ ㉠ GWP, ㉡ CO_2
④ ㉠ GWP, ㉡ SF_6

해설

GWP가 가장 큰 값을 나타내는 물질은 SF_6이다.

정답 ④

19 ★★☆

굴뚝높이가 60m, 대기온도 27℃, 배기가스의 평균온도가 137℃일 때, 통풍력을 1.5배 증가시키기 위해서 요구되는 배출가스의 온도는? (단, 굴뚝의 높이는 일정하고, 배기가스와 대기의 비중량은 1.3kgf/m^{3}이다.)

① 약 230℃ ② 약 280℃
③ 약 320℃ ④ 약 370℃

해설

통풍력 계산식을 이용한다.

$$Z(\mathrm{mmH_2O})=273\times H\times\left[\frac{\gamma_a}{273+t_a}-\frac{\gamma_g}{273+t_g}\right]$$

H: 굴뚝의 높이(m)

γ_a: 공기의 비중량(kgf/m^3), γ_g: 배기가스의 비중량(kgf/m^3)

t_a: 공기의 온도(℃), t_g: 배기가스의 온도(℃)

(1) 현재의 통풍력 구하기

$$Z=273\times60\times\left[\frac{1.3}{273+27}-\frac{1.3}{273+137}\right]=19.0434\mathrm{mmH_2O}$$

(2) 통풍력이 1.5배 증가했을 경우 배출가스의 온도 구하기

$$273\times60\times\left[\frac{1.3}{273+27}-\frac{1.3}{273+t_g}\right]=1.5\times19.0434\mathrm{mmH_2O}$$

$t_g=229.0406$℃

※ t_g 값은 공학용계산기의 SOLVE 기능으로 구하는 것이 편리합니다.

정답 ①

20 ★★☆

가우시안형 대기오염확산방정식을 적용할 때, 지면에 있는 오염원으로부터 바람부는 방향으로 250m 떨어진 연기의 중심축상 지상오염농도(mg/m^3)는? (단, 오염물질의 배출량은 6g/sec, 풍속은 4.5m/sec, σ_y는 22.5m, σ_z는 12m이다.)

① 1.26 ② 1.36
③ 1.57 ④ 1.83

해설

가우시안 분산식을 이용한다.

$$C(x,y,z)=\frac{Q}{2\pi U\sigma_y\sigma_z}\left[\exp\left\{-\frac{1}{2}\left(\frac{y}{\sigma_y}\right)^2\right\}\right]\times\left[\exp\left\{-\frac{1}{2}\left(\frac{z-H_e}{\sigma_z}\right)^2\right\}+\exp\left\{-\frac{1}{2}\left(\frac{z+H_e}{\sigma_z}\right)^2\right\}\right]$$

Q: 오염물질 배출량(mg/sec)

$$Q=\frac{6\mathrm{g}}{\mathrm{s}}\times\frac{10^3\mathrm{mg}}{\mathrm{g}}=6{,}000\mathrm{mg/sec}$$

U: 풍속(m/sec)

H_e: 유효굴뚝높이(m)
지면에 있는 오염원이므로 "0"

y: 풍향에 직각인 수평거리(m)
중심축상 오염농도를 구하므로 "0"

z: 지면으로부터 오염물질까지의 높이(m)
지상의 오염농도를 구하므로 "0"

$$C(x,0,0)=\frac{6{,}000}{2\pi\times4.5\times22.5\times12}\left[\exp\left\{-\frac{1}{2}\left(\frac{0}{22.5}\right)^2\right\}\right]\times\left[\exp\left\{-\frac{1}{2}\left(\frac{0-0}{12}\right)^2\right\}+\exp\left\{-\frac{1}{2}\left(\frac{0+0}{12}\right)^2\right\}\right]$$

$$=\frac{6{,}000}{2\pi\times4.5\times22.5\times12}\times\exp(0)\times[\exp(0)+\exp(0)]$$

$$=1.5719\mathrm{mg/m^3}$$

※ $\exp(0)=1$

정답 ③

연소공학

21
★☆☆

1,000K에서 아래 반응식 (a), (b)와 각각의 평형상수 K_{p1}, K_{p2}는 아래와 같다. 아래 식을 이용하여 다음의 반응 (c) $CO_2(g) \rightleftharpoons CO(g)+0.5O_2(g)$의 1,000K에서의 평형상수는?

(a) $H_2O(g) \rightleftharpoons H_2(g)+0.5O_2(g)$, $K_{p1}=8.73\times10^{-11}$
(b) $CO_2(g)+H_2(g) \rightleftharpoons H_2O(g)+CO(g)$, $K_{p2}=7.29\times10^{-1}$

① 6.36×10^{-11}　② 1.20×10^{-11}
③ 6.36×10^{-10}　④ 1.20×10^{-10}

해설

(a) $H_2O(g) \rightleftharpoons H_2(g)+0.5O_2(g)$

$$K_{p1}=\frac{[H_2][O_2]^{0.5}}{[H_2O]}=8.73\times10^{-11}$$

(b) $CO_2(g)+H_2(g) \rightleftharpoons H_2O(g)+CO(g)$

$$K_{p2}=\frac{[H_2O][CO]}{[CO_2][H_2]}=7.29\times10^{-1}$$

(a)와 (b) 반응을 합하면 아래 (c) 반응식이 된다.

(c) $CO_2(g) \rightleftharpoons CO(g)+0.5O_2(g)$

따라서, (c) 반응식의 평형상수를 구하면

$$K=\frac{[CO][O_2]^{0.5}}{[CO_2]}=\frac{[H_2][O_2]^{0.5}}{[H_2O]}\times\frac{[H_2O][CO]}{[CO_2][H_2]}$$
$$=K_{p1}\times K_{p2}=(8.73\times10^{-11})\times(7.29\times10^{-1})$$
$$=6.3642\times10^{-11}$$

정답 ①

22
★☆☆

다음 연료 중 착화온도가 가장 낮은 물질은?

① 코크스　② 역청탄
③ 무연탄　④ 중유

해설

대체로 탄화수소의 착화온도는 분자량이 작을수록, 탄화도가 클수록 높아진다.

- 역청탄: 320~400℃
- 무연탄: 440~550℃
- 코크스: 500~600℃
- 중유: 530~580℃

정답 ②

23
★☆☆

9,000kcal/kg의 열량을 내는 석탄을 시간당 80kg 연소하는 보일러가 있다. 실제로 이 보일러에서 시간당 흡수된 열량이 600,000kcal라면 이 보일러의 열효율(%)은?

① 66.7　② 75.0
③ 83.3　④ 90.0

해설

$$\eta(\%)=\frac{H_a}{H_b}\times100\%$$

η: 보일러 열효율

H_a: 실제 흡수열량(kcal/hr), H_b: 보일러의 발열량(kcal/hr)

$$\eta=\frac{600{,}000\text{kcal/hr}}{9{,}000\text{kcal/kg}\times80\text{kg/hr}}\times100\%=83.3333\%$$

정답 ③

24
★☆☆

옥테인 1kg을 완전연소시킬 때 필요한 산소의 양(kg)으로 옳은 것은?

① 3.16　② 3.32
③ 3.51　④ 3.73

해설

옥테인(C_8H_{18})의 분자량은 114kg/kmol이다.

$C_8H_{18}+12.5O_2 \rightarrow 8CO_2+9H_2O$

114kg : 12.5×32kg = 1kg : $x$kg

$x=3.5088$kg

정답 ③

25 ★☆☆

액체연료의 연소장치에 관한 설명으로 옳지 않은 것은?

① 유압식 분무식 버너는 대용량 버너 제작이 용이하다.
② 고압 기류분무식 버너는 연소 시 소음이 큰 편이다.
③ 회전식 버너는 유압식 버너에 비해 분무화 입경이 작은 편이다.
④ 저압 기류분무식 버너에서 분무에 필요한 공기량은 이론연소공기량의 30~50% 정도이면 된다.

해설

회전식 버너는 유압식 버너에 비해 연료유의 분무화 입경이 큰 편이다.

관련이론

저압공기식 버너

- 공기압의 범위는 0.05~0.2kg/cm²이다.
- 유량조절비는 1 : 5 정도, 연소량은 2~200L/hr, 분무각도는 30~60°로 비교적 좁고 짧은 화염을 가진다.
- 주로 소형 가열로 등에 이용된다.
- 무화에 사용하는 공기량은 이론공기량의 30~50% 정도이다.

고압공기식 버너(고압기류식 버너)

- 공기압의 범위는 2~8(또는 10)kg/cm²이다.
- 분무각도는 20~30° 정도로 좁고 유량조절범위는 1 : 10 정도로 크다.
- 연료분사범위는 외부혼합식이 3~500L/hr, 내부혼합식이 10~1,200L/hr 정도이다.
- 고점도 연료에도 사용이 가능하며, 장염이나 연소 시 소음이 발생한다.
- 구조가 간단하고 무화 상태가 좋아서 대형 가열로에 주로 사용한다.
- 무화에 사용하는 공기량은 이론공기량의 7~12% 정도이다.

정답 ③

26 ★★★

기체연료의 특징으로 옳지 않은 것은?

① 적은 과잉공기로 완전연소가 가능하다.
② 연료의 예열이 쉽고 연소 조절이 비교적 용이하다.
③ 공기와 혼합하여 점화할 때 누설에 의한 역화·폭발 등의 위험이 적다.
④ 운송이나 저장이 어렵고 시설비가 많이 든다.

해설

공기와 혼합하여 점화할 때 누설에 의한 역화·폭발 등의 위험이 있다.

관련이론 | 예혼합연소

- 연소용 공기와 연료를 미리 혼합하여 버너로 분출시켜 연소하는 방식이다.
- 예혼합연소에 사용되는 버너에는 저압버너, 고압버너, 송풍버너 등이 있다.
- 예혼합연소는 화염온도가 높고 국부가열의 염려가 없어 균일하게 연소되고, 연소부하가 큰 경우 사용 가능하며, 화염의 길이가 짧고 그을음 발생이 적다.
- 연료의 유량조절비가 크며, 분출속도가 느린 경우 역화의 위험이 있다.

정답 ③

27 ★★☆

폭발성 혼합가스의 연소범위(L)를 구하는 식은? (단, n_i: 각 성분 단일의 연소한계(상한 또는 하한), p_i: 각 성분 가스의 부피(%)이다.)

① $L=\dfrac{100}{\dfrac{n_1}{p_1}+\dfrac{n_2}{p_2}+\cdots}$
② $L=\dfrac{100}{\dfrac{p_1}{n_1}+\dfrac{p_2}{n_2}+\cdots}$
③ $L=\dfrac{n_1}{p_1}+\dfrac{n_2}{p_2}+\cdots$
④ $L-\dfrac{p_1}{n_1}+\dfrac{p_2}{n_2}+\cdots$

해설

폭발성 혼합가스의 연소범위(L)는 ②번 식으로 구한다.

정답 ②

28

★★☆

다음 중 과잉공기량을 나타내는 식으로 옳은 것은? (단, m은 과잉공기비, A는 실제공기량, A_o는 이론공기량이다.)

① $m(A-A_o)$　　② $(m-1)A_o$

③ $\frac{m}{A-A_o}$　　④ $\frac{A-A_o}{m}$

해설

과잉공기량 $=(m-1)\times$이론공기량
$=$실제공기량$-$이론공기량

정답 ②

29

★☆☆

다음 자동차 배출가스 중 삼원촉매장치로 처리할 수 없는 물질은?

① SO_x　　② NO_x

③ CO　　④ HC

해설

삼원촉매장치는 촉매(Pt, Rh, Pd)를 이용하여 NO_x, HC, CO를 N_2, CO_2, H_2O로 처리한다.

관련이론 | 삼원촉매장치

- 두 개의 촉매 층이 직렬로 연결되어 CO, HC, NO_x를 동시에 처리한다.
- HC는 CO_2와 H_2O로 산화, CO는 CO_2로 산화되며, NO_x는 N_2로 환원된다.
- 우수한 효율을 얻기 위해서는 엔진에 공급되는 공기연료비가 이론공연비와 같아야 한다.
- 일반적으로 백금(Pt), 팔라듐(Pd)은 산화 촉매이고, 로듐(Rh)은 환원 촉매로써 사용된다.

정답 ①

30

★☆☆

기체연료의 연소방식으로 옳은 것은?

① 스토커 연소　　② 예혼합 연소

③ 유동층 연소　　④ 회전식버너 연소

선지분석

① 스토커 연소: 고체연료 연소 방식
③ 유동층 연소: 고체연료 연소 방식
④ 회전식버너 연소: 액체연료 연소 방식

정답 ②

31

★★☆

먼지의 자유낙하에서 종말침강속도에 영향을 미치는 힘으로 옳지 않은 것은?

① 중력　　② 부력

③ 항력　　④ 마찰력

해설

자유낙하 시 입자에 작용하는 힘은 부력, 중력, 항력으로, 정상상태의 힘의 평형은 항력=중력−부력으로 가정한다.

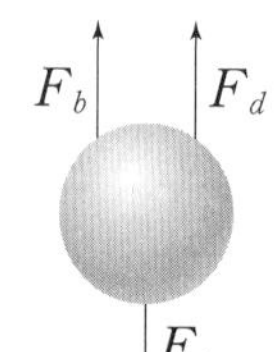

외력(F_e): 중력 또는 원심력
부력(F_b): 외력과 평행하게 작용하는 반대 힘
항력(F_d): 입자와 유체의 상대적 움직임에 의한 힘 (이동방향에 평행하게 작용)

정답 ④

32
★☆☆

연소반응에서 가연성 물질을 산화시키는 물질로 가장 거리가 먼 것은?

① 산소　② 산화질소
③ 유황　④ 할로겐계 물질

해설

가연성 물질을 산화시키는 물질은 산화제로, 스스로 환원이 되기 쉽다. 유황(S)은 스스로 산화가 되기 쉬운 환원제에 해당한다.

정답 ③

33
★★☆

저위발열량이 11,500kcal/kg인 중유를 완전연소시키는 데 필요한 이론 습연소가스량은? (단, 표준상태 기준이며, Rosin의 식을 적용한다.)

① 약 $8.2Sm^3/kg$　② 약 $12.8Sm^3/kg$
③ 약 $15.2Sm^3/kg$　④ 약 $19.5Sm^3/kg$

해설

$$G_{ow}=\frac{1.11\times H_l}{1,000}=\frac{1.11\times 11,500}{1,000}=12.765Sm^3/kg$$

H_l=저위발열량(kcal/kg)

관련이론 | Rosin식[이론습연소가스량(G_{ow}), 이론공기량(A_o)]

(1) 고체연료

$$G_{ow}=\frac{0.89H_l}{1,000}+1.65Sm^3/kg,\ A_o=\frac{1.01H_l}{1,000}+0.5Sm^3/kg$$

(2) 액체연료

$$G_{ow}=\frac{1.11H_l}{1,000}Sm^3/kg,\ A_o=\frac{0.85H_l}{1,000}+2.0Sm^3/kg$$

(3) 기체연료

$$G_{ow}=\frac{1.14H_l}{1,000}+0.25Sm^3/kg,\ A_o=\frac{1.09H_l}{1,000}+0.25Sm^3/kg$$

정답 ②

34
★★☆

탄소 85%, 수소 10%, 황 5%인 중유를 공기비 1.2로 연소할 때 건조배출가스 중 SO_2의 부피비(%)는?

① 0.29　② 1.46
③ 2.60　④ 3.72

해설

중유 1kg이라고 가정한다.

$$SO_2\text{의 부피비}(\%)=\frac{SO_2}{\text{건조배출가스량}}\times 100$$

$$\text{이론산소량}=1.867C+5.6H+0.7S-0.7O$$
$$=1.867\times 0.85+5.6\times 0.10+0.7\times 0.05$$
$$=2.1820Sm^3$$

$$\text{이론공기량}=\frac{\text{이론산소량}}{0.21}=\frac{2.1820}{0.21}=10.3905Sm^3$$

$$\text{이론공기 중 질소량}=0.79\times\text{이론공기량}$$
$$=0.79\times 10.3905=8.2085Sm^3$$

$$\text{과잉공기량}=(m-1)\times\text{이론공기량}$$
$$=(1.2-1)\times 10.3905=2.0781Sm^3$$

CO_2 배출량

$C+O_2\rightarrow CO_2$

$12kg:22.4Sm^3=0.85kg:xSm^3$

$x=1.5867Sm^3$

SO_2 배출량

$S+O_2\rightarrow SO_2$

$32kg:22.4Sm^3=0.05kg:xkg$

$x=0.035Sm^3$

$$\text{건조배출가스량}=\text{이론공기 중 질소량}+\text{과잉공기량}+\text{건조연소생성물}(CO_2+SO_2)$$
$$=8.2085+2.0781+1.5867+0.035=11.9083Sm^3$$

$$SO_2\text{의 부피비}(\%)=\frac{0.035}{11.9083}\times 100=0.2939\%$$

정답 ①

2025년

35 ★★☆

화학반응속도는 일반적으로 Arrhenius 식으로 표현된다. 어떤 반응에서 화학반응상수가 27℃일 때에 비하여 77℃일 때 3배가 되었다면 이 화학반응의 활성화 에너지는?

① 2.3kcal/mol ② 4.6kcal/mol
③ 6.9kcal/mol ④ 13.2kcal/mol

해설

아레니우스 식을 이용한다.

$k=A\times e^{\left(-\frac{E}{RT}\right)}$

k: 화학반응상수, A: 빈도인자
E: 활성화에너지(J/mol), R: 기체상수(8.314J/K·mol)
T: 절대온도(K)

(1) 27℃일 경우

$$k=A\times e^{\left(-\frac{E}{8.314\text{J/K}\cdot\text{mol}\times(273+27)\text{K}}\right)}$$

$$\ln k=\ln A+\left(-\frac{E}{8.314\text{J/K}\cdot\text{mol}\times(273+27)\text{K}}\right)$$

$$\ln k=\ln A-\frac{E}{2{,}494.2}$$

$$\ln A=\ln k+\frac{E}{2{,}494.2}$$

(2) 77℃일 경우

$$3k=A\times e^{\left(-\frac{E}{8.314\text{J/K}\cdot\text{mol}\times(273+77)\text{K}}\right)}$$

$$\ln(3k)=\ln A+\left(-\frac{E}{8.314\text{J/K}\cdot\text{mol}\times(273+77)\text{K}}\right)$$

$$\ln(3k)=\ln A-\frac{E}{2{,}909.9}$$

$$\ln A=\ln(3k)+\frac{E}{2{,}909.9}$$

(3) (1), (2)번 식을 이용하여 E를 구한다.

$$\ln(3k)+\frac{E}{2{,}909.9}=\ln k+\frac{E}{2{,}494.2}$$

$$\ln(3k)-\ln k=\left(\frac{1}{2{,}494.2}-\frac{1}{2{,}909.9}\right)\times E$$

$$\ln\left(\frac{3k}{k}\right)=\left(\frac{1}{2{,}494.2}-\frac{1}{2{,}909.9}\right)\times E$$

$$E=19{,}181.1114\text{J/mol}$$

$$\frac{19{,}181.1114\text{J}}{\text{mol}}\times\frac{1\text{cal}}{4.18\text{J}}\times\frac{\text{kcal}}{1{,}000\text{cal}}=4.5888\text{kcal/mol}$$

※ 1cal=4.18J

정답 ②

36 ★★★

탄소 86%, 수소 13%, 황 1%의 중유를 연소하여 배기가스를 분석했더니 (CO_2+SO_2)가 13%, O_2가 3%, CO가 0.5%이었다. 이때 건조연소가스 중의 SO_2 농도는? (단, 표준상태 기준이다.)

① 약 590ppm ② 약 970ppm
③ 약 1,120ppm ④ 약 1,480ppm

해설

불완전연소 시 과잉공기비(m) 공식으로 과잉공기비를 구한다.

$$m=\frac{N_2}{N_2-3.76(O_2-0.5CO)}$$

$$=\frac{83.5}{83.5-3.76\times(3-0.5\times0.5)}=1.1413$$

배기가스 중 N_2의 함량$=100-13-3-0.5=83.5\%$

이론산소량$=1.867C+5.6H+0.7S-0.7O$
$=(1.867\times0.86)+(5.6\times0.13)+(0.7\times0.01)$
$=2.3406\text{Sm}^3/\text{kg}$

이론공기량$=\frac{\text{이론산소량}}{0.21}=\frac{2.3406}{0.21}=11.1457\text{Sm}^3/\text{kg}$

이론공기 중 질소량=이론공기량×0.79
$=11.1457\times0.79=8.8051\text{Sm}^3/\text{kg}$

과잉공기량$=(m-1)\times$이론공기량 (m: 과잉공기비)
$=(1.1413-1)\times11.1457=1.5749\text{Sm}^3/\text{kg}$

이산화탄소(CO_2) 배출량

탄소(C, 원자량 12) 1mol이 연소하면 이산화탄소(CO_2) 1mol이 발생한다.

$C+O_2\rightarrow CO_2$

$12\text{kg}:22.4\text{Sm}^3=0.86\text{kg/kg}:x\text{Sm}^3/\text{kg}$

$x=1.6053\text{Sm}^3/\text{kg}$

이산화황(SO_2) 배출량

황(S, 원자량 32) 1mol이 연소하면 이산화황(SO_2) 1mol이 발생한다.

$S+O_2\rightarrow SO_2$

$32\text{kg}:22.4\text{Sm}^3=0.01\text{kg/kg}:x\text{Sm}^3/\text{kg}$

$x=0.007\text{Sm}^3/\text{kg}$

실제건연소가스량

=이론공기 중 질소량+과잉공기량+건조연소생성물(CO_2+SO_2)
$=8.8051\text{Sm}^3/\text{kg}+1.5749\text{Sm}^3/\text{kg}+1.6053\text{Sm}^3/\text{kg}+0.007\text{Sm}^3/\text{kg}$
$=11.9923\text{Sm}^3/\text{kg}$

SO_2 농도(ppm)$=\frac{0.007}{11.9923}\times10^6=583.7079\text{ppm}$

정답 ①

37 ★★☆

다음 중 연소와 관련된 설명으로 가장 적합한 것은?

① 공연비는 예혼합연소에 있어서 공기와 연료의 질량비(또는 부피비)이다.
② 등가비가 1보다 큰 경우, 공기가 과잉인 경우로 열손실이 많아진다.
③ 등가비와 공기비는 상호 비례관계에 있다.
④ 최대탄산가스량(%)은 실제 건조연소가스량을 기준으로 한 최대탄산가스의 용적 백분율이다.

선지분석

② 등가비가 1보다 작은 경우, 공기가 과잉인 경우로 열손실이 많아진다.
③ 등가비와 공기비는 상호 반비례관계에 있다.
④ 최대탄산가스량(%)은 이론 건조연소가스량을 기준으로 한 최대탄산가스의 용적 백분율이다.

관련이론 | 등가비

- 이론공연비와 실제 공급되는 공연비에 대한 비이다.
- 등가비(Ø)$=\dfrac{\text{실제 연료량/산화제}}{\text{완전연소를 위한 이상적 연료량/산화제}}$
- 등가비>1: 연료에 비해 공기 부족, 불완전연소, 일산화탄소 발생량 증가
- 등가비$=1$: 이상적인 연소 형태
- 등가비<1: 연료에 비해 공기 과잉, 질소산화물 증가

정답 ①

38 ★★★

유동층 연소에 관한 설명으로 거리가 먼 것은?

① 공기소비량이 많아 화격자 연소장치에 비해 배출가스량이 많은 편이다.
② 부하변동에 적응력이 낮다.
③ 유동매체를 석회석으로 할 경우 로 내에서 탈황이 가능하다.
④ 유동화에 따른 압력손실이 커 동력비가 많이 든다.

해설

유동층 연소방식은 공기소비량이 적어 화격자 연소장치에 비해 배출가스량이 적은 편이다.

관련이론 | 유동층 연소로의 특징

(1) 장점
- 사용연료의 입도범위가 넓기 때문에 연료를 미분쇄할 필요가 없다. (미분탄장치가 필요 없음)
- 연료의 층 내 체류시간이 길어 저발열량의 석탄도 완전연소가 가능하다.
- 균일한 연소가 가능하고 연소실 부하가 크며 과잉공기량이 적다.
- 유동매체에 석회석 등의 탈황제를 사용하여 로 내 탈황도 가능하다.
- 열생성 NO_x와 탈황의 생성이 억제되어 전열관의 부식이 문제가 되지 않는다.
- 주방쓰레기, 슬러지 등 수분 함량이 높은 폐기물을 층 내에서 건조와 연소를 동시에 할 수 있다.
- 화염층을 작게 할 수 있어 장치를 소형으로 할 수 있다.
- 클링커에 의한 장해가 없다.

(2) 단점
- 부하변동에 따른 적응성이 낮은 편이다.
- 석탄연소 시 미연소된 Char가 배출될 수 있으므로 재연소장치에서의 연소가 필요하다.
- 비산분진의 발생량이 많다.
- 유동화에 따른 압력손실이 커 동력비가 많이 든다.
- 조대한 연료는 투입 전 전처리 과정으로 파쇄공정을 거쳐야 한다.
- 손실되는 유동매체를 보충해야 한다.

정답 ①

39 ★★★

부피비율로 프로판 30%, 부탄 70%로 이루어진 혼합가스 1L를 완전연소시키는 데 필요한 이론공기량(L)은?

① 23.1　② 28.8
③ 33.1　④ 38.8

해설

(1) 프로판(C_3H_8)이 연소할 때 필요한 이론산소량 구하기

프로판(C_3H_8) 1mol이 연소할 때 산소(O_2) 5mol이 필요하다.

$C_3H_8+5O_2 \rightarrow 3CO_2+4H_2O$

문제에서 혼합가스가 1L이고 프로판의 부피비가 30%라고 했으므로 프로판은 0.3L이다.

이론산소량$=5\times0.3=1.5L$

(2) 부탄(C_4H_{10})이 연소할 때 필요한 이론산소량 구하기

부탄(C_4H_{10}) 1mol이 연소할 때 산소(O_2) 6.5mol이 필요하다.

$C_4H_{10}+6.5O_2 \rightarrow 4CO_2+5H_2O$

문제에서 혼합가스가 1L이고 부탄의 부피비가 70%라고 했으므로 부탄은 0.7L이다.

이론산소량$=6.5\times0.7=4.55L$

(3) 총 이론공기량 구하기

$$이론공기량=\frac{이론산소량}{0.21}=\frac{1.5L+4.55L}{0.21}=28.8095L$$

정답 ②

40 ★★★

1mol의 프로판이 완전연소할 때의 AFR은? (단, 부피기준)

① 9.5　② 19.5
③ 23.8　④ 33.8

해설

기체 입자는 이상기체 방정식에 의해 mol비와 부피비가 같으므로 프로판 $1Sm^3$으로 가정하여 계산한다.

$C_3H_8+5O_2 \rightarrow 3CO_2+4H_2O$

이론산소량$=5Sm^3$

$$이론공기량=\frac{이론산소량}{0.21}=\frac{5}{0.21}=23.8095Sm^3$$

$$AFR=\frac{23.8095}{1}=23.8095$$

정답 ③

대기오염방지기술

41 ★★☆

다음에서 설명하는 송풍기 유형은?

> 후향 날개형을 정밀하게 변형시킨 것으로 원심력 송풍기 중 효율이 가장 좋아 대형 냉난방 공기조화장치, 산업용 공기청정장치 등에 주로 사용되며, 에너지 절감효과가 뛰어나다.

① 프로펠러형(Propeller)
② 비행기 날개형(Airfoil blade)
③ 방사 날개형(Radial blade)
④ 전향 날개형(Forward curved)

해설

익형[비행기 날개형(Airfoil blade)]

- 표준형 평판 날개형보다 비교적 고속에서 가동되고, 후향 날개형을 정밀하게 변형시킨 것이다.
- 원심력 송풍기 중 효율이 가장 좋아 대형 냉난방 공기조화장치, 산업용 공기청정장치 등에 주로 이용된다.
- 에너지 절감효과가 뛰어난 송풍기 유형이다.

정답 ②

42

★☆☆

다음 특성을 가지는 산업용 여과재로 가장 적당한 것은?

- 최대허용온도가 약 80℃
- 내산성은 나쁨, 내알칼리성은 (약간)양호

① Cotton ② Teflon
③ Orlon ④ Glass fiber

해설

산업용 여과재의 특징

종류	최고사용온도(℃)	내산성	내알칼리성
목면	80	없음	보통
사란	80	보통	없음
양모	80	보통	없음
데비론	95	우수	우수
카네카론	100	우수	우수
비닐론	100	우수	우수
나일론(폴리아미드계)	110	보통	우수
오론	150	우수	없음
나일론(폴리에스테르계)	150	우수	없음
테트론	150	우수	없음
유리섬유(Glass fiber)	250	우수	없음
테프론	250	우수	우수

정답 ①

43

★★☆

시멘트 공장에서 먼지를 제거하기 위하여 길이 4.2m, 높이 4.8m인 두 집진판을 평행하게 설치한 집진장치를 설치하였다. 판의 간격은 23cm이며, 판 사이로 농도가 10.4g/m^{3}인 배출가스 68m^3/min를 처리한다면 집진효율(%)은? (단, 전기집진장치 내 입자의 이동속도는 5.8cm/sec이다.)

① 87.3 ② 89.4
③ 93.5 ④ 95.6

해설

Deutsch－Anderson 식을 이용한다.

$\eta=1-e^{\left(-\frac{A\times W_e}{Q}\right)}$

η: 집진효율

A: 단면적(m^2)

W_e: 먼지의 겉보기 이동속도(m/s)

Q: 처리가스량(m^3/s)

$\eta=1-e^{\left(-\frac{4.2\text{m}\times4.8\text{m}\times2\times0.058\text{m/sec}}{\frac{68\text{m}^3}{\text{min}}\times\frac{\text{min}}{60\text{sec}}}\right)}$

$=0.8730=87.30\%$

※ 문제의 조건에서 집진판이 2개라고 했으므로 단면적에 2를 곱하여야 한다.

정답 ①

44

★★★

다음 중 전기집진장치의 특징으로 옳지 않은 것은?

① 설치면적이 넓고, 설치비용이 비싸다.
② 조건변동에 적응하기 어렵다.
③ 0.1μm 이하의 미세입자까지 포집할 수 있다.
④ 입자의 하전을 균일하게 하기 위해 장치 내부 처리가스의 속도는 보통 7~15m/s를 유지하도록 한다.

해설

입자의 하전을 균일하게 하기 위해 장치 내부 처리가스의 속도는 보통 건식 1~2m/s, 습식 2~4m/s를 유지하도록 한다.

정답 ④

45 ★★☆

90%의 집진효율을 갖는 2개의 집진장치를 연결하여 먼지를 제거하고자 한다. 집진장치를 병렬 연결한 경우와 직렬 연결한 경우에 관한 내용으로 옳지 않은 것은? (단, 두 집진장치의 처리가스량은 동일하다.)

① 병렬 연결은 대량가스를 처리하는 데 사용한다.
② 병렬 연결 시 집진장치 하나의 집진효율과 같다.
③ 직렬 연결 시 총 집진효율은 94%이다.
④ 직렬 연결 방식은 높은 처리효율을 얻기 위해 사용한다.

해설

유입농도를 100으로 가정하면 직렬 연결 방식의 집진효율은 99%이다.

(1) 병렬 연결한 경우
유입: 100
유출: $100 \times (1-0.9) = 10$
총 효율: 90%

(2) 직렬 연결한 경우
1차 유입: 100
1차 유출: $100 \times (1-0.9) = 10$
2차 유입: 10
2차 유출: $10 \times (1-0.9) = 1$
총효율 : 99%

정답 ③

46 ★☆☆

다음 중 황산화물을 처리하기 위해 건식법을 적용하는 경우 사용하는 물질로 적절한 것은?

① 가성소다 ② 황산나트륨
③ 암모니아 ④ 활성탄

해설

건식법으로 황산화물을 처리하는 경우 석회석주입법, 활성탄흡착법, 활성산화망간법 등이 있다.

관련이론 | 배연탈황법

배출가스 속에 포함된 황산화물을 장치를 통과시키면서 제거하는 방법이다.

구분		방법
흡수법	건식법	석회석주입법, 활성탄흡착법, 활성산화망간법
	습식법	가성소다흡수법, 황산나트륨흡수법, 암모니아흡수법
	반건식법	석회석주입법(반건식), 소석회주입법

정답 ④

47 ★★☆

송풍기 중 프로펠러형에 대한 설명으로 옳지 않은 것은?

① 효율이 낮고 저압 응용 시 사용된다.
② 구조가 간단하여 설치장소에 제약이 적다.
③ 두꺼운 날개를 틀 속에 가지고 있다.
④ 덕트가 없는 벽에 부착하여 대용량 공기순환에 이용한다.

해설

프로펠러형 송풍기는 구조가 간단하나 덕트가 없는 벽에 부착해야 한다.

정답 ②

48

★★☆

광학현미경을 이용하여 입경을 측정하는 방법 중 입자의 투영면적을 이용하여 측정한 입경 중 입자의 투영면적 가장자리에 접하는 가장 긴 선의 길이로 나타내는 방법은?

① Feret 직경 ② Heyhood 직경
③ 등면적 직경 ④ Martin 직경

해설

Feret 직경은 입자상 물질의 끝과 끝을 연결한 선 중 가장 긴 선을 직경으로 하고, Heywood 직경은 투영면적경에 해당한다.

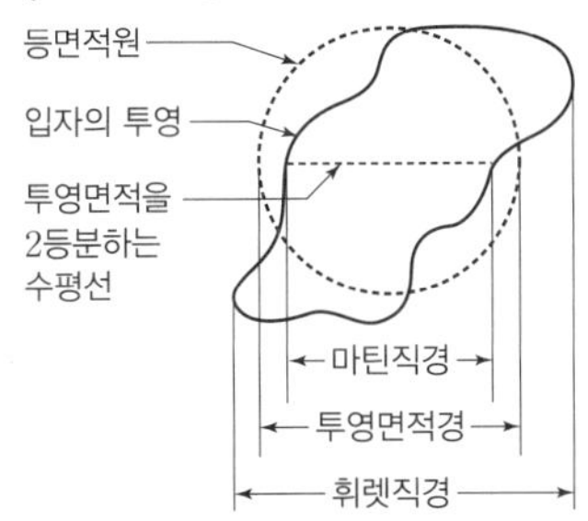

관련이론 | 입자의 직경

- 공기역학적 직경: 측정하고자 하는 입자와 동일한 침강속도를 가지며, 밀도가 $1g/cm^3$인 구형 입자의 직경이다. 이때 입자의 밀도는 고려하지 않는다.
- Stokes 직경: 원래의 먼지와 밀도 및 침강속도가 동일한 구형 입자의 직경이다.
- Feret 직경: 입자상 물질의 끝과 끝을 연결한 선 중 가장 긴 선을 직경으로 하는 것이다.
- Martin 직경: 입자상 물질의 그림자를 2개의 등면적으로 나눈 선의 길이를 직경으로 하는 것이나.
- Heywood 직경(투영면적경): 먼지의 면적과 동일한 면적을 갖는 원의 직경이다.

정답 ①

49

★★☆

가스 $1m^3$당 50g의 아황산가스를 포함하는 어떤 폐가스를 흡수 처리하기 위하여 가스 $1m^3$에 대하여 순수한 물 2,000kg의 비율로 연속 향류 접촉시켰더니 폐가스 내 아황산가스의 농도가 1/10로 감소하였다. 물 1,000kg에 흡수된 아황산가스의 양(g)은?

① 11.5 ② 22.5
③ 33.5 ④ 44.5

해설

(1) 수식을 이용한 풀이

$$50g \times \frac{9}{10} \times \frac{1,000kg}{2,000kg} = 22.5g$$

(2) 문제의 조건을 해석한 풀이

순수한 물 2,000kg으로 50g의 아황산가스의 농도가 1/10로 감소했으므로 물 2,000kg으로 아황산가스 45g을 처리했다.
물 1,000kg으로는 45g의 절반인 22.5g을 처리할 수 있다.

정답 ②

50

★☆☆

온도 20℃, 압력 120kPa의 오염 공기가 내경 400mm의 관로 내를 질량유속 1.2kg/s로 흐를 때 관 내의 유체의 평균유속은? (단, 오염공기의 평균 분자량은 29.96이고 이상기체로 취급한다. $1atm = 1.013 \times 10^5 Pa$)

① 6.47m/s ② 7.52m/s
③ 8.23m/s ④ 9.76m/s

해설

질량유속은 $Q = AV$에 의해 유량을 구한 후 표준상태에서의 부피와 질량과의 관계를 통해 산정한다.

$120kPa = 1.2 \times 10^5 Pa$

$$Q = \frac{\pi}{4} \times (0.4m)^2 \times \frac{xm}{sec} \times \frac{273K}{(273+20)K} \times \frac{1.2 \times 10^5 Pa}{1.013 \times 10^5 Pa} \times \frac{29.96kg}{22.4m^3} = 1.2kg/sec$$

$x = 6.4686m/sec$

정답 ①

51

★★★

층류의 흐름인 공기 중을 입경이 2.2μm, 밀도가 2,400g/L인 구형입자가 자유낙하하고 있다. 구형입자의 종말속도(m/s)는? (단, 20℃에서 공기의 밀도는 1.29g/L, 공기의 점도는 1.81×10^{-4}poise이다.)

① 3.5×10^{-6} ② 3.5×10^{-5}
③ 3.5×10^{-4} ④ 3.5×10^{-3}

해설

스토크스 공식을 이용한다.

$$V_g=\frac{d_p^2(\rho_p-\rho)g}{18\mu}$$

V_g: 침강속도(m/s)

d_p: 입자의 직경(m)

ρ_p: 입자의 밀도(kg/m^3)

$$\rho_p=\frac{2,400g}{L}\times\frac{1,000L}{m^3}\times\frac{kg}{1,000g}=2,400kg/m^3$$

ρ: 공기의 밀도(kg/m^3)

$$\rho=\frac{1.29g}{L}\times\frac{1,000L}{m^3}\times\frac{kg}{1,000g}=1.29kg/m^3$$

g: 중력가속도(m/s^2)

μ: 공기의 점도(kg/m·s)

$$\mu=\frac{1.81\times10^{-4}g}{cm\cdot s}\times\frac{kg}{1,000g}\times\frac{100cm}{m}=1.81\times10^{-5}kg/m\cdot s$$

$$V_g=\frac{(2.2\times10^{-6}m)^2\times(2,400-1.29)kg/m^3\times9.8m/s^2}{18\times1.81\times10^{-5}kg/m\cdot s}$$

$$=3.4922\times10^{-4}m/s$$

정답 ③

52

★☆☆

집진효율이 70%인 1차 집진장치가 있다. 총 집진효율이 98%라면 2차 집진장치의 집진효율은?

① 91.1% ② 93.3%
③ 94.8% ④ 96.5%

해설

유입이 100, 유출이 2일 때 총 집진효율은 98%이다.

(1) 1차 집진장치
  유입: 100
  유출: $100\times(1-0.7)=30$

(2) 2차 집진장치
  유입: 30
  유출: 2

$$집진효율=\left(1-\frac{2}{30}\right)\times100=93.3333\%$$

정답 ②

53

★☆☆

굴뚝(연돌)에서 피토우관을 사용하여 배출가스의 유속을 구하고자 측정한 결과가 다음과 같을 때, 이 굴뚝에서의 배출가스 유속은?

- C: 피토우관 계수이며 값은 1
- g: 중력가속도이며 값은 $9.8m/s^2$
- h: 동압이며 측정값은 $5.0mmH_2O$
- ρ: 배출가스 밀도이며 측정값은 $1.5kg/m^3$

① 약 5m/s ② 약 6m/s
③ 약 7m/s ④ 약 8m/s

해설

$$V=C\sqrt{\frac{2gh}{\gamma}}$$

V: 유속(m/sec), C: 피토우관 계수

g: 중력가속도($9.8m/s^2$), h: 동압(mmH_2O)

γ: 실측상태의 비중량(kg/m^3)

$$V=1\times\sqrt{\frac{2\times9.8\times5.0}{1.5}}=8.0829m/sec$$

정답 ④

54 ★☆☆

송풍기가 표준공기(밀도: 1.2kg/m^3)를 10m^3/sec로 이동시키고 1,000rpm으로 회전할 때 정압이 900N/m^2이었다면, 공기밀도가 1.0kg/m^3으로 변할 때 송풍기의 정압은?

① 520N/m^2　　② 625N/m^2
③ 750N/m^2　　④ 820N/m^2

해설
정압과 유체의 밀도는 서로 비례관계에 있다.

$\frac{P_2}{P_1}=\frac{\gamma_2}{\gamma_1}$, ($P$: 정압, γ: 유체 밀도)

$\frac{P_2}{900N/m^2}=\frac{1.0kg/m^3}{1.2kg/m^3}$

$P_2=750N/m^2$

정답 ③

55 ★★☆

가스 중의 플루오린화수소를 수산화나트륨 용액과 향류를 접촉시켜 90% 흡수시키는 충전탑의 흡수율을 99.9%로 향상시키고자 한다. 이때 충전층의 높이는? (단, 흡수액상의 플루오린화수소의 평형분압은 0으로 한다.)

① 81배 높아져야 한다.
② 27배 높아져야 한다.
③ 9배 높아져야 한다.
④ 3배 높아져야 한다.

해설
흡수탑의 충전층 높이$=H_{OG}\times N_{OG}$
H_{OG}: 기상총괄이동단위높이(m)
N_{OG}: 기상총괄단위수

$N_{OG}=\ln\frac{1}{1-\eta}$ (η: 효율)

흡수율이 90%일 때 흡수탑의 충전층 높이

$=H_{OG}\times\ln\frac{1}{1-0.9}=H_{OG}\times2.3026$

흡수율이 99.9%일 때 흡수탑의 충전층 높이

$=H_{OG}\times\ln\frac{1}{1-0.999}=H_{OG}\times6.9078$

$\frac{H_{OG}\times6.9078}{H_{OG}\times2.3026}=3$배

정답 ④

56 ★☆☆

원심력 집진장치 중 분리계수(Separation factor, S)에 대한 설명으로 옳지 않은 것은?

① 분리계수는 중력가속도에 반비례한다.
② 분리계수는 입자에 작용되는 원심력과 중력과의 관계이다.
③ 싸이클론 원추하부의 반경이 클수록 분리계수는 커진다.
④ 원심력이 클수록 분리계수가 커지며 집진율도 좋아진다.

해설
싸이클론 원추하부의 반경이 작을수록 분리계수는 커진다.

관련이론 | 원심력 집진장치의 분리계수

$S=\frac{V^2}{R\times g}$

V: 유입가스의 속도(m/sec)
R: 내통의 반경(m)
g: 중력가속도(9.8m/sec^2)

정답 ③

57 ★★☆

중력집진장치에서 집진효율을 향상시키기 위한 조건으로 옳지 않은 것은?

① 침강실의 입구 폭을 작게 한다.
② 침강실 내의 가스 흐름을 균일하게 한다.
③ 침강실 내의 처리가스의 유속을 느리게 한다.
④ 침강실의 높이는 낮게 하고, 길이는 길게 한다.

해설
중력집진장치의 집진효율을 향상시키기 위해서는 침강실의 입구 폭을 크게 해야 한다.

관련이론 | 중력집진장치의 집진효율 향상 조건

- 침강실 내의 처리가스의 속도가 작을수록 미립자가 포집된다.
- 유입부의 유속이 느릴수록 처리 효율이 높다.
- 침강실의 높이는 낮고 길이는 길수록 집진율이 높아진다.
- 침강실 내 배기가스의 기류는 균일해야 한다.
- 다단일 경우 단수가 증가할수록 압력손실은 커지나 효율은 증가한다.

정답 ①

58

★★☆

전기집진장치에서 먼지의 비저항 조절에 관한 설명으로 옳지 않은 것은?

① 석탄 중의 황 함유량이 높을수록 비저항은 증가한다.
② 처리가스의 온도를 조절하면 비저항 조절이 가능하다.
③ 비저항이 낮은 경우 암모니아 가스를 주입하면 비저항을 높일 수 있다.
④ 비저항이 높은 경우 처리가스의 습도를 높이면 비저항을 낮출 수 있다.

해설

석탄의 황 함량이 높을수록 비저항은 감소한다.

관련이론 | 전기집진장치의 비저항 조절 방법

- 전기 비저항이 낮은 경우 온도 및 습도를 조절하고 NH_3 가스를 주입한다.
- 전기 비저항이 높은 경우 황 함량이 높은 연료, SO_3, H_2SO_4, NaCl, 트라이에틸아민 등을 주입한다.

정답 ①

59

★☆☆

500ppm의 NO를 함유하는 배기가스 45,000Sm³/hr를 암모니아 선택적 접촉환원법으로 배연탈질할 때 요구되는 암모니아의 양(Sm³/hr)은? (단, 산소가 공존하는 상태이며, 표준상태 기준이다.)

① 15.0 ② 22.5
③ 30.0 ④ 34.5

해설

제거되는 질소산화물의 양

$$=\frac{45{,}000\text{Sm}^3}{\text{hr}}\times\frac{500\text{mL}}{\text{m}^3}\times\frac{1\text{m}^3}{10^6\text{mL}}=22.5\text{Sm}^3/\text{hr}$$

선택적 촉매(접촉)환원법의 반응식

$4NO+4NH_3+O_2 \rightarrow 4N_2+6H_2O$

$4\times22.4\text{Sm}^3 : 4\times22.4\text{Sm}^3=22.5\text{Sm}^3/\text{hr} : x\text{Sm}^3/\text{hr}$

$x=22.5\text{Sm}^3/\text{hr}$

정답 ②

60

★☆☆

실내에서 발생하는 CO_2의 양이 시간당 0.3m³일 때 필요한 환기량은? (단, CO_2의 허용농도와 외기의 CO_2 농도는 각각 0.1%와 0.03%이다.)

① 약 430m³/hr ② 약 320m³/hr
③ 약 210m³/hr ④ 약 145m³/hr

해설

$$\text{필요한 환기량}=\frac{CO_2\ \text{발생량}}{C_{in}-C_{out}}\times100$$

C_{in}: 실내 허용농도

C_{out}: 외기 농도

$$\text{필요한 환기량}=\frac{0.3}{0.1-0.03}\times100=428.5714\text{m}^3/\text{hr}$$

정답 ①

대기오염공정시험기준

61 ★☆☆

굴뚝배출가스 중 먼지 측정 시 등속흡입 정도를 보기 위하여 등속흡입계수(%)를 산정한다. 이 때 그 값이 몇 % 범위 내에 들지 않는 경우 다시 시료를 채취하여야 하는가?

① 90~105% ② 90~110%
③ 95~105% ④ 95~110%

해설
등속흡입 정도를 보기 위해 식 또는 계산기에 의해서 등속흡입계수를 구하고 그 값이 90~110% 범위에 들지 않는 경우 다시 시료를 채취한다.

정답 ②

62 ★★★

대기오염공정시험기준상 이온크로마토그래피의 장치 중 써프렛서에 관한 설명으로 가장 거리가 먼 것은?

① 장치의 구성상 써프렛서 앞에 분리관이 위치한다.
② 용리액에 사용되는 전해질 성분을 제거하기 위한 것이다.
③ 관형 써프렛서에 사용하는 충전물은 스티롤계 강산형 및 강염기형 수지이다.
④ 목적성분의 전기전도도를 낮추어 이온성분을 고감도로 검출할 수 있게 해준다.

해설
써프렛서는 전해질을 물 또는 저전도도의 용매로 바꿔줌으로써 전기전도도 셀에서 목적이온성분과 전기 전도도만을 고감도로 검출할 수 있게 해주는 것이다.

관련이론 | 써프렛서
- 써프렛서란 용리액에 사용되는 전해질 성분을 제거하기 위하여 분리관 뒤에 직렬로 접속시킨 것으로써 전해질을 물 또는 저전도도의 용매로 바꿔줌으로써 전기전도도 셀에서 목적 이온 성분과 전기 전도도만을 고감도로 검출할 수 있게 해주는 것이다.
- 써프렛서는 관형과 이온교환막형이 있으며, 관형은 음이온에는 스티롤계 강산형(H^+) 수지가, 양이온에는 스티롤계 강염기형(OH^-)의 수지가 충진된 것을 사용한다.

정답 ④

63 ★★★

기체크로마토그래피에서 정량분석방법과 가장 거리가 먼 것은?

① 넓이 백분율법 ② 표준물첨가법
③ 내부표준물질법 ④ 절대검정곡선법

해설
기체크로마토그래피에서 정량분석방법
- 절대검정곡선법
- 넓이 백분율법
- 보정넓이 백분율법
- 상대검정곡선법
- 표준물첨가법

정답 ③

64 ★★★

다음 중 원자흡수분광광도법에 대한 설명으로 옳지 않은 것은?

① 공명선(Resonance line)은 목적하는 스펙트럼선에 가까운 파장을 갖는 다른 스펙트럼선이다.
② 분무실(Nebulizer–Chamber)은 분무기와 함께 분무된 시료용액의 미립자를 더욱 미세하게 해주는 한편 큰 입자와 분리시키는 작용을 갖는 장치이다.
③ 중공음극램프(Hollow Cathode Lamp)는 원자흡광분석의 광원이 되는 것으로 목적원소를 함유하는 중공음극 한 개 또는 그 이상을 저압의 네온과 함께 채운 방전관이다.
④ 멀티 패스(Multi–Path)는 불꽃 중에서의 광로를 길게 하고 흡수를 증대시키기 위하여 반사를 이용하여 불꽃 중에 빛을 여러 번 투과시키는 것이다.

해설
공명선(Resonance Line)은 원자가 외부로부터 빛을 흡수했다가 다시 먼저 상태로 돌아갈 때 방사하는 스펙트럼선을 말하며, 근접선(Neighbouring Line)은 목적하는 스펙트럼선에 가까운 파장을 갖는 다른 스펙트럼선을 말한다.

정답 ①

65 ★★★

이온크로마토그래피(Ion Chromatography)에 사용되는 장치에 관한 설명으로 옳지 않은 것은?

① 용리액조는 이온 성분이 용출되지 않는 재질로써 용리액이 공기와 원활한 접촉이 가능한 개방형을 선택한다.
② 송액펌프는 맥동이 적은 것을 선택한다.
③ 시료주입장치는 일정량의 시료를 밸브 조작에 의해 분리관으로 주입하는 루프주입방식이 일반적이다.
④ 검출기는 분리관 용리액 중의 시료 성분의 유무와 양을 검출하는 부분으로 일반적으로 전도도 검출기를 많이 사용한다.

해설
용리액조는 이온 성분이 용출되지 않는 재질로써 용리액이 직접 공기와 접촉하지 않도록 밀폐된 것을 선택한다.

정답 ①

66 ★☆☆

다음 대상 가스별 분석방법의 연결로 옳은 것은? (단, 배출허용기준 시험방법)

① 폼알데하이드－오르토톨리딘법
② 질소산화물－크로모트로핀산법
③ 사이안화수소－자외선/가시선분광법
④ 페놀－페놀디슬폰산법

해설
사이안화수소는 자외선/가시선분광법(4－피리딘카복실산－피라졸론법), 연속흐름법으로 분석한다.

선지분석
① 폼알데하이드: 고성능액체크로마토그래피, 자외선/가시선분광법(크로모트로핀산법), 자외선/가시선분광법(아세틸아세톤법)
② 질소산화물: 자동측정법, 자외선/가시선분광법(아연환원나프틸에틸렌다이아민법)
④ 페놀: 자외선/가시선분광법(4－아미노안티피린법), 기체크로마토그래피

정답 ③

67 ★★☆

원자흡수분광광도법에 사용되는 불꽃 중 불꽃의 온도가 높아 불꽃 중에서 해리하기 어려운 내화성 산화물(Refractory oxide)을 만들기 쉬운 원소의 분석에 가장 적합한 것은?

① 아세틸렌－공기
② 아세틸렌－산소
③ 수소－공기－아르곤
④ 아세틸렌－아산화질소

해설
아세틸렌－아산화질소는 불꽃 온도가 높기 때문에 불꽃 중에서 해리하기 어려운 내화성 산화물(Refractory Oxide)을 만들기 쉬운 원소의 분석에 적당하다.

관련이론 | 원자흡수분광광도법에서 사용되는 불꽃의 종류
- 아세틸렌－공기와 수소－공기는 대부분의 원소 분석에 유효하게 사용된다.
- 수소－공기는 원자 외 영역에서의 불꽃 자체에 의한 흡수가 적기 때문에 이 파장 영역에서 분석선을 갖는 원소의 분석에 적당하다.
- 아세틸렌－아산화질소는 불꽃 온도가 높기 때문에 불꽃 중에서 해리하기 어려운 내화성 산화물(Refractory Oxide)을 만들기 쉬운 원소의 분석에 적당하다.
- 프로페인－공기는 불꽃 온도가 낮고 일부 원소에 대하여 높은 감도를 나타낸다.

정답 ④

68

★☆☆

연료용 유류 중의 황 함유량 분석방법으로 옳지 않은 것은?

① 연소관식 공기법은 500~550℃로 가열한 석영 재질 연소관 중에 공기를 불어 넣어 시료를 연소시킨 후 생성된 황산화물을 붕산나트륨(9%)에 흡수시켜 황산으로 만든 다음, 수산화소듐 표준액으로 중화적정한다.

② 연소관식 공기법의 경우 불용성 황산염을 만드는 금속(Ba, Ca 등)이 들어있는 시료에는 적용할 수 없다.

③ 연소관식 공기법의 경우 연소되어 산을 발생시키는 원소(P, N, Cl 등)가 들어있는 시료에는 적용할 수 없다.

④ 방사선식 여기법은 시료에 방사선을 조사하고, 여기된 황의 원자에서 발생하는 형광 X선의 강도를 측정한다.

해설

연소관식 공기법은 950~1,100℃로 가열한 석영 재질 연소관 중에 공기를 불어넣어 시료를 연소시킨다. 생성된 황산화물을 과산화수소(3%)에 흡수시켜 황산으로 만든 다음, 수산화소듐 표준액으로 중화적정하여 황 함유량을 구한다.

관련이론 | 연소관식 공기법

- 원유, 경유, 중유의 황 함유량을 측정하는 방법이다.
- 유류 중 황 함유량이 질량분율 0.01% 이상의 경우에 적용한다.
- 950~1,100℃로 가열한 석영 재질 연소관 중에 공기를 불어 넣어 시료를 연소시킨다. 생성된 황산화물을 과산화수소(3%)에 흡수시켜 황산으로 만든 다음, 수산화소듐 표준액으로 중화적정하여 황 함유량을 구한다.

정답 ①

69

★☆☆

다음의 조건을 이용하여 가스크로마토그래피에서 계산된 보유시간은?

- 이론단수: 1,600
- 기록지 이동속도: 5mm/분
- 피크의 좌우 변곡점에서 접선이 자르는 바탕선의 길이: 10mm

① 5분　　② 10분

③ 15분　　④ 20분

해설

이론단수$(n) = 16 \times \left(\frac{t_R}{W}\right)^2$

t_R: 머무름 시간(=기록지 이동속도×보유시간)

W: 피크의 좌우 변곡점에서 접선이 자르는 바탕선의 길이

$1{,}600 = 16 \times \left(\frac{5\text{mm/min} \times t}{10\text{mm}}\right)^2$

$t = 20\text{min}$

정답 ④

70

★☆☆

굴뚝 배출가스 내 산소측정 분석계 중 측정셀, 자극보조가스용 조리개, 검출소자, 증폭기 등으로 구성되는 것은?

① 자기풍 분석계

② 덤벨형 자기력 분석계

③ 압력 검출형 자기력 분석계

④ 전기화학식 질코니아 분석계

해설

압력 검출형 자기력 분석계는 측정셀, 자극보조가스용 조리개, 검출소자 증폭기 등으로 구성된다. 주기적으로 단속하는 자계 내에서 산소분자에 작용하는 단속적인 흡입력을 자계 내에 일정 유량으로 유입하는 보조가스의 배압변화량으로써 검출한다.

선지분석

① 자기풍 분석계: 측정셀, 비교셀, 열선소자, 자극 증폭기

② 덤벨형 자기력 분석계: 측정셀, 덤벨, 자극편, 편위검출부, 증폭기

④ 전기화학식 질코니아 분석계: 고온가열부, 검출기, 증폭기

정답 ③

71

★★☆

원형 굴뚝의 단면적이 13~15m^2인 경우 배출되는 먼지 측정을 위한 ㉠ 반경 구분수와 ㉡ 측정점 수는?

① ㉠ 2, ㉡ 8　② ㉠ 3, ㉡ 12
③ ㉠ 4, ㉡ 16　④ ㉠ 5, ㉡ 20

해설

(1) 원형 굴뚝의 직경

$$A=\frac{\pi D^2}{4}$$

$$13=\frac{\pi D^2}{4} \rightarrow D=4.0684\text{m}$$

$$15=\frac{\pi D^2}{4} \rightarrow D=4.3702\text{m}$$

(2) 원형단면의 측정점

굴뚝 직경(m)	반경 구분수	측정점 수
1 이하	1	4
1 초과 2 이하	2	8
2 초과 4 이하	3	12
4 초과 4.5 이하	4	16
4.5 초과	5	20

정답 ③

72

★☆☆

굴뚝 배출가스 중 이산화황의 자동연속측정방법에서 사용되는 용어의 의미로 옳지 않은 것은?

① 검출한계: 제로드리프트의 2배에 해당하는 지시치가 갖는 이산화황의 농도를 말한다.
② 응답시간: 시료채취부를 통하지 않고 제로가스를 연속자동측정기의 분석부에 흘려주다가 갑자기 스팬가스로 바꿔서 흘려준 후, 기록계에 표시된 지시치가 스팬가스 보정치의 95%에 해당하는 지시치를 나타낼 때까지 걸리는 시간을 말한다.
③ 경로(Path) 측정시스템: 굴뚝 또는 덕트 단면 직경의 5% 이상의 경로를 따라 오염물질 농도를 측정하는 배출가스 연속자동측정시스템을 말한다.
④ 제로가스: 정제된 공기나 순수한 질소(순도 99.999% 이상)를 말한다.

해설

경로(Path) 측정시스템이란 굴뚝 또는 덕트 단면 직경의 10% 이상의 경로를 따라 오염물질 농도를 측정하는 배출가스 연속자동측정시스템을 말한다.

정답 ③

73

★☆☆

0.25N의 수산화나트륨(NaOH) 용액 200mL를 만들려고 한다. 이때 필요한 수산화나트륨(NaOH)의 양(g)은?

① 2　② 4
③ 6　④ 8

해설

$$\frac{0.25\text{eq}}{\text{L}} \times 0.2\text{L} \times \frac{40\text{g}}{1\text{eq}} = 2.0\text{g}$$

정답 ①

74

★★☆

대기오염공정시험기준상 화학분석 일반사항에 대한 규정 중 옳지 않은 것은?

① "약"이란 그 무게 또는 부피에 대하여 ±10% 이상의 차가 있어서는 안 된다.
② 냉수는 15℃ 이하, 온수는 60~70℃, 열수는 약 100℃를 말한다.
③ 방울수라 함은 10℃에서 정제수 10방울을 떨어뜨릴 때 그 부피가 약 1mL 되는 것을 뜻한다.
④ 밀봉용기라 함은 물질을 취급 또는 보관하는 동안에 기체 또는 미생물이 침입하지 않도록 내용물을 보호하는 용기를 뜻한다.

해설

방울수라 함은 20℃에서 정제수 20방울을 떨어뜨릴 때 그 부피가 약 1mL 되는 것을 뜻한다.

정답 ③

75

★★☆

대기오염공정시험기준상 자외선/가시선 분광법에서 사용되는 흡수셀의 재질에 따른 사용 파장범위로 가장 적합한 것은?

① 플라스틱제는 자외부 파장범위
② 플라스틱제는 가시부 파장범위
③ 유리제는 가시부 및 근적외부 파장범위
④ 석영제는 가시부 및 근적외부 파장범위

해설

흡수셀의 재질로는 유리, 석영, 플라스틱 등을 사용한다.

- 유리제: 주로 가시 및 근적외부 파장범위
- 석영제: 자외부 파장범위
- 플라스틱제: 근적외부 파장범위

정답 ③

76

★★☆

다음 가스크로마토그래피 분석에 사용되는 검출기 중 금속 필라멘트 또는 전기저항체를 검출소자로 하여 금속판 안에 들어있는 본체와 여기에 안정된 직류전기를 공급하는 전원회로, 전류조절부, 신호검출 전기회로, 신호감쇄부 등으로 구성되어 있는 것은?

① 전자 포획 검출기(ECD)
② 열전도도 검출기(TCD)
③ 불꽃 이온화 검출기(FID)
④ 불꽃 광도 검출기(FPD)

해설

열전도도 검출기(TCD)는 금속 필라멘트(Filament), 전기저항체(Thermistor)를 검출소자로 하여 금속판(Block) 안에 들어있는 본체와 안정된 직류전기를 공급하는 전원회로, 전류조절부, 신호검출 전기회로, 신호감쇄부 등으로 구성된다. 네 개의 필라멘트에 전류를 흘려주면 가열되는데, 2개는 운반기체인 헬륨에 노출되고 나머지 두 개는 운반기체에 의해 이동하는 시료에 노출된다. 둘 사이의 열전도도 차이를 측정함으로써 시료를 검출하여 분석한다. 열전도도 검출기는 모든 화합물을 검출할 수 있어 분석 대상에 제한이 없고 값이 저렴하며 시료를 파괴하지 않는다는 장점이 있으나, 다른 검출기에 비해 감도(Sensitivity)가 낮다.

선지분석

① 전자 포획 검출기(ECD): 셀에 전자친화력이 큰 화합물이 들어오면 셀에 있던 전자가 포획되어 이로 인해 전류가 감소하는 것을 이용하는 방법으로 유기 할로겐 화합물, 나이트로 화합물 및 유기 금속 화합물 등 전자친화력이 큰 원소가 포함된 화합물을 수 ppt의 매우 낮은 농도까지 선택적으로 검출할 수 있다.
③ 불꽃 이온화 검출기(FID): 수소 연소 노즐(Nozzle), 이온 수집기(Ion collector), 전극 및 배기구로 구성되는 본체와 직류전압 변환회로, 감도조절부, 신호감쇄부 등으로 구성된다. 대부분의 화합물에 대하여 열전도도 검출기보다 약 1,000배 높은 감도를 나타내고 대부분의 유기화합물을 검출할 수 있으므로 가장 흔히 사용된다. 특히 탄소 수가 많은 유기물은 10pg까지 검출할 수 있어 대기오염 분석에서 미량의 유기물을 분석할 경우 유용하다.
④ 불꽃 광도 검출기(FPD): 불꽃 이온화 검출기와 유사하고, 운반기체와 조연기체의 혼합부, 수소 기체 공급구, 연소 노즐, 광학 필터, 광전증배관(Photomultiplier tube) 및 전원 등으로 구성되어 있다. 불꽃 광도 검출기에 의한 황 또는 인 화합물의 감도(Sensitivity)는 일반 탄화수소 화합물에 비하여 100,000배 커서, H_2S나 SO_2와 같은 황 화합물은 약 200ppb까지, 인 화합물은 약 10ppb까지 검출이 가능하다.

정답 ②

77

★★★

특정 발생원에서 일정한 굴뚝을 거치지 않고 외부로 비산되는 먼지의 농도를 고용량공기시료채취법으로 분석하고자 한다. 측정조건과 결과가 다음과 같을 때 비산먼지의 농도(μg/m³)는?

- 채취시간: 24시간
- 채취개시 직후의 유량: $1.8m^3/min$
- 채취종료 직전의 유량: $1.2m^3/min$
- 채취 후 여과지의 질량: 3.828g
- 채취 전 여과지의 질량: 3.419g
- 대조위치에서의 먼지농도: $0.15\mu g/m^3$
- 전 시료채취 기간 중 주 풍향이 90° 이상 변함
- 풍속이 0.5m/sec 미만 또는 10m/sec 이상되는 시간이 전 채취시간의 50% 미만임

① 185.76 ② 283.80
③ 294.81 ④ 372.70

해설

(1) 흡인공기량 구하기

$$\text{흡인공기량}=\frac{Q_s+Q_e}{2}\times t$$

Q_s: 채취개시 직후의 유량(m^3/min)
Q_e: 채취종료 직전의 유량(m^3/min)
t: 채취시간(min)

$$\text{흡인공기량}=\frac{(1.8+1.2)m^3/min}{2}\times(24\times60)min=2,160m^3$$

(2) 채취한 비산먼지의 농도 구하기

$$\text{먼지농도}=\frac{W_e-W_s}{V}$$

W_e: 채취 후 여과지의 질량(g)
W_s: 채취 전 여과지의 질량(g)
V: 총 공기흡입량(Sm^3)

$$\text{먼지농도}=\frac{(3.828-3.419)g}{2,160m^3}\times\frac{10^6\mu g}{g}=189.3519\mu g/m^3$$

(3) 각 측정지점의 채취먼지량과 풍향, 풍속의 측정결과로부터 비산먼지의 농도 구하기

비산먼지농도$(C)=(C_H-C_B)\times W_D\times W_S$

C_H: 채취먼지량이 가장 많은 위치에서의 먼지농도(mg/m^3)
C_B: 대조위치에서의 먼지농도(mg/m^3)
W_D, W_S: 풍향, 풍속 측정결과로부터 구한 보정계수
단, 대조위치를 선정할 수 없는 경우에는 C_B는 $0.15mg/m^3$로 한다.

$$C=(189.3519-0.15)\times1.5\times1.0=283.8029\mu g/m^3$$

풍향에 대한 보정

풍향변화범위	보정계수
전 시료채취 기간 중 주 풍향이 90° 이상 변할 때	1.5
전 시료채취 기간 중 주 풍향이 45°~90° 변할 때	1.2
전 시료채취 기간 중 풍향이 변동이 없을 때 (45° 미만)	1.0

풍속에 대한 보정

풍속범위	보정계수
풍속이 0.5m/sec 미만 또는 10m/sec 이상이 되는 시간이 전 채취시간의 50% 미만일 때	1.0
풍속이 0.5m/sec 미만 또는 10m/sec 이상이 되는 시간이 전 채취시간의 50% 이상일 때	1.2

정답 ②

78

★★☆

환경대기 중의 탄화수소 농도를 측정하기 위한 주 시험방법은?

① 총탄화수소 측정법
② 비메탄 탄화수소 측정법
③ 활성 탄화수소 측정법
④ 비활성 탄화수소 측정법

해설

비메탄 탄화수소 측정법은 환경대기를 불꽃 이온화 검출기가 부착된 가스크로마토그래피에 도입하여 분리관에 의해 메탄과 비메탄 탄화수소가 분리되고, 수소염 중에 연소할 때 발생하는 이온에 의한 미소전류를 측정해 대기 중의 메탄과 비메탄 탄화수소의 농도를 연속적으로 측정하는 방법이다.

정답 ②

79

★☆☆

굴뚝연속자동측정기기의 설치방법으로 옳지 않은 것은?

① 응축된 수증기가 존재하지 않는 곳에 설치한다.
② 먼지와 가스상 물질을 모두 측정하는 경우 측정위치는 먼지를 따른다.
③ 수직굴뚝에서 가스상 물질의 측정위치는 굴뚝 하부 끝에서 위를 향하여 굴뚝 내경의 1/2배 이상이 되는 지점으로 한다.
④ 수평굴뚝에서 가스상 물질의 측정위치는 외부공기가 새어들지 않고 요철이 없는 곳으로 굴뚝의 방향이 바뀌는 지점으로부터 굴뚝 내경의 2배 이상 떨어진 곳을 선정한다.

해설

수직굴뚝에서 가스상 물질의 측정위치는 수직굴뚝 하부 끝에서 위를 향하여 굴뚝 내경의 2배 이상이 되고, 상부 끝단으로부터 아래를 향하여 굴뚝 상부 내경의 1/2배 이상이 되는 지점으로 한다.

정답 ③

80

★☆☆

반자동식 채취기에 의한 방법으로 배출가스 중 먼지를 측정하고자 할 경우 흡입노즐에 관한 설명이다. ( ) 안에 가장 적합한 것은?

> 흡입노즐의 안과 밖의 가스흐름이 흐트러지지 않도록 흡입노즐 안지름(d)은 (㉠)으로 한다. 흡입노즐의 안지름(d)은 정확히 측정하여 0.1mm 단위까지 구하여 둔다. 흡입노즐의 꼭지점은 (㉡)의 예각이 되도록 하고 매끈한 반구 모양으로 한다.

① ㉠ 1mm 이상, ㉡ 30° 이하
② ㉠ 1mm 이상, ㉡ 45° 이하
③ ㉠ 3mm 이상, ㉡ 30° 이하
④ ㉠ 3mm 이상, ㉡ 45° 이하

해설

흡입노즐의 꼭지 부분

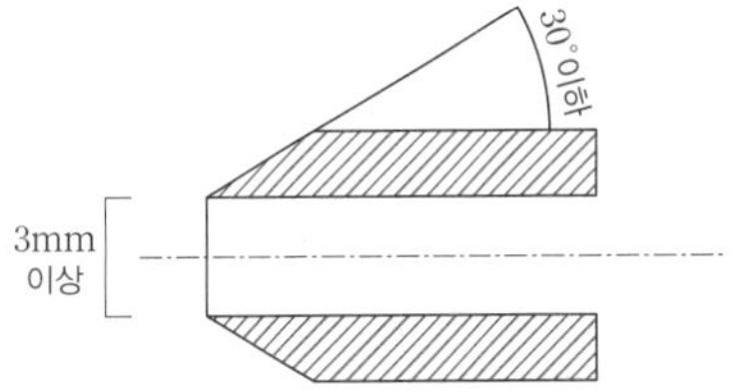

정답 ③

대기환경관계법규

81

★☆☆

대기환경보전법규상 배출시설과 방지시설의 정상적인 운영·관리를 위해 환경기술인 업무사항을 준수사항 및 관리사항으로 구분할 때, 다음 중 준수사항과 거리가 먼 것은?

① 배출시설 및 방지시설의 관리 및 개선에 관한 계획을 수립할 것
② 자가측정은 대기오염공정시험기준에 따라 할 것
③ 자가측정 시에 사용한 여과지는 기록한 시료채취기록지와 함께 날짜별로 보관·관리할 것
④ 배출시설 및 방지시설의 운영기록을 사실에 기초하여 작성할 것

해설

배출시설 및 방지시설의 관리 및 개선에 관한 사항은 환경기술인의 관리사항에 포함된다.

관련이론 | 환경기술인의 준수사항 및 관리사항「시행규칙 제54조」

① 환경기술인의 준수사항

1. 배출시설 및 방지시설을 정상가동하여 대기오염물질 등의 배출이 배출허용기준에 맞도록 할 것
2. 배출시설 및 방지시설의 운영기록을 사실에 기초하여 작성할 것
3. 자가측정은 대기오염공정시험기준에 따라 할 것
4. 자가측정 시 시료채취 방법 및 측정 결과 등을 대기오염공정시험기준에 따라 기록할 것
5. 자가측정 시에 사용한 여과지는 대기오염공정시험기준에 따라 기록한 시료채취기록지와 함께 날짜별로 보관·관리할 것
6. 환경기술인은 사업장에 상근할 것. 다만, 「기업활동 규제완화에 관한 특별조치법」 제37조에 따라 환경기술인을 공동으로 임명한 경우 그 환경기술인은 해당 사업장에 번갈아 근무하여야 한다.

② 환경기술인의 관리사항

1. 배출시설 및 방지시설의 관리 및 개선에 관한 사항
2. 배출시설 및 방지시설의 운영에 관한 기록부의 기록·보존에 관한 사항
3. 자가측정 및 자가측정한 결과의 기록·보존에 관한 사항
4. 그 밖에 환경오염 방지를 위하여 유역환경청장, 지방환경청장, 수도권대기환경청장 또는 시·도지사가 지시하는 사항

정답 ①

82

★☆☆

대기환경보전법규상 배출가스 관련부품을 장치별로 구분할 때, 다음 중 연료증발가스방지장치(Evaporative Emission Control System)에 해당하는 것은?

① 정화조절밸브(Purge Control Valve)
② 재생용가열기(Regenerative Heater)
③ PVC밸브
④ 연료분사기(Fuel Injector)

선지분석

② 재생용가열기(Regenerative Heater): 배출가스 전환장치
③ PVC밸브: 블로바이가스 환원장치
④ 연료분사기(Fuel Injector): 연료공급장치

관련이론 | 연료증발가스방지장치(Evaporative Emission Control System)「시행규칙 별표 20」

- 정화조절밸브(Purge Control Valve)
- 증기 저장 캐니스터와 필터(Vapor Storage Canister and Filter)

정답 ①

83

★★☆

악취방지법규상 지정악취물질에 해당하지 않는 것은?

① 트라이메틸아민　② 폼알데하이드
③ 황화수소　④ 암모니아

해설

폼알데하이드는 지정악취물질에 해당되지 않는다.

관련이론 | 지정악취물질「악취방지법 시행규칙 별표 1」

암모니아, 메틸메르캅탄, 황화수소, 다이메틸설파이드, 다이메틸다이설파이드, 트라이메틸아민, 아세트알데하이드, 스타이렌, 프로피온알데하이드, 뷰틸알데하이드, n−발레르알데하이드, i−발레르알데하이드, 톨루엔, 자일렌, 메틸에틸케톤, 메틸아이소뷰틸케톤, 뷰틸아세테이트, 프로피온산, n−뷰틸산, n−발레르산, i−발레르산, i−뷰틸알코올

정답 ②

84
★☆☆

대기환경보전법령상 굴뚝 자동측정기기 부착이 면제되는 조건으로 옳지 않은 것은?

① 연소가스 또는 화염이 원료 또는 제품과 직접 접촉하지 않는 시설로서 청정연료를 사용하는 경우
② 연간 가동일 수가 60일 미만인 배출시설인 경우
③ 부착대상시설이 된 날부터 6개월 이내에 배출시설을 폐쇄할 계획이 있는 경우
④ 액체연료만을 사용하는 연소시설로서 황산화물을 제거하는 방지시설이 없는 경우(단, 황산화물 측정기기의 부착만 면제)

해설

굴뚝 자동측정기기 부착대상 배출시설이 그 부착을 면제받을 수 있는 경우는 연간 가동일수가 30일 미만인 배출시설인 경우이다.

관련이론 | 굴뚝 자동측정기기의 부착 면제「시행령 별표 3」

굴뚝 자동측정기기 부착대상 배출시설이 다음 각 목의 어느 하나에 해당하는 경우에는 굴뚝 자동측정기기의 부착을 면제한다.

가. 방지시설의 설치를 면제받은 경우(굴뚝 자동측정기기의 측정항목에 대한 방지시설의 설치를 면제받은 경우에만 해당한다)
나. 연소가스 또는 화염이 원료 또는 제품과 직접 접촉하지 아니하는 시설로서 청정연료를 사용하는 경우(발전시설은 제외한다)
다. 액체연료만을 사용하는 연소시설로서 황산화물을 제거하는 방지시설이 없는 경우(발전시설은 제외하며, 황산화물 측정기기에만 부착을 면제한다)
라. 보일러로서 사용연료를 6개월 이내에 청정연료로 변경할 계획이 있는 경우
마. 연간 가동일수가 30일 미만인 배출시설인 경우
바. 연간 가동일수가 30일 미만인 방지시설인 경우 해당 배출구. 다만, 대기오염물질배출시설 설치 허가증 또는 신고 증명서에 연간 가동일수가 30일 미만으로 적힌 방지시설에 한한다.
사. 부착대상시설이 된 날부터 6개월 이내에 배출시설을 폐쇄할 계획이 있는 경우

정답 ②

85
★★☆

대기환경보전법령상 배출시설에서 발생하는 연간대기오염물질 발생량의 합계로 사업장을 분류할 때 4종 사업장에 해당하는 기준으로 옳은 것은?

① 2톤 미만
② 2톤 이상 10톤 미만
③ 10톤 이상 20톤 미만
④ 20톤 이상 80톤 미만

해설

사업장의 분류「시행령 별표 1의3」

종별	오염물질발생량 구분
1종 사업장	대기오염물질발생량의 합계가 연간 80톤 이상인 사업장
2종 사업장	대기오염물질발생량의 합계가 연간 20톤 이상 80톤 미만인 사업장
3종 사업장	대기오염물질발생량의 합계가 연간 10톤 이상 20톤 미만인 사업장
4종 사업장	대기오염물질발생량의 합계가 연간 2톤 이상 10톤 미만인 사업장
5종 사업장	대기오염물질발생량의 합계가 연간 2톤 미만인 사업장

정답 ②

86

★☆☆

대기환경보전법상 배출시설을 설치·운영하는 사업자에게 조업정지를 명하여야 하는 경우로서 그 조업정지가 공익에 현저한 지장을 줄 우려가 있다고 인정되는 경우, 조업정지 처분에 갈음하여 매출액에 (　　)를 곱한 금액을 초과하지 아니하는 범위에서 과징금을 부과할 수 있다. 이 때 (　　)에 들어가는 말로 옳은 것은?

① 100분의 1
② 100분의 5
③ 100분의 10
④ 100분의 20

해설

과징금 처분「법 제37조」

환경부장관 또는 시·도지사는 배출시설을 설치·운영하는 사업자에 대하여 조업정지를 명하여야 하는 경우로서 그 조업정지가 주민의 생활, 대외적인 신용·고용·물가 등 국민경제, 그 밖에 공익에 현저한 지장을 줄 우려가 있다고 인정되는 경우 등 그 밖에 대통령령으로 정하는 경우에는 조업정지처분을 갈음하여 매출액에 100분의 5를 곱한 금액을 초과하지 아니하는 범위에서 과징금을 부과할 수 있다. 다만, 매출액이 없거나 매출액의 산정이 곤란한 경우로서 대통령령으로 정하는 경우에는 2억원을 초과하지 아니하는 범위에서 과징금을 부과할 수 있다.

정답 ②

87

★★☆

대기환경보전법규상 오존의 대기오염 중대경보 해제기준에 관한 내용 중 (　　) 안에 알맞은 것은?

> 중대경보가 발령된 지역의 기상조건 등을 고려하여 대기자동측정소의 오존농도가 (㉠)ppm 이상 (㉡)ppm 미만일 때는 경보로 전환한다.

① ㉠ 0.3, ㉡ 0.5　　② ㉠ 0.5, ㉡ 1.0
③ ㉠ 1.0, ㉡ 1.2　　④ ㉠ 1.2, ㉡ 1.5

해설

오존의 대기오염경보 단계별 농도기준「시행규칙 별표 7」

단계	발령기준	해제기준
주의보	기상조건 등을 고려하여 해당지역의 대기자동측정소 오존농도가 0.12ppm 이상인 때	주의보가 발령된 지역의 기상조건 등을 검토하여 대기자동측정소의 오존농도가 0.12ppm 미만인 때
경보	기상조건 등을 고려하여 해당지역의 대기자동측정소 오존농도가 0.3ppm 이상인 때	경보가 발령된 지역의 기상조건 등을 고려하여 대기자동측정소의 오존농도가 0.12ppm 이상 0.3ppm 미만인 때는 주의보로 전환
중대경보	기상조건 등을 고려하여 해당지역의 대기자동측정소 오존농도가 0.5ppm 이상인 때	중대경보가 발령된 지역의 기상조건 등을 고려하여 대기자동측정소의 오존농도가 0.3ppm 이상 0.5ppm 미만인 때는 경보로 전환

정답 ①

88

★☆☆

대기환경보전법규상 천연가스 연료 항목 중 그 제조기준 함량(%)이 가장 높은 항목은?

① 메탄(부피%)
② 에탄(부피%)
③ C_3 이상의 탄화수소(부피%)
④ C_6 이상의 탄화수소(부피%)

해설

메탄(부피%)의 제조기준은 88.0% 이상이다.

관련이론 | 자동차연료 중 천연가스의 제조기준 「시행규칙 별표 33」

항목	제조기준
메탄(부피%)	88.0 이상
에탄(부피%)	7.0 이하
C_3 이상의 탄화수소(부피%)	5.0 이하
C_6 이상의 탄화수소(부피%)	0.2 이하
황분(ppm)	40 이하
불활성가스(CO_2, N_2 등)(부피%)	4.5 이하

※ 위 표에도 불구하고 황분 기준은 2015년 1월 1일부터 30ppm 이하를 적용한다. 다만, 유통시설(충전소)에 대하여는 2015년 2월 1일부터 적용한다.

정답 ①

89

★☆☆

대기환경보전법령상 대기오염경보에 관한 사항으로 옳지 않은 것은?

① 지역의 특성에 따라 특별시·광역시 등의 조례로 경보 단계별 조치사항을 일부 조정할 수 있다.
② 대기오염경보 단계는 대기오염경보 대상 오염물질의 농도에 따라 오존의 경우 주의보, 경보, 중대경보로 구분하되, 대기오염경보 단계별 오염물질의 농도기준은 환경부령으로 정한다.
③ 자동차 사용의 자제 요청은 "주의보 발령" 시 조치사항에 해당한다.
④ 주민의 실외활동 제한 요청, 자동차 사용의 제한명령 및 사업장의 연료사용량 감축 권고 등은 "중대경보 발령" 시에 해당되는 조치사항이다.

해설

주민의 실외활동 금지 요청, 자동차의 통행금지 및 사업장의 조업시간 단축명령 등은 "중대경보 발령" 시에 해당되는 조치사항이다.

관련이론 | 경보 단계별 조치에 포함되어야 하는 사항 「시행령 제2조」

1. 주의보 발령: 주민의 실외활동 및 자동차 사용의 자제 요청 등
2. 경보 발령: 주민의 실외활동 제한 요청, 자동차 사용의 제한 및 사업장의 연료사용량 감축 권고 등
3. 중대경보 발령: 주민의 실외활동 금지 요청, 자동차의 통행금지 및 사업장의 조업시간 단축명령 등

정답 ④

90 ★☆☆

다음은 대기환경보전법규상 자동차 운행정지표지에 관한 사항이다. (   ) 안에 알맞은 것은?

> 바탕색은 (㉠)으로, 문자는 검정색으로 하며, 이 자동차를 운행정지기간 내에 운행하는 경우에는 대기환경보전법에 따라 (㉡)이 부과된다.

① ㉠ 흰색 ㉡ 100만원 이하의 벌금
② ㉠ 흰색, ㉡ 300만원 이하의 벌금
③ ㉠ 노란색, ㉡ 100만원 이하의 벌금
④ ㉠ 노란색, ㉡ 300만원 이하의 벌금

해설

운행정지표지「시행규칙 별표 31」

1. 바탕은 노란색으로, 문자는 검정색으로 한다.
2. 이 표는 자동차의 전면유리 우측상단에 붙인다.
3. 이 자동차를 운행정지기간 내에 운행하는 경우에는 300만원 이하의 벌금이 부과된다.

정답 ④

91 ★★☆

대기환경보전법령상 대기배출시설 설치허가신청서 서식에서 요구하는 첨부서류로 거리가 먼 것은?

① 배출시설 및 대기오염방지시설의 설치명세서
② 대기오염방지시설 운영일지
③ 대기오염방지시설의 연간 유지관리계획서
④ 대기오염방지시설의 일반도

해설

배출시설의 설치허가신청서 서식「시행령 제11조」

1. 원료(연료를 포함한다)의 사용량 및 제품 생산량과 오염물질 등의 배출량을 예측한 명세서
2. 배출시설 및 방지시설의 설치명세서
3. 방지시설의 일반도
4. 방지시설의 연간 유지관리 계획서
5. 사용 연료의 성분 분석과 황산화물 배출농도 및 배출량 등을 예측한 명세서
6. 배출시설 설치허가증

정답 ②

92 ★★☆

대기환경보전법령상 기본부과금 산정기준 중 "수산자원보호구역"의 지역별 부과계수는? (단, 지역구분은 국토의 계획 및 이용에 관한 법률에 의한다.)

① 0.5
② 1.0
③ 1.5
④ 2.0

해설

기본부과금의 지역별 부과계수「시행령 별표 7」

구분	지역별 부과계수
Ⅰ지역	1.5
Ⅱ지역	0.5
Ⅲ지역	1.0

- Ⅰ지역: 주거지역 · 상업지역, 취락지구, 택지개발지구
- Ⅱ지역: 공업지역, 개발진흥지구(관광 · 휴양개발진흥지구는 제외), 수산자원보호구역, 국가산업단지 · 일반산업단지 · 도시첨단산업단지, 전원개발사업구역 및 예정구역
- Ⅲ지역: 녹지지역 · 관리지역 · 농림지역 및 자연환경보전지역, 관광 · 휴양개발진흥지구

정답 ①

93

★☆☆

대기환경보전법규상 휘발유를 연료로 사용하는 초대형 승용·화물자동차의 배출가스 보증기간 적용기준으로 옳은 것은? (단, 2024년 1월 1일 이후 제작 자동차 기준)

① 15년 또는 240,000km
② 6년 또는 160,000km
③ 7년 또는 160,000km
④ 2년 또는 20,000km

해설

휘발유 사용 자동차의 배출가스 보증기간「시행규칙 별표 18」

자동차의 종류	적용기간	
경자동차, 소형 승용·화물자동차, 중형 승용·화물자동차	15년 또는 240,000km	
대형 승용·화물자동차	6년 또는 160,000km	
초대형 승용·화물자동차	7년 또는 160,000km	
이륜자동차	최고속도 130km/h 미만	2년 또는 20,000km
	최고속도 130km/h 이상	2년 또는 35,000km

정답 ③

94

★★☆

대기환경보전법령상 배출부과금이 납부의무자의 자본금 또는 출자총액을 2배 이상 초과하는 경우로서 징수유예기간 내에도 징수할 수 없다고 인정되는 경우, 징수유예기간을 연장하거나 분할납부 횟수를 늘려 배출부과금을 내도록 할 수 있다. 이때 (1) 징수유예기간의 연장기간과 (2) 분할납부의 횟수로 옳은 것은? (단, 징수유예기간의 연장은 유예한 날의 다음 날부터로 한다.)

① (1) 1년 이내, (2) 4회 이내
② (1) 2년 이내, (2) 8회 이내
③ (1) 2년 이내, (2) 12회 이내
④ (1) 3년 이내, (2) 18회 이내

해설

배출부과금의 징수유예·분할납부 및 징수절차「시행령 제36조」

배출부과금이 납부의무자의 자본금 또는 출자총액(개인사업자인 경우에는 자산총액을 말한다)을 2배 이상 초과하는 경우로서 징수유예기간 내에도 징수할 수 없다고 인정되면 징수유예기간을 유예한 날의 다음 날부터 3년 이내로 연장하거나 분할납부의 횟수를 18회 이내로 늘릴 수 있다.

정답 ④

95

★☆☆

대기환경보전법령상 제작차 배출허용기준과 관련하여 대통령령으로 정하는 오염물질이 아닌 것은? (단, 휘발유·알코올 또는 가스를 사용하는 자동차에 한한다.)

① 일산화탄소　　② 매연
③ 탄화수소　　④ 알데히드

해설

대통령령으로 정하는 오염물질「시행령 제46조」

1. 휘발유, 알코올 또는 가스를 사용하는 자동차
   가. 일산화탄소　　나. 탄화수소
   다. 질소산화물　　라. 알데히드
   마. 입자상물질(粒子狀物質)　　바. 암모니아
2. 경유를 사용하는 자동차
   가. 일산화탄소　　나. 탄화수소
   다. 질소산화물　　라. 매연
   마. 입자상물질　　바. 암모니아

정답 ②

96

★☆☆

대기환경보전법령상 오염물질의 초과부과금 산정 시 위반 횟수별 부과계수 산출방법이다. (   ) 안에 알맞은 것은?

> 2차 이상 위반한 경우는 위반 직전의 부과계수에 (   )을(를) 곱한 것으로 한다.

① 100분의 100　② 100분의 105
③ 100분의 110　④ 100분의 120

해설

위반횟수별 부과계수「시행령 제26조」

위반횟수별 부과계수는 다음 각 호의 구분에 따른 비율을 곱한 것으로 한다.

1. 위반이 없는 경우: 100분의 100
2. 처음 위반한 경우: 100분의 105
3. 2차 이상 위반한 경우: 위반 직전의 부과계수에 100분의 105를 곱한 것

정답 ②

97

★☆☆

대기환경보전법령상 자동차 배출가스 규제 등에서 매출액 산정 및 위반행위 정도에 따른 과징금의 부과기준과 관련된 사항으로 옳지 않은 것은?

① 매출액 산정방법에서 "매출액"이란 그 자동차의 최초 제작시점부터 적발시점까지의 총 매출액으로 한다.
② 제작차에 대하여 인증을 받지 아니하고 자동차를 제작·판매한 행위에 대해서 위반행위의 정도에 따른 가중부과계수는 0.5를 적용한다.
③ 제작차에 대하여 인증을 받은 내용과 다르게 자동차를 제작·판매한 행위에 대해서 위반행위의 정도에 따른 가중부과계수(배출가스의 양이 증가하는 경우)는 1.0을 적용한다.
④ 과징금의 산정방법＝매출액×5/100×가중부과계수를 적용한다.

해설

과징금의 부과기준「시행령 별표 12」

제작차에 대하여 인증을 받지 아니하고 자동차를 제작·판매한 행위에 대해서 위반행위의 정도에 따른 가중부과계수는 1.0을 적용한다.

관련이론 | 과징금의 부과기준「시행령 별표 12」

1. 매출액 산정방법
   "매출액"이란 그 자동차의 최초 제작시점부터 적발시점까지의 총 매출액으로 한다. 다만, 과거에 위반경력이 있는 자동차 제작자는 위반행위가 있었던 시점 이후에 제작된 자동차의 매출액으로 한다.
2. 가중부과계수
   위반행위의 종류 및 배출가스의 증감 정도에 따른 가중부과계수는 다음과 같다.

위반행위의 종류	가중부과계수	
	배출가스의 양이 증가하는 경우	배출가스의 양이 증가하지 않는 경우
인증을 받지 않고 자동차를 제작하여 판매한 경우	1.0	1.0
거짓이나 그 밖의 부정한 방법으로 인증 또는 변경인증을 받아 자동차를 제작하여 판매한 경우	1.0	1.0
인증 또는 변경인증을 받은 내용과 다르게 자동차를 제작하여 판매한 경우(단, 중요사항 외 사항의 변경으로 인하여 인증 또는 변경인증을 받은 내용과 다르게 자동차를 제작하여 판매한 경우는 제외)	1.0	0.3

3. 과징금 산정방법
   매출액×5/100×가중부과계수

정답 ②

98 ★★★

실내공기질 관리법규상 "의료기관"의 라돈(Bq/m^3) 항목의 실내공기질 권고기준은?

① 148 이하
② 400 이하
③ 500 이하
④ 1,000 이하

해설

의료기관, 산후조리원, 노인요양시설, 어린이집, 실내 어린이놀이시설의 실내공기질 권고기준「실내공기질 관리법 시행규칙 별표 3」

구분	권고기준
이산화질소(ppm)	0.05 이하
라돈(Bq/m^3)	148 이하
총휘발성유기화합물($\mu g/m^3$)	400 이하
곰팡이(CFU/m^3)	500 이하

정답 ①

99 ★☆☆

대기환경보전법규상 휘발성유기화합물 배출시설의 변경신고를 해야 하는 경우가 아닌 것은?

① 사업장의 명칭 또는 대표자를 변경하는 경우
② 휘발성유기화합물 배출시설을 폐쇄하는 경우
③ 휘발성유기화합물의 배출 억제·방지시설을 변경하는 경우
④ 설치신고를 한 배출시설 규모의 합계 또는 누계보다 100분의 30 이상 증설하는 경우

해설

설치신고를 한 배출시설의 규모의 합계 또는 누계보다 100분의 50 이상 증설하는 경우에 변경신고를 해야 한다.

관련이론 | 휘발성유기화합물 배출시설의 변경신고를 하여야 하는 경우「시행규칙 제60조」

1. 사업장의 명칭 또는 대표자를 변경하는 경우
2. 설치신고를 한 배출시설 규모의 합계 또는 누계보다 100분의 50 이상 증설하는 경우
3. 휘발성유기화합물의 배출 억제·방지시설을 변경하는 경우
4. 휘발성유기화합물 배출시설을 폐쇄하는 경우
5. 휘발성유기화합물 배출시설 또는 배출 억제·방지시설을 임대하는 경우

정답 ④

100 ★★☆

다음은 대기환경보전법규상 "초미세먼지(PM-2.5)"의 주의보 발령기준이다. (   ) 안에 알맞은 것은?

> 기상조건 등을 고려하여 해당지역의 대기자동측정소 PM-2.5 시간당 평균농도가 (   ) 지속인 때

① $50\mu g/m^3$ 이상 1시간 이상
② $50\mu g/m^3$ 이상 2시간 이상
③ $75\mu g/m^3$ 이상 1시간 이상
④ $75\mu g/m^3$ 이상 2시간 이상

해설

대기오염경보 단계별 초미세먼지(PM-2.5)의 농도기준「시행규칙 별표 7」

단계	발령기준	해제기준
주의보	기상조건 등을 고려하여 해당지역의 대기자동측정소 PM-2.5 시간당 평균농도가 $75\mu g/m^3$ 이상 2시간 이상 지속인 때	주의보가 발령된 지역의 기상조건 등을 검토하여 대기자동측정소의 PM-2.5 시간당 평균농도가 $35\mu g/m^3$ 미만인 때
경보	기상조건 등을 고려하여 해당지역의 대기자동측정소 PM-2.5 시간당 평균농도가 $150\mu g/m^3$ 이상 2시간 이상 지속인 때	경보가 발령된 지역의 기상조건 등을 검토하여 대기자동측정소의 PM-2.5 시간당 평균농도가 $75\mu g/m^3$ 미만인 때는 주의보로 전환

정답 ④

2025년 | 1회 CBT 복원문제

자동채점

대기오염개론

01

★☆☆

빈의 변위 법칙에 대한 식으로 옳은 것은?

① $\lambda = 2{,}897/T$ (λ: 최대 에너지가 복사될 때의 파장, T: 흑체 표면 온도)

② $E = \sigma T^4$ (E: 흑체의 단위 면적당 복사 에너지, σ: 상수, T: 흑체 표면 온도)

③ $I = I_0 e^{-K\rho L}$ (I, I_0: 입사 전후 빛의 복사속밀도, K: 감쇠상수, ρ: 매질의 밀도, L: 통과 거리)

④ $R = K(1-\alpha) - L$ (R: 순복사, K: 지표면에 도달한 일사량, α: 지표 반사율, L: 통과 거리)

해설

빈의 변위 법칙(Wien's displacement law)

빈의 변위 법칙은 최대 에너지의 파장과 흑체 표면의 절대온도는 반비례함을 나타내는 법칙이다.

λ_m: $\dfrac{2{,}897}{T}$

λ_m: 최대 에너지가 복사될 때의 파장(μm)

T: 흑체의 표면온도(K)

선지분석

② 슈테판 – 볼츠만 법칙

③ 비어 – 램버트 법칙

④ 지면에 도달한 순에너지에 대한 물질수지식

정답 ①

02

★★★

대기오염사건에 대한 설명으로 옳은 것은?

① 런던 스모그 사건 – 1946년 – NO_2

② 도노라 사건 – 1964년 – SO_2

③ 포자리카 사건 – 1950년 – SO_2

④ 보팔 사건 – 1976년 – MIC

선지분석

① 런던 스모그 사건은 1952년 SO_2에 의해 발생한 사건이다.

② 도노라 사건은 1948년 SO_2에 의해 발생한 사건이다.

④ 보팔 사건은 1984년 MIC에 의해 발생한 사건이다.

정답 ③

03

★★☆

오존층 파괴를 방지하기 위한 환경 관련 정책으로 옳지 않은 것은?

① 산성비 문제를 해결하기 위하여 몬트리올 의정서를 채택하였다.

② 한국에는 오존층의 파괴를 방지하기 위한 법이 없다.

③ 유해 폐기물의 국제적 이동의 통제 및 규제에 관하여 바젤 협약을 체결하였다.

④ 오존층 보호를 위한 국제 협약으로 빈 의정서가 채택되었다.

해설

한국에는 오존층의 파괴를 방지하기 위한 법으로 "오존층 보호 등을 위한 특정물질의 관리에 관한 법률"이 있다.

정답 ②

04

★☆☆

황산(H_2SO_4) 용액의 농도가 200ppm일 때, mg/Sm³로는 얼마인가?

① 785　　② 800
③ 875　　④ 955

해설

표준상태에서 황산 1mol=98g=22.4L이다.
200ppm=200mL/Sm³이므로

$$\frac{200mL}{Sm^3} \times \frac{98mg}{22.4mL} = 875mg/Sm^3$$

정답 ③

05

★☆☆

다음은 최대혼합고(MMD)에 대한 설명이다. (　　) 안에 들어갈 말로 가장 알맞은 것은?

> 최대혼합고(MMD)란 대기의 수직적인 대류현상이 가능한 고도를 혼합고라 하며 이 혼합고의 최대고도를 최대혼합고라 한다. 최대혼합고는 지표로부터 (㉠)과 (㉡)이 만나는 점까지의 고도로서 결정된다.

① ㉠ 환경감률선, ㉡ 건조단열감률선
② ㉠ 습윤단열감률선, ㉡ 건조단열감률선
③ ㉠ 환경감률선, ㉡ 습윤단열감률선
④ ㉠ 건조단열감률선, ㉡ 노점감률선

해설

최대혼합고는 지표로부터 환경감률선과 건조단열감률선이 만나는 점까지의 고도로써 결정된다.

관련이론 | 최대혼합고(MMD: Maximum Mixing Depth)

- 대기의 수직적인 대류현상(혼합)이 가능한 고도를 혼합고라 하며 이 혼합고의 최대고도를 최대혼합고라 한다.
- 최대혼합고는 지표로부터 환경감률선과 건조단열감률선이 만나는 점까지의 고도로서 결정된다.
- 혼합고가 높을수록 환경용량의 증가로 대기오염부하는 낮아진다.

$$C_2 = C_1 \times \left(\frac{H_1}{H_2}\right)^3 \leftrightarrow \frac{C_2}{C_1} = \left(\frac{H_1}{H_2}\right)^3,\ C\text{: 농도, } H\text{: 혼합고}$$

정답 ①

06

★☆☆

흑체 복사를 하는 물체에서 방출되는 복사 에너지는 그 물체의 절대온도의 4제곱에 비례한다는 법칙으로 알맞은 것은?

① 빈의 변위 법칙
② 슈테판－볼츠만 법칙
③ 비어－램버트 법칙
④ 헨리의 법칙

해설

슈테판－볼츠만의 법칙은 흑체의 단위 면적당 복사에너지는 절대온도의 4제곱과 비례한다는 법칙이다.

$E = \sigma T^4$

E: 흑체의 단위 면적당 복사 에너지
σ: 상수
T: 흑체 표면 온도

정답 ②

07

★☆☆

인체의 DNA와 RNA에 작용하여 유전인자에 변화를 일으킬 수 있으며, 지표식물로 담배, 무, 시금치 등이 있는 물질로 옳은 것은?

① 아황산가스　　② 일산화탄소
③ 황화수소　　④ 오존

선지분석

① 아황산가스(SO_2): 주로 호흡기에 자극을 유발하며, 산성비 원인이 되는 물질로써 식물에 피해를 주지만 유전인자 변화에는 영향이 없다.
② 일산화탄소(CO): 혈액 내 산소 운반 능력을 저하시켜 저산소증을 유발하지만 유전인자의 변화에는 영향이 없다.
③ 황화수소(H_2S): 독성이 강하고 주로 신경계, 호흡계에 영향을 주며 유전인자 변화에는 영향이 없다.

정답 ④

08

★★☆

다음 중 납(Pb)이 인체에 미치는 영향으로 옳지 않은 것은?

① 납은 인체에 축적되면 적혈구 형성을 방해한다.
② 인체 내 노출된 납의 99% 이상은 뇌에 축적된다.
③ 세포 내에서 SH기와 결합하여 헴(Heme) 합성에 관여하는 효소 등 여러 효소 작용을 방해한다.
④ 헤모글로빈의 기본요소인 포르피린 고리의 형성을 방해한다.

해설

납(Pb)은 소화기로 섭취되면 대략 10% 정도가 소장에서 흡수되고, 나머지는 대변으로 배출된다.

정답 ②

09

★★☆

다음 중 오존에 대한 설명으로 옳지 않은 것은?

① 대기 중 오존의 배경농도는 0.01~0.02ppm 정도이다.
② 일반적으로 대기에서의 오존 농도는 NO_2로 산화된 NO의 양에 비례하여 증가한다.
③ 오존은 지면에 복사역전이 존재하고 대기가 불안정할 때 나타날 수 있다.
④ 오존의 생성과 소멸이 계속적으로 일어나면서 오존층의 오존 농도가 유지된다.

해설

오존은 지면에 복사역전이 존재하고 대기가 안정할 때 나타날 수 있다.

관련이론 | 광화학반응에 의한 고농도 오존이 나타날 수 있는 기상조건

- 시간당 일사량이 5MJ/m^2 이상으로 일사가 강할 때
- 질소산화물과 휘발성유기화합물의 배출이 많을 때
- 지면에 역전이 존재하고 대기가 안정할 때
- 기압경도가 완만하여 풍속 4m/sec 이하의 약풍이 지속될 때

정답 ③

10

★☆☆

다음 중 20℃, 1기압에서 기체 상태인 물질이 아닌 것은?

① 수은
② 플루오린화수소
③ 메테인
④ 폼알데하이드

해설

수은은 20℃, 1기압에서 액체이다.

선지분석

② 플루오린화수소의 끓는점은 19.5℃이다.
③ 메테인의 끓는점은 −161.5℃이다.
④ 폼알데하이드의 끓는점은 −19℃이다.

정답 ①

11

★★☆

유효굴뚝높이가 50m일 때, 동일한 기상조건에서 최대지표농도를 1/4로 감소시키려면 유효굴뚝높이를 얼마만큼 더 높여야 하는가?

① 25m
② 50m
③ 75m
④ 100m

해설

최대지표농도 공식을 이용한다.

$$C_{max}=\frac{2Q}{\pi eUH_e^2}\times\left(\frac{K_z}{K_y}\right)$$

Q: 오염물질 배출량, U: 풍속, H_e: 유효굴뚝높이
K_z: 수직방향확산계수, K_y: 수평방향확산계수

$C_{max}\propto\frac{1}{H_e^2}$이므로 최대지표농도를 1/4로 감소시키려면 유효굴뚝높이는 처음의 2배가 되어야 한다.

따라서 유효굴뚝높이는 100m가 되어야 하므로 50m를 더 높여야 한다.

정답 ②

12

★☆☆

다음 중 대기권의 구성으로 옳은 것은? (단, 고도가 높아지는 순으로 나열한다.)

① 대류권 → 중간권 → 성층권 → 열권
② 성층권 → 대류권 → 중간권 → 열권
③ 성층권 → 중간권 → 대류권 → 열권
④ 대류권 → 성층권 → 중간권 → 열권

해설

고도에 따른 대기층

지표 → 대류권 → 성층권 → 중간권 → 열권

관련이론 | 대기의 수직온도 분포에 따른 구분

- 대류권: 지표로부터 약 11km까지의 권역으로 고도가 상승함에 따라 기온이 감소하며, 공기의 수직이동에 의한 대류현상이 일어나 눈과 비 등의 기상현상이 일어난다.
- 성층권: 지면으로부터 약 11~50km까지의 권역으로 고도가 상승함에 따라 기온이 올라가 공기의 상승이나 하강 등의 수직이동이 없는 안정된 권역이다.
- 중간권: 지면으로부터 50~80km까지의 권역으로 고도가 상승함에 따라 기온이 감소하나 대류권에서처럼 뚜렷한 대류현상은 일어나지 않는다.
- 열권: 지상 80km 이상에 위치한다.

정답 ④

13

★☆☆

$40mmH_2O$는 몇 mmHg인가?

① 2.94　② 3.22
③ 3.65　④ 4.18

해설

$1atm = 760mmHg = 10,332mmH_2O$이므로

$$40mmH_2O \times \frac{760mmHg}{10,332mmH_2O} = 2.9423mmHg$$

정답 ①

14

★★★

산소 공급 없이 물질 자체에 함유하고 있는 산소를 이용하여 스스로 연소하는 형태는?

① 확산연소　② 자기연소
③ 예혼합연소　④ 분해연소

선지분석

① 확산연소: 기체연료의 연소방법으로 주로 탄화수소가 적은 발생로 가스, 고로 가스 등에 적용된다.
③ 예혼합연소: 연소용 공기와 연료를 미리 혼합하여 버너로 분출시켜 연소하는 방식이다.
④ 분해연소: 목재, 석탄, 타르 등은 연소 초기에 열분해에 의해 가연성 가스가 생성되고, 이것이 긴 화염을 발생시키면서 연소하는 방식이다.

정답 ②

15

★★☆

다음 중 값이 가장 큰 것은?

① 1,000mbar　② 750mmHg
③ 15psi　④ 0.8atm

해설

$1atm = 760mmHg = 10,332mmH_2O = 101.325kPa$
$= 1.0332kgf/cm^2 = 14.7psi = 1,013.25mbar$

① $1,000mbar \times \frac{1atm}{1,013.25mbar} = 0.9869atm$

② $750mmHg \times \frac{1atm}{760mmHg} = 0.9868atm$

③ $15psi \times \frac{1atm}{14.7psi} = 1.0204atm$

④ 0.8atm

정답 ③

16
★☆☆

다음 중 가스상 오염물질로 옳은 것은?

① 암모니아　　② 매연
③ 검댕　　④ 스모그

선지분석

② 매연: 입자상 물질
③ 검댕: 입자상 물질
④ 스모그: 입자상 물질+가스상 물질

관련이론 | 대기환경보전법상의 정의

- "가스"란 물질이 연소·합성·분해될 때에 발생하거나 물리적 성질로 인하여 발생하는 기체상 물질을 말한다.
- "입자상 물질(粒子狀物質)"이란 물질이 파쇄·선별·퇴적·이적(移積)될 때, 그 밖에 기계적으로 처리되거나 연소·합성·분해될 때에 발생하는 고체상 또는 액체상의 미세한 물질을 말한다.
- "먼지"란 대기 중에 떠다니거나 흩날려 내려오는 입자상 물질을 말한다.
- "매연"이란 연소할 때에 생기는 유리(遊離)탄소가 주가 되는 미세한 입자상 물질을 말한다.
- "검댕"이란 연소할 때에 생기는 유리탄소가 응결하여 입자의 지름이 1미크론 이상이 되는 입자상 물질을 말한다.

정답 ①

17
★★☆

광화학반응을 통해 강산화제로 작용하는 물질로, 식물의 잎의 밑부분이 은(백색) 또는 청동색이 되는 경향이 있는 물질은?

① 오존　　② 플루오린화수소
③ 일산화탄소　　④ PAN

해설

오존은 강산화제로 작용하는 물질이며 식물의 잎 밑부분에 은(백색) 또는 청동색이 되는 증상이 나타나게 된다.

정답 ①

18
★★☆

불안정한 조건에서 굴뚝의 안지름 5m, 가스 온도 173℃, 가스 속도 10m/s, 기온 17℃, 풍속 36km/hr일 때, 연기의 상승높이(m)는? (단, 불안정 조건 시 연기의 상승높이는 $\Delta H=150\frac{F}{U^3}$이며, F는 부력을 나타낸다.)

① 34　　② 40
③ 49　　④ 56

해설

$\Delta H=150\times\frac{F}{U^3}$, $F=g\times V_s\times\left(\frac{D}{2}\right)^2\times\left(\frac{T_s-T_a}{T_a}\right)$

F: 부력(m^4/s^3), U: 풍속(m/s), g: 중력가속도($9.8m/s^2$),
V_s: 가스 속도(m/s), D: 굴뚝 안지름(m),
T_s: 가스 온도(K), T_a: 공기 온도(K)

$F=9.8m/s^2\times10m/s\times\left(\frac{5m}{2}\right)^2\times\frac{(273+173)K-(273+17)K}{(273+17)K}$

$=329.4828m^4/s^3$

$\Delta H=150\times\frac{F}{U^3}$

$\Delta H=150\times\frac{329.4828m^4/s^3}{\left(\frac{36km}{hr}\times\frac{1,000m}{km}\times\frac{hr}{3,600s}\right)^3}=49.4224m$

정답 ③

19
★☆☆

다음 중 가우시안 모델에 대한 설명으로 옳은 것은?

① 점오염원에서는 모든 방향으로 확산되어가는 Plume은 동일하다고 가정하여 유도한다.
② 대기안정도와 확산계수는 변하며 오염물질이 점오염원으로부터 연속적으로 배출된다.
③ 고도변화에 따른 풍속의 변화를 고려하여 계산하여야 한다.
④ 연기의 확산은 정상상태를 가정한다.

선지분석

① 점오염원에서는 풍하방향으로 확산되어가는 Plume은 정규분포를 이루며 확산된다고 가정하여 유도한다.
② 대기안정도와 확산계수는 변하지 않으며 오염물질이 연기 속에서 소멸되거나 생성되지 않으며 굴뚝(점오염원)으로부터 연속적으로 배출된다.
③ 고도변화에 따른 풍속의 변화는 고려하지 않는다.

정답 ④

20

★★☆

굴뚝 높이가 60m, 대기 온도 27℃, 배기가스의 평균온도가 137℃일 때, 통풍력을 1.5배 증가시키기 위해서 요구되는 배출가스의 온도는? (단, 굴뚝의 높이는 일정하고, 배기가스와 대기의 비중량은 1.3kgf/m^3이다.)

① 약 230℃ ② 약 280℃
③ 약 320℃ ④ 약 370℃

해설

통풍력 계산식을 이용한다.

$$Z(\mathrm{mmH_2O})=273\times H\times\left[\frac{\gamma_a}{273+t_a}-\frac{\gamma_g}{273+t_g}\right]$$

H: 굴뚝의 높이(m)

γ_a: 공기의 비중량(kgf/m^3), γ_g: 배기가스의 비중량(kgf/m^3)

t_a: 공기의 온도(℃), t_g: 배기가스의 온도(℃)

(1) 현재의 통풍력 구하기

$$Z=273\times 60\times\left[\frac{1.3}{273+27}-\frac{1.3}{273+137}\right]=19.0434\mathrm{mmH_2O}$$

(2) 통풍력이 1.5배 증가했을 경우 배출가스의 온도 구하기

$$273\times 60\times\left[\frac{1.3}{273+27}-\frac{1.3}{273+t_g}\right]=1.5\times 19.0434\mathrm{mmH_2O}$$

$t_g=229.0406$℃

※ t_g 값은 공학용계산기의 SOLVE 기능으로 구하는 것이 편리합니다.

정답 ①

연소공학

21

★☆☆

중유에 대한 설명으로 옳은 것은?

① 중유는 점도를 기준으로 하여 주로 A, B, C 중유로 분류된다.
② 중유의 비중이 클수록 유동점이 낮아진다.
③ 인화점이 높은 경우 역화의 위험성이 있고, 낮은 경우 착화가 어렵다.
④ 잔류탄소의 함량이 적을수록 점도가 높다.

선지분석

② 중유의 비중이 클수록 유동점은 높아진다.
③ 인화점이 낮은 경우 역화의 위험성이 있고, 높은 경우 착화가 어렵다.
④ 잔류탄소의 함량이 높을수록 점도가 높다.

정답 ①

22

★☆☆

다음 연료 중 $(CO_2)_{max}$(%)가 가장 큰 것은?

① 고로 가스 ② 코크스로 가스
③ 갈탄 ④ 역청탄

해설

① 고로 가스: 24.0~25.0%
② 코크스로 가스: 11~11.5%
③ 갈탄: 19.0~19.5%
④ 역청탄: 18.5~19.0%

정답 ①

23 ★★☆

다음 중 LPG와 LNG에 대한 설명으로 옳은 것은?

① LNG는 천연가스를 −168℃ 정도로 냉각하여 액화시킨 것으로 액화천연가스라고도 한다.
② LPG의 주성분은 대부분이 메테인이고 그 외에 에테인, 프로페인, 뷰테인 등으로 구성되어 있다.
③ LNG는 주로 천연가스 회수, 나프타 분해, 석유정제 시 부산물로부터 얻어진다.
④ LNG는 비중은 공기의 1.5~2.0배 정도로 누출 시 인화 폭발의 위험이 크다.

선지분석

② LNG의 주성분은 대부분이 메테인이며 그 외에 에테인, 프로페인, 뷰테인 등은 대부분 정제되어 제거된다.
③ LPG는 대부분 석유정제 시 부산물로부터 얻어지며, 천연가스에서 회수되기도 한다.
④ LPG는 비중은 공기의 1.5~2.0배 정도로 누출 시 인화 폭발의 위험이 크다.

관련이론

LPG(Liquefied Petroleum Gas, 액화석유가스)

- 가정, 업무용으로 많이 사용되어 온 석유계 탄화수소가스로 프로페인, 뷰테인이 주성분이다.
- LPG는 다른 연료에 비해 수송이 용이하고 취급이 편리하며 열량이 높기 때문에(20,000~30,000kcal/Sm^3 정도) 다양하게 사용되고 있다.
- 액체에서 기체로 기화될 때 증발열은 90~100kcal/kg으로, 열손실이 크며 취급에 주의해야 한다.
- 황분이 적고 유독 성분이 거의 없다.
- 비중이 공기보다 커 누출될 경우 인화 폭발의 위험성이 크다.
- 유지 등을 잘 녹이기 때문에 고무 패킹이나 유지로 된 도포제로 누출을 막는 것은 어렵다.

LNG(Liquefied Natural Gas, 액화천연가스)

- 메테인을 주성분으로 하는 천연가스를 1기압 하에서 −168℃ 정도로 냉각하여 액화시켜 대량수송 및 저장을 가능하게 한 것이다.
- 착화온도가 높은 편이고 화염전파속도가 느리다.
- 폭발범위가 좁아 1차 공기를 혼합하여 연소하여도 위험성이 적은 편이다.

정답 ①

24 ★☆☆

다음 중 자발적 반응의 조건으로 옳은 것은? (단, $\triangle G$: 깁스 자유에너지 변화량, $\triangle H$: 엔탈피 변화량, $\triangle S$: 엔트로피 변화량이다.)

① $\triangle G>0$, $\triangle H<0$, $\triangle S<0$
② $\triangle G>0$, $\triangle H>0$, $\triangle S<0$
③ $\triangle G<0$, $\triangle H<0$, $\triangle S>0$
④ $\triangle G<0$, $\triangle H>0$, $\triangle S=0$

해설

$\triangle G=\triangle H-T\triangle S$이며 $\triangle G<0$일 때 자발적인 반응이 일어난다.

	$\triangle H>0$ (흡열반응)	$\triangle H<0$ (발열반응)
$\triangle S>0$	고온일 때 자발적 반응	모든 온도에서 자발적 반응
$\triangle S<0$	모든 온도에서 비자발적 반응	저온에서 자발적 반응

정답 ③

25 ★☆☆

연료의 연소과정에서 공기비가 너무 작은 경우 발생하는 현상으로 옳은 것은?

① CO, 매연의 발생량이 증가한다.
② 연소실 내의 온도가 감소한다.
③ SO_x, NO_x 발생량이 증가한다.
④ 배출가스에 의한 열손실이 증가한다.

선지분석

② 연소과정에서 공기비가 너무 크면 연소실 내의 온도가 감소한다.
③ 연소과정에서 공기비가 클수록 SO_x, NO_x 발생량이 증가한다.
④ 연소과정에서 공기비가 너무 크면 배출가스에 의한 열손실이 증가한다.

정답 ①

26

★☆☆

연료의 연소 시 과잉공기의 비율을 높여 생기는 현상으로 옳지 않은 것은?

① 에너지 손실이 커진다.

② 화염의 크기가 커지고 연소가스 중 불완전 연소물질의 농도가 증가한다.

③ 공연비가 커지고 연소온도가 저하된다.

④ 열효율이 감소되고 배기가스 중 NO_x 증가의 가능성이 있다.

해설

연료의 연소 시 과잉공기의 비율을 높이면 화염의 크기가 작아지고 연소가스 중 불완전 연소물질의 농도가 감소한다.

정답 ②

27

★☆☆

S 성분을 2wt% 함유한 중유를 1시간에 10ton씩 연소시켜 발생하는 배출가스 중의 SO_2를 $CaCO_3$를 사용하여 탈황할 때, 이론적으로 소요되는 $CaCO_3$의 양(kg/hr)은? (단, 중유 중의 S 성분은 전량 SO_2로 산화되고, 탈황률은 95%이다.)

① 594 ② 625

③ 694 ④ 725

해설

(1) SO_2 발생량 계산

황(S, 원자량 32) 1mol이 연소하면 이산화황(SO_2, 분자량 64) 1mol이 발생한다.

$S+O_2 \rightarrow SO_2$

$$\frac{10{,}000kg_{-S}}{hr}\times\frac{2kg_{-S}}{100kg_{-S}}\times\frac{64kg_{-SO_2}}{32kg_{-S}}=400kg/hr$$

(2) 소요되는 $CaCO_3$ 양 계산

이산화황(SO_2, 분자량 64) 1mol을 처리하기 위해서는 탄산칼슘($CaCO_3$, 분자량 100) 1mol이 필요하다.

$SO_2+CaCO_3+2H_2O+0.5O_2 \rightarrow CaSO_4\cdot 2H_2O+CO_2$

$$\frac{400kg_{-SO_2}}{hr}\times\frac{95kg_{-SO_2}}{100kg_{-SO_2}}\times\frac{100kg_{-CaCO_3}}{64kg_{-SO_2}}=593.75kg/hr$$

정답 ①

28

★★★

CH_4의 최대탄산가스율(%)은? (단, CH_4는 완전 연소한다.)

① 11.7 ② 21.8

③ 34.5 ④ 40.5

해설

$CH_4+2O_2 \rightarrow CO_2+2H_2O$

메탄(CH_4) 1mol 연소 시 산소(O_2) 2mol이 필요하고, 이산화탄소(CO_2) 1mol이 생성된다.

$$\text{이론공기량}=\frac{\text{이론산소량}}{0.21}=\frac{2}{0.21}=9.5238mol$$

이론공기 중 질소량$=9.5238\times0.79=7.5238mol$

$$CO_{2max}(\%)=\frac{CO_2\ \text{배출량}}{\text{이론건연소가스량}}\times100\%$$

$$=\frac{1}{7.5238+1}\times100=11.7319\%$$

정답 ①

29

★★☆

등가비(Ø, Equivalent ratio)에 관한 내용으로 옳지 않은 것은?

① 등가비(Ø)는 $\frac{\text{실제 연료량/산화제}}{\text{완전연소를 위한 이상적 연료량/산화제}}$로 정의된다.

② Ø<1일 때, 공기 과잉이며 일산화탄소(CO) 발생량이 적다.

③ Ø>1일 때, 연료 과잉이며 질소산화물(NO_x) 발생량이 많다.

④ Ø=1일 때, 연료와 산화제의 혼합이 이상적이며 연료가 완전연소된다.

해설

등가비>1일 때 연료에 비해 공기가 부족하여 불완전연소하며 질소산화물(NO_x) 발생량이 적다.

정답 ③

30

★☆☆

다음 그래프를 보고 각각에 해당하는 물질에 대하여 나열한 것으로 옳은 것은?

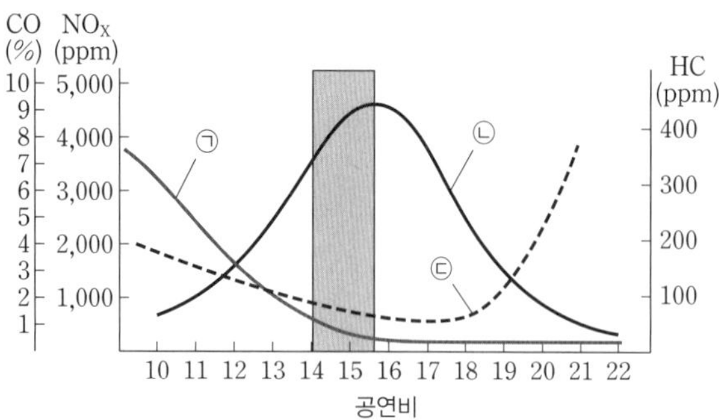

① ㉠ NO_X, ㉡ CO, ㉢ HC
② ㉠ CO, ㉡ NO_X, ㉢ HC
③ ㉠ HC, ㉡ CO, ㉢ NO_X
④ ㉠ HC, ㉡ NO_X, ㉢ CO

해설

공연비 14.7 이하에서는 HC와 CO가 많이 발생하고 NO_X는 적게 발생하며, 14.7 이상에서는 HC와 CO가 적게 발생하고 NO_X는 많이 발생한다. 18 이상일 때에는 오염물질의 배출량을 줄일 수 있지만 연료 소비량이 커 비효율적이게 된다.

정답 ②

31

★☆☆

유압분무식 버너의 특징과 거리가 먼 것은?

① 구조가 간단하여 유지 및 보수가 용이한 편이다.
② 연료분사범위는 15~2,000L/hr 정도이다.
③ 유량조절범위가 1 : 10 정도로 넓어서 부하변동에 적응이 쉽다.
④ 연료의 점도가 크거나 유압이 $5kg/cm^2$ 이하가 되면 분무화가 불량하다.

해설

유량조절범위가 환류식일 때에는 1 : 3, 비환류식일 때에는 1 : 2 정도이기 때문에 부하변동에 적응하기 어렵다.

정답 ③

32

★★★

S 성분을 2wt% 함유한 중유를 1시간에 5ton씩 연소시켜 발생하는 배출가스 중의 SO_2를 $Ca(OH)_2$를 사용하여 탈황할 때, 이론적으로 소요되는 $Ca(OH)_2$의 양(kg/hr)은? (단, 중유 중의 S 성분은 전량 SO_2로 산화되며, 탈황률은 98%이다.)

① 226.63 ② 234.42
③ 241.88 ④ 258.12

해설

SO_2 발생량 계산

$S+O_2 \rightarrow SO_2$

32kg : 64kg

$$\frac{5{,}000kg_{-S}}{hr}\times\frac{2kg_{-S}}{100kg_{-S}}\times\frac{64kg_{-SO_2}}{32kg_{-S}}=200kg/hr$$

소요되는 $Ca(OH)_2$

$SO_2+Ca(OH)_2 \rightarrow CaSO_3+H_2O$

64kg : 74kg

$$\frac{200kg_{-SO_2}}{hr}\times\frac{98kg_{-SO_2}}{100kg_{-SO_2}}\times\frac{74kg_{-Ca(OH)_2}}{64kg_{-SO_2}}=226.625kg/hr$$

정답 ①

2025년

33

★☆☆

2.0MPa, 370℃의 수증기를 1시간에 30ton씩 생성하는 보일러의 석탄 연소량이 5.5ton/hr이다. 석탄의 발열량이 20.9MJ/kg, 발생 수증기와 급수의 비엔탈피는 각각 3,183kJ/kg, 84kJ/kg일 때, 열효율은?

① 65% ② 70%
③ 75% ④ 80%

해설

$$열효율=\frac{(발생\ 수증기-급수)의\ 발생열량}{석탄의\ 발생열량}\times 100\%$$

$$=\frac{\frac{(3,183-84)kJ}{kg}\times\frac{30,000kg}{hr}}{\frac{20,900kJ}{kg}\times\frac{5,500kg}{hr}}\times 100\%=80.8786\%$$

관련이론 | 비엔탈피

- 비엔탈피의 사전적 의미는 단위 질량당 엔탈피이다.
- 보일러 관계에서 비엔탈피는 물이나 증기가 보유하는 열량을 뜻한다.

정답 ④

34

★★★

부탄가스를 완전연소시키기 위한 공기연료비(Air Fuel Ratio)는? (단, 부피기준)

① 15.23 ② 20.15
③ 30.95 ④ 60.46

해설

부탄가스의 양을 $1Sm^3$라고 가정하면

$C_4H_{10}+6.5O_2 \rightarrow 4CO_2+5H_2O$

$이론산소량=1\times 6.5=6.5Sm^3$

$$이론공기량=\frac{이론산소량}{0.21}=\frac{6.5}{0.21}=30.9524Sm^3$$

$$AFR=\frac{30.9524}{1}=30.9524$$

정답 ③

35

★★☆

다음 중 공기비를 나타내는 식으로 옳은 것은? (단, A: 실제공기량, A_o: 이론공기량, O_2: 이론산소량, N_2: 이론질소량이다.)

① A/A_o ② $(21-O_2)/O_2$
③ $21(1-O_2)$ ④ $N_2/(1-N_2)$

해설

$$m(공기비,\ 과잉공기비)=\frac{A(실제공기량)}{A_o(이론공기량)}$$

$A=m\times A_o$

과잉공기량 = 실제공기량 − 이론공기량

$=mA_o-A_o=(m-1)A_o$

정답 ①

36

★★☆

프로판(C_3H_8) $1Sm^3$을 완전연소시켰을 때 건조연소가스 중의 CO_2 농도는 11%이었다. 이때 과잉공기비는 약 얼마인가?

① 1.05 ② 1.15
③ 1.23 ④ 1.39

해설

$C_3H_8+5O_2 \rightarrow 3CO_2+4H_2O$

$이론산소량=5\times 1=5Sm^3$

$$이론공기량=\frac{이론산소량}{0.21}=\frac{5}{0.21}=23.8095Sm^3$$

$이론공기\ 중\ 질소량=이론공기량\times 0.79$

$=23.8095\times 0.79=18.8095Sm^3$

$과잉공기량=xSm^3$

$건조연소생성물(CO_2)=3Sm^3$

건조연소가스량 = 이론공기 중 질소량 + 과잉공기량 + 건조연소생성물

$=(18.8095+x+3)Sm^3$

$$CO_2\ 농도=\frac{3}{(18.8095+x+3)}\times 100=11\%$$

$x=5.4632Sm^3$

$$과잉공기비=\frac{A}{A_O}=\frac{(23.8095+5.4632)}{23.8095}=1.2295$$

정답 ③

37

★★☆

탄소 85%, 수소 10%, 황 5%인 중유를 공기비 1.2로 연소할 때 건조배출가스 중 SO_2의 부피비(%)는?

① 0.29
② 1.46
③ 2.60
④ 3.72

해설

중유 1kg이라고 가정하면,

SO_2의 부피비(%)$=\frac{SO_2}{\text{건조배출가스량}}\times 100\%$

이론산소량$=1.867C+5.6H+0.7S-0.7O$

$(1.867\times 0.85)+(5.6\times 0.1)+(0.7\times 0.05)=2.1820Sm^3$

이론공기량$=\frac{\text{이론산소량}}{0.21}=\frac{2.1820}{0.21}=10.3905Sm^3$

이론공기 중 질소량$=$이론공기량$\times 0.79$

$=10.3905\times 0.79=8.2085Sm^3$

과잉공기량$=(m-1)\times$이론공기량

$=(1.2-1)\times 10.3905=2.0781Sm^3$

CO_2 배출량

$C+O_2\rightarrow CO_2$

$12kg : 22.4Sm^3=0.85kg : xSm^3$

$x=1.5867Sm^3$

SO_2 배출량

$S+O_2\rightarrow SO_2$

$32kg : 22.4Sm^3=0.05kg : xSm^3$

$x=0.035Sm^3$

건조배출가스량

$=$이론공기 중 질소량$+$과잉공기량$+$건조연소생성물(CO_2+SO_2)

$=8.2085Sm^3+2.0781Sm^3+1.5867Sm^3+0.035Sm^3$

$=11.9083Sm^3$

SO_2 부피비(%)$=\frac{0.035}{11.9083}\times 100=0.2939\%$

정답 ①

38

★★★

어떤 기체연료 $2Sm^3$을 분석한 결과 C_3H_8 $1.7Sm^3$, CO $0.15Sm^3$, H_2 $0.14Sm^3$, O_2 $0.01Sm^3$였다면 이 연료를 완전연소시켰을 때 생성되는 이론습연소가스량(Sm^3)은?

① 약 $41Sm^3$
② 약 $45Sm^3$
③ 약 $52Sm^3$
④ 약 $57Sm^3$

해설

$C_3H_8+5O_2\rightarrow 3CO_2+4H_2O$

이론산소량$=5\times 1.7=8.5Sm^3$

이론습연소생성물$=(3+4)\times 1.7=11.9Sm^3$

$CO+0.5O_2\rightarrow CO_2$

이론산소량$=0.5\times 0.15=0.075Sm^3$

이론습연소생성물$=1\times 0.15=0.15Sm^3$

$H_2+0.5O_2\rightarrow H_2O$

이론산소량$=0.5\times 0.14=0.07Sm^3$

이론습연소생성물$=1\times 0.14=0.14Sm^3$

전체 이론산소량$=8.5+0.075+0.07-0.01=8.635Sm^3$

전체 이론공기량$=\frac{\text{전체 이론산소량}}{0.21}=\frac{8.635}{0.21}=41.1190Sm^3$

전체 이론공기 중 질소량$=$이론공기량$\times 0.79$

$=41.1190\times 0.79=32.4840Sm^3$

전체 이론습연소가스량

$=$전체 이론공기 중 질소량$+$전체 이론습연소생성물량

$=32.4840+(11.9+0.15+0.14)=44.6740Sm^3$

정답 ②

39 ★★☆

에탄과 부탄의 혼합가스 $1Sm^3$를 완전연소시킨 결과 배기가스 중 탄산가스의 생성량이 $3.3Sm^3$이었다면 혼합가스 중 에탄과 부탄의 mol비(에탄/부탄)는?

① 2.19　② 1.86
③ 0.54　④ 0.46

해설

에탄: $x Sm^3$, 부탄: $(1-x)Sm^3$

(1) 에탄(C_2H_6) 연소 시 발생하는 이산화탄소(CO_2)의 양 구하기

에탄(C_2H_6) 1mol이 연소하면 이산화탄소(CO_2) 2mol이 생성된다.

$C_2H_6 + 3.5O_2 \rightarrow 2CO_2 + 3H_2O$

$CO_2 = 2x Sm^3$

(2) 부탄(C_4H_{10}) 연소 시 발생하는 이산화탄소(CO_2)의 양 구하기

부탄(C_4H_{10}) 1mol이 연소하면 이산화탄소(CO_2) 4mol이 생성된다.

$C_4H_{10} + 6.5O_2 \rightarrow 4CO_2 + 5H_2O$

$CO_2 = 4(1-x)Sm^3$

(3) 에탄(C_2H_6)과 부탄(C_4H_{10})의 mol비 구하기

$2x + 4(1-x) = 3.3Sm^3$

$x = 0.35Sm^3$

온도와 압력이 같을 때 기체의 mol수는 부피에 비례하므로

$$(\text{에탄/부탄}) = \frac{x}{1-x} = \frac{0.35}{(1-0.35)} = 0.5385$$

정답 ③

40 ★☆☆

과잉공기가 지나칠 때 나타나는 현상으로 거리가 먼 것은?

① 연소실 내 온도가 증가한다.
② 배기가스의 온도가 낮아지고, 매연이 감소한다.
③ 배기가스에 의한 열손실이 증가한다.
④ 황산화물에 의한 전열면의 부식을 가중시킨다.

해설

과잉공기가 적절한 범위를 벗어나 지나치게 많아지게 되면 연소실 내 온도가 낮아질 수 있다.

정답 ①

대기오염방지기술

41 ★★★

2대의 집진장치가 직렬로 배치되어 있고, 1차 집진 효율이 60%, 2차 집진 효율이 x%, 전체 집진 효율이 96%일 때, x의 값으로 옳은 것은?

① 85%　② 90%
③ 95%　④ 99%

해설

전체 유입 농도를 100이라고 가정하면

1차 집진 효율=60%이므로

1차 유출 농도$=100\times(1-0.6)=40$

2차 집진 효율$=x$일 때 전체 집진 효율이 96%이므로

$40\times(1-x)=100-96=4$

$x=0.9=90\%$

정답 ②

42 ★★☆

원심력집진장치에서 50%의 집진효율로 제거되는 입자의 최소 입경을 나타내는 용어는?

① 스토크스 직경　② 절단입경
③ 임계입경　④ 평균직경

해설

원심력집진징치에서 50%의 집진효율로 제거되는 입자의 최소 입경을 절단입경(Cut size diameter), 100%의 집진효율로 제거되는 입자의 최소 입경을 임계입경(Critical diameter)이라고 한다.

관련이론 | 절단입경

$$d_{p50} = \left[\frac{9\times\mu\times B_c}{2\times(\rho_p-\rho)\pi\times N_e\times V}\right]^{0.5}$$

μ: 점도(kg/m·sec)

B_c: 유입구 폭(m)

ρ_p: 입자의 밀도(kg/m^3)

ρ: 유체의 밀도(kg/m^3)

N_e: 유효회전수

V: 유입속도(m/sec)

정답 ②

43

★★☆

여과집진장치에서 먼지부하가 444g/m^{2}에 도달하면 먼지를 털어준다고 한다. 만일 입구 먼지농도가 20g/m^3, 여과속도를 0.6m/sec로 가동할 경우 털어주는 주기는 몇 초 간격으로 하여야 하는가? (단, 집진효율은 95%이다.)

① 35초　② 37초
③ 39초　④ 44초

해설

먼지부하공식을 이용한다.

$L_d = C_i \times V_f \times t \times \eta$

L_d: 먼지부하(g/m^2), C_i: 입구 먼지농도(g/m^3)

V_f: 여과속도(m/sec), t: 탈진주기(sec), η: 집진효율

$$t = \frac{L_d}{C_i \times V_f \times \eta} = \frac{444}{20 \times 0.6 \times 0.95} = 38.9474\text{sec}$$

정답 ③

44

★★☆

다음에서 설명하는 송풍기 유형은?

> 후향 날개형을 정밀하게 변형시킨 것으로 원심력 송풍기 중 효율이 가장 좋아 대형 냉난방 공기조화장치, 산업용 공기청정장치 등에 주로 사용되며, 에너지 절감효과가 뛰어나다.

① 프로펠러형(Propeller)
② 비행기 날개형(Airfoil blade)
③ 방사 날개형(Radial blade)
④ 전향 날개형(Forward curved)

해설

익형[비행기 날개형(Airfoil blade)]

- 표준형 평판 날개형보다 비교적 고속에서 가동되고, 후향 날개형을 정밀하게 변형시킨 것이다.
- 원심력 송풍기 중 효율이 가장 좋아 대형 냉난방 공기조화장치, 산업용 공기청정장치 등에 주로 이용된다.
- 에너지 절감효과가 뛰어난 송풍기 유형이다.

정답 ②

45

★☆☆

다음 중 선택적 비촉매환원기술(SNCR)에 대한 설명으로 옳지 않은 것은?

① NO_X의 제거 효율은 98% 이상으로 비교적 높다.
② 운전온도를 잘 조절해야 하며 백연의 발생에 유의해야 한다.
③ 환원제로는 암모니아 또는 요소[$(NH_2)_2CO$]를 사용한다.
④ NO의 암모니아에 의한 환원에는 보통 산소의 공존이 필요하다.

해설

선택적 비촉매환원기술(SNCR)은 NO_X의 제거 효율이 40~70%로 낮은 편이며, 선택적 촉매환원기술(SCR)은 NO_X의 제거 효율이 98% 이상으로 비교적 높은 편이다.

관련이론

선택적 촉매환원기술(SCR: Selective Catalytic Reduction)

- 선택적 촉매환원법이라고도 하며 200~400℃에서 촉매(TiO_2와 V_2O_5 등)에 NH_3, H_2, CO, H_2S 등의 환원가스를 작용시켜 NO_X를 N_2로 환원시키는 방법이다.
- $4NO + 4NH_3 + O_2 \rightarrow 4N_2 + 6H_2O$

선택적 비촉매환원기술(SNCR: Selective Non Catalytic Reduction)

- 선택적 무촉매환원법이라고도 하며 900~1,000℃에서 촉매를 사용하지 않고 환원제를 반응시켜 질소산화물을 N_2로 환원시키는 방법이다.
- 제거효율이 40~70%로 낮은 편이다.
- $4NO + 2(NH_2)_2CO + O_2 \rightarrow 4N_2 + 4H_2O + 2CO_2$

정답 ①

46

★☆☆

전기집진장치의 먼지 제거효율을 95%에서 99%로 증가시키고자 할 때, 집진극의 면적은 길이 방향으로 몇 배 증가하여야 하는가? (단, 나머지 조건은 일정하다고 가정하고 Deutsch-Anderson 식을 적용한다.)

① 1.24배 증가　② 1.54배 증가
③ 1.84배 증가　④ 2.14배 증가

해설

$\eta = 1 - e^{-\frac{A \times W_e}{Q}}$

$0.99 = 1 - e^{A_{0.99} \times k}$

$0.95 = 1 - e^{A_{0.95} \times k}$

$A_{0.99} = \frac{1}{k}\ln(1-0.99) = \frac{1}{k}\ln 0.01$

$A_{0.95} = \frac{1}{k}\ln(1-0.95) = \frac{1}{k}\ln 0.05$

$\frac{A_{0.99}}{A_{0.95}} = \frac{\frac{1}{k}\ln 0.01}{\frac{1}{k}\ln 0.05} = 1.5372$

정답 ②

47

★★☆

후드에서 오염물질을 흡인하는 요령으로 틀린 것은?

① 후드를 발생원에 근접시킨다.
② 국부적인 흡인방식을 택한다.
③ 충분한 포착속도를 유지한다.
④ 후드의 개구면적을 크게 한다.

해설

후드에서 오염물질을 효율적으로 흡인하기 위해서는 후드의 개구면적을 좁게 해야 한다.

관련이론 | 환기장치에서 후드(Hood)의 일반적인 흡인요령

- 발생원에 최대한 접근하여 흡인한다.
- 주 발생원을 대상으로 하는 국부적 흡인방식을 택한다.
- 포착속도(Capture velocity)를 충분하게 유지시킨다.
- 흡인속도를 크게 하기 위해 개구면적을 좁게 한다.

정답 ④

48

★☆☆

벤츄리 스크러버(Venturi scrubber)에 관한 설명으로 가장 거리가 먼 것은?

① 목부의 처리 가스의 속도는 보통 60~90m/s이다.
② 물방울 입경과 먼지 입경의 비는 충돌효율 면에서 10 : 1 전후가 좋다.
③ 액가스비는 보통 0.3~1.5L/m^3 정도, 압력손실은 300~800mmH_2O 전후이다.
④ 가압수식 중에서 집진율이 가장 높아 대단히 광범위하게 사용되며, 소형으로 대용량의 가스처리가 가능하다.

해설

물방울 입경과 먼지 입경의 비는 충돌효율 면에서 150 : 1 정도인 것이 좋다.

정답 ②

2025년

49

★☆☆

먼지농도 50g/Sm^3의 함진 가스를 정상운전 조건에서 집진효율이 96%인 싸이클론으로 처리하고자 한다. 처리 가스의 15%에 해당하는 외부 공기가 유입될 때의 먼지 통과율이 외부 공기의 유입이 없는 정상운전 시의 2배에 달한다면, 출구 가스 중의 먼지농도는?

① 3.0g/Sm^3　② 3.5g/Sm^3
③ 4.0g/Sm^3　④ 4.5g/Sm^3

해설

처리 가스의 유량이 1Sm^3라고 가정하면
외부 공기의 유입이 없을 때
유입 먼지량＝50g
통과 먼지량＝2g
외부 공기의 유입량이 처리 가스의 15%일 때
가스 유량＝1.15Sm^3
통과 먼지량＝4g

출구 가스 중의 먼지농도 $= \frac{4g}{1.15Sm^3} = 3.4783g/Sm^3$

정답 ②

50 ★★★

여과집진장치의 특성으로 옳지 않은 것은?

① 다양한 여과재의 사용으로 인하여 설계 시 융통성이 있다.
② 여과재의 교환으로 유지비가 고가이다.
③ 수분이나 여과속도에 대한 적응성이 높다.
④ 폭발성, 점착성 및 흡습성 먼지의 제거가 곤란하다.

해설

여과집진장치는 수분이나 여과속도에 대한 적응성이 낮다.

관련이론 | 여과집진장치

- 여과집진장치의 주된 집진 원리는 관성충돌, 직접차단, 확산, 정전기적 인력, 중력이다.
- 폭발성 및 점착성 먼지 제거가 곤란하고 수분에 대한 적응성이 낮으며, 여과재의 교환으로 유지비용이 많이 들고 다른 집진장치에 비해 설치면적이 넓다.
- 여과포의 종류에 따라 제거 가능한 물질의 종류가 다르므로 여과포 선택 시 가스의 성상은 중요하다.
- 다양한 여과재를 사용할 수 있어 설계 시 융통성이 있다.
- 여포의 손상은 여과 시 온도 및 압력과 관계가 있으며, 350℃ 이상 고온의 가스처리에 부적합하다.
- 가스 온도에 따라 여과재의 사용이 제한된다.

정답 ③

51 ★☆☆

관성력 집진장치에 관한 설명으로 옳지 않은 것은?

① 압력손실은 30~70mmH_2O 정도이고, 굴뚝 또는 배관에 적용될 때가 있다.
② 곡관형, Louver형, Pocket형, Multibaffle형 등은 반전식에 해당한다.
③ 함진가스의 방향전환 각도가 크고, 방향전환 횟수가 적을수록 압력손실은 커지나 집진율이 높아진다.
④ 반전식의 경우 방향전환을 하는 가스의 곡률반경이 작을수록 미세한 먼지를 분리포집할 수 있다.

해설

함진가스의 방향전환 각도가 작고, 방향전환 횟수가 많을수록 압력손실은 커지나 집진율이 높아진다.

관련이론 | 관성력 집진장치에서 집진율 향상 조건

- 기류의 방향전환 각도가 작고, 방향전환 횟수가 많을수록 압력손실은 커지나 집진율은 높아진다.
- 함진가스의 충돌 또는 기류의 방향전환 직전의 가스속도가 빠르고, 방향전환 시의 곡률반경이 작을수록 미세 입자의 포집이 가능하다.
- 관성력 집진장치는 일반적으로 처리 후의 출구 가스속도가 느릴수록 미립자의 제거가 쉽다.
- 적당한 Dust box의 형상과 크기가 필요하다.

정답 ③

52

★☆☆

플루오린화수소 농도가 250ppm이고 유량이 1,000Sm^3/hr인 굴뚝 배출가스를 10m^{3}의 물로 10시간 순환 세정할 경우, 순환수의 pH는? (단, 플루오린화수소는 60%가 전리하고, 표준상태라고 가정한다.)

① 2.17 ② 2.48

③ 2.72 ④ 2.94

해설

$HF \rightleftarrows H^+ + F^-$

$$\frac{\frac{250mL}{Sm^3} \times \frac{1,000Sm^3}{hr} \times 10hr \times \frac{L}{1,000mL} \times \frac{mol}{22.4L}}{10m^3 \times \frac{1,000L}{m^3}} \times \frac{60}{100}$$

$= 6.6964 \times 10^{-3} mol/L$

$pH = -\log[H^+] = -\log(6.6964 \times 10^{-3}) = 2.1742$

정답 ①

53

★★★

집진장치의 입구 쪽의 처리가스 유량이 300,000Sm^3/hr, 먼지농도가 15g/Sm^{3}이고, 출구 쪽의 처리된 가스의 유량은 305,000Sm^3/hr, 먼지농도가 40mg/Sm^{3}이었다. 이 집진장치의 집진율은 몇 %인가?

① 98.6 ② 99.1

③ 99.7 ④ 99.9

해설

$$\eta = \left(1 - \frac{C_o Q_o}{C_i Q_i}\right) \times 100\%$$

$$= \left(1 - \frac{305,000Sm^3/hr \times 40mg/Sm^3}{300,000Sm^3/hr \times 15,000mg/Sm^3}\right) \times 100\%$$

$= 99.7289\%$

정답 ③

54

★★☆

침강실의 길이가 5m인 중력집진장치를 사용하여 침강집진할 수 있는 먼지의 최소입경이 140μm였다. 이 길이를 2.5배로 변경할 경우 침강실에서 집진 가능한 먼지의 최소입경(μm)은? (단, 배출가스의 흐름은 층류이고, 길이 이외의 모든 조건은 동일하다.)

① 약 70 ② 약 89

③ 약 99 ④ 약 129

해설

먼지를 100% 제거하기 위한 중력집진장치 설계

$$\frac{V_g}{V} = \frac{H}{L}$$

V_g: 입자의 종말침강속도(m/s), V: 유속(m/s),
H: 높이(m), L: 길이(m)

중력침강속도 $V_g = \frac{d_p^2(\rho_p - \rho)g}{18\mu}$이므로

$$\frac{\frac{d_p^2(\rho_p - \rho)g}{18\mu}}{V} = \frac{\frac{140^2 \times (\rho_p - \rho)g}{18\mu}}{V} = \frac{H}{5}$$

$$d_p^2 \times L = \frac{18\mu \times H \times V}{(\rho_p - \rho)g} = k$$

$k = 140^2 \times 5 = 98,000$

침강실의 길이를 2.5배 늘렸을 때 먼지의 최소입경을 x라 하면

$k = x^2 \times 5 \times 2.5 = 98,000$

$x = 88.5438\mu m$

정답 ②

55

★☆☆

충전탑에 사용되는 충전물에 관한 설명으로 옳지 않은 것은?

① 가스와 액체가 전체에 균일하게 분포될 수 있도록 하여야 한다.
② 충전물의 단면적은 기액 간의 충분한 접촉을 위해 작은 것이 바람직하다.
③ 하단의 충전물이 상단의 충전물에 의해 눌려있으므로 이 하중을 견디는 내강성이 있어야 하며, 또한 충전물의 강도는 충전물의 형상에도 관련이 있다.
④ 충분한 기계적 강도와 내식성이 요구되며 단위 부피 내의 표면적이 커야 한다.

해설

충전물의 단면적은 기액 간의 충분한 접촉을 위해 큰 것이 바람직하다.

정답 ②

56

★☆☆

다이옥신의 처리대책으로 가장 거리가 먼 것은?

① 촉매분해법: 촉매로는 금속 산화물(V_2O_5, TiO_2 등), 귀금속(Pt, Pd)이 사용된다.
② 광분해법: 자외선 파장(250~340nm)이 가장 효과적인 것으로 알려져 있다.
③ 열분해방법: 산소가 아주 적은 환원성 분위기에서 탈염소화, 수소첨가반응 등에 의해 분해시킨다.
④ 오존분해법: 수중 분해 시 순수의 경우는 산성일수록, 온도는 20℃ 전후에서 분해속도가 커지는 것으로 알려져 있다.

해설

오존분해법은 수중 분해 시 순수의 경우 염기성일수록, 온도는 높을수록 분해속도가 증가한다고 알려져 있다.

정답 ④

57

★★☆

8개실로 분리된 충격 제트형 여과집진장치에서 전체 처리 가스량 8,000m^3/min, 여과속도 2m/min로 처리하기 위하여 직경 0.25m, 길이 12m 규격의 필터 백(Filter bag)을 사용하고 있다. 이때 집진장치의 각 실(House)에 필요한 필터 백의 개수는? (단, 각 실의 규격은 동일하며, 필터 백은 짝수로 선택한다.)

① 50 ② 54
③ 58 ④ 64

해설

$Q_T = \pi DL \times n \times V_f$

Q_T: 처리가스량(m^3/min)

D: 여과포의 직경(m), L: 여과포의 길이(m)

※ πDL은 필터면적을 의미한다.

n: 여과포 소요개수, V_f: 여과속도(m/min)

문제에서 8개실로 분리된 여과집진장치의 전체 처리량이 8,000m^3/min이라고 했으므로 1개실의 처리량을 구하려면 8로 나누어주어야 한다.

$$8{,}000\text{m}^3/\text{min} \times \frac{1}{8} = \pi \times 0.25\text{m} \times 12\text{m} \times n \times 2\text{m/min}$$

$n = 53.0516 \rightarrow$ 54개

정답 ②

58

★☆☆

Stokes 운동이라 가정하고, 직경 20μm, 비중 1.3인 입자의 표준대기 중 종말침강속도는 몇 m/s인가? (단, 표준공기의 점도와 밀도는 각각 3.44×10^{-5}kg/m·s, 1.3kg/m^3이다.)

① 1.64×10^{-2} ② 1.32×10^{-2}
③ 1.18×10^{-2} ④ 0.82×10^{-2}

해설

스토크스 공식을 이용한다.

$$V_g = \frac{d_p^2(\rho_p - \rho)g}{18\mu}$$

입자의 밀도(ρ_p)는 입자의 비중 1.3으로 구한다.

비중$(s) = \frac{\rho_p}{\rho_w}$ [ρ_w(물의 밀도)$=1{,}000$kg/m^3]

$\rho_p = s \times \rho_w = 1.3 \times 1{,}000\text{kg/m}^3 = 1{,}300\text{kg/m}^3$

$$V_g = \frac{(20 \times 10^{-6}\text{m})^2 \times (1{,}300 - 1.3)\text{kg/m}^3 \times 9.8\text{m/s}^2}{18 \times 3.44 \times 10^{-5}\text{kg/m}\cdot\text{s}}$$

$= 0.8222 \times 10^{-2}$m/s

정답 ④

59

★☆☆

원심력집진장치에 관한 설명으로 옳지 않은 것은?

① 배기관경(내경)이 작을수록 입경이 작은 먼지를 제거할 수 있다.
② 점착성이 있는 먼지의 집진에는 적당치 않으며, 딱딱한 입자는 장치의 마모를 일으킨다.
③ 침강먼지 및 미세한 먼지의 재비산을 막기 위해 스키머와 회전깃, 살수설비 등을 설치하여 제거효율을 증대시킨다.
④ 고농도일 때는 직렬 연결하여 사용하고, 응집성이 강한 먼지인 경우는 병렬 연결하여 사용한다.

해설

원심력집진장치는 고농도일 때는 병렬 연결하여 사용하고, 응집성이 강한 먼지인 경우는 직렬 연결하여 사용한다.

정답 ④

60

★★☆

세정집진장치에 관한 설명으로 옳지 않은 것은?

① 충전탑은 온도 변화가 크고 희석열이 큰 곳에는 사용이 적합하지 않다.
② 분무탑은 침전물이 발생하는 경우에 사용이 적합하다.
③ 벤츄리 스크러버는 점착성, 조해성 먼지의 제거에 효과적이다.
④ 제트 스크러버는 처리가스량이 많은 경우에 사용이 적합하다.

해설

제트 스크러버는 처리가스량이 많을 경우 효율이 떨어져서 잘 사용하지 않는다.

정답 ④

대기오염공정시험기준

61

★☆☆

다음 중 흡광도와 투과도에 대한 식으로 옳은 것은?

① $A = -\log(I_t/I_0)$
② $T = \varepsilon Ct$
③ $A = \ln(C_t/C_0)$
④ $T = -\log A$

해설

투과도$(t)=I_t/I_0$ (I_0: 입사광의 세기, I_t: 투과광의 세기)

흡광도$(A)=\log\frac{1}{t}=\log\frac{1}{I_t/I_0}$

$$=\log\frac{I_0}{I_t}=-\log\frac{I_t}{I_0}=\varepsilon CL$$

정답 ①

62

★★★

기체 중의 오염물질 농도를 mg/m^3로 표시했을 때 m^3가 의미하는 것은?

① 100℃, 1atm에서의 기체용적
② 상온에서의 기체용적
③ 표준상태에서의 기체용적
④ 절대온도, 절대압력 하에서의 기체용적

해설

기체 중의 오염물질 농도를 mg/m^3로 표시했을 때 m^3는 표준상태(0℃, 760mmHg)의 기체용적을 뜻하고 Sm^3으로 표시할 수도 있다.

정답 ③

63

★☆☆

다음 중 이온크로마토그래피에 대한 설명으로 옳은 것은?

① 이동상으로는 액체, 고정상으로는 활성탄을 사용한다.
② 이동상으로는 고체, 고정상으로는 실리카를 사용한다.
③ 이동상으로는 액체, 고정상으로는 이온교환수지를 사용한다.
④ 이동상으로는 고체, 고정상으로는 다공성 겔을 사용한다.

해설

이온크로마토그래피는 이동상으로는 액체, 그리고 고정상으로는 이온교환수지를 사용하여 이동상에 녹는 혼합물을 고분리능 고정상이 충전된 분리관 내로 통과시켜 시료 성분의 용출상태를 전도도 검출기 또는 광학 검출기로 검출하여 그 농도를 정량하는 방법이다.

정답 ③

64

★★★

기체크로마토그래피에 의한 정량분석에서 이용되는 정량법으로 거리가 먼 것은?

① 내부표준물질법 ② 표준물첨가법
③ 상대검정곡선법 ④ 넓이 백분율법

해설

정량법: 절대검정곡선법, 넓이 백분율법, 보정넓이 백분율법, 상대검정곡선법, 표준물첨가법

정답 ①

65

★★★

환경대기 중의 석면측정용 현미경법에 대한 설명으로 옳지 않은 것은?

① 석면먼지의 농도표시는 20℃, 1기압 상태의 기체 1mL 중에 함유된 석면섬유의 개수로 표시한다.
② 멤브레인 필터는 셀룰로스 에스테르를 원료로 한 얇은 다공성의 막으로, 구멍의 지름은 평균 0.01~10μm이다.
③ 위상차현미경이란 두께가 동일한 무색투명한 물체의 각 부분의 입사광 사이에 생기는 명암차를 화상면에서 위상차로 바꾸어, 구조를 보기 쉽도록 한 현미경이다.
④ 위상차현미경을 사용하여 섬유상으로 보이는 입자를 계수하고 같은 입자를 보통의 생물 현미경으로 바꾸어 계수하여, 그 계수치들의 차를 구하면 굴절률이 거의 1.5인 섬유상의 입자를 계수할 수 있다.

해설

위상차현미경이란 굴절률 또는 두께가 부분적으로 다른 무색투명한 물체의 각 부분의 투과광 사이에 생기는 위상차를 화상면에서 명암의 차로 바꾸어, 구조를 보기 쉽도록 한 현미경이다.

정답 ③

66

★☆☆

환경대기 중 다환방향족탄화수소류를 기체크로마토그래피/질량분석법으로 분석할 때, 알고 있는 양을 시료 추출액에 첨가하여 농도측정 보정에 사용되는 물질로 옳은 것은?

① 외부표준물질 ② 절대표준물질
③ 내부표준물질 ④ 대체표준물질

해설

내부표준물질(IS, Internal Standard)은 알고 있는 양을 시료 추출액에 첨가하여 농도측정 보정에 사용되는 물질로, 반드시 분석목적 물질과 다른 물질이어야 한다.

정답 ③

67 ★★★

피토관으로 측정한 결과 덕트(Duct) 내부 가스의 동압이 13mmH$_2$O이고 유속이 20m/s이었다. 덕트의 밸브를 모두 열었을 때 동압이 26mmH$_2$O일 때, 덕트의 밸브를 모두 열었을 때의 가스 유속(m/s)은?

① 23.2 ② 25.0
③ 27.1 ④ 28.3

해설

배출가스 유속 공식을 이용한다.

$V = C\sqrt{\frac{2gh}{\gamma}}$

C: 피토관 계수
h: 배출가스의 평균 동압 측정치(mmH$_2$O)
g: 중력 가속도(9.81m/s^2)
γ: 굴뚝 내의 습한 배출가스 밀도(kg/m^3)

유속이 20m/s일 때

$20\text{m/s} = C\sqrt{\frac{2g \times 13}{\gamma}} \rightarrow C\sqrt{\frac{2g}{\gamma}} = K(\text{상수})$

$20 = K\sqrt{13},\ K = 5.5470$

덕트의 밸브를 모두 열었을 때

$V = K\sqrt{h}$

$V = 5.5470 \times \sqrt{26} = 28.2843\text{m/s}$

정답 ④

68 ★★★

다음 중 원자흡수분광광도법을 구성하는 것이 아닌 것은?

① 중공음극램프
② 전자 포획 검출기
③ 예복합 버너
④ 분무기

해설

전자 포획 검출기(ECD)는 기체크로마토그래피에 사용되는 검출기에 속한다.

정답 ②

69 ★☆☆

다음의 조건을 이용하여 가스크로마토그래피에서 계산된 보유시간은?

- 이론단수: 1,600
- 기록지 이동속도: 5mm/분
- 피크의 좌우 변곡점에서 접선이 자르는 바탕선의 길이: 10mm

① 5분 ② 10분
③ 15분 ④ 20분

해설

이론단수$(n) = 16 \times \left(\frac{t_R}{W}\right)^2$

t_R: 머무름 시간(=기록지 이동속도×보유시간)
W: 피크의 좌우 변곡점에서 접선이 자르는 바탕선의 길이

$1{,}600 = 16 \times \left(\frac{5\text{mm/min} \times t}{10\text{mm}}\right)^2$

$t = 20\text{min}$

정답 ④

70 ★★☆

대기오염공정시험기준의 총칙에 근거하여 "물질을 취급 또는 보관하는 동안에 기체 또는 미생물이 침입하지 않도록 내용물을 보호하는 용기"를 의미하는 용어로 옳은 것은?

① 밀폐용기 ② 기밀용기
③ 밀봉용기 ④ 차광용기

선지분석

① 밀폐용기: 물질을 취급 또는 보관하는 동안에 이물이 들어가거나 내용물이 손실되지 않도록 보호하는 용기를 뜻한다.
② 기밀용기: 물질을 취급 또는 보관하는 동안에 외부로부터의 공기 또는 다른 가스가 침입하지 않도록 내용물을 보호하는 용기를 뜻한다.
④ 차광용기: 광선을 투과하지 않은 용기 또는 투과하지 않게 포장을 한 용기로서 취급 또는 보관하는 동안에 내용물의 광화학적 변화를 방지할 수 있는 용기를 뜻한다.

정답 ③

71

★★★

대기오염공정시험기준상의 용어 정의 및 규정에 관한 내용으로 옳은 것은?

① 약이란 그 무게 또는 부피에 대해 ±1% 이상의 차가 있어서는 안 된다.
② 상온은 15~25℃, 실온은 1~35℃, 찬 곳은 따로 규정이 없는 한 0~15℃의 곳을 뜻한다.
③ 10억분율은 pphm으로 표시하고 따로 표시가 없는 한 기체일 때는 용량 대 용량(V/V), 액체일 때는 중량 대 중량(W/W)을 표시한 것을 뜻한다.
④ 방울수라 함은 20℃에서 정제수 10방울을 떨어뜨릴 때 그 부피가 약 1mL 되는 것을 뜻한다.

선지분석

① 약이란 그 무게 또는 부피 등에 대하여 ±10% 이상의 차가 있어서는 안 된다.
③ 1억분율은 pphm, 10억분율은 ppb로 표시한다.
④ 방울수라 함은 20℃에서 정제수 20방울을 떨어뜨렸을 때 그 부피가 약 1mL 되는 것을 뜻한다.

정답 ②

72

★☆☆

배출가스 중 가스상 물질의 분석대상 가스별 흡수액으로 잘못 짝지어진 것은?

① 비소: 수산화소듐 용액(0.1mol/L)
② 황화수소: 아연아민착염 용액
③ 사이안화수소: 수산화소듐 용액(0.5mol/L)
④ 질소산화물: 아세틸아세톤용액

해설

질소산화물은 흡수액으로 0.005M 황산(H_2SO_4) 용액을 사용한다.

정답 ④

73

★☆☆

굴뚝 배출가스 중의 질소산화물을 연속적으로 자동측정하는 데 사용되는 자외선흡수분석계의 구성에 관한 내용으로 옳지 않은 것은?

① 광원: 중수소방전관 또는 중압수은 등을 사용한다.
② 광학필터: 프리즘과 회절격자 분광기 등을 이용하여 자외선 또는 적외선 영역의 단색광을 얻는 데 사용한다.
③ 합산 증폭기: 신호를 증폭하는 기능과 일산화질소 측정 파장에서 이산화황의 간섭을 보정하는 기능을 가지고 있다.
④ 시료셀: 시료가스가 흘러갈 수 있는 구조로 되어 있으며 그 길이는 200~500mm이다. 셀의 창은 석영판과 같이 자외선 및 가시광선이 투과할 수 있는 재질이어야 한다.

해설

광학필터는 특정 파장 영역의 흡수나 다층박막의 광학적 간섭을 이용하여 자외선 영역 또는 가시광선 영역의 일정한 폭을 갖는 빛을 얻는 데 사용한다.

정답 ②

74

★☆☆

원형 굴뚝의 환산 하부 직경을 계산하는 방식으로 옳은 것은? (단, 굴뚝 단면이 서서히 변하는 경우이다.)

① (하부 직경+선정된 측정공 위치의 직경)/2
② (하부 직경+선정된 측정공 위치의 직경)/3
③ (하부 직경+선정된 측정공 위치의 직경)/4
④ (하부 직경+선정된 측정공 위치의 직경)/5

해설

굴뚝 단면이 서서히 변하는 경우, 측정공의 위치를 대략적으로 선정하고 측정공의 위치가 환산 하부 직경의 2배 이상, 환산 상부 직경의 1/2배 이상이면 해당 위치로 선택한다.

$$\text{환산 하부 직경}=\frac{\text{하부 직경}+\text{선정된 측정공 위치의 직경}}{2}$$

$$\text{환산 상부 직경}=\frac{\text{상부 직경}+\text{선정된 측정공 위치의 직경}}{2}$$

정답 ①

75

★★☆

직경이 0.5m, 단면이 원형인 굴뚝에서 배출되는 먼지 시료를 채취할 때, 측정점 수는?

① 1 ② 2
③ 3 ④ 4

해설

원형 단면의 측정점

굴뚝 직경(m)	반경 구분수	측정점 수
1 이하	1	4
1 초과 2 이하	2	8
2 초과 4 이하	3	12
4 초과 4.5 이하	4	16
4.5 초과	5	20

정답 ④

76

★★★

다음 중 이온크로마토그래피에 관한 설명으로 옳지 않은 것은?

① 공급전원은 전압변동 5% 이하, 주파수 변동 10% 이하로 변동이 적어야 한다.
② 일반적으로 강수(비, 눈, 우박 등), 대기먼지, 하천수 중의 이온성분을 정성, 정량 분석하는 데 이용한다.
③ 가시선 흡수 검출기(VIS 검출기)는 전이금속 성분의 발색반응을 이용하는 경우에 사용된다.
④ 써프렛서는 관형과 이온교환막형이 있으며, 관형은 음이온에는 스티롤계 강산형(H^+) 수지가, 양이온에는 스티롤계 강염기형(OH^-) 수지가 충진된 것을 사용한다.

해설

공급전원은 기기의 사양에 지정된 전압 전기용량 및 주파수로 전압변동은 10% 이하이고 주파수 변동이 없어야 한다.

정답 ①

77

★★★

기체크로마토그래피의 정성분석에 관한 내용으로 옳지 않은 것은?

① 동일 조건에서 특정한 미지성분의 머무름 값과 예측되는 물질의 봉우리의 머무름 값을 비교해야 한다.
② 머무름 값의 표시는 무효부피(Dead volume)의 보정유무를 기록해야 한다.
③ 일반적으로 5~30분 정도에서 측정하는 봉우리의 머무름시간은 반복시험을 할 때 ±10% 오차범위 이내이어야 한다.
④ 머무름시간을 측정할 때는 3회 측정하여 그 평균치를 구한다.

해설

일반적으로 5~30분 정도에서 측정하는 봉우리의 머무름시간은 반복시험을 할 때 ±3% 오차범위 이내이어야 한다.

정답 ③

78

★★☆

대기오염공정시험기준상 흡광광도법에서 사용되는 흡수셀의 재질에 따른 사용파장범위로 가장 적합한 것은?

① 유리제는 근적외부 파장범위
② 석영제는 가시부 및 근적외부 파장범위
③ 플라스틱제는 자외부 파장범위
④ 플라스틱제는 가시부 파장범위

해설

흡수셀의 재질로는 유리, 석영, 플라스틱 등을 사용한다.
- 유리제: 주로 가시 및 근적외부 파장범위
- 석영제: 자외부 파장범위
- 플라스틱제: 근적외부 파장범위

정답 ①

79

★★★

특정 발생원에서 일정한 굴뚝을 거치지 않고 외부로 비산되는 먼지의 농도를 고용량공기시료채취법으로 분석하고자 한다. 측정조건과 결과가 다음과 같을 때 비산먼지의 농도($\mu g/m^3$)는?

- 채취시간: 24시간
- 채취개시 직후의 유량: $1.8m^3/min$
- 채취종료 직전의 유량: $1.2m^3/min$
- 채취 후 여과지의 질량: 3.828g
- 채취 전 여과지의 질량: 3.419g
- 대조위치에서의 먼지농도: $0.15\mu g/m^3$
- 전 시료채취 기간 중 주 풍향이 90° 이상 변함
- 풍속이 0.5m/s 미만 또는 10m/s 이상되는 시간이 전 채취시간의 50% 미만임

① 185.76 ② 283.80
③ 294.81 ④ 372.70

해설

(1) 흡인공기량 구하기

$$\text{흡인공기량}=\frac{Q_s+Q_e}{2}\times t$$

Q_s: 채취개시 직후의 유량(m^3/min)
Q_e: 채취종료 직전의 유량(m^3/min)
t: 채취시간(min)

$$\text{흡인공기량}=\frac{(1.8+1.2)m^3/min}{2}\times(24\times60)min=2,160m^3$$

(2) 채취한 비산먼지의 농도 구하기

$$\text{먼지농도}=\frac{W_e-W_s}{V}$$

W_e: 채취 후 여과지의 질량(g)
W_s: 채취 전 여과지의 질량(g)
V: 총 공기흡입량(Sm^3)

$$\text{먼지농도}=\frac{(3.828-3.419)g}{2,160m^3}\times\frac{10^6\mu g}{g}=189.3519\mu g/m^3$$

(3) 각 측정지점의 채취먼지량과 풍향, 풍속의 측정결과로부터 비산먼지의 농도 구하기

비산먼지농도$(C)=(C_H-C_B)\times W_D\times W_S$
C_H: 채취먼지량이 가장 많은 위치에서의 먼지농도(mg/m^3)
C_B: 대조위치에서의 먼지농도(mg/m^3)
W_D, W_S: 풍향, 풍속 측정결과로부터 구한 보정계수
단, 대조위치를 선정할 수 없는 경우에는 C_B는 $0.15mg/m^3$로 한다.
$C=(189.3519-0.15)\times1.5\times1.0=283.8029\mu g/m^3$

풍향에 대한 보정

풍향변화범위	보정계수
전 시료채취 기간 중 주 풍향이 90° 이상 변할 때	1.5
전 시료채취 기간 중 주 풍향이 45°~90° 변할 때	1.2
전 시료채취 기간 중 풍향이 변동이 없을 때(45° 미만)	1.0

풍속에 대한 보정

풍속범위	보정계수
풍속이 0.5m/s 미만 또는 10m/s 이상되는 시간이 전 채취시간의 50% 미만일 때	1.0
풍속이 0.5m/s 미만 또는 10m/s 이상되는 시간이 전 채취시간의 50% 이상일 때	1.2

정답 ②

80

★☆☆

배출가스 중의 수분량을 별도의 흡습관을 이용하여 분석하고자 한다. 측정조건과 측정결과가 다음과 같을 때, 배출가스 중 수증기의 부피 백분율(%)은? (단, 0℃, 1atm 기준이다.)

- 흡입한 건조 가스량(건식 가스미터에서 읽은 값): 20L
- 측정 전 흡습관의 질량: 96.16g
- 측정 후 흡습관의 질량: 97.69g

① 6.2 ② 7.1
③ 8.7 ④ 9.5

해설

(1) 수증기의 부피 구하기

수증기(H_2O)의 분자량은 18g이고, 0℃, 1atm에서 수증기 1mol의 부피는 22.4L이다.

$$(97.69-96.16)g\times\frac{22.4L}{18g}=1.904L$$

(2) 수증기 백분율 구하기

$$\frac{1.904L}{(20+1.904)L}\times100\%=8.6925\%$$

정답 ③

대기환경관계법규

81
★★☆

미세먼지(PM−10)의 1일 권고기준으로 옳은 것은?

① 5μg/m^3　② 10μg/m^3
③ 50μg/m^3　④ 100μg/m^3

해설

환경기준「환경정책기본법 시행령 별표 1」

항목	기준
아황산가스 (SO_2)	연간 평균치 0.02ppm 이하 24시간 평균치 0.05ppm 이하 1시간 평균치 0.15ppm 이하
일산화탄소 (CO)	8시간 평균치 9ppm 이하 1시간 평균치 25ppm 이하
이산화질소 (NO_2)	연간 평균치 0.03ppm 이하 24시간 평균치 0.06ppm 이하 1시간 평균치 0.10ppm 이하
미세먼지 (PM−10)	연간 평균치 50μg/m^3 이하 24시간 평균치 100μg/m^3 이하
초미세먼지 (PM−2.5)	연간 평균치 15μg/m^3 이하 24시간 평균치 35μg/m^3 이하
오존 (O_3)	8시간 평균치 0.06ppm 이하 1시간 평균치 0.1ppm 이하
납 (Pb)	연간 평균치 0.5μg/m^3 이하
벤젠	연간 평균치 5μg/m^3 이하

정답 ④

82
★★☆

대기환경보전법령상 기본부과금 산정기준 중 주거지역, 상업지역의 지역별 부과계수는?

① 0.5　② 1.0
③ 1.5　④ 2.0

해설

기본부과금의 지역별 부과계수「시행령 별표 7」

구분	지역별 부과계수
Ⅰ지역	1.5
Ⅱ지역	0.5
Ⅲ지역	1.0

- Ⅰ지역: 주거지역·상업지역, 취락지구, 택지개발지구
- Ⅱ지역: 공업지역, 개발진흥지구(관광·휴양개발진흥지구는 제외), 수산자원보호구역, 국가산업단지·일반산업단지·도시첨단산업단지, 전원개발사업구역 및 예정구역
- Ⅲ지역: 녹지지역·관리지역·농림지역 및 자연환경보전지역, 관광·휴양개발진흥지구

정답 ③

83
★★☆

대기환경보전법령상 초과부과금의 징수유예를 받거나 분할납부를 하려는 자는 유예한 날의 다음 날부터 얼마 이내에 납부해야 하는가?

① 1년, 4회　② 1년, 6회
③ 2년, 4회　④ 2년, 12회

해설

부과금의 징수유예·분할납부 및 징수절차「시행령 제36조」

징수유예는 다음 각 호의 구분에 따른 징수유예기간과 그 기간 중의 분할납부의 횟수에 따른다.

1. 기본부과금: 유예한 날의 다음 날부터 다음 부과기간의 개시일 전일까지, 4회 이내
2. 초과부과금: 유예한 날의 다음 날부터 2년 이내, 12회 이내

정답 ④

84 ★★☆

다음 중 자동차연료형 첨가제가 아닌 것은?

① 세척제 ② 유동성향상제
③ 성능 향상제 ④ 매연억제제

해설

자동차연료형 첨가제의 종류「시행규칙 별표 6」

세척제, 청정분산제, 매연억제제, 다목적첨가제, 옥탄가향상제, 세탄가향상제, 유동성향상제, 윤활성 향상제

정답 ③

85 ★☆☆

대기환경보전법령상 개선계획서를 제출하지 아니한 사업자의 오염물질 초과부과금의 위반횟수별 부과계수 비율 기준으로 옳은 것은?

① 처음 위반한 경우에는 100분의 100
② 처음 위반한 경우에는 100분의 105
③ 처음 위반한 경우에는 100분의 110
④ 처음 위반한 경우에는 100분의 120

해설

위반횟수별 부과계수「시행령 제26조」

위반횟수별 부과계수는 다음 각 호의 구분에 따른 비율을 곱한 것으로 한다.

1. 위반이 없는 경우: 100분의 100
2. 처음 위반한 경우: 100분의 105
3. 2차 이상 위반한 경우: 위반 직전의 부과계수에 100분의 105를 곱한 것

정답 ②

86 ★★☆

대기환경보전법상 대기오염경보가 발령된 지역의 대기오염을 긴급하게 줄일 필요가 있다고 인정하면 기간을 정하여 그 지역에서의 자동차 운행을 제한하는 등의 조치를 취할 수 있는 사람으로 옳은 것은?

① 시·도지사 ② 환경부장관
③ 환경공단 이사장 ④ 국토교통부장관

해설

대기오염에 대한 경보「법 제8조」

시·도지사는 대기오염경보가 발령된 지역의 대기오염을 긴급하게 줄일 필요가 있다고 인정하면 기간을 정하여 그 지역에서 자동차의 운행을 제한하거나 사업장의 조업 단축을 명하거나, 그 밖에 필요한 조치를 할 수 있다.

관련이론 | 대기오염경보의 대상 지역 등「시행령 제2조」

경보 단계별 조치에는 다음 각 호의 구분에 따른 사항이 포함되도록 하여야 한다. 다만, 지역의 대기오염 발생 특성 등을 고려하여 특별시·광역시·특별자치시·도·특별자치도의 조례로 경보 단계별 조치 사항을 일부 조정할 수 있다.

1. 주의보 발령: 주민의 실외활동 및 자동차 사용의 자제 요청 등
2. 경보 발령: 주민의 실외활동 제한 요청, 자동차 사용의 제한 및 사업장의 연료사용량 감축 권고 등
3. 중대경보 발령: 주민의 실외활동 금지 요청, 자동차의 통행금지 및 사업장의 조업시간 단축명령 등

정답 ①

87 ★☆☆

다음 중 자동차 배출가스저감장치로 사용하지 않는 것은?

① 삼원촉매장치
② 무촉매 장치
③ 선택적 환원촉매장치(SCR)
④ 입자상 물질 저감장치(DPF)

해설

무촉매 장치는 자동차 배출가스저감장치에 해당되지 않는다.

정답 ②

88 ★☆☆

다음 중 대기환경보전법 제42조에 따라 시행되는 대기오염 방지조치에도 사용할 수 있는 연료로 가장 옳은 것은?

① 숯
② 코크스
③ 환경부장관이 정하는 폐합성수지 등 가연성 폐기물 또는 이를 가공처리한 연료
④ 석탄류

해설

고체연료의 사용금지 등 「시행령 제42조」
환경부장관 또는 시·도지사는 연료의 사용으로 인한 대기오염을 방지하기 위하여 별표 11의2에 해당하는 지역에 대하여 다음 각 호의 고체연료의 사용을 제한할 수 있다. 다만, 제3호의 경우에는 해당 지역 중 그 사용을 특히 금지할 필요가 있는 경우에만 제한할 수 있다.
1. 석탄류
2. 코크스(다공질 고체 탄소 연료)
3. 땔나무와 숯
4. 그 밖에 환경부장관이 정하는 폐합성수지 등 가연성 폐기물 또는 이를 가공처리한 연료

정답 ①

89 ★★☆

대기오염경보 단계 및 단계별 조치사항으로 옳지 않은 것은?

① 주의보: 자동차 사용 지제 요청
② 경보: 주민의 실외활동 제한 요청
③ 경보: 자동차 사용의 제한 및 사업장의 조업시간 단축명령
④ 중대경보: 주민의 실외활동 금지 요청

해설

경보 발령 시 주민의 실외활동 제한 요청, 자동차 사용의 제한 및 사업장의 연료사용량 감축 권고 등의 조치가 이루어진다.

관련이론 | 대기오염경보의 대상 지역 등 「시행령 제2조」
1. 주의보 발령: 주민의 실외활동 및 자동차 사용의 자제 요청 등
2. 경보 발령: 주민의 실외활동 제한 요청, 자동차 사용의 제한 및 사업장의 연료사용량 감축 권고 등
3. 중대경보 발령: 주민의 실외활동 금지 요청, 자동차의 통행금지 및 사업장의 조업시간 단축명령 등

정답 ③

90 ★★★

다음 중 지정악취물질로 옳지 않은 것은?

① i－발레르산　② 황화수소
③ n－발레르산　④ 벤젠

해설

지정악취물질 「악취방지법 시행규칙 별표 1」
암모니아, 메틸메르캅탄, 황화수소, 다이메틸설파이드, 다이메틸다이설파이드, 트라이메틸아민, 아세트알데하이드, 스타이렌, 프로피온알데하이드, 뷰틸알데하이드, n－발레르알데하이드, i－발레르알데하이드, 톨루엔, 자일렌, 메틸에틸케톤, 메틸아이소뷰틸케톤, 뷰틸아세테이트, 프로피온산, n－뷰틸산, n－발레르산, i－발레르산, i－뷰틸알코올

정답 ④

91 ★★★

실내공기질 관리법규상 신축 공동주택의 실내공기질 권고기준으로 옳은 것은?

① 톨루엔 1,000$\mu g/m^3$ 이하
② 자일렌 300$\mu g/m^3$ 이하
③ 에틸벤젠 210$\mu g/m^3$ 이하
④ 벤젠 360$\mu g/m^3$ 이하

선지분석
② 지일렌 700$\mu g/m^3$ 이하
③ 에틸벤젠 360$\mu g/m^3$ 이하
④ 벤젠 30$\mu g/m^3$ 이하

관련이론 | 신축 공동주택의 실내공기질 권고기준 「실내공기질 관리법 시행규칙 별표 4의2」
1. 폼알데하이드 210$\mu g/m^3$ 이하
2. 벤젠 30$\mu g/m^3$ 이하
3. 톨루엔 1,000$\mu g/m^3$ 이하
4. 에틸벤젠 360$\mu g/m^3$ 이하
5. 자일렌 700$\mu g/m^3$ 이하
6. 스티렌 300$\mu g/m^3$ 이하
7. 라돈 148Bq/m^3 이하

정답 ①

2025년

92

★☆☆

대기환경보전법 제31조에 따라 굴뚝자동측정기기를 부착하여 모든 배출구에 대한 측정결과를 굴뚝 원격감시체계 관제센터로 자동전송하는 사업장의 경우 해당 자료의 자동전송으로 이를 갈음할 수 있다. 이에 해당하지 않는 사업장은?

① 1종 사업장　② 2종 사업장
③ 3종 사업장　④ 4종 사업장

해설

4종 사업장은 해당되지 않는다.

관련이론 | 배출시설 및 방지시설의 운영기록 보존「시행규칙 제36조」

① 1종·2종·3종 사업장을 설치·운영하는 사업자는 배출시설 및 방지시설의 운영기간 중 다음 각 호의 사항을 환경부장관이 정하여 고시하는 전산에 의한 방법으로 기록·보존해야 한다. 다만, 굴뚝자동측정기기를 부착하여 모든 배출구에 대한 측정결과를 굴뚝 원격감시체계 관제센터로 자동전송하는 사업장의 경우에는 해당 자료의 자동전송으로 이를 갈음할 수 있다.

1. 시설의 가동시간
2. 대기오염물질 배출량
3. 자가측정에 관한 사항
4. 시설관리 및 운영자
5. 그 밖에 시설운영에 관한 중요사항

② 4종·5종 사업장을 설치·운영하는 사업자는 배출시설 및 방지시설의 운영기간 중 다음 각 호의 사항을 배출시설 및 방지시설의 운영기록부에 매일 기록하고 최종 기재한 날부터 1년간 보존하여야 한다. 다만, 사업자가 원하는 경우에는 제1항 각 호 외의 부분 본문에 따라 환경부장관이 정하여 고시하는 전산에 의한 방법으로 기록·보존할 수 있다.

1. 시설의 가동시간
2. 대기오염물질 배출량
3. 자가측정에 관한 사항
4. 시설관리 및 운영자
5. 그 밖에 시설운영에 관한 중요사항

③ 제2항에 따른 운영기록부는 테이프·디스켓 등 전산에 의한 방법으로 기록·보존할 수 있다.

정답 ④

93

★★★

대기환경보전법령상 사업장의 분류 중 대기오염물질발생량의 합계가 연간 20톤 이상 80톤 미만인 사업장으로 옳은 것은?

① 1종 사업장　② 2종 사업장
③ 3종 사업장　④ 4종 사업장

해설

사업장 분류기준「시행령 별표 1의3」

항목	기준
1종 사업장	대기오염물질발생량의 합계가 연간 80톤 이상인 사업장
2종 사업장	대기오염물질발생량의 합계가 연간 20톤 이상 80톤 미만인 사업장
3종 사업장	대기오염물질발생량의 합계가 연간 10톤 이상 20톤 미만인 사업장
4종 사업장	대기오염물질발생량의 합계가 연간 2톤 이상 10톤 미만인 사업장
5종 사업장	대기오염물질발생량의 합계가 연간 2톤 미만인 사업장

정답 ②

94 ★★☆

대기환경보전법규상 고체연료 사용시설 설치기준(석탄사용시설)에 관한 내용 중 (　　)에 알맞은 것은?

> 배출시설의 굴뚝높이는 100m 이상으로 하되, 굴뚝상부 안지름, 배출가스 온도 및 속도 등을 고려한 유효굴뚝높이가 440m 이상인 경우 굴뚝높이를 (　　)으로 할 수 있다.

① 20m 이상 50m 미만
② 30m 이상 50m 미만
③ 40m 이상 70m 미만
④ 60m 이상 100m 미만

해설

석탄사용시설의 설치기준「시행규칙 별표 12」

가. 배출시설의 굴뚝높이는 100m 이상으로 하되, 굴뚝상부 안지름, 배출가스 온도 및 속도 등을 고려한 유효굴뚝높이(굴뚝의 실제 높이에 배출가스의 상승고도를 합산한 높이를 말한다. 이하 같다)가 440m 이상인 경우에는 굴뚝높이를 60m 이상 100m 미만으로 할 수 있다. 이 경우 유효굴뚝높이 및 굴뚝높이 산정방법 등에 관하여는 국립환경과학원장이 정하여 고시한다.
나. 석탄의 수송은 밀폐 이송시설 또는 밀폐통을 이용하여야 한다.
다. 석탄저장은 옥내저장시설(밀폐형 저장시설 포함) 또는 지하저장시설에 저장하여야 한다.
라. 석탄연소재는 밀폐통을 이용하여 운반하여야 한다.
마. 굴뚝에서 배출되는 아황산가스(SO_2), 질소산화물(NO_X), 먼지 등의 농도를 확인할 수 있는 기기를 설치하여야 한다.

정답 ④

95 ★★☆

다음 중 실내공기질 관리법령의 적용대상에 해당하지 않는 것은?

① 연면적 3천제곱미터인 도서관
② 병상 수가 100개인 의료기관
③ 철도역사의 연면적 1천5백제곱미터인 대합실
④ 공항시설 중 연면적 1천5백제곱미터인 여객터미널

해설

철도역사의 연면적 2천제곱미터 이상인 대합실이 실내공기질 관리법 적용대상에 해당한다.

관련이론 | 적용대상「실내공기질 관리법 시행령 제2조」

1. 모든 지하역사(출입통로 · 대합실 · 승강장 및 환승통로와 이에 딸린 시설을 포함한다)
2. 연면적 2천제곱미터 이상인 지하도상가(지상건물에 딸린 지하층의 시설을 포함한다). 이 경우 연속되어 있는 둘 이상의 지하도상가의 연면적 합계가 2천제곱미터 이상인 경우를 포함한다.
3. 철도역사의 연면적 2천제곱미터 이상인 대합실
4. 여객자동차터미널의 연면적 2천제곱미터 이상인 대합실
5. 항만시설 중 연면적 5천제곱미터 이상인 대합실
6. 공항시설 중 연면적 1천5백제곱미터 이상인 여객터미널
7. 연면적 3천제곱미터 이상인 도서관
8. 연면적 3천제곱미터 이상인 박물관 및 미술관
9. 연면적 2천제곱미터 이상이거나 병상 수 100개 이상인 의료기관
10. 연면적 500제곱미터 이상인 산후조리원
11. 연면적 1천제곱미터 이상인 노인요양시설
12. 연면적 430제곱미터 이상인 어린이집

12의2. 연면적 430제곱미터 이상인 실내 어린이놀이시설

13. 모든 대규모점포
14. 연면적 1천제곱미터 이상인 장례식장(지하에 위치한 시설로 한정한다)
15. 모든 영화상영관(실내 영화상영관으로 한정한다)
16. 연면적 1천제곱미터 이상인 학원
17. 연면적 2천제곱미터 이상인 전시시설(옥내시설로 한정한다)
18. 연면적 300제곱미터 이상인 인터넷컴퓨터게임시설제공업의 영업시설
19. 연면적 2천제곱미터 이상인 실내주차장(기계식 주차장은 제외한다)
20. 연면적 3천제곱미터 이상인 업무시설
21. 연면적 2천제곱미터 이상인 둘 이상의 용도(「건축법」 제2조제2항에 따라 구분된 용도를 말한다)에 사용되는 건축물
22. 객석 수 1천석 이상인 실내 공연장
23. 관람석 수 1천석 이상인 실내 체육시설
24. 연면적 1천제곱미터 이상인 목욕장업의 영업시설

정답 ③

96 ★★☆

대기환경보전법규상 대기오염방지시설에 해당하지 않는 것은?

① 산화 · 환원에 의한 시설
② 미생물을 이용한 처리시설
③ 응집에 의한 시설
④ 흡착에 의한 시설

해설

대기오염방지시설「시행규칙 별표 4」
중력집진시설, 관성력집진시설, 원심력집진시설, 세정집진시설, 여과집진시설, 전기집진시설, 음파집진시설, 흡수에 의한 시설, 흡착에 의한 시설, 직접연소에 의한 시설, 촉매반응을 이용하는 시설, 응축에 의한 시설, 산화 · 환원에 의한 시설, 미생물을 이용한 처리시설, 연소조절에 의한 시설

정답 ③

97 ★★☆

다음은 대기환경보전법령상 시 · 도지사가 배출시설의 설치를 제한할 수 있는 경우이다. (   ) 안에 알맞은 것은?

> 배출시설 설치 지점으로부터 반경 1킬로미터 안의 상주 인구가 (㉠)명 이상인 지역으로서 특정대기유해물질 중 한 가지 종류의 물질을 연간 (㉡)톤 이상 배출하거나 두 가지 이상의 물질을 연간 (㉢)톤 이상 배출하는 시설을 설치하는 경우

① ㉠ 1만, ㉡ 10, ㉢ 15
② ㉠ 1만, ㉡ 5, ㉢ 15
③ ㉠ 2만 , ㉡ 10, ㉢ 25
④ ㉠ 2만, ㉡ 5, ㉢ 25

해설

시 · 도지사가 배출시설의 설치를 제한할 수 있는 경우「시행령 제12조」
1. 배출시설 설치지점으로부터 반경 1킬로미터 안의 상주 인구가 2만 명 이상인 지역으로서 특정대기유해물질 중 한 가지 종류의 물질을 연간 10톤 이상 배출하거나 두 가지 이상의 물질을 연간 25톤 이상 배출하는 시설을 설치하는 경우
2. 대기오염물질(먼지 · 황산화물 및 질소산화물)의 발생량 합계가 연간 10톤 이상인 배출시설을 특별대책지역에 설치하는 경우

정답 ③

98 ★★★

대기환경보전법령상 초과부과금 부과 대상 오염물질이 아닌 것은?

① 먼지 ② 불소화물
③ 시안화수소 ④ 폼알데하이드

해설

초과부과금 산정기준「시행령 별표 4」

오염물질 \ 구분		오염물질 1킬로그램당 부과금액
황산화물		500
먼지		770
질소산화물		2,130
암모니아		1,400
황화수소		6,000
이황화탄소		1,600
특정대기 유해물질	불소화물	2,300
	염화수소	7,400
	시안화수소	7,300

정답 ④

99

★★☆

환경기술인 등의 교육에 관한 설명으로 옳지 않은 것은?

① 교육과정의 교육기간은 4일 이내로 한다.
② 한국환경보전원은 환경기술인의 교육기관이다.
③ 신규교육은 환경기술인으로 임명된 날부터 30일 이내에 교육을 이수하여야 한다.
④ 환경부장관은 교육계획을 매년 1월 31일까지 시·도지사 또는 대도시 시장에게 통보해야 한다.

해설

신규교육은 환경기술인으로 임명된 날부터 1년 이내에 1회 교육을 이수하여야 한다.

관련이론

환경기술인의 교육「시행규칙 제125조」

① 환경기술인은 다음 각 호의 구분에 따라 한국환경보전원, 환경부장관, 시·도지사, 또는 대도시 시장이 교육을 실시할 능력이 있다고 인정하여 위탁하는 기관에서 실시하는 교육을 받아야 한다. 다만, 교육 대상이 된 사람이 그 교육을 받아야 하는 기한의 마지막 날 이전 3년 이내에 동일한 교육을 받았을 경우에는 해당 교육을 받은 것으로 본다.
1. 신규교육: 환경기술인으로 임명된 날부터 1년 이내에 1회
2. 보수교육: 신규교육을 받은 날을 기준으로 3년마다 1회
② 제1항에 따른 교육기간은 4일 이내로 한다. 다만, 정보통신매체를 이용하여 원격교육을 하는 경우에는 환경부장관이 인정하는 기간으로 한다.

교육대상자의 선발 및 등록「시행규칙 제127조」

① 환경부장관은 제126조에 따른 교육계획을 매년 1월 31일까지 시·도지사 또는 대도시 시장에게 통보해야 한다.
② 시·도지사 또는 대도시 시장은 관할 구역의 교육대상자를 선발하여 그 명단을 교육과정을 시작하기 15일 전까지 교육기관의 장에게 통보해야 한다.

정답 ③

100

★★☆

대기환경보전법규상 대기오염경보 단계 중 "경보" 해제기준에서 ( )에 알맞은 것은?

> 경보가 발령된 지역의 기상조건 등을 고려하여 대기자동측정소의 오존농도가 ( )인 때는 주의보로 전환한다.

① 0.1ppm 이상 0.3ppm 미만
② 0.1ppm 이상 0.5ppm 미만
③ 0.12ppm 이상 0.3ppm 미만
④ 0.12ppm 이상 0.5ppm 미만

해설

오존(O_3)의 대기오염경보 단계별 대기오염물질의 농도기준「시행규칙 별표 7」

단계	발령기준	해제기준
주의보	기상조건 등을 고려하여 해당지역의 대기자동측정소 오존농도가 0.12ppm 이상인 때	주의보가 발령된 지역의 기상조건 등을 검토하여 대기자동측정소의 오존농도가 0.12ppm 미만인 때
경보	기상조건 등을 고려하여 해당지역의 대기자동측정소 오존농도가 0.3ppm 이상인 때	경보가 발령된 지역의 기상조건 등을 고려하여 대기자동측정소의 오존농도가 0.12ppm 이상 0.3ppm 미만인 때는 주의보로 전환
중대경보	기상조건 등을 고려하여 해당지역의 대기자동측정소 오존농도가 0.5ppm 이상인 때	중대경보가 발령된 지역의 기상조건 등을 고려하여 대기자동측정소의 오존농도가 0.3ppm 이상 0.5ppm 미만인 때는 경보로 전환

정답 ③

2025년

2024년 | 3회 CBT 복원문제

자동채점

* 2024년부터 대기환경기사 필기 4회차는 3회차와 통합되어 시행되었습니다.

대기오염개론

01 ★★☆

광화학 반응 시 하루 중 NO_x 변화에 대한 설명으로 가장 적합한 것은?

① NO_2는 오존의 농도 값이 적을 때 비례적으로 가장 적은 값을 나타낸다.

② NO_2는 오전 7~9시경을 전후로 하여 일중 고농도를 나타낸다.

③ 오전 중의 NO의 감소는 오존의 감소와 시간적으로 일치한다.

④ 교통량이 많은 이른 아침시간대에 오존농도가 가장 높고, NO_x는 오후 2~3시경이 가장 높다.

선지분석

① NO_2는 오존의 농도 값이 적을 때 비례적으로 가장 큰 값을 나타낸다.

③ 오전 중의 NO의 감소는 오존의 증가와 시간적으로 일치한다.

④ 교통량이 많은 이른 아침시간대에 NO_x가 가장 높고, O_3는 오후 2~3시경이 가장 높다.

관련이론 | 오염물질의 하루 중 농도 변화

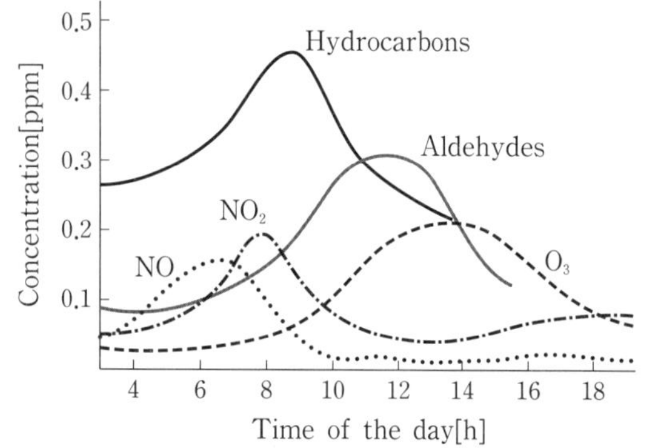

정답 ②

02 ★★★

지구온난화가 환경에 미치는 영향 중 옳은 것은?

① 온난화에 의한 해면상승은 전지구적으로 일정하게 발생한다.

② 대류권 오존의 생성반응을 촉진시켜 오존의 농도가 감소한다.

③ 기상조건의 변화는 대기오염의 발생횟수와 오염농도에 영향을 준다.

④ 기온상승과 토양의 건조화는 생물성장의 남방한계에는 영향을 주지만 북방한계에는 영향을 주지 않는다.

선지분석

① 온난화에 의한 해면상승은 전지구적으로 일정하지 않게 발생한다.

② 대류권 오존의 생성반응을 촉진시켜 오존의 농도가 증가한다.

④ 기온상승과 토양의 건조화는 생물성장의 남방한계와 북방한계에 영향을 준다.

정답 ③

03 ★☆☆

다음 식물 중 에틸렌 가스에 대한 저항성이 가장 큰 것은?

① 토마토 ② 스위트피

③ 양배추 ④ 완두

해설

에틸렌에 강한 식물로는 양배추, 상추 등이 있으며 지표식물로는 토마토, 스위트피 등이 있다.

정답 ③

04

★★☆

상자모델을 전개하기 위하여 설정된 가정으로 가장 거리가 먼 것은?

① 오염물은 지면의 한 지점에서 일정하게 배출된다.
② 고려된 공간에서 오염물의 농도는 균일하다.
③ 오염물의 분해는 일차반응에 의한다.
④ 고려되는 공간의 수직단면에 직각방향으로 부는 바람의 속도가 일정하여 환기량이 일정하다.

해설

상자모델에서 오염물질의 배출원은 지면 전체에 균일하게 분포되어 있다고 가정한다.

관련이론 | 상자모델

(1) 개요

- 배출원으로부터 배출되는 오염물질의 확산이 상자 안에서 이루어져 균일하게 혼합되어 확산된 오염물질의 물질수지를 산정하는 모델이다.
- 고려되는 공간의 수직단면에 직각방향으로 부는 바람의 속도가 일정하여 환기량이 일정하다.
- 상자 안에서는 밑면에서 방출되는 오염물질이 상자 높이인 혼합층까지 즉시 균등하게 혼합된다.

(2) 가정조건

- 상자 공간에서 오염물의 농도는 균일하다.
- 오염물의 분해는 일차반응에 의한다.
- 오염물질의 배출원은 이 상자가 차지하고 있는 지면 전역에 균등하게 분포되어 있다.
- 오염원은 방출과 동시에 균등하게 혼합된다.

정답 ①

05

★☆☆

일산화탄소 436ppm에 노출되어 있는 노동자의 혈중 카르복시헤모글로빈(COHb) 농도가 10%가 되는 데 걸리는 시간(h)은?

> 혈중 COHb 농도(%)$=\beta(1-e^{-\sigma t})\times C_{CO}$
> 여기서, $\beta=0.15\%/\text{ppm}$, $\sigma=0.402\text{h}^{-1}$, C_{CO}의 단위는 ppm

① 0.21　② 0.41
③ 0.61　④ 0.81

해설

문제에 주어진 식에 수치를 대입해서 푼다.

혈중 COHb 농도(%)$=\beta(1-e^{-\sigma t})\times C_{CO}$

$10\%=0.15\times(1-e^{-0.402\times t})\times 436$

$t=0.4127\text{hr}$

※ t값은 공학용계산기의 SOLVE 기능을 이용하여 푸는 것이 편리합니다.

정답 ②

06

★★☆

리차드슨 수(R_i)에 관한 내용으로 옳지 않은 것은?

① 무차원 수로서 대류난류를 기계난류로 전환시키는 율을 측정한 것이다.
② 리차드슨 수가 음의 값으로 클수록 분산이 커져 대류혼합이 지배적이다.
③ 리차드슨 수가 0이면 기계적 난류만 존재한다.
④ 리차드슨 수가 −0.04보다 작으면 수직방향의 혼합은 없다.

해설

리차드슨 수가 0.25보다 크면 수직방향의 혼합은 없다. 리차드슨 수가 −0.04보다 작으면 대류에 의한 혼합이 기계적 혼합을 지배한다.

정답 ④

07 ★☆☆

바람을 일으키는 힘 중 전향력에 관한 설명으로 가장 거리가 먼 것은?

① 전향력은 운동의 속력과 방향에 영향을 미친다.
② 북반구에서는 항상 움직이는 물체의 운동방향의 오른쪽 직각방향으로 작용한다.
③ 전향력은 극지방에서 최대가 되고 적도지방에서 최소가 된다.
④ 전향력의 크기는 위도, 지구자전 각속도, 풍속의 함수로 나타낸다.

해설

전향력은 운동의 방향에 영향을 미치나 운동의 속력에는 영향을 주지 않는다.

관련이론 | 전향력(코리올리의 힘)

- 지구 자전에 의해 운동하는 물체에 작용하는 힘으로 가상적인 겉보기 힘이다.
- 풍속과는 무관하며 바람의 방향에만 영향이 있으며 경도력과는 반대방향으로 힘이 작용하고 북반구에서는 바람방향의 우측 직각방향으로 작용한다.
- 극지방($\theta=90^\circ$)에서는 전향력이 최대가 되고 적도지방($\theta=0^\circ$)에서는 전향력은 0이다.
- 전향력$=U\times 2\Omega\sin\theta$
  U: 풍속, Ω: 지구자전 각속도, θ: 위도

정답 ①

08 ★☆☆

따뜻한 공기가 찬 지표면이나 수면 위를 불어갈 때 따뜻한 공기의 하층이 찬 지표면 수면에 의해 냉각되어 발생하는 역전의 형태는?

① 침강역전 ② 접지역전
③ 전선역전 ④ 해풍역전

선지분석

① 침강역전: 고기압 중심부분에서 기층이 서서히 침강하면서 기온이 단열변화로 승온되어 발생하는 현상이다.
③ 전선역전: 따뜻한 공기와 차가운 공기가 부딪쳐 따뜻한 공기는 찬 공기 위를 타고 상승하면서 전선을 이루는 현상이다.
④ 해풍역전: 낮에 해상에서 부는 차가운 해풍과 지표 위 약 1km에서 따뜻한 육풍이 불면서 발생하는 현상이다.

정답 ②

09 ★★☆

연기의 형태에 관한 설명 중 옳지 않은 것은?

① 지붕형: 하층에 비하여 상층이 안정한 대기상태를 유지할 때 발생한다.
② 환상형: 과단열감률 조건일 때, 즉 대기가 불안정할 때 발생한다.
③ 원추형: 오염의 단면분포가 전형적인 가우시안 분포를 이루며, 대기가 중립 조건일 때 잘 발생한다.
④ 부채형: 연기가 배출되는 상당한 고도까지도 강안정한 대기가 유지될 경우, 즉 기온역전 현상을 보이는 경우 연직운동이 억제되어 발생한다.

해설

지붕형: 상층에 비하여 하층이 안정한 대기상태를 유지할 때 발생한다. (상층 불안정, 하층 안정)

정답 ①

10

★☆☆

인체 내에 축적되어 영향을 주는 오염물질 중 하나로 혈액 속의 헤모글로빈과 결합하여 카르복시헤모글로빈을 형성하는 것은?

① NO ② O_3
③ CO ④ SO_3

해설

일산화탄소(CO)에 대한 설명이다.

관련이론 | 일산화탄소(CO)

- 무색, 무미, 무취의 기체로 공기보다 가벼우며 연료의 불완전 연소 시 발생한다.
- 지구위도별 분포로 보면 북위 중위도(30~50도 부근)에서 최대치를 보이고, 적도 부근에서 최소치를 나타낸다.
- 물에 난용성이므로 수용성 가스와는 달리 비에 의한 영향을 거의 받지 않는다.
- 헤모글로빈과의 결합력이 강하며(산소의 210배) 헤모글로빈과 결합하여 카르복시헤모글로빈(CO-Hb)을 형성하고 적혈구의 산소운반 능력을 저하시킨다.
- 일산화탄소는 식물에는 별로 심각한 영향을 주지 않으나 500ppm 정도에서 토마토 잎에 피해를 나타낸다.

정답 ③

11

★★☆

LA스모그에 관한 내용으로 가장 적합하지 않은 것은?

① 시간: 아침
② 오염물질: 질소산화물, 오존, HC, PAN 등
③ 반응형태: 광화학적 산화반응
④ 습도: 약 70% 이하

해설

LA스모그는 한낮에 발생한다.

관련이론 | 런던스모그와 LA스모그

항목	런던스모그	LA스모그
기온	4℃ 이하	24~32℃
기간	겨울(12~1월)	여름(7~9월)
습도	85% 이상	70% 이하
시간	이른 아침	한낮
역전형태	접지역전 (방사성 역전)	공중역전 (침강성 역전)
대기의 안정도	기온역전, 무풍상태(매우 안정된 대기)	
오염물질	황산화물, H_2SO_4, 미스트 등	질소산화물, 오존, HC, PAN 등 광화학적 부산물
오염원	공장, 가정난방, 화력 발전소 등 화석연료 사용	자동차
반응형태	열적 환원반응	광화학적 산화반응
가시거리	100m 이하	1km 이하
색	짙은 회색	연한 갈색

정답 ①

12

★★☆

지상 20m에서의 풍속이 10m/s라고 한다면 지상 40m에서의 풍속(m/s)은? (단, Deacon식 적용, *P*=0.25이다.)

① 약 4　② 약 8
③ 약 12　④ 약 15

해설

Deacon식을 이용한다.

$$\frac{U_2}{U_1}=\left(\frac{Z_2}{Z_1}\right)^P$$

U_2: 임의고도 풍속(m/s), Z_2: 임의높이(m)

U_1: 기준높이 풍속(m/s), Z_1: 기준높이(m)

$$\frac{U_2}{10\text{m/s}}=\left(\frac{40\text{m}}{20\text{m}}\right)^{0.25}$$

$U_2=11.8921\text{m/s}$

정답 ③

13

★☆☆

PAN에 관한 설명으로 옳지 않은 것은?

① 황산화물의 일종으로 가시광선을 흡수해 가시거리를 단축시킨다.
② 화학식은 $CH_3COOONO_2$이다.
③ 대기 중의 광화학반응으로 생성된다.
④ PAN의 지표식물에는 강낭콩, 상추, 시금치 등이 있다.

해설

PAN은 질소산화물 및 휘발성유기화합물의 광화학반응에 의해 생선된 광화학산화물로 빛을 분산시켜 가시거리를 단축시킨다.

관련이론 I PAN($CH_3COOONO_2$)

- 화학반응을 통해 생성되며 강산화제로 작용하고, 눈에 통증을 일으키고 빛을 분산시키므로 가시거리를 단축시킨다.
- PAN은 알데히드의 생성과 동시에 생기기 시작하며, 일반적으로 오존농도와 관계가 있다.
- 지표식물: 시금치, 강낭콩, 상추 등
- 강한식물: 딸기, 사과, 옥수수, 무, 양배추 등

정답 ①

14

★★☆

자동차 배출가스 정화장치인 삼원촉매장치에 관한 내용으로 옳지 않은 것은?

① HC는 CO_2와 H_2O로 산화되며, NO_x는 N_2로 환원된다.
② 두 개의 촉매층이 직렬로 연결되어 CO, HC, NO_x를 동시에 처리할 수 있다.
③ 우수한 효율을 얻기 위해서는 엔진에 공급되는 공기연료비가 이론공연비이어야 한다.
④ 일반적으로 로듐촉매는 CO와 HC를 저감시키는 반응을 촉진시키고 백금촉매는 NO_x를 저감시키는 반응을 촉진시킨다.

해설

일반적으로 백금촉매는 CO와 HC를 저감시키는 반응을 촉진시키고 로듐촉매는 NO_x를 저감시키는 반응을 촉진시킨다.

관련이론 I 삼원촉매장치

- 로듐(Rh): 환원촉매, N_2로 환원
- 백금(Pt), 팔라듐(Pd): 산화촉매, CO_2와 H_2O로 산화

정답 ④

15

★★☆

분진농도가 120μg/m^{3}이고, 상대습도가 70%인 상태의 대도시에서 가시거리는? (단, 상수 *A*=1.2이다.)

① 5km　② 10km
③ 15km　④ 20km

해설

상대습도 70%에서의 가시거리 공식을 이용한다.

$$L_v(\text{km})=\frac{A\times 10^3}{G}$$ [G: 분진농도(μg/m^3), A: 상수]

$$L_v=\frac{1.2\times 10^3}{120}=10\text{km}$$

정답 ②

16 ★★☆

Down Wash 현상에 관한 설명은?

① 원심력집진장치에서 처리가스량의 5~10% 정도를 흡인하여 줌으로써 유효원심력을 증대시키는 방법이다.
② 굴뚝의 높이가 건물보다 높은 경우 건물 뒤편에 공동현상이 생기고 이 공동에 대기오염물질의 농도가 낮아지는 현상을 말한다.
③ 굴뚝 아래로 오염물질이 휘날리어 굴뚝 밑 부분에 오염물질의 농도가 높아지는 현상을 말한다.
④ 해가 뜬 후 지표면이 가열되어 대기가 지면으로부터 열을 받아 지표면 부근부터 역전층이 해소되는 현상을 말한다.

선지분석

① Blow down 현상이다.
② Down draft 현상을 잘못 설명한 것이다.
Down draft 현상은 굴뚝에서 배출된 연기가 굴뚝 근처 건물 등의 장애물이 만드는 소용돌이에 휩싸여 급격히 하강하는 것이다. Down draft 현상은 일반적으로 굴뚝의 높이가 건물보다 낮은 경우에 발생한다.
④ 복사역전의 해소에 관한 설명이다.

정답 ③

17 ★★☆

200℃, 1atm에서 이산화황의 농도가 $2.0g/m^3$이다. 표준상태에서는 약 몇 ppm인가?

① 986　② 1,213
③ 1,759　④ 2,314

해설

단위환산을 해서 계산한다.
이산화황(SO_2)의 분자량=64

$$SO_2(ppm)=\frac{2.0g\times\frac{22.4L}{64g}\times\frac{1,000mL}{L}}{m^3\times\frac{273K}{(273+200)K}}=1,212.8205ppm$$

정답 ②

18 ★★☆

A도시의 먼지 농도를 측정하기 위하여 공기를 여과지에 0.4m/s의 속도로 3시간 동안 여과시킨 결과 깨끗한 여과지에 비해 사용된 여과지의 빛 전달률이 80%이었다. 이 때 1,000m당의 Coh는 약 얼마인가?

① 1.25　② 1.50
③ 2.25　④ 4.32

해설

헤이즈 계수식을 이용한다.

$$Coh=\frac{\frac{\log(1/t)}{0.01}}{L}\times 1,000$$

t: 빛 전달률, L: 여과지 이동거리(m)

$$Coh=\frac{\frac{\log(1/0.8)}{0.01}}{\frac{0.4m}{s}\times 3hr\times\frac{3,600s}{hr}}\times 1,000=2.2432$$

※ 1,000m당의 Coh를 묻고 있으므로 1,000을 곱한 것이다.

정답 ③

19 ★★☆

인체에 다음과 같은 피해를 유발하는 오염물질은?

> 헤모글로빈의 기본요소인 포르피린 고리의 형성을 방해함으로서 인체 내 헤모글로빈의 형성을 억제하여 빈혈이 발생할 수 있다.

① 다이옥신　② 납
③ 망간　④ 바나듐

해설

납에 대한 설명이다.

정답 ②

2024년

20 ★☆☆

질소산화물에 관한 설명으로 거리가 먼 것은?

① 아산화질소(N_2O)는 성층권의 오존을 분해하는 물질로 알려져 있다.
② 아산화질소(N_2O)는 대류권에서 태양에너지에 대하여 매우 안정하다.
③ 전 세계의 질소화합물 배출량 중 인위적인 배출량은 자연적 배출량의 약 70% 정도 차지하고 있으며, 그 비율은 점차 증가하는 추세이다.
④ 연료 NO_x는 연료 중 질소화합물 연소에 의해 발생되고, 연료 중 질소화합물은 일반적으로 석탄에 많고 중유, 경유 순으로 적어진다.

해설

전 세계의 질소화합물 배출량 중 인위적인 배출량은 자연적 배출량의 약 10% 정도 차지하고 있으며, 그 비율은 점차 증가하는 추세이다.

정답 ③

연소공학

21 ★★★

기체연료의 연소방식 중 예혼합연소에 관한 설명으로 가장 거리가 먼 것은?

① 연소기 내부에서 연료와 공기의 혼합비가 변하지 않고 균일하게 연소된다.
② 화염길이가 길고, 그을음이 발생하기 쉽다.
③ 역화의 위험이 있어 역화방지기를 부착해야 한다.
④ 화염온도가 높아 연소부하가 큰 곳에 사용이 가능하다.

해설

예혼합연소는 화염길이가 짧고 그을음 발생이 적다.

관련이론 | 예혼합연소

- 연소용 공기와 연료를 미리 혼합하여 버너로 분출시켜 연소하는 방식이다.
- 예혼합연소에 사용되는 버너에는 저압버너, 고압버너, 송풍버너 등이 있다.
- 예혼합연소는 화염온도가 높고 국부가열의 염려가 없어 균일하게 연소가 돼서 연소부하가 큰 경우 사용이 가능하며, 화염의 길이가 짧고 그을음 발생이 적다.
- 연료의 유량조절비가 크며 분출속도가 느릴 경우 역화의 위험이 있다.

정답 ②

22 ★★★

기체연료의 연소 특성으로 틀린 것은?

① 적은 과잉공기를 사용하여도 완전연소가 가능하다.
② 저장 및 수송이 불편하며 시설비가 많이 소요된다.
③ 연소효율이 높고 매연이 발생하지 않는다.
④ 부하의 변동범위가 넓어 연소조절이 어렵다.

해설

기체연료는 부하의 변동범위가 넓어 연소조절이 용이하다.

정답 ④

23

★★☆

프로판(C_3H_8)과 에탄(C_2H_6)의 혼합가스 1Sm³를 완전연소 시킨 결과 배기가스 중 이산화탄소(CO_2)의 생성량이 2.8Sm³이었다. 이 혼합가스의 mol비(C_3H_8/C_2H_6)는 얼마인가?

① 0.25　　② 0.5
③ 2.0　　④ 4.0

해설

에탄: xSm³, 프로판: $(1-x)$Sm³

(1) 에탄(C_2H_6) 연소 시 발생하는 이산화탄소의 양 구하기

에탄(C_2H_6) 1mol이 연소하면 이산화탄소(CO_2) 2mol이 생성된다.

$C_2H_6 + 3.5O_2 \rightarrow 2CO_2 + 3H_2O$

CO_2의 생성량$=2x$Sm³

(2) 프로판(C_3H_8) 연소 시 발생하는 이산화탄소의 양 구하기

프로판(C_3H_8) 1mol이 연소하면 이산화탄소(CO_2) 3mol이 생성된다.

$C_3H_8 + 5O_2 \rightarrow 3CO_2 + 4H_2O$

$CO_2 = 3(1-x)$Sm³

(3) 에탄(C_2H_6)과 프로판(C_3H_8)의 부피(m³)비 구하기

$2x + 3(1-x) = 2.8$Sm³

$x = 0.2$Sm³

프로판(C_3H_8)/에탄(C_2H_6)$=\frac{1-0.2}{0.2}=4$

※ 표준상태에서 모든 기체 1mol의 부피는 22.4m³이므로 부피비와 mol비는 같다.

정답 ④

24

★☆☆

연료의 연소과정에서 공기비가 너무 낮은 경우 발생하는 현상은?

① CO, 매연의 발생량이 증가한다.
② 연소실 내의 온도가 감소한다.
③ SO_x, NO_x 발생량이 증가한다.
④ 배출가스에 의한 열손실이 증가한다.

선지분석

② 연소과정에서 공기비가 너무 높으면 연소실 내의 온도가 감소한다.
③ 연소과정에서 공기비가 클수록 SO_x, NO_x 발생량이 증가한다.
④ 연소과정에서 공기비가 너무 높으면 배출가스에 의한 열손실이 증가한다.

정답 ①

2024년

25

★☆☆

다음 중 건타입(Gun type) 버너에 관한 설명으로 틀린 것은?

① 형식은 유압식과 공기분무식을 합한 것이다.
② 유압은 보통 7kg/cm² 이상이다.
③ 연소가 양호하고, 전자동 연소가 가능하다.
④ 유량조절 범위가 넓어 대용량에 적합하다.

해설

건타입(Gun type) 버너는 유량조절 범위가 넓지 않고 부하변동에 대응이 어려우며 소형보일러 같은 적은 용량에 적합하다.

관련이론 | 건타입(Gun type) 버너

- 연료에 높은 압력을 주어 노즐을 통과시켜 미세한 액적을 만들어 연소시키는 방식이다.
- 유압은 보통 7kg/cm² 이상이다.
- 연소가 양호하고 전자동 연소가 가능하다.
- 형식은 유압식과 공기분무식을 합한 것이다.
- 유량조절 범위가 넓지 않고 부하변동에 대응이 어려우며 소형보일러 같은 적은 용량에 적합하다.

정답 ④

26

★★☆

석탄의 탄화도가 증가할수록 나타나는 성질로 옳지 않은 것은?

① 착화온도가 높아진다.
② 연소속도가 느려진다.
③ 수분이 감소하고 발열량이 증가한다.
④ 연료비(고정탄소(%)/휘발분(%))가 감소한다.

해설

석탄의 탄화도가 증가할수록 연료비(고정탄소%/휘발분%)는 증가한다.

관련이론

연료비

- 탄화도의 정도를 나타내는 지수로서 고정탄소가 높을수록 연료비도 높아지며 연소 시 발열량도 높아진다.
- 연료비=고정탄소/휘발분
- 고정탄소(w%)=100−(휘발분+수분+회분)

탄화도

- 석탄에서 수분과 회분을 제외한 나머지 성분 중에 탄소가 차지하는 중량백분율이다.
- 탄화도는 깊은 땅속에 오래 묻혀 있을수록 커지며 깊은 곳일수록 높은 압력을 받아 휘발분이 감소하게 된다.
- 탄화도가 증가할 경우
  - 증가하는 것: 연료비, 고정탄소, 착화온도, 발열량
  - 감소하는 것: 수분, 휘발분, 비열, 매연발생률, 연소속도

정답 ④

27

★★☆

프로판(C_3H_8) 1Sm^3을 완전연소시켰을 때 건조연소가스 중의 CO_2 농도는 11%이었다. 공기비는 약 얼마인가?

① 1.05　　② 1.15
③ 1.23　　④ 1.39

해설

프로판(C_3H_8) 1mol이 연소할 때 산소(O_2)는 5mol이 필요하고, 이산화탄소(CO_2) 3mol이 생성된다.

$C_3H_8+5O_2 \rightarrow 3CO_2+4H_2O$

이론산소량$=5Sm^3$

이산화탄소량$=3Sm^3$

이론공기량$=\dfrac{\text{이론산소량}}{0.21}=\dfrac{5}{0.21}=23.8095Sm^3$

이론공기 중 질소량=이론공기량$\times 0.79$

$=23.8095\times 0.79=18.8095Sm^3$

과잉공기량: xSm^3, 건조연소생성물(CO_2)$=3Sm^3$

건조연소가스량=이론공기 중 질소량+과잉공기량+건조연소생성물

$=(18.8095+x+3)Sm^3$

CO_2 농도$=\dfrac{3}{(18.8095+x+3)}\times 100=11\%$

$x=5.4632Sm^3$

공기비$=\dfrac{\text{실제 공기량}}{\text{이론 공기량}}=\dfrac{23.8095+5.4632}{23.8095}=1.2294$

정답 ③

28

★☆☆

3,000K 정도의 고온조건으로 연소할 때 일산화탄소가 상당량 발생되는 원인으로 옳은 것은?

① 혼합상태가 불량해지기 때문이다.
② 산소 부족현상이 나타나기 때문이다.
③ 이산화탄소가 열분해되기 때문이다.
④ 연소시간이 불충분해지기 때문이다.

해설

고온조건에서 연소하면 이산화탄소가 열분해되어 일산화탄소가 상당량 발생한다.

정답 ③

29 ★☆☆

유류버너의 종류에 관한 설명 중 틀린 것은?

① 유압식 버너에서 원료유의 분무각도는 압력, 점도 등으로 약간 달라지지만 40~90° 정도이다.
② 고압공기식 버너는 고점도 사용에도 가능하며, 분무각도가 20~30° 정도이며, 장염이나 연소 시 소음이 발생된다.
③ 저압공기식 버너는 구조가 간단하고, 유량조절범위는 1 : 10 정도이며, 무화상태가 좋아서 대형 가열로에 주로 사용한다.
④ 회전식 버너의 유량조절범위는 1 : 5 정도이고, 유압식 버너에 비해 연료유의 분무화 입경은 비교적 크다.

해설

고압공기식 버너는 구조가 간단하고, 유량조절범위는 1 : 10 정도이며, 무화상태가 좋아서 대형 가열로에 주로 사용한다.

관련이론

저압공기식 버너

- 공기압의 범위는 0.05~0.2kg/cm^{2}이다.
- 유량조절비는 1 : 5 정도이고 연소량은 2~200L/hr, 분무각도는 30~60°로 분무각도는 비교적 좁고 짧은 화염을 가진다.
- 저압공기식 버너는 주로 소형 가열로 등에 이용되고 무화에 사용하는 공기량은 이론공기량의 30~50% 정도이다.

고압공기식 버너(고압기류식 버너)

- 공기압의 범위는 2~8(또는 10)kg/cm^{2}이다.
- 분무각도는 20~30° 정도로 좁고 유량조절범위는 1 : 10 정도로 크다.
- 연료분사범위는 외부혼합식이 3~500L/hr, 내부혼합식이 10~1,200L/hr 정도이다.
- 고점도 연료에도 사용이 가능하며, 장염이나 연소 시 소음이 발생된다.
- 구조가 간단하고, 무화상태가 좋아서 대형 가열로에 주로 사용한다.
- 무화에 사용하는 공기량은 이론공기량의 7~12% 정도이다.

정답 ③

30 ★☆☆

연소반응속도에 대한 설명으로 틀린 것은?

① 반응속도식은 온도와 가연성 물질의 농도에 의존한다.
② 연료와 공기가 혼합된 상태에서는 균질반응을 하며, 균질반응속도는 Arrhenius식으로 나타낸다.
③ 공급 공기량이 적은 상태에서 가연성 기체의 화염은 탄소입자가 발생해 황색을 나타낸다.
④ 연료의 혼합기체 연소 시 불꽃색이 청색으로 보이는 부분은 연소속도가 아주 느린 상태이다.

해설

연료의 혼합기체 연소 시 불꽃색이 청색으로 보이는 부분은 연소속도가 아주 빠른 상태이다.

정답 ④

31 ★★★

A 석탄을 사용하여 가열로의 배출가스를 분석한 결과 CO_2 14.5%, O_2 6%, N_2 79%, CO 0.5%이었다. 이 경우의 공기비는?

① 1.18 ② 1.38
③ 1.58 ④ 1.78

해설

불완전연소 시 과잉공기비(m) 공식을 이용한다.

$$m=\frac{N_2}{N_2-3.76(O_2-0.5CO)}$$

N_2, O_2, CO: 질소, 산소, 일산화탄소의 함량(%)

$$m=\frac{79}{79-3.76\times[6-(0.5\times0.5)]}=1.3767$$

정답 ②

2024년

32

★★★

중유를 시간당 1,000kg씩 연소시키는 배출시설이 있다. 연돌의 단면적이 3m²일 때 배출가스의 유속(m/s)은? (단, 이 중유의 표준상태에서의 원소 조성 및 배출가스의 분석치는 아래 표와 같고, 배출가스의 온도는 270℃이다.)

> [중유의 조성]
> 탄소: 86%, 수소: 13.0%, 황분: 1.0%
> [배출가스의 분석결과]
> $(CO_2)+(SO_2)$: 13.0%, O_2: 2.0%, CO: 0.1%

① 약 2.4m/s　　② 약 3.2m/s
③ 약 3.6m/s　　④ 약 4.4m/s

해설

(1) 실제배출가스의 유량 산정

불완전연소 시 과잉공기비$(m)=\dfrac{N_2}{N_2-3.76(O_2-0.5CO)}$

$=\dfrac{84.9}{84.9-3.76(2.0-0.5\times0.1)}$

$=1.0945$

$N_2=100-(13.0+2.0+0.1)=84.9\%$

이론산소량$=1.867C+5.6H+0.7S-0.7O$

$=(1.867\times0.86)+(5.6\times0.13)+(0.7\times0.01)$

$=2.3406Sm^3/kg$

이론공기량=이론산소량$/0.21=2.3406/0.21=11.1457Sm^3/kg$

이론공기 중 질소량=이론공기량$\times0.79$

$=11.1457\times0.79=8.8051Sm^3/kg$

실제공기량=이론공기량×과잉공기비

$=11.1457\times1.0945=12.1989Sm^3/kg$

과잉공기량=실제공기량−이론공기량

$=12.1989-11.1457=1.0532Sm^3/kg$

CO_2 배출량

$C+O_2\rightarrow CO_2$

$12kg : 22.4Sm^3=0.86kg/kg : xSm^3$

$x=1.6053Sm^3/kg$

H_2O 배출량

$2H_2+O_2\rightarrow 2H_2O$

$2\times2kg : 2\times22.4Sm^3=0.13kg/kg : xSm^3$

$x=1.456Sm^3/kg$

SO_2 배출량

$S+O_2\rightarrow SO_2$

$32kg : 22.4Sm^3=0.01kg/kg : xSm^3$

$x=0.007Sm^3/kg$

실제습연소가스량

=이론공기 중 질소량+과잉공기량

+습연소생성물$(CO_2+H_2O+SO_2)$

$=8.8051+1.0532+1.6053+1.456+0.007$

$=12.9266Sm^3/kg$

(2) 유량을 단면적으로 나누어 유속 산정

$Q=AV\rightarrow V=\dfrac{Q}{A}$ 식을 이용한다.

$$V=\dfrac{\dfrac{12.9266Sm^3}{kg}\times\dfrac{1{,}000kg}{hr}\times\dfrac{hr}{3{,}600s}\times\dfrac{(273+270)K}{273K}}{3m^2}$$

$=2.3806m/s$

정답 ①

33

★★☆

그을음 발생에 관한 설명으로 옳지 않은 것은?

① 분해나 산화하기 쉬운 탄화수소는 그을음 발생이 적다.
② C/H비가 큰 연료일수록 그을음이 잘 발생된다.
③ 탈수소보다 −C−C−의 탄소결합을 절단하는 것이 용이한 연료일수록 잘 발생된다.
④ 발생빈도의 순서는 '천연가스<LPG<제조가스<석탄가스<코크스'이다.

해설

−C−C−의 탄소결합을 절단하는 것보다 탈수소가 용이한 연료일수록 그을음이 잘 발생된다.

정답 ③

34 ★★★

수소 12%, 수분 0.7%인 중유의 고위발열량이 5,000kcal/kg일 때 저위발열량(kcal/kg)은?

① 4,348　② 4,412
③ 4,476　④ 4,514

해설

저위발열량=고위발열량−600(9H+W)
H, W : 수소와 수분의 함량
저위발열량=5,000kcal/kg−600(9×0.12+0.007)
=4,347.8kcal/kg

정답 ①

35 ★☆☆

S 성분을 2*wt*% 함유한 중유를 1시간에 10ton씩 연소시켜 발생하는 배출가스 중의 SO_2를 $CaCO_3$를 사용하여 탈황할 때, 이론적으로 소요되는 $CaCO_3$의 양(kg/h)은? (단, 중유 중의 S 성분은 전량 SO_2로 산화되고, 탈황률은 95%이다.)

① 594　② 625
③ 694　④ 725

해설

(1) SO_2 발생량 계산
황(S, 원자량 32) 1mol이 연소하면 이산화황(SO_2, 분자량 64) 1mol이 발생한다.
$S+O_2 \rightarrow SO_2$
$$\frac{10{,}000\text{kg}}{\text{hr}} \times \frac{2}{100} \times \frac{64\text{kg}_{-SO_2}}{32\text{kg}_{-S}} = 400\text{kg/hr}$$

(2) 소요되는 $CaCO_3$ 양 계산
이산화황(SO_2, 분자량 64) 1mol을 처리하기 위해서는 탄산칼슘($CaCO_3$, 분자량 100) 1mol이 필요하다.
$SO_2+CaCO_3+2H_2O+0.5O_2 \rightarrow CaSO_4\cdot 2H_2O+CO_2$
$$\frac{400\text{kg}}{\text{hr}} \times \frac{95}{100} \times \frac{100\text{kg}_{-CaCO_3}}{64\text{kg}_{-SO_2}} = 593.75\text{kg/hr}$$

정답 ①

36 ★☆☆

액화천연가스의 대부분을 차지하는 구성성분은?

① CH_4　② C_2H_6
③ C_3H_8　④ C_4H_{10}

해설

LNG(Liquefied Natural Gas, 액화천연가스)

- 메탄(CH_4)을 주성분으로 하는 천연가스를 1기압 하에서 −168℃ 정도로 냉각하여 액화시켜 대량수송 및 저장을 가능하게 한 것이다.
- 착화온도가 높은 편이고 화염전파속도가 느리며, 폭발범위가 크지 않다.
- 폭발범위가 좁아 1차 공기를 혼합하여 연소하여도 위험성이 적은 편이다.

관련이론 | LPG(Liquefied Petroleum Gas, 액화석유가스)

- LPG라 하며 가정, 업무용으로 많이 사용되어 온 석유계 탄화수소 가스로 탄소수가 3~4개까지 포함되는 탄화수소류가 주성분이다.
- LPG는 다른 연료에 비해 수송이 용이하고 취급이 편리하며 열량(발열량 : 20,000~30,000kcal/Sm^3 정도)이 높기 때문에 다양하게 사용된다.
- 액체에서 기체로 기화될 때 증발열이 90~100kcal/kg로 열손실이 크며 취급에 주의해야 한다.
- 황분이 적고 유독성분이 거의 없다.
- 비중이 공기보다 무거워 누출될 경우 인화 폭발 위험성이 크다.
- 유지 등을 잘 녹이기 때문에 고무 패킹이나 유지로 된 도포제로 누출을 막는 것은 어렵다.

정답 ①

37

★★★

A 기체연료 $2Sm^3$을 분석한 결과 C_3H_8 $1.7Sm^3$, CO $0.15Sm^3$, H_2 $0.14Sm^3$, O_2 $0.01Sm^3$였다면 이 연료를 완전연소시켰을 때 생성되는 이론습연소가스량(Sm^3)은?

① 약 $41Sm^3$　　② 약 $45Sm^3$
③ 약 $52Sm^3$　　④ 약 $57Sm^3$

해설

(1) 프로판(C_3H_8)이 완전연소할 때 생성되는 이론습연소가스량

프로판(C_3H_8) 1mol이 완전연소할 때 산소(O_2) 5mol이 필요하고 이산화탄소(CO_2) 3mol과 물(H_2O) 4mol이 생성된다.

$C_3H_8+5O_2 \rightarrow 3CO_2+4H_2O$

프로판(C_3H_8) $1.7Sm^3$이 연소할 때 필요한 산소의 양은 다음과 같이 비례식으로 구할 수 있다.

$22.4Sm^3 : 5\times22.4Sm^3=1.7Sm^3 : x$

$x=5\times1.7=8.5Sm^3$

이론습연소생성물(CO_2, H_2O)의 양은 다음과 같이 비례식으로 구할 수 있다.

$22.4Sm^3 : 7\times22.4Sm^3=1.7Sm^3 : x$

$x=7\times1.7=11.9Sm^3$

(2) 일산화탄소(CO)가 완전연소할 때 생성되는 이론습연소가스량

일산화탄소(CO) 1mol이 연소할 때 산소(O_2)는 0.5mol이 필요하고, 이산화탄소(CO_2) 1mol이 생성된다.

$CO+0.5O_2 \rightarrow CO_2$

일산화탄소(CO) $0.15Sm^3$이 연소할 때 필요한 이론산소량
$=0.5\times0.15=0.075Sm^3$

일산화탄소(CO) $0.15Sm^3$이 연소할 때 생성된 이론습연소생성물(CO_2)$=0.15Sm^3$

(3) 수소 기체(H_2)가 완전연소할 때 생성되는 이론습연소가스량

수소 기체(H_2) 1mol이 연소할 때 산소(O_2)는 0.5mol이 필요하고, 물(H_2O) 1mol이 생성된다.

$H_2+0.5O_2 \rightarrow H_2O$

수소 기체(H_2) $0.14Sm^3$이 연소할 때 필요한 이론산소량
$=0.5\times0.14=0.07Sm^3$

수소 기체(H_2) $0.14Sm^3$이 연소할 때 생성된 이론습연소생성물(H_2O)$=0.14Sm^3$

(4) 전체 반응의 이론습연소가스량

전체 이론산소량$=8.5+0.075+0.07-0.01=8.635Sm^3$

연료에 산소가 $0.01Sm^3$만큼 포함되어 있으므로 이 수치는 빼 주어야 한다.

전체 이론공기량$=\dfrac{\text{이론산소량}}{0.21}=\dfrac{8.635}{0.21}=41.119Sm^3$

전체 이론공기 중 질소량$=$이론공기량$\times0.79$
$=41.119\times0.79=32.484Sm^3$

전체 이론습연소가스량
$=$전체 이론공기 중 질소량$+$전체 이론습연소생성물량
$=32.484+(11.9+0.15+0.14)=44.674Sm^3$

정답 ②

38

★★☆

폭발성 혼합가스의 연소범위(L)를 구하는 식은? (단, n_i: 각 성분 단일의 연소한계(상한 또는 하한), p_i: 각 성분 가스의 부피(%)이다.)

① $L=\dfrac{100}{\dfrac{n_1}{p_1}+\dfrac{n_2}{p_2}+\cdots}$　　② $L=\dfrac{100}{\dfrac{p_1}{n_1}+\dfrac{p_2}{n_2}+\cdots}$

③ $L=\dfrac{n_1}{p_1}+\dfrac{n_2}{p_2}+\cdots$　　④ $L=\dfrac{p_1}{n_1}+\dfrac{p_2}{n_2}+\cdots$

해설

폭발성 혼합가스의 연소범위(L)는 ②번 식으로 구한다.

정답 ②

39

★★☆

액화석유가스(LPG)에 대한 설명으로 옳지 않은 것은?

① 황분이 적고 유독성분이 거의 없다.
② 사용에 편리한 기체연료의 특징과 수송 및 저장에 편리한 액체연료의 특징을 겸비하고 있다.
③ 천연가스에서 회수되기도 하지만 대부분은 석유정제 시 부산물로 얻어진다.
④ 비중이 공기보다 가벼워 누출될 경우 인화 폭발 위험성이 크다.

해설
액화석유가스(LPG)는 비중이 공기보다 무거워 누출될 경우 인화 폭발 위험성이 크다.

정답 ④

40

★★☆

휘발유의 안티노킹제(Anti-knocking agent)로 옥탄가를 증신시키는 물질로 최근에 널리 사용되는 물질은?

① Cenox
② Cetane
③ TEL(Tetraethyl lead)
④ MTBE(methyl tert-butyl ether)

선지분석
① Cenox: 유사 휘발유이다.
② Cetane: 파라핀계 탄화수소의 일종으로 노킹현상의 경향을 파악하는 데 사용된다.
③ TEL(사에틸납, Tetraethyl lead): 금속유기화합물의 일종으로 옥탄가를 향상시키나 독성이 강해 법적으로 제한한다.
④ MTBE(Methyl tert-butyl ether): 비금속 계열의 옥탄가 향상제로 소량 첨가로도 옥탄가를 높일 수 있어 널리 사용되고 있으나 불완전 연소 시에 포름알데히드를 생성하여 주의해야 한다.

정답 ④

대기오염방지기술

41

★★☆

내경이 120mm의 원통 내를 20℃, 1기압의 공기가 $30m^3/hr$로 흐른다. 표준상태의 공기의 밀도가 $1.3kg/Sm^3$, 20℃의 공기의 점도가 1.81×10^{-4}poise이라면 레이놀즈 수는?

① 약 4,500　② 약 5,900
③ 약 6,500　④ 약 7,300

해설

$$Re=\frac{D\times\rho\times V}{\mu}$$

D: 원통의 직경(m)

$D=120mm=0.12m$

ρ: 유체의 밀도(kg/Sm^3)

표준상태 기준의 밀도를 현재 온도 기준으로 보정해주어야 한다.

$$\rho=\frac{1.3kg}{Sm^3\times\frac{273+20}{273}}=1.2112kg/m^3$$

V: 유체의 속도(m/sec)

$$V=\frac{Q}{A}=\frac{\frac{30m^3}{hr}\times\frac{hr}{3{,}600sec}}{\frac{\pi}{4}\times(0.12m)^2}=0.7368m/sec$$

μ: 유체의 점성계수(kg/m·sec)

$$\frac{1.81\times10^{-4}g}{cm\cdot sec}\times\frac{1kg}{1{,}000g}\times\frac{100cm}{m}=1.81\times10^{-5}kg/m\cdot sec$$

※ poise는 점도의 단위로 g/cm·sec이다.

$$Re=\frac{0.12\times1.2112\times0.7368}{1.81\times10^{-5}}=5{,}916.5447$$

정답 ②

2024년

42

★★★

여과집진장치의 탈진방식에 관한 설명 중 틀린 것은?

① 연속식에는 역제트기류 분사형과 충격제트기류 분사형 등이 있다.

② 연속식은 포집과 탈진이 동시에 이루어지므로 압력손실이 거의 일정하고 고농도, 대용량의 가스를 처리할 수 있다.

③ 간헐식은 먼지의 재비산이 적고, 높은 집진율을 얻을 수 있으며, 여포의 수명은 연속식에 비해 길다.

④ 충격제트기류 분사형은 여과자루에 상하로 이동하는 불로워에 몇 개의 슬롯을 설치하고 여기에 고속제트기류를 주입하여 여과자루를 위, 아래로 이동하면서 탈진하는 방식으로 내면여과이다.

해설

역제트기류 분사형은 여과자루에 상하로 이동하는 불로워에 몇 개의 슬롯을 설치하고 여기에 고속제트기류를 주입하여 여과자루를 위, 아래로 이동하면서 탈진하는 방식으로 내면여과이다.

정답 ④

43

★☆☆

다음 발생 먼지 종류 중 일반적으로 S/S_b가 가장 큰 것은? (단, S는 진비중, S_b는 겉보기 비중이다.)

① 미분탄보일러　　② 시멘트킬른
③ 카본블랙　　④ 골재드라이어

해설

카본블랙은 그을음에 상당하는 흑색의 미세한 탄소분말로 S/Sb가 보기 중 가장 크다.

① 미분탄보일러의 S/S_b: 4.0
② 시멘트킬른의 S/S_b: 5.0
③ 카본블랙의 S/S_b: 76
④ 골재드라이어의 S/S_b: 2.7

정답 ③

44

★☆☆

관성력 집진장치에 관한 설명으로 옳지 않은 것은?

① 압력손실은 30~70mmH_2O 정도이고, 굴뚝 또는 배관에 적용될 때가 있다.

② 곡관형, louver형, pocket형, multibaffle형 등은 반전식에 해당한다.

③ 함진가스의 방향전환 각도가 크고, 방향전환 횟수가 적을수록 압력손실은 커지나 집진율이 높아진다.

④ 반전식의 경우 방향전환을 하는 가스의 곡률반경이 작을수록 미세한 먼지를 분리포집할 수 있다.

해설

함진가스의 방향전환 각도가 작고, 방향전환 횟수가 많을수록 압력손실은 커지나 집진율이 높아진다.

관련이론 | 관성력 집진장치에서 집진율 향상조건

- 기류의 방향전환 각도가 작고, 방향전환 횟수가 많을수록 압력손실은 커지나 집진율은 높아진다.
- 함진가스의 충돌 또는 기류의 방향전환 직전의 가스속도가 빠르고, 방향전환 시의 곡률반경이 작을수록 미세 입자의 포집이 가능하다.
- 관성력 집진장치는 일반적으로 처리 후의 출구 가스속도가 느릴수록 미립자의 제거가 쉽다.
- 적당한 dust box의 형상과 크기가 필요하다.

정답 ③

45 ★★☆

전기집진장치에서 입구 먼지농도가 10g/Sm³, 출구 먼지농도가 0.1g/Sm³이었다. 출구 먼지농도를 50mg/Sm³로 하기 위해서는 집진극 면적을 약 몇 배 정도로 넓게 하면 되는가? (단, 다른 조건은 변하지 않는다.)

① 1.15배 ② 1.55배
③ 1.85배 ④ 2.05배

해설

$\eta(\%)=\frac{C_i-C_o}{C_i}\times100$

C_o: 출구 먼지농도(g/Sm³), C_i: 입구 먼지농도(g/Sm³)

(1) 입구 먼지농도가 10g/Sm³, 출구 먼지농도가 0.1g/Sm³일 경우

$\eta=\frac{(10-0.1)g/Sm^3}{10g/Sm^3}\times100=99\%$

(2) 입구 먼지농도가 10g/Sm³, 출구 먼지농도가 50mg/Sm³일 경우

$\eta=\frac{(10-0.05)g/Sm^3}{10g/Sm^3}\times100=99.5\%$

(3) (1), (2)의 값으로 집진극의 면적 구하기

$\eta=1-e^{\left(-\frac{A\times W_e}{Q}\right)}$

A: 집진극의 면적(m²)

W_e: 먼지의 겉보기 이동속도(m/sec)

Q: 처리가스량(m³/sec)

문제의 조건에서 다른 조건은 변하지 않는다고 했으므로 W_e, Q는 상수 K로 볼 수 있다.

$$\frac{0.995=1-e^{K\times A_{0.995}}}{0.99=1-e^{K\times A_{0.99}}}=\frac{1-0.995=e^{K\times A_{0.995}}}{1-0.99=e^{K\times A_{0.99}}}$$

$$=\frac{\ln0.005=A_{0.995}}{\ln0.01=A_{0.99}}=\frac{A_{0.995}}{A_{0.99}}=\frac{\ln0.005}{\ln0.01}=1.1505$$

정답 ①

46 ★★☆

배출가스 중의 NO_x 제거법에 관한 설명 중 틀린 것은?

① 비선택적인 촉매환원에서는 NO_x뿐만 아니라, O_2까지 소비된다.

② 선택적 촉매환원법은 TiO_2와 V_2O_5를 혼합하여 제조한 촉매에 NH_3, H_2, CO, H_2S 등의 환원가스를 작용시켜 NO_x를 N_2로 환원시키는 방법이다.

③ 선택적 촉매환원법의 최적온도 범위는 700~850℃ 정도이며, 보통 50% 정도의 NO_x를 저감시킬 수 있다.

④ 배출가스 중의 NO_x 제거는 연소조절에 의한 제어법보다 더 높은 NO_x 제거효율이 요구되는 경우나 연소방식을 적용할 수 없는 경우에 사용된다.

해설

선택적 비촉매환원법의 최적온도 범위는 700~850℃ 정도이며, 보통 50% 정도의 NO_x를 저감시킬 수 있다.

관련이론

선택적 촉매환원기술(SCR: Selective Catalytic Reduction)

- 선택적 촉매환원법이라고도 하며 200~400℃에서 촉매(TiO_2와 V_2O_5 등)에 NH_3, H_2, CO, H_2S 등의 환원가스를 작용시켜 NO_x를 N_2로 환원시키는 방법이다.
- $4NO+4NH_3+O_2\rightarrow4N_2+6H_2O$

선택적 비촉매환원기술(SNCR: Selective Non Catalytic Reduction)

- 선택적 무촉매환원법이라고도 하며 촉매를 사용하지 않고 환원제를 반응시켜 질소산화물을 N_2로 환원시키는 방법으로 제거효율이 40~70%로 낮은 편이다.
- $4NO+2(NH_2)_2CO+O_2\rightarrow4N_2+4H_2O+2CO_2$

정답 ③

47 ★★★

3개의 집진장치를 직렬로 조합하여 집진한 결과 총집진율이 99%이었다. 1차 집진장치의 집진율이 70%, 2차 집진장치의 집진율이 80%라면 3차 집진장치의 집진율은 약 얼마인가?

① 약 75.6%　② 약 83.3%
③ 약 89.2%　④ 약 93.4%

해설

총집진율이 99%이므로 유입가스의 농도를 100으로 가정하고 유출가스의 농도를 1이라고 하고 계산한다.

(1) 1차 집진장치
- 유입: 100
- 유출: $100 \times (1-0.7)=30$

(2) 2차 집진장치
- 유입: 30
- 유출: $30 \times (1-0.8)=6$

(3) 3차 집진장치
- 유입: 6
- 유출: $6 \times (1-x)=1$
- $x=0.8333=83.33\%$

정답 ②

48 ★☆☆

흡착과정에 대한 설명 중 틀린 것은?

① 파과곡선의 형태는 흡착탑의 경우에 따라서 비교적 기울기가 큰 것이 바람직하다.
② 포화점(Saturation point)에서는 주어진 온도와 압력 조건에서 흡착제가 가장 많은 양의 흡착질을 흡착하는 과정이다.
③ 실제의 흡착은 비정상 상태에서 진행되므로 흡착의 초기에는 흡착이 천천히 진행되다가 어느 정도 흡착이 진행되면 빠르게 흡착이 이루어진다.
④ 흡착제층 전체가 포화되어 배출가스 중에 오염가스 일부가 남게 되는 점을 파과점(Break point)이라 하고, 이 점 이후부터는 오염가스의 농도가 급격히 증가한다.

해설

실제의 흡착은 비정상 상태에서 진행되므로 흡착의 초기에는 흡착이 빠르게 진행되다가 어느 정도 흡착이 진행되면 천천히 흡착이 이루어진다.

정답 ③

49 ★★☆

송풍기를 원심력형과 축류형으로 분류할 때 다음 중 축류형에 해당하는 것은?

① 프로펠러형　② 방사경사형
③ 비행기날개형　④ 전향날개형

해설

축류형: 평판형(프로펠러형), 베인형(고정날개축류형), 튜브형(원통축류형)
원심력형: 다익형(전향날개형), 익형(비행기날개형), 레디얼형(방사날개형), 터보형(후향날개형), 방사경사형

정답 ①

50

★★☆

Henry 법칙이 적용되는 가스로서 공기 중 유해가스의 평형분압이 16mmHg일 때, 수중 유해가스의 농도는 3.0kmol/m^3였다. 같은 조건에서 가스분압이 435mmH_2O가 되면 수중 유해가스의 농도는? (단, Hg의 비중은 13.6이다.)

① 약 1.5kmol/m^3
② 약 3.0kmol/m^3
③ 약 6.0kmol/m^3
④ 약 9.0kmol/m^3

해설

헨리의 법칙을 이용한다.

$P=HC$

P: 분압(mmHg)

H: 헨리상수(mmHg·m^3/kmol)

C: 유해가스의 농도(kmol/m^3)

(1) 분압이 16mmHg일 때 기준으로 H 구하기

$16\text{mmHg}=H\times 3.0\text{kmol/m}^3$

$H=5.3333\text{mmHg}\cdot\text{m}^3/\text{kmol}$

(2) 435mmH_2O에서의 수중 유해가스의 농도 구하기

$435\text{mmH}_2\text{O}\times\frac{760\text{mmHg}}{10,332\text{mmH}_2\text{O}}$

$=5.3333\text{mmHg}\cdot\text{m}^3/\text{kmol}\times C$

$C=5.9996\text{kmol/m}^3$

정답 ③

51

★★☆

흡수탑의 충전물에 요구되는 사항으로 거리가 먼 것은?

① 단위 부피 내의 표면적이 클 것
② 간격의 단면적이 클 것
③ 단위 부피의 무게가 가벼울 것
④ 가스 및 액체에 대하여 내식성이 없을 것

해설

충전물은 가스 및 액체에 대하여 내식성이 있어야 한다.

관련이론 | 충전물이 갖추어야 할 조건

- 공극률, 비표면적, 충전밀도 등이 커야 한다.
- 압력손실이 작고 가벼워야 하며 내구성과 내식성이 있어야 한다.
- 가스와 흡수액을 균일하게 통과할 수 있는 구조여야 한다.

정답 ④

52

★☆☆

벤츄리스크러버(Venturi scrubber)에 관한 설명으로 가장 거리가 먼 것은?

① 목부의 처리가스 속도는 보통 60~90m/s이다.
② 물방울 입경과 먼지 입경의 비는 충돌효율면에서 10 : 1 전후가 좋다.
③ 액가스비는 보통 0.3~1.5L/m^3 정도, 압력손실은 300~800mmH_2O 전후이다.
④ 가압수식 중에서 집진율이 가장 높아 대단히 광범위하게 사용되며, 소형으로 대용량의 가스처리가 가능하다.

해설

벤츄리스크러버에서 물방울 입경과 먼지 입경의 비는 충돌효율면에서 150 : 1 전후가 좋다.

정답 ②

53 ★★☆

여과집진장치에서 먼지부하가 444g/m²에 도달하면 먼지를 털어준다고 한다. 만일 입구 먼지농도가 20g/m³, 여과속도를 0.6m/sec로 가동할 경우 털어주는 주기는 몇 초 간격으로 하여야 하는가? (단, 집진효율은 95%이다.)

① 35초 ② 37초
③ 39초 ④ 44초

해설

먼지부하공식을 이용한다.

$L_d = C_i \times V_f \times t \times \eta$

L_d: 먼지부하(g/m²), C_i: 입구 먼지농도(g/m³)

V_f: 여과속도(m/sec), t: 탈진주기(sec), η: 집진효율

$$t = \frac{L_d}{C_i \times V_f \times \eta} = \frac{444}{20 \times 0.6 \times 0.95} = 38.9473\text{sec}$$

정답 ③

54 ★☆☆

후드에서 오염물질을 흡인하는 요령으로 틀린 것은?

① 후드를 발생원에 근접시킨다.
② 국부적인 흡인방식을 택한다.
③ 충분한 포착속도를 유지한다.
④ 후드의 개구면적을 크게 한다.

해설

후드에서 오염물질을 흡인하기 위해서는 후드의 개구면적을 좁게 해야 한다.

관련이론 | 환기장치에서 후드(Hood)의 일반적인 흡인요령

- 발생원에 최대한 접근시켜 흡인시킨다.
- 국부적 흡인방식을 택한다.
- 포착속도(Capture velocity)를 충분히 유지시킨다.
- 흡인속도를 크게 하기 위해 개구면적을 좁게 한다.

정답 ④

55 ★★☆

원심력 집진장치에서 압력손실의 감소원인으로 가장 거리가 먼 것은?

① 장치 내 처리가스가 선회되는 경우
② 호포 하단 부위에 외기가 누입될 경우
③ 외통의 접합부 불량으로 함진가스가 누출될 경우
④ 내통이 마모되어 구멍이 뚫려 함진가스가 by-pass될 경우

해설

②, ③, ④: 압력손실 감소로 효율이 저하하는 경우이다.

관련이론 | 원심력 집진장치에서 집진율 향상조건

- blow down 효과를 이용하여 난류를 억제한다.
- 원심력 집진장치(사이클론)의 효율을 높이려면 몸통을 작게 하고 길이를 길게 하여 유속을 빠르게 하고 회전수를 늘려야 한다.
- 입구유속에는 한계가 있지만, 그 한계 내에서는 입구유속이 빠를수록 효율이 높은 반면에 압력손실도 커진다.
- 적당한 Dust Box의 모양과 크기도 효율에 영향을 미친다.
- 배기관경(내관)이 작을수록 입경이 작은 입자를 제거할 수 있다.
- 미세먼지의 재비산 방지를 위해 스키머와 회전깃, 살수설비 등을 설치하여 제거효율을 증대시킨다.
- 고농도일 경우는 병렬로 연결하여 사용하고, 응집성이 강한 먼지는 직렬연결(단수 3단 이내)하여 사용한다.

정답 ①

56 ★☆☆

커닝험 보정계수에 대한 설명으로 가장 적합한 것은? (단, 커닝험 보정계수가 1 이상인 경우이다.)

① 미세입자일수록 가스의 점성저항이 작아지므로 커닝험 보정계수가 작아진다.
② 미세입자일수록 가스의 점성저항이 커지므로 커닝험 보정계수가 작아진다.
③ 미세입자일수록 가스의 점성저항이 커지므로 커닝험 보정계수가 커진다.
④ 미세입자일수록 가스의 점성저항이 작아지므로 커닝험 보정계수가 커진다.

해설

커닝험 보정계수

- 입자상 물질에 작용하는 힘은 입자의 불규칙한 운동으로 인해 실제 스토크스법칙과 차이를 보이게 되는데 이를 보정하기 위한 계수이다.
- 온도가 높을수록, 직경이 작을수록, 점성저항이 작을수록, 압력이 낮을수록 증가한다.

관련이론 | 커닝험(Cunningham) 보정계수(C_f)

$V_g=\frac{d_p^2(\rho_p-\rho)g}{18\mu}\times C_f$

$C_f=1+\frac{2\lambda}{d_p}\left[1.257+0.4\times e^{\left(-0.55\times\frac{d_p}{\lambda}\right)}\right]$

λ: 평균자유거리(≒ 0.067)

- 입경 $10\mu m$ 이하의 분진에 적용되며 이는 분자의 평균 자유 행정에 따라 이동하므로 스토크스법칙의 값보다 크게 되기 때문에 이를 보정하기 위해 사용된다.
- 온도가 높을수록, 직경이 작을수록, 점성저항이 작을수록, 압력이 낮을수록 증가한다.
- 커닝험계수는 입경 $d>3\mu m$일 때, $C_f=1$이고 입경이 $10\mu m$일 때는 스토크스 값의 2% 정도이지만, 입경 $1\mu m$에서는 15% 이상으로 증가하여야 한다.

정답 ④

57 ★★★

전기집진장치의 각종 장해에 따른 대책으로 가장 거리가 먼 것은?

① 미분탄 연소 등에 따라 역전리 현상이 발생할 때에는 집진극의 타격을 강하게 하거나, 빈도수를 늘린다.
② 재비산이 발생할 때에는 처리가스의 속도를 낮추어 준다.
③ 먼지의 비저항이 비정상적으로 높아 2차 전류가 현저히 떨어질 때에는 조습용 스프레이의 수량을 줄인다.
④ 먼지의 비저항이 비정상적으로 높아 2차 전류가 현저히 떨어질 때에는 스파크 횟수를 늘린다.

해설

먼지의 비저항이 비정상적으로 높아 2차 전류가 현저히 떨어질 때에는 조습용 스프레이의 수량을 증가시켜 겉보기 저항을 낮춰야 한다.

정답 ③

58 ★★☆

불화수소를 함유한 용해성이 높은 가스를 충전탑에서 흡수처리 할 때 기싱총괄딘위수(N_{OG})를 10, 기상총괄이동단위높이(H_{OG})를 0.5m로 할 때 충전탑의 높이(m)는?

① 5　② 5.5
③ 10　④ 10.5

해설

흡수탑의 충전층 높이$(H)=H_{OG}\times N_{OG}$

H_{OG}: 기상총괄이동단위높이

N_{OG}: 기상총괄단위수

$N_{OG}=\ln\frac{1}{1-\eta}$ (η: 효율)

$H=0.5\times10=5m$

정답 ①

59

★★☆

배연탈황법 중 석회석주입법에 관한 설명으로 틀린 것은?

① 석회석 재생뿐만 아니라 부대설비가 많이 소요된다.
② 배출가스의 온도가 떨어지지 않는 장점이 있다.
③ 소규모 보일러나 노후된 보일러에 많이 사용되어 왔다.
④ 연소로 내에서 짧은 접촉시간을 가지며, 아황산가스가 석회분말의 표면 안으로 침투가 어렵다.

해설

배연탈황법 중 석회석주입법은 부대설비가 거의 필요없다.

정답 ①

60

★★☆

Cl_2 농도가 0.5%인 배출가스 10,000Sm^3/hr를 $Ca(OH)_2$ 현탁액으로 세정처리 시 필요한 $Ca(OH)_2$의 양은?

① 약 147.4kg/hr ② 약 155.3kg/hr
③ 약 160.3kg/hr ④ 약 165.2kg/hr

해설

염소 기체(Cl_2) 1mol을 처리하기 위해서는 수산화칼슘[$Ca(OH)_2$, 분자량 74] 1mol이 필요하다.

$Cl_2+Ca(OH)_2 \rightarrow CaOCl_2+H_2O$

$22.4Sm^3 : 74kg=\frac{10,000Sm^3}{hr}\times\frac{0.5}{100} : x kg/hr$

$x=165.1785kg/hr$

정답 ④

대기오염공정시험기준

61

★☆☆

원형 굴뚝의 환산 하부직경을 계산하는 방식으로 옳은 것은? (단, 굴뚝단면이 서서히 변하는 경우)

① (하부직경+선정된 측정공 위치의 직경)/2
② (하부직경+선정된 측정공 위치의 직경)/3
③ (하부직경+선정된 측정공 위치의 직경)/4
④ (하부직경+선정된 측정공 위치의 직경)/5

해설

굴뚝단면이 서서히 변하는 경우 측정공의 위치를 대략적으로 선정하고 다음에 의거하여 굴뚝직경을 구할 수 있다. 이 때, 선정된 측정공 위치가 환산 하부직경의 2배 이상, 환산 상부직경의 1/2배 이상이면 측정공의 위치로 채택한다.

환산 하부직경과 환산 상부직경을 구하는 식은 다음과 같다.

- 환산 하부직경$=\frac{\text{하부직경}+\text{선정된 측정공 위치의 직경}}{2}$
- 환산 상부직경$=\frac{\text{상부직경}+\text{선정된 측정공 위치의 직경}}{2}$

정답 ①

62

★★★

기체크로마토그래피에 의한 정량분석에서 이용되는 정량법으로 거리가 먼 것은?

① 내부표준물질법 ② 표준물첨가법
③ 상대검정곡선법 ④ 넓이 백분율법

해설

정량법: 절대검정곡선법, 넓이 백분율법, 보정넓이 백분율법, 상대검정곡선법, 표준물첨가법

정답 ①

63

★★☆

굴뚝 배출가스 중의 질소산화물을 아연환원 나프틸에틸렌다이아민법에 따라 분석할 때에 관한 설명이다. (   ) 안에 들어갈 내용으로 옳은 것은?

> 시료 중의 질소산화물을 오존 존재 하에서 흡수액에 흡수시켜 (㉠)으로 만들고 (㉡)을 사용하여 (㉢)으로 환원한 후 설파닐아마이드(Sulfanilamide) 및 나프틸에틸렌다이아민(Naphthyl ethylene diamine)을 반응시켜 얻어진 착색의 흡광도로부터 질소산화물을 정량한다.

① ㉠ 아질산이온, ㉡ 분말금속아연, ㉢ 질산이온
② ㉠ 아질산이온, ㉡ 분말황산아연, ㉢ 질산이온
③ ㉠ 질산이온, ㉡ 분말황산아연, ㉢ 아질산이온
④ ㉠ 질산이온, ㉡ 분말금속아연, ㉢ 아질산이온

해설

아연환원 나프틸에틸렌다이아민법
시료 중의 질소산화물을 오존 존재 하에서 흡수액에 흡수시켜 질산이온으로 만들고 분말금속아연을 사용하여 아질산이온으로 환원한 후 설파닐아마이드(Sulfanilamide) 및 나프틸에틸렌다이아민(Naphthyl ethylene diamine)을 반응시켜 얻어진 착색의 흡광도로부터 질소산화물을 정량하는 방법으로서 배출가스 중의 질소산화물을 이산화질소로 하여 계산한다.

정답 ④

64

★☆☆

배출가스 중 이황화탄소를 자외선가시선분광법으로 정량할 때 흡수액으로 옳은 것은?

① 아연아민착염 용액
② 제일염화주석 용액
③ 다이에틸아민구리 용액
④ 수산화제이철암모늄 용액

해설

이황화탄소를 자외선가시선분광법으로 정량할 때 다이에틸아민구리 용액을 흡수액으로 사용한다.

정답 ③

65

★☆☆

굴뚝 배출가스 중의 이산화황을 연속적으로 자동 측정할 때 사용하는 용어 정의로 옳지 않은 것은?

① 제로가스: 정제된 공기나 순수한 질소를 말한다.
② 경로(Path) 측정시스템: 굴뚝 또는 덕트 단면 직경의 5% 이하의 경로를 따라 오염물질 농도를 측정하는 배출가스 연속자동측정시스템을 말한다.
③ 제로드리프트: 연속자동측정기가 정상적으로 가동되는 조건하에서 제로가스를 일정시간 흘려준 후 발생한 출력신호가 변화한 정도를 말한다.
④ 검출한계: 제로드리프트의 2배에 해당하는 지시치가 갖는 이산화황의 농도를 말한다.

해설

경로(Path) 측정시스템은 굴뚝 또는 덕트 단면 직경의 10% 이상의 경로를 따라 오염물질 농도를 측정하는 배출가스 연속자동측정시스템이다.

정답 ②

66

★★☆

대기오염공정시험기준의 총칙에 근거하여 "물질을 취급 또는 보관하는 동안에 기체 또는 미생물이 침입하지 않도록 내용물을 보호하는 용기"를 의미하는 용어로 옳은 것은?

① 밀폐용기　　② 기밀용기
③ 밀봉용기　　④ 차광용기

해설

① 밀폐용기: 물질을 취급 또는 보관하는 동안에 이물이 들어가거나 내용물이 손실되지 않도록 보호하는 용기를 뜻한다.
② 기밀용기: 물질을 취급 또는 보관하는 동안에 외부로부터의 공기 또는 다른 가스가 침입하지 않도록 내용물을 보호하는 용기를 뜻한다.
④ 차광용기: 광선을 투과하지 않은 용기 또는 투과하지 않게 포장을 한 용기로서 취급 또는 보관하는 동안에 내용물의 광화학적 변화를 방지할 수 있는 용기를 뜻한다.

정답 ③

67

★★☆

자외선/가시선분광법으로 측정한 A 물질의 투과퍼센트 지시치가 25%일 때 A 물질의 흡광도는?

① 0.25　　② 0.50
③ 0.60　　④ 0.82

해설

$$흡광도(A)=\log\frac{1}{t(투과도)}=\log\frac{1}{I_t/I_o}$$

I_o: 물체에 입사하는 빛의 세기
I_t: 물체를 투과한 빛의 세기

$$A=\log\frac{1}{0.25}=0.602$$

정답 ③

68

★★★

다음 중 대기오염공정시험기준 총칙상의 시험기재 및 용어에 관한 설명으로 옳지 않은 것은?

① 시험 조작 중 "즉시"란 10초 이내에 표시된 조작을 하는 것을 뜻한다.
② 시험에 사용하는 시약은 따로 규정이 없는 한 특급 또는 1급 이상 또는 이와 동등한 규격의 것을 사용하여야 한다.
③ 액의 농도를 (1→5)로 표시한 것은 그 용질의 성분이 고체일 때는 1g을 용매에 녹여 전량을 5mL로 하는 비율을 말한다.
④ "정확히 단다"라 함은 규정한 양의 검체를 취하여 분석용 저울로 0.1mg까지 다는 것을 뜻한다.

해설

시험조작 중 "즉시"란 30초 이내에 표시된 조작을 하는 것을 뜻한다.

정답 ①

69

★★★

기체 중의 오염물질 농도를 mg/m^3로 표시했을 때 m^3가 의미하는 것은?

① 100℃, 1atm에서의 기체용적
② 상온에서의 기체용적
③ 표준상태에서의 기체용적
④ 절대온도, 절대압력 하에서의 기체용적

해설

기체 중의 농도를 mg/m^3로 표시했을 때 m^3는 표준상태(0℃, 760mmHg)의 기체용적을 뜻하고 Sm^3으로 표시한 것과 같다.

정답 ③

70 ★★★

이온크로마토그래피의 일반적인 장치구성을 순서대로 나열한 것은?

① 펌프 – 시료주입장치 – 용리액조 – 분리관 – 검출기 – 써프렛서
② 용리액조 – 펌프 – 시료주입장치 – 분리관 – 써프렛서 – 검출기
③ 시료주입장치 – 펌프 – 용리액조 – 써프렛서 – 분리관 – 검출기
④ 분리관 – 시료주입장치 – 펌프 – 용리액조 – 검출기 – 써프렛서

해설

이온크로마토그래피의 장치구성

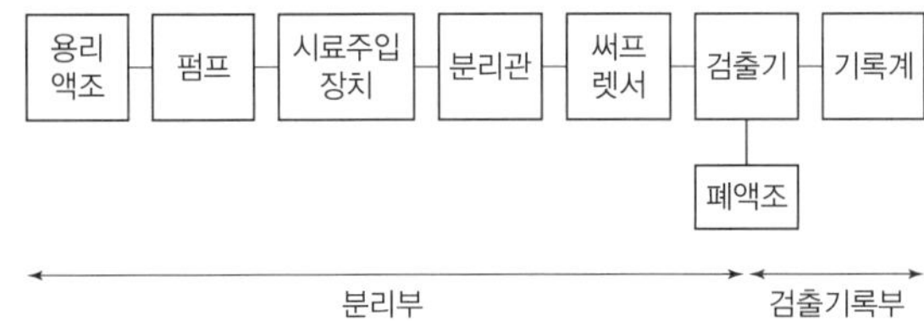

정답 ②

71 ★★☆

굴뚝 단면이 상·하 동일 단면적의 원형인 경우 굴뚝 직경이 4.2m일 때 측정점 수는?

① 4 ② 8
③ 12 ④ 16

해설

원형단면의 측정점 수

굴뚝직경(m)	반경 구분 수	측정점 수
1 이하	1	4
1 초과 2 이하	2	8
2 초과 4 이하	3	12
4 초과 4.5 이하	4	16
4.5 초과	5	20

정답 ④

72 ★☆☆

굴뚝배출가스 중 먼지 측정 시 등속흡입 정도에 관한 설명이다. (   ) 안에 들어갈 범위는?

> 등속흡입 정도를 보기 위해 식 또는 계산기에 의해서 등속흡입계수를 구하고 그 값이 (   ) 범위 내에 들지 않는 경우에는 다시 시료를 채취한다.

① 90~105% ② 90~110%
③ 95~105% ④ 95~110%

해설

등속흡입 정도를 보기 위해 식 또는 계산기에 의해서 등속흡입계수를 구하고 그 값이 90%~110% 범위 내에 들지 않는 경우에는 다시 시료를 채취한다.

정답 ②

73

★★★

다음 자료를 바탕으로 구한 비산먼지의 농도(mg/m^3)는?

- 채취먼지량이 가장 많은 위치에서의 먼지농도: $115mg/m^3$
- 대조위치에서의 먼지농도: $0.15mg/m^3$
- 전 시료채취기간 중 주 풍향이 90° 이상 변함
- 풍속이 0.5m/sec 미만 또는 10m/sec 이상이 되는 시간이 전 채취시간의 50% 이상임

① 114.9 ② 137.8
③ 165.4 ④ 206.7

해설

각 측정지점의 채취먼지량과 풍향풍속의 측정결과로부터 비산먼지의 농도를 구한다.

비산먼지농도$(C)=(C_H-C_B)\times W_D\times W_S$
$=(115-0.15)\times 1.5\times 1.2=206.73mg/m^3$

C_H=채취먼지량이 가장 많은 위치에서의 먼지농도(mg/Sm^3)
C_B=대조위치에서의 먼지농도(mg/Sm^3)
W_D, W_S=풍향, 풍속 측정 결과로부터 구한 보정계수
단, 대조위치를 선정할 수 없는 경우에는 C_B는 $0.15mg/Sm^3$로 한다.

풍향에 대한 보정

풍향변화범위	보정계수
전 시료채취 기간 중 주 풍향이 90° 이상 변할 때	1.5
전 시료채취 기간 중 주 풍향이 45°~90° 변할 때	1.2
전 시료채취 기간 중 풍향이 변동이 없을 때 (45° 미만)	1.0

풍속에 대한 보정

풍속범위	보정계수
풍속이 0.5m/sec 미만 또는 10m/sec 이상이 되는 시간이 전 채취시간의 50% 미만일 때	1.0
풍속이 0.5m/sec 미만 또는 10m/sec 이상이 되는 시간이 전 채취시간의 50% 이상일 때	1.2

정답 ④

74

★★★

원자흡수분광광도법에서 사용하는 용어 설명으로 거리가 먼 것은?

① 공명선(Resonance Line): 원자가 외부로 빛을 반사했다가 방사하는 스펙트럼선
② 근접선(Neighbouring Line): 목적하는 스펙트럼선에 가까운 파장을 갖는 다른 스펙트럼선
③ 역화(Flame Back): 불꽃의 연소속도가 크고 혼합기체의 분출속도가 작을 때 연소형상이 내부로 옮겨지는 것
④ 원자흡광(분광)측광: 원자흡광스펙트럼을 이용하여 시료 중의 특정원소의 농도와 그 휘선의 흡광정도와의 상관관계를 측정하는 것

해설

공명선(Resonance Line): 원자가 외부로부터 빛을 흡수했다가 다시 먼저 상태로 돌아갈 때 방사하는 스펙트럼선

정답 ①

75

★★☆

배출허용기준 중 표준 산소농도를 적용받는 어떤 오염물질의 보정된 배출가스 유량이 $50Sm^3/day$이었다. 이 때 배출가스를 분석하니 실측 산소농도는 5%, 표준 산소농도는 3%일 때, 측정되어진 실측 배출가스 유량(Sm^3/day)은?

① 46.25 ② 51.25
③ 56.25 ④ 61.25

해설

$$Q=Q_a\div\frac{21-O_s}{21-O_a}$$

Q: 배출가스 유량(Sm^3/일), Q_a: 실측 배출가스 유량(Sm^3/일)
O_s: 표준 산소농도(%), O_a: 실측 산소농도(%)

$50=Q_a\div\frac{21-3}{21-5}$, $Q_a=56.25Sm^3/day$

정답 ③

76

★★☆

흡광차분광법에 관한 설명으로 옳지 않은 것은?

① 광원부는 발·수광부 및 광케이블로 구성된다.
② 광원으로 180~2,850nm 파장을 갖는 제논 램프를 사용한다.
③ 일반 흡광광도법은 적분적이며 흡광차분광법은 미분적이라는 차이가 있다.
④ 분석장치는 분석기와 광원부로 나누어지며 분석기 내부는 분광기, 샘플 채취부, 검지부, 분석부, 통신부 등으로 구성된다.

해설

일반 흡광광도법은 미분적(일시적)이며 흡광차분광법(DOAS)은 적분적(연속적)이란 차이점이 있다.

관련이론 | 흡광차분광법

- 빛을 조사하는 발광부와 50~1,000m 정도 떨어진 곳에 수광부(또는 발·수광부와 반사경) 사이에 형성되는 빛의 이동경로(path)를 통과하는 가스를 실시간으로 분석한다.
- 측정에 필요한 광원은 180~2,850nm 파장을 갖는 제논(Xenon) 램프를 사용하여 이산화황, 질소산화물, 오존 등의 대기오염물질 분석에 적용한다.

정답 ③

77

★★☆

환경대기 중 석면농도를 측정하기 위해 위상차현미경을 사용한 계수방법에 관한 설명으로 (　　) 안에 알맞은 것은?

> 시료채취 측정시간은 주간시간대에 (오전 8시~오후 7시) (㉠)으로 1시간 측정하고, 시료채취 조작 시 유량계의 부자를 (㉡)되게 조정한다.

① ㉠ 1L/min, ㉡ 1L/min
② ㉠ 1L/min, ㉡ 10L/min
③ ㉠ 10L/min, ㉡ 1L/min
④ ㉠ 10L/min, ㉡ 10L/min

해설

㉠, ㉡ 모두 10L/min이다.

정답 ④

78

★★★

이온크로마토그래피의 검출기에 관한 설명이다. (　　) 안에 들어갈 내용으로 가장 적합한 것은?

> (㉠)는 고성능 액체크로마토그래피 분야에서 가장 널리 사용되는 검출기로, 최근에는 이온크로마토그래피에서도 전기전도도 검출기와 병행하여 사용되기도 한다. 또한 (㉡)는 전이금속 성분의 발색반응을 이용하는 경우에 사용된다.

① ㉠ 광학검출기, ㉡ 암페로메트릭검출기
② ㉠ 전기화학적검출기, ㉡ 염광광도검출기
③ ㉠ 자외선흡수검출기, ㉡ 가시선흡수검출기
④ ㉠ 전기전도도검출기, ㉡ 전기화학적검출기

해설

㉠은 자외선흡수검출기이고, ㉡은 가시선흡수검출기에 대한 설명이다.

정답 ③

79

★★★

기체크로마토그래피의 장치구성에 관한 설명으로 옳지 않은 것은?

① 분리관유로는 시료도입부, 분리관, 검출기기배관으로 구성되며, 배관의 재료는 스테인리스강이나 유리 등 부식에 대한 저항이 큰 것이어야 한다.

② 분리관(Column)은 충전물질을 채운 내경 2mm~7mm의 시료에 대하여 불활성금속, 유리 또는 합성수지관으로 각 분석방법에서 규정하는 것을 사용한다.

③ 운반가스는 일반적으로 열전도도형 검출기(TCD)에서는 순도 99.8% 이상의 아르곤이나 질소를, 불꽃이온화 검출기(FID)에서는 순도 99.8% 이상의 수소를 사용한다.

④ 주사기를 사용하는 시료도입부는 실리콘고무와 같은 내열성 탄성체격막이 있는 시료 기화실로서 분리관 온도와 동일하거나 또는 그 이상의 온도를 유지할 수 있는 가열기구가 갖추어져야 한다.

해설

운반가스(Carrier gas)는 충전물이나 시료에 대하여 불활성이고 사용하는 검출기의 작동에 적합한 것을 사용한다.
일반적으로 열전도도형 검출기(TCD)에서도 순도 99.8% 이상의 수소나 헬륨을, 불꽃이온화 검출기(FID)에서는 순도 99.8% 이상의 질소 또는 헬륨을 사용하며 기타 검출기에서는 각각 규정하는 가스를 사용한다.

정답 ③

80

★★★

대기오염공정시험기준상 고성능 이온크로마토그래피의 장치 중 써프렛서에 관한 설명으로 가장 거리가 먼 것은?

① 장치의 구성상 써프렛서 앞에 분리관이 위치한다.

② 용리액에 사용되는 전해질 성분을 제거하기 위한 것이다.

③ 관형 써프렛서에 사용하는 충전물은 스티롤계 강산형 및 강염기형 수지이다.

④ 목적성분의 전기전도도를 낮추어 이온성분을 고감도로 검출할 수 있게 해준다.

해설

써프렛서는 전해질을 물 또는 저전도도의 용매로 바꿔줌으로써 전기전도도 셀에서 목적이온성분과 전기전도도만을 고감도로 검출할 수 있게 해준다.

관련이론 | 써프렛서

- 써프렛서란 용리액에 사용되는 전해질 성분을 제거하기 위하여 분리관 뒤에 직렬로 접속시킨 것으로써 전해질을 물 또는 저전도도의 용매로 바꿔줌으로써 전기전도도 셀에서 목적이온성분과 전기전도도만을 고감도로 검출할 수 있게 해주는 것이다.
- 써프렛서는 관형과 이온교환막형이 있으며, 관형은 음이온에는 스티롤계 강산형(H^+) 수지가, 양이온에는 스티롤계 강염기형(OH^-)의 수지가 충진된 것을 사용한다.

정답 ④

대기환경관계법규

81 ★★★

대기환경보전법령상 대기오염물질발생량의 합계가 연간 15톤인 경우 사업장 분류기준상 몇 종에 해당하는가?

① 1종 ② 2종
③ 3종 ④ 4종

해설

사업장의 분류 「시행령 별표 1의3」

종별	오염물질발생량 구분
1종 사업장	대기오염물질발생량의 합계가 연간 80톤 이상인 사업장
2종 사업장	대기오염물질발생량의 합계가 연간 20톤 이상 80톤 미만인 사업장
3종 사업장	대기오염물질발생량의 합계가 연간 10톤 이상 20톤 미만인 사업장
4종 사업장	대기오염물질발생량의 합계가 연간 2톤 이상 10톤 미만인 사업장
5종 사업장	대기오염물질발생량의 합계가 연간 2톤 미만인 사업장

정답 ③

82 ★☆☆

환경정책기본법령상 "일정한 지역에서 환경오염 또는 환경훼손에 대하여 환경이 스스로 수용, 정화 및 복원하여 환경의 질을 유지할 수 있는 한계"를 의미하는 것은?

① 환경기준 ② 환경한계
③ 환경용량 ④ 환경표준

선지분석

① 환경기준: 국민의 건강을 보호하고 쾌적한 환경을 조성하기 위하여 국가가 달성하고 유지하는 것이 바람직한 환경상의 조건 또는 질적인 수준을 말한다.
② 환경한계: 해당 없음
④ 환경표준: 해당 없음

정답 ③

83 ★★★

대기환경보전법령상 위임업무 보고사항 중 "자동차 연료 및 첨가제의 제조 · 판매 또는 사용에 대한 규제현황" 업무의 보고횟수 기준은?

① 수시 ② 연 1회
③ 연 2회 ④ 연 4회

해설

위임업무 보고사항 「시행규칙 별표 37」

업무내용	보고 횟수	보고기일
환경오염사고 발생 및 조치 사항	수시	사고발생 시
수입자동차 배출가스 인증 및 검사현황	연 4회	매분기 종료 후 15일 이내
자동차 연료 및 첨가제의 제조 · 판매 또는 사용에 대한 규제현황	연 2회	매반기 종료 후 15일 이내
자동차 연료 또는 첨가제의 제조기준 적합 여부 검사현황	연료: 연 4회 첨가제: 연 2회	연료: 매분기 종료 후 15일 이내 첨가제: 매반기 종료 후 15일 이내
측정기기 관리대행업의 등록, 변경등록 및 행정처분 현황	연 1회	다음 해 1월 15일까지

정답 ③

2024년

84 ★★☆

환경정책기본법령상 다음 물질의 대기환경기준으로 옳게 연결된 것은? (단, 1시간 평균치 기준이다.)

- 아황산가스(SO_2): (㉠)ppm 이하
- 이산화질소(NO_2): (㉡)ppm 이하

① ㉠ 0.15 , ㉡ 0.10
② ㉠ 0.05 , ㉡ 0.06
③ ㉠ 0.10 , ㉡ 0.15
④ ㉠ 0.06 , ㉡ 0.05

해설

아황산가스(SO_2): 0.15ppm 이하
이산화질소(NO_2): 0.10ppm 이하

관련이론 | 환경기준「환경정책기본법 시행령 별표 1」

항목	기준
아황산가스(SO_2)	연간 평균치 0.02ppm 이하 24시간 평균치 0.05ppm 이하 1시간 평균치 0.15ppm 이하
일산화탄소(CO)	8시간 평균치 9ppm 이하 1시간 평균치 25ppm 이하
이산화질소(NO_2)	연간 평균치 0.03ppm 이하 24시간 평균치 0.06ppm 이하 1시간 평균치 0.10ppm 이하
미세먼지(PM-10)	연간 평균치 $50\mu g/m^3$ 이하 24시간 평균치 $100\mu g/m^3$ 이하
초미세먼지(PM-2.5)	연간 평균치 $15\mu g/m^3$ 이하 24시간 평균치 $35\mu g/m^3$ 이하
오존(O_3)	8시간 평균치 0.06ppm 이하 1시간 평균치 0.1ppm 이하
납(Pb)	연간 평균치 $0.5\mu g/m^3$ 이하
벤젠	연간 평균치 $5\mu g/m^3$ 이하

정답 ①

85 ★★★

실내공기질 관리법령상 신축 공동주택의 실내공기질 권고기준 중 "에틸벤젠" 기준으로 옳은 것은?

① $210\mu g/m^3$ 이하　② $300\mu g/m^3$ 이하
③ $360\mu g/m^3$ 이하　④ $700\mu g/m^3$ 이하

해설

신축 공동주택의 실내공기질 권고기준「실내공기질 관리법 시행규칙 별표 4의2」

1. 폼알데하이드: $210\mu g/m^3$ 이하
2. 벤젠: $30\mu g/m^3$ 이하
3. 톨루엔: $1,000\mu g/m^3$ 이하
4. 에틸벤젠: $360\mu g/m^3$ 이하
5. 자일렌: $700\mu g/m^3$ 이하
6. 스티렌: $300\mu g/m^3$ 이하
7. 라돈: $148Bq/m^3$ 이하

정답 ③

86 ★★☆

다음은 대기환경보전법규상 자가측정 자료의 보존기간(기준)이다. (　) 안에 가장 적합한 것은?

> 법에 따라 사업자는 자가측정에 관한 기록을 보존하여야 하는데 자가측정 시 사용한 여과지 및 시료채취기록지의 보존기간은「환경분야 시험 · 검사 등에 관한 법률」에 따른 환경오염공정시험기준에 따라 측정한 날부터 (　)(으)로 한다.

① 3개월　② 2년
③ 6개월　④ 1년

해설

자가측정의 대상 및 방법 등「시행규칙 제52조」

자가측정 시 사용한 여과지 및 시료채취기록지의 보존기간은「환경분야 시험 · 검사 등에 관한 법률」에 따른 환경오염공정시험기준에 따라 측정한 날부터 6개월로 한다.

정답 ③

87

★☆☆

실내공기질 관리법상 용어의 정의로 옳지 않은 것은?

① "공동주택"이라 함은 건축법 규정에 따른 공동주택을 말한다.
② "다중이용시설"이라 함은 불특정다수인이 이용하는 시설을 말한다.
③ "공기정화설비"라 함은 오염된 실내공기를 밖으로 내보내고 신선한 바깥공기를 실내로 끌어들여 실내공간의 공기를 쾌적한 상태로 유지시키는 설비를 말하며, 환기설비와 동일한 의미로 사용되는 것을 말한다.
④ "오염물질"이라 함은 실내공간의 공기오염의 원인이 되는 가스와 떠다니는 입자상물질 등으로서 환경부령으로 정하는 것을 말한다.

해설

"공기정화설비"라 함은 실내공간의 오염물질을 없애거나 줄이는 설비로서 환기설비의 안에 설치되거나, 환기설비와는 따로 설치된 것을 말한다.

정답 ③

88

★★☆

대기환경보전법령상 "자동차 사용의 제한 및 사업장의 연료사용량 감축 권고" 등의 소치사항이 포함되어야 하는 대기오염경보단계는?

① 경계 발령　② 경보 발령
③ 주의보 발령　④ 중대경보 발령

해설

대기오염경보에 포함되어야 하는 사항 「시행령 제2조」

1. 주의보 발령: 주민의 실외활동 및 자동차 사용의 자제 요청 등
2. 경보 발령: 주민의 실외활동 제한 요청, 자동차 사용의 제한 및 사업장의 연료사용량 감축 권고 등
3. 중대경보 발령: 주민의 실외활동 금지 요청, 자동차의 통행금지 및 사업장의 조업시간 단축명령 등

정답 ②

89

★☆☆

다음은 대기환경보전법령상 시·도지사가 배출시설의 설치를 제한할 수 있는 경우이다. (　　) 안에 알맞은 것은?

> 배출시설 설치 지점으로부터 반경 1킬로미터 안의 상주인구가 (㉠)명 이상인 지역으로서 특정대기유해물질 중 한 가지 종류의 물질을 연간 (㉡)톤 이상 배출하거나 두 가지 이상의 물질을 연간 (㉢)톤 이상 배출하는 시설을 설치하는 경우

① ㉠ 1만, ㉡ 10, ㉢ 15
② ㉠ 1만, ㉡ 5, ㉢ 15
③ ㉠ 2만, ㉡ 10, ㉢ 25
④ ㉠ 2만, ㉡ 5, ㉢ 25

해설

배출시설의 설치를 제한할 수 있는 경우

1. 배출시설 설치지점으로부터 반경 1킬로미터 안의 상주인구가 2만명 이상인 지역으로서 특정대기유해물질 중 한 가지 종류의 물질을 연간 10톤 이상 배출하거나 두 가지 이상의 물질을 연간 25톤 이상 배출하는 시설을 설치하는 경우
2. 대기오염물질(먼지·황산화물 및 질소산화물)의 발생량 합계가 연간 10톤 이상인 배출시설을 특별대책지역에 설치하는 경우 자가측정 시 사용한 여과지 및 시료채취기록지의 보존기간은 「환경분야 시험·검사 등에 관한 법률」에 따른 환경오염공정시험기준에 따라 측정한 날부터 6개월로 한다.

정답 ③

90 ★☆☆

대기환경보전법령상 환경기술인의 준수사항으로 옳지 않은 것은?

① 배출시설 및 방지시설의 운영기록을 사실에 기초하여 작성해야 한다.
② 환경기술인을 공동으로 임명한 경우 환경기술인이 해당 사업장에 번갈아 근무해서는 안 된다.
③ 배출시설 및 방지시설을 정상가동하여 대기오염물질 등의 배출이 배출허용기준에 맞도록 해야 한다.
④ 자가측정 시 사용한 여과지는 환경오염공정시험기준에 따라 기록한 시료채취기록지와 함께 날짜별로 보관·관리해야 한다.

해설

환경기술인을 공동으로 임명한 경우 그 환경기술인은 해당 사업장에 번갈아 근무하여야 한다.

관련이론 | 환경기술인의 준수사항 및 관리사항「시행규칙 제54조」

1. 배출시설 및 방지시설을 정상가동하여 대기오염물질 등의 배출이 배출허용기준에 맞도록 할 것
2. 배출시설 및 방지시설의 운영기록을 사실에 기초하여 작성할 것
3. 자가측정은 정확히 할 것
4. 자가측정한 결과를 사실대로 기록할 것
5. 자가측정 시에 사용한 여과지는「환경분야 시험·검사 등에 관한 법률」에 따른 환경오염공정시험기준에 따라 기록한 시료채취기록지와 함께 날짜별로 보관·관리할 것
6. 환경기술인은 사업장에 상근할 것. 다만,「기업활동 규제완화에 관한 특별조치법」 제37조에 따라 환경기술인을 공동으로 임명한 경우 그 환경기술인은 해당 사업장에 번갈아 근무하여야 한다.

정답 ②

91 ★★☆

대기환경보전법령상 인증을 면제할 수 있는 자동차에 해당하는 것은?

① 항공기 지상 조업용 자동차
② 국가대표 선수용 자동차로서 문화체육관광부 장관의 확인을 받은 자동차
③ 여행자 등이 다시 반출할 것을 조건으로 일시 반입하는 자동차
④ 주한 외국군인의 가족이 사용하기 위해 반입하는 자동차

선지분석

① 항공기 지상 조업용 자동차: 인증을 생략할 수 있음
② 국가대표 선수용 자동차로서 문화체육관광부 장관의 확인을 받은 자동차: 인증을 생략할 수 있음
③ 여행자 등이 다시 반출할 것을 조건으로 일시 반입하는 자동차: 인증을 면제할 수 있음
④ 주한 외국군인의 가족이 사용하기 위해 반입하는 자동차: 인증을 생략할 수 있음

정답 ③

92

★☆☆

대기환경보전법령상 특별대책지역에서 환경부령에 따라 신고해야 하는 휘발성유기화합물 배출시설 중 "대통령령으로 정하는 시설"에 해당하지 않는 것은? (단, 그 밖에 휘발성유기화합물을 배출하는 시설로서 환경부장관이 관계중앙행정기관의 장과 협의하여 고시하는 시설 등은 제외한다.)

① 저유소의 저장시설 및 출하시설
② 주유소의 저장시설 및 주유시설
③ 석유정제를 위한 제조시설, 저장시설, 출하시설
④ 휘발성유기화합물 분석을 위한 실험실

해설

휘발성유기화합물 배출시설 중 대통령령으로 정하는 시설「시행령 제45조」

1. 석유정제를 위한 제조시설, 저장시설 및 출하시설(出荷施設)과 석유화학제품 제조업의 제조시설, 저장시설 및 출하시설
2. 저유소의 저장시설 및 출하시설
3. 주유소의 저장시설 및 주유시설
4. 세탁시설

정답 ④

93

★★☆

대기환경보전법령상 대기오염방지시설에 해당하지 않는 것은?

① 산화·환원에 의한 시설
② 미생물을 이용한 처리시설
③ 응집에 의한 시설
④ 흡착에 의한 시설

해설

대기오염방지시설「시행규칙 별표 4」

중력집진시설, 관성력집진시설, 원심력집진시설, 세정집진시설, 여과집진시설, 전기집진시설, 음파집진시설, 흡수에 의한 시설, 흡착에 의한 시설, 직접연소에 의한 시설, 촉매반응을 이용하는 시설, 응축에 의한 시설, 산화·환원에 의한 시설, 미생물을 이용한 처리시설, 연소조절에 의한 시설

정답 ③

94

★★★

대기환경보전법령상 초과부과금 산정기준에서 오염물질 1킬로그램당 부과금액이 가장 낮은 것은?

① 먼지
② 황산화물
③ 암모니아
④ 불소화물

해설

초과부과금 산정기준「시행령 별표 4」

구분 / 오염물질		오염물질 1킬로그램당 부과금액
황산화물		500
먼지		770
질소산화물		2,130
암모니아		1,400
황화수소		6,000
이황화탄소		1,600
특정대기유해물질	불소화물	2,300
	염화수소	7,400
	시안화수소	7,300

정답 ②

95 ★★★

대기환경보전법령상 특정대기유해물질에 해당하지 않는 것은?

① 염소 및 염화수소 ② 아크릴로니트릴
③ 황화수소 ④ 이황화메틸

해설

황화수소는 특정대기유해물질에 해당하지 않는다.

관련이론 | 특정대기유해물질의 종류

1. 카드뮴 및 그 화합물	2. 시안화수소
3. 납 및 그 화합물	4. 폴리염화비페닐
5. 크롬 및 그 화합물	6. 비소 및 그 화합물
7. 수은 및 그 화합물	8. 프로필렌 옥사이드
9. 염소 및 염화수소	10. 불소화물
11. 석면	12. 니켈 및 그 화합물
13. 염화비닐	14. 다이옥신
15. 페놀 및 그 화합물	16. 베릴륨 및 그 화합물
17. 벤젠	18. 사염화탄소
19. 이황화메틸	20. 아닐린
21. 클로로포름	22. 포름알데히드
23. 아세트알데히드	24. 벤지딘
25. 1,3-부타디엔	26. 다환 방향족 탄화수소류
27. 에틸렌옥사이드	28. 디클로로메탄
29. 스틸렌	30. 테트라클로로에틸렌
31. 1,2-디클로로에탄	32. 에틸벤젠
33. 트리클로로에틸렌	34. 아크릴로니트릴
35. 히드라진	

정답 ③

96 ★★☆

대기환경보전법령상 환경기술인 등의 교육을 받게 하지 아니한 자에 대한 행정 처분기준으로 옳은 것은?

① 50만원 이하의 과태료를 부과한다.
② 100만원 이하의 과태료를 부과한다.
③ 100만원 이하의 벌금에 처한다.
④ 200만원 이하의 벌금에 처한다.

해설

그 외 100만원 이하의 과태료를 부과하는 경우

- 배출시설의 설치허가 및 신고에 따른 변경신고를 하지 아니한 자
- 환경기술인의 준수사항을 지키지 아니한 자
- 비산먼지의 발생을 억제하는 시설을 변경하는 경우에 따른 변경신고를 하지 아니한 자
- 평균 배출량 달성실적을 제출하지 아니한 자
- 상환명령을 받은 자동차 제작자의 상환계획서를 제출하지 아니한 자
- 자동차의 원동기 가동제한을 위반한 자동차의 운전자
- 2회 이상 부적합 판정을 받은 자동차의 소유자가 전문정비사업자에게 정비·점검 및 확인검사를 받지 아니한 자
- 등록된 기술인력이 교육을 받게 하지 아니한 전문정비사업자

정답 ②

97 ★★★

대기환경보전법령상 대기오염경보 발령 시 포함되어야 할 사항에 해당하지 않는 것은? (단, 기타사항은 제외한다.)

① 대기오염경보단계
② 대기오염경보의 대상지역
③ 대기오염경보의 경보대상기간
④ 대기오염경보단계별 조치사항

해설

대기오염경보에 포함되어야 하는 사항 「시행규칙 제13조」

1. 대기오염경보의 대상지역
2. 대기오염경보단계 및 대기오염물질의 농도
3. 대기오염경보단계별 조치사항
4. 그 밖에 시·도지사가 필요하다고 인정하는 사항

정답 ③

98

★★☆

대기환경보전법령상 배출시설의 변경신고를 하여야 하는 경우에 해당하지 않는 것은?

① 배출시설 또는 방지시설을 임대하는 경우
② 사업장의 명칭이나 대표자를 변경하는 경우
③ 종전의 연료보다 황함유량이 낮은 연료로 변경하는 경우
④ 배출시설에서 허가받은 오염물질 외의 새로운 대기오염물질이 배출되는 경우

해설

종전의 연료보다 황함유량이 낮은 연료로 변경하는 경우는 변경신고 대상이 아니다.

관련이론 | 배출시설의 변경신고를 해야 하는 경우「시행규칙 제27조」

1. 같은 배출구에 연결된 배출시설을 증설 또는 교체하거나 폐쇄하는 경우
2. 배출시설에서 허가받은 오염물질 외의 새로운 대기오염물질이 배출되는 경우
3. 방지시설을 증설·교체하거나 폐쇄하는 경우
4. 사업장의 명칭이나 대표자를 변경하는 경우
5. 사용하는 원료나 연료를 변경하는 경우. 다만, 새로운 대기오염물질을 배출하지 아니하고 배출량이 증가되지 아니하는 원료로 변경하는 경우 또는 종전의 연료보다 황함유량이 낮은 연료로 변경하는 경우는 제외한다.
6. 배출시설 또는 방지시설을 임대하는 경우
7. 그 밖의 경우로서 배출시설 설치허가증에 적힌 허가사항 및 일일조업시간을 변경하는 경우

정답 ③

99

★★☆

대기환경보전법령상 환경부령으로 정하는 바에 따라 특별자치시장·특별자치도지사·시장·군수·구청장에게 신고하고 비산먼지의 발생을 억제하기 위한 시설을 설치하거나 필요한 조치를 해야 할 경우에 해당하지 않는 경우는?

① 비산먼지를 발생시키는 금속물질의 채취업 및 가공업을 하려는 자
② 비산먼지를 발생시키는 비료 및 사료제품의 제조업을 하려는 자
③ 비산먼지를 발생시키는 운송장비 제조업을 하려는 자
④ 비산먼지를 발생시키는 시멘트 관련 제품의 가공업을 하려는 자

해설

비산먼지를 발생시키는 비금속물질의 채취업, 제조업 및 가공업을 하려는 자가 비산먼지의 발생을 억제하기 위한 시설을 설치하거나 필요한 조치를 해야 한다.

정답 ①

100

★★☆

대기환경보전법령상 일일유량은 측정유량과 일일조입시간의 곱으로 환산한다. 이 때, 일일조업시간의 표시기준은?

① 배출량을 측정하기 전 최근 조업한 1일 동안의 배출시설 조업시간 평균치를 시간으로 표시한다.
② 배출량을 측정하기 전 최근 조업한 30일 동안의 배출시설 조업시간 평균치를 시간으로 표시한다.
③ 배출량을 측정하기 전 최근 조업한 7일 동안의 배출시설 조업시간 평균치를 시간으로 표시한다.
④ 배출량을 측정하기 전 최근 조업한 전체 기간의 배출시설 조업시간 평균치를 시간으로 표시한다.

해설

일일조업시간은 배출량을 측정하기 전 최근 조업한 30일 동안의 배출시설 조업시간 평균치를 시간으로 표시한다.

정답 ②

2024년 | 2회 CBT 복원문제

자동채점 

대기오염개론

01 ★★★

로스앤젤레스 스모그 사건에 대한 설명 중 옳지 않은 것은?

① 대기는 침강성역전 상태였다.
② 주 오염성분은 NO_x, O_3, PAN, 탄화수소이다.
③ 광화학적 및 열적 산화반응을 통해서 스모그가 형성되었다.
④ 주 오염 발생원은 가정 난방용 석탄과 화력발전소의 매연이다.

해설

런던 스모그의 주 오염 발생원이 가정 난방용 석탄과 화력발전소의 매연이다.

관련이론 | 런던 스모그와 LA 스모그

항목	런던 스모그	LA 스모그
기온	4℃ 이하	24~32℃
기간	겨울(12~1월)	여름(7~9월)
습도	85% 이상	70% 이하
시간	이른 아침	한낮
역전형태	접지역전(방사성역전)	공중역전(침강성역전)
대기의 안정도	기온역전, 무풍상태(매우 안정된 대기)	
오염물질	황산화물, H_2SO_4, 미스트 등	질소산화물, 오존, HC, PAN 등 광화학적 부산물
오염원	공장, 가정난방, 화력발전소 등 화석연료 사용	자동차
반응형태	열적 환원반응	광화학적 산화반응
가시거리	100m 이하	1km 이하
색	짙은 회색	연한 갈색

정답 ④

02 ★★★

대기오염사건과 대표적인 주 원인물질 또는 전구물질의 연결이 옳지 않은 것은?

① 뮤즈계곡 사건 – SO_2
② 도노라 사건 – NO_2
③ 런던 스모그 사건 – SO_2
④ 보팔 사건 – MIC(Methyl Isocyanate)

해설

도노라 사건은 SO_2에 의해 스모그가 발생한 사건이다.

정답 ②

03 ★☆☆

암모니아가 식물에 미치는 영향으로 가장 거리가 먼 것은?

① 토마토, 메밀 등은 40ppm 정도의 암모니아 가스 농도에서 1시간 지나면 피해증상이 나타난다.
② 최초의 증상은 잎 선단부에 경미한 황화현상으로 나타난다.
③ 잎의 일부분에 영향이 나타나며, 강한 식물로는 겨자, 해바라기 등이 있다.
④ 암모니아의 독성은 HCl과 비슷한 정도이다.

해설

식물이 암모니아에 노출되면 잎의 전체에 영향이 나타나며, 암모니아에 약한 식물로는 토마토, 해바라기 등이 있다.

정답 ③

04 ★☆☆

다음 설명하는 복사의 법칙은?

> • 열역학 평형상태 하에서는 어떤 주어진 온도에서 매질의 방출계수와 흡수계수의 비는 매질의 종류에 상관없이 온도에 의해서만 결정된다는 법칙이다.
> • 주어진 온도에서 어떤 물체의 파장 λ의 복사선에 대한 흡수율은 동일 온도와 파장에 대한 그 물체의 복사율과 같다.
> • 이 법칙은 국소적 열역학 평형에 대해서도 확장된다.

① 스테판–볼츠만의 법칙
② 플랑크의 법칙
③ 빈의 법칙
④ 키르히호프의 법칙

선지분석

① 스테판–볼츠만의 법칙: 흑체의 단위면적 당 복사에너지는 절대온도의 4제곱과 비례한다는 법칙이다.
② 플랑크의 법칙: 흑체 복사(물체가 방출하는 복사 에너지의 스펙트럼 분포)가 온도와 관계가 있다는 법칙이다.
③ 빈의 법칙: 특정 온도에서 물체가 방출하는 최대의 파장은 온도에 반비례한다는 복사 법칙이다.

정답 ④

05 ★★★

다음 중 폼알데하이드의 배출과 가장 관련이 깊은 업종은?

① 피혁, 합성수지, 포르말린제조
② 비료, 표백, 색소제조
③ 고무가공, 청산, 석면제조
④ 석유정제, 석탄건류, 가스공업

해설

폼알데하이드(HCHO)는 탄소가 포함된 물질이 불완전 연소할 때 쉽게 만들어지며 배출과 관계 깊은 업종은 피혁, 합성수지, 포르말린제조 공업 등이 있다.

정답 ①

06 ★★☆

굴뚝의 반경이 1.5m, 평균풍속이 180m/min인 경우 굴뚝의 유효연돌높이를 24m 증가시키기 위한 굴뚝 배출가스 속도는? (단, 연기의 유효상승 높이(ΔH)는 아래 식을 이용한다.)

$$\Delta H = 1.5 \times \frac{W_s}{U} \times D$$

① 13m/s ② 16m/s
③ 26m/s ④ 32m/s

해설

$$\Delta H = 1.5 \times \frac{W_s}{U} \times D$$

W_s: 굴뚝 배출가스의 속도(m/s)
U: 풍속(m/s), D: 굴뚝의 직경(m)

$$24\text{m} = 1.5 \times \frac{W_s}{\frac{180\text{m}}{\text{min}} \times \frac{\text{min}}{60\text{s}}} \times 3\text{m}$$

$W_s = 16\text{m/s}$

정답 ②

07 ★☆☆

시정거리에 관한 설명으로 가장 거리가 먼 것은? (단, 입자 산란에 의해서만 빛이 감쇠되고, 입자상 물질은 모두 같은 크기의 구형태로 분포하고 있다고 가정한다.)

① 시정거리는 대기 중 입자의 산란계수에 비례한다.
② 시정거리는 대기 중 입자의 농도에 반비례한다.
③ 시정거리는 대기 중 입자의 밀도에 비례한다.
④ 시정거리는 대기 중 입자의 직경에 비례한다.

해설

시정거리의 감소는 입자의 산란이 큰 영향을 미치고, 시정거리는 대기 중 입자의 산란계수에 반비례한다.

관련이론 | 시정거리의 감소

• 시정거리의 감소는 입자의 산란이 큰 영향을 미친다.
• 입자 산란에 의해서만 빛이 감쇠되고, 입자상 물질은 모두 같은 크기의 구형태로 분포하고 있다고 가정했을 때 아래의 관계가 성립한다.
  – 시정거리는 대기 중 입자의 밀도와 직경에 비례한다.
  – 시정거리는 대기 중 입자의 농도와 산란계수에 반비례한다.

정답 ①

2024년

08

★☆☆

대기오염원의 영향을 평가하는 방법 중 분산모델에 관한 설명으로 가장 거리가 먼 것은?

① 지형 및 오염원의 조업조건에 영향을 받는다.
② 시나리오 작성이 곤란하고, 미래예측이 어렵다.
③ 오염물의 단기간 분석 시 문제가 된다.
④ 먼지의 영향평가는 기상의 불확실성과 오염원이 미확인인 경우에 문제점을 가진다.

해설

시나리오 작성이 곤란하고, 미래예측이 어려운 것은 수용모델의 특징이다. 분산모델은 미래예측이 가능하다.

관련이론

분산모델의 개념

- 분산모델은 특정한 오염원의 배출속도와 바람에 의한 분산요인을 입력자료로 하여 수용체 위치에서의 영향을 계산한다.
- 상자모델, 가우시안모델 등이 해당한다.

분산모델의 장점과 단점

구분	내용
장점	• 점, 선, 면 오염원의 영향을 평가할 수 있다. • 미래의 대기질을 예측할 수 있으며 시나리오를 작성할 수 있다. • 2차 오염원의 확인이 가능하다. • 복수의 오염원의 영향을 평가할 수 있는 잠재력을 가지고 있다.
단점	• 지형 및 오염원의 조업조건에 영향을 받는다. • 먼지의 영향평가는 기상의 불확실성과 오염원이 미확인인 경우에 문제점을 가진다. • 단기간 분석 시 문제가 될 수 있고, 새로운 오염원이 지역 내 신설될 때 매번 재평가하여야 한다. • 기상과 관련하여 대기 중의 특성을 적절하게 묘사할 수는 없으며 이에 따라 정확한 결과를 도출할 수 없다.

정답 ②

09

★☆☆

바람에 관여하는 힘과 거리가 가장 먼 것은?

① Centrifugal force
② Friction force
③ Coriolis force
④ Electronic force

해설

바람과 관련 있는 힘은 원심력, 마찰력, 전향력, 기압경도력 등이 있다.

선지분석

① Centrifugal force(원심력): 회전하는 물체에 나타나는 힘으로 극지방에서 최소가 되며 적도지방에서 최대가 된다.
② Friction force(마찰력): 공기와 지면이 마찰하면서 발생하는 힘으로, 바람의 속도와 지면의 특성 등에 의해 달라진다.
③ Coriolis force(전향력): 지구 자전에 의해 운동하는 물체에 작용하는 힘으로 가상적인 겉보기 힘을 말한다.
④ Electronic force(전기력): 전하를 띤 물체 사이에서 작용하는 힘을 말한다.

정답 ④

10

★☆☆

다음 중 주로 연소 시 배출되는 무색의 기체로 물에 매우 난용성이며, 혈액 중의 헤모글로빈과 결합력이 강해 산소 운반능력을 감소시키는 물질은?

① HC　② NO
③ PAN　④ 알데하이드

해설

NO에 대한 설명이다.

정답 ②

11 ★☆☆

다음은 최대혼합고(MMD)에 관한 설명이다. ( ) 안에 가장 알맞은 것은?

> MMD값은 통상적으로 (㉠)에 가장 낮으며, (㉡)시간 동안 증가한다. (㉡)시간 동안에는 통상 (㉢)값을 나타내기도 한다.

① ㉠ 밤, ㉡ 낮, ㉢ 20~30km
② ㉠ 밤, ㉡ 낮, ㉢ 2,000~3,000m
③ ㉠ 낮, ㉡ 밤, ㉢ 20~30km
④ ㉠ 낮, ㉡ 밤, ㉢ 2,000~3,000m

해설

MMD값은 통상적으로 밤에 가장 낮으며, 낮 시간 동안 증가한다. 낮 시간 동안에는 통상 2,000~3,000m 값을 나타내기도 한다.

관련이론 | 최대혼합고(MMD: Maximum Mixing Depth)

- 대기의 수직적인 대류현상(혼합)이 가능한 고도를 혼합고라 하며 이 혼합고의 최대고도를 최대혼합고라 한다.
- 최대혼합고는 지표로부터 환경감률선과 건조단열감률선이 만나는 점까지의 고도로서 결정된다.
- 혼합고가 높을수록 환경용량의 증가로 대기오염부하는 낮아진다.

정답 ②

12 ★☆☆

가솔린 연료를 사용하는 차량은 엔진 가동형태에 따라 오염물질 배출량이 달라진다. 다음 중 통상적으로 탄화수소가 제일 많이 발생하는 엔진 가동형태는?

① 정속(60km/h)　② 가속
③ 정속(40km/h)　④ 감속

해설

구분	HC(탄화수소)	CO	NO_x
발생량이 많을 때	감속	공회전	가속
발생량이 적을 때	정상운행	정상운행	공회전

정답 ④

13 ★★☆

굴뚝높이가 60m, 대기온도 27℃, 배기가스의 평균온도가 137℃일 때, 통풍력을 1.5배 증가시키기 위해서 요구되는 배출가스의 온도는? (단, 굴뚝의 높이는 일정하고, 배기가스와 대기의 비중량은 1.3kgf/m^{3}이다.)

① 약 230℃　② 약 280℃
③ 약 320℃　④ 약 370℃

해설

통풍력 계산식을 이용한다.

$$Z(\text{mmH}_2\text{O})=273\times H\times\left[\frac{\gamma_a}{273+t_a}-\frac{\gamma_g}{273+t_g}\right]$$

H: 굴뚝의 높이(m)

γ_a: 공기의 비중량(kgf/m^3), γ_g: 배기가스의 비중량(kgf/m^3)

t_a: 공기의 온도(℃), t_g: 배기가스의 온도(℃)

(1) 현재의 통풍력 구하기

$$Z=273\times60\times\left[\frac{1.3}{273+27}-\frac{1.3}{273+137}\right]=19.0434\text{mmH}_2\text{O}$$

(2) 통풍력이 1.5배 증가했을 경우 배출가스의 온도 구하기

$$273\times60\times\left[\frac{1.3}{273+27}-\frac{1.3}{273+t_g}\right]=1.5\times19.0434\text{mmH}_2\text{O}$$

$t_g=229.0405$℃

※ t_g 값은 공학용계산기의 SOLVE 기능으로 구하는 것이 편리합니다.

정답 ①

14

★☆☆

오존층에 관한 다음 설명 중 옳지 않은 것은?

① 오존층이란 성층권에서도 오존이 더욱 밀집해 분포하고 있는 지상 50~60km 정도의 구간을 말한다.
② 오존층의 두께를 표시하는 단위는 돕슨(Dobson)이며, 지구대기 중의 오존총량을 표준상태에서 두께로 환산했을 때 1mm를 100돕슨으로 정하고 있다.
③ 오존총량은 적도상에서 약 200돕슨, 극지방에서 약 400돕슨 정도인 것으로 알려져 있다.
④ 오존은 성층권에서는 대기중의 산소분자가 주로 240nm 이하의 자외선에 의해 광분해되어 생성된다.

해설

오존층이란 성층권에서도 오존이 더욱 밀집해 분포하고 있는 지상 25~30km 정도의 구간을 말한다.

정답 ①

15

★★☆

최대혼합고도를 400m로 예상하여 오염농도를 3ppm으로 추정하였는데, 실제 관측된 최대혼합고도는 200m였다. 실제 나타날 오염농도는? (단, 기타 조건은 같다.)

① 21ppm ② 24ppm
③ 27ppm ④ 29ppm

해설

$$\frac{C_2}{C_1}=\left(\frac{MMD_1}{MMD_2}\right)^3$$

C_1: 예상오염농도(ppm), MMD_1: 예상최대혼합고(m)

C_2: 실제오염농도(ppm), MMD_2: 실제최대혼합고(m)

$$\frac{C_2}{3\text{ppm}}=\left(\frac{400\text{m}}{200\text{m}}\right)^3$$

$C_2=24\text{ppm}$

정답 ②

16

★★☆

대기오염가스를 배출하는 굴뚝의 유효고도가 87m에서 100m로 높아졌다면 굴뚝의 풍하측 지상 최대 오염농도는 87m일 때의 것과 비교하면 몇 %가 되겠는가? (단, 기타 조건은 일정하다.)

① 47% ② 62%
③ 76% ④ 88%

해설

최대지표농도 공식을 이용한다.

$$C_{\max}=\frac{2Q}{\pi eUH_e^2}\times\left(\frac{K_z}{K_y}\right)$$

Q: 오염물질 배출량

U: 풍속, H_e: 유효굴뚝높이(m)

K_z: 수직방향확산계수, K_y: 수평방향확산계수

(1) 87m일 때

굴뚝의 유효고도(H_e) 외에 다른 조건은 주어지지 않았으므로 상수 K로 놓고, 굴뚝의 유효고도에 따른 최대 지표농도의 변화를 계산한다.

$$C_{\max}=\frac{1}{87^2}\times K$$

(2) 100m일 때

$$C_{\max}=\frac{1}{100^2}\times K$$

(3) 굴뚝의 유효고도가 100m로 높아졌을 경우 87m일 때와 최대지표농도 비교하기

$$\frac{\frac{1}{100^2}\times K}{\frac{1}{87^2}\times K}\times 100=\frac{\frac{1}{100^2}}{\frac{1}{87^2}}\times 100=75.69\%$$

정답 ③

17
★★☆

오염물질에 대한 식물피해에 관한 설명으로 가장 거리가 먼 것은?

① 황화수소는 어린 잎과 새싹에 피해가 많은 편이며, 강한 식물로는 복숭아, 딸기 등이다.
② 에틸렌은 고목의 생장저해가 특징적이며, 글라디올러스가 가장 민감한 편이며, 0.1ppb에서 피해가 인정된다.
③ 암모니아는 잎 전체에 영향을 주는 편이다.
④ 일산화탄소는 식물에는 별로 심각한 영향을 주지 않으나 500ppm 정도에서 토마토 잎에 피해를 보인다.

해설

에틸렌(C_2H_4)은 0.1ppm 정도의 저농도에서도 스위트피와 토마토에 상편생장을 일으키는 오염물질이다.

정답 ②

18
★★★

아래 대기오염사건들의 발생순서가 오래된 것부터 순서대로 올바르게 나열된 것은?

> ㉠ 인도 보팔시의 대기오염사건
> ㉡ 미국의 도노라 사건
> ㉢ 벨기에의 뮤즈계곡 사건
> ㉣ 영국의 런던 스모그 사건

① ㉠ → ㉡ → ㉢ → ㉣　　② ㉢ → ㉡ → ㉣ → ㉠
③ ㉡ → ㉠ → ㉣ → ㉢　　④ ㉢ → ㉣ → ㉠ → ㉡

해설

주요 대기오염 사건의 발생순서

뮤즈계곡 사건(1930년 벨기에) → 도노라 사건(1948년 미국) → 포자리카 사건(1950년 멕시코) → 런던 스모그(1952년 영국) → 보팔 사건(1984년 인도)

정답 ②

19
★☆☆

지표 부근의 대기성분의 부피비율(농도)이 큰 것부터 순서대로 알맞게 나열된 것은? (단, N_2, O_2 성분은 생략한다.)

① CO_2 – Ar – CH_4 – H_2
② CO_2 – Ar – H_2 – CH_4
③ Ar – CO_2 – He – Ne
④ Ar – CO_2 – Ne – He

해설

성분		부피비(%)	중량비(%)
질소	N_2	78.088	75.527
산소	O_2	20.949	23.143
아르곤	Ar	0.93	1.282
이산화탄소	CO_2	0.03	0.0456
네온	Ne	1.8×10^{-3}	1.25×10^{-5}
헬륨	He	5.24×10^{-4}	7.24×10^{-5}
메탄	CH_4	1.4×10^{-4}	7.25×10^{-5}
크립톤	Kr	1.14×10^{-4}	3.30×10^{-4}
아산화질소	N_2O	5×10^{-5}	7.6×10^{-5}
수소	H_2	5×10^{-5}	3.48×10^{-6}
일산화탄소	CO	1×10^{-5}	1×10^{-5}
오존	O_3	2×10^{-6}	3×10^{-5}

정답 ④

20

★★★

유효굴뚝높이가 60m인 굴뚝으로부터 SO_2가 125g/s의 속도로 배출되고 있다. 굴뚝높이에서의 풍속이 6m/s일 때, 이 굴뚝으로부터 500m 떨어진 연기중심선 상에서 오염물질의 지표농도(μg/m³)는? (단, 가우시안모델식 사용, 수평확산계수(σ_y)는 36m, 수직확산계수(σ_z)는 18.5m, 배출되는 SO_2는 화학적으로 반응하지 않는다.)

① 52　　② 66

③ 2,483　　④ 9,957

해설

가우시안분산식을 사용한다.

$$C(x,y,z)=\frac{Q}{2\pi U\sigma_y\sigma_z}\left[\exp\left(-\frac{1}{2}\left(\frac{y}{\sigma_y}\right)^2\right)\right]\times\left[\exp\left(-\frac{1}{2}\left(\frac{(z-H)}{\sigma_z}\right)^2\right)+\exp\left(-\frac{1}{2}\left(\frac{(z+H)}{\sigma_z}\right)^2\right)\right]$$

Q: 오염물질 배출량(μg/s)

$Q=125\times10^6\mu g/s$

U: 풍속(m/s)

y: 풍향에 직각인 수평거리(m)=0(중심선상 오염농도를 구함)

z: 지면으로부터 오염물질 높이=0(지상의 오염농도를 구함)

H: 유효굴뚝높이(m)

$$C(x,0,0)=\frac{125\times10^6}{2\pi\times6\times36\times18.5}\left[\exp\left(-\frac{1}{2}\left(\frac{0}{36}\right)^2\right)\right]\times\left[\exp\left(-\frac{1}{2}\left(\frac{0-60}{18.5}\right)^2\right)+\exp\left(-\frac{1}{2}\left(\frac{0+60}{18.5}\right)^2\right)\right]$$

$$=\frac{125\times10^6}{2\pi\times6\times36\times18.5}\times1\times\left[2\times\exp\left(-\frac{1}{2}\left(\frac{60}{18.5}\right)^2\right)\right]$$

$$=51.7659\mu g/m^3$$

정답 ①

연소공학

21

★★☆

미분탄연소에 관한 설명으로 가장 거리가 먼 것은?

① 부하변동에 대한 응답성이 우수한 편이어서 대용량의 연소로 적합하다.

② 최초의 분해연소 시에 다량의 가연가스를 방출하고 곧 이어서 고정탄소의 표면연소가 시작된다.

③ 명료한 화염면이 형성되고, 화염이 연소실에 국부적으로 형성된다.

④ 화격자 연소보다 낮은 공기비로써 높은 연소효율을 얻을 수 있다.

해설

미분탄연소는 명료한 화염면이 형성되지 않는다.

접선기울형버너(Tangential tilting burner)가 화염이 연소실 중앙부에 집중하여 명료한 화염면이 형성된다.

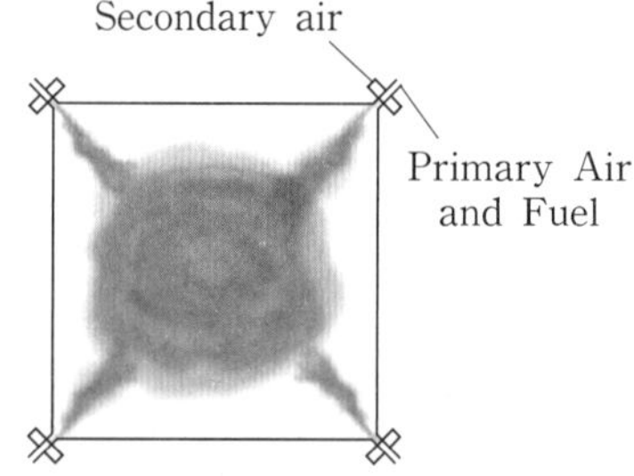

관련이론 | 미분탄연소의 특징

- 연소제어가 용이하고 점화 및 소화 시 손실이 적다.
- 사용연료의 범위가 넓고 스토커 연소에 적합하지 않는 점결탄과 저발열량탄 등도 사용할 수 있다.
- 연료의 접촉표면이 크므로 스토커식 연소에 비해 작은 공기비로도 완전연소가 가능하다.
- 부하변동에 대한 응답성이 좋은 편이어서 대용량의 연소에 적합하다.
- 화격자연소보다 낮은 공기비로서 높은 연소효율을 얻을 수 있다.
- 석탄의 종류에 따른 탄력성이 부족하고, 노벽 및 전열면에서 재의 퇴적이 많은 편이다.
- 설비비와 유지비가 많이 들고 재의 비산이 많아 집진장치가 필요하다.

정답 ③

22

★☆☆

가연기체와 공기 혼합기체의 가연한계(vol%)가 가장 넓은 것은?

① 메탄 ② 아세틸렌
③ 벤젠 ④ 톨루엔

해설

가연한계(vol%)

① 메탄: 5~15 ② 아세틸렌: 2.5~80
③ 벤젠: 1.2~8.0 ④ 톨루엔: 1.0~7.8

정답 ②

23

★★☆

화학반응속도 및 반응속도상수에 관한 설명으로 옳지 않은 것은?

① 반응물의 농도를 무제한 증가할지라도 반응속도에는 영향을 미치지 않는 반응을 0차 반응이라 한다.
② 반응속도상수는 온도에 영향을 받는다.
③ 1차 반응에서 반응속도상수의 단위는 s^{-1}이다.
④ 화학반응속도론에서 반응속도상수 결정에 활성화에너지가 가장 주요한 영향인자로 작용하며, 넓은 온도 범위에 걸쳐 유효하게 적용된다.

해설

특정 온도 범위에서의 반응속도상수 결정에 활성화에너지도 주요한 영향인자로 작용한다.

정답 ④

24

★★★

프로판(C_3H_8) 1Sm^3을 완전연소하였을 때, 건연소가스 중의 CO_2가 8%(V/V%)이었다. 공기 과잉계수 m은 얼마인가?

① 1.32 ② 1.43
③ 1.52 ④ 1.66

해설

프로판(C_3H_8) 1mol이 완전연소할 때 산소(O_2)는 5mol이 필요하고, 이산화탄소(CO_2)는 3mol이 생성된다.

$C_3H_8 + 5O_2 \rightarrow 3CO_2 + 4H_2O$

이론산소량 $= 5Sm^3$

$$\text{이론공기량} = \frac{\text{이론산소량}}{0.21} = \frac{5}{0.21} = 23.8095Sm^3$$

$$\text{이론공기 중 질소량} = \text{이론공기량} \times 0.79 = 23.8095 \times 0.79 = 18.8095Sm^3$$

과잉공기량 $= xSm^3$

CO_2 배출량 $= 3Sm^3$

건조연소가스량

$=$ 이론공기 중 질소량 $+$ 과잉공기량 $+$ 건조연소생성물(CO_2)

$= (18.8095 + x + 3)Sm^3$

$$CO_2\ \text{농도} = \frac{CO_2\ \text{배출량}(Sm^3)}{\text{건조연소가스량}(Sm^3)} \times 100$$

$$8\% = \frac{3}{18.8095 + x + 3} \times 100$$

$x = 15.6905Sm^3$

$$\text{공기 과잉계수} = \frac{\text{실제공기량}(Sm^3)}{\text{이론공기량}(Sm^3)} = \frac{23.8095 + 15.6905}{23.8095} = 1.659$$

정답 ④

25

★☆☆

다음 기체연료 중 고위발열량(kcal/Sm^3)이 가장 낮은 것은?

① 메탄 ② 에탄
③ 프로판 ④ 에틸렌

해설

연료의 고위발열량은 탄소와 수소의 수에 비례하여 증가한다.

① 메탄: CH_4 ② 에탄: C_2H_6
③ 프로판: C_3H_8 ④ 에틸렌: C_2H_4

정답 ①

26

★☆☆

다음 연소장치 중 일반적으로 가장 큰 공기비를 필요로 하는 것은?

① 오일버너 ② 가스버너
③ 미분탄버너 ④ 수평수동화격자

해설

일반적으로 고체연료를 연소하는 장치가 가장 큰 공기량을 필요로 하며 입자의 크기가 클수록 큰 공기비를 필요로 한다. 미분탄버너를 사용하는 연소장치의 경우 수평수동화격자 연소장치보다 작은 입자의 연료가 투입되므로 수평수동화격자 연소장치가 가장 큰 공기비를 필요로 한다.

① 오일버너: 액체연료
② 가스버너: 기체연료
③ 미분탄버너: 고체연료
④ 수평수동화격자: 고체연료

정답 ④

27

★☆☆

연료 연소 시 공연비(AFR)가 이론량보다 작을 때 나타나는 현상으로 가장 적합한 것은?

① 완전연소로 연소실 내의 열손실이 작아진다.
② 배출가스 중 일산화탄소의 양이 많아진다.
③ 연소실벽에 미연탄화물 부착이 줄어든다.
④ 연소효율이 증가하여 배출가스의 온도가 불규칙하게 증가 및 감소를 반복한다.

선지분석

① 공연비가 이론량보다 작으면 불완전연소한다.
③ 연소실벽에 미연탄화물 부착이 늘어난다.
④ 연소효율이 감소하여 배출가스의 온도가 불규칙하게 증가 및 감소를 반복한다.

정답 ②

28

★★☆

C 85%, H 15%의 액체연료를 100kg/h로 연소하는 경우, 연소 배출가스의 분석결과가 CO_2 12%, O_2 4%, N_2 84%이었다면 실제연소용 공기량은? (단, 표준상태 기준이다.)

① 약 $1,160Sm^3/h$ ② 약 $1,410Sm^3/h$
③ 약 $1,620Sm^3/h$ ④ 약 $1,730Sm^3/h$

해설

완전연소 시 과잉공기비(m) 공식으로 과잉공기비를 구한다.

$$m=\frac{21}{21-O_2}=\frac{21}{21-4}=1.2352$$

$$\text{이론산소량}=1.867C+5.6H+0.7S-0.7O$$
$$=(1.867\times0.85)+(5.6\times0.15)=2.4269Sm^3/kg$$

$$\text{이론공기량}=\frac{\text{이론산소량}}{0.21}=\frac{2.4269}{0.21}=11.5566Sm^3/kg$$

$$\text{실제공기량}=\text{이론공기량}\times\text{과잉공기비}\times\text{연료량}$$
$$=11.5566Sm^3/kg\times1.2352\times100kg/h$$
$$=1,427.4712Sm^3/h$$

정답 ②

29

★☆☆

다음 중 폭굉유도거리가 짧아지는 요건으로 거리가 먼 것은?

① 정상의 연소속도가 작은 단일가스인 경우
② 관속에 방해물이 있거나 관내경이 작을수록
③ 압력이 높을수록
④ 점화원의 에너지가 강할수록

해설

정상의 연소속도가 큰 혼합가스인 경우에 폭굉유도거리가 짧아진다.

관련이론 | 폭굉유도거리

- 폭굉가스가 존재할 때 최초의 완만한 연소가 격렬한 폭굉으로 발전할 때까지의 거리이다.
- 폭굉유도거리가 짧아지기 위한 조건은 관속에 방해물이 있거나 관내경이 작고, 압력이 높고, 점화원의 에너지가 강하고 정상의 연소속도가 큰 혼합가스인 경우이다.

정답 ①

30

★☆☆

C 84%, H 13%, S 2%, N 1% 의 중유를 1kg 당 14Sm^{3}의 공기로 완전연소시킨 경우 실제습배기가스 중 SO_2는 몇 ppm(용량비)이 되는가? (단, 중유 중의 황은 모두 SO_2가 되는 것으로 가정한다.)

① 약 2,000ppm
② 약 1,800ppm
③ 약 1,120ppm
④ 약 950ppm

해설

이론산소량$=1.867C+5.6H+0.7S-0.7O$
$=(1.867\times0.84)+(5.6\times0.13)+(0.7\times0.02)=2.3103Sm^3$

이론공기량$=\frac{이론산소량}{0.21}=\frac{2.3103}{0.21}=11.0014Sm^3$

이론공기중 질소=이론공기량×0.79
$=11.0014\times0.79=8.6911Sm^3$

과잉공기량=실제공기량−이론공기량
$=14-11.0014=2.9986Sm^3$

$C+O_2\rightarrow CO_2$
12kg : 22.4Sm^3=0.84kg : xSm^3
CO_2 배출량(x)=1.568Sm^3

$2H_2+O_2\rightarrow 2H_2O$
2×2kg : 2×22.4Sm^3=0.13kg : xSm^3
H_2O 배출량(x)=1.456Sm^3

$S+O_2\rightarrow SO_2$
32kg : 22.4Sm^3=0.02kg : xSm^3
SO_2 배출량(x)=0.014Sm^3

$N\rightarrow 0.5N_2$
14kg : 0.5×22.4Sm^3=0.01kg : xSm^3
N_2 배출량(x)=0.008Sm^3

실제습연소가스량=이론공기 중 질소량+과잉공기량+습연소생성물($CO_2+H_2O+SO_2+N_2$)
$=8.6911+2.9986+1.568+1.456+0.014+0.008=14.7357Sm^3$

$SO_2(ppm)=\frac{0.014}{14.7357}\times10^6=950.0736ppm$

정답 ④

31

★★★

Propane 1Sm^{3}을 연소시킬 경우 이론 건조연소가스 중의 탄산가스 최대농도(%)는?

① 12.8%
② 13.8%
③ 14.8%
④ 15.8%

해설

Propane(C_3H_8) 1mol 완전연소 시 산소(O_2) 5mol이 필요하다.
$C_3H_8+5O_2\rightarrow 3CO_2+4H_2O$
이론산소량=5Sm^3

이론공기량$=\frac{이론산소량}{0.21}=\frac{5}{0.21}=23.8095Sm^3$

이론공기 중 질소량=이론공기량×0.79
$=23.8095\times0.79=18.8095Sm^3$

CO_2 배출량=3Sm^3

이론 건조연소가스량=이론공기 중 질소량+건조연소생성물(CO_2)
$=18.8095+3=21.8095Sm^3$

$(CO_2)_{max}(\%)=\frac{CO_2\ 배출량(Sm^3)}{이론\ 건조연소가스량(Sm^3)}\times100$
$=\frac{3}{21.8095}\times100=13.7554\%$

정답 ②

32

★☆☆

과잉산소량(잔존 산소량)을 나타내는 표현은? (단, A: 실제공기량, A_O: 이론공기량, m: 공기비(m>1), 표준상태, 부피 기준이다.)

① $0.21mA_O$
② $0.21mA$
③ $0.21(m-1)A_O$
④ $0.21(m-1)A$

해설

과잉산소량$=0.21(m-1)A_O$

정답 ③

33

★★☆

저위발열량이 5,000kcal/Sm³인 기체연료의 이론연소온도(℃)는 약 얼마인가? (단, 이론연소가스량 15Sm³/Sm³ 연료 연소가스의 평균정압비열 0.35kcal/Sm³·℃, 기준온도 0℃, 공기는 예열하지 않으며, 연소가스는 해리되지 않는다고 본다.)

① 952　② 994
③ 1,008　④ 1,118

해설

$$\text{이론연소온도} = \text{기준온도} + \frac{\text{저위발열량}}{\text{평균정압비열} \times \text{연소가스량}}$$

$$= 0℃ + \frac{\frac{5{,}000\text{kcal}}{\text{Sm}^3}}{\frac{0.35\text{kcal}}{\text{Sm}^3\cdot℃} \times \frac{15\text{Sm}^3}{\text{Sm}^3}} = 952.3809℃$$

정답 ①

34

★☆☆

석유에 관한 설명으로 틀린 것은?

① 경질유는 방향족계 화합물을 10% 미만 함유한다고 할 수 있다.
② 점도가 낮을수록 유동점이 낮아지므로 일반적으로 저점도의 중유는 고점도의 중유보다 유동점이 낮다.
③ 석유의 동점도가 감소하면 끓는점과 인화점이 높아지고, 연소가 잘 된다.
④ 석유의 비중이 커지면 탄화수소비(C/H)가 증가한다.

해설

석유(중유)의 동점도가 감소하면 끓는점과 인화점이 낮아지고 유동성이 좋아져 연소가 잘 된다.

정답 ③

35

★★☆

촉매연소법에 관한 설명으로 가장 거리가 먼 것은?

① 일반적으로 구리, 금, 은, 아연, 카드뮴 등은 촉매의 수명을 단축시킨다.
② 고농도의 VOCs, 열용량이 높은 물질을 함유한 가스에 효과적으로 적용된다.
③ 배출가스 중의 가연성 오염물질을 연소로 내에서 파라듐, 코발트 등의 촉매를 사용하여 주로 연소한다.
④ 대부분의 촉매는 800~900℃ 이하에서 촉매역할이 활발하므로 촉매연소에서의 온도상승은 50~100℃ 정도로 유지하는 것이 좋다.

해설

직접연소법: 고농도의 VOCs, 열용량이 높은 물질을 함유한 가스에 효과적으로 적용된다.
촉매연소법: 저농도의 VOCs, 열용량이 낮은 물질을 함유한 가스에 효과적으로 적용된다.

정답 ②

36

★★☆

황(S) 함량 1.6%인 중유를 500kg/h로 연소할 때 30분 동안 생성되는 황산화물의 양(Sm³)은? (단, 중유 중 황은 모두 SO_2로 되며, 표준상태 기준이다.)

① 2.8　② 5.6
③ 11.2　④ 22.4

해설

황(S, 원자량 32) 1mol이 연소하면 황산화물(SO_2) 1mol이 생성된다.

$S + O_2 \rightarrow SO_2$

$$\frac{500\text{kg}}{\text{h}} \times \frac{1.6}{100} \times \frac{\text{h}}{60\text{min}} \times 30\text{min} \times \frac{22.4\text{Sm}^3}{32\text{kg}} = 2.8\text{Sm}^3$$

정답 ①

37 ★★★

수소 8%, 수분 2%로 구성된 고체연료의 고발열량이 8,000kcal/kg일 때 이 연료의 저발열량(kcal/kg)은?

① 7,984 ② 7,779
③ 7,556 ④ 6,835

해설
저위발열량＝고위발열량－600(9H＋W)
H, W: 수소 및 수분의 함량(%)
저위발열량＝8,000－600×(9×0.08＋0.02)＝7,556kcal/kg

정답 ③

38 ★☆☆

고압기류분무식 버너에 관한 설명으로 옳지 않은 것은?

① 2~8kg/cm²의 고압공기를 사용하여 연료유를 분무화시키는 방식이다.
② 분무각도는 30° 정도, 유량조절비는 1 : 10 정도이다.
③ 분무에 필요한 1차 공기량은 이론공기량의 80~90% 범위이다.
④ 연료유의 점도가 커도 분무화가 용이하나 연소 시 소음이 큰 편이다.

해설
고압기류분무식 버너에서 분무에 필요한 1차 공기량은 이론공기량의 7~12% 범위이다.

정답 ③

39 ★★★

기체연료의 연소장치 및 연소방식에 관한 설명으로 옳지 않은 것은?

① 확산연소는 주로 탄화수소가 적은 발생가스, 고로가스에 적용되는 연소방식이고, 천연가스에도 사용될 수 있다.
② 확산연소에 사용되는 버너 중 포트형은 기체연료와 공기를 다같이 고온으로 예열할 수 있다.
③ 예혼합연소는 화염온도가 높아 연소부하가 큰 경우에 사용되고 화염길이가 길고, 그을음 생성이 많다.
④ 예혼합연소에 사용되는 고압버너는 기체연료의 압력을 2kg/cm² 이상으로 공급하므로 연소실 내의 압력은 정압이다.

해설
예혼합연소는 화염온도가 높고 국부가열의 염려가 없어 균일하게 연소가 돼서 연소부하가 큰 경우 사용이 가능하며, 화염의 길이가 짧고 그을음 발생이 적다.

정답 ③

40 ★☆☆

폐타이어를 연료화하는 주된 방식과 가장 거리가 먼 것은?

① 가압분해 증류 방식
② 액화법에 의한 연료추출 방식
③ 열분해에 의한 오일추출 방식
④ 직접 연소 방식

해설
가압분해 증류 방식은 플라스틱류의 연료화에 사용하는 방식이다.

정답 ①

대기오염방지기술

41

★☆☆

유해가스에 대한 설명 중 가장 거리가 먼 것은?

① Cl_2 가스는 상온에서 황록색을 띤 기체이며 자극성 냄새를 가진 유독물질로 관련 배출원은 표백공업이다.
② F_2는 상온에서 무색의 발연성 기체로 강한 자극성이며 물에 잘 녹고 관련 배출원은 알루미늄 제련공업이다.
③ SO_2는 무색의 강한 자극성 기체로 환원성 표백제로도 이용되고 화석연료의 연소에 의해서도 발생된다.
④ NO는 적갈색의 특이한 냄새를 가진 물에 잘 녹는 맹독성 기체로 자동차 배출이 가장 많은 부분을 차지한다.

해설
NO는 무색, 무취의 물에 잘 녹지 않는 난용성 기체로 화학적으로 불안정하며 화석연료의 연소에 의한 Fuel NO_x, 고온으로 인한 Thermal NO_x 등에 의해 생성된다.

정답 ④

42

★★☆

가로 a, 세로 b인 직사각형의 유로에 유체가 흐를 경우 상당직경(Equivalent diameter)을 산출하는 간이식은?

① $\sqrt{ab}$　　② $2ab$
③ $\sqrt{\dfrac{2(a+b)}{ab}}$　　④ $\dfrac{2ab}{a+b}$

해설
④번이 상당직경을 산출하는 간이식이다.

정답 ④

43

★★☆

유해가스를 촉매연소법으로 처리할 때 촉매의 수명을 단축시키거나 효율을 감소시킬 수 있는 물질과 거리가 먼 것은?

① Fe　　② Si
③ Pd　　④ P

해설
Pd(팔라듐)은 백금, 알루미나 등과 함께 촉매로 사용된다.
촉매의 수명을 단축시키거나 효율을 감소시킬 수 있는 물질을 촉매독이라고 하며 Fe, Si, Pb, P 등이 있다.

정답 ③

44

★★★

여과집진장치의 탈진방식 중 간헐식에 관한 설명으로 옳지 않은 것은?

① 간헐식 중 진동형은 여포의 음파진동, 횡진동, 상하진동에 의해 포집된 먼지를 털어내는 방식으로 점착성 먼지에는 사용할 수 없다.
② 집진실을 여러 개의 방으로 구분하고 방 하나씩 처리가스 흐름을 차단하여 순차적으로 탈진하는 방식이다.
③ 간헐식 중 역기류형은 여포의 먼지를 0.03~0.10초 정도의 짧은 시간 내에 높은 충격 분출압을 주어 제거하는 방식이다.
④ 연속식에 비해 먼지의 재비산이 적고 높은 집진효율을 얻을 수 있다.

해설
연속식 중 충격제트형은 여포의 먼지를 0.03~0.10초 정도의 짧은 시간 내에 높은 충격 분출압을 주어 제거하는 방식이다.

정답 ③

45

★☆☆

A 배출시설에서 시간당 배출가스량이 100,000Sm^{3}이고, 배출가스 중 질소산화물의 농도는 350ppm이다. 이 질소산화물을 산소의 공존하에 암모니아에 의한 선택적 접촉환원법으로 처리할 경우 암모니아의 소요량은 몇 kg/hr인가? (단, 탈질률은 90%이고, 배출가스 중 질소산화물은 전부 NO로 가정한다.)

① 약 18kg/hr
② 약 24kg/hr
③ 약 26kg/hr
④ 약 30kg/hr

해설

제거되는 질소산화물의 양

$$=\frac{100{,}000\text{Sm}^3}{\text{hr}}\times\frac{350\text{mL}}{\text{m}^3}\times\frac{1\text{m}^3}{10^6\text{mL}}\times\frac{90}{100}=31.5\text{Sm}^3/\text{hr}$$

선택적 촉매(접촉)환원법의 반응식

$4NO+4NH_3+O_2 \rightarrow 4N_2+6H_2O$

$4\times22.4\text{Sm}^3 : 4\times17\text{kg}=31.5\text{Sm}^3/\text{hr} : x\text{kg/hr}$

$x=23.9063\text{kg/hr}$

정답 ②

46

★★★

여과집진장치의 먼지제거 매커니즘과 가장 거리가 먼 것은?

① 관성충돌(Inertial impaction)
② 확산(Diffusion)
③ 직접차단(Direct interception)
④ 무화(Atomization)

해설

여과집진장치의 먼지제거 매커니즘은 관성충돌, 직접차단, 확산, 정전기적 인력, 중력이다.

무화(Atomization)는 큰 액적을 아주 작은 입자로 깨뜨리는 것이다.

정답 ④

47

★★☆

침강실의 길이 5m인 중력집진장치를 사용하여 침강집진할 수 있는 먼지의 최소입경이 140μm였다. 이 길이를 2.5배로 변경할 경우 침강실에서 집진 가능한 먼지의 최소입경(μm)은? (단, 배출가스의 흐름은 층류이고, 길이 이외의 모든 조건은 동일하다.)

① 약 70　　② 약 89
③ 약 99　　④ 약 129

해설

100% 제거하기 위한 중력집진장치의 설계 공식

$$\frac{V_g}{V}=\frac{H}{L}$$

H: 침강실의 높이, L: 침강실의 길이

중력침강속도$(V_g)=\dfrac{d_p^2(\rho_p-\rho)g}{18\mu}$

중력집진장치의 설계공식을 입자의 직경(d_p) 기준으로 정리한다.

$$\frac{\frac{d_p^2(\rho_p-\rho)g}{18\mu}}{V}=\frac{H}{L}$$

$$\frac{d_p^2(\rho_p-\rho)g}{18\mu V}=\frac{H}{L}$$

$$d_p=\sqrt{\frac{18\mu VH}{(\rho_p-\rho)gL}}$$

이 식에서 L(길이) 외에 μ(가스의 점도), V(수평속도), H(침강실의 높이), ρ_p(입자의 밀도), ρ(공기의 밀도), g(중력가속도)는 모두 동일하다고 했으므로 상수 k로 표기할 수 있다.

$d_p=\sqrt{\dfrac{k}{L}}$ (L: 중력집진장치의 길이)

$$L=\frac{k}{d_p^2}=\frac{k}{(140\mu\text{m})^2}$$

길이를 2.5배 늘렸을 때 집진 가능한 먼지의 최소입경(μm)

$$d_p=\sqrt{\frac{k}{2.5\times\frac{k}{(140\mu\text{m})^2}}}=\sqrt{\frac{(140\mu\text{m})^2}{2.5}}=88.54\mu\text{m}$$

정답 ②

2024년

48

★☆☆

유해가스를 처리하는 흡수장치의 효율을 높이기 위한 흡수액의 조건은?

① 점성이 커야 한다.
② 어는점이 높아야 한다.
③ 휘발성이 작아야 한다.
④ 가스의 용해도가 낮아야 한다.

선지분석
① 점성이 작아야 한다.
② 어는점이 낮아야 한다.
④ 가스의 용해도가 높아야 한다.

정답 ③

49

★★★

여과집진장치의 특징으로 옳지 않은 것은?

① 수분이나 여과속도에 대한 적응성이 높다.
② 폭발성, 점착성 및 흡습성 먼지의 제거가 어렵다.
③ 다양한 여과재의 사용으로 설계 융통성이 있다.
④ 여과재의 교환이 필요해 중력집진장치에 비해 유지비가 많이 든다.

해설
여과집진장치는 수분에 대한 적응성이 낮으며 여과속도에 영향을 받는다.

관련이론 | 여과집진장치
- 여과집진장치의 주된 집진원리는 관성충돌, 직접차단, 확산, 정전기적 인력, 중력이다.
- 폭발성 및 점착성 먼지 제거가 곤란하고 수분에 대한 적응성이 낮으며, 여과재의 교환으로 유지비용이 많이 들고 다른 집진장치에 비해 설치면적이 넓다.
- 여과포의 종류에 따라 제거 가능한 물질의 종류가 다르므로 여과포 선택 시 가스의 성상은 중요하다.
- 다양한 여과재를 사용할 수 있어 설계 시 융통성이 있다.
- 여포의 손상은 여과 시 온도 및 압력과 관계가 있으며, 350℃ 이상 고온의 가스처리에 부적합하다.
- 가스 온도에 따라 여과재의 사용이 제한된다.

정답 ①

50

★☆☆

접선유입식 원심력 집진장치의 특징에 관한 설명 중 옳은 것은?

① 장치의 압력손실은 5,000mmH_2O이다.
② 장치 입구의 가스속도는 18~20cm/s이다.
③ 유입구 모양에 따라 나선형과 와류형으로 분류된다.
④ 도익선회식이라고도 하며 반전형과 직진형이 있다.

해설
원심력 집진장치는 유입과 유출형식에 따라 접선유입식과 축류식으로 분류한다. 접선유입식에는 나선형과 와류형이 있고, 축류식에는 반전형과 직진형이 있다.

선지분석
① 장치의 압력손실은 100~150mmH_2O이다.
② 장치 입구의 가스속도는 7~15m/s이다.
④ 축류식 집진장치는 도익선회식이라고도 하며 반전형과 직진형이 있다.

정답 ③

51

★★☆

후드의 유입계수가 0.85, 속도압이 25mmH_2O일 때 후드의 압력손실은?

① 8.1mmH_2O　　② 8.8mmH_2O
③ 9.6mmH_2O　　④ 10.8mmH_2O

해설
후드의 압력손실 공식을 이용한다.

$\Delta P = F \times P_v$

F: 압력 손실계수, P_v: 속도압(mmH_2O)

$F = \frac{1-K^2}{K^2} = \frac{1-0.85^2}{0.85^2} = 0.3840$ (K: 유입계수)

$\Delta P = 0.3840 \times 25mmH_2O = 9.6mmH_2O$

정답 ③

52

★☆☆

사업장에서 발생되는 케톤(Ketone)류를 제어하는 방법 중 제어효율이 가장 낮은 방법은?

① 직접소각법 ② 응축법
③ 흡착법 ④ 흡수법

해설

케톤류는 극성을 띠는 물질이 많다. 흡착법은 주로 무극성 분자의 제거에 효과적이기 때문에 케톤류의 제거효율이 낮다.

정답 ③

53

★☆☆

미세입자가 운동하는 경우에 작용하는 항력(Drag force)에 관련된 내용으로 거리가 먼 것은?

① 레이놀즈수가 커질수록 항력계수는 증가한다.
② 항력계수가 커질수록 항력은 증가한다.
③ 입자의 투영면적이 클수록 항력은 증가한다.
④ 상대속도의 제곱에 비례하여 항력은 증가한다.

해설

레이놀즈수가 커질수록 항력계수는 감소한다. 항력계수가 감소하면 항력이 감소한다.
완전구형 입자가 층류영역에서 스토크스법칙의 적용을 받을 때 항력계수 $C_D=24/Re$의 관계가 성립한다.

관련이론 | 항력(Drag force)

$$F_D=C_D\times\frac{1}{2}\times\rho\times V^2\times A$$

C_D: 항력계수, ρ: 유체의 밀도
V: 유체에 대한 물체의 상대속도, A: 물체의 단면적

정답 ①

54

★☆☆

특정대기오염물질에 의한 사고가 발생하였을 때 취할 수 있는 조치로 가장 거리가 먼 것은?

① HCN, PH_3, $COCl_2$ 등 맹독성 가스에 대해서는 위험 표시와 출입금지 표시를 설치한다.
② 용해도가 큰 클로로술폰산(HSO_3Cl)은 보통 많은 양의 물을 사용하여 희석한다.
③ Cl_2의 흡수제로는 소석회 이외에 차아염소산소다 220, 탄산소다 175, 물 100 정도의 비율로 섞은 것을 사용한다.
④ 상온에서는 액상인 물질이나 비점이 상온에 가까운 물질의 증기는 활성탄으로 흡착하는 방법도 효과적이다.

해설

클로로술폰산(HSO_3Cl)은 물과 접촉하면 강산성의 물질을 발생시키기 때문에 소석회나 소다회로 중화 또는 흡수 처리한다.

관련이론 | 대기오염물질에 의한 사고 발생시 긴급 조치사항

- 특정유해물질이 누출되었을 때에는 관계 관청이나 경찰서 혹은 소방서에 신고한다.
- 바람이 불어오는 쪽으로 대피한다.
- 맹독성 가스(HCN, PH_3, $COCl_2$ 등)는 출입금지나 위험 표시를 설치한다.
- 밀도가 커 공기보다 무거운 물질은 확산시키는 조치를 강구한다.
- 폭발 및 인화의 위험이 있는 경우 점화원을 멀리한다.
- 친수성 가스가 누출된 경우 물에 의한 수세가 효과적이다.
- 물과 반응시 발열이 큰 물질은 대량의 물을 사용한다.
- HF, HCl, H_2SO_4, Cl_2, HSO_3Cl 등은 소석회나 소다회로 중화 또는 흡수시켜 처리한다.
- HCl, HCN은 NaOH로 중화시켜 처리한다.

정답 ②

2024년

55

★☆☆

악취처리방법에 관한 설명으로 옳지 않은 것은?

① 촉매연소법은 약 300~400℃의 온도에서 산화분해시킨다.
② 직접연소법은 700~800℃에서 0.5초 정도가 일반적이다.
③ 황화수소는 촉매연소로 처리가 불가능하다.
④ 촉매에 바람직하지 않은 원소는 납, 비소, 수은 등이다.

해설
탈취방법 중 촉매연소법에 적용 가능한 악취성분은 가연성 악취성분, 황화수소, 암모니아 등이 있다.

정답 ③

56

★☆☆

흡착장치에 관한 다음 설명 중 가장 거리가 먼 것은?

① 고정층 흡착장치에서 보통 수직으로 된 것은 대규모에 적합하고, 수평으로 된 것은 소규모에 적합하다.
② 일반적으로 이동층 흡착장치는 유동층 흡착장치에 비해 가스의 유속을 크게 유지할 수 없는 단점이 있다.
③ 유동층 흡착장치는 고정층과 이동층 흡착장치의 장점만을 이용한 복합형으로 고체와 기체의 접촉을 좋게 할 수 있다.
④ 유동층 흡착장치는 흡착제의 유동에 의한 마모가 크게 일어나고, 조업조건에 따른 주어진 조건의 변동이 어렵다.

해설
고정층 흡착장치에서 소규모는 수직형, 대규모는 수평형 또는 실린더형이 유리하다.

정답 ①

57

★★☆

싸이클론(Cyclone)에서 50%의 집진효율로 제거되는 입자의 최소 입경을 나타내는 용어는?

① Critical diameter
② Average diameter
③ Cut size diameter
④ Analytical diameter

해설
- 임계입경(Critical diameter): 100% 제거되는 입자의 최소 입경이다.
- 절단입경(Cut size diameter): 50% 제거되는 입자의 최소 입경이다.

정답 ③

58

★☆☆

배출가스 내의 황산화물 처리방법 중 건식법의 특징으로 가장 거리가 먼 것은? (단, 습식법과 비교이다.)

① 장치의 규모가 큰 편이다.
② 반응효율이 높은 편이다.
③ 배출가스의 온도 저하가 거의 없는 편이다.
④ 연돌에 의한 배출가스의 확산이 양호한 편이다.

해설
습식법의 반응효율이 높은 편이다.

정답 ②

59

★☆☆

지름 20cm, 유효높이 3m, 원통형 Bag Filter로 $4m^3/s$의 함진가스를 처리하고자 한다. 여과속도를 0.04m/s로 할 경우 필요한 Bag Filter수는 얼마인가?

① 35개 ② 54개
③ 70개 ④ 120개

해설

여과유량=여과속도×필터면적×필터 수

$4m^3/s = 0.04m/s \times (\pi \times 0.2m \times 3m) \times n$

$n = \frac{4m^3/s}{0.04m/s \times (\pi \times 0.2m \times 3m)} = 53.0516$개

$n = 54$개

정답 ②

60

★☆☆

흡수에 관한 설명으로 옳지 않은 것은?

① 습식세정장치에서 세정흡수효율은 세정수량이 클수록, 가스의 용해도가 클수록, 헨리정수가 클수록 커진다.
② SiF_4, HCHO 등은 물에 대한 용해도가 크나 NO, NO_2 등은 물에 대한 용해도가 작은 편이다.
③ 용해도가 작은 기체의 경우에는 헨리의 법칙이 성립한다.
④ 헨리정수($atm \cdot m^3/kg \cdot mol$)값은 온도에 따라 변하며, 온도가 높을수록 그 값이 크다.

해설

습식세정장치에서 세정흡수효율은 세정수량이 클수록, 가스의 용해도가 클수록, 헨리정수가 작을수록 커진다.

정답 ①

대기오염공정시험기준

61

★☆☆

대기 및 굴뚝 배출 기체 중의 오염물질을 연속적으로 측정하는 비분산 정필터형 적외선 가스 분석계(고정형)의 성능 유지조건에 대한 설명으로 옳은 것은?

① 최대눈금 범위의 ±5% 이하에 해당하는 농도 변화를 검출할 수 있는 감도를 지녀야 한다.
② 측정가스의 유량이 표시한 기준유량에 대하여 ±10% 이내에서 변동하여도 성능에 지장이 있어서는 안 된다.
③ 동일 조건에서 제로가스를 연속적으로 도입하여 24시간 연속 측정하는 동안 전체눈금의 ±5% 이상의 지시 변화가 없어야 한다.
④ 전압변동에 대한 안정성 측면에서 전원전압이 설정 전압의 ±10% 이내로 변화하였을 때 지시값 변화는 전체눈금의 ±1% 이내이어야 한다.

선지분석

① 감도: 최대눈금 범위의 ±1% 이하에 해당하는 농도 변화를 검출할 수 있는 것이어야 한다.
② 유량변화에 대한 안정성: 측정가스의 유량이 표시한 기준유량에 대하여 ±2% 이내에서 변동하여도 성능에 지장이 있어서는 안 된다.
③ 제로 드리프트: 동일 조건에서 제로가스를 연속적으로 도입하여 고정형은 24시간, 이동형은 4시간 연속 측정하는 동안에 전체눈금의 ±2% 이상의 지시 변화가 없어야 한다.

정답 ④

2024년

62
★★★

원자흡수분광광도법에 사용되는 용어설명으로 옳지 않은 것은?

① 역화(Flame Back): 불꽃의 연소속도가 크고 혼합기체의 분출속도가 작을 때 연소현상이 내부로 옮겨지는 것
② 중공음극램프(Hollow Cathode Lamp): 원자흡광분석의 광원이 되는 것으로 목적원소를 함유하는 중공음극 한 개 또는 그 이상을 고압의 질소와 함께 채운 방전관
③ 멀티 패스(Multi-Path): 불꽃 중에서의 광로를 길게 하고 흡수를 증대시키기 위하여 반사를 이용하여 불꽃 중에 빛을 여러 번 투과시키는 것
④ 공명선(Resonance Line): 원자가 외부로부터 빛을 흡수했다가 다시 먼저 상태로 돌아갈 때 방사하는 스펙트럼선

해설
중공음극램프(Hollow Cathode Lamp): 원자흡광분석의 광원이 되는 것으로 목적원소를 함유하는 중공음극 한 개 또는 그 이상을 저압의 네온과 함께 채운 방전관

정답 ②

63
★★☆

환경대기 중의 다환방향족탄화수소류를 기체크로마토그래피/질량분석법으로 분석할 때 사용되는 용어에 관한 설명 중 ( ) 안에 알맞은 것은?

( )은 추출과 분석 전에 각 시료, 바탕시료, 매체시료(Matrix-spiked)에 더해지는 화학적으로 반응성이 없는 환경시료 중에 없는 물질을 말한다.

① 절대표준물질 ② 외부표준물질
③ 매체표준물질 ④ 대체표준물질

해설
대체표준물질에 대한 설명이다.

정답 ④

64
★☆☆

일정한 굴뚝을 거치지 않고 외부로 비산 배출되는 먼지측정을 위한 고용량 공기시료채취법의 시료채취방법으로 옳지 않은 것은?

① 시료채취장소는 원칙적으로 측정하려고 하는 발생원의 부지경계선상에 선정하며 풍향을 고려하여 그 발생원의 비산먼지 농도가 가장 높을 것으로 예상되는 지점 3개소 이상을 선정한다.
② 별도로 발생원의 위(Upstream)인 바람의 방향을 따라 대상 발생원의 영향이 없을 것으로 추측되는 곳에 대조위치를 선정한다.
③ 시료채취는 1회 10분 이상 연속 채취하며, 풍속이 1m/s 미만으로 바람이 거의 없을 때는 시료채취를 하지 않는다.
④ 풍향풍속의 측정 시 연속기록 장치가 없는 경우에는 적어도 10분 간격으로 같은 지점에서 3회 이상 풍향풍속을 측정하여 기록한다.

해설
시료채취는 1회 1시간 이상 연속 채취하고 풍속이 0.5m/s 미만으로 바람이 거의 없을 때는 시료채취를 하지 않는다.

관련이론 | 원칙적으로 시료채취를 하지 않는 경우
- 대상발생원의 조업이 중단되었을 때, 비나 눈이 올 때
- 바람이 거의 없을 때(풍속이 0.5m/s 미만일 때)
- 바람이 너무 강하게 불 때(풍속이 10m/s 이상일 때)

정답 ③

65
★☆☆

원자흡수분광광도법의 원자흡광분석장치 구성에 포함되지 않는 것은?

① 분리관 ② 광원부
③ 분광부 ④ 시료원자화부

해설
원자흡광분석장치는 일반적으로 광원부, 시료원자화부, 파장선택부(분광부) 및 측광부로 구성되어 있고 단광속형과 복광속형이 있다.

정답 ①

66

★☆☆

환경대기 중 휘발성유기화합물(VOCs)의 시험방법에 사용되는 용어에 관한 설명으로 옳지 않은 것은?

① 머무름부피(Retention volume): 흡착관으로부터 분석물질을 탈착하기 위하여 필요한 운반가스의 부피를 측정함으로써 결정된다.
② 흡착관의 안정화(Conditioning): 흡착관을 사용하기 전에 열탈착기에 의해서 보통 350℃(흡착제별로 사용 최고온도를 고려하여 조정)에서 헬륨가스 25mL/min으로 적어도 1시간 동안 안정화시킨 후 사용한다.
③ 열탈착: 열과 불활성가스를 이용하여 흡착제로부터 휘발성유기화합물을 탈착시켜 기체크로마토그래피로 전달하는 과정이다.
④ 2단 열탈착: 흡착제로부터 분석물질을 열탈착하여 저온농축관에 농축한 다음 저온농축관을 가열하여 농축된 화합물을 기체크로마토그래피로 전달하는 과정이다.

해설

흡착관의 안정화(Conditioning): 흡착관을 사용하기 전에 열탈착기에 의해서 순도 99.99% 이상의 헬륨 또는 질소 기체 50~100mL/min으로 적어도 2시간 동안 안정화시킨 후 사용한다.

정답 ②

67

★☆☆

배출가스 중의 금속원소를 원자흡수분광광도법에 따라 분석할 때, 금속원소와 측정파장의 연결이 옳은 것은?

① Zn – 213.9nm ② Ni – 217.0nm
③ Pb – 357.9nm ④ Cu – 228.8nm

해설

② Ni – 232.0nm
③ Pb – 217.0/283.3nm
④ Cu – 324.7nm

정답 ①

68

★☆☆

다음 중 흡광도를 측정하기 위한 순서로 원칙적으로 제일 먼저 행하여야 할 행위는?

① 시료셀과 대조셀을 넣고 눈금판의 지시치의 차이를 확인한다.
② 광로를 차단 후 대조셀로 영점을 맞춘다.
③ 광원으로부터 광속을 통하여 눈금 100에 맞춘다.
④ 눈금판의 지시 안정 여부를 확인한다.

해설

흡광도를 측정하기 위해서는 가장 먼저 눈금판의 지시가 안정되어 있는지 여부를 확인한다.

정답 ④

69

★☆☆

환경대기 시료채취방법 중 측정대상 기체와 선택적으로 흡수 또는 반응하는 용매에 시료가스를 일정 유량으로 통과시켜 채취하는 방법으로 채취관 – 여과재 – 채취부 – 흡입펌프 – 유량계(가스미터)로 구성되는 것은?

① 용기채취법 ② 고체흡착법
③ 직접채취법 ④ 용매채취법

선지분석

① 용기채취법: 시료를 일단 일정한 용기에 채취한 다음 분석에 이용하는 방법으로 채취관 – 용기 또는 채취관 – 유량조절기 – 흡입펌프 – 용기로 구성된다.
② 고체흡착법: 고체 분말표면에 기체가 흡착되는 것을 이용하는 방법으로 시료채취장치는 흡착관, 유량계 및 흡입펌프로 구성한다.
③ 직접채취법: 시료를 측정기에 직접 도입하여 분석하는 방법으로 채취관 – 분석장치 – 흡입펌프로 구성된다.

정답 ④

70

★★★

A 굴뚝 배출가스의 유속을 피토우관으로 측정하였다. 배출가스 온도는 120℃, 동압측정 시 확대율이 10배되는 경사마노미터를 사용하였고, 그 내부액은 비중이 0.85의 톨루엔을 사용하여 경사마노미터의 액주로 측정한 동압은 45mm·톨루엔주이었다. 이 때의 배출가스 유속은? (단, 피토우관의 계수: 0.9594, 배출가스의 표준상태에서의 밀도: 1.3kg/Sm^3이다.)

① 약 7.8m/s ② 약 8.7m/s
③ 약 9.5m/s ④ 약 10.2m/s

해설

배출가스 평균유속 공식을 이용한다.

$$V=C\sqrt{\frac{2gh}{\gamma}}$$

C: 피토우관 계수, g: 중력가속도 (9.8m/s^2)

h: 배출가스 동압측정치(mmH_2O)

$$h=\text{액주거리(mm)}\times\frac{\text{비중}}{\text{확대율}}=45\times\frac{0.85}{10}=3.825mmH_2O$$

γ: 굴뚝 내의 배출가스 밀도(kg/m^3)

$$\gamma=\frac{1.3kg}{Sm^3\times\frac{273+120}{273}}=0.9030kg/m^3$$

$$V=0.9594\times\sqrt{\frac{2\times9.8\times3.825}{0.9030}}=8.7417m/s$$

정답 ②

71

★☆☆

환경대기 중의 질소산화물을 자동연속측정하는 방법과 가장 거리가 먼 것은?

① 자외선형광법 ② 살츠만법
③ 화학발광법 ④ 흡광차분광법

해설

환경대기 중의 질소산화물을 자동연속측정하는 방법: 화학발광법(주시험법), 흡광광도법(살츠만법), 흡광차분광법, 공동감쇠분광법
환경대기 중의 질소산화물 측정방법: 수동살츠만법, 야곱스호흐하이저법

정답 ①

72

★★☆

다음은 연료용 유류 중의 황 함유량을 연소관식 공기법으로 분석하는 방법이다. ( ) 안에 알맞은 것은?

> 950~1,100℃로 가열한 석영재질 연소관 중에 공기를 불어넣어 시료를 연소시킨다. 생성된 황산화물을 (㉠)에 흡수시켜 황산으로 만든 다음 (㉡)으로 중화적정하여 황함유량을 구한다.

① ㉠ 과산화수소(3%), ㉡ 수산화칼륨표준액
② ㉠ 과산화수소(3%), ㉡ 수산화소듐표준액
③ ㉠ 10% $AgNO_3$, ㉡ 수산화칼륨표준액
④ ㉠ 10% $AgNO_3$, ㉡ 수산화소듐표준액

해설

㉠은 과산화수소(3%), ㉡은 수산화소듐표준액이다.

정답 ②

73

★☆☆

굴뚝 배출가스 내 산소측정 분석계 중 측정셀, 자극보조가스용 조리개, 검출소자, 증폭기 등으로 구성되는 것은?

① 자기풍 분석계
② 덤벨형 자기력 분석계
③ 압력 검출형 자기력 분석계
④ 전기화학식 질코니아 분석계

해설

① 자기풍 분석계: 측정셀, 비교셀, 열선소자, 자극 증폭기 등
② 덤벨형 자기력 분석계: 측정셀, 덤벨, 자극편, 편위검출부, 증폭기 등
④ 전기화학식 질코니아 분석계: 고온가열부, 검출기, 증폭기 등

정답 ③

74 ★★☆

대기오염공정시험기준 총칙 상의 시험 기재 및 용어에 관한 내용으로 옳지 않은 것은?

① "밀봉용기"라 함은 물질을 취급 또는 보관하는 동안에 기체 또는 미생물이 침입하지 않도록 내용물을 보호하는 용기를 뜻한다.
② 냉수는 15℃ 이하, 온수는 60~70℃, 열수는 약 100℃를 말한다.
③ "감압 또는 진공"이라 함은 따로 규정이 없는 한 10mmHg 이하를 뜻한다.
④ 시험조작 중 "즉시"란 30초 이내에 표시된 조작을 하는 것을 뜻한다.

해설

"감압 또는 진공"이라 함은 따로 규정이 없는 한 15mmHg 이하를 뜻한다.

정답 ③

75 ★☆☆

4-아미노안티피린 용액과 헥사사이아노철(Ⅲ)산포타슘 용액을 순서대로 가해 얻어진 적색액의 흡광도를 측정하여 농도를 계산하는 오염물질은?

① 배출가스 중 페놀화합물
② 배출가스 중 다이옥신 및 퓨란류
③ 배출가스 중 에틸렌옥사이드
④ 배출가스 중 브로민화합물

해설

배출가스 중 페놀화합물 - 4-아미노안티피린 자외선/가시선분광법

- 이 시험기준은 배출가스 중의 페놀화합물을 측정하는 방법이다.
- 배출가스 중 페놀화합물을 수산화소듐 용액으로 흡수하고 완충 용액을 첨가하여 pH를 조절한 후 4-아미노안티피린 용액과 헥사사이아노철(Ⅲ)산포타슘 용액을 첨가하고 페놀화합물과 반응하여 생성하는 안티피린계 색소의 흡광도를 측정하여 페놀화합물을 정량한다.

정답 ①

76 ★★☆

환경대기 중 석면시험방법 중 위상차현미경법을 통한 계수대상물질의 식별방법에 관한 설명으로 옳지 않은 것은? (단, 적정한 분석능력을 가진 위상차현미경 등을 사용한 경우이다.)

① 단섬유인 경우 구부러져 있는 섬유는 곡선에 따라 전체 길이를 재어서 판정한다.
② 헝클어져 다발을 이루고 있는 경우로서 섬유가 헝클어져 정확한 수를 헤아리기 힘들 때에는 0개로 판정한다.
③ 섬유에 입자가 부착하고 있는 경우 입자의 폭이 3μm를 넘는 것은 1개로 판정한다.
④ 섬유가 그래티큘 시야의 경계선에 물린 경우 그래티큘 시야 안으로 한쪽 끝만 들어와 있는 섬유는 1/2개로 인정한다.

해설

섬유에 입자가 부착하고 있는 경우 입자의 폭이 3μm를 넘지 않는 것을 1개로 판정한다.

정답 ③

77 ★☆☆

굴뚝 배출가스 중 브롬화합물 분석에 사용되는 흡수액으로 옳은 것은?

① 황산 용액(0.005mol/L)
② 붕산 용액(5g/L)
③ 수산화소듐 용액(0.1mol/L)
④ 다이에틸아민구리 용액

선지분석

분석물질–흡수액

① 질소산화물 – 황산 용액(0.005mol/L)
② 암모니아 – 붕산 용액(5g/L)
④ 이황화탄소 – 다이에틸아민구리 용액

정답 ③

78 ★★☆

굴뚝 배출가스 중의 폼알데하이드 및 알데하이드류의 분석 방법에 해당하지 않는 것은?

① 차아염소산염 자외선/가시선분광법
② 자외선/가시선분광법 아세틸아세톤법
③ 자외선/가시선분광법 크로모트로핀산법
④ 고성능액체크로마토그래피법

해설
배출가스 중 폼알데하이드 및 알데하이드류 분석방법
- 고성능액체크로마토그래피법
- 자외선/가시선분광법 크로모트로핀산법
- 자외선/가시선분광법 아세틸아세톤법

정답 ①

79 ★☆☆

굴뚝연속자동측정기 측정방법 중 도관의 부착방법으로 옳지 않은 것은?

① 도관은 가능한 짧은 것이 좋다.
② 냉각도관은 될 수 있는 대로 수직으로 연결한다.
③ 기체 – 액체 분리관은 도관의 부착위치 중 가장 높은 부분 또는 최고 온도의 부분에 부착한다.
④ 응축수의 배출에 쓰는 펌프는 충분히 내구성이 있는 것을 쓰고, 이 때 응축수 트랩은 사용하지 않아도 좋다.

해설
기체 – 액체 분리관은 도관의 부착위치 중 가장 낮은 부분 또는 최저 온도의 부분에 부착하여 응축수를 급속히 냉각시키고 배관계의 밖으로 빨리 방출시킨다.

정답 ③

80 ★★☆

대기오염공정시험기준상 따로 규정이 없는 한 "시약 명칭 – 화학식 – 농도(%) – 비중(약)" 기준으로 옳은 것은?

① 암모니아수 – NH_4OH – 30.0~34.0(NH_3로서) – 1.05
② 아이오딘화수소산 – HI – 46.0~48.0 – 1.25
③ 브로민화수소산 – HBr – 47.0~49.0 – 1.48
④ 과염소산 – H_2ClO_3 – 60.0~62.0 – 1.34

선지분석
① 암모니아수 – NH_4OH – 28.0~30.0(NH_3로서) – 0.90
② 아이오딘화수소산 – HI – 55.0~58.0 – 1.70
④ 과염소산 – $HClO_4$ – 60.0~62.0 – 1.54

정답 ③

대기환경관계법규

81 ★★☆

대기환경보전법규상 특정대기유해물질이 아닌 것은?

① 니켈 및 그 화합물
② 이황화메틸
③ 다이옥신
④ 알루미늄 및 그 화합물

해설
납, 크롬, 비소 및 그 화합물 등은 특정대기유해물질이지만 알루미늄 및 그 화합물은 해당되지 않는다.

정답 ④

82 ★★★

대기환경보전법령상 사업장별 환경기술인의 자격기준에 관한 내용으로 옳지 않은 것은?

① 4종 사업장과 5종 사업장 중 기준 이상의 특정대기유해물질이 포함된 오염물질을 배출하는 경우 3종 사업장에 해당하는 기술인을 두어야 한다.
② 1종 사업장과 2종 사업장 중 1개월 동안 실제 작업한 날만을 계산하여 1일 평균 17시간 이상 작업하는 경우 해당 사업장의 기술인을 각각 2명 이상 두어야 한다.
③ 대기환경기술인이 소음·진동관리법에 따른 소음·진동환경기술인 자격을 갖춘 경우에는 소음·진동환경기술인을 겸임할 수 있다.
④ 전체 배출시설에 대해 방지시설 설치면제를 받은 사업장과 배출시설에 배출되는 오염물질 등을 공동방지시설에서 처리하는 사업장은 5종 사업장에 해당하는 기술인을 둘 수 없다.

해설

사업장별 환경기술인의 자격기준「시행령 별표 10」

전체 배출시설에 대하여 방지시설 설치면제를 받은 사업장과 배출시설에서 배출되는 오염물질 등을 공동방지시설에서 처리하는 사업장은 5종 사업장에 해당하는 기술인을 둘 수 있다.

정답 ④

83 ★★☆

대기환경보전법령상 제조기준에 맞지 않는 첨가제 또는 촉매제임을 알면서 사용한 자에 대한 과태료 부과기준은?

① 1천만원 이하의 과태료 ② 500만원 이하의 과태료
③ 300만원 이하의 과태료 ④ 200만원 이하의 과태료

해설

문제에 제시된 행위에 대한 과태료는 200만원 이하이다.

정답 ④

84 ★★☆

대기환경보전법령상 오존의 대기오염 중대경보 해제기준에 관한 내용 중 ( ) 안에 알맞은 것은?

> 중대경보가 발령된 지역의 기상조건 등을 고려하여 대기자동측정소의 오존농도가 (㉠)ppm 이상 (㉡)ppm 미만일 때는 경보로 전환한다.

① ㉠ 0.3, ㉡ 0.5 ② ㉠ 0.5, ㉡ 1.0
③ ㉠ 1.0, ㉡ 1.2 ④ ㉠ 1.2, ㉡ 1.5

해설

오존의 대기오염경보 단계별 농도기준「시행규칙 별표 7」

단계	발령기준	해제기준
주의보	기상조건 등을 고려하여 해당지역의 대기자동측정소 오존농도가 0.12ppm 이상인 때	주의보가 발령된 지역의 기상조건 등을 검토하여 대기자동측정소의 오존농도가 0.12ppm 미만인 때
경보	기상조건 등을 고려하여 해당지역의 대기자동측정소 오존농도가 0.3ppm 이상인 때	경보가 발령된 지역의 기상조건 등을 고려하여 대기자동측정소의 오존농도가 0.12ppm 이상 0.3ppm 미만인 때는 주의보로 전환
중대경보	기상조건 등을 고려하여 해당지역의 대기자동측정소 오존농도가 0.5ppm 이상인 때	중대경보가 발령된 지역의 기상조건 등을 고려하여 대기자동측정소의 오존농도가 0.3ppm 이상 0.5ppm 미만인 때는 경보로 전환

정답 ①

85 ★☆☆

대기환경보전법상 '대기오염물질'의 정의로서 가장 적합한 것은?

① 연소 시에 발생하는 유리탄소를 주로 하는 미세한 입자상 물질로서 환경부령이 정하는 것
② 연소 시에 발생하는 유리탄소가 응결하여 입자의 지름이 1미크론 이상이 되는 물질로서 환경부령이 정하는 것
③ 대기 중에 존재하는 물질 중 대기오염물질에 대한 심사·평가 결과 대기오염의 원인으로 인정된 가스·입자상 물질로서 환경부령으로 정하는 것
④ 물질의 연소·합성·분해 시에 발생하는 고체상 또는 액체상의 물질로서 환경부령이 정하는 것

선지분석

① "매연"이란 연소할 때에 생기는 유리탄소가 주가 되는 미세한 입자상 물질을 말한다.
② "검댕"이란 연소할 때에 생기는 유리탄소가 응결하여 입자의 지름이 1미크론 이상이 되는 입자상 물질을 말한다.
④ "입자상 물질"이란 물질이 파쇄·선별·퇴적·이적될 때, 그 밖에 기계적으로 처리되거나 연소·합성·분해될 때에 발생하는 고체상 또는 액체상의 미세한 물질을 말한다.

정답 ③

86 ★★☆

대기환경보전법령상 Ⅱ지역의 기본부과금의 지역별 부과계수로 옳은 것은? (단, Ⅱ지역은 「국토의 계획 및 이용에 관한 법률」에 따른 공업지역 등이 해당된다.)

① 0.5　　② 1.0
③ 1.5　　④ 2.0

해설

기본부과금의 지역별 부과계수 「시행령 별표 7」

구분	지역별 부과계수
Ⅰ지역	1.5
Ⅱ지역	0.5
Ⅲ지역	1.0

정답 ①

87 ★★★

대기환경보전법령상 대기오염물질발생량의 합계가 연간 15톤인 경우 사업장 분류기준상 몇 종에 해당하는가?

① 1종　　② 2종
③ 3종　　④ 4종

해설

사업장의 분류 「시행령 별표 1의3」

종별	오염물질발생량 구분
1종 사업장	대기오염물질발생량의 합계가 연간 80톤 이상인 사업장
2종 사업장	대기오염물질발생량의 합계가 연간 20톤 이상 80톤 미만인 사업장
3종 사업장	대기오염물질발생량의 합계가 연간 10톤 이상 20톤 미만인 사업장
4종 사업장	대기오염물질발생량의 합계가 연간 2톤 이상 10톤 미만인 사업장
5종 사업장	대기오염물질발생량의 합계가 연간 2톤 미만인 사업장

정답 ③

88 ★★☆

악취방지법규상 지정악취물질이 아닌 것은?

① 아세트알데하이드　　② 메틸메르캅탄
③ 톨루엔　　④ 벤젠

해설

벤젠은 지정악취물질이 아니다.

관련이론 | 지정악취물질의 종류 「시행규칙 별표 1」
암모니아, 메틸메르캅탄, 황화수소, 다이메틸설파이드, 다이메틸다이설파이드, 트라이메틸아민, 아세트알데하이드, 스타이렌, 프로피온알데하이드, 뷰틸알데하이드, n-발레르알데하이드, i-발레르알데하이드, 톨루엔, 자일렌, 메틸에틸케톤, 메틸아이소뷰틸케톤, 뷰틸아세테이트, 프로피온산, n-뷰틸산, n-발레르산, i-발레르산, i-뷰틸알코올

정답 ④

89

★★☆

대기환경보전법령상 비산먼지 발생사업으로서 "대통령령으로 정하는 사업" 중 환경부령으로 정하는 사업과 가장 거리가 먼 것은?

① 비금속물질의 채취업, 제조업 및 가공업
② 제1차 금속 제조업
③ 운송장비 제조업
④ 목재 및 광석의 운송업

해설

④ 목재 및 광석의 운송업은 비산먼지 발생사업에 해당하지 않는다.

관련이론 | 비산먼지 발생사업「시행령 제44조」

1. 시멘트 · 석회 · 플라스터 및 시멘트 관련 제품의 제조업 및 가공업
2. 비금속물질의 채취업, 제조업 및 가공업
3. 제1차 금속 제조업
4. 비료 및 사료제품의 제조업
5. 건설업(지반 조성공사, 건축물 축조공사, 토목공사, 조경공사 및 도장공사로 한정함)
6. 시멘트, 석탄, 토사, 사료, 곡물 및 고철의 운송업
7. 운송장비 제조업
8. 저탄시설(貯炭施設)의 설치가 필요한 사업
9. 고철, 곡물, 사료, 목재 및 광석의 하역업 또는 보관업
10. 금속제품의 제조업 및 가공업
11. 폐기물 매립시설 설치 · 운영 사업

정답 ④

90

★★☆

대기환경보전법규상 한국환경공단이 환경부장관에게 행하는 위탁업무 보고사항 중 "자동차배출가스 인증생략 현황"의 보고횟수 기준은?

① 수시　　② 연 1회
③ 연 2회　　④ 연 4회

해설

위탁업무 보고사항「시행규칙 별표 38」

업무내용	보고횟수	보고기일
수시검사, 결함확인 검사, 부품결함 보고서류의 접수	수시	위반사항 적발 시
결함확인검사 결과	수시	위반사항 적발 시
자동차배출가스 인증생략 현황	연 2회	매 반기 종료 후 15일 이내
자동차 시험검사 현황	연 1회	다음 해 1월 15일까지

정답 ③

91

★★☆

대기환경보전법령상 대기오염경보 발령 시 포함되어야 할 사항에 해당하지 않는 것은? (단, 기타사항은 제외한다.)

① 대기오염경보의 대상지역
② 대기오염경보단계
③ 대기오염경보단계별 조치사항
④ 대기오염경보의 경보대상기간

해설

대기오염경보에 포함되어야 하는 사항「시행규칙 제13조」

1. 대기오염경보의 대상지역
2. 대기오염경보단계 및 대기오염물질의 농도
3. 대기오염경보단계별 조치사항
4. 그 밖에 시 · 도지사가 필요하다고 인정하는 사항

정답 ④

92 ★☆☆

대기환경보전법령상 기관출력이 130kW 초과인 선박의 질소산화물 배출기준(g/kWh)은? (단, 정격 기관속도 n(크랭크샤프트의 분당 속도)이 130rpm 미만이며 2011년 1월 1일 이후에 건조한 선박의 경우이다.)

① 17 이하
② $44.0 \times n^{(-0.23)}$ 이하
③ 7.7 이하
④ 14.4 이하

해설

기관출력 130kW를 초과하는 선박의 배출허용기준「시행규칙 별표 35」

정격 기관속도 (n: 크랭크샤프트의 분당 속도)	질소산화물 배출기준(g/kWh)		
	기준 1	기준 2	기준 3
n이 130rpm 미만일 때	17 이하	14.4 이하	3.4 이하
n이 130rpm 이상 2,000rpm 미만일 때	$45.0 \times n^{(-0.2)}$ 이하	$44.0 \times n^{(-0.23)}$ 이하	$9.0 \times n^{(-0.2)}$ 이하
n이 2,000rpm 이상일 때	9.8 이하	7.7 이하	2.0 이하

기준 1: 2010년 12월 31일 이전에 건조된 선박에 적용한다.
기준 2: 2011년 1월 1일 이후에 건조된 선박에 적용한다.
기준 3: 2016년 1월 1일 이후에 건조된 선박에 설치되는 디젤기관에 각각 적용한다.

정답 ④

93 ★☆☆

대기환경보전법상 사업자는 조업을 할 때에는 환경부령으로 정하는 바에 따라 배출시설과 방지시설의 운영에 관한 상황을 사실대로 기록하여 보존하여야 하나 이를 위반하여 배출시설 등의 운영상황을 기록·보존하지 아니하거나 거짓으로 기록한 자에 대한 과태료 부과기준으로 옳은 것은?

① 1,000만원 이하의 과태료
② 500만원 이하의 과태료
③ 300만원 이하의 과태료
④ 200만원 이하의 과태료

해설

해당 행위는 300만원 이하의 과태료에 해당된다.

정답 ③

94 ★★★

대기환경보전법규상 위임업무 보고사항 중 보고횟수가 연 1회인 것은?

① 자동차 연료 제조·판매 또는 사용에 대한 규제현황
② 수입자동차 배출가스 인증 및 검사현황
③ 측정기기 관리대행업의 등록, 변경등록 및 행정처분 현황
④ 환경오염사고 발생 및 조치사항

해설

위임업무 보고사항「시행규칙 별표 37」

업무내용	보고횟수	보고기일
환경오염사고 발생 및 조치사항	수시	사고발생 시
수입자동차 배출가스 인증 및 검사현황	연 4회	매분기 종료 후 15일 이내
자동차 연료 및 첨가제의 제조·판매 또는 사용에 대한 규제현황	연 2회	매반기 종료 후 15일 이내
자동차 연료 또는 첨가제의 제조기준 적합 여부 검사현황	연료: 연 4회 첨가제: 연 2회	연료: 매분기 종료 후 15일 이내 첨가제: 매반기 종료 후 15일 이내
측정기기 관리대행업의 등록, 변경등록 및 행정처분 현황	연 1회	다음 해 1월 15일까지

정답 ③

95

★★★

환경정책기본법령상 SO_2의 대기환경기준은? (단, ㉠ 연간 평균치, ㉡ 24시간 평균치, ㉢ 1시간 평균치이다.)

① ㉠: 0.02ppm 이하, ㉡: 0.05ppm 이하, ㉢: 0.15ppm 이하
② ㉠: 0.03ppm 이하, ㉡: 0.06ppm 이하, ㉢: 0.10ppm 이하
③ ㉠: 0.05ppm 이하, ㉡: 0.10ppm 이하, ㉢: 0.12ppm 이하
④ ㉠: 0.06ppm 이하, ㉡: 0.10ppm 이하, ㉢: 0.12ppm 이하

해설

환경기준 「환경정책기본법 시행령 별표 1」

항목	기준
아황산가스 (SO_2)	연간 평균치 0.02ppm 이하 24시간 평균치 0.05ppm 이하 1시간 평균치 0.15ppm 이하

정답 ①

96

★★★

실내공기질 관리법규상 "신축 공동주택의 소유자"에게 권고하는 실내 라돈 농도의 기준으로 옳은 것은?

① 1세제곱미터당 148베크렐 이하
② 1세제곱미터당 248베크렐 이하
③ 1세제곱미터당 500베크렐 이하
④ 1세제곱미터당 600베크렐 이하

해설

신축 공동주택의 실내공기질 권고기준 「실내공기질 관리법 시행규칙 별표 4의2」

1. 폼알데하이드: 210μg/m^3 이하
2. 벤젠: 30μg/m^3 이하
3. 톨루엔: 1,000μg/m^3 이하
4. 에틸벤젠: 360μg/m^3 이하
5. 자일렌: 700μg/m^3 이하
6. 스티렌: 300μg/m^3 이하
7. 라돈: 148Bq/m^3 이하

정답 ①

97

★★☆

대기환경보전법령상 벌칙기준 중 7년 이하의 징역이나 1억 원 이하의 벌금에 처하는 것은?

① 대기오염물질의 배출허용기준 확인을 위한 측정기기의 부착 등의 조치를 하지 아니한 자
② 제작차 배출허용기준에 맞지 아니하게 자동차를 제작한 자
③ 배출가스 전문정비사업자로 등록하지 아니하고 정비·점검 또는 확인검사 업무를 한 자
④ 황 연료사용 제한조치 등의 명령을 위반한 자

선지분석

① 대기오염물질의 배출허용기준 확인을 위한 측정기기의 부착 등의 조치를 하지 아니한 자: 5년 이하의 징역이나 5천만원 이하의 벌금
③ 배출가스 전문정비사업자로 등록하지 아니하고 정비·점검 또는 확인검사 업무를 한 자: 5년 이하의 징역이나 5천만원 이하의 벌금
④ 황 연료사용 제한조치 등의 명령을 위반한 자: 5년 이하의 징역이나 5천만원 이하의 벌금

정답 ②

98

★☆☆

다음은 대기환경보전법령상 부과금의 징수유예·분할납부 및 징수절차에 관한 사항이다. ( ) 안에 알맞은 것은?

> 시·도지사는 배출부과금이 납부의무자의 자본금 또는 출자총액을 2배 이상 초과하는 경우로서 사업상 손실로 인해 경영상 심각한 위기에 처하여 징수유예기간 내에도 징수할 수 없다고 인정되면 징수유예기간을 연장하거나 분할납부의 횟수를 늘릴 수 있다. 이에 따른 징수유예기간의 연장은 유예한 날의 다음 날부터 (㉠)로 하며, 분할납부의 횟수는 (㉡)로 한다.

① ㉠ 2년 이내, ㉡ 12회 이내
② ㉠ 2년 이내, ㉡ 18회 이내
③ ㉠ 3년 이내, ㉡ 12회 이내
④ ㉠ 3년 이내, ㉡ 18회 이내

해설

㉠은 3년 이내, ㉡은 18회 이내이다.

정답 ④

99

★★☆

악취방지법규상 다음 지정악취물질의 배출허용기준(ppm)으로 옳지 않은 것은? (단, 공업지역이다.)

① n-발레르알데하이드: 0.02 이하
② 톨루엔: 30 이하
③ 프로피온산: 0.1 이하
④ i-발레르산: 0.004 이하

해설

프로피온산의 배출허용기준「악취방지법 시행규칙 별표 3」

배출허용기준(ppm)		엄격한 배출허용 기준의 범위(ppm)
공업지역	기타 지역	공업지역
0.07 이하	0.03 이하	0.03~0.07

정답 ③

100

★★☆

다중이용시설 등의 실내공기질 관리법령상 대통령령이 정하는 규모의 다중이용시설에 해당되지 않는 것은?

① 여객자동차터미널의 연면적 2천제곱미터인 대합실
② 공항시설 중 연면적 1천1백제곱미터인 여객터미널
③ 철도역사의 연면적 2천제곱미터인 대합실
④ 모든 지하역사

해설

공항시설 중 연면적 1천5백제곱미터 이상인 여객터미널이 대통령령이 정하는 규모의 다중이용시설이다.

관련이론

대통령령이 정하는 규모의 다중이용시설「실내공기질 관리법 시행령 제2조」

1. 모든 지하역사(출입통로·대합실·승강장 및 환승통로와 이에 딸린 시설을 포함)
2. 연면적 2천제곱미터 이상인 지하도상가(지상건물에 딸린 지하층의 시설을 포함). 이 경우 연속되어 있는 둘 이상의 지하도상가의 연면적 합계가 2천제곱미터 이상인 경우를 포함한다.
3. 철도역사의 연면적 2천제곱미터 이상인 대합실
4. 여객자동차터미널의 연면적 2천제곱미터 이상인 대합실
5. 항만시설 중 연면적 5천제곱미터 이상인 대합실
6. 공항시설 중 연면적 1천5백제곱미터 이상인 여객터미널
7. 연면적 3천제곱미터 이상인 도서관
8. 연면적 3천제곱미터 이상인 박물관 및 미술관
9. 연면적 2천제곱미터 이상이거나 병상 수 100개 이상인 의료기관
10. 연면적 500제곱미터 이상인 산후조리원
11. 연면적 1천제곱미터 이상인 노인요양시설
12. 연면적 430제곱미터 이상인 어린이집

12의2. 연면적 430제곱미터 이상인 실내 어린이놀이시설

13. 모든 대규모점포
14. 연면적 1천제곱미터 이상인 장례식장(지하에 위치한 시설로 한정함)
15. 모든 영화상영관(실내 영화상영관으로 한정함)
16. 연면적 1천제곱미터 이상인 학원
17. 연면적 2천제곱미터 이상인 전시시설(옥내시설로 한정함)
18. 연면적 300제곱미터 이상인 인터넷컴퓨터게임시설제공업의 영업시설
19. 연면적 2천제곱미터 이상인 실내주차장(기계식 주차장은 제외함)
20. 연면적 3천제곱미터 이상인 업무시설
21. 연면적 2천제곱미터 이상인 둘 이상의 용도에 사용되는 건축물
22. 객석 수 1천석 이상인 실내 공연장
23. 관람석 수 1천석 이상인 실내 체육시설
24. 연면적 1천제곱미터 이상인 목욕장업의 영업시설

정답 ②

2024년 | 1회 CBT 복원문제

자동채점 

대기오염개론

01

★☆☆

대기오염물질이 인체에 미치는 영향으로 옳지 않은 것은?

① 오존(O_3) – 눈을 자극하고, 폐수종과 폐충혈 등을 유발시키며, 섬모운동의 기능장애 등을 일으킬 수 있다.
② 납(Pb)과 그 화합물 – 다발성 신경염에 의해 사지의 가까운 부분에 강한 근육 위축이 나타나며, 급성작용으로 주로 지각장애를 일으킨다.
③ 크롬(Cr) – 만성중독은 코, 폐 및 위장의 점막에 병변을 일으키는 것이 특징이다.
④ 비소(As) – 피부염, 주름살 부분의 궤양을 비롯하여, 색소침착, 손·발바닥의 각화, 피부암 등을 일으킨다.

해설

납(Pb)과 그 화합물 – 혈액 속의 헤모글로빈 형성을 방해하여 빈혈, 적혈구 감소, 신장장애 등을 일으킨다.

정답 ②

02

★★☆

다음 중 오존파괴지수가 가장 큰 것은?

① CFC－113　② CFC－114
③ Halon－1211　④ Halon－1301

해설

① CFC－113 : 0.8　② CFC－114 : 1.0
③ Halon－1211 : 3.0　④ Halon－1301 : 10.0

정답 ④

03

★☆☆

내경이 2m이고 실제높이가 45m인 연돌에서 15m/s로 배출되는 배기가스의 온도는 127℃, 대기 중의 공기압은 1기압, 기온은 27℃이다. 연돌 배출구에서의 풍속이 5m/s일 때, 유효연돌 높이는? (단, Holland의 연기 상승 높이 결정식은 다음과 같다.)

$$\Delta H=\frac{V_s\times D}{U}\left[1.5+2.68\times10^{-3}\times P\times\left(\frac{T_s-T_a}{T_s}\right)\times D\right]$$

① 74.1m　② 67.1m
③ 65.1m　④ 62.1m

해설

$$\Delta H=\frac{V_s\times D}{U}\left[1.5+2.68\times10^{-3}\times P\times\left(\frac{T_s-T_a}{T_s}\right)\times D\right]$$

ΔH : 연기의 상승높이(m)
V_s : 연기의 배출속도(m/s)
D : 굴뚝의 내경(m), U : 풍속(m/s)
P : 대기압(mbar)
1atm＝1,013.25mbar
T_s : 굴뚝 배출가스의 온도(K), T_a : 대기의 온도(K)

$$\Delta H=\frac{15\times2}{5}\left[1.5+2.68\times10^{-3}\times1{,}013.25\times\left(\frac{400-300}{400}\right)\times2\right]$$
$$=17.1465\text{m}$$

유효연돌 높이＝45m＋17.1465m＝62.1465m

정답 ④

04

★★☆

산성비에 관한 설명으로 가장 거리가 먼 것은?

① 산성비는 대기 중에 배출되는 황산화물과 질소산화물이 황산, 질산 등의 산성 물질로 변하여 발생한다.

② 산성비 문제를 해결하기 위하여 질소산화물 배출량 또는 국가 간 이동량을 최저 30% 삭감하는 몬트리올 의정서가 채택되었다.

③ 산성비가 토양에 내리면 토양은 Ca^{2+}, Mg^{2+}, Na^{+}, K^{+} 등의 교환성염기를 방출하고, 그 교환자리에 H^{+}가 치환된다.

④ 일반적으로 산성비란 pH가 5.6 이하인 강우를 뜻하는데, 이는 자연 상태에 존재하는 CO_2가 빗방울에 흡수되어 평형을 이루었을 때의 pH를 기준으로 한 것이다.

해설

몬트리올 의정서는 오존층 파괴 물질을 규제하기 위한 협약이다. 산성비 문제를 해결하기 위해 질소산화물 배출량을 규제하는 것은 소피아 의정서와 관련이 있다.

정답 ②

05

★☆☆

CO에 대한 설명으로 옳지 않은 것은?

① 자연적 발생원에는 화산폭발, 테르펜류의 산화, 클로로필의 분해, 산불 및 해수 중 미생물의 작용 등이 있다.

② 지구위도별 분포로 보면 적도 부근에서 최대치를 보이고, 북위 30도 부근에서 최소치를 나타낸다.

③ 물에 난용성이므로 수용성 가스와는 달리 비에 의한 영향을 거의 받지 않는다.

④ 다른 물질에 흡착현상도 거의 나타나지 않는다.

해설

일산화탄소(CO)는 지구위도별 분포로 보면 북위 중위도(30~50도 부근)에서 최대치를 보이고, 적도 부근에서 최소치를 나타낸다.

정답 ②

06

★★☆

유효굴뚝높이가 1m인 굴뚝에서 배출되는 오염물질의 최대 착지농도를 현재의 1/10로 낮추고자 할 때, 유효굴뚝높이를 몇 m 증가시켜야 하는가? (단, Sutton의 확산방정식 사용, 기타 조건은 동일하다.)

① 0.04　　② 0.20

③ 1.24　　④ 2.16

해설

$C_{max}=\frac{2Q}{\pi eUH_e^2}\times\left(\frac{K_z}{K_y}\right)$

Q: 오염물질 배출량, U: 풍속, H_e: 유효굴뚝높이(m)

K_z: 수직방향확산계수, K_y: 수평방향확산계수

$C_{max}\propto\frac{1}{H_e^2}$이고, 처음농도를 1로 가정한다.

조건에서 기타 조건은 같다고 했으므로 나머지 변수를 K로 놓는다.

$1=\frac{1}{H_e^2}K,\ 1=\frac{1}{1^2}K,\ K=1$

최대착지농도가 1/10일 때의 유효굴뚝높이는 $0.1=\frac{1}{H_e^2}K$이다.

$H_e=3.1623\text{m}$

증가시켜야 할 유효굴뚝높이 $=3.1623-1=2.1623\text{m}$

정답 ④

07

★★★

1984년 인도 중부지방의 보팔시에서 발생한 대기오염사건의 원인물질은?

① CH_3CNO　　② SO_x

③ H_2S　　④ $COCl_2$

해설

보팔사건은 MIC(CH_3CNO)의 누출사건이다.

정답 ①

08

★☆☆

대기오염물의 분산과정에서 최대혼합깊이(Maximum Mixing Depth)를 가장 적합하게 표현한 것은?

① 열부상 효과에 의한 대류 혼합층의 높이
② 풍향에 의한 대류 혼합층의 높이
③ 기압의 변화에 의한 대류 혼합층의 높이
④ 오염물간 화학반응에 의한 대류 혼합층의 높이

해설

최대혼합고(MMD: Maximum Mixing Depth)

- 대기의 수직적인 대류현상(혼합)이 가능한 고도를 혼합고라 하며 이 혼합고의 최대고도를 최대혼합고라 한다.
- 최대혼합고는 지표로부터 환경감률선과 건조단열감률선이 만나는 점까지의 고도로서 결정된다.
- 혼합고가 높을수록 환경용량의 증가로 대기오염부하는 낮아진다.

$C_2=C_1\times\left(\frac{H_1}{H_2}\right)^3 \leftrightarrow \frac{C_2}{C_1}=\left(\frac{H_1}{H_2}\right)^3$, C: 농도, H: 혼합고

정답 ①

09

★★☆

도시 대기오염물질 중 태양빛을 흡수하는 기체 중의 하나로서 파장 420nm 이상의 가시광선에 의해 광분해되는 물질로 대기 중 체류시간이 약 2~5일 정도인 것은?

① SO_2　② NO_2
③ CO_2　④ RCHO

해설

NO_2에 대한 설명이다.

정답 ②

10

★☆☆

다음 지표면 상태 중 일반적으로 알베도(%)가 가장 큰 것은?

① 삼림　② 사막
③ 수면　④ 얼음

해설

알베도는 얼음과 같이 지형의 빛 반사량이 클수록 증가하고 태양의 고도가 높아질수록 작아진다.

정답 ④

11

★☆☆

다음 중 이산화탄소의 가장 큰 흡수원으로 옳은 것은?

① 토양　② 동물
③ 해수　④ 미생물

해설

해수(바다)가 이산화탄소의 가장 큰 흡수원이다.

정답 ③

12

★☆☆

광화학반응으로 생성되는 오염물질에 해당하지 않는 것은?

① 케톤　② PAN
③ 과산화수소　④ 염화불화탄소

해설

CFCs(염화불화탄소)는 스프레이의 분사제, 우레탄 발포제, 냉장고의 냉매 등에서 배출된다.

정답 ④

13
★☆☆

질소산화물(NO_X)에 대한 설명으로 옳지 않은 것은?

① 연소 시 연료 중 NO 변환률은 대체로 약 95%이다.
② NO_x의 인위적 배출량 중 거의 대부분이 연소과정에서 발생된다.
③ NO_x는 그 자체도 인체에 해롭지만 광화학스모그의 원인물질로도 중요한 역할을 한다.
④ 연소과정에서 처음 발생되는 NO_x는 주로 NO이다.

해설
연소 시 연소 중 질소의 NO 변환률은 대체로 약 20~50% 범위로 약 90% 이상이 NO로 배출된다.

정답 ①

14
★★☆

대기 압력이 990mb인 높이에서의 온도가 22℃일 때, 온위(K)는?

① 275.63　② 280.63
③ 286.46　④ 295.86

해설
온위를 구하는 공식을 이용한다.

$\theta = T \times \left(\frac{1,000}{P}\right)^{\frac{K-1}{K}}$ 또는 $\theta = T \times \left(\frac{1,000}{P}\right)^{0.288}$

θ: 온위(K)
T: 절대온도(K)
P: 최초의 기압(mb)

$\theta = 295 \times \left(\frac{1,000}{990}\right)^{0.288} = 295.8551\text{K}$

정답 ④

15
★★☆

대기오염물질의 확산을 예측하기 위한 바람장미에 관한 내용으로 옳지 않은 것은?

① 방향량(vector)은 관측된 풍향별 회수를 백분율로 나타낸 값이다.
② 풍향별로 관측된 바람의 발생빈도와 풍속을 나타낸다.
③ 가장 빈번히 관측된 풍향을 주풍이라 하고 막대의 색깔을 다르게 표시한다.
④ 풍속이 0.2m/s 이하일 때를 정온(Calm)상태로 본다.

해설
가장 빈번히 관측된 풍향을 주풍(Prevailing wind)이라 하고, 막대의 길이를 가장 길게 표시한다.

관련이론 | 바람장미
- 풍향별로 관측된 바람의 발생빈도와 풍속을 동심원상에 8방 또는 16방향인 막대기로 표시하여 그린 것을 바람장미라고 한다. 이때 풍향(바람이 불어오는 쪽의 방향)에서 가장 빈도수가 많은 것을 주풍이라고 한다.
- 바람장미에서 풍향 중 주풍은 막대의 길이를 가장 길게 표시하며, 풍속은 막대의 굵기로 표시한다.
- 풍속이 0.2m/s 이하일 때를 정온(Calm) 상태로 본다.

정답 ③

16
★★★

SO_2에 의한 공해 사건이 아닌 것은?

① 런던스모그
② 뮤즈계곡 사건
③ 포자리카 사건
④ 도노라 사건

해설
포자리카 사건은 H_2S(황화수소)에 의해 발생한 사건이다.

정답 ③

17 ★☆☆

바람에 작용하는 힘이 아닌 것은?

① Pressure gradient force
② Electric Force
③ Coriolis force
④ Centrifugal force

해설
바람과 관련 있는 힘은 원심력, 마찰력, 전향력, 기압경도력 등이 있다.

선지분석
① Pressure gradient force(기압경도력): 서로 다른 지점의 기압차에 작용하는 힘으로 고기압에서 저기압으로 작용하며 기압차가 클수록 기압경도력이 감소하고 등압선이 조밀할수록 기압경도력이 증가하며 풍속은 증가한다.
② Electric Force(전기력): 전하를 띤 물체 사이에서 작용하는 힘을 말한다.
③ Coriolis force(전향력): 지구 자전에 의해 운동하는 물체에 작용하는 힘으로 가상적인 겉보기 힘이다. 풍속과는 무관하며 풍향에 의해 영향을 받는다.
④ Centrifugal force(원심력): 회전하는 물체에 나타나는 힘으로 힘의 방향이 원의 중심에서 바깥쪽으로 향하며 지구 자전에 의한 원심력이 극지방에서는 최소가 되고, 적도지방에서는 최대가 된다.

정답 ②

18 ★☆☆

고도에 따른 대기층의 명칭을 순서대로 나열한 것은? (단, 낮은 고도 → 높은 고도이다.)

① 지표 → 대류권 → 성층권 → 중간권 → 열권
② 지표 → 대류권 → 중간권 → 성층권 → 열권
③ 지표 → 성층권 → 대류권 → 중간권 → 열권
④ 지표 → 성층권 → 중간권 → 대류권 → 열권

해설
고도에 따른 대기층
지표 → 대류권 → 성층권 → 중간권 → 열권

정답 ①

19 ★★☆

다음과 같이 인체에 피해를 유발시킬 수 있는 오염물질로 가장 적합한 것은?

> 혈액 헤모글로빈의 기본요소인 포르피린 고리의 형성을 방해함으로써 인체 내 헤모글로빈의 형성을 억제하여 만성빈혈이 발생할 수 있다.

① 다이옥신 ② 납
③ 망간 ④ 바나듐

해설
납에 대한 설명이다.

정답 ②

20 ★☆☆

광화학 스모그현상에 관한 설명으로 가장 거리가 먼 것은?

① 광화학 옥시던트 물질은 인체의 눈, 코, 점막을 자극하고 폐기능을 약화시킨다.
② 정상상태일 경우 오존의 대기 중 오존농도는 NO_2와 NO비, 태양빛의 강도 등에 의해 좌우된다.
③ 광화학반응에 의해 생성된 물질은 미산란 효과에 의해 대기의 파장변화와 가시도의 증가를 초래한다.
④ LA형 스모그는 광화학 스모그의 대표적인 피해사례이다.

해설
광화학반응에 의해 생성된 물질은 미산란 효과에 의해 대기의 파장변화와 가시도의 감소를 초래한다.

정답 ③

연소공학

21 ★★☆

액화석유가스(LPG)에 대한 설명으로 옳지 않은 것은?

① 유황분이 적고 유독성분이 거의 없다.
② 천연가스에서 회수되기도 하지만 대부분은 석유정제 시 부산물로 얻어진다.
③ 비중이 공기보다 가벼워 누출될 경우 인화 폭발 위험성이 크다.
④ 사용에 편리한 기체연료의 특징과 수송 및 저장에 편리한 액체연료의 특징을 겸비하고 있다.

해설
액화석유가스(LPG)는 비중이 공기보다 무거워 누출될 경우 인화 폭발 위험성이 크다.

정답 ③

22 ★★★

연소 배출가스의 성분 분석결과 CO_2가 30%, O_2가 7%일 때, $(CO_2)_{max}(\%)$는?

① 35　② 40
③ 45　④ 50

해설
최대탄산가스량 공식을 이용한다.

$$(CO_2)_{max}(\%)=\frac{21\times(CO_2+CO)}{21-O_2+0.395CO}$$

문제의 조건에 따라 CO=0이다.

$$(CO_2)_{max}(\%)=\frac{21\times CO_2}{21-O_2}$$

$$(CO_2)_{max}(\%)=\frac{21\times 30}{21-7}=45\%$$

정답 ③

23 ★★☆

석탄의 탄화도가 증가할수록 나타나는 성질로 옳지 않은 것은?

① 발열량이 감소한다.
② 휘발분이 감소한다.
③ 착화온도가 증가한다.
④ 고정탄소의 양이 증가한다.

해설
석탄의 탄화도가 증가할수록 발열량은 증가한다.

관련이론

연료비
- 탄화도의 정도를 나타내는 지수로서 고정탄소가 높을수록 연료비도 높아지며 연소 시 발열량도 높아진다.
- 연료비=고정탄소/휘발분
- 고정탄소(w%)=100−(휘발분+수분+회분)

탄화도
- 석탄에서 수분과 회분을 제외한 나머지 성분 중에 탄소가 차지하는 중량백분율을 의미한다.
- 탄화도는 깊은 땅속에 오래 묻혀있을수록 커지며 깊은 곳일수록 높은 압력을 받아 휘발분이 감소하게 된다.
- 탄화도가 증가할수록 나타나는 성질
  - 증가하는 것: 연료비, 고정탄소, 착화온도, 발열량
  - 감소하는 것: 수분, 휘발분, 비열, 매연발생률, 연소속도

정답 ①

24 ★☆☆

중유를 A, B, C 중유로 구분할 때, 구분기준은?

① 점도　② 비중
③ 착화온도　④ 유황함량

해설
중유는 점도를 기준으로 A, B, C 중유로 구분한다.

정답 ①

25

★★★

다음 기체연료 중 완전연소에 필요한 이론산소량(Sm^3/Sm^3)이 가장 많이 필요한 것은? (단, 연소 시 모든 조건은 동일하다.)

① Ethylene
② Methane
③ Acetylene
④ Propylene

해설

부피기준 이론공기량은 $\frac{이론산소량}{0.21}$이므로 이론산소량이 가장 많은 물질이 이론공기량도 많다. 따라서, 4.5mol의 이론산소량이 필요한 Propylene(C_3H_6)이 가장 많다.

① Ethylene: $C_2H_4 + 3O_2 \rightarrow 2CO_2 + 2H_2O$
② Methane: $CH_4 + 2O_2 \rightarrow CO_2 + 2H_2O$
③ Acetylene: $C_2H_2 + 2.5O_2 \rightarrow 2CO_2 + H_2O$
④ Propylene: $C_3H_6 + 4.5O_2 \rightarrow 3CO_2 + 3H_2O$

정답 ④

26

★★☆

착화온도(발화점)에 대한 특성으로 옳지 않은 것은?

① 산소농도가 낮을수록 착화온도는 높아진다.
② 발열량이 클수록 착화온도는 낮아진다.
③ 활성화에너지가 클수록 착화온도는 낮아진다.
④ 분자구조가 복잡할수록 착화온도는 낮아진다.

해설

활성화에너지가 작을수록 착화온도는 낮아진다.

정답 ③

27

★★☆

저위발열량이 4,900kcal/Sm^3인 가스연료의 이론연소온도(℃)는? (단, 이론연소가스량: $10Sm^3/Sm^3$, 기준온도: 15℃, 연료연소가스의 평균정압비열: 0.35kcal/$Sm^3 \cdot$℃, 공기는 예열되지 않으며, 연소가스는 해리되지 않는 것으로 한다.)

① 1,015　　② 1,215
③ 1,415　　④ 1,615

해설

$$이론연소온도 = 기준온도 + \frac{저위발열량}{평균정압비열 \times 연소가스량}$$

$$= 15℃ + \frac{\frac{4,900kcal}{Sm^3}}{\frac{0.35kcal}{Sm^3 \cdot ℃} \times \frac{10Sm^3}{Sm^3}} = 1,415℃$$

정답 ③

28

★★☆

어떤 화학반응 과정에서 반응물질이 25% 분해하는 데 41.3분 걸린다는 것을 알았다. 이 반응이 1차라고 가정할 때, 속도상수 k는?

① $1.437 \times 10^{-4}\ s^{-1}$　　② $1.232 \times 10^{-4}\ s^{-1}$
③ $1.161 \times 10^{-4}\ s^{-1}$　　④ $1.022 \times 10^{-4}\ s^{-1}$

해설

1차반응식을 이용한다.

$$\ln \frac{C_t}{C_o} = -kt$$

C_t: t시간이 지난 후의 농도(ppm), C_o: 초기농도(ppm)
k: 속도상수(s^{-1}), t: 시간(s)

$$\ln \frac{75}{100} = -k \times 41.3min \times \frac{60s}{min}$$

$$k = 1.1609 \times 10^{-4}\ s^{-1}$$

정답 ③

2024년

29

★★☆

0.2wt%의 황을 함유한 석탄 1ton을 완전연소시킬 때 발생하는 SO_2의 부피(L)는? (단, 석탄 속의 황은 전부 SO_2로 전환된다.)

① 1,200　　② 1,400
③ 1,600　　④ 1,800

해설

황(S, 원자량 32) 1kmol이 연소하면 이산화황(SO_2) 1kmol이 생성된다.

$S+O_2 \rightarrow SO_2$

표준상태에서 기체 1kmol의 부피는 22.4m³이다.

$$1{,}000kg \times \frac{0.2}{100} \times \frac{22.4Sm^3{}_{-SO_2}}{32kg_{-S}} = 1.4Sm^3 = 1{,}400L$$

※ $1m^3 = 1{,}000L$

정답 ②

30

★☆☆

다음 연료 중 비점이 가장 낮은 연료는 무엇인가?

① 휘발유
② 경유
③ 등유
④ 중유

해설

휘발유, 등유, 경유, 중유 중 비점이 가장 낮은 연료는 휘발유이다.

① 휘발유: 30~220℃
② 경유: 150~300℃
③ 등유: 150~270℃
④ 중유: 320℃ 이상

정답 ①

31

★☆☆

액체연료의 연소버너에 관한 설명으로 가장 거리가 먼 것은?

① 유압분무식 버너는 유량조절 범위가 좁은 편이다.
② 회전식 버너는 유압식 버너에 비해 연료유의 분무화 입경이 크다.
③ 고압공기식 버너의 분무각도는 40~90° 정도로 저압공기식 버너에 비해 넓은 편이다.
④ 저압공기식 버너는 주로 소형 가열로에 이용되고, 분무에 필요한 공기량은 이론 연소 공기량의 30~50% 정도이다.

해설

고압공기식 버너의 분무각도는 20~30° 정도이고 저압공기식 버너의 분무각도는 30~60°로 저압공기식 버너의 분무각도가 더 넓은 편이다.

관련이론

저압공기식 버너

- 공기압의 범위는 0.05~0.2kg/cm²이다.
- 유량조절비는 1 : 5 정도이고 연소량은 2~200L/hr, 분무각도는 30~60°로 분무각도는 비교적 좁고 짧은 화염을 가진다.
- 저압공기식 버너는 주로 소형 가열로 등에 이용되고 무화에 사용하는 공기량은 이론 공기량의 30~50% 정도이다.

고압공기식 버너(고압기류식 버너)

- 공기압의 범위는 2~8(또는 10)kg/cm²이다.
- 분무각도는 20~30° 정도로 좁고 유량조절범위는 1 : 10 정도로 크다.
- 연료분사범위는 외부혼합식이 3~500L/hr, 내부혼합식이 10~1,200L/hr 정도이다.
- 고점도 연료에도 사용이 가능하며, 장염이나 연소 시 소음이 발생된다.
- 구조가 간단하고, 무화상태가 좋아서 대형 가열로에 주로 사용한다.
- 무화에 사용하는 공기량은 이론 공기량의 7~12% 정도이다.

정답 ③

32

★☆☆

다음 중 기화에 의한 연소형태가 아닌 것은?

① 증발연소 ② 등심연소
③ 분무연소 ④ 액면연소

해설

분무연소는 액체연료를 미립화하여 표면적을 증가시켜 연소하는 방법이다.

정답 ③

33

★★★

어떤 연료의 배출가스가 CO_2: 13%, O_2: 6.5%, N_2: 80.5%로 이루어져 있을 때 과잉공기계수는? (단, 연료는 완전연소한다.)

① 1.54 ② 1.44
③ 1.34 ④ 1.24

해설

완전연소 시 과잉공기비(m) 공식을 이용한다.

$$m=\frac{21}{21-O_2}=\frac{21}{21-6.5}=1.4482$$

O_2: 산소의 함량(%)

정답 ②

34

★☆☆

고위발열량을 산정하는 Dulong식은 아래와 같다.

$$H_h=8,100C+34,250\left(H-\frac{O}{8}\right)+2,250S(kcal/kg)$$

여기서 $\left(H-\frac{O}{8}\right)$의 의미로 옳은 것은?

① 유효산소 ② 저위발열량
③ 유효수소 ④ 유효고

해설

Dulong의 고위발열량 식

$$H_h=8,100C+34,250\left(H-\frac{O}{8}\right)+2,250S(kcal/kg)$$

C, H, O, S: 탄소, 수소, 산소, 황의 함량

$\left(H-\frac{O}{8}\right)$: 유효수소 또는 유효발열수소

$\frac{O}{8}$: 무효수소

정답 ③

35

★☆☆

가솔린엔진과 디젤엔진에 관한 설명 중 옳지 않은 것은?

① 디젤엔진은 가솔린엔진에 비해 CO, HC 배출량이 많다.
② 디젤엔진은 가솔린엔진보다 소음이 크다.
③ 가솔린엔진은 휘발유를 사용한다.
④ 가솔린 엔진은 불꽃점화, 디젤 엔진은 압축점화에 가깝다.

해설

디젤엔진은 가솔린엔진에 비해 CO, HC 배출량이 적다.

정답 ①

36
★☆☆

다음 중 ppm을 mg/m³으로 환산하는 식으로 옳은 것은? (단, C_m은 mg/m³, C_p는 ppm, M은 분자량이다.)

① $C_m = C_p \times \frac{M}{22.4}$

② $C_p = C_m \times \frac{M}{22.4}$

③ $C_m = C_p \times \frac{22.4}{M}$

④ $C_p = C_m \times \frac{22.4}{M}$

해설

$ppm = mL/m^3$

표준상태에서 mg 분자량=22.4mL 이다.

$$ppm = \frac{mL \times \frac{mg\ 분자량}{22.4mL}}{m^3} = mg/m^3$$

정답 ①

37
★★★

기체연료의 연소에 관한 설명으로 옳지 않은 것은?

① 예혼합연소에는 포트형과 버너형이 있다.

② 확산연소는 화염이 길고 그을음이 발생하기 쉽다.

③ 예혼합연소는 화염온도가 높아 연소부하가 큰 경우에 사용 가능하다.

④ 예혼합연소는 혼합기의 분출속도가 느릴 경우 역화의 위험이 있다.

해설

포트형, 버너형은 확산연소에 사용되는 버너이다.

관련이론 | 예혼합연소

- 연소용 공기와 연료를 미리 혼합하여 버너로 분출시켜 연소하는 방식이다.
- 예혼합연소에 사용되는 버너에는 저압버너, 고압버너, 송풍버너 등이 있다.
- 예혼합연소는 화염온도가 높고 국부가열의 염려가 없어 균일하게 연소되고, 연소부하가 큰 경우 사용 가능하며 화염의 길이가 짧고 그을음 발생이 적다.
- 연료의 유량조절비가 크며, 분출속도가 느릴 경우 역화의 위험이 있다.

정답 ①

38
★★☆

다음 자동차 배출가스 중 삼원촉매장치가 적용되는 물질과 가장 거리가 먼 것은?

① CO ② SO_x

③ NO_x ④ HC

해설

삼원촉매장치는 촉매(Pt, Rh, Pd)를 이용하여 HC, NO_x, CO를 N_2, CO_2, H_2O로 처리한다.

정답 ②

39
★★☆

가솔린 기관의 노킹현상을 방지하기 위한 방법으로 가장 적합하지 않은 것은?

① 화염속도를 빠르게 한다.

② 말단 가스의 온도와 압력을 낮춘다.

③ 혼합기의 자기착화온도를 높게 한다.

④ 불꽃진행거리를 길게 하여 말단가스가 고온·고압에 충분히 노출되도록 한다.

해설

불꽃진행거리를 길게 하여 말단가스가 고온·고압에 충분히 노출되면 노킹현상이 잘 발생한다.

정답 ④

40

★★☆

메탄: 50%, 에탄: 30%, 프로판: 20%으로 구성된 혼합가스의 폭발범위는? (단, 메탄의 폭발범위는 5~15%, 에탄의 폭발범위는 3~12.5%, 프로판의 폭발범위는 2.1~9.5%이고, 르샤틀리에의 식을 적용한다.)

① 1.2~8.6%　② 1.9~9.6%
③ 2.5~10.8%　④ 3.4~12.8%

해설

(1) 폭발하한값 구하기

$$\frac{100}{LEL}=\frac{V_1}{L_1}+\frac{V_2}{L_2}+\frac{V_3}{L_3}$$

LEL: 혼합가스의 폭발하한값(%)

V_n: 각 성분가스의 부피(%), L_n: 각 성분가스의 폭발하한값(%)

$$\frac{100}{LEL}=\frac{50}{5}+\frac{30}{3}+\frac{20}{2.1}$$

$LEL=3.3870\%$

(2) 폭발상한값 구하기

$$\frac{100}{UEL}=\frac{V_1}{U_1}+\frac{V_2}{U_2}+\frac{V_3}{U_3}$$

UEL: 혼합가스의 폭발상한값(%)

V_n: 각 성분가스의 부피(%), U_n: 각 성분가스의 폭발상한값(%)

$$\frac{100}{UEL}=\frac{50}{15}+\frac{30}{12.5}+\frac{20}{9.5}$$

$UEL=12.7573\%$

(3) 폭발범위: 3.3870~12.7573%

정답 ④

대기오염방지기술

41

★★☆

물리적 흡착에 의한 가스처리에 관한 설명으로 옳지 않은 것은?

① 물리적 흡착은 단분자층 흡착이다.
② 처리가스의 분압이 낮아지면 흡착량이 감소한다.
③ 흡착과정이 가역적이기 때문에 흡착제의 재생이 가능하다.
④ 처리가스의 온도가 높아지면 흡착량이 감소한다.

해설

다분자층 흡착이며 화학적 흡착에 비해 오염가스의 회수가 용이하다.

관련이론 | 물리적 흡착

- 입자 간의 인력(Van der waals힘)이 주된 원동력으로 흡착제에 피흡착 물질이 부착되는 흡착으로 가역적인 흡착반응이 일어난다.
- 일반적으로 기체의 분자량이 크고, 흡착되는 피흡착 물질의 분압이 높을수록 흡착량은 증가하게 된다.
- 온도가 낮을수록 흡착량은 많아지며 일정온도(임계온도) 이상에서는 흡착되지 않는다.
- 흡착열이 낮고 다분자 흡착이며 오염가스 회수가 용이하다.

정답 ①

42

★☆☆

직경이 1.2m인 직선덕트를 사용하여 가스를 15m/s의 속도로 수송할 때, 길이 100m당 압력손실(mmH_2O)은? (단, 덕트의 마찰계수=0.005, 가스의 밀도=$1.3kg/m^3$이다.)

① 19.1 ② 21.8
③ 24.9 ④ 29.8

해설

원형 덕트의 압력손실식을 사용한다.

$\Delta P = 4f \times \frac{L}{D} \times \frac{\gamma \times V^2}{2g} = 4f \times \frac{L}{D} \times P_V$

ΔP: 압력손실(mmH_2O)

f: 마찰계수

L: 관의 길이(m), D: 관의 직경(m)

g: 중력가속도(m/s^2), γ: 공기의 밀도(kg/m^3)

V: 유속(m/s)

P_V: 속도압$\left(P_V = \frac{\gamma \times V^2}{2g}\right)$

$\Delta P = 4 \times 0.005 \times \frac{100}{1.2} \times \frac{1.3 \times 15^2}{2 \times 9.8} = 24.8724 mmH_2O$

정답 ③

43

★★☆

Cut size diameter의 정의를 올바르게 서술한 것은?

① 100% 제거되는 입자의 최소 입경
② 50% 제거되는 입자의 최소 입경
③ 25% 제거되는 입자의 최소 입경
④ 10% 제거되는 입자의 최소 입경

해설

임계입경과 절단입경

- 임계입경(Critical diameter): 100% 제거되는 입자의 최소 입경
- 절단입경(Cut size diameter): 50% 제거되는 입자의 최소 입경

정답 ②

44

★★★

전기집진장치의 장해현상 중 2차 전류가 현저하게 떨어질 때의 대책에 관한 설명으로 거리가 먼 것은?

① 분진의 농도가 너무 높을 때 발생한다.
② 대책으로는 조습용 스프레이의 수량을 늘리는 방법이 있다.
③ 스파크 횟수를 줄인다.
④ 분진의 비저항이 비정상적으로 높을 때 발생하며, 황함량이 높은 연료, SO_3, H_2SO_4, NaCl, 트라이에틸아민을 주입시킨다.

해설

먼지의 비저항이 비정상적으로 높아 2차 전류가 현저히 떨어질 때에는 스파크 횟수를 늘린다.

관련이론 | 먼지의 비저항이 비정상적으로 높아 2차 전류가 현저히 떨어지는 원인과 해결방법

- 먼지농도가 높거나 먼지의 겉보기 저항이 비정상적으로 높을 경우 발생한다.
- 스파크 횟수를 늘리거나 부착된 먼지를 탈락시킨다.
- 조습용 스프레이의 수량을 증가시켜 겉보기 저항을 낮춘다.

정답 ③

45

★☆☆

세정집진장치 중 액가스비가 $10 \sim 50L/m^3$ 정도로 다른 가압수식에 비해 10배 이상이며, 다량의 세정액이 사용되어 유지비가 고가이므로 처리가스량이 많지 않을 때 사용하는 것은?

① Venturi scrubber ② Theisen washer
③ Jet scrubber ④ Impulse scrubber

해설

Jet scrubber에 대한 설명이다.

정답 ③

46

★★★

집진율이 85%인 싸이클론과 집진율이 96%인 전기집진장치를 직렬로 연결하여 입자를 제거할 경우, 총 집진효율(%)은?

① 90.4　② 94.4
③ 96.4　④ 99.4

해설

1차	유입: 100 유출: $100\times(1-0.85)=15$
2차	유입: 15 유출: $15\times(1-0.96)=0.6$
총 집진효율	$\frac{100-0.6}{100}\times 100=99.4\%$

정답 ④

47

★☆☆

원심형 송풍기의 성능에 대한 설명으로 옳은 것은?

① 송풍기의 풍량은 회전수의 제곱에 비례한다.
② 송풍기의 풍압은 회전수의 제곱에 비례한다.
③ 송풍기의 크기는 회전수의 제곱에 비례한다.
④ 송풍기의 동력은 회전수의 제곱에 비례한다.

선지분석

① 송풍기의 풍량은 회전수에 비례한다.
③ 유량이 일정할 때 송풍기의 크기는 회전수의 세제곱에 비례한다.
$\left(\frac{Q_1}{D_1^3N_1}=\frac{Q_2}{D_2^3N_2}\right)$
④ 송풍기의 동력은 회전수의 세제곱에 비례한다.

정답 ②

48

★★☆

중력식 집진장치의 집진율 향상조건에 관한 설명 중 옳지 않은 것은?

① 침강실 내 처리가스의 속도가 작을수록 미립자가 포집된다.
② 침강실 입구폭이 클수록 유속이 느려지며 미세한 입자가 포집된다.
③ 다단일 경우에는 단수가 증가할수록 집진효율은 상승하나, 압력손실도 증가한다.
④ 침강실의 높이가 낮고, 중력장의 길이가 짧을수록 집진율은 높아진다.

해설

침강실의 높이가 낮고, 중력장의 길이가 길수록 집진율은 높아진다.

관련이론 | 중력집진장치의 집진효율 향상조건

- 침강실 내의 처리가스의 속도가 작을수록 미립자가 포집된다.
- 유입부의 유속이 느릴수록 처리 효율이 높다.
- 침강실의 높이는 낮고 길이는 길수록 집진율이 높아진다.
- 침강실 내의 배기가스 기류는 균일해야 한다.
- 다단일 경우 단수가 증가할수록 압력손실은 커지나 효율은 증가한다.

정답 ④

49

★☆☆

국소배기장치 중 후드의 설치 및 흡인방법과 거리가 먼 것은?

① 발생원에 최대한 접근시켜 흡인시킨다.
② 주 발생원을 대상으로 하는 국부적 흡인방식이다.
③ 흡인속도를 크게 하기 위해 개구면적을 넓게 한다.
④ 포착속도(Capture velocity)를 충분히 유지시킨다.

해설

흡인속도를 크게 하기 위해 개구면적을 좁게 해야 한다.

관련이론 | 환기장치에서 후드(Hood)의 특징

- 발생원에 최대한 접근시켜 흡인시킨다.
- 주 발생원을 대상으로 하는 국부적 흡인방식이다.
- 포착속도(Capture velocity)를 충분히 유지시킨다.
- 흡인속도를 크게 하기 위해 개구면적을 좁게 한다.

정답 ③

50

★★☆

다음에서 설명하는 송풍기 유형은?

> 후향 날개형을 정밀하게 변형시킨 것으로 원심력 송풍기 중 효율이 가장 좋아 대형 냉난방 공기조화장치, 산업용 공기청정장치 등에 주로 사용되며, 에너지 절감효과가 뛰어나다.

① 프로펠러형(Propeller)
② 비행기 날개형(Airfoil blade)
③ 방사 날개형(Radial blade)
④ 전향 날개형(Forward curved)

해설

익형[비행기 날개형(Airfoil blade)]

- 표준형 평판 날개형보다 비교적 고속에서 가동되고, 후향 날개형을 정밀하게 변형시킨 것이다.
- 원심력 송풍기 중 효율이 가장 좋아 대형 냉난방 공기조화장치, 산업용 공기청정장치 등에 주로 이용된다.
- 에너지 절감효과가 뛰어난 송풍기 유형이다.

정답 ②

51

★★☆

가로 a, 세로 b인 직사각형의 유로에 유체가 흐를 경우 상당직경(Equivalent diameter)을 산출하는 간이식은?

① $\sqrt{ab}$　　② $2ab$
③ $\sqrt{\frac{2(a+b)}{ab}}$　　④ $\frac{2ab}{a+b}$

해설

④번이 상당직경을 산출하는 간이식이다.

정답 ④

52

★★☆

먼지농도 10g/m³인 배기가스를 1,200m³/min로 배출하는 배출구에 여과집진장치를 설치하고자 한다. 이 여과집진장치의 평균 여과속도는 3m/min이고, 여기에 직경 20cm, 길이 4m의 여과백을 사용한다면 필요한 여과백의 수는?

① 120개　　② 140개
③ 160개　　④ 180개

해설

$Q_T=\pi DL\times n\times V_f$

Q_T: 처리가스량(m³/min)

D: 여과포의 직경(m), L: 여과포의 길이(m)

※ πDL은 필터면적을 의미한다.

n: 여과포 소요개수, V_f: 여과속도(m/min)

$1{,}200\text{m}^3/\text{min}=(\pi\times0.2\text{m}\times4\text{m})\times n\times3\text{m/min}$

$n=159.1549$

여과백의 수는 소수로 나올 수 없으므로 160개가 된다.

정답 ③

53

★☆☆

다음 여과재 중 사용온도가 가장 높은 것은?

① glass fiber
② 목면
③ 오론
④ 비닐론

해설
① glass fiber : 250℃
② 목면 : 80℃
③ 오론 : 150℃
④ 비닐론 : 100℃

정답 ①

54

★☆☆

유해가스를 처리하는 흡수장치의 효율을 높이기 위한 흡수액의 조건은?

① 점성이 커야 한다.
② 어는점이 높아야 한다.
③ 휘발성이 적어야 한다.
④ 가스의 용해도가 낮아야 한다.

선지분석
① 점성이 작아야 한다.
② 어는점이 낮아야 한다.
④ 가스의 용해도가 높아야 한다.

정답 ③

55

★☆☆

공기 중 CO_2 가스의 부피가 5%를 넘으면 인체에 해롭다고 한다면, 지금 600m^3되는 방에서 문을 닫고 80%의 탄소를 가진 숯을 최소 몇 kg을 태우면 해로운 상태로 되겠는가? (단, 기존의 공기 중 CO_2 가스의 부피는 고려하지 않고, 실내에서 완전혼합하며, 표준상태 기준이다.)

① 약 5kg　② 약 10kg
③ 약 15kg　④ 약 20kg

해설
C(원자량 12) 1kmol이 연소하면 CO_2 1kmol(22.4m^3)이 생성된다.

$C+O_2 \rightarrow CO_2$

$x \times \frac{80}{100} \times \frac{22.4Sm^3}{12kg} = 600Sm^3 \times \frac{5}{100}$

$x = 20.0892kg$

정답 ④

56

★☆☆

집진장치와 그 집진장치의 집진원리가 올바르게 연결되지 않은 것은?

① 여과집진장치 – 관성충돌
② 세정집진장치 – 직접차단
③ 원심력집진장치 – 원심력
④ 전기집진장치 – 반데르발스힘

해설
전기집진장치의 처리원리는 대전입자의 하전에 이한 정전기적 인력(쿨롱의 힘)이다.

관련이론 | 반데르발스힘
중성인 입자에 작용하며 극히 근거리에서만 작용하는 약한 인력이다.

정답 ④

57

★☆☆

송풍기 회전수(N)와 유체밀도(ρ)가 일정할 때 성립하는 송풍기 상사법칙을 나타내는 식은? (단, Q: 유량, P: 풍압, L: 동력, D: 송풍기의 크기이다.)

① $Q_2=Q_1\times\left[\frac{D_1}{D_2}\right]^2$　② $P_2=P_1\times\left[\frac{D_1}{D_2}\right]^2$

③ $Q_2=Q_1\times\left[\frac{D_2}{D_1}\right]^3$　④ $L_2=L_1\times\left[\frac{D_2}{D_1}\right]^3$

해설

송풍기의 상사법칙

$Q_2=Q_1\times\left[\frac{D_2}{D_1}\right]^3$

$P_2=P_1\times\left[\frac{D_2}{D_1}\right]^2$

$L_2=L_1\times\left[\frac{D_2}{D_1}\right]^5$

정답 ③

58

★★☆

헨리의 법칙에 관한 설명으로 옳지 않은 것은?

① 비교적 용해도가 적은 기체에 적용된다.

② 헨리상수의 단위는 $\text{atm/m}^3\cdot\text{kmol}$이다.

③ 헨리상수의 값은 온도가 높을수록, 용해도가 적을수록 커진다.

④ 온도와 기체의 부피가 일정할 때 기체의 용해도는 용매와 평형을 이루고 있는 기체의 분압에 비례한다.

해설

헨리상수의 단위는 $\text{atm}\cdot\text{m}^3\text{/kmol}$이다.

정답 ②

59

★★☆

가로 5m, 세로 8m인 두 집진판이 평행하게 설치되어 있고, 두 판 사이 중간에 원형철심 방전극이 위치하고 있는 전기집진장치에 굴뚝가스가 $120\text{m}^3\text{/min}$로 통과하고, 입자이동속도가 0.12m/s일 때의 집진효율은? (단, Deutsch-Anderson 식을 적용한다.)

① 98.2%　② 98.7%

③ 99.2%　④ 99.7%

해설

Deutsch-Anderson 식을 이용한다.

$\eta=1-e^{\left(-\frac{A\times W_e}{Q}\right)}$

A: 단면적(m^2)

$A=5\text{m}\times8\text{m}=40\text{m}^2$

W_e: 먼지의 겉보기 이동속도(m/s)

Q: 처리가스량($\text{m}^3\text{/s}$)

$Q=\frac{120\text{m}^3}{\text{min}}\times\frac{\text{min}}{60\text{s}}=2\text{m}^3\text{/s}$

$\eta=1-e^{\left(-\frac{40\times2\times0.12}{2}\right)}=0.9917=99.17\%$

※ 문제의 조건에서 집진판이 2개라고 했으므로 단면적에 2를 곱해줘야 한다.

정답 ③

60

★☆☆

먼지의 입경측정 방법을 직접측정법과 간접측정법으로 구분할 때, 직접측정법에 해당하는 것은?

① 광산란법　② 관성충돌법

③ 액상침강법　④ 표준체측정법

해설

간접측정법: 광산란법, 공기투과법, 액상침강법, 관성충돌법

직접측정법: 현미경법, 표준체측정법

정답 ④

대기오염공정시험기준

61 ★★☆

환경대기 중의 탄화수소 농도를 측정하기 위한 주 시험방법은?

① 총탄화수소 측정법
② 비메탄 탄화수소 측정법
③ 활성 탄화수소 측정법
④ 비활성 탄화수소 측정법

해설
환경대기 중의 탄화수소 농도를 측정하기 위한 주 시험법은 비메탄 탄화수소 측정법이다.

정답 ②

62 ★★★

이온크로마토그래피의 일반적인 장치구성을 순서대로 나열한 것은?

① 펌프 – 시료주입장치 – 용리액조 – 분리관 – 검출기 – 써프렛서
② 용리액조 – 펌프 – 시료주입장치 – 분리관 – 써프렛서 – 검출기
③ 시료주입장치 – 펌프 – 용리액조 – 써프렛서 – 분리관 – 검출기
④ 분리관 – 시료주입장치 – 펌프 – 용리액조 – 검출기 – 써프렛서

해설
이온크로마토그래피의 장치구성

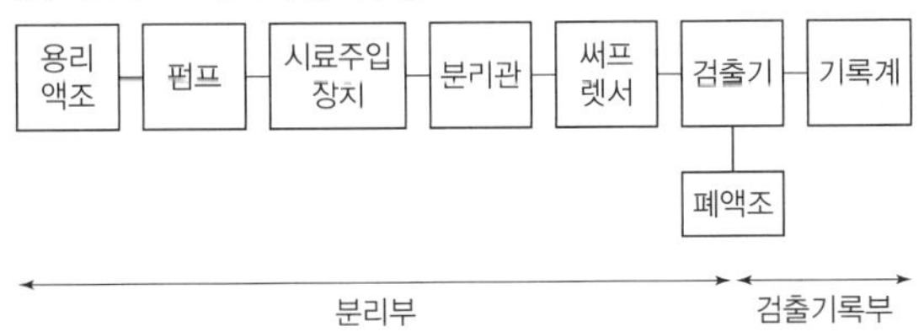

정답 ②

63 ★★☆

대기오염공정시험기준상 따로 규정이 없는 한 "시약 명칭 – 화학식 – 농도(%) – 비중(약)" 기준으로 옳은 것은?

① 암모니아수 – NH_4OH – 30.0~34.0(NH_3로서) – 1.05
② 아이오드화수소산 – HI – 46.0~48.0 – 1.25
③ 브로민화수소산 – HBr – 47.0~49.0 – 1.48
④ 과염소산 – H_2ClO_3 – 60.0~62.0 – 1.34

선지분석
① 암모니아수 – NH_4OH – 28.0~30.0(NH_3로서) – 0.90
② 아이오딘화수소산 – HI – 55.0~58.0 – 1.70
④ 과염소산 – $HClO_4$ – 60.0~62.0 – 1.54

정답 ③

64 ★☆☆

굴뚝을 통하여 대기 중으로 배출되는 가스상 물질을 분석하기 위한 시료 채취방법에 대한 주의사항 중 옳지 않은 것은?

① 흡수병을 공용으로 할 때에는 대상 성분이 달라질 때마다 묽은 산 또는 알칼리 용액과 정제수로 깨끗이 씻은 다음 다시 흡수액으로 3회 정도 씻은 후 사용한다.
② 가스미터는 500mmH_2O 이내에서 사용한다.
③ 습식 가스미터를 이동 또는 운반할 때에는 반드시 물을 빼고, 오랫동안 쓰지 않을 때에도 그와 같이 배수한다.
④ 굴뚝 내의 압력이 매우 큰 부압(−300mmH_2O 정도 이하)인 경우에는, 시료 채취용 굴뚝을 부설하여 부피가 큰 펌프를 써서 시료가스를 흡입하고 그 부설한 굴뚝에 채취구를 만든다.

해설
가스미터는 100mmH_2O 이내에서 사용한다.

정답 ②

65

★★☆

배출허용기준 중 표준산소농도를 적용받는 항목에 대한 배출가스량 보정식으로 옳은 것은? (단, Q: 배출가스유량(Sm^3/일), Q_a: 실측배출가스유량(Sm^3/일), O_s: 표준산소농도(%), O_a: 실측산소농도(%)이다.)

① $Q=Q_a\times\frac{O_s-21}{O_a-21}$ ② $Q=Q_a\times\frac{O_a-21}{O_s-21}$

③ $Q=Q_a\div\frac{21-O_s}{21-O_a}$ ④ $Q=Q_a\div\frac{21-O_a}{21-O_s}$

해설

배출가스량 보정식은 ③번이다.

정답 ③

66

★☆☆

원자흡광분석에서 발생하는 간섭 중 분석에 사용하는 스펙트럼의 불꽃 중에서 생성되는 목적원소의 원자증기 이외의 물질에 의하여 흡수되는 경우에 발생되는 것은?

① 물리적 간섭 ② 화학적 간섭

③ 분광학적 간섭 ④ 이온학적 간섭

해설

① 물리적 간섭: 시료용액의 점성이나 표면장력 등 물리적 조건의 영향에 의하여 일어나는 것이다.

② 화학적 간섭: 불꽃 중에서 원자가 이온화하는 경우나 공존물질과 작용하여 해리하기 어려운 화합물이 생성되어 흡광에 관계하는 기저상태의 원자수가 감소하는 경우이다.

④ 이온학적 간섭: 해당 없음

정답 ③

67

★★☆

비분산적외선분광분석법에서 사용하는 주요 용어의 의미로 옳지 않은 것은?

① 스팬가스: 분석계의 최저 눈금값을 교정하기 위하여 사용하는 가스

② 스팬 드리프트: 측정기의 교정범위눈금에 대한 지시값의 일정시간 내의 변동

③ 정필터형: 측정성분이 흡수되는 적외선을 그 흡수파장에서 측정하는 방식

④ 비교가스: 시료셀에서 적외선 흡수를 측정하는 경우 대조가스로 사용하는 것으로 적외선을 흡수하지 않는 가스

해설

스팬가스(Span Gas): 분석계의 최고 눈금값을 교정하기 위하여 사용하는 가스

정답 ①

68

★★★

특정 발생원에서 일정한 굴뚝을 거치지 않고 외부로 비산되는 먼지의 농도를 고용량공기시료채취법으로 분석하고자 한다. 측정조건과 결과가 다음과 같을 때 비산먼지의 농도(μg/m³)는?

- 채취시간: 24시간
- 채취개시 직후의 유량: $1.8m^3/min$
- 채취종료 직전의 유량: $1.2m^3/min$
- 채취 후 여과지의 질량: 3.828g
- 채취 전 여과지의 질량: 3.419g
- 대조위치에서의 먼지농도: $0.15\mu g/m^3$
- 전 시료채취 기간 중 주 풍향이 90° 이상 변함
- 풍속이 0.5m/s 미만 또는 10m/s 이상되는 시간이 전 채취시간의 50% 미만임

① 185.76　② 283.80
③ 294.81　④ 372.70

해설

(1) 흡인공기량 구하기

$$흡인공기량 = \frac{Q_s + Q_e}{2} \times t$$

Q_s: 채취개시 직후의 유량(m^3/min)
Q_e: 채취종료 직전의 유량(m^3/min)
t: 채취시간(min)

$$흡인공기량 = \frac{(1.8+1.2)m^3/min}{2} \times 1,440min = 2,160m^3$$

(2) 채취한 비산먼지의 농도 구하기

$$먼지농도 = \frac{W_e - W_s}{V}$$

W_e: 채취 후 여과지의 질량(g)
W_s: 채취 전 여과지의 질량(g)
V: 총 공기흡입량(Sm^3)

$$먼지농도 = \frac{(3.828-3.419)g}{2,160m^3} \times \frac{10^6\mu g}{g} = 189.3518\mu g/m^3$$

(3) 각 측정지점의 채취먼지량과 풍향, 풍속의 측정결과로부터 비산먼지의 농도 구하기

비산먼지농도$(C) = (C_H - C_B) \times W_D \times W_S$
C_H: 채취먼지량이 가장 많은 위치에서의 먼지농도(mg/m^3)
C_B: 대조위치에서의 먼지농도(mg/m^3)
W_D, W_S=풍향, 풍속 측정결과로부터 구한 보정계수
단, 대조위치를 선정할 수 없는 경우에는 C_B는 $0.15mg/m^3$로 한다.
$C = (189.3518 - 0.15) \times 1.5 \times 1.0 = 283.8027\mu g/m^3$

풍향에 대한 보정

풍향변화범위	보정계수
전 시료채취 기간 중 주 풍향이 90° 이상 변할 때	1.5
전 시료채취 기간 중 주 풍향이 45°~90° 변할 때	1.2
전 시료채취 기간 중 풍향이 변동이 없을 때(45° 미만)	1.0

풍속에 대한 보정

풍속범위	보정계수
풍속이 0.5m/s 미만 또는 10m/s 이상되는 시간이 전 채취시간의 50% 미만일 때	1.0
풍속이 0.5m/s 미만 또는 10m/s 이상되는 시간이 전 채취시간의 50% 이상일 때	1.2

정답 ②

69

★☆☆

염화수소의 굴뚝 배출가스 연속자동측정방법으로 올바른 것은?

① 용액전도율법
② 이온전극법
③ 적외선흡수법
④ 정전위전해법

해설

염화수소의 굴뚝 배출가스 연속자동측정방법으로 이온전극법, 비분산적외선분광분석법 등이 있다.

정답 ②

70

★★☆

직경이 0.5m, 단면이 원형인 굴뚝에서 배출되는 먼지 시료를 채취할 때, 측정점수는?

① 1　② 2
③ 3　④ 4

해설

원형단면의 측정점

굴뚝직경(m)	반경구분수	측정점수
1 이하	1	4
1 초과 2 이하	2	8
2 초과 4 이하	3	12
4 초과 4.5 이하	4	16
4.5 초과	5	20

정답 ④

71

★☆☆

배출가스 중의 수은화합물을 냉증기 원자흡수분광광도법에 따라 분석할 때 사용하는 흡수액은?

① 수산화칼슘＋피로가롤용액
② 시안화포타슘＋디티존용액
③ 과망간산포타슘＋황산용액
④ 질산암모늄＋황산용액

해설

수은화합물을 냉증기 원자흡수분광광도법에 따라 분석할 때 흡수액은 '질량분율 4% 과망간산포타슘＋10% 황산용액'을 사용한다.

10% 황산(H_2SO_4, 분자량: 98.08, 순도: 일급)에 과망간산포타슘($KMnO_4$, 분자량: 158.03, 순도: 특급) 40g을 넣어 녹이고 10% 황산을 가하여 최종 부피를 1L로 한다.

정답 ③

72

★☆☆

보통강철을 채취관 및 도관으로 사용할 수 있는 물질끼리 올바르게 짝지어진 것은?

① 일산화탄소, 암모니아
② 일산화탄소, 이황화탄소
③ 암모니아, 이황화탄소
④ 이황화탄소, 질소산화물

해설

보통강철을 채취관 및 도관의 재질로 사용할 수 있는 물질은 일산화탄소와 암모니아이다.

관련이론 | 채취관, 연결관 및 여과재의 재질

분석물질, 공존가스	채취관, 연결관의 재질	여과재
암모니아	① ② ③ ④ ⑤ ⑥	ⓐ ⓑ ⓒ
일산화탄소	① ② ③ ④ ⑤ ⑥ ⑦	ⓐ ⓑ ⓒ
염화수소	① ② ⑤ ⑥ ⑦	ⓐ ⓑ ⓒ
염소	① ② ⑤ ⑥ ⑦	ⓐ ⓑ ⓒ
황산화물	① ② ④ ⑤ ⑥ ⑦	ⓐ ⓑ ⓒ
질소산화물	① ② ④ ⑤ ⑥	ⓐ ⓑ ⓒ
이황화탄소	① ② ⑥	ⓐ ⓑ
폼알데하이드	① ② ⑥	ⓐ ⓑ
황화수소	① ② ④ ⑤ ⑥ ⑦	ⓐ ⓑ ⓒ
플루오린화합물	④ ⑥	ⓒ
사이안화수소	① ② ④ ⑤ ⑥ ⑦	ⓐ ⓑ ⓒ
브로민	① ② ⑥	ⓐ ⓑ
벤젠	① ② ⑥	ⓐ ⓑ
페놀	① ② ④ ⑥	ⓐ ⓑ
비소	① ② ④ ⑤ ⑥ ⑦	ⓐ ⓑ ⓒ

① 경질유리, ② 석영, ③ 보통강철, ④ 스테인리스강 재질, ⑤ 세라믹, ⑥ 플루오로수지, ⑦ 염화바이닐수지, ⑧ 실리콘수지, ⑨ 네오프렌, ⓐ 알칼리 성분이 없는 유리솜 또는 실리카솜, ⓑ 소결유리, ⓒ 카보런덤

정답 ①

73
★★★

온도표시에 관한 설명으로 옳지 않은 것은?

① "냉후"(식힌 후)라 표시되어 있을 때는 보온 또는 가열 후 실온까지 냉각된 상태를 뜻한다.
② 상온은 15~25℃, 실온은 1~35℃로 한다.
③ 찬 곳은 따로 규정이 없는 한 0~5℃를 뜻한다.
④ 온수는 60~70℃이고, 열수는 약 100℃를 말한다.

해설
찬 곳은 따로 규정이 없는 한 0~15℃의 곳을 뜻한다.

정답 ③

74
★☆☆

기체크로마토그래피에서 분리관 효율을 나타내기 위한 이론단수를 구하는 식으로 옳은 것은? (단, t_R: 시료도입점으로부터 봉우리 최고점까지의 길이, W: 봉우리의 좌우 변곡점에서 접선이 자르는 바탕선의 길이이다.)

① $16\times\frac{t_R}{W}$
② $16\times\left(\frac{t_R}{W}\right)^2$
③ $16\times\left(\frac{W}{t_R}\right)^2$
④ $16\times\left(\frac{W}{t_R}\right)$

해설
이론단수를 구하는 식은 ②번이다.

정답 ②

75
★☆☆

원형 굴뚝의 환산 하부직경을 계산하는 방식으로 옳은 것은? (단, 굴뚝단면이 서서히 변하는 경우)

① (하부직경+선정된 측정공 위치의 직경) / 2
② (하부직경+선정된 측정공 위치의 직경) / 3
③ (하부직경+선정된 측정공 위치의 직경) / 4
④ (하부직경+선정된 측정공 위치의 직경) / 5

해설
굴뚝단면이 서서히 변하는 경우 측정공의 위치를 대략적으로 선정하고 다음에 의거하여 굴뚝직경을 구할 수 있다. 이 때, 선정된 측정공 위치가 환산 하부직경의 2배 이상, 환산 상부직경의 1/2배 이상이면 측정공의 위치로 채택한다.
환산 하부직경과 환산 상부직경을 구하는 식은 다음과 같다.

- 환산 하부직경 $=\frac{\text{하부직경}+\text{선정된 측정공 위치의 직경}}{2}$
- 환산 상부직경 $=\frac{\text{상부직경}+\text{선정된 측정공 위치의 직경}}{2}$

정답 ①

76
★☆☆

분석대상 가스별 흡수액으로 옳은 것은?

① 브로민화합물 – 수산화소듐 용액
② 비소 – 붕산 용액
③ 암모니아 – 수산화소듐 용액
④ 질소산화물 – 붕산 용액

해설
① 브로민화합물 – 수산화소듐 용액(0.1mol/L)
② 비소 – 수산화소듐 용액(0.1mol/L)
③ 암모니아 – 붕산 용액(5g/L)
④ 질소산화물 – 황산 용액(0.005mol/L)

정답 ①

2024년

77

★★★

A 보일러 굴뚝의 배출가스 온도 280℃, 압력 760mmHg, 피토우관에 의한 동압 측정치는 0.552mmHg이었다. 이 때 굴뚝 배출가스 평균유속(m/s)은? (단, 굴뚝 내 습배출가스의 밀도는 1.3kg/Sm³, 피토우관 계수는 1이다.)

① 약 9.6　　② 약 12.3
③ 약 14.6　　④ 약 15.1

해설

$$V=C\sqrt{\frac{2gh}{\gamma}}$$

C: 피토우관 계수, g: 중력가속도($9.8m/s^2$)
h: 배출가스 동압측정치(mmH_2O)

$$h=0.552mmHg\times\frac{10,332mmH_2O}{760mmHg}=7.5042mmH_2O$$

γ: 굴뚝 내의 습한 배출가스 밀도(kg/m^3)

$$\gamma=\frac{1.3kg}{Sm^3\times\frac{273+280}{273}}=0.6417kg/m^3$$

$$V=1\times\sqrt{\frac{2\times9.8\times7.5042}{0.6417}}=15.1395m/s$$

정답 ④

78

★☆☆

굴뚝 등에서 배출되는 가스 중의 산소측정을 위한 자기풍 분석계의 구성인자와 가장 거리가 먼 것은?

① 덤벨　　② 자극증폭기
③ 측정셀　　④ 열선소자

해설

자기풍분석계는 측정셀, 비교셀, 열선소자, 자극증폭기 등으로 구성된다. 덤벨은 자기화율이 적은 석영 등으로 만들어진 중공의 구체를 막대 양 끝에 부착한 것으로 질소 또는 공기를 봉입한 것을 말한다.

정답 ①

79

★★★

다음 중 대기오염공정시험기준 총칙상의 시험기재 및 용어에 관한 설명으로 옳지 않은 것은?

① 시험 조작 중 "즉시"란 10초 이내에 표시된 조작을 하는 것을 뜻한다.
② 시험에 사용하는 시약은 따로 규정이 없는 한 특급 또는 1급 이상 또는 이와 동등한 규격의 것을 사용하여야 한다.
③ 액의 농도를 (1→5)로 표시한 것은 그 용질의 성분이 고체일 때는 1g을 용매에 녹여 전량을 5mL로 하는 비율을 말한다.
④ "정확히 단다"라 함은 규정한 양의 검체를 취하여 분석용 저울로 0.1mg까지 다는 것을 뜻한다.

해설

시험조작 중 "즉시"란 30초 이내에 표시된 조작을 하는 것을 뜻한다.

정답 ①

80

★★☆

자외선/가시선 분광법으로 측정한 A 물질의 투과퍼센트 지시치가 25%일 때 A 물질의 흡광도는?

① 0.25　　② 0.50
③ 0.60　　④ 0.82

해설

$$\text{흡광도}(A)=\log\frac{1}{t(\text{투과도})}=\log\frac{1}{I_t/I_o}$$

I_o: 물체에 입사하는 빛의 세기
I_t: 물체를 투과한 빛의 세기

$$A=\log\frac{1}{0.25}=0.602$$

정답 ③

대기환경관계법규

81 ★★☆

악취방지법규상 지정악취물질에 해당하지 않는 것은?

① 염화수소 ② 메틸에틸케톤
③ 프로피온산 ④ 뷰틸아세테이트

해설
염화수소는 악취방지법규상 지정악취물질에 해당되지 않는다.

관련이론 | 지정악취물질「악취방지법 시행규칙 별표 1」
암모니아, 메틸메르캅탄, 황화수소, 다이메틸설파이드, 다이메틸다이설파이드, 트라이메틸아민, 아세트알데하이드, 스타이렌, 프로피온알데하이드, 뷰틸알데하이드, n-발레르알데하이드, i-발레르알데하이드, 톨루엔, 자일렌, 메틸에틸케톤, 메틸아이소뷰틸케톤, 뷰틸아세테이트, 프로피온산, n-뷰틸산, n-발레르산, i-발레르산, i-뷰틸알코올

정답 ①

82 ★★★

실내주차장의 실내공기질 권고기준 중 권고기준이 1,000㎍/m^3 이하인 오염물질은?

① 곰팡이
② 라돈
③ 이산화질소
④ 총휘발성유기화합물

해설
실내주차장의 실내공기질 권고기준「실내공기질 관리법 시행규칙 별표 3」

이산화질소 (ppm)	라돈 (Bq/m^3)	총휘발성유기화합물 ($μg/m^3$)	곰팡이 (CFU/m^3)
0.30 이하	148 이하	1,000 이하	−

정답 ④

83 ★★★

환경정책기본법령상 대기환경기준으로 옳지 않은 것은?

① 미세먼지(PM−10) − 연간 평균치 50mg/m^3 이하
② 아황산가스(SO_2) − 연간 평균치 0.02ppm 이하
③ 일산화탄소(CO) − 1시간 평균치 25ppm 이하
④ 오존(O_3) − 1시간 평균치 0.1ppm 이하

해설
환경기준「환경정책기본법 시행령 별표 1」

항목	기준
아황산가스 (SO_2)	연간 평균치 0.02ppm 이하 24시간 평균치 0.05ppm 이하 1시간 평균치 0.15ppm 이하
일산화탄소 (CO)	8시간 평균치 9ppm 이하 1시간 평균치 25ppm 이하
이산화질소 (NO_2)	연간 평균치 0.03ppm 이하 24시간 평균치 0.06ppm 이하 1시간 평균치 0.10ppm 이하
미세먼지 (PM−10)	연간 평균치 50$μg/m^3$ 이하 24시간 평균치 100$μg/m^3$ 이하
초미세먼지 (PM−2.5)	연간 평균치 15$μg/m^3$ 이하 24시간 평균치 35$μg/m^3$ 이하
오존(O_3)	8시간 평균치 0.06ppm 이하 1시간 평균치 0.1ppm 이하
납(Pb)	연간 평균치 0.5$μg/m^3$ 이하
벤젠	연간 평균치 5$μg/m^3$ 이하

정답 ①

2024년

84

★★☆

대기환경보전법령상 인증을 면제할 수 있는 자동차에 해당하는 것은?

① 항공기 지상 조업용 자동차
② 국가대표 선수용 자동차로서 문화체육관광부 장관의 확인을 받은 자동차
③ 여행자 등이 다시 반출할 것을 조건으로 일시 반입하는 자동차
④ 주한 외국군인의 가족이 사용하기 위해 반입하는 자동차

선지분석

① 항공기 지상 조업용 자동차: 인증을 생략할 수 있음
② 국가대표 선수용 자동차로서 문화체육관광부 장관의 확인을 받은 자동차: 인증을 생략할 수 있음
③ 여행자 등이 다시 반출할 것을 조건으로 일시 반입하는 자동차: 인증을 면제할 수 있음
④ 주한 외국군인의 가족이 사용하기 위해 반입하는 자동차: 인증을 생략할 수 있음

정답 ③

85

★☆☆

대기환경보전법령상 “온실가스”에 해당하지 않는 것은?

① 이산화탄소
② 이산화질소
③ 수소불화탄소
④ 육불화황

해설

“온실가스”란 적외선 복사열을 흡수하거나 다시 방출하여 온실효과를 유발하는 대기 중의 가스상태 물질로서 이산화탄소, 메탄, 아산화질소, 수소불화탄소, 과불화탄소, 육불화황을 말한다.

정답 ②

86

★★★

대기환경보전법령상 배출시설에서 발생하는 연간 대기오염물질 발생량의 합계로 사업장을 분류할 때 다음 중 4종 사업장에 속하는 양은?

① 80톤　② 50톤
③ 12톤　④ 5톤

해설

사업장의 분류「시행령 별표 1의3」

종별	오염물질발생량 구분
1종 사업장	대기오염물질발생량의 합계가 연간 80톤 이상인 사업장
2종 사업장	대기오염물질발생량의 합계가 연간 20톤 이상 80톤 미만인 사업장
3종 사업장	대기오염물질발생량의 합계가 연간 10톤 이상 20톤 미만인 사업장
4종 사업장	대기오염물질발생량의 합계가 연간 2톤 이상 10톤 미만인 사업장
5종 사업장	대기오염물질발생량의 합계가 연간 2톤 미만인 사업장

정답 ④

87

★☆☆

환경정책기본법상 용어의 정의 중 (　　) 안에 가장 적합한 것은?

> (　　　)이란 일정한 지역에서 환경오염 또는 환경훼손에 대하여 환경이 스스로 수용, 정화 및 복원하여 환경의 질을 유지할 수 있는 한계를 말한다.

① 환경기준　② 환경용량
③ 환경보전　④ 환경보존

해설

환경용량에 대한 설명이다.

정답 ②

88

★★☆

대기환경보전법령상 대기오염경보 단계 중 오존에 대한 "경보" 해제기준과 관련하여 (　　) 안에 알맞은 것은?

> 경보가 발령된 지역의 기상조건 등을 고려하여 대기자동측정소의 오존농도가 (　　)인 때는 주의보로 전환한다.

① 0.1ppm 이상 0.3ppm 미만
② 0.1ppm 이상 0.5ppm 미만
③ 0.12ppm 이상 0.3ppm 미만
④ 0.12ppm 이상 0.5ppm 미만

해설

오존의 대기오염경보 단계별 기준「시행규칙 별표 7」

경보 단계	발령기준	해제기준
주의보	기상조건 등을 고려하여 해당지역의 대기자동측정소 오존농도가 0.12ppm 이상인 때	주의보가 발령된 지역의 기상조건 등을 검토하여 대기자동측정소의 오존농도가 0.12ppm 미만인 때
경보	기상조건 등을 고려하여 해당지역의 대기자동측정소 오존농도가 0.3ppm 이상인 때	경보가 발령된 지역의 기상조건 등을 고려하여 대기자동측정소의 오존농도가 0.12ppm 이상 0.3ppm 미만인 때는 주의보로 전환
중대 경보	기상조건 등을 고려하여 해당지역의 대기자동측정소 오존농도가 0.5ppm 이상인 때	중대경보가 발령된 지역의 기상조건 등을 고려하여 대기자동측정소의 오존농도가 0.3ppm 이상 0.5ppm 미만인 때는 경보로 전환

정답 ③

89

★☆☆

대기환경보전법령상의 자동차 연료·첨가제 또는 촉매제 검사기관의 지정기준 중 자동차 연료 검사기관의 기술능력 및 검사장비기준에 관한 내용으로 옳지 않은 것은?

① 휘발유·경유·바이오디젤(BD100) 검사장비로 1ppm 이하 분석이 가능한 황함량분석기 1식을 갖추어야 한다.
② 검사원은 자동차, 화공, 안전관리(가스), 환경 분야의 기사 자격 이상을 취득한 사람이어야 한다.
③ 휘발유·경유·바이오디젤 검사기관과 LPG·CNG·바이오가스 검사기관의 기술능력 기준은 같으며, 두 검사 업무를 함께 하려는 경우에는 기술능력을 중복하여 갖추지 아니할 수 있다.
④ 검사원은 2명 이상이어야 하며, 그 중 한 명은 해당 검사 업무에 10년 이상 종사한 경험이 있는 사람이어야 한다.

해설

자동차연료·첨가제 또는 촉매제 검사기관의 지정기준「시행규칙 별표 34의2」

검사원은 4명 이상이어야 하며 그 중 2명 이상은 해당 검사 업무에 5년 이상 종사한 경험이 있는 사람이어야 한다.

정답 ④

2024년

90 ★★★

대기환경보전법령상 시·도지사가 설치하는 대기오염 측정망에 해당하는 것은?

① 도시지역의 휘발성유기화합물 등의 농도를 측정하기 위한 광화학대기오염물질측정망
② 대기오염물질의 지역배경농도를 측정하기 위한 교외대기측정망
③ 대기 중의 중금속 농도를 측정하기 위한 대기중금속측정망
④ 도시지역 또는 산업단지 인근지역의 특정대기유해물질(중금속은 제외)의 오염도를 측정하기 위한 유해대기물질측정망

해설

①, ②, ④는 수도권대기환경청장, 국립환경과학원장 또는 한국환경공단이 설치하는 대기오염 측정망의 종류이다.

관련이론 | 측정망의 종류 및 측정결과보고「시행규칙 제11조」

수도권대기환경청장, 국립환경과학원장 또는 한국환경공단이 설치하는 대기오염 측정망의 종류

1. 대기오염물질의 지역배경농도를 측정하기 위한 교외대기측정망
2. 대기오염물질의 국가배경농도와 장거리이동 현황을 파악하기 위한 국가배경농도측정망
3. 도시지역 또는 산업단지 인근지역의 특정대기유해물질(중금속은 제외)의 오염도를 측정하기 위한 유해대기물질측정망
4. 도시지역의 휘발성유기화합물 등의 농도를 측정하기 위한 광화학대기오염물질측정망
5. 산성 대기오염물질의 건성 및 습성 침착량을 측정하기 위한 산성강하물측정망
6. 기후·생태계 변화유발물질의 농도를 측정하기 위한 지구대기측정망
7. 장거리이동대기오염물질의 성분을 집중 측정하기 위한 대기오염집중측정망
8. 초미세먼지(PM-2.5)의 성분 및 농도를 측정하기 위한 미세먼지성분측정망

특별시장·광역시장·특별자치시장·도지사 또는 특별자치도지사가 설치하는 대기오염 측정망

1. 도시지역의 대기오염물질 농도를 측정하기 위한 도시대기측정망
2. 도로변의 대기오염물질 농도를 측정하기 위한 도로변대기측정망
3. 대기 중의 중금속 농도를 측정하기 위한 대기중금속측정망

정답 ③

91 ★★☆

대기환경보전법령상 배출시설의 변경신고를 하여야 하는 경우에 해당하지 않는 것은?

① 사업장의 명칭이나 대표자를 변경하는 경우
② 배출시설 또는 방지시설을 임대하는 경우
③ 환경기술인을 바꾸어 선임하는 경우
④ 방지시설을 증설·교체하거나 폐쇄하는 경우

해설

환경기술인을 바꾸어 선임하는 경우는 변경신고 대상이 아니다.

관련이론 | 배출시설의 변경신고를 해야 하는 경우「시행규칙 제27조」

1. 같은 배출구에 연결된 배출시설을 증설 또는 교체하거나 폐쇄하는 경우
2. 배출시설에서 허가받은 오염물질 외의 새로운 대기오염물질이 배출되는 경우
3. 방지시설을 증설·교체하거나 폐쇄하는 경우
4. 사업장의 명칭이나 대표자를 변경하는 경우
5. 사용하는 원료나 연료를 변경하는 경우. 다만, 새로운 대기오염물질을 배출하지 아니하고 배출량이 증가되지 아니하는 원료로 변경하는 경우 또는 종전의 연료보다 황함유량이 낮은 연료로 변경하는 경우는 제외한다.
6. 배출시설 또는 방지시설을 임대하는 경우
7. 그 밖의 경우로서 배출시설 설치허가증에 적힌 허가사항 및 일일조업시간을 변경하는 경우

정답 ③

92

★★☆

대기환경보전법령상 환경부장관이 배출시설의 설치를 제한할 수 있는 경우에 관한 사항이다. ( ) 안에 알맞은 말은?

> 배출시설 설치 지점으로부터 반경 1킬로미터 안의 상주인구가 (㉠)명 이상인 지역으로서 특정대기유해물질 중 한 가지 종류의 물질을 연간 (㉡) 이상 배출하는 시설을 설치하는 경우

① ㉠ 1만, ㉡ 1톤 ② ㉠ 1만, ㉡ 10톤
③ ㉠ 2만, ㉡ 1톤 ④ ㉠ 2만, ㉡ 10톤

해설

㉠은 2만, ㉡은 10톤이다.

정답 ④

93

★★☆

대기환경보전법령상 Ⅱ지역(공업지역)의 기본부과금의 지역별 부과계수는?

① 0.5
② 1.0
③ 1.5
④ 2.0

해설

기본부과금의 지역별 부과계수 「시행령 별표 7」

구분	지역별 부과계수
Ⅰ지역	1.5
Ⅱ지역	0.5
Ⅲ지역	1.0

정답 ①

94

★★☆

대기환경보전법령상 환경기술인의 교육에 관한 내용으로 옳지 않은 것은? (단, 정보통신매체를 이용하여 원격교육을 하는 경우는 제외한다.)

① 환경기술인으로 임명된 날부터 1년 이내에 1회 신규교육을 받아야 한다.
② 환경기술인은 한국환경보전원, 환경부장관, 시·도지사 또는 대도시 시장이 교육을 실시할 능력이 있다고 인정하여 위탁하는 기관에서 실시하는 교육을 받아야 한다.
③ 교육과정의 교육기간은 7일 정도로 한다.
④ 교육 대상이 된 사람이 그 교육을 받아야 하는 기한의 마지막 날 이전 3년 이내에 동일한 교육을 받았을 경우에는 해당 교육을 받은 것으로 본다.

해설

교육과정의 교육기간은 4일 이내로 한다.

관련이론 | 환경기술인의 교육 「시행규칙 제125조」

① 환경기술인은 다음 각 호의 구분에 따라 한국환경보전원, 환경부장관 또는 시·도지사 또는 대도시 시장이 교육을 실시할 능력이 있다고 인정하여 위탁하는 기관에서 실시하는 교육을 받아야 한다. 다만, 교육 대상이 된 사람이 그 교육을 받아야 하는 기한의 마지막 날 이전 3년 이내에 동일한 교육을 받았을 경우에는 해당 교육을 받은 것으로 본다.
  1. 신규교육: 환경기술인으로 임명된 날부터 1년 이내에 1회
  2. 보수교육: 신규교육을 받은 날을 기준으로 3년마다 1회
② 제1항에 따른 교육기간은 4일 이내로 한다. 다만, 정보통신매체를 이용하여 원격교육을 하는 경우에는 환경부장관이 인정하는 기간으로 한다.

정답 ③

95

★☆☆

대기환경보전법령상 환경기술인의 준수사항으로 옳지 않은 것은?

① 배출시설 및 방지시설의 운영기록을 사실에 기초하여 작성해야 한다.
② 환경기술인을 공동으로 임명한 경우 환경기술인이 해당 사업장에 번갈아 근무해서는 안 된다.
③ 배출시설 및 방지시설을 정상가동하여 대기오염물질 등의 배출이 배출허용기준에 맞도록 해야 한다.
④ 자가측정 시 사용한 여과지는 환경오염공정시험기준에 따라 기록한 시료채취기록지와 함께 날짜별로 보관·관리해야 한다.

해설

환경기술인을 공동으로 임명한 경우 그 환경기술인은 해당 사업장에 번갈아 근무하여야 한다.

관련이론 | 환경기술인의 준수사항 및 관리사항「시행규칙 제54조」

1. 배출시설 및 방지시설을 정상가동하여 대기오염물질 등의 배출이 배출허용기준에 맞도록 할 것
2. 배출시설 및 방지시설의 운영기록을 사실에 기초하여 작성할 것
3. 자가측정은 정확히 할 것
4. 자가측정한 결과를 사실대로 기록할 것
5. 자가측정 시에 사용한 여과지는「환경분야 시험·검사 등에 관한 법률」에 따른 환경오염공정시험기준에 따라 기록한 시료채취기록지와 함께 날짜별로 보관·관리할 것
6. 환경기술인은 사업장에 상근할 것. 다만,「기업활동 규제완화에 관한 특별조치법」 제37조에 따라 환경기술인을 공동으로 임명한 경우 그 환경기술인은 해당 사업장에 번갈아 근무하여야 한다.

정답 ②

96

★★☆

대기환경보전법규상 자동차 연료 제조기준 중 매년 6월 1일부터 8월 31일까지 출고되는 휘발유의 증기압(kPa, 37.8℃) 기준으로 옳은 것은?

① 100 이하 ② 80 이하
③ 65 이하 ④ 60 이하

해설

자동차 연료 중 휘발유의 제조기준「시행규칙 별표 33」

항목	제조기준
방향족화합물 함량(부피%)	24(21) 이하
벤젠 함량(부피%)	0.7 이하
납 함량(g/ℓ)	0.013 이하
인 함량(g/ℓ)	0.0013 이하
산소 함량(무게%)	2.3 이하
올레핀 함량(부피%)	16(19) 이하
황 함량(ppm)	10 이하
증기압(kPa, 37.8℃)	60 이하
90% 유출온도(℃)	170 이하

[비고]
증기압 기준은 매년 6월 1일부터 8월 31일까지 제조시설에서 출고되는 제품에 대하여 적용한다.

정답 ④

97

★☆☆

대기환경보전법령상 굴뚝 자동측정기기 부착대상 배출시설이 그 부착을 면제받을 수 있는 경우로 거리가 먼 것은?

① 액체연료만을 사용하는 연소시설로서 황산화물을 제거하는 방지시설이 없는 경우(발전시설은 제외하며, 황산화물 측정기기에만 부착을 면제함)
② 연간 가동일수가 60일 미만인 배출시설인 경우
③ 부착대상시설이 된 날부터 6개월 이내에 배출시설을 폐쇄할 계획이 있는 경우
④ 연소가스 또는 화염이 원료 또는 제품과 직접 접촉하지 아니하는 시설로서 규정에 따른 청정연료를 사용하는 경우(발전시설은 제외함)

해설
굴뚝 자동측정기기 부착대상 배출시설이 그 부착을 면제받을 수 있는 경우는 연간 가동일수가 30일 미만인 경우이다. 「시행령 별표 3」

정답 ②

98

★★☆

대기환경보전법상 제작차배출허용기준에 맞지 아니하게 자동차를 제작한 자에 대한 벌칙기준은?

① 7년 이하의 징역이나 1억원 이하의 벌금에 처한다.
② 5년 이하의 징역이나 5천만원 이하의 벌금에 처한다.
③ 3년 이하의 징역이나 3천만원 이하의 벌금에 처한다.
④ 1년 이하의 징역이나 1천만원 이하의 벌금에 처한다.

해설
제작차배출허용기준에 맞지 아니하게 자동차를 제작한 자에게는 7년 이하의 징역이나 1억원 이하의 벌금에 처한다.

정답 ①

99

★★★

대기환경보전법령상 초과부과금 산정기준 중 1kg당 부과금액이 가장 큰 것은?

① 염화수소
② 시안화수소
③ 황화수소
④ 질소산화물

해설
염화수소의 부과금액이 7,400원으로 가장 크다.

관련이론 | 초과부과금 산정기준 「시행령 별표 4」

오염물질 \ 구분		오염물질 1킬로그램당 부과금액
황산화물		500
먼지		770
질소산화물		2,130
암모니아		1,400
황화수소		6,000
이황화탄소		1,600
특정대기 유해물질	불소화물	2,300
	염화수소	7,400
	시안화수소	7,300

정답 ①

100

★★☆

대기환경보전법상 환경부장관은 대기오염물질과 온실가스를 줄여 대기환경을 개선하기 위하여 대기환경개선 종합계획을 몇 년마다 수립하여 시행하여야 하는가?

① 1년마다　② 3년마다
③ 5년마다　④ 10년마다

해설
대기환경개선 종합계획의 수립 등 「법 제11조」
환경부장관은 대기오염물질과 온실가스를 줄여 대기환경을 개선하기 위하여 대기환경개선 종합계획을 10년마다 수립하여 시행하여야 한다.

정답 ④

2023년 | 4회 CBT 복원문제

자동채점

대기오염개론

01

★★☆

자동차 배출가스 정화장치인 삼원촉매장치에 관한 내용으로 옳지 않은 것은?

① HC는 CO_2와 H_2O로 산화되며, NO_x는 N_2로 환원된다.
② 두 개의 촉매층이 직렬로 연결되어 CO, HC, NO_x를 동시에 처리할 수 있다.
③ 우수한 효율을 얻기 위해서는 엔진에 공급되는 공기연료비가 이론공연비이어야 한다.
④ 일반적으로 로듐촉매는 CO와 HC를 저감시키는 반응을 촉진시키고 백금촉매는 NO_x를 저감시키는 반응을 촉진시킨다.

해설

일반적으로 백금촉매는 CO와 HC를 저감시키는 반응을 촉진시키고 로듐촉매는 NO_x를 저감시키는 반응을 촉진시킨다.

관련이론

- 로듐(Rh): 환원촉매, N_2로 환원
- 백금(Pt), 팔라듐(Pd): 산화촉매, CO_2와 H_2O로 산화

정답 ④

02

★☆☆

다음 대기오염 사건의 원인물질이 다른 하나는?

① 체르노빌 사건
② 스리마일 사건
③ 후쿠시마 사건
④ 포자리카 사건

선지분석

① 체르노빌 사건 – 방사능물질
② 스리마일 사건 – 방사능물질
③ 후쿠시마 사건 – 방사능물질
④ 포자리카 사건 – 황화수소

정답 ④

03

★★★

다음 중 대기오염물질의 배출원이 되는 제조공정과 그 발생오염물질과의 연결로 가장 거리가 먼 것은?

① 유리제조, 가스공업 – 염소가스
② 화학비료, 냉동공장 – 암모니아가스
③ 석유정제, 포르말린제조 – 벤젠
④ 석유정제, 석탄건류 – 황화수소가스

해설

염소가스는 소다공업, 플라스틱공업, 타이어 소각시설, 고무 제조업 등에서 발생된다.

정답 ①

04

★★☆

Fick의 확산방정식의 기본 가정에 해당하지 않는 것은?

① 오염물질은 점배출원으로부터 연속적으로 배출된다.
② 바람에 의한 오염물질의 주 이동방향은 x축이다.
③ 하류로의 확산은 바람이 부는 방향(x축)의 확산보다 강하다.
④ 풍향, 풍속, 온도, 시간에 따른 농도변화가 없는 정상상태 분포를 가정한다.

해설

Fick의 확산방정식의 가정조건

- 풍향, 풍속, 온도, 시간에 따른 농도변화가 없는 정상상태이다.
- 오염물질은 점배출원으로부터 연속적으로 배출된다.
- 바람에 의한 오염물질의 주 이동방향은 x축이다.

관련이론 | Fick의 확산법칙

정상상태, 단위면적 당 확산되는 조건 하에서 물질의 이동속도는 농도의 기울기에 비례한다는 법칙이다.

정답 ③

05

★☆☆

지표 부근의 대기의 일반적인 체류시간의 순서로 가장 적합한 것은?

① $O_2 > N_2O > CH_4 > CO$
② $O_2 > CH_4 > CO > N_2O$
③ $CO > O_2 > N_2O > CH_4$
④ $CO > CH_4 > O_2 > N_2O$

해설

대기성분의 체류시간

$N_2 > O_2 > N_2O > CO_2 > CH_4 > H_2 > CO > SO_2$

정답 ①

06

★☆☆

Pasquill에 의한 대기안정도 분류에서 사용되는 항목으로 가장 거리가 먼 것은?

① 상대습도
② 지상 10m 고도에서의 풍속
③ 일사량
④ 구름의 양

해설

낮에는 일사량과 풍속(지상 10m)으로, 야간에는 운량, 운고, 풍속으로부터 안정도를 구분한다.
상대습도는 해당되지 않는다.

관련이론 | 파스킬(Pasquill)의 대기안정도

낮에는 일사량과 풍속으로, 야간에는 운량, 운고, 풍속으로부터 안정도를 구분한다.
안정도는 A~F까지 6단계로 구분하며 A는 매우 불안정한 상태, F는 가장 안정한 상태를 뜻한다.
낮에는 풍속이 약할수록(2m/s 이하), 일사량이 강할수록 대기가 불안정하다. 지표가 거칠고 열섬효과가 있는 도시나 지면의 성질이 균일하지 않은 곳에서는 오차가 크게 나타날 수 있다.

정답 ①

2023년

07

★★☆

냄새물질에 관한 일반적인 설명으로 옳지 않은 것은?

① 분자량이 클수록 냄새가 강하다.
② 분자 내 수산기의 수가 1개일 때 냄새가 가장 강하고, 수산기의 수가 증가하면 점점 냄새가 없어진다.
③ 골격이 되는 탄소(C) 수는 저분자일수록 관능기 특유의 냄새가 강하고 자극적이다.
④ 불포화도(이중결합 및 삼중결합의 수)가 높을수록 냄새가 강하다.

해설

분자량이 작을수록 냄새가 강하다.

정답 ①

08

★☆☆

다음 환경오염의 역사적 사건에 대한 설명으로 잘못된 것은?

① 카드뮴은 이타이이타이병을 일으킨다.
② 1930년 도노라 사건은 뮤즈계곡 사건보다 일찍 일어난 사건이다.
③ 런던스모그는 석탄사용으로 인한 SO_2의 발생으로 일어난 사건이다.
④ 보팔사건은 MIC 누출 때문에 일어난 사건이다.

해설

1930년 뮤즈계곡 사건은 도노라 사건(1948년)보다 일찍 일어난 사건이다.

정답 ②

09

★★☆

라돈에 관한 설명으로 가장 거리가 먼 것은?

① 화학적으로 반응성이 크다.
② 주로 토양, 지하수, 건축자재 등을 통하여 인체에 영향을 미치고 있으며 흙 속에서 방사선 붕괴를 일으킨다.
③ 공기보다 9배 정도 무거워 지표에 가깝게 존재한다.
④ 무색, 무취의 기체로 액화되어도 색을 띠지 않는 물질이다.

해설

화학적으로 반응성이 작다.

정답 ①

10

★☆☆

호흡을 통해 인체의 폐에 250ppm의 일산화탄소를 포함하는 공기가 흡입되었을 때, 혈액 내 최종 포화 COHb는 몇 %인가? (단, 흡입공기 중 O_2는 21%, $\frac{COHb}{O_2Hb}=240\frac{PCO}{PO_2}$이다.)

① 22.2% ② 28.6%
③ 33.3% ④ 41.2%

해설

호흡을 통해 유입된 공기 중 일산화탄소와 산소만이 혈액 속의 Hb와 결합하므로 각 성분의 분율의 합은 1로 볼 수 있다.

$COHb+O_2Hb=1$

$\frac{COHb}{O_2Hb}=240\frac{PCO}{PO_2}$

$\frac{COHb}{1-COHb}=240\times\frac{0.025\%}{21\%}$

$COHb=0.2222=22.22\%$

※ COHb를 미지수로 놓고 공학용계산기의 SOLVE 기능을 이용하여 푸는 것이 편리합니다.

※ $250ppm=250\times10^{-4}\%=0.025\%$

정답 ①

11

★☆☆

안료, 색소, 의약품 제조공업에 이용되며 색소침착, 손·발바닥의 각화, 피부암 등을 일으키는 물질로 옳은 것은?

① 납 ② 크롬
③ 비소 ④ 니켈

해설

비소는 안료, 색소, 의약품 제조공업에 이용되며 색소침착, 손·발바닥의 각화, 피부암 등을 일으킨다.

정답 ③

12

★★☆

굴뚝에서 배출되는 연기모양 중 원추형에 관한 설명으로 가장 적합한 것은?

① 지표역전이 파괴되면서 발생하며 30분 이상은 지속하지 않는 경향이 있다.
② 구름이 많이 낀 날에 주로 관찰된다.
③ 연기의 상하부분 모두 역전인 경우 발생한다.
④ 수직온도경사가 과단열적이고, 난류가 심할 때 주로 발생한다.

해설

원추형은 대기 안정도가 중립이고 바람이 다소 강하거나 구름이 많이 낀 날에 주로 관찰되며 가우시안 분포를 이룬다.

정답 ②

13

★☆☆

지구온난화의 원인인 온실효과에 대한 기여도가 가장 낮은 가스는?

① SO_2　② CO_2
③ SF_6　④ N_2O

해설

SO_2는 산성비의 원인물질로 보기 중 지구온난화의 원인인 온실효과에 대한 기여도가 가장 낮다.

GWP는 온실기체들의 구조상 또는 열축적 능력에 따라 온실효과를 일으키는 잠재력을 지수로 표현한 것으로, CH_4, N_2O, CO_2, SF_6 등이 있으며, 이 중 GWP가 가장 큰 값은 SF_6이다.

관련이론 | 온실가스별 지구온난화 계수

온실가스의 종류	지구온난화 계수
이산화탄소(CO_2)	1
메탄(CH_4)	21
아산화질소(N_2O)	310
육불화황(SF_6)	23,900

정답 ①

14

★☆☆

파장이 5,240Å인 빛 속에서 상대습도가 70% 이하인 경우 밀도가 1,700mg/cm³이고, 직경이 0.4μm인 기름방울의 분산면적비가 4.5일 때, 가시거리가 959m이라면 먼지농도(mg/m³)는?

① 0.21　② 0.31
③ 0.41　④ 0.51

해설

분산면적비(K)와 파장 5,240Å일 경우의 가시거리 공식을 이용한다.

$$L_v(\text{m})=\frac{5.2\times\rho\times r}{K\times C}$$

L_v: 가시거리(m), ρ: 밀도(g/cm³)
r: 입자의 반경(μm), K: 분산면적비, C: 먼지농도(g/m³)

$$959=\frac{5.2\times1.7\times0.2}{4.5\times C}$$

$C=4.0968\times10^{-4}\text{g/m}^3=0.4096\text{mg/m}^3$

정답 ③

15

★☆☆

오존에 관한 설명으로 옳지 않은 것은?

① 광화학 반응에 의한 오존생성률은 RO_2 농도와 관계가 깊다.
② 고농도 오존은 평균기온 32℃, 풍속 2.5m/sec 이하 및 자외선 강도 0.8mW/cm² 이상일 때 잘 발생되는 경향이 있다.
③ 대기 중 오존의 배경농도는 0.01~0.02ppm 정도이다.
④ 야간에는 NO_2와 반응하여 O_3가 생성되며, 일련의 반응에 의해 HNO_3가 소멸된다.

해설

주간에는 NO_2와 반응하여 O_3가 생성되며, 일련의 반응에 의해 HNO_3가 생성된다.

$NO_2+O_3\rightarrow NO_3+O_2$
$NO_3+NO_2+M\rightarrow N_2O_5+M$
$N_2O_5+H_2O\rightarrow 2HNO_3$

정답 ④

2023년

16
★☆☆

0.2%(V/V)의 SO_2를 포함하고 매연 발생량이 $500m^3$/min인 매연의 연간 30%가 A 지역으로 흘러가 이 지역의 식물에 피해를 주었다. 10년 후에 이 A 지역에 피해를 준 SO_2 양은? (단, 표준상태 기준, 기타조건은 고려하지 않음)

① 약 3,000톤
② 약 4,500톤
③ 약 6,000톤
④ 약 9,000톤

해설

SO_2의 원자량은 64이고, 기체 1kmol의 부피는 $22.4Sm^3$이다.

$$\frac{500m^3}{min}\times\frac{0.2}{100}\times\frac{30}{100}\times\frac{64kg}{22.4Sm^3}\times\frac{ton}{1,000kg}\times\frac{60min}{hr}$$
$$\times\frac{24hr}{day}\times\frac{365day}{yr}\times 10yr=4,505.14ton$$

정답 ②

17
★★☆

Richardson수(R)에 관한 설명으로 옳지 않은 것은?

① $R=\frac{g}{T}\times\frac{(\Delta T/\Delta Z)^2}{(\Delta u/\Delta Z)}$로 표시하며, $\Delta T/\Delta Z$는 강제대류의 크기, $\Delta u/\Delta Z$는 자유대류의 크기를 나타낸다.
② $R>0.25$일 때는 수직방향의 혼합이 없다.
③ $R=0$일 때는 기계적 난류만 존재한다.
④ R이 큰 음의 값을 가지면 대류가 지배적이어서 바람이 약하게 되어 강한 수직운동이 일어나며, 굴뚝의 연기는 수직 및 수평방향으로 빨리 분산된다.

해설

$R=\frac{g}{T}\times\frac{(\Delta T/\Delta Z)}{(\Delta u/\Delta Z)^2}$로 표시하며, $\Delta T/\Delta Z$는 자유대류의 크기, $\Delta u/\Delta Z$는 강제대류의 크기를 나타낸다.

정답 ①

18
★★☆

표준상태에서 일산화탄소 12ppm은 몇 $\mu g/Sm^3$인가?

① 12,000
② 15,000
③ 20,000
④ 22,400

해설

일산화탄소(CO)의 분자량=28g/mol
표준상태에서 일산화탄소 1mol의 부피=22.4L
이 관계를 이용하여 단위환산을 해서 답을 구한다.

$$\frac{12mL\times\frac{28mg}{22.4mL}\times\frac{1,000\mu g}{1mg}}{m^3}=15,000\mu g/Sm^3$$

※ $ppm=\frac{mL}{m^3}$

정답 ②

19
★☆☆

야간에 형성된 접지역전층이 일출 후 지표면의 가열로 지표면부터 역전이 해소되어, 하층은 대류가 활발하여 불안정해지나 그 상층은 아직 안정상태로 남아 있는 경우 나타나는 연기의 형태는?

① Coning
② Lofting
③ Fanning
④ Fumigation

해설

Fumigation(훈증형)은 대기의 상태가 하층부는 불안정하고 상층부는 안정할 때 볼 수 있다.

선지분석

① Coning(원추형): 가우시안분포를 나타내며 대기상태가 중립조건일 때 발생한다.
② Lofting(지붕형): 대기의 상태가 하층부는 안정하고 상층부는 불안정할 때 볼 수 있다.
③ Fanning(부채형): 매우 안정적인 복사역전 상태일 때 볼 수 있다.

정답 ④

20

★☆☆

다음 ( ) 안에 들어갈 용어로 옳은 것은?

> 지구의 평균 지상기온은 지구가 태양으로부터 받고 있는 태양에너지와 지구가 (㉠) 형태로 우주로 방출하고 있는 에너지의 균형으로부터 결정된다. 이 균형은 대기 중의 (㉡), 수증기 등 (㉠)을(를) 흡수하는 기체가 큰 역할을 하고 있다.

① ㉠ 자외선, ㉡ CO ② ㉠ 적외선, ㉡ CO
③ ㉠ 자외선, ㉡ CO_2 ④ ㉠ 적외선, ㉡ CO_2

해설

㉠은 적외선, ㉡은 CO_2이다.

정답 ④

연소공학

21

★☆☆

과잉산소량(잔존 산소량)을 나타내는 표현은? (단, A: 실제공기량, A_O: 이론공기량, m: 공기비(m>1), 표준상태, 부피 기준이다.)

① $0.21mA_O$ ② $0.21mA$
③ $0.21(m-1)A_O$ ④ $0.21(m-1)A$

해설

과잉산소량$=0.21(m-1)A_O$

정답 ③

22

★★★

석탄의 유동층 연소에 관한 설명으로 가장 적합하지 않은 것은?

① 유동매체의 보충이 필요하지 않다.
② 유동매체를 석회석으로 할 경우 로 내에서 탈황이 가능하다.
③ 부하변동에 쉽게 적응할 수 없다.
④ 비교적 저온에서 연소가 행해지기 때문에 화격자 연소에 비해 thermal NO_x 발생량이 적다.

해설

석탄의 유동층 연소 시 손실되는 유동매체를 보충해야 한다.

관련이론

유동층 연소의 장점

- 사용연료의 입도범위가 넓기 때문에 연료를 미분쇄 할 필요가 없다.(미분탄장치가 필요 없음)
- 연료의 층내 체류시간이 길어 저발열량의 석탄도 완전연소가 가능하다.
- 유동매체에 석회석 등의 탈황제를 사용하여 로 내 탈황도 가능하다.
- 열생성 NO_x의 생성이 억제되어 전열관의 부식이 문제가 되지 않는다.
- 화염층을 작게 할 수 있어 장치를 소형으로 할 수 있다.
- 클링커에 의한 장해가 없다.

유동층 연소의 단점

- 부하변동에 따른 적응성이 낮은 편이다.
- 석탄 연소 시 미연소된 char가 배출될 수 있으므로 재연소장치에서의 연소가 필요하다.
- 비산분진의 발생량이 많다.
- 유동화에 따른 압력손실이 커 동력비가 많이 든다.
- 조대한 연료는 투입 전 전처리과정으로 파쇄공정을 거쳐야 한다.
- 손실되는 유동매체를 보충해야 한다.

정답 ①

23 ★★☆

다음 중 연소과정에서 등가비(Equivalent ratio)가 1보다 큰 경우는?

① 공급연료가 과잉인 경우
② 배출가스 중 질소산화물이 증가하고 일산화탄소가 최소가 되는 경우
③ 공급연료의 가연성분이 불완전한 경우
④ 공급공기가 과잉인 경우

해설

당량비(등가비)
- 이론공연비와 실제 공급되는 공연비에 대한 비로 등가비라고도 한다.
- 등가비와 공기비는 상호 반비례관계이다.

당량비(등가비)의 관계식
- 등가비(∅)$=\frac{\text{실제 연료량/산화제}}{\text{완전연소를 위한 이상적 연료량/산화제}}$
- 등가비>1: 공기 부족, 불완전연소, 일산화탄소 발생량 증가
- 등가비$=1$: 이상적인 연소 형태
- 등가비<1: 연료에 비해 공기 과잉, 질소산화물 증가

정답 ①

24 ★★☆

미분탄 연소방식의 특징으로 틀린 것은?

① 연료의 접촉표면이 크므로 작은 공기비로도 연소가 가능하다.
② 비교적 저질탄도 유효하게 사용할 수 있다.
③ 부하변동에 쉽게 적응할 수 있다.
④ 고효율이 요구되는 소규모 연소 장치에 적합하다.

해설

미분탄 연소방식은 대규모 연소 장치에 적합하다.

정답 ④

25 ★★☆

옥탄 6.28kg을 완전연소 시키기 위하여 소요되는 이론공기량은?

① 약 60kg ② 약 75kg
③ 약 80kg ④ 약 95kg

해설

옥탄(C_8H_{18})의 분자량$=(12\times8)+(1\times18)=114$
C_8H_{18} 1kmol이 완전연소할 때 산소는 12.5kmol이 필요하다.
$C_8H_{18}+12.5O_2 \rightarrow 8CO_2+9H_2O$
표준상태에서 옥탄 1kmol의 질량은 114kg이고, 산소 12.5kmol의 질량은 12.5×32kg이다.
이론산소량 구하기
$114\text{kg} : 12.5\times32\text{kg} = 6.28\text{kg} : X$
$X=22.035\text{kg}$
이론공기량(kg)$=\frac{\text{이론산소량(kg)}}{0.232}=\frac{22.035}{0.232}=94.978\text{kg}$

정답 ④

26 ★★★

기체연료의 연소방법 중 예혼합연소에 관한 설명으로 옳지 않은 것은?

① 화염온도가 높아 연소부하가 큰 곳에 사용가능하다.
② 연소기 내부에서 연료와 공기의 혼합비가 변하지 않고 균일하게 연소된다.
③ 역화의 위험이 있어 역화방지기를 부착해야 한다.
④ 화염길이가 길고 그을음이 발생하기 쉽다.

해설

예혼합연소는 화염온도가 높고 국부가열의 염려가 없어 균일하게 연소가 되며 연소부하가 큰 경우 사용이 가능하며, 화염의 길이가 짧고 그을음 발생이 적다.
확산연소가 화염의 길이가 길고 그을음이 발생하기 쉽다.

정답 ④

27 ★★☆

중유에 관한 설명으로 옳은 것은?

① 비중이 클수록 발열량은 증가한다.
② 잔류탄소의 함량이 많아지면 점도가 높게 된다.
③ 인화점은 낮을수록 좋다.
④ 회분의 양은 많을수록 좋다.

선지분석
① 비중이 클수록 발열량은 감소한다.
③ 인화점이 낮을수록 화재의 위험이 있고 높을수록 착화가 곤란하다.
④ 회분의 양은 적을수록 좋다.

정답 ②

28 ★★☆

다음 자동차 배출가스 중 삼원촉매장치가 적용되는 물질과 가장 거리가 먼 것은?

① CO　② SO_x
③ NO_x　④ HC

해설
삼원촉매장치는 촉매(Pt, Rh, Pd)를 이용하여 HC, NO_x, CO를 N_2, CO_2, H_2O로 처리한다.

정답 ②

29 ★★★

기체연료의 연소 특성으로 틀린 것은?

① 저장 및 수송이 불편하며 시설비가 많이 소요된다.
② 연소효율이 높고 매연이 발생하지 않는다.
③ 부하의 변동범위가 넓어 연소조절이 어렵다.
④ 적은 과잉공기를 사용하여도 완전연소가 가능하다.

해설
기체연료는 부하의 변동범위가 넓어 연소조절이 용이하다.

정답 ③

30 ★☆☆

기체연료의 종류에 관한 설명으로 가장 적합한 것은?

① 석탄가스는 석유류를 열분해, 접촉분해 및 부분 연소시킬 때 발생하는 기체연료이다.
② 발생로가스는 코크스나 석탄, 목재 등을 적열상태로 가열하여 공기 또는 산소를 보내 불완전 연소시켜 얻은 기체연료이다.
③ 수성가스는 코크스를 용광로에 넣어 선철을 제조할 때 발생하는 기체연료이다.
④ 고로가스는 고온으로 가열된 무연탄이나 코크스 등에 수증기를 반응시켜 얻은 기체연료이다.

선지분석
① 석탄가스는 석탄을 고온으로 건류하였을 때 발생하는 기체연료이다.
③ 수성가스는 고온으로 가열된 무연탄이나 코크스 등에 수증기를 반응시켜 얻은 기체연료이다.
④ 고로가스는 코크스를 용광로에 넣어 선철을 제조할 때 발생하는 기체연료이다.

정답 ②

31 ★★☆

폭발성 혼합가스의 연소범위(L)를 구하는 식은? (단, n_i: 각 성분 단일의 연소한계(상한 또는 하한), p_i: 각 성분 가스의 부피(%)이다.)

① $L=\dfrac{100}{\dfrac{n_1}{p_1}+\dfrac{n_2}{p_2}+\cdots}$　② $L=\dfrac{100}{\dfrac{p_1}{n_1}+\dfrac{p_2}{n_2}+\cdots}$

③ $L-\dfrac{n_1}{p_1}+\dfrac{n_2}{p_2}+\cdots$　④ $L-\dfrac{p_1}{n_1}+\dfrac{p_2}{n_2}+\cdots$

해설
폭발성 혼합가스의 연소범위(L)는 ②번 식으로 구한다.

정답 ②

2023년

32 ★★★

A 연소시설에서 연료 중 수소를 10% 함유하는 중유를 연소시킨 결과 건조연소가스 중의 SO_2 농도가 600ppm이었다. 건조연소가스량이 $13Sm^3/kg$이라면 실제습배기가스량 중 SO_2 농도(ppm)는?

① 약 350 ② 약 450
③ 약 550 ④ 약 650

해설

(1) 배출가스 중 SO_2의 양 구하기

$$SO_2(ppm)=\frac{SO_2}{13Sm^3/kg}\times10^6=600ppm$$

SO_2의 양$=0.0078Sm^3/kg$

(2) 배출가스 중 수분의 양 구하기

수소 기체(H_2, 분자량 2) 2mol이 연소하면 물(H_2O) 2mol이 생성된다.

$2H_2+O_2 \rightarrow 2H_2O$

$2\times2kg : 2\times22.4Sm^3=0.1 : x$

$x=1.12Sm^3/kg$

(3) 실제습연소가스량에 대한 SO_2 농도(ppm) 구하기

실제습연소가스량=실제건조연소가스량+배출가스 중 수분량

실제습연소가스량$=13+1.12=14.12Sm^3/kg$

$$SO_2(ppm)=\frac{0.0078}{14.12}\times10^6=552.4079ppm$$

정답 ③

33 ★☆☆

액체연료의 연소방식을 기화 연소방식과 분무화 연소방식으로 분류할 때 기화 연소방식에 해당하지 않는 것은?

① 유동식 연소 ② 증발식 연소
③ 심지식 연소 ④ 포트식 연소

해설

기화 연소방식이란 액체를 가연성 증기로 변환시킨 후 연소시키는 방식이다.
기화 연소방식의 종류로는 심지식 연소, 포트식 연소, 증발식 연소가 있다.

정답 ①

34 ★☆☆

A 지역의 화력발전소에서 발생되는 SO_2 농도를 산정하였더니 0.05ppm이었다. 평균풍속이 0.1m/sec이고 SO_2의 화학반응(1차 반응)을 고려한다면 10km 떨어진 주거지역의 SO_2 농도(ppm)는 얼마인가? (단, SO_2의 대기 중에서 반응속도상수는 $4.8\times10^{-5}sec^{-1}$)

① 약 2×10^{-4} ② 약 4×10^{-4}
③ 약 2×10^{-2} ④ 약 4×10^{-2}

해설

1차반응속도식을 이용한다.

$$\ln\frac{C_t}{C_0}=-kt$$

C_t: t시간이 지난 후의 반응물 농도, C_0: 초기농도
k: 반응속도상수, t: 반응시간

$$\ln\frac{C_t}{0.05}=-\frac{4.8\times10^{-5}}{sec}\times10km\times\frac{1,000m}{km}\times\frac{sec}{0.1m}$$

$C_t=4.11\times10^{-4}ppm$

정답 ②

35 ★☆☆

9,000kcal/kg의 열량을 내는 석탄을 시간당 80kg 연소하는 보일러가 있다. 실제로 이 보일러에서 시간당 흡수된 열량이 600,000kcal라면 이 보일러의 열효율(%)은?

① 66.7 ② 75.0
③ 83.3 ④ 90.0

해설

$$\eta(\%)=\frac{H_a}{H_b}\times100$$

η: 보일러 열효율
H_a: 실제 흡수열량(kcal/hr), H_b: 보일러의 발열량(kcal/hr)

$$\eta=\frac{600,000kcal/hr}{9,000kcal/kg\times80kg/hr}\times100=83.3333\%$$

정답 ③

36

★☆☆

회전식버너에 관한 설명으로 옳지 않은 것은?

① 연료유의 점도가 작을수록 분무화입경이 작아진다.
② 유압식버너에 비해 분무화 입경이 작다.
③ 3,000~10,000rpm으로 회전하는 컵모양의 분무컵에 송입되는 연료유가 원심력으로 비산됨과 동시에 송풍기에서 나오는 1차 공기에 의해 분무되는 형식이다.
④ 분무각도가 40~80°로 크고, 유량조절범위도 1 : 5 정도로 비교적 넓은 편이다.

해설

회전식버너는 유압식에 비해 분무화 입경이 크다.

정답 ②

37

★☆☆

다음 연료 중 착화온도가 가장 낮은 것은?

① 무연탄 ② 역청탄
③ 코크스 ④ 탄소

해설

보기에 있는 연료의 착화온도

① 무연탄: 440~550℃
② 역청탄: 320~400℃
③ 코크스: 500~600℃
④ 탄소: 800~1,000℃

탄화수소의 착화온도는 일반적으로 분자량이 작을수록, 탄화도가 클수록 높아진다.

정답 ②

38

★☆☆

가연성 가스의 폭발범위에 관한 일반적인 설명으로 옳지 않은 것은?

① 가스의 압력이 높아지면 상한값은 크게 변하지 않으나 하한값이 높아진다.
② 폭발한계농도 이하에서는 폭발성 혼합가스가 생성되기 어렵다.
③ 가스의 온도가 높아지면 폭발범위가 넓어진다.
④ 폭발상한과 폭발하한의 차이가 클수록 위험도가 증가한다.

해설

가스 압력이 높아졌을 때 폭발하한값은 크게 변하지 않으나 폭발상한값은 높아진다.

정답 ①

39

★★☆

저위발열량이 5,000kcal/Sm^3인 기체연료의 이론연소온도(℃)는 약 얼마인가? (단, 이론연소가스량 15Sm^3/Sm^3 연료 연소가스의 평균정압비열 0.35kcal/Sm^3·℃, 기준온도 0℃, 공기는 예열하지 않으며, 연소가스는 해리되지 않는다고 본다.)

① 952 ② 994
③ 1,008 ④ 1,118

해설

$$\text{이론연소온도} = \text{기준온도} + \frac{\text{저위발열량}}{\text{평균정압비열} \times \text{연소가스량}}$$

$$= 0℃ + \frac{\frac{5{,}000\text{kcal}}{\text{Sm}^3}}{\frac{0.35\text{kcal}}{\text{Sm}^3 \cdot ℃} \times \frac{15\text{Sm}^3}{\text{Sm}^3}} = 952.3809℃$$

정답 ①

2023년

40

★☆☆

1,000K에서 아래 반응식 (a), (b) 각각의 평형상수 K_{p1}, K_{p2}는 아래와 같다. 아래 식을 이용하여 다음의 반응 (c) $CO_2(g) \rightleftarrows CO(g)+1/2O_2(g)$의 1,000K에서의 평형상수는?

> (a) $H_2O(g) \rightleftarrows H_2(g)+1/2O_2(g)$, $K_{p1}=8.73\times10^{-11}$
> (b) $CO_2(g)+H_2(g) \rightleftarrows H_2O(g)+CO(g)$, $K_{p2}=7.29\times10^{-1}$

① 6.36×10^{-11}　② 1.20×10^{-11}
③ 6.36×10^{-10}　④ 1.20×10^{-10}

해설

(a) $H_2O(g) \rightleftarrows H_2(g)+1/2O_2(g)$

$$K_{p1}=\frac{[H_2][O_2]^{0.5}}{[H_2O]}=8.73\times10^{-11}$$

(b) $CO_2(g)+H_2(g) \rightleftarrows H_2O(g)+CO(g)$

$$K_{p2}=\frac{[H_2O][CO]}{[CO_2][H_2]}=7.29\times10^{-1}$$

(a)와 (b) 반응을 합하면 아래 (c) 반응식이 된다.

(c) $CO_2(g) \rightleftarrows CO(g)+1/2O_2(g)$

따라서, (c) 반응식의 평형상수를 구하면

$$K=\frac{[CO][O_2]^{0.5}}{[CO_2]}=\frac{[H_2][O_2]^{0.5}}{[H_2O]}\times\frac{[H_2O][CO]}{[CO_2][H_2]}$$
$$=K_{p1}\times K_{p2}=8.73\times10^{-11}\times7.29\times10^{-1}$$
$$=6.36\times10^{-11}$$

정답 ①

대기오염방지기술

41

★☆☆

배출가스 중 염화수소 제거에 관한 설명으로 옳지 않은 것은?

① 염산은 부식성이 있어 장치는 플라스틱, 유리라이닝, 고무라이닝, 폴리에틸렌 등을 사용해서는 안 된다.
② 충전탑, 스크러버를 사용할 경우에는 Mist catcher를 설치할 필요가 있다.
③ 염화수소 농도가 높은 배기가스를 처리하는 데는 관외 냉각형, 염화수소 농도가 낮은 때에는 충전탑 사용이 권장된다.
④ 염화수소의 용해열이 크므로 충분히 냉각할 필요가 있다.

해설

염산은 부식성이 있어 장치는 플라스틱, 유리라이닝, 고무라이닝, 폴리에틸렌 등을 사용해야 하며 충전탑, 스크러버를 사용할 경우에는 Mist catcher를 설치할 필요가 있다.

정답 ①

42

★★☆

유해가스 처리에 사용되는 흡수액의 조건으로 옳은 것은?

① 용해도가 작아야 한다.
② 휘발성이 커야 한다.
③ 점성이 작아야 한다.
④ 비점이 낮아야 한다.

선지분석

① 용해도가 커야 한다.
② 휘발성이 작아야 한다.
④ 비점이 높아야 한다.

정답 ③

43

★★☆

전기집진장치에서 입구 먼지농도가 10g/Sm^3, 출구 먼지농도가 0.1g/Sm^{3}이었다. 출구 먼지농도를 50mg/Sm^{3}로 하기 위해서는 집진극 면적을 약 몇 배 정도로 넓게 하면 되는가? (단, 다른 조건은 변하지 않는다.)

① 1.15배　② 1.55배
③ 1.85배　④ 2.05배

해설

$\eta(\%)=\frac{C_i-C_o}{C_i}\times100$

C_o: 출구 먼지농도(g/Sm^3), C_i: 입구 먼지농도(g/Sm^3)

(1) 입구 먼지농도가 10g/Sm^3, 출구 먼지농도가 0.1g/Sm^{3}일 경우

$\eta=\frac{(10-0.1)\text{g/Sm}^3}{10\text{g/Sm}^3}\times100=99\%$

(2) 입구 먼지농도가 10g/Sm^3, 출구 먼지농도가 50mg/Sm^{3}일 경우

$\eta=\frac{(10-0.05)\text{g/Sm}^3}{10\text{g/Sm}^3}\times100=99.5\%$

(3) (1), (2)의 값으로 집진극의 면적 구하기

$\eta=1-e^{\left(-\frac{A\times W_e}{Q}\right)}$

A: 집진극의 면적(m^2)

W_e: 먼지의 겉보기 이동속도(m/sec)

Q: 처리가스량(m^3/sec)

문제의 조건에서 다른 조건은 변하지 않는다고 했으므로 W_e, Q는 상수 K로 볼 수 있다.

$\frac{0.995=1-e^{K\times A_{0.995}}}{0.99=1-e^{K\times A_{0.99}}}=\frac{1-0.995=e^{K\times A_{0.995}}}{1-0.99=e^{K\times A_{0.99}}}$

$=\frac{\ln0.005=A_{0.995}}{\ln0.01-A_{0.99}}=\frac{A_{0.995}}{A_{0.99}}=\frac{\ln0.005}{\ln0.01}=1.1505$

정답 ①

44

★☆☆

다음은 물리흡착과 화학흡착의 비교표이다. 비교 내용 중 옳지 않은 것은?

	구분	물리흡착	화학흡착
가	온도범위	낮은 온도	대체로 높은 온도
나	흡착층	단일 분자층	여러 층이 가능
다	가역정도	가역성이 높음	가역성이 낮음
라	흡착열	낮음	높음(반응열 정도)

① 가　② 나
③ 다　④ 라

해설

	구분	물리흡착	화학흡착
나	흡착층	여러 층이 가능	단일 분자층

정답 ②

2023년

45

★☆☆

송풍기의 크기와 유체의 밀도가 일정할 때 송풍기의 회전수를 2배로 하면 풍압은 몇 배가 되는가?

① 2배　② 4배
③ 6배　④ 8배

해설

$P_2=P_1\times\left(\frac{N_2}{N_1}\right)^2$

P_1, P_2: 풍압

N_1, N_2: 회전수

송풍기의 풍압은 회전수의 제곱에 비례하기 때문에 회전수가 2배가 되면 풍압은 4배가 된다.

정답 ②

46

★★☆

원형 덕트(Duct)의 기류에 의한 압력손실에 관한 내용으로 옳지 않은 것은?

① 곡관이 많을수록 압력손실이 작아진다.
② 관의 길이가 길수록 압력손실은 커진다.
③ 유체의 유속이 클수록 압력손실은 커진다.
④ 관의 직경이 클수록 압력손실은 작아진다.

해설

곡관이 많을수록 압력손실은 커진다.

관련이론

원형 덕트의 압력손실(식에 의한 방법)

$$\Delta P = 4f \times \frac{L}{D} \times \frac{r \times V^2}{2g} = 4f \times \frac{L}{D} \times P_V$$

장방형 덕트의 압력손실(식에 의한 방법)

$$\Delta P = f \times \frac{L}{D_0} \times \frac{r \times V^2}{2g}$$

f: 마찰계수
L: 관의 길이(m)
D: 관의 직경(m)
g: 중력가속도(m/s^2)
r: 공기의 밀도(kg/m^3)
V: 유속(m/s)
ΔP: 압력손실(mmH_2O)
P_V: 속도압($P_V = \frac{r \cdot V^2}{2g}$)
D_0: 상당직경$=\frac{2ab}{a+b}$

정답 ①

47

★☆☆

유체의 점도를 나타내는 단위에 해당하지 않는 것은?

① L·atm
② g/cm·s
③ poise
④ Pa·s

해설

poise는 g/cm·s로 점도의 단위이다.
Pa·s는 점도의 SI단위이다.

정답 ①

48

★☆☆

건식 탈황·탈질방법 중 하나인 전자선조사법의 프로세스 특징으로 가장 거리가 먼 것은?

① 연소배기가스에 암모니아 등을 첨가해 α, β, γ선, 전리성 방사선 등을 조사하여 배가스 중 NO_x, SO_x 화합물을 고체상 입자로 동시에 처리하는 방법이다.
② 부산물로 황산암모늄 및 질산암모늄을 생성한다.
③ 구성이 복잡해 계내의 압력손실이 높고, 배가스의 변동 등에 대처가 어렵다.
④ NO_x 및 SO_x 제거율이 80% 이상을 달성할 수 있는 건식의 제거프로세스이다.

해설

구성이 복잡하지 않고 계내의 압력손실이 낮고, 배가스의 변동 등에 대처가 용이하다.

정답 ③

49

★☆☆

유해가스의 처리에 사용되는 흡착제에 관한 일반적인 설명으로 가장 거리가 먼 것은?

① 합성제올라이트는 극성이 다른 물질이나 포화정도가 다른 탄화수소의 분리가 가능하다.
② 실리카겔은 250℃ 이하에서 물과 유기물을 잘 흡착한다.
③ 마그네시아는 유류의 정제에 주로 사용된다.
④ 활성탄이 가장 많이 사용되며, 주로 극성물질에 유효한 반면, 유기용제의 증기 제거기능은 낮다.

해설

흡착제로는 활성탄이 가장 많이 사용되며, 주로 비극성물질에 유효하고 유기용제의 증기 제거기능도 크다.

정답 ④

50 ★★★

먼지의 입경분포(누적분포)를 나타내는 식으로 옳은 것은?

① Rayleigh 분포식
② Freundlich 분포식
③ Rosin－Rammler 분포식
④ Cunningham 분포식

해설

로진 레뮬러 분포(Rosin－Rammler distribution)

먼지의 입경분포(누적분포)를 나타내는 식으로 임의의 입경 d_p보다 큰 입자가 차지하는 체상 분포 R(Wt)%는 다음 식으로 나타낸다.

$R=100\exp[-\beta d_p^n]$

정답 ③

51 ★☆☆

흡수장치의 종류 중 기체분산형 흡수장치에 해당하는 것은?

① Plate tower ② Spray tower
③ Packed tower ④ Venturi scrubber

해설

① Plate tower: 단탑
② Spray tower: 분무탑
③ Packed tower: 충전탑
④ Venturi scrubber: 벤츄리 스크러버

액측 저항이 클 경우 유리한 기체분산형 흡수장치: 단탑, 포종탑, 다공판탑, 기포탑 등
가스측 저항이 클 경우 유리한 액분산형 흡수장치: 충전탑, 분무탑, 벤투리 스크러버, 사이클론 스크러버 등

정답 ①

52 ★★☆

가스 중 불화수소를 수산화나트륨 용액과 향류로 접촉시켜 90% 흡수시키는 충전탑의 흡수율을 99.5%로 향상시키기 위한 충전탑의 높이는? (단, 흡수액상의 불화수소의 평형분압은 0이다.)

① 2.3배 높아져야 함 ② 5.2배 높아져야 함
③ 9배 높아져야 함 ④ 18배 높아져야 함

해설

충전탑 높이$=H_{OG}\times N_{OG}$
H_{OG}: 기상총괄이동단위높이(m)
N_{OG}: 기상총괄단위수

$N_{OG}=\ln\frac{1}{1-\eta}$ (η: 효율)

(1) 90%일 때 기상총괄단위수

$$N_{OG}=\ln\frac{1}{1-0.9}=2.3025$$

(2) 99.5%일 때 기상총괄단위수

$$N_{OG}=\ln\frac{1}{1-0.995}=5.2983$$

(3) 충전탑의 높이의 비 구하기

$$\frac{H_{99.5\%}}{H_{90\%}}=\frac{H_{OG}\times 5.2983}{H_{OG}\times 2.3025}=2.3011\text{배}$$

정답 ①

53 ★☆☆

입자상 물질에 관한 설명으로 가장 거리가 먼 것은?

① 광산란법은 간접측정법이다.
② 비구형입자에서 입자의 밀도가 1보다 클 경우 공기동력학경은 stokes경에 비해 항상 크다고 볼 수 있다.
③ 공기투과법은 대기 중 부유하고 있는 입자상 물질을 일정시간(1시간 이상) 여과지 위에 포집한 후 빛(파장: 400nm)을 조사해서 빛의 두 파장을 측정하고 그 값으로부터 입자상 물질의 농도를 구하는 방법이다.
④ 관성충돌법은 관성충돌을 이용하여 입경을 간접적으로 측정하는 방법이다.

해설

광투과법은 대기 중 부유하고 있는 입자상 물질을 일정시간(1시간 이상) 여과지 위에 포집한 후 빛(파장: 400nm)을 조사해서 빛의 두 파장을 측정하고 그 값으로부터 입자상 물질의 농도를 구하는 방법이다.

정답 ③

2023년

54
★☆☆

입자에 작용하는 중력침강속도 계산 시 관련있는 힘과 가장 거리가 먼 것은?

① 항력 ② 중력
③ 부력 ④ 관성력

해설
입자에 작용하는 힘: 부력, 중력, 항력
정상상태의 힘의 평형은 항력=중력−부력으로 가정한다.

정답 ④

55
★★☆

HCl의 농도가 부피비로 0.5%인 배출가스 2,500m^3/hr를 수산화칼슘($Ca(OH)_2$)으로 처리하고자 한다. HCl를 완전히 제거하기 위해 필요한 수산화칼슘량은? (단, Ca 원자량 40, 표준상태 기준)

① 10.3kg/hr ② 20.7kg/hr
③ 34.5kg/hr ④ 41.3kg/hr

해설
염화수소(HCl) 1kmol을 처리하기 위해서는 수산화칼슘($Ca(OH)_2$, 분자량 74) $\frac{1}{2}$kmol이 필요하다.

$2HCl+Ca(OH)_2 \rightarrow CaCl_2+2H_2O$

표준상태에서 기체 1kmol의 부피는 22.4m^3이다.

$$\frac{2{,}500\text{m}^3}{\text{hr}}\times\frac{0.5}{100}\times\frac{\frac{1}{2}\times 74\text{kg}}{22.4\text{Sm}^3}=20.6473\text{kg/hr}$$

정답 ②

56
★★★

습식전기집진장치의 특징에 관한 설명 중 틀린 것은?

① 먼지의 재비산을 방지할 수 있다.
② 역전리 현상이 일어나기 쉽다.
③ 집진면이 청결하여 높은 전계 강도를 얻을 수 있다.
④ 처리가스 속도를 건식보다 2배 정도 높일 수 있다.

해설
습식전기집진장치는 역전리 현상의 제어가 용이하다.

정답 ②

57
★☆☆

물속에서 오존을 이용하여 다이옥신을 산화분해할 때 일반적으로 분해속도가 커지는 조건으로 가장 적합한 것은?

① 산성 조건일수록, 온도가 낮을수록
② 산성 조건일수록, 온도가 높을수록
③ 염기성 조건일수록, 온도가 낮을수록
④ 염기성 조건일수록, 온도가 높을수록

해설
오존분해법은 수중분해 시 순수의 경우 염기성일수록, 온도는 높을수록 분해속도가 커지는 것으로 알려져 있다.

정답 ④

58
★☆☆

가로 4m, 세로 5m인 두 집진판이 평행하게 설치되어 있고 두 판 사이의 중간에 원형철심 방전극이 위치하고 있는 전기집진장치에 굴뚝가스가 1.5m^3/s로 통과하고, 입자이동속도가 0.085m/s일 때 집진효율은?

① 67.2% ② 74.3%
③ 89.6% ④ 94.9%

해설
Deutsch-Anderson식을 이용한다.

$\eta=1-e^{\left(-\frac{A\times We}{Q}\right)}$

A: 단면적(m^2)

$A=4\text{m}\times5\text{m}=20\text{m}^2$

W_e: 먼지의 겉보기 이동속도(m/s)

Q: 처리가스량(m^3/s)

$$\eta=1-e^{\left(-\frac{20\text{m}^2\times2\times0.085\text{m/s}}{\frac{1.5\text{m}^3}{\text{s}}}\right)}=0.8963=89.6\%$$

※ 문제의 조건에서 집진판이 2개라고 했으므로 단면적에 2를 곱해줘야 한다.

정답 ③

59

★☆☆

Venturi scrubber에서 액가스비가 0.6L/m^3, 목부의 압력손실이 330mmH$_2$O일 때 목부의 가스속도(m/sec)는? (단, γ=1.2kg/m^3, Venturi scrubber의 압력손실식 $\Delta P=(0.5+L)\times\frac{\gamma V^2}{2g}$를 이용한다.)

① 60　② 70
③ 80　④ 90

해설

$\Delta P=(0.5+L)\times\frac{\gamma V^2}{2g}$

L: 액가스비, γ: 배출가스의 비중량 또는 밀도(kg/m^3)
V: 가스유속(m/s), g: 중력가속도(9.8m/s^2)

$\Delta P=(0.5+0.6)\times\frac{1.2\times V^2}{2\times 9.8}=330$

$V=70$m/sec

※ V값은 식을 이항하지 않고, 공학용계산기의 SOLVE 기능을 이용하는 것이 더 편리합니다.

정답 ②

60

★☆☆

관성충돌계수(효과)를 크게 하기 위한 입자배출원의 특성 또는 운전조건으로 옳지 않은 것은?

① 액적의 직경이 커야 한다.
② 처리가스와 액적의 상대속도가 커야 한다.
③ 먼지의 밀도가 커야 한다.
④ 처리가스의 점도가 낮아야 한다.

해설

액적의 직경이 작아야 한다.

정답 ①

대기오염공정시험기준

61

★★☆

직경이 0.5m, 단면이 원형인 굴뚝에서 배출되는 먼지 시료를 채취할 때, 측정점수는?

① 1　② 2
③ 3　④ 4

해설

원형단면의 측정점

굴뚝직경(m)	반경구분수	측정점수
1 이하	1	4
1 초과 2 이하	2	8
2 초과 4 이하	3	12
4 초과 4.5 이하	4	16
4.5 초과	5	20

정답 ④

62

★☆☆

굴뚝 배출가스 중의 오염물질과 연속자동측정방법의 연결이 옳지 않은 것은?

① 염화수소 – 비분산적외선분광분석법
② 이산화황 – 용액전도율법
③ 질소산화물 – 화학발광법
④ 암모니아 – 이온전극법

해설

암모니아 측정방법은 용액전도율법과 적외선가스분석법이다.

정답 ④

63

★☆☆

4-아미노안티피린 용액과 헥사사이아노철(Ⅲ)산포타슘 용액을 순서대로 가해 얻어진 적색액의 흡광도를 측정하여 농도를 계산하는 오염물질은?

① 배출가스 중 페놀화합물
② 배출가스 중 다이옥신 및 퓨란류
③ 배출가스 중 에틸렌옥사이드
④ 배출가스 중 브로민화합물

해설

배출가스 중 페놀화합물 - 4-아미노안티피린 자외선/가시선분광법

- 이 시험기준은 배출가스 중의 페놀화합물을 측정하는 방법이다.
- 배출가스 중 페놀화합물을 수산화소듐 용액으로 흡수하고 완충 용액을 첨가하여 pH를 조절한 후 4-아미노안티피린 용액과 헥사사이아노철(Ⅲ)산포타슘 용액을 첨가하고 페놀화합물과 반응하여 생성하는 안티피린계 색소의 흡광도를 측정하여 페놀화합물을 정량한다.

정답 ①

64

★☆☆

40.8mmH_2O은 몇 mmHg인가?

① 15.1mmHg
② 12.8mmHg
③ 7.5mmHg
④ 3.0mmHg

해설

1atm=10,332mmH_2O=760mmHg

$$40.8\text{mmH}_2\text{O}\times\frac{760\text{mmgHg}}{10{,}332\text{mmH}_2\text{O}}=3.001\text{mmHg}$$

정답 ④

65

★☆☆

다음 중 비산먼지의 시험방법 중 광학기법에 대한 설명으로 옳은 것은?

① 불투명도는 비산이 되는 지점과 배경지점을 카메라로 촬영한 후, 비교하여 산정되며, 결과는 (0~100)% 사이에서 10% 단위로 나타낸다.
② 사진 촬영을 하는 동안에는 불투명도 판독 사이에 30초 간격의 시간이 필요하다.
③ 비산먼지 촬영 시 되도록 관측자는 시야가 깨끗하게 제공되는 최소 6m 이상의 거리에서 촬영하고 비산먼지 발생원에서 140° 이내 각도에서 태양을 등지고 서야 한다.
④ 연속측정은 30초 간격(동안) 최소 6회 촬영한 평균값이고, 간헐적 측정은 1시간 이내 최소 20회 촬영한 평균값이다.

선지분석

① 불투명도는 비산이 되는 지점과 배경지점을 카메라로 촬영한 후, 비교하여 산정되며, 결과는 (0~100)% 사이에서 5% 단위로 나타낸다.
② 사진 촬영을 하는 동안에는 불투명도 판독 사이에 15초 간격의 시간이 필요하다.
④ 연속측정은 15초 간격(동안) 최소 6회 촬영한 평균값이고, 간헐적 측정은 1시간 이내 최소 12회 촬영한 평균값이다.

정답 ③

66

★★★

기체크로마토그래피에 의한 정량분석에서 이용되는 정량법으로 거리가 먼 것은?

① 표준넓이추가법　② 보정넓이 백분율법
③ 상대검정곡선법　④ 절대검정곡선법

해설

정량법: 절대검정곡선법, 넓이 백분율법, 보정넓이 백분율법, 상대검정곡선법, 표준물첨가법

정답 ①

67

★★★

특정 발생원에서 일정한 굴뚝을 거치지 않고 외부로 비산되는 먼지의 농도를 고용량공기시료채취법으로 분석하고자 한다. 측정조건과 결과가 다음과 같을 때 비산먼지의 농도($\mu g/m^3$)는?

- 채취시간: 24시간
- 채취개시 직후의 유량: $1.8m^3/min$
- 채취종료 직전의 유량: $1.2m^3/min$
- 채취 후 여과지의 질량: 3.828g
- 채취 전 여과지의 질량: 3.419g
- 대조위치에서의 먼지농도: $0.15\mu g/m^3$
- 전 시료채취 기간 중 주 풍향이 90° 이상 변함
- 풍속이 0.5m/s 미만 또는 10m/s 이상되는 시간이 전 채취시간의 50% 미만임

① 185.76　② 283.80
③ 294.81　④ 372.70

해설

(1) 흡인공기량 구하기

$$흡인공기량=\frac{Q_s+Q_e}{2}\times t$$

Q_s: 채취개시 직후의 유량(m^3/min)
Q_e: 채취종료 직전의 유량(m^3/min)
t: 채취시간(min)

$$흡인공기량=\frac{(1.8+1.2)m^3/min}{2}\times 1,440min=2,160m^3$$

(2) 채취한 비산먼지의 농도 구하기

$$먼지농도=\frac{W_e-W_s}{V}$$

W_e: 채취 후 여과지의 질량(g)
W_s: 채취 전 여과지의 질량(g)
V: 총 공기흡입량(Sm^3)

$$먼지농도=\frac{(3.828-3.419)g}{2,160m^3}\times\frac{10^6\mu g}{g}=189.3518\mu g/m^3$$

(3) 각 측정지점의 채취먼지량과 풍향, 풍속의 측정결과로부터 비산먼지의 농도 구하기

비산먼지농도$(C)=(C_H-C_B)\times W_D\times W_S$
C_H: 채취먼지량이 가장 많은 위치에서의 먼지농도(mg/m^3)
C_B: 대조위치에서의 먼지농도(mg/m^3)
W_D, W_S=풍향, 풍속 측정결과로부터 구한 보정계수
단, 대조위치를 선정할 수 없는 경우에는 C_B는 $0.15mg/m^3$로 한다.
$C=(189.3518-0.15)\times 1.5\times 1.0=283.8027\mu g/m^3$

풍향에 대한 보정

풍향변화범위	보정계수
전 시료채취 기간 중 주 풍향이 90° 이상 변할 때	1.5
전 시료채취 기간 중 주 풍향이 45°~90° 변할 때	1.2
전 시료채취 기간 중 풍향이 변동이 없을 때(45° 미만)	1.0

풍속에 대한 보정

풍속범위	보정계수
풍속이 0.5m/s 미만 또는 10m/s 이상되는 시간이 전 채취시간의 50% 미만일 때	1.0
풍속이 0.5m/s 미만 또는 10m/s 이상되는 시간이 전 채취시간의 50% 이상일 때	1.2

정답 ②

2023년

68

★★☆

배출가스 중 금속화합물을 분석하기 위해 채취한 시료가 다량의 유기물 유리탄소를 함유할 때 시료의 처리방법으로 가장 적합한 것은?

① 질산-염산법　② 질산-과산화수소법
③ 질산법　④ 저온회화법

해설

배출가스 중 금속화합물을 분석하기 위해 채취한 시료가 다량의 유기물 유리탄소를 함유할 때 저온회화법으로 처리한다.

정답 ④

※ 개정된 금속화합물 분석 공정시험기준에는 위의 내용이 삭제되었지만 시료 전처리 방법에는 수록되어있기 때문에 해당 문제가 출제될 수 있음

69

★☆☆

굴뚝 배출가스 중의 이산화황을 연속적으로 자동 측정할 때 사용하는 용어 정의로 옳지 않은 것은?

① 제로가스: 정제된 공기나 순수한 질소를 말한다.
② 경로(Path) 측정시스템: 굴뚝 또는 덕트 단면 직경의 5% 이하의 경로를 따라 오염물질 농도를 측정하는 배출가스 연속자동측정시스템을 말한다.
③ 제로드리프트: 연속자동측정기가 정상적으로 가동되는 조건하에서 제로가스를 일정시간 흘려준 후 발생한 출력신호가 변화한 정도를 말한다.
④ 검출한계: 제로드리프트의 2배에 해당하는 지시치가 갖는 이산화황의 농도를 말한다.

해설
경로(Path) 측정시스템은 굴뚝 또는 덕트 단면 직경의 10% 이상의 경로를 따라 오염물질 농도를 측정하는 배출가스 연속자동측정시스템이다.

정답 ②

70

★☆☆

굴뚝에서 배출되는 건조배출가스의 유량을 계산할 때 필요한 값으로 옳지 않은 것은? (단, 굴뚝의 단면은 원형이다.)

① 굴뚝 단면적　② 배출가스 평균온도
③ 배출가스 평균동압　④ 배출가스 중의 수분량

해설
건조배출가스 유량을 계산할 때에는 굴뚝의 단면적, 배출가스 평균온도, 배출가스 중의 수분량, 대기압, 배출가스 평균정압, 배출가스 평균유속이 필요하다.

정답 ③

71

★★★

대기오염공정시험기준상의 용어 정의 및 규정에 관한 내용으로 옳은 것은?

① 약이란 그 무게 또는 부피에 대해 ±1% 이상의 차가 있어서는 안 된다.
② 상온은 15~25℃, 실온은 1~35℃, 찬 곳은 따로 규정이 없는 한 0~15℃의 곳을 뜻한다.
③ 10억분율은 pphm으로 표시하고 따로 표시가 없는 한 기체일 때는 용량 대 용량(V/V), 액체일 때는 중량 대 중량(W/W)을 표시한 것을 뜻한다.
④ 방울수라 함은 20℃에서 정제수 10 방울을 떨어뜨릴 때 그 부피가 약 1mL 되는 것을 뜻한다.

선지분석
① 약이란 그 무게 또는 부피 등에 대하여 ±10% 이상의 차가 있어서는 안 된다.
③ 1억분율은 pphm, 10억분율은 ppb로 표시한다.
④ 방울수라 함은 20℃에서 정제수 20 방울을 떨어뜨렸을 때 그 부피가 약 1mL 되는 것을 뜻한다.

정답 ②

72

★☆☆

자외선/가시선분광법에서 자외부의 광원으로 주로 사용되는 것은?

① 텅스텐램프　② 중공음극램프
③ 열 음극 램프　④ 중수소방전관

해설
가시부와 근적외부의 광원으로는 주로 텅스텐램프를, 자외부의 광원으로는 주로 중수소방전관을 사용한다.

정답 ④

73 ★★☆

다음은 비분산적외선분광분석법 중 응답시간(Response time)의 성능 기준을 나타낸 것이다. ㉠, ㉡에 알맞은 것은?

> 제로 조정용 가스를 도입하여 안정된 후 유로를 (㉠)로 바꾸어 기준 유량으로 분석기에 도입하여 그 농도를 눈금 범위 내에 어느 일정한 값으로부터 다른 일정한 값으로 갑자기 변화시켰을 때 스텝(Step)응답에 대한 소비시간이 1초 이내 이어야 한다. 이때 최종 지시 값에 대한 (㉡)을 나타내는 시간은 40초 이내 이어야 한다.

① ㉠ 비교가스, ㉡ 10%의 응답
② ㉠ 스팬가스, ㉡ 10%의 응답
③ ㉠ 비교가스, ㉡ 90%의 응답
④ ㉠ 스팬가스, ㉡ 90%의 응답

해설

㉠은 스팬가스, ㉡은 90%의 응답이다.

정답 ④

74 ★☆☆

다음 중 파라로자닐린법으로 측정하는 환경대기 중 물질은?

① 아황산가스　② 일산화탄소
③ 질소산화물　④ 오존

해설

환경대기 중 아황산가스 자동연속측정법: 자외선형광법, 용액전도율법, 불꽃광도법, 흡광차분광법
환경대기 중 아황산가스 측정방법: 파라로자닐린법, 산정량 수동법, 산정량 반자동법

정답 ①

75 ★☆☆

다음은 기체크로마토그램에서 피크(Peak)의 분리정도를 나타낸 그림이다. 분리계수(d)와 분리도(R)를 구하는 식으로 옳은 것은?

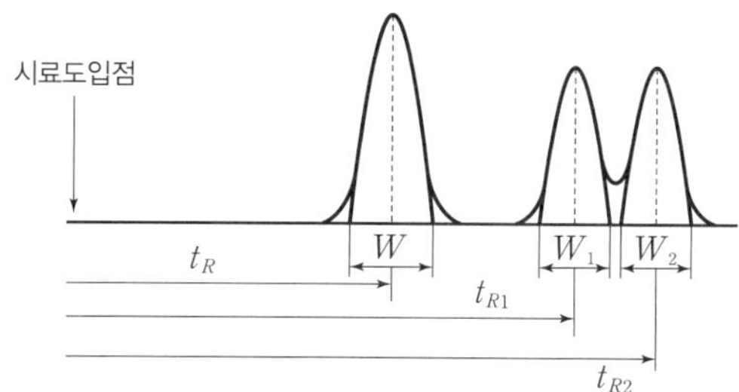

① $d=\frac{t_{R2}}{t_{R1}}$, $R=\frac{2(t_{R2}-t_{R1})}{W_1+W_2}$
② $d=t_{R2}-t_{R1}$, $R=\frac{t_{R1}-t_{R2}}{W_1+W_2}$
③ $d=\frac{2(t_{R2}-t_{R1})}{W_1+W_2}$, $R=\frac{t_{R2}}{t_{R1}}$
④ $d=\frac{t_{R2}-t_{R1}}{2}$, $R=100\times d(\%)$

해설

①번 식이 분리계수(d)와 분리도(R)를 구하는 식이다.

정답 ①

76 ★★☆

자외선/가시선분광법으로 측정한 A 물질의 투과퍼센트 지시치가 25%일 때 A 물질의 흡광도는?

① 0.25　② 0.50
③ 0.60　④ 0.82

해설

흡광도$(A)=\log\frac{1}{t(\text{투과도})}=\log\frac{1}{I_t/I_o}$
I_o: 물체에 입사하는 빛의 세기
I_t: 물체를 투과한 빛의 세기
$A=\log\frac{1}{0.25}=0.602$

정답 ③

77 ★☆☆

환경대기 중 휘발성유기화합물(VOCs)의 시험방법 중 고체 흡착법에 사용되는 용어에 관한 설명으로 옳지 않은 것은?

① 머무름부피(Retention volume): 분석물질의 증기띠가 흡착관을 통과하면서 탈착되는 데 요구되는 양만큼의 부피를 측정하여 알 수 있다.
② 흡착관의 컨디셔닝: 흡착관을 사용하기 전에 열탈착기에 의해서 보통 350℃(흡착제별로 사용최고온도를 고려하여 조정)에서 헬륨 기체 25mL/min으로 적어도 1시간 동안 안정화시킨 후 사용한다.
③ 열탈착: 불활성의 운반기체를 이용하여 높은 온도에서 VOCs를 탈착한 후, 탈착물질을 기체크로마토그래프(GC)와 같은 분석 시스템으로 운송하는 과정이다.
④ 2단 열탈착: 흡착제로부터 분석물질을 열탈착하여 저온농축트랩에 농축한 다음 저온농축트랩을 가열하여 농축된 화합물을 기체크로마토그래프로 전달하는 과정이다.

해설
흡착관의 컨디셔닝: 흡착관을 사용하기 전에 열탈착기에 의해서 순도 99.99% 이상의 헬륨 또는 질소 기체 50~100mL/min으로 적어도 2시간 동안 안정화시킨 후 사용한다.

정답 ②

78 ★☆☆

아르세나조Ⅲ법에 의해 배출가스 중의 황산화물을 분석하여 다음과 같은 결과를 얻었을 때 황산화물의 농도(ppm)는?

- 0.005mol/L 아세트산바륨 용액의 역가: 0.98
- 분석용 시료용액의 전량: 250mL
- 분석용 시료용액의 분취량: 10mL
- 표준상태 건조가스 시료채취량: 20,000mL
- 분석용 시료용액의 적정에 사용된 0.005mol/L 아세트산바륨 용액 부피: 6mL
- 현장바탕시료용액의 적정에 사용된 0.005mol/L 아세트산바륨 용액 부피: 0.4mL
- $C=\dfrac{0.112\times(a-b)\times f\times\dfrac{250}{10}}{V_s}\times 1{,}000$

① 768.3ppm　② 965.8ppm
③ 1,329.2ppm　④ 2,292.2ppm

해설
주어진 식을 이용하여 농도를 산정한다.

$$C=\frac{0.112\times(a-b)\times f\times\dfrac{250}{10}}{V_s}\times 1{,}000$$

C: 황산화물 농도(ppm 또는 μmol/mol)
a: 분석용 시료용액의 적정에 사용된 0.005mol/L 아세트산바륨 용액 부피(mL)
b: 현장바탕시료용액의 적정에 사용된 0.005mol/L 아세트산바륨 용액 부피(mL)
f: 0.005mol/L 아세트산바륨 용액의 역가
V_s: 표준상태 건조가스 시료채취량(L)
0.112: 0.005 mol/L 아세트산바륨 용액 1 mL에 상당하는 황산화물(SO_2+SO_3)의 가스부피(mL) (표준상태)

$$C=\frac{0.112\times(6-0.4)\text{mL}\times 0.98\times\dfrac{250}{10}}{20\text{L}}\times 1{,}000$$
$=768.32$ppm

정답 ①

79

★☆☆

분석대상 가스별 흡수액으로 잘못 짝지어진 것은?

① 플루오린화합물 – 수산화소듐 용액
② 질소산화물 – 수산화소듐 용액
③ 비소 – 수산화소듐 용액
④ 브로민화합물 – 수산화소듐 용액

해설
질소산화물 – 황산 용액

정답 ②

80

★★★

원자흡수분광광도법에 사용되는 용어의 정의로 옳지 않은 것은?

① 근접선(Neighbouring Line): 원자가 외부로부터 빛을 흡수했다가 다시 먼저 상태로 돌아갈 때 방사하는 스펙트럼선
② 선프로파일(Line Profile): 파장에 대한 스펙트럼선의 강도를 나타내는 곡선
③ 분무실(Nebulizer-Chamber): 분무기와 함께 분무된 시료용액의 미립자를 더욱 미세하게 해주는 한편 큰 입자와 분리시키는 작용을 갖는 장치
④ 예복합 버너(Premix Type Burner): 가연성 가스, 조연성 가스 및 시료를 분무실에서 혼합시켜 불꽃 중에 넣어주는 방식의 버너

해설
근접선(Neighbouring Line): 목적하는 스펙트럼선에 가까운 파장을 갖는 다른 스펙트럼선

정답 ①

대기환경관계법규

81

★★☆

대기환경보전법령상 오존의 대기오염 중대경보 해제기준에 관한 내용 중 ( ) 안에 알맞은 것은?

> 중대경보가 발령된 지역의 기상조건 등을 고려하여 대기자동측정소의 오존농도가 (㉠)ppm 이상 (㉡)ppm 미만일 때는 경보로 전환한다.

① ㉠ 0.3, ㉡ 0.5
② ㉠ 0.5, ㉡ 1.0
③ ㉠ 1.0, ㉡ 1.2
④ ㉠ 1.2, ㉡ 1.5

해설
오존의 대기오염경보 단계별 농도기준 「시행규칙 별표 7」

단계	발령기준	해제기준
주의보	기상조건 등을 고려하여 해당지역의 대기자동측정소 오존농도가 0.12ppm 이상인 때	주의보가 발령된 지역의 기상조건 등을 검토하여 대기자동측정소의 오존농도가 0.12ppm 미만인 때
경보	기상조건 등을 고려하여 해당지역의 대기자동측정소 오존농도가 0.3ppm 이상인 때	경보가 발령된 지역의 기상조건 등을 고려하여 대기자동측정소의 오존농도가 0.12ppm 이상 0.3ppm 미만인 때는 주의보로 전환
중대경보	기상조건 등을 고려하여 해당지역의 대기자동측정소 오존농도가 0.5ppm 이상인 때	중대경보가 발령된 지역의 기상조건 등을 고려하여 대기자동측정소의 오존농도가 0.3ppm 이상 0.5ppm 미만인 때는 경보로 전환

정답 ①

82
★☆☆

실내공기질 관리법령상 실내공기질의 측정에 관한 내용 중 (   ) 안에 알맞은 것은?

> 다중이용시설의 소유자 등은 실내공기질 측정대상 오염물질이 실내공기질 권고기준의 오염물질항목에 해당하는 경우 실내공기질을 (ⓐ) 측정해야 한다. 또한 실내공기질 측정결과를 (ⓑ) 보존해야 한다.

① ⓐ 연 1회, ⓑ 10년간
② ⓐ 연 2회, ⓑ 5년간
③ ⓐ 2년에 1회, ⓑ 10년간
④ ⓐ 2년에 1회, ⓑ 5년간

해설
ⓐ는 2년에 1회, ⓑ는 10년간이다.

정답 ③

83
★★☆

다음은 대기환경보전법규상 자가측정 자료의 보존기간(기준)이다. (   ) 안에 가장 적합한 것은?

> 법에 따라 사업자는 자가측정에 관한 기록을 보존하여야 하는데 자가측정 시 사용한 여과지 및 시료채취기록지의 보존기간은 「환경분야 시험·검사 등에 관한 법률」에 따른 환경오염공정시험기준에 따라 측정한 날부터 (   )(으)로 한다.

① 3개월　　② 2년
③ 6개월　　④ 1년

해설
자가측정의 대상 및 방법 등 「시행규칙 제52조」
자가측정 시 사용한 여과지 및 시료채취기록지의 보존기간은 「환경분야 시험·검사 등에 관한 법률」에 따른 환경오염공정시험기준에 따라 측정한 날부터 6개월로 한다.

정답 ③

84
★★☆

대기환경보전법규상 분체상 물질을 싣고 내리는 공정의 경우, 비산먼지 발생을 억제하기 위해 작업을 중지하는 평균풍속(m/s)의 기준은?

① 2 이상　　② 5 이상
③ 7 이상　　④ 8 이상

해설
풍속이 평균초속 8m 이상일 경우 분체상 물질을 싣고 내리는 작업을 중지해야 한다.

관련이론
분체상 물질을 싣고 내리는 공정의 시설의 설치 및 조치에 관한 기준 「시행규칙 별표 14」

가. 작업 시 발생하는 비산먼지를 제거할 수 있는 이동식 집진시설 또는 분무식 집진시설(Dust Boost)을 설치할 것(석탄제품제조업, 제철·제강업 또는 곡물하역업에만 해당)
나. 싣거나 내리는 장소 주위에 고정식 또는 이동식 물을 뿌리는 시설(살수반경 5m 이상, 수압 $3kg/cm^2$ 이상)을 설치·운영하여 작업하는 중 다시 흩날리지 아니하도록 할 것(곡물작업장의 경우는 제외함)
다. 풍속이 평균초속 8m 이상일 경우에는 작업을 중지할 것
라. 공장 내에서 싣고 내리기는 최대한 밀폐된 시설에서만 실시하여 비산먼지가 생기지 아니하도록 할 것(시멘트 제조업만 해당)
마. 조쇄(캐낸 광석을 초벌로 깨는 일)를 위한 내리기 작업은 최대한 3면이 막히고 지붕이 있는 구조물 내에서 실시 할 것. 다만, 수직갱에서의 조쇄를 위한 내리기 작업은 충분한 살수를 실시할 수 있는 시설을 설치할 것(시멘트 제조업만 해당)
바. 가목부터 마목까지와 같거나 그 이상의 효과를 가지는 시설을 설치하거나 조치하는 경우에는 가목부터 마목까지 중 그에 해당하는 시설의 설치 또는 조치를 제외한다.

정답 ④

85 ★★★

환경정책기본법령상 대기환경기준으로 옳지 않은 것은?

① 미세먼지(PM-10) - 연간 평균치 $50mg/m^3$ 이하
② 아황산가스(SO_2) - 연간 평균치 0.02ppm 이하
③ 일산화탄소(CO) - 1시간 평균치 25ppm 이하
④ 오존(O_3) - 1시간 평균치 0.1ppm 이하

해설

환경기준「환경정책기본법 시행령 별표 1」

항목	기준
아황산가스 (SO_2)	연간 평균치 0.02ppm 이하 24시간 평균치 0.05ppm 이하 1시간 평균치 0.15ppm 이하
일산화탄소 (CO)	8시간 평균치 9ppm 이하 1시간 평균치 25ppm 이하
이산화질소 (NO_2)	연간 평균치 0.03ppm 이하 24시간 평균치 0.06ppm 이하 1시간 평균치 0.10ppm 이하
미세먼지 (PM-10)	연간 평균치 $50\mu g/m^3$ 이하 24시간 평균치 $100\mu g/m^3$ 이하
초미세먼지 (PM-2.5)	연간 평균치 $15\mu g/m^3$ 이하 24시간 평균치 $35\mu g/m^3$ 이하
오존(O_3)	8시간 평균치 0.06ppm 이하 1시간 평균치 0.1ppm 이하
납(Pb)	연간 평균치 $0.5\mu g/m^3$ 이하
벤젠	연간 평균치 $5\mu g/m^3$ 이하

정답 ①

86 ★☆☆

악취방지법령상 악취배출시설의 변경신고를 해야 하는 경우에 해당하지 않는 것은?

① 악취배출시설을 폐쇄하는 경우
② 사업장의 명칭을 변경하는 경우
③ 악취배출시설 또는 악취방지시설을 임대하는 경우
④ 환경담당자의 교육사항을 변경하는 경우

해설

악취배출시설의 변경신고를 하여야 하는 경우「악취방지법 시행규칙 제10조」

1. 악취배출시설의 악취방지계획서 또는 악취방지시설을 변경하는 경우
2. 악취배출시설을 폐쇄하거나, 법에서 정한 시설 규모의 기준에서 정하는 공정을 추가하거나 폐쇄하는 경우
3. 사업장의 명칭 또는 대표자를 변경하는 경우
4. 악취배출시설 또는 악취방지시설을 임대하는 경우
5. 악취배출시설에서 사용하는 원료를 변경하는 경우

정답 ④

87 ★★☆

악취방지법령상 지정악취물질이 아닌 것은?

① 아세트알데하이드 ② 메틸메르캅탄
③ 톨루엔 ④ 벤젠

해설

벤젠은 악취방지법령상 지정악취물질이 아니다.

관련이론 | 지정악취물질「악취방지법 시행규칙 별표 1」

암모니아, 메틸메르캅탄, 황화수소, 다이메틸설파이드, 다이메틸다이설파이드, 트라이메틸아민, 아세트알데하이드, 스타이렌, 프로피온알데하이드, 뷰틸알데하이드, n-발레르알데하이드, i-발레르알데하이드, 톨루엔, 자일렌, 메틸에틸케톤, 메틸아이소뷰틸케톤, 뷰틸아세테이트, 프로피온산, n-뷰틸산, n-발레르산, i-발레르산, i-뷰틸알코올

정답 ④

2023년

88

★★☆

대기환경보전법규상 휘발유를 연료로 사용하는 "경자동차"의 배출가스 보증기간 적용기준으로 옳은 것은? (단, 2016년 1월 1일 이후 제작 자동차이다.)

① 15년 또는 240,000km
② 10년 또는 192,000km
③ 2년 또는 160,000km
④ 1년 또는 20,000km

해설

휘발유 사용 자동차의 배출가스 보증기간 「시행규칙 별표 18」

2016년 1월 1일 이후 제작자동차

자동차의 종류	적용기간	
경자동차, 소형 승용·화물자동차, 중형 승용·화물자동차	15년 또는 240,000km	
대형 승용·화물자동차, 초대형 승용·화물자동차	2년 또는 160,000km	
이륜자동차	최고속도 130km/h 미만	2년 또는 20,000km
	최고속도 130km/h 이상	2년 또는 35,000km

2024년 1월 1일 이후 제작자동차

자동차의 종류	적용기간	
경자동차, 소형 승용·화물자동차, 중형 승용·화물자동차	15년 또는 240,000km	
대형 승용·화물자동차	6년 또는 160,000km	
초대형 승용·화물자동차	7년 또는 160,000km	
이륜자동차	최고속도 130km/h 미만	2년 또는 20,000km
	최고속도 130km/h 이상	2년 또는 35,000km

정답 ①

89

★☆☆

대기환경보전법령상의 자동차 연료·첨가제 또는 촉매제 검사기관의 지정기준 중 자동차 연료 검사기관의 기술능력 및 검사장비기준에 관한 내용으로 옳지 않은 것은?

① 휘발유·경유·바이오디젤(BD100) 검사장비로 1ppm 이하 분석이 가능한 황함량분석기 1식을 갖추어야 한다.
② 검사원은 자동차, 화공, 안전관리(가스), 환경 분야의 기사 자격 이상을 취득한 사람이어야 한다.
③ 휘발유·경유·바이오디젤 검사기관과 LPG·CNG·바이오가스 검사기관의 기술능력 기준은 같으며, 두 검사 업무를 함께 하려는 경우에는 기술능력을 중복하여 갖추지 아니할 수 있다.
④ 검사원은 2명 이상이어야 하며, 그 중 한 명은 해당 검사 업무에 10년 이상 종사한 경험이 있는 사람이어야 한다.

해설

자동차연료·첨가제 또는 촉매제 검사기관의 지정기준 「시행규칙 별표 34의2」

검사원은 4명 이상이어야 하며 그 중 2명 이상은 해당 검사 업무에 5년 이상 종사한 경험이 있는 사람이어야 한다.

정답 ④

90

★☆☆

실내공기질 관리법규상 "의료기관"의 총휘발성유기화합물(μg/m^3)항목 실내공기질 권고기준은?

① 400 이하
② 500 이하
③ 300 이하
④ 200 이하

해설

의료기관, 산후조리원, 노인요양시설, 어린이집, 실내 어린이 놀이시설의 실내공기질 권고기준 「실내공기질 관리법 시행규칙 별표 3」

구분	권고기준
이산화질소(ppm)	0.05 이하
라돈(Bq/m^3)	148 이하
총휘발성유기화합물(μg/m^3)	400 이하
곰팡이(CFU/m^3)	500 이하

정답 ①

91

★★☆

대기환경보전법령상 특정대기유해물질에 해당하지 않는 것은?

① 1,3-부타디엔 ② 아크롤레인
③ 아닐린 ④ 아세트알데히드

해설

아크롤레인은 대기오염물질에는 해당되지만 특정대기유해물질에는 해당되지 않는다.

관련이론 | 특정대기유해물질「시행규칙 별표 2」

- 카드뮴 및 그 화합물
- 시안화수소
- 납 및 그 화합물
- 폴리염화비페닐
- 크롬 및 그 화합물
- 비소 및 그 화합물
- 수은 및 그 화합물
- 프로필렌 옥사이드
- 염소 및 염화수소
- 불소화물
- 석면
- 니켈 및 그 화합물
- 염화비닐
- 다이옥신
- 페놀 및 그 화합물
- 베릴륨 및 그 화합물
- 벤젠
- 사염화탄소
- 이황화메틸
- 아닐린
- 클로로포름
- 포름알데히드
- 아세트알데히드
- 벤지딘
- 1,3-부타디엔
- 다환 방향족 탄화수소류
- 에틸렌옥사이드
- 디클로로메탄
- 스틸렌
- 테트라클로로에틸렌
- 1,2-디클로로에탄
- 에틸벤젠
- 트리클로로에틸렌
- 아크릴로니트릴
- 히드라진

정답 ②

92

★★☆

대기환경보전법상 배출시설 설치허가를 받은 자가 대통령령으로 정하는 중요한 사항의 특정대기유해물질 배출시설을 증설하고자 하는 경우 배출시설 변경허가를 받아야 하는 시설의 규모기준은? (단, 배출시설의 규모의 합계나 누계는 배출구별로 산정한다.)

① 배출시설 규모의 합계나 누계의 100분의 5 이상 증설
② 배출시설 규모의 합계나 누계의 100분의 10 이상 증설
③ 배출시설 규모의 합계나 누계의 100분의 20 이상 증설
④ 배출시설 규모의 합계나 누계의 100분의 30 이상 증설

해설

배출시설의 설치허가 및 신고 등「시행령 제11조」

1. 설치허가 또는 변경허가를 받거나 변경신고를 한 배출시설 규모의 합계나 누계의 100분의 50 이상(특정대기유해물질 배출시설의 경우에는 100분의 30 이상) 증설. 이 경우 배출시설 규모의 합계나 누계는 배출구별로 산정한다.
2. 설치허가 또는 변경허가를 받은 배출시설의 용도 추가

정답 ④

93

★★☆

대기환경보전법령상 과징금 처분에 관한 내용이다. ( ) 안에 알맞은 것은?

> 환경부장관은 자동차 제작자가 거짓으로 자동차의 배출가스가 배출가스보증기간에 제작차배출허용기준에 맞게 유지될 수 있다는 인증을 받은 경우 그 자동차 제작자에 대하여 매출액에 (㉠)(을)를 곱한 금액을 초과하지 않는 범위에서 과징금을 부과할 수 있다. 이 때 과징금은 (㉡)을 초과할 수 없다.

① ㉠ 100분의 3, ㉡ 100억원
② ㉠ 100분의 3, ㉡ 500억원
③ ㉠ 100분의 5, ㉡ 100억원
④ ㉠ 100분의 5, ㉡ 500억원

해설

㉠은 100분의 5, ㉡은 500억원이다.

정답 ④

2023년

94

★☆☆

대기환경보전법령상 굴뚝 자동측정기기 부착대상 배출시설이 그 부착을 면제받을 수 있는 경우로 거리가 먼 것은?

① 액체연료만을 사용하는 연소시설로서 황산화물을 제거하는 방지시설이 없는 경우(발전시설은 제외하며, 황산화물 측정기기에만 부착을 면제함)
② 연간 가동일수가 60일 미만인 배출시설인 경우
③ 부착대상시설이 된 날부터 6개월 이내에 배출시설을 폐쇄할 계획이 있는 경우
④ 연소가스 또는 화염이 원료 또는 제품과 직접 접촉하지 아니하는 시설로서 규정에 따른 청정연료를 사용하는 경우(발전시설은 제외함)

해설

굴뚝 자동측정기기 부착대상 배출시설이 그 부착을 면제받을 수 있는 경우는 연간 가동일수가 30일 미만인 경우이다. 「시행령 별표 3」

정답 ②

95

★★★

대기환경보전법령상 배출시설에서 발생하는 연간 대기오염물질 발생량의 합계로 사업장을 분류할 때 다음 중 4종 사업장에 속하는 양은?

① 80톤　　② 50톤
③ 12톤　　④ 5톤

해설

사업장의 분류 「시행령 별표 1의3」

종별	오염물질발생량 구분
1종 사업장	대기오염물질발생량의 합계가 연간 80톤 이상인 사업장
2종 사업장	대기오염물질발생량의 합계가 연간 20톤 이상 80톤 미만인 사업장
3종 사업장	대기오염물질발생량의 합계가 연간 10톤 이상 20톤 미만인 사업장
4종 사업장	대기오염물질발생량의 합계가 연간 2톤 이상 10톤 미만인 사업장
5종 사업장	대기오염물질발생량의 합계가 연간 2톤 미만인 사업장

정답 ④

96

★☆☆

대기환경보전법규상 배출가스 관련부품을 장치별로 구분할 때 다음 중 연료증발가스방지장치(Evaporative Emission Control System)에 해당하는 것은?

① 리드 밸브(Reed valve)
② EGR 밸브
③ 연료계통 감시장치
④ 증기 저장 캐니스터

선지분석

① 리드 밸브(Reed valve): 2차공기분사장치(Air Injection System)
② EGR 밸브: 배출가스 재순환장치(Exhaust Gas Recirculation: EGR)
③ 연료계통 감시장치(Fuel System Monitor): 배출가스 자기진단장치(On Board Diagnostics)

관련이론 | 연료증발가스방지장치(Evaporative Emission Control System) 「시행규칙 별표 20」

- 정화조절밸브(Purge Control Valve)
- 증기 저장 캐니스터와 필터(Vapor Storage Canister and Filter)

정답 ④

97

★★☆

대기환경보전법령상 환경부장관이 배출시설의 설치를 제한할 수 있는 경우에 관한 사항이다. (　　) 안에 알맞은 말은?

> 배출시설 설치 지점으로부터 반경 1킬로미터 안의 상주인구가 (㉠)명 이상인 지역으로서 특정대기유해물질 중 한 가지 종류의 물질을 연간 (㉡) 이상 배출하는 시설을 설치하는 경우

① ㉠ 1만, ㉡ 1톤　　② ㉠ 1만, ㉡ 10톤
③ ㉠ 2만, ㉡ 1톤　　④ ㉠ 2만, ㉡ 10톤

해설

㉠은 2만, ㉡은 10톤이다.

정답 ④

98

★☆☆

대기환경보전법규상 부식·마모로 인하여 대기오염물질이 누출되는 배출시설을 정당한 사유 없이 방치한 경우의 3차 행정처분기준은?

① 개선명령 ② 경고
③ 조업정지 10일 ④ 조업정지 30일

해설

부식·마모로 인하여 대기오염물질이 누출되는 배출시설이나 방지시설을 정당한 사유 없이 방치하는 행위에 대한 행정처분기준「시행규칙 별표 36」

1차	2차	3차	4차
경고	조업정지 10일	조업정지 30일	허가취소 또는 폐쇄

정답 ④

99

★★☆

대기환경보전법령상 천재지변 등으로 인해 기본부과금을 납부할 수 없다고 인정되어 징수유예를 하고자 하는 경우 ㉠ 징수유예기간과 ㉡ 그 기간 중의 분할납부의 횟수는?

① ㉠ 유예한 날의 나음날부터 다음 부과기간의 개시일 전일까지, ㉡ 4회 이내
② ㉠ 유예한 날의 다음날부터 2년 이내, ㉡ 12회 이내
③ ㉠ 유예한 날의 다음날부터 3년 이내, ㉡ 12회 이내
④ ㉠ 유예한 날의 다음날부터 다음 부과기간의 개시일 전일까지, ㉡ 6회 이내

해설

징수유예기간과 그 기간 중의 분할납부의 횟수「시행령 제36조」

천재지변이나 그 밖의 재해로 사업자의 재산에 중대한 손실이 발생한 경우 등에 따른 징수유예기간과 그 기간 중의 분할납부 횟수는 다음의 기준에 따른다.

1. 기본부과금: 유예한 날의 다음 날부터 다음 부과기간의 개시일 전일까지, 4회 이내
2. 초과부과금: 유예한 날의 다음 날부터 2년 이내, 12회 이내

정답 ①

100

★☆☆

대기환경보전법규상 환경기술인의 준수사항과 가장 거리가 먼 것은?

① 배출시설 및 방지시설을 정상가동하여 오염물질 등의 배출이 배출허용기준에 맞도록 하여야 한다.
② 배출시설 및 방지시설의 운영기록을 사실에 기초하여 작성해야 한다.
③ 기업활동 규제완화에 관한 특별조치법상 환경기술인을 공동으로 임명한 경우라도 당해 환경기술인은 해당 사업장에 번갈아 근무해서는 안된다.
④ 자가측정시 사용한 여과지는 환경오염공정시험기준에 따라 기록한 시료채취기록지와 함께 날짜별로 보관·관리하여야 한다.

해설

환경기술인의 준수사항 및 관리사항「시행규칙 제54조」

환경기술인은 사업장에 상근할 것. 다만,「기업활동 규제완화에 관한 특별조치법」제37조에 따라 환경기술인을 공동으로 임명한 경우 그 환경기술인은 해당 사업장에 번갈아 근무하여야 한다.

정답 ③

2023년 | 2회 CBT 복원문제

대기오염개론

01

★★☆

180℃, 0.8atm에서 SO_2농도가 0.25g/m^{3}이라면 표준상태에서는 몇 ppm인가?

① 167.4　② 181.5
③ 201.8　④ 225.2

해설

$PV = nRT$에서
표준상태에서 1mol=g분자량=22.4L이고
ppm은 mL/m^{3}이므로
SO_2 농도 0.25g/m^{3}에서
분자는 g → L → mL로 변환하고
분모는 180℃, 0.8atm의 부피를 표준상태(0℃, 1atm)의 부피로 변환한다.

$$\frac{0.25\text{g}\times\frac{22.4\text{L}}{64\text{g}}\times\frac{1{,}000\text{mL}}{1\text{L}}}{\text{m}^3\times\frac{0.8\text{atm}}{1\text{atm}}\times\frac{273\text{K}}{(273+180)\text{K}}}=181.4904\text{mL/Sm}^3 \fallingdotseq 181.5\text{ppm}$$

정답 ②

02

★★★

다음 중 HF의 주된 배출원이 아닌 것은?

① 알루미늄 공업　② 석유정제업
③ 화학비료공업　④ 유리공업

해설

HF의 주 배출공정은 알루미늄 공업, 화학비료공업, 유리공업 등이며 유리 제조품을 부식시킨다.

정답 ②

03

★★☆

질소산화물(NO_x)에 관한 설명으로 가장 거리가 먼 것은?

① NO의 독성은 일반적으로 오존보다 강하다.
② N_2O는 대류권에서는 온실가스로, 성층권에서는 오존층 파괴물질로서 보통 대기 중에 약 0.5ppm 정도 존재한다.
③ 연소 시 연료 중 질소의 NO 변환율은 대체로 약 20~50% 범위이다.
④ NO_2는 적갈색, 자극성 기체로 독성이 NO보다 약 5배 정도나 더 크다.

해설

NO의 독성은 일반적으로 오존보다 약하고, 대기 중의 체류시간은 2~5일 정도이다.

정답 ①

04

★☆☆

다음 중 일반적으로 대도시의 산성강우 속에 가장 미량(mg/L)으로 존재할 것으로 예상되는 것은? (단, 산성강우는 pH 5.6으로 본다.)

① SO_4^{2-}　② NO_3^-
③ Cl^-　④ OH^-

해설

산성강우의 일반적인 이온 농도 크기는 다음과 같다.
$H^+ > SO_4^{2-} > NO_3^- > Cl^- > NH_4^+ > Ca^{2+} > Na^+ > Mg^{2+} > K^+$
대기 중 이산화탄소가 물과 반응하여 중탄산이온(HCO_3^-)으로 평형을 이루어 존재하기 때문에 산성강우의 pH를 5.6으로 본다. 따라서 알칼리성을 나타내는 OH^- 이온은 가장 미량으로 존재할 가능성이 크다.

정답 ④

05

★☆☆

다이옥신(Dioxin)에 관한 설명 중 옳지 않은 것은?

① 표준상태에서 증기압이 매우 낮은 고형 화합물이다.
② 다이옥신류는 크게 PCDD, PCDF로 대별된다.
③ 수용성은 낮으나 벤젠 등에 용해되며 토양 중에 흡수된다.
④ 소각로에서 1,000℃ 정도의 고온온도에서 fly ash 표면에 염소 공여체와 반응하여 배출된다.

해설
다이옥신류는 300~400℃ 정도의 온도에서 fly ash 표면에 염소 공여체와 반응하여 배출된다.

정답 ④

06

★★☆

최대혼합고도가 500m일 때 오염농도는 4ppm이었다. 오염농도가 500ppm일 때 최대혼합고도는 얼마인가?

① 50m　② 100m
③ 200m　④ 250m

해설

$$\frac{C_2}{C_1}=\left(\frac{MMD_1}{MMD_2}\right)^3$$

C_1: 예상오염농도(ppm), MMD_1: 예상최대혼합고(m)
C_2: 실제오염농도(ppm), MMD_2: 실제최대혼합고(m)

$$\frac{4\text{ppm}}{500\text{ppm}}=\left(\frac{MMD_1}{500\text{m}}\right)^3$$

$MMD_1=100\text{m}$

정답 ②

07

★☆☆

대기와 해양의 상호작용에 해당되는 엘니뇨와 라니냐에 관한 설명으로 옳지 않은 것은?

① 엘니뇨와 상대적인 현상으로 라니냐는 무역풍이 상대적으로 약화되어 서태평양의 온도가 감소된다.
② 대기와 해양의 상호작용으로 열대 동태평양에서 중태평양에 걸친 광범위한 구역에서 해수면의 온도 상승을 엘니뇨라 한다.
③ 엘니뇨와 라니냐는 서로 독립적인 현상이 아니라, 반대 위상을 가지는 자연계의 진동현상이라 할 수 있다.
④ 엘니뇨 시기에는 서태평양의 기압이 높아지고 남태평양의 기압이 내려가는 남방진동이 나타난다.

해설
라니냐는 엘니뇨의 반대 현상으로 무역풍이 상대적으로 강해져 서태평양의 온도가 상승한다.

관련이론 | 엘니뇨와 라니냐

- **엘니뇨 현상**
  열대 태평양 남미 해안으로부터 중태평양에 이르는 넓은 범위에서 해수면의 온도가 평균보다 0.5℃ 이상 높은 상태가 6개월 이상 지속되는 현상으로 스페인어로 아기예수를 의미한다.
- **라니냐 현상**
  여자아이라는 뜻으로 적도무역풍이 평년보다 강해지며, 서태평양의 해수면과 수온이 평년보다 상승하게 되고, 찬 해수의 용승현상 때문에 적도 동태평양에서 저수온 현상이 강화되어 나타나는 현상으로 해수면의 온도가 6개월 이상 0.5℃ 이상 낮은 현상이 지속되는 것을 말한다.

정답 ①

08

★☆☆

다음 식물 중 아황산가스에 대한 저항력이 가장 큰 것은?

① 까치밤나무　② 포도
③ 단풍　④ 등나무

해설
보리, 목화 등은 아황산가스에 대해 저항성이 약한 식물이며, 까치밤나무, 쥐똥나무 등은 저항성이 강한 식물에 해당한다.

정답 ①

09 ★★☆

유효굴뚝높이 100m인 연돌에서 배출되는 가스량은 $10m^3$/sec, SO_2의 농도가 1,500ppm일 때 Sutton식에 의한 최대 지표농도는? (단, $K_y=K_z=0.05$, 평균풍속은 10m/sec이다.)

① 약 0.008ppm
② 약 0.035ppm
③ 약 0.078ppm
④ 약 0.116ppm

해설

최대지표농도 공식을 이용한다.

$$C_{max}=\frac{2Q}{\pi eUH_e^2}\times\left(\frac{K_z}{K_y}\right)$$

Q: 오염물질 배출량(ppm·m^3/sec)
U: 풍속(m/sec), H_e: 유효굴뚝높이(m)
K_z: 수직방향확산계수, K_y: 수평방향확산계수

$$C_{max}=\frac{2\times 1{,}500ppm\times 10m^3/sec}{\pi\times e\times 10m/sec\times(100m)^2}\times\left(\frac{0.05}{0.05}\right)=0.0351ppm$$

정답 ②

10 ★★★

역사적인 대기오염사건에 관한 설명으로 옳은 것은?

① 포자리카 사건은 MIC에 의한 피해이다.
② 런던스모그 사건은 복사역전 형태였다.
③ 뮤즈계곡 사건은 PCB이 주된 오염물질로 작용했다.
④ 도쿄 요코하마 사건은 MIC가 주된 오염물질로 작용했다.

선지분석

① 포자리카 사건은 H_2S에 의한 피해이다.
③ 뮤즈계곡 사건은 아황산가스가 주된 오염물질로 작용했다.
④ 도쿄 요코하마 사건은 공장에서 배출된 대기오염물질이 주된 오염물질로 작용했다.

정답 ②

11 ★★☆

고속도로상의 교통밀도가 25,000대/hr이고, 각 차량의 평균 속도가 110km/hr이다. 차량의 평균 탄화수소 배출량이 0.06g/s · 대 일 때, 고속도로에서 방출되는 탄화수소의 총량(g/s · m)은?

① 0.00136
② 0.0136
③ 1.36
④ 13.6

해설

문제의 주어진 조건을 이용하여 단위환산을 해서 탄화수소의 총량을 구한다.

$$\frac{25{,}000\text{대}}{hr}\times\frac{hr}{110km}\times\frac{0.06g}{s\cdot\text{대}}\times\frac{km}{1{,}000m}=0.0136g/s\cdot m$$

정답 ②

12 ★☆☆

오존에 관한 설명으로 옳지 않은 것은?

① 야간에는 NO_2와 반응하여 O_3가 생성되며, 일련의 반응에 의해 HNO_3가 소멸된다.
② 대기 중 오존의 배경농도는 0.01~0.02ppm 정도이다.
③ 오존의 생성과 소멸이 계속적으로 일어나면서 오존층의 오존 농도가 유지된다.
④ 광화학 반응에 의한 오존생성률은 RO_2 농도와 관계가 깊다.

해설

주간에는 NO_2와 반응하여 O_3가 생성되며, 일련의 반응에 의해 HNO_3가 생성된다.

$NO_2+O_3 \rightarrow NO_3+O_2$
$NO_3+NO_2+M \rightarrow N_2O_5+M$
$N_2O_5+H_2O \rightarrow 2HNO_3$

정답 ①

13

★☆☆

공기역학적직경(Aero-dynamic diameter)에 관한 설명으로 가장 옳은 것은?

① 대상 먼지와 밀도 및 침강속도가 동일한 선형입자의 직경
② 대상 먼지와 밀도 및 침강속도가 동일한 구형입자의 직경
③ 대상 먼지와 침강속도가 동일하며 밀도가 $1g/cm^3$인 구형입자의 직경
④ 대상 먼지와 침강속도가 동일하며 밀도가 $1mg/cm^3$인 구형입자의 직경

해설

- 공기역학적직경(Aero-dynamic diameter): 대상 먼지와 침강속도가 동일하며 밀도가 $1g/cm^3$인 구형입자의 직경
- 스토크스직경(Stokes diameter): 대상 먼지와 밀도 및 침강속도가 동일한 구형입자의 직경

정답 ③

14

★★☆

다음 중 오존층 보호를 위한 국제환경협약으로만 옳게 연결된 것은?

① 바젤협약 – 비엔나협약
② 오슬로협약 – 비엔나협약
③ 비엔나협약 – 몬트리올의정서
④ 몬트리올의정서 – 람사협약

해설

바젤협약: 유해폐기물의 국가간 이동 관련 협약
오슬로협약: 해양투기 관련 협약
람사협약: 습지보호 관련 협약

정답 ③

15

★★☆

대기오염 농도를 추정하기 위한 상자모델에서 사용하는 가정으로 옳지 않은 것은?

① 오염물질의 분해는 0차 반응에 의한다.
② 고려되는 공간에서 오염물질의 농도는 균일하다.
③ 바람의 속도가 일정하여 환기량이 일정하다.
④ 오염물질의 확산이 상자 안에서 이루어져 균일하게 혼합된다.

해설

오염물질의 분해는 1차 반응에 의한다.

관련이론 | 상자모델

- 배출원으로부터 배출되는 오염물질의 확산이 상자 안에서 이루어져 균일하게 혼합되어 확산된 오염물질의 물질수지를 산정하는 모델이다.
- 고려되는 공간의 수직단면에 직각방향으로 부는 바람의 속도가 일정하여 환기량이 일정하다.
- 상자 안에서는 밑면에서 방출되는 오염물질이 상자 높이인 혼합층까지 즉시 균등하게 혼합된다.

정답 ①

16

★☆☆

다음 Dobson unit에 관한 설명 중 (　　) 안에 알맞은 것은?

> 1Dobson은 지구 대기 중 오존의 총량을 0℃, 1기압의 표준 상태에서 두께로 환산했을 때 (　　)에 상당하는 양을 의미한다.

① 0.01mm　　② 0.1mm
③ 0.1cm　　④ 1cm

해설

Dobson은 오존의 두께를 나타내는 단위로 1Dobson은 0.01mm에 해당된다.

정답 ①

17

★☆☆

대기오염물질과 그 영향에 관한 연결로 가장 거리가 먼 것은?

① Oxidant – 눈을 자극
② CO – 혈액의 O_3 운반기능 저해
③ HF – 고농도시엔 호흡기 점막자극
④ Pb 화합물 – 헤모글로빈의 형성억제

해설

CO는 혈액의 O_2 운반기능을 저해한다.

관련이론 | 일산화탄소(CO)

- 대기 중 농도는 약 0.1ppm이며 무색, 무미, 무취의 기체로 공기보다 가벼우며 연료의 불완전 연소시 발생한다.
- 자연적 발생원에는 화산폭발, 테르펜류의 산화, 클로로필의 분해, 산불 및 해수 중 미생물의 작용 등이 있다.
- 인위적 발생원에는 연소, 소각, 자동차에 의해 많이 발생한다.
- 지구위도별 분포로 보면 북위 중위도(30~50도 부근)에서 최대치를 보이고, 적도부근에서 최소치를 나타낸다.
- 대기 중에서 평균 체류시간은 1~3개월이다.
- 물에 난용성이므로 수용성 가스와는 달리 비에 의한 영향을 거의 받지 않는다.
- 활성탄을 제외하고 다른 물질에 흡착현상이 거의 나타나지 않는다.
- 헤모글로빈과의 결합력이 강하며(산소의 210배) 헤모글로빈과 결합하여 CO−Hb를 형성하고 적혈구의 산소운반 능력을 저하시킨다.
- 일산화탄소는 식물에는 별로 심각한 영향을 주지 않으나 500ppm 정도에서 토마토 잎에 피해를 나타낸다.

정답 ②

18

★★☆

대기오염가스를 배출하는 굴뚝의 유효고도가 87m에서 100m로 높아졌다면 굴뚝의 풍하측 지상 최대 오염농도는 87m일 때의 것과 비교하면 몇 %가 되겠는가? (단, 기타 조건은 일정하다.)

① 47% ② 62%
③ 76% ④ 88%

해설

최대지표농도 공식을 이용한다.

$$C_{max}=\frac{2Q}{\pi eUH_e^2}\times\left(\frac{K_z}{K_y}\right)$$

Q: 오염물질 배출량
U: 풍속, H_e: 유효굴뚝높이(m)
K_z: 수직방향확산계수, K_y: 수평방향확산계수

(1) 87m일 때

굴뚝의 유효고도(H_e) 외에 다른 조건은 주어지지 않았으므로 상수 K로 놓고, 굴뚝의 유효고도에 따른 최대 지표농도의 변화를 계산한다.

$$C_{max}=\frac{1}{87^2}\times K$$

(2) 100m일 때

$$C_{max}=\frac{1}{100^2}\times K$$

(3) 굴뚝의 유효고도가 100m로 높아졌을 경우 87m일 때와 최대지표농도 비교하기

$$\frac{\frac{1}{100^2}\times K}{\frac{1}{87^2}\times K}\times 100=\frac{\frac{1}{100^2}}{\frac{1}{87^2}}\times 100=75.69\%$$

정답 ③

19

★★☆

Richardson수(R_i)에 관한 설명으로 알맞지 않은 것은?

① 무차원수로 대류난류를 기계적인 난류로 전환시키는 율을 측정한 것이다.

② $R_i > 0.25$일 때는 대류에 의한 혼합이 기계적 혼합을 지배한다.

③ R_i이 큰 음의 값을 가지면 대류가 지배적이어서 바람이 약하게 되어 강한 수직운동이 일어난다.

④ $R_i = 0$일 때는 기계적 난류만 존재한다.

해설

- $R_i < -0.04$: 대류에 의한 혼합이 기계적 혼합을 지배한다.
- $R_i > 0.25$: 수직방향의 혼합이 없다.

관련이론 | 리차드슨 수(R_i, Richardson number)

$$R_i = \frac{g}{T_m}\left(\frac{\Delta T/\Delta Z}{(\Delta U/\Delta Z)^2}\right) \text{ 또는 } R_i = \frac{(g/\theta)(d\theta/dz)}{(du/dz)^2}$$

T_m: 상하층의 평균절대온도(K) $= \frac{T_1 + T_2}{2}$

ΔZ: 고도차(m)

g: 그 지역의 중력가속도

θ: 잠재온도

u: 풍속, z: 고도

정답 ②

20

★☆☆

2차 반응에서 k의 단위는?

① s^{-1}　　② s^2

③ $L \cdot mol^{-1} \cdot s^{-1}$　　④ $L^{-1} \cdot mol \cdot s^{-1}$

해설

2차 반응식: $\frac{1}{C_t} - \frac{1}{C_0} = kt$

k의 단위는 $L \cdot mol^{-1} \cdot s^{-1}$이다.

관련이론 | 반응속도상수(k)의 단위

- 0차 반응: $L^{-1} \cdot mol \cdot s^{-1}$
- 1차 반응: s^{-1}
- 2차 반응: $L \cdot mol^{-1} \cdot s^{-1}$

정답 ③

연소공학

21

★★★

C: 78%, H: 22%로 구성되어 있는 액체연료 1kg을 공기비 1.2로 연소하는 경우에 C의 1%가 검댕으로 발생된다고 하면 건연소가스 1Sm³ 중의 검댕의 농도(g/Sm³)는 약 얼마인가?

① 0.55　　② 0.75

③ 0.95　　④ 1.05

해설

검댕의 양 $= 780g \times 0.01 = 7.8g$

이론산소량 $= 1.867C + 5.6H + 0.7S - 0.7O$

$= (1.867 \times 0.78) + (5.6 \times 0.22) = 2.6882Sm^3$

검댕을 고려한 이론산소량 $= (1.867 \times 0.78 \times 0.99) + (5.6 \times 0.22)$

$= 2.6736Sm^3$

이론공기량 $= \frac{\text{이론산소량}}{0.21} = \frac{2.6882}{0.21} = 12.8009Sm^3$

※ 실제건연소가스량 산정 시 검댕으로 반응하지 않은 이론산소량을 보정하기 때문에 연료의 성분에 따른 이론공기량을 구한다.

이론공기 중 질소량 = 이론공기량 $\times 0.79$

$= 12.8009 \times 0.79 = 10.1127Sm^3$

과잉공기량 $= (m-1) \times$ 이론공기량 (m: 공기비)

$= (1.2 - 1) \times 12.8009 = 2.5601Sm^3$

CO_2 배출량

탄소(C) 1mol이 연소하면 이산화탄소(CO_2) 1mol이 생성된다.

$C + O_2 \rightarrow CO_2$

$12kg : 22.4Sm^3 = 0.78kg \times 0.99 : xSm^3$

$x = 1.4414Sm^3$

실제건연소가스량

= 이론공기 중 질소량 + 검댕으로 반응하지 않은 이론산소량 + 과잉공기량 + 건연소생성물(CO_2)

$= 10.1127 + (2.6882 - 2.6736) + 2.5601 + 1.4414 = 14.1288Sm^3$

검댕의 농도 $= \frac{\text{검댕의 양}}{\text{실제건연소가스량}}$

$= \frac{7.8g}{14.1288Sm^3} = 0.5520g/Sm^3$

정답 ①

2023년

22 ★★★

유동층 연소에 관한 설명으로 거리가 먼 것은?

① 재나 미연탄소의 배출이 많다.
② 사용연료의 입도범위가 넓기 때문에 연료를 미분쇄 할 필요가 없다.
③ 유동매체에 석회석 등의 탈황제를 사용하여 로내 탈황도 가능하다.
④ 부하변동에 따른 적응력이 높다.

해설

유동층 연소로는 부하변동에 따른 적응력이 낮다.

관련이론 | 유동층 연소의 장점과 단점

구분	내용
장점	• 사용연료의 입도범위가 넓기 때문에 연료를 미분쇄 할 필요가 없다.(미분탄 장치가 필요 없음) • 연료의 층내 체류시간이 길어 저발열량의 석탄도 완전연소가 가능하다. • 균일한 연소가 가능하고 연소실 부하가 크며 과잉공기량이 적다. • 유동매체에 석회석 등의 탈황제를 사용하여 로내 탈황도 가능하다. • 열생성 NO_x의 생성이 억제되어 전열관의 부식이 문제가 되지 않는다.
단점	• 부하변동에 따른 적응성이 낮은 편이다. • 석탄연소 시 미연소된 char가 배출될 수 있으므로 재연소장치에서의 연소가 필요하다. • 비산분진의 발생량이 많다. • 유동화에 따른 압력손실이 커 동력비가 많이 든다. • 연료는 투입 전 전처리 과정으로 파쇄공정을 거쳐야 한다. • 유동매체를 보충해야 한다.

정답 ④

23 ★☆☆

다음 중 기체의 연소속도를 지배하는 주요인자와 가장 거리가 먼 것은?

① 발열량　② 촉매
③ 산소와의 혼합비　④ 산소농도

해설

기체의 연소속도는 가연물의 온도, 산소와의 혼합비, 촉매, 산소의 농도, 압력 등에 영향을 받는다.

정답 ①

24 ★★☆

COM(Coal Oil Mixture) 연료의 연소에 관한 내용으로 옳지 않은 것은?

① 재와 매연발생 등의 문제점을 갖는다.
② 중유 전용 보일러를 사용하는 곳에 별도의 개조 없이 사용할 수 있다.
③ 화염길이는 미분탄연소에 가깝고 화염안정성은 중유연소에 가깝다.
④ 중유만을 사용할 때보다 미립화 특성이 양호하다.

해설

COM은 주로 석탄과 중유의 혼합연료이다.
COM은 중유 전용 보일러 시설의 개조를 통해 사용할 수 있다.

정답 ②

25 ★★★

다음 기체연료 중 완전연소에 필요한 이론공기량(Sm^3/Sm^3)이 가장 많이 필요한 것은?

① 수소　② 프로판
③ 메탄　④ 에탄

해설

이론산소량이 가장 많은 프로판이 이론공기량도 많다.
부피기준 이론공기량은 이론산소량/0.21으로 구한다.
① 수소(H_2): $H_2+0.5O_2 \rightarrow H_2O$
② 프로판(C_3H_8): $C_3H_8+5O_2 \rightarrow 3CO_2+4H_2O$
③ 메탄(CH_4): $CH_4+2O_2 \rightarrow CO_2+2H_2O$
④ 에탄(C_2H_6): $C_2H_6+3.5O_2 \rightarrow 2CO_2+3H_2O$

정답 ②

26 ★★☆

착화온도(발화점)에 대한 특성으로 옳지 않은 것은?

① 산소농도가 낮을수록 착화온도는 높아진다.
② 발열량이 클수록 착화온도는 낮아진다.
③ 활성화에너지가 클수록 착화온도는 낮아진다.
④ 분자구조가 복잡할수록 착화온도는 낮아진다.

해설
활성화에너지가 작을수록 착화온도는 낮아진다.

정답 ③

27 ★☆☆

액체연료 연소장치 중 건타입(Gun type) 버너에 관한 설명으로 옳지 않은 것은?

① 연소가 양호하고 전자동 연소가 가능하다.
② 유압은 보통 $7kg/cm^2$ 이상이다.
③ 유량조절 범위가 넓어 대형 연소에 사용한다.
④ 형식은 유압식과 공기분무식을 합한 것이다.

해설
건타입은 유량조절 범위가 넓지 않고 부하변동에 대응이 어려워 소형 보일러 같은 적은 용량에 적합하다.

정답 ③

28 ★☆☆

과잉공기가 지나칠 때 나타나는 현상으로 거리가 먼 것은?

① 배기가스의 온도가 높아지고 매연이 증가한다.
② 배기가스에 의한 열손실이 증가된다.
③ 연소실 내의 온도가 저하된다.
④ 황산화물에 의한 전열면의 부식을 가중시킨다.

해설
과잉공기가 지나치면 배기가스의 온도가 낮아질 수 있으며 매연 등의 불완전연소생성물이 감소한다.

정답 ①

29 ★☆☆

어떤 연소장치의 연소실에서 저발열량이 9,800kcal/kg인 중유를 2,160kg/day로 연소할 때 연소실의 열발생량이 $5\times10^5kcal/m^3\cdot hr$ 이었다면, 같은 연소장치에서 저발열량이 $18,000kcal/Sm^3$인 가스연료로 연소실의 열발생량을 $5.25\times10^5kcal/m^3\cdot hr$로 유지하기 위해서 매시간당 소비해야할 가스 연료량(Sm^3/hr)은?

① 34.3 ② 46.3
③ 51.5 ④ 68.6

해설

$$\text{열발생량}=\frac{\text{발열량}\times\text{연료사용량}}{\text{연소실 체적}}$$

(1) 연소실 체적 구하기

$$\text{연소실 체적}=\frac{\text{발열량}\times\text{연료사용량}}{\text{열발생량}}$$

$$=\frac{\frac{9{,}800kcal}{kg}\times\frac{2{,}160kg}{day}\times\frac{day}{24hr}}{\frac{5\times10^5kcal}{m^3\cdot hr}}=1{,}764m^3$$

(2) 같은 연소장치에서의 연료량 구하기

$$\text{연료사용량}=\frac{\text{열발생량}\times\text{연소실 체적}}{\text{발열량}}$$

$$=\frac{\frac{5.25\times10^5kcal}{m^3\cdot hr}\times1{,}764m^3}{\frac{18{,}000kcal}{Sm^3}}=51.45Sm^3/hr$$

정답 ③

30 ★★★

기체연료의 특징으로 옳지 않은 것은?

① 적은 과잉공기로 완전연소가 가능하다.
② 공기와 혼합하여 점화할 때 누설에 의한 역화·폭발 등의 위험이 크다.
③ 운송이나 저장이 편리하고 수송을 위한 부대설비 비용이 액체연료에 비해 적게 소요된다.
④ 연료의 예열이 쉽고 연소조절이 비교적 용이하다.

해설
기체연료는 운송이나 저장이 용이하지 않으며 수송을 위한 부대설비 비용이 액체연료에 비해 많이 소요된다.

정답 ③

31

★★☆

황(S) 함량 1.6%인 중유를 500kg/h로 연소할 때 30분 동안 생성되는 황산화물의 양(Sm^3)은? (단, 중유 중 황은 모두 SO_2로 되며, 표준상태 기준이다.)

① 2.8 ② 5.6
③ 11.2 ④ 22.4

해설

황(S, 원자량 32) 1mol이 연소하면 황산화물(SO_2) 1mol이 생성된다.

$S+O_2 \rightarrow SO_2$

$$\frac{500kg}{h}\times\frac{1.6}{100}\times\frac{h}{60min}\times 30min\times\frac{22.4Sm^3}{32kg}=2.8Sm^3$$

정답 ①

32

★☆☆

혼합가스에 포함된 기체의 조성이 부피기준으로 메탄이 10%, 프로판이 30%, 부탄이 60%인 기체연료가 있다. 이 기체연료 0.67L를 완전연소 하는데 필요한 이론공기량은? (단, 연료와 공기는 동일 조건의 기체이다.)

① 17.9L ② 19.6L
③ 22.2L ④ 26.7L

해설

(1) 메탄(CH_4) 이론산소량 구하기

$CH_4+2O_2 \rightarrow CO_2+2H_2O$

연료량$=0.67L\times 0.1=0.067L$

이론산소량$=0.067\times 2=0.134L$

(2) 프로판(C_3H_8) 이론산소량 구하기

$C_3H_8+5O_2 \rightarrow 3CO_2+4H_2O$

연료량$=0.67L\times 0.3=0.201L$

이론산소량$=0.201\times 5=1.005L$

(3) 부탄(C_4H_{10}) 이론산소량 구하기

$C_4H_{10}+6.5O_2 \rightarrow 4CO_2+5H_2O$

연료량$=0.67L\times 0.6=0.402L$

이론산소량$=0.402\times 6.5=2.613L$

(4) 완전연소에 필요한 이론산소량 구하기

$$\text{이론공기량}=\frac{\text{이론산소량}}{0.21}=\frac{(0.134+1.005+2.613)}{0.21}=17.8667L$$

정답 ①

33

★☆☆

메탄가스 $1m^3$가 연소할 때 발생하는 이론건연소가스량은 몇 m^3인가? (단, 표준상태 기준)

① 6.5 ② 7.5
③ 8.5 ④ 9.5

해설

$CH_4+2O_2 \rightarrow CO_2+2H_2O$

이론산소량$=1\times 2=2Sm^3$

$$\text{이론공기량}=\frac{\text{이론산소량}}{0.21}=\frac{2}{0.21}=9.5238Sm^3$$

이론공기 중 질소량=이론공기량$\times 0.79$

$=9.5238\times 0.79=7.5238Sm^3$

이론건연소가스량=이론공기 중 질소량+이론건연소생성물(CO_2)

$=7.5238+1=8.5238Sm^3$

정답 ③

34

★★☆

저위발열량이 5,000kcal/Sm^3인 기체연료의 이론 연소온도(℃)는 약 얼마인가? (단, 이론연소가스량 $15Sm^3/Sm^3$, 연료연소가스의 평균정압 비열 0.35kcal/$Sm^3\cdot$℃, 기준온도는 0℃, 공기는 예열하지 않으며, 연소가스는 해리되지 않는다고 본다.)

① 952 ② 994
③ 1,008 ④ 1,118

해설

$$\text{이론연소온도}=\text{기준온도}+\frac{\text{저위 발열량}}{\text{평균정압 비열}\times\text{연소가스량}}$$

$$=0℃+\frac{\frac{5{,}000kcal}{Sm^3}}{\frac{0.35kcal}{Sm^3\cdot℃}\times\frac{15Sm^3}{Sm^3}}=952.3809℃$$

정답 ①

35 ★★☆

C 85%, H 15%의 액체연료를 100kg/h로 연소하는 경우, 연소 배출가스의 분석결과가 CO_2 12%, O_2 4%, N_2 84%이었다면 실제연소용 공기량은? (단, 표준상태 기준이다.)

① 약 1,160Sm^3/h ② 약 1,410Sm^3/h
③ 약 1,620Sm^3/h ④ 약 1,730Sm^3/h

해설

완전연소 시 과잉공기비(m) 공식으로 과잉공기비를 구한다.

$m=\frac{21}{21-O_2}=\frac{21}{21-4}=1.2352$

이론산소량＝1.867C＋5.6H＋0.7S－0.7O
＝(1.867×0.85)＋(5.6×0.15)＝2.4269Sm^3/kg

이론공기량＝$\frac{\text{이론산소량}}{0.21}=\frac{2.4269}{0.21}=11.5566Sm^3/kg$

실제공기량＝이론공기량×과잉공기비×연료량
＝11.5566Sm^3/kg×1.2352×100kg/h
＝1,427.4712Sm^3/h

정답 ②

36 ★☆☆

다음 중 폭굉유도거리가 짧아지는 요건으로 거리가 먼 것은?

① 정상의 연소속도가 작은 단일가스인 경우
② 관속에 방해물이 있거나 관내경이 작을수록
③ 압력이 높을수록
④ 점화원의 에너지가 강할수록

해설

정상의 연소속도가 큰 혼합가스인 경우에 폭굉유도거리가 짧아진다.

관련이론 | 폭굉유도거리

- 폭굉가스가 존재할 때 최초의 완만한 연소가 격렬한 폭굉으로 발전할 때까지의 거리이다.
- 폭굉유도거리가 짧아지기 위한 조건은 관속에 방해물이 있거나 관내경이 작고, 압력이 높고, 점화원의 에너지가 강하고 정상의 연소속도가 큰 혼합가스인 경우이다.

정답 ①

37 ★★★

중유 조성이 탄소 87%, 수소 11%, 황 2% 이었다면 이 중유연소에 필요한 이론습연소가스량(Sm^3/kg)은?

① 9.63 ② 11.35
③ 12.96 ④ 13.62

해설

이론산소량＝1.867C＋5.6H＋0.7S－0.7O
＝(1.867×0.87)＋(5.6×0.11)＋(0.7×0.02)
＝2.2542Sm^3/kg

이론공기량＝$\frac{\text{이론산소량}}{0.21}=\frac{2.2542}{0.21}=10.7342Sm^3/kg$

이론공기 중 질소량＝이론공기량×0.79
＝10.7342×0.79＝8.48Sm^3/kg

CO_2 배출량

탄소(C, 원자량 12) 1mol이 연소하면 이산화탄소(CO_2) 1mol이 배출된다.

$C+O_2 \rightarrow CO_2$

12kg : 22.4Sm^3＝0.87kg/kg : $x$$Sm^3$

x＝1.624Sm^3/kg

H_2O 배출량

수소 기체(H_2, 분자량 2) 2mol이 연소하면 물(H_2O) 2mol이 배출된다.

$2H_2+O_2 \rightarrow 2H_2O$

2×2kg : 2×22.4Sm^3＝0.11kg/kg : $x$$Sm^3$

x＝1.232Sm^3/kg

SO_2 배출량

황(S, 원자량 32) 1mol이 연소하면 이산화황(SO_2) 1mol이 배출된다.

$S+O_2 \rightarrow SO_2$

32kg : 22.4Sm^3＝0.02kg/kg : $x$$Sm^3$

x＝0.014Sm^3/kg

이론습연소가스량
＝이론공기 중 질소량＋습연소생성물($CO_2+H_2O+SO_2$)
＝8.48＋1.624＋1.232＋0.014＝11.35Sm^3/kg

정답 ②

38

★☆☆

질소 및 산소를 포함하지 않은 액체 연료의 이론 건배기 가스량 $G_O(Sm^3/kg)$와 이론공기량 A_O의 관계로 알맞은 것은? (단, H는 연료 중의 수소의 중량분율이다.)

① $G_O = A_O - 8.2H$
② $G_O = A_O - 5.6H$
③ $G_O = A_O - 4.5H$
④ $G_O = A_O - 3.7H$

해설

이론건연소가스량=이론공기 중 질소량+건연소생성물

$G_{od} = (1-0.21)A_O + 1.867C + 0.7S + 0.8N$

$= A_O - 0.21A_O + 1.867C + 0.7S + 0.8N$

여기서 $0.21A_O$는 이론산소량(O_O), 1.867C는 CO_2 발생량, 0.7S는 SO_2 발생량, 0.8N은 N_2 발생량이다.

이론산소량(O_O)$= 1.867C + 5.6H + 0.7S - 0.7O$

G_{od}

$= A_O - (1.867C + 5.6H + 0.7S - 0.7O) + 1.867C + 0.7S + 0.8N$

$= A_O - 5.6H + 0.7O + 0.8N$

연료 중 산소와 질소는 없으므로

$G_{od} = A_O - 5.6H$

정답 ②

39

★☆☆

액체연료를 비점(℃)이 큰 순서대로 나열한 것은?

① 등유 > 중유 > 가솔린 > 경유
② 중유 > 경유 > 등유 > 가솔린
③ 경유 > 가솔린 > 중유 > 등유
④ 가솔린 > 경유 > 등유 > 중유

해설

비점

가솔린(휘발유): 30~220℃
등유: 150~270℃
경유: 150~300℃
중유: 320℃ 이상

정답 ②

40

★★★

목재, 석탄, 타르 등이 연소 초기에 열분해에 의해 가연성 가스가 생성되고, 이것이 긴 화염을 발생시키면서 연소하는 연소형태는?

① 자기연소
② 확산연소
③ 표면연소
④ 분해연소

선지분석

① 자기연소: 공기 중의 산소 공급 없이 연료 자체가 함유하고 있는 산소를 이용하여 연소하는 연소방식이다.
② 확산연소: 기체연료의 연소방법으로 주로 탄화수소가 적은 발생로 가스, 고로가스 등에 적용되는 연소방식이다.
③ 표면연소: 흑연, 코크스, 목탄 등과 같이 대부분 탄소만으로 되어 있고, 휘발성분이 거의 없는 연소의 형태이다.

정답 ④

대기오염방지기술

41

★☆☆

먼지의 폭발에 관한 설명으로 옳지 않은 것은?

① 가스 중에 분산·부유하는 성질이 큰 먼지일수록 폭발하기 쉽다.
② 비표면적이 큰 먼지일수록 폭발하기 쉽다.
③ 대전성이 작은 먼지일수록 폭발하기 쉽다.
④ 산화속도가 빠르고 연소열이 큰 먼지일수록 폭발하기 쉽다.

해설

대전성이 큰 먼지일수록 폭발하기 쉽다.

정답 ③

42 ★☆☆

공기역학적 직경(Aerodynamic Diameter)에 관한 설명으로 가장 거리가 먼 것은?

① 실제 대기오염 분야에서는 주로 공기동역학적 직경을 사용하여 입자의 크기를 나타낸다.
② 입자의 크기가 밀도에 따라 다르기 때문에 입자의 밀도를 고려하여야 하는 문제점이 있다.
③ 공기동역학적 직경을 알고 있다면 입자의 광학적 크기, 형상계수 등의 물리적 변수는 크게 중요하지 않다.
④ Stokes 직경과 달리 입자의 밀도를 가정함으로써 보다 쉽게 입경을 나타낼 수 있다.

해설

스토크스 직경은 대상 입자상 물질의 밀도를 고려한다. 반면 공기역학적 직경은 단위 밀도($1g/cm^3$)를 갖는 구형입자로 가정한다.

정답 ②

43 ★☆☆

각 집진장치의 특징에 관한 설명으로 옳지 않은 것은?

① 제트스크러버는 처리가스량이 많은 경우에는 잘 쓰지 않는 경향이 있다.
② 중력집진장치는 설치면적이 크고 효율이 낮아 전처리 설비로 주로 이용되고 있다.
③ 전기집진장치는 낮은 압력손실로 대량의 가스처리에 적합하다.
④ 여과집진장치에서 여포는 가스온도가 350℃를 넘지 않도록 하여야 하며, 고온가스를 냉각시킬 때에는 산노점 이하로 유지해야 한다.

해설

여과집진장치는 가스온도가 여과포의 상용온도를 넘지 않도록 하여야 하며, 고온가스를 냉각시킬 때에는 산노점 이상으로 유지해야 한다.

정답 ④

44 ★★☆

높이 7m, 폭 10m, 길이 15m의 중력집진장치를 이용하여 처리가스를 $4m^3/sec$의 유량으로 비중이 1.5인 먼지를 처리하고 있다. 이 집진기가 포집할 수 있는 최소입자의 크기(d_p, μm)는? (단, 온도는 25℃, 점성계수는 $1.85\times10^{-5}kg/m\cdot s$이며 공기의 밀도는 무시한다.)

① 약 32μm　　② 약 25μm
③ 약 17μm　　④ 약 12μm

해설

100% 제거하기 위한 중력집진장치의 설계

$$\frac{V_g}{V}=\frac{H}{L}$$

V: 유속, H: 집진장치의 높이, L: 집진장치의 길이

$$V=\frac{Q}{A}=\frac{4m^3/sec}{10m\times7m}=0.0571m/sec$$

중력침강속도$(V_g)=\dfrac{d_p^2(\rho_p-\rho)g}{18\mu}$

V_g: 침강속도(m/s), d_p: 입자의 직경(m)

ρ_p: 입자의 밀도(kg/m^3), ρ: 공기의 밀도(kg/m^3)

g: 중력가속도(m/s^2), μ: 가스의 점도($kg/m\cdot s$)

중력집진장치의 설계공식을 입자의 직경(d_p) 기준으로 정리한다.

$$\frac{\frac{d_p^2(\rho_p-\rho)g}{18\mu}}{V}=\frac{H}{L}$$

$$\frac{d_p^2(\rho_p-\rho)g}{18\mu V}=\frac{H}{L}$$

$$d_p=\sqrt{\frac{18\mu VH}{(\rho_p-\rho)gL}}$$

$$=\sqrt{\frac{18\times1.85\times10^{-5}kg/m\cdot sec\times0.0571m/sec\times7m}{(1{,}500-0)kg/m^3\times9.8m/sec^2\times15m}}$$

$$=2.4569\times10^{-5}m=24.569\mu m$$

정답 ②

45

★☆☆

Venturi scrubber에서 액가스비가 0.6L/m^3, 목부의 압력손실이 330mmH_2O일 때 목부의 가스속도(m/sec)는? (단, γ=1.2kg/m^3, Venturi scrubber의 압력손실식 $\Delta P=(0.5+L)\times\frac{\gamma V^2}{2g}$를 이용한다.)

① 60　　② 70

③ 80　　④ 90

해설

$\Delta P=(0.5+L)\times\frac{\gamma V^2}{2g}$

L: 액가스비, γ: 배출가스의 비중량 또는 밀도(kg/m^3)

V: 가스유속(m/s), g: 중력가속도(9.8m/s^2)

$\Delta P=(0.5+0.6)\times\frac{1.2\times V^2}{2\times 9.8}=330$

$V=70$m/sec

※ V값은 식을 이항하지 않고, 공학용계산기의 SOLVE 기능을 이용하는 것이 더 편리합니다.

정답 ②

46

★☆☆

환기 및 후드에 관한 설명으로 옳지 않은 것은?

① 후드의 개구면적을 가능한 작게 한다.

② 일반적으로 포집형 후드는 다른 후드보다 작업방해가 적고, 적용이 유리하다.

③ 천개형 후드는 포착형보다 유입 공기의 속도가 빠를 때 사용되며, 주로 저온의 오염공기를 배출하고 과잉습도를 제거할 때 제한적으로 사용된다.

④ 포위식 후드는 적은 제어풍량으로 만족할만한 효과를 기대할 수 있으나, 유입공기량이 적어 충분한 후드 개구면 속도를 유지하지 못하면 오히려 외부로 오염물질이 배출될 우려가 있다.

해설

천개형 후드는 포착형(포획형)보다 유입 공기의 속도가 느릴 때 사용되며, 주로 고온의 오염공기를 배출하고 과잉습도를 제거할 때 제한적으로 사용된다. 또한 유해가스를 환기할 때는 적합하지 않다.

정답 ③

47

★☆☆

다음 그림과 같은 배기시설에서 관 DE를 지나는 유체의 속도는 관 BC를 지나는 유체 속도의 몇 배인가? (단, Ø는 관의 직경, Q는 유량, 마찰 손실과 밀도 변화는 무시한다.)

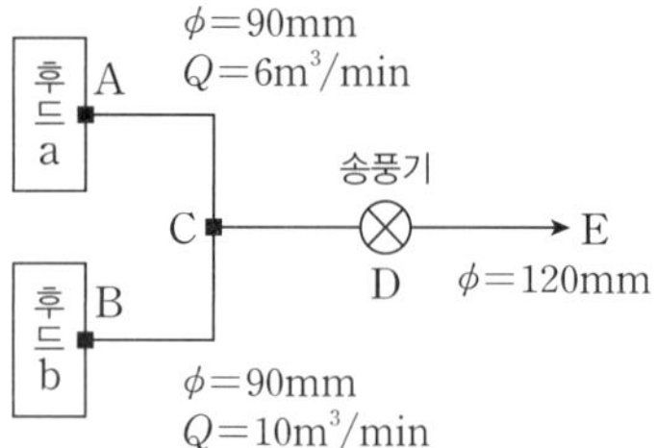

① 0.8　　② 0.9

③ 1.2　　④ 1.5

해설

유속을 구하는 공식을 이용한다.

$Q=AV$

Q: 유량(m^3/min), V: 속도(m/min)

$A=\frac{\pi}{4}D^2$[A: 단면적(m^2), D는 직경(m)]

(1) DE의 유속 구하기

DE 유량=AC 유량+BC 유량=16m^3/min

$\frac{16m^3}{min}=\frac{\pi}{4}\times(0.12m)^2\times V$

$V=\frac{16m^3}{min}\times\frac{4}{\pi}\times\frac{1}{(0.12m)^2}=1{,}414.7106m/min$

(2) BC의 유속 구하기

$\frac{10m^3}{min}=\frac{\pi}{4}\times(0.09m)^2\times V$

$V=\frac{10m^3}{min}\times\frac{4}{\pi}\times\frac{1}{(0.09m)^2}=1{,}571.9006m/min$

(3) DE의 유속과 BC의 유속의 비

$\frac{1{,}414.7106}{1{,}571.9006}=0.9$

정답 ②

48

★★☆

가로 5m, 세로 8m인 두 집진판이 평행하게 설치되어 있고, 두 판 사이 중간에 원형철심 방전극이 위치하고 있는 전기집진장치에 굴뚝가스가 120m^3/min로 통과하고, 입자이동속도가 0.12m/s일 때의 집진효율은? (단, Deutsch－Anderson 식을 적용한다.)

① 98.2%　② 98.7%
③ 99.2%　④ 99.7%

해설

Deutsch－Anderson 식을 이용한다.

$\eta = 1 - e^{\left(-\frac{A \times W_e}{Q}\right)}$

A: 단면적(m^2)

$A = 5m \times 8m = 40m^2$

W_e: 먼지의 겉보기 이동속도(m/s)

Q: 처리가스량(m^3/s)

$Q = \frac{120m^3}{min} \times \frac{min}{60s} = 2m^3/s$

$\eta = 1 - e^{\left(-\frac{40 \times 2 \times 0.12}{2}\right)} = 0.9917 = 99.17\%$

※ 문제의 조건에서 집진판이 2개라고 했으므로 단면적에 2를 곱해줘야 한다.

정답 ③

49

★★☆

원심력집진장치(Cyclone)의 집진효율에 관한 내용으로 옳지 않은 것은?

① 원통의 직경이 작을수록 집진효율이 증가한다.
② 유입속도가 빠를수록 집진효율이 증가한다.
③ 가스의 온도가 높을수록 집진효율이 증가한다.
④ 입자의 밀도가 클수록 집진효율이 증가한다.

해설

가스의 온도가 높을수록 집진효율이 감소한다.(점도가 커짐)

정답 ③

50

★☆☆

5m^3/s로 유입되는 함진가스를 처리하기 위해 그림과 같은 치수를 갖는 원심력집진장치를 제작하고자 한다. 이 때 원심력집진장치의 원통부 직경(D)은? (단, 가스의 유입속도는 10m/s이다.)

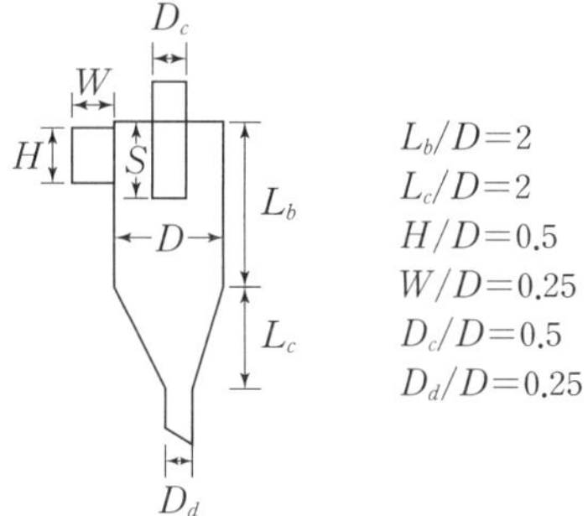

① 1.0m　② 1.5m
③ 2.0m　④ 2.5m

해설

$Q = AV = (W \times H)V$

$5m^3/sec = W \times H \times 10m/sec$

$W \times H = \frac{5m^3/sec}{10m/sec} = 0.5m^2$

위 조건에서 $W/D = 0.25$, $H/D = 0.5$ 두 식을 서로 곱하면,

$\frac{W \times H}{D^2} = 0.25 \times 0.5$

$\frac{0.5m^2}{D^2} = 0.25 \times 0.5$

$D - 2m$

정답 ③

2023년

51

★★☆

배출가스 중의 NO_x 제거법에 관한 설명으로 옳지 않은 것은?

① 비선택적인 촉매환원에서는 NO_x 뿐만 아니라 O_2까지 소비된다.
② 선택적 촉매환원법의 최적온도 범위는 700~850℃ 정도이며, 보통 50% 정도의 NO_x를 저감시킬 수 있다.
③ 선택적 촉매환원법은 TiO_2와 V_2O_5를 혼합하여 제조한 촉매에 NH_3, H_2, CO, H_2S 등의 환원가스를 작용시켜 NO_x를 N_2로 환원시키는 방법이다.
④ 배출가스 중의 NO_x 제거는 연소조절에 의한 제어법보다 더 높은 NO_x 제거효율이 요구되는 경우나 연소방식을 적용할 수 없는 경우에 사용된다.

해설

선택적 비촉매환원법의 최적온도 범위는 700~850℃ 정도이며, 보통 50% 정도의 NO_x를 저감시킬 수 있다.

관련이론

선택적 촉매환원기술(SCR: Selective Catalytic Reduction)

선택적 촉매환원법이라고도 하며 200~400℃에서 촉매(TiO_2와 V_2O_5 등)에 NH_3, H_2, CO, H_2S 등의 환원가스를 작용시켜 NO_x를 N_2로 환원시키는 방법이다.

$4NO+4NH_3+O_2 \rightarrow 4N_2+6H_2O$

선택적 비촉매환원기술(SNCR)

선택적 무촉매환원법이라고도 하며 촉매를 사용하지 않고 환원제를 반응시켜 질소산화물을 N_2로 환원시키는 방법으로 제거효율이 40~70%로 낮은 편이다.

$4NO+2(NH_2)_2CO+O_2 \rightarrow 4N_2+4H_2O+2CO_2$

정답 ②

52

★★☆

내경이 120mm의 원통 내를 20℃, 1기압의 공기가 $30m^3/hr$로 흐른다. 표준상태의 공기의 밀도가 $1.3kg/Sm^3$, 20℃의 공기의 점도가 1.81×10^{-4}poise이라면 레이놀즈 수는?

① 약 4,500 ② 약 5,900
③ 약 6,500 ④ 약 7,300

해설

$$Re=\frac{D\times\rho\times V}{\mu}$$

D: 원통의 직경(m)

$D=120mm=0.12m$

ρ: 유체의 밀도(kg/Sm^3)

표준상태 기준의 밀도를 현재 온도 기준으로 보정해주어야 한다.

$$\rho=\frac{1.3kg}{Sm^3\times\frac{273+20}{273}}=1.2112kg/m^3$$

V: 유체의 속도(m/sec)

$$V=\frac{Q}{A}=\frac{\frac{30m^3}{hr}\times\frac{hr}{3{,}600sec}}{\frac{\pi}{4}\times(0.12m)^2}=0.7368m/sec$$

μ: 유체의 점성계수(kg/m·sec)

$$\frac{1.81\times10^{-4}g}{cm\cdot sec}\times\frac{1kg}{1{,}000g}\times\frac{100cm}{m}=1.81\times10^{-5}kg/m\cdot sec$$

※ poise는 점도의 단위로 g/cm·sec이다.

$$Re=\frac{0.12\times1.2112\times0.7368}{1.81\times10^{-5}}=5{,}916.5447$$

정답 ②

53

★☆☆

다음 흡착제의 재생 방법으로 가장 거리가 먼 것은?

① 수증기를 불어 넣는다.
② 압력을 가하여 피흡착질을 탈착시킨다.
③ 물로 세척한다.
④ 고온의 불활성 기체를 가한다.

해설

압력을 낮추어 피흡착질을 탈착시킨다.

정답 ②

54

★★☆

배출가스 중의 염소를 충전탑에서 물을 흡수액으로 사용하여 흡수시킬 때 효율이 85%이었다. 동일한 조건에서 95%의 효율을 얻기 위해서는 이론적으로 충전층의 높이를 몇 배로 하면 되는가?

① 2.36　② 2.14
③ 1.86　④ 1.58

해설

흡수탑의 충전층 높이$=H_{OG}\times N_{OG}$

H_{OG}: 기상총괄이동단위높이

N_{OG}: 기상총괄단위수

$N_{OG}=\ln\frac{1}{1-\eta}$ (η: 효율)

85%: $N_{OG}=\ln\frac{1}{1-0.85}=1.8971$

95%: $N_{OG}=\ln\frac{1}{1-0.95}=2.9957$

$\frac{95\%}{85\%}=\frac{H_{OG}\times 2.9957}{H_{OG}\times 1.8971}=1.5791$

동일한 조건에서 95%의 효율을 얻기 위해서는 충전층의 높이를 1.58배 증가시켜야 한다.

정답 ④

55

★★☆

가스분산형 흡수장치로만 짝지어진 것은?

① 단탑, 기포탑　② 기포탑, 충전탑
③ 분무탑, 단탑　④ 분무탑, 충전탑

해설

- 액측 저항이 클 경우 유리한 가스분산형 흡수장치: 단탑, 포종탑, 다공판탑, 기포탑 등
- 가스측 저항이 클 경우 유리한 액분산형 흡수장치: 충전탑, 분무탑, 벤츄리 스크러버, 사이클론 스크러버 등

정답 ①

56

★☆☆

송풍기의 덕트가 송출관은 있고 흡입관이 없을 때 송풍기 정압(kg/m^2)을 구하는 식으로 옳은 것은? (단, 송풍기 전압(P_t), 송출구에서 전압(P_{t2}), 흡입구에서 전압(P_{t1}), 송풍기 정압(P_s), 송출구에서 정압(P_{s2}), 흡입구에서 정압(P_{s1}), 송풍기 동압(P_d), 송출구에서의 동압(P_{d2}), 흡입구에서의 동압(P_{d1})이고, 압력단위는 kg/m^2)

① P_{s2}　② $-(P_{s1}+P_{d1})$
③ $P_{s2}+P_{d2}$　④ P_{s1}

해설

송출관은 있고 흡입관은 없으므로 송풍기의 정압은 송출구의 정압과 같다.

관련이론 | 송풍기의 전압, 정압, 동압의 관계

흡입	토출	전압(P_t)	정압(P_s)	동압(P_d)
없음 (대기에 개방)	송풍관	$P_{s2}+P_{d2}$	P_{s2}	P_{d2}
송풍관	송풍관	$(P_{s1}+P_{s2})$ $+(P_{d1}+P_{d2})$	$(P_{s1}+P_{s2})$ $-P_{d1}$	$2P_{d1}+P_{d2}$
송풍관	없음 (대기에 개방)	$-P_{s1}+$ $+(P_{d2}-P_{d1})$	$-P_{s1}+P_{d1}$	$P_{d2}-2P_{d1}$

정답 ①

2023년

57

★★★

여과집진장치의 탈진방식에 관한 설명으로 옳지 않은 것은?

① 간헐식은 먼지의 재비산이 적고 높은 집진율을 얻을 수 있다.

② 연속식은 포집과 탈진이 동시에 이루어져 압력손실의 변동이 크므로 저농도, 저용량의 가스처리에 효율적이다.

③ 간헐식의 여포수명은 연속식에 비해서는 긴 편이고, 점성이 있는 조대먼지를 탈진할 경우 여포손상의 가능성이 있다.

④ 연속식은 탈진 시 먼지의 재비산이 일어나 간헐식에 비해 집진율이 낮고 여과자루의 수명이 짧은 편이다.

해설

연속식은 포집과 탈진이 동시에 이루어지므로 압력손실이 거의 일정하고 고농도, 대용량의 가스를 처리할 수 있다.

정답 ②

58

★☆☆

배출가스 중의 일산화탄소를 제거하는 방법 중 가장 실질적이고, 확실한 것은?

① 활성탄 등의 흡착제를 사용하여 흡착제거

② 백금계 촉매를 사용하여 무해한 이산화탄소로 산화시켜 제거

③ 탄산나트륨을 사용하는 시보드법을 적용하여 제거

④ 벤츄리스크러버나 충전탑 등으로 세정하여 제거

해설

일산화탄소는 백금계 촉매를 사용하여 이산화탄소로 산화시켜 제거할 수 있다.

정답 ②

59

★★★

3개의 집진장치를 직렬로 조합하여 집진한 결과 총집진율이 99%이었다. 1차 집진장치의 집진율이 70%, 2차 집진장치의 집진율이 80%라면 3차 집진장치의 집진율은 약 얼마인가?

① 약 75.6% ② 약 83.3%

③ 약 89.2% ④ 약 93.4%

해설

총집진율이 99%이므로 유입가스의 농도를 100으로 가정하고 유출가스의 농도를 1이라고 하고 계산한다.

(1) 1차 집진장치

- 유입: 100
- 유출: $100\times(1-0.7)=30$

(2) 2차 집진장치

- 유입: 30
- 유출: $30\times(1-0.8)=6$

(3) 3차 집진장치

- 유입: 6
- 유출: $6\times(1-x)=1$
- $x=0.8333=83.33\%$

정답 ②

60

★★☆

헨리의 법칙에 관한 설명으로 옳지 않은 것은?

① 비교적 용해도가 적은 기체에 적용된다.

② 헨리상수의 단위는 $atm/m^3\cdot kmol$이다.

③ 헨리상수의 값은 온도가 높을수록, 용해도가 적을수록 커진다.

④ 온도와 기체의 부피가 일정할 때 기체의 용해도는 용매와 평형을 이루고 있는 기체의 분압에 비례한다.

해설

헨리상수의 단위는 $atm\cdot m^3/kmol$이다.

정답 ②

대기오염공정시험기준

61
★★★

이온크로마토그래피에서 사용되는 써프렛서에 관한 설명으로 옳지 않은 것은?

① 전해질을 물 또는 저전도도의 용매로 바꿔줌으로써 전기 전도도 셀에서 목적이온성분과 전기 전도도만을 고감도로 검출할 수 있게 해준다.
② 관형과 이온교환막형이 있다.
③ 관형은 음이온에는 스티롤계 강산형(H^+) 수지가, 양이온에는 스티롤계 강염기형(OH^-)의 수지가 충진된 것을 사용한다.
④ 용리액으로 사용되는 전해질 성분을 분리검출 하기 위하여 분리관 앞에 병렬로 접속시킨다.

해설

써프렛서는 용리액에 사용되는 전해질 성분을 제거하기 위하여 분리관 뒤에 직렬로 접속시킨다.

관련이론 | 써프렛서

- 써프렛서란 용리액에 사용되는 전해질 성분을 제거하기 위하여 분리관 뒤에 직렬로 접속시킨 것으로써 전해질을 물 또는 저전도도의 용매로 바꿔줌으로써 전기전도도 셀에서 목적이온성분과 전기전도도만을 고감도로 검출할 수 있게 해주는 것이다.
- 써프렛서는 관형과 이온교환막형이 있으며, 관형은 음이온에는 스티롤계 강산형(H^+) 수지가, 양이온에는 스티롤계 강염기형(OH^-)의 수지가 충진된 것을 사용한다.

정답 ④

62
★★★

기체크로마토그래피에 의한 정량분석에서 이용되는 정량법으로 거리가 먼 것은?

① 내부표준물질법 ② 표준물첨가법
③ 상대검정곡선법 ④ 넓이 백분율법

해설

정량법: 절대검정곡선법, 넓이 백분율법, 보정넓이 백분율법, 상대검정곡선법, 표준물첨가법

정답 ①

63
★★☆

자외선/가시선 분광법에 관한 다음 설명 중 가장 거리가 먼 것은?

① 가시부와 근적외부의 광원으로는 주로 텅스텐램프를, 자외부의 광원으로는 주로 중수소 방전관을 사용한다.
② 흡수셀의 유리제는 주로 자외부 파장범위를, 플라스틱제는 근자외부 및 가시광선 파장범위를 측정할 때 사용한다.
③ 광전관, 광전자증배관은 주로 자외 내지 가시파장 범위에서, 광전도셀은 근적외 파장범위에서의 광선측광에 사용된다.
④ 흡광도의 눈금보정은 중크로뮴산포타슘용액으로 한다.

해설

흡수셀의 재질로는 유리, 석영, 플라스틱 등을 사용한다.
유리제는 주로 가시 및 근적외부 파장범위, 석영제는 자외부 파장범위, 플라스틱제는 근적외부 파장범위를 측정할 때 사용한다.

정답 ②

2023년

64
★☆☆

굴뚝 배출가스 중의 이산화황을 연속적으로 자동 측정할 때 사용하는 용어 정의로 옳지 않은 것은?

① 경로(Path) 측정시스템: 굴뚝 또는 덕트 단면 직경의 5% 이하의 경로를 따라 오염물질 농도를 측정하는 배출가스 연속자동측정시스템을 말한다.
② 제로가스: 정제된 공기나 순수한 질소를 말한다.
③ 제로드리프트: 연속자동측정기가 정상적으로 가동되는 조건하에서 제로가스를 일정시간 흘려준 후 발생한 출력신호가 변화한 정도를 말한다.
④ 검출한계: 제로드리프트의 2배에 해당하는 지시치가 갖는 이산화황의 농도를 말한다.

해설

경로(Path) 측정시스템은 굴뚝 또는 덕트 단면 직경의 10% 이상의 경로를 따라 오염물질 농도를 측정하는 배출가스 연속자동측정시스템이다.

정답 ①

65

★★☆

굴뚝 단면이 상·하 동일 단면적의 원형인 경우 굴뚝 배출 시료 측정점에 관한 설명으로 옳지 않은 것은?

① 굴뚝 직경이 1.5m인 경우 측정점 수는 8점이다.
② 굴뚝 직경이 3m인 경우 반경 구분 수는 3이다.
③ 굴뚝 직경이 4.5m를 초과할 경우 측정점 수는 20점이다.
④ 굴뚝 단면적이 $1m^2$ 이하로 소규모일 경우 굴뚝 단면적의 중심을 대표점으로 하여 1점만 측정한다.

해설

굴뚝 단면적이 $0.25m^2$ 이하로 소규모일 경우에는 그 굴뚝 단면의 중심을 대표점으로 하여 1점만 측정한다.

관련이론 | 원형단면의 측정점

굴뚝직경(m)	반경 구분 수	측정점 수
1 이하	1	4
1 초과 2 이하	2	8
2 초과 4 이하	3	12
4 초과 4.5 이하	4	16
4.5 초과	5	20

정답 ④

66

★☆☆

분석대상 가스별 흡수액으로 잘못 짝지어진 것은?

① 비소 – 수산화소듐 용액(0.1mol/L)
② 황화수소 – 아연아민착염 용액
③ 사이안화수소 – 수산화소듐 용액(0.5mol/L)
④ 질소산화물 – 아세틸아세톤용액

해설

질소산화물 – 황산 용액(0.005mol/L)

정답 ④

67

★☆☆

굴뚝 배출가스 중의 폼알데하이드 및 알데하이드류의 분석방법 중 고성능액체크로마토그래피의 흡광도로 옳은 것은?

① 210nm ② 310nm
③ 360nm ④ 460nm

해설

배출가스 중의 알데하이드류를 흡수액 2,4-다이나이트로페닐하이드라진(DNPH, dinitrophenylhydrazine)과 반응하여 하이드라존 유도체(hydrazone derivative)를 생성하게 되고 이를 액체크로마토그래프로 분석하여 정량한다. 하이드라존(hydrazone)은 UV 영역, 특히 350nm~380nm에서 최대 흡광도를 나타낸다.

정답 ③

68

★★☆

흡광차분광법(DOAS)으로 측정 시 필요한 광원으로 옳은 것은?

① 200~900nm 파장을 갖는 Hollow cathode램프
② 180~2,850nm 파장을 갖는 Xenon램프
③ 1,800~2,850nm 파장을 갖는 Zeus램프
④ 200~900nm 파장을 갖는 Zeus램프

해설

흡광차분광법

- 일반적으로 빛을 조사하는 발광부와 50~1,000m 정도 떨어진 곳에 설치되는 수광부(또는 발·수광부와 반사경) 사이에 형성되는 빛의 이동경로(Path)를 통과하는 가스를 실시간으로 분석한다.
- 측정에 필요한 광원은 180~2,850nm 파장을 갖는 제논(Xenon) 램프를 사용하여 이산화황, 질소산화물, 오존 등의 대기오염물질 분석에 적용한다.

정답 ②

69 ★☆☆

배출가스 중의 휘발성유기화합물(VOCs) 시료 채취방법에 관한 내용으로 옳지 않은 것은?

① 시료채취 주머니 방법에 사용되는 시료채취 주머니는 빛이 들어가지 않도록 차단해야 하며 시료채취 이후 24시간 이내에 분석한다.
② 흡착관법의 시료채취량은 1~5L 정도로, 시료흡입속도는 100~200mL/min 정도로 한다.
③ 시료채취 주머니 방법에 사용되는 시료채취 주머니는 새 것을 사용하는 것을 원칙으로 하되 재사용하는 경우 수소나 아르곤가스를 채운 후 6시간 동안 놓아둔 뒤 퍼지(Purge)시키는 동작을 반복해야 한다.
④ 흡착관법에서 누출시험을 실시한 후 3 방향 콕을 세척병 방향으로 하고 흡입펌프를 작동시켜 가열한 채취관 및 연결관을 배출가스 시료로 충분히 세척한다.

해설

시료채취 주머니는 새 것을 사용하는 것을 원칙으로 하되 만일 재사용 시에는 제로가스와 동등 이상의 순도를 가진 질소나 헬륨을 채운 후 24시간 이상 동안 시료채취 주머니를 놓아둔 후 퍼지(Purge)시키는 조작을 반복하고, 시료채취 주머니 내부의 가스를 채취하여 기체크로마토그래프를 이용하여 사용 전에 오염여부를 확인하고 오염되지 않은 것을 사용한다.

정답 ③

70 ★★☆

자외선/가시선 분광법으로 측정한 A 물질의 투과퍼센트 지시치가 25%일 때 A 물질의 흡광도는?

① 0.25　　② 0.50
③ 0.60　　④ 0.82

해설

$$흡광도(A)=\log\frac{1}{t(투과도)}=\log\frac{1}{I_t/I_o}$$

I_o: 물체에 입사하는 빛의 세기
I_t: 물체를 투과한 빛의 세기

$$A=\log\frac{1}{0.25}=0.602$$

정답 ③

71 ★★☆

굴뚝 배출가스 중의 질소산화물을 연속적으로 자동측정하는 데 사용되는 자외선흡수분석계의 구성에 관한 내용으로 옳지 않은 것은?

① 광원: 중수소방전관 또는 중압수은 등을 사용한다.
② 광학필터: 프리즘과 회절격자 분광기 등을 이용하여 자외선 또는 적외선 영역의 단색광을 얻는 데 사용한다.
③ 합산증폭기: 신호를 증폭하는 기능과 일산화질소 측정파장에서 아황산가스의 간섭을 보정하는 기능을 가지고 있다.
④ 시료셀: 시료가스가 연속적으로 흘러갈 수 있는 구조로 되어 있으며 그 길이는 200~500mm이고, 셀의 창은 자외선 및 가시광선이 투과할 수 있는 재질이어야 한다.

해설

광학필터는 특정파장 영역의 흡수나 다층박막의 광학적 간섭을 이용하여 자외선 영역 또는 가시광선 영역의 일정한 폭을 갖는 빛을 얻는 데 사용한다.

정답 ②

72 ★☆☆

환경대기 중 아황산가스를 파라로자닐린법으로 분석할 때 다음 간섭물질에 대한 제거방법으로 옳은 것은?

① NO_x: 측정기간을 늦춘다.
② Cr: pH를 4.5 이하로 조절한다.
③ O_3: 설퍼민산(NH_3SO_3)을 사용한다.
④ Mn, Fe: EDTA 및 인산을 사용한다.

해설

① NO_x: 설퍼민산(NH_3SO_3)을 사용한다.
② Cr: EDTA 및 인산을 사용한다.
③ O_3: 측정기간을 늦춘다.

정답 ④

73 ★★★

다음 자료를 바탕으로 구한 비산먼지의 농도(mg/m^3)는?

- 채취먼지량이 가장 많은 위치에서의 먼지농도: $115mg/m^3$
- 대조위치에서의 먼지농도: $0.15mg/m^3$
- 전 시료채취기간 중 주 풍향이 90° 이상 변함
- 풍속이 0.5m/sec 미만 또는 10m/sec 이상이 되는 시간이 전 채취시간의 50% 이상임

① 114.9　　② 137.8
③ 165.4　　④ 206.7

해설

각 측정지점의 채취먼지량과 풍향풍속의 측정결과로부터 비산먼지의 농도를 구한다.

비산먼지 농도$(C)=(C_H-C_B)\times W_D\times W_S$

$=(115-0.15)\times 1.5\times 1.2=206.73mg/m^3$

C_H=채취먼지량이 가장 많은 위치에서의 먼지농도(mg/Sm^3)

C_B=대조위치에서의 먼지농도(mg/Sm^3)

W_D, W_S=풍향, 풍속 측정 결과로부터 구한 보정계수

단, 대조위치를 선정할 수 없는 경우에는 C_B는 $0.15mg/Sm^3$로 한다.

풍향에 대한 보정

풍향변화범위	보정계수
전 시료채취 기간 중 주 풍향이 90° 이상 변할 때	1.5
전 시료채취 기간 중 주 풍향이 45°~90° 변할 때	1.2
전 시료채취 기간 중 풍향이 변동이 없을 때 (45° 미만)	1.0

풍속에 대한 보정

풍속범위	보정계수
풍속이 0.5m/sec 미만 또는 10m/sec 이상이 되는 시간이 전 채취시간의 50% 미만일 때	1.0
풍속이 0.5m/sec 미만 또는 10m/sec 이상이 되는 시간이 전 채취시간의 50% 이상일 때	1.2

정답 ④

74 ★☆☆

굴뚝연속자동측정기기의 설치방법으로 옳지 않은 것은?

① 먼지와 가스상 물질을 모두 측정하는 경우 측정위치는 먼지를 따른다.
② 응축된 수증기가 존재하지 않는 곳에 설치한다.
③ 수평굴뚝에서 가스상 물질의 측정위치는 외부공기가 새어들지 않고 굴뚝에 요철부분이 없는 곳으로서 굴뚝의 방향이 바뀌는 지점으로부터 굴뚝내경의 2배 이상 떨어진 곳을 선정한다.
④ 수직굴뚝에서 가스상 물질의 측정위치는 굴뚝 하부 끝에서 위를 향하여 굴뚝내경의 $\frac{1}{2}$배 이상이 되는 지점으로 한다.

해설

가스상 물질 굴뚝연속자동측정기기의 수직굴뚝에서의 측정위치는 굴뚝 하부 끝에서 위를 향하여 굴뚝내경의 2배 이상이 되고, 상부 끝단으로부터 아래를 향하여 굴뚝 상부 내경의 $\frac{1}{2}$배 이상이 되는 지점으로 한다.

정답 ④

75 ★☆☆

굴뚝연속자동측정기기에 사용되는 도관에 관한 설명으로 옳지 않은 것은?

① 도관은 가능한 짧은 것이 좋다.
② 냉각도관은 될 수 있는 대로 수직으로 연결한다.
③ 기체-액체 분리관은 도관의 부착위치 중 가장 높은 부분에 부착한다.
④ 응축수의 배출에 사용하는 펌프는 내구성이 좋아야 하고, 이 때 응축수 트랩은 사용하지 않아도 된다.

해설

기체-액체 분리관은 도관의 부착위치 중 가장 낮은 부분 또는 최저온도의 부분에 부착하여 응축수를 급속히 냉각시키고 배관계의 밖으로 빨리 방출시킨다.

정답 ③

76

★★☆

환경대기 중의 석면을 위상차현미경법에 따라 측정할 때에 관한 설명으로 옳지 않은 것은?

① 시료채취 시 시료 포집면이 주 풍향을 향하도록 설치한다.
② 시료채취지점에서의 실내기류는 0.3m/s 이내가 되도록 한다.
③ 포집한 먼지 중 길이가 10μm 이하이고 길이와 폭의 비가 5 : 1 이하인 섬유를 석면섬유로 계수한다.
④ 시료채취는 해당시설의 실제 운영조건과 동일하게 유지되는 일반 환경상태에서 측정하는 것을 원칙으로 한다.

해설

포집한 먼지 중에 길이가 5μm 이상이고, 길이와 폭의 비가 3 : 1 이상인 섬유를 석면섬유로서 계수한다.

정답 ③

77

★★★

대기오염공정시험기준의 총칙에 근거한 "방울수"의 의미로 가장 적합한 것은?

① 20℃에서 정제수 20 방울을 떨어뜨릴 때 그 부피가 약 1mL 되는 것을 뜻한다.
② 20℃에서 정제수 10 방울을 떨어뜨릴 때 그 부피가 약 1mL 되는 것을 뜻한다.
③ 0℃에서 정제수 10 방울을 떨어뜨릴 때 그 부피가 약 1mL 되는 것을 뜻한다.
④ 0℃에서 정제수 1 방울을 떨어뜨릴 때 그 부피가 약 1mL 되는 것을 뜻한다.

해설

①번이 방울수의 의미이다.

정답 ①

78

★☆☆

굴뚝에서 배출되는 배출가스 중 플루오린화합물을 자외선/가시선분광법으로 분석하여 다음과 같은 결과를 얻었다. 이 때, 플루오린화합물의 농도(ppm, F)는? (단, 방해이온이 존재할 경우이다.)

- 검정곡선에서 구한 플루오린화합물 이온의 질량: 1mg
- 건조시료가스량: 20L
- 분취한 액량: 50mL

① 100　② 155
③ 250　④ 295

해설

현장바탕시료의 양이 주어지지 않았으므로 "$b=0$", "10"은 분석용 시료용액의 전체 부피 (250mL)/분석용 시료용액 중 정량에 사용한 부피 (25mL)를 의미하지만 주어진 조건에서 정량에 사용한 부피가 50mL 이므로 250/50을 적용한다. 변경된 기준 이전의 출제 문제이지만 현행 기준에 적용하여 계산할 수 있다.

$$C=\frac{(a-b)\times 10}{V_s}\times\frac{22.4}{18.998}$$

주어진 조건을 이용하여 대입하면(10 대신 250/50으로 적용)

$$=\frac{(1{,}000-0)\times\frac{250}{50}}{20}\times\frac{22.4}{18.998}=294.7678\text{ppm}$$

관련이론 | 현행 기준상 공식

$$C=\frac{(a-b)\times 10}{V_s}\times\frac{22.4}{18.998}$$

C: 플루오린화합물의 농도(ppm 또는 μmol/mol)
a: 분석용 시료용액의 플루오린화 이온 질량(μg)
b: 현장바탕시료용액의 플루오린화 이온 질량(μg)
V_s: 표준상태 건조가스 시료채취량(L)
10: 분석용 시료용액의 진체부피(250mL)/분식용 시료용액 중 정량에 사용한 부피(25mL)

정답 ④

79

★☆☆

배출가스 중 이황화탄소를 자외선가시선분광법으로 정량할 때 흡수액으로 옳은 것은?

① 제일염화주석 용액
② 다이에틸아민구리 용액
③ 수산화제이철암모늄 용액
④ 아연아민착염 용액

해설
이황화탄소를 자외선가시선분광법으로 정량할 때 다이에틸아민구리 용액을 흡수액으로 사용한다.

정답 ②

80

★★☆

비중이 1.88, 농도 97%(중량%)인 농황산(H_2SO_4)의 규정농도(N)는?

① 18.6N　② 24.9N
③ 37.2N　④ 49.8N

해설
황산(H_2SO_4)의 분자량=98

$$\frac{1.88g}{mL}\times\frac{1eq}{(98/2)g}\times\frac{97}{100}\times\frac{10^3mL}{1L}=37.2163eq/L=37.2163N$$

정답 ③

대기환경관계법규

81

★★☆

대기환경보전법령상 인증을 면제할 수 있는 자동차에 해당하는 것은?

① 주한 외국군인의 가족이 사용하기 위해 반입하는 자동차
② 여행자 등이 다시 반출할 것을 조건으로 일시 반입하는 자동차
③ 국가대표 선수용 자동차로서 문화체육관광부 장관의 확인을 받은 자동차
④ 항공기 지상 조업용 자동차

선지분석
① 주한 외국군인의 가족이 사용하기 위해 반입하는 자동차: 인증을 생략할 수 있음
② 여행자 등이 다시 반출할 것을 조건으로 일시 반입하는 자동차: 인증을 면제할 수 있음
③ 국가대표 선수용 자동차로서 문화체육관광부 장관의 확인을 받은 자동차: 인증을 생략할 수 있음
④ 항공기 지상 조업용 자동차: 인증을 생략할 수 있음

정답 ②

82

★★☆

악취방지법규상 악취검사기관의 준수사항 중 실험일지 및 검량선 기록지, 검사 결과 발송 대장, 정도관리 수행기록철 등의 보존기간으로 옳은 것은?

① 1년간 보존　② 2년간 보존
③ 3년간 보존　④ 5년간 보존

해설
악취검사기관의 준수사항 「악취방지법 시행규칙 별표 8」
검사기관은 다음의 서류를 작성하여 3년간 보존해야 한다.
가. 실험일지 및 검량선(檢量線) 기록지
나. 검사 결과 발송 대장
다. 정도관리 수행기록철

정답 ③

83
★★☆

대기환경보전법령상 사업장별 환경기술인의 자격기준에 관한 설명으로 옳지 않은 것은?

① 1종 사업장과 2종 사업장 중 1개월 동안 실제 작업한 날만을 계산하여 1일 평균 17시간 이상 작업하는 경우에는 해당 사업장의 기술인을 각각 2명 이상 두어야 한다.
② 공동방지시설에서 각 사업장의 대기오염물질 발생량의 합계가 4종 사업장과 5종 사업장의 규모에 해당하는 경우에는 5종 사업장에 해당하는 기술인을 두어야 한다.
③ 전체 배출시설에 대하여 방지시설 설치 면제를 받은 사업장과 배출시설에서 배출되는 오염물질 등을 공동방지시설에서 처리하는 사업장은 5종 사업장에 해당하는 기술인을 둘 수 있다.
④ 2종 사업장의 환경기술인 자격기준은 대기환경산업기사 이상의 기술자격 소지자 1명 이상이다.

해설

사업장별 환경기술인의 자격기준「시행령 별표 10」

공동방지시설에서 각 사업장의 대기오염물질 발생량의 합계가 4종 사업장과 5종 사업장의 규모에 해당하는 경우에는 3종 사업장에 해당하는 기술인을 두어야 한다.

정답 ②

84
★☆☆

다음의 연료 중 고체연료가 아닌 것은?

① 코크스 ② B-C유
③ 석탄 ④ 목탄

해설

B-C유는 액체 연료이다.

정답 ②

85
★★☆

대기환경보전법규상 배출허용기준 초과와 관련하여 개선명령을 받은 경우로써 개선하여야 할 사항이 배출시설 또는 방지시설인 경우 사업자가 시·도지사에게 제출하여야 하는 개선계획서에 포함 또는 첨부되어야 하는 사항으로 거리가 먼 것은?

① 공사기간 및 공사비
② 대기오염물질 등의 처리방식 및 처리효율
③ 배출시설 또는 방지시설의 개선명세서 및 설계도
④ 운영기기 진단계획

해설

개선계획서에 운영기기 진단계획은 포함되지 않아도 된다.

관련이론 | 개선계획서에 포함되어야 하는 사항「시행규칙 제38조」

1. 법에 따른 조치명령을 받은 경우
 가. 개선기간 · 개선내용 및 개선방법
 나. 굴뚝 자동측정기기의 운영 · 관리 진단계획
2. 법에 따른 개선명령을 받은 경우로서 개선하여야 할 사항이 배출시설 또는 방지시설인 경우
 가. 배출시설 또는 방지시설의 개선명세서 및 설계도
 나. 대기오염물질의 처리방식 및 처리효율
 다. 공사기간 및 공사비

정답 ④

86
★★☆

악취방지법령상 지정악취물질에 해당하지 않는 것은?

① 메틸메르캅탄 ② 트라이메틸아민
③ 아세트알데하이드 ④ 아닐린

해설

아닐린은 지정악취물질에 해당되지 않는다.

관련이론 | 지정악취물질「악취방지법 시행규칙 별표 1」

암모니아, 메틸메르캅탄, 황화수소, 다이메틸설파이드, 다이메틸다이설파이드, 트라이메틸아민, 아세트알데하이드, 스타이렌, 프로피온알데하이드, 뷰틸알데하이드, n-발레르알데하이드, i-발레르알데하이드, 톨루엔, 자일렌, 메틸에틸케톤, 메틸아이소뷰틸케톤, 뷰틸아세테이트, 프로피온산, n-뷰틸산, n-발레르산, i-발레르산, i-뷰틸알코올

정답 ④

87 ★★★

다음 중 대기환경보전법령상 초과부과금의 산정에 필요한 오염물질 1kg당 부과금액이 가장 높은 것은?

① 시안화수소 ② 암모니아
③ 먼지 ④ 이황화탄소

해설

시안화수소의 초과부과금이 7,300원으로 가장 높다.

관련이론 | 초과부과금 산정기준「시행령 별표 4」

오염물질 \ 구분		오염물질 1킬로그램당 부과금액
황산화물		500
먼지		770
질소산화물		2,130
암모니아		1,400
황화수소		6,000
이황화탄소		1,600
특정대기 유해물질	불소화물	2,300
	염화수소	7,400
	시안화수소	7,300

정답 ①

88 ★☆☆

대기환경보전법규상 측정망 설치계획을 고시할 때 포함되어야 할 사항과 거리가 먼 것은? (단, 그 밖의 사항 등은 제외한다.)

① 측정망 설치시기
② 측정망 배치도
③ 측정소를 설치할 토지 또는 건축물의 위치 및 면적
④ 측정망 교체주기

해설

측정망 설치계획을 고시할 때 포함되어야 할 사항「시행규칙 제12조」
측정망 설치시기, 측정망 배치도, 측정소를 설치할 토지 또는 건축물의 위치 및 면적

정답 ④

89 ★☆☆

다음은 대기환경보전법상 기존 휘발성유기화합물 배출시설 규제에 관한 사항이다. (　　) 안에 알맞은 것은?

> 특별대책지역, 대기관리권역 또는 휘발성유기화합물 배출규제 추가지역으로 지정·고시될 당시 그 지역에서 휘발성유기화합물을 배출하는 시설을 운영하고 있는 자는 특별대책지역, 대기관리권역 또는 휘발성유기화합물 배출규제 추가지역으로 지정·고시된 날부터 (　　　)에 시·도지사 등에게 휘발성유기화합물 배출시설 설치 신고를 하여야 한다.

① 15일 이내 ② 1개월 이내
③ 2개월 이내 ④ 3개월 이내

해설

지정·고시된 날부터 3개월 이내에 신고를 하여야 하며, 지정·고시된 날부터 2년 이내에 휘발성유기화합물의 배출로 인한 대기환경상의 피해가 없도록 조치를 하여야 한다.

정답 ④

90 ★★★

대기환경보전법령상 대기오염물질발생량의 합계가 연간 15톤인 경우 사업장 분류기준상 몇 종에 해당하는가?

① 1종 ② 2종
③ 3종 ④ 4종

해설

사업장의 분류「시행령 별표 1의3」

종별	오염물질발생량 구분
1종 사업장	대기오염물질발생량의 합계가 연간 80톤 이상인 사업장
2종 사업장	대기오염물질발생량의 합계가 연간 20톤 이상 80톤 미만인 사업장
3종 사업장	대기오염물질발생량의 합계가 연간 10톤 이상 20톤 미만인 사업장
4종 사업장	대기오염물질발생량의 합계가 연간 2톤 이상 10톤 미만인 사업장
5종 사업장	대기오염물질발생량의 합계가 연간 2톤 미만인 사업장

정답 ③

91
★★☆

대기환경보전법규에 명시된 환경기술인의 교육사항에 관한 규정 중 신규교육은 환경기술인으로 임명된 날로부터 몇 일 이내에 1회를 받아야 하는가?

① 3개월　　② 6개월
③ 1년　　④ 2년

해설

환경기술인으로 임명된 날부터 1년 이내에 1회 신규교육을 받아야 한다.

관련이론 | 환경기술인의 교육 「시행규칙 제125조」

① 환경기술인은 다음 각 호의 구분에 따라 한국환경보전원, 환경부장관 또는 시·도지사 또는 대도시 시장이 교육을 실시할 능력이 있다고 인정하여 위탁하는 기관에서 실시하는 교육을 받아야 한다. 다만, 교육 대상이 된 사람이 그 교육을 받아야 하는 기한의 마지막 날 이전 3년 이내에 동일한 교육을 받았을 경우에는 해당 교육을 받은 것으로 본다.
1. 신규교육: 환경기술인으로 임명된 날부터 1년 이내에 1회
2. 보수교육: 신규교육을 받은 날을 기준으로 3년마다 1회

② 제1항에 따른 교육기간은 4일 이내로 한다. 다만, 정보통신매체를 이용하여 원격교육을 하는 경우에는 환경부장관이 인정하는 기간으로 한다.

정답 ③

92
★☆☆

악취방지법상 악취배출시설 설치자가 환경부령으로 정하는 사항을 변경하려는 경우 변경신고를 해야 하는데 이 변경신고를 하지 아니한 경우 과태료 부과기준으로 옳은 것은?

① 50만원 이하의 과태료
② 100만원 이하의 과태료
③ 200만원 이하의 과태료
④ 500만원 이하의 과태료

해설

해당 행위에 대한 과태료 부과기준은 100만원 이하이다.

정답 ②

93
★★★

환경정책기본법령상 아황산가스(SO_2)의 대기환경기준(ppm)은? (단, 1시간 평균치 기준이다.)

① 0.05 이하　　② 0.15 이하
③ 0.25 이하　　④ 0.5 이하

해설

환경기준 「환경정책기본법 시행령 별표 1」

항목	기준
아황산가스 (SO_2)	연간 평균치 0.02ppm 이하 24시간 평균치 0.05ppm 이하 1시간 평균치 0.15ppm 이하
일산화탄소 (CO)	8시간 평균치 9ppm 이하 1시간 평균치 25ppm 이하
이산화질소 (NO_2)	연간 평균치 0.03ppm 이하 24시간 평균치 0.06ppm 이하 1시간 평균치 0.10ppm 이하
미세먼지 (PM-10)	연간 평균치 50$\mu g/m^3$ 이하 24시간 평균치 100$\mu g/m^3$ 이하
초미세먼지 (PM-2.5)	연간 평균치 15$\mu g/m^3$ 이하 24시간 평균치 35$\mu g/m^3$ 이하
오존(O_3)	8시간 평균치 0.06ppm 이하 1시간 평균치 0.1ppm 이하
납(Pb)	연간 평균치 0.5$\mu g/m^3$ 이하
벤젠	연간 평균치 5$\mu g/m^3$ 이하

정답 ②

94 ★☆☆

실내공기질 관리법상 용어의 정의로 옳지 않은 것은?

① "공동주택"이라 함은 건축법 규정에 따른 공동주택을 말한다.
② "다중이용시설"이라 함은 불특정다수인이 이용하는 시설을 말한다.
③ "공기정화설비"라 함은 오염된 실내공기를 밖으로 내보내고 신선한 바깥공기를 실내로 끌어들여 실내공간의 공기를 쾌적한 상태로 유지시키는 설비를 말하며, 환기설비와 동일한 의미로 사용되는 것을 말한다.
④ "오염물질"이라 함은 실내공간의 공기오염의 원인이 되는 가스와 떠다니는 입자상물질 등으로서 환경부령으로 정하는 것을 말한다.

해설
"공기정화설비"라 함은 실내공간의 오염물질을 없애거나 줄이는 설비로서 환기설비의 안에 설치되거나, 환기설비와는 따로 설치된 것을 말한다.

정답 ③

95 ★★☆

대기환경보전법령상 일일 기준초과배출량 및 일일유량의 산정방법에 관한 설명으로 옳지 않은 것은?

① 먼지 이외의 오염물질의 배출농도 단위는 ppm으로 한다.
② 일일유량 산정을 위한 측정유량의 단위는 m^3/d로 한다.
③ 일일유량 산정을 위한 일일조업시간은 배출량을 측정하기 전 최근 조업한 30일 동안의 배출시설의 조업시간 평균치를 시간으로 표시한다.
④ 특정대기유해물질의 배출허용기준초과 일일오염물질 배출량은 소수점 이하 넷째 자리까지 계산한다.

해설
일일 기준초과배출량 및 일일유량의 산정방법「시행령 별표 5」
1. 측정유량의 단위는 시간당 세제곱미터(m^3/h)로 한다.
2. 일일조업시간은 배출량을 측정하기 전 최근 조업한 30일 동안의 배출시설 조업시간 평균치를 시간으로 표시한다.

정답 ②

96 ★★☆

대기환경보전법령상 특정대기유해물질에 해당하지 않는 것은?

① 아세트알데히드　② 1,3-부타디엔
③ 아크롤레인　④ 니켈 및 그 화합물

해설
아크롤레인은 대기오염물질에는 해당되지만 특정대기유해물질에는 해당되지 않는다.

관련이론 | 특정대기유해물질「시행규칙 별표 2」
카드뮴 및 그 화합물, 시안화수소, 납 및 그 화합물, 폴리염화비페닐, 크롬 및 그 화합물, 비소 및 그 화합물, 수은 및 그 화합물, 프로필렌 옥사이드, 염소 및 염화수소, 불소화물, 석면, 니켈 및 그 화합물, 염화비닐, 다이옥신, 페놀 및 그 화합물, 베릴륨 및 그 화합물, 벤젠, 사염화탄소, 이황화메틸, 아닐린, 클로로포름, 포름알데히드, 아세트알데히드, 벤지딘, 1,3-부타디엔, 다환 방향족 탄화수소류, 에틸렌옥사이드, 디클로로메탄, 스틸렌, 테트라클로로에틸렌, 1,2-디클로로에탄, 에틸벤젠, 트리클로로에틸렌, 아크릴로니트릴, 히드라진

정답 ③

97 ★☆☆

대기환경보전법령상 특별대책지역에서 환경부령에 따라 신고해야 하는 휘발성유기화합물 배출시설 중 "대통령령으로 정하는 시설"에 해당하지 않는 것은? (단, 그 밖에 휘발성유기화합물을 배출하는 시설로서 환경부장관이 관계중앙행정기관의 장과 협의하여 고시하는 시설 등은 제외한다.)

① 저유소의 저장시설 및 출하시설
② 주유소의 저장시설 및 주유시설
③ 석유정제를 위한 제조시설, 저장시설, 출하시설
④ 휘발성유기화합물 분석을 위한 실험실

해설
휘발성유기화합물 배출시설 중 대통령령으로 정하는 시설「시행령 제45조」
1. 석유정제를 위한 제조시설, 저장시설 및 출하시설(出荷施設)과 석유화학제품 제조업의 제조시설, 저장시설 및 출하시설
2. 저유소의 저장시설 및 출하시설
3. 주유소의 저장시설 및 주유시설
4. 세탁시설

정답 ④

98 ★★☆

대기환경보전법규상 고체연료 사용시설 설치기준(석탄사용시설)에 관한 내용 중 (　　)에 알맞은 것은?

> 배출시설의 굴뚝높이는 100m 이상으로 하되, 굴뚝 상부 안지름, 배출가스 온도 및 속도 등을 고려한 유효굴뚝높이가 (　　) 이상인 경우에는 굴뚝높이를 60m 이상 100m 미만으로 할 수 있다.

① 150m　② 250m
③ 320m　④ 440m

해설

석탄사용시설의 설치기준「시행규칙 별표 12」

가. 배출시설의 굴뚝높이는 100m 이상으로 하되, 굴뚝 상부 안지름, 배출가스 온도 및 속도 등을 고려한 유효굴뚝높이가 440m 이상인 경우에는 굴뚝높이를 60m 이상 100m 미만으로 할 수 있다.
나. 석탄의 수송은 밀폐 이송시설 또는 밀폐통을 이용하여야 한다.
다. 석탄 저장은 옥내저장시설(밀폐형 저장시설 포함) 또는 지하저장시설에 저장하여야 한다.
라. 석탄연소재는 밀폐통을 이용하여 운반하여야 한다.
마. 굴뚝에서 배출되는 아황산가스(SO_2), 질소산화물(NO_x), 먼지 등의 농도를 확인할 수 있는 기기를 설치하여야 한다.

정답 ④

99 ★★☆

대기환경보전법령상 대기배출시설의 설치허가를 받고자 하는 자가 제출해야 할 서류목록에 해당하지 않는 것은?

① 원료(연료를 포함)의 사용량 및 제품 생산량과 오염물질 등의 배출량을 예측한 명세서
② 방지시설의 연간 유지관리 계획서
③ 사용 연료의 성분 분석과 황산화물 배출농도 및 배출량 등을 예측한 명세서
④ 배출시설 및 방지시설의 실시계획도면

해설

배출시설의 설치허가신청서 또는 배출시설 설치신고서에 첨부해야 할 서류「시행령 제11조」

1. 원료(연료를 포함)의 사용량 및 제품 생산량과 오염물질 등의 배출량을 예측한 명세서
2. 배출시설 및 방지시설의 설치명세서
3. 방지시설의 일반도(一般圖)
4. 방지시설의 연간 유지관리 계획서
5. 사용 연료의 성분 분석과 황산화물 배출농도 및 배출량 등을 예측한 명세서
6. 배출시설 설치허가증(변경허가를 신청하는 경우만 해당)

정답 ④

100 ★☆☆

대기환경보전법규상 휘발성유기화합물 배출시설의 변경신고를 해야 하는 경우가 아닌 것은?

① 휘발성유기화합물의 배출 억제·방지시설을 변경하는 경우
② 설치신고를 한 배출시설 규모의 합계 또는 누계보다 100분의 30 이상 증설하는 경우
③ 사업장의 명칭 또는 대표자를 변경하는 경우
④ 휘발성유기화합물 배출시설을 폐쇄하는 경우

해설

설치신고를 한 배출시설 규모의 합계 또는 누계보다 100분의 50 이상 증설하는 경우에 변경신고를 해야 한다.

관련이론 | 휘발성유기화합물 배출시설의 변경신고를 하여야 하는 경우「시행규칙 제60조」

1. 사업장의 명칭 또는 대표자를 변경하는 경우
2. 설치신고를 한 배출시설 규모의 합계 또는 누계보다 100분의 50 이상 증설하는 경우
3. 휘발성유기화합물의 배출 억제·방지시설을 변경하는 경우
4. 휘발성유기화합물 배출시설을 폐쇄하는 경우
5. 휘발성유기화합물 배출시설 또는 배출 억제·방지시설을 임대하는 경우

정답 ②

2023년 | 1회 CBT 복원문제

자동채점 

대기오염개론

01
★☆☆

다음 중 역전에 대한 설명으로 틀린 것은?

① 이류성 역전: 따뜻한 공기가 차가운 지표면 위로 흘러갈 때 발생하는 현상이다.
② 침강역전: 고기압 중심부분에서 기층이 서서히 침강하면서 기온이 단열변화로 승온되어 발생하는 현상이다.
③ 전선역전: 따뜻한 공기와 차가운 공기가 부딪쳐 찬 공기는 따뜻한 공기 위를 타고 상승하면서 전선을 이루는 현상이다.
④ 해풍역전: 낮에 해상에서 부는 차가운 해풍과 지표 위 약 1km에서 따뜻한 육풍이 불면서 발생하는 현상이다.

해설
전선역전은 따뜻한 공기와 차가운 공기가 부딪쳐 따뜻한 공기는 찬 공기 위를 타고 상승하면서 전선을 이루는 현상이다.

정답 ③

02
★★☆

열섬효과에 관한 내용으로 가장 거리가 먼 것은?

① 직경이 10km 이상인 도시에서 자주 나타나는 현상이다.
② 구름이 많고 바람이 강한 주간에 주로 발생한다.
③ 일교차가 심한 봄, 가을이나 추운 겨울에 주로 발생한다.
④ 교외지역에 비해 도시지역에 고온의 공기층이 형성된다.

해설
열섬현상은 고기압의 영향으로 하늘이 맑고 바람이 약한 때에 잘 발생한다.

정답 ②

03
★☆☆

대기 중 질소산화물(NO_x)이 광화학반응을 할 때, 다음 중 반응성이 가장 큰 탄화수소인 것은?

① 파라핀계 탄화수소　② 나프텐계 탄화수소
③ 올레핀계 탄화수소　④ 방향족 탄화수소

해설
불포화탄화수소는 다중결합을 가지고 있으며 결합차수가 높을수록 반응성이 커진다. (단일결합<2중결합<3중결합) 따라서 보기 중 2중결합을 가지고 있는 올레핀계 탄화수소가 가장 반응성이 크다. 방향족 탄화수소는 불포화탄화수소이지만 2중결합과 단일결합의 중간 정도의 결합길이를 가지고 있어 이중결합에 비해 불포화성이 작아 반응성도 작다.

관련이론 | 탄화수소류의 형태

탄화수소의 종류	형태	예시
파라핀계(Paraffin) 탄화수소	C_nH_{2n+2}	메탄(CH_4), 프로판(C_3H_8), 부탄(C_4H_{10}) 등
나프텐계 (Naphthene) 탄화수소	이중결합이 없는 C_nH_{2n}	사이클로펜테인(C_5H_{10}), 사이클로헥산(C_6H_{12}) 등
올레핀계(Oleffin) 탄화수소	이중결합을 포함한 C_nH_{2n}	에틸렌(C_2H_4), 프로펜(C_3H_6) 등
방향족(Aromatic) 탄화수소	단일결합과 이중결합 사이의 결합이며 공명구조 C_nH_{2n-6}	벤젠(C_6H_6), 톨루엔(C_7H_8), 에틸 벤젠(C_8H_{10}) 등

정답 ③

04 ★★☆

지상 20m에서의 풍속이 10m/s라고 한다면 지상 40m에서의 풍속(m/s)은? (단, Deacon식 적용, $P=0.25$이다.)

① 약 4　② 약 8
③ 약 12　④ 약 15

해설

Deacon식을 이용한다.

$$\frac{U_2}{U_1}=\left(\frac{Z_2}{Z_1}\right)^P$$

U_2: 임의고도 풍속(m/s), Z_2: 임의높이(m)
U_1: 기준높이 풍속(m/s), Z_1: 기준높이(m)

$$\frac{U_2}{10\text{m/s}}=\left(\frac{40\text{m}}{20\text{m}}\right)^{0.25}$$

$U_2=11.8921\text{m/s}$

정답 ③

05 ★☆☆

벤젠에 관한 설명으로 옳지 않은 것은?

① 체내에 흡수된 벤젠은 지방이 풍부한 피하조직과 골수에서 고농도로 축적되어 오래 잔존할 수 있다.
② 비점은 약 80℃ 정도이고, 체내 흡수는 대부분 호흡기를 통하여 이루어진다.
③ 체내에서 마뇨산(Hippuric acid)으로 대사하여 소변으로 배설된다.
④ 벤젠 폭로에 의해 발생되는 백혈병은 주로 급성 골수성 백혈병(Acute myeloblastic leukemia)이다.

해설

벤젠은 골수에 축적되어 손상을 일으켜 백혈병 등을 유발하고 인체 내의 신장, 간, 뇌, 폐 등에도 타격을 주며 암을 유발하고 쉽게 배출되지 않는다.

관련이론 | 마뇨산

유기산의 일종으로 초식동물의 소변 속에 들어있고, 톨루엔이 인체에서 대사되었을 경우 마뇨산의 형태로 배설된다.

정답 ③

06 ★☆☆

런던스모그에 관한 내용으로 가장 적합하지 않은 것은?

① 이른 아침
② 복사역전
③ 습도 85% 이상
④ 산화반응

해설

- 런던스모그: 환원반응
- LA스모그: 산화반응

관련이론 | 런던스모그와 LA스모그

항목	런던스모그	LA스모그
기온	4℃ 이하	24~32℃
기간	겨울(12~1월)	여름(7~9월)
습도	85% 이상	70% 이하
시간	이른 아침	한낮
역전형태	접지역전 (방사성 역전)	공중역전 (침강성 역전)
대기의 안정도	기온역전, 무풍상태(매우 안정된 대기)	
오염물질	황산화물, H_2SO_4, 미스트 등	질소산화물, 오존, HC, PAN 등 광화학적 부산물
오염원	공장, 가정난방, 화력 발전소 등 화석연료 사용	자동차
반응형태	열석 환원반응	광화학적 산화반응
가시거리	100m 이하	1km 이하
색	짙은 회색	연한 갈색

정답 ④

2023년

07 ★☆☆

가우시안 모델을 적용하기 위한 가정으로 가장 적합하지 않은 것은?

① 고도변화에 따른 풍속변화는 무시한다.
② 간단한 화학반응을 묘사할 수 있다.
③ 주로 평탄지역에 적용하도록 개발되어왔으나, 최근 복잡지형에도 적용이 가능하도록 개발되고 있다.
④ 점오염원에서는 모든 방향으로 확산되어가는 plume은 동일하다고 가정하여 유도한다.

해설
점오염원에서는 풍하방향으로 확산되어가는 plume은 정규분포를 이루며 확산된다고 가정하여 유도한다.

관련이론 | 가우시안모델 가정조건
- 연기의 확산은 정상상태를 가정하며 바람에 의한 오염물질은 x축 방향으로 이동되며 풍속은 일정하다.
- 대기안정도와 확산계수는 변하지 않으며 오염물질이 연기 속에서 소멸되거나 생성되지 않으며 굴뚝(점오염원)으로부터 연속적으로 배출된다.
- 난류확산계수는 일정하다.
- 고도변화에 따른 풍속의 변화는 고려하지 않는다.

정답 ④

08 ★☆☆

산으로 작용하며, 금속부식을 일으키는 물질이 아닌 것은?

① HF　② HCl
③ SO_2　④ O_3

해설
오존(O_3)은 금속과 반응하여 산화보호피막을 형성하여 부식을 방지한다.

정답 ④

09 ★☆☆

환경기온감률이 다음과 같을 때 가장 안정한 조건은?

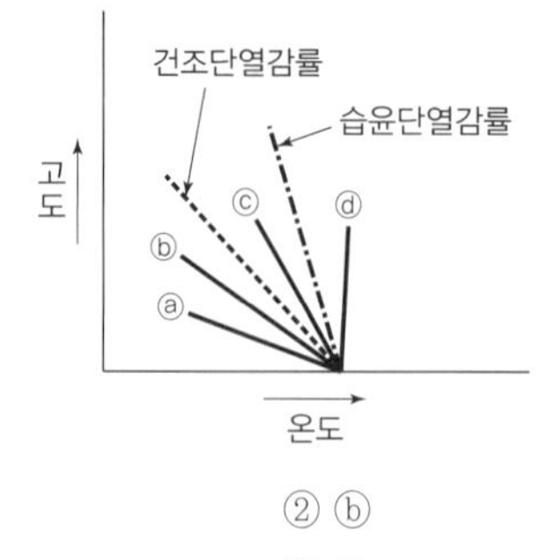

① ⓐ　② ⓑ
③ ⓒ　④ ⓓ

해설
ⓐ, ⓑ: 절대 불안정, ⓒ: 조건부 불안정, ⓓ: 절대 안정

정답 ④

10 ★☆☆

실내공기에 영향을 미치는 오염물질에 관한 설명 중 옳지 않은 것은?

① 석면은 자연계에 존재하는 유화화(油和化)된 규산염 광물의 총칭이고, 미국에서 가장 일반적인 것으로는 아크티놀라이트(백석면)가 있다.
② 석면의 발암성은 청석면 > 아모사이트 > 백석면 순이다.
③ Rn-222의 반감기는 3.8일이며, 그 낭핵종도 같은 종류의 알파선을 방출하지만 화학적으로는 거의 불활성이다.
④ 우라늄과 라듐은 Rn-222의 발생원에 해당된다.

해설
석면은 자연계에 존재하는 수화화(水和化)된 규산염 광물의 총칭이고, 미국에서 가장 일반적인 것으로는 크리소타일(백석면)이 있다.

정답 ①

11 ★★☆

굴뚝높이가 60m, 대기온도 27℃, 배기가스의 평균온도가 137℃일 때, 통풍력을 1.5배 증가시키기 위해서 요구되는 배출가스의 온도는? (단, 굴뚝의 높이는 일정하고, 배기가스와 대기의 비중량은 1.3kgf/m^3이다.)

① 약 230℃ ② 약 280℃
③ 약 320℃ ④ 약 370℃

해설

통풍력 계산식을 이용한다.

$$Z(mmH_2O)=273\times H\times\left[\frac{\gamma_a}{273+t_a}-\frac{\gamma_g}{273+t_g}\right]$$

H: 굴뚝의 높이(m)

γ_a: 공기의 비중량(kgf/m^3), γ_g: 배기가스의 비중량(kgf/m^3)

t_a: 공기의 온도(℃), t_g: 배기가스의 온도(℃)

(1) 현재의 통풍력 구하기

$$Z=273\times 60\times\left[\frac{1.3}{273+27}-\frac{1.3}{273+137}\right]=19.0434mmH_2O$$

(2) 통풍력이 1.5배 증가했을 경우 배출가스의 온도 구하기

$$273\times 60\times\left[\frac{1.3}{273+27}-\frac{1.3}{273+t_g}\right]=1.5\times 19.0434mmH_2O$$

$t_g=229.0405$℃

※ t_g 값은 공학용계산기의 SOLVE 기능으로 구하는 것이 편리합니다.

정답 ①

12 ★☆☆

지표 부근의 대기의 일반적인 체류시간의 순서로 가장 적합한 것은?

① $N_2>O_2>N_2O>CH_4$
② $O_2>N_2>CH_4>N_2O$
③ $N_2O>O_2>N_2>CH_4$
④ $N_2>O_2>CH_4>N_2O$

해설

대기성분의 체류시간

$N_2>O_2>N_2O>CO_2>CH_4>H_2>CO>SO_2$

정답 ①

13 ★☆☆

가우시안 모델의 분산식에서 지표에서의 농도만을 고려한 경우(C(x,y,0))의 농도를 계산하는 식으로 올바른 것은?

① $C=\frac{Q}{2\pi\sigma_y\sigma_z U}\exp\left[-\frac{1}{2}\left\{\left(\frac{y}{\sigma_y}\right)^2+\left(\frac{z-H_e}{\sigma_z}\right)^2\right\}\right]$

② $C=\frac{Q}{\pi\sigma_y\sigma_z U}\exp\left[-\frac{1}{2}\left(\frac{H_e}{\sigma_z}\right)^2\right]$

③ $C=\frac{Q}{\pi\sigma_y\sigma_z U}\exp\left[-\frac{1}{2}\left\{\left(\frac{y}{\sigma_y}\right)^2+\left(\frac{H_e}{\sigma_z}\right)^2\right\}\right]$

④ $C=\frac{Q}{\pi\sigma_y\sigma_z U}$

선지분석

① 유효굴뚝높이를 고려한 경우:

$$C(x,y,z;H_e)=\frac{Q}{2\pi\sigma_y\sigma_z U}\exp\left[-\frac{1}{2}\left\{\left(\frac{y}{\sigma_y}\right)^2+\left(\frac{z-H_e}{\sigma_z}\right)^2\right\}\right]$$

② 지표의 중심축상 농도만을 고려한 경우($z=0$, $y=0$):

$$C(x,0,0;H_e)=\frac{Q}{\pi\sigma_y\sigma_z U}\exp\left[-\frac{1}{2}\left(\frac{H_e}{\sigma_z}\right)^2\right]$$

③ 지표에서의 농도만을 고려한 경우($z=0$):

$$C(x,y,0;H_e)=\frac{Q}{\pi\sigma_y\sigma_z U}\exp\left[-\frac{1}{2}\left\{\left(\frac{y}{\sigma_y}\right)^2+\left(\frac{H_e}{\sigma_z}\right)^2\right\}\right]$$

④ 지표의 점배출원에 의한 중심축상 농도 고려한 경우($H_e=0$, $z=0$, $y=0$):

$$C(x,0,0;0)=\frac{Q}{\pi\sigma_y\sigma_z U}$$

관련이론 | 가우시안 분산식

전체식(고려항목: 유효굴뚝고, 지면반사)

$$C(x,y,z)=\frac{Q}{2\pi\sigma_y\sigma_z U}\exp\left[-\frac{1}{2}\left(\frac{y}{\sigma_y}\right)^2\right]\times\left[\exp\left\{-\frac{1}{2}\left(\frac{z-H_e}{\sigma_z}\right)^2\right\}+\exp\left\{-\frac{1}{2}\left(\frac{z+H_e}{\sigma_z}\right)^2\right\}\right]$$

Q: 오염물질 배출량(mg/s)

U: 풍속(m/s), H_e: 유효굴뚝높이(m)

y: 풍향에 직각인 수평거리(m)

z: 지면으로부터 오염물질까지의 높이(m)

σ_y: 수평확산계수, σ_z: 수직확산계수

정답 ③

14
★★☆

대기오염 농도를 추정하기 위한 상자모델에서 사용하는 가정으로 옳지 않은 것은?

① 오염물질의 분해는 0차 반응에 의한다.
② 고려되는 공간에서 오염물질의 농도는 균일하다.
③ 고려되는 공간의 수직단면에 직각방향으로 부는 바람의 속도가 일정하여 환기량이 일정하다.
④ 오염물질의 배출원이 지면 전역에 균등히 분포되어 있다.

해설
오염물의 분해는 일차반응에 의한다.

관련이론 | 상자모델
- 배출원으로부터 배출되는 오염물질의 확산이 상자 안에서 이루어져 균일하게 혼합되어 확산된 오염물질의 물질수지를 산정하는 모델이다.
- 고려되는 공간의 수직단면에 직각방향으로 부는 바람의 속도가 일정하여 환기량이 일정하다.
- 상자 안에서는 밑면에서 방출되는 오염물질이 상자 높이인 혼합층까지 즉시 균등하게 혼합된다.

정답 ①

15
★☆☆

산성비의 영향에 대한 설명이 적절치 못한 것은?

① 토양이 산성화되면서 마그네슘 과잉, 질소결핍으로 산림이 황폐화된다.
② 호수의 산성화는 유입된 산성수량과 이에 대한 호수 완충작용의 정도에 따라 결정된다.
③ 산성비에 의한 영양염류의 용출 그리고 토양 미생물의 활성 저하에 따른 농작물의 피해가 발생한다.
④ 대리석과 석회석으로 건축된 구조물이 산성비에 의하여 부식과 변색이 가속화된다.

해설
산성비는 토양의 칼슘이나 마그네슘 등과 같은 미량원소와 영양염을 유실시켜 토양을 황폐화시킨다.

정답 ①

16
★☆☆

다음 고등식물에 피해를 주는 대기오염물질의 일반적인 독성 정도의 크기를 나타낸 것 중 옳은 것은? (단, 큰 순서>작은 순서)

① $SO_2 > HF > CO > NO_2$
② $HF > SO_2 > NO_2 > CO$
③ $SO_2 > NO_2 > HF > CO$
④ $HF > CO > SO_2 > NO_2$

해설
HF는 매우 적은 농도에서도 피해를 주며, 특히 어린잎에 현저하며 지표식물은 글라디올러스, 메밀 등이다.
SO_2는 1ppm 정도에서도 수시간 내에 고등식물에게 피해를 주며 보통 백화현상에 의하여 맥간반점을 형성한다.
NO_2는 불규칙 흰색 또는 갈색으로 변화되며, 피해부분은 엽육세포이다.
CO는 100ppm까지는 1~3주간 노출되어도 고등식물에 대한 피해는 약하다.

정답 ②

17
★★☆

굴뚝 유효 높이를 3배로 증가시키면 지상 최대오염도는 어떻게 변화되는가? (단, Sutton식에 의한다.)

① 처음의 3배　　② 처음의 1/3배
③ 처음의 9배　　④ 처음의 1/9배

해설
최대지표농도 공식을 이용한다.

$$C_{max}=\frac{2Q}{\pi eUH_e^2}\times\left(\frac{K_z}{K_y}\right)$$

Q: 오염물질 배출량
U: 풍속
H_e: 유효굴뚝높이
K_z: 수직방향확산계수
K_y: 수평방향확산계수

$C_{max}\propto\frac{1}{H_e^2}$이므로 처음의 1/9배가 된다.

정답 ④

18 ★★☆

대기오염물질은 발생방법에 따라 1차 오염물질과 2차 오염물질로 구분할 수 있다. 2차 오염물질에 해당하는 것은?

① NOCl ② H_2S
③ N_2O_3 ④ CO

해설

염화나이트로실(NOCl)은 대표적인 2차 오염물질이다.

관련이론

1차 대기오염물질

- 배출 및 발생원에서 직접 대기 중으로 배출되는 오염된 물질이다.
- 종류: 먼지, 매연, 일산화탄소(CO), 이산화탄소(CO_2), 염화수소(HCl), 탄화수소(HC), 암모니아(NH_3), 납(Pb), 삼산화이질소(N_2O_3), NaCl, SiO_2 등

2차 대기오염물질

- 1차 오염물질이 대기 중에서 자외선에 의한 광화학적 반응으로 생성된 오염물질이다.
- 종류: 오존(O_3), PAN($CH_3COOONO_2$), 과산화수소(H_2O_2), 염화나이트로실(NOCl), 알데히드 등

1·2차 대기오염물질

- 배출 및 발생원에서 직접 대기 중으로 배출되거나 광화학적 반응으로 생성되는 오염물질을 의미한다.
- 종류: SO_2, SO_3, H_2SO_4, NO, NO_2, HCHO, 케톤류, 유기산, 알데히드 등

정답 ①

19 ★☆☆

다음 식물 중 에틸렌가스에 대한 저항성이 가장 큰 것은?

① 토마토 ② 스위트피
③ 양배추 ④ 완두

해설

에틸렌에 강한 식물로는 양배추, 상추 등이 있으며 지표식물로는 토마토, 스위트피 등이 있다.

정답 ③

20 ★☆☆

다음 중 지구온난화지수가 옳게 짝지어진 것은?

① CH_4 – 21
② CO_2 – 5
③ N_2O – 140
④ SF_6 – 6,500

선지분석

② CO_2 – 1
③ N_2O – 310
④ SF_6 – 23,900

관련이론 | 온실가스별 지구온난화지수

온실가스 배출권의 할당 및 거래에 관한 법률 「시행령 별표 2」

온실가스 종류	지구온난화지수
이산화탄소(CO_2)	1
메탄(CH_4)	21
아산화질소(N_2O)	310
수소불화탄소(HFCs)	140~11,700
과불화탄소(PFCs)	6,500~9,200
육불화황(SF_6)	23,900

정답 ①

2023년

연소공학

21 ★★★

유동층 연소에 관한 설명으로 옳지 않은 것은?

① 석탄연소 시 미연소된 Char가 배출될 수 있으므로 재연소장치에서의 연소가 필요하다.
② 손실되는 유동매체를 보충해야 한다.
③ 석회석 입자를 유동층 매체로 사용할 때, 별도의 배연탈황 설비가 필요하지 않다.
④ 부하변동에 따른 적응력이 높다.

해설
유동층 연소로는 부하변동에 따른 적응력이 낮다.

관련이론 | 유동층 연소로의 장점과 단점
(1) 장점
- 사용연료의 입도범위가 넓기 때문에 연료를 미분쇄할 필요가 없다.(미분탄장치가 필요 없음)
- 연료의 층내 체류시간이 길어 저발열량의 석탄도 완전연소가 가능하다.
- 균일한 연소가 가능하고 연소실 부하가 크며 과잉공기량이 적다.
- 유동매체에 석회석 등의 탈황제를 사용하여 로내 탈황도 가능하다.
- 열생성 NO_x와 탈황의 생성이 억제되어 전열관의 부식이 문제가 되지 않는다.
- 주방쓰레기, 슬러지 등 수분함량이 높은 폐기물을 층 내에서 건조와 연소를 동시에 할 수 있다.
- 화염층을 작게 할 수 있어 장치를 소형으로 할 수 있다.
- 클링커에 의한 장해가 없다.

(2) 단점
- 부하변동에 따른 적응성이 낮은 편이다.
- 석탄연소 시 미연소된 Char가 배출될 수 있으므로 재연소장치에서의 연소가 필요하다.
- 비산분진의 발생량이 많다.
- 유동화에 따른 압력손실이 커 동력비가 많이 든다.
- 조대한 연료는 투입 전 전처리과정으로 파쇄공정을 거쳐야 한다.
- 손실되는 유동매체를 보충해야 한다.

정답 ④

22 ★☆☆

석유계 액체연료의 탄수소비(C/H)에 대한 설명 중 옳지 않은 것은?

① C/H비가 클수록 이론공연비가 증가한다.
② 중질연료일수록 C/H비가 크다.
③ C/H비가 클수록 비교적 점성이 높은 연료이며, 매연이 발생되기 쉽다.
④ C/H비가 클수록 방사율이 크다.

해설
탄수소비(C/H비)가 클수록 이론공연비가 감소한다.

관련이론 | 액체연료의 탄수소비(C/H비)
- 연료의 탄소와 수소의 비로 석유계 연료의 탄수소비는 연소공기량과 발열량, 연소특성에도 영향을 미친다.
- 탄수소비가 클수록, 비교적 비점이 높을수록 연료는 매연발생량이 많다.
- 탄수소비가 클수록 이론공연비가 감소되며 방사율이 커진다.
- 중질연료일수록 탄수소비가 크다.
- 탄수소비가 클수록 비교적 점성이 높은 연료이며, 매연이 발생되기 쉽다.
- 탄수소비: 휘발유 < 등유 < 경유 < 중유

정답 ①

23 ★★☆

미분탄 연소의 특징으로 거리가 먼 것은?

① 스토커 연소에 비해 작은 공기비로 완전연소가 가능하다.
② 사용연료의 범위가 넓고, 스토커 연소에 적합하지 않은 점결탄과 저발열량탄 등도 사용 가능하다.
③ 부하변동에 쉽게 적용할 수 있다.
④ 설비비와 유지비가 적게 들고, 재비산의 염려가 없으며, 별도설비가 불필요하다.

해설
미분탄 연소는 설비비와 유지비가 많이 들고, 재비산의 염려가 있으며, 별도설비가 필요하다.

정답 ④

24

★★☆

프로판과 부탄의 용적이 1:2로 혼합된 가스 $1Sm^3$가 이론적으로 완전연소 할 때 발생하는 CO_2의 양(Sm^3)은?

① 2.7 ② 3.2
③ 3.7 ④ 4.1

해설

혼합가스의 부피가 $1Sm^3$이고, 용적비가 1:2이므로 프로판은 $1/3m^3$, 부탄은 $2/3m^3$이다.

프로판(C_3H_8): $1/3Sm^3$

$C_3H_8 + 5O_2 \rightarrow 3CO_2 + 4H_2O$

CO_2 발생량 $= 1/3 \times 3 = 1Sm^3$

부탄(C_4H_{10}): $2/3Sm^3$

$C_4H_{10} + 6.5O_2 \rightarrow 4CO_2 + 5H_2O$

CO_2 발생량 $= 2/3 \times 4 = 2.667Sm^3$

총 CO_2 발생량 $= 1 + 2.667 = 3.667Sm^3$

정답 ③

25

★★☆

확산형 가스버너 중 포트형에 관한 설명으로 가장 거리가 먼 것은?

① 밀도가 큰 가스 출구는 상부에, 밀도가 작은 가스 출구는 하부에 배치되도록 설계한다.
② 역화의 위험이 있기 때문에 반드시 역화 방지기를 부착해야 한다.
③ 포트의 입구가 작으면 슬래그가 부착되어 막힐 우려가 있다.
④ 가스와 공기를 함께 가열할 수 있다.

해설

포트형은 역화의 위험이 없다.

관련이론 | 포트형

- 버너 자체가 로벽과 함께 내화벽돌로 조립되어 로 내부에 개구된 것이며, 가스와 공기를 함께 가열할 수 있다.
- 고발열량 탄화수소를 사용할 경우에는 가스압력을 이용하여 노즐로부터 고속으로 분출하게 하여 그 힘으로 공기를 흡인하는 방식이다.
- 밀도가 큰 공기 출구는 상부에, 밀도가 작은 가스 출구는 하부에 배치되도록 한다.

정답 ②

26

★★★

C: 85%, H: 10%, O: 3%, S: 2%의 무게비로 구성된 액체연료를 1.3의 공기비로 완전연소할 때 발생하는 실제 습연소가스량(Sm^3/kg)은?

① 8.6 ② 9.8
③ 10.4 ④ 13.8

해설

이론산소량

$= 1.867C + 5.6H + 0.7S - 0.7O$

$= (1.867 \times 0.85) + (5.6 \times 0.10) + (0.7 \times 0.02) - (0.7 \times 0.03)$

$= 2.1399Sm^3/kg$

이론공기량 $= \frac{\text{이론산소량}}{0.21} = \frac{2.1399}{0.21} = 10.19Sm^3/kg$

이론공기중 질소량 $=$ 이론공기량 $\times 0.79$

$= 10.19 \times 0.79 = 8.0501Sm^3/kg$

과잉공기량 $= (m-1) \times$ 이론공기량 (m: 공기비)

$= (1.3-1) \times 10.19 = 3.057Sm^3/kg$

CO_2 배출량(C의 원자량은 12)

$C + O_2 \rightarrow CO_2$

$12kg : 22.4Sm^3 = 0.85kg/kg : xSm^3$

$x = 1.5866Sm^3/kg$

SO_2 배출량(S의 원자량은 32)

$S + O_2 \rightarrow SO_2$

$32kg : 22.4Sm^3 = 0.02kg/kg : xSm^3$

$x = 0.014Sm^3/kg$

H_2O 배출량(H_2의 분자량은 2)

$2H_2 + O_2 \rightarrow 2H_2O$

$2 \times 2kg : 2 \times 22.4Sm^3 = 0.10kg/kg : xSm^3$

$x = 1.12Sm^3/kg$

실제습연소가스량

$=$ 이론공기 중 질소량 $+$ 과잉공기량 $+$ 습연소생성물($CO_2 + SO_2 + H_2O$)

$= 8.0501 + 3.057 + 1.5866 + 0.014 + 1.12 = 13.8277Sm^3/kg$

정답 ④

27
★☆☆

연소에 관한 용어 설명으로 옳지 않은 것은?

① 인화점은 액체연료의 표면에 인위적으로 불씨를 가했을 때 연소하기 시작하는 최저온도이다.
② 발화점은 공기가 충분한 상태에서 연료를 일정온도 이상으로 가열했을 때 외부에서 점화하지 않더라도 연료 자신의 연소열에 의해 연소가 일어나는 최저온도이다.
③ 발열량은 연료가 완전연소할 때 단위중량 혹은 단위부피당 발생하는 열량으로 수분을 포함하는 저발열량과 포함하지 않는 고발열량으로 구분된다.
④ 유동점은 저온에서 중유를 취급할 경우의 난이도를 나타내는 척도가 될 수 있다.

해설

발열량은 연료가 완전연소할 때 단위중량 혹은 단위부피당 발생하는 열량으로 수분을 포함하는 고발열량과 포함하지 않는 저발열량으로 구분된다.

관련이론 | 발열량 산정공식

- 저위발열량(H_l)=고위발열량(H_h)−물의 증발잠열
- 고체 또는 액체연료의 저위발열량 계산식
  $H_l = H_h - 600(9H + W)$
- 기체연료의 저위발열량 계산식
  $H_l = H_h - 480 \times \sum H_2O$

정답 ③

28
★★★

메탄의 고위발열량이 9,900kcal/Sm³이라면 저위발열량(kcal/Sm³)은?

① 8,540　② 8,620
③ 8,790　④ 8,940

해설

$CH_4 + 2O_2 \rightarrow CO_2 + 2H_2O$
저위발열량=고위발열량$-480 \times \sum H_2O$ ($\sum H_2O$: H_2O의 몰수)
저위발열량$=9{,}900-(480 \times 2)=8{,}940$kcal/Sm³

정답 ④

29
★☆☆

연소학 무차원 수 중에서 온도의 확산속도에 대한 물질의 확산속도의 비를 의미하는 것은?

① Pr(Prandtl number)
② Le(Lewis number)
③ Re(Reynolds number)
④ Ri(Richardson number)

선지분석

① Pr(Prandtl number): 유동경계층과 열경계층의 비
② Le(Lewis number): 열 확산계수와 질량 확산계수의 비
③ Re(Reynolds number): 관성력과 점성력의 비
④ Ri(Richardson number): 대류난류를 기계적인 난류로 전환시키는 율을 측정한 것

정답 ②

30
★★★

연소 배출가스의 성분 분석결과 CO_2가 30%, O_2가 7%일 때, $(CO_2)_{max}$(%)는?

① 35　② 40
③ 45　④ 50

해설

최대탄산가스량 공식을 이용한다.

$$(CO_2)_{max}(\%) = \frac{21 \times (CO_2 + CO)}{21 - O_2 + 0.395CO}$$

문제의 조건에 따라 CO=0이다.

$$(CO_2)_{max}(\%) = \frac{21 \times CO_2}{21 - O_2}$$

$$(CO_2)_{max}(\%) = \frac{21 \times 30}{21 - 7} = 45\%$$

정답 ③

31

★★☆

아래의 조성을 가진 혼합기체의 하한연소범위(%)는?

성분	조성(%)	하한연소범위(%)
메탄	80	5.0
에탄	15	3.0
프로판	4	2.1
부탄	1	1.5

① 3.46 ② 4.24
③ 4.55 ④ 5.05

해설

폭발성 혼합가스의 연소범위(L)

$$L=\frac{100}{\frac{p_1}{n_1}+\frac{p_2}{n_2}+\cdots}$$

n_i: 각 성분 단일의 연소한계(상한 또는 하한)

p_i: 각 성분 가스의 부피(%)

$$L=\frac{100}{\frac{80}{5.0}+\frac{15}{3.0}+\frac{4}{2.1}+\frac{1}{1.5}}=4.2424$$

정답 ②

32

★★☆

다음 중 착화온도가 가장 높은 연료는?

① 무연탄 ② 수소
③ 목재 ④ 휘발유

해설

착화온도(발화점)는 외부의 점화원 없이 가연물 스스로 연소가 시작되는 최저온도이다. 수소의 착화온도는 약 580~600℃로 보기 중에서 가장 높다.

정답 ②

33

★☆☆

다음 그림은 연소 시 공기연료비에 따르는 HC, CO, CO_2, O_2의 발생량을 나타낸 것이다. ④의 항목에 해당되는 것은? (단, 실선은 이론, 점선은 실제의 관계를 나타낸다.)

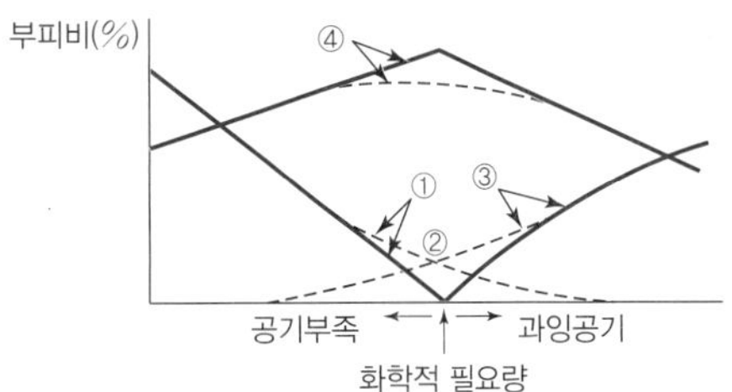

① O_2 ② HC
③ CO_2 ④ CO

해설

① CO: 공기 부족일수록 불완전 연소로 인해 발생량이 증가한다.
② HC: 연료 중 미연소된 탄화수소로, 공기 부족일수록 발생량이 증가한다.
③ O_2: 과잉 공기일수록 남아있는 산소에 의해 발생량이 증가한다.
④ CO_2: 완전연소의 생성물로, 화학적 필요량일 때 최대값을 갖는다.

정답 ③

34

★☆☆

고위발열량을 산정하는 Dulong식은 아래와 같다.

$$H_h=8,100C+34,250\left(H-\frac{O}{8}\right)+2,250S(kcal/kg)$$

여기서 $\left(H-\frac{O}{8}\right)$의 의미로 옳은 것은?

① 유효산소 ② 저위발열량
③ 유효수소 ④ 유효고

해설

Dulong의 고위발열량 식

$$H_h=8,100C+34,250\left(H-\frac{O}{8}\right)+2,250S(kcal/kg)$$

C, H, O, S: 단소, 수소, 산소, 황의 함량

$\left(H-\frac{O}{8}\right)$: 유효수소 또는 유효발열수소

$\frac{O}{8}$: 무효수소

정답 ③

35

★☆☆

25℃에서 탄소가 연소하여 일산화탄소가 될 때 엔탈피 변화량(kJ)은?

$C+O_2(g) \rightarrow CO_2(g)$, $\triangle H=-393.5kJ$
$CO+1/2O_2(g) \rightarrow CO_2(g)$, $\triangle H=-283.0kJ$

① −676.5　② −110.5
③ 110.5　④ 676.5

해설

$C+O_2(g) \rightarrow CO_2(g)$, $\triangle H=-393.5kJ$ …… ①
$CO+1/2O_2(g) \rightarrow CO_2(g)$, $\triangle H=-283.0kJ$ …… ②
② 반응식의 역반응과 ① 반응식을 합한다.
$C+O_2(g) \rightarrow CO_2(g)$, $\triangle H=-393.5kJ$
$CO_2(g) \rightarrow CO+1/2O_2(g)$, $\triangle H=+283.0kJ$
$C+1/2O_2(g) \rightarrow CO(g)$
$\triangle H=-393.5+283.0=-110.5kJ$

정답 ②

36

★★☆

기체연료의 특징으로 옳지 않은 것은?

① 운송이나 저장이 용이하다.
② 부대설비 비용이 액체연료에 비해 많이 소요된다.
③ 부하의 변동범위가 넓다.
④ 연소 조절이 비교적 용이하다.

해설

기체연료는 운송이나 저장이 용이하지 않다.

정답 ①

37

★★★

공기의 산소 농도가 부피기준으로 20%일 때, 메탄의 질량기준 공연비는? (단, 공기의 분자량은 28.95g/mol이다.)

① 1　② 18
③ 38　④ 40

해설

메탄(CH_4, 분자량 16) 1mol이 연소할 때 산소(O_2) 2mol이 필요하다.
$CH_4+2O_2 \rightarrow CO_2+2H_2O$

$$\text{이론공기량}=\frac{\text{이론산소량}}{0.2}=\frac{2}{0.2}=10mol$$

$$\text{공연비}(AFR)=\frac{\text{공기의 질량}}{\text{연료의 질량}}=\frac{10\times 28.95}{1\times 16}=18.0937$$

정답 ②

38

★★☆

착화온도에 관한 설명으로 옳지 않은 것은?

① 산소농도가 높을수록 착화온도는 높아진다.
② 반응활성도가 클수록 착화온도는 낮아진다.
③ 석탄의 탄화도가 증가할수록 착화온도는 높아진다.
④ 분자구조가 복잡할수록 착화온도는 낮아진다.

해설

산소농도가 낮을수록 착화온도는 높아진다.

관련이론 | 착화온도(발화점)의 특성

- 화학결합의 활성도가 클수록 착화온도는 낮아진다.
- 분자구조가 복잡할수록 착화온도는 낮아진다.
- 발열량이 클수록 착화온도는 낮아진다.
- 활성화에너지가 작을수록 착화온도는 낮아진다.
- 반응활성도(화학반응성)가 클수록 낮아진다.
- 산소농도가 낮을수록 착화온도는 높아진다.
- 휘발 성분이 적고 고정탄소량이 많을수록 높아진다.
- 석탄의 탄화도가 증가하면 높아진다.

정답 ①

39

★★★

중유를 시간당 1,000kg씩 연소시키는 배출시설이 있다. 연돌의 단면적이 3m^{2}일 때 배출가스의 유속(m/s)은? (단, 이 중유의 표준상태에서의 원소 조성 및 배출가스의 분석치는 아래 표와 같고, 배출가스의 온도는 270℃이다.)

> [중유의 조성]
> 탄소: 86%, 수소: 13.0%, 황분: 1.0%
> [배출가스의 분석결과]
> $(CO_2)+(SO_2)$: 13.0%, O_2: 2.0%, CO: 0.1%

① 약 2.4m/s ② 약 3.2m/s
③ 약 3.6m/s ④ 약 4.4m/s

해설

(1) 실제배출가스의 유량 산정

불완전연소 시 과잉공기비(m)$=\frac{N_2}{N_2-3.76(O_2-0.5CO)}$

$=\frac{84.9}{84.9-3.76(2.0-0.5\times 0.1)}$

$=1.0945$

$N_2=100-(13.0+2.0+0.1)=84.9\%$

이론산소량$=1.867C+5.6H+0.7S-0.7O$

$=(1.867\times 0.86)+(5.6\times 0.13)+(0.7\times 0.01)$

$=2.3406Sm^3/kg$

이론공기량=이론산소량/0.21=2.3406/0.21=11.1457Sm^3/kg

이론공기 중 질소량=이론공기량×0.79

$=11.1457\times 0.79=8.8051Sm^3/kg$

실제공기량=이론공기량×과잉공기비

$=11.1457\times 1.0945=12.1989Sm^3/kg$

과잉공기량=실제공기량−이론공기량

$=12.1989-11.1457=1.0532Sm^3/kg$

CO_2 배출량

$C+O_2\rightarrow CO_2$

$12kg : 22.4Sm^3=0.86kg/kg : xSm^3$

$x=1.6053Sm^3/kg$

H_2O 배출량

$2H_2+O_2\rightarrow 2H_2O$

$2\times 2kg : 2\times 22.4Sm^3=0.13kg/kg : xSm^3$

$x=1.456Sm^3/kg$

SO_2 배출량

$S+O_2\rightarrow SO_2$

$32kg : 22.4Sm^3=0.01kg/kg : xSm^3$

$x=0.007Sm^3/kg$

실제습연소가스량

=이론공기 중 질소량+과잉공기량

+습연소생성물($CO_2+H_2O+SO_2$)

$=8.8051+1.0532+1.6053+1.456+0.007$

$=12.9266Sm^3/kg$

(2) 유량을 단면적으로 나누어 유속 산정

$Q=AV\rightarrow V=\frac{Q}{A}$ 식을 이용한다.

$$V=\frac{\frac{12.9266Sm^3}{kg}\times\frac{1,000kg}{hr}\times\frac{hr}{3,600s}\times\frac{(273+270)K}{273K}}{3m^2}$$

$=2.3806m/s$

정답 ①

40

★☆☆

다음 중 옥탄가가 가장 낮은 물질은?

① n-Paraffine
② iso-Olefin
③ iso-Paraffine
④ 방향족 탄화수소

해설

옥탄가의 순서: 방향족 탄화수소>iso-Paraffine>나프텐계(Naphtene)>n-Paraffine

관련이론 | 옥탄가

- 휘발유의 특성을 나타내는 수치로 노킹(Knocking)현상에 대한 저항성을 의미한다.
- 이소옥탄(C_8H_{18})의 옥탄가를 100%, n-헵탄(C_7H_{16})의 옥탄가를 0%로 했을 때 이소옥탄의 비율로 구한다.

  Octane Number(%)$=\frac{C_8H_{18}(mL)}{C_8H_{18}(mL)+C_7H_{16}(mL)}\times 100$
- n-Paraffine에서는 탄소수가 증가할수록 옥탄가가 저하하여 C_7에서 옥탄가는 0이다.
- 방향족 탄화수소의 경우 벤젠고리의 측쇄가 C_3까지는 옥탄가가 증가하지만 그 이상이면 감소한다.
- iso-Paraffine에서는 methyl 측쇄가 많을수록, 특히 중앙부에 집중할수록 옥탄가가 증가한다.

정답 ①

대기오염방지기술

41
★☆☆

배출가스 중의 일산화탄소를 제거하는 방법 중 가장 실질적이고, 확실한 것은?

① 백금계 촉매를 사용하여 무해한 이산화탄소로 산화시켜 제거
② 벤츄리스크러버나 충전탑 등으로 세정하여 제거
③ 탄산나트륨을 사용하는 시보드법을 적용하여 제거
④ 활성탄 등의 흡착제를 사용하여 흡착제거

해설

일산화탄소는 백금계 촉매를 사용하여 이산화탄소로 산화시켜 제거할 수 있다.

정답 ①

42
★☆☆

원심형 송풍기의 성능에 대해 송풍기 회전수가 2배가 되었을 때 송풍기의 동력의 변화로 옳은 것은?

① 송풍기의 동력은 4배가 된다.
② 송풍기의 동력은 1/4배가 된다.
③ 송풍기의 동력은 8배가 된다.
④ 송풍기의 동력은 1/8배가 된다.

해설

$$W_2 = W_1 \times \left(\frac{N_2}{N_1}\right)^3$$

W_1, W_2: 동력
N_1, N_2: 회전수
송풍기의 동력은 회전수의 세제곱에 비례하기 때문에 회전수가 2배가 되면 동력은 8배가 된다.

관련이론 | 송풍기의 성능 관계

- 송풍기의 풍량은 회전수에 비례한다.
- 송풍기의 풍압은 회전수의 제곱에 비례한다.
- 송풍기의 동력은 회전수의 세제곱에 비례한다.

정답 ③

43
★☆☆

지름 20cm, 유효높이 3m, 원통형 Bag Filter로 $4m^3/s$의 함진가스를 처리하고자 한다. 여과속도를 0.04m/s로 할 경우 필요한 Bag Filter수는 얼마인가?

① 35개
② 54개
③ 70개
④ 120개

해설

여과유량 = 여과속도 × 필터면적 × 필터 수
$4m^3/s = 0.04m/s \times (\pi \times 0.2m \times 3m) \times n$
$n = \dfrac{4m^3/s}{0.04m/s \times (\pi \times 0.2m \times 3m)} = 53.0516$개
$n = 54$개

정답 ②

44
★☆☆

먼지의 입경분포를 나타내는 Rosin-Rammler식에서 β와 n에 대한 설명으로 알맞은 것은? (단, $R=100 \cdot \exp\{-\beta(d_p)^n\}(\%)$, d_p는 먼지의 입경, β와 n은 각각 입경계수와 입경지수이다.)

① β가 클수록 먼지의 입경이 미세하고, n이 클수록 입경분포범위가 좁다.
② β가 클수록 먼지의 입경이 크고, n이 클수록 입경분포범위가 좁다.
③ β가 클수록 먼지의 입경이 미세하고, n이 클수록 입경분포범위가 넓다.
④ β가 클수록 먼지의 입경이 크고, n이 클수록 입경분포범위가 넓다.

해설

Rosin-Rammler 분포
$R(\%) = 100 \cdot \exp(-\beta d_p^{\,n})$
$R(\%)$은 체상누적분포(%)를 의미하며 n이 클수록 입경분포 폭은 좁다. 또한, β가 커지면 임의의 누적분포를 갖는 입경 d_p가 작아져서 미세한 분진이 많아진다.

정답 ①

45

★☆☆

80%의 집진효율을 갖는 2개의 집진장치를 연결하여 먼지를 제거하고자 한다. 집진장치를 (A) 병렬 연결한 경우와 (B) 직렬 연결한 경우에 관한 내용으로 옳지 않은 것은? (단, 두 집진장치의 처리가스량은 동일하다.)

① (A) 방식의 총 집진효율은 단일집진장치와 동일하게 80%이다.
② (A) 방식은 처리가스의 양이 많은 경우 사용된다.
③ (B) 방식의 총 집진효율은 94%이다.
④ (B) 방식은 높은 처리효율을 얻기 위한 것이다.

해설

유입농도를 100으로 가정하면 (B) 방식의 집진효율은 96%이다.

(1) (A) 병렬 연결한 경우
유입: 100
유출: $100\times(1-0.8)=20$
총 효율: 80%

(2) (B) 직렬 연결한 경우
1차 유입: 100
1차 유출: $100\times(1-0.8)=20$
2차 유입: 20
2차 유출: $20\times(1-0.8)=4$
총 효율: 96%

정답 ③

46

★☆☆

다음 먼지의 입경 측정방법 중 간접측정법이 아닌 것은?

① 광산란법 ② 관성충돌법
③ 표준체측정법 ④ 공기투과법

해설

먼지의 입경 측정방법
- 직접측정법: 현미경법, 표준체측정법
- 간접측정법: 광산란법, 공기투과법, 액상침강법, 관성충돌법

정답 ③

47

★★☆

헨리의 법칙을 따르는 유해가스가 물속에 2.0kmol/m^3 만큼 용해되어 있을 때, 분압이 258.4mmH$_2$O이었다면, 이 유해가스의 분압이 38mmHg로 될 때 물 속의 유해가스 농도는? (단, 기타 조건은 변화가 없다.)

① 10.0kmol/m^3 ② 8.0kmol/m^3
③ 6.0kmol/m^3 ④ 4.0kmol/m^3

해설

헨리의 법칙을 이용한다.

$P=HC$

P: 분압(mmH$_2$O), H: 헨리상수(mmH$_2$O·m^3/kmol)
C: 유해가스의 농도(kmol/m^3)

(1) H값 구하기
$258.4\text{mmH}_2\text{O}=H\times 2.0\text{kmol/m}^3$
$H=129.2\text{mmH}_2\text{O}\cdot\text{m}^3/\text{kmol}$

(2) 38mmHg에서 수중 유해가스의 농도 구하기
문제에서 분압이 mmH$_2$O와 mmHg로 다르게 주어졌으므로 하나의 단위로 환산하는 과정을 거쳐 식에 대입해야 한다.

$$38\text{mmHg}\times\frac{10{,}332\text{mmH}_2\text{O}}{760\text{mmHg}}=\frac{129.2\text{mmH}_2\text{O}\cdot\text{m}^3}{\text{kmol}}\times C$$

$C=3.9984\text{kmol/m}^3$

※ 760mmHg=10,332mmH$_2$O

정답 ④

48

★☆☆

다음 여과재(Filter bag) 재질 중 내산성 및 내알칼리성이 모두 양호한 것은?

① 비닐론 ② 사란
③ 테트론 ④ 나일론(에스테르계)

해설

① 비닐론: 내산성 및 내알칼리성 모두 양호함
② 사란: 알칼리에 약함
③ 테트론: 내산성을 가지고, 알칼리에 약함
④ 나일론(에스테르계): 산과 알칼리에 약함
※나일론(폴리아미드계): 내산성 및 내알칼리성 모두 양호

정답 ①

49

★☆☆

다음은 물리흡착과 화학흡착의 비교표이다. 비교 내용 중 옳지 않은 것은?

	구분	물리흡착	화학흡착
가	온도범위	낮은 온도	대체로 높은 온도
나	흡착층	단일 분자층	여러 층이 가능
다	가역정도	가역성이 높음	가역성이 낮음
라	흡착열	낮음	높음(반응열 정도)

① 가 ② 나
③ 다 ④ 라

해설

	구분	물리흡착	화학흡착
나	흡착층	여러 층이 가능	단일 분자층

정답 ②

50

★★★

집진장치의 압력손실 200mmH$_2$O, 처리가스량 3,600m^3/min, 송풍기 효율 70%, 송풍기 축동력에 여유율 20%를 고려한다면 이 장치의 소요동력은?

① 약 202kW ② 약 240kW
③ 약 286kW ④ 약 343kW

해설

$$P(\text{kW})=\frac{Q\times \Delta P}{102\times\eta}\times\alpha$$

Q: 처리가스량(m^3/sec), ΔP: 압력손실(mmH$_2$O)

η: 송풍기 효율, α: 여유율

$$P=\frac{\frac{3{,}600\text{m}^3}{\text{min}}\times\frac{\text{min}}{60\text{sec}}\times 200\text{mmH}_2\text{O}}{102\times 0.7}\times 1.2$$

$=201.6806$kW

정답 ①

51

★★☆

일반적으로 더스트의 체적당 표면적을 비표면적이라 하는데 구형입자의 비표면적의 식을 옳게 나타낸 것은? (단, d는 구형입자의 직경이다.)

① $2/d$ ② $4/d$
③ $6/d$ ④ $8/d$

해설

입자의 비표면적

- 먼지의 입경과 비표면적은 반비례 관계이다. (입경이 작을수록 비표면적이 큼)
- 비표면적이 크게 되면 원심력 집진장치의 경우에는 장치벽면을 폐색시킨다.
- 비표면적$=\dfrac{\text{구의 표면적}}{\text{구의 부피}}=\dfrac{\frac{\pi d_p^2}{1}}{\frac{\pi d_p^3}{6}}=\dfrac{6}{d_p}$

정답 ③

52

★☆☆

일반적인 흡착제의 용도를 가장 알맞게 짝지은 것은?

① 활성탄 – 습한가스 건조, 황분 제거
② 실리카겔 – 용제 회수, 악취 제거
③ 활성알루미나 – 탄화수소로부터 오염물질 제거
④ 보오크사이트 – 석유분류물 처리, 가스 건조

선지분석

① 활성탄: 용제 회수, 악취 제거, 가스정제
② 실리카겔: 가스 건조, 황분 제거
③ 활성알루미나: 습한가스 건조

정답 ④

53

★★☆

가스 중 불화수소를 수산화나트륨 용액과 향류로 접촉시켜 85% 흡수시키는 충전탑의 흡수율을 95%로 향상시키기 위한 충전탑의 높이는? (단, 흡수액상의 불화수소의 평형분압은 0이다.)

① 1.6배 높아져야 함
② 3.2배 높아져야 함
③ 5.4배 높아져야 함
④ 8.7배 높아져야 함

해설

충전탑 높이 $= H_{OG} \times N_{OG}$
H_{OG}: 기상총괄이동단위높이(m)
N_{OG}: 기상총괄단위수

$N_{OG} = \ln \frac{1}{1-\eta}$ (η: 효율)

(1) 85%일 때 기상총괄단위수

$$N_{OG} = \ln \frac{1}{1-0.85} = 1.8971$$

(2) 95%일 때 기상총괄단위수

$$N_{OG} = \ln \frac{1}{1-0.95} = 2.9957$$

(3) 충전탑의 높이의 비 구하기

$$\frac{H_{95\%}}{H_{85\%}} = \frac{H_{OG} \times 2.9957}{H_{OG} \times 1.8971} = 1.5791\text{배}$$

정답 ①

54

★★☆

유해가스를 처리할 때 사용하는 충전탑(Packed tower)에 관한 내용으로 옳지 않은 것은?

① 충전탑에서 hold－up은 탑의 단위면적당 충전재의 양을 의미한다.
② 흡수액에 고형물이 함유되어 있는 경우에는 침전물이 생기는 방해를 받는다.
③ 충전물을 불규칙적으로 충전했을 때 접촉면적과 압력손실이 커진다.
④ 일정양의 흡수액을 흘릴 때 유해가스의 압력손실은 가스속도의 대수 값에 비례하며, 가스속도가 증가할 때 나타나는 첫번째 파괴점(Break point)을 Loading point라 한다.

해설

충전탑에서 hold-up은 흡수액을 통과시키면서 유량속도를 증가할 경우 충전층 내의 액보유량이 증가하게 되는 상태이다.

정답 ①

55

★☆☆

전기집진장치에서 비저항과 관련된 내용으로 옳지 않은 것은?

① 일반적으로 100~200℃ 범위에서 전기 저항률은 최대로 된다.
② 전기저항이 $10^{11}\Omega\cdot cm$ 이상일 때는 점핑현상이 발생된다.
③ 수분량이 증가하면 최대 전기 저항률은 고온 측으로 이동한다.
④ 배기가스중의 SO_3 함량이 높을수록 전기저항은 낮아진다.

해설

점핑(jumping, 재비산 현상)현상은 전기저항이 $10^4\Omega\cdot cm$ 이하일 때 발생한다. 전기저항이 $10^{11}\Omega\cdot cm$ 이상일 때는 역전리(Back corona) 현상이 발생한다.

정답 ②

2023년

56

★★☆

사이클론에서 가스 유입속도를 2배로 증가시키고, 입구폭을 4배로 늘리면 50% 효율로 집진되는 입자의 직경, 즉 Lapple의 절단입경(d_{p50})은 처음에 비해 어떻게 변화되겠는가?

① 처음의 2배
② 처음의 $\sqrt{2}$배
③ 처음의 1/2
④ 처음의 $1/\sqrt{2}$

해설

절단입경 공식을 이용한다.

$$d_{p50}=\left[\frac{9\times\mu\times B_c}{2\times(\rho_p-\rho)\times\pi\times N_e\times V}\right]^{0.5}$$

d_{p50}: 절단입경(m)

μ: 배출가스의 점도(kg/m·sec)

B_c: 유입구의 폭(m)

N_e: 유효회전수

V: 입구의 유속(m/sec)

ρ_p: 입자의 밀도(kg/m³)

ρ: 가스의 밀도(kg/m³)

문제에서 입구의 유속(V), 입구폭(B_c) 외에 다른 조건에 대한 언급은 없으므로 다른 조건은 상수 K로 둘 수 있다.

$$d_{p50-1}=\left[\frac{B_c}{V}\right]^{0.5}\times K$$

$$d_{p50-2}=\left[\frac{4B_c}{2V}\right]^{0.5}\times K$$

$$\frac{d_{p50-2}}{d_{p50-1}}=\frac{\left[\frac{4B_c}{2V}\right]^{0.5}\times K}{\left[\frac{B_c}{V}\right]^{0.5}\times K}=\sqrt{2}$$

정답 ②

57

★☆☆

다음은 대기오염방지시설과 처리원리를 연결한 것이다. 옳지 않은 것은?

① 전기집진장치 – 흡착
② 싸이클론 – 원심력
③ 세정집진장치 – 흡수
④ 백필터 – 여과

해설

전기집진장치의 처리원리는 대전입자의 하전에 의한 정전기적 인력(쿨롱의 힘)이다.

정답 ①

58

★★☆

원심력집진장치(Cyclone)의 집진효율에 관한 내용으로 옳은 것은?

① 가스의 온도가 높을수록 집진효율이 증가한다.
② 가스의 유입속도가 클수록 집진효율이 증가한다.
③ 원통의 직경이 클수록 집진효율이 증가한다.
④ 입자의 밀도가 클수록 집진효율이 감소한다.

선지분석

① 가스의 온도가 높을수록 집진효율이 감소한다.(점도가 커짐)
③ 원통의 직경이 작을수록 집진효율이 증가한다.
④ 입자의 밀도가 클수록 집진효율이 증가한다.

정답 ②

59

★☆☆

다음 중 후드의 설치방법으로 옳지 않은 것은?

① 잉여공기의 흡입을 적게 하고 충분한 포착속도를 가지기 위해 가능한 한 후드를 발생원에 근접시킨다.
② 후드의 개구면적을 넓히고 포착속도를 최대한으로 크게 유지해야 한다.
③ 실내의 기류, 발생원과 후드 사이의 장애물 등에 의한 영향을 고려하여 필요에 따라 에어커튼을 이용한다.
④ 분진을 발생시키는 부분을 중심으로 국부적으로 처리하는 로컬 후드방식을 취한다.

해설

후드의 개구면적을 좁히고 포착속도를 최대한으로 크게 유지해야 한다.

정답 ②

60

★☆☆

다음 발생 먼지 종류 중 일반적으로 S/S_b가 가장 큰 것은? (단, S는 진비중, S_b는 겉보기 비중이다.)

① 미분탄보일러 ② 시멘트킬른
③ 카본블랙 ④ 골재드라이어

해설

카본블랙은 그을음에 상당하는 흑색의 미세한 탄소분말로 S/S_b가 보기 중 가장 크다.

① 미분탄보일러의 S/S_b: 4.0
② 시멘트킬른의 S/S_b: 5.0
③ 카본블랙의 S/S_b: 76
④ 골재드라이어의 S/S_b: 2.7

정답 ③

대기오염공정시험기준

61

★★★

기체 중의 오염물질 농도를 mg/m^3로 표시했을 때 m^3가 의미하는 것은?

① 100℃, 1atm에서의 기체용적
② 상온에서의 기체용적
③ 표준상태에서의 기체용적
④ 절대온도, 절대압력 하에서의 기체용적

해설

기체 중의 농도를 mg/m^3로 표시했을 때 m^3는 표준상태(0℃, 760mmHg)의 기체용적을 뜻하고 Sm^3으로 표시한 것과 같다.

정답 ③

62

★☆☆

굴뚝연속자동측정기기의 설치방법으로 옳지 않은 것은?

① 수직굴뚝에서 가스상 물질의 측정위치는 굴뚝 하부 끝에서 위를 향하여 굴뚝내경의 $\frac{1}{2}$배 이상이 되는 지점으로 한다.
② 수평굴뚝에서 가스상 물질의 측정위치는 외부공기가 새어들지 않고 굴뚝에 요철부분이 없는 곳으로 굴뚝의 방향이 바뀌는 지점으로부터 굴뚝내경의 2배 이상 떨어진 곳을 선정한다.
③ 응축된 수증기가 존재하지 않는 곳에 설치한다.
④ 먼지와 가스상 물질을 모두 측정하는 경우 측정위치는 먼지를 따른다.

해설

가스상 물질 굴뚝연속자동측정기기의 수직굴뚝에서의 측정위치는 굴뚝 하부 끝에서 위를 향하여 굴뚝내경의 2배 이상이 되고, 상부 끝단으로부터 아래를 향하여 굴뚝 상부 내경의 $\frac{1}{2}$배 이상이 되는 지점으로 한다.

정답 ①

2023년

63

★☆☆

가로 길이가 3m, 세로 길이가 2m인 상·하 동일 단면적의 사각형 굴뚝이 있다. 이 굴뚝의 환산직경(m)은?

① 2.2　② 2.4
③ 2.6　④ 2.8

해설

굴뚝의 단면이 사각형인 경우의 환산직경

$D_0=\frac{2ab}{a+b}$

a: 굴뚝내부 단면 가로치수(m)
b: 굴뚝내부 단면 세로치수(m)

$D_0=\frac{2\times(3\times2)}{3+2}=2.4\text{m}$

정답 ②

64

★★☆

비분산적외선분광분석법에서 사용하는 용어의 정의로 옳지 않은 것은?

① 비분산: 빛을 프리즘이나 회절격자와 같은 분산소자에 의해 분산하지 않게 하는 것
② 반복성: 동일한 방법과 조건에서 동일한 분석계를 사용하여 여러 측정대상을 장시간에 걸쳐 반복적으로 특정하는 경우 각각의 측정치가 일치하는 정도
③ 비교가스: 시료 셀에서 적외선 흡수를 측정하는 경우 대조가스로 사용하는 것으로 적외선을 흡수하지 않는 가스
④ 정필터형: 측정성분이 흡수되는 적외선을 그 흡수파장에서 측정하는 방식

해설

반복성은 동일한 분석계를 이용하여 동일한 측정대상을 동일한 방법과 조건으로 비교적 단시간에 반복적으로 측정하는 경우로서 각각의 측정치가 일치하는 정도이다.

정답 ②

65

★★★

원자흡수분광광도법에서 화학적 간섭을 방지하는 방법으로 가장 거리가 먼 것은?

① 은폐제의 첨가
② 표준물첨가법의 이용
③ 미량의 간섭원소의 첨가
④ 이온교환에 의한 방해물질 제거

해설

화학적 간섭을 방지하는 방법

- 이온교환이나 용매추출 등에 의한 방해물질의 제거
- 과량의 간섭원소의 첨가
- 간섭을 피하는 양이온(란타넘, 스트론튬, 알칼리 원소 등), 음이온 또는 은폐제, 킬레이트제 등의 첨가
- 목적 원소의 용매 추출
- 표준물첨가법의 이용

정답 ③

66

★☆☆

원형 굴뚝의 환산 하부직경을 계산하는 방식으로 옳은 것은? (단, 굴뚝단면이 서서히 변하는 경우)

① (하부직경+선정된 측정공 위치의 직경) / 2
② (하부직경+선정된 측정공 위치의 직경) / 3
③ (하부직경+선정된 측정공 위치의 직경) / 4
④ (하부직경+선정된 측정공 위치의 직경) / 5

해설

굴뚝단면이 서서히 변하는 경우 측정공의 위치를 대략적으로 선정하고 다음에 의거하여 굴뚝직경을 구할 수 있다. 이 때, 선정된 측정공 위치가 환산 하부직경의 2배 이상, 환산 상부직경의 1/2배 이상이면 측정공의 위치로 채택한다.
환산 하부직경과 환산 상부직경을 구하는 식은 다음과 같다.

- 환산 하부직경 $=\frac{\text{하부직경}+\text{선정된 측정공 위치의 직경}}{2}$
- 환산 상부직경 $=\frac{\text{상부직경}+\text{선정된 측정공 위치의 직경}}{2}$

정답 ①

67

★★☆

굴뚝 배출가스 중의 카드뮴화합물을 원자흡수분광광도법으로 분석하고자 한다. 분석용 시료용액의 전처리 방법으로 틀린 것은?

① 유기물을 함유한 것: 질산법
② 유기물을 함유하지 않은 것: 마이크로산분해법
③ 타르 기타 소량의 유기물을 함유하는 것: 질산－염산법
④ 다량의 유기물 유리탄소를 함유하는 것: 저온회화법

해설

시료의 성상 및 처리방법

성상	처리방법
타르 기타 소량의 유기물을 함유하는 것	질산－염산법, 질산－과산화수소수법, 마이크로파산분해법
유기물을 함유하지 않는 것	질산법, 마이크로파산분해법
다량의 유기물 유리탄소를 함유하는 것, 셀룰로스 섬유제 필터를 사용한 것	저온회화법

※ 개정된 카드뮴화합물 분석 공정시험기준에는 위의 내용이 삭제되었지만 시료 전처리 방법에는 수록되어있기 때문에 해당 문제가 출제될 수 있음

정답 ①

68

★★☆

시판되는 염산시약의 농도가 35%이고 비중이 1.18인 경우 0.1M의 염산 1L를 제조할 때 시판 염산시약 약 몇 mL 취하여 증류수로 희석하여야 하는가?

① 3　　② 6
③ 9　　④ 15

해설

염산(HCl)의 분자량은 36.5이다.
염산시약에 증류수를 넣는 것이기 때문에 증류수를 넣기 전과 넣은 후의 염산의 몰수는 같고, 부피가 다르다.

$$\frac{1.18g}{mL} \times \frac{35}{100} \times x mL \times \frac{mol}{36.5g} = \frac{0.1mol}{L} \times 1L$$

$x = 8.8377mL$

정답 ③

69

★★★

다음 중 대기오염공정시험기준 총칙상의 시험기재 및 용어에 관한 설명으로 옳지 않은 것은?

① 시험 조작 중 "즉시"란 10초 이내에 표시된 조작을 하는 것을 뜻한다.
② 시험에 사용하는 시약은 따로 규정이 없는 한 특급 또는 1급 이상 또는 이와 동등한 규격의 것을 사용하여야 한다.
③ 액의 농도를 (1→5)로 표시한 것은 그 용질의 성분이 고체일 때는 1g을 용매에 녹여 전량을 5mL로 하는 비율을 말한다.
④ "정확히 단다"라 함은 규정한 양의 검체를 취하여 분석용 저울로 0.1mg까지 다는 것을 뜻한다.

해설

시험조작 중 "즉시"란 30초 이내에 표시된 조작을 하는 것을 뜻한다.

정답 ①

70

★☆☆

배출가스 중의 수은화합물을 냉증기 원자흡수분광광도법에 따라 분석할 때 사용하는 흡수액은?

① 수산화칼슘＋피로가롤용액
② 시안화포타슘＋디티존용액
③ 과망간산포타슘＋황산용액
④ 질산암모늄＋황산용액

해설

수은화합물을 냉증기 원자흡수분광광도법에 따라 분석할 때 흡수액은 '질량분율 4% 과망간산포타슘＋10% 황산용액'을 사용한다.
10% 황산(H_2SO_4, 분자량: 98.08, 순도: 일급)에 과망간산포타슘($KMnO_4$, 분자량: 158.03, 순도: 특급) 40g을 넣어 녹이고 10% 황산을 가하여 최종 부피를 1L로 한다.

정답 ③

71

★★☆

굴뚝 단면이 상·하 동일 단면적의 원형인 경우 굴뚝 직경이 4.2m일 때 측정점 수는?

① 4　② 8
③ 12　④ 16

해설

원형단면의 측정점 수

굴뚝직경(m)	반경 구분 수	측정점 수
1 이하	1	4
1 초과 2 이하	2	8
2 초과 4 이하	3	12
4 초과 4.5 이하	4	16
4.5 초과	5	20

정답 ④

72

★☆☆

자외선/가시선 분광법에 의한 플루오린화합물 분석방법에 관한 설명으로 옳지 않은 것은?

① 시료채취량 80L이고 분석용 시료용액의 양이 250mL인 경우 이 방법의 정량범위는 0.05ppm 이상이며, 방법검출한계는 0.02ppm이다.
② 분광광도계로 측정 시 흡수 파장은 460nm를 사용한다.
③ 배출가스 중 무기 플루오린화합물을 수산화소듐 용액으로 흡수하고 완충 용액을 첨가하여 pH를 조절한 후 란타넘－알리자린콤플렉손 용액을 첨가하고 플루오린화 이온과 반응하여 생성하는 복합 착화합물의 흡광도를 측정하여 플루오린화합물을 정량한다.
④ 시료가스 중에 알루미늄(III), 철(II), 구리(II), 아연(II) 등의 중금속 이온이나 인산 이온이 존재하면 방해 효과를 나타낸다.

해설

분광광도계로 측정 시 흡수 파장은 620nm를 사용한다.

관련이론 | 배출가스 중 플루오린화합물 – 자외선/가시선분광법 – 란타넘 – 알리자린콤플렉손법
배출가스 중 무기 플루오린화합물을 수산화소듐 용액으로 흡수하고 완충 용액을 첨가하여 pH를 조절한 후 란타넘－알리자린콤플렉손 용액을 첨가하고 플루오린화 이온과 반응하여 생성하는 복합 착화합물의 흡광도를 측정하여 플루오린화합물을 정량한다.

정답 ②

73

★★★

기체크로마토그래피에 의한 정량분석에서 이용되는 정량법으로 거리가 먼 것은?

① 표준넓이추가법　② 보정넓이 백분율법
③ 상대검정곡선법　④ 절대검정곡선법

해설

정량법: 절대검정곡선법, 넓이 백분율법, 보정넓이 백분율법, 상대검정곡선법, 표준물첨가법

정답 ①

74 ★★☆

굴뚝 배출가스 중의 일산화탄소를 분석하는 방법 중 주 시험방법은?

① 화학발광법
② 자외선가시선분광법
③ 비분산형적외선분광분석법
④ 기체크로마토그래피법

해설
배출가스 중 일산화탄소를 분석하는 방법 중 자동측정법 – 비분산적외선분광분석법이 주 시험방법이다.

관련이론 | 배출가스 중 일산화탄소 분석방법
자동측정법(비분산적외선분광분석법)이 주 시험방법이며, 시험방법들의 정량범위는 표와 같다.

분석방법	정량범위
자동측정법 – 비분산적외선분광분석법	0~1,000ppm
자동측정법 – 전기화학식 (정전위전해법)	0~1,000ppm
기체크로마토그래피	TCD: 1,000ppm 이상 FID: 1~2,000ppm

정답 ③

75 ★☆☆

다음은 환경대기 중 아황산가스를 파라로자닐린법으로 측정하고자 할 때 분광광도계에 관한 사항이다. ( ) 안에 가장 적합한 것은?

> 분광광도계는 (㉠)에서 흡광도를 측정할 수 있어야 하고, 측정에 사용되는 스펙트럼 폭은 (㉡) 이어야 한다. 스펙트럼 밴드 폭이 이보다 넓으면 바탕시험에 지장이 온다. 또한 분광광도계의 파장은 교정되어 있어야 한다.

① ㉠ 460nm ㉡ 10nm　② ㉠ 460nm ㉡ 15nm
③ ㉠ 548nm ㉡ 10nm　④ ㉠ 548nm ㉡ 15nm

해설
㉠은 548nm ㉡은 15nm이다.

정답 ④

76 ★★★

대기오염공정시험기준상 고성능 이온크로마토그래피의 장치 중 써프렛서에 관한 설명으로 가장 거리가 먼 것은?

① 장치의 구성상 써프렛서 앞에 분리관이 위치한다.
② 용리액에 사용되는 전해질 성분을 제거하기 위한 것이다.
③ 관형 써프렛서에 사용하는 충전물은 스티롤계 강산형 및 강염기형 수지이다.
④ 목적성분의 전기전도도를 낮추어 이온성분을 고감도로 검출할 수 있게 해준다.

해설
써프렛서는 전해질을 물 또는 저전도도의 용매로 바꿔줌으로써 전기전도도 셀에서 목적이온성분과 전기전도도만을 고감도로 검출할 수 있게 해준다.

관련이론 | 써프렛서
- 써프렛서란 용리액에 사용되는 전해질 성분을 제거하기 위하여 분리관 뒤에 직렬로 접속시킨 것으로써 전해질을 물 또는 저전도도의 용매로 바꿔줌으로써 전기전도도 셀에서 목적이온성분과 전기전도도만을 고감도로 검출할 수 있게 해주는 것이다.
- 써프렛서는 관형과 이온교환막형이 있으며, 관형은 음이온에는 스티롤계 강산형(H^+) 수지가, 양이온에는 스티롤계 강염기형(OH^-)의 수지가 충진된 것을 사용한다.

정답 ④

77

★☆☆

굴뚝에서 배출되는 가스에 대한 시료채취 시 주의해야 할 사항으로 거리가 먼 것은?

① 굴뚝 내의 압력이 매우 큰 부압(−300mmH_2O 정도 이하)인 경우에는 시료채취용 굴뚝을 부설한다.
② 굴뚝 내의 압력이 부압(−)인 경우에는 채취구를 열었을 때 유해가스가 분출될 염려가 있으므로 충분한 주의를 필요로 한다.
③ 가스미터는 100mmH_2O 이내에서 사용한다.
④ 시료가스의 양을 재기 위하여 쓰는 채취병은 미리 0℃ 때의 참부피를 구해둔다.

해설

굴뚝 내의 압력이 정압(+)인 경우에는 채취구를 열었을 때 유해가스가 분출될 염려가 있으므로 충분한 주의가 필요하다.

정답 ②

78

★★☆

단색화장치를 사용하여 광원에서 나오는 빛 중 좁은 파장 범위의 빛만을 선택한 뒤 액층에 통과시켰다. 입사광의 강도가 1이고, 투사광의 강도가 0.5일 때, 흡광도는? (단, Lambert-Beer 법칙을 적용한다.)

① 0.3　　② 0.5
③ 0.7　　④ 1.0

해설

$$t(\text{투과도})=\frac{\text{투사광의 강도}}{\text{입사광의 강도}}=\frac{0.5}{1}=0.5$$

$$\text{흡광도}(A)=\log\frac{1}{t(\text{투과도})}=\log\frac{1}{0.5}=0.3$$

정답 ①

79

★★★

원자흡수분광광도법에 사용되는 용어설명으로 옳지 않은 것은?

① 역화(Flame Back): 불꽃의 연소속도가 크고 혼합기체의 분출속도가 작을 때 연소현상이 내부로 옮겨지는 것
② 중공음극램프(Hollow Cathode Lamp): 원자흡광분석의 광원이 되는 것으로 목적원소를 함유하는 중공음극 한 개 또는 그 이상을 고압의 질소와 함께 채운 방전관
③ 멀티 패스(Multi-Path): 불꽃 중에서의 광로를 길게 하고 흡수를 증대시키기 위하여 반사를 이용하여 불꽃 중에 빛을 여러 번 투과시키는 것
④ 공명선(Resonance Line): 원자가 외부로부터 빛을 흡수했다가 다시 먼저 상태로 돌아갈 때 방사하는 스펙트럼선

해설

중공음극램프(Hollow Cathode Lamp): 원자흡광분석의 광원이 되는 것으로 목적원소를 함유하는 중공음극 한 개 또는 그 이상을 저압의 네온과 함께 채운 방전관

정답 ②

80

★★☆

굴뚝 배출가스 중의 질소산화물을 아연환원 나프틸에틸렌다이아민법에 따라 분석할 때에 관한 설명이다. ( ) 안에 들어갈 내용으로 옳은 것은?

> 시료 중의 질소산화물을 오존 존재 하에서 흡수액에 흡수시켜 (㉠)으로 만들고 (㉡)을 사용하여 (㉢)으로 환원한 후 설파닐아마이드(Sulfanilamide) 및 나프틸에틸렌다이아민(Naphthyl ethylene diamine)을 반응시켜 얻어진 착색의 흡광도로부터 질소산화물을 정량한다.

① ㉠ 아질산이온, ㉡ 분말금속아연, ㉢ 질산이온
② ㉠ 아질산이온, ㉡ 분말황산아연, ㉢ 질산이온
③ ㉠ 질산이온, ㉡ 분말황산아연, ㉢ 아질산이온
④ ㉠ 질산이온, ㉡ 분말금속아연, ㉢ 아질산이온

해설

아연환원 나프틸에틸렌다이아민법

시료 중의 질소산화물을 오존 존재 하에서 흡수액에 흡수시켜 질산이온으로 만들고 분말금속아연을 사용하여 아질산이온으로 환원한 후 설파닐아마이드(Sulfanilamide) 및 나프틸에틸렌다이아민(Naphthyl ethylene diamine)을 반응시켜 얻어진 착색의 흡광도로부터 질소산화물을 정량하는 방법으로서 배출가스 중의 질소산화물을 이산화질소로 하여 계산한다.

정답 ④

대기환경관계법규

81

★★☆

대기환경보전법령상 기본부과금의 지역별 부과계수로 옳게 연결된 것은? (단, 지역구분은 「국토의 계획 및 이용에 관한 법률」에 따르고, 대표적으로 Ⅰ지역은 주거지역, Ⅱ지역은 공업지역, Ⅲ지역은 녹지지역이 해당한다.)

① Ⅰ지역 - 0.5, Ⅱ지역 - 1.0, Ⅲ지역 - 1.5
② Ⅰ지역 - 1.5, Ⅱ지역 - 0.5, Ⅲ지역 - 1.0
③ Ⅰ지역 - 1.0, Ⅱ지역 - 0.5, Ⅲ지역 - 1.5
④ Ⅰ지역 - 1.5, Ⅱ지역 - 1.0, Ⅲ지역 - 0.5

해설

기본부과금의 지역별 부과계수 「시행령 별표 7」

구분	지역별 부과계수
Ⅰ지역	1.5
Ⅱ지역	0.5
Ⅲ지역	1.0

정답 ②

82

★★☆

대기환경보전법령상 자동차연료형 첨가제의 종류에 해당되지 않는 것은? (단, 기타사항은 고려하지 않는다.)

① 유동성향상제
② 옥탄가첨가제
③ 다목적첨가제
④ 세척제

해설

옥탄가향상제가 자동차연료형 첨가제의 종류에 해당된다.

관련이론 | 자동차연료형 첨가제의 종류 「시행규칙 별표 6」

1. 세척제
2. 청정분산제
3. 매연억제제
4. 다목적첨가제
5. 옥탄가향상제
6. 세탄가향상제
7. 유동성향상제
8. 윤활성향상제

정답 ②

83 ★★★

대기환경보전법령상 위임업무 보고사항 중 "자동차 연료 및 첨가제의 제조·판매 또는 사용에 대한 규제현황" 업무의 보고횟수 기준은?

① 수시　② 연 1회
③ 연 2회　④ 연 4회

해설

위임업무 보고사항「시행규칙 별표 37」

업무내용	보고 횟수	보고기일
환경오염사고 발생 및 조치 사항	수시	사고발생 시
수입자동차 배출가스 인증 및 검사현황	연 4회	매분기 종료 후 15일 이내
자동차 연료 및 첨가제의 제조·판매 또는 사용에 대한 규제현황	연 2회	매반기 종료 후 15일 이내
자동차 연료 또는 첨가제의 제조기준 적합 여부 검사현황	연료: 연 4회 첨가제: 연 2회	연료: 매분기 종료 후 15일 이내 첨가제: 매반기 종료 후 15일 이내
측정기기 관리대행업의 등록, 변경등록 및 행정처분 현황	연 1회	다음 해 1월 15일까지

정답 ③

84 ★★☆

대기환경보전법령상 첨가제·촉매제 제조기준에 맞는 제품의 표시방법에 관한 내용 중 (　) 안에 알맞은 것은?

> 표시크기는 첨가제 또는 촉매제 용기 앞면의 제품명 밑에 제품명 글자크기의 (　)에 해당하는 크기이어야 한다.

① 100분의 50 이상　② 100분의 30 이상
③ 100분의 15 이상　④ 100분의 10 이상

해설

표시크기는 글자크기의 100분의 30 이상으로 해야 한다.

정답 ②

85 ★★☆

대기환경보전법규상 고체연료 사용시설 설치기준(석탄사용시설)에 관한 내용 중 (　)에 알맞은 것은?

> 배출시설의 굴뚝높이는 100m 이상으로 하되, 굴뚝 상부 안지름, 배출가스 온도 및 속도 등을 고려한 유효굴뚝높이가 (　) 이상인 경우에는 굴뚝높이를 60m 이상 100m 미만으로 할 수 있다.

① 150m　② 250m
③ 320m　④ 440m

해설

석탄사용시설의 설치기준「시행규칙 별표 12」

가. 배출시설의 굴뚝높이는 100m 이상으로 하되, 굴뚝 상부 안지름, 배출가스 온도 및 속도 등을 고려한 유효굴뚝높이가 440m 이상인 경우에는 굴뚝높이를 60m 이상 100m 미만으로 할 수 있다.
나. 석탄의 수송은 밀폐 이송시설 또는 밀폐통을 이용하여야 한다.
다. 석탄 저장은 옥내저장시설(밀폐형 저장시설 포함) 또는 지하저장시설에 저장하여야 한다.
라. 석탄연소재는 밀폐통을 이용하여 운반하여야 한다.
마. 굴뚝에서 배출되는 아황산가스(SO_2), 질소산화물(NO_X), 먼지 등의 농도를 확인할 수 있는 기기를 설치하여야 한다.

정답 ④

86 ★★★

환경정책기본법령상 "벤젠"의 대기환경기준(μg/m^3)은? (단, 연간평균치이다.)

① 0.05 이하　② 0.1 이하
③ 0.5 이하　④ 5 이하

해설

환경기준 「환경정책기본법 시행령 별표 1」

항목	기준
아황산가스 (SO_2)	연간 평균치 0.02ppm 이하 24시간 평균치 0.05ppm 이하 1시간 평균치 0.15ppm 이하
일산화탄소 (CO)	8시간 평균치 9ppm 이하 1시간 평균치 25ppm 이하
이산화질소 (NO_2)	연간 평균치 0.03ppm 이하 24시간 평균치 0.06ppm 이하 1시간 평균치 0.10ppm 이하
미세먼지 (PM-10)	연간 평균치 50$\mu g/m^3$ 이하 24시간 평균치 100$\mu g/m^3$ 이하
초미세먼지 (PM-2.5)	연간 평균치 15$\mu g/m^3$ 이하 24시간 평균치 35$\mu g/m^3$ 이하
오존(O_3)	8시간 평균치 0.06ppm 이하 1시간 평균치 0.1ppm 이하
납(Pb)	연간 평균치 0.5$\mu g/m^3$ 이하
벤젠	연간 평균치 5$\mu g/m^3$ 이하

정답 ④

87 ★★☆

대기환경보전법령상 대기오염 경보단계의 3가지 유형 중 "경보발령" 시 조치사항으로 가장 거리가 먼 것은?

① 주민의 실외활동 제한 요청
② 자동차 사용의 제한
③ 사업장의 연료사용량 감축 권고
④ 사업장의 조업시간 단축명령

해설

대기오염 경보단계별 조치의 포함사항 「시행령 제2조」

1. 주의보: 주민의 실외활동 및 자동차 사용의 자제 요청 등
2. 경보: 주민의 실외활동 제한 요청, 자동차 사용의 제한 및 사업장의 연료사용량 감축 권고 등
3. 중대경보: 주민의 실외활동 금지 요청, 자동차의 통행금지 및 사업장의 조업시간 단축명령 등

정답 ④

2023년

88 ★★☆

대기환경보전법규상 환경부장관이 대기오염물질을 총량으로 규제하고자 할 때 고시해야 하는 사항으로 거리가 먼 것은? (단, 기타사항은 제외한다.)

① 총량규제 대기오염물질
② 총량규제구역
③ 규제기준농도
④ 대기오염물질의 저감계획

해설

환경부장관이 대기오염물질을 총량으로 규제하려는 경우에 고시해야 하는 사항 「시행규칙 제24조」

1. 총량규제구역
2. 총량규제 대기오염물질
3. 대기오염물질의 저감계획
4. 그 밖에 총량규제구역의 대기관리를 위하여 필요한 사항

정답 ③

89

★★★

대기환경보전법령상 시·도지사가 설치하는 대기오염 측정망에 해당하는 것은?

① 도시지역의 휘발성유기화합물 등의 농도를 측정하기 위한 광화학대기오염물질측정망
② 대기오염물질의 지역배경농도를 측정하기 위한 교외대기측정망
③ 대기 중의 중금속 농도를 측정하기 위한 대기중금속측정망
④ 도시지역 또는 산업단지 인근지역의 특정대기유해물질(중금속은 제외)의 오염도를 측정하기 위한 유해대기물질측정망

해설

①, ②, ④는 수도권대기환경청장, 국립환경과학원장 또는 한국환경공단이 설치하는 대기오염 측정망의 종류이다.

관련이론 | 측정망의 종류 및 측정결과보고 「시행규칙 제11조」
수도권대기환경청장, 국립환경과학원장 또는 한국환경공단이 설치하는 대기오염 측정망의 종류

1. 대기오염물질의 지역배경농도를 측정하기 위한 교외대기측정망
2. 대기오염물질의 국가배경농도와 장거리이동 현황을 파악하기 위한 국가배경농도측정망
3. 도시지역 또는 산업단지 인근지역의 특정대기유해물질(중금속은 제외)의 오염도를 측정하기 위한 유해대기물질측정망
4. 도시지역의 휘발성유기화합물 등의 농도를 측정하기 위한 광화학대기오염물질측정망
5. 산성 대기오염물질의 건성 및 습성 침착량을 측정하기 위한 산성강하물측정망
6. 기후·생태계 변화유발물질의 농도를 측정하기 위한 지구대기측정망
7. 장거리이동대기오염물질의 성분을 집중 측정하기 위한 대기오염집중측정망
8. 초미세먼지(PM-2.5)의 성분 및 농도를 측정하기 위한 미세먼지성분측정망

특별시장·광역시장·특별자치시장·도지사 또는 특별자치도지사가 설치하는 대기오염 측정망

1. 도시지역의 대기오염물질 농도를 측정하기 위한 도시대기측정망
2. 도로변의 대기오염물질 농도를 측정하기 위한 도로변대기측정망
3. 대기 중의 중금속 농도를 측정하기 위한 대기중금속측정망

정답 ③

90

★★☆

다음은 대기환경보전법령상 시·도지사가 배출시설의 설치를 제한할 수 있는 경우이다. ( ) 안에 알맞은 것은?

> 배출시설 설치 지점으로부터 반경 1킬로미터 안의 상주인구가 (㉠)명 이상인 지역으로서 특정대기유해물질 중 한 가지 종류의 물질을 연간 10톤 이상 배출하거나 두 가지 이상의 물질을 연간 (㉡)톤 이상 배출하는 시설을 설치하는 경우

① ㉠ 1만, ㉡ 20 ② ㉠ 2만, ㉡ 20
③ ㉠ 1만, ㉡ 25 ④ ㉠ 2만, ㉡ 25

해설

배출시설의 설치를 제한할 수 있는 경우 「시행령 제12조」

1. 배출시설 설치지점으로부터 반경 1킬로미터 안의 상주인구가 2만명 이상인 지역으로서 특정대기유해물질 중 한 가지 종류의 물질을 연간 10톤 이상 배출하거나 두 가지 이상의 물질을 연간 25톤 이상 배출하는 시설을 설치하는 경우
2. 대기오염물질(먼지·황산화물 및 질소산화물)의 발생량 합계가 연간 10톤 이상인 배출시설을 특별대책지역에 설치하는 경우

정답 ④

91

★☆☆

환경정책기본법상 용어의 정의 중 ( ) 안에 가장 적합한 것은?

> ( )이란 환경오염 및 환경훼손으로부터 환경을 보호하고 오염되거나 훼손된 환경을 개선함과 동시에 쾌적한 환경상태를 유지·조성하기 위한 행위를 말한다.

① 환경기준 ② 환경용량
③ 환경보전 ④ 환경보존

해설

환경보전에 대한 설명이다.

정답 ③

92 ★★☆

환경정책기본법령에서 환경기준을 확인할 수 있는 항목에 해당하는 것은?

① 탄화수소 ② 이산화탄소
③ 알데히드 ④ 벤젠

해설

환경기준「환경정책기본법 시행령 별표 1」

항목	기준
아황산가스 (SO_2)	연간 평균치 0.02ppm 이하 24시간 평균치 0.05ppm 이하 1시간 평균치 0.15ppm 이하
일산화탄소 (CO)	8시간 평균치 9ppm 이하 1시간 평균치 25ppm 이하
이산화질소 (NO_2)	연간 평균치 0.03ppm 이하 24시간 평균치 0.06ppm 이하 1시간 평균치 0.10ppm 이하
미세먼지 (PM-10)	연간 평균치 50$\mu g/m^3$ 이하 24시간 평균치 100$\mu g/m^3$ 이하
초미세먼지 (PM-2.5)	연간 평균치 15$\mu g/m^3$ 이하 24시간 평균치 35$\mu g/m^3$ 이하
오존(O_3)	8시간 평균치 0.06ppm 이하 1시간 평균치 0.1ppm 이하
납(Pb)	연간 평균치 0.5$\mu g/m^3$ 이하
벤젠	연간 평균치 5$\mu g/m^3$ 이하

정답 ④

93 ★★☆

대기환경보전법규상 대기오염방지시설과 가장 거리가 먼 것은? (단, 기타의 경우는 제외한다.)

① 중력집진시설 ② 여과집진시설
③ 간접연소에 의한 시설 ④ 산화·환원에 의한 시설

해설

직접연소에 의한 시설이 대기오염방지시설에 해당된다.

관련이론 | 대기오염방지시설「시행규칙 별표 4」

중력집진시설, 관성력집진시설, 원심력집진시설, 세정집진시설, 여과집진시설, 전기집진시설, 음파집진시설, 흡수에 의한 시설, 흡착에 의한 시설, 직접연소에 의한 시설, 촉매반응을 이용하는 시설, 응축에 의한 시설, 산화·환원에 의한 시설, 미생물을 이용한 처리시설, 연소조절에 의한 시설

정답 ③

94 ★★☆

대기환경보전법령상 일일유량은 측정유량과 일일 조업시간의 곱으로 환산하는데, 다음 중 일일 조업시간의 표시기준으로 옳은 것은?

① 배출량을 측정하기 전 최근 조업한 20일 동안의 배출시설 조업시간 평균치를 시간으로 표시한다.
② 배출량을 측정하기 전 최근 조업한 25일 동안의 배출시설 조업시간 평균치를 시간으로 표시한다.
③ 배출량을 측정하기 전 최근 조업한 30일 동안의 배출시설 조업시간 평균치를 시간으로 표시한다.
④ 배출량을 측정하기 전 최근 조업한 전체기간의 배출시설 조업시간 평균치를 시간으로 표시한다

해설

일일 조업시간은 배출량을 측정하기 전 최근 조업한 30일 동안의 배출시설 조업시간 평균치를 시간으로 표시한다.

정답 ③

95 ★★☆

실내공기질 관리법령상 이 법의 적용대상이 되는 시설 중 "대통령령이 정하는 규모의 것"에 해당하지 않는 것은?

① 항만시설 중 연면적 1천 5천제곱미터 이상인 대합실
② 공항시설 중 연면적 1천 5백제곱미터 이상인 여객터미널
③ 연면적 2천제곱미터 이상이거나 병상 수 100개 이상인 의료기관
④ 연면적 430제곱미터 이상인 어린이집

해설

항만시설의 경우 연면적 5천제곱미터 이상인 대합실이 실내공기질 관리법령상 적용대상이다.

관련이론 | 적용대상 「실내공기질 관리법 시행령 제2조」

1. 모든 지하역사(출입통로 · 대합실 · 승강장 및 환승통로와 이에 딸린 시설을 포함)
2. 연면적 2천제곱미터 이상인 지하도상가(지상건물에 딸린 지하층의 시설을 포함). 이 경우 연속되어 있는 둘 이상의 지하도상가의 연면적 합계가 2천제곱미터 이상인 경우를 포함한다.
3. 철도역사의 연면적 2천제곱미터 이상인 대합실
4. 여객자동차터미널의 연면적 2천제곱미터 이상인 대합실
5. 항만시설 중 연면적 5천제곱미터 이상인 대합실
6. 공항시설 중 연면적 1천5백제곱미터 이상인 여객터미널
7. 연면적 3천제곱미터 이상인 도서관
8. 연면적 3천제곱미터 이상인 박물관 및 미술관
9. 연면적 2천제곱미터 이상이거나 병상 수 100개 이상인 의료기관
10. 연면적 500제곱미터 이상인 산후조리원
11. 연면적 1천제곱미터 이상인 노인요양시설
12. 연면적 430제곱미터 이상인 어린이집
12의2. 연면적 430제곱미터 이상인 실내 어린이놀이시설
13. 모든 대규모점포
14. 연면적 1천제곱미터 이상인 장례식장(지하에 위치한 시설로 한정함)
15. 모든 영화상영관(실내 영화상영관으로 한정함)
16. 연면적 1천제곱미터 이상인 학원
17. 연면적 2천제곱미터 이상인 전시시설(옥내시설로 한정함)
18. 연면적 300제곱미터 이상인 인터넷컴퓨터게임시설제공업의 영업시설
19. 연면적 2천제곱미터 이상인 실내주차장(기계식 주차장은 제외함)
20. 연면적 3천제곱미터 이상인 업무시설
21. 연면적 2천제곱미터 이상인 둘 이상의 용도(「건축법」 제2조제2항에 따라 구분된 용도를 말함)에 사용되는 건축물
22. 객석 수 1천석 이상인 실내 공연장
23. 관람석 수 1천석 이상인 실내 체육시설
24. 연면적 1천제곱미터 이상인 목욕장업의 영업시설

정답 ①

96 ★★☆

대기환경보전법상 제작차배출허용기준에 맞지 아니하게 자동차를 제작한 자에 대한 벌칙기준은?

① 7년 이하의 징역이나 1억원 이하의 벌금에 처한다.
② 5년 이하의 징역이나 5천만원 이하의 벌금에 처한다.
③ 3년 이하의 징역이나 3천만원 이하의 벌금에 처한다.
④ 1년 이하의 징역이나 1천만원 이하의 벌금에 처한다.

해설

제작차배출허용기준에 맞지 아니하게 자동차를 제작한 자에게는 7년 이하의 징역이나 1억원 이하의 벌금에 처한다.

정답 ①

97 ★★★

환경정책기본법령상 오존(O_3)의 환경기준 중 8시간 평균치 기준(㉠)과 1시간 평균치 기준(㉡)으로 옳은 것은?

① ㉠ 0.03ppm 이하, ㉡ 0.03ppm 이하
② ㉠ 0.003ppm 이하, ㉡ 0.1ppm 이하
③ ㉠ 0.06ppm 이하, ㉡ 0.03ppm 이하
④ ㉠ 0.06ppm 이하, ㉡ 0.1ppm 이하

해설

환경기준 「환경정책기본법 시행령 별표 1」

항목	기준
오존(O_3)	8시간 평균치 0.06ppm 이하 1시간 평균치 0.1ppm 이하

정답 ④

98

★☆☆

대기환경보전법상 배출가스 전문정비사업자 지정을 받은 자가 고의로 정비 업무를 부실하게 하여 받은 업무정지명령을 위반한 자에 대한 벌칙기준으로 옳은 것은?

① 7년 이하의 징역이나 1억원 이하의 벌금
② 5년 이하의 징역이나 3천만원 이하의 벌금
③ 1년 이하의 징역이나 1천만원 이하의 벌금
④ 300만원 이하의 벌금

해설
해당 행위에 대한 벌칙기준은 1년 이하의 징역이나 1천만원 이하의 벌금이다.

정답 ③

99

★★☆

대기환경보전법규상 한국환경공단이 환경부장관에게 보고해야 할 위탁업무 보고사항 중 "수시검사, 결함확인검사, 부품결함 보고서류의 접수"의 보고횟수 기준은?

① 수시　② 연 1회
③ 연 2회　④ 연 4회

해설
위탁업무 보고사항 「시행규칙 별표 38」

업무내용	보고횟수	보고기일
수시검사, 결함확인 검사, 부품결함 보고서류의 접수	수시	위반사항 적발 시
결함확인검사 결과	수시	위반사항 적발 시
자동차배출가스 인증생략 현황	연 2회	내 반기 종료 후 15일 이내
자동차 시험검사 현황	연 1회	다음 해 1월 15일까지

정답 ①

100

★★★

다중이용시설 등의 실내공기질 관리법규상 신축공동주택의 오염물질 항목별 실내공기질 권고기준으로 옳지 않은 것은?

① 폼알데하이드: 210μg/m^3 이하
② 에틸벤젠: 360μg/m^3 이하
③ 자일렌: 1,000μg/m^3 이하
④ 스티렌: 300μg/m^3 이하

해설
신축 공동주택의 실내공기질 권고기준 「실내공기질 관리법 시행규칙 별표 4의2」
1. 폼알데하이드: 210μg/m^3 이하
2. 벤젠: 30μg/m^3 이하
3. 톨루엔: 1,000μg/m^3 이하
4. 에틸벤젠: 360μg/m^3 이하
5. 자일렌: 700μg/m^3 이하
6. 스티렌: 300μg/m^3 이하
7. 라돈: 148Bq/m^3 이하

정답 ③

2022년 | 4회 CBT 복원문제

자동채점 

대기오염개론

01
★☆☆

광화학 스모그현상에 관한 설명으로 가장 거리가 먼 것은?

① 광화학 옥시던트 물질은 인체의 눈, 코, 점막을 자극하고 폐기능을 약화시킨다.
② 정상상태일 경우 오존의 대기 중 오존농도는 NO_2와 NO비, 태양빛의 강도 등에 의해 좌우된다.
③ 광화학반응에 의해 생성된 물질은 미산란 효과에 의해 대기의 파장변화와 가시도의 증가를 초래한다.
④ LA형 스모그는 광화학 스모그의 대표적인 피해사례이다.

해설
광화학반응에 의해 생성된 물질은 미산란 효과에 의해 대기의 파장변화와 가시도의 감소를 초래한다.

정답 ③

02
★★★

역사적 대기오염사건과 주 원인물질을 바르게 짝지은 것은?

① 런던 스모그 사건 – 오존
② 도쿄 요코하마 사건 – 수은
③ 포자리카 사건 – 메틸이소시아네이트
④ 뮤즈 계곡 사건 – 아황산가스

선지분석
① 런던 스모그 사건 – 황산화물
② 도쿄 요코하마 사건 – 공장에서 배출된 대기오염물질
③ 포자리카 사건 – H_2S

정답 ④

03
★★☆

대기오염물질인 SO_2의 반감기 계수는 0.2/sec이다. SO_2의 농도가 95% 감소될 때까지 소요되는 시간은 얼마인가?

① 3sec ② 10sec
③ 15sec ④ 20sec

해설
반감기 계수의 단위를 통해 1차반응임을 알 수 있다.
따라서 1차반응식을 이용한다.

$$\ln \frac{C_t}{C_0} = -kt$$

C_t: t시간이 지난 후의 농도, C_0: 초기농도
k: 반응속도상수, t: 반응시간

$$\ln \frac{5}{100} = -0.2/\text{sec} \times t$$

$t = 14.9787\text{sec}$

정답 ③

04
★★☆

다음 중 공중역전에 해당하지 않는 것은?

① 전선역전 ② 침강역전
③ 접지역전 ④ 난류역전

해설
지표역전(접지역전): 복사역전, 이류역전
공중역전: 난류역전, 전선역전, 침강역전, 해풍역전

정답 ③

05

★☆☆

분산모델의 특징에 관한 설명으로 가장 거리가 먼 것은?

① 지형, 기상학적 정보 없이도 사용할 수 있다.
② 점, 선, 면 오염원의 영향을 평가할 수 있다.
③ 미래의 대기질을 예측할 수 있으며 시나리오를 작성할 수 있다.
④ 단기간 분석 시 문제가 될 수 있고, 새로운 오염원이 지역 내 신설될 때 매번 재평가하여야 한다.

해설

수용모델이 지형, 기상학적 정보 없이도 사용할 수 있다.

정답 ①

06

★★☆

다음 각종 환경관련 국제협약(조약)에 관한 주요 내용으로 옳지 않은 것은?

① 람사협약: 자연자원의 보전과 현명한 이용을 위한 습지보전 협약
② CES: 멸종위기에 처한 야생동식물의 보호를 위한 협약
③ 몬트리올의정서: 오존층 파괴물질인 염화불화탄소의 생산과 사용규제를 위한 협약
④ 바젤협약: 폐기물의 해양투기로 인한 해양오염을 방지하기 위한 협약

해설

바젤협약은 유해폐기물의 국가 간 이동과 관련된 협약이다.

정답 ④

07

★☆☆

지상 1,100m에서의 온도가 5℃, 지상 100m에서의 온도가 25℃일 때, 대기안정도는?

① 미단열 ② 과단열
③ 안정 ④ 중립

해설

$$\gamma=\left(\frac{\Delta T}{\Delta Z}\right)_{\text{환경}}=\frac{(5-25)℃}{(1{,}100-100)\text{m}}=-0.02℃/\text{m}$$

ΔT: 온도 차이, ΔZ: 높이 차이

$\gamma=-2℃/100\text{m}$

건조단열감률(γ_d)$=-0.98℃/100\text{m}$

환경감률선이 건조단열감률선보다 클 때는 고도의 증가에 따른 온도 하강이 이론값(건조단열감률)보다 강하다는 것을 의미한다. 이러한 상태를 과단열(불안정)상태라고 한다.

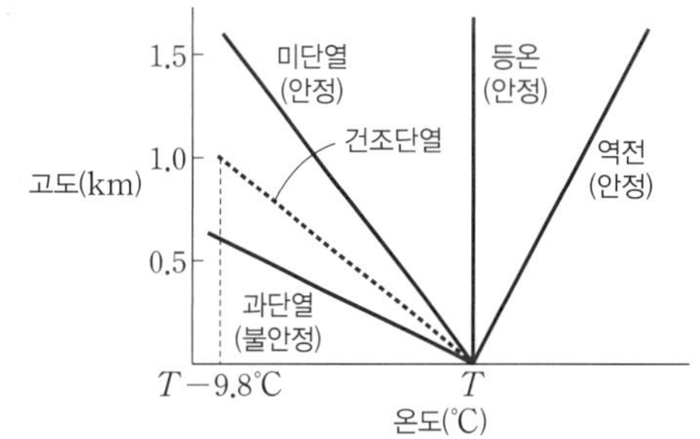

점선: 건조단열감률, 실선: 환경감률

정답 ②

08 ★☆☆

Dobson unit에 관한 설명에서 (　　)에 알맞은 것은?

> 1Dobson은 지구 대기 중 오존의 총량을 0℃, 1기압의 표준 상태에서 두께로 환산했을 때 (　　)에 상당하는 양을 의미한다.

① 0.01mm　② 0.1mm
③ 0.1cm　④ 1cm

해설
1Dobson은 오존의 총량을 두께로 환산했을 때 0.01mm에 상당하는 양을 의미한다.

정답 ①

09 ★★☆

리차드슨 수(R_i)에 관한 내용으로 옳지 않은 것은?

① 무차원 수로서 대류난류를 기계난류로 전환시키는 율을 측정한 것이다.
② 리차드슨 수가 음의 값으로 클수록 분산이 커져 대류혼합이 지배적이다.
③ 리차드슨 수가 0이면 기계적 난류만 존재한다.
④ 리차드슨 수가 −0.04보다 작으면 수직방향의 혼합은 없다.

해설
리차드슨 수가 0.25보다 크면 수직방향의 혼합은 없다.

관련이론 | 리차드슨 수의 안정도 판정
- 0.25보다 크게 되면 수직혼합은 없어지고 수평상의 소용돌이만 남게 된다.
- 리차드슨 수가 0에 접근하면 분산이 줄어들며 결국 기계적 난류만 존재하게 된다.
- 리차드슨 수가 음의 값으로 클수록 분산이 커져 대류혼합이 지배적이고 대기는 불안정한 상태이며 굴뚝의 연기는 수직 및 수평 방향으로 빠르게 분산한다.

R_i	−1.0 이하	−0.1	−0.01	0	+0.01	+0.1	+1.0 이상
대기 운동	자유 대류	자유대류 증가	강제대류만 존재		강제대류 감소		대류 없음
안정도	불안정		중립		안정		

- $0 < R_i < 0.25$: 성층에 의해 약화된 기계적 난류가 존재한다.
- $R_i < -0.04$: 대류에 의한 혼합이 기계적 혼합을 지배한다.
- $-0.03 < R_i < 0$: 기계적 난류와 대류가 존재하나 기계적 난류가 혼합을 주로 일으킨다.

정답 ④

10 ★☆☆

일산화탄소 436ppm에 노출되어 있는 노동자의 혈중 카르복시헤모글로빈(COHb) 농도가 10%가 되는 데 걸리는 시간(h)은?

> 혈중 COHb 농도(%)$=\beta(1-e^{-\sigma t})\times C_{CO}$
> 여기서, $\beta=0.15\%/\text{ppm}$, $\sigma=0.402\text{h}^{-1}$, C_{CO}의 단위는 ppm

① 0.21　② 0.41
③ 0.61　④ 0.81

해설
문제에 주어진 식에 수치를 대입해서 푼다.
혈중 COHb 농도(%)$=\beta(1-e^{-\sigma t})\times C_{CO}$
$10\%=0.15\times(1-e^{-0.402\times t})\times 436$
$t=0.4127\text{hr}$
※ t값은 공학용계산기의 SOLVE 기능을 이용하여 푸는 것이 편리합니다.

정답 ②

11 ★★★

지구온난화가 환경에 미치는 영향 중 옳은 것은?

① 기상조건의 변화는 대기오염의 발생횟수와 오염농도에 영향을 준다.
② 기온상승과 토양의 건조화는 생물성장의 남방한계에는 영향을 주지만 북방한계에는 영향을 주지 않는다.
③ 대류권 오존의 생성반응을 촉진시켜 오존의 농도가 지속적으로 감소한다.
④ 온난화에 의한 해면상승은 지역의 특수성에 관계없이 전 지구적으로 동일하게 발생한다.

선지분석

② 기온상승과 토양의 건조화는 생물성장의 남방한계와 북방한계에 영향을 준다.
③ 대류권 오존의 생성반응을 촉진시켜 오존의 농도가 증가한다.
④ 온난화에 의한 해면상승은 전 지구적으로 일정하지 않게 발생한다.

정답 ①

12 ★☆☆

석면이 가지고 있는 일반적인 특성과 거리가 먼 것은?

① 화학적 불활성
② 흡습성 및 저인장성
③ 내화성 및 단열성
④ 절연성

해설

석면은 일반적으로 흡습률이 낮고, 인장성이 강하다.

정답 ②

13 ★★☆

44m 높이의 연돌에서 배출되는 가스의 평균온도가 250℃이고, 대기의 온도가 25℃일 때, 이 굴뚝의 통풍력(mmH_2O)은? (단, 표준상태의 가스와 공기의 밀도는 $1.3kg/Sm^3$이고 굴뚝 안에서의 마찰손실은 무시한다.)

① 약 12.4　　② 약 15.8
③ 약 22.5　　④ 약 30.7

해설

$$Z(mmH_2O)=273\times H\times\left[\frac{\gamma_a}{273+t_a}-\frac{\gamma_g}{273+t_g}\right]$$

H: 연돌의 높이(m)
γ_a: 공기의 밀도(kg/Sm^3), t_a: 공기의 온도(℃)
γ_g: 배출가스의 밀도(kg/Sm^3), t_g: 배출가스의 온도(℃)

$$Z=273\times44\times\left[\frac{1.3}{273+25}-\frac{1.3}{273+250}\right]=22.5435mmH_2O$$

정답 ③

14 ★☆☆

정상상태 조건 하에서 단위면적 당 확산되는 조건 하에서 물질의 이동속도는 농도의 기울기에 비례한다는 것과 관련된 법칙은?

① Reynold의 법칙
② Fick's law
③ 르샤틀리에 법칙
④ Fourier's law

해설

Fick's law에 대한 설명이다.

정답 ②

2022년

15

★★☆

대기오염이 식물에 미치는 영향에 관한 설명으로 가장 거리가 먼 것은?

① HF는 SO_2와 같이 잎 안쪽부분에 반점을 나타내기 시작하며, 늙은 잎에 특히 민감하며, 밤에 피해가 현저하다.

② SO_2는 회백색반점을 생성하며, 피해부분은 엽육세포이다.

③ PAN은 유리화, 은백색 광택을 나타내며, 주로 해면조직에 피해를 준다.

④ NO_2는 불규칙 흰색 또는 갈색으로 변화되며, 피해부분은 엽육세포이다.

해설

HF는 Cl와 같이 잎 안쪽부분에 반점을 나타내기 시작하고, 어린 잎에 특히 민감하며, 광합성이 활발한 낮에 피해가 현저하다.

정답 ①

16

★☆☆

파장이 5,240Å인 빛 속에서 상대습도가 70% 이하인 경우 밀도가 1,700mg/cm³이고, 직경이 0.4μm인 기름방울의 분산면적비가 4.5일 때, 가시거리가 959m이라면 먼지농도(mg/m³)는?

① 0.21　　② 0.31

③ 0.41　　④ 0.51

해설

상대습도 70% 이하에서의 가시거리 공식을 이용한다.

$$L_v(\text{m})=\frac{5.2\times\rho\times r}{K\times C}$$

L_v: 가시거리(m), ρ: 먼지 또는 입자의 밀도(g/cm³)

r: 입자의 반경(μm), C: 먼지농도(g/m³), K: 분산면적비

$$959=\frac{5.2\times1.7\times0.2}{4.5\times C}$$

$$C=4.0969\times10^{-4}\text{g/m}^3=0.4096\text{mg/m}^3$$

정답 ③

17

★★☆

열섬효과에 관한 설명으로 옳지 않은 것은?

① 열섬효과로 도시 주위의 시골에서 도시로 바람이 부는데 이를 전원풍이라 한다.

② 열섬현상은 고기압의 영향으로 하늘이 맑고 바람이 약한 때에 잘 발생한다.

③ 도시에서는 인구와 산업의 밀집지대로서 인공적인 열이 시골에 비하여 월등하게 많이 공급된다.

④ 도시의 지표면은 시골보다 열용량이 적고 열전도율이 높아 열섬효과의 원인이 된다.

해설

도시의 지표면은 시골보다 열용량이 크고 열전도율이 낮아 열섬효과의 원인이 된다.

정답 ④

18

★☆☆

하루 동안 시간에 따른 대기오염물질의 농도 변화를 나타낸 그래프이다. A, B, C에 해당하는 물질은?

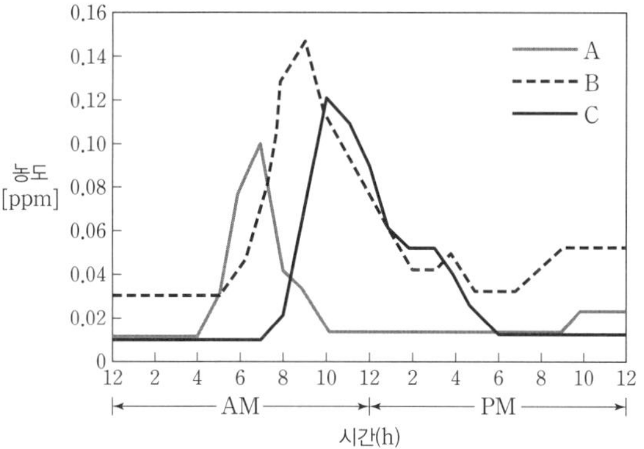

① A=NO_2, B=O_3, C=NO
② A=NO, B=NO_2, C=O_3
③ A=NO_2, B=NO, C=O_3
④ A=O_3, B=NO, C=NO_2

해설

오염물질의 일변화

- NO_2는 오전 7~9시 경을 전후로 하여 일중 고농도를 나타낸다.
- NO_2는 오존의 농도가 낮을 때 가장 큰 값을 나타낸다.
- 오전 중의 NO의 감소는 오존의 증가와 시간적으로 일치한다.
- 교통량이 많은 이른 아침시간대에 NO_x가 가장 높다.

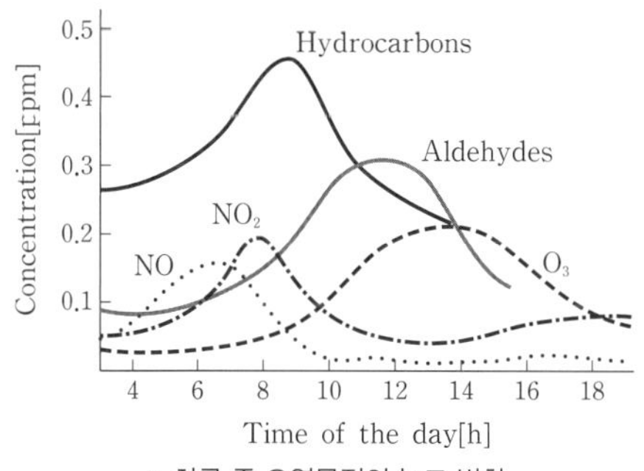

▲ 하루 중 오염물질의 농도 변화

정답 ②

19

★★☆

200℃, 1atm에서 이산화황의 농도가 2.0g/m^{3}이다. 표준상태에서는 약 몇 ppm인가?

① 986
② 1,213
③ 1,759
④ 2,314

해설

단위환산을 해서 계산한다.

이산화황(SO_2)의 분자량=64

$$SO_2(ppm)=\frac{2.0g\times\frac{22.4L}{64g}\times\frac{1,000mL}{L}}{m^3\times\frac{273K}{(273+200)K}}=1,212.8205ppm$$

정답 ②

20

★★☆

A굴뚝으로부터 배출되는 SO_2가 풍하측 5,000m 지점에서 지표 최고 농도를 나타냈을 때, 유효굴뚝높이(m)는? (단, Sutton의 확산식을 사용하고, 수직확산계수를 0.07, 대기안정도 지수(n)는 0.25이다.)

① 약 120
② 약 140
③ 약 160
④ 약 180

해설

$$X_{max}=\left(\frac{H_e}{K_z}\right)^{\frac{2}{2-n}}$$

H_e: 유효굴뚝높이(m), K_z: 수직확산계수, n: 대기안정도 지수

$$5,000m=\left(\frac{H_e}{0.07}\right)^{\frac{2}{2-0.25}}$$

H_e=120.6970m

정답 ①

2022년

연소공학

21
★☆☆

폭굉유도거리(DID)가 짧아지는 요건으로 가장 거리가 먼 것은?

① 정상의 연소속도가 작은 단일가스이다.
② 압력이 높다.
③ 관속에 방해물이 있거나 관내경이 작다.
④ 점화원의 에너지가 강하다.

해설
정상의 연소속도가 큰 혼합가스일 때 폭굉유도거리가 짧아진다.

관련이론 | 폭굉유도거리(DID)가 짧아지기 위한 조건
- 관속에 방해물이 있거나 관내경이 작은 경우
- 압력이 높고, 점화원의 에너지가 강한 경우
- 정상의 연소속도가 큰 혼합가스인 경우

정답 ①

22
★☆☆

액체연료를 효율적으로 연소시키기 위해서는 연료를 미립화 하여야 한다. 미립화 특성을 결정하는 인자와 가장 관계가 적은 것은?

① 분무유량　　② 분무입경
③ 분무의 도달 거리　　④ 분무점도

해설
액체연료의 미립화 특성을 결정하는 인자로 분무유량, 분무입경, 분무의 도달거리, 연료의 점도, 분사압력, 분사속도 등이 있다.

정답 ④

23
★★☆

다음 중 연소와 관련된 설명으로 가장 적합한 것은?

① 최대탄산가스량(%)은 실제 건조연소가스량을 기준한 최대탄산가스의 용적 백분율이다.
② 등가비가 1보다 큰 경우, 공기가 과잉인 경우로 열손실이 많아진다.
③ 등가비와 공기비는 상호 비례관계가 있다.
④ 공연비는 예혼합연소에 있어서의 공기와 연료의 질량비(또는 부피비)이다.

선지분석
① 최대탄산가스량(%)은 이론 건조연소가스량을 기준한 최대탄산가스의 용적 백분율이다.
② 등가비가 1보다 작은 경우, 공기가 과잉인 경우로 열손실이 많아진다.
③ 등가비와 공기비는 상호 반비례관계가 있다.

관련이론 | 당량비(등가비)
- 이론공연비와 실제 공급되는 공연비에 대한 비이다.
- 등가비$(\varnothing)=\dfrac{\text{실제 연료량/산화제}}{\text{완전연소를 위한 이상적 연료량/산화제}}$
- 등가비>1: 연료에 비해 공기 부족, 불완전연소, 일산화탄소 발생량 증가
- 등가비$=1$: 이상적인 연소 형태
- 등가비<1: 연료에 비해 공기 과잉, 질소산화물 증가

정답 ④

24 ★★★

C: 85%, H: 10%, S: 5%의 중량비를 갖는 중유 1kg을 1.3의 공기비로 완전연소시킬 때, 건조 배출가스 중의 이산화황 부피분율(%)은? (단, 황 성분은 전량 이산화황으로 전환된다.)

① 0.18　　② 0.27
③ 0.34　　④ 0.45

해설

이론산소량: $1.867C+5.6H+0.7S-0.7O$

$(1.867\times0.85)+(5.6\times0.1)+(0.7\times0.05)=2.1819Sm^3$

이론공기량$=\dfrac{\text{이론산소량}}{0.21}=\dfrac{2.1819}{0.21}=10.39Sm^3$

이론공기 중 질소량＝이론공기량$\times0.79$

$=10.39\times0.79=8.2081Sm^3$

과잉공기량＝이론공기량×(공기비-1)

$=10.39\times(1.3-1)=3.117Sm^3$

CO_2 배출량

$C+O_2\rightarrow CO_2$

$12kg:22.4Sm^3=0.85kg:xSm^3$

$x=1.5866Sm^3$

SO_2 배출량

$S+O_2\rightarrow SO_2$

$32kg:22.4Sm^3=0.05kg:xSm^3$

$x=0.035Sm^3$

실제건연소가스량

＝이론공기 중 질소량＋과잉공기량＋건소연소생성물(CO_2+SO_2)

$=8.2081Sm^3+3.117Sm^3+1.5866Sm^3+0.035Sm^3$

$=12.9467Sm^3$

$SO_2(\%)=\dfrac{0.035}{12.9467}\times100=0.2703\%$

정답 ②

25 ★★☆

석탄·석유 혼합연료(COM)에 관한 설명으로 가장 적합한 것은?

① 미분쇄한 석탄에 물과 첨가제를 섞어서 액체화시킨 연료이다.
② 별도의 탈황, 탈질 설비가 필요 없다.
③ 연소가스의 연소실 내 체류시간 부족, 분사변의 폐쇄와 마모 등의 문제점을 갖는다.
④ 별도의 개조 없이 중유 전용 연소시설에 사용될 수 있다.

선지분석

① COM은 주로 석탄과 중유의 혼합연료이다.
② 배출가스 중의 NO_x, SO_x, 분진농도는 미분탄연소와 중유연소 각각인 경우 농도가중 평균 정도가 된다. 따라서 별도의 탈황, 탈질 설비가 필요하다.
④ COM을 중유 전용 연소시설에 사용하려면 적절한 개조가 필요하다.

정답 ③

26 ★★★

어떤 액체연료의 연소 배출가스 성분을 분석한 결과 CO_2가 12.6%, O_2가 6.4%일 때, $(CO_2)_{max}(\%)$는? (단, 연료는 완전연소 된다.)

① 11.5　　② 13.2
③ 15.3　　④ 18.1

해설

최대탄산가스율 공식을 이용한다.

$(CO_2)_{max}(\%)=\dfrac{21\times(CO_2+CO)}{21-O_2+0.395CO}$

문제의 조건에 따라 $CO=0$이다.

$(CO_2)_{max}(\%)=\dfrac{21\times CO_2}{21-O_2}$

$(CO_2)_{max}(\%)=\dfrac{21\times12.6}{21-6.4}=18.1232\%$

정답 ④

2022년

27

★★★

유동층 연소에 관한 설명으로 거리가 먼 것은?

① 공기소비량이 많아 화격자 연소장치에 비해 배출가스량이 많은 편이다.
② 부하변동에 적응력이 낮다.
③ 유동매체를 석회석으로 할 경우 로 내에서 탈황이 가능하다.
④ 유동화에 따른 압력손실이 커 동력비가 많이 든다.

해설

유동층 연소방식은 공기소비량이 적어 화격자 연소장치에 비해 배출가스량이 적은 편이다.

관련이론 | 유동층 연소로의 특징

(1) 장점

- 사용연료의 입도범위가 넓기 때문에 연료를 미분쇄할 필요가 없다.(미분탄장치가 필요 없음)
- 연료의 층내 체류시간이 길어 저발열량의 석탄도 완전연소가 가능하다.
- 균일한 연소가 가능하고 연소실 부하가 크며 과잉공기량이 적다.
- 유동매체에 석회석 등의 탈황제를 사용하여 로 내 탈황도 가능하다.
- 열생성 NO_x와 탈황의 생성이 억제되어 전열관의 부식이 문제가 되지 않는다.
- 주방쓰레기, 슬러지 등 수분함량이 높은 폐기물을 층 내에서 건조와 연소를 동시에 할 수 있다.
- 화염층을 작게 할 수 있어 장치를 소형으로 할 수 있다.
- 클링커에 의한 장해가 없다.

(2) 단점

- 부하변동에 따른 적응성이 낮은 편이다.
- 석탄연소 시 미연소된 char가 배출될 수 있으므로 재연소장치에서의 연소가 필요하다.
- 비산분진의 발생량이 많다.
- 유동화에 따른 압력손실이 커 동력비가 많이 든다.
- 조대한 연료는 투입 전 전처리 과정으로 파쇄공정을 거쳐야 한다.
- 손실되는 유동매체를 보충해야 한다.

정답 ①

28

★★★

메탄올 2.0kg이 완전연소하는 데 필요한 이론공기량(Sm^3)은?

① 2.5 ② 5.0
③ 7.5 ④ 10.0

해설

메탄올(CH_3OH, 분자량 32) 1mol이 연소하려면 산소 기체(O_2) 1.5mol이 필요하다.

$CH_3OH + 1.5O_2 \rightarrow CO_2 + 2H_2O$

이론산소량

$32kg : 1.5 \times 22.4Sm^3 = 2kg : xSm^3$

$x = 2.1Sm^3$

$\text{이론공기량} = \frac{\text{이론산소량}}{0.21} = \frac{2.1}{0.21} = 10Sm^3$

정답 ④

29

★☆☆

분무화 연소방식에 해당하지 않는 것은?

① 유압 분무화식 ② 여과 분무화식
③ 충돌 분무화식 ④ 이류체 분무화식

해설

분무화 연소방식은 액체연료의 입경을 작게 하기 위해 안개와 같이 분무 연소시키는 방식으로 여과 분무화식은 해당되지 않는다.

정답 ②

30

★☆☆

연료의 연소 시 과잉공기의 비율을 높여 생기는 현상으로 옳지 않은 것은?

① 에너지 손실이 커진다.
② 화염의 크기가 커지고 연소가스 중 불완전 연소물질의 농도가 증가한다.
③ 공연비가 커지고 연소온도가 저하된다.
④ 열효율이 감소되고 배기가스 중 NO_x 증가의 가능성이 있다.

해설
연료의 연소 시 과잉공기의 비율을 높이면 화염의 크기가 작아지고 연소가스 중 불완전 연소물질의 농도가 감소한다.

정답 ②

31

★☆☆

유압분무식 버너의 특징과 거리가 먼 것은?

① 구조가 간단하여 유지 및 보수가 용이한 편이다.
② 연료분사범위는 15~2,000L/h 정도이다.
③ 유량조절범위가 1 : 10 정도로 넓어서 부하변동에 적응이 쉽다.
④ 연료의 점도가 크거나 유압이 $5kg/cm^2$ 이하가 되면 분무화가 불량하다

해설
유량조절범위가 환류식의 경우는 1 : 3, 비환류식의 경우는 1 : 2 정도여서 부하변동에 적응하기 어렵다.

정답 ③

32

★☆☆

고체연료의 일반적인 특징으로 옳지 않은 것은?

① 연소 시 많은 공기가 필요하므로 연소장치가 대형화된다.
② 석탄을 이탄, 갈탄, 역청탄, 무연탄, 흑연으로 분류할 때 무연탄의 탄화도가 가장 작다.
③ 고체연료는 액체연료에 비해 수소 함유량이 작다.
④ 고체연료는 액체연료에 비해 산소 함유량이 크다.

해설
탄화도는 석탄에서 수분과 회분을 제외한 나머지 성분 중에 탄소가 차지하는 중량백분율이고, 석탄을 이탄, 갈탄, 역청탄, 무연탄, 흑연으로 분류할 때 이탄의 탄화도가 가장 작다.

정답 ②

33

★☆☆

[보기]에서 설명하는 내용으로 가장 적합한 유류연소버너는?

보기
• 화염의 형식: 가장 좁은 각도의 긴 화염이다. • 유량조절범위: 약 1:10 정도이며, 대단히 넓다. • 용도: 제강용평로, 연속가열로, 유리용해로 등의 대형가열로 등에 많이 사용된다.

① 유압식　　② 회전식
③ 고압기류식　　④ 저압기류식

해설
고압기류식에 대한 설명이다.

정답 ③

2022년

34

★★☆

저발열량이 6,000kcal/Sm³, 평균정압비열이 0.38kcal/Sm³·℃인 가스연료의 이론연소온도(℃)는? (단, 이론 연소가스량은 10Sm³/Sm³, 연료와 공기의 온도는 15℃, 공기는 예열되지 않으며 연소가스는 해리되지 않는다.)

① 1,385 ② 1,412
③ 1,496 ④ 1,594

해설

연소온도 공식을 이용한다.

$$t_1 = \frac{H_l}{G \times C_p} + t_2$$

t_1: 연소온도(℃)
t_2: 현재온도(℃)
H_l: 저발열량(kcal/Sm³)
G: 이론연소가스량(Sm³/Sm³)
C_p: 연소가스의 평균정압비열(kcal/Sm³·℃)

$$t_1 = \frac{6,000}{10 \times 0.38} + 15 = 1,593.95℃$$

정답 ④

35

★☆☆

옥탄가에 관한 설명이다. (   ) 안에 들어갈 말로 옳은 것은?

> 옥탄가는 시험 가솔린의 노킹 정도를 (㉠)과 (㉡)의 혼합표준연료의 노킹정도와 비교했을 때, 공급 가솔린과 동등한 노킹정도를 나타내는 혼합표준연료 중의 (㉠)%를 말한다.

① ㉠ iso-octane, ㉡ n-butane
② ㉠ iso-octane, ㉡ n-heptane
③ ㉠ iso-propane, ㉡ n-pentane
④ ㉠ iso-pentane, ㉡ n-butane

해설

옥탄가는 시험 가솔린의 노킹 정도를 iso-octane과 n-heptane의 혼합표준연료의 노킹정도와 비교했을 때, 공급 가솔린과 동등한 노킹정도를 나타내는 혼합표준연료 중의 iso-octane%를 말한다.

정답 ②

36

★★☆

화학반응속도 및 반응속도상수에 관한 설명으로 옳지 않은 것은?

① 반응물의 농도를 무제한 증가할지라도 반응속도에는 영향을 미치지 않는 반응을 0차 반응이라 한다.
② 반응속도상수는 온도에 영향을 받는다.
③ 1차 반응에서 반응속도상수의 단위는 s^{-1}이다.
④ 화학반응속도론에서 반응속도상수 결정에 활성화에너지가 가장 주요한 영향인자로 작용하며, 넓은 온도 범위에 걸쳐 유효하게 적용된다.

해설

특정온도범위에서의 반응속도상수 결정에 활성화에너지도 주요한 영향인자로 작용한다.

정답 ④

37

★★☆

액체연료인 석유의 물성치에 관한 설명으로 옳지 않은 것은?

① 석유의 동점도가 감소하면 끓는점이 높아지고 유동성이 좋아지며 이로 인하여 인화점이 높아진다.
② 석유류의 인화점은 휘발유 −50℃~0℃, 등유 30℃~70℃, 중유 90℃~120℃ 정도이다.
③ 석유류의 증기압이 큰 것은 착화점이 낮아서 위험하다.
④ 석유의 비중이 커지면 탄화수소비(C/H)가 증가하고, 발열량이 감소한다.

해설

석유의 동점도가 감소하면 끓는점과 인화점이 낮아지고 유동성이 좋아져 연소가 잘 된다.

정답 ①

38

★★☆

미분탄 연소방식의 특징으로 틀린 것은?

① 부하변동에 쉽게 적응할 수 있다.
② 명료한 화염면이 형성되고, 화염이 연소실에 국부적으로 형성된다.
③ 화격자연소보다 낮은 공기비로써 높은 연소효율을 얻을 수 있다.
④ 연소제어가 용이하고, 점화 및 소화 시 손실이 적은 편이다.

해설

미분탄연소는 명료한 화염면이 형성되지 않는다.
접선기울형버너(Tangential tilting burner)가 화염이 연소실 중앙부에 집중하여 명료한 화염면이 형성된다.

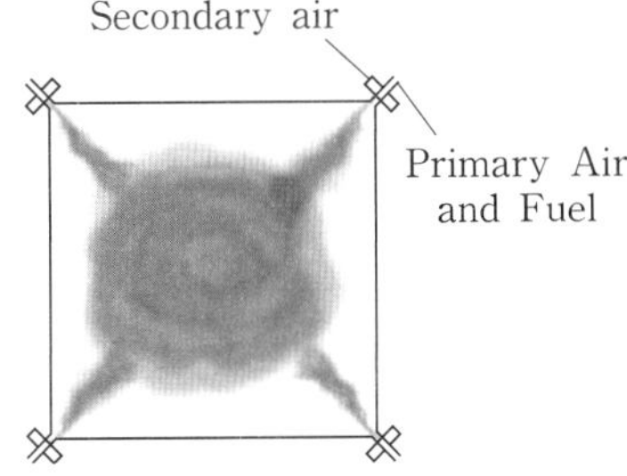

관련이론 | 미분탄연소의 특징

- 연소제어가 용이하고 점화 및 소화 시 손실이 적다.
- 사용연료의 범위가 넓고 스토커 연소에 적합하지 않는 점결탄과 저발열량탄 등도 사용할 수 있다.
- 연료의 접촉표면이 크므로 스토커식 연소에 비해 작은 공기비로도 완전연소가 가능하다.
- 부하변동에 대한 응답성이 좋은 편이어서 대용량의 연소에 적합하다.
- 화격자연소보다 낮은 공기비로서 높은 연소효율을 얻을 수 있다.
- 석탄의 종류에 따른 탄력성이 부족하고, 노벽 및 전열면에서 재이 퇴적이 많은 편이다.
- 설비비와 유지비가 많이 들고 재의 비산이 많아 집진장치가 필요하다.

정답 ②

39

★☆☆

어떤 2차 반응에서 반응물질의 10%가 반응하는 데 250s가 걸렸을 때, 반응물질의 90%가 반응하는 데 걸리는 시간(s)은? (단, 기타 조건은 동일하다.)

① 5,500　② 2,500
③ 20,300　④ 28,300

해설

(1) 2차 반응속도식을 이용하여 k값 구하기

$$\frac{1}{C_t}-\frac{1}{C_o}=k\times t$$

C_t: t시간이 지난 후의 반응물질 농도, C_o: 처음농도,
k:반응속도상수, t: 반응시간

$$\frac{1}{90}-\frac{1}{100}=k\times 250s$$

$k=4.44\times 10^{-6}$

(2) 반응물질의 90%가 반응하는 데 걸리는 시간 구하기

초기농도(C_o)를 100이라고 하면 t시간이 지난 후 반응물질의 농도(C_t)는 10이다.

$$\frac{1}{10}-\frac{1}{100}=4.44\times 10^{-6}\times t$$

$t=20,270.2702s$

※ k값과 t값은 공학용계산기의 SOLVE 기능을 이용하여 구하는 것이 편리합니다.

정답 ③

2022년

40

★★☆

석탄의 탄화도가 증가할수록 나타나는 성질로 옳지 않은 것은?

① 착화온도가 높아진다.
② 연소속도가 느려진다.
③ 수분이 감소하고 발열량이 증가한다.
④ 연료비(고정탄소(%)/휘발분(%))가 감소한다.

해설

석탄의 탄화도가 증가할수록 연료비(고정탄소%/휘발분%)는 증가한다.

관련이론

연료비

- 탄화도의 정도를 나타내는 지수로서 고정탄소가 높을수록 연료비도 높아지며 연소 시 발열량도 높아진다.
- 연료비=고정탄소/휘발분
- 고정탄소(w%)=100−(휘발분+수분+회분)

탄화도

- 석탄에서 수분과 회분을 제외한 나머지 성분 중에 탄소가 차지하는 중량백분율이다.
- 탄화도는 깊은 땅속에 오래 묻혀 있을수록 커지며 깊은 곳일수록 높은 압력을 받아 휘발분이 감소하게 된다.
- 탄화도가 증가할 경우
  - 증가하는 것: 연료비, 고정탄소, 착화온도, 발열량
  - 감소하는 것: 수분, 휘발분, 비열, 매연발생률, 연소속도

정답 ④

대기오염방지기술

41

★★☆

중력집진장치에 관한 설명으로 가장 적합하지 않은 것은?

① 침강실의 높이가 낮고, 길이가 길수록 집진효율이 증가한다.
② 함진가스의 유량, 유입속도 변화에 거의 영향을 받지 않는다.
③ 함진가스의 온도 변화에 의한 영향을 거의 받지 않는다.
④ 배기가스의 점도가 낮을수록 집진효율이 증가한다.

해설

중력집진장치는 함진가스의 유량, 유입속도 변화에 영향을 받는다.

관련이론 | 중력집진장치의 집진효율 향상조건

- 침강실 내의 처리가스의 속도가 작을수록 미립자가 포집된다.
- 유입부의 유속이 느릴수록 처리 효율이 높다.
- 침강실의 높이는 낮고 길이는 길수록 집진율이 높아진다.
- 침강실 내의 배기가스 기류는 균일해야 한다.
- 다단일 경우 단수가 증가할수록 압력손실은 커지나 효율은 증가한다.

정답 ②

42

★☆☆

다음 여과포의 재질 중 최고 사용온도가 가장 높은 것은?

① 오론　　② 나일론(폴리아미드계)
③ 목면　　④ 비닐론

해설

여과포의 최고 사용온도

① 오론: 150℃
② 나일론(폴리아미드계): 110℃
③ 목면: 80℃
④ 비닐론: 100℃

정답 ①

43

★★☆

온도 25℃ 염산액적을 포함한 배출가스 1.5m³/s를 폭 9m, 높이 7m, 길이 10m의 침강집진기로 집진제거하고자 한다. 염산 비중이 1.6이라면 이 침강집진기가 집진할 수 있는 최소제거입경(μm)은? (단, 25℃에서의 공기점도는 1.85×10⁻⁵kg/m · s이다.)

① 약 12　　② 약 19
③ 약 32　　④ 약 42

해설

100% 제거하기 위한 중력집진장치의 설계 공식

$$\frac{V_g}{V}=\frac{H}{L}$$

$$V=\frac{Q}{A}=\frac{1.5\text{m}^3/\text{s}}{9\text{m}\times7\text{m}}=0.0238\text{m/s}$$

중력침강속도(V_g)를 중력집진장치의 설계공식에 적용한다.

$$V_g=\frac{d_p^2(\rho_p-\rho)g}{18\mu}$$

$$\frac{\frac{d_p^2(\rho_p-\rho)g}{18\mu}}{V}=\frac{H}{L}$$

d_p: 입자의 직경(m)

ρ_p: 입자의 밀도(kg/m³)

ρ_p=비중 (1.6)×물의 비중 (1,000kg/m³)=1,600kg/m³

ρ: 공기의 밀도(kg/m³)

표준상태일 때의 공기 밀도(1.293kg/Sm³)를 25℃일 때의 밀도로 환산해야 한다.

$$\rho=\frac{1.293\text{kg}}{\text{Sm}^3\times\left(\frac{273+25}{273}\right)}=1.1845\text{kg/m}^3$$

g: 중력가속도(m/s²), μ: 공기(가스)의 점도(kg/m·s)

$$\frac{\frac{d_p^2(1,600-1.1845)\text{kg/m}^3\times9.8\text{m/s}^2}{18\times1.85\times10^{-5}\text{kg/m}\cdot\text{s}}}{0.0238\text{m/s}}=\frac{7\text{m}}{10\text{m}}$$

$d_p=1.8816\times10^{-5}\text{m}=18.816\mu\text{m}$

정답 ②

44

★★★

여과집진장치의 탈진방식에 관한 설명 중 틀린 것은?

① 연속식에는 역제트기류 분사형과 충격제트기류 분사형 등이 있다.
② 연속식은 포집과 탈진이 동시에 이루어지므로 압력손실이 거의 일정하고 고농도, 대용량의 가스를 처리할 수 있다.
③ 간헐식은 먼지의 재비산이 적고, 높은 집진율을 얻을 수 있으며, 여포의 수명은 연속식에 비해 길다.
④ 충격제트기류 분사형은 여과자루에 상하로 이동하는 불로워에 몇 개의 슬롯을 설치하고 여기에 고속제트기류를 주입하여 여과자루를 위, 아래로 이동하면서 탈진하는 방식으로 내면여과이다.

해설

역제트기류 분사형은 여과자루에 상하로 이동하는 불로워에 몇 개의 슬롯을 설치하고 여기에 고속제트기류를 주입하여 여과자루를 위, 아래로 이동하면서 탈진하는 방식으로 내면여과이다.

정답 ④

45

★☆☆

배출가스 중의 일산화탄소를 제거하는 방법 중 가장 실질적이고, 확실한 것은?

① 활성탄 등의 흡착제를 사용하여 흡착제거
② 벤츄리스크러버나 충전탑 등으로 세정하여 제거
③ 탄산나트륨을 사용하는 시보드법을 적용하여 제거
④ 백금계 촉매를 사용하여 무해한 이산화탄소로 산화시켜 제거

해설

일산화탄소는 백금계 촉매를 사용하여 이산화탄소로 산화시켜 제거할 수 있다.

정답 ④

46

★★☆

원형 덕트(Duct)의 기류에 의한 압력손실에 관한 내용으로 옳지 않은 것은?

① 관의 길이가 길수록 압력손실은 커진다.
② 관의 직경이 클수록 압력손실은 작아진다.
③ 유체의 유속이 클수록 압력손실은 커진다.
④ 곡관이 많을수록 압력손실이 작아진다.

해설

곡관이 많을수록 압력손실은 커진다.

관련이론

원형 덕트의 압력손실(식에 의한 방법)

$\Delta P=4f\times\frac{L}{D}\times\frac{r\times V^2}{2g}=4f\times\frac{L}{D}\times P_V$

장방형 덕트의 압력손실(식에 의한 방법)

$\Delta P=f\times\frac{L}{D_0}\times\frac{r\times V^2}{2g}$

f: 마찰계수
L: 관의 길이(m)
D: 관의 직경(m)
g: 중력가속도(m/s^2)
r: 공기의 밀도(kg/m^3)
V: 유속(m/s)
ΔP: 압력손실(mmH_2O)
P_V: 속도압($P_V=\frac{r\cdot V^2}{2g}$)
D_0: 상당직경$=\frac{2ab}{a+b}$

정답 ④

47

★★☆

세정집진장치에 관한 설명으로 옳지 않은 것은?

① 충전탑은 온도 변화가 크고 희석열이 큰 곳에는 사용이 적합하지 않다.
② 분무탑은 침전물이 발생하는 경우에 사용이 적합하다.
③ 벤츄리 스크러버는 점착성, 조해성 먼지의 제거에 효과적이다.
④ 제트 스크러버는 처리가스량이 많은 경우에 사용이 적합하다.

해설

제트 스크러버는 처리가스량이 많을 경우 효율이 떨어져서 잘 사용하지 않는다.

정답 ④

48

★☆☆

송풍기의 크기와 유체의 밀도가 일정할 때 송풍기의 회전수를 2배로 하면 정압은 몇 배가 되는가?

① 2배 ② 4배
③ 6배 ④ 8배

해설

$P_2=P_1\times\left(\frac{N_2}{N_1}\right)^2$

P_1, P_2: 풍압
N_1, N_2: 회전수

송풍기의 정압은 회전수의 제곱에 비례하기 때문에 회전수가 2배가 되면 정압은 4배가 된다.

관련이론 | 송풍기의 상사법칙

$\frac{Q_2}{Q_1}=\frac{N_2}{N_1}$, $\frac{P_2}{P_1}=\left(\frac{N_2}{N_1}\right)^2$, $\frac{W_2}{W_1}=\left(\frac{N_2}{N_1}\right)^3$

Q_1, Q_2: 풍량, N_1, N_2: 회전수,
W_1, W_2: 동력, P_1, P_2: 정압(풍압)

정답 ②

49

★☆☆

커닝험 보정계수에 대한 설명으로 가장 적합한 것은? (단, 커닝험 보정계수가 1 이상인 경우이다.)

① 미세입자일수록 가스의 점성저항이 작아지므로 커닝험 보정계수가 작아진다.
② 미세입자일수록 가스의 점성저항이 커지므로 커닝험 보정계수가 작아진다.
③ 미세입자일수록 가스의 점성저항이 커지므로 커닝험 보정계수가 커진다.
④ 미세입자일수록 가스의 점성저항이 작아지므로 커닝험 보정계수가 커진다.

해설

커닝험 보정계수

- 입자상 물질에 작용하는 힘은 입자의 불규칙한 운동으로 인해 실제 스토크스법칙과 차이를 보이게 되는데 이를 보정하기 위한 계수이다.
- 온도가 높을수록, 직경이 작을수록, 점성저항이 작을수록, 압력이 낮을수록 증가한다.

관련이론 | 커닝험(Cunningham) 보정계수(C_f)

$$V_g = \frac{d_p^2(\rho_p - \rho)g}{18\mu} \times C_f$$

$$C_f = 1 + \frac{2\lambda}{d_p}\left[1.257 + 0.4 \times e^{\left(-0.55 \times \frac{d_p}{\lambda}\right)}\right]$$

λ: 평균자유거리(≒ 0.067)

- 입경 $10\mu m$ 이하의 분진에 적용되며 이는 분자의 평균 자유 행정에 따라 이동하므로 스토크스법칙의 값보다 크게 되기 때문에 이를 보정하기 위해 사용된다.
- 온도가 높을수록, 직경이 작을수록, 점성저항이 작을수록, 압력이 낮을수록 증가한다.
- 커닝험계수는 입경 $d > 3\mu m$일 때, $C_f = 1$이고 입경이 $10\mu m$일 때는 스토크스 값의 2% 정도이지만, 입경 $1\mu m$에서는 15% 이상으로 증가하여야 한다.

정답 ④

50

★★☆

기상 총괄이동단위높이가 2m인 충전탑을 이용하여 배출가스 중의 HF를 NaOH 수용액으로 흡수제거하려 할 때, 제거율을 98%로 하기 위한 충전탑의 높이는? (단, 평형분압은 무시한다.)

① 5.6m　　② 5.9m
③ 6.5m　　④ 7.8m

해설

흡수탑의 충전층 높이공식을 이용한다.

$H = H_{OG} \times N_{OG}$

H_{OG}: 기상총괄이동단위높이(m)

N_{OG}: 기상총괄단위수

$N_{OG} = \ln\frac{1}{1-\eta}$ (η: 효율)

$N_{OG} = \ln\frac{1}{1-0.98} = 3.9120$

$H = 2 \times 3.9120 = 7.824m$

정답 ④

51

★☆☆

흡인통풍의 장점으로 가장 적합하지 않은 것은?

① 굴뚝의 통풍저항이 큰 경우에 적합하다.
② 통풍력이 크다.
③ 노 내압이 부압(−)으로 역화의 우려가 없다.
④ 연소용 공기를 예열할 수 있다.

해설

흡인통풍 시 연소용 공기를 예열할 수 없다.

관련이론 | 흡인통풍

- 연소실 출구에서 연소실 안의 공기를 굴뚝으로 이동시키는 형태의 통풍방식이다.
- 동력을 사용하므로 소요동력이 많이 필요하다.
- 열손실이 증대되어 연소실 내의 온도가 내려간다.
- 자연통풍에 비하여 연소실의 열부하와 연소효율을 높일 수 있다.

정답 ④

52

★★☆

Henry 법칙이 적용되는 가스로서 공기 중 유해가스의 평형분압이 16mmHg일 때, 수중 유해가스의 농도는 3.0kmol/m^3였다. 같은 조건에서 가스분압이 435mmH_2O가 되면 수중 유해가스의 농도는? (단, Hg의 비중은 13.6이다.)

① 약 1.5kmol/m^3 ② 약 3.0kmol/m^3
③ 약 6.0kmol/m^3 ④ 약 9.0kmol/m^3

해설

헨리의 법칙을 이용한다.

$P=HC$

P: 분압(mmHg)

H: 헨리상수(mmHg·m^3/kmol)

C: 유해가스의 농도(kmol/m^3)

(1) 분압이 16mmHg일 때 기준으로 H 구하기

$16\text{mmHg}=H\times 3.0\text{kmol/m}^3$

$H=5.3333\text{mmHg}\cdot\text{m}^3/\text{kmol}$

(2) 435mmH_2O에서의 수중 유해가스의 농도 구하기

$435\text{mmH}_2\text{O}\times\dfrac{760\text{mmHg}}{10{,}332\text{mmH}_2\text{O}}$

$=5.3333\text{mmHg}\cdot\text{m}^3/\text{kmol}\times C$

$C=5.9996\text{kmol/m}^3$

정답 ③

53

★★☆

여과집진장치에서 먼지부하가 444g/m^2에 도달하면 먼지를 털어준다고 한다. 만일 입구 먼지농도가 20g/m^3, 여과속도를 0.6m/sec로 가동할 경우 털어주는 주기는 몇 초 간격으로 하여야 하는가? (단, 집진효율은 95%이다.)

① 35초 ② 37초
③ 39초 ④ 44초

해설

먼지부하공식을 이용한다.

$L_d=C_i\times V_f\times t\times\eta$

L_d: 먼지부하(g/m^2), C_i: 입구 먼지농도(g/m^3)

V_f: 여과속도(m/sec), t: 탈진주기(sec), η: 집진효율

$t=\dfrac{L_d}{C_i\times V_f\times\eta}=\dfrac{444}{20\times 0.6\times 0.95}=38.9473\text{sec}$

정답 ③

54

★★☆

전기집진장치 내 먼지의 겉보기 이동속도는 0.11m/s, 5m×4m인 집진판 182매를 설치하여 유량 9,000m^3/min를 처리할 경우 집진효율은? (단, 내부 집진판은 양면집진, 2개의 외부 집진판은 각 하나의 집진면을 가진다.)

① 98.0% ② 98.8%
③ 99.0% ④ 99.5%

해설

Deutsch-Anderson식을 이용한다.

$\eta=1-e^{\left(-\frac{A\times W_e}{Q}\right)}$

A: 단면적(m^2)

$A=(5\times 4)\text{m}^2\times 362=7{,}240\text{m}^2$

문제의 조건에서 내부 집진판은 양면집진을 한다고 했으므로 180에 2를 곱하고, 2개의 외부 집진판은 하나의 집진면을 가진다고 했으므로 2를 더해야 한다. 이 결과 집진면의 개수는 362개 이므로 단면적에 집진면의 개수를 곱해야 한다.

W_e: 먼지의 겉보기 이동속도(m/s)

Q: 처리가스량(m^3/s)

$Q=\dfrac{9{,}000\text{m}^3}{\text{min}}\times\dfrac{\text{min}}{60\text{s}}=150\text{m}^3/\text{s}$

$\eta=1-e^{\left(-\frac{7{,}240\times 0.11}{150}\right)}=0.9950=99.5\%$

정답 ④

55

★★☆

벤츄리스크러버의 액가스비를 크게 하는 요인으로 가장 거리가 먼 것은?

① 먼지 입자의 친수성이 클 때
② 먼지의 농도가 높을 때
③ 먼지 입자의 점착성이 클 때
④ 처리가스의 온도가 높을 때

해설

먼지 입자의 친수성이 작을 때 액가스비가 커진다.

정답 ①

56

★★☆

탈취방법 중 촉매연소법에 관한 설명으로 옳지 않은 것은?

① 촉매는 백금, 코발트, 니켈 등이 있으며, 고가이지만 성능이 우수한 백금계의 것이 많이 이용된다.

② 직접연소법에 비해 질소산화물의 발생량이 높고, 고농도로 배출된다.

③ 직접연소법에 비해 연료소비량이 적어 운전비는 절감되나, 촉매독이 문제가 된다.

④ 적용 가능한 악취성분은 가연성 악취성분, 황화수소, 암모니아 등이 있다.

해설

촉매연소법은 직접연소법에 비해 질소산화물의 발생량이 낮고, 저농도로 배출된다.

정답 ②

57

★★☆

20℃, 1기압에서 공기의 동점성계수는 $1.5\times10^{-5}m^2/s$이다. 관의 지름이 50mm일 때, 그 관을 흐르는 공기의 속도(m/s)는? (단, 레이놀즈 수는 3.5×10^4이다.)

① 4.0 ② 6.5
③ 9.0 ④ 10.5

해설

레이놀즈 수 공식을 이용한다.

$$Re=\frac{D\times\rho\times V}{\mu}=\frac{D\times V}{\nu}$$

D: 관의 직경(m)
ρ: 유체의 밀도(kg/m^3)
V: 유체의 속도(m/s)
μ: 점성계수(kg/m·s)
ν: 동점성계수(m^2/s)

$$3.5\times10^4=\frac{0.05\times V}{1.5\times10^{-5}}$$

$V=10.5m/s$

※ V값은 공학용계산기의 SOLVE를 이용하여 구하는 것이 편리합니다.

정답 ④

58

★★★

A 집진장치의 입구 및 출구의 배출가스 중 먼지의 농도가 각각 $15g/Sm^3$, $150mg/Sm^3$이었다. 또한 입구 및 출구에서 채취한 먼지시료 중에 포함된 0~5μm의 입경분포의 중량 백분율이 각각 10%, 60%이었다면 이 집진장치의 0~5μm의 부분집진율(%)은?

① 90 ② 92
③ 94 ④ 96

해설

부분집진율 공식을 이용한다.

$$\eta=\left(1-\frac{C_o\times R_o}{C_i\times R_i}\right)\times100$$

C_o: 출구농도(mg/Sm^3), R_o: 출구 중량백분율(%)
C_i: 입구농도(mg/Sm^3), R_i: 입구 중량백분율(%)

$$\eta=\left(1-\frac{150mg/Sm^3\times0.6}{15{,}000mg/Sm^3\times0.1}\right)\times100=94\%$$

정답 ③

59

★★☆

탈취방법 중 수세법에 관한 설명으로 옳지 않은 것은?

① 고농도의 악취가스 전처리에 효과적이다.

② 장치가 간단하고 조작이 용이하다.

③ 알데히드류, 저급유기산류, 페놀 등 친수성 극성기를 가지는 성분을 제거할 수 있다.

④ 산성가스와 염기성가스를 별도로 처리하여야 한다.

해설

수용성인 경우 산성가스와 염기성가스를 함께 처리할 수 있다.

정답 ④

60 ★☆☆

다이옥신 제어방법에 관한 설명으로 옳지 않은 것은?

① 250~340nm의 자외선을 조사하여 다이옥신을 분해할 수 있다.
② 다이옥신의 발생을 억제하기 위해 PVC, PCB가 포함된 제품을 소각하지 않는다.
③ 소각로에서 접촉촉매산화를 유도하기 위해 철, 니켈 성분을 함유한 쓰레기를 투입한다.
④ 다이옥신은 저온에서 재생될 수 있으므로 소각로를 고온으로 유지해야 한다.

해설
다이옥신의 제어방법 중 촉매분해법은 촉매로 금속 산화물(V_2O_5, TiO_2 등) 또는 귀금속(Pt, Pd) 등이 사용된다.

정답 ③

대기오염공정시험기준

61 ★☆☆

굴뚝배출가스 중 먼지 측정 시 등속흡입 정도에 관한 설명이다. ( ) 안에 들어갈 범위는?

> 등속흡입 정도를 보기 위해 식 또는 계산기에 의해서 등속흡입계수를 구하고 그 값이 ( ) 범위 내에 들지 않는 경우에는 다시 시료를 채취한다.

① 90~105%　② 90~110%
③ 95~105%　④ 95~110%

해설
등속흡입 정도를 보기 위해 식 또는 계산기에 의해서 등속흡입계수를 구하고 그 값이 90%~110% 범위 내에 들지 않는 경우에는 다시 시료를 채취한다.

정답 ②

62 ★★☆

오염물질 A의 실측농도가 250mg/Sm³이고, 그 때의 실측 산소농도가 3.5%이다. 오염물질 A의 보정농도(mg/Sm³)는? (단, 오염물질 A는 표준산소농도를 적용받으며, 표준산소농도는 4%이다.)

① 219　② 243
③ 247　④ 286

해설
배출농도 보정공식을 이용한다.

$$C=C_a\times\frac{21-O_s}{21-O_a}$$

C: 오염물질 보정농도(mg/Sm³ 또는 ppm)
C_a: 실측오염물질농도(mg/Sm³ 또는 ppm)
O_s: 표준산소농도(%)
O_a: 실측산소농도(%)

$$C=250\times\frac{21-4}{21-3.5}=242.8571\text{mg/Sm}^3$$

정답 ②

63 ★★☆

대기오염공정시험기준 총칙 상의 시험 기재 및 용어에 관한 내용으로 옳지 않은 것은?

① "밀봉용기"라 함은 물질을 취급 또는 보관하는 동안에 기체 또는 미생물이 침입하지 않도록 내용물을 보호하는 용기를 뜻한다.
② 냉수는 15℃ 이하, 온수는 60~70℃, 열수는 약 100℃를 말한다.
③ "감압 또는 진공"이라 함은 따로 규정이 없는 한 10mmHg 이하를 뜻한다.
④ 시험조작 중 "즉시"란 30초 이내에 표시된 조작을 하는 것을 뜻한다.

해설
"감압 또는 진공 "이라 함은 따로 규정이 없는 한 15mmHg 이하를 뜻한다.

정답 ③

64

★★☆

공정시험방법상 환경대기 중의 탄화수소 농도를 측정하기 위한 주시험법은?

① 총탄화수소 측정법 ② 활성 탄화수소 측정법
③ 비활성 탄화수소 측정법 ④ 비메탄 탄화수소 측정법

해설

환경대기 중의 탄화수소 농도를 측정하기 위한 주시험법은 비메탄 탄화수소 측정법이다.

정답 ④

65

★★★

이온크로마토그래피에 관한 설명으로 옳지 않은 것은?

① 분리관의 재질은 용리액 및 시료액과 반응성이 큰 것을 선택하며 스테인레스관이 널리 사용된다.
② 용리액조는 일반적으로 폴리에틸렌이나 경질 유리제를 사용한다.
③ 송액펌프는 일반적으로 맥동이 적은 것을 사용한다.
④ 검출기는 일반적으로 전도도 검출기를 많이 사용하고, 그 외 자외선, 가시선 흡수검출기(UV, VIS 검출기), 전기화학적 검출기 등이 사용된다.

해설

분리관의 재질은 내압성, 내부식성으로 용리액 및 시료액과 반응성이 적은 것을 선택하며 에폭시수지관 또는 유리관이 사용된다. 일부는 스테인레스관이 사용되지만 금속이온 분리용으로는 좋지 않다.

정답 ①

66

★☆☆

굴뚝을 통하여 대기 중으로 배출되는 가스상 물질을 분석하기 위한 시료 채취방법에 대한 주의사항 중 옳지 않은 것은?

① 가스미터는 $500mmH_2O$ 이내에서 사용한다.
② 습식 가스미터를 이동 또는 운반할 때에는 반드시 물을 빼고, 오랫동안 쓰지 않을 때에도 그와 같이 배수한다.
③ 흡수병을 공용으로 할 때에는 대상 성분이 달라질 때마다 묽은 산 또는 알칼리 용액과 정제수로 깨끗이 씻은 다음 다시 흡수액으로 3회 정도 씻은 후 사용한다.
④ 굴뚝 내의 압력이 매우 큰 부압($-300mmH_2O$ 정도 이하)인 경우에는, 시료 채취용 굴뚝을 부설하여 부피가 큰 펌프를 써서 시료가스를 흡입하고 그 부설한 굴뚝에 채취구를 만든다.

해설

가스미터는 $100mmH_2O$ 이내에서 사용한다.

정답 ①

67

★☆☆

수산화소듐(NaOH)용액을 흡수액으로 사용하는 분석대상 가스가 아닌 것은?

① 플루오린화합물 ② 사이안화수소
③ 벤젠 ④ 염화수소

해설

벤젠은 흡수액이 아니라 흡착관, 시료채취 주머니로 시료를 채취한다.

관련이론 | 배출가스 중 벤젠-기체크로마토그래피

흡착관을 이용한 방법, 시료채취 주머니를 이용한 방법을 시료채취방법으로 하고 열탈착장치를 통하여 기체크로마토그래프(GC, Gas Chromatograph)방법으로 분석한다.

배출가스 중에 존재하는 벤젠의 정량범위는0.10~2,500ppm이며, 방법검출한계는 0.03ppm이다.

정답 ③

68

★☆☆

굴뚝 배출가스 중 이산화황의 자동 연속측정방법에서 사용하는 용어의 의미로 옳은 것은?

① 제로가스: 공인기관에 의해 아황산가스의 농도가 10ppm 미만으로 보증된 표준가스
② 스팬가스: 90% 교정가스
③ 교정가스: 연속자동측정기 최대 눈금치의 약 10%와 90%에 해당하는 보증된 표준가스
④ 응답시간: 스팬가스 보정치의 90%에 해당하는 지시치를 나타낼 때까지 걸리는 시간

선지분석

① 제로가스: 정제된 공기나 순수한 질소(순도 99.999% 이상)를 말한다.
③ 교정가스: 공인기관의 보정치가 제시되어 있는 표준가스로 연속자동측정기 최대눈금치의 약 50%와 90%에 해당하는 농도를 갖는다.
④ 응답시간: 시료채취부를 통하지 않고 제로가스를 연속자동측정기의 분석부에 흘려주다가 갑자기 스팬가스로 바꿔서 흘려준 후, 기록계에 표시된 지시치가 스팬가스 보정치의 95%에 해당하는 지시치를 나타낼 때까지 걸리는 시간을 말한다.

정답 ②

69

★★★

굴뚝 배출가스 유속을 피토우관으로 측정한 결과가 다음과 같을 때 배출가스 유속은?

- 동압: 100mmH_2O
- 배출가스 온도: 295℃
- 표준상태 배출가스 비중량: 1.2kg/Sm^3
- 피토우관 계수: 0.87

① 43.7m/s ② 48.2m/s
③ 50.7m/s ④ 54.3m/s

해설

$V=C\sqrt{\frac{2gh}{\gamma}}$

C: 피토우관 계수, g: 중력가속도 (9.8m/s^2)
h: 배출가스의 동압 측정치(mmH_2O)
γ: 굴뚝 내의 습한 배출가스 밀도(kg/m^3)

$$\gamma=\frac{1.2\text{kg}}{\text{Sm}^3\times\frac{273+295}{273}}=0.5767\text{kg/m}^3$$

$$V=0.87\times\sqrt{\frac{2\times9.8\times100}{0.5767}}=50.7191\text{m/s}$$

정답 ③

70

★☆☆

굴뚝 배출가스 중 질소산화물의 연속 자동측정법으로 옳지 않은 것은?

① 용액전도율법 ② 화학발광법
③ 적외선흡수법 ④ 자외선흡수법

해설

배출가스 중 질소산화물 측정법 중 자동측정법 – 화학발광법, 적외선흡수법, 자외선흡수법, 정전위전해법

정답 ①

71 ★★★

특정발생원에서 일정한 굴뚝을 거치지 않고 외부로 비산되는 먼지를 고용량공기시료채취법으로 측정한 결과 다음과 같은 자료를 얻었다. 이 때 비산먼지의 농도는 몇 mg/m^3인가?

> • 채취먼지량이 가장 많은 위치에서의 먼지농도: $65mg/m^3$
> • 대조위치에서의 먼지농도: $0.23mg/m^3$
> • 전 시료채취 기간 중 주 풍향이 90° 이상 변하고 풍속이 0.5m/s 미만 또는 10m/s 이상되는 시간이 전 채취시간의 50% 이상이다.

① 117　② 102
③ 94　④ 87

해설

각 측정지점의 채취먼지량과 풍향풍속의 측정결과로부터 비산먼지의 농도를 구한다.

비산먼지농도$(C)=(C_H-C_B)\times W_D\times W_S$

$C=(65-0.23)\times1.5\times1.2=116.586mg/m^3$

C_H=채취먼지량이 가장 많은 위치에서의 먼지 농도(mg/m^3)

C_B=대조위치에서의 먼지 농도(mg/m^3)

W_D, W_S=풍향, 풍속 측정결과로부터 구한 보정계수

단, 대조위치를 선정할 수 없는 경우에는 C_B는 $0.15mg/m^3$로 한다.

• 풍향에 대한 보정

풍향변화범위	보정계수
전 시료채취 기간 중 주 풍향이 90° 이상 변할 때	1.5
전 시료채취 기간 중 주 풍향이 45°~90° 변할 때	1.2
전 시료채취 기간 중 풍향의 변동이 없을 때(45° 미만)	1.0

• 풍속에 대한 보정

풍속범위	보정계수
풍속이 0.5m/s 미만 또는 10m/s 이상되는 시간이 전 채취시간의 50% 미만일 때	1.0
풍속이 0.5m/s 미만 또는 10m/s 이상되는 시간이 전 채취시간의 50% 이상일 때	1.2

정답 ①

72 ★★☆

자외선/가시선분광법으로 측정한 A 물질의 투과퍼센트 지시치가 25%일 때 A 물질의 흡광도는?

① 0.25　② 0.50
③ 0.60　④ 0.82

해설

$$흡광도(A)=\log\frac{1}{t(투과도)}=\log\frac{1}{I_t/I_o}$$

I_o: 물체에 입사하는 빛의 세기

I_t: 물체를 투과한 빛의 세기

$$A=\log\frac{1}{0.25}=0.602$$

정답 ③

73 ★☆☆

배출가스 중 이황화탄소를 자외선가시선분광법으로 정량할 때 흡수액으로 옳은 것은?

① 수산화제이철암모늄 용액
② 제일염화주석 용액
③ 아연아민착염 용액
④ 다이에틸아민구리 용액

해설

이황화탄소를 자외선가시선분광법으로 정량할 때 다이에틸아민구리 용액을 흡수액으로 사용한다.

정답 ④

74

★☆☆

4-아미노안티피린 용액과 헥사사이아노철(Ⅲ)산포타슘 용액을 순서대로 가해 얻어진 적색액의 흡광도를 측정하여 농도를 계산하는 오염물질은?

① 배출가스 중 에틸렌옥사이드
② 배출가스 중 페놀화합물
③ 배출가스 중 다이옥신 및 퓨란류
④ 배출가스 중 브로민화합물

해설

배출가스 중 페놀화합물 – 4-아미노안티피린 자외선/가시선분광법

- 이 시험기준은 배출가스 중의 페놀화합물을 측정하는 방법이다.
- 배출가스 중 페놀화합물을 수산화소듐 용액으로 흡수하고 완충 용액을 첨가하여 pH를 조절한 후 4－아미노안티피린 용액과 헥사사이아노철(Ⅲ)산포타슘 용액을 첨가하고 페놀화합물과 반응하여 생성하는 안티피린계 색소의 흡광도를 측정하여 페놀화합물을 정량한다.

정답 ②

75

★★★

원자흡수분광광도법의 분석원리로 옳은 것은?

① 기체시료를 운반가스에 의해 관 내에 전개시켜 각 성분을 분석한다.
② 시료를 해리 및 증기화시켜 생긴 기저상태의 원자가 이 원자 증기층을 투과하는 특유파장의 빛을 흡수하는 현상을 이용하여 시료 중의 원소농도를 정량한다.
③ 발광부와 수광부 사이에 형성되는 빛의 이동경로를 통과하는 가스를 실시간으로 분석한다.
④ 선택성 검출기를 이용하여 시료 중의 특정성분에 의한 적외선 흡수량 변화를 측정하여 그 성분의 농도를 구한다.

해설

원자흡수분광광도법의 원리 및 적용범위

이 시험방법은 시료를 적당한 방법으로 해리시켜 중성원자로 증기화하여 생긴 기저상태의 원자가 이 원자 증기층을 투과하는 특유파장의 빛을 흡수하는 현상을 이용하여 광전측광과 같은 개개의 특유파장에 대한 흡광도를 측정하여 시료 중의 원소농도를 정량하는 방법으로 대기 또는 배출가스 중의 유해 중금속, 기타 원소의 분석에 이용한다.

정답 ②

76

★★☆

환경대기 중의 석면농도를 측정하기 위해 멤브레인필터에 포집한 대기부유먼지 중의 석면 섬유를 위상차현미경을 사용하여 계수하는 방법에 관한 설명으로 옳지 않은 것은?

① 빛은 간섭성을 띄우기 위해 단일 빛을 사용하며, 후광 또는 차광이 발생하더라도 측정에 영향을 미치지 않는다.
② 대기 중 석면은 강제 흡인 장치를 통해 여과장치에 채취한 후 위상차현미경으로 계수하여 석면 농도를 산출한다.
③ 멤브레인 필터는 셀룰로오스 에스테르를 원료로 한 얇은 다공성의 막으로, 구멍의 지름은 평균 0.01~10μm의 것이 있다.
④ 석면먼지의 농도표시는 20℃, 1기압 상태의 기체 1mL 중에 함유된 석면섬유의 개수(개/mL)로 표시한다.

해설

간섭성 빛은 위상차가 일정해서 간섭을 일으킬 수 있는 빛이다.
빛은 파장과 주기가 모두 짧아서 간섭성을 띄려면 하나의 광원에서 갈라진 두 갈래의 빛일 경우에만 가능하다.
후광(Halo)이나 차광(Shading)과 같은 물리적 간섭은 관찰을 방해하기도 한다.
초점이 정확하지 않고 콘트라스트가 역전되는 경우도 있다.

정답 ①

77

★☆☆

대기오염공정시험기준상 환경대기 중 가스상 물질의 시료 채취방법에 관한 설명으로 옳지 않은 것은?

① 직접 채취법에서 채취관은 일반적으로 4불화에틸렌수지(Teflon), 경질유리, 스테인리스강제 등으로 된 것을 사용한다.
② 용기채취법에서 용기는 일반적으로 수소 또는 헬륨 가스가 충진된 백(Bag)을 사용한다.
③ 직접채취법에서 채취관의 길이는 5m 이내로 되도록 짧은 것이 좋으며, 그 끝은 빗물이나 곤충 기타 이물질이 들어가지 않도록 되어 있는 구조이어야 한다.
④ 용기채취법은 시료를 일단 일정한 용기에 채취한 다음 분석에 이용하는 방법으로 채취관 – 용기, 또는 채취관 – 유량조절기 – 흡입펌프 – 용기로 구성된다.

해설

용기채취법에서 용기는 일반적으로 진공병 또는 공기주머니(Air bag)를 사용한다.

정답 ②

78

★☆☆

배출가스 중의 금속원소를 원자흡수분광광도법에 따라 분석할 때, 금속원소와 측정파장의 연결이 옳은 것은?

① Zn – 213.9nm ② Ni – 217.0nm
③ Pb – 357.9nm ④ Cu – 228.8nm

해설

② Ni – 232.0nm
③ Pb – 217.0/283.3nm
④ Cu – 324.7nm

정답 ①

79

★★☆

자외선/가시선분광법에 관한 설명으로 옳지 않은 것은? (단, I_0: 입사광의 강도, I_t: 투사광의 강도이다.)

① I_t/I_0를 투과도(t)라 한다.
② $\log(I_t/I_0)$을 흡광도(A)라 한다.
③ 투과도(t)를 백분율로 표시한 것을 투과 퍼센트라 한다.
④ 자외선/가시선분광법은 램버어트 – 비어 법칙을 응용한 것이다.

해설

$\log(I_0/I_t)$을 흡광도(A)라 한다.

관련이론 | 램버어트 비어(Lambert-Beer)의 법칙

흡광도$(A)=\log\frac{1}{t(\text{투과도})}=\log\frac{1}{I_t/I_0}=\varepsilon Cl$

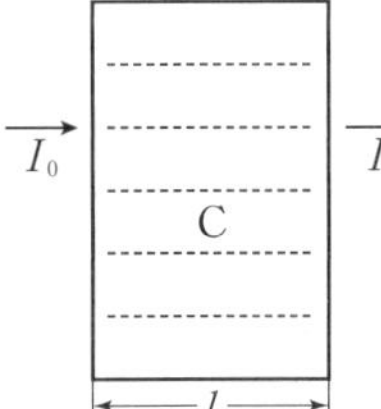

I_0: 입사광의 강도
I_t: 투사광의 강도
C: 용액의 농도
l: 빛의 투사길이
ε: 비례상수(흡광계수)

정답 ②

80

★★★

원자흡수분광광도법에서 화학적 간섭을 방지하는 방법으로 가장 거리가 먼 것은?

① 은폐제의 첨가
② 표준물첨가법의 이용
③ 이온교환에 의한 방해물질 제거
④ 미량의 간섭원소의 첨가

해설

화학적 간섭을 방지하는 방법

- 이온교환이나 용매추출 등에 의한 방해물질의 제거
- 과량의 간섭원소의 첨가
- 간섭을 피하는 양이온(란타넘, 스트론튬, 알칼리 원소 등), 음이온 또는 은폐제, 킬레이트제 등의 첨가
- 목적 원소의 용매 추출
- 표준물첨가법의 이용

정답 ④

2022년

대기환경관계법규

81

★☆☆

환경정책기본법상 시 · 도지사가 해당 지역의 환경적 특수성을 고려하여 규정에 의한 환경기준보다 확대 · 강화된 별도의 환경기준을 설정할 경우, 누구에게 통보하여야 하는가?

① 국무총리 ② 보건복지부장관
③ 환경부장관 ④ 국토교통부장관

해설
시 · 도지사가 확대 · 강화된 별도의 환경기준을 설정할 경우 환경부장관에게 통보해야 한다.

정답 ③

82

★★☆

대기환경보전법령상 벌칙기준 중 7년 이하의 징역이나 1억원 이하의 벌금에 처하는 것은?

① 대기오염물질의 배출허용기준 확인을 위한 측정기기의 부착 등의 조치를 하지 아니한 자
② 제작차 배출허용기준에 맞지 아니하게 자동차를 제작한 자
③ 배출가스 전문정비사업자로 등록하지 아니하고 정비 · 점검 또는 확인검사 업무를 한 자
④ 황 연료사용 제한조치 등의 명령을 위반한 자

선지분석
① 대기오염물질의 배출허용기준 확인을 위한 측정기기의 부착 등의 조치를 하지 아니한 자: 5년 이하의 징역이나 5천만원 이하의 벌금
③ 배출가스 전문정비사업자로 등록하지 아니하고 정비 · 점검 또는 확인검사 업무를 한 자: 5년 이하의 징역이나 5천만원 이하의 벌금
④ 황 연료사용 제한조치 등의 명령을 위반한 자: 5년 이하의 징역이나 5천만원 이하의 벌금

정답 ②

83

★★☆

대기환경보전법상 환경기술인 등의 교육을 받게 하지 아니한 자에 대한 과태료 부과기준은?

① 30만원 이하의 과태료를 부과한다.
② 50만원 이하의 과태료를 부과한다.
③ 100만원 이하의 과태료를 부과한다.
④ 200만원 이하의 과태료를 부과한다.

해설
해당 행위에 대한 과태료 부과기준은 100만원 이하이다.

정답 ③

84

★☆☆

대기환경보전법상 사용하는 용어의 정의로 옳지 않은 것은?

① "검댕"이란 연소할 때에 생기는 유리(遊離) 탄소가 응결하여 입자의 지름이 1미크론 이상이 되는 입자상물질을 말한다.
② "온실가스 평균배출량"이란 자동차제작자가 판매한 자동차 중 환경부령으로 정하는 자동차의 온실가스 배출량의 합계를 해당 자동차 총 대수로 나누어 산출한 평균값(g/km)을 말한다.
③ "온실가스"란 적외선 복사열을 흡수하거나 다시 방출하여 온실효과를 유발하는 대기 중의 가스상태 물질로서 이산화탄소, 메탄, 아산화질소, 수소불화탄소, 과불화탄소, 육불화황을 말한다.
④ "냉매(冷媒)"란 열전달을 통한 냉난방, 냉동 · 냉장 등의 효과를 목적으로 사용되는 물질로서 산업통상자원부령으로 정하는 것을 말한다.

해설
냉매의 정의「법 제2조」
"냉매(冷媒)"란 기후 · 생태계 변화유발물질 중 열전달을 통한 냉난방, 냉동 · 냉장 등의 효과를 목적으로 사용되는 물질로서 환경부령으로 정하는 것을 말한다.

정답 ④

85 ★☆☆

대기환경보전법령상 운행차배출허용기준을 초과하여 개선명령을 받은 자동차에 대한 운행정지표지의 색상기준으로 옳은 것은?

① 바탕색은 노란색, 문자는 검정색
② 바탕색은 흰색, 문자는 검정색
③ 바탕색은 초록색, 문자는 흰색
④ 바탕색은 노란색, 문자는 흰색

해설

운행정지표지「시행규칙 별표 31」

1. 바탕색은 노란색으로, 문자는 검정색으로 한다.
2. 이 표는 자동차의 전면유리 우측상단에 붙인다.

정답 ①

86 ★★★

대기환경보전법령상 대기오염물질발생량의 합계가 연간 25톤인 사업장에 해당하는 것은? (단, 기타사항은 제외한다.)

① 1종 사업장　② 2종 사업장
③ 3종 사업장　④ 4종 사업장

해설

사업장 분류기준「시행령 별표 1의3」

종별	오염물질발생량 구분
1종 사업장	대기오염물질발생량의 합계가 연간 80톤 이상인 사업장
2종 사업장	대기오염물질발생량의 합계가 연간 20톤 이상 80톤 미만인 사업장
3종 사업장	대기오염물질발생량의 합계가 연간 10톤 이상 20톤 미만인 사업장
4종 사업장	대기오염물질발생량의 합계가 연간 2톤 이상 10톤 미만인 사업장
5종 사업장	대기오염물질발생량의 합계가 연간 2톤 미만인 사업장

정답 ②

87 ★★☆

대기환경보전법령상 배출허용기준 준수여부를 확인하기 위한 환경부령으로 정하는 대기오염도 검사기관에 해당하지 않는 것은?

① 환경기술인협회
② 한국환경공단
③ 특별자치도 보건환경연구원
④ 국립환경과학원

해설

대기오염도 검사기관「시행규칙 제40조」

1. 국립환경과학원
2. 특별시 · 광역시 · 특별자치시 · 도 · 특별자치도의 보건환경연구원
3. 유역환경청, 지방환경청 또는 수도권대기환경청
4. 한국환경공단

정답 ①

2022년

88 ★★☆

대기환경보전법규상 대기오염방지시설과 가장 거리가 먼 것은? (단, 기타의 경우는 제외한다.)

① 중력집진시설　② 여과집진시설
③ 간접연소에 의한 시설　④ 산화 · 환원에 의한 시설

해설

직접연소에 의한 시설이 대기오염방지시설에 해당된다.

관련이론 | 대기오염방지시설「시행규칙 별표 4」

중력집진시설, 관성력집진시설, 원심력집진시설, 세정집진시설, 여과집진시설, 전기집진시설, 음파집진시설, 흡수에 의한 시설, 흡착에 의한 시설, 직접연소에 의한 시설, 촉매반응을 이용하는 시설, 응축에 의한 시설, 산화 · 환원에 의한 시설, 미생물을 이용한 처리시설, 연소조절에 의한 시설

정답 ③

89

★☆☆

대기환경보전법령상 인증을 면제할 수 있는 자동차에 해당하는 것은?

① 주한 외국군인의 가족이 사용하기 위해 반입하는 자동차
② 항공기 지상 조업용 자동차
③ 여행자 등이 다시 반출할 것을 조건으로 일시 반입하는 자동차
④ 국가대표 선수용 자동차로서 문화체육관광부 장관의 확인을 받은 자동차

선지분석

① 주한 외국군인의 가족이 사용하기 위해 반입하는 자동차: 인증을 생략할 수 있음
② 항공기 지상 조업용 자동차: 인증을 생략할 수 있음
③ 여행자 등이 다시 반출할 것을 조건으로 일시 반입하는 자동차: 인증을 면제할 수 있음
④ 국가대표 선수용 자동차로서 문화체육관광부 장관의 확인을 받은 자동차: 인증을 생략할 수 있음

정답 ③

90

★★★

대기환경보전법규상 위임업무 보고사항 중 "자동차 연료 및 첨가제의 제조 · 판매 또는 사용에 대한 규제현황" 업무의 보고 횟수 기준은?

① 수시 ② 연 1회
③ 연 2회 ④ 연 4회

해설

위임업무 보고사항「시행규칙 별표 37」

업무내용	보고 횟수	보고기일
환경오염사고 발생 및 조치 사항	수시	사고발생 시
수입자동차 배출가스 인증 및 검사현황	연 4회	매분기 종료 후 15일 이내
자동차 연료 및 첨가제의 제조 · 판매 또는 사용에 대한 규제현황	연 2회	매반기 종료 후 15일 이내
자동차 연료 또는 첨가제의 제조기준 적합 여부 검사현황	연료: 연 4회 첨가제: 연 2회	연료: 매분기 종료 후 15일 이내 첨가제: 매반기 종료 후 15일 이내
측정기기 관리대행업의 등록, 변경등록 및 행정처분 현황	연 1회	다음 해 1월 15일까지

정답 ③

91

★★☆

대기환경보전법령상 배출시설의 변경신고를 하여야 하는 경우에 해당하지 않는 것은?

① 종전의 연료보다 황함유량이 낮은 연료로 변경하는 경우
② 배출시설에서 허가받은 오염물질 외의 새로운 대기오염물질이 배출되는 경우
③ 사업장의 명칭이나 대표자를 변경하는 경우
④ 배출시설 또는 방지시설을 임대하는 경우

해설
종전의 연료보다 황함유량이 낮은 연료로 변경하는 경우는 변경신고 대상이 아니다.

관련이론 | 배출시설의 변경신고를 해야 하는 경우「시행규칙 제27조」

1. 같은 배출구에 연결된 배출시설을 증설 또는 교체하거나 폐쇄하는 경우
2. 배출시설에서 허가받은 오염물질 외의 새로운 대기오염물질이 배출되는 경우
3. 방지시설을 증설 · 교체하거나 폐쇄하는 경우
4. 사업장의 명칭이나 대표자를 변경하는 경우
5. 사용하는 원료나 연료를 변경하는 경우. 다만, 새로운 대기오염물질을 배출하지 아니하고 배출량이 증가되지 아니하는 원료로 변경하는 경우 또는 종전의 연료보다 황함유량이 낮은 연료로 변경하는 경우는 제외한다.
6. 배출시설 또는 방지시설을 임대하는 경우
7. 그 밖의 경우로서 배출시설 설치허가증에 적힌 허가사항 및 일일조업시간을 변경하는 경우

정답 ①

92

★★★

실내공기질관리법규상 노인요양시설 내부의 쾌적한 공기질을 유지하기 위한 실내공기질 유지기준이 설정된 오염물질이 아닌 것은?

① 총부유세균
② 아산화질소
③ 폼알데하이드
④ 미세먼지(PM－10)

해설
노인요양시설에서 아산화질소는 실내공기질 유지기준이 설정되어 있지 않고, 이산화질소가 실내공기질 권고기준에 포함되어 있다.

관련이론 | 실내공기질 유지 · 권고기준 오염물질의 구분

구분	내용
유지기준「실내공기질 관리법 시행규칙 별표 2」	미세먼지(PM-10), 미세먼지(PM-2.5), 이산화탄소, 폼알데하이드, 총부유세균, 일산화탄소
권고기준「실내공기질 관리법 시행규칙 별표 3」	이산화질소, 라돈, 총휘발성유기화합물, 곰팡이

정답 ②

93

★★★

환경정책기본법령상 SO_2의 대기환경기준으로 옳은 것은? (단, ㉠ 연간 평균치, ㉡ 24시간 평균치, ㉢ 1시간 평균치이다.)

① ㉠ 0.02ppm 이하, ㉡ 0.05ppm 이하, ㉢ 0.15ppm 이하
② ㉠ 0.03ppm 이하, ㉡ 0.06ppm 이하, ㉢ 0.10ppm 이하
③ ㉠ 0.05ppm 이하, ㉡ 0.10ppm 이하, ㉢ 0.12ppm 이하
④ ㉠ 0.06ppm 이하, ㉡ 0.1ppm 이하, ㉢ 0.12ppm 이하

해설
아황산가스(SO_2)의 환경기준「환경정책기본법 시행령 별표 1」

- 연간 평균치 0.02ppm 이하
- 24시간 평균치 0.05ppm 이하
- 1시간 평균치 0.15ppm 이하

정답 ①

2022년

94

★★☆

악취방지법령상 지정악취물질과 배출허용기준의 연결이 옳지 않은 것은?

항목	구분	배출허용기준(ppm)	
		공업지역	기타지역
㉠	암모니아	2 이하	1 이하
㉡	메틸메르캅탄	0.008 이하	0.005 이하
㉢	황화수소	0.06 이하	0.02 이하
㉣	트라이메틸아민	0.02 이하	0.005 이하

① ㉠　　② ㉡
③ ㉢　　④ ㉣

해설

배출허용기준 및 엄격한 배출허용기준의 설정 범위「악취방지법 시행규칙 별표 3」

구분	배출허용기준(ppm)		엄격한 배출허용기준의 범위(ppm)
	공업지역	기타 지역	공업지역
메틸메르캅탄	0.004 이하	0.002 이하	0.002~0.004

정답 ②

95

★★★

실내공기질 관리법령상 신축 공동주택의 실내공기질 권고기준 중 “에틸벤젠” 기준으로 옳은 것은?

① 210μg/m^3 이하　　② 300μg/m^3 이하
③ 360μg/m^3 이하　　④ 700μg/m^3 이하

해설

신축 공동주택의 실내공기질 권고기준「실내공기질 관리법 시행규칙 별표 4의2」

1. 폼알데하이드: 210μg/m^3 이하
2. 벤젠: 30μg/m^3 이하
3. 톨루엔: 1,000μg/m^3 이하
4. 에틸벤젠: 360μg/m^3 이하
5. 자일렌: 700μg/m^3 이하
6. 스티렌: 300μg/m^3 이하
7. 라돈: 148Bq/m^3 이하

정답 ③

96

★★☆

대기환경보전법규상 특정대기유해물질에 해당하지 않는 것은?

① 아닐린　　② 망간
③ 아세트알데히드　　④ 1, 3-부타디엔

해설

망간은 특정대기유해물질에 해당되지 않는다.

관련이론 | 특정대기유해물질의 종류「시행규칙 별표 2」

카드뮴 및 그 화합물, 시안화수소, 납 및 그 화합물, 폴리염화비페닐, 크롬 및 그 화합물, 비소 및 그 화합물, 수은 및 그 화합물, 프로필렌 옥사이드, 염소 및 염화수소, 불소화물, 석면, 니켈 및 그 화합물, 염화비닐, 다이옥신, 페놀 및 그 화합물, 베릴륨 및 그 화합물, 벤젠, 사염화탄소, 이황화메틸, 아닐린, 클로로포름, 포름알데히드, 아세트알데히드, 벤지딘, 1, 3-부타디엔, 다환 방향족 탄화수소류, 에틸렌옥사이드, 디클로로메탄, 스틸렌, 테트라클로로에틸렌, 1, 2-디클로로에탄, 에틸벤젠, 트리클로로에틸렌, 아크릴로니트릴, 히드라진

정답 ②

97

★☆☆

대기환경보전법규상 시멘트수송의 경우 비산먼지 발생을 억제하기 위한 시설 및 필요한 조치기준으로 옳지 않은 것은?

① 먼지가 흩날리지 아니하도록 공사장 안의 통행차량은 시속 40km 이하로 운행할 것
② 적재함 상단으로부터 5cm 이하까지 적재물을 수평으로 적재할 것
③ 수송차량은 세륜 및 측면살수 후 운행하도록 할 것
④ 적재함을 최대한 밀폐할 수 있는 덮개를 설치하여 적재물이 외부에서 보이지 아니할 것

해설

비산먼지 발생을 억제하기 위한 시설의 설치 및 필요한 조치에 관한 기준「시행규칙 별표 14」

먼지가 흩날리지 아니하도록 공사장 안의 통행차량은 시속 20km 이하로 운행할 것

정답 ①

98 ★★★

대기환경보전법령상 초과부과금 산정기준에서 오염물질 1킬로그램당 부과금액이 가장 낮은 것은?

① 먼지 ② 황산화물
③ 암모니아 ④ 불소화물

해설

초과부과금 산정기준 「시행령 별표 4」

오염물질 \ 구분		오염물질 1킬로그램당 부과금액
황산화물		500
먼지		770
질소산화물		2,130
암모니아		1,400
황화수소		6,000
이황화탄소		1,600
특정대기 유해물질	불소화물	2,300
	염화수소	7,400
	시안화수소	7,300

정답 ②

99 ★★☆

대기환경보전법령상 대기오염경보 발령 시 포함되어야 할 사항에 해당하지 않는 것은? (단, 기타사항은 제외한다.)

① 대기오염경보의 대상지역
② 대기오염경보단계
③ 대기오염경보단계별 조치사항
④ 대기오염경보의 경보대상기간

해설

대기오염경보에 포함되어야 하는 사항 「시행규칙 제13조」

1. 대기오염경보의 대상지역
2. 대기오염경보단계 및 대기오염물질의 농도
3. 대기오염경보단계별 조치사항
4. 그 밖에 시·도지사가 필요하다고 인정하는 사항

정답 ④

100 ★★☆

대기환경보전법규상 운행차 배출허용기준 중 일반기준으로 옳지 않은 것은?

① 알코올만 사용하는 자동차는 탄화수소 기준을 적용하지 아니한다.
② 휘발유와 가스를 같이 사용하는 자동차의 배출가스 측정 및 배출허용기준은 가스의 기준을 적용한다.
③ 희박연소(Lean Burn)방식을 적용하는 자동차는 공기과잉률 기준을 적용한다.
④ 건설기계 중 덤프트럭, 콘크리트믹서트럭, 콘크리트펌프트럭에 대한 배출허용기준은 화물자동차 기준을 적용한다.

해설

희박연소(Lean Burn)방식을 적용하는 자동차는 공기과잉률 기준을 적용하지 아니한다. 「시행규칙 별표 21」

정답 ③

ENERGY

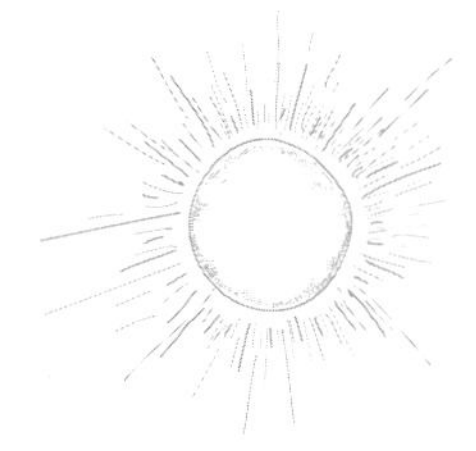

모든 시작에는
두려움과 서투름이
따르기 마련이에요.

당신이 나약해서가 아니에요.

2022년 | 2회 기출문제

자동채점 

대기오염개론

01

★★☆

가우시안 확산모델에 관한 설명으로 옳지 않은 것은?

① 확산계수(σ_y, σ_z)를 구하기 위한 시료 채취시간은 10분 정도로 한다.
② 고도에 따른 풍속변화가 Power law를 따른다고 가정한다.
③ 오염물질이 배출원에서 연속적으로 배출된다고 가정한다.
④ 경계조건을 달리 설정함으로써 오염원의 위치와 형태에 따른 오염물질의 농도를 예측할 수 있다.

해설
가우시안 확산모델에서 고도변화에 따른 풍속의 변화는 고려하지 않는다.

정답 ②

02

★☆☆

오존의 반응을 나타낸 다음 도식 중 (   ) 안에 알맞은 것은?

㉠ $CFCl_3 \xrightarrow{hv} CFCl_2 + (\quad)$ $(\quad) + O_3 \longrightarrow ClO + O_2$ $ClO + O\cdot \longrightarrow (\quad) + O_2$
㉡ $CF_3Br \xrightarrow{hv} CF_3 + (\quad)$ $(\quad) + O_3 \longrightarrow BrO + O_2$ $BrO + O\cdot \longrightarrow (\quad) + O_2$

① ㉠: F·, ㉡: C·
② ㉠: C·, ㉡: F·
③ ㉠: Cl·, ㉡: Br·
④ ㉠: F·, ㉡: Br·

해설
㉠은 Cl·, ㉡은 Br·이다.

정답 ③

03

★★☆

PAN에 관한 설명으로 옳지 않은 것은?

① 대기 중의 광화학반응으로 생성된다.
② PAN의 지표식물에는 강낭콩, 상추, 시금치 등이 있다.
③ 황산화물의 일종으로 가시광선을 흡수해 가시거리를 단축시킨다.
④ 사람의 눈에 통증을 일으키며 식물의 잎에 흑반병을 발생시킨다.

해설
PAN은 질소화물의 일종으로 빛을 분산시켜 가시거리를 단축시킨다.

관련이론 | PAN($CH_3COOONO_2$)
- 광화학반응을 통해 생성되며 강산화제로 작용하고, 눈에 통증을 일으키고 빛을 분산시키므로 가시거리를 단축시킨다.
- PAN은 알데히드의 생성과 동시에 생기기 시작하며, 일반적으로 오존농도와 관계가 있다.
- 지표식물: 시금치, 강낭콩, 상추 등
- 강한식물: 딸기, 사과, 옥수수, 무, 양배추 등

정답 ③

04

★☆☆

Stokes 직경의 정의로 옳은 것은?

① 구형이 아닌 입자와 침강속도가 같고 밀도가 $1g/cm^3$인 구형입자의 직경
② 구형이 아닌 입자와 침강속도가 같고 밀도가 $10g/cm^3$인 구형입자의 직경
③ 침강속도가 1cm/s이고 구형이 아닌 입자와 밀도가 같은 구형입자의 직경
④ 구형이 아닌 입자와 침강속도가 같고 밀도가 같은 구형입자의 직경

해설

- 공기역학적 직경(Aero-dynamic diameter): 대상 먼지와 침강속도가 동일하며 밀도가 $1g/cm^3$인 구형입자의 직경
- 스토크스 직경(Stokes diameter): 대상 먼지와 밀도 및 침강속도가 동일한 구형입자의 직경

정답 ④

05

★★★

다음에서 설명하는 굴뚝에서 배출되는 연기의 모양은?

- 대기가 중립조건일 때 나타난다.
- 오염물질이 멀리 퍼져 나가고 지면 가까이에는 오염물질의 영향이 거의 없다.
- 오염의 단면분포가 전형적인 가우시안 분포를 이룬다.

① 환상형 ② 원추형
③ 지붕형 ④ 부채형

선지분석

① 환상형: 과단열감률 조건일 때, 즉 대기가 불안정할 때 발생한다.
③ 지붕형: 상층에 비하여 하층이 안정한 대기상태를 유지할 때 발생한다.(상층 불안정, 하층 안정)
④ 부채형: 연기가 배출되는 상당한 고도까지도 안정한 대기가 유지될 경우, 즉 기온역전 현상을 보이는 경우 연직운동이 억제되어 발생한다.

정답 ②

06

★★★

공장에서 대량의 H_2S 가스가 누출되어 발생한 대기오염사건은?

① 도노라 사건 ② 포자리카 사건
③ 요코하마 사건 ④ 보팔시 사건

선지분석

① 도노라 사건 – 황산화물 누출이 주 원인임
③ 요코하마 사건 – 공장에서 배출된 대기오염물질이 주된 오염물질로 작용함
④ 보팔시 사건 – MIC(Methyl Isocyanate) 누출이 주 원인임

정답 ②

07

★★☆

20℃, 750mmHg에서 이산화황의 농도를 측정한 결과 0.02ppm이었다. 이를 mg/m^3로 환산한 값은?

① 0.008 ② 0.013
③ 0.053 ④ 0.157

해설

0.02ppm을 20℃, 750mmHg 조건에서 mg/m^3로 단위환산한다.
이산화황(SO_2)의 분자량$=32+(16\times2)=64$

$$\frac{0.02mL}{m^3}\times\frac{64mg}{22.4mL\times\frac{(273+20)K}{273}\times\frac{760mmHg}{750mmHg}}=0.0525mg/m^3$$

※ $ppm=mL/m^3$

정답 ③

2022년

08

★☆☆

자동차 배출가스 저감기술에 관한 내용으로 옳지 않은 것은?

① 입자상 물질 여과장치는 세라믹 필터나 금속필터를 사용하여 입자상 물질을 포집하는 장치이다.

② 후처리 버너는 엔진의 배기계통에 장착하여 배출가스 중의 가연성분을 제거하는 장치이다.

③ 디젤 산화촉매는 자동차 배출가스 중의 HC, CO를 탄산가스와 물로 산화시켜 정화한다.

④ EBD는 촉매의 존재 하에 NO_x와 선택적으로 반응할 수 있는 환원제를 주입하여 NO_x를 N_2로 환원하는 장치이다.

해설

EBD는 자동차의 앞뒤 바퀴에 적절한 제동력을 배분하는 브레이크와 관련된 장치이다.
촉매의 존재 하에 NO_x와 선택적으로 반응할 수 있는 환원제를 주입하여 NO_x를 N_2로 환원하는 장치는 선택적 촉매환원장치이다.

관련이론 | 삼원촉매장치

- 삼원촉매장치에서 처리하는 오염물질은 NO_x, CO, HC이다.
- 백금촉매는 CO와 HC를 저감시키는 반응을 촉진시키고 로듐촉매는 NO_x를 저감시키는 반응을 촉진시킨다.
- 로듐(Rh): 환원촉매, N_2로 환원
- 백금(Pt), 파라듐(Pd): 산화촉매, CO_2와 H_2O로 산화

정답 ④

09

★☆☆

다음 NO_x의 광분해 사이클 중 (　　) 안에 들어갈 알맞은 빛의 종류는?

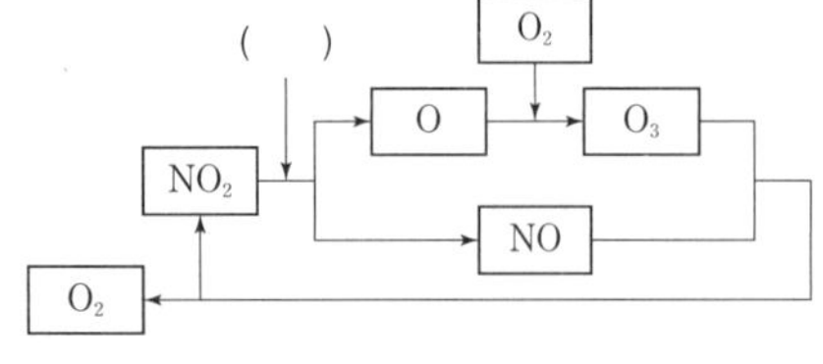

① 가시광선　　② 자외선

③ 적외선　　④ β선

해설

NO_x는 자외선에 의해 광분해된다.

정답 ②

10

★★☆

먼지농도가 40μg/m³, 상대습도가 70%일 때 가시거리(km)는? (단, 계수 A는 1.2이다.)

① 19　　② 23

③ 30　　④ 67

해설

상대습도 70%에서의 가시거리 공식을 이용한다.

$$L=\frac{A\times 10^3}{G}$$

L: 가시거리(km)
G: 분진농도($\mu g/m^3$)
A: 계수

$$L=\frac{1.2\times 10^3}{40}=30\text{km}$$

정답 ③

11

★☆☆

다이옥신에 관한 내용으로 옳지 않은 것은?

① 250~340nm의 자외선 영역에서 광분해 될 수 있다.

② 2개의 벤젠고리와 산소, 2개 이상의 염소가 결합된 화합물이다.

③ 완전 분해되더라도 연소가스 배출 시 저온에서 재생될 수 있다.

④ 증기압이 높고 물에 잘 녹는다.

해설

다이옥신은 일반적으로 증기압이 낮고 벤젠 등에 잘 녹으며 물에는 잘 녹지 않는다.

정답 ④

12

★☆☆

하루 동안 시간에 따른 대기오염물질의 농도 변화를 나타낸 그래프이다. A, B, C에 해당하는 물질은?

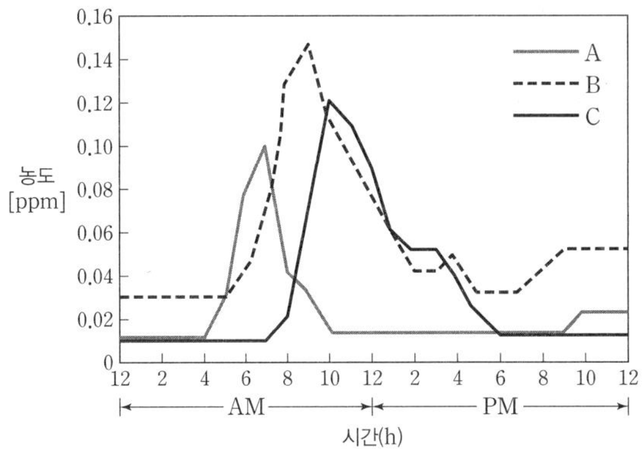

① A=NO_2, B=O_3, C=NO
② A=NO, B=NO_2, C=O_3
③ A=NO_2, B=NO, C=O_3
④ A=O_3, B=NO, C=NO_2

해설

오염물질의 일변화

- NO_2는 오전 7~9시 경을 전후로 하여 일중 고농도를 나타낸다.
- NO_2는 오존의 농도가 낮을 때 가장 큰 값을 나타낸다.
- 오전 중의 NO의 감소는 오존의 증가와 시간적으로 일치한다.
- 교통량이 많은 이른 아침시간대에 NO_x가 가장 높다.

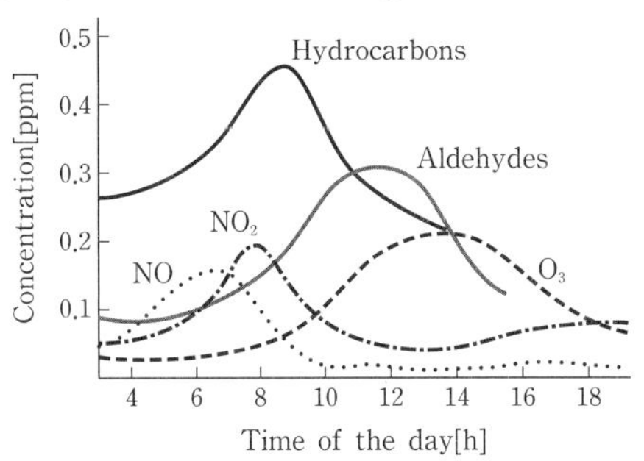

▲ 하루 중 오염물질의 농도 변화

정답 ②

13

★★☆

지상 100m에서의 기온이 20℃일 때 지상 300m에서의 기온(℃)은? (단, 지상에서 600m까지의 평균기온감률은 0.88℃/100m이다.)

① 15.5
② 16.2
③ 17.5
④ 18.2

해설

$$20℃ + \frac{-0.88℃}{100m} \times (300-100)m = 18.24℃$$

정답 ④

14

★★★

다음 중 불화수소의 가장 주된 배출원은?

① 알루미늄공업
② 코크스연소로
③ 농약
④ 석유정제업

해설

알루미늄공업, 화학비료공업 등이 불화수소의 주된 배출원이다.

정답 ①

15

★☆☆

직경이 1~2μm 이하인 미세입자의 경우 세정(Rain out) 효과가 작은 편이다. 그 이유로 가장 적합한 것은?

① 응축효과가 크기 때문
② 휘산효과가 크기 때문
③ 부정형의 입자가 많기 때문
④ 브라운 운동을 하기 때문

해설

액체나 기체 속에서 매우 작은 입자들이 불규칙하게 운동하는 것을 브라운 운동이라고 한다.
직경이 1~2μm 이하인 미세입자의 경우 브라운 운동을 하기 때문에 세정(Rain out) 효과가 작은 편이다.

정답 ④

16

★☆☆

파스킬(Pasquill)의 대기안정도에 관한 내용으로 옳지 않은 것은?

① 낮에는 풍속이 약할수록(2m/s 이하), 일사량이 강할수록 대기가 안정하다.
② 낮에는 일사량과 풍속으로, 야간에는 운량, 운고, 풍속으로부터 안정도를 구분한다.
③ 안정도는 A~F까지 6단계로 구분하며 A는 매우 불안정한 상태, F는 가장 안정한 상태를 뜻한다.
④ 지표가 거칠고 열섬효과가 있는 도시나 지면의 성질이 균일하지 않은 곳에서는 오차가 크게 나타날 수 있다.

해설

파스킬(Pasquill)의 대기안정도에 따르면 낮에는 풍속이 약할수록(2m/s 이하), 일사량이 강할수록 대기가 불안정하다.

정답 ①

17

★★☆

오존과 오존층에 관한 내용으로 옳지 않은 것은?

① 1돕슨 단위는 지구 대기 중의 오존총량을 0℃, 1atm에서 두께로 환산했을 때 0.01mm에 상당하는 양이다.
② 대기 중의 오존 배경농도는 0.01~0.04ppm 정도이다.
③ 오존의 생성과 소멸이 계속적으로 일어나면서 오존층의 오존 농도가 유지된다.
④ 오존층은 성층권에서 오존의 농도가 가장 높은 지상 50~60km 구간을 말한다.

해설

오존의 밀도는 일반적으로 지상으로부터 25~30km 부근이 가장 높고, 이와 같이 오존이 많이 분포한 층을 오존층이라 한다.

정답 ④

18

★☆☆

부피가 $100m^3$인 복사실에서 분당 0.2mg의 오존을 배출하는 복사기를 연속적으로 사용하고 있다. 복사기를 사용하기 전 복사실의 오존농도가 0.1ppm일 때 복사기를 5시간 사용한 후의 오존농도(ppb)는? (단, 0℃, 1기압 기준, 환기는 고려하지 않는다.)

① 260　② 380
③ 420　④ 520

해설

$ppb = \mu L/m^3$

$ppm = 1{,}000ppb$

오존(O_3)의 분자량 $= 16 \times 3 = 48$

$$0.1ppm \times \frac{1{,}000ppb}{ppm} + \frac{\frac{0.2mg}{min} \times 5hr \times \frac{60min}{hr} \times \frac{22.4mL}{48mg} \times \frac{1{,}000\mu L}{mL}}{100m^3} = 380ppb$$

정답 ②

19

★★☆

인체에 다음과 같은 피해를 유발하는 오염물질은?

> 헤모글로빈의 기본요소인 포르피린 고리의 형성을 방해함으로서 인체 내 헤모글로빈의 형성을 억제하여 빈혈이 발생할 수 있다.

① 다이옥신　② 납
③ 망간　④ 바나듐

해설

납에 대한 설명이다.

정답 ②

20

★☆☆

다음 중 복사역전이 가장 발생하기 쉬운 조건은?

① 하늘이 흐리고, 바람이 강하며, 습도가 낮을 때
② 하늘이 흐리고, 바람이 약하며, 습도가 높을 때
③ 하늘이 맑고, 바람이 강하며, 습도가 높을 때
④ 하늘이 맑고, 바람이 약하며, 습도가 낮을 때

해설

복사역전은 지표에 접한 공기가 상공의 공기에 비하여 더 차가워져서 생기는 현상이다.
보통 가을부터 봄에 걸쳐서 날씨가 좋고, 바람이 약하며, 습도가 낮을 때 자정 이후부터 아침까지 잘 발생한다.

정답 ④

연소공학

21

★☆☆

다음 내용과 관련 있는 무차원수는? (단, μ: 점성계수, ρ: 밀도, D: 확산계수이다.)

- 정의: $\frac{\mu}{\rho D}$
- 의미: $\frac{\text{운동량의 확산속도}}{\text{물질의 확산속도}}$

① Schmidt number
② Nusselt number
③ Grashof number
④ Karlovitz number

해설

Schmidt number(슈미트 수)는 물질 분자가 유체를 이동할 때의 상태와 관련된 무차원 량으로 $\frac{\mu}{\rho D}$로 표시한다.

선지분석

② Nusselt number(넛셀 수): 대류 열전달과 전도 열전달의 비
③ Grashof number(그라스호프 수): 유체의 열팽창에 의한 부력과 점성력의 비
④ Karlovitz number(칼로비츠 수): 연소에서 열확산속도/화염전파속도와의 비

정답 ①

22

★★★

어떤 연료의 배출가스가 CO_2: 13%, O_2: 6.5%, N_2: 80.5%로 이루어져 있을 때 과잉공기계수는? (단, 연료는 완전연소한다.)

① 1.54
② 1.44
③ 1.34
④ 1.24

해설

완전연소 시 과잉공기비(m) 공식을 이용한다.

$$m=\frac{21}{21-O_2}=\frac{21}{21-6.5}=1.4482$$

O_2: 산소의 함량(%)

정답 ②

23

★☆☆

연료의 연소과정에서 공기비가 너무 낮은 경우 발생하는 현상은?

① CO, 매연의 발생량이 증가한다.
② 연소실 내의 온도가 감소한다.
③ SO_x, NO_x 발생량이 증가한다.
④ 배출가스에 의한 열손실이 증가한다.

선지분석

② 연소과정에서 공기비가 너무 높으면 연소실 내의 온도가 감소한다.
③ 연소과정에서 공기비가 클수록 SO_x, NO_x 발생량이 증가한다.
④ 연소과정에서 공기비가 너무 높으면 배출가스에 의한 열손실이 증가한다.

정답 ①

24

★☆☆

연료의 일반적인 특징으로 옳은 것은?

① 석탄의 휘발분이 많을수록 매연발생량이 적다.
② 공기의 산소농도가 높을수록 석탄의 착화온도가 낮다.
③ C/H비가 클수록 이론공연비가 증가한다.
④ 중유는 점도를 기준으로 A, B, C 중유로 구분할 수 있으며 이 중 A 중유의 점도가 가장 높다.

선지분석

① 석탄의 휘발분이 많을수록 매연발생량이 많다.
③ C/H비가 클수록 이론공연비는 감소한다.
④ 중유는 점도를 기준으로 A, B, C 중유로 구분할 수 있으며 이 중 A 중유의 점도가 가장 낮다.

정답 ②

25

★★☆

다음 중 착화온도가 가장 높은 연료는?

① 수소 ② 휘발유
③ 무연탄 ④ 목재

해설

착화온도(발화점)는 외부의 점화원 없이 가연물 스스로 연소가 시작되는 최저온도이다. 수소의 착화온도는 약 580~600℃로 보기 중에서 가장 높다.

관련이론 | 착화온도(발화점)의 특성

- 화학결합의 활성도가 클수록 착화온도는 낮아진다.
- 분자구조가 복잡할수록 착화온도는 낮아진다.
- 발열량이 클수록 착화온도는 낮아진다.
- 활성화에너지가 작을수록 착화온도는 낮아진다.
- 반응활성도(화학반응성)가 클수록 낮아진다.
- 산소농도가 낮을수록 착화온도는 높아진다.
- 휘발 성분이 적고 고정탄소량이 많을수록 높아진다.
- 석탄의 탄화도가 증가하면 높아진다.

정답 ①

26

★☆☆

굴뚝 배출가스 중의 HCl 농도가 200ppm이다. 세정기를 사용하여 배출가스 중의 HCl 농도를 32mg/Sm³으로 저감했을 때 세정기의 HCl 제거효율(%)은? (단, 0℃, 1atm 기준이다.)

① 75 ② 80
③ 85 ④ 90

해설

(1) ppm → mg/Sm³로 단위환산

$$\text{ppm}=\frac{\text{mL}}{\text{Sm}^3},\ \text{HCl 분자량}=1+35.5=36.5$$

$$\frac{200\text{mL}\times\frac{36.5\text{mg}}{22.4\text{mL}}}{\text{Sm}^3}=325.8928\text{mg/Sm}^3$$

(2) 제거효율 계산

$$\eta=\left(1-\frac{C_o}{C_i}\right)\times 100$$

η: 제거효율(%)

C_o: 나중 농도(mg/Sm³), C_i: 처음 농도(mg/Sm³)

$$\eta=\left(1-\frac{32}{325.8928}\right)\times 100=90.1808\%$$

정답 ④

27

★★☆

디젤기관의 노킹현상을 방지하기 위한 방법으로 옳은 것은?

① 착화지연기간을 증가시킨다.
② 세탄가가 낮은 연료를 사용한다.
③ 압축비와 압축압력을 높게 한다.
④ 연료 분사개시 때 분사량을 증가시킨다.

선지분석

① 착화지연기간을 감소시킨다.
② 세탄가가 높은 연료를 사용한다.
④ 연료 분사개시 때 분사량을 감소시킨다.

정답 ③

28 ★★★

석탄의 유동층 연소방식에 관한 설명으로 옳지 않은 것은?

① 부하변동에 적응력이 낮다.
② 유동매체의 손실로 인한 보충이 필요하다.
③ 유동매체를 석회석으로 할 경우 로 내에서 탈황이 가능하다.
④ 공기소비량이 많아 화격자 연소장치에 비해 배출가스량이 많은 편이다.

해설

석탄의 유동층 연소방식은 공기소비량이 적어 화격자 연소장치에 비해 배출가스량이 적은 편이다.

관련이론 | 유동층 연소로의 특징

(1) 장점
- 사용연료의 입도범위가 넓기 때문에 연료를 미분쇄할 필요가 없다.(미분탄장치가 필요 없음)
- 연료의 층내 체류시간이 길어 저발열량의 석탄도 완전연소가 가능하다.
- 균일한 연소가 가능하고 연소실 부하가 크며 과잉공기량이 적다.
- 유동매체에 석회석 등의 탈황제를 사용하여 로 내 탈황도 가능하다.
- 열생성 NO_x와 탈황의 생성이 억제되어 전열관의 부식이 문제가 되지 않는다.
- 주방쓰레기, 슬러지 등 수분함량이 높은 폐기물을 층 내에서 건조와 연소를 동시에 할 수 있다.
- 화염층을 작게 할 수 있어 장치를 소형으로 할 수 있다.
- 클링커에 의한 장해가 없다.

(2) 단점
- 부하변동에 따른 적응성이 낮은 편이다.
- 석탄연소 시 미연소된 char가 배출될 수 있으므로 재연소장치에서의 연소가 필요하다.
- 비산분진의 발생량이 많다.
- 유동화에 따른 압력손실이 커 동력비가 많이 든다.
- 조대한 연료는 투입 전 전처리 과정으로 파쇄공정을 거쳐야 한다.
- 손실되는 유동매체를 보충해야 한다.

정답 ④

29 ★★★

기체연료의 특징으로 옳지 않은 것은?

① 적은 과잉공기로 완전연소가 가능하다.
② 연료의 예열이 쉽고 연소조절이 비교적 용이하다.
③ 공기와 혼합하여 점화할 때 누설에 의한 역화·폭발 등의 위험이 크다.
④ 운송이나 저장이 편리하고 수송을 위한 부대설비 비용이 액체연료에 비해 적게 소요된다.

해설

기체연료는 운송이나 저장이 용이하지 않으며 수송을 위한 부대설비 비용이 액체연료에 비해 많이 소요된다.

정답 ④

30 ★★★

수소 8%, 수분 2%로 구성된 고체연료의 고발열량이 8,000kcal/kg일 때 이 연료의 저발열량(kcal/kg)은?

① 7,984 ② 7,779
③ 7,556 ④ 6,835

해설

저위발열량＝고위발열량－600(9H＋W)
H, W: 수소 및 수분의 함량(%)
저위발열량＝8,000－600×(9×0.08＋0.02)＝7,556kcal/kg

정답 ③

2022년

31 ★★★

반응물의 농도가 절반으로 감소하는 데 1,000sec가 걸렸을 때 반응물의 농도가 초기의 1/250으로 감소할 때까지 걸리는 시간(sec)은? (단, 1차반응 기준이다.)

① 6,650 ② 6,966
③ 7,470 ④ 7,966

해설

1차반응속도식을 이용한다.

$\ln \frac{C_t}{C_o} = -k \times t$

C_t: t시간이 지난 후의 반응물 농도, C_o: 초기농도
k: 반응속도상수, t: 반응시간

(1) k값 구하기

초기농도를 100이라고 하면 1,000sec가 지난 후의 반응물 농도는 50이다.

$\ln \frac{50}{100} = -k \times 1{,}000\text{sec}$

$k = 6.9314 \times 10^{-4}\text{sec}^{-1}$

(2) 농도가 1/250으로 감소할 때까지 걸리는 시간 구하기

초기농도를 250이라고 가정하면 반응 후 반응물 농도는 1이다.

$\ln \frac{1}{250} = -6.9314 \times 10^{-4}\text{sec}^{-1} \times t$

$t = 7{,}965.8668\text{sec}$

정답 ④

32 ★☆☆

일반적인 디젤기관의 특징으로 옳지 않은 것은?

① 가솔린기관에 비해 납 발생량이 적은 편이다.
② 압축비가 높아 가솔린기관에 비해 소음과 진동이 큰 편이다.
③ NO_x는 가속 시 특히 많이 배출되며 HC는 감속 시 특히 많이 배출된다.
④ 연료를 공기와 혼합하여 실린더에 흡입, 압축시킨 후 점화플러그에 의해 강제로 연소 폭발시키는 방식이다.

해설

④번은 가솔린기관의 연소방식이다.

정답 ④

33 ★★★

C: 85%, H: 10%, O: 3%, S: 2%의 무게비로 구성된 액체연료를 1.3의 공기비로 완전연소할 때 발생하는 실제 습연소가스량(Sm^3/kg)은?

① 8.6 ② 9.8
③ 10.4 ④ 13.8

해설

이론산소량
$= 1.867C + 5.6H + 0.7S - 0.7O$
$= (1.867 \times 0.85) + (5.6 \times 0.10) + (0.7 \times 0.02) - (0.7 \times 0.03)$
$= 2.1399 Sm^3/kg$

이론공기량 $= \frac{\text{이론산소량}}{0.21} = \frac{2.1399}{0.21} = 10.19 Sm^3/kg$

이론공기 중 질소량 $=$ 이론공기량 $\times 0.79$
$= 10.19 \times 0.79 = 8.0501 Sm^3/kg$

과잉공기량 $= (m-1) \times$ 이론공기량 (m: 공기비)
$= (1.3-1) \times 10.19 = 3.057 Sm^3/kg$

CO_2 배출량(C의 원자량은 12)
$C + O_2 \rightarrow CO_2$
$12kg : 22.4Sm^3 = 0.85kg/kg : xSm^3$
$x = 1.5866 Sm^3/kg$

SO_2 배출량(S의 원자량은 32)
$S + O_2 \rightarrow SO_2$
$32kg : 22.4Sm^3 = 0.02kg/kg : xSm^3$
$x = 0.014 Sm^3/kg$

H_2O 배출량(H_2의 분자량은 2)
$2H_2 + O_2 \rightarrow 2H_2O$
$2 \times 2kg : 2 \times 22.4Sm^3 = 0.10kg/kg : xSm^3$
$x = 1.12 Sm^3/kg$

실제 습연소가스량
$=$ 이론공기 중 질소량 $+$ 과잉공기량 $+$ 습연소생성물($CO_2 + SO_2 + H_2O$)
$= 8.0501 + 3.057 + 1.5866 + 0.014 + 1.12 = 13.8277 Sm^3/kg$

정답 ④

34

★★★

C: 85%, H: 7%, O: 5%, S: 3%의 무게비로 구성된 중유(1kg)의 이론적인 $(CO_2)_{max}$(%)는?

① 9.6　② 12.6
③ 17.6　④ 20.6

해설

이론산소량
$=1.867C+5.6H+0.7S-0.7O$
$=(1.867\times0.85)+(5.6\times0.07)+(0.7\times0.03)-(0.7\times0.05)$
$=1.9649Sm^3$

이론공기량$=\frac{\text{이론산소량}}{0.21}=\frac{1.9649}{0.21}=9.3566Sm^3$

이론공기 중 질소량$=$이론공기량$\times0.79$
$=9.3566\times0.79=7.3917Sm^3$

CO_2 배출량(C의 원자량은 12)
$C+O_2\rightarrow CO_2$
$12kg : 22.4Sm^3=0.85kg : xSm^3$
$x=1.5866Sm^3$

SO_2 배출량(S의 원자량은 32)
$S+O_2\rightarrow SO_2$
$32kg : 22.4Sm^3=0.03kg : xSm^3$
$x=0.021Sm^3$

이론건연소가스량
$=$이론공기 중 질소량$+$건연소생성물(CO_2+SO_2)
$=7.3917Sm^3+1.5866Sm^3+0.021Sm^3=8.9993Sm^3$

$(CO_2)_{max}(\%)=\frac{CO_2\text{ 배출량}}{\text{이론건연소가스량}}\times100=\frac{1.5866}{8.9993}\times100$
$=17.6302\%$

정답 ③

35

★★★

기체연료의 연소형태로 옳은 것은?

① 증발연소　② 표면연소
③ 분해연소　④ 예혼합연소

해설

기체연료의 연소형태로는 확산연소, 예혼합연소가 있다.

정답 ④

36

★★☆

확산형 가스버너 중 포트형에 관한 내용으로 옳지 않은 것은?

① 포트 입구의 크기가 작으면 슬래그가 부착하여 막힐 우려가 있다.
② 기체연료와 연소용 공기를 버너 내에서 혼합시킨 뒤 로 내에 주입시킨다.
③ 밀도가 큰 공기 출구는 상부에, 밀도가 작은 가스 출구는 하부에 배치하도록 한다.
④ 버너 자체가 로 벽과 함께 내화벽돌로 조립되어 로 내부에 개구된 것으로 가스와 공기를 함께 가열할 수 있는 장점이 있다.

해설

확산형 가스버너는 기체연료와 연소용 공기를 버너 내에서 혼합시키지 않고 기체연료와 연소용 공기를 로 내에 따로 분출시킨 후 연료와 공기를 로 내에서 혼합하여 연소시킨다.

관련이론 | 포트형

- 버너 자체가 로벽과 함께 내화벽돌로 조립되어 로 내부에 개구된 것이며, 가스와 공기를 함께 가열할 수 있는 이점이 있다.
- 밀도가 큰 공기 출구는 상부에, 밀도가 작은 가스 출구는 하부에 배치되도록 한다.
- 구조상 가스와 공기의 속도, 압력(공기압)이 높은 경우에 사용하기 어려우며 가스와 공기압을 높이지 못한 경우에 사용한다.

정답 ②

37

★★★

부탄가스를 완전연소시킬 때 부피기준 공기연료비(AFR)는?

① 15.23　② 20.15
③ 30.95　④ 60.46

해설

부탄가스(C_4H_{10})를 $1Sm^3$로 가정하면 이론산소량은 $6.5Sm^3$이다.
$C_4H_{10}+6.5O_2\rightarrow4CO_2+5H_2O$

이론공기량$=\frac{\text{이론산소량}}{0.21}=\frac{6.5}{0.21}=30.9523Sm^3$

$AFR=\frac{\text{공기의 부피}}{\text{연료의 부피}}=\frac{30.9523Sm^3}{1Sm^3}=30.9523$

정답 ③

2022년

38

★★☆

COM(Coal Oil Mixture) 연료의 연소에 관한 내용으로 옳지 않은 것은?

① 재와 매연발생 등의 문제점을 갖는다.
② 중유만을 사용할 때보다 미립화 특성이 양호하다.
③ 중유 전용 보일러를 사용하는 곳에 별도의 개조 없이 사용할 수 있다.
④ 화염길이는 미분탄연소에 가깝고 화염안정성은 중유연소에 가깝다.

해설

COM은 주로 석탄과 중유의 혼합연료이다.
COM은 중유 전용 보일러 시설의 개조를 통해 사용할 수 있다.

정답 ③

39

★☆☆

가동(이동식) 화격자의 일반적인 특징으로 옳지 않은 것은?

① 역동식 화격자는 폐기물의 교반 및 연소조건이 불량하여 소각효율이 낮다.
② 회전로울러식 화격자는 여러 개의 드럼을 횡축으로 배열하고 폐기물을 드럼의 회전에 따라 순차적으로 이송한다.
③ 병렬요동식 화격자는 고정 화격자와 가동 화격자를 횡방향으로 나란히 배치하고 가동 화격자를 전·후로 왕복 운동시킨다.
④ 계단식 화격자는 고정 화격자와 가동 화격자를 교대로 배치하고 가동 화격자를 왕복 운동시켜 폐기물을 이송한다.

해설

역동식 화격자는 폐기물의 교반 및 연소조건이 양호하고 소각효율이 높으나 화격자의 마모가 많다.

정답 ①

40

★★☆

황의 농도가 3wt%인 중유를 매일 100kL씩 사용하는 보일러에 황의 농도가 1.5wt%인 중유를 30% 섞어 사용할 때 SO_2 배출량(kL)은 몇 % 감소하는가? (단, 중유 중의 황 성분은 모두 SO_2로 전환되고, 중유의 비중은 1.0이다.)

① 30%　　② 25%
③ 15%　　④ 10%

해설

황(S, 원자량 32) 1kmol이 연소하면 이산화황(SO_2) 1kmol이 생성된다.

$S+O_2 \rightarrow SO_2$

기체 1kmol의 부피는 $22.4Sm^3$이다.

(1) 전량을 황함량 3% 사용 시 SO_2의 배출량

$$\frac{1kg}{L} \times 100{,}000L \times \frac{3}{100} \times \frac{22.4Sm^3}{32kg} = 2{,}100Sm^3$$

(2) 황함량 1.5%를 30% 섞었을 때 SO_2의 배출량

$$\left(\frac{1kg}{L} \times 100{,}000L \times \frac{3}{100} \times \frac{22.4Sm^3}{32kg} \times 0.7\right) + \left(\frac{1kg}{L} \times 100{,}000L \times \frac{1.5}{100} \times \frac{22.4Sm^3}{32kg} \times 0.3\right) = 1{,}785Sm^3$$

(3) 저감량

$$\frac{2{,}100-1{,}785}{2{,}100} \times 100 = 15\%$$

정답 ③

대기오염방지기술

41 ★★☆

유체의 흐름에서 레이놀즈(Reynolds) 수와 관련이 가장 적은 것은?

① 관의 직경 ② 유체의 속도
③ 관의 길이 ④ 유체의 밀도

해설

레이놀즈(Reynolds) 수는 관의 직경, 유체의 밀도, 유체의 속도에 비례하고, 관의 길이에는 영향을 받지 않는다.

관련이론 | 레이놀즈 수

$$N_{Re}=\frac{D\times\rho\times V}{\mu}$$

D: 관의 직경, ρ: 유체의 밀도
V: 유체의 속도, μ: 유체의 점성계수

정답 ③

42 ★☆☆

분무탑에 관한 설명으로 옳지 않은 것은?

① 구조가 간단하고 압력손실이 작은 편이다.
② 침전물이 생기는 경우에 적합하고 충전탑에 비해 설비비, 유지비가 적게 든다.
③ 분무에 상당한 동력이 필요하고 가스 유출 시 비말동반의 위험이 있다.
④ 가스분산형 흡수장치로 CO, NO, N_2 등의 용해도가 낮은 가스에 적용된다.

해설

분무탑은 액분산형 흡수장치로 흡수가 잘되는 기체에 효과적이다.

관련이론

- 액측 저항이 클 경우 유리한 가스분산형 흡수장치: 단탑, 포종탑, 다공판탑, 기포탑 등
- 가스측 저항이 클 경우 유리한 액분산형 흡수장치: 충전탑, 분무탑, 벤츄리 스크러버, 사이클론 스크러버 등

정답 ④

43 ★☆☆

자동차 배출가스 중의 질소산화물을 선택적 촉매환원법으로 처리할 때 사용되는 환원제로 적합하지 않은 것은?

① CO_2 ② NH_3
③ H_2 ④ H_2S

해설

선택적 촉매환원기술(SCR: Selective Catalytic Reduction)

- 선택적 촉매환원법이라고도 하며 200~400℃에서 촉매(TiO_2와 V_2O_5 등)에 NH_3, H_2, CO, H_2S 등의 환원가스를 작용시켜 NO_x를 N_2로 환원시키는 방법이다.
- $4NO+4NH_3+O_2 \rightarrow 4N_2+6H_2O$
- 촉매: 백금, 산화알루미늄계, 산화철계, 산화티타늄계 등
- 환원가스: NH_3, CO, H_2S, H_2 등

정답 ①

44 ★☆☆

다음 먼지의 입경 측정방법 중 직접측정법은?

① 현미경측정법 ② 관성충돌법
③ 액상침강법 ④ 광산란법

해설

먼지의 입경 측정방법

- 직접측정법: 현미경법, 표준체측정법
- 간접측정법: 광산란법, 공기투과법, 액상침강법, 관성충돌법

정답 ①

2022년

45

★★☆

여과집진장치를 사용하여 배출가스의 먼지농도를 $10g/m^3$에서 $0.5g/m^3$으로 감소시키고자 한다. 여과집진장치의 먼지부하가 $300g/m^2$이 되었을 때 탈진할 경우, 탈진주기(min)는? (단, 겉보기 여과속도는 2cm/sec이다.)

① 26 ② 34
③ 43 ④ 46

해설

먼지부하공식을 이용한다.

$L_d = C_i \times V_f \times t \times \eta$

L_d: 먼지부하(g/m^2), C_i: 유입가스 함진농도(g/m^3)

V_f: 여과속도(m/min), t: 탈진주기(min)

η: 집진효율(문제에서 주어지지 않으면 1로 간주)

$$\frac{300g}{m^2} = \frac{(10-0.5)g}{m^3} \times \frac{0.02m}{sec} \times \frac{60sec}{min} \times t$$

$t = 26.3157min$

※ 유입가스 함진농도와 효율의 곱은 제거되는 먼지의 농도와 같다. 따라서 $(10-0.5)g/m^3$를 대입한다.

정답 ①

46

★☆☆

먼지의 입경분포(누적분포)를 나타내는 식은?

① Rayleigh 분포식
② Freundlich 분포식
③ Rosin-Rammler 분포식
④ Cunningham 분포식

해설

먼지의 입경분포(누적분포)는 Rosin-Rammler 분포식으로 나타낸다.

정답 ③

47

★★☆

집진효율이 90%인 전기집진장치의 집진면적을 2배로 증가시켰을 때 집진효율(%)은? (단, Deutsch-Anderson식을 적용하고, 기타 조건은 같다.)

① 93 ② 95
③ 97 ④ 99

해설

Deutsch식을 이용한다.

$\eta = 1 - e^{\left(-\frac{A \times W_e}{Q}\right)}$

η: 집진효율, A: 단면적(m^2)

W_e: 먼지의 겉보기 이동속도(m/sec), Q: 처리가스량(m^3/sec)

(1) 집진효율이 90%인 경우

$$0.9 = 1 - e^{\left(-\frac{A_{90\%} \times W_e}{Q}\right)}$$

$$e^{\left(-\frac{A_{90\%} \times W_e}{Q}\right)} = 0.1$$

$$-\frac{A_{90\%} \times W_e}{Q} = \ln(0.1)$$

$$A_{90\%} = -\ln(0.1) \times \frac{Q}{W_e}$$

(2) 집진면적이 2배 증가($2A_{90\%}$)한 경우

$$\eta = 1 - e^{\left(-\frac{2A_{90\%} \times W_e}{Q}\right)}$$

$$\eta = 1 - e^{\left\{-\frac{2 \times \left(-\ln(0.1) \times \frac{Q}{W_e}\right) \times W_e}{Q}\right\}} = 1 - e^{2\ln(0.1)} = 0.99 = 99\%$$

정답 ④

48

★☆☆

먼지의 폭발에 관한 설명으로 옳지 않은 것은?

① 비표면적이 큰 먼지일수록 폭발하기 쉽다.
② 산화속도가 빠르고 연소열이 큰 먼지일수록 폭발하기 쉽다.
③ 가스 중에 분산·부유하는 성질이 큰 먼지일수록 폭발하기 쉽다.
④ 대전성이 작은 먼지일수록 폭발하기 쉽다.

해설

대전성이 큰 먼지일수록 폭발하기 쉽다.

정답 ④

49

★★★

여과집진장치의 탈진방식 중 간헐식에 관한 설명으로 옳지 않은 것은?

① 간헐식 중 진동형은 여포의 음파진동, 횡진동, 상하진동에 의해 포집된 먼지를 털어내는 방식으로 점착성 먼지에는 사용할 수 없다.
② 집진실을 여러 개의 방으로 구분하고 방 하나씩 처리가스 흐름을 차단하여 순차적으로 탈진하는 방식이다.
③ 간헐식 중 역기류형은 여포의 먼지를 0.03~0.10초 정도의 짧은 시간 내에 높은 충격 분출압을 주어 제거하는 방식이다.
④ 연속식에 비해 먼지의 재비산이 적고 높은 집진효율을 얻을 수 있다.

해설

연속식 중 충격제트형은 여포의 먼지를 0.03~0.10초 정도의 짧은 시간 내에 높은 충격 분출압을 주어 제거하는 방식이다.

정답 ③

50

★☆☆

다음은 어떤 법칙에 대한 내용인가?

> 휘발성인 에탄올을 물에 녹인 용액의 증기압은 물의 증기압보다 높다. 그러나 비휘발성인 설탕을 물에 녹인 용액인 설탕물의 증기압은 물보다 낮다.

① 헨리의 법칙　② 렌츠의 법칙
③ 샤를의 법칙　④ 라울의 법칙

해설

라울의 법칙에 대한 설명이다.

정답 ④

51

★★☆

회전식 세정집진장치에서 직경이 10cm인 회전판이 9,620rpm으로 회전할 때 형성되는 물방울의 직경(μm)은?

① 93　② 104
③ 208　④ 316

해설

물방울의 직경 산정공식을 이용한다.

$$d_p = \frac{200}{N\sqrt{R}} \times 10^4$$

d_p: 물방울의 직경(μm)
R: 회전판의 반경(cm), N: 회전판의 회전수(rpm)

$$d_p = \frac{200}{9{,}620\sqrt{5}} \times 10^4 = 92.9757\mu m$$

정답 ①

2022년

52 ★★☆

유해가스 처리에 사용되는 흡수액의 조건으로 옳지 않은 것은?

① 용해도가 커야 한다.
② 휘발성이 작아야 한다.
③ 점성이 커야 한다.
④ 용매와 화학적 성질이 비슷해야 한다.

해설
흡수액은 점성이 작아야 한다.

정답 ③

53 ★★☆

지름이 20cm, 유효높이가 3m인 원통형 백필터를 사용하여 배출가스 $4m^3/sec$를 처리하고자 한다. 여과속도를 0.04m/sec로 할 때 필요한 백필터의 개수는?

① 53 ② 54
③ 70 ④ 71

해설
여과유량＝여과속도×필터면적×필터의 개수
원통형 필터면적$=\pi \times 0.2m \times 3m$
$4m^3/sec = 0.04m/sec \times (\pi \times 0.2m \times 3m) \times n$
$n=53.0516$개
n은 필터의 개수로 소수점으로 나올 수는 없으므로 54개가 답이 된다.

정답 ②

54 ★★★

처리가스량이 $10^6m^3/hr$, 입구 먼지농도가 $2g/m^3$, 출구 먼지농도가 $0.4g/m^3$, 총 압력손실이 $72mmH_2O$일 때 Blower의 소요동력(kW)은?

① 425 ② 375
③ 245 ④ 187

해설
소요동력 산정공식을 이용한다.
$$P(\mathrm{kW})=\frac{Q\times \Delta P}{102\times \eta}\times \alpha$$
Q: 처리가스량(m^3/sec), ΔP: 압력손실(mmH_2O)
η: 송풍기 효율
$$\eta=\frac{\text{입구 먼지농도}-\text{출구 먼지농도}}{\text{입구 먼지농도}}=\frac{2-0.4}{2}=0.8$$
α: 여유율(주어지지 않으면 1로 간주)
$$P=\frac{\frac{10^6m^3}{hr}\times\frac{hr}{3{,}600sec}\times 72mmH_2O}{102\times 0.8}=245.0980kW$$

정답 ③

55 ★★☆

탈취방법 중 수세법에 관한 설명으로 옳지 않은 것은?

① 용해도가 높고 친수성 극성기를 가진 냄새성분의 제거에 사용할 수 있다.
② 주로 분뇨처리장, 계란건조장, 주물공장 등의 악취제거에 적용된다.
③ 수온변화에 따라 탈취효과가 크게 달라지는 것이 단점이다.
④ 조작이 간단하며 처리효율이 우수하여 주로 단독으로 사용된다.

해설
탈취방법 중 수세법은 조작이 간단하나 탈취효율이 낮다.

정답 ④

56
★☆☆

다이옥신 제어방법에 관한 설명으로 옳지 않은 것은?

① 250~340nm의 자외선을 조사하여 다이옥신을 분해할 수 있다.
② 다이옥신의 발생을 억제하기 위해 PVC, PCB가 포함된 제품을 소각하지 않는다.
③ 소각로에서 접촉촉매산화를 유도하기 위해 철, 니켈 성분을 함유한 쓰레기를 투입한다.
④ 다이옥신은 저온에서 재생될 수 있으므로 소각로를 고온으로 유지해야 한다.

해설
다이옥신의 제어방법 중 촉매분해법은 촉매로 금속 산화물(V_2O_5, TiO_2 등) 또는 귀금속(Pt, Pd) 등이 사용된다.

정답 ③

57
★☆☆

다음 중 알칼리 용액을 사용한 처리가 가장 적합하지 않은 오염물질은?

① HCl ② Cl_2
③ HF ④ CO

해설
일반적으로 산성 물질을 알칼리 용액을 사용하여 처리하고, 일산화탄소(CO)는 물에 대한 용해도가 대단히 작기 때문에 용액을 사용하여 처리하는 것이 부적절하다.

정답 ④

58
★☆☆

후드의 설치 및 흡인에 관한 내용으로 옳지 않은 것은?

① 발생원에 최대한 접근시켜 흡인한다.
② 주 발생원을 대상으로 국부적인 흡인방식을 취한다.
③ 후드의 개구면적을 넓게 한다.
④ 충분한 포착속도(Capture velocity)를 유지한다.

해설
후드 설치 시 후드 개구면의 중앙부를 닫아 개구면적을 줄이고 포착속도를 최대한으로 크게 유지해야 한다.

정답 ③

59
★☆☆

원심력 집진장치에서 블로다운(Blow down)을 적용하여 얻을 수 있는 효과에 해당하지 않는 것은?

① 유효 원심력 감소를 통한 운영비 절감
② 원심력 집진장치 내의 난류 억제
③ 포집된 먼지의 재비산 방지
④ 원심력 집진장치 내의 먼지부착에 의한 장치폐쇄 방지

해설
블로다운(Blow down)을 적용하면 유효 원심력 증대를 통한 운영비 절감이 가능하다.

관련이론 | 블로다운(Blow down)
- 하부의 더스트 박스(Dust box)에서 처리가스량의 5~10% 정도를 흡인하여 줌으로써 유효원심력을 증대시키는 방법이다.
- 사이클론 내의 난류현상을 억제시킴으로 먼지의 재비산을 막아주며, 장치 내벽 부착으로 일어나는 먼지의 축적도 방지한다.

정답 ①

60
★☆☆

복합 국소배기장치에 사용되는 댐퍼조절 평형법(또는 저항조절평형법)의 특징으로 옳지 않은 것은?

① 오염물질 배출원이 많아 여러 개의 가지덕트를 주덕트에 연결할 필요가 있을 때 주로 사용한다.
② 덕트의 압력손실이 클 때 주로 사용한다.
③ 공정 내에 방해물이 생겼을 때 설계변경이 용이하다.
④ 설치 후 송풍량 조절이 불가능하다.

해설
댐퍼조절 평형법은 설치 후 송풍량 조절이 가능하다.

정답 ④

대기오염공정시험기준

61 ★☆☆

자외선/가시선 분광법에 따라 10mm 셀을 사용하여 측정한 시료의 흡광도가 0.1이었다. 동일한 시료에 대해 동일한 조건에서 20mm 셀을 사용하여 측정한 흡광도는?

① 0.05 ② 0.10
③ 0.12 ④ 0.20

해설

$$흡광도(A)=\log\frac{1}{t(투과도)}=\log\frac{1}{I_t/I_o}=\varepsilon Cl$$

I_t: 투사광의 강도, I_o: 입사광의 강도
ε: 흡광계수, C: 농도, l: 빛의 투사거리
위의 식에서 셀의 길이와 흡광도는 비례한다는 것을 알 수 있다.
10mm 셀을 사용한 시료의 흡광도가 0.1이면 동일한 조건에서 20mm 셀을 사용하여 흡광도를 측정하면 0.2가 된다.

정답 ④

62 ★☆☆

다음 중 여과재로 "카보런덤"을 사용하는 분석대상 물질은?

① 비소 ② 브로민
③ 벤젠 ④ 이황화탄소

해설

보기에 있는 물질별 여과재의 재질
① 비소: 알칼리 성분이 없는 유리솜 또는 실리카솜, 소결유리, 카보런덤
② 브로민: 알칼리 성분이 없는 유리솜 또는 실리카솜, 소결유리
③ 벤젠: 알칼리 성분이 없는 유리솜 또는 실리카솜, 소결유리
④ 이황화탄소: 알칼리 성분이 없는 유리솜 또는 실리카솜, 소결유리

정답 ①

63 ★★★

대기오염공정시험기준 총칙상의 시험기재 및 용어에 관한 설명으로 옳지 않은 것은?

① 시험 조작 중 "즉시"란 30초 이내에 표시된 조작을 하는 것을 뜻한다.
② "정확히 단다"라 함은 규정한 양의 검체를 취하여 분석용 저울로 0.1mg까지 다는 것을 뜻한다.
③ 액체성분의 양을 "정확히 취한다"함은 메스피펫, 메스실린더 또는 이와 동등 이상의 정도를 갖는 용량계를 사용하여 조작하는 것을 뜻한다.
④ "항량이 될 때까지 건조한다"라 함은 따로 규정이 없는 한 보통의 건조방법으로 1시간 더 건조 또는 강열할 때 전후 무게의 차가 매 g당 0.3mg 이하일 때를 뜻한다.

해설

액체성분의 양을 "정확히 취한다"는 홀피펫, 부피플라스크 또는 이와 동등 이상의 정도를 갖는 용량계를 사용하여 조작하는 것을 뜻한다.

정답 ③

64 ★★★

기체 중의 오염물질 농도를 mg/m^3로 표시했을 때 m^3가 의미하는 것은?

① 100℃, 1atm에서의 기체용적
② 표준상태에서의 기체용적
③ 상온에서의 기체용적
④ 절대온도, 절대압력 하에서의 기체용적

해설

기체 중의 농도를 mg/m^3로 표시했을 때 m^3는 표준상태(0℃, 760mmHg)의 기체용적을 뜻하고 Sm^3로 표시한 것과 같다.

정답 ②

65

★☆☆

환경대기 중의 아황산가스 측정방법에 해당되지 않는 것은?

① 적외선형광법 ② 용액전도율법
③ 불꽃광도법 ④ 흡광차분광법

해설

환경대기 중 아황산가스 측정방법

자외선형광법(주시험방법), 파라로자닐린법, 산정량 수동법, 산정량 반자동법, 용액전도율법, 불꽃광도법, 흡광차분광법

정답 ①

66

★★★

이온크로마토그래피의 일반적인 장치구성을 순서대로 나열한 것은?

① 펌프 – 시료주입장치 – 용리액조 – 분리관 – 검출기 – 써프렛서
② 용리액조 – 펌프 – 시료주입장치 – 분리관 – 써프렛서 – 검출기
③ 시료주입장치 – 펌프 – 용리액조 – 써프렛서 – 분리관 – 검출기
④ 분리관 – 시료주입장치 – 펌프 – 용리액조 – 검출기 – 써프렛서

해설

이온크로마토그래피의 장치구성

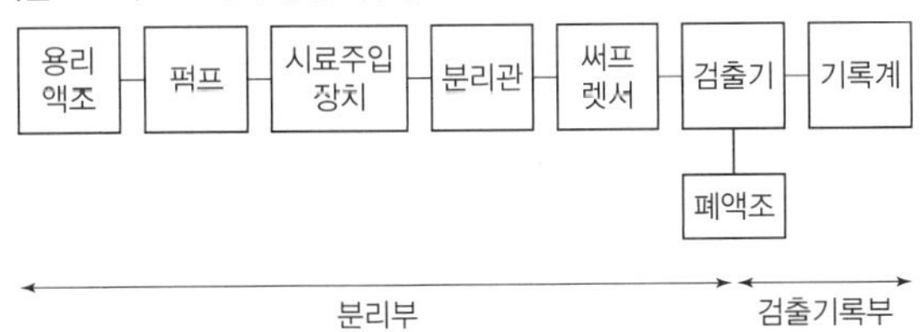

정답 ②

67

★☆☆

배출가스 중의 휘발성유기화합물(VOCs) 시료 채취방법에 관한 내용으로 옳지 않은 것은?

① 흡착관법의 시료채취량은 1~5L 정도로, 시료흡입속도는 100~200mL/min정도로 한다.
② 흡착관법에서 누출시험을 실시한 후 3 방향 콕을 세척병 방향으로 하고 흡입펌프를 작동시켜 가열한 채취관 및 연결관을 배출가스 시료로 충분히 세척한다.
③ 시료채취 주머니 방법에 사용되는 시료채취 주머니는 빛이 들어가지 않도록 차단해야 하며 시료채취 이후 24시간 이내에 분석한다.
④ 시료채취 주머니 방법에 사용되는 시료채취 주머니는 새 것을 사용하는 것을 원칙으로 하되 재사용하는 경우 수소나 아르곤가스를 채운 후 6시간 동안 놓아둔 뒤 퍼지(Purge)시키는 동작을 반복해야 한다.

해설

시료채취 주머니는 새 것을 사용하는 것을 원칙으로 하되 만일 재사용 시에는 제로가스와 동등 이상의 순도를 가진 질소나 헬륨을 채운 후 24시간 이상 동안 시료채취 주머니를 놓아둔 후 퍼지(Purge)시키는 조작을 반복하고, 시료채취 주머니 내부의 가스를 채취하여 기체크로마토그래프를 이용하여 사용 전에 오염여부를 확인하고 오염되지 않은 것을 사용한다.

※ 개정된 법령에 따라 보기를 수정하였습니다.

정답 ④

68

★★☆

환경대기 중의 유해 휘발성유기화합물을 고체흡착 용매추출법으로 분석할 때 사용되는 추출용매는?

① CS_2 ② PCB
③ C_2H_5OH ④ C_6H_{14}

해설

환경대기 중의 유해 휘발성유기화합물을 고체흡착 용매추출법으로 분석할 때 추출용매는 이황화탄소(CS_2)이다.

정답 ①

69 ★★★

대기오염공정시험기준 총칙상의 온도에 관한 내용으로 옳지 않은 것은?

① 상온은 15~25℃, 실온은 1~35℃로 한다.
② 온수는 60~70℃, 열수는 약 100℃를 말한다.
③ 찬 곳은 따로 규정이 없는 한 0~30℃의 곳을 뜻한다.
④ 냉후(식힌 후)라 표시되어 있을 때는 보온 또는 가열 후 실온까지 냉각된 상태를 뜻한다.

해설
대기오염공정시험기준상 찬 곳은 따로 규정이 없는 한 0~15℃의 곳을 뜻한다.

정답 ③

70 ★★☆

환경대기 중의 다환방향족탄화수소류를 기체크로마토그래피/질량분석법으로 분석할 때 사용되는 용어에 관한 설명 중 (　　) 안에 알맞은 것은?

> (　　)은 추출과 분석 전에 각 시료, 바탕시료, 매체시료(Matrix-spiked)에 더해지는 화학적으로 반응성이 없는 환경시료 중에 없는 물질을 말한다.

① 절대표준물질　② 외부표준물질
③ 매체표준물질　④ 대체표준물질

해설
대체표준물질에 대한 설명이다.

정답 ④

71 ★★☆

굴뚝 내부 단면의 가로 길이가 2m, 세로 길이가 1.5m일 때 굴뚝의 환산직경(m)은? (단, 굴뚝은 사각형이며 상·하 면적이 동일하다.)

① 1.5　② 1.7
③ 1.9　④ 2.0

해설
굴뚝단면이 상·하 동일 단면적인 사각형 굴뚝의 환산직경산출 공식을 이용한다.

환산직경$=2\times\left(\frac{A\times B}{A+B}\right)$

A: 굴뚝내부 단면 가로치수, B: 굴뚝내부 단면 세로치수

환산직경$=2\times\left(\frac{2\times1.5}{2+1.5}\right)=1.7142\text{m}$

정답 ②

72 ★☆☆

4-아미노안티피린 용액과 헥사사이아노철(Ⅲ)산포타슘 용액을 순서대로 가해 얻어진 적색액의 흡광도를 측정하여 농도를 계산하는 오염물질은?

① 배출가스 중 페놀화합물
② 배출가스 중 브로민화합물
③ 배출가스 중 에틸렌옥사이드
④ 배출가스 중 다이옥신 및 퓨란류

해설
배출가스 중 페놀화합물 – 4-아미노안티피린 자외선/가시선분광법
- 이 시험기준은 배출가스 중의 페놀화합물을 측정하는 방법이다.
- 배출가스 중 페놀화합물을 수산화소듐 용액으로 흡수하고 완충 용액을 첨가하여 pH를 조절한 후 4-아미노안티피린 용액과 헥사사이아노철(Ⅲ)산포타슘 용액을 첨가하고 페놀화합물과 반응하여 생성하는 안티피린계 색소의 흡광도를 측정하여 페놀화합물을 정량한다.

정답 ①

73 ★★★

원자흡수분광광도법에서 사용하는 용어의 정의로 옳지 않은 것은?

① 충전가스: 중공음극램프에 채우는 가스
② 선프로파일: 파장에 대한 스펙트럼선의 폭을 나타내는 곡선
③ 공명선: 원자가 외부로부터 빛을 흡수했다가 다시 먼저 상태로 돌아갈 때 방사하는 스펙트럼선
④ 역화: 불꽃의 연소속도가 크고 혼합기체의 분출속도가 작을 때 연소현상이 내부로 옮겨지는 것

해설

선프로파일: 파장에 대한 스펙트럼선의 강도를 나타내는 곡선

정답 ②

74 ★★☆

유류 중의 황 함유량 분석방법 중 방사선 여기법에 관한 내용으로 옳지 않은 것은?

① 여기법 분석계의 전원 스위치를 넣고 1시간 이상 안정화시킨다.
② 석유 제품의 시료채취 시 증기의 흡입은 될 수 있는 한 피해야 한다.
③ 시료에 방사선을 조사하고 여기된 황 원자에서 발생하는 γ선을 강도를 측정한다.
④ 시료를 충분히 교반한 후 준비된 시료셀에 기포가 들어가지 않도록 주의하여 액 층의 두께가 5~20mm가 되도록 시료를 넣는다.

해설

방사선 여기법은 원유, 경유, 중유 등의 황 함유량을 측정하는 방법을 규정하며 유류 중 황 함유량이 질량분율 0.030~5.000%인 경우에 적용한다.
시료에 방사선을 조사하고, 여기된 황의 원자에서 발생하는 형광 X선의 강도를 측정한다.

정답 ③

75 ★☆☆

환경대기 중의 금속화합물 분석을 위한 주 시험방법은?

① 원자흡수분광법
② 자외선/가시선분광법
③ 이온크로마토그래피법
④ 비분산적외선분광분석법

해설

환경대기 중의 금속화합물 분석은 원자흡수분광법을 주시험방법으로 하고, 유도결합플라즈마 분광법도 적용 가능하다.

정답 ①

2022년

76 ★★☆

굴뚝 배출가스 중의 질소산화물을 연속적으로 자동측정하는 데 사용되는 자외선흡수분석계의 구성에 관한 내용으로 옳지 않은 것은?

① 광원: 중수소방전관 또는 중압수은 등을 사용한다.
② 시료셀: 시료가스가 연속적으로 흘러갈 수 있는 구조로 되어 있으며 그 길이는 200~500mm이고, 셀의 창은 자외선 및 가시광선이 투과할 수 있는 재질이어야 한다.
③ 광학필터: 프리즘과 회절격자 분광기 등을 이용하여 자외선 또는 적외선 영역의 단색광을 얻는 데 사용한다.
④ 합산증폭기: 신호를 증폭하는 기능과 일산화질소 측정파장에서 아황산가스의 간섭을 보정하는 기능을 가지고 있다.

해설

광학필터는 특정파장 영역의 흡수나 다층박막의 광학적 간섭을 이용하여 자외선 영역 또는 가시광선 영역의 일정한 폭을 갖는 빛을 얻는 데 사용한다.

정답 ③

77

★☆☆

굴뚝에서 배출되는 건조배출가스의 유량을 연속적으로 자동측정하는 방법에 관한 내용으로 옳지 않은 것은?

① 유량 측정방법에는 피토우관, 열선유속계, 와류유속계를 사용하는 방법이 있다.
② 와류유속계를 사용할 때에는 압력계와 온도계를 유량계 상류 측에 설치해야 한다.
③ 건조배출가스 유량은 배출되는 표준상태의 건조배출가스량[Sm^3(5분 적산치)]으로 나타낸다.
④ 열선유속계를 사용하는 방법에서 시료채취부는 열선과 지주 등으로 구성되어 있으며 열선으로 텅스텐이나 백금선 등이 사용된다.

해설
와류유속계를 사용할 때에는 압력계 및 온도계는 유량계 하류 측에 설치해야 한다.

정답 ②

78

★★☆

비분산적외선분광분석법에서 사용하는 용어의 정의로 옳지 않은 것은?

① 정필터형: 측정성분이 흡수되는 적외선을 그 흡수파장에서 측정하는 방식
② 비분산: 빛을 프리즘이나 회절격자와 같은 분산소자에 의해 분산하지 않는 것
③ 비교가스: 시료 셀에서 적외선 흡수를 측정하는 경우 대조가스로 사용하는 것으로 적외선을 흡수하지 않는 가스
④ 반복성: 동일한 방법과 조건에서 동일한 분석계를 사용하여 여러 측정대상을 장시간에 걸쳐 반복적으로 측정하는 경우 각각의 측정치가 일치하는 정도

해설
반복성은 동일한 분석계를 이용하여 동일한 측정대상을 동일한 방법과 조건으로 비교적 단시간에 반복적으로 측정하는 경우로서 각각의 측정치가 일치하는 정도이다.

정답 ④

79

★★☆

굴뚝 단면이 상·하 동일 단면적의 원형인 경우 굴뚝 배출 시료 측정점에 관한 설명으로 옳지 않은 것은?

① 굴뚝 직경이 1.5m인 경우 측정점 수는 8점이다.
② 굴뚝 직경이 3m인 경우 반경 구분 수는 3이다.
③ 굴뚝 직경이 4.5m를 초과할 경우 측정점 수는 20점이다.
④ 굴뚝 단면적이 $1m^2$ 이하로 소규모일 경우 굴뚝 단면적의 중심을 대표점으로 하여 1점만 측정한다.

해설
굴뚝 단면적이 $0.25m^2$ 이하로 소규모일 경우에는 그 굴뚝 단면의 중심을 대표점으로 하여 1점만 측정한다.

관련이론 | 원형단면의 측정점

굴뚝직경(m)	반경 구분 수	측정점 수
1 이하	1	4
1 초과 2 이하	2	8
2 초과 4 이하	3	12
4 초과 4.5 이하	4	16
4.5 초과	5	20

정답 ④

80

★☆☆

기체크로마토그래피의 고정상 액체가 만족시켜야 할 조건에 해당하지 않는 것은?

① 화학적 성분이 일정해야 한다.
② 사용온도에서 점성이 작아야 한다.
③ 사용온도에서 증기압이 높아야 한다.
④ 분석대상 성분을 완전히 분리할 수 있어야 한다.

해설
고정상 액체는 사용온도에서 증기압이 낮고, 점성이 작은 것이어야 한다.

정답 ③

대기환경관계법규

81 ★★★

대기환경보전법령상 사업장별 환경기술인의 자격기준에 관한 내용으로 옳지 않은 것은?

① 4종 사업장과 5종 사업장 중 기준 이상의 특정대기유해물질이 포함된 오염물질을 배출하는 경우 3종 사업장에 해당하는 기술인을 두어야 한다.
② 1종 사업장과 2종 사업장 중 1개월 동안 실제 작업한 날만을 계산하여 1일 평균 17시간 이상 작업하는 경우 해당 사업장의 기술인을 각각 2명 이상 두어야 한다.
③ 대기환경기술인이 소음·진동관리법에 따른 소음·진동환경기술인 자격을 갖춘 경우에는 소음·진동환경기술인을 겸임할 수 있다.
④ 전체 배출시설에 대해 방지시설 설치면제를 받은 사업장과 배출시설에 배출되는 오염물질 등을 공동방지시설에서 처리하는 사업장은 5종 사업장에 해당하는 기술인을 둘 수 없다.

해설

사업장별 환경기술인의 자격기준「시행령 별표 10」

전체 배출시설에 대하여 방지시설 설치면제를 받은 사업장과 배출시설에서 배출되는 오염물질 등을 공동방지시설에서 처리하는 사업장은 5종 사업장에 해당하는 기술인을 둘 수 있다.

정답 ④

82 ★☆☆

대기환경보전법령상 대기오염물질 발생량 산정에 필요한 항목에 해당되지 않은 것은?

① 배출시설의 시간당 대기오염물질 발생량
② 일일조업시간
③ 배출허용기준 초과 횟수
④ 연간 가동일수

해설

대기오염물질 발생량 산정방법「시행규칙 제42조」

배출시설의 시간당 대기오염물질 발생량×일일조업시간×연간 가동일수

정답 ③

83 ★☆☆

대기환경보전법령상 배출부과금 납부의무자가 납부기한 전에 배출부과금을 납부할 수 없다고 인정되어 징수를 유예하거나 그 금액을 분할납부 할 수 있는 경우에 해당되지 않는 것은?

① 천재지변으로 사업자의 재산에 중대한 손실이 발생한 경우
② 사업에 손실을 입어 경영상으로 심각한 위기에 처하게 된 경우
③ 배출부과금이 납부의무자의 자본금을 1.5배 이상 초과하는 경우
④ 징수유예나 분할납부가 불가피하다고 인정되는 경우

해설

배출부과금이 납부의무자의 자본금을 2배 이상 초과하는 경우 징수유예기간을 연장하거나 분할납부의 횟수를 늘릴 수 있다.

관련이론

배출부과금의 징수유예·분할납부 및 징수절차「법 제35조의4」

① 환경부장관 또는 시·도지사는 배출부과금의 납부의무자가 다음 각 호의 어느 하나에 해당하는 사유로 납부기한 전에 배출부과금을 납부할 수 없다고 인정하면 징수를 유예하거나 그 금액을 분할하여 납부하게 할 수 있다.
  1. 천재지변이나 그 밖의 재해로 사업자의 재산에 중대한 손실이 발생한 경우
  2. 사업에 손실을 입어 경영상으로 심각한 위기에 처하게 된 경우
  3. 그 밖에 제1호 또는 제2호에 준하는 사유로 징수유예나 분할납부가 불가피하다고 인정되는 경우

② 배출부과금이 납부의무자의 자본금 또는 출자총액(개인사업자인 경우에는 자산총액을 말함)을 2배 이상 초과하는 경우로서 제1항 각 호에 따른 사유로 징수유예기간 내에도 징수할 수 없다고 인정되면 징수유예기간을 연장하거나 분할납부의 횟수를 늘려 배출부과금을 내도록 할 수 있다.

정답 ③

84 ★★★

환경정책기본법령상 일산화탄소(CO)의 대기환경기준(ppm)은? (단, 1시간 평균치 기준이다.)

① 0.25 이하 ② 0.5 이하
③ 25 이하 ④ 50 이하

해설

환경기준 「환경정책기본법 시행령 별표 1」

항목	기준
아황산가스 (SO_2)	연간 평균치 0.02ppm 이하 24시간 평균치 0.05ppm 이하 1시간 평균치 0.15ppm 이하
일산화탄소 (CO)	8시간 평균치 9ppm 이하 1시간 평균치 25ppm 이하
이산화질소 (NO_2)	연간 평균치 0.03ppm 이하 24시간 평균치 0.06ppm 이하 1시간 평균치 0.10ppm 이하
미세먼지 (PM-10)	연간 평균치 50μg/m^3 이하 24시간 평균치 100μg/m^3 이하
초미세먼지 (PM-2.5)	연간 평균치 15μg/m^3 이하 24시간 평균치 35μg/m^3 이하
오존(O_3)	8시간 평균치 0.06ppm 이하 1시간 평균치 0.1ppm 이하
납(Pb)	연간 평균치 0.5μg/m^3 이하
벤젠	연간 평균치 5μg/m^3 이하

정답 ③

85 ★☆☆

대기환경보전법령상 "온실가스"에 해당하지 않은 것은?

① 수소불화탄소 ② 과염소산
③ 육불화황 ④ 메탄

해설

"온실가스"란 적외선 복사열을 흡수하거나 다시 방출하여 온실효과를 유발하는 대기 중의 가스상태 물질로서 이산화탄소, 메탄, 아산화질소, 수소불화탄소, 과불화탄소, 육불화황을 말한다.

정답 ②

86 ★★★

실내공기질 관리법령상 공항시설 중 여객터미널에 대한 라돈의 실내공기질 권고기준은? (단, 단위는 Bq/m^3이다.)

① 100 이하 ② 148 이하
③ 200 이하 ④ 248 이하

해설

라돈은 장소에 관계없이 실내공기질 권고기준이 모두 148Bq/m^3 이하이다.

관련이론 | 실내공기질 권고기준 「실내공기질 관리법 시행규칙 별표 3」

지하역사, 지하도상가, 철도역사의 대합실, 여객자동차터미널의 대합실, 항만시설 중 대합실, 공항시설 중 여객터미널, 도서관·박물관 및 미술관, 대규모점포, 장례식장, 영화상영관, 학원, 전시시설, 인터넷컴퓨터게임시설제공업의 영업시설, 목욕장업의 영업시설의 경우

이산화질소 (ppm)	라돈 (Bq/m^3)	총휘발성유기화합물 (μg/m^3)	곰팡이 (CFU/m^3)
0.1 이하	148 이하	500 이하	–

의료기관, 산후조리원, 노인요양시설, 어린이집, 실내 어린이놀이시설

이산화질소 (ppm)	라돈 (Bq/m^3)	총휘발성유기화합물 (μg/m^3)	곰팡이 (CFU/m^3)
0.05 이하	148 이하	400 이하	500 이하

실내주차장

이산화질소 (ppm)	라돈 (Bq/m^3)	총휘발성유기화합물 (μg/m^3)	곰팡이 (CFU/m^3)
0.30 이하	148 이하	1,000 이하	–

정답 ②

87

★★☆

대기환경보전법령상 사업자가 스스로 방지시설을 설계 · 시공하려는 경우 시 · 도지사에게 제출해야 하는 서류에 해당하지 않은 것은?

① 기술능력 현황을 적은 서류
② 공정도
③ 배출시설의 위치 및 운영에 관한 규약
④ 원료(연료를 포함) 사용량, 제품생산량 및 대기오염물질 등의 배출량을 예측한 명세서

해설

사업자가 스스로 방지시설을 설계 · 시공하려는 경우 제출해야 할 서류 「시행규칙 제31조」

1. 배출시설의 설치명세서
2. 공정도
3. 원료(연료를 포함함) 사용량, 제품생산량 및 대기오염물질 등의 배출량을 예측한 명세서
4. 방지시설의 설치명세서와 그 도면
5. 기술능력 현황을 적은 서류

정답 ③

88

★☆☆

대기환경보전법령상 1년 이하의 징역이나 1천만원 이하의 벌금에 처하는 경우에 해당되지 않는 것은?

① 배출시설의 설치를 완료한 후 가동개시 신고를 하지 않고 조업한 자
② 환경상의 위해가 발생하여 제조 · 판매 또는 사용을 규제당한 자동차 연료 · 첨가제 또는 촉매제를 제조하거나 판매한 자
③ 측정기기 관리대행업의 등록 또는 변경등록을 하지 않고 측정기기 관리업무를 대행한 자
④ 환경부장관에게 받은 이륜자동차정기검사 명령을 이행하지 않은 자

해설

환경부장관에게 받은 이륜자동차정기검사 명령을 이행하지 않은 자는 300만원 이하의 벌금에 처한다.

정답 ④

89

★★★

대기환경보전법령상 위임업무의 보고 횟수 기준이 '수시'인 업무내용은?

① 환경오염사고 발생 및 조치 사항
② 자동차 연료 및 첨가제의 제조 · 판매 또는 사용에 대한 규제현황
③ 자동차 첨가제의 제조기준 적합여부 검사현황
④ 수입자동차의 배출가스 인증 및 검사현황

해설

②, ③번은 연 2회이고, ④는 연 4회이다.

관련이론 | 위임업무 보고사항 「시행규칙 별표 37」

업무내용	보고 횟수	보고기일
환경오염사고 발생 및 조치 사항	수시	사고발생 시
수입자동차 배출가스 인증 및 검사현황	연 4회	매분기 종료 후 15일 이내
자동차 연료 및 첨가제의 제조 · 판매 또는 사용에 대한 규제현황	연 2회	매반기 종료 후 15일 이내
자동차 연료 또는 첨가제의 제조기준 적합 여부 검사현황	연료: 연 4회 첨가제: 연 2회	연료: 매분기 종료 후 15일 이내 첨가제: 매반기 종료 후 15일 이내
측정기기 관리대행업의 등록, 변경등록 및 행정처분 현황	연 1회	다음 해 1월 15일까지

정답 ①

90

★★☆

대기환경보전법령상 석탄사용시설의 설치기준에 관한 내용으로 옳지 않은 것은? (단, 유효굴뚝높이가 440m 미만인 경우이다.)

① 배출시설의 굴뚝높이는 100m 이상으로 한다.
② 석탄저장은 옥내저장시설(밀폐형 저장시설 포함) 또는 지하저장시설에 해야 한다.
③ 굴뚝에서 배출되는 아황산가스, 질소산화물, 먼지 등의 농도를 확인할 수 있는 기기를 설치해야 한다.
④ 석탄연소재는 덮개가 있는 차량을 이용하여 운반해야 한다.

해설

석탄연소재는 밀폐통을 이용하여 운반하여야 한다.

관련이론 | 석탄사용시설 설치기준「시행규칙 별표 12」

가. 배출시설의 굴뚝높이는 100m 이상으로 하되, 굴뚝상부 안지름, 배출가스 온도 및 속도 등을 고려한 유효굴뚝높이가 440m 이상인 경우에는 굴뚝높이를 60m 이상 100m 미만으로 할 수 있다.
나. 석탄의 수송은 밀폐 이송시설 또는 밀폐통을 이용하여야 한다.
다. 석탄저장은 옥내저장시설(밀폐형 저장시설 포함) 또는 지하저장시설에 저장하여야 한다.
라. 석탄연소재는 밀폐통을 이용하여 운반하여야 한다.
마. 굴뚝에서 배출되는 아황산가스(SO_2), 질소산화물(NO_x), 먼지 등의 농도를 확인할 수 있는 기기를 설치하여야 한다.

정답 ④

91

★★☆

실내공기질 관리법령의 적용대상에 해당되지 않는 것은?

① 지하역사
② 병상 수가 100개인 의료기관
③ 철도역사의 연면적 1천5백제곱미터인 대합실
④ 공항시설 중 연면적 1천5백제곱미터인 여객터미널

해설

철도역사의 경우 연면적 2천제곱미터 이상인 대합실이 실내공기질 관리법령의 적용대상이다.

관련이론 | 실내공기질 관리법 적용대상「실내공기질 관리법 시행령 제2조」

1. 모든 지하역사(출입통로 · 대합실 · 승강장 및 환승통로와 이에 딸린 시설을 포함)
2. 연면적 2천제곱미터 이상인 지하도상가(지상건물에 딸린 지하층의 시설을 포함). 이 경우 연속되어 있는 둘 이상의 지하도상가의 연면적 합계가 2천제곱미터 이상인 경우를 포함한다.
3. 철도역사의 연면적 2천제곱미터 이상인 대합실
4. 여객자동차터미널의 연면적 2천제곱미터 이상인 대합실
5. 항만시설 중 연면적 5천제곱미터 이상인 대합실
6. 공항시설 중 연면적 1천5백제곱미터 이상인 여객터미널
7. 연면적 3천제곱미터 이상인 도서관
8. 연면적 3천제곱미터 이상인 박물관 및 미술관
9. 연면적 2천제곱미터 이상이거나 병상 수 100개 이상인 의료기관
10. 연면적 500제곱미터 이상인 산후조리원
11. 연면적 1천제곱미터 이상인 노인요양시설
12. 연면적 430제곱미터 이상인 어린이집

12의2. 연면적 430제곱미터 이상인 실내 어린이놀이시설

13. 모든 대규모점포
14. 연면적 1천제곱미터 이상인 장례식장(지하에 위치한 시설로 한정함)
15. 모든 영화상영관(실내 영화상영관으로 한정함)
16. 연면적 1천제곱미터 이상인 학원
17. 연면적 2천제곱미터 이상인 전시시설(옥내시설로 한정함)
18. 연면적 300제곱미터 이상인 인터넷컴퓨터게임시설제공업의 영업시설
19. 연면적 2천제곱미터 이상인 실내주차장(기계식 주차장은 제외)
20. 연면적 3천제곱미터 이상인 업무시설
21. 연면적 2천제곱미터 이상인 둘 이상의 용도에 사용되는 건축물
22. 객석 수 1천석 이상인 실내 공연장
23. 관람석 수 1천석 이상인 실내 체육시설
24. 연면적 1천제곱미터 이상인 목욕장업의 영업시설

정답 ③

92 ★☆☆

대기환경보전법령상 자가측정의 대상·항목 및 방법에 관한 내용으로 옳지 않은 것은?

① 굴뚝 자동측정기기를 설치하여 먼지항목에 대한 자동측정자료를 전송하는 배출구의 경우 매연항목에 대해서도 자가측정을 한 것으로 본다.
② 안전상의 이유로 자가측정이 곤란하다고 인정받은 방지시설설치면제사업장의 경우 대행기관을 통해 연 1회 이상 자가측정을 해야 한다.
③ 굴뚝 자동측정기기를 설치한 배출구의 경우 자동측정자료를 전송하는 항목에 한정하여 자동측정자료를 자가측정자료에 우선하여 활용해야 한다.
④ 측정대상 시설이 중유 등 연료유만을 사용하는 시설인 경우 황산화물에 대한 자가측정은 연료의 황함유 분석표로 갈음할 수 있다.

해설

자가측정의 대상·항목 및 방법「시행규칙 별표 11」

방지시설설치면제사업장은 해당 시설에 대하여 연 1회 이상 자가측정을 해야 한다. 다만, 물리적 또는 안전상의 이유로 자가측정이 곤란하거나 대기오염물질 발생을 저감하는 장치를 상시 가동하는 등의 사유로 자가측정이 필요하지 않다고 환경부장관 또는 시·도지사가 인정하는 경우에는 그렇지 않다.

정답 ②

93 ★★☆

대기환경보전법령상 자동차 운행정지표지의 바탕색은?

① 회색　　② 녹색
③ 노란색　　④ 흰색

해설

운행정지표지「시행규칙 별표 31」

1. 바탕색은 노란색으로, 문자는 검정색으로 한다.
2. 이 표는 자동차의 전면유리 우측상단에 붙인다.

정답 ③

94 ★★☆

대기환경보전법령상 인증을 면제할 수 있는 자동차에 해당하는 것은?

① 항공기 지상 조업용 자동차
② 국가대표 선수용 자동차로서 문화체육관광부 장관의 확인을 받은 자동차
③ 여행자 등이 다시 반출할 것을 조건으로 일시 반입하는 자동차
④ 주한 외국군인의 가족이 사용하기 위해 반입하는 자동차

선지분석

① 항공기 지상 조업용 자동차: 인증을 생략할 수 있음
② 국가대표 선수용 자동차로서 문화체육관광부 장관의 확인을 받은 자동차: 인증을 생략할 수 있음
③ 여행자 등이 다시 반출할 것을 조건으로 일시 반입하는 자동차: 인증을 면제할 수 있음
④ 주한 외국군인의 가족이 사용하기 위해 반입하는 자동차: 인증을 생략할 수 있음

정답 ③

95 ★★☆

대기환경보전법령상 자동차연료형 첨가제의 종류에 해당되지 않는 것은? (단, 기타사항은 고려하지 않는다.)

① 세탄가첨가제　　② 다목적첨가제
③ 청정분산제　　④ 유동성향상제

해설

세탄가향상제가 자동차연료형 첨가제의 종류에 해당된다.

관련이론 | 자동차연료형 첨가제의 종류「시행규칙 별표 6」

1. 세척제　　2. 청정분산제
3. 매연억제제　　4. 다목적첨가제
5. 옥탄가향상제　　6. 세탄가향상제
7. 유동성향상제　　8. 윤활성향상제

정답 ①

2022년

96 ★★☆

대기환경보전법령상 용어 정의로 옳지 않은 것은?

① 가스: 물질이 연소·합성·분해될 때 발생하거나 물리적 성질로 인해 발생하는 기체상 물질
② 기후·생태계 변화유발물질: 지구온난화 등으로 생태계의 변화를 가져올 수 있는 기체상 물질로서 온실가스와 환경부령으로 정하는 것
③ 휘발성유기화합물: 석유화학제품, 유기용제, 그 밖의 물질로서 관계 중앙행정기관의 장이 고시하는 것
④ 매연: 연소할 때 생기는 유리탄소가 주가 되는 미세한 입자상 물질

해설

"휘발성유기화합물"이란 탄화수소류 중 석유화학제품, 유기용제, 그 밖의 물질로서 환경부장관이 관계 중앙행정기관의 장과 협의하여 고시하는 것을 말한다.

정답 ③

97 ★★★

다음 중 대기환경보전법령상 초과부과금의 산정에 필요한 오염물질 1kg당 부과금액이 가장 높은 것은?

① 시안화수소 ② 암모니아
③ 먼지 ④ 이황화탄소

해설

보기 중 시안화수소의 초과부과금이 7,300원으로 가장 높다.

관련이론 | 초과부과금 산정기준「시행령 별표 4」

오염물질 \ 구분		오염물질 1킬로그램당 부과금액
황산화물		500
먼지		770
질소산화물		2,130
암모니아		1,400
황화수소		6,000
이황화탄소		1,600
특정대기 유해물질	불소화물	2,300
	염화수소	7,400
	시안화수소	7,300

정답 ①

98 ★☆☆

악취방지법령상의 용어 정의로 옳지 않은 것은?

① "통합악취"란 두 가지 이상의 악취물질이 함께 작용하여 사람의 후각을 자극하여 불쾌감과 혐오감을 주는 냄새를 말한다.
② "악취배출시설"이란 악취를 유발하는 시설, 기계, 기구, 그 밖의 것으로서 환경부장관이 관계 중앙행정기관의 장과 협의하여 환경부령으로 정하는 것을 말한다.
③ "악취"란 황화수소, 메르캅탄류, 아민류, 그 밖에 자극성이 있는 물질이 사람의 후각을 자극하여 불쾌감과 혐오감을 주는 냄새를 말한다.
④ "지정악취물질"이란 악취의 원인이 되는 물질로서 환경부령으로 정하는 것을 말한다.

해설

정의「악취방지법 제2조」

"복합악취"란 두 가지 이상의 악취물질이 함께 작용하여 사람의 후각을 자극하여 불쾌감과 혐오감을 주는 냄새를 말한다.

정답 ①

99 ★★☆

대기환경보전법령상 특정대기유해물질에 해당하지 않은 것은?

① 프로필렌 옥사이드　② 니켈 및 그 화합물
③ 아크롤레인　④ 1,3-부타디엔

해설

아크롤레인은 대기오염물질에는 해당되지만 특정대기유해물질에는 해당되지 않는다.

관련이론 | 특정대기유해물질「시행규칙 별표 2」

카드뮴 및 그 화합물, 시안화수소, 납 및 그 화합물, 폴리염화비페닐, 크롬 및 그 화합물, 비소 및 그 화합물, 수은 및 그 화합물, 프로필렌 옥사이드, 염소 및 염화수소, 불소화물, 석면, 니켈 및 그 화합물, 염화비닐, 다이옥신, 페놀 및 그 화합물, 베릴륨 및 그 화합물, 벤젠, 사염화탄소, 이황화메틸, 아닐린, 클로로포름, 포름알데히드, 아세트알데히드, 벤지딘, 1,3-부타디엔, 다환 방향족 탄화수소류, 에틸렌옥사이드, 디클로로메탄, 스틸렌, 테트라클로로에틸렌, 1,2-디클로로에탄, 에틸벤젠, 트리클로로에틸렌, 아크릴로니트릴, 히드라진

정답 ③

100 ★★☆

악취방지법령상 지정악취물질과 배출허용기준, 엄격한 배출허용기준의 범위의 연결이 옳지 않은 것은? (단, 공업지역 기준이다.)

	지정악취물질	배출허용기준 (ppm)	엄격한 배출허용 기준범위(ppm)
㉠	톨루엔	30 이하	10～30
㉡	프로피온산	0.07 이하	0.03～0.07
㉢	스타이렌	0.8 이하	0.4～0.8
㉣	뷰틸아세테이트	5 이하	1～5

① ㉠　② ㉡
③ ㉢　④ ㉣

해설

배출허용기준 및 엄격한 배출허용기준의 설정 범위「악취방지법 시행규칙 별표 3」

지정악취물질	배출허용기준(ppm)		엄격한 배출허용 기준범위(ppm)
	공업지역	기타 지역	공업지역
뷰틸아세테이트	4 이하	1 이하	1～4

정답 ④

2022년 | 1회 기출문제

자동채점 

대기오염개론

01 ★★★

지구온난화가 환경에 미치는 영향에 관한 설명으로 옳은 것은?

① 지구온난화에 의한 해면상승은 지역의 특수성에 관계없이 전 지구적으로 동일하게 발생한다.
② 오존의 분해반응을 촉진시켜 대류권의 오존농도가 지속적으로 감소한다.
③ 기상조건의 변화는 대기오염 발생횟수와 오염농도에 영향을 준다.
④ 기온상승과 이에 따른 토양의 건조화는 남방계 생물의 성장에는 영향을 주지만 북방계 생물의 성장에는 영향을 주지 않는다.

선지분석

① 지구온난화에 의한 해면상승은 전 지구적으로 일정하지 않게 발생한다.
② 지구온난화는 대류권 오존의 생성반응을 촉진시켜 오존의 농도가 증가한다.
④ 기온상승과 토양의 건조화는 남방계 생물과 북방계 생물의 성장에 영향을 준다.

정답 ③

02 ★☆☆

고도가 증가함에 따라 온위가 변하지 않고 일정할 때, 대기의 상태는?

① 안정 ② 중립
③ 역전 ④ 불안정

해설

표준압력(1,000mb)에서 어느 고도의 공기를 건조단열적으로 끌어내리거나 끌어올려 1,000mb 고도에 가져갔을 때 나타나는 온도를 온위라고 한다.

온위$(\theta) = T \times \left(\frac{1,000}{P}\right)^{0.288}$

고도가 높아질수록 온위가 감소$\left(-\frac{\Delta\theta}{\Delta Z}\right)$: 불안정한 상태(−)

고도에 따라 온위가 일정$\left(\frac{\Delta\theta}{\Delta Z}=0\right)$: 중립 상태 (0)

고도가 높아질수록 온위가 증가$\left(+\frac{\Delta\theta}{\Delta Z}\right)$: 안정한 상태(+)

정답 ②

03 ★★☆

실내공기오염물질 중 라돈에 관한 설명으로 옳지 않은 것은?

① 무취의 기체로 액화 시 푸른색을 띤다.
② 화학적으로 거의 반응을 일으키지 않는다.
③ 일반적으로 인체에 폐암을 유발하는 것으로 알려져 있다.
④ 라듐의 핵분열 시 생성되는 물질로 반감기는 3.8일 정도이다.

해설

라돈은 무색, 무취의 기체로 액화되어도 색을 띠지 않는다.

정답 ①

04 ★★☆

다음 중 PAN의 구조식은?

① $C_6H_5-\overset{\overset{\displaystyle O}{\|}}{C}-O-O-NO_2$ ② $CH_3-\overset{\overset{\displaystyle O}{\|}}{C}-O-O-NO_2$

③ $C_2H_5-\overset{\overset{\displaystyle O}{\|}}{C}-O-O-NO_2$ ④ $C_4H_8-\overset{\overset{\displaystyle O}{\|}}{C}-O-O-NO_2$

해설

PAN($CH_3COOONO_2$)

- 광화학 반응을 통해 생성되며 강산화제로 작용하고, 눈에 통증을 일으키고 빛을 분산시키므로 가시거리를 단축시킨다.
- PAN은 알데히드의 생성과 동시에 생기기 시작하며, 일반적으로 오존농도와 관계가 있다.
- 지표식물: 시금치, 강낭콩, 상추 등
- 강한식물: 딸기, 사과, 옥수수, 무, 양배추 등

정답 ②

05 ★★☆

흑체의 표면온도가 1,500K에서 1,800K로 증가했을 경우, 흑체에서 방출되는 에너지는 몇 배가 되는가? (단, 슈테판-볼츠만 법칙 기준을 따른다.)

① 1.2배　② 1.4배

③ 2.1배　④ 3.2배

해설

$E=\sigma\times T^4$

E: 흑체의 단위면적당 방출하는 에너지

σ: 비례상수, T: 흑체의 절대온도(K)

$$\frac{E_{1800K}}{E_{1500K}}=\frac{\sigma\times 1,800^4}{\sigma\times 1,500^4}=\frac{1,800^4}{1,500^4}=2.0736$$

정답 ③

06 ★☆☆

Thermal NO_x에 관한 내용으로 옳지 않은 것은? (단, 평형상태 기준이다.)

① 연소 시 발생하는 질소산화물의 대부분은 NO와 NO_2이다.

② 산소와 질소가 결합하여 NO가 생성되는 반응은 흡열반응이다.

③ 연소온도가 증가함에 따라 NO 생성량이 감소한다.

④ 발생원 근처에서는 NO/NO_2의 비가 크지만 발생원으로부터 멀어지면서 그 비가 감소한다.

해설

연소온도가 증가함에 따라 NO 생성량이 증가한다.

정답 ③

07 ★★★

연기의 형태에 관한 설명으로 옳지 않은 것은?

① 지붕형: 상층이 안정하고 하층이 불안정한 대기상태가 유지될 때 발생한다.

② 환상형: 대기가 불안정하여 난류가 심할 때 잘 발생한다.

③ 원추형: 오염의 단면분포가 전형적인 가우시안 분포를 이루며 대기가 중립조건일 때 잘 발생한다.

④ 부채형: 하늘이 맑고 바람이 약한 안정한 상태일 때 잘 발생하며 상·하 확산폭이 적어 굴뚝부근 지표의 오염도가 낮은 편이다.

해설

지붕형(Lofting)

- 대기의 상태가 하층부는 안정하고 상층부는 불안정할 때 볼 수 있다.
- 초저녁~아침에 발생한다.

정답 ①

2022년

08

★★☆

대기오염모델 중 수용모델에 관한 설명으로 옳지 않은 것은?

① 오염물질의 농도 예측을 위해 오염원의 조업 및 운영상태에 대한 정보가 필요하다.
② 새로운 오염원, 불확실한 오염원과 불법배출 오염원을 정량적으로 확인 평가할 수 있다.
③ 오염물질의 분석방법에 따라 현미경 분석법과 화학분석법으로 구분할 수 있다.
④ 측정자료를 입력자료로 사용하므로 시나리오 작성이 곤란하다.

해설
수용모델은 오염원의 조업 및 운영 상태에 대한 정보 없이도 사용 가능하다.

정답 ①

09

★★☆

Fick의 확산방정식의 기본 가정에 해당하지 않는 것은?

① 시간에 따른 농도변화가 없는 정상상태이다.
② 풍속이 높이에 반비례한다.
③ 오염물질이 점원에서 계속적으로 방출된다.
④ 바람에 의한 오염물질의 주 이동방향이 x축이다.

해설
Fick의 확산방정식에서 풍속은 x, y, z 좌표시스템 내의 어느 점에서든 일정하다고 가정한다.

정답 ②

10

★★☆

다음 악취물질 중 최소감지농도(ppm)가 가장 낮은 것은?

① 암모니아　② 황화수소
③ 아세톤　④ 톨루엔

해설
보기에 있는 물질의 최소감지농도(ppm)
① 암모니아: 0.1ppm　② 황화수소: 0.0005ppm
③ 아세톤: 42ppm　④ 톨루엔: 0.9ppm

정답 ②

11

★☆☆

대표적인 대기오염물질인 CO_2에 관한 설명으로 옳지 않은 것은?

① 대기 중의 CO_2 농도는 여름에 감소하고 겨울에 증가한다.
② 대기 중의 CO_2 농도는 북반구가 남반구보다 높다.
③ 대기 중의 CO_2는 바다에 많은 양이 흡수되나 식물에게 흡수되는 양보다는 작다.
④ 대기 중의 CO_2 농도는 약 410ppm 정도이다.

해설
대기 중의 CO_2는 바다에 많은 양이 흡수되며 식물에게 흡수되는 양보다 많다.

정답 ③

12

★☆☆

실내공기오염물질 중 석면의 위험성은 점점 커지고 있다. 다음에서 설명하는 석면의 분류에 해당하는 것은?

> 전 세계에서 생산되는 석면의 95% 정도에 해당하는 것으로 백석면이라고도 한다. 섬유다발의 형태로 가늘고 잘 휘어지며 이상적인 화학식은 $Mg_3(Si_2O_5)(OH)_4$이다.

① Chrysotile　② Amosite
③ Saponite　④ Crocidolite

해설
Chrysotile(온석면)에 대한 설명이다.

관련이론 | 보기에 있는 석면의 명칭
① Chrysotile: 온석면　② Amosite: 갈석면
③ Saponite: 사포나이트　④ Crocidolite: 청석면

정답 ①

13
★☆☆

일산화탄소 436ppm에 노출되어 있는 노동자의 혈중 카르복시헤모글로빈(COHb) 농도가 10%가 되는 데 걸리는 시간(h)은?

> 혈중 COHb농도(%)=$\beta(1-e^{-\sigma t})\times C_{CO}$
> 여기서, $\beta=0.15\%/ppm$, $\sigma=0.402h^{-1}$, C_{CO}의 단위는 ppm

① 0.21 ② 0.41
③ 0.61 ④ 0.81

해설
문제에 주어진 식에 수치를 대입해서 푼다.
혈중 COHb농도(%)=$\beta(1-e^{-\sigma t})\times C_{CO}$
$10\%=0.15\times(1-e^{-0.402\times t})\times 436$
$t=0.4127hr$
※ t값은 공학용계산기의 SOLVE 기능을 이용하여 푸는 것이 편리합니다.

정답 ②

14
★★☆

역전에 관한 설명으로 옳지 않은 것은?

① 침강역전은 고기압 기류가 상층에 장기간 체류하며 상층의 공기가 하강하여 발생하는 역전이다.
② 침강역전이 장기간 지속될 경우 오염물질이 장기 축적될 수 있다.
③ 복사역전은 주로 지표 부근에서 발생하므로 대기오염에 많은 영향을 준다.
④ 복사역전은 주로 구름이 많은 날 일출 후 겨울보다 여름에 잘 발생한다.

해설
복사역전은 하늘이 맑고, 바람이 약하며, 습도가 낮을 때 잘 발생되며 주로 새벽~아침, 가을부터 봄까지 발생하기 쉽다.

정답 ④

15
★★☆

납이 인체에 미치는 영향에 관한 설명으로 옳지 않은 것은?

① 일반적으로 납 중독현상은 Hunter Russel 증후군으로 일컬어지고 있다.
② 납 중독의 해독제로 Ca-EDTA, 페니실아민, DMSA 등을 사용한다.
③ 헤모글로빈의 기본요소인 포르피린 고리의 형성을 방해하여 빈혈을 유발한다.
④ 세포 내의 SH기와 결합하여 헴(heme) 합성에 관여하는 효소를 포함한 여러 효소 작용을 방해한다.

해설
일반적으로 수은 중독현상은 Hunter Russel 증후군으로 일컬어지고 있다.

정답 ①

16
★★☆

산성강우에 관한 내용 중 ( ) 안에 알맞은 것을 순서대로 나열한 것은?

> 일반적으로 산성강우는 pH( ) 이하의 강우를 말하며, 기준이 되는 이 값은 대기 중의 ( )가 강우에 포화되어 있을 때의 산도이다.

① 7.0, CO_2 ② 7.0, NO_2
③ 5.6, CO_2 ④ 5.6, NO_2

해설
산성강우는 대기 중의 CO_2가 강우에 포함되어 있을 때를 고려하여 pH5.6 이하일 때를 말한다.

정답 ③

2022년

17 ★☆☆

굴뚝의 반경이 1.5m, 실제 높이가 50m, 굴뚝 높이에서의 풍속이 180m/min일 때, 유효굴뚝높이를 24m 증가시키기 위한 배출가스의 속도(m/sec)는? (단, 다음 식을 이용하여 계산한다.)

$$\triangle H=1.5\times\frac{V_s}{U}\times D$$

$\triangle H$: 연기상승높이, V_s: 배출가스의 속도

U: 굴뚝높이에서의 풍속, D: 굴뚝의 직경

① 5　② 16

③ 33　④ 49

해설

$$\triangle H=1.5\times\frac{V_s}{U}\times D$$

$$24\text{m}=1.5\times\frac{V_s}{\frac{180\text{m}}{\text{min}}\times\frac{\text{min}}{60\text{sec}}}\times 3\text{m}$$

$V_s=16\text{m/sec}$

※ 문제에서 구해야 할 값인 V_s의 단위는 m/sec 이고, 굴뚝높이에서의 풍속의 단위는 m/min이므로 단위환산을 해서 단위를 통일해야 한다.

정답 ②

18 ★★☆

다음은 탄화수소가 관여하지 않을 때 이산화질소의 광화학 반응을 도식화하여 나타낸 것이다. ㉠, ㉡에 알맞은 분자식은?

$NO_2+hv\rightarrow($ ㉡ $)+O^*$

$O^*+O_2+M\rightarrow($ ㉠ $)+M$

$($ ㉡ $)+($ ㉠ $)\rightarrow NO_2+O_2$

① ㉠ SO_3, ㉡ NO　② ㉠ NO, ㉡ SO_3

③ ㉠ O_3, ㉡ NO　④ ㉠ NO, ㉡ O_3

해설

㉠은 O_3, ㉡은 NO이다.

정답 ③

19 ★☆☆

지상 50m에서의 온도가 23℃, 지상 10m에서의 온도가 23.3℃일 때, 대기안정도는?

① 미단열　② 과단열

③ 안정　④ 중립

해설

$$\gamma=\left(\frac{\Delta T}{\Delta Z}\right)_{환경}=\frac{(23-23.3)℃}{(50-10)\text{m}}=-7.5\times10^{-3}℃/\text{m}$$

$\triangle T$: 온도 차이, $\triangle Z$: 높이 차이

$\gamma=-0.75℃/100\text{m}$

건조단열감률(γ_d)$=-0.98℃/100\text{m}$

환경감률선이 건조단열감률선과 등온선 사이에 있을 때는 고도에 따른 온도 하강이 이론값(건조단열감률)보다 약하다는 것을 의미한다. 이러한 상태를 미단열상태라고 한다.

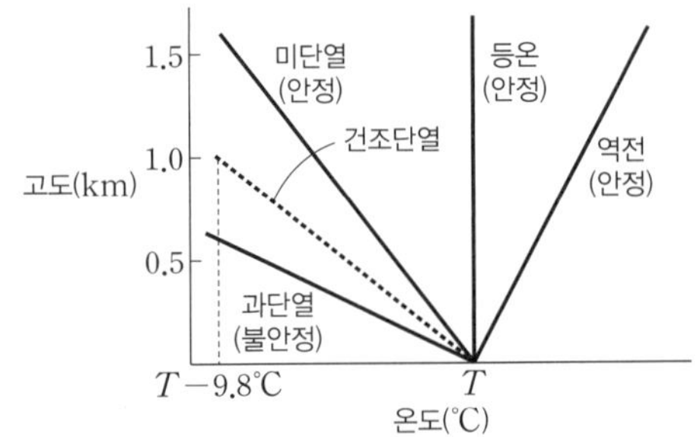

점선: 건조단열감률, 실선: 환경감률

정답 ①

20 ★☆☆

황산화물(SO_x)에 관한 설명으로 옳지 않은 것은?

① SO_2는 금속에 대한 부식성이 강하며 표백제로 사용되기도 한다.

② 황 함유 광석이나 황 함유 화석연료의 연소에 의해 발생한다.

③ 일반적으로 대류권에서 광분해되지 않는다.

④ 대기 중의 SO_2는 수분과 반응하여 SO_3로 산화된다.

해설

대기 중의 SO_2는 수분과 반응하여 황산(H_2SO_4)이 된다.

정답 ④

연소공학

21 ★★★

탄소: 79%, 수소: 14%, 황: 3.5%, 산소: 2.2%, 수분: 1.3%로 구성된 연료의 저발열량은? (단, Dulong식을 적용한다.)

① 9,100kcal/kg ② 9,700kcal/kg
③ 10,400kcal/kg ④ 11,200kcal/kg

해설

저위발열량 = 고위발열량 − 물의 증발잠열(600(9H+W))
H, W: 수소, 물의 함량(%)
(1) 고위발열량(H_h) 계산

$$H_h = 8{,}100\text{C} + 34{,}250\left(\text{H} - \frac{\text{O}}{8}\right) + 2{,}250\text{S}(\text{kcal/kg})$$

C, H, O, S: 탄소, 수소, 산소, 황의 함량

$$H_h = (8{,}100 \times 0.79) + 34{,}250 \times \left(0.14 - \frac{0.022}{8}\right) + (2{,}250 \times 0.035)$$
$$= 11{,}178.5625\text{kcal/kg}$$

(2) 저위발열량 계산
저위발열량 = 고위발열량 − 600(9H+W)
저위발열량 = 11,178.5625 − 600 × (9 × 0.14 + 0.013)
= 10,414.7625kcal/kg

정답 ③

22 ★☆☆

액체연료의 일반적인 특징으로 옳지 않은 것은?

① 인화 및 역화의 위험이 크다.
② 고체연료에 비해 점화, 소화 및 연소조절이 어렵다.
③ 연소온도가 높아 국부적인 과열을 일으키기 쉽다.
④ 고체연료에 비해 단위 부피당 발열량이 크고 계량이 용이하다.

해설

액체연료는 고체연료에 비해 점화, 소화 및 연소조절이 쉽다.

정답 ②

23 ★☆☆

연소공학에서 사용되는 무차원수 중 Nusselt number의 의미는?

① 압력과 관성력의 비
② 대류 열전달과 전도 열전달의 비
③ 관성력과 중력의 비
④ 열 확산계수와 질량 확산계수의 비

해설

Nusselt number는 대류 열전달과 전도 열전달의 비이다.

정답 ②

24 ★☆☆

다음 연료 중 $(CO_2)_{max}$(%)가 가장 큰 것은?

① 고로가스 ② 코크스로 가스
③ 갈탄 ④ 역청탄

해설

보기에 있는 물질의 $(CO_2)_{max}$(%)
① 고로가스: 24.0~25.0%
② 코크스로 가스: 11~11.5%
③ 갈탄: 19.0~19.5%
④ 역청탄: 18.5~19.0%

정답 ①

25 ★☆☆

다음 기체연료 중 고발열량(kcal/Sm^3)이 가장 낮은 것은?

① 메탄 ② 에탄
③ 프로판 ④ 에틸렌

해설

연료의 발열량은 탄소와 수소의 수에 비례하기 때문에 메탄의 고발열량이 가장 낮다.
① 메탄: CH_4 ② 에탄: C_2H_6
③ 프로판: C_3H_8 ④ 에틸렌: C_2H_4

정답 ①

2022년

26 ★☆☆

연소에 관한 설명으로 옳은 것은?

① 공연비는 공기와 연료의 질량비(또는 부피비)로 정의되며 예혼합연소에서 많이 사용된다.
② 등가비가 1보다 큰 경우 NO_x 발생량이 증가한다.
③ 등가비와 공기비는 비례관계에 있다.
④ 최대탄산가스율은 실제 습연소가스량과 최대탄산가스량의 비율이다.

선지분석

② 등가비가 1보다 작은 경우 NO_x 발생량이 증가한다.
③ 등가비와 공기비는 반비례관계에 있다.
④ 최대탄산가스율은 이론 건조연소가스량과 최대탄산가스량의 비율이다.

관련이론 | 당량비(등가비)

- 이론공연비과 실제 공급되는 공연비에 대한 비로 등가비라고도 한다.
- 등가비와 공기비는 상호 반비례관계가 있다.
- 등가비(Ø)$=\dfrac{\text{실제 연료량/산화제}}{\text{완전연소를 위한 이상적 연료량/산화제}}$
- 등가비>1: 연료에 비해 공기가 부족, 불완전연소, 일산화탄소 발생량 증가
- 등가비$=1$: 이상적인 연소 형태
- 등가비<1: 연료에 비해 공기가 과잉, 질소산화물 증가

정답 ①

27 ★★★

공기의 산소 농도가 부피기준으로 20%일 때, 메탄의 질량기준 공연비는? (단, 공기의 분자량은 28.95g/mol이다.)

① 1 ② 18
③ 38 ④ 40

해설

메탄(CH_4, 분자량 16) 1mol이 연소할 때 산소(O_2) 2mol이 필요하다.

$CH_4+2O_2 \rightarrow CO_2+2H_2O$

이론공기량$=\dfrac{\text{이론산소량}}{0.2}=\dfrac{2}{0.2}=10\text{mol}$

공연비(AFR)$=\dfrac{\text{공기의 질량}}{\text{연료의 질량}}=\dfrac{10\times28.95}{1\times16}=18.0937$

정답 ②

28 ★★☆

프로판 : 부탄=1 : 1의 부피비로 구성된 LPG를 완전연소 시켰을 때 발생하는 건조연소가스의 CO_2 농도가 13%이었다. 이 LPG $1m^3$를 완전연소할 때, 생성되는 건조연소가스량(m^3)은?

① 12 ② 19
③ 27 ④ 38

해설

LPG $1m^3$에는 프로판과 부탄이 각각 $0.5m^3$ 들어있다.

구분	프로판(C_3H_8)	부탄(C_4H_{10})
연소 반응식	$C_3H_8+5O_2 \rightarrow 3CO_2+4H_2O$	$C_4H_{10}+6.5O_2 \rightarrow 4CO_2+5H_2O$
이론 산소량	$0.5\times5=2.5m^3$	$0.5\times6.5=3.25m^3$
이론 공기량	$\dfrac{2.5}{0.21}=11.9047m^3$	$\dfrac{3.25}{0.21}=15.4761m^3$
이론공기 중 질소량	$11.9047\times0.79=9.4047m^3$	$15.4761\times0.79=12.2261m^3$
과잉공기량	x	
건조 연소생성물	$0.5\times3=1.5m^3(CO_2)$	$0.5\times4=2m^3(CO_2)$

건조연소가스량=이론공기 중 질소량+과잉공기량+건조연소생성물
$=(9.4047+12.2261)+x+(1.5+2)$
$=25.1308+x$

문제에서 건조연소가스의 CO_2의 농도가 13%로 주어졌다.

CO_2 농도$=\dfrac{1.5+2}{25.1308+x}\times100=13$

$x=1.7922m^3$

건조연소가스량$=25.1308+1.7922=26.923m^3$

정답 ③

29 ★★★

다음 탄화수소 중 탄화수소 1m³를 완전연소 할 때 필요한 이론공기량이 19m³인 것은?

① C_2H_4 ② C_2H_2
③ C_3H_8 ④ C_3H_4

해설
문제에서 이론공기량이 19Sm³로 주어졌다.
이론산소량=이론공기량×0.21=19×0.21=3.99Sm³
따라서 기체 1kmol이 연소할 때 산소 4kmol이 필요한 탄화수소가 답이 된다. 표준상태일 때 모든 기체 1kmol의 부피는 22.4m³이므로 기체의 kmol비와 부피비는 같다.
① C_2H_4(에텐): $C_2H_4+3O_2 \rightarrow 2CO_2+2H_2O$
② C_2H_2(아세틸렌): $C_2H_2+2.5O_2 \rightarrow 2CO_2+H_2O$
③ C_3H_8(프로판): $C_3H_8+5O_2 \rightarrow 3CO_2+4H_2O$
④ C_3H_4(사이클로프로펜): $C_3H_4+4O_2 \rightarrow 3CO_2+2H_2O$

정답 ④

30 ★★☆

매연 발생에 관한 일반적인 내용으로 옳지 않은 것은?

① −C−C−(사슬모양)의 탄소결합을 절단하기 쉬운 쪽이 탈수소가 쉬운 쪽보다 매연이 잘 발생한다.
② 연료의 C/H비가 클수록 매연이 잘 발생한다.
③ LPG를 연소할 때 보다 코크스를 연소할 때 매연의 발생빈도가 더 높다.
④ 산화되기 쉬운 탄화수소는 매연발생이 적다.

해설
−C−C−의 탄소결합을 절단하는 것보다 탈수소가 용이한 연료일수록 매연이 잘 발생된다.

정답 ①

31 ★★★

기체연료의 연소에 관한 설명으로 옳지 않은 것은?

① 예혼합연소에는 포트형과 버너형이 있다.
② 확산연소는 화염이 길고 그을음이 발생하기 쉽다.
③ 예혼합연소는 화염온도가 높아 연소부하가 큰 경우에 사용 가능하다.
④ 예혼합연소는 혼합기의 분출속도가 느릴 경우 역화의 위험이 있다.

해설
포트형, 버너형은 확산연소에 사용되는 버너이다.

관련이론 | 예혼합연소
- 연소용 공기와 연료를 미리 혼합하여 버너로 분출시켜 연소하는 방식이다.
- 예혼합연소에 사용되는 버너에는 저압버너, 고압버너, 송풍버너 등이 있다.
- 예혼합연소는 화염온도가 높고 국부가열의 염려가 없어 균일하게 연소가 되며 연소부하가 큰 경우 사용이 가능하며, 화염의 길이가 짧고 그을음 발생이 적다.
- 연료의 유량조절비가 크며 분출속도가 느릴 경우 역화의 위험이 있다.

정답 ①

32 ★☆☆

고체연료의 일반적인 특징으로 옳지 않은 것은?

① 연소 시 많은 공기가 필요하므로 연소장치가 대형화된다.
② 석탄을 이탄, 갈탄, 역청탄, 무연탄, 흑연으로 분류할 때 무연탄의 탄화도가 가장 작다.
③ 고체연료는 액체연료에 비해 수소 함유량이 작다.
④ 고체연료는 액체연료에 비해 산소 함유량이 크다.

해설
탄화도는 석탄에서 수분과 회분을 제외한 나머지 성분 중에 탄소가 차지하는 중량백분율이고, 석탄을 이탄, 갈탄, 역청탄, 무연탄, 흑연으로 분류할 때 이탄의 탄화도가 가장 작다.

정답 ②

33 ★★★

A(g) → 생성물 반응의 반감기가 0.693/k일 때, 이 반응은 몇 차 반응인가? (단, k는 반응속도상수이다.)

① 0차 반응 ② 1차 반응
③ 2차 반응 ④ 3차 반응

해설

1차 반응속도식을 이용한다.

$$\ln\frac{C_t}{C_o}=-k\times t$$

C_t: t시간이 지난 후의 반응물 농도, C_o: 처음 농도, t: 반응시간

반감기는 반응물질의 농도가 50%로 감소하는 데 걸리는 시간이다. 따라서 초기농도(C_o)를 100이라고 하면 t시간이 지난 후의 농도(C_t)는 50이다.

$$\ln\frac{50}{100}=-k\times t$$

$t=0.693/k$

1차 반응에서 반감기(t)가 $0.693/k$이다.

정답 ②

34 ★★☆

메탄: 50%, 에탄: 30%, 프로판: 20%으로 구성된 혼합가스의 폭발범위는? (단, 메탄의 폭발범위는 5~15%, 에탄의 폭발범위는 3~12.5%, 프로판의 폭발범위는 2.1~9.5%이고, 르샤틀리에의 식을 적용한다.)

① 1.2~8.6% ② 1.9~9.6%
③ 2.5~10.8% ④ 3.4~12.8%

해설

(1) 폭발하한값 구하기

$$\frac{100}{LEL}=\frac{V_1}{L_1}+\frac{V_2}{L_2}+\frac{V_3}{L_3}$$

LEL: 혼합가스의 폭발하한값(%)

V_n: 각 성분가스의 부피(%), L_n: 각 성분가스의 폭발하한값(%)

$$\frac{100}{LEL}=\frac{50}{5}+\frac{30}{3}+\frac{20}{2.1}$$

$LEL=3.3870\%$

(2) 폭발상한값 구하기

$$\frac{100}{UEL}=\frac{V_1}{U_1}+\frac{V_2}{U_2}+\frac{V_3}{U_3}$$

UEL: 혼합가스의 폭발상한값(%)

V_n: 각 성분가스의 부피(%), U_n: 각 성분가스의 폭발상한값(%)

$$\frac{100}{UEL}=\frac{50}{15}+\frac{30}{12.5}+\frac{20}{9.5}$$

$UEL=12.7573\%$

(3) 폭발범위: 3.3870~12.7573%

정답 ④

35 ★☆☆

S 성분을 2wt% 함유한 중유를 1시간에 10ton씩 연소시켜 발생하는 배출가스 중의 SO_2를 $CaCO_3$를 사용하여 탈황할 때, 이론적으로 소요되는 $CaCO_3$의 양(kg/h)은? (단, 중유 중의 S 성분은 전량 SO_2로 산화되고, 탈황률은 95%이다.)

① 594 ② 625
③ 694 ④ 725

해설

(1) SO_2 발생량 계산

황(S, 원자량 32) 1mol이 연소하면 이산화황(SO_2, 분자량 64) 1mol이 발생한다.

$S+O_2 \rightarrow SO_2$

$$\frac{10{,}000\text{kg}}{\text{hr}}\times\frac{2}{100}\times\frac{64\text{kg}_{-SO_2}}{32\text{kg}_{-S}}=400\text{kg/hr}$$

(2) 소요되는 $CaCO_3$ 양 계산

이산화황(SO_2, 분자량 64) 1mol을 처리하기 위해서는 탄산칼슘($CaCO_3$, 분자량 100) 1mol이 필요하다.

$SO_2+CaCO_3+2H_2O+0.5O_2 \rightarrow CaSO_4\cdot 2H_2O+CO_2$

$$\frac{400\text{kg}}{\text{hr}}\times\frac{95}{100}\times\frac{100\text{kg}_{-CaCO_3}}{64\text{kg}_{-SO_2}}=593.75\text{kg/hr}$$

정답 ①

36 ★☆☆

2.0MPa, 370℃의 수증기를 1시간에 30ton씩 생성하는 보일러의 석탄 연소량이 5.5ton/hr이다. 석탄의 발열량이 20.9MJ/kg, 발생 수증기와 급수의 비엔탈피는 각각 3,183kJ/kg, 84kJ/kg일 때, 열효율은?

① 65% ② 70%
③ 75% ④ 80%

해설

$$열효율 = \frac{(발생\ 수증기 - 급수)의\ 발생열량}{석탄의\ 발생열량} \times 100$$

$$= \frac{\frac{(3{,}183-84)\text{kJ}}{\text{kg}} \times \frac{30{,}000\text{kg}}{\text{hr}}}{\frac{20{,}900\text{kJ}}{\text{kg}} \times \frac{5{,}500\text{kg}}{\text{hr}}} \times 100 = 80.8786\%$$

관련이론 | 비엔탈피

- 비엔탈피의 사전적 의미는 단위 질량당 엔탈피이다.
- 보일러 관계에서 비엔탈피는 물이나 증기가 보유하는 열량을 뜻한다.

정답 ④

37 ★★★

연료를 2.0의 공기비로 완전연소시킬 때, 배출가스 중의 산소 농도(%)는? (단, 배출가스에는 일산화탄소가 포함되어 있지 않다.)

① 7.5 ② 9.5
③ 10.5 ④ 12.5

해설

문제에서 배출가스에 일산화탄소가 포함되어 있지 않다고 했으므로 완전연소 시 과잉공기비(m) 공식을 사용한다.

$$m = \frac{21}{21 - O_2} = 2$$

$O_2 = 10.5\%$

정답 ③

38 ★☆☆

액체연료의 연소방식을 기화 연소방식과 분무화 연소방식으로 분류할 때 기화 연소방식에 해당하지 않는 것은?

① 심지식 연소 ② 유동식 연소
③ 증발식 연소 ④ 포트식 연소

해설

기화 연소방식이란 액체를 가연성 증기로 변환시킨 후 연소시키는 방식이다.

기화 연소방식의 종류로는 심지식 연소, 포트식 연소, 증발식 연소가 있다.

정답 ②

39 ★☆☆

어떤 2차 반응에서 반응물질의 10%가 반응하는 데 250s가 걸렸을 때, 반응물질의 90%가 반응하는 데 걸리는 시간(s)은? (단, 기타 조건은 동일하다.)

① 5,500 ② 2,500
③ 20,300 ④ 28,300

해설

(1) 2차 반응속도식을 이용하여 k값 구하기

$$\frac{1}{C_t} - \frac{1}{C_o} = k \times t$$

C_t: t시간이 지난 후의 반응물질 농도, C_o: 처음농도,
k:반응속도상수, t: 반응시간

$$\frac{1}{90} - \frac{1}{100} = k \times 250s$$

$k = 4.44 \times 10^{-6}$

(2) 반응물질의 90%가 반응하는 데 걸리는 시간 구하기

초기농도(C_o)를 100이라고 하면 t시간이 지난 후 반응물질의 농도(C_t)는 10이다.

$$\frac{1}{10} - \frac{1}{100} - 4.44 \times 10^{-6} \times t$$

$t = 20{,}270.2702s$

※ k값과 t값은 공학용계산기의 SOLVE 기능을 이용하여 구하는 것이 편리합니다.

정답 ③

2022년

40

★☆☆

연소에 관한 설명으로 옳지 않은 것은?

① $(CO_2)_{max}$는 연료의 조성에 관계없이 일정하다.
② $(CO_2)_{max}$는 연소방식에 관계없이 일정하다.
③ 연소가스 분석을 통해 완전연소, 불완전연소를 판정할 수 있다.
④ 실제공기량은 연료의 조성, 공기비 등을 사용하여 구한다.

해설

$(CO_2)_{max}$는 연료의 조성에 따라 달라진다.

정답 ①

대기오염방지기술

41

★★☆

중력집진장치에 관한 설명으로 옳지 않은 것은?

① 배출가스의 점도가 높을수록 집진효율이 증가한다.
② 침강실 내의 처리가스 속도가 느릴수록 미립자를 포집할 수 있다.
③ 침강실의 높이가 낮고 길이가 길수록 집진효율이 높아진다.
④ 배출가스 중의 입자상 물질을 중력에 의해 자연 침강하도록 하여 배출가스로부터 입자상 물질을 분리·포집한다.

해설

배출가스의 점도가 높을수록 집진효율이 감소한다.

정답 ①

42

★☆☆

동일한 밀도를 가진 먼지입자 A, B가 있다. 먼지입자 B의 지름이 먼지입자 A 지름의 100배일 때, 먼지입자 B의 질량은 먼지입자 A 질량의 몇 배인가?

① 100 ② 1,000
③ 1,000,000 ④ 100,000,000

해설

밀도$=\frac{\text{질량}}{\text{부피}}$

먼지 입자를 구형으로 가정하고 구의 부피 공식을 적용한다.

$V=\frac{4}{3}\pi r^3=\frac{\pi D^3}{6}$ (r: 반지름, D: 직경)

A의 밀도=B의 밀도

$$\frac{\text{A의 질량}}{\frac{\pi D^3}{6}}=\frac{\text{B의 질량}}{\frac{\pi\times(100D)^3}{6}}=\frac{\text{B의 질량}}{\frac{\pi\times 1{,}000{,}000D^3}{6}}$$

$$\frac{\text{A의 질량}}{D^3}=\frac{\text{B의 질량}}{1{,}000{,}000D^3}$$

1,000,000×A의 질량 =B의 질량

정답 ③

43

★★☆

공장 배출가스 중의 일산화탄소를 백금계 촉매를 사용하여 처리할 때, 촉매독으로 작용하는 물질에 해당하지 않는 것은?

① Ni ② Zn
③ As ④ S

해설

촉매의 수명을 단축시키거나 효율을 감소시킬 수 있는 물질을 촉매독이라 하며 분진, Fe, Si, Pb, P, Zn, S, Hg, As, F, Cl, Br 등이 있다.

정답 ①

44

★☆☆

80%의 집진효율을 갖는 2개의 집진장치를 연결하여 먼지를 제거하고자 한다. 집진장치를 직렬 연결한 경우(A)와 병렬 연결한 경우(B)에 관한 내용으로 옳지 않은 것은? (단, 두 집진장치의 처리가스량은 동일하다.)

① (A)방식의 총 집진효율은 94%이다.
② (A)방식은 높은 처리효율을 얻기 위한 것이다.
③ (B)방식은 처리가스의 양이 많은 경우 사용된다.
④ (B)방식의 총 집진효율은 단일집진장치와 동일하게 80%이다.

해설

유입농도를 100으로 가정하면 (A)방식의 집진효율은 96%이다.

(1) 직렬 연결한 경우(A)

1차 유입: 100
1차 유출: $100 \times (1-0.8) = 20$
2차 유입: 20
2차 유출: $20 \times (1-0.8) = 4$
총 효율: 96%

(2) 병렬 연결한 경우(B)

유입: 100
유출: $100 \times (1-0.8) = 20$
총 효율: 80%

정답 ①

45

★★★

여과집진장치의 특징으로 옳지 않은 것은?

① 수분이나 여과속도에 대한 적응성이 높다.
② 폭발성, 점착성 및 흡습성 먼지의 제거가 어렵다.
③ 다양한 여과재의 사용으로 설계 융통성이 있다.
④ 여과재의 교환이 필요해 중력집진장치에 비해 유지비가 많이 든다.

해설

여과집진장치는 수분에 대한 적응성이 낮으며 여과속도에 영향을 받는다.

관련이론 | 여과집진장치

- 여과집진장치의 주된 집진원리는 관성충돌, 직접차단, 확산, 정전기적 인력, 중력이다.
- 폭발성 및 점착성 먼지 제거가 곤란하고 수분에 대한 적응성이 낮으며, 여과재의 교환으로 유지비용이 많이 들고 다른 집진장치에 비해 설치면적이 넓다.
- 여과포의 종류에 따라 제거 가능한 물질의 종류가 다르므로 여과포 선택 시 가스의 성상은 중요하다.
- 다양한 여과재를 사용할 수 있어 설계 시 융통성이 있다.
- 여포의 손상은 여과 시 온도 및 압력과 관계가 있으며, 350℃ 이상 고온의 가스처리에 부적합하다.
- 가스 온도에 따라 여과재의 사용이 제한된다.

정답 ①

46

★★★

전기집진장치에서 발생하는 각종 장애현상에 대한 대책으로 옳지 않은 것은?

① 재비산 현상이 발생할 때에는 처리가스의 속도를 낮춘다.
② 부착된 먼지로 불꽃이 빈발하여 2차 전류가 불규칙하게 흐를 때에는 먼지를 충분하게 탈리시킨다.
③ 먼지의 비저항이 비정상적으로 높아 2차 전류가 현저히 떨어질 때에는 스파크 횟수를 줄인다.
④ 역전리 현상이 발생할 때에는 집진극의 타격을 강하게 하거나 타격빈도를 늘린다.

해설

먼지의 비저항이 비정상적으로 높아 2차 전류가 현저히 떨어질 때에는 스파크 횟수를 늘린다.

관련이론

먼지의 비저항이 비정상적으로 높아 2차 전류가 현저히 떨어지는 원인과 해결방법

- 먼지농도가 높거나 먼지의 겉보기 저항이 비정상적으로 높을 경우 발생한다.
- 스파크 횟수를 늘리거나 부착된 먼지를 탈락시킨다.
- 조습용 스프레이의 수량을 증가시켜 겉보기 저항을 낮춘다.

정답 ③

2022년

47

★★☆

배출가스 중의 NO_x를 저감하는 방법으로 옳지 않은 것은?

① 2단연소를 시킨다.
② 배출가스를 재순환 시킨다.
③ 연소용 공기의 예열온도를 낮춘다.
④ 과잉공기량을 많게 하여 연소시킨다.

해설

과잉공기량을 많게 하여 연소시키면 질소산화물의 발생량이 증가한다.

정답 ④

48

★★☆

후드의 압력손실이 3.5mmH_2O, 동압이 1.5mmH_2O일 때, 유입계수는?

① 0.234　　② 0.315
③ 0.548　　④ 0.734

해설

압력손실 공식을 적용한다.

$\triangle P = F \times P_v$

$\triangle P$: 압력손실(mmH_2O), F: 압력손실계수

P_v: 동압(속도압)(mmH_2O)

$\triangle P = F \times 1.5\text{mmH}_2\text{O} = 3.5\text{mmH}_2\text{O}$

$F = 2.3333$

$F = \frac{1-K^2}{K^2} = \frac{1}{K^2} - 1 = 2.3333$ (K: 유입계수)

$K = 0.5477$

※ K값은 공학용계산기의 SOLVE 기능을 이용하여 구하는 것이 더 편리합니다.

정답 ③

49

★☆☆

상온에서 유체가 내경이 50cm인 강관 속을 2m/sec의 속도로 흐르고 있을 때, 유체의 질량유속(kg/sec)은? (단, 유체의 밀도는 1g/cm^{3}이다.)

① 452.9　　② 415.3
③ 392.7　　④ 329.6

해설

질량유속(kg/sec) $= \rho \times A \times V$

ρ: 밀도(kg/m^3), A: 단면적(m^2), V: 속도(m/sec)

$\rho = \frac{1\text{g}}{\text{cm}^3} \times \frac{0.001\text{kg}}{\text{g}} \times \frac{10^6\text{cm}^3}{\text{m}^3} = 1{,}000\text{kg/m}^3$

질량유속 $= \frac{1{,}000\text{kg}}{\text{m}^3} \times \frac{\pi}{4} \times (0.5\text{m})^2 \times \frac{2\text{m}}{\text{sec}} = 392.6990\text{kg/sec}$

정답 ③

50

★★☆

원심력집진장치(Cyclone)의 집진효율에 관한 내용으로 옳지 않은 것은?

① 유입속도가 빠를수록 집진효율이 증가한다.
② 원통의 직경이 클수록 집진효율이 증가한다.
③ 입자의 직경과 밀도가 클수록 집진효율이 증가한다.
④ Blow down 효과를 적용했을 때 집진효율이 증가한다.

해설

원통의 직경이 작을수록 집진효율이 증가한다.

관련이론 | 원심력집진장치에서 집진율 향상조건

- Blow down 효과를 이용하여 난류를 억제한다.
- 원심력집진장치(사이클론)의 효율을 높이려면 몸통을 작게 하고 길이를 길게 하여 유속을 빠르게 하고 회전수를 늘린다.
- 입구 유속에는 한계가 있지만, 그 한계 내에서는 입구 유속이 빠를수록 효율이 높은 반면에 압력손실도 커진다.
- 적당한 Dust Box의 모양과 크기도 효율에 영향을 미친다.
- 배기관경(내관)이 작을수록 입경이 작은 입자를 제거할 수 있다.
- 고농도일 경우는 병렬로 연결하여 사용하고, 응집성이 강한 먼지는 직렬연결(단수 3단 이내)하여 사용한다.

정답 ②

51
★★☆

액측 저항이 지배적으로 클 때 사용이 유리한 흡수장치는?

① 충전탑　　② 분무탑
③ 벤츄리 스크러버　　④ 다공판탑

해설

액측 저항이 클 경우 유리한 가스분산형 흡수장치: 단탑, 포종탑, 다공판탑, 기포탑 등
가스측 저항이 클 경우 유리한 액분산형 흡수장치: 충전탑, 분무탑, 벤츄리 스크러버, 사이클론 스크러버 등

정답 ④

52
★★☆

충전탑 내의 충전물이 갖추어야 할 조건으로 옳지 않은 것은?

① 공극률이 클 것
② 충전밀도가 작을 것
③ 압력손실이 작을 것
④ 비표면적이 클 것

해설

충전물은 충전밀도가 커야 한다.

관련이론 | 충전물이 갖추어야 할 조건
- 공극률, 비표면적, 충전밀도 등이 커야 한다.
- 압력손실이 작고 가벼워야 하며 내구성과 내식성이 있어야 한다.
- 가스와 흡수액을 균일하게 통과할 수 있는 구조여야 한다.

정답 ②

53
★★★

여과집진장치의 여과포 탈진방법으로 적합하지 않은 것은?

① 진동형
② 역기류형
③ 충격제트기류 분사형(Pulse jet)
④ 승온형

해설

여과집진장치의 여과포 탈진방법
연속식: 펄스제트형, 리버스제트형
간헐식: 역기류형, 진동형

정답 ④

54
★☆☆

Scale 방지대책(습식석회석법)으로 옳지 않은 것은?

① 순환액의 pH 변동을 크게 한다.
② 탑 내에 내장물을 가능한 한 설치하지 않는다.
③ 흡수액량을 증가시켜 탑 내 결착을 방지한다.
④ 흡수탑 순환액에 산화탑에서 생성된 석고를 반송하고 슬러리의 석고농도를 5% 이상으로 유지하여 석고의 결정화를 촉진한다.

해설

Scale을 방지하기 위해서는 순환액의 pH 변동을 작게 해야 한다.

정답 ①

55
★★☆

대기오염물질의 입경을 현미경법으로 측정할 때, 입자의 투영면적을 2등분하는 선의 길이로 나타내는 입경은?

① Feret경　　② 장축경
③ Heywood경　　④ Martin경

해설

입자의 투영면적을 2등분하는 선의 길이는 Martin경이다. Heywood경은 투영면적경에 해당한다.

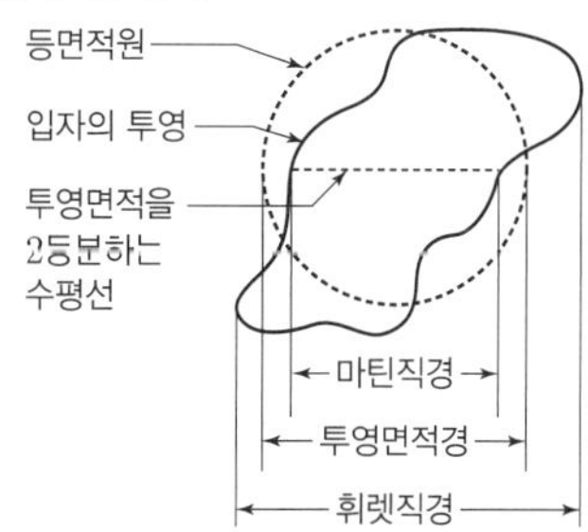

정답 ④

2022년

56 ★★☆

유입구 폭이 20cm, 유효회전수가 8인 원심력 집진장치(Cyclone)를 사용하여 다음 조건의 배출가스를 처리할 때, 절단입경(μm)은?

- 배출가스의 유입속도: 30m/s
- 배출가스의 점도: 2×10^{-5}kg/m·s
- 배출가스의 밀도: 1.2kg/m^3
- 먼지입자의 밀도: 2.0g/cm^3

① 2.78 ② 3.46
③ 4.58 ④ 5.32

해설

절단입경 공식을 이용한다.

$$d_{p50}=\left[\frac{9\times\mu\times B}{2\times(\rho_p-\rho)\times\pi\times N_e\times V}\right]^{0.5}$$

d_{p50}: 절단입경(m)

μ: 가스의 점도(kg/m·s)

B: 유입구의 폭(m), N_e: 유효회전수

V: 입구의 유속(m/s)

ρ_p: 입자의 밀도(kg/m^3)

$$\rho_p=\frac{2\text{g}}{\text{cm}^3}\times\frac{0.001\text{kg}}{\text{g}}\times\frac{10^6\text{cm}^3}{\text{m}^3}=2{,}000\text{kg/m}^3$$

ρ: 가스의 밀도(kg/m^3)

$$d_{p50}=\left[\frac{9\times2\times10^{-5}\times0.2}{2\times(2{,}000-1.2)\times\pi\times8\times30}\right]^{0.5}=3.4559\times10^{-6}\text{m}$$

$$=3.4559\mu\text{m}$$

관련이론 | 임계입경과 절단입경

- 임계입경(Critical diameter): 100% 제거되는 입자의 최소 입경
- 절단입경(Cut size diameter): 50% 제거되는 입자의 최소 입경

정답 ②

57 ★★☆

직경이 30cm, 높이가 10m인 원통형 여과 집진장치를 사용하여 배출가스를 처리하고자 한다. 배출가스의 유량이 750m^3/min, 여과속도가 3.5cm/sec일 때, 필요한 여과포의 개수는?

① 32개 ② 38개
③ 45개 ④ 50개

해설

$Q_T=\pi DL\times n\times V_f$

Q_T: 처리가스유량(m^3/min)

D: 여과포의 직경(m), L: 여과포의 길이(m)

※ πDL은 필터면적을 의미한다.

n: 여과포 소요개수, V_f: 여과속도(m/min)

$$V_f=\frac{3.5\text{cm}}{\text{sec}}\times\frac{\text{m}}{100\text{cm}}\times\frac{60\text{sec}}{\text{min}}=2.1\text{m/min}$$

$750\text{m}^3/\text{min}=(\pi\times0.3\text{m}\times10\text{m})\times n\times2.1\text{m/min}$

$n=37.8940$개 → 38개

정답 ②

58 ★★☆

세정집진장치에 관한 설명으로 옳지 않은 것은?

① 분무탑은 침전물이 발생하는 경우에 사용이 적합하다.
② 벤츄리 스크러버는 점착성, 조해성 먼지의 제거에 효과적이다.
③ 제트 스크러버는 처리가스량이 많은 경우에 사용이 적합하다.
④ 충전탑은 온도 변화가 크고 희석열이 큰 곳에는 사용이 적합하지 않다.

해설

제트 스크러버는 처리가스량이 많을 경우 효율이 떨어져서 잘 사용하지 않는다.

정답 ③

59

★★☆

공기의 평균분자량이 28.85일 때, 공기 $100Sm^3$의 무게(kg)는?

① 126.8　② 127.8
③ 128.8　④ 129.8

해설

$100Sm^3 \times \frac{28.85kg}{22.4Sm^3} = 128.7946kg$

정답 ③

60

★☆☆

점성계수가 $1.8 \times 10^{-5}kg/m \cdot sec$, 밀도가 $1.3kg/m^3$인 공기를 안지름이 100mm인 원형파이프를 사용하여 수송할 때, 층류가 유지될 수 있는 최대 공기유속(m/sec)은?

① 0.1　② 0.3
③ 0.6　④ 0.9

해설

$N_{Re} = \frac{D \times \rho \times V}{\mu}$

D: 파이프의 직경(m), ρ: 유체의 밀도(kg/m^3)
V: 유체의 유속(m/sec), μ: 점성계수($kg/m \cdot sec$)
레이놀즈수(N_{Re})가 2,100일 때까지 층류이므로 레이놀즈수가 2,100일 때의 유속이 층류가 유지될 수 있는 최대 공기유속이다.

$2{,}100 = \frac{0.1 \times 1.3 \times V}{1.8 \times 10^{-5}}$

$V = 0.2907m/sec$

※ V값은 공학용계산기의 SOLVE 기능을 이용하여 구하는 것이 편리하다.

정답 ②

대기오염공정시험기준

61

★☆☆

배출가스 중의 수분량을 별도의 흡습관을 이용하여 분석하고자 한다. 측정조건과 측정결과가 다음과 같을 때, 배출가스 중 수증기의 부피 백분율(%)은? (단, 0℃, 1atm 기준이다.)

- 흡입한 건조 가스량(건식가스미터에서 읽은 값): 20L
- 측정 전 흡습관의 질량: 96.16g
- 측정 후 흡습관의 질량: 97.69g

① 6.2　② 7.1
③ 8.7　④ 9.5

해설

(1) 수증기의 부피 구하기
수증기(H_2O)의 분자량은 18g이고, 0℃, 1atm에서 수증기 1mol의 부피는 22.4L이다.

$(97.69 - 96.16)g \times \frac{22.4L}{18g} = 1.904L$

(2) 수증기 백분율 구하기

$\frac{1.904L}{(20 + 1.904)L} \times 100 = 8.6924\%$

정답 ③

62

★☆☆

원자흡수분광광도법의 원자흡광분석장치 구성에 포함되지 않는 것은?

① 분리관　② 광원부
③ 분광부　④ 시료원자화부

해설

원자흡광분석장치는 일반적으로 광원부, 시료원자화부, 파장선택부(분광부) 및 측광부로 구성되어 있고 단광속형과 복광속형이 있다.

정답 ①

63 ★★★

대기오염공정시험기준 총칙상의 내용으로 옳지 않은 것은?

① 액의 농도를 (1→2)로 표시한 것은 용질 1g 또는 1mL를 용매에 녹여 전량을 2mL로 하는 비율을 뜻한다.
② 황산 (1:2)라 표시한 것은 황산 1용량에 정제수 2용량을 혼합한 것이다.
③ 시험에 사용하는 표준품은 원칙적으로 특급시약을 사용한다.
④ 방울수라 함은 4℃에서 정제수 20 방울을 떨어뜨릴 때 부피가 약 1mL 되는 것을 뜻한다.

해설
방울수라 함은 20℃에서 정제수 20 방울을 떨어뜨릴 때 그 부피가 약 1mL 되는 것을 뜻한다.

정답 ④

64 ★★★

이온크로마토그래피에 관한 설명으로 옳지 않은 것은?

① 분리관의 재질로 스테인레스관이 널리 사용되며 에폭시수지관 또는 유리관은 사용할 수 없다.
② 일반적으로 용리액조로 폴리에틸렌이나 경질 유리제를 사용한다.
③ 송액펌프는 맥동이 적은 것을 사용한다.
④ 검출기는 일반적으로 전도도 검출기를 많이 사용하고 그 외 자외선/가시선 흡수검출기, 전기화학적 검출기 등이 사용된다.

해설
분리관의 재질은 내압성, 내부식성으로 용리액 및 시료액과 반응성이 적은 것을 선택하며 에폭시수지관 또는 유리관이 사용된다. 일부는 스테인레스관이 사용되지만 금속이온 분리용으로는 좋지 않다.

정답 ①

65 ★☆☆

굴뚝 배출가스 중의 이산화황을 연속적으로 자동 측정할 때 사용하는 용어 정의로 옳지 않은 것은?

① 검출한계: 제로드리프트의 2배에 해당하는 지시치가 갖는 이산화황의 농도를 말한다.
② 제로드리프트: 연속자동측정기가 정상적으로 가동되는 조건하에서 제로가스를 일정시간 흘려준 후 발생한 출력신호가 변화한 정도를 말한다.
③ 경로(Path) 측정시스템: 굴뚝 또는 덕트 단면 직경의 5% 이하의 경로를 따라 오염물질 농도를 측정하는 배출가스 연속자동측정시스템을 말한다.
④ 제로가스: 정제된 공기나 순수한 질소를 말한다.

해설
경로(Path) 측정시스템은 굴뚝 또는 덕트 단면 직경의 10% 이상의 경로를 따라 오염물질 농도를 측정하는 배출가스 연속자동측정시스템이다.

정답 ③

66 ★★☆

굴뚝 배출가스 중의 질소산화물을 분석하기 위한 시험방법은?

① 아르세나조Ⅲ법
② 비분산적외선분광분석법
③ 4－피리딘카복실산－피라졸론법
④ 아연환원 나프틸에틸렌다이아민법

해설
배출가스 중 질소산화물 농도 측정방법
자동측정법[전기화학식(정전위 전해법), 화학발광법, 적외선 흡수법, 자외선 흡수법], 자외선/가시선분광법－아연환원 나프틸에틸렌다이아민법

정답 ④

67 ★★★

특정 발생원에서 일정한 굴뚝을 거치지 않고 외부로 비산되는 먼지의 농도를 고용량공기시료채취법으로 분석하고자 한다. 측정조건과 결과가 다음과 같을 때 비산먼지의 농도(μg/m³)는?

- 채취시간: 24시간
- 채취개시 직후의 유량: $1.8m^3/min$
- 채취종료 직전의 유량: $1.2m^3/min$
- 채취 후 여과지의 질량: 3.828g
- 채취 전 여과지의 질량: 3.419g
- 대조위치에서의 먼지농도: $0.15\mu g/m^3$
- 전 시료채취 기간 중 주 풍향이 90° 이상 변함
- 풍속이 0.5m/s 미만 또는 10m/s 이상되는 시간이 전 채취시간의 50% 미만임

① 185.76 ② 283.80
③ 294.81 ④ 372.70

해설

(1) 흡인공기량 구하기

$$\text{흡인공기량}=\frac{Q_s+Q_e}{2}\times t$$

Q_s: 채취개시 직후의 유량(m^3/min)
Q_e: 채취종료 직전의 유량(m^3/min)
t: 채취시간(min)

$$\text{흡인공기량}=\frac{(1.8+1.2)m^3/min}{2}\times 1,440min=2,160m^3$$

(2) 채취한 비산먼지의 농도 구하기

$$\text{먼지농도}=\frac{W_e-W_s}{V}$$

W_e: 채취 후 여과지의 질량(g)
W_s: 채취 전 여과지의 질량(g)
V: 총 공기흡입량(Sm^3)

$$\text{먼지농도}=\frac{(3.828-3.419)g}{2,160m^3}\times\frac{10^6\mu g}{g}=189.3518\mu g/m^3$$

(3) 각 측정지점의 채취먼지량과 풍향, 풍속의 측정결과로부터 비산먼지의 농도 구하기

비산먼지농도$(C)=(C_H-C_B)\times W_D\times W_S$
C_H: 채취먼지량이 가장 많은 위치에서의 먼지농도(mg/m^3)
C_B: 대조위치에서의 먼지농도(mg/m^3)
W_D, W_S=풍향, 풍속 측정결과로부터 구한 보정계수
단, 대조위치를 선정할 수 없는 경우에는 C_B는 $0.15mg/m^3$로 한다.
$C=(189.3518-0.15)\times 1.5\times 1.0=283.8027\mu g/m^3$

풍향에 대한 보정

풍향변화범위	보정계수
전 시료채취 기간 중 주 풍향이 90° 이상 변할 때	1.5
전 시료채취 기간 중 주 풍향이 45°~90° 변할 때	1.2
전 시료채취 기간 중 풍향이 변동이 없을 때(45° 미만)	1.0

풍속에 대한 보정

풍속범위	보정계수
풍속이 0.5m/s 미만 또는 10m/s 이상되는 시간이 전 채취시간의 50% 미만일 때	1.0
풍속이 0.5m/s 미만 또는 10m/s 이상되는 시간이 전 채취시간의 50% 이상일 때	1.2

정답 ②

68 ★★★

기체크로마토그래피의 정성분석에 관한 내용으로 옳지 않은 것은?

① 동일 조건에서 특정한 미지성분의 머무름 값과 예측되는 물질의 봉우리의 머무름 값을 비교해야 한다.
② 머무름 값의 표시는 무효부피(Dead volume)의 보정 유무를 기록해야 한다.
③ 일반적으로 5~30분 정도에서 측정하는 봉우리의 머무름시간은 반복시험을 할 때 ±10% 오차범위 이내이어야 한다.
④ 머무름시간을 측정할 때는 3회 측정하여 그 평균치를 구한다.

해설

머무름시간(Retention time)을 측정할 때는 3회 측정하여 그 평균치를 구한다. 일반적으로 5~30분 정도에서 측정하는 봉우리의 머무름시간은 반복시험을 할 때 ±3% 오차범위 이내이어야 한다.

정답 ③

69 ★★☆

환경대기 중의 탄화수소 농도를 측정하기 위한 주 시험방법은?

① 총탄화수소 측정법
② 비메탄 탄화수소 측정법
③ 활성 탄화수소 측정법
④ 비활성 탄화수소 측정법

해설
환경대기 중의 탄화수소 농도를 측정하기 위한 주 시험법은 비메탄 탄화수소 측정법이다.

정답 ②

70 ★★★

대기오염공정시험기준상의 용어 정의로 옳지 않은 것은?

① "밀폐용기"라 함은 물질을 취급 또는 보관하는 동안에 이물이 들어가거나 내용물이 손실되지 않도록 보호하는 용기를 뜻한다.
② "감압 또는 진공"이라 함은 따로 규정이 없는 한 15mmHg 이하를 뜻한다.
③ "항량이 될 때까지 건조한다"라 함은 따로 규정이 없는 한 보통의 건조방법으로 1시간 더 건조 또는 강열할 때 전후 무게의 차가 매 g당 0.3mg 이하일 때를 뜻한다.
④ "정량적으로 씻는다"라 함은 어떤 조작에서 다음 조작으로 넘어갈 때 사용한 비커, 플라스크 등의 용기 및 여과막 등에 부착한 정량대상 성분을 증류수로 깨끗이 씻어 그 세액을 합하는 것을 뜻한다.

해설
"정량적으로 씻는다" 함은 어떤 조작으로부터 다음 조작으로 넘어갈 때 사용한 비커, 플라스크 등의 용기 및 여과막 등에 부착한 정량대상 성분을 사용한 용매로 씻어 그 세액을 합하고 먼저 사용한 같은 용매를 채워 일정용량으로 하는 것을 뜻한다.

정답 ④

71 ★★★

원자흡수분광광도법의 분석원리로 옳은 것은?

① 시료를 해리 및 증기화시켜 생긴 기저상태의 원자가 이 원자 증기층을 투과하는 특유파장의 빛을 흡수하는 현상을 이용하여 시료 중의 원소농도를 정량한다.
② 기체시료를 운반가스에 의해 관 내에 전개시켜 각 성분을 분석한다.
③ 선택성 검출기를 이용하여 시료 중의 특정성분에 의한 적외선 흡수량 변화를 측정하여 그 성분의 농도를 구한다.
④ 발광부와 수광부 사이에 형성되는 빛의 이동경로를 통과하는 가스를 실시간으로 분석한다.

해설
원자흡수분광광도법의 원리 및 적용범위
이 시험방법은 시료를 적당한 방법으로 해리시켜 중성원자로 증기화하여 생긴 기저상태의 원자가 이 원자 증기층을 투과하는 특유파장의 빛을 흡수하는 현상을 이용하여 광전측광과 같은 개개의 특유파장에 대한 흡광도를 측정하여 시료 중의 원소농도를 정량하는 방법으로 대기 또는 배출가스 중의 유해 중금속, 기타 원소의 분석에 이용한다.

정답 ①

72 ★☆☆

다음 중 2, 4-다이나이트로페닐하이드라진(DNPH)과 반응하여 생성된 하이드라존 유도체를 액체크로마토그래피로 분석하여 정량하는 물질은?

① 아민류 ② 알데하이드류
③ 벤젠 ④ 다이옥신류

해설
2, 4-다이나이트로페닐하이드라진(DNPH)과 반응하여 생성된 하이드라존 유도체를 액체크로마토그래피로 분석하여 정량하는 물질은 알데하이드류이다.

정답 ②

73 ★☆☆

굴뚝연속자동측정기기의 설치방법으로 옳지 않은 것은?

① 응축된 수증기가 존재하지 않는 곳에 설치한다.
② 먼지와 가스상 물질을 모두 측정하는 경우 측정위치는 먼지를 따른다.
③ 수직굴뚝에서 가스상 물질의 측정위치는 굴뚝 하부 끝에서 위를 향하여 굴뚝내경의 $\frac{1}{2}$배 이상이 되는 지점으로 한다.
④ 수평굴뚝에서 가스상 물질의 측정위치는 외부공기가 새어들지 않고 굴뚝에 요철부분이 없는 곳으로서 굴뚝의 방향이 바뀌는 지점으로부터 굴뚝내경의 2배 이상 떨어진 곳을 선정한다.

해설
가스상 물질 굴뚝연속자동측정기기의 수직굴뚝에서의 측정위치는 굴뚝 하부 끝에서 위를 향하여 굴뚝내경의 2배 이상이 되고, 상부 끝단으로부터 아래를 향하여 굴뚝 상부 내경의 $\frac{1}{2}$배 이상이 되는 지점으로 한다.

정답 ③

74 ★☆☆

배출가스 중의 염소를 오르토톨리딘법으로 분석할 때 분석에 영향을 미치지 않는 물질은?

① 오존 ② 이산화질소
③ 황화수소 ④ 암모니아

해설
오트로톨리딘법은 배출가스 중 브로민, 아이오딘, 오존, 이산화질소, 이산화염소 등의 산화성 가스나 황화수소, 이산화황 등의 환원성 가스와 공존하면 영향을 받으므로 그 영향을 무시하거나 제거할 수 있는 경우에 적용한다.
오트토톨리딘법은 배출가스 시료 채취 종료 후 10분 이내 측정할 수 있는 경우에 적용한다.

정답 ④

75 ★★★

피토관을 사용하여 굴뚝 배출가스의 평균유속을 측정하고자 한다. 측정조건과 결과가 다음과 같을 때, 배출가스의 평균유속(m/s)은?

- 동압: $13mmH_2O$
- 피토관계수: 0.85
- 배출가스의 밀도: $1.2kg/Sm^3$

① 10.6 ② 12.4
③ 14.8 ④ 17.8

해설
$V = C\sqrt{\frac{2gh}{\gamma}}$
C: 피토관 계수, g: 중력가속도 ($9.8m/s^2$), h: 동압(mmH_2O)
γ: 배출가스의 밀도(kg/Sm^3)
$V = 0.85 \times \sqrt{\frac{2 \times 9.8 \times 13}{1.2}} = 12.3859m/s$

정답 ②

76 ★★☆

위상차현미경법으로 환경대기 중의 석면을 분석할 때 계수대상물의 식별방법에 관한 내용으로 옳지 않은 것은? (단, 적정한 분석능력을 가진 위상차현미경을 사용하는 경우이다.)

① 구부러져 있는 단섬유는 곡선에 따라 전체 길이를 재어 판정한다.
② 섬유가 헝클어져 정확한 수를 헤아리기 힘들 때에는 0개로 판정한다.
③ 길이가 $7\mu m$ 이하인 단섬유는 0개로 판정한다.
④ 섬유가 그래티큘 시야의 경계선에 물린 경우 그래티큘 시야 안으로 한쪽 끝만 들어와 있는 섬유는 1/2개로 인정한다.

해설
길이 $5\mu m$ 이상인 단섬유는 1개로 판정하며, 그 미만일 때는 0개로 판정한다.

정답 ③

77

★★☆

직경이 0.5m, 단면이 원형인 굴뚝에서 배출되는 먼지 시료를 채취할 때, 측정점수는?

① 1　　② 2
③ 3　　④ 4

해설

원형단면의 측정점

굴뚝직경(m)	반경구분수	측정점수
1 이하	1	4
1 초과 2 이하	2	8
2 초과 4 이하	3	12
4 초과 4.5 이하	4	16
4.5 초과	5	20

정답 ④

78

★★☆

굴뚝 배출가스 중의 카드뮴화합물을 원자흡수분광광도법으로 분석하고자 한다. 채취한 시료에 유기물이 함유되지 않았을 때 분석용 시료용액의 전처리 방법은?

① 질산법　　② 과망간산칼륨법
③ 질산 – 과산화수소수법　　④ 저온회화법

해설

채취한 시료가 유기물을 함유하지 않았을 경우 질산법, 마이크로파산 분해법으로 전처리한다.

정답 ①

※ 개정된 카드뮴화합물 분석 공정시험기준에는 위의 내용이 삭제되었지만 시료 전처리 방법에는 수록되어있기 때문에 해당 문제가 출제될 수 있음

79

★★☆

환경대기 중의 벤조(a)피렌을 분석하기 위한 시험방법은?

① 이온크로마토그래피법　　② 비분산적외선분광분석법
③ 흡광차분광법　　④ 형광분광광도법

해설

환경대기 중의 벤조(a)피렌 농도를 측정하기 위한 방법으로 가스크로마토그래피법과 형광분광광도법이 있다.

정답 ④

80

★★☆

자외선/가시선분광법에 사용되는 장치에 관한 내용으로 옳지 않은 것은?

① 시료부는 시료액을 넣은 흡수셀 1개와 셀홀더, 시료실로 구성되어 있다.
② 자외부의 광원으로 주로 중수소 방전관을 사용한다.
③ 파장 선택을 위해 단색화장치 또는 필터를 사용한다.
④ 가시부와 근적외부의 광원으로 주로 텅스텐램프를 사용한다.

해설

시료부에는 일반적으로 시료액을 넣은 흡수셀(Cell, 시료셀)과 대조액을 넣는 흡수셀(대조셀)이 있고 이 셀을 보호하기 위한 셀홀더(Cell holder)와 이것을 광로에 올려 놓을 시료실로 구성된다.

정답 ①

대기환경관계법규

81

★☆☆

대기환경보전법령상 경유를 사용하는 자동차에 대해 대통령령으로 정하는 오염물질에 해당하지 않는 것은?

① 탄화수소　　② 알데히드
③ 질소산화물　　④ 일산화탄소

해설

대통령령으로 정하는 오염물질「시행령 제46조」

1. 휘발유, 알코올 또는 가스를 사용하는 자동차
   일산화탄소, 탄화수소, 질소산화물, 알데히드, 입자상물질, 암모니아
2. 경유를 사용하는 자동차
   일산화탄소, 탄화수소, 질소산화물, 매연, 입자상물질, 암모니아

정답 ②

82

★★☆

실내공기질 관리법령상 건축자재의 오염물질 방출기준 중 (   ) 안에 알맞은 것은? (단, 단위는 $mg/m^2 \cdot h$이다.)

오염물질	접착제	페인트
톨루엔	0.08 이하	(㉠)
총휘발성유기화합물	(㉡)	(㉢)

① ㉠ 0.02 이하, ㉡ 0.05 이하, ㉢ 1.5 이하
② ㉠ 0.05 이하, ㉡ 0.1 이하, ㉢ 2.0 이하
③ ㉠ 0.08 이하, ㉡ 2.0 이하, ㉢ 2.5 이하
④ ㉠ 0.10 이하, ㉡ 2.5 이하, ㉢ 4.0 이하

해설

건축자재의 오염물질 방출기준「실내공기질 관리법 시행규칙 별표 5」

구분 \ 종류	폼알데하이드	톨루엔	총휘발성 유기화합물
접착제	0.02 이하	0.08 이하	2.0 이하
페인트	0.02 이하	0.08 이하	2.5 이하
실란트	0.02 이하	0.08 이하	1.5 이하
퍼티	0.02 이하	0.08 이하	20.0 이하
벽지	0.02 이하	0.08 이하	4.0 이하
바닥재	0.02 이하	0.08 이하	4.0 이하
표면가공 목질판상 제품	0.05 이하	0.08 이하	0.4 이하

정답 ③

83

★★☆

대기환경보전법령상의 운행차 배출허용 기준으로 옳지 않은 것은?

① 휘발유와 가스를 같이 사용하는 자동차의 배출가스 측정 및 배출허용기준은 가스의 기준을 적용한다.
② 건설기계 중 덤프트럭, 콘크리트믹서트럭, 콘크리트펌프트럭의 배출허용기준은 화물자동차기준을 적용한다.
③ 희박연소 방식을 적용하는 자동차는 공기과잉률 기준을 적용하지 않는다.
④ 알코올만 사용하는 자동차는 탄화수소 기준을 적용한다.

해설

알코올만 사용하는 자동차는 탄화수소 기준을 적용하지 아니한다.

정답 ④

84

★☆☆

악취방지법령상 악취배출시설의 변경신고를 해야 하는 경우에 해당하지 않는 것은?

① 악취배출시설을 폐쇄하는 경우
② 사업장의 명칭을 변경하는 경우
③ 환경담당자의 교육사항을 변경하는 경우
④ 악취배출시설 또는 악취방지시설을 임대하는 경우

해설

악취배출시설의 변경신고를 하여야 하는 경우「악취방지법 시행규칙 제10조」

1. 악취배출시설의 악취방지계획서 또는 악취방지시설을 변경하는 경우
2. 악취배출시설을 폐쇄하거나, 법에서 정한 시설 규모의 기준에서 정하는 공정을 추가하거나 폐쇄하는 경우
3. 사업장의 명칭 또는 대표자를 변경하는 경우
4. 악취배출시설 또는 악취방지시설을 임대하는 경우
5. 악취배출시설에서 사용하는 원료를 변경하는 경우

정답 ③

2022년

85

★★☆

대기환경보전법령상 배출시설로부터 나오는 특정대기유해물질로 인해 환경기준 유지가 곤란하다고 인정되어 시·도지사가 특정대기유해물질을 배출하는 배출시설의 설치를 제한할 수 있는 경우에 관한 내용 중 (   ) 안에 알맞은 것은?

> 배출시설 설치지점으로부터 반경 1킬로미터 안의 상주인구가 2만명 이상인 지역으로서 특정대기유해물질 중 한 가지 종류의 물질을 연간 (ⓐ) 이상 배출하거나 두 가지 이상의 물질을 연간 (ⓑ) 이상 배출하는 시설을 설치하는 경우

① ⓐ 5톤, ⓑ 10톤
② ⓐ 5톤, ⓑ 20톤
③ ⓐ 10톤, ⓑ 20톤
④ ⓐ 10톤, ⓑ 25톤

해설

ⓐ는 10톤, ⓑ는 25톤이다.

정답 ④

86 ★★★

대기환경보전법령상 사업장별 환경기술인의 자격기준에 관한 설명으로 옳지 않은 것은?

① 대기오염물질 배출시설 중 일반보일러만 설치한 사업장은 5종 사업장에 해당하는 기술인을 둘 수 있다.
② 2종 사업장의 환경기술인 자격기준은 대기환경산업기사 이상의 기술자격 소지자 1명 이상이다.
③ 대기환경기술인이 「물환경보전법」에 따른 수질환경기술인의 자격을 갖춘 경우에는 수질환경기술인을 겸임할 수 있다.
④ 1종 사업장과 2종 사업장 중 1개월 동안 실제 작업한 날만을 계산하여 1일 평균 12시간 이상 작업하는 경우에는 해당 사업장의 기술인을 각각 2명 이상 두어야 한다.

해설

1종 사업장과 2종 사업장 중 1개월 동안 실제 작업한 날만을 계산하여 1일 평균 17시간 이상 작업하는 경우에는 해당 사업장의 기술인을 각각 2명 이상 두어야 한다. 「시행령 별표 10」

정답 ④

87 ★★☆

대기환경보전법령상 자동차 결함확인검사에 관한 내용 중 환경부장관이 관계 중앙행정기관의 장과 협의하여 정하는 사항에 해당하지 않는 것은?

① 대상 자동차의 선정기준
② 자동차의 검사방법
③ 자동차의 검사수수료
④ 자동차의 배출가스 성분

해설

결함확인검사 및 결함의 시정 「법 제51조」

① 자동차제작자는 배출가스보증기간 내에 운행 중인 자동차에서 나오는 배출가스가 배출허용기준에 맞는지에 대하여 환경부장관의 검사를 받아야 한다.
② 결함확인검사 대상 자동차의 선정기준, 검사방법, 검사절차, 검사기준, 판정방법, 검사수수료 등에 필요한 사항은 환경부령으로 정한다.
③ 환경부장관이 제2항의 환경부령을 정하는 경우에는 관계 중앙행정기관의 장과 협의하여야 한다.

정답 ④

88 ★★☆

대기환경보전법령상 오존의 대기오염 중대경보 해제기준에 관한 내용 중 (   ) 안에 알맞은 것은?

> 중대경보가 발령된 지역의 기상조건 등을 고려하여 대기자동측정소의 오존농도가 (㉠)ppm 이상 (㉡)ppm 미만일 때는 경보로 전환한다.

① ㉠ 0.3, ㉡ 0.5　② ㉠ 0.5, ㉡ 1.0
③ ㉠ 1.0, ㉡ 1.2　④ ㉠ 1.2, ㉡ 1.5

해설

오존의 대기오염경보 단계별 농도기준 「시행규칙 별표 7」

단계	발령기준	해제기준
주의보	기상조건 등을 고려하여 해당지역의 대기자동측정소 오존농도가 0.12ppm 이상인 때	주의보가 발령된 지역의 기상조건 등을 검토하여 대기자동측정소의 오존농도가 0.12ppm 미만인 때
경보	기상조건 등을 고려하여 해당지역의 대기자동측정소 오존농도가 0.3ppm 이상인 때	경보가 발령된 지역의 기상조건 등을 고려하여 대기자동측정소의 오존농도가 0.12ppm 이상 0.3ppm 미만인 때는 주의보로 전환
중대경보	기상조건 등을 고려하여 해당지역의 대기자동측정소 오존농도가 0.5ppm 이상인 때	중대경보가 발령된 지역의 기상조건 등을 고려하여 대기자동측정소의 오존농도가 0.3ppm 이상 0.5ppm 미만인 때는 경보로 전환

정답 ①

89

★★☆

악취방지법령상 지정악취물질과 배출허용기준(ppm)의 연결이 옳지 않은 것은? (단, 공업지역 기준이고, 기타 사항은 고려하지 않는다.)

① n-발레르알데하이드: 0.02 이하
② 톨루엔: 30 이하
③ 프로피온산: 0.1 이하
④ i-발레르산: 0.004 이하

해설

프로피온산의 배출허용기준 및 엄격한 배출허용기준의 설정 범위「악취방지법 시행규칙 별표 3」

배출허용기준(ppm)		엄격한 배출허용기준의 범위(ppm)
공업지역	기타 지역	공업지역
0.07 이하	0.03 이하	0.03~0.07

정답 ③

90

★★☆

대기환경보전법령상 과징금 처분에 관한 내용이다. ( ) 안에 알맞은 것은?

> 환경부장관은 자동차 제작자가 거짓으로 자동차의 배출가스가 배출가스보증기간에 제작차배출허용기준에 맞게 유지될 수 있다는 인증을 받은 경우 그 자동차 제작자에 대하여 매출액에 (㉠)(을)를 곱한 금액을 초과하지 않는 범위에서 과징금을 부과할 수 있다. 이 때 과징금은 (㉡)을 초과할 수 없다.

① ㉠ 100분의 3, ㉡ 100억원
② ㉠ 100분의 3, ㉡ 500억원
③ ㉠ 100분의 5, ㉡ 100억원
④ ㉠ 100분의 5, ㉡ 500억원

해설

㉠은 100분의 5, ㉡은 500억원이다.

정답 ④

91

★★★

환경정책기본법령에서 환경기준을 확인할 수 있는 항목에 해당하지 않는 것은?

① 납 ② 일산화탄소
③ 오존 ④ 탄화수소

해설

환경기준을 확인할 수 있는 항목은 아황산가스, 일산화탄소, 이산화질소, 미세먼지, 초미세먼지, 오존, 납, 벤젠으로 탄화수소는 포함되지 않는다.「시행령 별표 1」

정답 ④

92

★☆☆

대기환경보전법령상 공급지역 또는 사용시설에 황함유 기준을 초과하는 연료를 공급·판매한 자에 대한 벌칙기준은?

① 7년 이하의 징역 또는 1억원 이하의 벌금에 처한다.
② 5년 이하의 징역 또는 3천만원 이하의 벌금에 처한다.
③ 3년 이하의 징역 또는 3천만원 이하의 벌금에 처한다.
④ 500만원 이하의 벌금에 처한다.

해설

해당 행위에 대한 벌칙기준은 3년 이하의 징역 또는 3천만원 이하의 벌금이다.

정답 ③

93

★☆☆

대기환경보전법령상 특정 대기오염물질의 배출허용기준이 300(12)ppm일 때, (12)의 의미는?

① 해당배출허용농도(백분율)
② 해당배출허용농도(ppm)
③ 표준산소농도(O_2의 백분율)
④ 표준산소농도(O_2의 ppm)

해설

( ) 안에 있는 숫자의 의미는 표준산소농도(O_2의 백분율)이다.

정답 ③

94

★☆☆

대기환경보전법령상 자동차의 운행정지에 관한 내용 중 ( ) 안에 알맞은 것은?

> 환경부장관, 특별시장 · 광역시장 · 특별자치시장 · 특별자치도지사 · 시장 · 군수 · 구청장은 운행차의 배출가스가 운행차배출허용기준을 초과하여 개선명령을 받은 자동차 소유자가 이에 따른 확인검사를 환경부령으로 정하는 기간 이내에 받지 않는 경우 (   )의 기간을 정하여 해당 자동차의 운행정지를 명할 수 있다.

① 5일 이내 ② 7일 이내
③ 10일 이내 ④ 15일 이내

해설

환경부장관, 특별시장 · 광역시장 · 특별자치시장 · 특별자치도지사 · 시장 · 군수 · 구청장은 개선명령을 받은 자동차 소유자가 확인검사를 환경부령으로 정하는 기간 이내에 받지 아니하는 경우에는 10일 이내의 기간을 정하여 해당 자동차의 운행정지를 명할 수 있다. 「법 제70조의 2」

정답 ③

95

★★☆

대기환경보전법령상 환경기술인의 교육에 관한 내용으로 옳지 않은 것은? (단, 정보통신매체를 이용하여 원격교육을 하는 경우는 제외한다.)

① 환경기술인으로 임명된 날부터 1년 이내에 1회 신규교육을 받아야 한다.
② 환경기술인은 한국환경보전원, 환경부장관, 시 · 도지사 또는 대도시 시장이 교육을 실시할 능력이 있다고 인정하여 위탁하는 기관에서 실시하는 교육을 받아야 한다.
③ 교육과정의 교육기간은 7일 정도로 한다.
④ 교육 대상이 된 사람이 그 교육을 받아야 하는 기한의 마지막 날 이전 3년 이내에 동일한 교육을 받았을 경우에는 해당 교육을 받은 것으로 본다.

해설

교육과정의 교육기간은 4일 이내로 한다.

관련이론 | 환경기술인의 교육 「시행규칙 제125조」

① 환경기술인은 다음 각 호의 구분에 따라 한국환경보전원, 환경부장관 또는 시 · 도지사 또는 대도시 시장이 교육을 실시할 능력이 있다고 인정하여 위탁하는 기관에서 실시하는 교육을 받아야 한다. 다만, 교육 대상이 된 사람이 그 교육을 받아야 하는 기한의 마지막 날 이전 3년 이내에 동일한 교육을 받았을 경우에는 해당 교육을 받은 것으로 본다.
  1. 신규교육: 환경기술인으로 임명된 날부터 1년 이내에 1회
  2. 보수교육: 신규교육을 받은 날을 기준으로 3년마다 1회
② 제1항에 따른 교육기간은 4일 이내로 한다. 다만, 정보통신매체를 이용하여 원격교육을 하는 경우에는 환경부장관이 인정하는 기간으로 한다.

※ 개정된 법령에 따라 '한국환경보전협회'를 '한국환경보전원'으로 수정함.

정답 ③

96

★★★

대기환경보전법령상 "3종 사업장"에 해당하는 경우는?

① 대기오염물질발생량의 합계가 연간 9톤인 사업장
② 대기오염물질발생량의 합계가 연간 11톤인 사업장
③ 대기오염물질발생량의 합계가 연간 22톤인 사업장
④ 대기오염물질발생량의 합계가 연간 52톤인 사업장

해설

사업장의 분류

종별	오염물질발생량 구분
1종 사업장	대기오염물질발생량의 합계가 연간 80톤 이상인 사업장
2종 사업장	대기오염물질발생량의 합계가 연간 20톤 이상 80톤 미만인 사업장
3종 사업장	대기오염물질발생량의 합계가 연간 10톤 이상 20톤 미만인 사업장
4종 사업장	대기오염물질발생량의 합계가 연간 2톤 이상 10톤 미만인 사업장
5종 사업장	대기오염물질발생량의 합계가 연간 2톤 미만인 사업장

정답 ②

97

★★☆

대기환경보전법령상 배출시설 설치신고를 하려는 자가 배출시설 설치신고서에 첨부하여 환경부장관 또는 시·도지사에게 제출해야 하는 서류에 해당하지 않는 것은?

① 질소산화물 배출농도 및 배출량을 예측한 명세서
② 방지시설의 연간 유지관리 계획서
③ 방지시설의 일반도
④ 배출시설 및 대기오염방지시설의 설치명세서

해설

배출시설의 설치허가 및 신고 등「시행령 제11조」

법에 따라 배출시설 설치허가를 받거나 설치신고를 하려는 자는 배출시설 설치허가신청서 또는 배출시설 설치신고서에 다음 각 호의 서류를 첨부하여 환경부장관 또는 시·도지사에게 제출해야 한다.

1. 원료(연료를 포함한다)의 사용량 및 제품 생산량과 오염물질 등의 배출량을 예측한 명세서
2. 배출시설 및 방지시설의 설치명세서
3. 방지시설의 일반도(一般圖)
4. 방지시설의 연간 유지관리 계획서
5. 사용연료의 성분 분석과 황산화물 배출농도 및 배출량 등을 예측한 명세서
6. 배출시설 설치허가증(변경허가를 신청하는 경우만 해당)

정답 ①

98

★★☆

대기환경보전법령상 대기오염방지시설에 해당하지 않는 것은?

① 흡착에 의한 시설
② 응축에 의한 시설
③ 응집에 의한 시설
④ 촉매반응을 이용하는 시설

해설

대기오염방지시설「시행규칙 별표 4」

중력집진시설, 관성력집진시설, 원심력집진시설, 세정집진시설, 여과집진시설, 전기집진시설, 음파집진시설, 흡수에 의한 시설, 흡착에 의한 시설, 직접연소에 의한 시설, 촉매반응을 이용하는 시설, 응축에 의한 시설, 산화·환원에 의한 시설, 미생물을 이용한 처리시설, 연소조절에 의한 시설

정답 ③

99

★★☆

대기환경보전법령상 대기오염경보 단계 중 '경보 발령' 단계의 조치사항으로 옳지 않은 것은?

① 주민의 실외활동 제한 요청
② 자동차 사용의 제한
③ 사업장의 연료사용량 감축 권고
④ 사업장의 조업시간 단축명령

해설

경보 단계별 조치에 포함되어야 할 사항「시행령 제2조」

1. 주의보 발령: 주민의 실외활동 및 자동차 사용의 자제 요청 등
2. 경보 발령: 주민의 실외활동 제한 요청, 자동차 사용의 제한 및 사업장의 연료사용량 감축 권고 등
3. 중대경보 발령: 주민의 실외활동 금지 요청, 자동차의 통행금지 및 사업장의 조업시간 단축명령 등

정답 ④

100

★☆☆

실내공기질 관리법령상 실내공기질의 측정에 관한 내용 중 ( ) 안에 알맞은 것은?

> 다중이용시설의 소유자 등은 실내공기질 측정대상 오염물질이 실내공기질 권고기준의 오염물질항목에 해당하는 경우 실내공기질을 (ⓐ) 측정해야 한다. 또한 실내공기질 측정 결과를 (ⓑ) 보존해야 한다.

① ⓐ 연 1회, ⓑ 10년간
② ⓐ 연 2회, ⓑ 5년간
③ ⓐ 2년에 1회, ⓑ 10년간
④ ⓐ 2년에 1회, ⓑ 5년간

해설

ⓐ는 2년에 1회, ⓑ는 10년간이다.

정답 ③

2022년

2021년 | 4회 기출문제

자동채점

대기오염개론

01
★★★

온실효과와 지구온난화에 관한 설명으로 옳은 것은?

① CH_4가 N_2O보다 지구온난화에 기여도가 낮다.
② 지구온난화지수(GWP)는 SF_6가 HFCs보다 작다.
③ 대기의 온실효과는 실제 온실에서의 보온작용과 같은 원리이다.
④ 북반구에서 대기 중의 CO_2 농도는 여름에 감소하고 겨울에 증가하는 경향이 있다.

선지분석
① CH_4가 N_2O보다 지구온난화에 기여도가 작으나, 대기 중 CH_4의 배출량이 더 많아 CH_4의 기여도가 더 크다. (GWP: CH_4 21, N_2O 310)
② 지구온난화지수(GWP)는 SF_6가 HFCs보다 크다.
③ 실제 온실에서의 보온작용과는 다른 원리이다.

관련이론 | 실제 온실과 온실가스의 온실효과

(1) 실제 온실(유리온실 등)
- 유리나 투명 플라스틱으로 만든 구조물이다.
- 태양광(주로 가시광선)은 유리를 통과해 온실 내부로 들어오고, 내부 물체가 가열되면서 적외선을 방출하지만 유리는 이 적외선을 잘 통과시키지 못해 내부에 열이 갇히게 된다.
- 즉, 주된 원리는 '복사 차단'으로, 적외선의 방출이 억제되며 온실 내부 온도가 상승한다.

(2) 대기 중 온실가스
- 태양 복사에너지는 대기를 통과해 지표를 따뜻하게 하고, 지표는 다시 적외선을 방출한다.
- 적외선은 이산화탄소(CO_2), 메탄(CH_4) 등 온실가스가 흡수하고 일부를 다시 지구로 재방사함으로써 지표면으로 되돌아온다.
- 즉, '복사 흡수－재방사' 작용으로 인해 대기 중 열이 머무는 시간이 길어져 지구 평균 기온이 상승한다.
- 대기의 온실효과는 특정 기체의 적외선 흡수 스펙트럼에 의한 에너지 재방사라는 점이 가장 큰 차이점이다.

정답 ④

02
★☆☆

다음 중 광화학반응과 가장 관련이 깊은 탄화수소는?

① Paraffin계 탄화수소
② Olefin계 탄화수소
③ Acetylene계 탄화수소
④ 지방족 탄화수소

해설
낮은 농도의 올레핀계 탄화수소도 NO가 존재하면 SO_2를 광산화시키는 데 상당히 효과적일 수 있다.

관련이론 | 올레핀계(Olefin series: Alkenes)
이중결합을 포함한 C_nH_{2n}의 형태이다.
예 프로펜(C_3H_6), 1－부텐(C_4H_8), 1－펜텐(C_5H_{10}), 헥센(C_6H_{12}) 등

정답 ②

03
★★☆

대기오염물질의 확산을 예측하기 위한 바람장미에 관한 내용으로 옳지 않은 것은?

① 풍향은 바람이 불어오는 쪽으로 표시한다.
② 풍속이 0.2m/s 이하일 때를 정온(Calm)이라 한다.
③ 가장 빈번히 관측된 풍향을 주풍이라 하고 막대의 굵기를 가장 굵게 표시한다.
④ 바람장미는 풍향별로 관측된 바람의 발생빈도와 풍속을 16방향인 막대기형으로 표시한 기상도형이다.

해설
가장 빈번히 관측된 풍향을 주풍(Prevailing wind)이라 하고, 막대의 길이를 가장 길게 표시한다.

관련이론 | 바람장미
- 풍향별로 관측된 바람의 발생빈도와 풍속을 동심원상에 8방 또는 16방향인 막대기로 표시하여 그린 것을 바람장미라고 한다. 이때 풍향(바람이 불어오는 쪽의 방향)에서 가장 빈도수가 많은 것을 주풍이라고 한다.
- 바람장미에서 풍향 중 주풍은 막대의 길이를 가장 길게 표시하며, 풍속은 막대의 굵기로 표시한다.
- 풍속이 0.2m/s 이하일 때를 정온(Calm) 상태로 본다.

정답 ③

04 ★☆☆

광화학반응으로 생성되는 오염물질에 해당하지 않는 것은?

① 케톤 ② PAN
③ 과산화수소 ④ 염화불화탄소

해설

CFCs(염화불화탄소)는 스프레이의 분사제, 우레탄 발포제, 냉장고의 냉매 등에서 배출된다.

정답 ④

05 ★★☆

다음 중 오존파괴지수가 가장 큰 것은?

① CFC－113 ② CFC－114
③ Halon－1211 ④ Halon－1301

해설

① CFC－113 : 0.8 ② CFC－114 : 1.0
③ Halon－1211 : 3.0 ④ Halon－1301 : 10.0

정답 ④

06 ★★☆

산성비에 관한 설명 중 ( ) 안에 알맞은 것은?

> 일반적으로 산성비는 pH (㉠) 이하의 강우를 말하며, 이는 자연상태의 대기 중에 존재하는 (㉡)가 강우에 흡수되었을 때의 pH를 기준으로 한 것이다.

① ㉠ 3.6, ㉡ CO_2 ② ㉠ 3.6, ㉡ NO_2
③ ㉠ 5.6, ㉡ CO_2 ④ ㉠ 5.6, ㉡ NO_2

해설

대기 중에 CO_2가 강우에 흡수되는 것을 기준으로 pH5.6 이하일 때 산성비라고 한다.

정답 ③

07 ★★★

LA스모그에 관한 내용으로 가장 적합하지 않은 것은?

① 화학반응은 산화반응이다.
② 복사역전 조건에서 발생했다.
③ 런던스모그에 비해 습도가 낮은 조건에서 발생했다.
④ 석유계 연료에서 유래되는 질소산화물이 주 원인물질이다.

해설

런던스모그가 복사역전 조건에서 발생했다.
접지역전의 가장 대표적인 형태가 복사역전이다.

관련이론 | 런던스모그와 LA스모그

항목	런던스모그	LA스모그
기온	4℃ 이하	24~32℃
기간	겨울(12~1월)	여름(7~9월)
습도	85% 이상	70% 이하
시간	이른 아침	한낮
역전형태	접지역전 (방사성 역전)	공중역전 (침강성 역전)
대기의 안정도	기온역전, 무풍상태(매우 안정된 대기)	
오염물질	황산화물, H_2SO_4, 미스트 등	질소산화물, 오존, HC, PAN 등 광화학적 부산물
오염원	공장, 가정난방, 화력발전소 등 화석연료 사용	자동차
반응형태	열적 환원반응	광화학적 산화반응
가시거리	100m 이하	1km 이하
색	짙은 회색	연한 갈색

정답 ②

08 ★★★

가우시안 모델을 적용하기 위한 가정으로 가장 적합하지 않은 것은?

① 고도변화에 따른 풍속변화는 무시한다.
② 수평방향의 난류확산보다 대류에 의한 확산이 지배적이다.
③ 배출된 오염물질은 흘러가는 동안 없어지거나 다른 물질로 바뀌지 않는다.
④ 이류방향으로의 오염물질 확산을 무시하고 풍하방향으로의 확산만을 고려한다.

해설
이류확산은 대기로 방출된 물질이 이동하는 도중에 농도가 높은 쪽에서 낮은 쪽으로 퍼져나가는 현상이다.
가우시안 모델에서 x축 방향으로의 확산은 이류확산이 지배적이다.

정답 ④

09 ★★☆

먼지의 농도를 측정하기 위해 공기를 0.3m/s의 속도로 1.5시간 동안 여과지에 여과시킨 결과 여과지의 빛 전달률이 깨끗한 여과지의 80%로 감소했다. 1,000m당 Coh는?

① 6.0　　② 3.0
③ 2.5　　④ 1.5

해설
헤이즈 계수 공식을 사용한다.

$$Coh=\frac{\frac{\log(1/t)}{0.01}}{L}\times 1{,}000$$

t: 빛전달율
L: 여과지 이동거리(m)

$$Coh=\frac{\frac{\log(1/0.8)}{0.01}}{\frac{0.3\text{m}}{\text{s}}\times 1.5\text{hr}\times\frac{3{,}600\text{s}}{\text{hr}}}\times 1{,}000=5.9820$$

정답 ①

10 ★☆☆

일반적인 가솔린 자동차 배출가스의 구성 중 자동차가 공회전할 때 특히 많이 배출되는 오염물질은?

① 일산화탄소　　② 탄화수소
③ 질소산화물　　④ 이산화탄소

해설
자동차 배출가스

구분	HC	CO	NO_x
발생량이 많을 때	감속	공회전	가속
발생량이 적을 때	정상운행	정상운행	공회전

※ HC는 탄화수소, CO는 일산화탄소, NO_x는 질소산화물이다.

정답 ①

11 ★☆☆

온위에 관한 내용으로 옳지 않은 것은? [단, θ는 온위(K), T는 절대온도(K), P는 압력(mb)이다.]

① 온위는 밀도와 비례한다.
② $\theta=T\left(\frac{1{,}000}{P}\right)^{0.288}$로 나타낼 수 있다.
③ 고도가 높아질수록 온위가 높아지면 대기는 안정하다.
④ 표준압력(1,000mb)에서 어느 고도의 공기를 건조단열적으로 끌어내리거나 끌어올려 1,000mb 고도에 가져갔을 때 나타나는 온도를 온위라고 한다.

해설
온위는 밀도와 반비례한다.

정답 ①

12

★★★

150℃, 0.8atm에서 NO_2 농도가 0.5g/m^{3}이다. 표준상태에서 NO_2 농도(ppm)는?

① 472 ② 492
③ 570 ④ 595

해설

표준상태의 부피 mL/Sm^{3}로 단위를 환산한다.

NO_2의 분자량$=14+(16\times2)=46$

$$\frac{0.5\text{g}\times\frac{22.4\text{L}}{46\text{g}}\times\frac{1,000\text{mL}}{1\text{L}}}{\text{m}^3\times\frac{273}{273+150}\times\frac{0.8}{1}}=471.5719\text{mL/Sm}^3=471.5719\text{ppm}$$

정답 ①

13

★★★

불화수소(HF) 배출과 가장 관련 있는 산업은?

① 소다공업 ② 도금공장
③ 플라스틱공업 ④ 알루미늄공업

해설

불화수소는 화학비료공업, 알루미늄공업 등에서 주로 배출된다.
염화수소는 플라스틱공업, 소다공업 등에서 주로 배출된다.

정답 ④

14

★★☆

냄새물질에 관한 일반적인 설명으로 옳지 않은 것은?

① 분자량이 작을수록 냄새가 강하다.
② 분자 내에 황 또는 질소가 있으면 냄새가 강하다.
③ 불포화도(이중결합 및 삼중결합의 수)가 높을수록 냄새가 강하다.
④ 분자 내 수산기의 수가 1개일 때 냄새가 가장 약하고 수산기의 수가 증가할수록 냄새가 강해진다.

해설

분자 내 수산기의 수가 1개일 때 냄새가 가장 강하고, 수산기의 수가 증가하면 점점 냄새가 없어진다.

정답 ④

15

★☆☆

환경기온감률이 다음과 같을 때 가장 안정한 조건은?

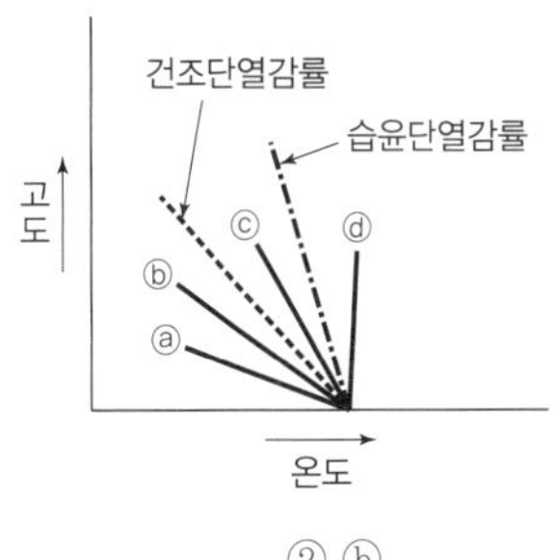

① ⓐ ② ⓑ
③ ⓒ ④ ⓓ

해설

ⓐ, ⓑ: 절대 불안정, ⓒ: 조건부 불안정, ⓓ: 절대 안정

정답 ④

16

★★☆

유효굴뚝높이가 1m인 굴뚝에서 배출되는 오염물질의 최대 착지농도를 현재의 1/10로 낮추고자 할 때, 유효굴뚝높이를 몇 m 증가시켜야 하는가? (단, Sutton의 확산방정식 사용, 기타 조건은 동일하다.)

① 0.04 ② 0.20
③ 1.24 ④ 2.16

해설

$C_{\max}=\frac{2Q}{\pi eUH_e^2}\times\left(\frac{K_z}{K_y}\right)$

Q: 오염물질 배출량, U: 풍속, H_e: 유효굴뚝높이(m)

K_z: 수직방향확산계수, K_y: 수평방향확산계수

$C_{\max}\propto\frac{1}{H_e^2}$이고, 처음농도를 1로 가정한다.

조건에서 기타 조건은 같다고 했으므로 나머지 변수를 K로 놓는다.

$1=\frac{1}{H_e^2}K$, $1=\frac{1}{1^2}K$, $K=1$

최대착지농도가 1/10일 때의 유효굴뚝높이는 $0.1=\frac{1}{H_e^2}K$이다.

$H_e=3.1623\text{m}$

증가시켜야 할 유효굴뚝높이$=3.1623-1=2.1623\text{m}$

※ H_e 값은 공학용계산기의 SOLVE 기능을 이용해서 구하는 것이 편리합니다.

정답 ④

17

★☆☆

지균풍에 관한 설명으로 가장 적합하지 않은 것은?

① 등압선에 평행하게 직선운동을 하는 수평의 바람이다.
② 고공에서 발생하기 때문에 마찰력의 영향이 거의 없다.
③ 기압경도력과 전향력의 크기가 같고 방향이 반대일 때 발생한다.
④ 북반구에서 지균풍은 오른쪽에 저기압, 왼쪽에 고기압을 두고 분다.

해설

북반구에서 지균풍은 오른쪽에 고기압, 왼쪽에 저기압을 두고 분다.
지균풍은 마찰력이 무시될 수 있는 고공에서 기압경도력과 전향력이 평형을 이루어 등압선에 평행하게 직선운동을 하는 바람이다.

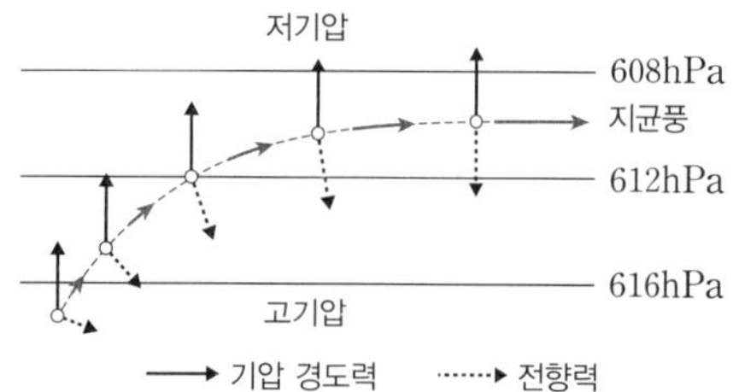

정답 ④

18

★★★

유효굴뚝높이가 60m인 굴뚝으로부터 SO_2가 125g/s의 속도로 배출되고 있다. 굴뚝높이에서의 풍속이 6m/s일 때, 이 굴뚝으로부터 500m 떨어진 연기중심선 상에서 오염물질의 지표농도(μg/m^3)는? (단, 가우시안모델식 사용, 수평확산계수(σ_y)는 36m, 수직확산계수(σ_z)는 18.5m, 배출되는 SO_2는 화학적으로 반응하지 않는다.)

① 52 ② 66
③ 2,483 ④ 9,957

해설

가우시안분산식을 사용한다.

$$C(x,y,z)=\frac{Q}{2\pi U\sigma_y\sigma_z}\left[\exp\left(-\frac{1}{2}\left(\frac{y}{\sigma_y}\right)^2\right)\right]\times\left[\exp\left(-\frac{1}{2}\left(\frac{(z-H)}{\sigma_z}\right)^2\right)+\exp\left(-\frac{1}{2}\left(\frac{(z+H)}{\sigma_z}\right)^2\right)\right]$$

Q: 오염물질 배출량(μg/s)
$Q=125\times10^6\mu$g/s
U: 풍속(m/s)
y: 풍향에 직각인 수평거리(m)$=0$(중심선상 오염농도를 구함)
z: 지면으로부터 오염물질 높이$=0$(지상의 오염농도를 구함)
H: 유효굴뚝높이(m)

$$C(x,0,0)=\frac{125\times10^6}{2\pi\times6\times36\times18.5}\left[\exp\left(-\frac{1}{2}\left(\frac{0}{36}\right)^2\right)\right]\times\left[\exp\left(-\frac{1}{2}\left(\frac{0-60}{18.5}\right)^2\right)+\exp\left(-\frac{1}{2}\left(\frac{0+60}{18.5}\right)^2\right)\right]$$
$$=\frac{125\times10^6}{2\pi\times6\times36\times18.5}\times1\times\left[2\times\exp\left(-\frac{1}{2}\left(\frac{60}{18.5}\right)^2\right)\right]$$
$$=51.7659\mu g/m^3$$

정답 ①

19

★☆☆

환기를 위한 실내공기오염의 지표가 되는 물질은?

① SO_2 ② NO_2
③ CO ④ CO_2

해설

환기를 위한 실내공기오염의 지표가 되는 물질은 CO_2이다.

정답 ④

20

★★☆

광화학반응에 의해 고농도 오존이 나타날 수 있는 조건에 해당하지 않는 것은?

① 무풍상태일 때
② 일사량이 강할 때
③ 대기가 불안정할 때
④ 질소산화물과 휘발성 유기화합물의 배출이 많을 때

해설

대기가 안정할 때 고농도의 오존이 나타나고, 대기가 불안정할 때는 오염물질의 확산으로 낮은 농도를 나타낸다.

정답 ③

연소공학

21 ★★★

화염으로부터 열을 받으면 가연성 증기가 발생하는 연소로 휘발유, 등유, 알코올, 벤젠 등 액체연료의 연소형태는?

① 증발연소 ② 자기연소
③ 표면연소 ④ 확산연소

해설
휘발유, 등유 등의 액체연료는 증발연소를 한다.

정답 ①

22 ★★☆

가연성 가스의 폭발범위에 관한 일반적인 설명으로 옳지 않은 것은?

① 가스의 온도가 높아지면 폭발범위가 넓어진다.
② 폭발한계농도 이하에서는 폭발성 혼합가스가 생성되기 어렵다.
③ 폭발상한과 폭발하한의 차이가 클수록 위험도가 증가한다.
④ 가스의 압력이 높아지면 상한값은 크게 변하지 않으나 하한값이 높아진다.

해설
가스 압력이 높아졌을 때 폭발하한값은 크게 변하지 않으나 폭발상한값은 높아진다.

정답 ④

23 ★★★

자농자 내연기관에서 휘발유(C_8H_{18})가 완전연소될 때 무게기준의 공기연료비(AFR)는? (단, 공기의 분자량은 28.95이다.)

① 15 ② 30
③ 40 ④ 60

해설
(1) 휘발유 1kg 연소에 필요한 이론공기량을 이용하는 방법

$C_8H_{18}+12.5O_2 \rightarrow 8CO_2+9H_2O$

휘발유(C_8H_{18})의 분자량$=(12\times8)+(1\times18)=114$

산소(O_2)의 분자량$=16\times2=32$

$114\text{kg} : 12.5\times32\text{kg}=1\text{kg} : x\text{kg}$

$x=3.5087\text{kg}$

$$\text{이론공기량(kg)}=\frac{\text{이론산소량(kg)}}{0.232}=\frac{3.5087}{0.232}=15.1237\text{kg}$$

$$\text{공기연료비}=\frac{\text{연소용 공기의 질량}}{\text{연료의 질량}}=\frac{15.1237}{1}=15.1237$$

(2) 휘발유와 산소의 반응비를 이용하는 방법

휘발유의 완전연소반응식에서의 계수비=mol비이므로

휘발유 1mol이 반응하기 위해 필요한 산소는 12.5mol이다.

$$\text{필요한 공기의 mol수}=\frac{\text{산소의 mol 수}}{0.21}=\frac{12.5}{0.25}=59.5238\text{mol}$$

$$AFR=\frac{59.5238\text{mol}\times\frac{12.5}{0.25}}{1\text{mol}\times\frac{114\text{g}}{\text{mol}}}=15.1159$$

정답 ①

24 ★★☆

등가비(Ø)에 관한 내용으로 옳지 않은 것은?

① Ø =공기비(m)
② Ø =1일 때 완전연소
③ Ø <1일 때 공기가 과잉
④ Ø >1일 때 연료가 과잉

해설

$$\text{등가비}(\text{Ø})=\frac{\text{실제 연료량/산화제}}{\text{완전연소를 위한 이상적 연료량/산화제}}$$

등가비>1: 연료에 비해 공기가 부족, 불완전연소, 일산화탄소 발생량 증가
등가비=1: 이상적인 연소 형태
등가비<1: 연료에 비해 공기가 과잉, 질소산화물 증가

관련이론 | 당량비(등가비)
- 이론공연비와 실제 공급되는 공연비에 대한 비로 등가비라고도 한다.
- 등가비와 공연비는 역수 관계로, 서로 반비례한다.
- 등가비와 공기비는 상호 반비례관계가 있다.

정답 ①

2021년

25

★☆☆

기체연료의 종류에 관한 설명으로 가장 적합한 것은?

① 수성가스는 코크스를 용광로에 넣어 선철을 제조할 때 발생하는 기체연료이다.
② 석탄가스는 석유류를 열분해, 접촉분해 및 부분 연소시킬 때 발생하는 기체연료이다.
③ 고로가스는 고온으로 가열된 무연탄이나 코크스 등에 수증기를 반응시켜 얻은 기체연료이다.
④ 발생로가스는 코크스나 석탄, 목재 등을 적열상태로 가열하여 공기 또는 산소를 보내 불완전 연소시켜 얻은 기체연료이다.

선지분석

① 수성가스는 고온으로 가열된 무연탄이나 코크스 등에 수증기를 반응시켜 얻은 기체연료이다.
② 석탄가스는 석탄을 고온으로 건류하였을 때 발생하는 기체연료이다.
③ 고로가스는 코크스를 용광로에 넣어 선철을 제조할 때 발생하는 기체연료이다.

정답 ④

26

★☆☆

공기비가 클 때 나타나는 현상으로 가장 적합하지 않은 것은?

① 연소실 내의 온도 감소
② 배기가스에 의한 열손실 증가
③ 가스폭발의 위험 증가와 매연 발생
④ 배기가스 내의 SO_2, NO_2 함량 증가로 인한 부식 촉진

해설

공기비가 적을 때 가연성 물질인 CO, HC 등의 농도가 증가하여 가스폭발의 위험성과 매연 발생량이 증가한다.

정답 ③

27

★☆☆

과잉산소량(잔존 산소량)을 나타내는 표현은? (단, A: 실제 공기량, A_0: 이론공기량, m: 공기비(m>1), 표준상태, 부피 기준이다.)

① $0.21mA_0$　　② $0.21mA$
③ $0.21(m-1)A_0$　　④ $0.21(m-1)A$

해설

과잉산소량 $=0.21(m-1)A_0$

정답 ③

28

★★★

C: 80%, H: 15%, S: 5%의 무게비로 구성된 중유 1kg을 1.1의 공기비로 완전 연소시킬 때, 건조 배출가스 중의 SO_2 농도(ppm)는? (단, 모든 S 성분은 SO_2가 된다.)

① 3,026　　② 3,530
③ 4,126　　④ 4,530

해설

이론산소량 $=1.867C+5.6H+0.7S-0.7O$
$=(1.867\times0.8)+(5.6\times0.15)+(0.7\times0.05)=2.3686Sm^3$

이론공기량 $=\dfrac{\text{이론산소량}}{0.21}=\dfrac{2.3686}{0.21}=11.2790Sm^3$

이론공기 중 질소량 $=$ 이론공기량 $\times0.79$
$=11.2790\times0.79=8.9104Sm^3$

과잉공기량 $=$ 이론공기량 $\times$ (공기비 -1)
$=11.2790\times(1.1-1)=1.1279Sm^3$

$C+O_2\rightarrow CO_2$
$12kg : 22.4Sm^3=0.8kg : xSm^3$
CO_2 배출량$(x)=1.4933Sm^3$

$S+O_2\rightarrow SO_2$
$32kg : 22.4Sm^3=0.05kg : xSm^3$
SO_2 배출량$(x)=0.035Sm^3$

실제건연소가스량
$=$ 이론공기 중 질소량 $+$ 과잉공기량 $+$ 건조연소생성물(CO_2+SO_2)
$=8.9104+1.1279+1.4933+0.035=11.5666Sm^3$

$SO_2(ppm)=\dfrac{0.035}{11.5666}\times10^6=3{,}025.9540ppm$

정답 ①

29

★☆☆

고체연료 중 코크스에 관한 설명으로 가장 적합하지 않은 것은?

① 주성분은 탄소이다.
② 원료탄보다 회분의 함량이 많다.
③ 연소 시에 매연이 많이 발생한다.
④ 원료탄을 건류하여 얻어지는 2차 연료로 코크스로에서 제조된다.

해설
코크스는 석탄을 가공해 만드는 연료로서, 불순물을 거의 포함하지 않은 고순도 탄소로 구성되어 있어 연소 시에 매연을 많이 발생하지 않는다.

정답 ③

30

★★☆

화격자 연소에 관한 설명으로 가장 적합하지 않은 것은?

① 상부투입식은 투입되는 연료와 공기가 향류로 교차하는 형태이다.
② 상부투입식의 경우 화격자 상에 고정층을 형성해야 하므로 분체상의 석탄을 그대로 사용할 수 없다.
③ 정상상태에서 상부투입식은 상부로부터 석탄층 → 건조층 → 건류층 → 환원층 → 산화층 → 회층의 구성순서를 갖는다.
④ 하부투입식은 저융점의 회분을 많이 포함한 연료의 연소에 적합하며 착화성이 나쁜 연료도 유용하게 사용 가능하다.

해설
하부투입식은 저융점의 회분을 많이 포함한 연료의 연소에 부적합하며 착화성이 나쁜 연료는 사용이 어렵다.

정답 ④

31

★★★

CH_4의 최대탄산가스율(%)은? (단, CH_4는 완전 연소한다.)

① 11.7 ② 21.8
③ 34.5 ④ 40.5

해설
$CH_4 + 2O_2 \rightarrow CO_2 + 2H_2O$
메탄(CH_4) 1mol 연소 시 2mol의 산소(O_2)가 필요하고, 1mol의 이산화탄소(CO_2)가 생성된다.

$$\text{이론공기량} = \frac{\text{이론산소량}}{0.21} = \frac{2}{0.21} = 9.5238\text{mol}$$

이론공기 중 질소량 $= 9.5238 \times 0.79 = 7.5238\text{mol}$

$$CO_2max(\%) = \frac{CO_2\ \text{배출량}}{\text{이론건연소가스량}} \times 100$$
$$= \frac{1}{7.5238 + 1} \times 100 = 11.7318\%$$

정답 ①

32

★★☆

다음 조건을 갖는 기체연료의 이론연소온도(℃)는?

- 연료의 저발열량: $7{,}500\text{kcal/Sm}^3$
- 연료의 이론연소가스량: $10.5\text{Sm}^3/\text{Sm}^3$
- 연료연소가스의 평균정압비열: $0.35\text{kcal/Sm}^3 \cdot ℃$
- 기준온도: 25℃
- 공기는 예열되지 않고, 연소가스는 해리되지 않음

① 1,916 ② 2,066
③ 2,196 ④ 2,256

해설

$$\text{이론연소온도} = \text{기준온도} + \frac{\text{저발열량}}{\text{평균정압비열} \times \text{연소가스량}}$$
$$= 25℃ + \frac{\frac{7{,}500\text{kcal}}{\text{Sm}^3}}{\frac{0.35\text{kcal}}{\text{Sm}^3 \cdot ℃} \times \frac{10.5\text{Sm}^3}{\text{Sm}^3}} = 2{,}065.8163℃$$

정답 ②

2021년

33 ★★☆

가솔린 기관의 노킹현상을 방지하기 위한 방법으로 가장 적합하지 않은 것은?

① 화염속도를 빠르게 한다.
② 말단 가스의 온도와 압력을 낮춘다.
③ 혼합기의 자기착화온도를 높게 한다.
④ 불꽃진행거리를 길게 하여 말단가스가 고온·고압에 충분히 노출되도록 한다.

해설
불꽃진행거리를 길게 하여 말단가스가 고온·고압에 충분히 노출되면 노킹현상이 잘 발생한다.

정답 ④

34 ★★★

C_2H_6의 고발열량이 15,520kcal/Sm^3일 때, 저발열량(kcal/Sm^3)은?

① 18,380　② 16,560
③ 14,080　④ 12,820

해설
$C_2H_6 + 3.5O_2 \rightarrow 2CO_2 + 3H_2O$
저위발열량 = 고위발열량 − 물의 증발잠열
$= 15,520 - (480 \times 3) = 14,080\text{kcal/Sm}^3$

관련이론 | 물의 증발잠열과 단위환산
0℃의 물의 증발잠열 = 597kcal/kg
$\frac{597\text{kcal}}{\text{kg}} \times \frac{18\text{kg}}{22.4\text{Sm}^3} = 479.73\text{kcal/Sm}^3$

정답 ③

35 ★★★

89%의 탄소와 11%의 수소로 이루어진 액체연료를 1시간에 187kg씩 완전연소할 때 발생하는 배출가스의 조성을 분석한 결과 CO_2: 12.5%, O_2: 3.5%, N_2: 84% 이었다. 이 연료를 2시간 동안 완전연소시켰을 때 실제 소요된 공기량(Sm^3)은?

① 1,205　② 2,410
③ 3,610　④ 4,810

해설
두 가지 방법으로 풀 수 있지만 이 문제에서는 [풀이-2]가 조금 더 정답에 가깝다.

풀이-1
완전연소 시 과잉공기비(m) $= \frac{21}{21 - O_2} = \frac{21}{21 - 3.5} = 1.2$
이론산소량 $= 1.867C + 5.6H + 0.7S - 0.7O$
$= (1.867 \times 0.89) + (5.6 \times 0.11) = 2.2776\text{Sm}^3/\text{kg}$
이론공기량 $= \frac{\text{이론산소량}}{0.21} = \frac{2.2776}{0.21} = 10.8457\text{Sm}^3/\text{kg}$
실제공기량 = 이론공기량 × 과잉공기비 × 연료량
$= 10.8457 \times 1.2 \times (187 \times 2) = 4,867.5501\text{Sm}^3$

풀이-2
배출가스의 조성을 통해 공기비를 구한 후 실제 소요된 공기량을 산정한다.
과잉공기비(m) $= \frac{N_2}{N_2 - 3.76(O_2 - 0.5CO)} = \frac{84}{84 - (3.76 \times 3.5)}$
$= 1.1857$
이론산소량 $= 1.867C + 5.6H + 0.7S - 0.7O$
$= (1.867 \times 0.89) + (5.6 \times 0.11) = 2.2776\text{Sm}^3/\text{kg}$
이론공기량 $= \frac{\text{이론산소량}}{0.21} = \frac{2.2776}{0.21} = 10.8457\text{Sm}^3/\text{kg}$
실제공기량 = 이론공기량 × 과잉공기비 × 연료량
$= 10.8457 \times 1.1857 \times (187 \times 2) = 4,809.5451\text{Sm}^3$

정답 ④

36

★☆☆

연소에 관한 용어 설명으로 옳지 않은 것은?

① 유동점은 저온에서 중유를 취급할 경우의 난이도를 나타내는 척도가 될 수 있다.
② 인화점은 액체연료의 표면에 인위적으로 불씨를 가했을 때 연소하기 시작하는 최저온도이다.
③ 발열량은 연료가 완전연소할 때 단위중량 혹은 단위부피당 발생하는 열량으로 잠열을 포함하는 저발열량과 포함하지 않는 고발열량으로 구분된다.
④ 발화점은 공기가 충분한 상태에서 연료를 일정온도 이상으로 가열했을 때 외부에서 점화하지 않더라도 연료 자신의 연소열에 의해 연소가 일어나는 최저온도이다.

해설

발열량은 연료가 완전연소할 때 단위중량 혹은 단위부피당 발생하는 열량으로 잠열을 포함하는 고발열량과 포함하지 않는 저발열량으로 구분된다.

정답 ③

37

★★★

석탄의 유동층 연소에 관한 설명으로 가장 적합하지 않은 것은?

① 부하변동에 쉽게 적응할 수 없다.
② 유동매체의 보충이 필요하지 않다.
③ 유동매체를 석회석으로 할 경우 로 내에서 탈황이 가능하다.
④ 비교적 저온에서 연소가 행해지기 때문에 화격자 연소에 비해 thermal NO_x 발생량이 적다.

해설

석탄의 유동층 연소 시 손실되는 유동매체를 보충해야 한다.

관련이론 | 유동층 연소의 장점

- 사용연료의 입도범위가 넓기 때문에 연료를 미분쇄 할 필요가 없다.(미분탄장치가 필요 없음)
- 연료의 층내 체류시간이 길어 저발열량의 석탄도 완전연소가 가능하다.
- 유동매체에 석회석 등의 탈황제를 사용하여 로 내 탈황도 가능하다.
- 열생성 NO_x의 생성이 억제되어 전열관의 부식이 문제가 되지 않는다.
- 화염층을 작게 할 수 있어 장치를 소형으로 할 수 있다.
- 클링커에 의한 장해가 없다.

유동층 연소의 단점

- 부하변동에 따른 적응성이 낮은 편이다.
- 석탄 연소 시 미연소된 char가 배출될 수 있으므로 재연소장치에서의 연소가 필요하다.
- 비산분진의 발생량이 많다.
- 유동화에 따른 압력손실이 커 동력비가 많이 든다.
- 조대한 연료는 투입 전 전처리과정으로 파쇄공정을 거쳐야 한다.
- 손실되는 유동매체를 보충해야 한다.

정답 ②

38

★☆☆

석유류의 특성에 관한 내용으로 옳은 것은?

① 일반적으로 인화점은 예열온도보다 약간 높은 것이 좋다.
② 인화점이 낮을수록 역화의 위험성이 낮아지고 착화가 곤란하다.
③ 일반적으로 API가 10° 미만이면 경질유, 40° 이상이면 중질유로 분류된다.
④ 일반적으로 경질유는 방향족계 화합물을 50% 이상 함유하고 중질유에 비해 밀도와 점도가 높은 편이다.

선지분석

② 인화점이 낮은 경우에는 역화의 위험성이 있고, 높을 경우에는 착화가 어렵다.
③ 일반적으로 API가 30° 미만이면 중질유, 33° 이상이면 경질유로 분류된다.
④ 일반적으로 경질유는 방향족계 화합물을 10% 미만 함유하고 중질유는 30% 이상 함유한다. 경질유는 중질유에 비해 밀도와 점도가 낮은 편이다.

정답 ①

39

★☆☆

25℃에서 탄소가 연소하여 일산화탄소가 될 때 엔탈피 변화량(kJ)은?

$C+O_2(g) \rightarrow CO_2(g)$, $\triangle H=-393.5kJ$
$CO+1/2O_2(g) \rightarrow CO_2(g)$, $\triangle H=-283.0kJ$

① −676.5　　② −110.5
③ 110.5　　④ 676.5

해설

$C+O_2(g) \rightarrow CO_2(g)$, $\triangle H=-393.5kJ$ …… ①
$CO+1/2O_2(g) \rightarrow CO_2(g)$, $\triangle H=-283.0kJ$ …… ②
② 반응식의 역반응과 ① 반응식을 합한다.
$C+O_2(g) \rightarrow CO_2(g)$, $\triangle H=-393.5kJ$
$CO_2(g) \rightarrow CO+1/2O_2(g)$, $\triangle H=+283.0kJ$
$C+1/2O_2(g) \rightarrow CO(g)$
$\triangle H=-393.5+283.0=-110.5kJ$

정답 ②

40

★☆☆

액체연료를 비점(℃)이 큰 순서대로 나열한 것은?

① 등유>중유>휘발유>경유
② 중유>경유>등유>휘발유
③ 경유>휘발유>중유>등유
④ 휘발유>경유>등유>중유

해설

비점
휘발유: 30~220℃
등유: 150~270℃
경유: 150~300℃
중유: 320℃ 이상

정답 ②

대기오염방지기술

41

★☆☆

질소산화물(NO_x) 저감방법으로 가장 적합하지 않은 것은?

① 연소영역에서의 산소 농도를 높인다.
② 부분적인 고온영역이 없게 한다.
③ 고온영역에서 연소가스의 체류시간을 짧게 한다.
④ 유기질소화합물을 함유하지 않는 연료를 사용한다.

해설

산소의 농도가 높아지면 질소산화물의 생성이 촉진된다.

관련이론 | 연소상태 조절을 통한 질소산화물의 저감(억제법)

- 배출가스 속에 포함된 질소산화물을 장치를 통과시키면서 제거하는 방법이다.
- 수증기 분무, 저산소 연소, 저온도 연소, 저과잉공기비 연소법, 2단 연소법, 배기가스 재순환법이 있다.
- 공급공기량의 과량 주입은 일정구간에서 질소산화물의 발생을 촉진시킨다.

정답 ①

42

★☆☆

유해가스를 처리하는 흡수장치의 효율을 높이기 위한 흡수액의 조건은?

① 점성이 커야 한다.
② 어는점이 높아야 한다.
③ 휘발성이 적어야 한다.
④ 가스의 용해도가 낮아야 한다.

선지분석

① 점성이 작아야 한다.
② 어는점이 낮아야 한다.
④ 가스의 용해도가 높아야 한다.

정답 ③

43 ★★★

먼지의 자유낙하에서 종말침강속도에 관한 설명으로 옳은 것은?

① 입자가 바닥에 닿는 순간의 속도
② 입자의 가속도가 0이 될 때의 속도
③ 입자의 속도가 0이 되는 순간의 속도
④ 정지된 다른 입자와 충돌하는 데 필요한 최소한의 속도

해설
종말침강속도는 입자의 가속도가 0이 될 때의 속도이다.

정답 ②

44 ★☆☆

후드에 의한 먼지 흡입에 관한 설명으로 옳지 않은 것은?

① 국소적인 흡인방식을 취한다.
② 배풍기에 충분한 여유를 둔다.
③ 후드를 발생원에 가깝게 설치한다.
④ 후드의 개구면적을 가능한 크게 한다.

해설
후드의 개구면적은 가능한 한 작게 해야 한다.

정답 ④

45 ★★★

집진장치의 입구 쪽 처리가스 유량이 300,000m^3/h, 먼지농도가 15g/m^{3}이고, 출구 쪽 처리된 가스의 유량이 305,000m^3/h, 먼지농도가 40mg/m^{3}일 때, 집진효율(%)은?

① 89.6 ② 95.3
③ 99.7 ④ 103.2

해설
집진율 공식을 이용한다.

$$\eta=\left(1-\frac{Q_o\times C_o}{Q_i\times C_i}\right)\times 100$$

Q_o: 유출유량(Sm^3/hr), Q_i: 유입유량(Sm^3/hr)
C_o: 유출농도(g/Sm^3), C_i: 유입농도(g/Sm^3)

$$\eta=\left(1-\frac{305{,}000\times 0.04}{300{,}000\times 15}\right)\times 100=99.7288\%$$

정답 ③

46 ★★★

직경이 10μm인 구형입자가 20℃ 층류영역의 대기 중에서 낙하하고 있다. 입자의 종말침강속도(m/s)와 레이놀즈수를 순서대로 나열한 것은? (단, 20℃에서 입자의 밀도=1,800kg/m^3, 공기의 밀도=1.2kg/m^3, 공기의 점도=1.8×10^{-5}kg/m·s이다.)

① 5.44×10^{-3}, 3.63×10^{-3}
② 5.44×10^{-3}, 2.44×10^{-6}
③ 3.63×10^{-6}, 2.44×10^{-6}
④ 3.63×10^{-6}, 3.63×10^{-3}

해설
입자의 종말침강속도 공식(스토크스 공식)을 이용한다.

$$V_g=\frac{d_p^2(\rho_p-\rho)g}{18\mu}$$

V_g: 침강속도(m/s)
d_p: 입자의 직경(m)
ρ_p: 입자의 밀도(kg/m^3)
ρ: 공기의 밀도(kg/m^3)
g: 중력가속도(m/s^2)
μ: 공기(유체)의 점도(kg/m·s)

$$V_g=\frac{(10\times10^{-6}\text{m})^2\times(1{,}800-1.2)\text{kg/m}^3\times9.8\text{m/s}^2}{18\times1.8\times10^{-5}\text{kg/m·s}}=5.4408\times10^{-3}\text{m/s}$$

레이놀즈수를 구하는 공식을 이용한다.

$$\text{레이놀즈수}(Re)=\frac{d_p\times\rho\times V_g}{\mu}$$

d_p: 입자의 직경(m)
ρ: 공기(유체)의 밀도(kg/m^3)
V_g: 침강속도(m/s)
μ: 공기(유체)의 점도(kg/m·s)

$$Re=\frac{(10\times10^{-6})\times1.2\times5.4408\times10^{-3}}{1.8\times10^{-5}}=3.6272\times10^{-3}$$

정답 ①

47

★☆☆

표준상태의 공기가 내경이 50cm인 강관 속을 2m/s의 속도로 흐르고 있을 때, 공기의 질량유속(kg/s)은? (단, 공기의 평균분자량은 29이다.)

① 0.34　　② 0.51

③ 0.78　　④ 0.97

해설

$Q=AV$에 의해 유량을 구한 후 유량의 분자를 표준상태에서의 부피와 질량과의 관계를 통해 질량유속을 산정한다.

Q: 유량(m^3/s)

$A=\frac{\pi}{4}\times D^2$, A: 단면적(m^2), D: 직경(m)

V: 유속(m/s)

$$\frac{\pi}{4}\times(0.5m)^2\times\frac{2m}{s}\times\frac{29kg}{22.4m^3}=0.5084kg/s$$

정답 ②

48

★★★

여과집진장치의 탈진방식 중 간헐식에 관한 설명으로 옳지 않은 것은?

① 연속식에 비해 먼지의 재비산이 적고 높은 집진효율을 얻을 수 있다.

② 고농도, 대량가스 처리에 적합하며 점성이 있는 조대먼지의 탈진에 효과적이다.

③ 진동형은 여과포의 음파진동, 횡진동, 상하진동에 의해 포집된 먼지를 털어내는 방식이다.

④ 역기류형은 단위집진실에 처리가스의 공급을 중단시킨 후 순차적으로 탈진하는 방식이다.

해설

간헐식의 여포 수명은 연속식에 비해서는 긴 편이고, 점성이 있는 조대먼지를 탈진할 경우 여포 손상의 가능성이 있다.

연속식은 포집과 탈진이 동시에 이루어지므로 압력손실이 거의 일정하고 고농도, 대용량의 가스를 처리할 수 있다.

정답 ②

49

★☆☆

촉매소각법에 관한 일반적인 설명으로 옳지 않은 것은?

① 열소각법에 비해 연소 반응시간이 짧다.

② 열소각법에 비해 thermal NO_x 생성량이 작다.

③ 백금, 코발트는 촉매로 바람직하지 않은 물질이다.

④ 촉매제가 고가이므로 처리 가스량이 많은 경우에는 부적합하다.

해설

백금, 코발트는 촉매로 사용할 수 있는 물질이다.

정답 ③

50

★★☆

물리적 흡착에 의한 가스처리에 관한 설명으로 옳지 않은 것은?

① 처리가스의 분압이 낮아지면 흡착량이 감소한다.

② 처리가스의 온도가 높아지면 흡착량이 증가한다.

③ 흡착과정이 가역적이기 때문에 흡착제의 재생이 가능하다.

④ 다분자층 흡착이며 화학적 흡착에 비해 오염가스의 회수가 용이하다.

해설

처리가스의 온도가 높아지면 흡착량이 감소한다.

관련이론 | 물리적 흡착

- 입자 간의 인력(Van der waals힘)이 주된 원동력으로 흡착제에 피흡착 물질이 부착되는 흡착으로 가역적인 흡착반응이 일어난다.
- 일반적으로 기체의 분자량이 크고, 흡착되는 피흡착 물질의 분압이 높을수록 흡착량은 증가하게 된다.
- 온도가 낮을수록 흡착량은 많아지며 일정온도(임계온도) 이상에서는 흡착되지 않는다.
- 흡착열이 낮고 다분자 흡착이며 오염가스 회수가 용이하다.

정답 ②

51

★★☆

원심력집진장치(Cyclone)의 집진효율에 관한 내용으로 옳은 것은?

① 원통의 직경이 클수록 집진효율이 증가한다.
② 입자의 밀도가 클수록 집진효율이 감소한다.
③ 가스의 온도가 높을수록 집진효율이 증가한다.
④ 가스의 유입속도가 클수록 집진효율이 증가한다.

선지분석

① 원통의 직경이 작을수록 집진효율이 증가한다.
② 입자의 밀도가 클수록 집진효율이 증가한다.
③ 가스의 온도가 높을수록 집진효율이 감소한다.(점도가 커짐)

정답 ④

52

★★☆

세정집진장치의 장점으로 가장 적합한 것은?

① 점착성 및 조해성 먼지의 제거가 용이하다.
② 별도의 폐수처리시설이 필요하지 않다.
③ 먼지에 의한 폐쇄 등의 장애가 일어날 확률이 낮다.
④ 소수성 먼지에 대해 높은 집진효율을 얻을 수 있다.

선지분석

② 별도의 폐수처리시설이 필요하다.
③ 먼지에 의한 폐쇄 등의 장애가 일어날 수 있다.
④ 친수성 먼지에 대해 높은 집진효율을 얻을 수 있다.

정답 ①

53

★☆☆

흡인통풍의 장점으로 가장 적합하지 않은 것은?

① 통풍력이 크다.
② 연소용 공기를 예열할 수 있다.
③ 굴뚝의 통풍저항이 큰 경우에 적합하다.
④ 노 내압이 부압(−)으로 역화의 우려가 없다.

해설

흡인통풍 시 연소용 공기를 예열할 수 없다.

관련이론 | 흡인통풍

- 연소실 출구에서 연소실 안의 공기를 굴뚝으로 이동시키는 형태의 통풍방식이다.
- 동력을 사용하므로 소요동력이 많이 필요하다.
- 열손실이 증대되어 연소실 내의 온도가 내려간다.
- 자연통풍에 비하여 연소실의 열부하와 연소효율을 높일 수 있다.

정답 ②

54

★★☆

원통형 전기집진장치의 집진극 직경이 10cm이고 길이가 0.75m이다. 배출가스의 유속이 2m/s이고 먼지의 겉보기 이동속도가 10cm/s일 때, 이 집진장치의 실제집진효율(%)은?

① 78　　② 86
③ 95　　④ 99

해설

Deutsch 식을 사용한다.

$\eta = 1 - e^{\left(-\frac{A \times W_e}{Q}\right)}$

A(단면적, m^2)$= \pi \times D \times L$, D: 직경(m), L: 길이(m)

W_e: 먼지의 겉보기 이동속도(m/s)

Q: 처리가스량(m^3/s)

$Q = AV = \frac{\pi}{4} \times D^2 \times V$, D: 직경(m), V: 유속(m/s)

$\eta = 1 - e^{\left(-\frac{\pi \times 0.1m \times 0.75m \times 0.1m/s}{\frac{\pi}{4} \times (0.1m)^2 \times 2m/s}\right)} = 0.7768 = 77.7\%$

정답 ①

55

★★★

외기 유입이 없을 때 집진효율이 88%인 원심력집진장치(Cyclone)가 있다. 이 원심력 집진장치에 외기가 10% 유입되었을 때, 집진효율(%)은? (단, 외기가 10% 유입되었을 때 먼지통과율은 외기가 유입되지 않은 경우의 3배이다.)

① 54　　② 64
③ 75　　④ 83

해설

집진율 88%＝통과율 12%

유입먼지의 양을 100이라 가정하면 통과먼지는 12이다.

외기 10%가 유입되었을 때 통과율$= 12 \times 3 = 36\%$가 된다.

집진율$= \frac{100 - 36}{100} \times 100 = 64\%$

정답 ②

56

★☆☆

불소화합물 처리에 관한 내용이다. (　　) 안에 들어갈 화학식으로 가장 적합한 것은?

> 사불화규소는 물과 반응해서 콜로이드 상태의 규산과 (　　　) 을(를) 생성한다.

① CaF_2　　② $NaHF_2$

③ $NaSiF_6$　　④ H_2SiF_6

해설

H_2SiF_6: 불화규소산

정답 ④

57

★☆☆

유체의 점도를 나타내는 단위에 해당하지 않는 것은?

① poise　　② Pa·s

③ L·atm　　④ g/cm·s

해설

poise는 g/cm·s로 점도의 단위이다.

Pa·s는 점도의 SI단위이다.

정답 ③

58

★★☆

중력집진장치에 관한 설명으로 가장 적합하지 않은 것은?

① 배기가스의 점도가 낮을수록 집진효율이 증가한다.

② 함진가스의 온도 변화에 의한 영향을 거의 받지 않는다.

③ 침강실의 높이가 낮고, 길이가 길수록 집진효율이 증가한다.

④ 함진가스의 유량, 유입속도 변화에 거의 영향을 받지 않는다.

해설

중력집진장치는 함진가스의 유량, 유입속도 변화에 영향을 받는다.

관련이론 | 중력집진장치의 집진효율 향상조건

- 침강실 내의 처리가스의 속도가 작을수록 미립자가 포집된다.
- 유입부의 유속이 느릴수록 처리 효율이 높다.
- 침강실의 높이는 낮고 길이는 길수록 집진율이 높아진다.
- 침강실 내의 배기가스 기류는 균일해야 한다.
- 다단일 경우 단수가 증가할수록 압력손실은 커지나 효율은 증가한다.

정답 ④

59

★★★

처리가스량이 30,000m³/h, 압력손실이 300mmH₂O인 집진장치를 효율이 47%인 송풍기로 운전할 때, 송풍기의 소요동력(kW)은?

① 38　　② 43

③ 49　　④ 52

해설

동력 산정 공식을 이용한다.

$$P(\text{kW})=\frac{Q\times \Delta P}{102\times \eta}\times \alpha$$

Q: 처리가스량(m^3/s)

ΔP: 압력손실(mmH_2O)

η: 송풍기 효율

α: 여유율(문제의 조건에 없으므로 1로 간주함)

$$P=\frac{\frac{30{,}000\text{m}^3}{\text{hr}}\times\frac{\text{hr}}{3{,}600\text{s}}\times 300\text{mmH}_2\text{O}}{102\times 0.47}=52.1485\text{kW}$$

정답 ④

60

★☆☆

먼지의 입경측정 방법을 직접측정법과 간접측정법으로 구분할 때, 직접측정법에 해당하는 것은?

① 광산란법　　② 관성충돌법

③ 액상침강법　　④ 표준체측정법

해설

간접측정법: 광산란법, 공기투과법, 액상침강법, 관성충돌법

직접측정법: 현미경법, 표준체측정법

정답 ④

대기오염공정시험기준

61 ★☆☆

배출가스 중의 수은화합물을 냉증기 원자흡수분광광도법에 따라 분석할 때 사용하는 흡수액은?

① 질산암모늄+황산용액
② 과망간산포타슘+황산용액
③ 시안화포타슘+디티존용액
④ 수산화칼슘+피로가롤용액

해설

수은화합물을 냉증기 원자흡수분광광도법에 따라 분석할 때 흡수액은 '질량분율 4% 과망간산포타슘+10% 황산용액'을 사용한다.
10% 황산(H_2SO_4, 분자량: 98.08, 순도: 1급 이상)에 과망간산포타슘($KMnO_4$, 분자량: 158.03, 순도: 1급 이상) 40g을 넣어 녹이고 10% 황산을 가하여 최종 부피를 1L로 한다.

정답 ②

62 ★☆☆

비분산적외선분석계의 장치구성에 관한 설명으로 옳지 않은 것은?

① 비교셀은 시료셀과 동일한 모양을 가지며 산소를 봉입하여 사용한다.
② 광원은 원칙적으로 흑체발광으로 니크로뮴선 또는 탄화규소의 저항체에 전류를 흘려 가열한 것을 사용한다.
③ 광학필터는 시료가스 중에 포함되어 있는 간섭물질 가스의 흡수 파장역 적외선을 흡수제거하기 위해 사용한다.
④ 회전섹타는 시료광속과 비교 광속을 일정 주기로 단속시켜 광학적으로 변조시키는 것으로 측정 광신호의 증폭에 유효하고 잡신호의 영향을 줄일 수 있다.

해설

비교셀은 시료셀과 동일한 모양을 가지며 아르곤 또는 질소와 같은 불활성 기체를 봉입하여 사용한다.

정답 ①

63 ★★★

다음 자료를 바탕으로 구한 비산먼지의 농도(mg/m^3)는?

- 채취먼지량이 가장 많은 위치에서의 먼지농도: $115mg/m^3$
- 대조위치에서의 먼지농도: $0.15mg/m^3$
- 전 시료채취기간 중 주 풍향이 90° 이상 변함
- 풍속이 0.5m/sec 미만 또는 10m/sec 이상이 되는 시간이 전 채취시간의 50% 이상임

① 114.9　② 137.8
③ 165.4　④ 206.7

해설

각 측정지점의 채취먼지량과 풍향풍속의 측정결과로부터 비산먼지의 농도를 구한다.

비산먼지농도$(C)=(C_H-C_B)\times W_D\times W_S$

$=(115-0.15)\times1.5\times1.2=206.73mg/m^3$

C_H=채취먼지량이 가장 많은 위치에서의 먼지농도(mg/Sm^3)
C_B=대조위치에서의 먼지농도(mg/Sm^3)
W_D, W_S=풍향, 풍속 측정 결과로부터 구한 보정계수
단, 대조위치를 선정할 수 없는 경우에는 C_B는 $0.15mg/Sm^3$로 한다.

풍향에 대한 보정

풍향변화범위	보정계수
전 시료채취 기간 중 주 풍향이 90° 이상 변할 때	1.5
전 시료채취 기간 중 주 풍향이 45°~90° 변할 때	1.2
전 시료채취 기간 중 풍향이 변동이 없을 때 (45° 미만)	1.0

풍속에 대한 보정

풍속범위	보정계수
풍속이 0.5m/sec 미만 또는 10m/sec 이상이 되는 시간이 전 채취시간의 50% 미만일 때	1.0
풍속이 0.5m/sec 미만 또는 10m/sec 이상이 되는 시간이 전 채취시간의 50% 이상일 때	1.2

정답 ④

64 ★★★

대기오염공정시험기준상의 용어 정의 및 규정에 관한 내용으로 옳은 것은?

① 약이란 그 무게 또는 부피에 대해 ±1% 이상의 차가 있어서는 안 된다.
② 상온은 15~25℃, 실온은 1~35℃, 찬 곳은 따로 규정이 없는 한 0~15℃의 곳을 뜻한다.
③ 방울수라 함은 20℃에서 정제수 10 방울을 떨어뜨릴 때 그 부피가 약 1mL 되는 것을 뜻한다.
④ 10억분율은 pphm으로 표시하고 따로 표시가 없는 한 기체일 때는 용량 대 용량(V/V), 액체일 때는 중량 대 중량(W/W)을 표시한 것을 뜻한다.

선지분석

① 약이란 그 무게 또는 부피 등에 대하여 ±10% 이상의 차가 있어서는 안 된다.
③ 방울수라 함은 20℃에서 정제수 20 방울을 떨어뜨렸을 때 그 부피가 약 1mL되는 것을 뜻한다.
④ 1억분율은 pphm, 10억분율은 ppb로 표시한다.

정답 ②

65 ★☆☆

가로 길이가 3m, 세로 길이가 2m인 상·하 동일 단면적의 사각형 굴뚝이 있다. 이 굴뚝의 환산직경(m)은?

① 2.2　　② 2.4
③ 2.6　　④ 2.8

해설

굴뚝의 단면이 사각형인 경우의 환산직경

$$D_0=\frac{2ab}{a+b}$$

a: 굴뚝내부 단면 가로치수(m)
b: 굴뚝내부 단면 세로치수(m)

$$D_0=\frac{2\times(3\times2)}{3+2}=2.4\text{m}$$

정답 ②

66 ★☆☆

굴뚝 배출가스 중의 황산화물 시료채취에 관한 일반적인 내용으로 옳지 않은 것은?

① 채취관과 삼방콕 등 가열하는 접속부분은 실리콘을 제외한 보통 고무관을 사용한다.
② 시료가스 중의 황산화물과 수분이 응축되지 않도록 시료채취관과 콕 사이를 가열할 수 있는 구조로 한다.
③ 시료채취관은 유리, 석영, 스테인리스강 등 시료가스 중의 황산화물에 의해 부식되지 않는 재질을 사용한다.
④ 시료가스 중에 먼지가 섞여 들어가는 것을 방지하기 위해 채취관의 앞 끝에 알칼리(alkali)가 없는 유리솜 등의 적당한 여과재를 넣는다.

해설

채취관과 어댑터(adapter), 삼방콕 등 가열하는 접속부분은 갈아 맞춤 또는 실리콘 고무관을 사용하고 보통 고무관을 사용하면 안 된다.

정답 ①

67 ★☆☆

배출가스 중의 산소를 오르자트분석법에 따라 분석할 때 사용하는 산소 흡수액은?

① 입상아연＋피로가롤용액
② 수산화소듐용액＋피로가롤용액
③ 염화제일주석용액＋피로가롤용액
④ 수산화포타슘용액＋피로가롤용액

해설

개정된 대기오염공정시험기준에서 오르자트분석계에 의한 산소 측정법은 삭제되었다.

관련이론

배출가스 중 산소는 자동측정법－전기화학식이 주 방법이다.

분석방법	정량범위	
자동측정법	전기화학식	0~25.0%
자동측정법	자기식(자기풍)	0~5.0%
	자기식(자기력)	0~10.0%

정답 정답 없음

68 ★★☆

굴뚝 배출가스 중의 폼알데하이드 및 알데하이드류의 분석방법에 해당하지 않는 것은?

① 차아염소산염 자외선/가시선분광법
② 자외선/가시선분광법 아세틸아세톤법
③ 자외선/가시선분광법 크로모트로핀산법
④ 고성능액체크로마토그래피법

해설
배출가스 중 폼알데하이드 및 알데하이드류 분석방법
- 고성능액체크로마토그래피법
- 자외선/가시선분광법 크로모트로핀산법
- 자외선/가시선분광법 아세틸아세톤법

정답 ①

69 ★☆☆

환경대기 중의 시료채취 시 주의사항으로 옳지 않은 것은?

① 시료채취 유량은 규정하는 범위 내에서 되도록 많이 채취하는 것을 원칙으로 한다.
② 악취물질의 채취는 되도록 짧은 시간 내에 끝내고 입자상 물질 중의 금속 성분이나 발암성 물질 등은 되도록 장시간 채취한다.
③ 입자상 물질을 채취할 경우에는 채취관 벽에 분진이 부착 또는 퇴적하는 것을 피하고 특히 채취관은 수평방향으로 연결할 경우에는 되도록 관의 길이를 길게 하고 곡률반경을 작게 한다.
④ 바람이나 눈, 비로부터 보호하기 위해 측정기기는 실내에 설치하고 채취구를 밖으로 연결할 경우 채취관 벽과의 반응, 흡착, 흡수 등에 의한 영향을 최소한도로 줄일 수 있는 재질과 방법을 선택한다.

해설
입자상 물질을 채취할 경우에는 채취관 벽에 분진이 부착 또는 퇴적하는 것을 피하고 특히 채취관은 수평방향으로 연결할 경우에는 되도록 관의 길이를 짧게 하고 곡률 반경은 크게 한다.

정답 ③

70 ★★☆

분석대상 가스가 암모니아인 경우 사용 가능한 채취관의 재질에 해당하지 않는 것은?

① 석영 ② 플루오로수지
③ 실리콘수지 ④ 스테인리스강

해설
시료채취관은 배출가스 중의 암모니아 공존 성분에 의하여 부식되지 않은 재질인 경질유리관, 스테인리스강 재질, 석영관 및 플루오로수지관 등을 쓴다.

정답 ③

71 ★★☆

환경대기 중의 석면을 위상차현미경법에 따라 측정할 때에 관한 설명으로 옳지 않은 것은?

① 시료채취 시 시료 포집면이 주 풍향을 향하도록 설치한다.
② 시료채취지점에서의 실내기류는 0.3m/s 이내가 되도록 한다.
③ 포집한 먼지 중 길이가 10μm 이하이고 길이와 폭의 비가 5 : 1 이하인 섬유를 석면섬유로 계수한다.
④ 시료채취는 해당시설의 실제 운영조건과 동일하게 유지되는 일반 환경상태에서 측정하는 것을 원칙으로 한다.

해설
포집한 먼지 중에 길이가 5μm 이상이고, 길이와 폭의 비가 3 : 1 이상인 섬유를 석면섬유로서 계수한다.

정답 ③

72 ★★☆

단색화장치를 사용하여 광원에서 나오는 빛 중 좁은 파장 범위의 빛만을 선택한 뒤 액층에 통과시켰다. 입사광의 강도가 1이고, 투사광의 강도가 0.5일 때, 흡광도는? (단, Lambert-Beer 법칙을 적용한다.)

① 0.3 ② 0.5
③ 0.7 ④ 1.0

해설

$t(\text{투과도}) = \frac{\text{투사광의 강도}}{\text{입사광의 강도}} = \frac{0.5}{1} = 0.5$

$\text{흡광도}(A) = \log\frac{1}{t(\text{투과도})} = \log\frac{1}{0.5} = 0.3$

정답 ①

73 ★★☆

유류 중의 황 함유량을 측정하기 위한 분석방법에 해당하는 것은?

① 광학기법
② 열탈착식 광도법
③ 방사선 여기법
④ 자외선/가시선 분광법

해설

연료용 유류 중의 황 함유량을 측정하기 위한 분석 방법은 연소관식 공기법, 방사선 여기법이다.

정답 ③

74 ★★★

피토관으로 측정한 결과 덕트(Duct) 내부 가스의 동압이 $13mmH_2O$이고 유속이 20m/s이었다. 덕트의 밸브를 모두 열었을 때 동압이 $26mmH_2O$일 때, 덕트의 밸브를 모두 열었을 때의 가스 유속(m/s)은?

① 23.2 ② 25.0
③ 27.1 ④ 28.3

해설

배출가스 유속 공식을 이용한다.

$V = C\sqrt{\frac{2gh}{\gamma}}$

C: 피토관 계수
h: 배출가스의 평균 동압 측정치(mmH_2O)
g: 중력 가속도($9.81m/s^2$)
γ: 굴뚝 내의 습한 배출가스 밀도(kg/m^3)

유속이 20m/s일 때

$20m/s = C\sqrt{\frac{2g \times 13}{\gamma}}$ $\left(C\sqrt{\frac{2g}{\gamma}}\text{은 상수 } K\text{로 봄}\right)$

$20 = K\sqrt{13},\ K = 5.5470$

덕트의 밸브를 모두 열었을 때

$V = K\sqrt{h}$

$V = 5.5470 \times \sqrt{26} = 28.2842m/s$

정답 ④

75 ★★☆

흡광차분광법에 관한 설명으로 옳지 않은 것은?

① 광원부는 발·수광부 및 광케이블로 구성된다.
② 광원으로 180~2,850nm 파장을 갖는 제논 램프를 사용한다.
③ 일반 흡광광도법은 적분적이며 흡광차분광법은 미분적이라는 차이가 있다.
④ 분석장치는 분석기와 광원부로 나누어지며 분석기 내부는 분광기, 샘플 채취부, 검지부, 분석부, 통신부 등으로 구성된다.

해설

일반 흡광광도법은 미분적(일시적)이며 흡광차분광법(DOAS)은 적분적(연속적)이란 차이점이 있다.

관련이론 | 흡광차분광법

- 빛을 조사하는 발광부와 50~1,000m 정도 떨어진 곳에 수광부(또는 발·수광부와 반사경) 사이에 형성되는 빛의 이동경로(path)를 통과하는 가스를 실시간으로 분석한다.
- 측정에 필요한 광원은 180~2,850nm 파장을 갖는 제논(Xenon) 램프를 사용하여 이산화황, 질소산화물, 오존 등의 대기오염물질 분석에 적용한다.

정답 ③

76

★★★

원자흡수분광광도법에 따라 분석할 때, 분석오차를 유발하는 원인으로 가장 적합하지 않은 것은?

① 검정곡선 작성의 잘못
② 공존물질에 의한 간섭영향 제거
③ 광원부 및 파장선택부의 광학계 조정 불량
④ 가연성 가스 및 조연성 가스의 유량 또는 압력의 변동

해설

공존물질에 의한 간섭영향을 제거하면 분석오차를 줄일 수 있다.

정답 ②

77

★★☆

어떤 사업장의 굴뚝에서 배출되는 오염물질의 농도가 600ppm이고 표준산소농도가 6%, 실측산소농도가 8%일 때, 보정된 오염물질의 농도(ppm)는?

① 692.3
② 722.3
③ 832.3
④ 862.3

해설

배출농도 보정공식을 이용한다.

$$C=C_a\times\frac{21-O_s}{21-O_a}$$

C: 오염물질의 농도(mg/Sm^3 또는 ppm)
C_a: 실측오염물질농도(mg/Sm^3 또는 ppm)
O_s: 표준산소농도(%), O_a: 실측산소농도(%)

$$C=600\times\frac{21-6}{21-8}=692.3076\text{ppm}$$

정답 ①

78

★☆☆

환경대기 시료채취방법 중 측정대상 기체와 선택적으로 흡수 또는 반응하는 용매에 시료가스를 일정 유량으로 통과시켜 채취하는 방법으로 채취관-여과재-채취부-흡입펌프-유량계(가스미터)로 구성되는 것은?

① 용기채취법
② 고체흡착법
③ 직접채취법
④ 용매채취법

선지분석

① 용기채취법: 시료를 일단 일정한 용기에 채취한 다음 분석에 이용하는 방법으로 채취관-용기 또는 채취관-유량조절기-흡입펌프-용기로 구성된다.
② 고체흡착법: 고체 분말표면에 기체가 흡착되는 것을 이용하는 방법으로 시료채취장치는 흡착관, 유량계 및 흡입펌프로 구성한다.
③ 직접채취법: 시료를 측정기에 직접 도입하여 분석하는 방법으로 채취관-분석장치-흡입펌프로 구성된다.

정답 ④

79

★★★

이온크로마토그래피법에 관한 일반적인 설명으로 옳지 않은 것은?

① 검출기로 수소염이온화검출기(FID)가 많이 사용된다.
② 용리액조, 송액펌프, 시료주입장치, 분리관, 써프렛서, 검출기, 기록계로 구성되어 있다.
③ 강수(비, 눈, 우박 등), 대기먼지, 하천수 중의 이온성분을 정성, 정량 분석하는 데 사용된다.
④ 용리액조는 이온 성분이 용출되지 않는 재질로써 용리액을 직접 공기와 접촉시키지 않는 밀폐된 것을 선택한다.

해설

검출기는 분리관 용리액 중의 시료 성분의 유무와 양을 검출하는 부분으로 일반적으로 전기전도도 검출기를 많이 사용하고, 그 외 자외선, 가시선 흡수검출기(UV, VIS 검출기), 전기화학적 검출기 등이 사용된다.

정답 ①

80

★☆☆

굴뚝연속자동측정기기에 사용되는 도관에 관한 설명으로 옳지 않은 것은?

① 도관은 가능한 짧은 것이 좋다.
② 냉각도관은 될 수 있는 대로 수직으로 연결한다.
③ 기체-액체 분리관은 도관의 부착위치 중 가장 높은 부분에 부착한다.
④ 응축수의 배출에 사용하는 펌프는 내구성이 좋아야 하고, 이 때 응축수 트랩은 사용하지 않아도 된다.

해설

기체-액체 분리관은 도관의 부착위치 중 가장 낮은 부분 또는 최저온도의 부분에 부착하여 응축수를 급속히 냉각시키고 배관계의 밖으로 빨리 방출시킨다.

정답 ③

대기환경관계법규

81

★☆☆

대기환경보전법령상 환경기술인의 준수사항으로 옳지 않은 것은?

① 배출시설 및 방지시설의 운영기록을 사실에 기초하여 작성해야 한다.
② 환경기술인을 공동으로 임명한 경우 환경기술인이 해당 사업장에 번갈아 근무해서는 안 된다.
③ 배출시설 및 방지시설을 정상가동하여 대기오염물질 등의 배출이 배출허용기준에 맞도록 해야 한다.
④ 자가측정 시 사용한 여과지는 환경오염공정시험기준에 따라 기록한 시료채취기록지와 함께 날짜별로 보관·관리해야 한다.

해설

환경기술인을 공동으로 임명한 경우 그 환경기술인은 해당 사업장에 번갈아 근무하여야 한다.

관련이론 | 환경기술인의 준수사항 및 관리사항「시행규칙 제54조」

1. 배출시설 및 방지시설을 정상가동하여 대기오염물질 등의 배출이 배출허용기준에 맞도록 할 것
2. 배출시설 및 방지시설의 운영기록을 사실에 기초하여 작성할 것
3. 자가측정은 정확히 할 것
4. 자가측정한 결과를 사실대로 기록할 것
5. 자가측정 시에 사용한 여과지는「환경분야 시험·검사 등에 관한 법률」에 따른 환경오염공정시험기준에 따라 기록한 시료채취기록지와 함께 날짜별로 보관·관리할 것
6. 환경기술인은 사업장에 상근할 것. 다만,「기업활동 규제완화에 관한 특별조치법」 제37조에 따라 환경기술인을 공동으로 임명한 경우 그 환경기술인은 해당 사업장에 번갈아 근무하여야 한다.

정답 ②

82

★☆☆

대기환경보전법령상 환경부장관 또는 시·도지사가 배출부과금의 납부의무자가 납부기한 전에 배출부과금을 납부할 수 없다고 인정하여 징수를 유예하거나 징수금액을 분할납부하게 할 경우에 관한 설명으로 옳지 않은 것은?

① 부과금의 분할납부 기한 및 금액과 그 밖에 부과금의 부과·징수에 필요한 사항은 환경부장관 또는 시·도지사가 정한다.
② 초과부과금의 징수유예기간은 유예한 날의 다음 날부터 2년 이내이며 그 기간 중의 분할납부 횟수는 12회 이내이다.
③ 기본부과금의 징수유예기간은 유예한 날의 다음 날부터 다음 부과기간의 개시일 전일까지이며 그 기간 중의 분할납부 횟수는 4회 이내이다.
④ 징수유예기간 내에 징수할 수 없다고 인정되어 징수유예기간을 연장하거나 분할납부 횟수를 증가시킬 경우 징수유예기간의 연장은 유예한 날의 다음날부터 5년 이내이며 분할납부 횟수는 30회 이내이다.

해설

부과금의 징수유예·분할납부 및 징수절차「시행령 제36조」

징수유예기간의 연장은 유예한 날의 다음 날부터 3년 이내로 하며, 분할납부의 횟수는 18회 이내로 한다.

정답 ④

83 ★★☆

대기환경보전법령상 "자동차 사용의 제한 및 사업장의 연료사용량 감축 권고" 등의 조치사항이 포함되어야 하는 대기오염경보단계는?

① 경계 발령 ② 경보 발령
③ 주의보 발령 ④ 중대경보 발령

해설

대기오염경보에 포함되어야 하는 사항「시행령 제2조」

1. 주의보 발령: 주민의 실외활동 및 자동차 사용의 자제 요청 등
2. 경보 발령: 주민의 실외활동 제한 요청, 자동차 사용의 제한 및 사업장의 연료사용량 감축 권고 등
3. 중대경보 발령: 주민의 실외활동 금지 요청, 자동차의 통행금지 및 사업장의 조업시간 단축명령 등

정답 ②

84 ★★☆

대기환경보전법령상 일일 기준초과배출량 및 일일유량의 산정방법으로 옳지 않은 것은?

① 측정유량의 단위는 m^3/h로 한다.
② 먼지를 제외한 그 밖의 오염물질의 배출농도 단위는 ppm으로 한다.
③ 특정대기유해물질의 배출허용기준초과 일일오염물질 배출량은 소수점 이하 넷째자리까지 계산한다.
④ 일일조업시간은 배출량을 측정하기 전 최근 조업한 3개월 동안의 배출시설 조업시간 평균치를 일 단위로 표시한다.

해설

일일 기준초과배출량 및 일일유량의 산정방법「시행령 별표 5」

1. 측정유량의 단위는 시간당 세제곱미터(m^3/h)로 한다.
2. 일일조업시간은 배출량을 측정하기 전 최근 조업한 30일 동안의 배출시설 조업시간 평균치를 시간으로 표시한다.

정답 ④

85 ★★★

환경정책기본법령상 SO_2의 대기환경기준은? (단, ㉠ 연간 평균치, ㉡ 24시간 평균치, ㉢ 1시간 평균치이다.)

① ㉠: 0.02ppm 이하, ㉡: 0.05ppm 이하, ㉢: 0.15ppm 이하
② ㉠: 0.03ppm 이하, ㉡: 0.06ppm 이하, ㉢: 0.10ppm 이하
③ ㉠: 0.05ppm 이하, ㉡: 0.10ppm 이하, ㉢: 0.12ppm 이하
④ ㉠: 0.06ppm 이하, ㉡: 0.10ppm 이하, ㉢: 0.12ppm 이하

해설

환경기준「환경정책기본법 시행령 별표 1」

항목	기준
아황산가스 (SO_2)	연간 평균치 0.02ppm 이하 24시간 평균치 0.05ppm 이하 1시간 평균치 0.15ppm 이하
일산화탄소 (CO)	8시간 평균치 9ppm 이하 1시간 평균치 25ppm 이하
이산화질소 (NO_2)	연간 평균치 0.03ppm 이하 24시간 평균치 0.06ppm 이하 1시간 평균치 0.10ppm 이하

정답 ①

86 ★★☆

대기환경보전법령상 첨가제·촉매제 제조기준에 맞는 제품의 표시방법에 관한 내용 중 ( ) 안에 알맞은 것은?

> 표시크기는 첨가제 또는 촉매제 용기 앞면의 제품명 밑에 제품명 글자크기의 ( )에 해당하는 크기이어야 한다.

① 100분의 50 이상 ② 100분의 30 이상
③ 100분의 15 이상 ④ 100분의 5 이상

해설

표시크기는 글자크기의 100분의 30 이상으로 해야 한다.

정답 ②

2021년

87

★☆☆

대기환경보전법령상 배출시설 및 방지시설 등과 관련된 1차 행정처분기준이 조업정지에 해당하지 않는 경우는?

① 방지시설을 설치해야 하는 자가 방지시설을 임의로 철거한 경우
② 배출허용기준을 초과하여 개선명령을 받은 자가 개선명령을 이행하지 않은 경우
③ 방지시설을 설치해야 하는 자가 방지시설을 설치하지 않고 배출시설을 가동하는 경우
④ 배출시설 가동개시신고를 해야 하는 자가 가동개시신고를 하지 않고 조업하는 경우

해설

가동개시신고를 하지 아니하고 조업하는 경우 행정처분기준 「시행규칙 별표 36」

1차	2차	3차	4차
경고	허가취소 또는 폐쇄	–	–

정답 ④

88

★★★

실내공기질 관리법령상 공동주택 소유자에게 권고하는 실내 라돈 농도의 기준은?

① 1세제곱미터당 148베크렐 이하
② 1세제곱미터당 348베크렐 이하
③ 1세제곱미터당 548베크렐 이하
④ 1세제곱미터당 848베크렐 이하

해설

실내 라돈 농도의 권고기준 「실내공기질 관리법 시행규칙 제10조의 12」

다중이용시설 또는 공동주택의 소유자에게 권고하는 실내 라돈 농도의 기준은 다음 구분에 따른다.

1. 다중이용시설의 소유자등: 실내공기질 권고기준에 따른 라돈의 권고기준
2. 공동주택의 소유자등: 1세제곱미터당 148베크렐 이하

정답 ①

89

★★☆

대기환경보전법령상 환경부령으로 정하는 바에 따라 특별자치시장·특별자치도지사·시장·군수·구청장에게 신고하고 비산먼지의 발생을 억제하기 위한 시설을 설치하거나 필요한 조치를 해야 할 경우에 해당하지 않는 경우는?

① 비산먼지를 발생시키는 운송장비 제조업을 하려는 자
② 비산먼지를 발생시키는 비료 및 사료제품의 제조업을 하려는 자
③ 비산먼지를 발생시키는 금속물질의 채취업 및 가공업을 하려는 자
④ 비산먼지를 발생시키는 시멘트 관련 제품의 가공업을 하려는 자

해설

비산먼지를 발생시키는 비금속물질의 채취업, 제조업 및 가공업을 하려는 자가 비산먼지의 발생을 억제하기 위한 시설을 설치하거나 필요한 조치를 해야 한다.

관련이론 | 비산먼지 발생사업 「시행령 제44조」

- 시멘트·석회·플라스터 및 시멘트 관련 제품의 제조업 및 가공업
- 비금속물질의 채취업, 제조업 및 가공업
- 제1차 금속 제조업, 비료 및 사료제품의 제조업
- 건설업(지반 조성공사, 건축물 축조공사, 토목공사, 조경공사 및 도장공사로 한정함)
- 시멘트, 석탄, 토사, 사료, 곡물 및 고철의 운송업
- 운송장비 제조업, 저탄시설의 설치가 필요한 사업
- 고철, 곡물, 사료, 목재 및 광석의 하역업 또는 보관업
- 금속제품의 제조업 및 가공업
- 폐기물 매립시설 설치·운영 사업

정답 ③

90

★★☆

대기환경보전법령상 제조기준에 맞지 않는 첨가제 또는 촉매제임을 알면서 사용한 자에 대한 과태료 부과기준은?

① 1천만원 이하의 과태료 ② 500만원 이하의 과태료
③ 300만원 이하의 과태료 ④ 200만원 이하의 과태료

해설

문제에 제시된 행위에 대한 과태료는 200만원 이하이다.

정답 ④

91 ★★☆

대기환경보전법령상 자동차연료형 첨가제의 종류에 해당하지 않는 것은? (단, 그 밖에 환경부장관이 자동차의 성능을 향상시키거나 배출가스를 줄이기 위해 필요하다고 정하여 고시하는 경우는 제외한다.)

① 세척제 ② 청정분산제
③ 매연발생제 ④ 옥탄가향상제

해설

자동차연료형 첨가제의 종류「시행규칙 별표 6」

1. 세척제
2. 청정분산제
3. 매연억제제
4. 다목적첨가제
5. 옥탄가향상제
6. 세탄가향상제
7. 유동성향상제
8. 윤활성 향상제

정답 ③

92 ★★★

대기환경보전법령상 시·도지사가 설치하는 대기오염 측정망에 해당하는 것은?

① 대기 중의 중금속 농도를 측정하기 위한 대기중금속측정망
② 대기오염물질의 지역배경농도를 측정하기 위한 교외대기측정망
③ 도시지역의 휘발성유기화합물 등의 농도를 측정하기 위한 광화학대기오염물질측정망
④ 산성 대기오염물질의 건성 및 습성 침착량을 측정하기 위한 산성강하물측정망

해설

②, ③, ④는 수도권대기환경청장, 국립환경과학원장 또는 한국환경공단이 설치하는 대기오염 측정망의 종류이다.

관련이론 | 측정망의 종류 및 측정결과보고「시행규칙 제11조」

수도권대기환경청장, 국립환경과학원장 또는 한국환경공단이 설치하는 대기오염 측정망의 종류

1. 대기오염물질의 지역배경농도를 측정하기 위한 교외대기측정망
2. 대기오염물질의 국가배경농도와 장거리이동 현황을 파악하기 위한 국가배경농도측정망
3. 도시지역 또는 산업단지 인근지역의 특정대기유해물질(중금속은 제외)의 오염도를 측정하기 위한 유해대기물질측정망
4. 도시지역의 휘발성유기화합물 등의 농도를 측정하기 위한 광화학대기오염물질측정망
5. 산성 대기오염물질의 건성 및 습성 침착량을 측정하기 위한 산성강하물측정망
6. 기후·생태계 변화유발물질의 농도를 측정하기 위한 지구대기측정망
7. 장거리이동대기오염물질의 성분을 집중 측정하기 위한 대기오염집중측정망
8. 초미세먼지(PM−2.5)의 성분 및 농도를 측정하기 위한 미세먼지성분측정망

특별시장·광역시장·특별자치시장·도지사 또는 특별자치도지사가 설치하는 대기오염 측정망

1. 도시지역의 대기오염물질 농도를 측정하기 위한 도시대기측정망
2. 도로변의 대기오염물질 농도를 측정하기 위한 도로변대기측정망
3. 대기 중의 중금속 농도를 측정하기 위한 대기중금속측정망

정답 ①

93 ★★☆

악취방지법령상 지정악취물질에 해당하지 않는 것은?

① 메틸메르캅탄 ② 트라이메틸아민
③ 아세트알데하이드 ④ 아닐린

해설

아닐린은 지정악취물질에 해당되지 않는다.

관련이론 | 지정악취물질「악취방지법 시행규칙 별표 1」

암모니아, 메틸메르캅탄, 황화수소, 다이메틸설파이드, 다이메틸다이설파이드, 트라이메틸아민, 아세트알데하이드, 스타이렌, 프로피온알데하이드, 뷰틸알데하이드, n-발레르알데하이드, i-발레르알데하이드, 톨루엔, 자일렌, 메틸에틸케톤, 메틸아이소뷰틸케톤, 뷰틸아세테이트, 프로피온산, n-뷰틸산, n-발레르산, i-발레르산, i-뷰틸알코올

정답 ④

2021년

94

★★☆

대기환경보전법령상 대기오염방지시설에 해당하지 않는 것은? (단, 환경부장관이 인정하는 기타 시설은 제외한다.)

① 흡착에 의한 시설
② 응집에 의한 시설
③ 촉매반응을 이용하는 시설
④ 미생물을 이용한 처리시설

해설

대기오염방지시설 「시행규칙 별표 4」
중력집진시설, 관성력집진시설, 원심력집진시설, 세정집진시설, 여과집진시설, 전기집진시설, 음파집진시설, 흡수에 의한 시설, 흡착에 의한 시설, 직접연소에 의한 시설, 촉매반응을 이용하는 시설, 응축에 의한 시설, 산화·환원에 의한 시설, 미생물을 이용한 처리시설, 연소조절에 의한 시설

정답 ②

95

★★☆

대기환경보전법령상 배출시설 설치허가를 받은 자가 변경신고를 해야 하는 경우에 해당하지 않는 것은?

① 배출시설 또는 방지시설을 임대하는 경우
② 사업장의 명칭이나 대표자를 변경하는 경우
③ 종전의 연료보다 황함유량이 높은 연료로 변경하는 경우
④ 배출시설의 규모를 10% 미만으로 폐쇄함에 따라 변경되는 대기오염물질의 양이 방지시설의 처리용량 범위 내일 경우

해설

④의 경우 해당 사항이 없다.

관련이론 | 배출시설의 변경신고를 해야 하는 경우 「시행규칙 제27조」

1. 같은 배출구에 연결된 배출시설을 증설 또는 교체하거나 폐쇄하는 경우. 다만, 배출시설의 규모를 10퍼센트 미만으로 증설 또는 교체하거나 폐쇄하는 경우로서 다음 각 목의 모두에 해당하는 경우에는 그러하지 아니하다.
   가. 배출시설의 증설·교체·폐쇄에 따라 변경되는 대기오염물질의 양이 방지시설의 처리용량 범위 내일 것
   나. 배출시설의 증설·교체로 인하여 다른 법령에 따른 설치 제한을 받는 경우가 아닐 것
2. 배출시설에서 허가받은 오염물질 외의 새로운 대기오염물질이 배출되는 경우
3. 방지시설을 증설·교체하거나 폐쇄하는 경우
4. 사업장의 명칭이나 대표자를 변경하는 경우
5. 사용하는 원료나 연료를 변경하는 경우. 다만, 새로운 대기오염물질을 배출하지 아니하고 배출량이 증가되지 아니하는 원료로 변경하는 경우 또는 종전의 연료보다 황함유량이 낮은 연료로 변경하는 경우는 제외한다.
6. 배출시설 또는 방지시설을 임대하는 경우
7. 그 밖의 경우로서 배출시설 설치허가증에 적힌 허가사항 및 일일조업시간을 변경하는 경우

정답 ④

96

★★★

대기환경보전법령상 초과부과금 부과대상이 되는 오염물질에 해당하지 않는 것은?

① 일산화탄소　② 암모니아
③ 시안화수소　④ 먼지

해설

초과부과금 산정기준 「시행령 별표 4」

오염물질 \ 구분		오염물질 1킬로그램당 부과금액
황산화물		500
먼지		770
질소산화물		2,130
암모니아		1,400
황화수소		6,000
이황화탄소		1,600
특정대기 유해물질	불소화물	2,300
	염화수소	7,400
	시안화수소	7,300

정답 ①

97

★☆☆

환경부장관은 라돈으로 인한 건강피해가 우려되는 시·도가 있는 경우 해당 시·도지사에게 라돈관리계획을 수립하여 시행하도록 요청할 수 있다. 이때, 라돈관리계획에 포함되어야 하는 사항에 해당하지 않는 것은? (단, 그 밖에 라돈관리를 위해 시·도지사가 필요하다고 인정하는 사항은 제외한다.)

① 다중이용시설 및 공동주택 등의 현황
② 라돈으로 인한 건강피해의 방지 대책
③ 인체에 직접적인 영향을 미치는 라돈의 양
④ 라돈의 실내 유입 차단을 위한 시설 개량에 관한 사항

해설

라돈관리계획에 포함되어야 하는 사항「실내공기질관리법 제11조의9」
1. 다중이용시설 및 공동주택 등의 현황
2. 라돈으로 인한 실내공기오염 및 건강피해의 방지 대책
3. 라돈의 실내 유입 차단을 위한 시설 개량에 관한 사항

정답 ③

98

★★★

실내공기질관리법령상 의료기관의 폼알데하이드 실내공기질 유지기준은?

① $10\mu g/m^3$ 이하 ② $20\mu g/m^3$ 이하
③ $80\mu g/m^3$ 이하 ④ $150\mu g/m^3$ 이하

해설

의료기관의 실내공기질 유지기준「실내공기질 관리법 시행규칙 별표 2」

구분	기준
미세먼지(PM-10, $\mu g/m^3$)	75 이하
미세먼지(PM-2.5, $\mu g/m^3$)	35 이하
이산화탄소(ppm)	1,000 이하
폼알데하이드($\mu g/m^3$)	80 이하
총부유세균(CFU/m^3)	800 이하
일산화탄소(ppm)	10 이하

정답 ③

99

★★☆

실내공기질관리법령의 적용 대상이 되는 대통령령으로 정하는 규모의 다중이용시설에 해당하지 않는 것은?

① 모든 지하역사
② 여객자동차터미널의 연면적 2천2백제곱미터인 대합실
③ 철도역사의 연면적 2천2백제곱미터인 대합실
④ 공항시설 중 연면적 1천1백제곱미터인 여객터미널

해설

공항시설 중 연면적 1천5백제곱미터 이상인 여객터미널이 실내공기질관리법령의 적용 대상이 된다.

정답 ④

100

★★☆

대기환경보전법령상의 용어 정의로 옳은 것은?

① "온실가스"란 적외선 복사열을 흡수하거나 다시 방출하여 온실효과를 유발하는 대기 중의 가스상태 물질로서 이산화탄소, 메탄, 아산화질소, 수소불화탄소, 과불화탄소, 육불화황을 말한다.
② "기후·생태계 변화유발물질"이란 지구온난화 등으로 생태계의 변화를 가져올 수 있는 액체상 물질로서 환경부령으로 정하는 것을 말한다.
③ "매연"이란 연소할 때에 생기는 탄소가 주가 되는 기체상 물질을 말한다.
④ "검댕"이란 연소할 때에 생기는 탄소가 응결하여 생성된 지름이 $10\mu m$ 이상인 기체상 물질을 말한다.

선지분석

② "기후·생태계 변화유발물질"이란 지구온난화 등으로 생태계의 변화를 가져올 수 있는 기체상 물질(氣體狀物質)로서 온실가스와 환경부령으로 정하는 것을 말한다.
③ "매연"이란 연소할 때에 생기는 유리(遊離) 탄소가 주가 되는 미세한 입자상 물질을 말한다.
④ "검댕"이란 연소할 때에 생기는 유리(遊離) 탄소가 응결하여 입자의 지름이 1미크론 이상이 되는 입자상 물질을 말한다.

정답 ①

2021년

2021년 | 2회 기출문제

자동채점

대기오염개론

01

★★☆

대기 압력이 990mb인 높이에서의 온도가 22℃일 때, 온위(K)는?

① 275.63 ② 280.63
③ 286.46 ④ 295.86

해설

온위를 구하는 공식을 이용한다.

$\theta = T \times \left(\frac{1,000}{P}\right)^{\frac{K-1}{K}}$ 또는 $\theta = T \times \left(\frac{1,000}{P}\right)^{0.288}$

θ: 온위

T: 절대온도(K)

P: 최초의 기압(mb)

$\theta = 295 \times \left(\frac{1,000}{990}\right)^{0.288} = 295.8551\text{K}$

정답 ④

02

★★☆

다음 중 오존층 보호와 가장 거리가 먼 것은?

① 헬싱키 의정서 ② 런던 회의
③ 비엔나 협약 ④ 코펜하겐 회의

해설

헬싱키 의정서는 유황 배출량 또는 국가 간 이동량을 최저 30% 삭감하기로 한 국가 간 협약이다.

정답 ①

03

★★☆

자동차 배출가스 정화장치인 삼원촉매장치에 관한 내용으로 옳지 않은 것은?

① HC는 CO_2와 H_2O로 산화되며, NO_x는 N_2로 환원된다.
② 우수한 효율을 얻기 위해서는 엔진에 공급되는 공기연료비가 이론공연비이어야 한다.
③ 두 개의 촉매층이 직렬로 연결되어 CO, HC, NO_x를 동시에 처리할 수 있다.
④ 일반적으로 로듐촉매는 CO와 HC를 저감시키는 반응을 촉진시키고 백금촉매는 NO_x를 저감시키는 반응을 촉진시킨다.

해설

일반적으로 백금촉매는 CO와 HC를 저감시키는 반응을 촉진시키고 로듐촉매는 NO_x를 저감시키는 반응을 촉진시킨다.

관련이론 | 삼원촉매장치

로듐(Rh): 환원촉매, N_2로 환원

백금(Pt), 팔라듐(Pd): 산화촉매, CO_2와 H_2O로 산화

정답 ④

04

★★☆

다음 중 오존파괴지수가 가장 작은 물질은?

① CCl_4 ② CF_3Br
③ CF_2BrCl ④ $CHFClCF_3$

해설

오존파괴지수

① CCl_4: 1.1 ② CF_3Br: 10.0
③ CF_2BrCl: 3.0 ④ $CHFClCF_3$: 0.022

정답 ④

05 ★★☆

산성비에 관한 설명으로 가장 거리가 먼 것은?

① 산성비는 대기 중에 배출되는 황산화물과 질소산화물이 황산, 질산 등의 산성 물질로 변하여 발생한다.
② 산성비 문제를 해결하기 위하여 질소산화물 배출량 또는 국가 간 이동량을 최저 30% 삭감하는 몬트리올 의정서가 채택되었다.
③ 산성비가 토양에 내리면 토양은 Ca^{2+}, Mg^{2+}, Na^{+}, K^{+} 등의 교환성염기를 방출하고, 그 교환자리에 H^{+}가 치환된다.
④ 일반적으로 산성비란 pH가 5.6 이하인 강우를 뜻하는데, 이는 자연 상태에 존재하는 CO_2가 빗방울에 흡수되어 평형을 이루었을 때의 pH를 기준으로 한 것이다.

해설
몬트리올 의정서는 오존층 파괴 물질을 규제하기 위한 협약이다. 산성비 문제를 해결하기 위해 질소산화물 배출량을 규제하는 것은 소피아 의정서와 관련이 있다.

정답 ②

06 ★★★

1984년 인도 중부지방의 보팔시에서 발생한 대기오염사건의 원인물질은?

① CH_3CNO　② SO_x
③ H_2S　④ $COCl_2$

해설
보팔사건은 MIC(CH_3CNO)의 누출사건이다.

정답 ①

07 ★★☆

리차드슨 수(R_i)에 관한 내용으로 옳지 않은 것은?

① R_i수가 0에 접근하면 분산이 줄어든다.
② R_i수가 0일 때 대기는 중립상태가 되고 기계적 난류가 지배적이다.
③ R_i수가 큰 양의 값을 가지면 대류가 지배적이어서 강한 수직운동이 일어난다.
④ R_i수는 무차원수로 대류 난류를 기계적 난류로 전환시키는 비율을 나타낸 것이다.

해설
리차드슨 수가 음의 값으로 클수록 분산이 커져 대류혼합이 지배적이다.

관련이론 | 리차드슨 수의 안정도 판정
- 0.25보다 크게 되면 수직혼합은 없어지고 수평상의 소용돌이만 남게 된다.
- 리차드슨 수가 0에 접근하면 분산이 줄어들며 결국 기계적 난류만 존재하게 된다.
- 리차드슨 수가 음의 값으로 클수록 분산이 커져 대류혼합이 지배적이고 대기는 불안정한 상태이며 굴뚝의 연기는 수직 및 수평 방향으로 빠르게 분산한다.

R_i	−1.0 이하	−0.1	−0.01	0	+0.01	+0.1	+1.0 이상
대기운동	자유대류	자유대류 증가		강제대류만 존재		강제대류 감소	대류 없음
안정도	불안정		중립		안정		

- $0 < R_i < 0.25$: 성층에 의해 약화된 기계적 난류가 존재한다.
- $R_i < -0.04$: 대류에 의한 혼합이 기계적 혼합을 지배한다.
- $-0.03 < R_i < 0$: 기계적 난류와 대류가 존재하나 기계적 난류가 혼합을 주로 일으킨다.

정답 ③

08 ★☆☆

대기 중의 광화학반응에서 탄화수소와 반응하여 2차오염물질을 형성하는 화학종과 가장 거리가 먼 것은?

① CO　② −OH
③ NO　④ NO_2

해설
일산화탄소(CO)는 탄소가 포함된 물질이 불완전연소할 때 발생하는 물질로 1차 오염물질이다.

정답 ①

09

★★☆

입자상 물질의 농도가 0.25mg/m^{3}이고, 상대습도가 70%일 때, 가시거리(km)는? (단, 상수 A는 1.3이다.)

① 4.3　② 5.2
③ 6.5　④ 7.2

해설

상대습도 70%에서의 가시거리 공식을 이용한다.

$$L=\frac{A\times10^3}{G}$$

L: 가시거리(km)

G: 분진농도(μg/m^3)

$$G=\frac{0.25\text{mg}}{\text{m}^3}\times\frac{10^3\mu\text{g}}{\text{mg}}=250\mu\text{g/m}^3$$

A: 상수

$$L=\frac{1.3\times10^3}{250}=5.2\text{km}$$

정답 ②

10

★★☆

탄화수소가 관여하지 않을 경우 NO_2의 광화학반응식이다. ㉠~㉣에 알맞은 것은? (단, O는 산소원자이다.)

[㉠]+hv → [㉡]+O
O+[㉢] → [㉣]
[㉣]+[㉡] → [㉠]+[㉢]

① ㉠ NO, ㉡ NO_2, ㉢ O_3, ㉣ O_2
② ㉠ NO_2, ㉡ NO, ㉢ O_2, ㉣ O_3
③ ㉠ NO, ㉡ NO_2, ㉢ O_2, ㉣ O_3
④ ㉠ NO_2, ㉡ NO, ㉢ O_3, ㉣ O_2

해설

NO_2의 광화학반응식

NO_2+hv → NO+O
O+O_2 → O_3
O_3+NO → NO_2+O_2

정답 ②

11

★★☆

대기오염물질은 발생방법에 따라 1차 오염물질과 2차 오염물질로 구분할 수 있다. 2차 오염물질에 해당하는 것은?

① CO　② H_2S
③ NOCl　④ $(CH_3)_2S$

해설

염화나이트로실(NOCl)은 대표적인 2차 오염물질이다.

관련이론

1차 대기오염물질

- 배출 및 발생원에서 직접 대기 중으로 배출되는 오염된 물질이다.
- 종류: 먼지, 매연, 일산화탄소(CO), 이산화탄소(CO_2), 염화수소(HCl), 탄화수소(HC), 암모니아(NH_3), 납(Pb), 삼산화이질소(N_2O_3), NaCl, SiO_2 등

2차 대기오염물질

- 1차 오염물질이 대기 중에서 자외선에 의한 광화학적 반응으로 생성된 오염물질이다.
- 종류: 오존(O_3), PAN($CH_3COOONO_2$), 과산화수소(H_2O_2), 염화나이트로실(NOCl), 알데히드 등

1·2차 대기오염물질

- 배출 및 발생원에서 직접 대기 중으로 배출되거나 광화학적 반응으로 생성되는 오염물질을 의미한다.
- 종류: SO_2, SO_3, H_2SO_4, NO, NO_2, HCHO, 케톤류, 유기산, 알데히드 등 1차 대기오염물질이면서 2차 대기오염물질인 오염물질이다.

정답 ③

12 ★★☆

표준상태에서 일산화탄소 12ppm은 몇 μg/Sm^3인가?

① 12,000 ② 15,000
③ 20,000 ④ 22,400

해설

일산화탄소(CO)의 분자량=28g/mol
표준상태에서 일산화탄소 1mol의 부피=22.4L
이 관계를 이용하여 단위환산을 해서 답을 구한다.

$$\frac{12\text{mL}\times\frac{28\text{mg}}{22.4\text{mL}}\times\frac{1{,}000\mu\text{g}}{1\text{mg}}}{\text{Sm}^3}=15{,}000\mu\text{g/Sm}^3$$

※ $\text{ppm}=\frac{\text{mL}}{\text{m}^3}$

정답 ②

13 ★★☆

열섬효과에 관한 내용으로 가장 거리가 먼 것은?

① 구름이 많고 바람이 강한 주간에 주로 발생한다.
② 일교차가 심한 봄, 가을이나 추운 겨울에 주로 발생한다.
③ 교외지역에 비해 도시지역에 고온의 공기층이 형성된다.
④ 직경이 10km 이상인 도시에서 자주 나타나는 현상이다.

해설

열섬현상은 고기압의 영향을 받아 하늘이 맑고 바람이 약한 때에 주로 발생한다.

정답 ①

14 ★☆☆

질소산화물(NO_x)에 관한 내용으로 옳지 않은 것은?

① NO_2는 적갈색의 자극성 기체로 NO보다 독성이 강하다.
② 질소산화물은 fuel NO_x와 thermal NO_x로 구분될 수 있다.
③ NO는 혈액 중 헤모글로빈과의 결합력이 CO보다 강하다.
④ N_2O는 무색, 무취의 기체로 대기 중에서 반응성이 매우 크다.

해설

아산화질소(N_2O)는 무색무취의 비휘발성 기체로 대기 중에서 안정한 기체이다.

관련이론 | 아산화질소(N_2O)

- 상온에서 안정한 무색무취의 비휘발성 기체로 공기보다 무겁다.
- 웃음가스로 알려져 있으며 수술 시 마취제로 사용되기도 한다.
- 안정한 물질로 대류권에서는 온실가스로 작용하고 성층권으로 상승하여서는 오존층 파괴물질로서 작용한다.

정답 ④

15 ★★☆

납이 인체에 미치는 영향에 관한 일반적인 내용으로 가장 거리가 먼 것은?

① 신경, 근육장애가 발생하며 경련이 나타난다.
② 헤모글로빈의 기본요소인 포르피린 고리의 형성을 방해한다.
③ 인체 내 노출된 납의 99% 이상은 뇌에 축적된다.
④ 세포 내의 SH기와 결합하여 헴(Heme)합성에 관여하는 효소를 포함한 여러 세포의 효소작용을 방해한다.

해설

납이 소화기로 섭취되면 대략 10% 정도가 소장에서 흡수되고, 나머지는 대변으로 배출된다.

정답 ③

16

★★☆

고도가 높아짐에 따라 기온이 급격히 떨어져 대기가 불안정하고 난류가 심할 때, 연기의 확산 형태는?

① 상승형(Lofting) ② 환상형(Looping)
③ 부채형(Fanning) ④ 훈증형(Fumigation)

선지분석

① 상승형(지붕형, Lofting): 대기의 상태가 하층부는 안정하고 상층부는 불안정할 때 볼 수 있다.
③ 부채형(Fanning): 매우 안정적인 복사역전 상태일 때 볼 수 있다.
④ 훈증형(Fumigation): 대기의 상태가 하층부는 불안정하고 상층부는 안정할 때 볼 수 있다.

정답 ②

17

★★★

가우시안모델을 전개하기 위한 기본적인 가정으로 가장 거리가 먼 것은?

① 연기의 확산은 정상상태이다.
② 풍하방향으로의 확산은 무시한다.
③ 고도가 높아짐에 따라 풍속이 증가한다.
④ 오염분포의 표준편차는 약 10분 간의 대표치이다.

해설

가우시안모델에서 고도 변화에 따른 풍속의 변화는 고려하지 않는다.

관련이론 | 가우시안모델의 가정조건

- 연기의 확산은 정상상태를 가정하며 바람에 의한 오염물질은 X축 방향으로 이동되며 풍속은 일정하다.
- 대기안정도와 확산계수는 변하지 않으며 오염물질이 연기 속에서 소멸되거나 생성되지 않으며 굴뚝(점오염원)으로부터 연속적으로 배출된다.
- 난류확산계수는 일정하다.
- 고도 변화에 따른 풍속의 변화는 고려하지 않는다.

정답 ③

18

★☆☆

물질의 특성에 관한 설명으로 옳은 것은?

① 디젤차량에서는 탄화수소, 일산화탄소, 납이 주로 배출된다.
② 염화수소는 플라스틱공업, 소다공업 등에서 주로 배출된다.
③ 탄소의 순환에서 가장 큰 저장고 역할을 하는 부분은 대기이다.
④ 불소는 자연상태에서 단분자로 존재하며 활성탄 제조공정, 연소공정 등에서 주로 배출된다.

선지분석

① 디젤차량에서는 매연, NO_x, SO_x 등이 주로 배출된다.
③ 탄소의 순환에서 가장 큰 저장고 역할을 하는 부분은 바다이다.
④ 불소는 자연상태에서 화합물의 형태로 존재하며 알루미늄 공업, 인산비료 공장, 유리 공업 등에서 주로 배출된다.

정답 ②

19

★★☆

바람에 관한 내용으로 옳지 않은 것은?

① 경도풍은 기압경도력, 전향력, 원심력이 평형을 이루어 부는 바람이다.
② 해륙풍 중 해풍은 낮 동안 햇빛에 더워지기 쉬운 육지 쪽 지표상에 상승기류가 형성되어 바다에서 육지로 부는 바람이다.
③ 지균풍은 마찰력이 무시될 수 있는 고공에서 기압경도력과 전향력이 평형을 이루어 등압선에 평행하게 직선운동을 하는 바람이다.
④ 산풍은 경사면 → 계곡 → 주계곡으로 수렴하면서 풍속이 감속되기 때문에 낮에 산 위쪽으로 부는 곡풍보다 세기가 약하다.

해설

산풍은 경사면 → 계곡 → 주계곡으로 수렴하면서 풍속이 가속되기 때문에 낮에 산 위쪽으로 부는 곡풍보다 더 강하다.

정답 ④

20

★☆☆

대기 중의 오존층 파괴에 관한 설명으로 옳지 않은 것은?

① 오존층의 두께는 적도지방이 극지방보다 얇다.
② 오존층 파괴물질이 오존층을 파괴하는 자유라디칼을 생성시킨다.
③ 성층권의 오존층 농도가 감소하면 지표면에 보다 많은 양의 자외선이 도달한다.
④ 프레온가스의 대체물질인 HCFCs(hydrochlorofluorocarbons)는 오존층 파괴능력이 없다.

해설

HCFCs(hydrochlorofluorocarbons)는 오존층 파괴능력이 낮지만 없는 것은 아니다.

정답 ④

연소공학

21

★★★

공기 중의 산소 공급 없이 연료 자체가 함유하고 있는 산소를 이용하여 연소하는 연소형태는?

① 자기연소 ② 확산연소
③ 표면연소 ④ 분해연소

선지분석

② 확산연소: 기체연료의 연소방법으로 주로 탄화수소가 적은 발생로 가스, 고로가스 등에 적용되는 연소방식이다.
③ 표면연소: 흑연, 코크스, 목탄 등과 같이 대부분 탄소만으로 되어 있고, 휘발성분이 거의 없는 연소의 형태이다.
④ 분해연소: 목재, 석탄, 타르 등이 연소 초기에 열분해에 의해 가연성 가스가 생성되고, 이것이 긴 화염을 발생시키면서 연소하는 방식이다.

정답 ①

22

★★☆

착화온도에 관한 설명으로 옳지 않은 것은?

① 발열량이 낮을수록 높아진다.
② 산소농도가 높을수록 낮아진다.
③ 반응활성도가 클수록 높아진다.
④ 분자구조가 간단할수록 높아진다.

해설

반응활성도가 클수록 착화온도는 낮아진다.

정답 ③

23

★★☆

석탄의 탄화도가 증가할수록 나타나는 성질로 옳지 않은 것은?

① 휘발분이 감소한다.
② 발열량이 증가한다.
③ 착화온도가 낮아진다.
④ 고정탄소의 양이 증가한다.

해설

석탄의 탄화도가 증가할수록 착화온도가 높아진다.

관련이론

연료비

- 탄화도의 정도를 나타내는 지수로서 고정탄소가 높을수록 연료비도 높아지며 연소 시 발열량도 높아진다.
- 연료비=고정탄소/휘발분
- 고정탄소(w%)=100−(휘발분+수분+회분)

탄화도

- 석탄에서 수분과 회분을 제외한 나머지 성분 중에 탄소가 차지하는 중량백분율을 의미한다.
- 탄화도는 깊은 땅속에 오래 묻혀있을수록 커지며 깊은 곳일수록 높은 압력을 받아 휘발분이 감소하게 된다.
- 탄화도가 증가할수록 나타나는 성질
  - 증가하는 것: 연료비, 고정탄소, 착화온도, 발열량
  - 감소하는 것: 수분, 휘발분, 비열, 매연발생률, 연소속도

정답 ③

24
★★☆

확산형 가스버너 중 포트형에 관한 설명으로 가장 거리가 먼 것은?

① 가스와 공기를 함께 가열할 수 있다.
② 포트의 입구가 작으면 슬래그가 부착되어 막힐 우려가 있다.
③ 역화의 위험이 있기 때문에 반드시 역화 방지기를 부착해야 한다.
④ 밀도가 큰 가스 출구는 상부에, 밀도가 작은 가스 출구는 하부에 배치되도록 설계한다.

해설
포트형은 역화의 위험이 없다.

관련이론 | 포트형
- 버너 자체가 로벽과 함께 내화벽돌로 조립되어 로 내부에 개구된 것이며, 가스와 공기를 함께 가열할 수 있다.
- 고발열량 탄화수소를 사용할 경우에는 가스압력을 이용하여 노즐로부터 고속으로 분출하게 하여 그 힘으로 공기를 흡인하는 방식이다.
- 밀도가 큰 공기 출구는 상부에, 밀도가 작은 가스 출구는 하부에 배치되도록 한다.

정답 ③

25
★★☆

석탄·석유 혼합연료(COM)에 관한 설명으로 가장 적합한 것은?

① 별도의 탈황, 탈질 설비가 필요 없다.
② 별도의 개조 없이 중유 전용 연소시설에 사용될 수 있다.
③ 미분쇄한 석탄에 물과 첨가제를 섞어서 액체화시킨 연료이다.
④ 연소가스의 연소실 내 체류시간 부족, 분사변의 폐쇄와 마모 등의 문제점을 갖는다.

선지분석
① 배출가스 중의 NO_x, SO_x, 분진농도는 미분탄연소와 중유연소 각각인 경우 농도가중 평균 정도가 된다. 따라서 별도의 탈황, 탈질 설비가 필요하다.
② COM을 중유 전용 연소시설에 사용하려면 적절한 개조가 필요하다.
③ COM은 주로 석탄과 중유의 혼합연료이다.

정답 ④

26
★★★

기체연료의 일반적인 특징으로 가장 거리가 먼 것은?

① 적은 과잉공기로 완전연소가 가능하다.
② 연소 조절, 점화 및 소화가 용이한 편이다.
③ 연료의 예열이 쉽고, 저질연료로 고온을 얻을 수 있다.
④ 누설에 의한 역화·폭발 등의 위험이 작고, 설비비가 많이 들지 않는다.

해설
기체연료는 누설에 의한 역화·폭발 등의 위험이 크고, 설비비가 많이 드는 편이다.

정답 ④

27

★★☆

저발열량이 6,000kcal/Sm³, 평균정압비열이 0.38kcal/Sm³ · ℃인 가스연료의 이론연소온도(℃)는? (단, 이론 연소가스량은 10Sm³/Sm³, 연료와 공기의 온도는 15℃, 공기는 예열되지 않으며 연소가스는 해리되지 않는다.)

① 1,385 ② 1,412
③ 1,496 ④ 1,594

해설

연소온도 공식을 이용한다.

$t_1 = \frac{H_l}{G \times C_p} + t_2$

t_1: 연소온도(℃)

t_2: 현재온도(℃)

Hl: 저발열량(kcal/Sm³)

G: 이론연소가스량(Sm³/Sm³)

C_p: 연소가스의 평균정압비열(kcal/Sm³·℃)

$t_1 = \frac{6,000}{10 \times 0.38} + 15 = 1,593.95℃$

정답 ④

28

★☆☆

중유를 A, B, C 중유로 구분할 때, 구분기준은?

① 점도 ② 비중
③ 착화온도 ④ 유황함량

해설

중유는 점도를 기준으로 A, B, C 중유로 구분한다.

정답 ①

29

★★★

중유를 사용하는 가열로의 배출가스를 분석한 결과 N_2: 80%, CO: 12%, O_2: 8%의 부피비를 얻었다. 공기비는?

① 1.1 ② 1.4
③ 1.6 ④ 2.0

해설

불완전연소 시 공기비 공식을 이용한다.

$m = \frac{N_2}{N_2 - 3.76(O_2 - 0.5CO)}$

N_2, O_2, CO: 질소, 산소, 일산화탄소 함량(%)

공기비$(m) = \frac{80}{80 - 3.76(8.0 - 0.5 \times 12)} = 1.1037$

정답 ①

30

★★★

메탄 1mol이 완전연소할 때, AFR은? (단, 부피 기준이다.)

① 6.5 ② 7.5
③ 8.5 ④ 9.5

해설

공연비 공식을 이용한다.

$AFR_v = \frac{m_a \times 22.4}{m_f \times 22.4}$

m_a: 연소에 사용되는 공기의 몰수

m_f: 연료의 몰수

$CH_4 + 2O_2 \rightarrow CO_2 + 2H_2O$

이론공기량$= \frac{\text{이론산소량}}{0.21}$

$m_a = \frac{2}{0.21} = 9.5238\text{mol}$

$AFR_v = \frac{9.5238 \times 22.4}{1 \times 22.4} = 9.5238$

정답 ④

31 ★★★

프로판과 부탄을 1:1의 부피비로 혼합한 연료를 연소했을 때, 건조 배출가스 중의 CO_2 농도가 10%이다. 이 연료 $4m^3$를 연소했을 때 생성되는 건조 배출가스의 양(Sm^3)은? (단, 연료 중의 C 성분은 전량 CO_2로 전환된다.)

① 105 ② 140
③ 175 ④ 210

해설

연료 $4m^3$ 중 프로판과 부탄은 각각 $2m^3$이고 건조 배출가스는 CO_2이다.

프로판(C_3H_8): $2Sm^3$

$C_3H_8+5O_2 \rightarrow 3CO_2+4H_2O$

CO_2 발생량: $2\times3=6Sm^3$

부탄(C_4H_{10}): $2Sm^3$

$C_4H_{10}+6.5O_2 \rightarrow 4CO_2+5H_2O$

CO_2 발생량: $2\times4=8Sm^3$

총 CO_2 발생량: $6+8=14Sm^3$

건조 배출가스 중의 CO_2 농도가 10%이다.

$$\frac{CO_2\ \text{발생량}}{\text{건조 배출가스의 양}}=0.1$$

$$\text{건조 배출가스의 양}=\frac{CO_2\ \text{발생량}}{0.1}=\frac{14}{0.1}=140Sm^3$$

정답 ②

32 ★★★

C: 85%, H: 10%, S: 5%의 중량비를 갖는 중유 1kg을 1.3의 공기비로 완전연소시킬 때, 건조 배출가스 중의 이산화황 부피분율(%)은? (단, 황 성분은 전량 이산화황으로 전환된다.)

① 0.18 ② 0.27
③ 0.34 ④ 0.45

해설

이론산소량: $1.867C+5.6H+0.7S-0.7O$

$(1.867\times0.85)+(5.6\times0.1)+(0.7\times0.05)=2.1819Sm^3$

$$\text{이론공기량}=\frac{\text{이론산소량}}{0.21}=\frac{2.1819}{0.21}=10.39Sm^3$$

이론공기 중 질소량$=$이론공기량$\times0.79$

$=10.39\times0.79=8.2081Sm^3$

과잉공기량$=$이론공기량$\times$(공기비-1)

$=10.39\times(1.3-1)=3.117Sm^3$

CO_2 배출량

$C+O_2 \rightarrow CO_2$

$12kg : 22.4Sm^3=0.85kg : xSm^3$

$x=1.5866Sm^3$

SO_2 배출량

$S+O_2 \rightarrow SO_2$

$32kg : 22.4Sm^3=0.05kg : xSm^3$

$x=0.035Sm^3$

실제건연소가스량

$=$이론공기 중 질소량$+$과잉공기량$+$건조연소생성물(CO_2+SO_2)

$=8.2081Sm^3+3.117Sm^3+1.5866Sm^3+0.035Sm^3$

$=12.9467Sm^3$

$$SO_2(\%)=\frac{0.035}{12.9467}\times100=0.2703\%$$

정답 ②

33 ★★☆

액화석유가스(LPG)에 관한 설명으로 가장 거리가 먼 것은?

① 발열량이 높고, 유황분이 적은 편이다.
② 증발열이 5~10kcal/kg로 작아 취급이 용이하다.
③ 비중이 공기보다 커서 누출 시 인화·폭발의 위험성이 높은 편이다.
④ 천연가스에서 회수되거나 나프타의 열분해에 의해 얻어지기도 하지만 대부분 석유정제 시 부산물로 얻어진다.

해설

액화석유가스(LPG)는 액체에서 기체로 기화될 때 증발열이 90~100kcal/kg로 열손실이 크며 취급에 주의해야 한다.

관련이론 | LPG(Liquefied Petroleum Gas, 액화석유가스)

- 탄소수가 3~4개까지 포함되는 탄화수소류가 주성분이다.
- 다른 연료에 비해 수송이 용이하고 취급이 편리하며 열량이 높기 때문에 다양하게 사용된다.
- 액체에서 기체로 기화될 때 증발열이 90~100kcal/kg로 열손실이 크며 취급에 주의해야 한다.
- 황분이 적고 유독성분이 거의 없다.

정답 ②

34 ★★★

수소 13%, 수분 0.7%이 포함된 중유의 고위발열량이 5,000kcal/kg일 때, 이 중유의 저위발열량(kcal/kg)은?

① 4,126 ② 4,294
③ 4,365 ④ 4,926

해설

저위발열량＝고위발열량－600(9H＋W)
H, W: 수소, 수분의 함량
저위발열량＝5,000kcal/kg－600(9×0.13＋0.007)
＝4,293.8kcal/kg

정답 ②

35 ★★☆

매연 발생에 관한 설명으로 옳지 않은 것은?

① 연료의 C/H 비가 클수록 매연이 발생하기 쉽다.
② 분해되기 쉽거나 산화되기 쉬운 탄화수소는 매연 발생이 적다.
③ 탄소결합을 절단하기보다 탈수소가 쉬운 쪽이 매연이 발생하기 쉽다.
④ 중합 및 고리화합물 등과 같이 반응이 일어나기 쉬운 탄화수소일수록 매연 발생이 적다.

해설

중합 및 고리화합물 등과 같이 반응이 일어나기 쉬운 탄화수소일수록 매연 발생이 많다.

정답 ④

36 ★★☆

불꽃점화기관에서 연소과정 중 발생하는 노킹현상을 방지하기 위한 기관의 구조에 관한 설명으로 가장 거리가 먼 것은?

① 연소실을 구형(Circular type)으로 한다.
② 점화플러그를 연소실 중심에 설치한다.
③ 난류를 증가시키기 위해 난류생성 pot을 부착시킨다.
④ 말단가스를 고온으로 하기 위해 삼원촉매시스템을 사용한다.

해설

배출가스의 오염물질을 저감하기 위해 삼원촉매시스템을 사용한다.

정답 ④

37 ★★★

연소 배출가스의 성분 분석결과 CO_2가 30%, O_2가 7%일 때, $(CO_2)_{max}$(%)는?

① 35 ② 40
③ 45 ④ 50

해설

최대탄산가스율 공식을 이용한다.

$$(CO_2)_{max}(\%)=\frac{21\times(CO_2+CO)}{21-O_2+0.395CO}$$

문제의 조건에 따라 CO=0이다.

$$(CO_2)_{max}(\%)=\frac{21\times CO_2}{21-O_2}$$

$$(CO_2)_{max}(\%)=\frac{21\times 30}{21-7}=45\%$$

정답 ③

38 ★★☆

가연성 가스의 폭발범위와 그 위험도에 관한 설명으로 옳지 않은 것은?

① 폭발하한값이 높을수록 위험도가 증가한다.
② 일반적으로 가스의 온도가 높아지면 폭발범위가 넓어진다.
③ 폭발한계농도 이하에서는 폭발성 혼합가스를 생성하기 어렵다.
④ 가스 압력이 높아졌을 때 폭발하한값은 크게 변하지 않으나 폭발상한값은 높아진다.

해설

가연성 가스의 폭발하한값이 낮을수록 위험도가 증가한다.

정답 ①

39 ★☆☆

액체연료의 연소버너에 관한 설명으로 가장 거리가 먼 것은?

① 유압분무식 버너는 유량조절 범위가 좁은 편이다.
② 회전식 버너는 유압식 버너에 비해 연료유의 분무화 입경이 크다.
③ 고압공기식 버너의 분무각도는 40~90° 정도로 저압공기식 버너에 비해 넓은 편이다.
④ 저압공기식 버너는 주로 소형 가열로에 이용되고, 분무에 필요한 공기량은 이론 연소 공기량의 30~50% 정도이다.

해설

고압공기식 버너의 분무각도는 20~30° 정도이고 저압공기식 버너의 분무각도는 30~60°로 저압공기식 버너의 분무각도가 더 넓은 편이다.

관련이론

저압공기식 버너

- 공기압의 범위는 0.05~0.2kg/cm^2이다.
- 유량조절비는 1 : 5 정도이고 연소량은 2~200L/hr, 분무각도는 30~60°로 분무각도는 비교적 좁고 짧은 화염을 가진다.
- 저압공기식 버너는 주로 소형 가열로 등에 이용되고 무화에 사용하는 공기량은 이론 공기량의 30~50% 정도이다.

고압공기식 버너(고압기류식 버너)

- 공기압의 범위는 2~8(또는 10)kg/cm^2이다.
- 분무각도는 20~30° 정도로 좁고 유량조절범위는 1 : 10 정도로 크다.
- 연료분사범위는 외부혼합식이 3~500L/hr, 내부혼합식이 10~1,200L/hr 정도이다.
- 고점도 연료에도 사용이 가능하며, 장염이나 연소 시 소음이 발생된다.
- 구조가 간단하고, 무화상태가 좋아서 대형 가열로에 주로 사용한다.
- 무화에 사용하는 공기량은 이론 공기량의 7~12% 정도이다.

정답 ③

40

★★☆

등가비(Ø, equivalent ratio)에 관한 내용으로 옳지 않은 것은?

① 등가비(Ø)는 $\frac{\text{실제 연료량/산화제}}{\text{완전연소를 위한 이상적 연료량/산화제}}$로 정의된다.

② Ø<1일 때, 공기 과잉이며 일산화탄소(CO) 발생량이 적다.

③ Ø>1일 때, 연료 과잉이며 질소산화물(NO_x) 발생량이 많다.

④ Ø=1일 때, 연료와 산화제의 혼합이 이상적이며 연료가 완전연소된다.

해설

등가비>1일 때 연료에 비해 공기가 부족하여 불완전연소하여 질소산화물(NO_x) 발생량이 적다.

정답 ③

대기오염방지기술

41

★★★

집진율이 85%인 싸이클론과 집진율이 96%인 전기집진장치를 직렬로 연결하여 입자를 제거할 경우, 총 집진효율(%)은?

① 90.4 ② 94.4
③ 96.4 ④ 99.4

해설

구분	내용
1차	유입: 100 유출: 100×(1−0.85)=15
2차	유입: 15 유출: 15×(1−0.96)=0.6
총 집진효율	$\frac{100-0.6}{100}\times 100=99.4\%$

정답 ④

42

★☆☆

다음에서 설명하는 후드 형식으로 가장 적합한 것은?

> 작업을 위한 하나의 개구면을 제외하고 발생원 주위를 전부 에워싼 것으로 그 안에서 오염물질이 발산된다. 오염물질의 송풍 시 낭비되는 부분이 적은데 이는 개구면 주변의 벽이 라운지 역할을 하고, 측벽은 외부로부터의 분기류에 의한 방해에 대한 방해판 역할을 하기 때문이다.

① Slot형 후드 ② Booth형 후드
③ Canopy형 후드 ④ Exterior형 후드

해설

Booth형 후드에 대한 설명이다.

정답 ②

43

★★☆

다음에서 설명하는 송풍기 유형은?

> 후향 날개형을 정밀하게 변형시킨 것으로 원심력 송풍기 중 효율이 가장 좋아 대형 냉난방 공기조화장치, 산업용 공기청정장치 등에 주로 사용되며, 에너지 절감효과가 뛰어나다.

① 프로펠러형(Propeller)
② 비행기 날개형(Airfoil blade)
③ 방사 날개형(Radial blade)
④ 전향 날개형(Forward curved)

해설

익형[비행기 날개형(Airfoil blade)]

- 표준형 평판 날개형보다 비교적 고속에서 가동되고, 후향 날개형을 정밀하게 변형시킨 것이다.
- 원심력 송풍기 중 효율이 가장 좋아 대형 냉난방 공기조화장치, 산업용 공기청정장치 등에 주로 이용된다.
- 에너지 절감효과가 뛰어난 송풍기 유형이다.

정답 ②

44

★☆☆

전기집진기의 음극(−)코로나 방전에 관한 내용으로 옳은 것은?

① 주로 공기정화용으로 사용된다.
② 양극(+)코로나 방전에 비해 전계강도가 약하다.
③ 양극(+)코로나 방전에 비해 불꽃 개시전압이 낮다.
④ 양극(+)코로나 방전에 비해 코로나 개시전압이 낮다.

해설

음극(−)코로나 방전은 양극(+)코로나 방전에 비해 코로나 개시전압이 낮다.

정답 ④

45

★☆☆

유해가스 흡수장치 중 충전탑(Packed tower)에 관한 설명으로 옳지 않은 것은?

① 온도의 변화가 큰 곳에는 적응성이 낮고, 희석열이 심한 곳에는 부적합하다.
② 충전제에 흡수액을 미리 분사시켜 엷은 층을 형성시킨 후 가스를 유입시켜 기 · 액 접촉을 극대화한다.
③ 액분산형 가스흡수장치에 속하며, 효율을 높이기 위해서는 가스의 용해도를 증가시켜야 한다.
④ 흡수액을 통과시키면서 가스유속을 증가시킬 때, 충전층 내의 액보유량이 증가하는 것을 flooding이라 한다.

해설

흡수액을 통과시키면서 가스유속을 증가시킬 때, 충전층 내의 액보유량이 증가하는 것을 Hold-up이라 한다.

정답 ④

46

★★★

층류의 흐름인 공기 중을 입경이 2.2μm, 밀도가 2,400g/L인 구형입자가 자유낙하하고 있다. 구형입자의 종말속도(m/s)는? (단, 20℃에서 공기의 밀도는 1.29g/L, 공기의 점도는 1.81×10^{-4}poise이다.)

① 3.5×10^{-6}
② 3.5×10^{-5}
③ 3.5×10^{-4}
④ 3.5×10^{-3}

해설

스토크스 공식을 이용한다.

$$V_g = \frac{d_p^2(\rho_p - \rho)g}{18\mu}$$

V_g: 침강속도(m/s)

d_p: 입자의 직경(m)

ρ_p: 입자의 밀도(kg/m³)

$$\rho_p = \frac{2{,}400\text{g}}{\text{L}} \times \frac{1{,}000\text{L}}{\text{m}^3} \times \frac{\text{kg}}{1{,}000\text{g}} = 2{,}400\text{kg/m}^3$$

ρ: 공기의 밀도(kg/m³)

$$\rho = \frac{1.29\text{g}}{\text{L}} \times \frac{1{,}000\text{L}}{\text{m}^3} \times \frac{\text{kg}}{1{,}000\text{g}} = 1.29\text{kg/m}^3$$

g: 중력가속도(m/s²)

μ: 공기의 점도(kg/m·s)

$$\mu = \frac{1.81 \times 10^{-4}\text{g}}{\text{cm}\cdot\text{s}} \times \frac{\text{kg}}{1{,}000\text{g}} \times \frac{100\text{cm}}{\text{m}} = \frac{1.81 \times 10^{-5}\text{kg}}{\text{m}\cdot\text{s}}$$

$$V_g = \frac{(2.2 \times 10^{-6}\text{m})^2 \times (2{,}400 - 1.29)\text{kg/m}^3 \times 9.8\text{m/s}^2}{18 \times 1.81 \times 10^{-5}\text{kg/m}\cdot\text{s}}$$

$$= 3.4921 \times 10^{-4}\text{m/s}$$

정답 ③

47

★★☆

유해가스 처리에 사용되는 흡수액의 조건으로 옳은 것은?

① 점성이 커야 한다.
② 끓는점이 높아야 한다.
③ 용해도가 낮아야 한다.
④ 어는점이 높아야 한다.

선지분석

① 점성이 낮아야 한다.
③ 용해도가 커야 한다.
④ 어는점이 낮아야 한다.

정답 ②

48

★☆☆

미세입자가 운동하는 경우에 작용하는 마찰저항력(Drag force)에 관한 내용으로 가장 거리가 먼 것은?

① 마찰저항력은 항력계수가 커질수록 증가한다.
② 마찰저항력은 입자의 투영면적이 커질수록 증가한다.
③ 마찰저항력은 레이놀즈수가 커질수록 증가한다.
④ 마찰저항력은 상대속도의 제곱에 비례하여 증가한다.

해설

완전구형 입자가 층류영역에서 스토크스법칙의 적용을 받을 때 항력계수=24/레이놀즈수의 관계가 성립한다. 따라서 레이놀즈수가 커질수록 항력계수는 감소하여 마찰저항력이 작아진다.

관련이론 | 마찰저항력(Drag force)

$F_D = C_D \times \frac{1}{2} \times \rho \times V^2 \times A$

C_D: 항력계수
ρ: 밀도
V: 유체에 대한 물체의 상대속도
A: 물체의 단면적

정답 ③

49

★☆☆

다이옥신의 처리방법에 관한 내용으로 옳지 않은 것은?

① 촉매분해법: 금속산화물(V_2O_5, TiO_2), 귀금속(Pt, Pd)이 촉매로 사용된다.
② 오존분해법: 산성 조건일수록 분해속도가 빨라지는 것으로 알려져 있다.
③ 광분해법: 자외선파장(250~340nm)이 가장 효과적인 것으로 알려져 있다.
④ 열분해방법: 산소가 아주 적은 환원성 분위기에서 탈염소화, 수소첨가반응 등에 의해 분해시킨다.

해설

오존분해법은 수중 분해 시 순수의 경우는 염기성일수록, 온도는 높을수록 분해속도가 커지는 것으로 알려져 있다.

정답 ②

50

★★☆

원형 덕트(Duct)의 기류에 의한 압력손실에 관한 내용으로 옳지 않은 것은?

① 곡관이 많을수록 압력손실이 작아진다.
② 관의 길이가 길수록 압력손실은 커진다.
③ 유체의 유속이 클수록 압력손실은 커진다.
④ 관의 직경이 클수록 압력손실은 작아진다.

해설

곡관이 많을수록 압력손실은 커진다.

관련이론

원형 덕트의 압력손실(식에 의한 방법)

$\Delta P = 4f \times \frac{L}{D} \times \frac{r \times V^2}{2g} = 4f \times \frac{L}{D} \times P_V$

장방형 덕트의 압력손실(식에 의한 방법)

$\Delta P = f \times \frac{L}{D_0} \times \frac{r \times V^2}{2g}$

f: 마찰계수
L: 관의 길이(m)
D: 관의 직경(m)
g: 중력가속도(m/s^2)
r: 공기의 밀도(kg/m^3)
V: 유속(m/s)
ΔP: 압력손실(mmH_2O)
P_V: 속도압($P_V = \frac{r \cdot V^2}{2g}$)
D_0: 상당직경$= \frac{2ab}{a+b}$

정답 ①

51 ★☆☆

배출가스 중의 일산화탄소를 제거하는 방법 중 가장 실질적이고, 확실한 것은?

① 활성탄 등의 흡착제를 사용하여 흡착제거
② 벤츄리스크러버나 충전탑 등으로 세정하여 제거
③ 탄산나트륨을 사용하는 시보드법을 적용하여 제거
④ 백금계 촉매를 사용하여 무해한 이산화탄소로 산화시켜 제거

해설
일산화탄소는 백금계 촉매를 사용하여 이산화탄소로 산화시켜 제거할 수 있다.

정답 ④

52 ★★☆

NO 농도가 250ppm인 배기가스 2,000Sm^3/min을 CO를 이용한 선택적 접촉 환원법으로 처리하고자 한다. 배기가스 중의 NO를 완전히 처리하기 위해 필요한 CO의 양(Sm^3/hr)은?

① 30 ② 35
③ 40 ④ 45

해설
$2NO+2CO \rightarrow N_2+2CO_2$
반응식상 NO : CO=1 : 1이다.

$$\frac{2{,}000Sm^3}{min}\times 250\times 10^{-6}\times \frac{60min}{hr}=30Sm^3/hr$$

정답 ①

53 ★★☆

유해가스의 처리에 사용되는 흡착제에 관한 일반적인 설명으로 가장 거리가 먼 것은?

① 실리카겔은 250℃ 이하에서 물과 유기물을 잘 흡착한다.
② 활성탄은 극성 물질 제거에는 효과적이지만, 유기용매 회수에는 효과적이지 않다.
③ 활성알루미나는 기체 건조에 주로 사용되며 가열로 재생시킬 수 있다.
④ 합성제올라이트는 극성이 다른 물질이나 포화정도가 다른 탄화수소의 분리에 효과적이다.

해설
활성탄은 주로 비극성 물질에 유효하고 유기용매 회수에 효과적이다.

정답 ②

54 ★★★

집진장치의 압력손실이 300mmH$_2$O, 처리가스량이 500m^3/min, 송풍기 효율이 70%, 여유율이 1.0이다. 송풍기를 하루에 10시간씩 30일을 가동할 때, 전력요금(원)은? (단, 전력요금은 1kWh 당 50원이다.)

① 525,210 ② 1,050,420
③ 31,512,605 ④ 22,058,823

해설
소요동력 공식을 이용한다.

$$P(kW)=\frac{Q\times \Delta P}{102\times \eta}\times \alpha$$

Q: 처리가스량(m^3/sec)
ΔP: 압력손실(mmH$_2$O)
η: 송풍기 효율
α: 여유율

$$P(kW)=\frac{\frac{500m^3}{min}\times\frac{min}{60sec}\times 300mmH_2O}{102\times 0.7}\times 1=35.0140kW$$

전기요금=35.0140kW×10hr×30×50원/kWh=525,210원

정답 ①

55

★★★

여과집진장치의 탈진방식에 관한 설명으로 옳지 않은 것은?

① 간헐식은 먼지의 재비산이 적고 높은 집진율을 얻을 수 있다.
② 연속식은 탈진 시 먼지의 재비산이 일어나 간헐식에 비해 집진율이 낮고 여포의 수명이 짧은 편이다.
③ 연속식은 포집과 탈진이 동시에 이루어져 압력손실의 변동이 크므로 고농도, 저용량의 가스처리에 효율적이다.
④ 간헐식의 여포 수명은 연속식에 비해서는 긴 편이고, 점성이 있는 조대먼지를 탈진할 경우 여포 손상의 가능성이 있다.

해설

연속식은 포집과 탈진이 동시에 이루어지므로 압력손실이 거의 일정하고 고농도, 대용량의 가스를 처리할 수 있다.

정답 ③

56

★★★

전기집진장치에서 먼지의 전기비저항이 높은 경우 전기비저항을 낮추기 위해 일반적으로 주입하는 물질과 가장 거리가 먼 것은?

① NH_3 ② NaCl
③ H_2SO_4 ④ 수증기

해설

NH_3는 전기비저항이 낮은 경우 높이기 위해 사용한다.
전기비저항이 낮은 경우: NH_3, 온도와 습도 조절
전기비저항이 높은 경우: 황함량이 높은 연료, SO_3 주입, H_2SO_4, NaCl, 트라이에틸아민 주입

정답 ①

57

★☆☆

다음 그림과 같은 배기시설에서 관 DE를 지나는 유체의 속도는 관 BC를 지나는 유체 속도의 몇 배인가? (단, Ø는 관의 직경, *Q*는 유량, 마찰 손실과 밀도 변화는 무시한다.)

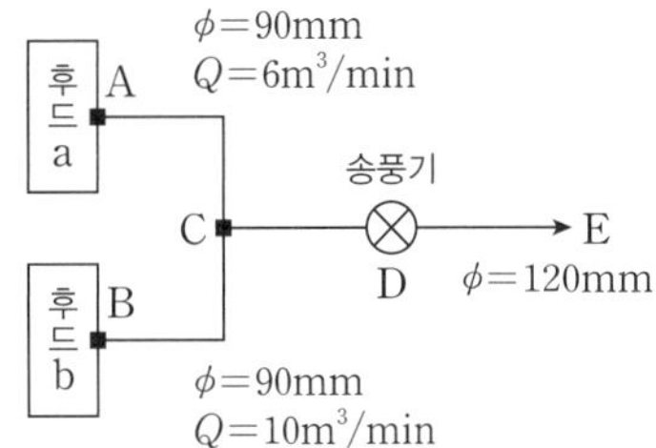

① 0.8 ② 0.9
③ 1.2 ④ 1.5

해설

유속을 구하는 공식을 이용한다.

$Q=AV$

Q: 유량(m³/min), V: 속도(m/min)

$A=\frac{\pi}{4}D^2$[A: 단면적(m²), D는 직경(m)]

(1) DE의 유속 구하기

DE 유량=AC 유량+BC 유량=16m³/min

$$\frac{16\text{m}^3}{\text{min}}=\frac{\pi}{4}\times(0.12\text{m})^2\times V$$

$$V=\frac{16\text{m}^3}{\text{min}}\times\frac{4}{\pi}\times\frac{1}{(0.12\text{m})^2}=1,414.7106\text{m/min}$$

(2) BC의 유속 구하기

$$\frac{10\text{m}^3}{\text{min}}=\frac{\pi}{4}\times(0.09\text{m})^2\times V$$

$$V=\frac{10\text{m}^3}{\text{min}}\times\frac{4}{\pi}\times\frac{1}{(0.09\text{m})^2}=1,571.9006\text{m/min}$$

(3) DE의 유속과 BC의 유속의 비

$$\frac{1,414.7106}{1,571.9006}=0.9$$

정답 ②

58

★★☆

싸이클론(Cyclone)에서 50%의 집진효율로 제거되는 입자의 최소 입경을 나타내는 용어는?

① Critical diameter ② Average diameter
③ Cut size diameter ④ Analytical diameter

해설

- 임계입경(Critical diameter): 100% 제거되는 입자의 최소 입경이다.
- 절단입경(Cut size diameter): 50% 제거되는 입자의 최소 입경이다.

정답 ③

59

★☆☆

환기시설의 설계에 사용하는 보충용 공기에 관한 설명으로 가장 거리가 먼 것은?

① 환기시설에 의해 작업자에게서 배기된 만큼의 공기를 작업장 내로 재공급하여야 하는데 이를 보충용 공기라 한다.
② 보충용 공기는 일반 배기가스용 공기보다 많도록 조절하여 실내를 약간 양(+)압으로 하는 것이 좋다.
③ 보충용 공기의 유입구는 작업장이나 다른 건물의 배기구에서 나온 유해물질의 유입을 유도하기 위해서 최대한 바닥에 가깝도록 한다.
④ 여름에는 보통 외부 공기를 그대로 공급하지만, 공정 내의 열부하가 커서 제어해야 하는 경우에는 보충용 공기를 냉각하여 공급한다.

해설

보충용 공기의 유입구는 배출된 유해물질의 재유입을 막을 수 있도록 위치시켜야 하며, 바닥에서부터 2.4~3.0m 높이로 유입되어야 한다.

정답 ③

60

★☆☆

배출가스 내의 NO_x 제거방법 중 건식법에 관한 설명으로 옳지 않은 것은?

① 현재 상용화된 대부분의 선택적 촉매 환원법(SCR)은 환원제로 NH_3가스를 사용한다.
② 흡착법은 흡착제로 활성탄, 실리카겔 등을 사용하며, 특히 NO를 제거하는 데 효과적이다.
③ 선택적 촉매 환원법(SCR)은 촉매층에 배기가스와 환원제를 통과시켜 NO_x를 N_2로 환원시키는 방법이다.
④ 선택적 비촉매 환원법(SNCR)의 단점은 배출가스가 고온이어야 하고, 온도가 낮을 경우 미반응된 NH_3가 배출될 수 있다는 것이다.

해설

흡착법은 흡착제로 활성탄, 실리카겔 등을 사용하며, 주로 무극성 분자의 제거에 효과적이며 NO는 흡착법으로 제거하기 어렵다.

정답 ②

대기오염공정시험기준

61

★☆☆

굴뚝 배출가스 중의 브로민화합물 분석에 사용되는 흡수액은?

① 붕산 용액
② 수산화소듐 용액
③ 다이에틸아민구리 용액
④ 황산+과산화수소+증류수

해설

분석물질	분석방법	흡수액
브로민 화합물	• 자외선/가시선분광법 • 적정법 • 이온크로마토그래피	수산화소듐 용액 (0.1mol/L)

정답 ②

62
★☆☆

불꽃이온화검출기법에 따라 분석하여 얻은 대기 시료에 대한 측정결과이다. 대기 중의 일산화탄소 농도(ppm)는?

- 교정용 가스 중의 일산화탄소 농도: 30ppm
- 시료 공기 중의 일산화탄소 피크 높이: 10mm
- 교정용 가스 중의 일산화탄소 피크 높이: 20mm

① 15 ② 35
③ 40 ④ 60

해설

대기 중의 일산화탄소 농도 산출 공식을 이용한다.

$$C=C_S\times\frac{L}{L_S}$$

C: 일산화탄소의 농도(ppm)
C_S: 교정용 가스 중 일산화탄소 농도(ppm)
L: 시료 공기 중의 일산화탄소 피크 높이(mm)
L_S: 교정용 가스 중 일산화탄소 피크 높이(mm)

$$C=30\text{ppm}\times\frac{10\text{mm}}{20\text{mm}}=15\text{ppm}$$

정답 ①

63
★☆☆

염산(1+4) 용액을 조제하는 방법은?

① 염산 1용량에 물 2용량을 혼합한다.
② 염산 1용량에 물 3용량을 혼합한다.
③ 염산 1용량에 물 4용량을 혼합한다.
④ 염산 1용량에 물 5용량을 혼합한다.

해설

염산(1+4) 용액은 염산 1용량에 물 4용량을 혼합하여 만든다.

정답 ③

64
★☆☆

굴뚝 배출가스 중의 산소를 오르자트분석법에 따라 분석할 때에 관한 설명으로 옳지 않은 것은?

① 탄산가스 흡수액으로 수산화포타슘 용액을 사용한다.
② 산소 흡수액을 만들 때는 되도록 공기와의 접촉을 피한다.
③ 각각의 흡수액을 사용하여 탄산가스, 산소순으로 흡수한다.
④ 산소 흡수액은 물에 수산화소듐을 녹인 용액과 물에 피로가롤을 녹인 용액을 혼합한 용액으로 한다.

해설

개정된 대기오염공정시험기준에서 오르자트분석계에 의한 산소 측정법은 삭제되었다.

관련이론

개정된 대기오염공정시험기준의 배출가스 중 산소의 주 시험방법은 자동측정법－전기화학식이며, 시험방법들의 정량범위는 표와 같다.

분석방법		정량범위
자동측정법	전기화학식	(0~25.0)%
자동측정법	자기식(자기풍)	(0~5.0)%
	자기식(자기력)	(0~10.0)%

정답 정답 없음

2021년

65 ★★☆

굴뚝 배출가스 중의 폼알데하이드를 자외선/가시선분광법 크로모트로핀산법에 따라 분석할 때, 시료의 분석에 필요한 시약은?

① H_2SO_4 ② NaOH
③ NH_4OH ④ CH_3COOH

해설

폼알데하이드 – 크로모트로핀산법

시료의 분석에는 분석용 시료용액 4mL를 취하고 크로모트로핀산 용액 0.1mL를 가한 후 황산(H_2SO_4) 5mL를 조심스럽게 넣고 정제수로 표선을 맞춘다.

※ 기존 문제는 '흡수 발색액 제조'에 필요한 시약이었으나 개정된 대기오염공정시험기준에 따라 '시료의 분석'으로 변경되었다.

정답 ①

66 ★★☆

흡광차분광법에 따라 분석하는 대기오염물질과 그 물질에 대한 간섭성분의 연결이 옳은 것은?

① 오존(O_3) – 벤젠(C_6H_6)의 영향
② 아황산가스(SO_2) – 오존(O_3)의 영향
③ 일산화탄소(CO) – 수분(H_2O)의 영향
④ 질소산화물(NO_x) – 톨루엔($C_6H_5CH_3$)의 영향

해설

① 오존(O_3) – 수분(H_2O), 톨루엔($C_6H_5CH_3$)의 영향
③ 일산화탄소(CO) – 대기오염공정시험기준상 명시된 물질은 없음
④ 질소산화물(NO_x) – 오존(O_3), 아황산가스(SO_2)의 영향

정답 ②

67 ★★★

기체크로마토그래피의 장치 구성에 관한 설명으로 옳지 않은 것은?

① 분리관 오븐의 온도조절 정밀도는 전원 전압 변동 10%에 대하여 온도변화가 ±0.5℃ 범위 이내(오븐의 온도가 150℃ 부근일 때)이어야 한다.
② 방사성 동위원소를 사용하는 검출기를 수용하는 검출기 오븐의 경우 온도조절기구와 별도로 독립작용 할 수 있는 과열방지기구를 설치하여야 한다.
③ 머무름시간을 측정할 때는 10회 측정하여 그 평균치를 구하며 일반적으로 5~30분 정도에서 측정하는 봉우리의 머무름시간은 반복시험 할 때 ±5% 오차범위 이내이어야 한다.
④ 불꽃이온화 검출기는 대부분의 화합물에 대하여 열전도도 검출기보다 약 1,000배 높은 감도를 나타내고 대부분의 유기 화합물을 검출할 수 있기 때문에 흔히 사용된다.

해설

개정된 대기오염공정시험기준에서 보유시간은 머무름시간으로 명칭이 변경되었다.

머무름시간(Retention time)을 측정할 때는 3회 측정하여 그 평균치를 구한다. 일반적으로 5~30분 정도에서 측정하는 봉우리의 머무름시간은 반복시험을 할 때 ±3% 오차범위 이내이어야 한다.

정답 ③

68

★☆☆

휘발성유기화학물질(VOCs)의 누출확인방법에 관한 설명으로 옳지 않은 것은?

① 교정가스는 기기 표시치를 교정하는 데 사용되는 불활성 기체이다.
② 누출농도는 VOCs가 누출되는 누출원 표면에서의 VOCs 농도로서 대조화합물을 기초로 한 기기의 측정값이다.
③ 응답시간은 VOCs가 시료채취장치로 들어가 농도 변화를 일으키기 시작하여 기기 계기판의 최종값이 90%를 나타내는 데 걸리는 시간이다.
④ 검출불가능 누출농도는 누출원에서 VOCs가 대기 중으로 누출되지 않는다고 판단되는 농도로서 국지적 VOCs 배경농도의 최고 농도 값이다.

해설

교정가스는 기지농도로 기기 표시치를 교정하는 데 사용되는 VOCs 화합물로서 일반적으로 누출농도와 유사한 농도의 대조화합물이다. 교정가스는 공인기관의 보정치가 제시되어 있는 표준가스의 측정기기 최대눈금치의 약 90%에 해당하는 농도의 가스를 사용한다.

정답 ①

69

★☆☆

원자흡수분광광도법에 따라 원자흡광분석을 수행할 때, 빛이 스펙트럼의 불꽃 중에서 생성되는 목적원소의 원자증기 이외의 물질에 의하여 흡수되는 경우에 일어나는 간섭은?

① 물리적 간섭　② 화학적 간섭
③ 이온학적 간섭　④ 분광학적 간섭

선지분석

① 물리적 간섭: 시료용액의 점성이나 표면장력 등 물리적 조건의 영향에 의하여 일어나는 것이다.
② 화학적 간섭: 불꽃 중에서 원자가 이온화하는 경우나 공존물질과 작용하여 해리하기 어려운 화합물이 생성되어 흡광에 관계하는 기저상태의 원자수가 감소하는 경우이다.
③ 이온학적 간섭: 해당 없음

정답 ④

70

★☆☆

굴뚝 배출가스 중의 오염물질과 연속자동 측정방법의 연결이 옳지 않은 것은?

① 염화수소 – 이온전극법
② 플루오린화수소 – 자외선흡수법
③ 이산화황 – 불꽃광도법
④ 질소산화물 – 적외선흡수법

선지분석

① 염화수소 – 이온전극법, 비분산적외선분광분석법
② 플루오린화수소 – 이온전극법
③ 이산화황 – 전기화학식(정전위전해법), 용액전도율법, 적외선흡수법, 자외선흡수법, 불꽃광도법
④ 질소산화물 – 전기화학식(정전위전해법), 화학발광법, 적외선흡수법, 자외선흡수법

정답 ②

71

★★☆

환경대기 중의 벤조(a)피렌 농도를 측정하기 위한 주 시험방법으로 가장 적합한 것은?

① 이온크로마토그래피법
② 가스크로마토그래피법
③ 흡광차분광법
④ 용매포집법

해설

환경대기 중의 벤조(a)피렌 농도를 측정하기 위한 방법으로 가스크로마토그래피법과 형광분광광도법이 있으며 가스크로마토그래피법이 주 시험방법이다.

정답 ②

72

★☆☆

굴뚝 배출가스 중의 암모니아를 중화적정법에 따라 분석할 때에 관한 설명으로 옳은 것은?

① 다른 염기성가스나 산성가스의 영향을 받지 않는다.
② 분석용 시료용액을 황산으로 적정하여 암모니아를 정량한다.
③ 시료채취량이 40L일 때 암모니아의 농도가 1~5ppm인 것의 분석에 적합하다.
④ 페놀프탈레인용액과 메틸레드용액을 1 : 2의 부피비로 섞은 용액을 지시약으로 사용한다.

해설

개정된 대기오염공정시험기준에서 중화적정법에 의한 암모니아 분석방법은 삭제되었다.

관련이론 | 배출가스 중 암모니아 분석법

- 자외선/가시선분광법 – 인도페놀법이 주 시험방법이며, 시험방법의 정량범위는 표와 같다.
- 분석용 시료 용액에 페놀 – 나이트로프루시드소듐 용액과 하이포아염소산소듐 용액을 가하고 암모늄 이온과 반응하여 생성하는 인도페놀류의 흡광도(640nm)를 측정하여 암모니아를 정량한다.

분석방법	정량범위	방법 검출한계	정밀도(%RSD)
자외선/가시선 분광법 (인도페놀법)	1.2ppm 이상 (시료채취량: 20L, 분석용 시료용액: 250mL)	0.4ppm	10% 이내

정답 정답 없음

73

★★☆

굴뚝 배출가스 중의 일산화탄소 분석방법에 해당하지 않는 것은?

① 이온크로마토그래피법
② 기체크로마토그래피법
③ 비분산적외선분광분석법
④ 정전위전해법

해설

배출가스 중 일산화탄소 분석방법

자동측정법(비분산적외선분광분석법)이 주 시험방법이며, 시험방법들의 정량범위는 표와 같다.

분석방법	정량범위	방법검출한계
자동측정법 – 비분산적외선분광분석법	(0~1,000)ppm	–
자동측정법 – 전기화학식(정전위전해법)	(0~1,000)ppm	–
기체크로마토그래피	TCD: 1,000ppm 이상	314ppm
	FID: (1~2,000)ppm	0.3ppm

정답 ①

74

★★★

배출가스 중의 금속원소를 원자흡수분광광도법에 따라 분석할 때, 금속원소와 측정파장의 연결이 옳은 것은?

① Pb – 357.9nm　② Cu – 228.8nm
③ Ni – 217.0nm　④ Zn – 213.9nm

해설

① Pb – 217.0/283.3nm
② Cu – 324.7nm
③ Ni – 232.0nm
※ 개정된 대기오염공정시험기준에 맞게 보기를 수정하였습니다.

정답 ④

75

★★★

굴뚝 A의 배출가스에 대한 측정결과이다. 피토우관으로 측정한 배출가스의 유속(m/s)은?

- 배출가스 온도: 150℃
- 비중이 0.85인 톨루엔을 사용했을 때의 경사마노미터 동압: 7.0mm 톨루엔주
- 피토우관 계수: 0.8584
- 배출가스의 밀도: 1.3kg/Sm^3

① 8.3 ② 9.4
③ 10.1 ④ 11.8

해설

배출가스 평균유속 공식을 이용한다.

$V=C\sqrt{\frac{2gh}{\gamma}}$

V: 배출가스 평균유속(m/s)

C: 피토우관 계수

h: 배출가스의 동압 측정치(mmH$_2$O)

h=액주거리×비중$=7\times0.85=5.95$mmH$_2$O

g: 중력가속도(9.81m/s^2)

γ: 굴뚝 내의 습한 배출가스 밀도(kg/m^3)

$$\gamma=\frac{1.3\text{kg}}{\text{Sm}^3\times\frac{273+150}{273}}=0.8390\text{kg/m}^3$$

$$V=0.8584\times\sqrt{\frac{2\times9.81\times5.95}{0.8390}}=10.1255\text{m/s}$$

※ $h=\frac{\text{액주거리}\times\text{비중}}{\text{확대율}}$이고, 확대율이 주어지지 않으면 1로 간주한다.

정답 ③

76

★☆☆

굴뚝 배출가스 중의 황산화물을 아르세나조Ⅲ법에 따라 분석할 때에 관한 설명으로 옳지 않은 것은?

① 아세트산바륨용액으로 적정한다.
② 과산화수소수를 흡수액으로 사용한다.
③ 아르세나조Ⅲ을 지시약으로 사용한다.
④ 이 시험법은 오르토톨리딘법이라고도 불린다.

해설

④ 이 시험법은 침전적정법이라고도 불린다.

관련이론 | 배출가스 중 황산화물 – 침전적정법 – 아르세나조Ⅲ법

시료를 과산화수소수에 흡수시켜 황산화물을 황산으로 만든 후 아이소프로필알코올과 아세트산을 가하고 아르세나조Ⅲ을 지시약으로 하여 아세트산바륨용액으로 적정한다.

정답 ④

2021년

77

★★☆

분석대상 가스와 채취관 및 도관 재질의 연결이 옳지 않은 것은?

① 일산화탄소 – 석영
② 이황화탄소 – 보통 강철
③ 암모니아 – 스테인레스강
④ 질소산화물 – 스테인레스강

해설

① 일산화탄소 – 경질유리, 석영, 보통강철, 스테인리스강 재질, 세라믹, 플루오로수지, 염화바이닐수지
② 이황화탄소 – 경질유리, 석영, 플루오로수지
③ 암모니아 – 경질유리, 석영, 보통강철, 스테인리스강 재질, 세라믹, 플루오로수지
④ 질소산화물 – 경질유리, 석영, 스테인리스강 재질, 세라믹, 플루오로수지

정답 ②

78 ★★★

대기오염공정시험기준 총칙에 관한 내용으로 옳지 않은 것은?

① 정확히 단다 – 분석용 저울로 0.1mg까지 측정
② 용액의 액성 표시 – 유리전극법에 의한 pH 측정기로 측정
③ 액체성분의 양을 정확히 취한다 – 피펫, 삼각플라스크를 사용해 조작
④ 여과용 기구 및 기기를 기재하지 아니하고 여과한다 – KS M 7602 거름종이 5종 또는 이와 동등한 여과지를 사용해 여과

해설

액체성분의 양을 "정확히 취한다" 함은 홀피펫, 부피플라스크 또는 이와 동등 이상의 정도를 갖는 용량계를 사용하여 조작하는 것을 뜻한다.

정답 ③

79 ★★★

원자흡수분광광도법에 사용되는 불꽃을 만들기 위한 가연성 가스와 조연성 가스의 조합 중, 불꽃온도가 높아서 불꽃 중에서 해리하기 어려운 내화성 산화물을 만들기 쉬운 원소의 분석에 가장 적합한 것은?

① 수소(H_2) – 산소(O_2)
② 프로페인(C_3H_8) – 공기(air)
③ 아세틸렌(C_2H_2) – 공기(air)
④ 아세틸렌(C_2H_2) – 아산화질소(N_2O)

해설

아세틸렌–아산화질소 불꽃은 불꽃 온도가 높기 때문에 불꽃 중에서 해리하기 어려운 내화성 산화물(Refractory Oxide)을 만들기 쉬운 원소의 분석에 적당하다.

관련이론 | 원자흡수분광광도법에 사용되는 불꽃

- 원자흡광분석에 사용되는 불꽃을 만들기 위한 조연성 가스와 가연성 가스의 조합은 수소–공기, 수소–공기–아르곤, 수소–산소, 아세틸렌–공기, 아세틸렌–산소, 아세틸렌–아산화질소, 프로페인–공기, 석탄가스–공기 등이 있다.
- 수소–공기, 아세틸렌–공기, 아세틸렌–아산화질소 및 프로판–공기가 가장 널리 이용된다. 이 중에서도 수소–공기와 아세틸렌–공기는 대부분의 원소분석에 유효하게 사용된다.
- 프로페인–공기 불꽃은 불꽃 온도가 낮고 일부 원소에 대하여 높은 감도를 나타낸다.

정답 ④

80 ★☆☆

배출가스 중의 먼지를 원통여지 포집기로 포집하여 얻은 측정결과이다. 표준상태에서의 먼지농도(mg/m^3)는?

- 대기압: 765mmHg
- 가스미터의 가스게이지압: 4mmHg
- 15℃에서의 포화수증기압: 12.67mmHg
- 가스미터의 흡인가스온도: 15℃
- 먼지포집 전의 원통여지무게: 6.2721g
- 먼지포집 후의 원통여지무게: 6.2963g
- 습식가스미터에서 읽은 흡인가스량: 50L

① 386　② 436
③ 513　④ 558

해설

습식가스미터를 사용할 경우 흡입가스량 산정 공식을 이용한다.

$$V'_n = V_m \times \frac{273}{273+\theta_m} \times \frac{P_a + P_m - P_v}{760} \times 10^{-3}$$

V'_n: 표준상태에서 흡입한 건조 가스량(Sm^3)
V_m: 흡입가스량으로 습식 가스미터에서 읽은 값(L)
θ_m: 가스미터의 흡입가스 온도(℃)
P_a: 측정공 위치에서의 대기압(mmHg)
P_m: 가스미터의 가스 게이지압(mmHg)
P_v: θ_m에서 포화수증기압(mmHg)

$$\text{먼지농도} = \frac{\text{채취된 먼지량(mg)}}{V'_n(Sm^3)}$$

$$= \frac{(6.2963-6.2721)g \times \frac{1{,}000mg}{g}}{50 \times \frac{273}{273+15} \times \frac{765+4-12.67}{760} \times 10^{-3}}$$

$= 513.0709mg/Sm^3$

정답 ③

대기환경관계법규

81

★☆☆

환경정책기본법령상 시·도로부터 해당 지역의 환경적 특수성을 고려하여 필요하다고 인정되어 보다 확대·강화된 별도의 환경기준을 설정 또는 변경한 경우, 누구에게 보고하여야 하는가?

① 국무총리 ② 환경부장관
③ 보건복지부장관 ④ 국토교통부장관

해설
확대·강화된 별도의 환경기준을 설정 또는 변경한 경우 환경부장관에게 보고해야 한다.

정답 ②

82

★★☆

대기환경보전법령상 한국환경공단이 환경부장관에게 보고하여야 하는 위탁업무 보고사항 중 "결함확인검사 결과"의 보고기일 기준은?

① 매 반기 종료 후 15일 이내
② 매 분기 종료 후 15일 이내
③ 다음 해 1월 15일까지
④ 위반사항 적발 시

해설
위탁업무 보고사항「시행규칙 별표 38」

업무내용	보고횟수	보고기일
수시검사, 결함확인검사, 부품결함 보고서류의 접수	수시	위반사항 적발 시
결함확인검사 결과	수시	위반사항 적발 시
자동차배출가스 인증생략 현황	연 2회	매반기 종료 후 15일 이내
자동차 시험검사 현황	연 1회	다음 해 1월 15일까지

정답 ④

83

★★☆

대기환경보전법령상 배출시설의 변경신고를 하여야 하는 경우에 해당하지 않는 것은?

① 배출시설 또는 방지시설을 임대하는 경우
② 사업장의 명칭이나 대표자를 변경하는 경우
③ 종전의 연료보다 황함유량이 낮은 연료로 변경하는 경우
④ 배출시설에서 허가받은 오염물질 외의 새로운 대기오염물질이 배출되는 경우

해설
종전의 연료보다 황함유량이 낮은 연료로 변경하는 경우는 변경신고 대상이 아니다.

관련이론 | 배출시설의 변경신고를 해야 하는 경우「시행규칙 제27조」

1. 같은 배출구에 연결된 배출시설을 증설 또는 교체하거나 폐쇄하는 경우
2. 배출시설에서 허가받은 오염물질 외의 새로운 대기오염물질이 배출되는 경우
3. 방지시설을 증설·교체하거나 폐쇄하는 경우
4. 사업장의 명칭이나 대표자를 변경하는 경우
5. 사용하는 원료나 연료를 변경하는 경우. 다만, 새로운 대기오염물질을 배출하지 아니하고 배출량이 증가되지 아니하는 원료로 변경하는 경우 또는 종전의 연료보다 황함유량이 낮은 연료로 변경하는 경우는 제외한다.
6. 배출시설 또는 방지시설을 임대하는 경우
7. 그 밖의 경우로서 배출시설 설치허가증에 적힌 허가사항 및 일일조업시간을 변경하는 경우

정답 ③

84 ★☆☆

환경정책기본법령상 "일정한 지역에서 환경오염 또는 환경훼손에 대하여 환경이 스스로 수용, 정화 및 복원하여 환경의 질을 유지할 수 있는 한계"를 의미하는 것은?

① 환경기준 ② 환경한계
③ 환경용량 ④ 환경표준

선지분석

① 환경기준: 국민의 건강을 보호하고 쾌적한 환경을 조성하기 위하여 국가가 달성하고 유지하는 것이 바람직한 환경상의 조건 또는 질적인 수준을 말한다.
② 환경한계: 해당 없음
④ 환경표준: 해당 없음

정답 ③

85 ★☆☆

대기환경보전법령상의 자동차 연료·첨가제 또는 촉매제 검사기관의 지정기준 중 자동차 연료 검사기관의 기술능력 및 검사장비기준에 관한 내용으로 옳지 않은 것은?

① 검사원은 2명 이상이어야 하며, 그 중 한 명은 해당 검사 업무에 10년 이상 종사한 경험이 있는 사람이어야 한다.
② 휘발유·경유·바이오디젤(BD100) 검사장비로 1ppm 이하 분석이 가능한 황함량분석기 1식을 갖추어야 한다.
③ 검사원은 자동차, 화공, 안전관리(가스), 환경 분야의 기사 자격 이상을 취득한 사람이어야 한다.
④ 휘발유·경유·바이오디젤 검사기관과 LPG·CNG·바이오가스 검사기관의 기술능력 기준은 같으며, 두 검사 업무를 함께 하려는 경우에는 기술능력을 중복하여 갖추지 아니할 수 있다.

해설

자동차연료·첨가제 또는 촉매제 검사기관의 지정기준 「시행규칙 별표 34의2」

검사원은 4명 이상이어야 하며 그 중 2명 이상은 해당 검사 업무에 5년 이상 종사한 경험이 있는 사람이어야 한다.

정답 ①

86 ★★★

환경정책기본법령상 일산화탄소의 대기환경 기준은? (단, 8시간 평균치 기준이다.)

① 5ppm 이하 ② 9ppm 이하
③ 25ppm 이하 ④ 35ppm 이하

해설

환경기준 「환경정책기본법 시행령 별표 1」

항목	기준
아황산가스 (SO_2)	연간 평균치 0.02ppm 이하 24시간 평균치 0.05ppm 이하 1시간 평균치 0.15ppm 이하
일산화탄소 (CO)	8시간 평균치 9ppm 이하 1시간 평균치 25ppm 이하
이산화질소 (NO_2)	연간 평균치 0.03ppm 이하 24시간 평균치 0.06ppm 이하 1시간 평균치 0.10ppm 이하
미세먼지 (PM-10)	연간 평균치 50$\mu g/m^3$ 이하 24시간 평균치 100$\mu g/m^3$ 이하
초미세먼지 (PM-2.5)	연간 평균치 15$\mu g/m^3$ 이하 24시간 평균치 35$\mu g/m^3$ 이하
오존(O_3)	8시간 평균치 0.06ppm 이하 1시간 평균치 0.1ppm 이하
납(Pb)	연간 평균치 0.5$\mu g/m^3$ 이하
벤젠	연간 평균치 5$\mu g/m^3$ 이하

정답 ②

87

★★☆

대기환경보전법령상 배출허용기준 초과와 관련하여 개선명령을 받은 경우로서 개선하여야 할 사항이 배출시설 또는 방지시설인 경우 사업자가 시·도지사에게 제출하여야 하는 개선계획서에 포함 또는 첨부되어야 하는 사항에 해당하지 않는 것은?

① 배출시설 또는 방지시설의 개선명세서 및 설계도
② 대기오염물질의 처리방식 및 처리효율
③ 운영기기 진단계획
④ 공사기간 및 공사비

해설

개선계획서 포함사항「시행규칙 제38조」

가. 배출시설 또는 방지시설의 개선명세서 및 설계도
나. 대기오염물질의 처리방식 및 처리효율
다. 공사기간 및 공사비
라. 다음의 경우에는 이를 증명할 수 있는 서류
  1) 개선기간 중 배출시설의 가동을 중단하거나 제한하여 대기오염물질의 농도나 배출량이 변경되는 경우
  2) 개선기간 중 공법 등의 개선으로 대기오염물질의 농도나 배출량이 변경되는 경우

정답 ③

88

★★☆

대기환경보전법령상 비산먼지 발생사업에 해당하지 않는 것은?

① 화학제품제조업 중 석유정제업
② 제1차 금속제조업 중 금속주조업
③ 비료 및 사료제품의 제조업 중 배합사료제조업
④ 비금속물질의 채취·제조·가공업 중 일반도자기제조업

해설

석유정제업은 대기환경보전법령상 비산먼지 발생사업에 해당하지 않는다.

관련이론 | 비산먼지 발생사업「시행령 제44조」

1. 시멘트·석회·플라스터 및 시멘트 관련 제품의 제조업 및 가공업
2. 비금속물질의 채취업, 제조업 및 가공업
3. 제1차 금속제조업
4. 비료 및 사료제품의 제조업
5. 건설업(지반 조성공사, 건축물 축조공사, 토목공사, 조경공사 및 도장공사로 한정함)
6. 시멘트, 석탄, 토사, 사료, 곡물 및 고철의 운송업
7. 운송장비 제조업
8. 저탄시설(貯炭施設)의 설치가 필요한 사업
9. 고철, 곡물, 사료, 목재 및 광석의 하역업 또는 보관업
10. 금속제품의 제조업 및 가공업
11. 폐기물 매립시설 설치·운영 사업

정답 ①

89

★★☆

대기환경보전법령상 일일유량은 측정유량과 일일조업시간의 곱으로 환산한다. 이 때, 일일조업시간의 표시기준은?

① 배출량을 측정하기 전 최근 조업한 1일 동안의 배출시설 조업시간 평균치를 시간으로 표시한다.
② 배출량을 측정하기 전 최근 조업한 7일 동안의 배출시설 조업시간 평균치를 시간으로 표시한다.
③ 배출량을 측정하기 전 최근 조업한 30일 동안의 배출시설 조업시간 평균치를 시간으로 표시한다.
④ 배출량을 측정하기 전 최근 조업한 전체 기간의 배출시설 조업시간 평균치를 시간으로 표시한다.

해설

일일조업시간은 배출량을 측정하기 전 최근 조업한 30일 동안의 배출시설 조업시간 평균치를 시간으로 표시한다.

정답 ③

90

★☆☆

대기환경보전법령상 환경기술인의 임명기준에 관한 내용이다. (   ) 안에 알맞은 말은?

> 환경기술인을 바꾸어 임명하는 경우에는 그 사유가 발생한 날부터 (ⓐ) 이내에 임명하여야 한다. 다만, 환경기사 또는 환경산업기사 이상의 자격이 있는 자를 임명하여야 하는 사업장으로서 (ⓐ) 이내에 채용할 수 없는 부득이한 사정이 있는 경우에는 (ⓑ)의 범위에서 규정에 적합한 환경기술인을 임명할 수 있다.

① ⓐ 5일, ⓑ 30일
② ⓐ 5일, ⓑ 60일
③ ⓐ 10일, ⓑ 30일
④ ⓐ 10일, ⓑ 60일

해설

ⓐ는 5일, ⓑ는 30일이다.

정답 ①

91

★★★

대기환경보전법령상 특정대기유해물질에 해당하지 않는 것은?

① 염소 및 염화수소
② 아크릴로니트릴
③ 황화수소
④ 이황화메틸

해설

황화수소는 특정대기유해물질에 해당하지 않는다.

관련이론 | 특정대기유해물질의 종류

1. 카드뮴 및 그 화합물
2. 시안화수소
3. 납 및 그 화합물
4. 폴리염화비페닐
5. 크롬 및 그 화합물
6. 비소 및 그 화합물
7. 수은 및 그 화합물
8. 프로필렌 옥사이드
9. 염소 및 염화수소
10. 불소화물
11. 석면
12. 니켈 및 그 화합물
13. 염화비닐
14. 다이옥신
15. 페놀 및 그 화합물
16. 베릴륨 및 그 화합물
17. 벤젠
18. 사염화탄소
19. 이황화메틸
20. 아닐린
21. 클로로포름
22. 포름알데히드
23. 아세트알데히드
24. 벤지딘
25. 1,3-부타디엔
26. 다환 방향족 탄화수소류
27. 에틸렌옥사이드
28. 디클로로메탄
29. 스틸렌
30. 테트라클로로에틸렌
31. 1,2-디클로로에탄
32. 에틸벤젠
33. 트리클로로에틸렌
34. 아크릴로니트릴
35. 히드라진

정답 ③

92

★☆☆

대기환경보전법령상 배출부과금을 부과할 때 고려하여야 하는 사항에 해당하지 않는 것은? (단, 그 밖에 대기환경의 오염 또는 개선과 관련되는 사항으로서 환경부령으로 정하는 사항은 제외한다.)

① 사업장 운영현황
② 배출허용기준 초과 여부
③ 대기오염물질의 배출기간
④ 배출되는 대기오염물질의 종류

해설

배출부과금의 부과·징수 시 고려사항 「법 제35조」

1. 배출허용기준 초과 여부
2. 배출되는 대기오염물질의 종류
3. 대기오염물질의 배출기간
4. 대기오염물질의 배출량
5. 제39조에 따른 자가측정(自家測定)을 하였는지 여부
6. 그 밖에 대기환경의 오염 또는 개선과 관련되는 사항으로서 환경부령으로 정하는 사항

정답 ①

93

★★★

대기환경보전법령상 수도권대기환경청장, 국립환경과학원장 또는 한국환경공단이 설치하는 대기오염 측정망에 해당하지 않는 것은?

① 대기오염물질의 지역배경농도를 측정하기 위한 교외대기측정망
② 도시지역의 대기오염물질 농도를 측정하기 위한 도시대기측정망
③ 산성 대기오염물질의 건성 및 습성 침착량을 측정하기 위한 산성강하물측정망
④ 도시지역의 휘발성유기화합물 등의 농도를 측정하기 위한 광화학대기오염물질측정망

해설

도시지역의 대기오염물질 농도를 측정하기 위한 도시대기측정망은 특별시장·광역시장·특별자치시장·도지사 또는 특별자치도지사가 설치하는 대기오염 측정망에 해당한다.

관련이론 | 측정망의 종류 및 측정결과보고 등 「시행규칙 제11조」

수도권대기환경청장, 국립환경과학원장 또는 한국환경공단이 설치하는 대기오염 측정망의 종류는 다음 각 호와 같다.

1. 대기오염물질의 지역배경농도를 측정하기 위한 교외대기측정망
2. 대기오염물질의 국가배경농도와 장거리이동 현황을 파악하기 위한 국가배경농도측정망
3. 도시지역 또는 산업단지 인근지역의 특정대기유해물질(중금속은 제외)의 오염도를 측정하기 위한 유해대기물질측정망
4. 도시지역의 휘발성유기화합물 등의 농도를 측정하기 위한 광화학대기오염물질측정망
5. 산성 대기오염물질의 건성 및 습성 침착량을 측정하기 위한 산성강하물측정망
6. 기후·생태계 변화유발물질의 농도를 측정하기 위한 지구대기측정망
7. 장거리이동대기오염물질의 성분을 집중 측정하기 위한 대기오염집중측정망
8. 초미세먼지(PM-2.5)의 성분 및 농도를 측정하기 위한 미세먼지성분측정망

정답 ②

94

★★☆

악취방지법령상 지정악취물질과 배출허용기준의 연결이 옳지 않은 것은?

항목	구분	배출허용기준(ppm)	
		공업지역	기타지역
㉠	암모니아	2 이하	1 이하
㉡	메틸메르캅탄	0.008 이하	0.005 이하
㉢	황화수소	0.06 이하	0.02 이하
㉣	트라이메틸아민	0.02 이하	0.005 이하

① ㉠　② ㉡
③ ㉢　④ ㉣

해설

배출허용기준 및 엄격한 배출허용기준의 설정 범위 「악취방지법 시행규칙 별표 3」

구분	배출허용기준(ppm)		엄격한 배출허용 기준의 범위 (ppm)
	공업지역	기타 지역	공업지역
메틸메르캅탄	0.004 이하	0.002 이하	0.002~0.004

정답 ②

2021년

95

★★☆

대기환경보전법령상 환경부장관이 사업장에서 배출되는 대기오염물질을 총량으로 규제하고자 할 때 고시하여야 하는 사항에 해당하지 않는 것은?

① 총량규제구역　② 측정망 설치계획
③ 총량규제 대기오염물질　④ 대기오염물질의 저감계획

해설

대기오염물질을 총량으로 규제할 경우 고시사항 「시행규칙 제24조」

1. 총량규제구역
2. 총량규제 대기오염물질
3. 대기오염물질의 저감계획
4. 그 밖에 총량규제구역의 대기관리를 위하여 필요한 사항

정답 ②

96

★★☆

대기환경보전법령상 환경부장관이 배출시설의 설치를 제한할 수 있는 경우에 관한 사항이다. (　　) 안에 알맞은 말은?

> 배출시설 설치 지점으로부터 반경 1킬로미터 안의 상주인구가 (㉠)명 이상인 지역으로서 특정대기유해물질 중 한 가지 종류의 물질을 연간 (㉡) 이상 배출하는 시설을 설치하는 경우

① ㉠ 1만, ㉡ 1톤　② ㉠ 1만, ㉡ 10톤
③ ㉠ 2만, ㉡ 1톤　④ ㉠ 2만, ㉡ 10톤

해설

㉠은 2만, ㉡은 10톤이다.

정답 ④

97

★★★

실내공기질 관리법령상 "실내주차장"에서 미세먼지(PM-10)의 실내공기질 유지기준은?

① 200μg/m^3 이하　② 150μg/m^3 이하
③ 100μg/m^3 이하　④ 25μg/m^3 이하

해설

실내주차장의 실내공기질 유지기준「실내공기질 관리법 시행규칙 별표 2」

- 미세먼지(PM-10): 200μg/m^3 이하
- 이산화탄소: 1,000ppm 이하
- 폼알데하이드: 100μg/m^3 이하
- 일산화탄소: 25ppm 이하

정답 ①

98

★★☆

대기환경보전법령상 대기오염경보 발령 시 포함되어야 할 사항에 해당하지 않는 것은? (단, 기타사항은 제외한다.)

① 대기오염경보단계
② 대기오염경보의 대상지역
③ 대기오염경보의 경보대상기간
④ 대기오염경보단계별 조치사항

해설

대기오염경보에 포함되어야 하는 사항「시행규칙 제13조」

1. 대기오염경보의 대상지역
2. 대기오염경보단계 및 대기오염물질의 농도
3. 대기오염경보단계별 조치사항
4. 그 밖에 시·도지사가 필요하다고 인정하는 사항

정답 ③

99

★★★

실내공기질 관리법령상 노인요양시설의 실내공기질 유지기준이 되는 오염물질 항목에 해당하지 않는 것은?

① 미세먼지(PM-10)　② 폼알데하이드
③ 아산화질소　④ 총부유세균

해설

노인요양시설의 실내공기질 유지기준 항목: 미세먼지(PM-10), 미세먼지(PM-2.5), 이산화탄소, 폼알데하이드, 총부유세균, 일산화탄소
노인요양시설의 실내공기질 권고기준 항목: 이산화질소, 라돈, 총휘발성유기화합물, 곰팡이

정답 ③

100

★★★

대기환경보전법령상 4종 사업장의 분류기준에 해당하는 것은?

① 대기오염물질발생량의 합계가 연간 80톤 이상 100톤 미만
② 대기오염물질발생량의 합계가 연간 20톤 이상 80톤 미만
③ 대기오염물질발생량의 합계가 연간 10톤 이상 20톤 미만
④ 대기오염물질발생량의 합계가 연간 2톤 이상 10톤 미만

해설

제4종 사업장은 대기오염물질발생량의 합계가 연간 2톤 이상 10톤 미만인 곳이다.

관련이론 | 사업장의 분류「시행령 별표 1의 3」

종별	오염물질발생량 구분
1종 사업장	대기오염물질발생량의 합계가 연간 80톤 이상인 사업장
2종 사업장	대기오염물질발생량의 합계가 연간 20톤 이상 80톤 미만인 사업장
3종 사업장	대기오염물질발생량의 합계가 연간 10톤 이상 20톤 미만인 사업장
4종 사업장	대기오염물질발생량의 합계가 연간 2톤 이상 10톤 미만인 사업장
5종 사업장	대기오염물질발생량의 합계가 연간 2톤 미만인 사업장

정답 ④

2021년 | 1회 기출문제

자동채점

대기오염개론

01
★☆☆

다음에서 설명하는 오염물질로 가장 적합한 것은?

- 부드러운 청회색의 금속으로 밀도가 크고 내식성이 강하다.
- 소화기로 섭취되면 대략 10% 정도가 소장에서 흡수되고, 나머지는 대변으로 배출된다.
- 세포 내에서는 SH기와 결합하여 헴(heme)합성에 관여하는 효소 등 여러 효소작용을 방해한다.
- 인체에 축적되면 적혈구 형성을 방해하며, 심하면 복통, 빈혈, 구토를 일으키고 뇌세포에 손상을 준다.

① Cr ② Hg
③ Pb ④ Al

해설
Pb(납)에 대한 설명이다.

정답 ③

02
★★☆

다음에서 설명하는 대기분산모델로 가장 적합한 것은?

- 가우시안모델식을 적용한다.
- 적용 배출원의 형태는 점, 선, 면이다.
- 미국에서 최근에 널리 이용되는 범용적인 모델로 장기 농도 계산용이다.

① RAMS ② ISCLT
③ UAM ④ AUSPLUME

해설
ISCLT는 가우시안모델로 미국에서 널리 이용되며 장기 농도 계산에 유용하다.

정답 ②

03
★★☆

국지풍에 관한 설명으로 옳지 않은 것은?

① 일반적으로 낮에 바다에서 육지로 부는 해풍은 밤에 육지에서 바다로 부는 육풍보다 강하다.
② 고도가 높은 산맥에 직각으로 강한 바람이 부는 경우에 산맥의 풍하 쪽으로 건조한 바람이 부는데 이러한 바람을 휀풍이라 한다.
③ 곡풍은 경사면 → 계곡 → 주계곡으로 수렴하면서 풍속이 가속되기 때문에 일반적으로 낮에 산 위쪽으로 부는 산풍보다 더 강하게 분다.
④ 열섬효과로 인하여 도시 중심부가 주위보다 고온이 되어 도시 중심부에서 상승기류가 발생하고 도시 주위의 시골에서 도시로 바람이 부는데 이를 전원풍이라 한다.

해설
산풍은 경사면 → 계곡 → 주계곡으로 수렴하면서 풍속이 가속되기 때문에 낮에 산 위쪽으로 부는 곡풍보다 더 강하다.

정답 ③

04 ★★☆

0℃, 1기압에서 SO_2 10ppm은 몇 mg/m^3인가?

① 19.62 ② 28.57
③ 37.33 ④ 44.14

해설
SO_2의 원자량: 64
0℃, 1기압에서 SO_2 1mol의 부피: 22.4L

$$\frac{10mL \times \frac{64mg}{22.4mL}}{m^3} = 28.5714mg/m^3$$

정답 ②

05 ★★☆

굴뚝에서 배출되는 연기의 형태 중 환상형(Looping)에 관한 설명으로 옳은 것은?

① 대기가 과단열감률 상태일 때 나타나므로 맑은 날 오후에 발생하기 쉽다.
② 상층이 불안정, 하층이 안정일 경우에 나타나며, 지표 부근의 오염물질 농도가 가장 낮다.
③ 전체 대기층이 중립 상태일 때 나타나며, 매연 속의 오염물질 농도는 가우시안 분포를 갖는다.
④ 전체 대기층이 매우 안정할 때 나타나며, 상하 확산 폭이 적어 굴뚝의 높이가 낮을 경우 지표 부근에 심각한 오염문제를 야기한다.

선지분석
② 지붕형: 상층이 불안정, 하층이 안정일 경우에 나타나며, 지표 부근의 오염물질 농도가 가장 낮다.
③ 원추형: 전체 대기층이 중립 상태일 때 나타나며, 매연 속의 오염물질 농도는 가우시안 분포를 갖는다.
④ 부채형: 전체 대기층이 매우 안정할 때 나타나며, 상하 확산 폭이 적어 굴뚝의 높이가 낮을 경우 지표 부근에 심각한 오염문제를 야기한다.

정답 ①

06 ★★★

폼알데하이드의 배출과 관련된 업종으로 가장 거리가 먼 것은?

① 피혁제조공업
② 합성수지공업
③ 암모니아제조공업
④ 포르말린제조공업

해설
폼알데하이드(HCHO)는 탄소가 포함된 물질이 불완전 연소할 때 쉽게 만들어지며 암모니아제조공업과는 관련이 거의 없다.

정답 ③

2021년

07 ★☆☆

다음에서 설명하는 오염물질로 가장 적합한 것은?

- 매우 낮은 농도에서 피해를 일으킬 수 있으며, 주된 증상으로 상편생장, 전도운동의 저해, 황화현상, 줄기의 신장저해, 성장 감퇴 등이 있다.
- 0.1ppm 정도의 저농도에서도 스위트피와 토마토에 상편생장을 일으킨다.

① 오존 ② 에틸렌
③ 아황산가스 ④ 불소화합물

해설
에틸렌(C_2H_4)은 0.1ppm의 저농도에서도 스위트피와 토마토에 상편생장을 일으키는 오염물질이다.

정답 ②

08

★★☆

시골에서 먼지농도를 측정하기 위하여 공기를 0.15m/s의 속도로 12시간 동안 여과지에 여과시켰을 때, 사용된 여과지의 빛 전달률이 깨끗한 여과지의 80%로 감소했다. 1,000m당 Coh는?

① 0.2 ② 0.6
③ 1.1 ④ 1.5

해설

헤이즈 계수 식을 사용한다.

$$Coh=\frac{\frac{\log(1/t)}{0.01}}{L}\times 1,000$$

$$Coh=\frac{\frac{\log(1/0.8)}{0.01}}{\frac{0.15\text{m}}{\text{s}}\times 12\text{hr}\times\frac{3,600\text{s}}{\text{hr}}}\times 1,000=1.4955$$

t: 빛전달률, L: 총 이동거리(m)

정답 ④

09

★☆☆

빈의 변위법칙에 관한 식은?

① $\lambda=2,897/T$(λ: 최대에너지가 복사 될 때의 파장, T: 흑체의 표면온도)
② $E=\sigma T^4$(E: 흑체의 단위 표면적에서 복사되는 에너지, σ: 상수, T: 흑체의 표면온도)
③ $I=I_0\exp(-K\rho L)$(I_0, I: 각각 입사 전후의 빛의 복사속밀도, K: 감쇠상수, ρ: 매질의 밀도, L: 통과거리)
④ $R=K(1-\alpha)-L$(R: 순복사, K: 지표면에 도달한 일사량, α: 지표의 반사율, L: 지표로부터 방출되는 장파복사)

해설

빈의 변위법칙(Wien's displacement law)

$\lambda_m=\frac{2,897}{T}$ [λ_m: 최대파장(μm), T: 표면온도(K)]

정답 ①

10

★★☆

2차 대기오염물질에 해당하는 것은?

① H_2S ② H_2O_2
③ NH_3 ④ $(CH_3)_2S$

해설

2차 대기오염물질은 1차 오염물질이 대기 중에서 자외선에 의한 광화학적 반응으로 생성된 오염물질이다.
보기에서는 ② H_2O_2(과산화수소)가 2차 대기오염물질이다.

관련이론

1차 대기오염물질

- 배출 및 발생원에서 직접 대기 중으로 배출되는 오염물질이다.
- 종류: 먼지, 매연, 일산화탄소(CO), 이산화탄소(CO_2), 염화수소(HCl), 탄화수소(HC), 암모니아(NH_3), 납(Pb), 삼산화이질소(N_2O_3), NaCl, SiO_2 등

2차 대기오염물질

- 1차 오염물질이 대기 중에서 자외선에 의한 광화학적 반응으로 생성된 오염물질이다.
- 종류: 오존(O_3), PAN($CH_3COOONO_2$), 과산화수소(H_2O_2), 염화나이트로실(NOCl), 알데히드 등

1·2차 대기오염물질

- 배출 및 발생원에서 직접 대기 중으로 배출되거나 광화학적 반응으로 생성되는 오염물질이다.
- 종류: SO_2, SO_3, H_2SO_4, NO, NO_2, HCHO, 케톤류, 유기산, 알데히드 등 1차 대기오염물질이면서 2차 대기오염물질인 오염물질이다.

정답 ②

11

★☆☆

다음에서 설명하는 오염물질로 가장 적합한 것은?

- 분자량이 98.9이고, 비등점이 약 8℃인 독특한 풀냄새가 나는 무색(시판용품은 담황녹색) 기체(액화가스)이다.
- 수분이 존재하면 가수분해되어 염산을 생성하여 금속을 부식시킨다.

① 페놀　② 석면
③ 포스겐　④ T.N.T

해설

포스겐($COCl_2$)은 분자량이 약 98.9이고, 무색이며 자극성 냄새가 있는 유독한 기체이다.

정답 ③

12

★★☆

다음 중 오존 파괴지수가 가장 큰 것은?

① CCl_4　② $CHFCl_2$
③ CH_2FCl　④ $C_2H_2FCl_3$

해설

오존 파괴지수

① CCl_4: 1.1
② $CHFCl_2$: 0.04
③ CH_2FCl: 0.02
④ $C_2H_2FCl_3$: 0.007~0.05

정답 ①

13

★★☆

불안정한 조건에서 굴뚝의 안지름이 5m, 가스온도가 173℃, 가스속도가 10m/s, 기온이 17℃, 풍속이 36km/h일 때, 연기의 상승높이(m)는? (단, 불안정 조건 시 연기의 상승높이는 $\Delta H=150\frac{F}{U^3}$이며, F는 부력을 나타낸다.)

① 34　② 40
③ 49　④ 56

해설

연기의 상승높이식(Smith식)을 이용한다.

$$\Delta H=150\times\frac{F}{U^3},\ F=g\times V_s\times\left(\frac{D}{2}\right)^2\times\left(\frac{T_s-T_a}{T_a}\right)$$

ΔH: 연기의 상승높이(m)
F: 부력계수(m^4/s^3)
U: 풍속(m/s)
V_s: 연기의 배출속도(m/s)
D: 굴뚝의 직경(m)
T_a: 대기의 온도(K)
T_s: 굴뚝 배출가스의 온도(K)

$$F=9.8m/s^2\times10m/s\times\left(\frac{5}{2}\right)^2\times\left(\frac{(273+173)-(273+17)}{(273+17)}\right)$$
$$=329.4827m^4/s^3$$

$$\Delta H=150\times\frac{F}{U^3}$$

$$\Delta H=150\times\frac{329.4827}{\left(\frac{36km}{h}\times\frac{1{,}000m}{km}\times\frac{h}{3{,}600s}\right)^3}=49.4224m$$

정답 ③

2021년

14

★★☆

Fick의 확산방정식을 실제 대기에 적용시키기 위하여 필요한 가정 조건으로 가장 거리가 먼 것은?

① 바람에 의한 오염물질의 주 이동방향은 x축이다.
② 오염물질은 점배출원으로부터 연속적으로 배출된다.
③ 풍향, 풍속, 온도, 시간에 따른 농도변화가 없는 정상상태이다.
④ 하류로의 확산은 바람이 부는 방향(x축)의 확산보다 강하다.

해설

Fick의 확산방정식의 가정조건

- 풍향, 풍속, 온도, 시간에 따른 농도변화가 없는 정상상태이다.
- 오염물질은 점배출원으로부터 연속적으로 배출된다.
- 바람에 의한 오염물질의 주 이동방향은 x축이다.

관련이론 | Fick의 확산법칙

정상상태, 단위면적 당 확산되는 조건 하에서 물질의 이동속도는 농도의 기울기에 비례한다는 법칙이다.

정답 ④

15

★☆☆

일산화탄소에 관한 설명으로 옳지 않은 것은?

① 대류권 및 성층권에서의 광화학반응에 의하여 대기 중에서 제거된다.
② 물에 잘 녹아 강우의 영향을 크게 받으며, 다른 물질에 강하게 흡착하는 특징을 가진다.
③ 토양 박테리아의 활동에 의하여 이산화탄소로 산화되어 대기 중에서 제거된다.
④ 발생량과 대기 중의 평균농도로부터 대기 중 평균 체류시간이 약 1~3개월 정도일 것이라 추정되고 있다.

해설

일산화탄소(CO)는 물에 잘 녹지 않으며, 다른 물질에 강하게 흡착하지 않는다.

정답 ②

16

★★★

역사적인 대기오염 사건에 관한 설명으로 가장 적합하지 않은 것은?

① 로스엔젤레스 사건은 자동차에서 배출되는 질소산화물, 탄화수소 등에 의하여 침강성 역전 조건에서 발생했다.
② 뮤즈계곡 사건은 공장에서 배출되는 아황산가스, 황산, 미세입자 등에 의하여 기온역전, 무풍상태에서 발생했다.
③ 런던 사건은 석탄연료의 연소 시 배출되는 아황산가스, 먼지 등에 의하여 복사성 역전, 높은 습도, 무풍상태에서 발생했다.
④ 보팔 사건은 공장조업사고로 황화수소가 다량누출 되어 발생하였으며 기온역전, 지형상분지 등의 조건으로 많은 인명피해를 유발했다.

해설

보팔 사건은 MIC(메틸이소시아네이트)의 누출 사건이다.

정답 ④

17

★☆☆

지표면의 오존 농도가 증가하는 원인으로 가장 거리가 먼 것은?

① CO ② NO_x
③ VOCs ④ 태양열 에너지

해설

일산화탄소(CO)는 탄소가 포함된 물질이 불완전 연소할 때 발생하는 물질로 오존 농도의 증가와는 관련이 거의 없다.

정답 ①

18 ★★☆

세류현상(Down wash)이 발생하지 않는 조건은?

① 오염물질의 토출속도가 굴뚝높이에서의 풍속과 같을 때
② 오염물질의 토출속도가 굴뚝높이에서의 풍속의 2.0배 이상일 때
③ 굴뚝높이에서의 풍속이 오염물질 토출속도의 1.5배 이상일 때
④ 굴뚝높이에서의 풍속이 오염물질 토출속도의 2.0배 이상일 때

해설
세류현상(Down wash)은 배출가스의 유속보다 외기의 풍속이 더 커서 생기는 현상으로 배출가스의 와류로 인해 인근의 오염부하가 높아지는 현상이다.
세류현상을 발생시키지 않게 하기 위해서는 오염물질의 배출속도를 주변 풍속보다 2배 이상 높게 해야 한다.

정답 ②

19 ★☆☆

고도에 따른 대기층의 명칭을 순서대로 나열한 것은? (단, 낮은 고도 → 높은 고도이다.)

① 지표 → 대류권 → 성층권 → 중간권 → 열권
② 지표 → 대류권 → 중간권 → 성층권 → 열권
③ 지표 → 성층권 → 대류권 → 중간권 → 열권
④ 지표 → 성층권 → 중간권 → 대류권 → 열권

해설
고도에 따른 대기층
지표 → 대류권 → 성층권 → 중간권 → 열권

정답 ①

20 ★☆☆

다음 오존파괴물질 중 평균수명(년)이 가장 긴 것은?

① CFC-11	② CFC-115
③ HCFC-123	④ CFC-124

해설
오존파괴물질의 평균수명
① CFC-11: 약 60년
② CFC-115: 약 400년
③ HCFC-123: 약 2년
④ CFC-124: 약 6년

정답 ②

연소공학

21 ★☆☆

옥탄가에 관한 설명이다. ( ) 안에 들어갈 말로 옳은 것은?

> 옥탄가는 시험 가솔린의 노킹 정도를 (㉠)과 (㉡)의 혼합표준연료의 노킹정도와 비교했을 때, 공급 가솔린과 동등한 노킹정도를 나타내는 혼합표준연료 중의 (㉠)%를 말한다.

① ㉠ iso-octane, ㉡ n-butane
② ㉠ iso-octane, ㉡ n-heptane
③ ㉠ iso-propane, ㉡ n-pentane
④ ㉠ iso-pentane, ㉡ n-butane

해설
옥탄가는 시험 가솔린의 노킹 정도를 iso-octane과 n-heptane의 혼합표준연료의 노킹정도와 비교했을 때, 공급 가솔린과 동등한 노킹정도를 나타내는 혼합표준연료 중의 iso-octane%를 말한다.

정답 ②

22 ★☆☆

다음 회분 성분 중 백색에 가깝고 융점이 높은 것은?

① CaO ② SiO_2
③ MgO ④ Fe_2O_3

해설

문제오류로 가답안에서 ②번으로 발표되었으나 확정답안에서 ②, ③번이 모두 답으로 발표되었다.

① CaO: 무색의 결정이고, 녹는점은 약 2,570℃이다.
② SiO_2: 무색, 백색, 황색 등이 존재하며 녹는점은 약 1,600℃이다.
③ MgO: 백색의 흡습성 고체로 녹는점은 약 2,852℃이다.
④ Fe_2O_3: 갈색 분말로 녹는점은 약 1,550℃이다.

정답 ②, ③

23 ★★☆

액화석유가스(LPG)에 관한 설명으로 옳지 않은 것은?

① 천연가스 회수, 나프타 분해, 석유정제 시 부산물로부터 얻어진다.
② 비중은 공기의 1.5~2.0배 정도로 누출 시 인화 폭발의 위험이 크다.
③ 액체에서 기체로 될 때 증발열이 있으므로 사용하는 데 유의할 필요가 있다.
④ 메탄, 에탄을 주성분으로 하는 혼합물로 1atm에서 −168℃ 정도로 냉각하면 쉽게 액화된다.

해설

④번은 액화천연가스(LNG)에 대한 설명이다.

관련이론 | LPG(Liquefied Petroleum Gas, 액화석유가스)

- 가정, 업무용으로 많이 사용되어 온 석유계 탄화수소가스로 탄소수가 3~4개까지 포함되는 탄화수소류가 주성분이다.
- LPG는 다른 연료에 비해 수송이 용이하고 취급이 편리하며 열량이 높기 때문에 다양하게 사용되고 있다.(발열량: 20,000~30,000kcal/Sm^3 정도)
- 액체에서 기체로 기화될 때 증발열이 90~100kcal/kg으로 열손실이 크며 취급에 주의해야 한다.
- 황분이 적고 유독성분이 거의 없다.
- 비중이 공기보다 무거워 누출될 경우 인화 폭발 위험성이 크다.
- 유지 등을 잘 녹이기 때문에 고무 패킹이나 유지로 된 도포제로 누출을 막는 것은 어렵다.

정답 ④

24 ★★★

고체연료의 연소방법 중 유동층 연소에 관한 설명으로 옳지 않은 것은?

① 재나 미연탄소의 배출이 많다.
② 미분탄 연소에 비해 연소온도가 높아 NO_x 생성을 억제하는 데 불리하다.
③ 미분탄 연소와는 달리 고체연료를 분쇄할 필요가 없고 이에 따른 동력손실이 없다.
④ 석회석 입자를 유동층 매체로 사용할 때, 별도의 배연탈황 설비가 필요하지 않다.

해설

유동층 연소는 미분탄 연소에 비해 연소온도가 낮아 NO_x 생성을 억제하는 데 유리하다.

관련이론 | 유동층 연소의 장점과 단점

구분	내용
장점	• 사용연료의 입도범위가 넓기 때문에 연료를 미분쇄 할 필요가 없다.(미분탄 장치가 필요 없음) • 연료의 층내 체류시간이 길어 저발열량의 석탄도 완전연소가 가능하다. • 균일한 연소가 가능하고 연소실 부하가 크며 과잉공기량이 적다. • 유동매체에 석회석 등의 탈황제를 사용하여 로내 탈황도 가능하다. • 열생성 NO_x의 생성이 억제되어 전열관의 부식이 문제가 되지 않는다.
단점	• 부하변동에 따른 적응성이 낮은 편이다. • 석탄연소 시 미연소된 char가 배출될 수 있으므로 재연소장치에서의 연소가 필요하다. • 비산분진의 발생량이 많다. • 유동화에 따른 압력손실이 커 동력비가 많이 든다. • 연료는 투입 전 전처리 과정으로 파쇄공정을 거쳐야 한다. • 유동매체를 보충해야 한다.

정답 ②

25

★☆☆

디젤노킹을 억제할 수 있는 방법으로 옳지 않은 것은?

① 회전속도를 높인다.
② 급기온도를 높인다.
③ 기관의 압축비를 크게 하여 압축압력을 높인다.
④ 착화지연 기간 및 급격연소 시간의 분사량을 적게 한다.

해설

디젤노킹을 억제하기 위해서는 회전속도를 낮게 해야 한다.

관련이론 | 디젤노킹 억제 방법

- 기관의 압축비를 높여 압축압력을 높인다.
- 회전속도를 감소시킨다.
- 급기온도 및 연소실벽의 온도를 높인다.
- 착화지연 기간 및 급격연소 시간의 분사량을 감소시킨다.

정답 ①

26

★☆☆

회전식 버너에 관한 설명으로 옳지 않은 것은?

① 분무각도가 40~80°로 크고, 유량조절범위도 1 : 5 정도로 비교적 넓은 편이다.
② 연료유는 0.3~0.5kg/cm^2 정도로 가압하여 공급하며, 직결식의 분사유량은 1,000L/h 이하이다.
③ 연료유의 점도가 크고, 분무컵의 회전수가 작을수록 분무상태가 좋아진다.
④ 3,000~10,000rpm으로 회전하는 컵모양의 분무컵에 송입되는 연료유가 원심력으로 비산됨과 동시에 송풍기에서 나오는 1차 공기에 의해 분무되는 형식이다.

해설

연료유의 점도가 작고, 분무컵의 회전수가 빠를수록 분무상태가 좋아진다.

정답 ③

27

★☆☆

액체연료에 관한 설명으로 옳지 않은 것은?

① 회분이 거의 없으며 연소, 소화, 점화의 조절이 쉽다.
② 화재, 역화의 위험이 크고, 연소 온도가 높기 때문에 국부가열의 위험이 존재한다.
③ 기체연료에 비해 밀도가 커 저장에 큰 장소가 필요하지 않고 연료의 수송도 간편한 편이다.
④ 완전연소 시 다량의 과잉공기가 필요하므로 연소장치가 대형화되는 단점이 있으며, 소화가 용이하지 않다.

해설

④번은 고체연료에 대한 설명이다.

관련이론 | 고체연료

완전연소 시 다량의 과잉공기가 필요하므로 연소장치가 대형화되는 단점이 있으며, 소화가 용이하지 않다.

정답 ④

2021년

28

★☆☆

폭굉유도거리(DID)가 짧아지는 요건으로 가장 거리가 먼 것은?

① 압력이 높다.
② 점화원의 에너지가 강하다.
③ 정상의 연소속도가 작은 단일가스이다.
④ 관속에 방해물이 있거나 관내경이 작다.

해설

정상의 연소속도가 큰 혼합가스일 때 폭굉유도거리가 짧아진다.

관련이론 | 폭굉유도거리(DID)가 짧아지기 위한 조건

- 관속에 방해물이 있거나 관내경이 작은 경우
- 압력이 높고, 점화원의 에너지가 강한 경우
- 정상의 연소속도가 큰 혼합가스인 경우

정답 ③

29

★★☆

석탄의 탄화도가 증가할수록 나타나는 성질로 옳지 않은 것은?

① 착화온도가 높아진다.
② 연소속도가 느려진다.
③ 수분이 감소하고 발열량이 증가한다.
④ 연료비(고정탄소(%)/휘발분(%))가 감소한다.

해설

석탄의 탄화도가 증가할수록 연료비(고정탄소%/휘발분%)는 증가한다.

관련이론

연료비

- 탄화도의 정도를 나타내는 지수로서 고정탄소가 높을수록 연료비도 높아지며 연소 시 발열량도 높아진다.
- 연료비=고정탄소/휘발분
- 고정탄소(w%)=100−(휘발분+수분+회분)

탄화도

- 석탄에서 수분과 회분을 제외한 나머지 성분 중에 탄소가 차지하는 중량백분율이다.
- 탄화도는 깊은 땅속에 오래 묻혀 있을수록 커지며 깊은 곳일수록 높은 압력을 받아 휘발분이 감소하게 된다.
- 탄화도가 증가할 경우
  - 증가하는 것: 연료비, 고정탄소, 착화온도, 발열량
  - 감소하는 것: 수분, 휘발분, 비열, 매연발생률, 연소속도

정답 ④

30

★★☆

당량비(Ø)에 관한 설명으로 옳지 않은 것은?

① Ø>1 경우는 불완전연소가 된다.
② Ø>1 경우는 연료가 과잉인 경우이다.
③ Ø<1 경우는 공기가 부족한 경우이다.
④ $Ø=\frac{\text{실제 연료량/산화제}}{\text{완전연소를 위한 이상적 연료량/산화제}}$이다.

해설

Ø<1 경우는 연료에 비해 공기가 과잉공급되어 완전연소하는 경우이다.

관련이론 | 당량비(등가비)

- 이론공연비와 실제 공급되는 공연비에 대한 비로 등가비라고도 한다.
- 당량비와 공기비는 상호 반비례관계가 있다.
- 당량비(Ø)$=\frac{\text{실제 연료량/산화제}}{\text{완전연소를 위한 이상적 연료량/산화제}}$
- 등가비>1: 연료에 비해 공기가 부족, 불완전연소, 일산화탄소 발생량 증가
- 등가비=1: 이상적인 연소 형태
- 등가비<1: 연료에 비해 공기가 과잉, 질소산화물 증가

정답 ③

31

★★★

고위발열량이 12,000kcal/kg인 연료 1kg의 성분을 분석한 결과 탄소가 87.7%, 수소가 12%, 수분이 0.3%이었다. 이 연료의 저위발열량(kcal/kg)은?

① 10,350 ② 10,820
③ 11,020 ④ 11,350

해설

저위발열량=고위발열량−600(9H+W)
=12,000kcal/kg−600(9×0.12+0.003)
=11,350.2kcal/kg

H: 수소의 함량, W: 수분의 함량

정답 ④

32

★★★

기체연료의 연소방법 중 예혼합연소에 관한 설명으로 옳지 않은 것은?

① 화염길이가 길고 그을음이 발생하기 쉽다.
② 역화의 위험이 있어 역화방지기를 부착해야 한다.
③ 화염온도가 높아 연소부하가 큰 곳에 사용가능하다.
④ 연소기 내부에서 연료와 공기의 혼합비가 변하지 않고 균일하게 연소된다.

해설

예혼합연소는 화염온도가 높고 국부가열의 염려가 없어 균일하게 연소가 되며 연소부하가 큰 경우 사용이 가능하며, 화염의 길이가 짧고 그을음 발생이 적다.
확산연소가 화염의 길이가 길고 그을음이 발생하기 쉽다.

정답 ①

33

★★★

연소에 관한 설명으로 옳지 않은 것은?

① 표면연소는 휘발분 함유율이 적은 물질의 표면 탄소분부터 직접 연소되는 형태이다.
② 다단연소는 공기 중의 산소 공급 없이 물질 자체가 함유하고 있는 산소를 사용하여 연소하는 형태이다.
③ 증발연소는 비교적 융점이 낮은 고체연료가 연소하기 전에 액상으로 융해한 후 증발하여 연소하는 형태이다.
④ 분해연소는 분해온도가 증발온도보다 낮은 고체연료가 기상 중에 화염을 동반하여 연소할 경우 관찰되는 연소 형태이다.

해설

자기연소는 공기 중의 산소 공급 없이 물질 자체가 함유하고 있는 산소를 사용하여 연소하는 형태이다.

정답 ②

34

★☆☆

분무화 연소방식에 해당하지 않는 것은?

① 유압 분무화식　② 충돌 분무화식
③ 여과 분무화식　④ 이류체 분무화식

해설

분무화 연소방식은 액체연료의 입경을 작게 하기 위해 안개와 같이 분무 연소시키는 방식으로 여과 분무화식은 해당되지 않는다.

정답 ③

35

★★☆

S 함량이 5%인 B-C유 400kL를 사용하는 보일러에 S함량이 1%인 B-C유를 50% 섞어서 사용하면 SO_2의 배출량은 몇 % 감소하는가? (단, 기타 연소조건은 동일하며, S는 연소 시 전량 SO_2로 변환되고, S함량에 무관하게 B-C유의 비중은 0.95이다.)

① 30%　② 35%
③ 40%　④ 45%

해설

황(S)의 원자량: 32

$S+O_2 \rightarrow SO_2$

전량을 S함량 5% 사용 시 SO_2의 배출량

$$\frac{0.95\text{kg}}{\text{L}} \times 400{,}000\text{L} \times \frac{5}{100} \times \frac{22.4\text{Sm}^3}{32\text{kg}} = 13{,}300\text{Sm}^3$$

S함량 1%를 50% 섞었을 때 SO_2의 배출량

$$\left(\frac{0.95\text{kg}}{\text{L}} \times 400{,}000\text{L} \times \frac{5}{100} \times \frac{22.4\text{Sm}^3}{32\text{kg}} \times 0.5\right) + \left(\frac{0.95\text{kg}}{\text{L}} \times 400{,}000\text{L} \times \frac{1}{100} \times \frac{22.4\text{Sm}^3}{32\text{kg}} \times 0.5\right) = 7{,}980\text{Sm}^3$$

$$\text{저감량} = \frac{13{,}300-7{,}980}{13{,}300} \times 100 = 40\%$$

정답 ③

36 ★★★

C 85%, H 11%, S 2%, 회분 2%의 무게비로 구성된 B-C유 1kg을 공기비 1.3으로 완전연소시킬 때, 건조 배출가스 중의 먼지 농도(g/Sm^3)는? (단, 모든 회분 성분은 먼지가 된다.)

① 0.82 ② 1.53
③ 5.77 ④ 10.23

해설

먼지의 양: $1{,}000\text{g} \times 0.02 = 20\text{g}$

이론산소량: $1.867C + 5.6H + 0.7S - 0.7O$

$(1.867 \times 0.85) + (5.6 \times 0.11) + (0.7 \times 0.02) = 2.2169\text{Sm}^3$

$\text{이론공기량} = \frac{\text{이론산소량}}{0.21} = \frac{2.2169}{0.21} = 10.5566\text{Sm}^3$

이론공기 중 질소의 양 $=$ 이론공기량 $\times 0.79$

$= 10.5566 \times 0.79 = 8.3397\text{Sm}^3$

과잉공기량 $= (m-1) \times$ 이론공기량

$= (1.3-1) \times 10.5566 = 3.1669\text{Sm}^3$

m: 공기비

CO_2 배출량(C의 원자량은 12)

$C + O_2 \rightarrow CO_2$

$12\text{kg} : 22.4\text{Sm}^3 = 0.85\text{kg} : x\text{Sm}^3$

$x = \frac{22.4 \times 0.85}{12} = 1.5866\text{Sm}^3$

SO_2 배출량(S의 원자량은 32)

$S + O_2 \rightarrow SO_2$

$32\text{kg} : 22.4\text{Sm}^3 = 0.02\text{kg} : x\text{Sm}^3$

$x = \frac{22.4 \times 0.02}{32} = 0.014\text{Sm}^3$

실제건연소가스량

$=$ 이론공기 중 질소량 $+$ 과잉공기량 $+$ 건연소생성물($CO_2 + SO_2$)

$= 8.3397\text{Sm}^3 + 3.1669\text{Sm}^3 + 1.5866\text{Sm}^3 + 0.014\text{Sm}^3$

$= 13.1072\text{Sm}^3$

$\text{먼지의 농도} = \frac{\text{먼지량}}{\text{실제건연소가스량}}$

$= \frac{20}{13.1072} = 1.5258\text{g/Sm}^3$

정답 ②

37 ★★☆

표준상태에서 CO_2 50kg의 부피(m^3)는? (단, CO_2는 이상기체라고 가정한다.)

① 12.73 ② 22.40
③ 25.45 ④ 44.80

해설

$1\text{kmol} = 22.4\text{Sm}^3$

$50\text{kg} \times \frac{1\text{kmol}}{44\text{kg}} \times \frac{22.4\text{Sm}^3}{1\text{kmol}} = 25.4545\text{Sm}^3$

정답 ③

38 ★★☆

고체연료의 화격자 연소장치 중 연료가 화격자 → 석탄층 → 건류층 → 산화층 → 환원층을 거치며 연소되는 것으로, 연료층을 항상 균일하게 제어할 수 있고 저품질 연료도 유효하게 연소시킬 수 있어 쓰레기 소각로에 많이 이용되는 장치로 가장 적합한 것은?

① 체인 스토커(Chain stoker)
② 포트식 스토커(Pot stoker)
③ 산포식 스토커(Spreader stoker)
④ 플라스마 스토커(Plasma stoker)

해설

체인 스토커(Chain stoker)는 화격자 연소장치의 한 가지로 체인기어의 벨트 위에 걸어 노의 안쪽까지 이동시키는 급탄기이다.

정답 ①

39
★★★

어떤 액체연료의 연소 배출가스 성분을 분석한 결과 CO_2가 12.6%, O_2가 6.4%일 때, $(CO_2)_{max}$(%)는? (단, 연료는 완전 연소 된다.)

① 11.5 ② 13.2
③ 15.3 ④ 18.1

해설
최대탄산가스율 공식을 이용한다.

$$(CO_2)_{max}(\%)=\frac{21\times(CO_2+CO)}{21-O_2+0.395CO}$$

문제의 조건에 따라 CO=0이다.

$$(CO_2)_{max}(\%)=\frac{21\times CO_2}{21-O_2}$$

$$(CO_2)_{max}(\%)=\frac{21\times 12.6}{21-6.4}=18.1232\%$$

정답 ④

40
★☆☆

다음 중 황함량이 가장 낮은 연료는?

① LPG ② 중유
③ 경유 ④ 휘발유

해설
황함량은 일반적으로 기체연료＜액체연료＜고체연료 순이다.
보기 중에서 ①번 LPG가 기체 연료이므로 황함량이 가장 낮다.

정답 ①

대기오염방지기술

41
★☆☆

유체의 점성에 관한 설명으로 옳지 않은 것은?

① 액체의 온도가 높아질수록 점성계수는 감소한다.
② 점성계수는 압력과 습도의 영향을 거의 받지 않는다.
③ 유체 내에 발생하는 전단응력은 유체의 속도구배에 반비례한다.
④ 점성은 유체분자 상호간에 작용하는 응집력과 인접 유체층간의 운동량 교환에 기인한다.

해설
유체 내에 발생하는 전단응력은 유체의 속도구배에 비례한다.

정답 ③

42
★☆☆

송풍기 회전수(N)와 유체밀도(ρ)가 일정할 때 성립하는 송풍기 상사법칙을 나타내는 식은? (단, Q: 유량, P: 풍압, L: 동력, D: 송풍기의 크기이다.)

① $Q_2=Q_1\times\left[\frac{D_1}{D_2}\right]^2$ ② $P_2=P_1\times\left[\frac{D_1}{D_2}\right]^2$
③ $Q_2=Q_1\times\left[\frac{D_2}{D_1}\right]^3$ ④ $L_2=L_1\times\left[\frac{D_2}{D_1}\right]^3$

해설
송풍기의 상사법칙

$$Q_2=Q_1\times\left[\frac{D_2}{D_1}\right]^3$$

$$P_2=P_1\times\left[\frac{D_2}{D_1}\right]^2$$

$$L_2=L_1\times\left[\frac{D_2}{D_1}\right]^5$$

정답 ③

43

★☆☆

싸이클론(Cyclone)의 운전조건과 치수가 집진율에 미치는 영향으로 옳지 않은 것은?

① 동일한 유량일 때 원통의 직경이 클수록 집진율이 증가한다.
② 입구의 직경이 작을수록 처리가스의 유입속도가 빨라져 집진율과 압력손실이 증가한다.
③ 함진가스의 온도가 높아지면 가스의 점도가 커져 집진율이 감소하나 그 영향은 크지 않은 편이다.
④ 출구의 직경이 작을수록 집진율이 증가하지만 동시에 압력손실이 증가하고 함진가스의 처리능력이 감소한다.

해설
동일한 유량일 때 원통의 직경이 작을수록 집진율이 증가한다.

정답 ①

44

★☆☆

임의로 충진한 충진탑에서 혼합물을 물리적으로 분리할 때, 액의 분배가 원활하게 이루어지지 못하면 어떤 현상이 발생할 수 있는가?

① Mixing 현상
② Flooding 현상
③ Blinding 현상
④ Channeling 현상

해설
채널링(Channeling) 현상은 충진탑에서 흡수액이 특정 경로로만 흐르는 현상이다.

정답 ④

45

★★☆

싸이클론(Cyclone)의 가스 유입속도를 4배로 증가시키고 유입구의 폭을 3배로 늘렸을 때, 처음 Lapple의 절단입경 d_p에 대한 나중 Lapple의 절단입경 d_p의 비는?

① 0.87　② 0.93
③ 1.18　④ 1.26

해설
절단입경 공식을 이용한다.

$$d_{p50}=\left[\frac{9\times\mu\times B_c}{2\times(\rho_p-\rho)\times\pi\times N_e\times V}\right]^{0.5}$$

d_{p50}: 절단입경(m)
μ: 가스의 점도(kg/m·sec)
B_c: 유입구의 폭(m)
N_e: 유효회전수
V: 입구의 유속(m/sec)
ρ_p: 입자의 밀도(kg/m^3)
ρ: 가스의 밀도(kg/m^3)

유속(V), 유입구의 폭(B_c) 외에 다른 조건에 대한 언급은 없으므로 언급되지 않은 조건은 상수 K로 둘 수 있다.

처음 Lapple의 절단입경 d_p의 값은 다음과 같다.

$$d_{p50-1}=\left[\frac{B_c}{V}\right]^{0.5}\times K$$

나중 Lapple의 절단입경 d_p의 값은 다음과 같다.

$$d_{p50-2}=\left[\frac{3B_c}{4V}\right]^{0.5}\times K$$

처음 Lapple의 절단입경 d_p의 값에 대한 나중 Lapple의 절단입경 d_p의 값은 다음과 같이 구할 수 있다.

$$\frac{d_{p50-2}=\left[\frac{3B_c}{4V}\right]^{0.5}\times K}{d_{p50-1}=\left[\frac{B_c}{V}\right]^{0.5}\times K}=0.8660$$

정답 ①

46

★☆☆

입경측정방법 중 관성충돌법(Cascade impactor)에 관한 설명으로 옳지 않은 것은?

① 입자의 질량크기분포를 알 수 있다.
② 되튐으로 인한 시료의 손실이 일어날 수 있다.
③ 관성충돌을 이용하여 입경을 간접적으로 측정하는 방법이다.
④ 시료채취가 용이하고 채취 준비에 많은 시간이 소요되지 않는 장점이 있으나, 단수를 임의로 설계하기가 어렵다.

해설

관성충돌법은 시료채취가 용이하지 않고 채취 준비에 시간이 오래 걸리는 단점이 있으나, 단수의 임의 설계가 가능하다.

관련이론 | 관성충돌법(Cascade impactor)

- 여러 단계의 충돌판을 배치하여 단계별로 입도 범위가 다른 입자들을 분리 포집한다.
- 다단충돌분진포집기를 이용하여 분진을 크기에 따라 분류하는 장치이다.
- 공기역학적 직경에 의해 입자의 크기별로 분류할 수 있으며 하부로 내려갈수록 작고 미세한 입자가 포집된다.

정답 ④

47

★☆☆

다음 여과포의 재질 중 최고 사용온도가 가장 높은 것은?

① 오론　② 목면
③ 비닐론　④ 나일론(폴리아미드계)

해설

여과포의 최고 사용온도

① 오론: 150℃
② 목면: 80℃
③ 비닐론: 100℃
④ 나일론(폴리아미드계): 110℃

정답 ①

48

★★☆

유해가스를 처리할 때 사용하는 충전탑(Packed tower)에 관한 내용으로 옳지 않은 것은?

① 충전탑에서 hold-up은 탑의 단위면적당 충전재의 양을 의미한다.
② 흡수액에 고형물이 함유되어 있는 경우에는 침전물이 생기는 방해를 받는다.
③ 충전물을 불규칙적으로 충전했을 때 접촉면적과 압력손실이 커진다.
④ 일정양의 흡수액을 흘릴 때 유해가스의 압력손실은 가스속도의 대수 값에 비례하며, 가스속도가 증가할 때 나타나는 첫번째 파괴점(Break point)을 Loading point라 한다.

해설

충전탑에서 hold-up은 흡수액을 통과시키면서 유량속도를 증가할 경우 충전층 내의 액보유량이 증가하게 되는 현상이다.

정답 ①

49

★★★

하전식 전기집진장치에 관한 설명으로 옳지 않은 것은?

① 2단식은 1단식에 비해 오존의 생성이 적다.
② 1단식은 일반적으로 산업용에 많이 사용된다.
③ 2단식은 비교적 함진 농도가 낮은 가스처리에 유용하다.
④ 1단식은 역전리 억제에는 효과적이나 재비산 방지는 곤란하다.

해설

하전식 전기집진장치의 2단식은 역전리의 억제는 효과적이나 재비산 방지는 곤란하다.

정답 ④

50

★★☆

싸이클론(Cyclone)을 사용하여 입자상 물질을 집진할 때, 입경에 따라 집진효율이 달라진다. 집진효율이 50%인 입경을 나타내는 용어는?

① Stokes diameter
② Critical diameter
③ Cut size diameter
④ Aerodynamic diameter

해설

- 임계입경(Critical diameter): 100% 제거되는 입자의 최소 입경이다.
- 절단입경(Cut size diameter): 50% 제거되는 입자의 최소 입경이다.

정답 ③

51

★★☆

일정한 온도 하에서 어떤 유해가스와 물이 평형을 이루고 있다. 가스분압이 38mmHg이고 Henry상수가 0.01atm·m³/kg·mol일 때 액 중 유해가스 농도(kg·mol/m³)는?

① 3.8　　② 4.0
③ 5.0　　④ 5.8

해설

헨리의 법칙을 이용한다.

$P=HC$

P: 분압(atm)

H: 헨리상수(atm·m³/kg·mol)

C: 유해가스의 농도(kg·mol/m³)

$$38\text{mmHg}\times\frac{1\text{atm}}{760\text{mmHg}}=\frac{0.01\text{atm}\cdot\text{m}^3}{\text{kg}\cdot\text{mol}}\times C$$

$$0.05\text{atm}=\frac{0.01\text{atm}\cdot\text{m}^3}{\text{kg}\cdot\text{mol}}\times C$$

$$C=\frac{0.05}{0.01}\text{kg}\cdot\text{mol/m}^3=5\text{kg}\cdot\text{mol/m}^3$$

정답 ③

52

★★☆

광학현미경을 사용하여 분진의 입경을 측정할 수 있다. 이때 입자의 투영면적을 2등분하는 선의 거리로 나타낸 분진의 입경은?

① Feret경　　② Martin경
③ 등면적경　　④ Heywood경

해설

입자의 투영면적을 2등분하는 선의 거리로 나타낸 것은 Martin경이다. Heywood경은 투영면적경에 해당한다.

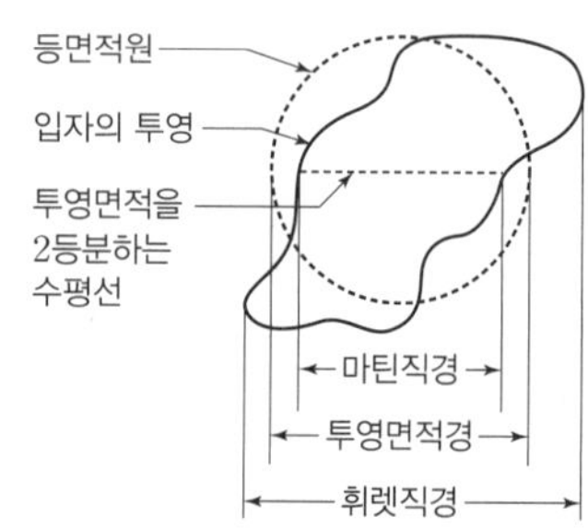

정답 ②

53

★☆☆

촉매산화식 탈취공정에 관한 설명으로 옳지 않은 것은?

① 대부분의 성분은 탄산가스와 수증기가 되기 때문에 배수처리가 필요 없다.
② 비교적 고온에서 처리하기 때문에 직접연소식에 비해 질소산화물의 발생량이 많다.
③ 광범위한 가스 조건 하에서 적용이 가능하며 저농도에서도 뛰어난 탈취효과를 발휘할 수 있다.
④ 처리하고자 하는 대상가스 중의 악취성분 농도나 발생상황에 대응하여 최적의 촉매를 선정함으로서 뛰어난 탈취효과를 확보할 수 있다.

해설

촉매산화식 탈취공정은 비교적 저온에서 처리하기 때문에 직접연소식에 비해 질소산화물의 발생량이 적다.

정답 ②

54

★★☆

유량이 5,000m³/h인 가스를 충전탑을 사용하여 처리하고자 한다. 충전탑 내의 가스 유속을 0.34m/s로 할 때, 충전탑의 직경(m)은?

① 1.9 ② 2.3
③ 2.8 ④ 3.5

해설

$Q=AV=\frac{\pi}{4}D^2V$

Q: 유량(m^3/s 또는 m^3/h)
A: 단면적(m^2)

$A=\frac{\pi}{4}D^2$

D: 직경(m)
V: 유속(m/s)

$$\frac{5{,}000\text{m}^3}{\text{h}}=\frac{\pi}{4}\times D^2\times\frac{0.34\text{m}}{\text{s}}\times\frac{3{,}600\text{s}}{\text{h}}$$

$$D=\sqrt{\frac{5{,}000\text{m}^3}{\text{h}}\times\frac{4}{\pi}\times\frac{\text{s}}{0.34\text{m}}\times\frac{\text{h}}{3{,}600\text{s}}}=2.2806\text{m}$$

정답 ②

55

★☆☆

시멘트산업에서 일반적으로 사용하는 전기집진장치의 배출가스 조절제는?

① 물(수증기) ② SO_3 가스
③ 암모늄염 ④ 가성소다

해설

시멘트산업에서는 전기집진장치의 배출가스 조절제로 물(수증기)을 사용한다.

정답 ①

56

★☆☆

가연성 유해가스를 제거하기 위한 방법 중 촉매산화법에 관한 설명으로 옳지 않은 것은?

① 압력손실이 커서 운영비용이 많이 든다.
② 체류시간은 연소 장치에서 요구되는 것보다 짧다.
③ 촉매로는 백금, 팔라듐 등의 귀금속이 활성이 크기 때문에 널리 사용된다.
④ 촉매들은 운전 시 상한온도가 있기 때문에 촉매층을 통과할 때 온도가 과도하게 올라가지 않도록 한다.

해설

촉매산화법은 압력손실이 낮다.

정답 ①

57

★☆☆

직경이 1.2m인 직선덕트를 사용하여 가스를 15m/s의 속도로 수송할 때, 길이 100m당 압력손실(mmH_2O)은? (단, 덕트의 마찰계수=0.005, 가스의 밀도=1.3kg/m³이다.)

① 19.1 ② 21.8
③ 24.9 ④ 29.8

해설

원형 덕트의 압력손실식을 사용한다.

$$\Delta P=4f\times\frac{L}{D}\times\frac{\gamma\times V^2}{2g}=4f\times\frac{L}{D}\times P_V$$

ΔP: 압력손실(mmH_2O)
f: 마찰계수
L: 관의 길이(m), D: 관의 직경(m)
g: 중력가속도(m/s^2), γ: 공기의 밀도(kg/m^3)
V: 유속(m/s)
P_V: 속도압$\left(P_V=\frac{\gamma\times V^2}{2g}\right)$

$$\Delta P=4\times0.005\times\frac{100}{1.2}\times\frac{1.3\times15^2}{2\times9.8}=24.8724\text{mmH}_2\text{O}$$

정답 ③

58

★★☆

20℃, 1기압에서 공기의 동점성계수는 $1.5\times10^{-5}m^2/s$이다. 관의 지름이 50mm일 때, 그 관을 흐르는 공기의 속도(m/s)는? (단, 레이놀즈 수는 3.5×10^4이다.)

① 4.0　　② 6.5
③ 9.0　　④ 10.5

해설
레이놀즈 수 공식을 이용한다.

$$Re=\frac{D\times\rho\times V}{\mu}=\frac{D\times V}{\nu}$$

D: 관의 직경(m)
ρ: 유체의 밀도(kg/m^3)
V: 유체의 속도(m/s)
μ: 점성계수($kg/m\cdot s$)
ν: 동점성계수(m^2/s)

$$3.5\times10^4=\frac{0.05\times V}{1.5\times10^{-5}}$$

$V=10.5m/s$

※ V값은 공학용계산기의 SOLVE를 이용하여 구하는 것이 편리합니다.

정답 ④

59

★★☆

탈취방법 중 수세법에 관한 설명으로 옳지 않은 것은?

① 고농도의 악취가스 전처리에 효과적이다.
② 조작이 간단하며 탈취효율이 우수하여 전처리 과정 없이 사용된다.
③ 수온에 따라 탈취효과가 달라지고 압력손실이 큰 것이 단점이다.
④ 알데히드류, 저급유기산류, 페놀 등 친수성 극성기를 가지는 성분을 제거할 수 있다.

해설
수세법은 조작이 간단하나 탈취효율이 낮고 전처리 과정 없이 사용된다.

정답 ②

60

★★☆

가스분산형 흡수장치로만 짝지어진 것은?

① 단탑, 기포탑　　② 기포탑, 충전탑
③ 분무탑, 단탑　　④ 분무탑, 충전탑

해설
- 액측 저항이 클 경우 유리한 가스분산형 흡수장치: 단탑, 포종탑, 다공판탑, 기포탑 등
- 가스측 저항이 클 경우 유리한 액분산형 흡수장치: 충전탑, 분무탑, 벤츄리 스크러버, 사이클론 스크러버 등

정답 ①

대기오염공정시험기준

61

★★★

이온크로마토그래피의 검출기에 관한 설명이다. (　　) 안에 들어갈 내용으로 가장 적합한 것은?

> (㉠)는 고성능 액체크로마토그래피 분야에서 가장 널리 사용되는 검출기로, 최근에는 이온크로마토그래피에서도 전기전도도 검출기와 병행하여 사용되기도 한다. 또한 (㉡)는 전이금속 성분의 발색반응을 이용하는 경우에 사용된다.

① ㉠ 광학검출기, ㉡ 암페로메트릭검출기
② ㉠ 전기화학적검출기, ㉡ 염광광도검출기
③ ㉠ 자외선흡수검출기, ㉡ 가시선흡수검출기
④ ㉠ 전기전도도검출기, ㉡ 전기화학적검출기

해설
㉠은 자외선흡수검출기이고, ㉡은 가시선흡수검출기에 대한 설명이다.

정답 ③

62

★☆☆

굴뚝 배출가스 중의 황산화물을 분석하는 데 사용하는 시료 흡수용 흡수액은?

① 질산용액 ② 붕산용액
③ 과산화수소수 ④ 수산화소듐용액

해설

황산화물은 침전적정법으로 분석하는데 흡수액으로는 과산화수소수 용액을 사용한다.

정답 ③

63

★★☆

자외선/가시선분광법에 관한 설명으로 옳지 않은 것은? (단, I_0: 입사광의 강도, I_t: 투사광의 강도이다.)

① I_t/I_0를 투과도(t)라 한다.
② $\log(I_t/I_0)$을 흡광도(A)라 한다.
③ 투과도(t)를 백분율로 표시한 것을 투과 퍼센트라 한다.
④ 자외선/가시선분광법은 램버어트 – 비어 법칙을 응용한 것이다.

해설

$\log(I_0/I_t)$을 흡광도(A)라 한다.

관련이론 | 램버어트 비어(Lambert-Beer)의 법칙

$$흡광도(A)=\log\frac{1}{t(투과도)}=\log\frac{1}{I_t/I_0}=\varepsilon Cl$$

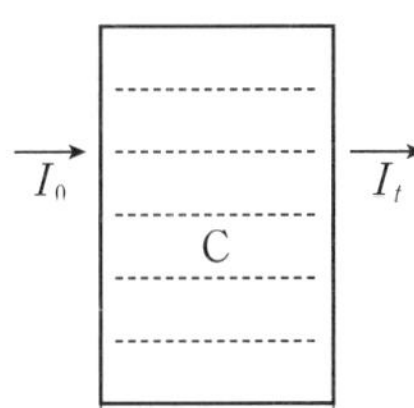

I_0: 입사광의 강도
I_t: 투사광의 강도
C: 용액의 농도
l: 빛의 투사길이
ε: 비례상수(흡광계수)

정답 ②

64

★★☆

오염물질 A의 실측농도가 250mg/Sm^{3}이고, 그 때의 실측 산소농도가 3.5%이다. 오염물질 A의 보정농도(mg/Sm^3)는? (단, 오염물질 A는 표준산소농도를 적용받으며, 표준산소농도는 4%이다.)

① 219 ② 243
③ 247 ④ 286

해설

배출농도 보정공식을 이용한다.

$$C=C_a\times\frac{21-O_s}{21-O_a}$$

C: 오염물질 보정농도(mg/Sm^3 또는 ppm)
C_a: 실측오염물질농도(mg/Sm^3 또는 ppm)
O_s: 표준산소농도(%)
O_a: 실측산소농도(%)

$$C=250\times\frac{21-4}{21-3.5}=242.8571\text{mg/Sm}^3$$

정답 ②

65

★☆☆

비분산적외선 분석계의 구성에서 ( ) 안에 들어갈 기기로 옳은 것은? (단, 복광속 분석계 기준이다.)

> 광원 → (㉠) → (㉡) → 시료셀 → 검출기 → 증폭기 → 지시계

① ㉠ 광학섹타, ㉡ 회전필터
② ㉠ 회전섹타, ㉡ 광학필터
③ ㉠ 광학필터, ㉡ 회전필터
④ ㉠ 회전섹타, ㉡ 광학섹터

해설

비분산적외선 분석계의 구성

광원 → 회전섹타 → 광학필터 → 시료셀 → 검출기 → 증폭기 → 지시계

정답 ②

66

★☆☆

배출가스 중의 건조시료가스 채취량을 건식가스미터를 사용하여 측정할 때 필요한 항목에 해당하지 않는 것은?

① 가스미터의 온도
② 가스미터의 게이지압
③ 가스미터로 측정한 흡입가스량
④ 가스미터 온도에서의 포화수증기압

해설

가스미터 온도에서의 포화수증기압은 습식가스미터로 측정할 때 필요한 항목이다.

정답 ④

67

★☆☆

대기 중의 가스상 물질을 용매채취법에 따라 채취할 때 사용하는 순간 유량계 중 면적식 유량계는?

① 노즐식 유량계 ② 오리피스 유량계
③ 게이트식 유량계 ④ 미스트식 가스미터

해설

유량계는 시료를 흡입할 때의 유량을 측정하기 위한 것으로 적산 유량계 또는 순간 유량계를 사용한다.

구분		내용
순간 유량계	면적식 유량계	부자식(Floater), 피스톤식 또는 게이트식 유량계를 사용한다.
	기타 유량계	오리피스(Orifice) 유량계, 벤츄리(Venturi)식 유량계 또는 노즐(Flow nozzle)식 유량계를 사용한다.
적산 유량계		–

정답 ③

68

★☆☆

굴뚝을 통해 대기 중으로 배출되는 가스상의 시료를 채취할 때 사용하는 연결관에 관한 설명으로 옳지 않은 것은?

① 연결관의 안지름은 연결관의 길이, 흡입가스의 유량, 응축수에 의한 막힘 또는 흡입펌프의 능력 등을 고려해서 4~25mm로 한다.
② 하나의 연결관으로 여러 개의 측정기를 사용할 경우 각 측정기 앞에서 연결관을 병렬로 연결하여 사용한다.
③ 연결관의 길이는 가능한 한 먼 곳의 시료 채취구에서도 채취가 용이하도록 100m 정도로 가급적 길게 하되, 200m를 넘지 않도록 한다.
④ 연결관은 가능한 한 수직으로 연결해야 하고 부득이 구부러진 관을 사용할 경우에는 응축수가 흘러나오기 쉽도록 경사지게 (5° 이상)한다.

해설

연결관의 길이는 되도록 짧게 하고, 부득이 길게 해서 쓰는 경우에는 이음매가 없는 배관을 써서 접속 부분을 적게 하고 받침 기구로 고정해서 사용해야 한다.

정답 ③

69

★☆☆

굴뚝 배출가스 중의 염화수소를 분석하는 방법 중 자외선/가시선 분광법(흡광광도법)에 해당하는 것은?

① 질산은법
② 4–아미노안티피린법
③ 싸이오사이안산제이수은법
④ 란타넘–알리자린 콤플렉손법

선지분석

① 질산은법: 배출가스 중 염화수소 분석방법이었으나 공정시험 기준 개정으로 삭제되었다.
② 4–아미노안티피린법: 배출가스 중 페놀화합물 분석방법이다.
④ 란타넘–알리자린 콤플렉손법: 배출가스 중 플루오린화합물 분석방법이다.

정답 ③

70 ★★☆

굴뚝 배출가스 중의 질소산화물을 연속자동측정 할 때 사용하는 화학발광 분석계의 구성에 관한 설명으로 옳지 않은 것은?

① 반응조는 시료가스와 오존가스를 도입하여 반응시키기 위한 용기로서 내부압력조건에 따라 감압형과 상압형으로 구분된다.
② 오존발생기는 산소가스를 오존으로 변환시키는 역할을 하며, 에너지원으로서 무성방전관 또는 자외선발생기를 사용한다.
③ 검출기에는 화학발광을 선택적으로 투과시킬 수 있는 발광필터가 부착되어 있어 전기신호를 발광도로 변환시키는 역할을 한다.
④ 유량제어부는 시료가스 유량제어부와 오존가스 유량제어부가 있으며 이들은 각각 저항관, 압력조절기, 니들밸브, 면적유량계, 압력계 등으로 구성되어 있다.

해설

검출기는 화학발광을 선택적으로 투과시킬 수 있는 광학필터가 부착되어 있으며 발광도를 전기신호로 변환시키는 역할을 한다.

정답 ③

71 ★★☆

굴뚝 배출가스 중의 질소산화물을 아연환원 나프틸에틸렌다이아민법에 따라 분석할 때에 관한 설명이다. ( ) 안에 들어갈 내용으로 옳은 것은?

> 시료 중의 질소산화물을 오존 존재 하에서 흡수액에 흡수시켜 (㉠)으로 만들고 (㉡)을 사용하여 (㉢)으로 환원한 후 설파닐아마이드(Sulfanilamide) 및 나프틸에틸렌다이아민(Naphthyl ethylene diamine)을 반응시켜 얻어진 착색의 흡광도로부터 질소산화물을 정량한다.

① ㉠ 아질산이온, ㉡ 분말금속아연, ㉢ 질산이온
② ㉠ 아질산이온, ㉡ 분말황산아연, ㉢ 질산이온
③ ㉠ 질산이온, ㉡ 분말황산아연, ㉢ 아질산이온
④ ㉠ 질산이온, ㉡ 분말금속아연, ㉢ 아질산이온

해설

아연환원 나프틸에틸렌다이아민법

시료 중의 질소산화물을 오존 존재 하에서 흡수액에 흡수시켜 질산이온으로 만들고 분말금속아연을 사용하여 아질산이온으로 환원한 후 설파닐아마이드(Sulfanilamide) 및 나프틸에틸렌다이아민(Naphthyl ethylene diamine)을 반응시켜 얻어진 착색의 흡광도로부터 질소산화물을 정량하는 방법으로서 배출가스 중의 질소산화물을 이산화질소로 하여 계산한다.

정답 ④

72 ★★★

대기오염공정시험기준 총칙 상의 시험 기재 및 용어에 관한 내용으로 옳지 않은 것은?

① 시험조작 중 “즉시”란 30초 이내에 표시된 조작을 하는 것을 뜻한다.
② “감압 또는 진공”이라 함은 따로 규정이 없는 한 50mmHg 이하를 뜻한다.
③ 용액의 액성표시는 따로 규정이 없는 한 유리전극법에 의한 pH 측정기로 측정한 것을 뜻한다.
④ 액체성분의 양을 “정확히 취한다”는 홀피펫, 부피플라스크 또는 이와 동등 이상의 정도를 갖는 용량계를 사용하여 조작하는 것을 뜻한다.

해설

“감압 또는 진공”이라 함은 따로 규정이 없는 한 15mmHg 이하를 뜻한다.

정답 ②

2021년

73 ★★★

대기오염공정시험기준 총칙 상의 용어 정의로 옳지 않은 것은?

① 냉수는 4℃ 이하, 온수는 60~70℃, 열수는 약 100℃를 말한다.
② 시험에 사용하는 시약은 따로 규정이 없는 한 특급 또는 1급 이상 또는 이와 동등한 규격의 것을 사용하여야 한다.
③ 기체 중의 농도를 mg/m^3로 나타냈을 때는 m^3은 표준상태의 기체용적을 뜻하는 것으로 Sm^3로 표시한 것과 같다.
④ ppm의 기호는 따로 표시가 없는 한 기체일 때는 용량 대 용량(V/V), 액체일 때는 중량 대 중량(W/W)으로 표시한 것을 뜻한다.

해설

대기오염공정시험기준상 냉수는 15℃ 이하, 온수는 60~70℃, 열수는 약 100℃를 말한다.

정답 ①

74 ★★★

대기 중의 유해 휘발성 유기화합물을 고체흡착법에 따라 분석할 때 사용하는 용어의 정의이다. (　　) 안에 들어갈 내용으로 가장 적합한 것은?

> 일정농도의 VOCs가 흡착관에 흡착되는 초기 시점부터 일정시간이 흐르게 되면 흡착관 내부에 상당량의 VOCs가 포화되기 시작하고 전체 VOCs 양의 5%가 흡착관을 통과하게 되는데, 이 시점에서 흡착관 내부로 흘러간 총 부피를 (　　　)라 한다.

① 머무름부피(Retention volume)
② 안전부피(Safe sample volume)
③ 파과부피(Breakthrough volume)
④ 탈착부피(Desorption volume)

해설

파과부피에 대한 설명이다.

선지분석

① 머무름부피: 짧은 길이로 흡착제가 충전된 흡착관을 통과하면서 분석물질의 증기띠를 이동시키는 데 필요한 운반기체의 부피이다.
② 안전부피: 파과부피의 2/3배를 취하거나 머무름부피의 1/2 정도를 취하므로서 얻어진다.
④ 탈착부피: 현행 대기오염공정시험기준(ES 01804.2a)에는 명시되어 있지 않다.

정답 ③

75 ★★☆

굴뚝 배출가스 중의 일산화탄소를 분석하는 방법에 해당하지 않는 것은?

① 정전위전해법　② 자외선가시선분광법
③ 비분산적외선분광분석법　④ 기체크로마토그래피법

해설

굴뚝배출가스 중 일산화탄소 분석방법

자동측정법(비분산적외선분광분석법)이 주 시험방법이며, 시험방법들의 정량범위는 표와 같다.

분석방법	정량범위
자동측정법 – 비분산적외선 분광분석법	(0~1,000)ppm
자동측정법 – 전기화학식 (정전위전해법)	(0~1,000)ppm
기체크로마토그래피	TCD: 1,000ppm 이상
	FID: (1~2,000)ppm

정답 ②

76

★☆☆

굴뚝 배출가스 중의 무기 플루오린화합물을 자외선/가시선 분광법에 따라 분석하여 얻은 결과이다. 플루오린화합물의 농도(ppm)는? (단, 방해이온이 존재할 경우이다.)

- 검정곡선에서 구한 플루오린화합물 이온의 질량: 1mg
- 건조시료가스량: 20L
- 분취한 액량: 50mL

① 100 ② 155
③ 250 ④ 295

해설
현장바탕시료의 양이 주어지지 않았으므로 "$b=0$", "10"은 분석용 시료용액의 전체 부피 (250mL)/분석용 시료용액 중 정량에 사용한 부피 (25mL)를 의미하지만 주어진 조건에서 정량에 사용한 부피가 50mL 이므로 250/50을 적용한다. 변경된 기준 이전의 출제 문제이지만 현행 기준에 적용하여 계산할 수 있다.

$$C=\frac{(a-b)\times 10}{V_s}\times\frac{22.4}{18.998}$$

주어진 조건을 이용하여 대입하면(10 대신 250/50으로 적용한다.)

$$C=\frac{(1{,}000-0)\times\frac{250}{50}}{20}\times\frac{22.4}{18.998}=294.7678\text{ppm}$$

관련이론 | 현행 기준상 공식

$$C=\frac{(a-b)\times 10}{V_s}\times\frac{22.4}{18.998}$$

C: 플루오린화합물의 농도(ppm 또는 μmol/mol)
a: 분석용 시료용액의 플루오린화 이온 질량(μg)
b: 현장바탕시료용액의 플루오린화 이온 질량(μg)
V_s: 표준상태 건조가스 시료채취량(L)
10: 분석용 시료용액의 전체 부피 (250mL)/분석용 시료용액 중 정량에 사용한 부피 (25mL)

정답 ④

77

★☆☆

원자흡수분광법에 따라 분석하여 얻은 측정결과이다. 대기 중의 납 농도(mg/m^3)는?

- 분석용 시료용액: 100mL
- 표준시료 가스량: 500L
- 시료용액 흡광도에 상당하는 납 농도: 0.0125mg-Pb/mL

① 2.5 ② 5.0
③ 7.5 ④ 9.5

해설
대기 중의 납 농도(mg/m^3)는 시료 중의 납의 양(mg)을 표준시료 가스량(m^3)으로 나누어 구한다.

$$\text{대기 중의 납 농도}(C)=\frac{\frac{0.0125\text{mg}}{\text{mL}}\times 100\text{mL}}{500\text{L}\times\frac{\text{m}^3}{1{,}000\text{L}}}=2.5\text{mg/m}^3$$

정답 ①

78

★☆☆

대기 중의 다환방향족 탄화수소(PAH)를 기체크로마토그래피법에 따라 분석하고자 한다. 다음 중 머무름시간(Retention time)이 가장 긴 것은?

① 플루오렌(Fluorene)
② 나프탈렌(Naphthalene)
③ 안트라센(Anthracene)
④ 벤조(a)피렌(Benzo(a)pyrene)

선지분석
낮은 m/z(질량 대 전하비) 값의 이온은 높은 m/z 값의 이온보다 검출기에 빨리 도달한다.
① 플루오렌(Fluorene): 166m/z
② 나프탈렌(Naphthalene): 128m/z
③ 안트라센(Anthracene): 178m/z
④ 벤조(a)피렌(Benzo(a)pyrene): 252m/z

정답 ④

79 ★☆☆

굴뚝 배출가스 중의 일산화탄소를 기체크로마토그래피법에 따라 분석할 때에 관한 설명으로 옳지 않은 것은?

① 부피분율 99.9% 이상의 헬륨을 운반가스로 사용한다.
② 활성알루미나(Al_2O_3 93.1%, SiO_2 0.02%)를 충전제로 사용한다.
③ 메테인화 반응장치가 있는 불꽃이온화검출기를 사용한다.
④ 내면을 잘 세척한 안지름이 2~4mm, 길이가 0.5~1.5m인 스테인리스강 재질관을 분리관으로 사용한다.

해설
충전제는 합성제올라이트(Molecular sieve 5A, 13X 등이 있음)를 사용한다.

정답 ②

80 ★★★

이온크로마토그래피의 설치조건(기준)으로 옳지 않은 것은?

① 대형변압기, 고주파가열 등으로부터 전자유도를 받지 않아야 한다.
② 부식성 가스 및 먼지 발생이 적고, 진동이 없으며 직사광선을 피해야 한다.
③ 실험실 온도 15~25℃, 상대습도 30~85% 범위로 급격한 온도 변화가 없어야 한다.
④ 공급전원은 기기의 사양에 지정된 전압 전기용량 및 주파수로 전압변동은 40% 이하이고, 급격한 주파수 변동이 없어야 한다.

해설
공급전원은 기기의 사양에 지정된 전압 전기용량 및 주파수로 전압변동은 10% 이하이고 주파수 변동이 없어야 한다.

정답 ④

대기환경관계법규

81 ★★☆

대기환경보전법령상 환경기술인 등의 교육을 받게 하지 아니한 자에 대한 행정 처분기준으로 옳은 것은?

① 50만원 이하의 과태료를 부과한다.
② 100만원 이하의 과태료를 부과한다.
③ 100만원 이하의 벌금에 처한다.
④ 200만원 이하의 벌금에 처한다.

해설
그 외 100만원 이하의 과태료를 부과하는 경우
- 배출시설의 설치허가 및 신고에 따른 변경신고를 하지 아니한 자
- 환경기술인의 준수사항을 지키지 아니한 자
- 비산먼지의 발생을 억제하는 시설을 변경하는 경우에 따른 변경신고를 하지 아니한 자
- 평균 배출량 달성실적을 제출하지 아니한 자
- 상환명령을 받은 자동차 제작자의 상환계획서를 제출하지 아니한 자
- 자동차의 원동기 가동제한을 위반한 자동차의 운전자
- 2회 이상 부적합 판정을 받은 자동차의 소유자가 전문정비사업자에게 정비·점검 및 확인검사를 받지 아니한 자
- 등록된 기술인력이 교육을 받게 하지 아니한 전문정비사업자

정답 ②

82 ★★★

대기환경보전법령상 수도권대기환경청장, 국립환경과학원장 또는 한국환경공단이 설치하는 대기오염 측정망의 종류가 아닌 것은?

① 도시지역의 휘발성유기화합물 등의 농도를 측정하기 위한 광화학대기오염물질측정망
② 기후 · 생태계 변화유발물질의 농도를 측정하기 위한 지구대기측정망
③ 대기 중의 중금속 농도를 측정하기 위한 대기중금속측정망
④ 대기오염물질의 지역배경농도를 측정하기 위한 교외대기측정망

해설

대기 중의 중금속 농도를 측정하기 위한 대기중금속측정망은 특별시장 · 광역시장 · 특별자치시장 · 도지사 또는 특별자치도지사가 설치하는 대기오염 측정망의 종류이다.

관련이론

수도권대기환경청장, 국립환경과학원장 또는 한국환경공단이 설치하는 대기오염 측정망의 종류「시행규칙 제11조」

1. 대기오염물질의 지역배경농도를 측정하기 위한 교외대기측정망
2. 대기오염물질의 국가배경농도와 장거리이동 현황을 파악하기 위한 국가배경농도측정망
3. 도시지역 또는 산업단지 인근지역의 특정대기유해물질(중금속을 제외)의 오염도를 측정하기 위한 유해대기물질측정망
4. 도시지역의 휘발성유기화합물 등의 농도를 측정하기 위한 광화학대기오염물질측정망
5. 산성 대기오염물질의 건성 및 습성 침착량을 측정하기 위한 산성강하물측정망
6. 기후 · 생태계 변화유발물질의 농도를 측정하기 위한 지구대기측정망
7. 장거리이동대기오염물질의 성분을 집중 측정하기 위한 대기오염집중측정망
8. 초미세먼지(PM-2.5)의 성분 및 농도를 측정하기 위한 미세먼지성분측정망

정답 ③

83 ★★☆

대기환경보전법령상 개선명령의 이행보고와 관련하여 환경부령으로 정하는 대기오염도 검사기관에 해당하지 않는 것은?

① 보건환경연구원　　② 유역환경청
③ 한국환경공단　　④ 한국환경보전원

해설

한국환경보전원은 대기오염도 검사기관에 해당하지 않는다.

관련이론 | 대기오염도 검사기관「시행규칙 제40조」

1. 국립환경과학원
2. 특별시 · 광역시 · 특별자치시 · 도 · 특별자치도의 보건환경연구원
3. 유역환경청, 지방환경청 또는 수도권대기환경청
4. 한국환경공단
5. 「국가표준기본법」에 따른 인정을 받은 시험 · 검사기관 중 환경부장관이 정하여 고시하는 기관

※ 개정된 법령에 따라 '환경보전협회'를 '한국환경보전원'으로 수정함.

정답 ④

84 ★☆☆

대기환경관계법령상 비산먼지 발생을 억제하기 위한 시설의 설치 및 필요한 조치에 관한 기준 중 시멘트 수송공정에서 적재물은 적재함 상단으로부터 수평으로 몇 cm 이하까지 적재하여야 하는가?

① 5cm 이하　　② 10cm 이하
③ 20cm 이하　　④ 30cm 이하

해설

시멘트 수송공정에서 적재물은 적재함 상단으로부터 수평으로 5cm 이하까지 적재해야 한다.

정답 ①

85

★★☆

대기환경보전법령상 분체상 물질을 싣고 내리는 공정의 경우, 비산먼지 발생을 억제하기 위해 작업을 중지해야 하는 평균풍속(m/s)의 기준은?

① 2 이상　　② 5 이상
③ 7 이상　　④ 8 이상

해설

풍속이 평균초속 8m 이상일 경우에는 분체상 물질을 싣고 내리는 작업을 중지해야 한다.

관련이론

비산먼지 발생을 억제하기 위한 시설의 설치 및 필요한 조치에 관한 기준「시행규칙 별표 14」

대상 배출공정: 싣기 및 내리기(분체상 물질을 싣고 내리는 경우만 해당)

가. 작업 시 발생하는 비산먼지를 제거할 수 있는 이동식 집진시설 또는 분무식 집진시설(Dust Boost)을 설치할 것(석탄제품제조업, 제철 · 제강업 또는 곡물하역업에만 해당)
나. 싣거나 내리는 장소 주위에 고정식 또는 이동식 물을 뿌리는 시설(살수반경 5m 이상, 수압 3kg/cm^2 이상)을 설치 · 운영하여 작업하는 중 다시 흩날리지 아니하도록 할 것(곡물작업장의 경우는 제외)
다. 풍속이 평균초속 8m 이상일 경우에는 작업을 중지할 것
라. 공장 내에서 싣고 내리기는 최대한 밀폐된 시설에서만 실시하여 비산먼지가 생기지 아니하도록 할 것(시멘트 제조업만 해당)
마. 조쇄(캐낸 광석을 초벌로 깨는 일)를 위한 내리기 작업은 최대한 3면이 막히고 지붕이 있는 구조물 내에서 실시 할 것. 다만, 수직갱에서의 조쇄를 위한 내리기 작업은 충분한 살수를 실시할 수 있는 시설을 설치할 것(시멘트 제조업만 해당)
바. 가목부터 마목까지와 같거나 그 이상의 효과를 가지는 시설을 설치하거나 조치하는 경우에는 가목부터 마목까지 중 그에 해당하는 시설의 설치 또는 조치를 제외한다.

정답 ④

86

★☆☆

대기환경보전법령상 장거리이동대기오염물질대책위원회의 위원에는 대통령령으로 정하는 분야의 학식과 경험이 풍부한 전문가를 위촉할 수 있다. 여기서 나타내는 '대통령령으로 정하는 분야'와 가장 거리가 먼 것은?

① 예방의학 분야
② 유해화학물질 분야
③ 국제협력 분야 및 언론 분야
④ 해양 분야

해설

출제 당시 정답은 ②번이었지만 해당 법령이 개정되어 삭제되었다.

정답 정답 없음

87

★☆☆

대기환경보전법령상 대기오염경보에 관한 설명으로 틀린 것은?

① 시 · 도지사는 당해 지역에 대하여 대기오염경보를 발령할 수 있다.
② 지역의 대기오염 발생 특성 등을 고려하여 특별시, 광역시 등의 조례로 경보 단계별 조치사항을 일부 조정할 수 있다.
③ 대기오염경보의 대상지역, 대상 오염물질, 발령기준, 경보 단계 및 경보 단계별 조치 등에 필요한 사항은 환경부령으로 정한다.
④ 경보단계 중 경보발령의 경우에는 주민의 실외활동 제한 요청, 자동차 사용의 제한 및 사업장의 연료사용량 감축 권고 등의 조치를 취하여야 한다.

해설

대기오염경보의 대상지역, 대상 오염물질, 발령기준, 경보 단계 및 경보 단계별 조치 등에 필요한 사항은 대통령령으로 정한다.

정답 ③

88
★★☆

대기환경보전법령상 기후 · 생태계 변화 유발물질 중 "환경부령으로 정하는 것"에 해당하는 것은?

① 염화불화탄소와 수소염화불화탄소
② 염화불화산소와 수소염화불화산소
③ 불화염화수소와 불화염소화수소
④ 불화염화수소와 불화수소화탄소

해설

기후 · 생태계 변화유발물질「시행규칙 제3조」

법 제2조 제2호에서 "환경부령으로 정하는 것"이란 염화불화탄소와 수소염화불화탄소를 말한다.

정답 ①

89
★☆☆

대기환경보전법령상 장거리이동대기오염물질대책위원회에 관한 사항으로 틀린 것은?

① 위원회는 위원장 1명을 포함한 25명 이내의 위원으로 구성한다.
② 위원회의 위원장은 환경부장관이 되고, 위원은 환경부령으로 정하는 중앙행정기관의 공무원 등으로서 환경부장관이 위촉하거나 임명하는 자로 한다.
③ 위원회와 실무위원회 및 장거리이동대기오염물질연구단의 구성 및 운영 등에 관하여 필요한 사항은 대통령령으로 정한다.
④ 환경부장관은 장거리이동대기오염물질 피해방지를 위하여 5년마다 관계 중앙행정기관의 장과 협의하고 시 · 도지사의 의견을 들어야 한다.

해설

출제 당시 정답은 ②번이었지만 해당 법령이 개정되어 삭제되었다.

정답 정답 없음

90
★★★

실내공기질 관리법령상 신축 공동주택의 실내공기질 권고기준 중 "에틸벤젠" 기준으로 옳은 것은?

① 210$\mu g/m^3$ 이하 ② 300$\mu g/m^3$ 이하
③ 360$\mu g/m^3$ 이하 ④ 700$\mu g/m^3$ 이하

해설

신축 공동주택의 실내공기질 권고기준「실내공기질 관리법 시행규칙 별표 4의2」

1. 폼알데하이드: 210$\mu g/m^3$ 이하
2. 벤젠: 30$\mu g/m^3$ 이하
3. 톨루엔: 1,000$\mu g/m^3$ 이하
4. 에틸벤젠: 360$\mu g/m^3$ 이하
5. 자일렌: 700$\mu g/m^3$ 이하
6. 스티렌: 300$\mu g/m^3$ 이하
7. 라돈: 148Bq/m^3 이하

정답 ③

91

★☆☆

대기환경보전법령상 환경부장관은 오염물질 측정기기의 운영·관리기준을 지키지 않는 사업자에 대해 조치명령을 하는 경우, 부득이한 사유인 경우 신청에 의한 연장기간까지 포함하여 최대 몇 개월의 범위에서 개선기간을 정할 수 있는가?

① 3개월 ② 6개월
③ 9개월 ④ 12개월

해설
환경부장관은 오염물질 측정기기의 운영·관리기준을 지키지 않은 사업자에 대해 연장기간까지 포함하여 최대 12개월의 범위에서 개선기간을 정할 수 있다.

정답 ④

92

★☆☆

대기환경보전법령상 그 배출시설이 발전소의 발전설비로서 국민경제에 현저한 지장을 줄 우려가 있어 조업정지처분을 갈음하여 과징금을 부과할 때, 3종 사업장인 경우 조업정지 1일당 과징금 부과금액 기준으로 옳은 것은?

① 900만원 ② 600만원
③ 450만원 ④ 300만원

해설
과징금 처분「시행령 제38조」
과징금은 위반 행위별 행정처분기준에 따른 조업 정지일수에 1일당 300만원과 다음 각 호의 구분에 따른 부과계수를 곱하여 산정한다.
가. 1종사업장: 2.0
나. 2종사업장: 1.5
다. 3종사업장: 1.0
라. 4종사업장: 0.7
마. 5종사업장: 0.4

정답 ④

93

★★★

대기환경보전법령상 위임업무 보고사항 중 "자동차 연료 및 첨가제의 제조·판매 또는 사용에 대한 규제현황" 업무의 보고횟수 기준은?

① 연 1회 ② 연 2회
③ 연 4회 ④ 수시

해설
위임업무 보고사항「시행규칙 별표 37」

업무내용	보고 횟수	보고기일
환경오염사고 발생 및 조치 사항	수시	사고발생 시
수입자동차 배출가스 인증 및 검사현황	연 4회	매분기 종료 후 15일 이내
자동차 연료 및 첨가제의 제조·판매 또는 사용에 대한 규제현황	연 2회	매반기 종료 후 15일 이내
자동차 연료 또는 첨가제의 제조기준 적합 여부 검사현황	연료: 연 4회 첨가제: 연 2회	연료: 매분기 종료 후 15일 이내 첨가제: 매반기 종료 후 15일 이내
측정기기 관리대행업의 등록, 변경등록 및 행정처분 현황	연 1회	다음 해 1월 15일까지

정답 ②

94 ★★☆

대기환경보전법령상 비산먼지 발생사업으로서 "대통령령으로 정하는 사업" 중 환경부령으로 정하는 사업과 가장 거리가 먼 것은?

① 비금속물질의 채취업, 제조업 및 가공업
② 제1차 금속 제조업
③ 운송장비 제조업
④ 목재 및 광석의 운송업

해설

④ 목재 및 광석의 운송업은 비산먼지 발생사업에 해당하지 않는다.

관련이론 | 비산먼지 발생사업 「시행령 제44조」

1. 시멘트 · 석회 · 플라스터 및 시멘트 관련 제품의 제조업 및 가공업
2. 비금속물질의 채취업, 제조업 및 가공업
3. 제1차 금속 제조업
4. 비료 및 사료제품의 제조업
5. 건설업(지반 조성공사, 건축물 축조공사, 토목공사, 조경공사 및 도장공사로 한정함)
6. 시멘트, 석탄, 토사, 사료, 곡물 및 고철의 운송업
7. 운송장비 제조업
8. 저탄시설(貯炭施設)의 설치가 필요한 사업
9. 고철, 곡물, 사료, 목재 및 광석의 하역업 또는 보관업
10. 금속제품의 제조업 및 가공업
11. 폐기물 매립시설 설치 · 운영 사업

정답 ④

95 ★★★

환경정책기본법령상 대기 환경기준에 해당되지 않은 항목은?

① 탄화수소(HC)
② 아황산가스(SO_2)
③ 일산화탄소(CO)
④ 이산화질소(NO_2)

해설

환경기준 「환경정책기본법 시행령 별표 1」

항목	기준
아황산가스 (SO_2)	연간 평균치 0.02ppm 이하 24시간 평균치 0.05ppm 이하 1시간 평균치 0.15ppm 이하
일산화탄소 (CO)	8시간 평균치 9ppm 이하 1시간 평균치 25ppm 이하
이산화질소 (NO_2)	연간 평균치 0.03ppm 이하 24시간 평균치 0.06ppm 이하 1시간 평균치 0.10ppm 이하
미세먼지 (PM-10)	연간 평균치 50$\mu g/m^3$ 이하 24시간 평균치 100$\mu g/m^3$ 이하
초미세먼지 (PM-2.5)	연간 평균치 15$\mu g/m^3$ 이하 24시간 평균치 35$\mu g/m^3$ 이하
오존 (O_3)	8시간 평균치 0.06ppm 이하 1시간 평균치 0.1ppm 이하
납(Pb)	연간 평균치 0.5$\mu g/m^3$ 이하
벤젠	연간 평균치 5$\mu g/m^3$ 이하

정답 ①

96

★★★

실내공기질 관리법령상 "의료기관"의 라돈(Bq/m^3)항목 실내공기질 권고기준은?

① 148 이하 ② 400 이하

③ 500 이하 ④ 1,000 이하

해설

실내공기질 권고기준「실내공기질 관리법 시행규칙 별표 3」

오염물질 항목 / 다중이용시설	이산화질소(ppm)	라돈(Bq/m^3)	총휘발성유기화합물(μg/m^3)	곰팡이(CFU/m^3)
의료기관, 산후조리원, 노인요양시설, 어린이집, 실내 어린이 놀이시설	0.05 이하	148 이하	400 이하	500 이하

정답 ①

97

★☆☆

대기환경보전법령상 운행차배출허용기준을 초과하여 개선명령을 받은 자동차에 대한 운행정지표지의 색상기준으로 옳은 것은?

① 바탕색은 노란색, 문자는 검정색

② 바탕색은 흰색, 문자는 검정색

③ 바탕색은 초록색, 문자는 흰색

④ 바탕색은 노란색, 문자는 흰색

해설

운행정지표지「시행규칙 별표 31」

1. 바탕색은 노란색으로, 문자는 검정색으로 한다.
2. 이 표는 자동차의 전면유리 우측상단에 붙인다.

정답 ①

98

★★★

대기환경보전법령상 배출시설 설치신고를 하고자 하는 경우 배출시설 설치신고서에 포함되어야 하는 사항과 가장 거리가 먼 것은?

① 배출시설 및 방지시설의 설치명세서

② 방지시설의 일반도

③ 방지시설의 연간 유지관리 계획서

④ 유해오염물질 확정 배출농도 내역서

해설

④번은 배출시설 설치신고서에 포함하지 않아도 된다.

관련이론 | 배출시설의 설치허가 및 신고 시 제출서류「시행령 제11조」

배출시설 설치허가를 받거나 설치신고를 하려는 자는 배출시설 설치허가신청서 또는 배출시설 설치신고서에 다음 각 호의 서류를 첨부하여 환경부장관 또는 시·도지사에게 제출해야 한다.

1. 원료(연료를 포함)의 사용량 및 제품 생산량과 오염물질 등의 배출량을 예측한 명세서
2. 배출시설 및 방지시설의 설치명세서
3. 방지시설의 일반도(一般圖)
4. 방지시설의 연간 유지관리 계획서
5. 사용 연료의 성분 분석과 황산화물 배출농도 및 배출량 등을 예측한 명세서(법 제41조 제3항 단서에 해당하는 배출시설의 경우에만 해당)
6. 배출시설 설치허가증(변경허가를 신청하는 경우에만 해당)

정답 ④

99

★★★

환경정책기본법령상 오존(O_3)의 환경기준 중 8시간 평균치 기준(㉠)과 1시간 평균치 기준(㉡)으로 옳은 것은?

① ㉠ 0.06ppm 이하, ㉡ 0.03ppm 이하
② ㉠ 0.06ppm 이하, ㉡ 0.1ppm 이하
③ ㉠ 0.03ppm 이하, ㉡ 0.03ppm 이하
④ ㉠ 0.003ppm 이하, ㉡ 0.1ppm 이하

해설

환경기준「환경정책기본법 시행령 별표 1」

항목	기준
오존(O_3)	8시간 평균치 0.06ppm 이하 1시간 평균치 0.1ppm 이하

정답 ②

100

실내공기질 관리법령상 이 법의 적용대상이 되는 시설 중 "대통령령이 정하는 규모의 것"에 해당하지 않는 것은?

① 여객자동차터미널의 연면적 1천 5백제곱미터 이상인 대합실
② 공항시설 중 연면적 1천 5백제곱미터 이상인 여객터미널
③ 연면적 430제곱미터 이상인 어린이집
④ 연면적 2천제곱미터 이상이거나 병상 수 100개 이상인 의료기관

해설

여객자동차터미널의 경우 연면적 2천제곱미터 이상인 대합실이 실내공기질 관리법령상 적용대상이다.

관련이론 | 실내공기질 관리법 적용대상「실내공기질 관리법 시행령 제2조」

실내공기질 관리법 제3조 제1항 각 호 외의 부분에서 "대통령령으로 정하는 규모의 것"이란 다음 각 호의 어느 하나에 해당하는 시설을 말한다. 이 경우 둘 이상의 건축물로 이루어진 시설의 연면적은 개별 건축물의 연면적을 모두 합산한 면적으로 한다.

1. 모든 지하역사(출입통로 · 대합실 · 승강장 및 환승통로와 이에 딸린 시설을 포함)
2. 연면적 2천제곱미터 이상인 지하도상가(지상건물에 딸린 지하층의 시설을 포함). 이 경우 연속되어 있는 둘 이상의 지하도상가의 연면적 합계가 2천제곱미터 이상인 경우를 포함한다.
3. 철도역사의 연면적 2천제곱미터 이상인 대합실
4. 여객자동차터미널의 연면적 2천제곱미터 이상인 대합실
5. 항만시설 중 연면적 5천제곱미터 이상인 대합실
6. 공항시설 중 연면적 1천5백제곱미터 이상인 여객터미널
7. 연면적 3천제곱미터 이상인 도서관
8. 연면적 3천제곱미터 이상인 박물관 및 미술관
9. 연면적 2천제곱미터 이상이거나 병상 수 100개 이상인 의료기관
10. 연면적 500제곱미터 이상인 산후조리원
11. 연면적 1천제곱미터 이상인 노인요양시설
12. 연면적 430제곱미터 이상인 어린이집
12의2. 연면적 430제곱미터 이상인 실내 어린이놀이시설
13. 모든 대규모점포
14. 연면적 1천제곱미터 이상인 장례식장(지하에 위치한 시설로 한정함)
15. 모든 영화상영관(실내 영화상영관으로 한정함)
16. 연면적 1천제곱미터 이상인 학원
17. 연면적 2천제곱미터 이상인 전시시설(옥내시설로 한정함)
18. 연면적 300제곱미터 이상인 인터넷컴퓨터게임시설제공업의 영업시설
19. 연면적 2천제곱미터 이상인 실내주차장(기계식 주차장은 제외함)
20. 연면적 3천제곱미터 이상인 업무시설
21. 연면적 2천제곱미터 이상인 둘 이상의 용도(「건축법」 제2조제2항에 따라 구분된 용도를 말함)에 사용되는 건축물
22. 객석 수 1천석 이상인 실내 공연장
23. 관람석 수 1천석 이상인 실내 체육시설
24. 연면적 1천제곱미터 이상인 목욕장업의 영업시설

정답 ①

2020년 | 4회 기출문제

자동채점

대기오염개론

01 ★☆☆

다음 중 대기층의 구조에 관한 설명으로 옳은 것은?

① 지상 80km 이상을 열권이라고 한다.
② 오존층은 주로 지상 약 30~45km에 위치한다.
③ 대기층의 수직 구조는 대기압에 따라 4개 층으로 나뉜다.
④ 일반적으로 지상에서부터 상층 10~12km까지를 성층권이라고 한다.

선지분석
② 오존층은 주로 지상 약 25~30km에 위치한다.
③ 대기층의 수직 구조는 고도에 따라 4개 층으로 나뉜다. (대류권 → 성층권 → 중간권 → 열권)
④ 일반적으로 지상에서부터 상층 10~12km까지를 대류권, 12~50km를 성층권이라고 한다.

정답 ①

02 ★★☆

광화학적 산화제와 2차 대기오염물질에 관한 설명으로 옳지 않은 것은?

① 오존은 산화력이 강하므로 눈을 자극하고, 폐수종과 폐충혈 등을 유발시킨다.
② PAN은 강산화제로 작용하며, 빛을 흡수하여 가시거리를 증가시키며, 고엽에 특히 피해가 큰 편이다.
③ 오존은 성숙한 잎에 피해가 크며, 섬유류의 퇴색작용과 직물의 셀룰로우스를 손상시킨다.
④ 자외선이 강할 때, 빛의 지속시간이 긴 여름철에, 대기가 안정되었을 때 대기 중 광산화제의 농도가 높아진다.

해설
PAN은 강산화제로 작용하며, 빛을 분산시키므로 가시거리를 감소시키며, 초엽(어린 잎)에 특히 피해가 큰 편이다.

정답 ②

03 ★★☆

광화학옥시던트 중 PAN에 관한 설명으로 옳은 것은?

① 분자식은 $CH_3COOONO_2$이다.
② PBN 보다 100배 정도 강하게 눈을 자극한다.
③ 눈에는 자극이 없으나 호흡기 점막에는 강한 자극을 준다.
④ 푸른색, 계란 썩는 냄새를 갖는 기체로서 대기 중에서 강산화제로 작용한다.

선지분석
② PBN(Peroxybenzoyl nitrate)은 PAN보다 100배 이상 눈에 강한 통증을 준다.
③ 눈을 강하게 자극하며 호흡기 점막에 강한 자극을 준다.
④ 무색, 무미를 갖는 액체로서 대기 중에서 강산화제로 작용한다.

정답 ①

04 ★★☆

최대에너지의 파장과 흑체 표면의 절대온도는 반비례함을 나타내는 법칙은?

① 플랑크 법칙
② 알베도의 법칙
③ 비인의 변위법칙
④ 스테판-볼츠만의 법칙

해설
비인의 변위법칙(Wien's displacement law)

$\lambda_m = \frac{2,897}{T}$ [λ_m: 최대파장(μm), T: 표면온도(K)]

정답 ③

05 ★★☆

온실효과에 관한 설명 중 가장 적합한 것은?

① 실제 온실에서의 보온작용과 같은 원리이다.
② 일산화탄소의 기여도가 가장 큰 것으로 알려져 있다.
③ 온실효과 가스가 증가하면 대류권에서 적외선 흡수량이 많아져서 온실효과가 증대된다.
④ 가스차단기, 소화기 등에 주로 사용되는 NO_2는 온실효과에 대한 기여도가 CH_4 다음으로 크다.

선지분석

① 실제 온실에서의 보온작용과는 다른 원리이다.
② 이산화탄소의 기여도가 가장 큰 것으로 알려져 있다.
④ 이산화질소(NO_2)는 온실가스가 아니다.

관련이론 | 온실가스의 온실효과

- 태양 복사에너지는 대기를 통과해 지표를 따뜻하게 하고, 지표는 다시 적외선을 방출한다.
- 적외선은 이산화탄소(CO_2), 메탄(CH_4) 등 온실가스가 흡수하고 일부를 다시 지구로 재방사함으로써 지표면으로 되돌아온다.
- 즉, '복사 흡수－재방사' 작용으로 인해 대기 중 열이 머무는 시간이 길어져 지구 평균 기온이 상승한다.
- 대기의 온실효과는 특정 기체의 적외선 흡수 스펙트럼에 의한 에너지 재방사라는 점이 가장 큰 차이점이다.

정답 ③

06 ★★☆

대기압력이 950mb인 높이에서 공기의 온도가 −10℃일 때 온위(Potential temperature)는? (단, $\theta=T\times\left(\frac{1,000}{P}\right)^{0.288}$를 이용한다.)

① 약 267K ② 약 277K
③ 약 287K ④ 약 297K

해설

$$\theta=T\left(\frac{1,000}{P}\right)^{0.288}$$

θ: 온위(K), T: 절대온도(K), P: 최초의 기압(mb)

$$\theta=(273-10)\times\left(\frac{1,000}{950}\right)^{0.288}=266.9139\text{K}$$

정답 ①

07 ★★☆

라돈에 관한 설명으로 가장 거리가 먼 것은?

① 무색, 무취의 기체로 액화되어도 색을 띠지 않는 물질이다.
② 공기보다 9배 정도 무거워 지표에 가깝게 존재한다.
③ 주로 토양, 지하수, 건축자재 등을 통하여 인체에 영향을 미치고 있으며 흙 속에서 방사선 붕괴를 일으킨다.
④ 일반적으로 인체의 조혈기능 및 중추신경계통에 가장 큰 영향을 미치는 것으로 알려져 있으며, 화학적으로 반응성이 크다.

해설

라돈은 일반적으로 폐에 가장 큰 영향을 미치는 것으로 알려져 있으며, 화학적으로 반응성이 작다.

정답 ④

08 ★★☆

건물에 사용되는 대리석, 시멘트 등을 부식시켜 재산상의 손실을 발생시키는 산성비에 가장 큰 영향을 미치는 물질로 옳은 것은?

① O_3 ② N_2
③ SO_2 ④ TSP

해설

SO_2에 대한 설명이다.

정답 ③

09 ★★★

다음 중 염소 또는 염화수소 배출 관련 업종으로 가장 거리가 먼 것은?

① 화학 공업 ② 소다 제조업
③ 시멘트 제조업 ④ 플라스틱 제조업

해설

시멘트 제조업은 크롬 배출 관련 업종이다.

정답 ③

10 ★★☆

Richardson 수(R)에 관한 설명으로 옳지 않은 것은?

① $R=0$은 대류에 의한 난류만 존재함을 나타낸다.
② $0.25<R$은 수직방향의 혼합이 거의 없음을 나타낸다.
③ Richardson 수(R)가 큰 음의 값을 가지면 바람이 약하게 되어 강한 수직운동이 일어난다.
④ $-0.03<R<0$ 기계적 난류와 대류가 존재하나 기계적 난류가 혼합을 주로 일으킴을 나타낸다.

해설

리차드슨 수가 0에 접근하면 분산은 줄어들며 결국 기계적 난류만 존재한다.

관련이론 | 리차드슨 수의 안정도 판정

- 0.25보다 크게 되면 수직혼합은 없어지고 수평상의 소용돌이만 남게 된다.
- 리차드슨 수가 음의 값으로 클수록 분산이 커져 대류혼합이 지배적이고 대기는 불안정한 상태이며 굴뚝의 연기는 수직 및 수평 방향으로 빠르게 분산한다.

R_i	−1.0 이하	−0.1	−0.01	0	+0.01	+0.1	+1.0 이상
대기운동	자유대류	자유대류 증가	강제대류만 존재			강제대류 감소	대류 없음
안정도	불안정		중립		안정		

- $0<R_i<0.25$: 성층에 의해 약화된 기계적 난류가 존재한다.
- $R_i<-0.04$: 대류에 의한 혼합이 기계적 혼합을 지배한다.
- $-0.03<R_i<0$: 기계적 난류와 대류가 존재하나 기계적 난류가 혼합을 주로 일으킨다.

정답 ①

11 ★★☆

다음 중 일반적으로 대도시의 산성강우 속에 가장 높은 농도로 존재할 것으로 예상되는 이온성분은? (단, 산성강우는 pH 5.6 이하로 본다.)

① K^+　② F^-
③ Na^+　④ SO_4^{2-}

해설

일반적으로 산성 강우 속에는 SO_x, NO_x가 높은 농도로 존재한다.

정답 ④

12 ★★★

대기오염사건과 기온역전에 관한 설명으로 옳지 않은 것은?

① 로스앤젤레스 스모그 사건은 광화학스모그의 오염형태를 가지며, 기상의 안정도는 침강역전 상태이다.
② 런던 스모그 사건은 주로 자동차 배출가스 중의 질소산화물과 반응성 탄화수소에 의한 것이다.
③ 침강역전은 고기압 중심부분에서 기층이 서서히 침강하면서 기온이 단열변화로 승온되어 발생하는 현상이다.
④ 복사역전은 지표에 접한 공기가 그보다 상공의 공기에 비하여 더 차가워져서 생기는 현상이다.

해설

LA 스모그 사건이 주로 자동차 배출가스 중의 질소산화물과 반응성 탄화수소에 의한 것이다.

관련이론 | 런던 스모그와 LA 스모그

항목	런던 스모그	LA 스모그
기온	4℃ 이하	24~32℃
기간	겨울(12~1월)	여름(7~9월)
습도	85% 이상	70% 이하
시간	이른 아침	한낮
역전형태	접지역전(방사성역전)	공중역전(침강성역전)
대기의 안정도	기온역전, 무풍상태(매우 안정된 대기)	
오염물질	황산화물, H_2SO_4, 미스트 등	질소산화물, 오존, HC, PAN 등 광화학적 부산물
오염원	공장, 가정난방, 화력발전소 등 화석연료 사용	자동차
반응형태	열적 환원반응	광화학적 산화반응
가시거리	100m 이하	1km 이하
색	짙은 회색	연한 갈색

정답 ②

13

★☆☆

온위(Potential temperature)에 대한 설명으로 옳은 것은?

① 환경감률이 건조 단열감률과 같은 기층에서는 온위가 일정하다.

② 환경감률이 습윤 단열감률과 같은 기층에서는 온위가 일정하다.

③ 어떤 고도의 공기덩어리를 850mb 고도까지 건조단열적으로 옮겼을 때의 온도이다.

④ 어떤 고도의 공기덩어리를 1,000mb 고도까지 습윤단열적으로 옮겼을 때의 온도이다.

해설

환경감률이 건조 단열감률과 같은 기층에서는 온위가 일정하다.

정답 ①

14

★★☆

다음 중 CFC-12의 올바른 화학식은?

① CF_3Br ② CF_3Cl

③ CF_2Cl_2 ④ $CHFCl_2$

해설

CFC-□□□ → □□□+90 → [탄소수][수소수][불소수] 나머지는 염소의 수

CFC-12 → 12+90=102

탄소수: 1, 수소수: 0, 불소수: 2

나머지는 Cl이다.

CFC-12=CF_2Cl_2

정답 ③

15

★☆☆

다음 중 이산화탄소의 가장 큰 흡수원으로 옳은 것은?

① 토양 ② 동물

③ 해수 ④ 미생물

해설

해수(바다)가 이산화탄소의 가장 큰 흡수원이다.

정답 ③

16

★☆☆

충분히 발달된 지표경계층에서 측정된 평균풍속 자료가 아래 표와 같은 경우 마찰속도(u^*)는?

(단, $U=\frac{u^*}{k}\ln\frac{Z}{Z_0}$, Karman constant: 0.40이다.)

고도(m)	풍속(m/s)
2	3.7
1	2.9

① 0.12m/s ② 0.46m/s

③ 1.06m/s ④ 2.12m/s

해설

$U=\frac{u^*}{k}\ln\frac{Z}{Z_0}$

U: 고도의 변화에 따른 풍속의 변화량(m/sec)

k: 상수

z, z_0: 고도(m)

$(3.7-2.9)=\frac{u^*}{0.40}\ln\frac{2}{1}$

$u^*=0.4616$m/s

※ 위의 식은 이항해서 푸는 것보다 공학용계산기의 SOLVE 기능을 이용하는 것이 더 편리합니다.

정답 ②

17

★★☆

대기환경보호를 위한 국제의정서와 설명의 연결이 옳지 않은 것은?

① 소피아 의정서 – CFC 감축의무

② 교토 의정서 – 온실가스 감축목표

③ 몬트리올 의정서 – 오존층 파괴물질의 생산 및 사용의 규제

④ 헬싱키 의정서 – 유황배출량 또는 국가간 이동량 최저 30% 삭감

해설

소피아 의정서는 질소산화물의 방출량을 감소시키기 위한 것으로 산성비와 관련이 있다.

정답 ①

18

★☆☆

입자에 의한 산란에 관한 설명으로 옳지 않은 것은? (단, λ: 파장, D: 입자직경으로 한다.)

① 레일리산란은 D/λ가 10보다 클 때 나타나는 산란현상으로 산란광의 광도는 λ^4에 비례한다.
② 맑은 하늘이 푸르게 보이는 까닭은 태양광선의 공기에 의한 레일리산란 때문이다.
③ 레일리산란에 의해 가시광선 중에서는 청색광이 많이 산란되고, 적색광이 적게 산란된다.
④ 입자의 크기가 빛의 파장과 거의 같거나 큰 경우에 나타나는 산란을 미산란이라고 한다.

해설
레일리산란은 λ(파장)/D(입자직경)이 클 때(입자의 크기에 비해 파장이 길 때) 나타나는 산란으로 산란광의 광도는 λ^4에 비례한다.

정답 ①

19

★☆☆

지표에 도달하는 일사량의 변화에 영향을 주는 요소와 가장 거리가 먼 것은?

① 계절
② 대기의 두께
③ 지표면의 상태
④ 태양의 입사각의 변화

해설
지표면의 상태는 일사량의 변화에 거의 영향을 주지 않는다.

정답 ③

20

★★☆

50m의 높이가 되는 굴뚝 내의 배출가스 평균온도가 300℃, 대기온도가 20℃일 때 통풍력(mmH_2O)은? (단, 연소가스 및 공기의 비중을 1.3kg/Sm^{3}이라고 가정한다.)

① 약 15
② 약 30
③ 약 45
④ 약 60

해설
통풍력 공식을 이용한다.

$$Z(mmH_2O)=273\times H\times\left[\frac{\gamma_a}{273+t_a}-\frac{\gamma_g}{273+t_g}\right]$$

H: 굴뚝의 높이(m)
γ_a: 공기의 비중(kg/Sm^3), t_a: 공기의 온도(℃)
γ_g: 가스의 비중(kg/Sm^3), t_g: 가스의 온도(℃)

$$Z=273\times 50\times\left[\frac{1.3}{273+20}-\frac{1.3}{273+300}\right]=29.5945mmH_2O$$

정답 ②

연소공학

21

★★☆

옥탄가(Octane number)에 관한 설명으로 옳지 않은 것은?

① N-paraffin에서는 탄소수가 증가할수록 옥탄가가 저하하여 C_7에서 옥탄가는 0이다.
② Iso-paraffin에서는 methyl측쇄가 많을수록, 특히 중앙부에 집중할수록 옥탄가는 증가한다.
③ 방향족 탄화수소의 경우 벤젠고리의 측쇄가 C_3까지는 옥탄가가 증가하지만 그 이상이면 감소한다.
④ iso-octane과 n-octane, neo-octane의 혼합표준연료의 노킹정도와 비교하여 공급가솔린과 동등한 노킹정도를 나타내는 혼합표준연료 중의 iso-octane(%)를 말한다.

해설
옥탄가는 이소옥탄(C_8H_{18})의 옥탄가를 100%, n-헵탄(C_7H_{16})의 옥탄가를 0%로 했을 때 이소옥탄의 비율로 구한다.

$$\text{Octane number}(\%)=\frac{C_8H_{18}(mL)}{C_8H_{18}(mL)+C_7H_{16}(mL)}\times 100$$

정답 ④

22 ★★☆

중유에 관한 설명과 거리가 먼 것은?

① 점도가 낮을수록 유동점이 낮아진다.
② 잔류탄소의 함량이 많아지면 점도가 높게 된다.
③ 점도가 낮은 것이 사용상 유리하고, 용적당 발열량이 적은 편이다.
④ 인화점이 높은 경우 역화의 위험이 있으며, 보통 그 예열온도보다 약 2℃ 정도 높은 것을 쓴다.

해설

인화점이 낮은 경우에는 역화의 위험성이 있고, 높을 경우(140℃ 이상)에는 착화가 어렵다.
인화점은 보통 그 예열온도보다 약 5℃ 이상 높은 것이 좋다.

정답 ④

23 ★☆☆

다음 중 화학적 반응이 항상 자발적으로 일어나는 경우는? (단, $\Delta G°$는 Gibbs 자유에너지 변화량, $\Delta S°$는 엔트로피 변화량, ΔH는 엔탈피 변화량이다.)

① $\Delta G° < 0$　② $\Delta G° > 0$
③ $\Delta S° < 0$　④ $\Delta H > 0$

해설

$\Delta G° < 0$일 때 자발적인 반응이 일어난나.
$\Delta G° = \Delta H - T\Delta S°$이다.

구분	$\Delta H>0$(흡열반응)	$\Delta H<0$(발열반응)
$\Delta S°>0$	높은 온도에서 $\Delta G°<0$이므로 자발적	모든 온도에서 $\Delta G°<0$이므로 항상 자발적
$\Delta S°<0$	모든 온도에서 $\Delta G°>0$이므로 항상 비자발적	낮은 온도에서 $\Delta G°<0$이므로 자발적

정답 ①

24 ★★☆

다음 중 석탄의 탄화도 증가에 따라 감소하는 것은?

① 비열　② 발열량
③ 고정탄소　④ 착화온도

해설

탄화도가 증가하는 경우 변화

- 증가하는 것: 연료비, 고정탄소, 착화온도, 발열량
- 감소하는 것: 수분, 휘발분, 비열, 매연발생률, 연소속도

관련이론 | 탄화도

- 탄화도는 석탄에서 수분과 회분을 제외한 나머지 성분 중에 탄소가 차지하는 중량백분율을 의미한다.
- 탄화도는 깊은 땅속에 오래 묻혀 있을수록 커지며 깊은 곳일수록 높은 압력을 받아 휘발분이 감소하게 된다.

정답 ①

25 ★☆☆

다음 중 NO_x 발생을 억제하기 위한 방법으로 가장 거리가 먼 것은?

① 연료대체
② 2단 연소
③ 배출가스 재순환
④ 버너 및 연소실의 구조 개량

해설

연료를 대체하는 것 보다는 연소방법의 개선으로 NO_x의 발생을 억제할 수 있다.

정답 ①

26 ★☆☆

다음 각종 연료성분의 완전연소 시 단위 체적당 고위발열량(kcal/Sm^3)의 크기 순서로 옳은 것은?

① 일산화탄소 > 메탄 > 프로판 > 부탄
② 메탄 > 일산화탄소 > 프로판 > 부탄
③ 프로판 > 부탄 > 메탄 > 일산화탄소
④ 부탄 > 프로판 > 메탄 > 일산화탄소

해설

연료의 발열량은 탄소와 수소의 수에 비례하므로 탄소와 수소의 수가 가장 많은 부탄의 발열량이 가장 크다.
부탄: C_4H_{10}　프로판: C_3H_8
메탄: CH_4　일산화탄소: CO

정답 ④

27

★☆☆

액체연료의 연소장치에 관한 설명 중 옳은 것은?

① 건타입(Gun type) 버너는 유압식과 공기분무식을 혼합한 것으로 유압이 30kg/cm² 이상으로 대형 연소장치이다.

② 저압기류 분무식 버너의 분무각도는 30~60° 정도이고, 분무에 필요한 공기량은 이론연소 공기량의 30~50% 정도이다.

③ 고압기류 분무식 버너의 분무각도는 70°이고, 유량조절비가 1 : 3 정도로 부하변동 적응이 어렵다.

④ 회전식 버너는 유압식 버너에 비해 연료유의 입경이 작으며, 직결식은 분무컵의 회전수가 전동기의 회전수보다 빠른 방식이다.

선지분석

① 건타입(Gun type) 버너는 유압식과 공기분무식을 혼합한 것으로 유압이 7kg/cm² 이상으로 소형 연소장치이다.

③ 고압기류 분무식 버너의 분무각도는 20~30°이고, 유량조절비가 1 : 10 정도로 부하변동 적응이 용이하다.

④ 회전식 버너는 유압식 버너에 비해 연료유의 입경이 크다.

정답 ②

28

★★☆

어떤 화학반응 과정에서 반응물질이 25% 분해하는데 41.3분 걸린다는 것을 알았다. 이 반응이 1차라고 가정할 때, 속도상수 k(sec⁻¹)는?

① 1.022×10^{-4}　　② 1.161×10^{-4}

③ 1.232×10^{-4}　　④ 1.437×10^{-4}

해설

1차반응식을 이용한다.

$\ln\dfrac{C_t}{C_0}=-k\times t$

C_t: t시간 후의 농도(ppm), C_0: 초기농도(ppm)

k: 속도상수(sec^{-1}), t: 시간(sec)

초기농도를 100ppm이라고 가정하면 41.3분 후의 농도는 75ppm이다.

$\ln\dfrac{75}{100}=-k\times41.3\text{min}\times\dfrac{60\text{sec}}{\text{min}}$

$k=1.1609\times10^{-4}\ \text{sec}^{-1}$

정답 ②

29

★★★

C: 78(중량%), H: 18(중량%), S: 4(중량%)인 중유의 $(CO_2)_{max}$는? (단, 표준상태, 건조가스 기준으로 한다.)

① 약 13.4%　　② 약 14.8%

③ 약 17.6%　　④ 약 20.6%

해설

이론산소량$=1.867C+5.6H+0.7S-0.7O$

$(1.867\times0.78)+(5.6\times0.18)+(0.7\times0.04)=2.4922Sm^3/kg$

이론공기량$=\dfrac{\text{이론산소량}}{0.21}=\dfrac{2.4922}{0.21}=11.8676Sm^3/kg$

이론공기 중 질소량=이론공기량$\times0.79$

$=11.8676\times0.79=9.3754Sm^3/kg$

CO_2 배출량(C의 원자량은 12)

$C+O_2\rightarrow CO_2$

$12kg : 22.4Sm^3=0.78kg/kg : xSm^3$

$x=1.456Sm^3/kg$

SO_2 배출량(S의 원자량은 32)

$S+O_2\rightarrow SO_2$

$32kg : 22.4Sm^3=0.04kg/kg : xSm^3$

$x=0.028Sm^3/kg$

이론 건연소가스량=이론공기 중 질소량+건연소생성물(CO_2+SO_2)

$=9.3754Sm^3/kg+1.456Sm^3/kg+0.028Sm^3/kg$

$=10.8594Sm^3/kg$

$(CO_2)_{max}(\%)=\dfrac{CO_2\ \text{배출량}}{\text{이론 건연소가스량}}\times100=\dfrac{1.456}{10.8594}\times100$

$=13.4077\%$

정답 ①

30

★★☆

아래의 조성을 가진 혼합기체의 하한연소범위(%)는?

성분	조성(%)	하한연소범위(%)
메탄	80	5.0
에탄	15	3.0
프로판	4	2.1
부탄	1	1.5

① 3.46　　② 4.24
③ 4.55　　④ 5.05

해설

폭발성 혼합가스의 연소범위(L)

$$L=\frac{100}{\frac{p_1}{n_1}+\frac{p_2}{n_2}+\cdots}$$

n_i: 각 성분 단일의 연소한계(상한 또는 하한)

p_i: 각 성분 가스의 부피(%)

$$L=\frac{100}{\frac{80}{5.0}+\frac{15}{3.0}+\frac{4}{2.1}+\frac{1}{1.5}}=4.2424$$

정답 ②

31

★★★

중유를 시간당 1,000kg씩 연소시키는 배출시설이 있다. 연돌의 단면적이 3m^{2}일 때 배출가스의 유속(m/s)은? (단, 이 중유의 표준상태에서의 원소 조성 및 배출가스의 분석치는 아래 표와 같고, 배출가스의 온도는 270℃이다.)

> [중유의 조성]
> C: 86.0%, H: 13.0%, 황분: 1.0%
> [배출가스의 분석결과]
> $(CO_2)+(SO_2)$: 13.0%, O_2: 2.0%, CO: 0.1%

① 약 2.4　　② 약 3.2
③ 약 3.6　　④ 약 4.4

해설

(1) 실제배출가스의 유량 산정

불완전연소 시 과잉공기비(m)$=\frac{N_2}{N_2-3.76(O_2-0.5CO)}$

$=\frac{84.9}{84.9-3.76(2.0-0.5\times0.1)}$

$=1.0945$

$N_2=100-(13.0+2.0+0.1)=84.9\%$

이론산소량$=1.867C+5.6H+0.7S-0.7O$

$=(1.867\times0.86)+(5.6\times0.13)+(0.7\times0.01)$

$=2.3406Sm^3/kg$

이론공기량$=\frac{\text{이론산소량}}{0.21}=\frac{2.3406}{0.21}=11.1457Sm^3/kg$

이론공기 중 질소량=이론공기량$\times0.79$

$=11.1457\times0.79=8.8051Sm^3/kg$

실제공기량=이론공기량×과잉공기비

$=11.1457\times1.0945=12.1989Sm^3/kg$

과잉공기량=실제공기량−이론공기량

$=12.1989-11.1457=1.0532Sm^3/kg$

CO_2 배출량

$C+O_2\rightarrow CO_2$

$12kg : 22.4Sm^3=0.86kg/kg : xSm^3$

$x=1.6053Sm^3/kg$

H_2O 배출량

$2H_2+O_2\rightarrow 2H_2O$

$2\times2kg : 2\times22.4Sm^3=0.13kg/kg : xSm^3$

$x=1.456Sm^3/kg$

SO_2 배출량

$S+O_2\rightarrow SO_2$

$32kg : 22.4Sm^3=0.01kg/kg : xSm^3$

$x=0.007Sm^3/kg$

실제습연소가스량

=이론공기 중 질소량+과잉공기량

+습연소생성물$(CO_2+H_2O+SO_2)$

$=8.8051+1.0532+1.6053+1.456+0.007$

$=12.9266Sm^3/kg$

(2) 유량을 단면적으로 나누어 유속 산정

$Q=AV\rightarrow V=\frac{Q}{A}$ 식을 이용한다.

$$V=\frac{\frac{12.9266Sm^3}{kg}\times\frac{1{,}000kg}{hr}\times\frac{hr}{3{,}600s}\times\frac{(273+270)K}{273K}}{3m^2}$$

$=2.3806m/s$

정답 ①

2020년

32 ★★☆

저위발열량이 4,900kcal/Sm³인 가스연료의 이론연소온도(℃)는? (단, 이론연소가스량: 10Sm³/Sm³, 기준온도: 15℃, 연료연소가스의 평균정압비열: 0.35kcal/Sm³·℃, 공기는 예열되지 않으며, 연소가스는 해리되지 않는 것으로 한다.)

① 1,015 ② 1,215
③ 1,415 ④ 1,615

해설

$$\text{이론연소온도} = \text{기준온도} + \frac{\text{저위발열량}}{\text{평균정압비열} \times \text{연소가스량}}$$

$$= 15℃ + \frac{\frac{4,900\text{kcal}}{\text{Sm}^3}}{\frac{0.35\text{kcal}}{\text{Sm}^3 \cdot ℃} \times \frac{10\text{Sm}^3}{\text{Sm}^3}} = 1,415℃$$

정답 ③

33 ★☆☆

연료 연소 시 매연이 잘 생기는 순서로 옳은 것은?

① 타르 > 중유 > 경유 > LPG
② 타르 > 경유 > 중유 > LPG
③ 중유 > 타르 > 경유 > LPG
④ 경유 > 타르 > 중유 > LPG

해설

타르가 매연이 가장 잘 생기고, LPG는 매연이 잘 생기지 않는다.

정답 ①

34 ★★☆

중유의 원소조성은 C: 88%, H: 12%이다. 이 중유를 완전연소시킨 결과, 중유 1kg당 건조 배기가스량이 15.8Sm³이었다면, 건조 배기가스 중의 CO_2의 농도(%)는?

① 10.4 ② 13.1
③ 16.8 ④ 19.5

해설

$$\text{건조 배기가스 중 } CO_2 \text{ 농도}(\%) = \frac{CO_2 \text{ 발생량}}{\text{건조 배기가스량}} \times 100$$

CO_2 배출량 구하기(C의 원자량은 12임)

$C + O_2 \rightarrow CO_2$

$12\text{kg} : 22.4\text{Sm}^3 = 0.88\text{kg} : x\text{Sm}^3$

$x = 1.6426\text{Sm}^3$

$$\text{건조 배기가스 중 } CO_2(\%) = \frac{1.6426}{15.8} \times 100 = 10.3962\%$$

정답 ①

35 ★★★

다음 각종 가스의 완전연소 시 단위부피당 이론공기량(Sm³/Sm³)이 가장 큰 것은?

① Ethylene ② Methane
③ Acetylene ④ Propylene

해설

1m³ 당 이론산소량이 가장 많은 프로필렌이 이론공기량도 많다.

부피기준 이론공기량은 이론산소량/0.21으로 산정한다.

① Ethylene(C_2H_4, 에틸렌)
$C_2H_4 + 3O_2 \rightarrow 2CO_2 + 2H_2O$

② Methane(CH_4, 메탄)
$CH_4 + 2O_2 \rightarrow CO_2 + 2H_2O$

③ Acetylene(C_2H_2, 아세틸렌)
$C_2H_2 + 2.5O_2 \rightarrow 2CO_2 + H_2O$

④ Propylene(C_3H_6, 프로필렌)
$C_3H_6 + 4.5O_2 \rightarrow 3CO_2 + 3H_2O$

정답 ④

36 ★☆☆

액체연료가 미립화되는데 영향을 미치는 요인으로 가장 거리가 먼 것은?

① 분사압력 ② 분사속도
③ 연료의 점도 ④ 연료의 발열량

해설

미립화 특성을 결정하는 인자: 분무유량, 분무입경, 분무의 도달거리, 분사압력, 분사속도, 연료의 점도 등

정답 ④

37

★★☆

액화석유가스(LPG)에 대한 설명으로 옳지 않은 것은?

① 유황분이 적고 유독성분이 거의 없다.
② 천연가스에서 회수되기도 하지만 대부분은 석유정제 시 부산물로 얻어진다.
③ 비중이 공기보다 가벼워 누출될 경우 인화 폭발 위험성이 크다.
④ 사용에 편리한 기체연료의 특징과 수송 및 저장에 편리한 액체연료의 특징을 겸비하고 있다.

해설

액화석유가스(LPG)는 비중이 공기보다 무거워 누출될 경우 인화 폭발 위험성이 크다.

정답 ③

38

메탄올 2.0kg이 완전연소하는 데 필요한 이론공기량(Sm^3)은?

① 2.5 ② 5.0
③ 7.5 ④ 10.0

해설

메탄올(CH_3OH, 분자량 32) 1mol이 연소하려면 산소 기체(O_2) 1.5mol이 필요하다.

$CH_3OH + 1.5O_2 \rightarrow CO_2 + 2H_2O$

이론산소량

$32kg : 1.5 \times 22.4Sm^3 = 2kg : xSm^3$

$x = 2.1Sm^3$

$\text{이론공기량} = \frac{\text{이론산소량}}{0.21} = \frac{2.1}{0.21} = 10Sm^3$

정답 ④

39

★★★

A석탄을 사용하여 가열로의 배출가스를 분석한 결과 CO_2: 14.5%, O_2: 6%, N_2: 79%, CO: 0.5%이었다. 이 경우의 공기비는?

① 1.18 ② 1.38
③ 1.58 ④ 1.78

해설

불완전연소 시 과잉공기비(m)$= \frac{N_2}{N_2 - 3.76(O_2 - 0.5CO)}$

$m = \frac{79}{79 - 3.76(6 - 0.5 \times 0.5)} = 1.3767$

정답 ②

40

★☆☆

연료의 종류에 따른 연소 특성으로 옳지 않은 것은?

① 기체연료는 부하의 변동범위(Turn down ratio)가 좁고 연소의 조절이 용이하지 않다.
② 기체연료는 저발열량의 것으로 고온을 얻을 수 있고, 전열효율을 높일 수 있다.
③ 액체연료의 경우 회분은 아주 적지만, 재 속의 금속산화물이 장해원인이 될 수 있다.
④ 액체연료는 화재, 역화 등의 위험이 크며, 연소온도가 높아 국부적인 과열을 일으키기 쉽다.

해설

기체연료는 부하의 변동범위(Turn down ratio)가 넓고 연소의 조절이 용이하다.

정답 ①

대기오염방지기술

41 ★☆☆

다음 유해가스 처리에 관한 설명 중 가장 거리가 먼 것은?

① 시안화수소는 물에 대한 용해도가 매우 크므로 가스를 물로 세정하여 처리한다.
② 염화인(PCl_3)은 물에 대한 용해도가 낮아 암모니아를 불어넣어 병류식 충전탑에서 흡수 처리한다.
③ 아크로레인은 그대로 흡수가 불가능하며 NaClO 등의 산화제를 혼입한 가성소다 용액으로 흡수 제거한다.
④ 이산화셀렌은 코트럴집진기로 포집, 결정으로 석출, 물에 잘 용해되는 성질을 이용해 스크러버에 의해 세정하는 방법 등이 이용된다.

해설
염화인은 충전물을 채운 흡수탑을 이용하여 알칼리성 용액에 흡수시켜 제거한다.

정답 ②

42 ★★☆

황 함유량 2.5%인 중유를 30ton/h로 연소하는 보일러에서 배기가스를 NaOH 수용액으로 처리한 후 황 성분을 전량 Na_2SO_3로 회수할 경우, 이 때 필요한 NaOH의 이론량(kg/h)은? (단, 황 성분은 전량 SO_2로 전환된다.)

① 1,750　② 1,875
③ 1,935　④ 2,015

해설
$S+O_2 \rightarrow SO_2$
$SO_2+2NaOH \rightarrow Na_2SO_3+H_2O$
S(원자량 32) 1mol이 연소하면 SO_2 1mol이 생성된다.
SO_2 1mol을 Na_2SO_3로 전량 회수하기 위해서는 NaOH(원자량 40) 2mol이 필요하다.
$$\frac{30{,}000kg}{h}\times\frac{2.5}{100}\times\frac{2\times40kg}{32kg}=1{,}875kg/h$$

정답 ②

43 ★★☆

흡수장치에 사용되는 흡수액이 갖추어야 할 요건으로 옳은 것은?

① 용해도가 낮아야 한다.
② 휘발성이 높아야 한다.
③ 부식성이 높아야 한다.
④ 점성은 비교적 낮아야 한다.

선지분석
① 용해도가 높아야 한다.
② 휘발성이 낮아야 한다.
③ 부식성이 낮아야 한다.

관련이론 | 흡수제(액)의 구비조건
- 적은 양의 흡수제로 많은 오염물을 제거하기 위해서는 유해가스의 용해도가 큰 흡수제를 선정한다.
- 부식성과 휘발성이 작고 빙점은 낮고 비점이 높아야 하며 화학적으로 안정적이어야 하고 용해도가 커야 한다.
- 흡수율을 높이고 범람(Flooding)을 줄이기 위해서는 흡수제의 점도가 낮아야 한다.
- 독성이 없어야 하며 가격이 저렴하고 용매와 화학적 성질이 비슷해야 한다.

정답 ④

44 ★☆☆

다음 발생 먼지 종류 중 일반적으로 S/S_b가 가장 큰 것은? (단, S는 진비중, S_b는 겉보기 비중이다.)

① 카본블랙　② 시멘트킬른
③ 미분탄보일러　④ 골재드라이어

해설
카본블랙은 그을음에 가까운 흑색의 미세한 탄소분말로 S/S_b가 가장 크다.
① 카본블랙의 S/S_b: 76
② 시멘트킬른의 S/S_b: 5.0
③ 미분탄보일러의 S/S_b: 4.0
④ 골재드라이어의 S/S_b: 2.7

정답 ①

45

★☆☆

흡착과정에 대한 설명으로 옳지 않은 것은?

① 파과곡선의 형태는 흡착탑의 경우에 따라서 비교적 기울기가 큰 것이 바람직하다.
② 포화점에서는 주어진 온도와 압력조건에서 흡착제가 가장 많은 양의 흡착질을 흡착하는 점이다.
③ 실제의 흡착은 비정상 상태에서 진행되므로 흡착의 초기에는 흡착이 천천히 진행되다가 어느 정도 흡착이 진행되면 빠르게 흡착이 이루어진다.
④ 흡착제 층 전체가 포화되어 배출가스 중에 오염가스 일부가 남게 되는 점을 파과점이라 하고, 이점 이후부터는 오염가스의 농도가 급격히 증가한다.

해설

실제의 흡착은 비정상 상태에서 진행되므로 흡착의 초기에는 흡착이 빠르게 진행되다가 어느 정도 흡착이 진행되면 천천히 흡착이 이루어진다.

정답 ③

46

★☆☆

실내에서 발생하는 CO_2의 양이 시간당 $0.3m^3$일 때 필요한 환기량(m^3/h)은? (단, CO_2의 허용농도와 외기의 CO_2 농도는 각각 0.1%와 0.03%이다.)

① 약 145　　② 약 210
③ 약 320　　④ 약 430

해설

필요한 환기량$=\dfrac{CO_2 \text{ 발생량}}{C_{in}-C_{out}}\times 100$

C_{in}: 실내 허용농도(%), C_{out}: 외기농도(%)

필요한 환기량$=\dfrac{0.3m^3/h}{0.1-0.03}\times 100=428.5714m^3/h$

정답 ④

47

★☆☆

유량측정에 사용되는 가스 유속측정 장치 중 작동원리로 Bernoulli식이 적용되지 않는 것은?

① 로터미터(Rotameter)
② 벤츄리장치(Venturi meter)
③ 건조가스장치(Dry gas meter)
④ 오리피스장치(Orifice meter)

해설

건조가스장치는 일정 구간을 통과하는 가스의 체적을 구하는 장치로 Bernoulli식이 적용되지 않는다.

관련이론 | 베르누이(Bernoulli) 방정식

- 비압축성 유체로 유선을 따라 흐르는 흐름에 적용된다.
- 이상유체의 정상상태의 흐름이다.
- 압력수두, 속도수두, 위치수두의 합이 일정하다.

정답 ③

48

★☆☆

배출가스의 온도를 냉각시키는 방법 중 열교환법의 특성으로 가장 거리가 먼 것은?

① 운전비 및 유지비가 높다.
② 열에너지를 회수할 수 있다.
③ 최종 공기부피가 공기희석법, 살수법에 비해 매우 크다.
④ 온도감소로 인해 상대습도는 증가하지만 가스 중 수분량에는 거의 변화가 없다.

해설

열교환법은 최종 공기부피가 공기희석법, 살수법에 비해 매우 작다.

정답 ③

49

★★☆

중력 집진장치의 효율을 향상시키는 조건에 대한 설명으로 옳지 않은 것은?

① 침강실 내의 배기가스 기류는 균일하여야 한다.
② 침강실의 침전높이가 작을수록 집진율이 높아진다.
③ 침강실의 길이를 길게 하면 집진율이 높아진다.
④ 침강실 내 처리가스 속도가 클수록 미세한 분진을 포집할 수 있다.

해설

침강실 내 처리가스 속도가 느릴수록 미세한 분진을 포집할 수 있다.

관련이론 | 중력 집진장치의 집진효율 향상조건

- 침강실 내의 처리가스의 속도가 작을수록 미립자가 포집된다.
- 유입부의 유속이 느릴수록 처리 효율이 높다.
- 침강실의 높이는 작고 길이는 길수록 집진율이 높아진다.
- 침강실 내의 배기가스 기류는 균일해야 한다.
- 다단일 경우 단수가 증가할수록 압력손실은 커지나 효율은 증가한다.
- 집진효율$(\eta)=\dfrac{v_g \times L}{v \times H}$

정답 ④

50

★★★

여과 집진장치에 관한 설명으로 옳지 않은 것은?

① 폭발성, 점착성 및 흡습성 분진의 제거에 효과적이다.
② 탈진방식 중 간헐식은 여포의 수명이 연속식에 비해 길다.
③ 탈진방식 중 간헐식은 진동형, 역기류형, 역기류진동형으로 분류할 수 있다.
④ 여과재는 내열성이 약하므로 고온가스 냉각 시 산노점(Dew point) 이상으로 유지해야 한다.

해설

여과 집진장치는 폭발성, 점착성 및 흡습성 분진의 제거에 효과적이지 못하다.

관련이론 | 여과집진장치

- 여과집진장치의 주된 집진원리는 관성충돌, 직접차단, 확산, 정전기적 인력, 중력이다.
- 폭발성 및 점착성 먼지 제거가 곤란하고 수분에 대한 적응성이 낮으며, 여과재의 교환으로 유지비용이 많이 들고 다른 집진장치에 비해 설치면적이 넓다.
- 여과포의 종류에 따라 제거 가능한 물질의 종류가 다르므로 여과포 선택 시 가스의 성상은 중요하다.
- 여포의 손상은 여과 시 온도 및 압력과 관계가 있으며, 350℃ 이상 고온의 가스처리에 부적합하다.

정답 ①

51

★★☆

입자상 물질에 관한 설명으로 가장 거리가 먼 것은?

① 직경 d인 구형입자의 비표면적(단위체적당 표면적)은 $d/6$이다.
② Cascade impactor는 관성충돌을 이용하여 입경을 간접적으로 측정하는 방법이다.
③ 공기동력학경은 Stokes경과 달리 입자밀도를 $1g/cm^3$으로 가정함으로써 보다 쉽게 입경을 나타낼 수 있다.
④ 비구형입자에서 입자의 밀도가 1보다 클 경우 공기동력학경은 Stokes경에 비해 항상 크다고 볼 수 있다.

해설

직경 d인 구형입자의 비표면적(단위체적당 표면적)은 $6/d$이다.

관련이론 | 입자의 비표면적

- 먼지의 입경과 비표면적은 반비례 관계이다.(입경이 작을수록 비표면적이 큼)
- 비표면적이 크게 되면 원심력 집진장치의 경우에는 장치벽면을 폐색시킨다.
- 비표면적$=\dfrac{\text{구의 표면적}}{\text{구의 부피}}=\dfrac{\dfrac{\pi d_p^2}{1}}{\dfrac{\pi d_p^3}{6}}=\dfrac{6}{d_p}$

정답 ①

52
★★★

어떤 집진장치의 입구와 출구의 함진가스의 분진농도가 7.5g/Sm³과 0.055g/Sm³이었다. 또한 입구와 출구에서 측정한 분진시료 중 입경이 0~5μm인 입자의 중량분율은 전 분진에 대하여 0.1과 0.5이었다면 0~5μm의 입경을 가진 입자의 부분 집진율(%)은?

① 약 87 ② 약 89
③ 약 96 ④ 약 98

해설

$$\eta=\left(1-\frac{C_o\times R_o}{C_i\times R_i}\right)\times 100$$

C_o: 유출농도(g/Sm³), R_o: 출구 중량분율

C_i: 유입농도(g/Sm³), R_i: 입구 중량분율

$$\eta=\left(1-\frac{0.055\text{g/Sm}^3\times 0.5}{7.5\text{g/Sm}^3\times 0.1}\right)\times 100=96.3333\%$$

정답 ③

53
★☆☆

다음 [보기]가 설명하는 축류 송풍기의 유형으로 옳은 것은?

보기
• 축류형 중 가장 효율이 높으며, 일반적으로 직선류 및 아담한 공간이 요구되는 HVAC 설비에 응용된다. • 공기의 분포가 양호하여 많은 산업장에서 응용되고 있다. • 효율과 압력상승 효과를 얻기 위해 직선형 고정날개를 사용하나, 날개의 모양과 간격은 변형되기도 한다.

① 원통 축류형 송풍기
② 방사 경사형 송풍기
③ 고정날개 축류형 송풍기
④ 공기회전자 축류형 송풍기

해설

고정날개 축류형 송풍기에 대한 설명이다.

정답 ③

54
★★★

습식전기집진장치의 특징에 관한 설명 중 틀린 것은?

① 집진면이 청결하여 높은 전계 강도를 얻을 수 있다.
② 고저항의 먼지로 인한 역전리 현상이 일어나기 쉽다.
③ 건식에 비하여 가스의 처리속도를 2배 정도 크게 할 수 있다.
④ 작은 전기저항에 의해 생기는 먼지의 재비산을 방지할 수 있다.

해설

습식전기집진장치는 역전리 현상의 제어가 용이하다.

정답 ②

55
★★☆

가로 a, 세로 b인 직사각형의 유로에 유체가 흐를 경우 상당직경(Equivalent diameter)을 산출하는 간이식은?

① $\sqrt{ab}$ ② $2ab$
③ $\sqrt{\frac{2(a+b)}{ab}}$ ④ $\frac{2ab}{a+b}$

해설

④번이 상당직경을 산출하는 간이식이다.

정답 ④

56
★★☆

벤츄리 스크러버의 액가스비를 크게 하는 요인으로 옳지 않은 것은?

① 먼지의 입경이 작을 때
② 먼지입자의 친수성이 클 때
③ 먼지입자의 점착성이 클 때
④ 처리가스의 온도가 높을 때

해설

먼지입자의 친수성이 작을 때 벤츄리 스크러버의 액가스비가 커진다.

정답 ②

57 ★★☆

배연탈황기술과 가장 거리가 먼 것은?

① 암모니아법　② 석회석 주입법
③ 수소화 탈황법　④ 활성산화 망간법

해설

수소화 탈황법(접촉수소화 탈황법)은 유기황화합물과 수소를 고온과 고압, 촉매의 반응으로 반응시켜 황화수소로 탈기하는 방법으로 중유 탈황의 대표적인 방법이다.

관련이론 | 배연탈황법

배출가스 속에 포함된 황산화물을 장치를 통과시키면서 제거하는 방법이다.

구분		방법
흡수법	건식법	석회석 주입법, 활성탄 흡착법, 활성산화 망간법
	습식법	가성소다 흡수법, 황산나트륨 흡수법, 암모니아 흡수법
	반건식법	석회석 주입법(반건식), 소석회 주입법

정답 ③

58 ★★★

압력손실이 250mmH$_2$O이고, 처리가스량 30,000m^3/h인 집진장치의 송풍기 소요동력(kW)은? (단, 송풍기의 효율은 80%, 여유율은 1.25이다.)

① 약 25　② 약 29
③ 약 32　④ 약 38

해설

$$P(\mathrm{kW})=\frac{Q\times \Delta P}{102\times\eta}\times\alpha$$

Q: 처리가스량(m^3/s), ΔP: 압력손실(mmH$_2$O)
η: 송풍기 효율, α: 여유율

$$P=\frac{\frac{30{,}000\mathrm{m}^3}{\mathrm{h}}\times\frac{\mathrm{h}}{3{,}600\mathrm{s}}\times 250\mathrm{mmH_2O}}{102\times 0.8}\times 1.25$$

$=31.9138\mathrm{kW}$

정답 ③

59 ★★★

집진장치의 압력손실이 400mmH$_2$O, 처리가스량이 30,000m^3/h이고, 송풍기의 전압효율은 70%, 여유율이 1.2일 때 송풍기의 축동력(kW)은? (단, 1kW=102kgf·m/s이다.)

① 36　② 56
③ 80　④ 95

해설

$$P(\mathrm{kW})=\frac{Q\times \Delta P}{102\times\eta}\times\alpha$$

Q: 처리가스량(m^3/s), ΔP: 압력손실(mmH$_2$O)
η: 송풍기 효율, α: 여유율

$$P=\frac{\frac{30{,}000\mathrm{m}^3}{\mathrm{h}}\times\frac{\mathrm{h}}{3{,}600\mathrm{s}}\times 400\mathrm{mmH_2O}}{102\times 0.7}\times 1.2$$

$=56.0224\mathrm{kW}$

정답 ②

60 ★★☆

면적 1.5m^{2}인 여과집진장치로 먼지농도가 1.5g/m^{3}인 배기가스가 100m^3/min으로 통과하고 있다. 먼지가 모두 여과포에서 제거되었으며, 집진된 먼지층의 밀도가 1g/cm^{3}라면 1시간 후 여과된 먼지층의 두께(mm)는?

① 1.5　② 3
③ 6　④ 15

해설

제거된 먼지의 양을 부피로 환산한 후 면적으로 나누어 먼지층의 두께를 구한다.

$$\frac{\frac{1.5\mathrm{g}}{\mathrm{m}^3}\times\frac{100\mathrm{m}^3}{\mathrm{min}}\times 60\mathrm{min}\times\frac{\mathrm{cm}^3}{1\mathrm{g}}\times\frac{1\mathrm{m}^3}{10^6\mathrm{cm}^3}}{1.5\mathrm{m}^2}=0.006\mathrm{m}=6\mathrm{mm}$$

정답 ③

대기오염공정시험기준

61
★☆☆

다음은 기체크로마토그램에서 피크(Peak)의 분리정도를 나타낸 그림이다. 분리계수(d)와 분리도(R)를 구하는 식으로 옳은 것은?

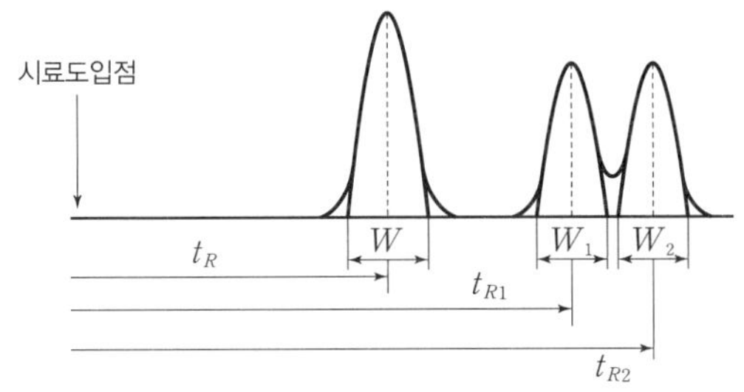

① $d=\frac{t_{R2}}{t_{R1}}$, $R=\frac{2(t_{R2}-t_{R1})}{W_1+W_2}$

② $d=t_{R2}-t_{R1}$, $R=\frac{t_{R1}-t_{R2}}{W_1+W_2}$

③ $d=\frac{2(t_{R2}-t_{R1})}{W_1+W_2}$, $R=\frac{t_{R2}}{t_{R1}}$

④ $d=\frac{t_{R2}-t_{R1}}{2}$, $R=100\times d(\%)$

해설

①번 식이 분리계수(d)와 분리도(R)를 구하는 식이다.

정답 ①

62
★★☆

배출허용기준 중 표준 산소농도를 적용받는 어떤 오염물질의 보정된 배출가스 유량이 50Sm³/day이었다. 이 때 배출가스를 분석하니 실측 산소농도는 5%, 표준 산소농도는 3%일 때, 측정되어진 실측 배출가스 유량(Sm³/day)은?

① 46.25 ② 51.25
③ 56.25 ④ 61.25

해설

$Q=Q_a\div\frac{21-O_s}{21-O_a}$

Q: 배출가스 유량(Sm³/일), Q_a: 실측 배출가스 유량(Sm³/일)

O_s: 표준 산소농도(%), O_a: 실측 산소농도(%)

$50=Q_a\div\frac{21-3}{21-5}$, $Q_a=56.25\text{Sm}^3/\text{day}$

정답 ③

63
★★★

원자흡수분광광도법의 장치 구성이 순서대로 옳게 나열된 것은?

① 광원부 → 파장선택부 → 측광부 → 시료원자화부
② 광원부 → 시료원자화부 → 파장선택부 → 측광부
③ 시료원자화부 → 광원부 → 파장선택부 → 측광부
④ 시료원자화부 → 파장선택부 → 광원부 → 측광부

해설

'광원부 → 시료원자화부 → 파장선택부(분광부) → 측광부' 순서이다.

정답 ②

64
★★☆

다음 중 물질을 취급 또는 보관하는 동안에 기체 또는 미생물이 침입하지 않도록 내용물을 보호하는 용기를 뜻하는 것은?

① 기밀용기 ② 밀폐용기
③ 밀봉용기 ④ 차광용기

선지분석

① 기밀용기: 물질을 취급 또는 보관하는 동안에 외부로부터의 공기 또는 다른 가스가 침입하지 않도록 내용물을 보호하는 용기
② 밀폐용기: 물질을 취급 또는 보관하는 동안에 이물이 들어가거나 내용물이 손실되지 않도록 보호하는 용기
④ 차광용기: 광선을 투과하지 않은 용기 또는 투과하지 않게 포장을 한 용기로서 취급 또는 보관하는 동안에 내용물의 광화학적 변화를 방지할 수 있는 용기

정답 ③

65 ★☆☆

굴뚝 배출가스 중 먼지의 자동 연속 측정방법에서 사용하는 용어의 뜻으로 옳지 않은 것은?

① 검출한계는 제로드리프트의 2배에 해당하는 지시치가 갖는 교정용 입자의 먼지농도를 말한다.
② 응답시간은 표준교정판을 끼우고 측정을 시작했을 때 그 보정치의 90%에 해당하는 지시치가 나타낼 때까지 걸린 시간을 말한다.
③ 교정용 입자는 실내에서 감도 및 교정오차를 구할 때 사용하는 균일계 단분산 입자로서 기하평균 입경이 0.3~3μm인 인공입자로 한다.
④ 시험가동시간이란 연속자동측정기를 정상적인 조건에서 운전할 때 예기치 않는 수리, 조정 및 부품교환 없이 연속가동 할 수 있는 최소시간을 말한다.

해설
응답시간은 표준교정판(필름)을 끼우고 측정을 시작했을 때 그 보정치의 95%에 해당하는 지시치가 나타낼 때까지 걸린 시간을 말한다.

정답 ②

66 ★★☆

자외선/가시선 분광분석 측정에서 최초광의 60%가 흡수되었을 때의 흡광도는?

① 0.25　　② 0.3
③ 0.4　　④ 0.6

해설
60%가 흡수되었으므로 40%가 투과되었다.

$$\text{흡광도}(A)=\log\frac{1}{t(\text{투과도})}=\log\frac{1}{I_t/I_o}=\varepsilon Cl$$

$$A=\log\frac{1}{0.4}=0.3979$$

정답 ③

67 ★★☆

비분산적외선분광분석법에서 사용하는 주요 용어의 의미로 옳지 않은 것은?

① 스팬가스: 분석계의 최저 눈금값을 교정하기 위하여 사용하는 가스
② 스팬 드리프트: 측정기의 교정범위눈금에 대한 지시값의 일정시간 내의 변동
③ 정필터형: 측정성분이 흡수되는 적외선을 그 흡수파장에서 측정하는 방식
④ 비교가스: 시료셀에서 적외선 흡수를 측정하는 경우 대조가스로 사용하는 것으로 적외선을 흡수하지 않는 가스

해설
스팬가스(Span Gas): 분석계의 최고 눈금값을 교정하기 위하여 사용하는 가스

정답 ①

68 ★☆☆

다음은 연소관식 공기법을 사용하여 유류 중 황 함유량을 분석하는 방법이다. (　　) 안에 알맞은 것은?

> 950~1,100℃로 가열한 석영 재질 연소관 중에 공기를 불어넣어 시료를 연소시킨다. 생성된 황산화물을 (㉠)에 흡수시켜 황산으로 만든 다음, (㉡)으로 중화적정하여 황 함유량을 구한다.

① ㉠ 수산화소듐, ㉡ 염산표준액
② ㉠ 염산, ㉡ 수산화소듐 표준액
③ ㉠ 과산화수소(3%), ㉡ 수산화소듐 표준액
④ ㉠ 싸이오사이안산용액, ㉡ 수산화칼슘 표준액

해설
㉠은 과산화수소(3%)이고, ㉡은 수산화소듐 표준액이다.

정답 ③

69

★☆☆

다음은 굴뚝 배출가스 중 황산화물의 중화적정법에 관한 설명이다. ( ) 안에 알맞은 것은?

> 메틸레드 – 메틸렌블루 혼합지시약 3~5 방울을 가하여 (㉠)으로 적정하고 용액의 색이 (㉡)으로 변한 점을 종말점으로 한다.

① ㉠ 에틸아민동용액, ㉡ 녹색에서 자주색
② ㉠ 에틸아민동용액, ㉡ 자주색에서 녹색
③ ㉠ 0.1N 수산화소듐용액, ㉡ 녹색에서 자주색
④ ㉠ 0.1N 수산화소듐용액, ㉡ 자주색에서 녹색

해설

출제당시 정답은 ④번 이었지만 개정된 대기오염공정시험기준상 배출가스 중 황산화물의 측정방법은 자동측정법과 침전적정법(아르세나조 Ⅲ법)이 해당된다.

정답 정답 없음

70

★☆☆

다음 분석가스 중 아연아민착염용액을 흡수액으로 사용하는 것은?

① 황화수소 ② 브로민화합물
③ 질소산화물 ④ 폼알데하이드

해설

분석물질	분석방법	흡수액
황화수소	자외선/가시선분광법	아연아민착염 용액
브로민 화합물	• 자외선/가시선분광법 • 적정법 • 이온크로마토그래피	수산화소듐 용액(0.1mol/L)
질소 산화물	아연환원나프틸에틸렌다이아민법	황산 용액(0.005mol/L)
폼알데하이드	• 크로모트로핀산법 • 아세틸아세톤법	• 크로모트로핀산+황산 • 아세틸아세톤 함유 흡수액

정답 ①

71

★☆☆

다음 [보기]가 설명하는 굴뚝 배출가스 중의 산소측정방식으로 옳은 것은?

> 보기
>
> 이 방식은 주기적으로 단속하는 자계 내에서 산소분자에 작용하는 단속적인 흡입력을 자계 내에 일정유량으로 유입하는 보조가스의 배압변화량으로서 검출한다.

① 전극 방식 ② 덤벨형 방식
③ 질코니아 방식 ④ 압력검출형 방식

해설

배출가스 중 산소–자동측정법–자기식 (자기력) 중 압력검출형 방식에 대한 설명이다.

정답 ④

72

★★☆

굴뚝 배출가스 중 총탄화수소 측정을 위한 장치 구성조건 등에 관한 설명으로 옳지 않은 것은?

① 기록계를 사용하는 경우에는 최소 4회/분이 되는 기록계를 사용한다.
② 총탄화수소분석기는 흡광차분광방식 또는 비불꽃(Non flame)이온크로마토그래방식의 분석기를 사용하며 폭발위험이 없어야 한다.
③ 시료채취관은 스테인리스강 또는 이와 동등한 재질의 것으로 하고 굴뚝중심 부분의 10% 범위 내에 위치할 정도의 길이의 것을 사용한다.
④ 제로가스로는 총탄화수소농도(프로페인 또는 탄소등가농도)가 0.1ppm 이하 또는 스팬값의 0.1% 이하인 고순도 공기를 사용한다.

해설

총탄화수소분석기는 불꽃이온화검출기법과 비분산형적외선분광분석법을 사용하며 폭발위험이 없어야 한다.

정답 ②

73

★★☆

배출가스 중 먼지를 여과지에 포집하고 이를 적당한 방법으로 처리하여 분석용 시험용액으로 한 후 원자흡수분광광도법을 이용하여 각종 금속원소의 원자흡광도를 측정하여 정량분석 하고자 할 때, 다음 중 금속원소별 측정파장으로 옳게 짝지어진 것은?

① Pb – 357.9nm ② Cu – 228.2nm
③ Ni – 283.3nm ④ Zn – 213.9nm

선지분석

① Pb – 217.0/283.3nm
② Cu – 324.7nm
③ Ni – 232.0nm

관련이론 | 원자흡수분광광도법의 측정파장, 정량범위

측정 금속	측정파장(nm)	정량범위(mg/Sm^3)
Cu	324.7	0.100 이상
Pb	217.0/283.3	0.050 이상
Ni	232.9	0.010 이상
Zn	213.9	0.100 이상
Cd	228.8	0.010 이상
Cr	357.9	0.100 이상
Be	234.9	0.040 이상

※ 대기오염공정시험기준 개정에 맞게 보기를 수정했습니다.

정답 ④

74

★★☆

굴뚝 배출가스 중 질소산화물의 연속 자동측정법으로 옳지 않은 것은?

① 화학발광법 ② 용액전도율법
③ 자외선흡수법 ④ 적외선흡수법

해설

배출가스 중 질소산화물 측정법 중 자동측정법 – 화학발광법, 적외선흡수법, 자외선흡수법, 정전위전해법

정답 ②

75

★★☆

대기오염공정시험기준상 자외선/가시선 분광법에서 사용되는 흡수셀의 재질에 따른 사용 파장범위로 가장 적합한 것은?

① 플라스틱제는 자외부 파장범위
② 플라스틱제는 가시부 파장범위
③ 유리제는 가시부 및 근적외부 파장범위
④ 석영제는 가시부 및 근적외부 파장범위

해설

흡수셀의 재질로는 유리, 석영, 플라스틱 등을 사용한다.

- 유리제: 주로 가시 및 근적외부 파장범위
- 석영제: 자외부 파장범위
- 플라스틱제: 근적외부 파장범위

정답 ③

76

★★☆

기체 – 액체 크로마토그래피에서 사용되는 고정상액체(Stationary Liquid)의 조건으로 옳은 것은?

① 사용온도에서 증기압이 낮고, 점성이 작은 것이어야 한다.
② 사용온도에서 증기압이 낮고, 점성이 큰 것이어야 한다.
③ 사용온도에서 증기압이 높고, 점성이 작은 것이어야 한다.
④ 사용온도에서 증기압이 높고, 점성이 큰 것이어야 한다.

해설

기체 – 액체 크로마토그래피에서 사용하는 고정상액체는 사용온도에서 증기압이 낮고, 점성이 작은 것이어야 한다.

정답 ①

77

★☆☆

보통형(I형) 흡입노즐을 사용한 굴뚝 배출가스 흡입 시 10분간 채취한 흡입가스량(습식가스미터에서 읽은 값)이 60L이었다. 이 때 등속흡입이 행하여지기 위한 가스미터에 있어서의 등속흡입유량(L/min)의 범위는? (단, 등속흡입 정도를 알기 위한 등속흡입계수 $I(\%)=\frac{V_m}{q_m \times t}\times 100$이다.)

① 3.3~5.3 ② 5.4~6.6
③ 6.5~7.3 ④ 7.5~8.3

해설

등속흡입 정도를 보기 위해 등속계수를 산출한 값이 90~110% 범위에 들어야 한다.

$I(\%)=\frac{V_m}{q_m \times t}\times 100$

V_m: 흡입기체량(습식가스미터에서 읽은 값)(L)
q_m: 가스미터에 있어서의 등속흡입유량(L/min)
t: 기체 흡입시간(min)

문제의 식을 등속흡입유량(q_m) 기준으로 정리한다.

$q_m=\frac{V_m}{I \times t}\times 100$

(1) 등속흡입계수가 90%일 때

$q_m=\frac{60}{90\times 10}\times 100=6.6666\text{L/min}$

(2) 등속흡입계수가 110%일 때

$q_m=\frac{60}{110\times 10}\times 100=5.4545\text{L/min}$

등속흡입유량(L/min)의 범위는 5.4~6.6L이다.

정답 ②

78

★★☆

흡광차분광법을 사용하여 아황산가스를 분석할 때 간섭성분으로 오존(O_3)이 존재할 경우 다음 조건에 따른 오존의 영향(%)을 산출한 값은?

- 오존을 첨가했을 경우의 지시값: 0.7(μmol/mol)
- 오존을 첨가하지 않은 경우의 지시값: 0.5(μmol/mol)
- 분석기기의 최대눈금값: 5(μmol/mol)
- 분석기기의 최소눈금값: 0.01(μmol/mol)

① 1 ② 2
③ 3 ④ 4

해설

$R_t=\frac{A-B}{C}\times 100$

R_t: 오존의 영향(%)
A: 오존을 첨가했을 경우의 지시 값(μmol/mol)
B: 오존을 첨가하지 않은 경우의 지시 값(μmol/mol)
C: 최대 눈금 값(μmol/mol)

$R_t=\frac{0.7-0.5}{5}\times 100=4\%$

정답 ④

2020년

79

★☆☆

굴뚝 배출가스 중의 황화수소를 아이오딘 적정법으로 분석하는 방법에 관한 설명으로 거리가 먼 것은?

① 다른 산화성 및 환원성 가스에 의한 방해는 받지 않는 장점이 있다.

② 시료 중의 황화수소를 염산산성으로 하고, 아이오딘 용액을 가하여 과잉의 아이오딘을 싸이오황산소듐 용액으로 적정한다.

③ 시료 중의 황화수소가 100~2,000ppm 함유되어 있는 경우의 분석에 적합한 시료채취량은 10~20L, 흡입속도는 1L/min 정도이다.

④ 녹말 지시약(질량분율 1%)은 가용성 녹말 1g을 소량의 물과 섞어 끓는 물 100mL 중에 잘 흔들어 섞으면서 가하고, 약 1분간 끓인 후 식혀서 사용한다.

해설

출제 당시 정답은 ①번 이었지만 개정된 대기오염공정시험기준상 배출가스 중 황화수소의 분석방법에는 아이오딘 적정법이 포함되어 있지 않다.

정답 정답 없음

80

★☆☆

자외선/가시선 분광법에 의한 플루오린화합물 분석방법에 관한 설명으로 옳지 않은 것은?

① 분광광도계로 측정 시 흡수 파장은 460nm를 사용한다.

② 시료채취량 80L이고 분석용 시료용액의 양이 250mL인 경우 이 방법의 정량범위는 0.05ppm 이상 이며, 방법 검출한계는 0.02ppm이다.

③ 시료가스 중에 알루미늄(III), 철(II), 구리(II), 아연(II) 등의 중금속 이온이나 인산 이온이 존재하면 방해 효과를 나타낸다.

④ 배출가스 중 무기 플루오린화합물을 수산화소듐 용액으로 흡수하고 완충 용액을 첨가하여 pH를 조절한 후 란타넘－알리자린콤플렉손 용액을 첨가하고 플루오린화 이온과 반응하여 생성하는 복합 착화합물의 흡광도를 측정하여 플루오린화합물을 정량한다.

해설

분광광도계로 측정 시 흡수 파장은 620nm를 사용한다.

관련이론 | 배출가스 중 플루오린화합물 – 자외선/가시선분광법 – 란타넘 – 알리자린콤플렉손법

배출가스 중 무기 플루오린화합물을 수산화소듐 용액으로 흡수하고 완충 용액을 첨가하여 pH를 조절한 후 란타넘－알리자린콤플렉손 용액을 첨가하고 플루오린화 이온과 반응하여 생성하는 복합 착화합물의 흡광도를 측정하여 플루오린화합물을 정량한다.

※ 대기오염공정시험기준 개정에 맞게 보기를 수정했습니다.

정답 ①

대기환경관계법규

81

★★☆

대기환경보전법령상 자동차 연료(휘발유)의 제조기준 중 벤젠 함량(부피 %) 기준으로 옳은 것은?

① 1.5 이하　　② 1.0 이하

③ 0.7 이하　　④ 0.0013 이하

해설

자동차연료 중 휘발유의 제조기준「시행규칙 별표 33」

항목	제조기준
방향족화합물 함량(부피%)	24(21) 이하
벤젠 함량(부피%)	0.7 이하
납 함량(g/ℓ)	0.013 이하
인 함량(g/ℓ)	0.0013 이하
산소 함량(무게%)	2.3 이하
올레핀 함량(부피%)	16(19) 이하
황 함량(ppm)	10 이하
증기압(kPa, 37.8℃)	60 이하
90% 유출온도(℃)	170 이하

정답 ③

82

★★★

다음은 대기환경보전법령상 환경기술인에 관한 사항이다. ( ) 안에 알맞은 것은?

> 환경기술인을 두어야 할 사업장의 범위, 환경기술인의 자격기준, 임명기간은 (   )으로 정한다.

① 시·도지사령 ② 총리령
③ 환경부령 ④ 대통령령

해설

환경기술인을 두어야 할 사업장의 범위, 환경기술인의 자격기준, 임명기간은 대통령령으로 정한다.

정답 ④

83

★★☆

대기환경보전법령상 배출시설 설치허가신청서 또는 배출시설 설치신고서에 첨부하여야 할 서류가 아닌 것은?

① 원료(연료를 포함)의 사용량 및 제품 생산량을 예측한 명세서
② 배출시설 및 방지시설의 설치명세서
③ 방지시설의 상세 설계도
④ 방지시설의 연간 유지관리 계획서

해설

배출시설 설치허가신청서 또는 배출시설 설치신고서에 포함해야 하는 서류「시행령 제11조」

1. 원료(연료를 포함)의 사용량 및 제품 생산량과 오염물질 등의 배출량을 예측한 명세서
2. 배출시설 및 방지시설의 설치명세서
3. 방지시설의 일반도(一般圖)
4. 방지시설의 연간 유지관리 계획서
5. 사용 연료의 성분 분석과 황산화물 배출농도 및 배출량 등을 예측한 명세서
6. 배출시설 설치허가증(변경허가를 신청하는 경우만 해당)

정답 ③

84

★★☆

대기환경보전법령상 먼지·황산화물 및 질소산화물의 연간 발생량 합계가 18톤인 배출구의 자가측정횟수 기준은? (단, 특정대기유해물질이 배출되지 않으며, 관제센터로 측정결과를 자동전송하지 않는 사업장의 배출구이다.)

① 매주 1회 이상 ② 매월 2회 이상
③ 2개월마다 1회 이상 ④ 반기마다 1회 이상

해설

관제센터로 측정결과를 자동전송하지 않는 사업장의 배출구「시행규칙 별표 11」

구분	배출구별 규모	측정횟수
제1종 배출구	먼지·황산화물 및 질소산화물의 연간 발생량 합계가 80톤 이상인 배출구	매주 1회 이상
제2종 배출구	먼지·황산화물 및 질소산화물의 연간 발생량 합계가 20톤 이상 80톤 미만인 배출구	매월 2회 이상
제3종 배출구	먼지·황산화물 및 질소산화물의 연간 발생량 합계가 10톤 이상 20톤 미만인 배출구	2개월마다 1회 이상
제4종 배출구	먼지·황산화물 및 질소산화물의 연간 발생량 합계가 2톤 이상 10톤 미만인 배출구	반기마다 1회 이상
제5종 배출구	먼지·황산화물 및 질소산화물의 연간 발생량 합계가 2톤 미만인 배출구	반기마다 1회 이상

정답 ③

85 ★★☆

다음은 대기환경보전법령상 환경부령으로 정하는 첨가제 제조기준에 맞는 제품의 표시방법이다. ( ) 안에 알맞은 것은?

> 표시크기는 첨가제 또는 촉매제 용기 앞면의 제품명 밑에 제품명 글자크기의 ( )에 해당하는 크기로 표시하여야 한다.

① 100분의 10 이상　② 100분의 20 이상
③ 100분의 30 이상　④ 100분의 50 이상

해설
표시크기는 제품명 글자크기의 100분의 30 이상으로 해야 한다.

정답 ③

86 ★☆☆

대기환경보전법령상 기관출력이 130kW 초과인 선박의 질소산화물 배출기준(g/kWh)은? (단, 정격 기관속도 n(크랭크샤프트의 분당 속도)이 130rpm 미만이며 2011년 1월 1일 이후에 건조한 선박의 경우이다.)

① 17 이하　② $44.0 \times n^{(-0.23)}$ 이하
③ 7.7 이하　④ 14.4 이하

해설
기관출력 130kW를 초과하는 선박의 배출허용기준 「시행규칙 별표 35」

정격 기관속도 (n: 크랭크샤프트의 분당 속도)	질소산화물 배출기준(g/kWh)		
	기준 1	기준 2	기준 3
n이 130rpm 미만일 때	17 이하	14.4 이하	3.4 이하
n이 130rpm 이상 2,000rpm 미만일 때	$45.0 \times n^{(-0.2)}$ 이하	$44.0 \times n^{(-0.23)}$ 이하	$9.0 \times n^{(-0.2)}$ 이하
n이 2,000rpm 이상일 때	9.8 이하	7.7 이하	2.0 이하

기준 1: 2010년 12월 31일 이전에 건조된 선박에 적용한다.
기준 2: 2011년 1월 1일 이후에 건조된 선박에 적용한다.
기준 3: 2016년 1월 1일 이후에 건조된 선박에 설치되는 디젤기관에 각각 적용한다.

정답 ④

87 ★★☆

대기환경보전법령상 대기오염도 검사기관과 거리가 먼 것은?

① 수도권대기환경청　② 한국환경보전원
③ 한국환경공단　④ 유역환경청

해설
대기오염도 검사기관 「시행규칙 제40조」
1. 국립환경과학원
2. 특별시 · 광역시 · 특별자치시 · 도 · 특별자치도의 보건환경연구원
3. 유역환경청, 지방환경청 또는 수도권대기환경청
4. 한국환경공단
5. 「국가표준기본법」에 따른 인정을 받은 시험 · 검사기관 중 환경부장관이 정하여 고시하는 기관

정답 ②

88 ★★☆

대기환경보전법령상 벌칙기준 중 7년 이하의 징역이나 1억 원 이하의 벌금에 처하는 것은?

① 대기오염물질의 배출허용기준 확인을 위한 측정기기의 부착 등의 조치를 하지 아니한 자
② 황 연료사용 제한조치 등의 명령을 위반한 자
③ 제작차 배출허용기준에 맞지 아니하게 자동차를 제작한 자
④ 배출가스 전문정비사업자로 등록하지 아니하고 정비 · 점검 또는 확인검사 업무를 한 자

선지분석
① 대기오염물질의 배출허용기준 확인을 위한 측정기기의 부착 등의 조치를 하지 아니한 자: 5년 이하의 징역이나 5천만원 이하의 벌금
② 황 연료사용 제한조치 등의 명령을 위반한 자: 5년 이하의 징역이나 5천만원 이하의 벌금
④ 배출가스 전문정비사업자로 등록하지 아니하고 정비 · 점검 또는 확인검사 업무를 한 자: 5년 이하의 징역이나 5천만원 이하의 벌금

정답 ③

89
★☆☆

대기환경보전법령상 청정연료를 사용하여야 하는 대상시설의 범위에 해당하지 않는 시설은?

① 산업용 열병합 발전시설
② 전체 보일러의 시간당 총 증발량이 0.2톤 이상인 업무용 보일러
③「집단에너지사업법 시행령」에 따른 지역냉난방사업을 위한 시설
④「건축법 시행령」에 따른 중앙집중난방방식으로 열을 공급받고 단지 내의 모든 세대의 평균 전용면적이 $40.0m^2$를 초과하는 공동주택

해설
발전시설 중 산업용 열병합 발전시설은 청정연료를 사용하여야 하는 대상시설이 아니다.

관련이론 | 청정연료를 사용하여야 하는 시설「시행령 별표 11의3」
가.「건축법 시행령」에 따른 공동주택으로서 동일한 보일러를 이용하여 하나의 단지 또는 여러 개의 단지가 공동으로 열을 이용하는 중앙집중난방방식(지역냉난방방식을 포함)으로 열을 공급받고, 단지 내의 모든 세대의 평균 전용면적이 $40.0m^2$를 초과하는 공동주택
나.「집단에너지사업법 시행령」에 따른 지역냉난방사업을 위한 시설. 다만, 지역냉난방사업을 위한 시설 중 발전폐열을 지역냉난방용으로 공급하는 산업용 열병합 발전시설로서 환경부장관이 승인한 시설은 제외한다.
다. 전체 보일러의 시간당 총 증발량이 0.2톤 이상인 업무용 보일러(영업용 및 공공용 보일러를 포함하되, 산업용 보일러는 제외)
라. 발전시설. 다만, 산업용 열병합 발전시설은 제외한다.

정답 ①

90
★☆☆

다음은 대기환경보전법령상 운행차정기검사의 방법 및 기준에 관한 사항이다. (　　) 안에 알맞은 것은?

> 배출가스 검사대상 자동차의 상태를 검사할 때 원동기가 충분히 예열되어 있는 것을 확인하고, 수냉식 기관의 경우 계기판 온도가 (㉠) 또는 계기판 눈금이 (㉡)이어야 하며, 원동기가 과열되었을 경우에는 원동기실 덮개를 열고 (㉢) 지난 후 정상상태가 되었을 때 측정한다.

① ㉠ 25℃ 이상, ㉡ 1/10 이상, ㉢ 1분 이상
② ㉠ 25℃ 이상, ㉡ 1/10 이상, ㉢ 5분 이상
③ ㉠ 40℃ 이상, ㉡ 1/4 이상, ㉢ 1분 이상
④ ㉠ 40℃ 이상, ㉡ 1/4 이상, ㉢ 5분 이상

해설
㉠은 40℃ 이상, ㉡은 1/4 이상, ㉢은 5분 이상이다.

정답 ④

2020년

91
★☆☆

대기환경보전법령상 가스형태의 물질 중 소각용량이 시간당 2톤(의료폐기물 처리시설은 시간당 200kg) 이상인 소각처리시설에서의 일산화탄소 배출허용기준(ppm)은? (단, 각 보기 항의 (　　) 안의 값은 표준산소농도(O_2의 백분율)를 의미한다.)

① 30(12) 이하　　② 50(12) 이하
③ 200(12) 이하　　④ 300(12) 이하

해설
가스형태의 물질 중 소각용량이 시간당 2톤(의료폐기물 처리시설은 시간당 200kg) 이상인 소각처리시설에서 일산화탄소 배출허용기준은 50(12)ppm 이하이다.「시행규칙 별표 8」

정답 ②

92

★☆☆

대기환경보전법령상 환경부장관이 특별대책지역의 대기오염 방지를 위하여 필요하다고 인정하면 그 지역에 새로 설치되는 배출시설에 대해 정할 수 있는 기준은?

① 일반배출허용기준 ② 특별배출허용기준
③ 심화배출허용기준 ④ 강화배출허용기준

해설
환경부장관은 특별대책지역의 대기오염 방지를 위하여 필요하다고 인정하면 그 지역에 설치된 배출시설에 대하여 엄격한 배출허용기준을 정할 수 있으며, 그 지역에 새로 설치되는 배출시설에 대하여 특별배출허용기준을 정할 수 있다.

정답 ②

93

★★★

악취방지법령상 위임업무 보고사항 중 "악취검사기관의 지도 · 점검 및 행정처분 실적" 보고횟수 기준은?

① 연 1회 ② 연 2회
③ 연 4회 ④ 수시

해설
국립환경과학원장은 연 1회 악취검사기관의 지도 · 점검 및 행정처분 실적을 환경부장관에게 보고해야 한다.

정답 ①

94

★★☆

다음은 대기환경보전법령상 기본부과금 부과대상 오염물질에 대한 초과배출량 산정방법 중 초과배출량 공제분 산정방법이다. ( ) 안에 알맞은 것은?

> 3개월간 평균배출농도는 배출허용기준을 초과한 날 이전 정상 가동된 3개월 동안의 ( )를 산술평균한 값으로 한다.

① 5분 평균치 ② 10분 평균치
③ 30분 평균치 ④ 1시간 평균치

해설
3개월간 평균배출농도는 배출허용기준을 초과한 날 이전 정상 가동된 3개월 동안의 30분 평균치를 산술평균한 값으로 한다.

정답 ③

95

★★☆

대기환경보전법령상 대기오염경보 단계 중 오존에 대한 "경보" 해제기준과 관련하여 ( ) 안에 알맞은 것은?

> 경보가 발령된 지역의 기상조건 등을 고려하여 대기자동측정소의 오존농도가 ( )인 때는 주의보로 전환한다.

① 0.1ppm 이상 0.3ppm 미만
② 0.1ppm 이상 0.5ppm 미만
③ 0.12ppm 이상 0.3ppm 미만
④ 0.12ppm 이상 0.5ppm 미만

해설
오존의 대기오염경보 단계별 기준「시행규칙 별표 7」

경보 단계	발령기준	해제기준
주의보	기상조건 등을 고려하여 해당지역의 대기자동측정소 오존농도가 0.12ppm 이상인 때	주의보가 발령된 지역의 기상조건 등을 검토하여 대기자동측정소의 오존농도가 0.12ppm 미만인 때
경보	기상조건 등을 고려하여 해당지역의 대기자동측정소 오존농도가 0.3ppm 이상인 때	경보가 발령된 지역의 기상조건 등을 고려하여 대기자동측정소의 오존농도가 0.12ppm 이상 0.3ppm 미만인 때는 주의보로 전환
중대 경보	기상조건 등을 고려하여 해당지역의 대기자동측정소 오존농도가 0.5ppm 이상인 때	중대경보가 발령된 지역의 기상조건 등을 고려하여 대기자동측정소의 오존농도가 0.3ppm 이상 0.5ppm 미만인 때는 경보로 전환

정답 ③

96 ★★☆

다음은 악취방지법령상 악취검사기관의 준수사항에 관한 내용이다. ( ) 안에 알맞은 것은?

> 검사기관이 법인인 경우 보유차량에 국가기관의 악취검사차량으로 잘못 인식하게 하는 문구를 표시하거나 과대표시를 해서는 아니되며, 검사기관은 다음의 서류를 작성하여 ( ) 보존하여야 한다.
> 가. 실험일지 및 검량선 기록지
> 나. 검사결과 발송 대장
> 다. 정도관리 수행기록철

① 1년간 ② 2년간
③ 3년간 ④ 5년간

해설

악취검사기관은 관련 서류를 3년간 보존하여야 한다.

정답 ③

97 ★☆☆

악취방지법령상 지정악취물질이 아닌 것은?

① 아세트알데하이드 ② 메틸메르캅탄
③ 톨루엔 ④ 벤젠

해설

벤젠은 악취방지법령상 지정악취물질이 아니다.

관련이론 | 지정악취물질「악취방지법 시행규칙 별표 1」

암모니아, 메틸메르캅탄, 황화수소, 다이메틸설파이드, 다이메틸다이설파이드, 트라이메틸아민, 아세트알데하이드, 스타이렌, 프로피온알데하이드, 뷰틸알데하이드, n-발레르알데하이드, i-발레르알데하이드, 톨루엔, 자일렌, 메틸에틸케톤, 메틸아이소뷰틸케톤, 뷰틸아세테이트, 프로피온산, n-뷰틸산, n-발레르산, i-발레르산, i-뷰틸알코올

정답 ④

98 ★★★

다음 중 대기환경보전법령상 초과부과금 산정기준에 따른 오염물질 1킬로그램당 부과금액이 가장 높은 것은?

① 질소산화물 ② 황화수소
③ 이황화탄소 ④ 시안화수소

해설

① 질소산화물: 2,130
② 황화수소: 6,000
③ 이황화탄소: 1,600
④ 시안화수소: 7,300

관련이론 | 초과부과금 산정기준「시행령 별표 4」

구분 / 오염물질		오염물질 1킬로그램당 부과금액
황산화물		500
먼지		770
질소산화물		2,130
암모니아		1,400
황화수소		6,000
이황화탄소		1,600
특정대기 유해물질	불소화물	2,300
	염화수소	7,400
	시안화수소	7,300

정답 ④

2020년

99 ★★★

환경정책기본법령상 미세먼지(PM-10)의 대기 환경기준은? (단, 연간평균치 기준이다.)

① 10μg/m^3 이하　② 25μg/m^3 이하
③ 30μg/m^3 이하　④ 50μg/m^3 이하

해설

환경기준 「환경정책기본법 시행령 별표 1」

항목	기준
아황산가스 (SO_2)	연간 평균치 0.02ppm 이하 24시간 평균치 0.05ppm 이하 1시간 평균치 0.15ppm 이하
일산화탄소 (CO)	8시간 평균치 9ppm 이하 1시간 평균치 25ppm 이하
이산화질소 (NO_2)	연간 평균치 0.03ppm 이하 24시간 평균치 0.06ppm 이하 1시간 평균치 0.10ppm 이하
미세먼지 (PM-10)	연간 평균치 50μg/m^3 이하 24시간 평균치 100μg/m^3 이하
초미세먼지 (PM-2.5)	연간 평균치 15μg/m^3 이하 24시간 평균치 35μg/m^3 이하
오존(O_3)	8시간 평균치 0.06ppm 이하 1시간 평균치 0.1ppm 이하
납(Pb)	연간 평균치 0.5μg/m^3 이하
벤젠	연간 평균치 5μg/m^3 이하

정답 ④

100 ★★★

실내공기질 관리법령상 신축 공동주택의 실내공기질 권고기준으로 옳은 것은?

① 스티렌 360μg/m^3 이하
② 폼알데하이드 360μg/m^3 이하
③ 자일렌 360μg/m^3 이하
④ 에틸벤젠 360μg/m^3 이하

해설

① 스티렌 300μg/m^3 이하
② 폼알데하이드 210μg/m^3 이하
③ 자일렌 700μg/m^3 이하

관련이론 | 신축 공동주택의 실내공기질 권고기준 「실내공기질 관리법 시행규칙 별표 4의2」

1. 폼알데하이드 210μg/m^3 이하
2. 벤젠 30μg/m^3 이하
3. 톨루엔 1,000μg/m^3 이하
4. 에틸벤젠 360μg/m^3 이하
5. 자일렌 700μg/m^3 이하
6. 스티렌 300μg/m^3 이하
7. 라돈 148Bq/m^3 이하

정답 ④

2020년 | 3회 기출문제

대기오염개론

01

★☆☆

햇빛이 지표면에 도달하기 전에 자외선의 대부분을 흡수함으로써 지표생물권을 보호하는 대기권의 명칭은?

① 대류권　② 성층권
③ 중간권　④ 열권

해설
성층권의 오존층은 태양 빛(파장 290nm 이하의 단파장)을 차단하여 자외선이 대류권으로 들어오지 못하게 한다.

정답 ②

02

★★★

다음 대기오염물질과 관련되는 주요 배출업종을 연결한 것으로 가장 적합한 것은?

① 벤젠 – 도장공업　② 염소 – 주유소
③ 시안화수소 – 유리공업　④ 이황화탄소 – 구리정련

선지분석
② 염소 – 소다공업, 플라스틱공업, 고무제조업 등
③ 시안화수소 – 청산제조업, 가스공업, 제철공업
④ 이황화탄소 – 비스코스 섬유공업

정답 ①

03

★★☆

대기가 가시광선을 통과시키고 적외선을 흡수하여 열을 밖으로 나가지 못하게 함으로써 보온 작용을 하는 것을 무엇이라 하는가?

① 온실효과　② 복사균형
③ 단파복사　④ 대기의 창

해설
온실효과에 대한 설명이다.

정답 ①

04

★★☆

44m 높이의 연돌에서 배출되는 가스의 평균온도가 250℃이고, 대기의 온도가 25℃일 때, 이 굴뚝의 통풍력(mmH_2O)은? (단, 표준상태의 가스와 공기의 밀도는 1.3kg/Sm^3이고 굴뚝 안에서의 마찰손실은 무시한다.)

① 약 12.4　② 약 15.8
③ 약 22.5　④ 약 30.7

해설

$$Z(mmH_2O)=273\times H\times\left[\frac{\gamma_a}{273+t_a}-\frac{\gamma_g}{273+t_g}\right]$$

H: 연돌의 높이(m)
γ_a: 공기의 밀도(kg/Sm^3), t_a: 공기의 온도(℃)
γ_g: 배출가스의 밀도(kg/Sm^3), t_g: 배출가스의 온도(℃)

$$Z=273\times 44\times\left[\frac{1.3}{273+25}-\frac{1.3}{273+250}\right]=22.5435mmH_2O$$

정답 ③

2020년

05 ★★☆

대기오염이 식물에 미치는 영향에 관한 설명으로 가장 거리가 먼 것은?

① SO_2는 회백색 반점을 생성하며, 피해부분은 엽육세포이다.
② PAN은 유리화 은백색 광택을 나타내며, 주로 해면연조직에 피해를 준다.
③ NO_2는 불규칙 흰색 또는 갈색으로 변화되며, 피해부분은 엽육세포이다.
④ HF는 SO_2와 같이 잎 안쪽 부분에 반점을 나타내기 시작하며, 늙은 잎에 특히 민감하고, 밤이 낮보다 피해가 크다.

해설
HF는 잎의 선단이나 엽록부를 갈색으로 고사시키는 것이 특징이며, 특히 어린잎에 대한 피해가 현저하다.

정답 ④

06 ★★☆

오존에 관한 설명으로 옳지 않은 것은?

① 대기 중 오존은 온실가스로 작용한다.
② 대기 중에서 오존의 배경농도는 0.1~0.2ppm 범위이다.
③ 단위체적당 대기 중에 포함된 오존의 분자수(mol/cm^3)로 나타낼 경우 약 지상 25km 고도에서 가장 높은 농도를 나타낸다.
④ 오존전량(Total overhead amount)은 일반적으로 적도 지역에서 낮고, 극지의 인근 지점에서는 높은 경향을 보인다.

해설
대기 중 오존의 배경농도는 0.01~0.02ppm 정도이다.

정답 ②

07 ★☆☆

다음은 황화합물에 관한 설명 중 (　　) 안에 가장 알맞은 것은?

> 전지구적으로 해양을 통해 자연적 발생원 중 가장 많은 양의 황화합물이 (　　) 형태로 배출되고 있다.

① H_2S　② CS_2
③ OCS　④ $(CH_3)_2S$

해설
황화메틸[$(CH_3)_2S$]에 대한 설명이다.

정답 ④

08 ★☆☆

다음 중 지구온난화지수가 가장 큰 것은?

① CH_4　② SF_6
③ N_2O　④ HFCs

해설
온실가스별 지구온난화 계수 온실가스 배출권의 할당 및 거래에 관한 법률 「시행령 별표 2」(제31조제1항 관련)

온실가스의 종류	지구온난화 계수
이산화탄소(CO_2)	1
메탄(CH_4)	21
아산화질소(N_2O)	310
수소불화탄소(HFCs)	140~11,700
과불화탄소(PFCs)	6,500~9,200
육불화황(SF_6)	23,900

정답 ②

09

★☆☆

시정장애에 관한 설명 중 옳지 않은 것은?

① 시정장애 직접 원인은 부유분진 중 극미세먼지 때문이다.

② 시정장애 물질들은 주민의 호흡기계 건강에 영향을 미친다.

③ 빛이 대기를 통과할 때 시정장애 물질들은 빛을 산란 또는 흡수한다.

④ 2차 오염물질들이 서로 반응, 응축, 응집하여 생성된 물질들이 직접적인 원인이다.

해설

시정장애는 1차 오염물질들이 서로 반응, 응축, 응집하여 생성된 물질들이 직접적인 원인이다.

관련이론 | 시정장애현상의 원인과 특징

- 시정장애현상의 직접적인 원인은 주로 미세먼지로 특히 0.1~1.0μm 크기의 미세먼지들에 의한 빛의 산란 및 흡수현상 때문에 발생한다.
- 대부분 대기 중에서 1차 오염물질들이 서로 반응, 응축, 응집하여 생성, 성장하기 때문에 2차 오염물질이라고 불리며 이들 2차 오염물질의 입경분포, 화학성분, 수분함량 등의 여러 인자들이 시정장애현상에 영향을 미친다.

정답 ④

10

★☆☆

석면이 가지고 있는 일반적인 특성과 거리가 먼 것은?

① 절연성 ② 내화성 및 단열성

③ 흡습성 및 저인장성 ④ 화학적 불활성

해설

석면은 일반적으로 흡습률이 낮고, 인장성이 강하다.

정답 ③

11

★★☆

A굴뚝으로부터 배출되는 SO_2가 풍하측 5,000m 지점에서 지표 최고 농도를 나타냈을 때, 유효굴뚝높이(m)는? (단, Sutton의 확산식을 사용하고, 수직확산계수를 0.07, 대기안정도 지수(n)는 0.25이다.)

① 약 120 ② 약 140

③ 약 160 ④ 약 180

해설

$$X_{max}=\left(\frac{H_e}{K_z}\right)^{\frac{2}{2-n}}$$

H_e: 유효굴뚝높이(m), K_z: 수직확산계수, n: 대기안정도 지수

$$5{,}000\text{m}=\left(\frac{H_e}{0.07}\right)^{\frac{2}{2-0.25}}$$

$H_e=120.6970$m

정답 ①

12

★★☆

산성비에 관한 설명 중 옳은 것은?

① 산성비 생성의 주요 원인물질은 다이옥신, 중금속 등이다.

② 일반적으로 산성비에 대한 내성은 침엽수가 활엽수보다 강하다.

③ 산성비란 정상적인 빗물의 pH7 보다 낮게 되는 경우를 말한다.

④ 산성비로 인해 호수나 강이 산성화되면 물고기 먹이가 되는 플랑크톤의 생장을 촉진한다.

선지분석

① 산성비 생성의 주요 원인물질은 황산화물이다.

③ 산성비란 정상적인 빗물의 pH5.6 보다 낮게 되는 경우를 말한다.

④ 산성비로 인해 호수나 강이 산성화되면 물고기 먹이가 되는 플랑크톤의 생장을 방해한다.

정답 ②

13

★★☆

다음 [보기]가 설명하는 주위 대기조건에 따른 연기의 배출 형태를 옳게 나열한 것은?

보기

㉠ 지표면 부근에 대류가 활발하여 불안정하지만, 그 상층은 매우 안정하여 오염물의 확산이 억제되는 대기조건에서 발생한다. 발생시간동안 상대적으로 지표면의 오염물질농도가 일시적으로 높아질 수 있는 형태

㉡ 대기상태가 중립인 경우에 나타나며, 바람이 다소 강하거나 구름이 많이 낀 날 자주 볼 수 있는 형태

① ㉠ 지붕형, ㉡ 원추형　　② ㉠ 훈증형, ㉡ 원추형

③ ㉠ 구속형, ㉡ 훈증형　　④ ㉠ 부채형, ㉡ 훈증형

해설

㉠은 훈증형, ㉡은 원추형에 대한 설명이다.

정답 ②

14

★☆☆

상온에서 녹황색이고 강한 자극성 냄새를 내는 기체로서 공기보다 무겁고 표백작용이 강한 오염물질은?

① 염소　　② 아황산가스

③ 이산화질소　　④ 포름알데히드

해설

염소는 상온에서 녹황색이고 강한 자극성 냄새를 내는 기체로 표백작용이 강하다.

정답 ①

15

★★★

로스앤젤레스 스모그 사건에 대한 설명 중 옳지 않은 것은?

① 대기는 침강성역전 상태였다.

② 주 오염성분은 NO_x, O_3, PAN, 탄화수소이다.

③ 광화학적 및 열적 산화반응을 통해서 스모그가 형성되었다.

④ 주 오염 발생원은 가정 난방용 석탄과 화력발전소의 매연이다.

해설

런던 스모그의 주 오염 발생원이 가정 난방용 석탄과 화력발전소의 매연이다.

관련이론 | 런던 스모그와 LA 스모그

항목	런던 스모그	LA 스모그
기온	4℃ 이하	24~32℃
기간	겨울(12~1월)	여름(7~9월)
습도	85% 이상	70% 이하
시간	이른 아침	한낮
역전형태	접지역전(방사성역전)	공중역전(침강성역전)
대기의 안정도	기온역전, 무풍상태(매우 안정된 대기)	
오염물질	황산화물, H_2SO_4, 미스트 등	질소산화물, 오존, HC, PAN 등 광화학적 부산물
오염원	공장, 가정난방, 화력발전소 등 화석연료 사용	자동차
반응형태	열적 환원반응	광화학적 산화반응
가시거리	100m 이하	1km 이하
색	짙은 회색	연한 갈색

정답 ④

16

★☆☆

다음 (   ) 안에 들어갈 용어로 옳은 것은?

> 지구의 평균 지상기온은 지구가 태양으로부터 받고 있는 태양에너지와 지구가 (㉠) 형태로 우주로 방출하고 있는 에너지의 균형으로부터 결정된다. 이 균형은 대기 중의 (㉡), 수증기 등 (㉠)을(를) 흡수하는 기체가 큰 역할을 하고 있다.

① ㉠ 자외선, ㉡ CO ② ㉠ 적외선, ㉡ CO
③ ㉠ 자외선, ㉡ CO_2 ④ ㉠ 적외선, ㉡ CO_2

해설

㉠은 적외선, ㉡은 CO_2이다.

정답 ④

17

★☆☆

다음 (   ) 안에 가장 적합한 물질은?

> 방향족 탄화수소 중 (   )은 대표적인 발암 물질이며, 환경호르몬으로 알려져 있고, 연소 과정에서 생성된다. 숯불에 구운 쇠고기 등 가열로 검게 탄 식품, 담배연기, 자동차 배기가스, 석탄타르 등에 포함되어 있다.

① 벤조피렌 ② 나프탈렌
③ 안트라센 ④ 톨루엔

해설

벤조피렌에 대한 설명이다.

정답 ①

18

★★☆

빛의 소멸계수(σ_{ext})가 $0.45km^{-1}$인 대기에서, 시정거리의 한계를 빛의 강도가 초기 강도의 95%가 감소했을 때의 거리라고 정의할 경우 이 때 시정거리 한계(km)는? (단, 광도는 Lambert-Beer 법칙을 따르며, 자연대수로 적용한다.)

① 약 0.1 ② 약 6.7
③ 약 8.7 ④ 약 12.4

해설

Lambert-Beer 법칙

$I = I_o \times e^{-\sigma_{ext} \times L}$

I: 통과거리 L에서 빛의 강도

I_o: 초기 빛의 강도

σ_{ext}: 빛의 소멸계수(km^{-1})

초기 빛의 강도(I_o)를 1이라고 하면, 통과거리 L에서의 빛의 강도(I)는 0.05이다.

$0.05 = e^{-0.45 \times L}$

$L = 6.6571km$

※ L의 값은 공학용계산기의 SOLVE 기능을 이용해서 구하는 것이 편리합니다.

정답 ②

19

★☆☆

안료, 색소, 의약품 제조공업에 이용되며 색소침착, 손·발바닥의 각화, 피부암 등을 일으키는 물질로 옳은 것은?

① 납 ② 크롬
③ 비소 ④ 니켈

해설

비소는 안료, 색소, 의약품 제조공업에 이용되며 색소침착, 손·발바닥의 각화, 피부암 등을 일으킨다.

정답 ③

20

★★☆

Fick의 확산방정식을 실제 대기에 적용시키기 위한 추가적 가정에 대한 내용과 가장 거리가 먼 것은?

① 오염물질은 플룸(Plume) 내에서 소멸된다.
② 바람에 의한 오염물질의 주 이동방향은 x축이다.
③ 풍향, 풍속, 온도, 시간에 따른 농도변화가 없는 정상상태 분포를 가정한다.
④ 풍속은 x, y, z 좌표시스템 내의 어느 점에서든 일정하다.

해설

Fick의 확산방정식을 실제 대기에 적용시키기 위해서 오염물질은 플룸(Plume) 내에서 소멸되거나 생성되지 않는다고 가정한다.

정답 ①

연소공학

21 ★★★

다음 가스 중 1Sm³를 완전연소할 때 가장 많은 이론공기량(Sm³)이 요구되는 것은? (단, 가스는 순수가스이다.)

① 에탄 ② 프로판
③ 에틸렌 ④ 아세틸렌

해설

1Sm³이 완전연소할 때 이론산소량이 가장 많은 프로판이 이론공기량도 많다.
부피기준 이론공기량은 이론산소량/0.21으로 산정한다.
① C_2H_6(에탄): $C_2H_6+3.5O_2 \rightarrow 2CO_2+3H_2O$
② C_3H_8(프로판): $C_3H_8+5O_2 \rightarrow 3CO_2+4H_2O$
③ C_2H_4(에틸렌): $C_2H_4+3O_2 \rightarrow 2CO_2+2H_2O$
④ C_2H_2(아세틸렌): $C_2H_2+2.5O_2 \rightarrow 2CO_2+H_2O$

정답 ②

22 ★★☆

기체연료 연소방식 중 예혼합연소에 관한 설명으로 옳지 않은 것은?

① 연소조절이 쉽고 화염길이가 짧다.
② 역화의 위험이 없으며 공기를 예열할 수 있다.
③ 화염온도가 높아 연소부하가 큰 경우에 사용이 가능하다.
④ 연소기 내부에서 연료와 공기의 혼합비가 변하지 않고 균일하게 연소된다.

해설

예혼합연소는 혼합기의 분출속도가 느릴 경우 역화의 위험이 있으므로 역화방지기를 부착해야 한다.

정답 ②

23 ★☆☆

연료의 연소 시 과잉공기의 비율을 높여 생기는 현상으로 옳지 않은 것은?

① 에너지 손실이 커진다.
② 연소가스의 희석효과가 높아진다.
③ 공연비가 커지고 연소온도가 낮아진다.
④ 화염의 크기가 커지고 연소가스 중 불완전 연소물질의 농도가 증가한다.

해설

연료의 연소 시 과잉공기의 비율을 높이면 화염의 크기가 작아지고 연소가스 중 불완전 연소물질의 농도가 감소한다.

정답 ④

24 ★★☆

가스의 조성이 CH_4 70%, C_2H_6 20%, C_3H_8 10%인 혼합가스의 폭발범위로 가장 적합한 것은? (단, CH_4의 폭발범위: 5~15%, C_2H_6 폭발범위: 3~12.5%, C_3H_8 폭발범위: 2.1~9.5%이며, 르샤틀리에의 식을 적용한다.)

① 약 2.9~12% ② 약 3.1~13%
③ 약 3.9~13.7% ④ 약 4.7~7.8%

해설

(1) 폭발하한 구하기

$$\frac{100}{LEL}=\frac{V_1}{L_1}+\frac{V_2}{L_2}+\frac{V_3}{L_3}$$

V_n: 각 가스의 체적, L_n: 각 가스의 폭발하한값

$$\frac{100}{LEL}=\frac{70}{5}+\frac{20}{3}+\frac{10}{2.1}$$

$LEL=3.9325$

(2) 폭발상한 구하기

$$\frac{100}{UEL}=\frac{V_1}{U_1}+\frac{V_2}{U_2}+\frac{V_3}{U_3}$$

V_n: 각 가스의 체적, U_n: 각 가스의 폭발상한값

$$\frac{100}{UEL}=\frac{70}{15}+\frac{20}{12.5}+\frac{10}{9.5}$$

$UEL=13.6625$

폭발범위는 3.9325~13.6625%이다.

정답 ③

25

★★☆

다음 설명에 해당하는 기체연료는?

- 고온으로 가열된 무연탄이나 코크스 등에 수증기를 반응시켜 얻은 기체연료이다.
- 반응식
  - $C+H_2O \rightarrow CO+H_2+Q$
  - $C+2H_2O \rightarrow CO_2+2H_2+Q$

① 수성 가스 ② 오일 가스
③ 고로 가스 ④ 발생로 가스

해설

수성 가스에 대한 설명이다.

정답 ①

26

★★☆

다음 중 기체연료의 확산연소에 사용되는 버너 형태로 가장 적합한 것은?

① 심지식 버너 ② 회전식 버너
③ 포트형 버너 ④ 증기 분무식 버너

해설

포트형 버너는 기체연료의 확산연소에 사용된다.

관련이론 | 포트형 버너

- 버너 자체가 로벽과 함께 내화벽돌로 조립되어 로 내부에 개구된 것이며, 가스와 공기를 함께 가열할 수 있는 이점이 있다.
- 고발열량 탄화수소를 사용할 경우에는 가스압력을 이용하여 노즐로부터 고속으로 분출하게 하여 그 힘으로 공기를 흡인하는 방식을 취한다.
- 밀도가 큰 공기 출구는 상부에, 밀도가 작은 가스 출구는 하부에 배치되도록 한다.

정답 ③

27

★☆☆

연소실 열발생률에 대한 설명으로 옳은 것은?

① 연소실의 단위면적, 단위시간당 발생되는 열량이다.
② 연소실의 단위용적, 단위시간당 발생되는 열량이다.
③ 단위시간에 공급된 연료의 중량을 연소실 용적으로 나눈 값이다.
④ 연소실에 공급된 연료의 발열량을 연소실 면적으로 나눈 값이다.

해설

연소실의 단위용적, 단위시간당 발생하는 열량을 연소실 열발생률이라고 한다.

정답 ②

28

★★☆

1.5%(무게 기준) 황분을 함유한 석탄 1,143kg을 이론적으로 완전연소시킬 때 SO_2 발생량(Sm^3)은? (단, 표준상태 기준이며, 황분은 전량 SO_2로 전환된다.)

① 12 ② 18
③ 21 ④ 24

해설

황(S, 원자량 32) 1kmol이 연소하면 이산화황(SO_2) 1kmol이 생성된다.

$S+O_2 \rightarrow SO_2$

표준상태에서 기체 1kmol의 부피는 $22.4m^3$이다.

$$1{,}143kg \times \frac{1.5}{100} \times \frac{22.4Sm^3{}_{-SO_2}}{32kg_{-S}} = 12.0015Sm^3$$

정답 ①

29
★☆☆

쓰레기 이송방식에 따라 가동화격자(Moving stoker)를 분류할 때 다음 [보기]가 설명하는 화격자 방식은?

보기

- 고정화격자와 가동화격자를 횡방향으로 나란히 배치하고, 가동화격자를 전후로 왕복운동 시킨다.
- 비교적 강한 교반력과 이송력을 갖고 있으며, 화격자의 눈이 메워짐이 별로 없다는 이점이 있으나, 낙진량이 많고, 냉각작용이 부족하다.

① 직렬식　② 병렬요동식
③ 부채 반전식　④ 회전 로울러식

해설
병렬요동식에 대한 설명이다.

정답 ②

30
★★★

코크스나 목탄 등이 고온으로 될 때 빨간 짧은 불꽃을 내면서 연소하는 것으로, 휘발성분이 없는 고체연료의 연소형태는?

① 자기연소　② 분해연소
③ 표면연소　④ 내부연소

해설
코크스나 목탄 같이 휘발성분이 없는 고체연료는 표면연소를 한다.

정답 ③

31
★★☆

다음 연료 중 착화온도(℃)의 대략적인 범위가 옳지 않은 것은?

① 목탄: 320~370℃　② 중유: 430~480℃
③ 수소: 580~600℃　④ 메탄: 650~750℃

해설
중유의 착화온도: 530~580℃

정답 ②

32
★★☆

벙커 C유에 2.5%의 S 성분이 함유되어 있을 때 건조 연소가스량 중의 SO_2양(%)은? (단, 공기비 1.3, 이론공기량 $12Sm^3/kg$-oil, 이론건조연소가스량 $12.5Sm^3/kg$-oil이고, 연료 중의 황성분은 95%가 연소되어 SO_2로 된다.)

① 약 0.1　② 약 0.2
③ 약 0.3　④ 약 0.4

해설
벙커 C유의 양을 1kg으로 가정하고 계산한다.

$S+O_2 \rightarrow SO_2$

S의 원자량은 32이고, 기체 1kmol의 부피는 $22.4m^3$이다.

SO_2 발생량(Sm^3) 산정

$$1kg_{-벙커C유} \times \frac{2.5_{-S}}{100_{-벙커C유}} \times \frac{22.4Sm^3{}_{-SO_2}}{32kg_{-S}} \times \frac{95}{100} = 0.0166Sm^3$$

건조연소가스량 = 이론건조연소가스량 + 과잉공기량

$$= 12.5 + 12 \times (1.3 - 1) = 16.1Sm^3$$

건조연소가스량 중 SO_2양(%)

$$\frac{0.0166}{16.1} \times 100 = 0.1031\%$$

정답 ①

33
★★★

배기장치의 송풍기에서 $1,000Sm^3/min$의 배기가스를 배출하고 있다. 이 장치의 압력손실은 $250mmH_2O$이고, 송풍기의 효율이 65%라면 이 장치를 움직이는 데 소요되는 동력(kW)은?

① 43.61　② 55.36
③ 62.84　④ 78.57

해설

$$P(kW) = \frac{Q \times \Delta P}{102 \times \eta} \times \alpha$$

Q: 처리가스량(m^3/sec), ΔP: 압력손실(mmH_2O)

η: 송풍기 효율, α: 여유율(조건에 주어지지 않으면 1로 간주)

$$P = \frac{\frac{1,000Sm^3}{min} \times \frac{min}{60sec} \times 250mmH_2O}{102 \times 0.65} = 62.8456kW$$

정답 ③

34

★☆☆

[보기]에서 설명하는 내용으로 가장 적합한 유류연소버너는?

보기
• 화염의 형식: 가장 좁은 각도의 긴 화염이다. • 유량조절범위: 약 1:10 정도이며, 대단히 넓다. • 용도: 제강용평로, 연속가열로, 유리용해로 등의 대형가열로 등에 많이 사용된다.

① 유압식 ② 회전식
③ 고압기류식 ④ 저압기류식

해설

고압기류식에 대한 설명이다.

정답 ③

35

★☆☆

유동층연소에서 부하변동에 대한 적응성이 좋지 않은 단점을 보완하기 위한 방법으로 가장 거리가 먼 것은?

① 층의 높이를 변화시킨다.
② 층 내의 연료비율을 고정시킨다.
③ 공기분산판을 분할하여 층을 부분적으로 유동시킨다.
④ 유동층을 몇 개의 셀로 분할하여 부하에 따라 작동시키는 수를 변화시킨다.

해설

부하변동에 대한 적응성이 좋지 않은 단점을 보완하기 위해서는 층 내의 연료비율을 적절히 변화시켜야 한다.

정답 ②

36

★★★

탄소 80%, 수소 15%, 산소 5% 조성을 갖는 액체연료의 $(CO_2)_{max}$(%)는? (단, 표준상태 기준이다.)

① 12.7 ② 13.7
③ 14.7 ④ 15.7

해설

이론산소량 $= 1.867C + 5.6H + 0.7S - 0.7O$
$= (1.867 \times 0.8) + (5.6 \times 0.15) - (0.7 \times 0.05)$
$= 2.2986 Sm^3/kg$

이론공기량 $= \dfrac{\text{이론산소량}}{0.21} = \dfrac{2.2986}{0.21} = 10.9457 Sm^3/kg$

이론공기 중 질소량 $=$ 이론공기량 $\times 0.79$
$= 10.9457 \times 0.79 = 8.6471 Sm^3/kg$

CO_2 배출량(C의 원자량은 12)

$C + O_2 \rightarrow CO_2$

$12kg : 22.4Sm^3 = 0.8kg/kg : xSm^3$

$x = 1.4933 Sm^3/kg$

이론건연소가스량 $=$ 이론공기 중 질소량 $+$ 건연소생성물(CO_2)
$= 8.6471 Sm^3/kg + 1.4933 Sm^3/kg$
$= 10.1404 Sm^3/kg$

$(CO_2)_{max}(\%) = \dfrac{CO_2\text{ 배출량}}{\text{이론건연소가스량}} = \dfrac{1.4933}{10.1404} \times 100 = 14.7262\%$

정답 ③

37

★★☆

메탄 1mol이 공기비 1.2로 연소할 때의 등가비는?

① 0.63 ② 0.83
③ 1.26 ④ 1.62

해설

등가비 $= \dfrac{1}{\text{공기비}} = \dfrac{1}{1.2} = 0.8333$

관련이론 | 당량비(등가비)

- 이론공연비와 실제 공급되는 공연비에 대한 비로 등가비라고도 한다.
- 등가비와 공연비는 역수 관계로, 서로 반비례한다.
- 등가비와 공기비는 상호 반비례관계가 있다.
- 등가비(Ø) $= \dfrac{\text{실제 연료량/산화제}}{\text{완전연소를 위한 이상적 연료량/산화제}}$
- 등가비 > 1: 연료에 비해 공기 부족, 불완전연소, 일산화탄소 발생량 증가
- 등가비 = 1: 이상적인 연소 형태
- 등가비 < 1: 연료에 비해 공기 과잉, 질소산화물 증가

정답 ②

38 ★★★

메탄의 고위발열량이 9,900kcal/Sm^{3}이라면 저위발열량(kcal/Sm^3)은?

① 8,540 ② 8,620
③ 7,890 ④ 8,940

해설

$CH_4 + 2O_2 \rightarrow CO_2 + 2H_2O$

저위발열량=고위발열량$-480 \times \sum H_2O$

$\sum H_2O$: H_2O의 총 몰수

저위발열량$=9,900-(480\times 2)=8,940$kcal/Sm^3

정답 ④

39 ★☆☆

액화천연가스의 대부분을 차지하는 구성성분은?

① CH_4 ② C_2H_6
③ C_3H_8 ④ C_4H_{10}

해설

액화천연가스: 메탄(CH_4)을 주성분으로 하는 천연가스

액화석유가스: 프로판(C_3H_8)과 부탄(C_4H_{10})을 주성분으로 하는 탄화수소계 연료

정답 ①

40 ★★☆

H_2 40%, CH_4 20%, C_3H_8 20%, CO 20%의 부피조성을 가진 기체연료 1Sm^{3}을 공기비 1.1로 연소시킬 때 필요한 실제공기량(Sm^3)은?

① 약 8.1 ② 약 8.9
③ 약 10.1 ④ 약 10.9

해설

실제공기량$=\dfrac{\text{이론산소량}}{0.21}\times$공기비

(1) H_2 40%일 때 이론산소량 산정

$2H_2 + O_2 \rightarrow 2H_2O$

$2:1=0.4:x$

$x=0.2$Sm^3

(2) CH_4 20%일 때 이론산소량 산정

$CH_4 + 2O_2 \rightarrow CO_2 + 2H_2O$

$1:2=0.2:x$

$x=0.4$Sm^3

(3) C_3H_8 20%일 때 이론산소량 산정

$C_3H_8 + 5O_2 \rightarrow 3CO_2 + 4H_2O$

$1:5=0.2:x$

$x=1.0$Sm^3

(4) CO 20%일 때 이론산소량 산정

$2CO + O_2 \rightarrow 2CO_2$

$2:1=0.2:x$

$x=0.1$Sm^3

이론산소량$=0.2+0.4+1.0+0.1=1.7$Sm^3

실제공기량$=\dfrac{\text{이론산소량}}{0.21}\times$공기비$=\dfrac{1.7}{0.21}\times 1.1=8.9047$Sm^3

정답 ②

대기오염방지기술

41 ★★★

전기집진장치로 함진가스를 처리할 때 입자의 겉보기 고유저항이 높을 경우의 대책으로 옳지 않은 것은?

① 아황산가스를 조절제로 투입한다.
② 처리가스의 습도를 높게 유지한다.
③ 탈진의 빈도를 늘리거나 타격강도를 높인다.
④ 암모니아 조절제를 주입하고, 건식집진장치를 사용한다.

해설

입자의 겉보기 고유저항(비저항)이 낮은 경우에는 습식 전기집진장치를 사용하거나, 암모니아 가스를 주입한다.

관련이론 | 전기집진장치의 전기비저항 조절

- 전기비저항이 낮은 경우: NH_3, 온도와 습도 조절
- 전기비저항이 높은 경우: 황 함량이 높은 연료, SO_3 주입, H_2SO_4, NaCl, 트라이에틸아민 주입

정답 ④

42

★☆☆

다음 각 집진장치의 유속과 집진특성에 대한 설명 중 옳지 않은 것은?

① 건식 전기집진장치는 재비산 한계 내에서 기본유속을 정한다.

② 벤츄리 스크러버와 제트 스크러버는 기본유속이 작을수록 집진율이 높다.

③ 중력집진장치와 여과집진장치는 기본유속이 작을수록 미세한 입자를 포집한다.

④ 원심력집진장치는 적정 한계 내에서는 입구유속이 빠를수록 효율은 높은 반면 압력손실은 높아진다.

해설

벤츄리 스크러버와 제트 스크러버는 기본유속이 클수록 집진율이 높다.

정답 ②

43

★☆☆

적용 방법에 따른 충전탑(Packed tower)과 단탑(Plate tower)을 비교한 설명으로 가장 거리가 먼 것은?

① 포말성 흡수액일 경우 충전탑이 유리하다.

② 흡수액에 부유물이 포함되어 있을 경우 단탑을 사용하는 것이 더 효율적이다.

③ 온도 변화에 따른 팽창과 수축이 우려될 경우에는 충전제 손상이 예상되므로 단탑이 유리하다.

④ 운전 시 용매에 의해 발생하는 용해열을 제거해야 할 경우 냉각오일을 설치하기 쉬운 충전탑이 유리하다.

해설

운전 시 용매에 의해 발생되는 용해열을 제거해야 할 경우 냉각오일을 설치하기 쉬운 단탑이 유리하다.

정답 ④

44

★☆☆

먼지함유량이 A인 배출가스에서 C만큼 제거시키고 B만큼 통과시키는 집진장치의 효율산출식과 가장 거리가 먼 것은?

① C/A　　② C/(B+C)

③ B/A　　④ (A−B)/A

해설

B/A는 통과율에 대한 개념식이다.

관련이론 | 통과율과 제거율

- 통과율(%)

$$P=\frac{C_{out}}{C_{in}}\times 100$$

- 제거율(%)

$$\eta=\left(1-\frac{C_{out}}{C_{in}}\right)\times 100$$

C_{in}: 유입농도, C_{out}: 출구농도

정답 ③

45

★☆☆

습식탈황법의 특징에 대한 설명 중 옳지 않은 것은?

① 반응속도가 빨라 SO_2의 제거율이 높다.

② 처리한 가스의 온도가 낮아 재가열이 필요한 경우가 있다.

③ 장치의 부식 위험이 있고, 별도의 폐수처리시설이 필요하다.

④ 상업성 부산물의 회수가 용이하지 않고, 보수가 어려우며, 공정의 신뢰도가 낮다.

해설

습식탈황법은 상업성 부산물의 회수가 용이하고, 보수가 간단하며 공정의 신뢰도가 높다.

정답 ④

46

★☆☆

평판형 전기집진장치의 집진판 사이의 간격이 10cm, 가스의 유속은 3m/sec, 입자가 집진극으로 이동하는 속도가 4.8cm/sec일 때, 층류영역에서 입자를 완전히 제거하기 위한 이론적인 집진극의 길이(m)는?

① 1.34　　② 2.14
③ 3.13　　④ 4.29

해설

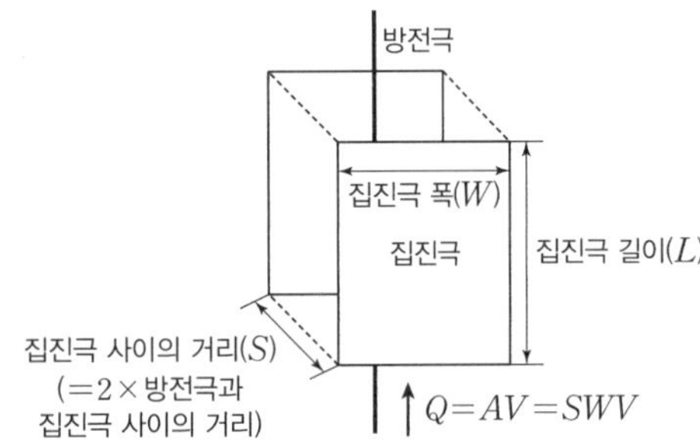

이론적 효율$=\frac{A\times W_e}{Q}$

Q: 처리가스량(m^3/sec)

A: 집진면적(m^2)

W_e: 먼지의 겉보기 이동속도(m/sec)

입자를 완전히 제거하기 위한 이론적 효율은 1이다.

$$1=\frac{2WL\times W_e}{SWV}=\frac{2L\times W_e}{SV}$$

$$1=\frac{2L\times 0.048\text{m/sec}}{0.1\text{m}\times 3\text{m/sec}}$$

$L=3.125$m

정답 ③

47

★☆☆

배출가스 중 염화수소 제거에 관한 설명으로 옳지 않은 것은?

① 누벽탑, 충전탑, 스크러버 등에 의해 용이하게 제거 가능하다.
② 염화수소 농도가 높은 배기가스를 처리하는 데는 관외 냉각형, 염화수소 농도가 낮은 때에는 충전탑 사용이 권장된다.
③ 염화수소의 용해열이 크고 온도가 상승하면 염화수소의 분압이 상승하므로 완전 제거를 목적으로 할 경우에는 충분히 냉각할 필요가 있다.
④ 염산은 부식성이 있어 장치는 플라스틱, 유리라이닝, 고무라이닝, 폴리에틸렌 등을 사용해서는 안 되며 충전탑, 스크러버를 사용할 경우에는 Mist catcher는 설치할 필요가 없다.

해설

염산은 부식성이 있어 장치는 플라스틱, 유리라이닝, 고무라이닝, 폴리에틸렌 등을 사용해야 하며 충전탑, 스크러버를 사용할 경우에는 Mist catcher를 설치할 필요가 있다.

정답 ④

48

★★☆

다음 [보기]가 설명하는 원심력 송풍기는?

보기
- 구조가 간단하여 설치장소의 제약이 적고, 고온, 고압 대용량에 적합하며, 압입통풍기로 주로 사용된다.
- 효율이 좋고 적은 동력으로 운전이 가능하다.

① 터보형　　② 평판형
③ 다익형　　④ 프로펠러형

해설

터보형에 대한 설명이다.

정답 ①

49 ★★☆

가스 중 불화수소를 수산화나트륨 용액과 향류로 접촉시켜 87% 흡수시키는 충전탑의 흡수율을 99.5%로 향상시키기 위한 충전탑의 높이는? (단, 흡수액상의 불화수소의 평형분압은 0이다.)

① 2.6배 높아져야 함　② 5.2배 높아져야 함
③ 9배 높아져야 함　④ 18배 높아져야 함

해설

충전탑 높이$=H_{OG}\times N_{OG}$

H_{OG}: 기상총괄이동단위높이(m)

N_{OG}: 기상총괄단위수

$N_{OG}=\ln\frac{1}{1-\eta}$ (η: 효율)

(1) 87%일 때 기상총괄단위수

$$N_{OG}=\ln\frac{1}{1-0.87}=2.0402$$

(2) 99.5%일 때 기상총괄단위수

$$N_{OG}=\ln\frac{1}{1-0.995}=5.2983$$

(3) 충전탑의 높이의 비 구하기

$$\frac{H_{99.5\%}}{H_{87\%}}=\frac{H_{OG}\times 5.2983}{H_{OG}\times 2.0402}=2.5969\text{배}$$

정답 ①

50 ★★☆

중력집진장치에서 집진효율을 향상시키기 위한 조건으로 옳지 않은 것은?

① 침강실의 입구폭을 작게 한다.
② 침강실 내의 가스흐름을 균일하게 한다.
③ 침강실 내의 처리가스의 유속을 느리게 한다.
④ 침강실의 높이는 낮게 하고, 길이는 길게 한다.

해설

집진효율을 향상시키기 위해서는 침강실의 입구폭을 크게 해야 한다.

관련이론 | 중력집진장치의 집진효율 향상조건

- 침강실 내의 처리가스의 속도가 작을수록 미립자가 포집된다.
- 유입부의 유속이 느릴수록 처리 효율이 높다.
- 침강실의 높이는 낮고 길이는 길수록 집진율이 높아진다.
- 침강실 내의 배기가스 기류는 균일해야 한다.
- 다단일 경우 단수가 증가할수록 압력손실은 커지나 효율은 증가한다.

정답 ①

51 ★☆☆

다음 [보기]가 설명하는 흡착장치로 옳은 것은?

> 보기
>
> 가스의 유속을 크게 할 수 있고, 고체와 기체의 접촉을 크게 할 수 있으며, 가스와 흡착제를 향류로 접촉할 수 있는 장점은 있으나, 주어진 조업조건에 따른 조건 변동이 어렵다.

① 유동층 흡착장치　② 이동층 흡착장치
③ 고정층 흡착장치　④ 원통형 흡착장치

해설

유동층 흡착장치에 대한 설명이다.

정답 ①

52 ★☆☆

45° 곡관의 반경비가 2.0일 때, 압력손실계수는 0.27이다. 속도압이 26mmH$_2$O일 때, 곡관의 압력손실(mmH$_2$O)은?

① 1.5　② 2.0
③ 3.5　④ 4.0

해설

곡관의 압력손실 공식을 이용한다.

$$\Delta P=C\times P_v\times\frac{\theta}{90}$$

C: 압력손실계수

P_v: 속도압(mmH$_2$O)

θ: 곡관의 각

$$\Delta P=0.27\times 26\times\frac{45}{90}=3.51\text{mmH}_2\text{O}$$

정답 ③

53 ★☆☆

후드의 종류에 대한 설명으로 옳지 않은 것은?

① 일반적으로 포집형 후드는 다른 후드보다 작업방해가 적고, 적용이 유리하다.
② 포위식 후드의 예로는 완전 포위식인 글러브 상자와 부분 포위식인 실험실 후드, 페인트 분무도장 후드가 있다.
③ 후드는 동작원리에 따라 크게 포위식과 외부식으로, 포위식은 다시 레시버형 또는 수형과 포집형 후드로 구분할 수 있다.
④ 포위식 후드는 적은 제어풍량으로 만족할만한 효과를 기대할 수 있으나, 유입공기량이 적어 충분한 후드 개구면 속도를 유지하지 못하면 오히려 외부로 오염물질이 배출될 우려가 있다.

해설

후드는 발생원과 후드의 형태에 따라 크게 포위식, 외부식, 레시버식 후드로 구분할 수 있으며 포위식은 다시 커버형, 글로브박스형, 부스형 등으로 구분할 수 있다.

관련이론 | 후드의 형태

- 외부식 후드: 발생원과 후드가 떨어져 있는 경우 사용되며 슬롯형 후드, 그리드형 후드, 루버형 후드 등이 있다.
- 포위식 후드: 발생원이 후드 안에 있는 경우로 커버형 후드, 글로브박스형 후드, 부스형 후드, 드래프트 챔버형 후드 등이 있다.
- 수형후드(레시버식 후드): 발생원이 이동하는 경우로 천개형 후드, 그라인더용 후드 등이 있다.

정답 ③

54 ★★☆

공기의 유속과 점도가 각각 1.5m/s, 0.0187cP일 때, 레이놀즈수를 계산한 결과 1,950이었다. 이때 덕트 내를 이동하는 공기의 밀도(kg/m^3)는 약 얼마인가? (단, 덕트의 직경은 75mm이다.)

① 0.23 ② 0.29
③ 0.32 ④ 0.40

해설

레이놀즈수$(Re)=\dfrac{D\times\rho\times V}{\mu}$

D: 관의 직경(m)
ρ: 유체의 밀도(kg/m^3)
V: 유체의 속도(m/s)
μ: 유체의 점성계수(kg/m·s)

0.0187cP=0.0187mg/mm·s

$$1{,}950=\frac{0.075\text{m}\times\rho\times1.5\text{m/s}}{\frac{0.0187\text{mg}}{\text{mm}\cdot\text{s}}\times\frac{\text{kg}}{10^6\text{mg}}\times\frac{1{,}000\text{mm}}{\text{m}}}$$

$\rho=0.3241kg/m^3$

정답 ③

55 ★★★

전기집진장치의 각종 장해현상에 따른 대책으로 가장 거리가 먼 것은?

① 먼지의 비저항이 낮아 재비산 현상이 발생할 경우 baffle을 설치한다.
② 배출가스의 점성이 커서 역전리 현상이 발생할 경우 집진극의 타격을 강하게 하거나 빈도수를 늘린다.
③ 먼지의 비저항이 비정상적으로 높아 2차 전류가 현저하게 떨어질 경우 스파크 횟수를 줄인다.
④ 먼지의 비저항이 비정상적으로 높아 2차 전류가 현저하게 떨어질 경우 조습용 스프레이의 수량을 늘린다.

해설

먼지의 비저항이 비정상적으로 높아 2차 전류가 현저하게 떨어질 경우 스파크 횟수를 늘인다.

정답 ③

56

★☆☆

일반적인 활성탄 흡착탑에서의 화재방지에 관한 설명으로 가장 거리가 먼 것은?

① 접촉시간은 30초 이상, 선속도는 0.1m/s 이하로 유지한다.
② 축열에 의한 발열을 피할 수 있도록 형상이 균일한 조립상 활성탄을 사용한다.
③ 사영역이 있으면 축열이 일어나므로 활성탄층의 구조를 수직 또는 경사지게 하는 편이 좋다.
④ 운전 초기에는 흡착열이 발생하며 15~30분 후에는 점차 낮아지므로 물을 충분히 뿌려주어 30분 정도 공기를 공회전시킨 다음 정상 가동한다.

해설
접촉시간은 1초 이하, 선속도는 0.2~0.4m/s로 유지한다.

정답 ①

57

★★☆

광화학현미경을 이용하여 입자의 투영면적을 관찰하고 그 투영면적으로부터 먼지의 입경을 측정하는 방법 중 "입자의 투영면적 가장자리에 접하는 가장 긴 선의 길이"로 나타내는 입경(직경)은?

① 등면적 직경　② Feret 직경
③ Martin 직경　④ Heywood 직경

해설
Feret 직경은 입자상 물질의 끝과 끝을 연결한 선 중 가장 긴 선을 직경으로 하고, Heywood 직경은 투영면적경에 해당한다.

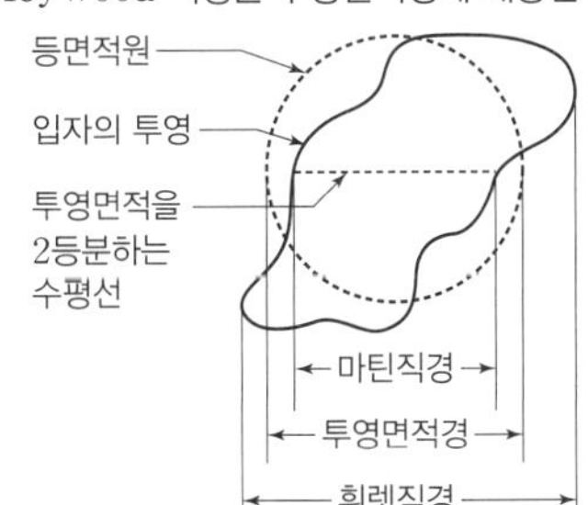

정답 ②

58

★☆☆

다음 중 활성탄으로 흡착 시 효과가 가장 적은 것은?

① 알코올류　② 아세트산
③ 담배연기　④ 일산화질소

해설
물리적 흡착에 해당하는 활성탄 흡착 시 제거할 수 있는 물질의 분자량은 정상상태에 있는 공기분자량보다 큰 45 이상일 때 실제 가스증기의 제거가 가능하다.
일산화질소(NO)의 경우 분자량이 30이므로 활성탄으로는 흡착하기 어렵다.

정답 ④

59

★☆☆

반지름 250mm, 유효높이 15m인 원통형 백필터를 사용하여 농도 6g/m^{3}인 배출가스를 20m^3/s로 처리하고자 한다. 겉보기 여과속도를 1.2cm/s로 할 때 필요한 백필터의 수는?

① 49　② 62
③ 65　④ 71

해설
여과유량＝여과속도×필터면적×필터 수
필터면적＝$\pi \times 2 \times 0.25\text{m} \times 15\text{m}$
$20\text{m}^3/\text{s} = 0.012\text{m/s} \times \pi \times 2 \times 0.25\text{m} \times 15\text{m} \times n$
$n = 70.7355$개
n은 백필터의 개수로 소수점으로 나올 수 없으므로 71개가 답이 된다.

정답 ④

60 ★★☆

배출가스 중의 NO_x 제거법에 관한 설명으로 옳지 않은 것은?

① 비선택적인 촉매환원에서는 NO_x 뿐만 아니라 O_2까지 소비된다.

② 선택적 촉매환원법의 최적온도 범위는 700~850℃ 정도이며, 보통 50% 정도의 NO_x를 저감시킬 수 있다.

③ 선택적 촉매환원법은 TiO_2와 V_2O_5를 혼합하여 제조한 촉매에 NH_3, H_2, CO, H_2S 등의 환원가스를 작용시켜 NO_x를 N_2로 환원시키는 방법이다.

④ 배출가스 중의 NO_x 제거는 연소조절에 의한 제어법보다 더 높은 NO_x 제거효율이 요구되는 경우나 연소방식을 적용할 수 없는 경우에 사용된다.

해설

선택적 비촉매환원법의 최적온도 범위는 700~850℃ 정도이며, 보통 50% 정도의 NO_x를 저감시킬 수 있다.

관련이론

선택적 촉매환원기술(SCR: Selective Catalytic Reduction)

선택적 촉매환원법이라고도 하며 200~400℃에서 촉매(TiO_2와 V_2O_5 등)에 NH_3, H_2, CO, H_2S 등의 환원가스를 작용시켜 NO_x를 N_2로 환원시키는 방법이다.

$4NO + 4NH_3 + O_2 \rightarrow 4N_2 + 6H_2O$

선택적 비촉매환원기술(SNCR)

선택적 무촉매환원법이라고도 하며 촉매를 사용하지 않고 환원제를 반응시켜 질소산화물을 N_2로 환원시키는 방법으로 제거효율이 40~70%로 낮은 편이다.

$4NO + 2(NH_2)_2CO + O_2 \rightarrow 4N_2 + 4H_2O + 2CO_2$

정답 ②

대기오염공정시험기준

61 ★★★

대기오염공정시험기준상 고성능 이온크로마토그래피의 장치 중 써프렛서에 관한 설명으로 가장 거리가 먼 것은?

① 장치의 구성상 써프렛서 앞에 분리관이 위치한다.

② 용리액에 사용되는 전해질 성분을 제거하기 위한 것이다.

③ 관형 써프렛서에 사용하는 충전물은 스티롤계 강산형 및 강염기형 수지이다.

④ 목적성분의 전기전도도를 낮추어 이온성분을 고감도로 검출할 수 있게 해준다.

해설

써프렛서는 전해질을 물 또는 저전도도의 용매로 바꿔줌으로써 전기전도도 셀에서 목적이온성분과 전기전도도만을 고감도로 검출할 수 있게 해준다.

관련이론 | 써프렛서

- 써프렛서란 용리액에 사용되는 전해질 성분을 제거하기 위하여 분리관 뒤에 직렬로 접속시킨 것으로써 전해질을 물 또는 저전도도의 용매로 바꿔줌으로써 전기전도도 셀에서 목적이온성분과 전기전도도만을 고감도로 검출할 수 있게 해주는 것이다.
- 써프렛서는 관형과 이온교환막형이 있으며, 관형은 음이온에는 스티롤계 강산형(H^+) 수지가, 양이온에는 스티롤계 강염기형(OH^-)의 수지가 충진된 것을 사용한다.

정답 ④

62

★☆☆

굴뚝 배출가스 중 먼지농도를 반자동식 시료채취기에 의해 분석하는 경우 채취장치 구성에 관한 설명으로 옳지 않은 것은?

① 흡입노즐의 꼭지점은 80° 이하의 예각이 되도록 하고 주위장치에 고정시킬 수 있도록 충분한 각(가급적 수직)이 확보되도록 한다.
② 흡입노즐의 안과 밖의 가스흐름이 흐트러지지 않도록 흡입노즐 안지름(d)은 3mm 이상으로 하고, d는 정확히 측정하여 0.1mm 단위까지 구하여 둔다.
③ 흡입관은 수분농축 방지를 위해 시료가스 온도를 120±14℃로 유지할 수 있는 가열기를 갖춘 보로실리케이트, 스테인리스강 재질 또는 석영 유리관을 사용한다.
④ 피토관은 피토관 계수가 정해진 L형 피토관(C: 1.0 전후) 또는 S형(웨스턴형 C: 0.84) 피토관으로서 배출가스 유속의 계속적인 측정을 위해 흡입관에 부착하여 사용한다.

해설

흡입노즐의 꼭지점은 30° 이하의 예각이 되도록 하고 매끈한 반구모양으로 한다.

정답 ①

63

★☆☆

굴뚝에서 배출되는 건조배출가스의 유량을 계산할 때 필요한 값으로 옳지 않은 것은? (단, 굴뚝의 단면은 원형이다.)

① 굴뚝 단면적 ② 배출가스 평균온도
③ 배출가스 평균동압 ④ 배출가스 중의 수분량

해설

건조배출가스 유량을 계산할 때에는 굴뚝의 단면적, 배출가스 평균온도, 배출가스 중의 수분량, 대기압, 배출가스 평균정압, 배출가스 평균유속이 필요하다.

정답 ③

64

★★★

대기오염공정시험기준상 원자흡수분광광도법에서 사용하는 용어의 정의로 옳지 않은 것은?

① 선프로파일(Line Profile): 파장에 대한 스펙트럼선의 강도를 나타내는 곡선
② 공명선(Resonance Line): 목적하는 스펙트럼선에 가까운 파장을 갖는 다른 스펙트럼선
③ 예복합 버너(Premix Type Burner): 가연성 가스, 조연성 가스 및 시료를 분무실에서 혼합시켜 불꽃 중에 넣어주는 방식의 버너
④ 분무실(Nebulizer-Chamber): 분무기와 함께 분무된 시료용액의 미립자를 더욱 미세하게 해주는 한편 큰 입자와 분리시키는 작용을 갖는 장치

해설

공명선(Resonance Line): 원자가 외부로부터 빛을 흡수했다가 다시 먼저 상태로 돌아갈 때 방사하는 스펙트럼선

정답 ②

65

★★☆

환경대기 중 석면농도를 측정하기 위해 위상차현미경을 사용한 계수방법에 관한 설명으로 ( ) 안에 알맞은 것은?

> 시료채취 측정시간은 주간시간대에 (오전 8시~오후 7시) (㉠)으로 1시간 측정하고, 시료채취 조작 시 유량계의 부자를 (㉡)되게 조정한다.

① ㉠ 1L/min, ㉡ 1L/min
② ㉠ 1L/min, ㉡ 10L/min
③ ㉠ 10L/min, ㉡ 1L/min
④ ㉠ 10L/min, ㉡ 10L/min

해설

㉠, ㉡ 모두 10L/min이다.

정답 ④

66

★☆☆

굴뚝 배출가스 내의 산소측정방법 중 덤벨형(Dumb-bell) 자기력 분석계에 관한 설명으로 옳지 않은 것은?

① 측정셀은 시료 유통실로서 자극 사이에 배치하여 덤벨 및 불균형 자계발생 자극편을 내장한 것이어야 한다.
② 편위검출부는 덤벨의 편위를 검출하기 위한 것으로 광원부와 덤벨봉에 달린 거울에서 반사하는 빛을 받는 수광기로 된다.
③ 피드백코일은 편위량을 없애기 위하여 전류에 의하여 자기를 발생시키는 것으로 일반적으로 백금선이 이용된다.
④ 덤벨은 자기화율이 큰 유리 등으로 만들어진 중공의 구체를 막대 양 끝에 부착한 것으로 수소 또는 헬륨을 봉입한 것을 말한다.

해설

덤벨은 자기화율이 적은 석영 등으로 만들어진 중공의 구체를 막대 양 끝에 부착한 것으로 질소 또는 공기를 봉입한 것이다.

정답 ④

67

★★☆

대기오염공정시험기준상 일반화학분석에 대한 공통적인 사항으로 따로 규정이 없는 경우 사용해야 하는 시약의 규격으로 옳지 않은 것은?

	명칭	농도(%)	비중(약)
가	암모니아수	32.0~38.0(NH_3로서)	1.38
나	플루오린화수소	46.0~48.0	1.14
다	브로민화수소	47.0~49.0	1.48
라	과염소산	60.0~62.0	1.54

① 가　　② 나
③ 다　　④ 라

해설

암모니아수(NH_4OH)의 농도는 28.0~30.0%[NH_3로서]이고, 비중은 약 0.90이다.

정답 ①

68

★☆☆

어떤 굴뚝 배출가스의 유속을 피토관으로 측정하고자 한다. 동압 측정 시 확대율이 10배인 경사 마노미터를 사용하여 액주 55mm를 얻었다. 동압은 약 몇 mmH_2O인가? (단, 경사 마노미터에는 비중 0.85의 톨루엔을 사용한다.)

① 4.7　　② 5.5
③ 6.5　　④ 7.0

해설

$$h=\frac{\text{액주거리}\times\text{비중}}{\text{확대율}}=\frac{55\times0.85}{10}=4.675\text{mmH}_2\text{O}$$

h: 배출가스 동압 측정치(mmH_2O)

정답 ①

69

★☆☆

굴뚝 배출가스량이 $125Sm^3/h$이고, HCl농도가 200ppm일 때, 5,000L 물에 2시간 흡수시켰다. 이 때 이 수용액의 pOH는? (단, 흡수율은 60%이다.)

① 8.5　　② 9.3
③ 10.4　　④ 13.3

해설

(1) $[H^+]$ 산정

$HCl \rightleftarrows H^+ + Cl^-$

$$\frac{\frac{125\text{Sm}^3}{\text{h}}\times2\text{h}\times\frac{60}{100}\times\frac{200\text{mL}}{\text{Sm}^3}\times\frac{1\text{L}}{1{,}000\text{mL}}\times\frac{1\text{mol}}{22.4\text{L}}}{5{,}000\text{L}}$$

$=2.6785\times10^{-4}\text{M}$

(2) pOH 산정

$pH+pOH=14$

$pOH=14-pH=14-(-\log[2.6785\times10^{-4}])=10.4278$

정답 ③

70

★★☆

대기오염공정시험기준상 화학분석 일반사항에 대한 규정 중 옳지 않은 것은?

① "약"이란 그 무게 또는 부피에 대하여 ±10% 이상의 차가 있어서는 안 된다.

② 냉수는 15℃ 이하, 온수는 60~70℃, 열수는 약 100℃를 말한다.

③ 방울수라 함은 10℃에서 정제수 10 방울을 떨어뜨릴 때 그 부피가 약 1mL되는 것을 뜻한다.

④ 밀봉용기라 함은 물질을 취급 또는 보관하는 동안에 기체 또는 미생물이 침입하지 않도록 내용물을 보호하는 용기를 뜻한다.

해설

방울수라 함은 20℃에서 정제수 20방울을 떨어뜨릴 때 그 부피가 약 1mL되는 것을 뜻한다.

정답 ③

71

★★★

대기오염공정시험기준상 원자흡수분광광도법에서 분석시료의 측정조건결정에 관한 설명으로 가장 거리가 먼 것은?

① 분석선 선택 시 감도가 가장 높은 스펙트럼선을 분석선으로 하는 것이 일반적이다.

② 양호한 S/N비를 얻기 위하여 분광기의 슬릿 폭은 목적으로 하는 분석선을 분리할 수 있는 범위 내에서 되도록 넓게 한다.(이웃의 스펙트럼선과 겹치지 않는 범위 내에서)

③ 불꽃 중에서의 시료의 원자 밀도 분포와 원소 불꽃의 상태 등에 따라 다르므로 불꽃의 최적 위치에서 빛이 투과하도록 버너의 위치를 조절한다.

④ 일반적으로 광원램프의 전류 값이 낮으면 램프의 감도가 떨어지는 등 수명이 감소하므로 광원램프는 장치의 성능이 허락하는 범위 내에서 되도록 높은 전류 값에서 동작시킨다.

해설

일반적으로 광원램프의 전류 값이 높으면 램프의 감도가 떨어지고 수명이 감소하므로 광원램프는 장치의 성능이 허락하는 범위 내에서 되도록 낮은 전류 값에서 동작시킨다.

정답 ④

72

★★☆

굴뚝 내의 온도(θ_s)는 133℃이고, 정압(P_s)은 15mmHg이며 대기압(P_a)은 745mmHg이다. 이 때 대기오염공정시험기준상 굴뚝 내의 배출가스 밀도(kg/m^3)는? (단, 표준상태의 공기의 밀도(γ_o)는 1.3kg/Sm^{3}이고, 굴뚝 내 기체 성분은 대기와 같다.)

① 0.744　② 0.874

③ 0.934　④ 0.984

해설

$$\gamma=\gamma_o\times\frac{273}{273+\theta_s}\times\frac{P_a+P_s}{760}$$

γ: 굴뚝 내의 배출가스 밀도(kg/m^3)

γ_o: 표준상태로 환산한 습한 배출가스 밀도(kg/Sm^3)

θ_s: 배출가스 온도의 평균치(mmHg)

P_a: 대기압(mmHg), P_s: 배출가스의 정압(mmHg)

정압+대기압이 760mmHg이므로 압력에 의한 부피의 변화는 없다.

$$1.3\text{kg/Sm}^3\times\frac{273}{273+133}=0.8741\text{kg/m}^3$$

정답 ②

73

★★★

고용량공기시료채취기를 이용하여 배출가스 중 비산먼지의 농도를 계산하려고 한다. 풍속이 0.5m/s 미만 또는 10m/s 이상이 되는 시간이 전 채취시간의 50% 이상일 때 풍속에 대한 보정계수는?

① 1.0　② 1.2

③ 1.4　④ 1.5

해설

풍속범위에 대한 보정계수

풍속범위	보정계수
풍속이 0.5m/s 미만 또는 10m/s 이상이 되는 시간이 전 채취시간의 50% 미만일 때	1.0
풍속이 0.5m/s 미만 또는 10m/s 이상이 되는 시간이 전 채취시간의 50% 이상일 때	1.2

정답 ②

74

★☆☆

굴뚝 배출가스 중 아황산가스의 연속자동측정방법의 종류로 옳지 않은 것은?

① 불꽃광도법　② 광전도전위법
③ 자외선흡수법　④ 용액전도율법

해설

배출가스 중 이산화황(SO_2)을 연속자동으로 측정하는 방법은 전기화학식(정전위전해법), 용액전도율법, 적외선흡수법, 자외선흡수법, 불꽃광도법이 있다.
※ SO_2를 아황산가스라고 한다.

정답 ②

75

★☆☆

대기오염공정시험기준상 환경대기 중 가스상 물질의 시료채취방법에 관한 설명으로 옳지 않은 것은?

① 용기채취법에서 용기는 일반적으로 수소 또는 헬륨 가스가 충진된 백(Bag)을 사용한다.
② 용기채취법은 시료를 일단 일정한 용기에 채취한 다음 분석에 이용하는 방법으로 채취관 – 용기, 또는 채취관 – 유량조절기 – 흡입펌프 – 용기로 구성된다.
③ 직접 채취법에서 채취관은 일반적으로 4불화에틸렌수지(Teflon), 경질유리, 스테인리스강제 등으로 된 것을 사용한다.
④ 직접채취법에서 채취관의 길이는 5m 이내로 되도록 짧은 것이 좋으며, 그 끝은 빗물이나 곤충 기타 이물질이 들어가지 않도록 되어 있는 구조이어야 한다.

해설

용기채취법에서 용기는 일반적으로 진공병 또는 공기주머니(Air bag)를 사용한다.

정답 ①

76

★★☆

배출가스 중 굴뚝 배출 시료채취방법 중 분석대상기체가 폼알데하이드일 때 채취관, 연결관의 재질로 옳지 않은 것은?

① 석영　② 보통강철
③ 경질유리　④ 플루오로수지

해설

보통강철은 해당되지 않는다.

관련이론 | 채취관, 연결관 및 여과재의 재질

분석물질, 공존가스	채취관, 연결관의 재질	여과재
암모니아	① ② ③ ④ ⑤ ⑥	ⓐ ⓑ ⓒ
일산화탄소	① ② ③ ④ ⑤ ⑥ ⑦	ⓐ ⓑ ⓒ
염화수소	① ② ⑤ ⑥ ⑦	ⓐ ⓑ ⓒ
염소	① ② ⑤ ⑥ ⑦	ⓐ ⓑ ⓒ
황산화물	① ② ④ ⑤ ⑥ ⑦	ⓐ ⓑ ⓒ
질소산화물	① ② ④ ⑤ ⑥	ⓐ ⓑ ⓒ
이황화탄소	① ② ⑥	ⓐ ⓑ
폼알데하이드	① ② ⑥	ⓐ ⓑ
황화수소	① ② ④ ⑤ ⑥ ⑦	ⓐ ⓑ ⓒ
플루오린화합물	④ ⑥	ⓒ
사이안화수소	① ② ④ ⑤ ⑥ ⑦	ⓐ ⓑ ⓒ
브로민	① ② ⑥	ⓐ ⓑ
벤젠	① ② ⑥	ⓐ ⓑ
페놀	① ② ④ ⑥	ⓐ ⓑ
비소	① ② ④ ⑤ ⑥ ⑦	ⓐ ⓑ ⓒ

① 경질유리, ② 석영, ③ 보통강철, ④ 스테인리스강 재질, ⑤ 세라믹, ⑥ 플루오로수지, ⑦ 염화바이닐수지, ⑧ 실리콘수지, ⑨ 네오프렌,
ⓐ 알칼리 성분이 없는 유리솜 또는 실리카솜,
ⓑ 소결유리, ⓒ 카보런덤

정답 ②

77 ★★★

굴뚝의 배출가스 중 구리화합물을 원자흡수분광광도법으로 분석할 때의 적정파장(nm)은?

① 213.8　② 228.8
③ 324.7　④ 357.9

해설

	측정파장(nm)	정량범위(mg/Sm³)	방법검출한계(mg/Sm³)
Cu	324.7	0.100 이상	0.031

※ 개정된 대기오염공정시험기준에 따라 보기를 수정했습니다.

정답 ③

78 ★☆☆

대기오염공정시험기준상 비분산적외선분광분석법의 용어 및 장치 구성에 관한 설명으로 옳지 않은 것은?

① 제로 드리프트(Zero Drift)는 측정기의 교정범위눈금에 대한 지시값의 일정기간 내의 변동을 말한다.
② 비교가스는 시료 셀에서 적외선 흡수를 측정하는 경우 대조가스로 사용하는 것으로 적외선을 흡수하지 않는 가스를 말한다.
③ 광원은 원칙적으로 흑체발광으로 니크로뮴선 또는 탄화규소의 저항체에 전류를 흘려 가열한 것을 사용한다.
④ 시료셀은 시료가스가 흐르는 상태에서 양단의 창을 통해 시료광속이 통과하는 구조를 갖는다.

해설

제로 드리프트는 측정기의 최저눈금에 대한 지시치의 일정기간 내의 변동을 말한다.

정답 ①

79 ★☆☆

다음 굴뚝 배출가스를 분석할 때 아연환원 나프틸에틸렌다이아민법이 주 시험방법인 물질로 옳은 것은?

① 페놀　② 브로민화합물
③ 이황화탄소　④ 질소산화물

해설

출제당시 정답은 ④번이었지만 개정된 대기오염공정시험기준 상의 주 시험방법은 다음과 같다.

① 페놀화합물: 기체크로마토그래피
② 브로민화합물: 자외선/가시선분광법
③ 이황화탄소: 기체크로마토그래피
④ 질소산화물: 자동측정법 – 전기화학식(정전위전해법), 화학발광법, 적외선 흡수법, 자외선 흡수법

정답 정답 없음

80 ★☆☆

환경대기 중 아황산가스를 파라로자닐린법으로 분석할 때 다음 간섭물질에 대한 제거방법으로 옳은 것은?

① NO_x: 측정기간을 늦춘다.
② Cr: pH를 4.5 이하로 조절한다.
③ O_3: 설퍼민산(NH_3SO_3)을 사용한다.
④ Mn, Fe: EDTA 및 인산은을 사용한다.

해설

① NO_x: 설퍼민산(NH_3SO_3)을 사용한다.
② Cr: EDTA 및 인산은(silver phosphate)을 사용한다.
③ O_3: 측정기간을 늦춘다.

정답 ④

대기환경관계법규

81 ★☆☆

대기환경보전법령상 황함유 기준에 부적합한 유류를 판매하여 그 해당 유류의 회수처리명령을 받은 자는 시·도지사 등에게 그 명령을 받은 날로부터 며칠 이내에 이행완료보고서를 제출하여야 하는가?

① 5일 이내에　② 7일 이내에
③ 10일 이내에　④ 30일 이내에

해설

유류의 회수처리명령 또는 사용금지명령을 받은 자는 명령을 받은 날부터 5일 이내에 이행완료보고서를 시·도지사에게 제출하여야 한다.

정답 ①

82 ★★☆

대기환경보전법령상 자동차연료형 첨가제의 종류가 아닌 것은?

① 세척제　② 청정분산제
③ 성능 향상제　④ 유동성 향상제

해설

자동차연료형 첨가제의 종류「시행규칙 별표 6」

1. 세척제
2. 청정분산제
3. 매연억제제
4. 다목적 첨가제
5. 옥탄가 향상제
6. 세탄가 향상제
7. 유동성 향상제
8. 윤활성 향상제

정답 ③

83 ★★☆

대기환경보전법령상 용어의 뜻으로 틀린 것은?

① 대기오염물질: 대기 중에 존재하는 물질 중 심사·평가 결과 대기오염의 원인으로 인정된 가스·입자상 물질로서 환경부령으로 정하는 것을 말한다.
② 기후·생태계 변화유발물질: 지구온난화 등으로 생태계의 변화를 가져올 수 있는 기체상 물질로서 온실가스와 환경부령으로 정하는 것을 말한다.
③ 매연: 연소할 때에 생기는 유리 탄소가 주가 되는 미세한 입자상 물질을 말한다.
④ 촉매제: 자동차에서 배출되는 대기오염물질을 줄이기 위하여 자동차에 부착 또는 교체하는 장치로서 환경부령으로 정하는 저감효율에 적합한 장치를 말한다.

해설

촉매제란 배출가스를 줄이는 효과를 높이기 위하여 배출가스저감장치에 사용되는 화학물질로서 환경부령으로 정하는 것을 말한다.

정답 ④

84 ★★★

대기환경보전법령상 수도권대기환경청장, 국립환경과학원장 또는 한국환경공단이 설치하는 대기오염 측정망의 종류에 해당하지 않는 것은?

① 대기오염물질의 국가배경농도와 장거리 이동현황을 파악하기 위한 국가배경농도측정망
② 대기오염물질의 지역배경농도를 측정하기 위한 교외대기측정망
③ 도시지역의 휘발성 유기화합물 등의 농도를 측정하기 위한 광화학대기오염물질측정망
④ 대기 중의 중금속 농도를 측정하기 위한 대기중금속측정망

해설

대기 중의 중금속 농도를 측정하기 위한 대기중금속측정망은 특별시장·광역시장·특별자치시장·도지사 또는 특별자치도지사가 설치하는 대기오염 측정망의 종류이다.

관련이론

수도권대기환경청장, 국립환경과학원장 또는 한국환경공단이 설치하는 대기오염 측정망의 종류「시행규칙 제11조」

1. 대기오염물질의 지역배경농도를 측정하기 위한 교외대기측정망
2. 대기오염물질의 국가배경농도와 장거리이동 현황을 파악하기 위한 국가배경농도측정망
3. 도시지역 또는 산업단지 인근지역의 특정대기유해물질(중금속은 제외)의 오염도를 측정하기 위한 유해대기물질측정망
4. 도시지역의 휘발성 유기화합물 등의 농도를 측정하기 위한 광화학대기오염물질측정망
5. 산성 대기오염물질의 건성 및 습성 침착량을 측정하기 위한 산성강하물측정망
6. 기후·생태계 변화유발물질의 농도를 측정하기 위한 지구대기측정망
7. 장거리이동대기오염물질의 성분을 집중 측정하기 위한 대기오염집중측정망
8. 초미세먼지(PM-2.5)의 성분 및 농도를 측정하기 위한 미세먼지성분측정망

정답 ④

85 ★★★

대기환경보전법령상 초과부과금 산정기준 중 오염물질과 그 오염물질 1kg당 부과금액(원)의 연결로 모두 옳은 것은?

① 황산화물 – 500, 암모니아 – 1,400
② 먼지 – 6,000, 이황화탄소 – 2,300
③ 불소화물 – 7,400, 시안화수소 – 7,300
④ 염소 – 7,400, 염화수소 – 1,600

선지분석

② 먼지 – 770, 이황화탄소 – 1,600
③ 불소화물 – 2,300, 시안화수소 – 7,300
④ 염소 – 해당 없음, 염화수소 – 7,400

관련이론 | 초과부과금 산정기준「시행령 별표 4」

오염물질 \ 구분		오염물질 1킬로그램당 부과금액
황산화물		500
먼지		770
질소산화물		2,130
암모니아		1,400
황화수소		6,000
이황화탄소		1,600
특정대기 유해물질	불소화물	2,300
	염화수소	7,400
	시안화수소	7,300

정답 ①

86 ★☆☆

다음은 대기환경보전법령상 대기오염물질 배출시설기준이다. ( ) 안에 알맞은 것은?

배출시설	대상 배출시설
폐수·폐기물 처리시설	• 시간당 처리능력이 (㉮)세제곱미터 이상인 폐수·폐기물 증발시설 및 농축시설 • 용적이 (㉯)세제곱미터 이상인 폐수·폐기물 건조시설 및 정제시설

① ㉮ 0.5, ㉯ 0.3
② ㉮ 0.3, ㉯ 0.15
③ ㉮ 0.3, ㉯ 0.3
④ ㉮ 0.5, ㉯ 0.15

해설

㉮는 0.5, ㉯는 0.15이다.

정답 ④

87 ★★☆

대기환경관계법령상 자가측정 대상 및 방법에 관한 기준이다. ( ) 안에 알맞은 것은?

> 사업자가 자가측정 시 사용한 여과지 및 시료채취기록지의 보존기간은「환경분야 시험·검사 등에 관한 법률」에 따른 환경오염공정시험기준에 따라 측정한 날부터 ( )(으)로 한다.

① 6개월
② 9개월
③ 1년
④ 2년

해설

자가측정의 대상 및 방법 등「시행규칙 제52조」

자가측정 시 사용한 여과지 및 시료채취기록지의 보존기간은「환경분야 시험·검사 등에 관한 법률」에 따른 환경오염공정시험기준에 따라 측정한 날부터 6개월로 한다.

정답 ①

88 ★☆☆

대기환경보전법령상 측정기기의 부착·운영 등과 관련된 행정처분기준 중 사업자가 부착한 굴뚝 자동측정기기의 측정자료를 관제센터로 전송하지 아니한 경우 각 위반 차수별(1차~4차) 행정처분기준으로 옳은 것은?

① 경고 – 조치명령 – 조업정지 10일 – 조업정지 30일
② 조업정지 10일 – 조업정지 30일 – 경고 – 허가취소
③ 조업정지 10일 – 조업정지 30일 – 조치이행명령 – 사용중지
④ 개선명령 – 조업정지 30일 – 사용중지 – 허가취소

해설

경고 – 조치명령 – 조업정지 10일 – 조업정지 30일 순서이다.

정답 ①

2020년

89

★★★

대기환경보전법령상 위임업무 보고사항 중 자동차 연료 및 첨가제의 제조·판매 또는 사용에 대한 규제현황에 대한 보고횟수 기준은?

① 연 1회 ② 연 2회
③ 연 4회 ④ 연 12회

해설

위임업무 보고사항「시행규칙 별표 37」

업무내용	보고 횟수	보고기일
환경오염사고 발생 및 조치 사항	수시	사고발생 시
수입자동차 배출가스 인증 및 검사현황	연 4회	매분기 종료 후 15일 이내
자동차 연료 및 첨가제의 제조·판매 또는 사용에 대한 규제현황	연 2회	매반기 종료 후 15일 이내
자동차 연료 또는 첨가제의 제조기준 적합 여부 검사현황	연료: 연 4회 첨가제: 연 2회	연료: 매분기 종료 후 15일 이내 첨가제: 매반기 종료 후 15일 이내
측정기기 관리대행업의 등록, 변경등록 및 행정처분 현황	연 1회	다음 해 1월 15일까지

정답 ②

90

★★☆

악취방지법령상 지정악취물질에 해당하지 않는 것은?

① 염화수소 ② 메틸에틸케톤
③ 프로피온산 ④ 뷰틸아세테이트

해설

염화수소는 지정악취물질이 아니다.

관련이론 | 지정악취물질「악취방지법 시행규칙 별표 1」
암모니아, 메틸메르캅탄, 황화수소, 다이메틸설파이드, 다이메틸다이설파이드, 트라이메틸아민, 아세트알데하이드, 스타이렌, 프로피온알데하이드, 뷰틸알데하이드, n-발레르알데하이드, i-발레르알데하이드, 톨루엔, 자일렌, 메틸에틸케톤, 메틸아이소뷰틸케톤, 뷰틸아세테이트, 프로피온산, n-뷰틸산, n-발레르산, i-발레르산, i-뷰틸알코올

정답 ①

91

★☆☆

대기환경보전법령상 배출가스 관련부품을 장치별로 구분할 때 다음 중 배출가스자기진단장치(On Board Diagnostics)에 해당하는 것은?

① EGR제어용 서모밸브(EGR Control Thermo Valve)
② 연료계통 감시장치(Fuel System Monitor)
③ 정화조절밸브(Purge Control Valve)
④ 냉각수온센서(Water Temperature Sensor)

선지분석

① EGR제어용 서모밸브(EGR Control Thermo Valve): 배출가스 재순환장치(Exhaust Gas Recirculation: EGR)
③ 정화조절밸브(Purge Control Valve): 연료증발가스방지장치(Evaporative Emission Control System)
④ 냉각수온센서(Water Temperature Sensor): 연료공급장치(Fuel Metering System)

정답 ②

92

★★☆

대기환경보전법령상 배출허용기준 준수여부를 확인하기 위한 환경부령으로 정하는 대기오염도 검사기관에 해당하지 않는 것은?

① 환경기술인협회
② 한국환경공단
③ 특별자치도 보건환경연구원
④ 국립환경과학원

해설

대기오염도 검사기관「시행규칙 제40조」

1. 국립환경과학원
2. 특별시·광역시·특별자치시·도·특별자치도의 보건환경연구원
3. 유역환경청, 지방환경청 또는 수도권대기환경청
4. 한국환경공단

정답 ①

93
★☆☆

대기환경보전법령상 사업자가 환경기술인을 바꾸어 임명하려는 경우 그 사유가 발생한 날부터 며칠 이내에 임명하여야 하는가?

① 당일 ② 3일 이내
③ 5일 이내 ④ 7일 이내

해설
환경기술인을 바꾸어 임명하려는 경우 사유가 발생한 날부터 5일 이내에 임명하여야 한다.

정답 ③

94
★★★

실내공기질 관리법령상 신축 공동주택의 실내공기질 권고기준으로 틀린 것은?

① 자일렌: 600μg/m^3 이하
② 톨루엔: 1,000μg/m^3 이하
③ 스티렌: 300μg/m^3 이하
④ 에틸벤젠: 360μg/m^3 이하

해설
자일렌: 700μg/m^3 이하

관련이론 | 신축 공동주택의 실내공기질 권고기준 「실내공기질 관리법 시행규칙 별표 4의2」
1. 폼알데하이드: 210μg/m^3 이하
2. 벤젠: 30μg/m^3 이하
3. 톨루엔: 1,000μg/m^3 이하
4. 에틸벤젠: 360μg/m^3 이하
5. 자일렌: 700μg/m^3 이하
6. 스티렌: 300μg/m^3 이하
7. 라돈: 148Bq/m^3 이하

정답 ①

95
★★★

환경정책기본법령상 미세먼지(PM-10)의 환경기준으로 옳은 것은? (단, 24시간 평균치이다.)

① 100μg/m^3 이하 ② 50μg/m^3 이하
③ 35μg/m^3 이하 ④ 15μg/m^3 이하

해설
환경기준 「환경정책기본법 시행령 별표 1」

항목	기준
아황산가스 (SO_2)	연간 평균치 0.02ppm 이하 24시간 평균치 0.05ppm 이하 1시간 평균치 0.15ppm 이하
일산화탄소 (CO)	8시간 평균치 9ppm 이하 1시간 평균치 25ppm 이하
이산화질소 (NO_2)	연간 평균치 0.03ppm 이하 24시간 평균치 0.06ppm 이하 1시간 평균치 0.10ppm 이하
미세먼지 (PM-10)	연간 평균치 50μg/m^3 이하 24시간 평균치 100μg/m^3 이하
초미세먼지 (PM-2.5)	연간 평균치 15μg/m^3 이하 24시간 평균치 35μg/m^3 이하
오존 (O_3)	8시간 평균치 0.06ppm 이하 1시간 평균치 0.1ppm 이하
납(Pb)	연간 평균치 0.5μg/m^3 이하
벤젠	연간 평균치 5μg/m^3 이하

정답 ①

96

★★☆

대기환경보전법령상 기후 · 생태계변화유발물질과 가장 거리가 먼 것은?

① 이산화질소 ② 메탄
③ 과불화탄소 ④ 염화불화탄소

해설

기후 · 생태계 변화유발물질은 온실가스와 환경부령으로 정하는 것(염화불화탄소와 수소염화불화탄소)을 말하기 때문에 이산화질소는 거리가 멀다.

정답 ①

97

★★☆

대기환경보전법령상 배출시설 설치허가를 받은 자가 대통령령으로 정하는 중요한 사항의 특정대기유해물질 배출시설을 증설하고자 하는 경우 배출시설 변경허가를 받아야 하는 시설의 규모기준은? (단, 배출시설의 규모의 합계나 누계는 배출구별로 산정한다.)

① 배출시설 규모의 합계나 누계의 100분의 5 이상 증설
② 배출시설 규모의 합계나 누계의 100분의 20 이상 증설
③ 배출시설 규모의 합계나 누계의 100분의 30 이상 증설
④ 배출시설 규모의 합계나 누계의 100분의 50 이상 증설

해설

배출시설의 설치허가 및 신고 등「시행령 제11조」

법에 따라 설치허가 또는 변경허가를 받거나 변경신고를 한 배출시설 규모의 합계나 누계의 100분의 50 이상(특정대기유해물질 배출시설의 경우에는 100분의 30 이상) 증설하는 경우 변경허가를 받아야 한다.

정답 ③

98

★★★

환경정책기본법령상 "벤젠"의 대기환경기준($\mu g/m^3$)은? (단, 연간평균치이다.)

① 0.1 이하 ② 0.15 이하
③ 0.5 이하 ④ 5 이하

해설

벤젠의 기준은 연간평균치 $5\mu g/m^3$ 이하이다.
다른 항목의 기준은 95번 해설 참고하면 알 수 있다.

정답 ④

99

★☆☆

환경정책기본법령상 환경부장관은 환경적 · 사회적 여건 변화 등을 고려하여 몇 년 마다 국가환경종합계획의 타당성을 재검토하고, 정비해야 하는가?

① 1년 ② 2년
③ 3년 ④ 5년

해설

환경부장관은 5년 마다 국가환경종합계획의 타당성을 검토하고, 정비해야 한다.
※ 법 개정으로 문제를 수정했습니다.

정답 ④

100

★★☆

대기환경보전법령상 대기오염 경보의 발령 시 단계별 조치사항으로 틀린 것은?

① 주의보 → 주민의 실외활동 자제 요청
② 경보 → 주민의 실외활동 제한 요청
③ 경보 → 사업장의 연료사용량 감축 권고
④ 중대경보 → 자동차의 사용제한 명령

해설

경보 단계별 포함해야 할 사항「시행령 제2조」

1. 주의보: 주민의 실외활동 및 자동차 사용의 자제 요청 등
2. 경보: 주민의 실외활동 제한 요청, 자동차 사용의 제한 및 사업장의 연료사용량 감축 권고 등
3. 중대경보: 주민의 실외활동 금지 요청, 자동차의 통행금지 및 사업장의 조업시간 단축명령 등

정답 ④

2020년 | 1, 2회 기출문제

자동채점

대기오염개론

01
★☆☆

전기자동차의 일반적 특성으로 가장 거리가 먼 것은?

① 내연기관에 비해 소음과 진동이 적다.
② CO_2나 NO_x를 배출하지 않는다.
③ 충전 시간이 오래 걸리는 편이다.
④ 대형차에 잘 맞으며, 자동차 수명보다 전지수명이 길다.

해설
전기자동차는 소형차에 잘 맞으며, 자동차의 수명보다 전지수명이 짧다.

정답 ④

02
★★☆

Panofsky에 의한 리차드슨 수(R_i)의 크기와 대기의 혼합간의 관계에 관한 설명으로 옳지 않은 것은?

① $R_i=0$: 수직방향의 혼합이 없다.
② $0<R_i<0.25$: 성층에 의해 약화된 기계적 난류가 존재한다.
③ $R_i<-0.04$: 대류에 의한 혼합이 기계적 혼합을 지배한다.
④ $-0.03<R_i<0$: 기계적 난류와 대류가 존재하나 기계적 난류가 혼합을 주로 일으킨다.

해설
리차드슨 수가 0에 접근하면 분산은 줄어들며 결국 기계적 난류만 존재한다.
$R_i>0.25$: 수직방향의 혼합이 없다.

관련이론 | 리차드슨 수의 안정도 판정
- 0.25보다 크게 되면 수직혼합은 없어지고 수평상의 소용돌이만 남게 된다.
- 리차드슨 수가 0에 접근하면 분산이 줄어들며 결국 기계적 난류만 존재하게 된다.
- 리차드슨 수가 음의 값으로 클수록 분산이 커져 대류혼합이 지배적이고 대기는 불안정한 상태이며 굴뚝의 연기는 수직 및 수평 방향으로 빠르게 분산한다.

R_i	−1.0 이하	−0.1	−0.01	0	+0.01	+0.1	+1.0 이상
대기운동	자유대류	자유대류 증가		강제대류만 존재		강제대류 감소	대류 없음
안정도	불안정			중립		안정	

- $0<R_i<0.25$: 성층에 의해 약화된 기계적 난류가 존재한다.
- $R_i<-0.04$: 대류에 의한 혼합이 기계적 혼합을 지배한다.
- $-0.03<R_i<0$: 기계적 난류와 대류가 존재하나 기계적 난류가 혼합을 주로 일으킨다.

정답 ①

03
★☆☆

디젤 자동차의 배출가스 후처리기술로 옳지 않은 것은?

① 매연여과장치 ② 습식흡수방법
③ 산화촉매장치 ④ 선택적 촉매환원

해설
습식흡수방법은 디젤 자동차 배출가스 후처리기술에 해당하지 않는다.

정답 ②

04
★★★

LA 스모그에 관한 설명으로 옳지 않은 것은?

① 광화학적 산화반응으로 발생한다.
② 주 오염원은 자동차 배기가스이다.
③ 주로 새벽이나 초저녁에 자주 발생한다.
④ 기온이 24℃ 이상이고, 습도가 70% 이하로 낮은 상태일 때 잘 발생한다.

해설
LA형 스모그는 주로 한낮에 발생한다.

정답 ③

2020년

05

★☆☆

도시 대기오염물질의 광화학반응에 관한 설명으로 옳지 않은 것은?

① O_3는 파장 200~320nm에서 강한 흡수가, 450~700nm에서는 약한 흡수가 일어난다.
② PAN은 알데히드의 생성과 동시에 생기기 시작하며, 일반적으로 오존농도와는 관계가 없다.
③ NO_2는 도시 대기오염물질 중에서 가장 중요한 태양빛 흡수 기체로서 파장 420nm 이상의 가시광선에 의하여 NO와 O로 광분해한다.
④ SO_3는 대기 중의 수분과 쉽게 반응하여 황산을 생성하고 수분을 더 흡수하여 중요한 대기오염물질의 하나인 황산입자 또는 황산미스트를 생성한다.

해설
PAN은 알데히드의 생성과 동시에 생기기 시작하며, 일반적으로 오존농도와 관계가 있다.

정답 ②

06

★☆☆

다음 중 주로 연소 시 배출되는 무색의 기체로 물에 매우 난용성이며, 혈액 중의 헤모글로빈과 결합력이 강해 산소 운반능력을 감소시키는 물질은?

① HC　② NO
③ PAN　④ 알데히드

해설
NO에 대한 설명이다.

정답 ②

07

★★☆

열섬효과에 관한 설명으로 옳지 않은 것은?

① 열섬현상은 고기압의 영향으로 하늘이 맑고 바람이 약한 때에 잘 발생한다.
② 열섬효과로 도시 주위의 시골에서 도시로 바람이 부는데, 이를 전원풍이라 한다.
③ 도시의 지표면은 시골보다 열용량이 적고 열전도율이 높아 열섬효과의 원인이 된다.
④ 도시에서는 인구와 산업의 밀집지대로서 인공적인 열이 시골에 비하여 월등하게 많이 공급된다.

해설
도시의 지표면은 시골보다 열용량이 크고 열전도율이 낮아 열섬효과의 원인이 된다.

정답 ③

08

★★☆

실내공기 오염물질인 라돈에 관한 설명으로 가장 거리가 먼 것은?

① 무색, 무취의 기체로 액화되어도 색을 띠지 않는 물질이다.
② 반감기는 3.8일로 라듐이 핵분열 할 때 생성되는 물질이다.
③ 자연계에 널리 존재하며, 건축자재 등을 통하여 인체에 영향을 미치고 있다.
④ 주기율표에서 원자번호가 238번으로, 화학적으로 활성이 큰 물질이며, 흙속에서 방사선 붕괴를 일으킨다.

해설
라돈은 주기율표에서 원자번호가 86번으로, 화학적으로 활성이 작은 비활성 물질이며, 흙속에서 방사선 붕괴를 일으킨다.

정답 ④

09

★★☆

실제 굴뚝 높이가 50m, 굴뚝 내경 5m, 배출가스의 분출속도가 12m/s, 굴뚝 주위의 풍속이 4m/s라고 할 때, 유효굴뚝의 높이(m)는? (단, $\Delta H=1.5\times D\times\left(\frac{V_s}{U}\right)$이다.)

① 22.5　② 27.5
③ 72.5　④ 82.5

해설

문제에 식이 주어졌으므로 문제의 식으로 풀이한다.

$\Delta H=1.5\times D\times\left(\frac{V_s}{U}\right)$

D: 굴뚝의 직경(m)

V_s: 연기의 배출속도(m/s)

U: 풍속(m/s)

$\Delta H=1.5\times 5\text{m}\times\left(\frac{12\text{m/s}}{4\text{m/s}}\right)=22.5\text{m}$

유효굴뚝높이=50m+22.5m=72.5m

정답 ③

10

★★☆

대기 중 각 오염원의 영향평가를 해결하기 위한 수용모델에 관한 설명으로 옳지 않은 것은?

① 지형, 기상학적 정보 없이도 사용가능하다.
② 수용체 입장에서 영향평가가 현실적으로 이루어 질 수 있다.
③ 오염원의 조업 및 운영 상태에 대한 정보 없이도 사용가능하다.
④ 측정자료를 입력자료로 사용하므로 배출원 조건의 시나리오 작성이 용이하다.

해설

수용모델은 측정자료를 입력자료로 사용하므로 배출원 조건의 시나리오 작성이 곤란하고, 미래예측이 어렵다.
분산모델은 미래예측이 가능하다.

정답 ④

11

★☆☆

다음 [보기]가 설명하는 오염물질로 옳은 것은?

보기

- 상온에서 무색이며 투명하여 순수한 경우에는 냄새가 거의 없지만 일반적으로 불쾌한 자극성 냄새를 가진 액체
- 햇빛에 파괴될 정도로 불안정하지만 부식성은 비교적 약함
- 끓는점은 약 46℃이며, 그 증기는 공기보다 약 2.64배 정도 무거움

① $COCl_2$　② Br_2
③ SO_2　④ CS_2

해설

이황화탄소(CS_2)에 대한 설명이다.

정답 ④

12

★☆☆

산성비가 토양에 미치는 영향에 관한 설명으로 옳지 않은 것은?

① Al^{3+}은 뿌리의 세포분열이나 Ca 또는 P의 흡수나 흐름을 저해한다.
② 교환성 Al은 산성의 토양에만 존재하는 물질이고, 교환성 H와 함께 토양 산성화의 주요한 요인이 된다.
③ 토양의 양이온 교환기는 강산적 성격을 갖는 부분과 약산적 성격을 갖는 부분으로 나누는데, 결정도가 낮은 점토광물은 강산적이다.
④ 산성강수가 가해지면 토양은 산적 성격이 약한 교환기부터 순서적으로 Ca^{2+}, Mg^{2+}, Na^{+}, K^{+} 등의 교환성 염기를 방출하고, 대신 그 교환 자리에 H^{+}가 흡착되어 치환된다.

해설

토양의 양이온 교환기는 강산적 성격을 갖는 부분과 약산적 성격을 갖는 부분으로 나누는데, 결정도가 낮은 점토광물은 약산적이다.

정답 ③

13

★★☆

다음 중 2차 오염물질(Secondary pollutants)은?

① SiO_2 ② N_2O_3
③ NaCl ④ NOCl

해설

- 1차 오염물질: 먼지, 매연, 일산화탄소(CO), 염화수소(HCl), 탄화수소(HC), 암모니아(NH_3), 납(Pb), 삼산화이질소(N_2O_3) 등
- 2차 오염물질: 오존(O_3), PAN($CH_3COOONO_2$), 과산화수소(H_2O_2), 염화나이트로실(NOCl), 알데히드 등
- 1·2차 오염물질: SO_2, SO_3, H_2SO_4, NO, NO_2, HCHO, 케톤류, 유기산, 알데히드 등

정답 ④

14

★★☆

다음 오염물질 중 온실효과를 유발하는 것으로 가장 거리가 먼 것은?

① 메탄 ② CFCs
③ 이산화탄소 ④ 아황산가스

해설

아황산가스는 주로 산성비의 원인물질이다.

정답 ④

15

★★★

대기오염사건과 대표적인 주 원인물질 또는 전구물질의 연결이 옳지 않은 것은?

① 뮤즈계곡 사건 – SO_2
② 도노라 사건 – NO_2
③ 런던 스모그 사건 – SO_2
④ 보팔 사건 – MIC(Methyl Isocyanate)

해설

도노라 사건은 SO_2에 의해 스모그가 발생한 사건이다.

정답 ②

16

★★★

지름이 1.0μm이고 밀도가 $10^6 g/m^3$인 물방울이 공기 중에서 지표로 자유낙하 할 때 Reynolds 수는? (단, 공기의 점도는 0.0172g/m·s, 밀도는 $1.29kg/m^3$이다.)

① 1.9×10^{-6} ② 2.4×10^{-6}
③ 1.9×10^{-5} ④ 2.4×10^{-5}

해설

(1) 물방울의 침강속도 구하기

$$V_g=\frac{d_p^2(\rho_p-\rho)g}{18\mu}$$

V_g: 침강속도(m/s)
d_p: 입자의 직경(m)
ρ_p: 입자의 밀도(kg/m^3)
ρ: 공기의 밀도(kg/m^3)
g: 중력가속도(m/s^2)
μ: 공기(가스)의 점도(kg/m·s)

$$V_g=\frac{(1.0\times10^{-6}m)^2\times(1{,}000-1.29)kg/m^3\times9.8m/s^2}{18\times\frac{0.0172g}{m\cdot s}\times\frac{kg}{1{,}000g}}$$
$$=3.1612\times10^{-5}m/s$$

(2) Reynolds 수 구하기

$$N_{Re}=\frac{D\times\rho\times V}{\mu}$$

D: 직경(m)
ρ: 밀도(kg/m^3)
V: 속도(m/s)
μ: 공기(가스)의 점도(kg/m·s)

$$N_{Re}=\frac{(1.0\times10^{-6})m\times1.29kg/m^3\times3.1612\times10^{-5}m/s}{\frac{0.0172g}{m\cdot s}\times\frac{kg}{1{,}000g}}$$
$$=2.3709\times10^{-6}$$

정답 ②

17
★★☆

20℃, 750mmHg에서 측정한 NO의 농도가 0.5ppm이다. 이때 NO의 농도(μg/m³)는?

① 약 463　② 약 524
③ 약 553　④ 약 616

해설

NO의 분자량=14+16=30

단위환산을 해서 답을 구한다.

$$\frac{0.5\text{mL}\times\frac{30\text{mg}}{22.4\text{mL}}\times\frac{1{,}000\mu\text{g}}{\text{mg}}}{\text{Sm}^3\times\frac{(273+20)\text{K}}{273\text{K}}\times\frac{760\text{mmHg}}{750\text{mmHg}}}=615.7237\mu\text{g/m}^3$$

정답 ④

18
★☆☆

대기 중에 존재하는 가스상 오염물질 중 염화수소와 염소에 관한 설명으로 옳지 않은 것은?

① 염소는 강한 산화력을 이용하여 살균제, 표백제로 쓰인다.
② 염화수소가 대기 중에 노출될 경우 백색의 연무를 형성하기도 한다.
③ 염소는 상온에서 적갈색을 띠는 액체로 휘발성과 부식성이 강하다.
④ 염화수소는 무색으로서 자극성 냄새가 있으며 상온에서 기체이다. 전지, 약품, 비료 등에 사용된다.

해설

염소는 상온에서 황록색을 띠는 기체이고, 산화성 가스로 부식성이 강하다.

정답 ③

19
★★☆

대기압력이 900mb인 높이에서의 온도가 25℃일 때 온위(Potential temperature, K)는? (단, $\theta=T\times\left(\frac{1{,}000}{P}\right)^{0.288}$이다.)

① 307.2　② 377.8
③ 421.4　④ 487.5

해설

$\theta=T\left(\frac{1{,}000}{P}\right)^{0.288}$

T: 절대온도(K), P: 최초의 기압(mb)

$\theta=(273+25)\times\left(\frac{1{,}000}{900}\right)^{0.288}=307.1810$

정답 ①

20
★☆☆

대기오염원의 영향을 평가하는 방법 중 분산모델에 관한 설명으로 가장 거리가 먼 것은?

① 오염물의 단기간 분석 시 문제가 된다.
② 지형 및 오염원의 조업조건에 영향을 받는다.
③ 먼지의 영향평가는 기상의 불확실성과 오염원이 미확인인 경우에 문제점을 가진다.
④ 현재나 과거에 일어났던 일을 추정, 미래를 위한 전략은 세울 수 있으나 미래예측은 어렵다.

해설

수용모델이 현재나 과거에 일어났던 일을 추정, 미래를 위한 전략은 세울 수 있으나 미래예측은 어렵다.

정답 ④

연소공학

21 ★☆☆

액체연료 연소장치 중 건타입(Gun type) 버너에 관한 설명으로 옳지 않은 것은?

① 유압은 보통 $7kg/cm^2$ 이상이다.
② 연소가 양호하고 전자동 연소가 가능하다.
③ 형식은 유압식과 공기분무식을 합한 것이다.
④ 유량조절 범위가 넓어 대형 연소에 사용한다.

해설
건타입은 유량조절 범위가 넓지 않고 부하변동에 대응이 어려워 소형 보일러 같은 적은 용량에 적합하다.

정답 ④

22 ★★☆

기체연료의 특징 및 종류에 관한 설명으로 옳지 않은 것은?

① 부하의 변동범위가 넓고 연소의 조절이 용이한 편이다.
② 천연가스는 화염전파속도가 크며, 폭발범위가 크므로 1차 공기를 적게 혼합하는 편이 유리하다.
③ 액화천연가스는 메탄을 주성분으로 하는 천연가스를 1기압 하에서 −168℃ 근처에서 냉각, 액화시켜 대량 수송 및 저장을 가능하게 한 것이다.
④ 액화석유가스는 액체에서 기체로 될 때 증발열(90~100kcal/kg)이 있으므로 사용하는 데 유의할 필요가 있다.

해설
천연가스는 착화온도가 높은 편이고 화염전파속도가 느리며, 폭발범위가 크지 않다.
천연가스를 연료로 사용할 경우 적은 양의 공기를 필요로 하므로 1차 공기를 적게 혼합하는 편이 유리하다.

정답 ②

23 ★☆☆

액체연료의 특징으로 옳지 않은 것은?

① 저장 및 계량, 운반이 용이하다.
② 점화, 소화 및 연소의 조절이 쉽다.
③ 발열량이 높고 품질이 대체로 일정하며 효율이 높다.
④ 소량의 공기로 완전연소되며 검댕 발생이 없다.

해설
기체연료가 소량의 공기로 완전연소되며 검댕 발생이 없다.

정답 ④

24 ★★☆

어떤 물질의 1차 반응에서 반감기가 10분이었다. 반응물이 1/10 농도로 감소할 때까지 얼마의 시간(분)이 걸리겠는가?

① 6.9 ② 33.2
③ 693 ④ 3,323

해설
1차반응식을 이용한다.

$$\ln\frac{C_t}{C_0} = -k\times t$$

C_t: t시간이 지난 후 물질의 농도
C_0: 초기농도
k: 반응속도상수
t: 반응시간

(1) 반응속도상수 k 구하기

반감기란 물질의 농도가 절반이 될 때의 시간이다. 문제에서 반감기가 10분이라고 했으므로 초기농도를 100이라고 할 때 나중 농도가 50이 되는 데 걸리는 시간이 10분이다.

$$\ln\frac{50}{100} = -k\times 10\text{min}$$

$$k = 0.0693\text{min}^{-1}$$

(2) 1/10 농도로 감소할 때까지 걸리는 시간 구하기

$$\ln\frac{10}{100} = -0.0693\text{min}^{-1}\times t$$

$$t = 33.2263\text{min}$$

정답 ②

25
★☆☆

다음 기체연료 중 고위발열량($kcal/Sm^3$)이 가장 낮은 것은?

① Ethane ② Ethylene
③ Acetylene ④ Methane

해설

연료의 발열량은 탄소의 수에 비례하여 증가하기 때문에 탄소의 수가 가장 적은 Methane의 고위발열량이 가장 낮다.

① Ethane: C_2H_6 ② Ethylene: C_2H_4
③ Acetylene: C_2H_2 ④ Methane: CH_4

정답 ④

26
★☆☆

유류연소버너 중 유압식 버너에 관한 설명으로 가장 거리가 먼 것은?

① 대용량 버너 제작이 용이하다.
② 유압은 보통 50~90kg/cm² 정도이다.
③ 유량조절범위가 좁아(환류식 1 : 3, 비환류식 1 : 2) 부하변동에 적응하기 어렵다.
④ 연료유의 분사각도는 기름의 압력, 점도 등으로 약간 달라지지만 40~90° 정도의 넓은 각도로 할 수 있다.

해설

유압식 버너의 유압은 보통 5~30kg/cm² 정도이다.

정답 ②

27
★★☆

액화석유가스에 관한 설명으로 옳지 않은 것은?

① 저장설비비가 많이 든다.
② 황분이 적고 독성이 없다.
③ 비중이 공기보다 가볍고, 누출될 경우 쉽게 인화 폭발될 수 있다.
④ 유지 등을 잘 녹이기 때문에 고무 패킹이나 유지로 된 도포제로 누출을 막는 것은 어렵다.

해설

액화석유가스는 비중이 공기보다 무거워 누출될 경우 인화 폭발 위험성이 크다.

정답 ③

28
★☆☆

기체 연료의 연소방식 중 확산연소에 관한 설명으로 옳지 않은 것은?

① 역화의 위험성이 없다.
② 붉고 긴 화염을 만든다.
③ 가스와 공기를 예열할 수 없다.
④ 연료의 분출속도가 클 경우에는 그을음이 발생하기 쉽다.

해설

확산연소 시 가스와 공기를 예열할 수 있다.

정답 ③

29
★☆☆

다음 연소장치 중 일반적으로 가장 큰 공기비를 필요로 하는 것은?

① 오일버너 ② 가스버너
③ 미분탄버너 ④ 수평수동화격자

해설

일반적으로 고체연료를 연소하는 장치가 가장 큰 공기량을 필요로 하며 입자의 크기가 클수록 큰 공기비를 필요로 한다. 미분탄버너를 사용하는 연소장치의 경우 수평수동화격자 연소장치보다 작은 입자의 연료가 투입되므로 수평수동화격자 연소장치가 가장 큰 공기비를 필요로 한다.

① 오일버너: 액체연료
② 가스버너: 기체연료
③ 미분탄버너: 고체연료
④ 수평수동화격자: 고체연료

정답 ④

30

★★☆

프로판과 부탄이 용적 3 : 2로 혼합된 가스 $1Sm^3$가 이론적으로 완전연소 할 때 발생하는 CO_2의 양(Sm^3)은?

① 2.7　② 3.2
③ 3.4　④ 4.1

해설

혼합가스의 부피가 $1Sm^3$이고, 용적비가 3 : 2이므로 프로판은 $0.6m^3$, 부탄은 $0.4m^3$이다.

프로판(C_3H_8): $0.6Sm^3$

$C_3H_8+5O_2 \rightarrow 3CO_2+4H_2O$

CO_2 발생량$=0.6\times3=1.8Sm^3$

부탄(C_4H_{10}): $0.4Sm^3$

$C_4H_{10}+6.5O_2 \rightarrow 4CO_2+5H_2O$

CO_2 발생량$=0.4\times4=1.6Sm^3$

총 CO_2 발생량$=1.8+1.6=3.4Sm^3$

정답 ③

31

★☆☆

연소 시 매연 발생량이 가장 적은 탄화수소는?

① 나프텐계　② 올레핀계
③ 방향족계　④ 파라핀계

해설

연료의 C/H비가 클수록 매연(검댕)의 발생이 쉽다. 방향족계 탄화수소는 보기 중 C/H비가 가장 커서 매연의 발생량이 많고 파라핀계 탄화수소는 보기 중 C/H비가 가장 작아 매연의 발생량이 적다.

관련이론

- 나프텐계: 이중결합이 없는 C_nH_{2n}의 형태
  예) 사이클로 프로판(C_3H_6), 사이클로헥산(C_6H_{12}) 등
- 올레핀계: 이중결합을 포함한 C_nH_{2n}의 형태
  예) 프로펜(C_3H_6), 부텐-1(C_4H_8), 펜텐-1(C_5H_{10}) 등
- 방향족계: 이중결합을 포함한 C_nH_{2n-6}의 형태
  예) 벤젠(C_6H_6), 톨루엔(C_7H_8), 에틸 벤젠(C_8H_{10}) 등
- 파라핀계: C_nH_{2n+2}의 형태
  예) 메탄(CH_4), 프로판(C_3H_8), 부탄(C_4H_{10}) 등

정답 ④

32

★★☆

C 80%, H 20%로 구성된 액체 탄화수소 연료 1kg을 완전연소 시킬 때 발생하는 CO_2의 부피(Sm^3)는?

① 1.2　② 1.5
③ 2.6　④ 2.9

해설

탄소(C)의 원자량은 12이고, 탄소 1kmol이 연소하면 CO_2 1kmol $(=22.4Sm^3)$이 생성된다.

$C+O_2 \rightarrow CO_2$

$12kg : 22.4Sm^3 = 0.8kg : x$

$$x=\frac{22.4\times0.8}{12}=1.4933Sm^3$$

정답 ②

33

★★☆

저위발열량이 $5,000kcal/Sm^3$인 기체연료의 이론 연소온도(℃)는 약 얼마인가? (단, 이론연소가스량 $15Sm^3/Sm^3$, 연료연소가스의 평균정압 비열 $0.35kcal/Sm^3\cdot℃$, 기준온도는 0℃, 공기는 예열하지 않으며, 연소가스는 해리되지 않는다고 본다.)

① 952　② 994
③ 1,008　④ 1,118

해설

$$\text{이론연소온도}=\text{기준온도}+\frac{\text{저위 발열량}}{\text{평균정압 비열}\times\text{연소가스량}}$$

$$=0℃+\frac{\frac{5,000kcal}{Sm^3}}{\frac{0.35kcal}{Sm^3\cdot℃}\times\frac{15Sm^3}{Sm^3}}=952.3809℃$$

정답 ①

34 ★★★

프로판 2kg을 과잉공기계수 1.31로 완전 연소시킬 때 발생하는 습연소가스량(kg)은?

① 약 24 ② 약 32
③ 약 38 ④ 약 43

해설

프로판(C_3H_8)의 분자량$=(12\times3)+(1\times8)=44$

$C_3H_8+5O_2 \rightarrow 3CO_2+4H_2O$

이론산소량 구하기

$44kg : 5\times32kg=2kg : x$

$x=\frac{5\times32\times2}{44}=7.2727kg$

중량 기준 이론공기량$=\frac{\text{이론산소량}}{0.232}=\frac{7.2727}{0.232}=31.3478kg$

이론공기 중 질소량=이론공기량$\times0.768$

$=31.3478\times0.768=24.0751kg$

과잉공기량$=(m-1)\times$이론공기량(m: 과잉공기계수)

$=(1.31-1)\times31.3478=9.7178kg$

CO_2(분자량 44) 배출량

$44kg : 3\times44kg=2kg : x$

$x=\frac{3\times44\times2}{44}=6kg$

H_2O(분자량 18) 배출량

$44kg : 4\times18kg=2kg : x$

$x=\frac{4\times18\times2}{44}=3.2727kg$

실제습연소가스량

=이론공기 중 질소량+과잉공기량+습연소생성물(CO_2+H_2O)

$=24.0751kg+9.7178kg+6kg+3.2727kg=43.0656kg$

정답 ④

35 ★★☆

S 함량 3%의 벙커 C유 100kL를 사용하는 보일러에 S 함량 1%인 벙커 C유로 30% 섞어 사용하면 SO_2 배출량은 몇 % 감소하는가? (단, 벙커 C유 비중 0.95, 벙커 C유 함유 S는 모두 SO_2로 전환된다.)

① 16 ② 20
③ 25 ④ 28

해설

$S+O_2 \rightarrow SO_2$

황(S)의 원자량=32

이산화황(SO_2)의 표준상태에서의 부피$=22.4m^3$

전량을 황 함량 3% 사용 시 SO_2의 배출량

$\frac{0.95kg}{L}\times100,000L\times\frac{3}{100}\times\frac{22.4Sm^3}{32kg}=1,995Sm^3$

황 함량 1%를 30% 섞었을 때 SO_2의 배출량

$\left(\frac{0.95kg}{L}\times100,000L\times\frac{3}{100}\times\frac{22.4Sm^3}{32kg}\times0.7\right)$

$+\left(\frac{0.95kg}{L}\times100,000L\times\frac{1}{100}\times\frac{22.4Sm^3}{32kg}\times0.3\right)=1,596Sm^3$

저감량

$\frac{1,995-1,596}{1,995}\times100=20\%$

정답 ②

36 ★★☆

착화온도(발화점)에 대한 특성으로 옳지 않은 것은?

① 분자구조가 복잡할수록 착화온도는 낮아진다.
② 산소농도가 낮을수록 착화온도는 낮아진다.
③ 발열량이 클수록 착화온도는 낮아진다.
④ 화학 반응성이 클수록 착화온도는 낮아진다.

해설

산소농도가 낮을수록 착화온도는 높아진다.

정답 ②

37 ★★★

옥탄(C_8H_{18})을 완전연소 시킬 때의 AFR(Air Fuel Ratio)은? (단, 무게 기준으로 한다.)

① 15.1 ② 30.8
③ 45.3 ④ 59.5

해설

연료를 옥탄(C_8H_{18}) 1kmol에 해당하는 114kg으로 가정한다.

옥탄(C_8H_{18}) 분자량$=(12\times8)+18=114$

$C_8H_{18}+12.5O_2 \rightarrow 8CO_2+9H_2O$

이론산소량(kg)$=12.5\times32=400$kg

중량 기준 이론공기량(kg)$=\frac{\text{이론산소량}}{0.232}=\frac{400}{0.232}=1,724.1379$kg

완전연소 시 AFR$=\frac{\text{이론공기량}}{\text{연료의 질량}}=\frac{1,724.1379}{114}=15.1240$

정답 ①

38 ★★★

황화수소의 연소반응식이 다음 [보기]와 같을 때 황화수소 1Sm^3의 이론연소공기량(Sm^3)은?

보기
$2H_2S+3O_2 \rightarrow 2SO_2+2H_2O$

① 5.54 ② 6.42
③ 7.14 ④ 8.92

해설

반응식상 황화수소(H_2S) 2mol이 연소할 때 산소(O_2)는 3mol이 필요하다.

$2:3=1:x$

$x=1.5Sm^3$

이론공기량$=\frac{\text{이론산소량}}{0.21}=\frac{1.5}{0.21}=7.1428Sm^3$

정답 ③

39 ★★★

어떤 액체연료를 보일러에서 완전연소시켜 그 배출가스를 Orsat 분석 장치로서 분석하여 CO_2 15%, O_2 5%의 결과를 얻었다면, 이때 과잉공기계수는? (단, 일산화탄소 발생량은 없다.)

① 1.12 ② 1.19
③ 1.25 ④ 1.31

해설

완전연소 시 과잉공기계수(m)$=\frac{21}{21-O_2}=\frac{21}{21-5}=1.3125$

정답 ④

40 ★★★

다음 연소의 종류 중 흑연, 코크스, 목탄 등과 같이 대부분 탄소만으로 되어있는 고체연료에서 관찰되는 연소형태는?

① 표면연소 ② 내부연소
③ 증발연소 ④ 자기연소

해설

표면연소

- 고체연료가 화염을 내는 연소 후에 잔류하는 탄소의 산화반응을 통해 화염을 내지 않고 연소하는 형태이다.
- 흑연, 코크스, 목탄 등과 같이 대부분 탄소만으로 되어 있고, 휘발성분이 거의 없는 연소의 형태로 표면의 탄소분부터 직접 연소된다.

정답 ①

대기오염방지기술

41

★★★

중력침전을 결정하는 중요 매개변수는 먼지입자의 침전속도이다. 다음 중 먼지의 침전속도 결정과 가장 관계가 깊은 것은?

① 입자의 온도 ② 대기의 분압
③ 입자의 유해성 ④ 입자의 크기와 밀도

해설

스토크스법칙(Stokes' law)

중력 침강속도는 입자의 직경의 제곱, 중력가속도, 입자와 유체의 밀도 차에 비례하고, 유체의 점도에 반비례한다.

$$V_g = \frac{d_p^2(\rho_p - \rho)g}{18\mu}$$

V_g: 중력 침강속도(m/sec), d_p: 입자의 직경(m)

ρ_p: 입자의 밀도(kg/m^3), ρ: 유체의 밀도(kg/m^3)

g: 중력가속도(m/sec^2), μ: 유체의 점도(kg/m·sec)

정답 ④

42

★★★

처리가스량 25,420m^3/h, 압력손실이 100mmH_2O인 집진장치의 송풍기 소요동력(kW)은 약 얼마인가? (단, 송풍기 효율은 60%, 여유율은 1.3이다.)

① 9 ② 12
③ 15 ④ 18

해설

$$P(\mathrm{kW}) = \frac{Q \times \Delta P}{102 \times \eta} \times \alpha$$

Q: 처리가스량(m^3/sec), ΔP: 압력손실(mmH_2O)

η: 송풍기 효율, α: 여유율

$$P(\mathrm{kW}) = \frac{\frac{25{,}420\mathrm{m}^3}{\mathrm{h}} \times \frac{\mathrm{h}}{3{,}600\mathrm{sec}} \times 100\mathrm{mmH_2O}}{102 \times 0.6} \times 1.3$$

$= 14.9990\mathrm{kW}$

정답 ③

43

★☆☆

다음은 활성탄의 고온 활성화 재생방법으로 적용될 수 있는 다단로(Multi-hearth furnace)와 회전로(Rotary kiln)의 비교표이다. 비교 내용 중 옳지 않은 것은?

	구분	다단로	회전로
가	온도 유지	여러 개의 버너로 구분된 반응영역에서 온도분포 조절이 가능하고 열효율이 높음	단 1개의 버너로 열공급 영역별 온도유지가 불가능하고 열효율이 낮음
나	수증기 공급	반응영역에서 일정하게 분사	입구에서만 공급하므로 일정치 않음
다	입도 분포	입도에 비례하여 큰 입자가 빨리 배출	입도 분포에 관계없이 체류시간을 동일하게 유지 가능
라	품질	고품질 입상재생설비로 적합	고품질 입상재생설비로 부적합

① 가 ② 나
③ 다 ④ 라

해설

다단로: 입도 분포에 관계없이 체류시간을 동일하게 유지 가능

회전로: 입도에 비례하여 큰 입자가 빨리 배출

정답 ③

44

★★☆

다음 악취물질 중 공기 중의 최소감지농도가 가장 낮은 것은?

① 염소 ② 암모니아
③ 황화수소 ④ 이황화탄소

해설

최소감지농도

① 염소: 0.05ppm ② 암모니아: 0.1ppm
③ 황화수소: 0.0005ppm ④ 이황화탄소: 0.21ppm

정답 ③

45

★☆☆

환기 및 후드에 관한 설명으로 옳지 않은 것은?

① 폭이 넓은 오염원 탱크에서는 주로 '밀고 당기는(Push/pull)' 방식의 환기공정이 요구된다.
② 후드는 일반적으로 개구면적을 좁게 하여 흡인속도를 크게 하고, 필요시 에어커튼을 이용한다.
③ 폭이 좁고 긴 직사각형의 슬로트후드(Slot hood)는 전기도금공정과 같은 상부개방형 탱크에서 방출되는 유해물질을 포집하는 데 효율적으로 이용된다.
④ 천개형 후드는 포착형보다 유입 공기의 속도가 빠를 때 사용되며, 주로 저온의 오염공기를 배출하고 과잉습도를 제거할 때 제한적으로 사용된다.

해설

천개형 후드는 포착형(포획형)보다 유입 공기의 속도가 느릴 때 사용되며, 주로 고온의 오염공기를 배출하고 과잉습도를 제거할 때 제한적으로 사용된다. 또한 유해가스를 환기할 때는 적합하지 않다.

정답 ④

46

★☆☆

접선유입식 원심력 집진장치의 특징에 관한 설명 중 옳은 것은?

① 장치의 압력손실은 5,000mmH_2O이다.
② 장치 입구의 가스속도는 18~20cm/s이다.
③ 유입구 모양에 따라 나선형과 와류형으로 분류된다.
④ 도익선회식이라고도 하며 반전형과 직진형이 있다.

해설

원심력집진장치는 유입과 유출형식에 따라 접선유입식과 축류식으로 분류한다. 접선유입식에는 나선형과 와류형이 있고, 축류식에는 반전형과 직진형이 있다.

선지분석

① 장치의 압력손실은 100~150mmH_2O이다.
② 장치 입구의 가스속도는 7~15m/s이다.
④ 축류식 집진장치는 도익선회식이라고도 하며 반전형과 직진형이 있다.

정답 ③

47

★★★

A집진장치의 입구 및 출구의 배출가스 중 먼지의 농도가 각각 15g/Sm^3, 150mg/Sm^3이었다. 또한 입구 및 출구에서 채취한 먼지시료 중에 포함된 0~5μm의 입경분포의 중량 백분율이 각각 10%, 60%이었다면 이 집진장치의 0~5μm의 부분집진율(%)은?

① 90 ② 92
③ 94 ④ 96

해설

부분집진율 공식을 이용한다.

$$\eta=\left(1-\frac{C_o\times R_o}{C_i\times R_i}\right)\times 100$$

C_o: 출구농도(mg/Sm^3), R_o: 출구 중량백분율(%)
C_i: 입구농도(mg/Sm^3), R_i: 입구 중량백분율(%)

$$\eta=\left(1-\frac{150\text{mg/Sm}^3\times 0.6}{15{,}000\text{mg/Sm}^3\times 0.1}\right)\times 100=94\%$$

정답 ③

48

★☆☆

직경이 D인 구형입자의 비표면적(S_v, m^2/m^3)에 관한 설명으로 옳지 않은 것은? (단, ρ는 구형입자의 밀도이다.)

① $S_v=\frac{3\rho}{D}$로 나타낸다.
② 입자가 미세할수록 부착성이 커진다.
③ 먼지의 입경과 비표면적은 반비례 관계이다.
④ 비표면적이 크게 되면 원심력 집진장치의 경우에는 장치벽면을 폐색시킨다.

해설

$S_v=\frac{6}{D}$으로 나타낸다.

$$\text{비표면적}=\frac{\pi d_p^2}{1\cdot\frac{\pi d_p^3}{6}}=\frac{6}{d_p}$$

정답 ①

49

★★☆

염소농도 0.2%인 굴뚝 배출가스 3,000Sm³/h를 수산화칼슘용액을 이용하여 염소를 제거하고자 할 때, 이론적으로 필요한 시간당 수산화칼슘의 양(kg/h)은? (단, 처리효율은 100%로 가정한다.)

① 16.7　② 18.2
③ 19.8　④ 23.1

해설

$Cl_2 + Ca(OH)_2 \rightarrow CaOCl_2 + H_2O$

수산화칼슘($Ca(OH)_2$)의 분자량$=40+(17\times2)=74$

$$\frac{3{,}000\text{Sm}^3}{\text{h}}\times\frac{0.2}{100}\times\frac{74\text{kg}}{22.4\text{Sm}^3}=19.8214\text{kg/h}$$

정답 ③

50

★★☆

헨리의 법칙에 관한 설명으로 옳지 않은 것은?

① 비교적 용해도가 적은 기체에 적용된다.
② 헨리상수의 단위는 $atm/m^3 \cdot kmol$이다.
③ 헨리상수의 값은 온도가 높을수록, 용해도가 적을수록 커진다.
④ 온도와 기체의 부피가 일정할 때 기체의 용해도는 용매와 평형을 이루고 있는 기체의 분압에 비례한다.

해설

헨리상수의 단위는 $atm \cdot m^3/kmol$이다.

정답 ②

51

★★☆

벤츄리스크러버의 액가스비를 크게 하는 요인으로 가장 거리가 먼 것은?

① 먼지의 농도가 높을 때
② 처리가스의 온도가 높을 때
③ 먼지 입자의 친수성이 클 때
④ 먼지 입자의 점착성이 클 때

해설

먼지 입자의 친수성이 작을 때 액가스비가 커진다.

정답 ③

52

★★☆

탈취방법 중 촉매연소법에 관한 설명으로 옳지 않은 것은?

① 직접연소법에 비해 질소산화물의 발생량이 높고, 고농도로 배출된다.
② 직접연소법에 비해 연료소비량이 적어 운전비는 절감되나, 촉매독이 문제가 된다.
③ 적용 가능한 악취성분은 가연성 악취성분, 황화수소, 암모니아 등이 있다.
④ 촉매는 백금, 코발트, 니켈 등이 있으며, 고가이지만 성능이 우수한 백금계의 것이 많이 이용된다.

해설

촉매연소법은 직접연소법에 비해 질소산화물의 발생량이 낮고, 비교적 낮은 농도의 오염물질이 유입될 때 사용한다.

정답 ①

53

★☆☆

다음은 물리흡착과 화학흡착의 비교표이다. 비교 내용 중 옳지 않은 것은?

	구분	물리흡착	화학흡착
가	온도범위	낮은 온도	대체로 높은 온도
나	흡착층	단일 분자층	여러 층이 가능
다	가역정도	가역성이 높음	가역성이 낮음
라	흡착열	낮음	높음(반응열 정도)

① 가　② 나
③ 다　④ 라

해설

	구분	물리흡착	화학흡착
나	흡착층	여러 층이 가능	단일 분자층

정답 ②

2020년

54

★☆☆

다음 중 유해물질 처리방법으로 가장 거리가 먼 것은?

① CO는 백금계의 촉매를 사용하여 연소시켜 제거한다.
② Br_2는 산성 수용액에 의한 선정법으로 제거한다.
③ 이황화탄소는 암모니아를 불어넣는 방법으로 제거한다.
④ 아크로레인은 NaClO 등의 산화제를 혼입한 가성소다 용액으로 흡수 제거한다.

해설

Br_2는 염기성 수용액(NaOH)에 의한 흡수법으로 제거한다.

정답 ②

55

★★☆

80%의 효율로 제진하는 전기집진장치의 집진면적을 2배로 증가시키면 집진효율(%)은 얼마로 향상되는가?

① 92 ② 94
③ 96 ④ 98

해설

Deutsch-Anderson 식을 사용한다.

$\eta=1-e^{\left(-\frac{A\times W_e}{Q}\right)}$

A: 단면적(m^2)

W_e: 먼지의 겉보기 이동속도(m/sec)

Q: 처리가스량(m^3/sec)

(1) 집진효율이 80%일 때

$0.8=1-e^{\left(-\frac{A_{80\%}\times W_e}{Q}\right)}$

$A_{80\%}=-\ln(1-0.8)\times\frac{Q}{W_e}=-\ln(0.2)\times\frac{Q}{W_e}$

(2) 집진면적이 2배 증가: $2A_{80\%}$

$\eta=1-e^{\left(-\frac{2A_{80\%}\times W_e}{Q}\right)}$

$\eta=1-e^{\left(-\frac{-2\ln(0.2)\frac{Q}{W_e}\times W_e}{Q}\right)}$

$=1-e^{(2\ln(0.2))}=0.96=96\%$

정답 ③

56

★☆☆

굴뚝 배출 가스량은 2,000Sm^3/h, 이 배출가스 중 HF 농도는 500mL/Sm^3이다. 이 배출가스를 50m^3의 물로 세정할 때 24시간 후 순환수인 폐수의 pH는? (단, HF는 100% 전리되며, HF 이외의 영향은 무시한다.)

① 약 1.3 ② 약 1.7
③ 약 2.1 ④ 약 2.6

해설

$HF \rightleftarrows H^+ + F^-$

$pH=-\log[H^+]$

$[H^+]=\dfrac{\frac{2{,}000Sm^3}{h}\times\frac{500mL}{Sm^3}\times24h\times\frac{L}{1{,}000mL}\times\frac{mol}{22.4L}}{50m^3\times\frac{1{,}000L}{m^3}}$

$=0.0214mol/L$

$pH=-\log[0.0214]=1.6695$

정답 ②

57

★☆☆

먼지의 입경분포에 관한 설명으로 옳지 않은 것은?

① 대수정규분포는 미세한 입자의 특성과 잘 일치한다.
② 빈도분포는 먼지의 입경분포를 적당한 입경간격의 개수 또는 질량의 비율로 나타내는 방법이다.
③ 먼지의 입경분포를 나타내는 방법 중 적산분포에는 정규분포, 대수정규분포, Rosin Rammler 분포가 있다.
④ 적산분포(R)는 일정한 입경보다 큰 입자가 전체의 입자에 대하여 몇 % 있는가를 나타내는 것으로 입경분포가 0이면 R=100%이다.

해설

대수정규분포는 미세한 입자의 특성과 잘 일치하지 않는다.

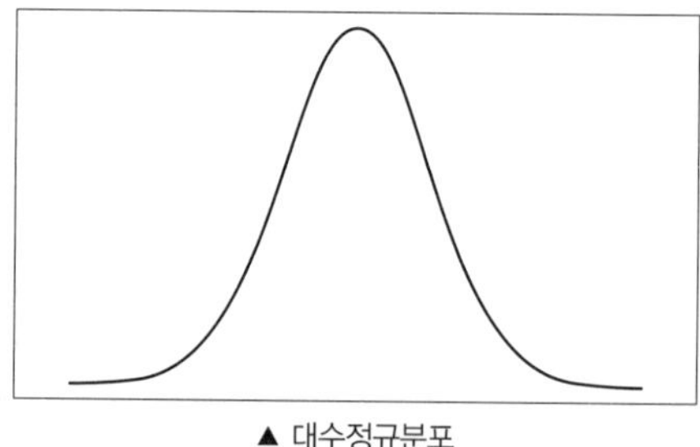

▲ 대수정규분포

정답 ①

58 ★★☆

싸이클론의 원추부 높이가 1.4m, 유입구 높이가 15cm, 원통부 높이가 1.4m일 때 외부선회류의 회전수는? (단, $N=\frac{1}{H_A}\left[H_B+\frac{H_C}{2}\right]$이다.)

① 6회 ② 11회
③ 14회 ④ 18회

해설

$N=\frac{1}{H_A}\left[H_B+\frac{H_C}{2}\right]$

H_A: 유입구 높이(m)
H_B: 원통부의 높이(m)
H_C: 원추부의 높이(m)

$N=\frac{1}{0.15}\times\left(1.4+\frac{1.4}{2}\right)=14$회

정답 ③

59 ★★☆

세정집진장치의 특징으로 옳지 않은 것은?

① 압력손실이 작아 운전비가 적게 든다.
② 소수성 입자의 집진율이 낮은 편이다.
③ 점착성 및 조해성 분진의 처리가 가능하다.
④ 연소성 및 폭발성 가스의 처리가 가능하다.

해설

세정집진장치는 압력손실이 크고 운전비가 많이 든다.

정답 ①

60 ★★☆

국소배기시설에서 후드의 유입계수가 0.84, 속도압이 10mmH$_2$O일 때 후드에서의 압력손실(mmH$_2$O)은?

① 4.2 ② 8.4
③ 16.8 ④ 33.6

해설

후드의 압력손실 식을 이용한다.

$\Delta P=F\times P_v$

$F=\frac{1-K^2}{K^2}$(K: 유입계수)

P_v: 동압, 속도압(mmH$_2$O)
F: 압력손실계수

$F=\frac{1-0.84^2}{0.84^2}=0.4172$

$\Delta P=0.4172\times 10\text{mmH}_2\text{O}=4.172\text{mmH}_2\text{O}$

정답 ①

대기오염공정시험기준

61 ★☆☆

배출가스 중 질소산화물 농도 측정방법으로 옳지 않은 것은?

① 화학발광법
② 자외선 형광법
③ 적외선 흡수법
④ 아연환원 나프틸에틸렌다이아민법

해설

질소산화물 농도 측정방법

- 자동측정법 – 전기화학식(정전위 전해법), 화학발광법, 적외선 흡수법, 자외선 흡수법
- 자외선/가시선분광법 – 아연환원 나프틸에틸렌다이아민법

정답 ②

2020년

62 ★☆☆

적정법에 의한 배출가스 중 브로민화합물의 정량 시 과잉의 하이포아염소산염을 환원시키는 데 사용하는 것은?

① 염산 ② 폼산소듐
③ 수산화소듐 ④ 암모니아수

해설

배출가스 중 브로민화합물을 수산화소듐 용액에 흡수시킨 다음 브로민을 하이포아염소산소듐 용액을 사용하여 브로민산 이온으로 산화시키고 과잉의 하이포아염소산염은 폼산소듐으로 환원시켜 이 브로민산 이온을 아이오딘 적정법으로 정량한다.

정답 ②

63 ★★☆

화학반응 공정 등에서 배출되는 굴뚝 배출가스 중 일산화탄소 분석방법에 따른 정량범위로 틀린 것은?

① 정전위전해법: 0~200ppm
② 비분산적외선분광분석법: 0~1,000ppm
③ 기체크로마토그래피: TCD의 경우 1,000ppm 이상
④ 기체크로마토그래피: FID의 경우 1~2,000ppm

해설
정전위전해법의 정량범위: 0~1,000ppm

관련이론 | 배출가스 중 일산화탄소 분석방법
자동측정법(비분산적외선분광분석법)이 주 시험방법이며, 시험방법들의 정량범위는 표와 같다.

분석방법	정량범위
자동측정법 – 비분산적외선분광분석법	0~1,000ppm
자동측정법 – 전기화학식 (정전위전해법)	0~1,000ppm
기체크로마토그래피	TCD: 1,000ppm 이상 FID: 1~2,000ppm

정답 ①

64 ★☆☆

액의 농도에 관한 설명으로 옳지 않은 것은?

① 단순히 용액이라 기재하고 그 용액의 이름을 밝히지 않은 것은 수용액을 뜻한다.
② 혼액(1+2)은 액체상의 성분을 각각 1용량 대 2용량의 비율로 혼합한 것을 뜻한다.
③ 황산(1 : 7)은 용질이 액체일 때 1mL를 용매에 녹여 전량을 7mL로 하는 것을 뜻한다.
④ 액의 농도를 (1 → 5)로 표시한 것은 그 용질의 성분이 고체일 때는 1g을 용매에 녹여 전량을 5mL로 하는 비율을 말한다.

해설
황산(1 : 7)은 황산 1용량에 정제수 7용량을 혼합하여 전체 8용량을 만드는 것이다.

정답 ③

65 ★★☆

대기오염공정시험기준상 비분산적외선분광분석법에서 응답시간에 관한 설명이다. ( ) 안에 알맞은 것은?

> 응답시간은 제로 조정용 가스를 도입하여 안정된 후 유로를 스팬가스로 바꾸어 기준 유량으로 분석기에 도입하여 그 농도를 눈금 범위 내의 어느 일정한 값으로부터 다른 일정한 값으로 갑자기 변화시켰을 때 스텝(Step) 응답에 대한 소비시간이 (㉠) 이내이어야 한다. 또 이때 최종 지시값에 대한 90%의 응답을 나타내는 시간은 (㉡) 이내이어야 한다.

① ㉠ 1초, ㉡ 1분　② ㉠ 1초, ㉡ 40초
③ ㉠ 10초, ㉡ 1분　④ ㉠ 10초, ㉡ 40초

해설
㉠은 1초, ㉡은 40초이다.

정답 ②

66 ★☆☆

다음 중 굴뚝에서 배출되는 가스의 유량을 측정하는 기기가 아닌 것은?

① 피토우관　② 열선 유속계
③ 와류 유속계　④ 위상차 유속계

해설
굴뚝에서 배출하는 가스의 유량을 굴뚝연속자동측정기기로 측정하는 방법은 피토우관, 열선유속계, 와류 유속계 등이 있다.

정답 ④

67 ★☆☆

대기 및 굴뚝 배출 기체 중의 오염물질을 연속적으로 측정하는 비분산 정필터형 적외선 가스 분석계(고정형)의 성능 유지조건에 대한 설명으로 옳은 것은?

① 최대눈금 범위의 ±5% 이하에 해당하는 농도 변화를 검출할 수 있는 감도를 지녀야 한다.

② 측정가스의 유량이 표시한 기준유량에 대하여 ±10% 이내에서 변동하여도 성능에 지장이 있어서는 안 된다.

③ 동일 조건에서 제로가스를 연속적으로 도입하여 24시간 연속 측정하는 동안 전체눈금의 ±5% 이상의 지시 변화가 없어야 한다.

④ 전압변동에 대한 안정성 측면에서 전원전압이 설정 전압의 ±10% 이내로 변화하였을 때 지시값 변화는 전체눈금의 ±1% 이내이어야 한다.

선지분석

① 감도: 최대눈금 범위의 ±1% 이하에 해당하는 농도 변화를 검출할 수 있는 것이어야 한다.

② 유량변화에 대한 안정성: 측정가스의 유량이 표시한 기준유량에 대하여 ±2% 이내에서 변동하여도 성능에 지장이 있어서는 안 된다.

③ 제로 드리프트: 동일 조건에서 제로가스를 연속적으로 도입하여 고정형은 24시간, 이동형은 4시간 연속 측정하는 동안에 전체눈금의 ±2% 이상의 지시 변화가 없어야 한다.

정답 ④

68 ★★★

굴뚝 배출가스 유속을 피토우관으로 측정한 결과가 다음과 같을 때 배출가스 유속(m/s)은?

- 동압: 100mmH_2O
- 배출가스 온도: 295℃
- 표준상태 배출가스 밀도: 1.2kg/m³(0℃, 1기압)
- 피토우관 계수: 0.87

① 43.7 ② 48.2

③ 50.7 ④ 54.3

해설

$$V=C\sqrt{\frac{2gh}{\gamma}}$$

C: 피토우관 계수, h: 배출가스의 평균 동압 측정치(mmH_2O)

g: 중력가속도(9.8m/s²)

γ: 굴뚝 내의 습한 배출가스 밀도(kg/m³)

$$\gamma=\frac{1.2\text{kg}}{\text{Sm}^3\times\frac{273+295}{273}}=0.5767\text{kg/m}^3$$

$$V=0.87\times\sqrt{\frac{2\times9.8\times100}{0.5767}}=50.7191\text{m/s}$$

정답 ③

69 ★★★

기체크로마토그래피의 장치구성에 관한 설명으로 옳지 않은 것은?

① 분리관유로는 시료도입부, 분리관, 검출기기배관으로 구성되며, 배관의 재료는 스테인리스강이나 유리 등 부식에 대한 저항이 큰 것이어야 한다.

② 분리관(Column)은 충전물질을 채운 내경 2mm~7mm의 시료에 대하여 불활성금속, 유리 또는 합성수지관으로 각 분석방법에서 규정하는 것을 사용한다.

③ 운반가스는 일반적으로 열전도도형 검출기(TCD)에서는 순도 99.8% 이상의 아르곤이나 질소를, 불꽃이온화 검출기(FID)에서는 순도 99.8% 이상의 수소를 사용한다.

④ 주사기를 사용하는 시료도입부는 실리콘고무와 같은 내열성 탄성체격막이 있는 시료 기화실로서 분리관 온도와 동일하거나 또는 그 이상의 온도를 유지할 수 있는 가열기구가 갖추어져야 한다.

해설

운반가스(Carrier gas)는 충전물이나 시료에 대하여 불활성이고 사용하는 검출기의 작동에 적합한 것을 사용한다.

일반적으로 열전도도형 검출기(TCD)에서도 순도 99.8% 이상의 수소나 헬륨을, 불꽃이온화 검출기(FID)에서는 순도 99.8% 이상의 질소 또는 헬륨을 사용하며 기타 검출기에서는 각각 규정하는 가스를 사용한다.

정답 ③

70

★☆☆

배출가스 중 가스상 물질의 시료 채취방법 중 다음 분석물질별 흡수액과의 연결이 옳지 않은 것은?

	분석물질	흡수액
가	플루오린화합물	수산화소듐용액(0.1N)
나	벤젠	질산암모늄+황산(1 → 5)
다	비소	수산화칼륨용액(0.4W/V%)
라	황화수소	아연아민착염용액

① 가 ② 나
③ 다 ④ 라

해설

개정된 대기오염공정기준에 따른 흡수액은 아래와 같다. 출제 당시 정답은 ③번 이었으나 현행 기준상 답이 없는 문제이다. 배출가스 중 벤젠은 흡착관을 이용하여 시료채취 후 기체크로마토그래피법으로 분석하기 때문에 대기오염공정시험기준상 흡수액이 명시되어 있지 않다.

분석물질	흡수액
플루오린화합물	수산화소듐 용액(0.1mol/L)
비소	수산화소듐 용액(0.1mol/L)
황화수소	아연아민착염 용액

정답 정답 없음

71

★☆☆

배출가스 중 암모니아를 인도페놀법으로 분석할 때 암모니아와 같은 양으로 공존하면 안 되는 물질은?

① 아민류 ② 황화수소
③ 아황산가스 ④ 이산화질소

해설

인도페놀법은 시료 채취량 20L이고 분석용 시료용액의 양이 250mL인 경우, 시료 중의 암모니아의 농도가 1.2ppm 이상인 것의 분석에 적합하고, 이산화질소가 100배 이상, 아민류가 몇십 배 이상, 이산화황이 10배 이상 또는 황화수소가 같은 양 이상 각각 공존하지 않는 경우에 적용할 수 있다.

정답 ②

72

★☆☆

다음은 배출가스 중 입자상 아연화합물의 자외선가시선 분광법에 관한 설명이다. ( ) 안에 알맞은 것은?

> 아연 이온을 (㉠)과 반응시켜 생성되는 아연착색물질을 사염화탄소로 추출한 후 그 흡수도를 파장 (㉡)에서 측정하여 정량하는 방법이다.

① ㉠ 디티존, ㉡ 460nm
② ㉠ 디티존, ㉡ 535nm
③ ㉠ 디에틸디티오카바민산나트륨, ㉡ 460nm
④ ㉠ 디에틸디티오카바민산나트륨, ㉡ 535nm

해설

출제 당시 정답은 ②번이었으나 개정된 대기오염공정시험기준으로 배출가스 중 입자상 아연화합물의 자외선가시선분광법은 삭제되었다.

분석방법	정량범위	방법검출한계
원자흡수 분광광도법	0.100mg/Sm³ 이상 (시료채취량 : 1Sm³, 분석용 시료용액 : 250mL)	0.031 mg/Sm³
유도결합 플라스마 원자발광 분광법	0.050mg/Sm³ 이상 (시료채취량 : 1Sm³, 분석용 시료용액 : 250mL)	0.016 mg/Sm³

정답 정답 없음

73

★★☆

공정시험방법상 환경대기 중의 탄화수소 농도를 측정하기 위한 주시험법은?

① 총탄화수소 측정법 ② 활성 탄화수소 측정법
③ 비활성 탄화수소 측정법 ④ 비메탄 탄화수소 측정법

해설

환경대기 중의 탄화수소 농도를 측정하기 위한 주시험법은 비메탄 탄화수소 측정법이다.

정답 ④

74

★★★

대기오염공정시험기준상 원자흡수분광광도법 분석 장치 중 시료원자화장치에 관한 설명으로 옳지 않은 것은?

① 시료원자화장치 중 버너의 종류로 전분무버너와 예혼합버너가 있다.

② 내화성산화물을 만들기 쉬운 원소의 분석에 적당한 불꽃은 프로페인-공기 불꽃이다.

③ 빛이 투과하는 불꽃의 길이를 10cm 이상으로 해 주려면 멀티패스(Multi Path) 방식을 사용한다.

④ 분석의 감도를 높여주고 안정한 측정치를 얻기 위하여 불꽃 중에 빛을 투과시킬 때 불꽃 중에서의 유효길이를 되도록 길게 한다.

해설

아세틸렌-아산화질소 불꽃은 불꽃의 온도가 높기 때문에 불꽃 중에서 해리하기 어려운 내화성산화물(Refractory Oxide)을 만들기 쉬운 원소의 분석에 적당하다.

정답 ②

75

★★☆

배출허용기준 중 표준산소농도를 적용받는 항목에 대한 배출가스량 보정식으로 옳은 것은? (단, Q: 배출가스유량(Sm^3/일), Q_a: 실측배출가스유량(Sm^3/일), O_s: 표준산소농도(%), O_a: 실측산소농도(%)이다.)

① $Q=Q_a\times\dfrac{O_s-21}{O_a-21}$　　② $Q=Q_a\times\dfrac{O_a-21}{O_s-21}$

③ $Q=Q_a\div\dfrac{21-O_s}{21-O_a}$　　④ $Q=Q_a\div\dfrac{21-O_a}{21-O_s}$

해설

배출가스량 보정식은 ③번이다.

정답 ③

76

★★☆

대기오염공정시험기준상 분석시험에 있어 기재 및 용어에 관한 설명으로 옳은 것은?

① 시험조작중 "즉시"란 10초 이내에 표시된 조작을 하는 것을 뜻한다.

② "감압 또는 진공"이라 함은 따로 규정이 없는 한 10mmHg 이하를 뜻한다.

③ 용액의 액성 표시는 따로 규정이 없는 한 유리전극법에 의한 pH 측정기로 측정한 것을 뜻한다.

④ "정확히 단다"라 함은 규정한 양의 검체를 취하여 분석용 저울로 0.3mg까지 다는 것을 뜻한다

선지분석

① 시험조작 중 "즉시"란 30초 이내에 표시된 조작을 하는 것을 뜻한다.

② "감압 또는 진공"이라 함은 따로 규정이 없는 한 15mmHg 이하를 뜻한다.

④ "정확히 단다"라 함은 규정한 양의 검체를 취하여 분석용 저울로 0.1mg까지 다는 것을 뜻한다.

정답 ③

77

★☆☆

배출가스 중 이황화탄소를 자외선가시선분광법으로 정량할 때 흡수액으로 옳은 것은?

① 아연아민착염 용액

② 제일염화주석 용액

③ 다이에틸아민구리 용액

④ 수산화제이철암모늄 용액

해설

이황화탄소를 자외선가시선분광법으로 정량할 때 다이에틸아민구리 용액을 흡수액으로 사용한다.

정답 ③

78

★★☆

굴뚝배출가스 중 수분량이 체적백분율로 10%이고, 배출가스의 온도는 80℃, 시료채취량은 10L, 대기압은 0.6기압, 가스미터 게이지압은 25mmHg, 가스미터온도 80℃에서의 수증기포화압이 255mmHg라 할 때, 흡수된 수분량(g)은?

① 0.15　② 0.21
③ 0.33　④ 0.46

해설

습식 가스미터 사용 시 수분량 공식을 이용한다.

$$X_w = \frac{\frac{22.4}{18}m_a}{V_m \times \frac{273}{273+\theta_m} \times \frac{P_a+P_m-P_v}{760} + \frac{22.4}{18}m_a} \times 100$$

X_w: 배출가스 중의 수증기의 부피 백분율(%)
m_a: 흡습 수분의 질량($m_{a2}-m_{a1}$)(g)
V_m: 흡입한 기체량(습식 가스미터에서 읽은 값)(L)
θ_m: 가스미터에서의 흡입 기체 온도(℃)
P_a: 대기압(mmHg)

$$P_a = 0.6\text{atm} \times \frac{760\text{mmHg}}{1\text{atm}} = 456\text{mmHg}$$

P_m: 가스미터에서의 기체의 게이지압(mmHg)
P_v: θ_m에서의 포화수증기압(mmHg)

$$10 = \frac{\frac{22.4}{18}m_a}{10 \times \frac{273}{273+80} \times \frac{456+25-255}{760} + \frac{22.4}{18} \times m_a} \times 100$$

$m_a = 0.205\text{g}$

※ 위의 식은 전체를 이항해서 구할 수도 있지만 공학용계산기의 SOLVE 기능을 이용하면 더 쉽게 구할 수 있습니다.

정답 ②

79

★☆☆

굴뚝배출가스 중 이산화황의 자동연속측정방법 중 자외선 흡수분석계에 관한 설명으로 옳지 않은 것은?

① 광원: 저압수소방전관 또는 저압수은등이 사용된다.
② 분광기: 프리즘 또는 회절격자분광기를 이용하여 자외선영역 또는 가시광선영역의 단색광을 얻는 데 사용된다.
③ 검출기: 자외선 및 가시광선에 감도가 좋은 광전자증배관 또는 광전관이 이용된다.
④ 시료셀: 시료셀은 200~500mm의 길이로 시료가스가 연속적으로 통과할 수 있는 구조로 되어 있다.

해설

광원으로 중수소방전관 또는 중압수은등이 사용된다.

정답 ①

80

★☆☆

원자흡광분석에서 발생하는 간섭 중 분석에 사용하는 스펙트럼의 불꽃 중에서 생성되는 목적원소의 원자증기 이외의 물질에 의하여 흡수되는 경우에 발생되는 것은?

① 물리적 간섭　② 화학적 간섭
③ 분광학적 간섭　④ 이온학적 간섭

해설

① 물리적 간섭: 시료용액의 점성이나 표면장력 등 물리적 조건의 영향에 의하여 일어나는 것이다.
② 화학적 간섭: 불꽃 중에서 원자가 이온화하는 경우나 공존물질과 작용하여 해리하기 어려운 화합물이 생성되어 흡광에 관계하는 기저상태의 원자수가 감소하는 경우이다.
④ 이온학적 간섭: 해당 없음

정답 ③

대기환경관계법규

81 ★★☆

대기환경보전법령상 기본부과금 산정기준 중 "수산자원보호구역"의 지역별 부과계수는? (단, 지역구분은 국토의 계획 및 이용에 관한 법률에 의한다.)

① 0.5 ② 1.0
③ 1.5 ④ 2.0

해설

기본부과금의 지역별 부과계수「시행령 별표 7」

구분	지역별 부과계수
Ⅰ지역	1.5
Ⅱ지역	0.5
Ⅲ지역	1.0

- Ⅰ지역: 주거지역 · 상업지역, 취락지구, 택지개발지구
- Ⅱ지역: 공업지역, 개발진흥지구(관광 · 휴양개발진흥지구는 제외), 수산자원보호구역, 국가산업단지 · 일반산업단지 · 도시첨단산업단지, 전원개발사업구역 및 예정구역
- Ⅲ지역: 녹지지역 · 관리지역 · 농림지역 및 자연환경보전지역, 관광 · 휴양개발진흥지구

정답 ①

82 ★★☆

대기환경보전법규상 사업자는 자가측정 시 사용한 여과지 및 시료채취기록지를 환경오염공정시험기준에 따라 측정한 날부터 얼마동안 보존(기준)하여야 하는가?

① 2년 ② 1년
③ 6개월 ④ 3개월

해설

여과지 및 시료채취기록의 보존기간「시행규칙 제52조」

자가측정 시 사용한 여과지 및 시료채취기록지의 보존기간은 환경오염공정시험기준에 따라 측정한 날부터 6개월로 한다.

정답 ③

83 ★★★

환경정책기본법령상 각 항목별 대기환경기준으로 옳지 않은 것은? (단, 기준치는 24시간 평균치이다.)

① 아황산가스(SO_2): 0.05ppm 이하
② 이산화질소(NO_2): 0.06ppm 이하
③ 오존(O_3): 0.06ppm 이하
④ 미세먼지(PM-10): 100$\mu g/m^3$ 이하

해설

오존(O_3): 24시간 평균치는 해당 없음

관련이론 | 환경기준「환경정책기본법 시행령 별표 1」

항목	기준
아황산가스 (SO_2)	연간 평균치 0.02ppm 이하 24시간 평균치 0.05ppm 이하 1시간 평균치 0.15ppm 이하
일산화탄소 (CO)	8시간 평균치 9ppm 이하 1시간 평균치 25ppm 이하
이산화질소 (NO_2)	연간 평균치 0.03ppm 이하 24시간 평균치 0.06ppm 이하 1시간 평균치 0.10ppm 이하
미세먼지 (PM-10)	연간 평균치 50$\mu g/m^3$ 이하 24시간 평균치 100$\mu g/m^3$ 이하
초미세먼지 (PM-2.5)	연간 평균치 15$\mu g/m^3$ 이하 24시간 평균치 35$\mu g/m^3$ 이하
오존(O_3)	8시간 평균치 0.06ppm 이하 1시간 평균치 0.1ppm 이하
납(Pb)	연간 평균치 0.5$\mu g/m^3$ 이하
벤젠	연간 평균치 5$\mu g/m^3$ 이하

정답 ③

84

★☆☆

대기환경보전법령상 초과부과금의 부과대상이 되는 오염물질이 아닌 것은?

① 황산화물　　② 염화수소
③ 황화수소　　④ 페놀

해설

배출부과금 부과대상 오염물질 「시행령 제23조」

구분	종류
기본부과금 대상	황산화물, 먼지, 질소산화물
초과부과금 대상	황산화물, 암모니아, 황화수소, 이황화탄소, 먼지, 불소화물, 염화수소, 질소산화물, 시안화수소

정답 ④

85

★★★

실내공기질 관리법규상 "영화상영관"의 실내공기질 유지기준(μg/m^3)은? (단, 항목은 미세먼지(PM-10)(μg/m^3)이다.)

① 10 이하　　② 100 이하
③ 150 이하　　④ 200 이하

해설

실내공기질 유지기준 「실내공기질관리법 시행규칙 별표 2」

지하역사, 지하도상가, 철도역사의 대합실, 여객자동차터미널의 대합실, 항만시설 중 대합실, 공항시설 중 여객터미널, 장례식장, 영화상영관, 학원, 전시시설, 인터넷컴퓨터게임시설제공업의 영업시설, 목욕장업의 영업시설의 실내공기질 유지기준

미세먼지 (PM-10) (μg/m^3)	미세먼지 (PM-2.5) (μg/m^3)	이산화탄소 (ppm)	폼알데하이드 (μg/m^3)	일산화탄소 (ppm)
100 이하	50 이하	1,000 이하	100 이하	10 이하

정답 ②

86

★★☆

대기환경보전법규상 한국환경공단이 환경부장관에게 행하는 위탁업무 보고사항 중 "자동차배출가스 인증생략 현황"의 보고 횟수 기준은?

① 수시　　② 연 1회
③ 연 2회　　④ 연 4회

해설

위탁업무 보고사항 「시행규칙 별표 38」

업무내용	보고횟수	보고기일
수시검사, 결함확인 검사, 부품결함 보고서류의 접수	수시	위반사항 적발 시
결함확인검사 결과	수시	위반사항 적발 시
자동차배출가스 인증생략 현황	연 2회	매 반기 종료 후 15일 이내
자동차 시험검사 현황	연 1회	다음 해 1월 15일까지

정답 ③

87

★☆☆

악취방지법상 악취검사를 위한 관계 공무원의 출입·채취 및 검사를 거부 또는 방해하거나 기피한 자에 대한 벌칙기준은?

① 100만원 이하의 벌금
② 200만원 이하의 벌금
③ 300만원 이하의 벌금
④ 1,000만원 이하의 벌금

해설

악취검사를 위한 관계 공무원의 출입·채취 및 검사를 거부 또는 방해하거나 기피한 자에 대한 벌칙기준은 300만원 이하의 벌금이다.

정답 ③

88

★★★

대기환경보전법규상 수도권대기환경청장, 국립환경과학원장 또는 한국환경공단이 설치하는 대기오염 측정망에 해당하는 것은?

① 도시지역의 휘발성유기화합물 등의 농도를 측정하기 위한 광화학대기오염물질측정망
② 도시지역의 대기오염물질 농도를 측정하기 위한 도시대기측정망
③ 도로변의 대기오염물질 농도를 측정하기 위한 도로변대기측정망
④ 대기 중의 중금속 농도를 측정하기 위한 대기중금속측정망

해설

②, ③, ④는 모두 특별시장·광역시장·특별자치시장·도지사 또는 특별자치도지사가 설치하는 대기오염 측정망이다.

관련이론 | 측정망의 종류「시행규칙 제11조」

수도권대기환경청장, 국립환경과학원장 또는 한국환경공단이 설치하는 대기오염 측정망의 종류

1. 대기오염물질의 지역배경농도를 측정하기 위한 교외대기측정망
2. 대기오염물질의 국가배경농도와 장거리이동 현황을 파악하기 위한 국가배경농도측정망
3. 도시지역 또는 산업단지 인근지역의 특정대기유해물질(중금속은 제외)의 오염도를 측정하기 위한 유해대기물질측정망
4. 도시지역의 휘발성유기화합물 등의 농도를 측정하기 위한 광화학대기오염물질측정망
5. 산성 대기오염물질의 건성 및 습성 침착량을 측정하기 위한 산성강하물측정망
6. 기후·생태계 변화유발물질의 농도를 측정하기 위한 지구대기측정망
7. 장거리이동대기오염물질의 성분을 집중 측정하기 위한 대기오염집중측정망
8. 초미세먼지(PM-2.5)의 성분 및 농도를 측정하기 위한 미세먼지성분측정망

특별시장·광역시장·특별자치시장·도지사 또는 특별자치도지사가 설치하는 대기오염 측정망의 종류

1. 도시지역의 대기오염물질 농도를 측정하기 위한 도시대기측정망
2. 도로변의 대기오염물질 농도를 측정하기 위한 도로변대기측정망
3. 대기 중의 중금속 농도를 측정하기 위한 대기중금속측정망

정답 ①

89

★★☆

다음은 대기환경보전법령상 시·도지사가 배출시설의 설치를 제한할 수 있는 경우이다. (   ) 안에 알맞은 것은?

> 배출시설 설치지점으로부터 반경 1킬로미터 안의 상주인구가 (㉠) 이상인 지역으로서 특정대기유해물질 중 한 가지 종류의 물질을 연간 (㉡) 이상 배출하거나 두 가지 이상의 물질을 연간 (㉢) 이상 배출하는 시설을 설치하는 경우는 시·도지사가 배출시설의 설치를 제한할 수 있다.

① ㉠ 2만명, ㉡ 10톤, ㉢ 25톤
② ㉠ 2만명, ㉡ 5톤, ㉢ 15톤
③ ㉠ 1만명, ㉡ 10톤, ㉢ 25톤
④ ㉠ 1만명, ㉡ 5톤, ㉢ 15톤

해설

환경부장관 또는 시·도지사가 배출시설 설치를 제한할 수 있는 경우「시행령 제12조」

1. 배출시설 설치지점으로부터 반경 1킬로미터 안의 상주인구가 2만명 이상인 지역으로서 특정대기유해물질 중 한 가지 종류의 물질을 연간 10톤 이상 배출하거나 두 가지 이상의 물질을 연간 25톤 이상 배출하는 시설을 설치하는 경우
2. 대기오염물질(먼지·황산화물 및 질소산화물만 해당)의 발생량 합계가 연간 10톤 이상인 배출시설을 특별대책지역(총량규제구역으로 지정된 특별대책지역은 제외)에 설치하는 경우

정답 ①

90 ★☆☆

다음은 대기환경보전법규상 비산먼지 발생을 억제하기 위한 시설의 설치 및 필요한 조치에 관한 엄격한 기준이다. (　　) 안에 알맞은 것은?

> 배출공정 중 "싣기와 내리기 공정"은 싣거나 내리는 장소 주위에 고정식 또는 이동식 물뿌림 시설(물뿌림 반경 (㉠) 이상, 수압 (㉡) 이상)을 설치하여야 한다.

① ㉠ 3m, ㉡ $2kg/cm^2$　② ㉠ 3m, ㉡ $3kg/cm^2$
③ ㉠ 5m, ㉡ $2kg/cm^2$　④ ㉠ 7m, ㉡ $5kg/cm^2$

해설

싣기와 내리기 공정에서 비산먼지의 발생을 억제하기 위한 시설의 설치 및 필요한 조치에 관한 엄격한 기준「시행규칙 별표 15」

- 최대한 밀폐된 저장 또는 보관시설 내에서만 분체상 물질을 싣거나 내릴 것
- 싣거나 내리는 장소 주위에 고정식 또는 이동식 물뿌림 시설(물뿌림 반경 7m 이상, 수압 $5kg/cm^2$ 이상)을 설치할 것

정답 ④

91 ★★★

실내공기질 관리법규상 산후조리원의 현행 실내공기질 권고기준으로 옳지 않은 것은?

① 라돈(Bq/m^3): 5.0 이하
② 이산화질소(ppm): 0.05 이하
③ 총휘발성유기화합물($\mu g/m^3$): 400 이하
④ 곰팡이(CFU/m^3): 500 이하

해설

실내공기질 권고기준「실내공기질 관리법 시행규칙 별표 3」
의료기관, 산후조리원, 노인요양시설, 어린이집, 실내 어린이놀이시설 적용기준

이산화질소 (ppm)	라돈 (Bq/m^3)	총휘발성유기화합물 ($\mu g/m^3$)	곰팡이 (CFU/m^3)
0.05 이하	148 이하	400 이하	500 이하

정답 ①

92 ★★★

실내공기질 관리법규상 신축 공동주택의 오염물질 항목별 실내공기질 권고기준으로 옳지 않은 것은?

① 폼알데하이드: $300\mu g/m^3$ 이하
② 에틸벤젠: $360\mu g/m^3$ 이하
③ 자일렌: $700\mu g/m^3$ 이하
④ 벤젠: $30\mu g/m^3$ 이하

해설

폼알데하이드: $210\mu g/m^3$ 이하

관련이론 | 신축 공동주택의 실내공기질 권고기준「실내공기질 관리법 시행규칙 별표 4의2」

1. 폼알데하이드: $210\mu g/m^3$ 이하
2. 벤젠: $30\mu g/m^3$ 이하
3. 톨루엔: $1,000\mu g/m^3$ 이하
4. 에틸벤젠: $360\mu g/m^3$ 이하
5. 자일렌: $700\mu g/m^3$ 이하
6. 스티렌: $300\mu g/m^3$ 이하
7. 라돈: $148Bq/m^3$ 이하

정답 ①

93 ★★☆

대기환경보전법상 제작차배출허용기준에 맞지 아니하게 자동차를 제작한 자에 대한 벌칙기준은?

① 7년 이하의 징역이나 1억원 이하의 벌금에 처한다.
② 5년 이하의 징역이나 5천만원 이하의 벌금에 처한다.
③ 3년 이하의 징역이나 3천만원 이하의 벌금에 처한다.
④ 1년 이하의 징역이나 1천만원 이하의 벌금에 처한다.

해설

제작차배출허용기준에 맞지 아니하게 자동차를 제작한 자에게는 7년 이하의 징역이나 1억원 이하의 벌금에 처한다.

정답 ①

94
★★☆

다음은 대기환경보전법규상 미세먼지(PM-10)의 "주의보" 발령기준 및 해제기준이다. ( ) 안에 알맞은 것은?

> • 발령기준: 기상조건 등을 고려하여 해당지역의 대기자동측정소 PM-10 시간당 평균농도가 (㉠) 지속인 때
> • 해제기준: 주의보가 발령된 지역의 기상조건 등을 검토하여 대기자동측정소의 PM-10 시간당 평균농도가 (㉡)인 때

① ㉠ 150$\mu g/m^3$ 이상 2시간 이상, ㉡ 100$\mu g/m^3$ 미만
② ㉠ 150$\mu g/m^3$ 이상 1시간 이상, ㉡ 150$\mu g/m^3$ 미만
③ ㉠ 100$\mu g/m^3$ 이상 2시간 이상, ㉡ 100$\mu g/m^3$ 미만
④ ㉠ 100$\mu g/m^3$ 이상 1시간 이상, ㉡ 80$\mu g/m^3$ 미만

해설

미세먼지(PM-10) 대기오염경보 단계별 대기오염물질의 농도기준 「시행규칙 별표 7」

단계	발령기준	해제기준
주의보	기상조건 등을 고려하여 해당지역의 대기자동측정소 PM-10 시간당 평균농도가 150$\mu g/m^3$ 이상 2시간 이상 지속인 때	주의보가 발령된 지역의 기상조건 등을 검토하여 대기자동측정소의 PM-10 시간당 평균농도가 100$\mu g/m^3$ 미만인 때
경보	기상조건 등을 고려하여 해당지역의 대기자동측정소 PM-10 시간당 평균농도가 300$\mu g/m^3$ 이상 2시간 이상 지속인 때	경보가 발령된 지역의 기상조건 등을 검토하여 대기자동측정소의 PM-10 시간당 평균농도가 150$\mu g/m^3$ 미만인 때는 주의보로 전환

정답 ①

95
★★☆

다음은 대기환경보전법규상 고체연료 사용시설 설치기준이다. ( ) 안에 가장 적합한 것은?

> 석탄사용시설의 경우 배출시설의 굴뚝높이는 100m 이상으로 하되, 굴뚝상부 안지름, 배출가스 온도 및 속도 등을 고려한 유효굴뚝높이가 (   )인 경우에는 굴뚝높이를 60m 이상 100m 미만으로 할 수 있다.

① 150m 이상　② 220m 이상
③ 350m 이상　④ 440m 이상

해설

고체연료 중 석탄사용시설 설치기준 「시행규칙 별표 12」

배출시설의 굴뚝높이는 100m 이상으로 하되, 굴뚝상부 안지름, 배출가스 온도 및 속도 등을 고려한 유효굴뚝높이(굴뚝의 실제 높이에 배출가스의 상승고도를 합산한 높이)가 440m 이상인 경우에는 굴뚝높이를 60m 이상 100m 미만으로 할 수 있다. 이 경우 유효굴뚝높이 및 굴뚝높이 산정방법 등에 관하여는 국립환경과학원장이 정하여 고시한다.

정답 ④

96
★★☆

대기환경보전법령상 대기오염 경보단계의 3가지 유형 중 "경보발령" 시 조치사항으로 가장 거리가 먼 것은?

① 주민의 실외활동 제한 요청
② 자동차 사용의 제한
③ 사업장의 연료사용량 감축 권고
④ 사업장의 조업시간 단축명령

해설

대기오염 경보단계별 조치의 포함사항 「시행령 제2조」

1. 주의보: 주민의 실외활동 및 자동차 사용의 자제 요청 등
2. 경보: 주민의 실외활동 제한 요청, 자동차 사용의 제한 및 사업장의 연료사용량 감축 권고 등
3. 중대경보: 주민의 실외활동 금지 요청, 자동차의 통행금지 및 사업장의 조업시간 단축명령 등

정답 ④

97

★★★

환경정책기본법령상 일산화탄소(CO)의 대기환경기준은? (단, 8시간 평균치이다.)

① 0.15ppm 이하 ② 0.3ppm 이하
③ 9ppm 이하 ④ 25ppm 이하

해설

일산화탄소(CO)의 8시간 평균 대기환경기준은 9ppm 이하이다.

정답 ③

98

★☆☆

대기환경보전법령상 인증을 생략할 수 있는 자동차에 해당하지 않는 것은?

① 훈련용 자동차로서 문화체육관광부장관의 확인을 받은 자동차
② 주한 외국군인의 가족이 사용하기 위하여 반입하는 자동차
③ 자동차제작자 및 자동차 관련 연구기관 등이 자동차의 개발 또는 전시 등 주행 외의 목적으로 사용하기 위하여 수입하는 자동차
④ 항공기 지상 조업용 자동차

해설

인증을 생략할 수 있는 자동차「시행령 제47조」

1. 국가대표 선수용 자동차 또는 훈련용 자동차로서 문화체육관광부장관의 확인을 받은 자동차
2. 외국에서 국내의 공공기관 또는 비영리단체에 무상으로 기증한 자동차
3. 외교관 또는 주한 외국군인의 가족이 사용하기 위하여 반입하는 자동차
4. 항공기 지상 조업용 자동차
5. 법 제48조 제1항에 따른 인증을 받지 아니한 자가 그 인증을 받은 자동차의 원동기를 구입하여 제작하는 자동차
6. 국제협약 등에 따라 인증을 생략할 수 있는 자동차

정답 ③

99

★☆☆

다음은 대기환경보전법상 기존 휘발성유기화합물 배출시설 규제에 관한 사항이다. (　　) 안에 알맞은 것은?

> 특별대책지역, 대기관리권역 또는 휘발성유기화합물 배출규제 추가지역으로 지정·고시될 당시 그 지역에서 휘발성유기화합물을 배출하는 시설을 운영하고 있는 자는 특별대책지역, 대기관리권역 또는 휘발성유기화합물 배출규제 추가지역으로 지정·고시된 날부터 (　　　)에 시·도지사 등에게 휘발성유기화합물 배출시설 설치 신고를 하여야 한다.

① 15일 이내 ② 1개월 이내
③ 2개월 이내 ④ 3개월 이내

해설

지정·고시된 날부터 3개월 이내에 신고를 하여야 하며, 지정·고시된 날부터 2년 이내에 휘발성유기화합물의 배출로 인한 대기환경상의 피해가 없도록 조치를 하여야 한다.

정답 ④

100

★★★

대기환경보전법령상 대기오염물질발생량의 합계가 연간 25톤인 사업장은 몇 종 사업장에 해당하는가?

① 2종 사업장 ② 3종 사업장
③ 4종 사업장 ④ 5종 사업장

해설

사업장 분류기준「시행령 별표 1의3」

종별	오염물질발생량 구분
1종 사업장	대기오염물질발생량의 합계가 연간 80톤 이상인 사업장
2종 사업장	대기오염물질발생량의 합계가 연간 20톤 이상 80톤 미만인 사업장
3종 사업장	대기오염물질발생량의 합계가 연간 10톤 이상 20톤 미만인 사업장
4종 사업장	대기오염물질발생량의 합계가 연간 2톤 이상 10톤 미만인 사업장
5종 사업장	대기오염물질발생량의 합계가 연간 2톤 미만인 사업장

정답 ①

ENERGY

겨울이 오면, 봄이 멀 수 있으랴!

– 퍼시 비시 셸리(Percy Bysshe Shelley), '서풍에 부치는 노래'

2019년 | 4회 기출문제

자동채점

대기오염개론

01
★☆☆

황산화물의 각종 영향에 대한 설명으로 옳지 않은 것은?

① 공기가 SO_2를 함유하면 부식성이 강하게 된다.
② SO_2는 대기 중의 분진과 반응하여 황산염이 형성됨으로써 대부분의 금속을 부식시킨다.
③ 대기에서 형성되는 아황산 및 황산은 석회, 대리석, 각종 시멘트 등 건축재료를 약화시킨다.
④ 황산화물은 대기 중 또는 금속의 표면에서 황산으로 변함으로써 부식성을 더욱 약하게 한다.

해설
황산화물은 대기 중 또는 금속의 표면에서 황산으로 변함으로써 부식성을 더 강하게 한다.

정답 ④

02
★★☆

다음과 같이 인체에 피해를 유발시킬 수 있는 오염물질로 가장 적합한 것은?

> 혈액 헤모글로빈의 기본요소인 포르피린 고리의 형성을 방해함으로써 인체 내 헤모글로빈의 형성을 억제하여 만성빈혈이 발생할 수 있다.

① 다이옥신 ② 납
③ 망간 ④ 바나듐

해설
납에 대한 설명이다.

정답 ②

03
★☆☆

다음 Dobson unit에 관한 설명 중 ( ) 안에 알맞은 것은?

> 1Dobson은 지구 대기 중 오존의 총량을 0℃, 1기압의 표준상태에서 두께로 환산했을 때 ( )에 상당하는 양을 의미한다.

① 0.01mm ② 0.1mm
③ 0.1cm ④ 1cm

해설
Dobson은 오존의 두께를 나타내는 단위로 1Dobson은 0.01mm에 해당된다.

정답 ①

04
★☆☆

NO_x 중 이산화질소에 관한 설명으로 옳지 않은 것은?

① 적갈색의 자극성을 가진 기체이며, NO보다 5~7배 정도 독성이 강하다.
② 분자량 46, 비중은 1.59 정도이다.
③ 수용성이지만 NO보다는 수중 용해도가 낮으며 일명 웃음기체라고도 한다.
④ 부식성이 강하고, 산화력이 크며, 생리적인 독성과 자극성을 유발할 수도 있다.

해설
이산화질소가 아닌 아산화질소(N_2O)가 물과 알코올에 잘 녹으며 일명 웃음기체라고도 한다.

정답 ③

05 ★★☆

오염물질이 식물에 미치는 영향에 대한 설명으로 가장 거리가 먼 것은?

① 오존은 0.2ppm 정도의 농도에서 2~3시간 접촉하면 피해를 일으키며, 보통 엽록소 파괴, 동화작용 억제, 산소작용의 저해 등을 일으킨다.
② 질소산화물은 엽록소가 갈색으로 되어 잎의 내부에 갈색 또는 흑갈색의 반점이 생기며, 담배, 해바라기, 진달래 등은 이산화질소에 대한 식물의 감수성이 약한 편이다.
③ 양배추, 클로버, 상추 등은 에틸렌가스에 대해 저항성 식물이다.
④ 보리, 목화 등은 아황산가스에 대해 저항성이 강한 식물이며, 까치밤나무, 쥐똥나무 등은 저항성이 약한 식물에 해당한다.

해설
보리, 목화 등은 아황산가스에 대해 저항성이 약한 식물이며, 까치밤나무, 쥐똥나무 등은 저항성이 강한 식물에 해당한다.

정답 ④

06 ★★☆

Fick의 확산방정식을 실제 대기에 적용시키기 위해 세우는 추가적인 가정으로 거리가 먼 것은?

① dC/dt=0이다.
② 바람에 의한 오염물의 주이동방향은 x축으로 한다.
③ 오염물질의 농도는 비점오염원에서 간헐적으로 배출된다.
④ 풍속은 x, y, z 좌표 내의 어느 점에서든 일정하다.

해설
Fick의 확산방정식을 실제 대기에 적용시킬 때에는 오염물질의 농도는 점오염원에서 연속적으로 배출된다고 가정한다.

정답 ③

07 ★★☆

역전에 관한 설명으로 옳지 않은 것은?

① 복사역전층은 보통 가을로부터 봄에 걸쳐서 날씨가 좋고, 바람이 약하며, 습도가 적을 때 자정 이후 아침까지 잘 발생한다.
② 침강역전은 고기압 중심부분에서 기층이 서서히 침강하면서 기온이 단열변화로 승온되어 발생하는 현상이다.
③ 전선역전층은 빠른 속도로 움직이는 경향이 있어서 오염문제에 심각한 영향을 주지는 않는 편이다.
④ 해풍역전은 정체성 역전으로서 보통 오염물질을 오랫동안 정체시킨다.

해설
해풍역전은 낮에 해상에서 부는 차가운 해풍과 지표 위 약 1km에서 따뜻한 육풍이 불면서 발생하는 공중역전으로서 보통 오염물질을 오랫동안 정체시키지 않는다.

정답 ④

08 ★★☆

먼지의 농도가 0.075mg/m³인 지역의 상대습도가 70%일 때, 가시거리는? (단, 계수는 1.2로 가정한다.)

① 4km ② 16km
③ 30km ④ 42km

해설
상대습도 70%에서의 가시거리 공식을 이용한다.

$$L_v(\text{km})=\frac{A\times 10^3}{G}$$

G: 분진농도($\mu g/m^3$), A: 계수

$$G=\frac{0.075\text{mg}}{\text{m}^3}\times\frac{10^3\mu\text{g}}{\text{mg}}=75\mu\text{g/m}^3$$

$$L_v=\frac{1.2\times 10^3}{75}=16\text{km}$$

정답 ②

2019년

09

★★☆

산란에 관한 설명으로 옳지 않은 것은?

① Rayleigh는 "맑은 하늘 또는 저녁노을은 공기 분자에 의한 빛의 산란에 의한 것"이라는 것을 발견하였다.
② 빛을 입자가 들어있는 어두운 상자 안으로 도입시킬 때 산란광이 나타나며 이것을 틴달빛(光)이라고 한다.
③ Mie 산란의 결과는 입사빛의 파장에 대하여 입자가 대단히 작은 경우에만 적용되는 반면, Rayleigh의 결과는 모든 입경에 대하여 적용한다.
④ 입자에 빛이 조사될 때 산란의 경우, 동일한 파장의 빛이 여러 방향으로 다른 강도로 산란되는 반면, 흡수의 경우는 빛에너지가 열, 화학반응의 에너지로 변환된다.

해설
Rayleigh 산란의 결과는 입사빛의 파장에 대하여 입자가 대단히 작은 경우에만 적용되고, Mie 산란의 결과는 빛의 파장과 크기가 유사한 입경에 대하여 적용한다.

정답 ③

10

★☆☆

다음 대기오염물질 중 바닷물의 물보라 등이 배출원이며, 1차 오염물질에 해당하는 것은?

① N_2O_3　　② 알데하이드
③ HCN　　④ NaCl

해설
1차 오염물질이란 발생원에서 직접 대기 중으로 배출되는 대기오염물질이다.
바닷물의 물보라 등에서 배출되는 오염물질은 NaCl이다.

정답 ④

11

★★★

역사적인 대기오염사건에 관한 설명으로 옳은 것은?

① 포자리카 사건은 MIC에 의한 피해이다.
② 런던스모그 사건은 복사역전 형태였다.
③ 뮤즈계곡 사건은 PAN이 주된 오염물질로 작용했다.
④ 도쿄 요코하마 사건은 PCB가 주된 오염물질로 작용했다.

선지분석
① 포자리카 사건은 H_2S에 의한 피해이다.
③ 뮤즈계곡 사건은 아황산가스가 주된 오염물질로 작용했다.
④ 도쿄 요코하마 사건은 공장에서 배출된 대기오염물질이 주된 오염물질로 작용했다.

정답 ②

12

★★☆

최대혼합고도가 500m일 때 오염농도는 4ppm이었다. 오염농도가 500ppm일 때 최대혼합고도는 얼마인가?

① 50m　　② 100m
③ 200m　　④ 250m

해설

$$\frac{C_2}{C_1}=\left(\frac{MMD_1}{MMD_2}\right)^3$$

C_1: 예상오염농도(ppm), MMD_1: 예상최대혼합고(m)
C_2: 실제오염농도(ppm), MMD_2: 실제최대혼합고(m)

$$\frac{4\text{ppm}}{500\text{ppm}}=\left(\frac{MMD_1}{500\text{m}}\right)^3$$

$MMD_1=100\text{m}$

정답 ②

13

★★☆

도시 대기오염물질 중 태양빛을 흡수하는 기체 중의 하나로서 파장 420nm 이상의 가시광선에 의해 광분해되는 물질로 대기 중 체류시간이 약 2~5일 정도인 것은?

① SO_2 ② NO_2
③ CO_2 ④ RCHO

해설
NO_2에 대한 설명이다.

정답 ②

14

★★☆

수용모델의 분석법에 관한 설명으로 옳지 않은 것은?

① 광학현미경은 입경이 0.01μm보다 큰 입자만을 대상으로 먼지의 형상, 모양 및 색깔별로 오염원을 구별할 수 있고, 미숙련 경험자도 쉽게 분석가능하다.
② 전자주사현미경은 광학현미경보다 작은 입자를 측정할 수 있고, 정성적으로 먼지의 오염원을 확인할 수 있다.
③ 시계열분석법은 대기오염 제어의 기능을 평가하고 특정 오염원의 경향을 추적할 수 있으며, 타 방법을 통해 제시된 오염원을 확인하는 데 매우 유용한 정성적 분석법이다.
④ 공간계열법은 시료채취기간 중 오염배출속도 및 기상학 등에 크게 의존하여 분산모델과 큰 연관성을 갖는다.

해설
광학현미경은 입경이 1μm보다 큰 입자만을 대상으로 먼지의 형상, 모양 및 색깔별로 오염원을 구별할 수 있고, 숙련성이 요구되는 분석방법이다.

정답 ①

15

★★☆

가우시안 모델의 대기오염 확산방정식을 적용할 때 지면에 있는 오염원으로부터 바람부는 방향으로 200m 떨어진 연기의 중심축상 지상오염농도(mg/m^3)는? (단, 오염물질의 배출량은 6g/s, 풍속은 3.5m/s, σ_y, σ_z는 각각 22.5m, 12m이다.)

① 0.96 ② 1.41
③ 2.02 ④ 2.46

해설
가우시안 분산식을 이용한다.

$$C(x,y,z)=\frac{Q}{2\pi U\sigma_y\sigma_z}\left[\exp\left\{-\frac{1}{2}\left(\frac{y}{\sigma_y}\right)^2\right\}\right]$$
$$\times\left[\exp\left\{-\frac{1}{2}\left(\frac{(z-H_e)}{\sigma_z}\right)^2\right\}+\exp\left\{-\frac{1}{2}\left(\frac{(z+H_e)}{\sigma_z}\right)^2\right\}\right]$$

Q: 오염물질 배출량(mg/s)

$$Q=\frac{6\text{g}}{\text{s}}\times\frac{10^3\text{mg}}{\text{g}}=6{,}000\text{mg/s}$$

U: 풍속(m/s)
H_e: 유효굴뚝높이(m)
지면에 있는 오염원이므로 "0"
y: 풍향에 직각인 수평거리(m)
중심축상 오염농도를 구하므로 "0"
z: 지면으로부터 오염물질까지의 높이(m)
지상의 오염농도를 구하므로 "0"

$$C(x,0,0)=\frac{6{,}000}{2\pi\times3.5\times22.5\times12}\left[\exp\left(-\frac{1}{2}\left(\frac{0}{22.5}\right)^2\right)\right]$$
$$\times\left[\exp\left\{-\frac{1}{2}\left(\frac{0-0}{12}\right)^2\right\}+\exp\left\{-\frac{1}{2}\left(\frac{0+0}{12}\right)^2\right\}\right]$$
$$=\frac{6{,}000}{2\pi\times3.5\times22.5\times12}\times\exp(0)\times[\exp(0)+\exp(0)]$$
$$=2.0210\text{mg/m}^3$$

※ exp(0)=1

정답 ③

2019년

16

★★☆

오존에 관한 설명으로 옳지 않은 것은? (단, 대류권 내 오존 기준이다.)

① 보통 지표오존의 배경농도는 1~2ppm 범위이다.
② 오존은 태양빛, 자동차 배출원인 질소산화물과 휘발성 유기화합물 등에 의해 일어나는 복잡한 광화학반응으로 생성된다.
③ 오염된 대기 중 오존농도에 영향을 주는 것은 태양빛의 강도, NO_2/NO의 비, 반응성 탄화수소농도 등이다.
④ 국지적인 광화학스모그로 생성된 Oxidant의 지표물질이다.

해설

보통 지표오존의 배경농도는 0.01~0.02ppm 범위이다.

정답 ①

17

★★☆

다음 중 2차 대기오염물질에 해당하지 않는 것은?

① SO_3　　② H_2SO_4
③ NO_2　　④ CO_2

해설

이산화탄소(CO_2)는 발생원에서 직접 대기로 방출되는 1차 대기오염물질이고, 대기환경보전법상 대기오염물질로 분류되지는 않는다.

정답 ④

18

★★☆

다음 특정물질 중 오존파괴지수가 가장 큰 것은?

① Halon-1211　　② Halon-1301
③ CCl_4　　④ HCFC-22

해설

오존파괴지수 순서

Halon-1301 > Halon-1211 > CCl_4 > HCFC-22

① Halon-1211: 3.0　　② Halon-1301: 10.0
③ CCl_4: 1.1　　④ HCFC-22: 0.05

정답 ②

19

★★☆

대기오염가스를 배출하는 굴뚝의 유효고도가 87m에서 100m로 높아졌다면 굴뚝의 풍하측 지상 최대 오염농도는 87m일 때의 것과 비교하면 몇 %가 되겠는가? (단, 기타 조건은 일정하다.)

① 47%　　② 62%
③ 76%　　④ 88%

해설

최대지표농도 공식을 이용한다.

$$C_{max}=\frac{2Q}{\pi eUH_e^2}\times\left(\frac{K_z}{K_y}\right)$$

Q: 오염물질 배출량
U: 풍속, H_e: 유효굴뚝높이(m)
K_z: 수직방향확산계수, K_y: 수평방향확산계수

(1) 87m일 때

굴뚝의 유효고도(H_e) 외에 다른 조건은 주어지지 않았으므로 상수 K로 놓고, 굴뚝의 유효고도에 따른 최대 지표농도의 변화를 계산한다.

$$C_{max}=\frac{1}{87^2}\times K$$

(2) 100m일 때

$$C_{max}=\frac{1}{100^2}\times K$$

(3) 굴뚝의 유효고도가 100m로 높아졌을 경우 87m일 때와 최대지표농도 비교하기

$$\frac{\frac{1}{100^2}\times K}{\frac{1}{87^2}\times K}\times 100=\frac{\frac{1}{100^2}}{\frac{1}{87^2}}\times 100=75.69\%$$

정답 ③

20 ★☆☆

벤젠에 관한 설명으로 옳지 않은 것은?

① 체내에 흡수된 벤젠은 지방이 풍부한 피하조직과 골수에서 고농도로 축적되어 오래 잔존할 수 있다.
② 체내에서 마뇨산(Hippuric acid)으로 대사하여 소변으로 배설된다.
③ 비점은 약 80℃ 정도이고, 체내 흡수는 대부분 호흡기를 통하여 이루어진다.
④ 벤젠 폭로에 의해 발생되는 백혈병은 주로 급성 골수성 백혈병(Acute myeloblastic leukemia)이다.

해설
벤젠은 골수에 축적되어 손상을 일으켜 백혈병 등을 유발하고 인체 내의 신장, 간, 뇌, 폐 등에도 타격을 주며 암을 유발하고 쉽게 배출되지 않는다.

관련이론 | 마뇨산
톨루엔이 인체에서 대사되었을 경우 마뇨산의 형태로 배출된다.

정답 ②

연소공학

21 ★★☆

화격자 연소로에서 석탄을 연소시킬 경우 화염이동속도에 대한 설명으로 옳지 않은 것은?

① 입경이 작을수록 화염이동속도는 커진다.
② 발열량이 높을수록 화염이동속도는 커진다.
③ 공기온도가 높을수록 화염이동속도는 커진다.
④ 석탄화도가 높을수록 화염이동속도는 커진다.

해설
석탄화도가 높을수록 화염이동속도는 작아진다.

정답 ④

22 ★☆☆

연료의 특성에 대한 설명 중 옳은 것은?

① 석탄의 비중은 탄화도가 진행될수록 작아진다.
② 중유의 비중이 클수록 유동점과 잔류탄소는 감소한다.
③ 중유 중 잔류탄소의 함량이 많아지면 점도가 낮아진다.
④ 메탄은 프로판에 비해 이론공기량이 적다.

선지분석
① 석탄의 비중은 탄화도가 진행될수록 증가한다.
② 중유의 비중이 클수록 유동점과 잔류탄소는 증가한다.
③ 중유 중 잔류탄소의 함량이 많아지면 점도가 높아진다.

정답 ④

23 ★☆☆

정상연소에서 연소속도를 지배하는 요인으로 가장 적합한 것은?

① 연료 중의 불순물 함유량
② 연료 중의 고정탄소량
③ 공기 중의 산소의 확산속도
④ 배출가스 중의 N_2 농도

해설
정상연소에서 연소속도를 지배하는 가장 큰 요인은 공기 중의 산소의 확산속도이다.

정답 ③

24 ★★★

휘발유, 등유, 알코올, 벤젠 등 액체연료의 연소방식에 해당하는 것은?

① 자기연소 ② 확산연소
③ 증발연소 ④ 표면연소

선지분석
① 자기연소: 니트로글리세린과 같은 자기반응성 물질
② 확산연소: 기체연료
④ 표면연소: 고체연료

정답 ③

25

★☆☆

다음은 연료의 분류에 관한 설명이다. (   ) 안에 들어갈 가장 적합한 것은?

> (   )는 가솔린과 유사하거나 또는 약간 높은 끓는점 범위의 유분으로 240℃에서 96% 이상이 증류되는 성분을 말하며, 옥탄가가 낮아 직접적으로 내연기관의 연료로 사용될 수 없기 때문에 가솔린에 혼합되거나 석유화학 원료용으로 주로 사용된다.

① 나프타　　② 등유
③ 경유　　④ 중유

해설

나프타에 대한 설명이다.

정답 ①

26

★★★

중유 조성이 탄소 87%, 수소 11%, 황 2%이었다면 이 중유 연소에 필요한 이론 습연소가스량(Sm^3/kg)은?

① 9.63　　② 11.35
③ 13.63　　④ 15.62

해설

이론산소량$=1.867C+5.6H+0.7S-0.7O$
$=(1.867\times0.87)+(5.6\times0.11)+(0.7\times0.02)$
$=2.2542Sm^3/kg$

이론공기량$=\dfrac{\text{이론산소량}}{0.21}=\dfrac{2.2542}{0.21}=10.7342Sm^3/kg$

이론공기 중 질소량=이론공기량$\times0.79$
$=10.7342\times0.79=8.48Sm^3/kg$

CO_2 배출량(C의 원자량은 12)
$C+O_2\rightarrow CO_2$
$12kg : 22.4Sm^3=0.87kg/kg : xSm^3$
$x=1.624Sm^3/kg$

H_2O 배출량(H_2의 분자량은 2)
$2H_2+O_2\rightarrow 2H_2O$
$2\times2kg : 2\times22.4Sm^3=0.11kg/kg : xSm^3$
$x=1.232Sm^3/kg$

SO_2 배출량(S의 원자량은 32)
$S+O_2\rightarrow SO_2$
$32kg : 22.4Sm^3=0.02kg/kg : xSm^3$
$x=0.014Sm^3/kg$

이론 습연소가스량
=이론공기 중 질소량+습연소생성물($CO_2+H_2O+SO_2$)
$=8.48+1.624+1.232+0.014=11.35Sm^3/kg$

정답 ②

27

★★★

목재, 석탄, 타르 등 연소초기에 가연성 가스가 생성되고 긴 화염이 발생되는 연소의 형태는?

① 표면연소　　② 분해연소
③ 증발연소　　④ 확산연소

해설

① 표면연소: 코크스, 숯
② 분해연소: 석탄, 목재, 중유
③ 증발연소: 휘발유, 경유, 왁스
④ 확산연소: 기체연료

정답 ②

28

★☆☆

분무연소기의 자동제어 방법인 시퀀스제어(순차제어, Sequential control)에 관한 설명으로 가장 거리가 먼 것은?

① 안전장치가 따로 필요 없다.
② 분무연소기의 자동점화, 자동소화, 연소량 자동제어 등이 행해진다.
③ 화염이 꺼진 경우 화염검출기가 소화를 검출하고, 점화 플러그를 다시 작동시킨다.
④ 지진에 의해서 감지기가 작동하면 연료 개폐 밸브가 닫힌다.

해설

시퀀스제어에는 안전장치가 필요하다.

정답 ①

29 ★★★

유동층 연소에 관한 설명으로 거리가 먼 것은?

① 사용연료의 입도범위가 넓기 때문에 연료를 미분쇄 할 필요가 없다.
② 비교적 고온에서 연소가 행해지므로 열생성 NO_x가 많고, 전열관의 부식이 문제가 된다.
③ 연료의 층내 체류시간이 길어 저발열량의 석탄도 완전연소가 가능하다.
④ 유동매체에 석회석 등의 탈황제를 사용하여 로내 탈황도 가능하다.

해설

유동층 연소는 열생성 NO_x와 황산화물의 생성이 억제되어 전열관의 부식이 문제가 되지 않는다.

정답 ②

30 ★★☆

COM(Coal Oil Mixture, 혼탄유) 연소에 관한 설명으로 옳지 않은 것은?

① COM은 주로 석탄과 중유의 혼합연료이다.
② 연소실 내 체류시간의 부족, 분사변의 폐쇄와 마모 등 주의가 요구된다.
③ 재의 처리가 용이하고, 중유 전용 보일러의 연료로서 개조 없이 COM을 효율적으로 이용할 수 있다.
④ 중유보다 미립화 특성이 양호하다.

해설

COM 연소는 재의 처리가 용이하지 않고, 중유 전용 보일러 시설의 개조를 통해 사용할 수 있다.

정답 ③

31 ★★☆

옥탄가에 대한 설명으로 옳지 않은 것은?

① n-Paraffin에서는 탄소수가 증가할수록 옥탄가는 저하하여 C_7에서 옥탄가는 0이다.
② 방향족 탄화수소의 경우 벤젠고리의 측쇄가 C_3까지는 옥탄가가 증가하지만 그 이상이면 감소한다.
③ Naphthene계는 방향족 탄화수소보다는 옥탄가가 작지만 n-Paraffin계보다는 큰 옥탄가를 가진다.
④ iso-Paraffin에서는 methyl 가지가 적을수록, 중앙에 집중하지 않고 분산될수록 옥탄가가 증가한다.

해설

iso-Paraffin에서는 methyl 가지가 많고 중앙에 집중할수록 옥탄가가 증가한다.

관련이론 | 옥탄가

- 휘발유의 특성을 나타내는 수치로 노킹(Knocking)현상에 대한 저항성을 의미한다.
- 자동차의 엔진이 요구하는 옥탄가보다 낮은 옥탄가의 휘발유를 사용하면 노킹(Knocking)현상이 발생한다.
- 옥탄가는 이소옥탄(C_8H_{18})의 옥탄가를 100%, n-헵탄(C_7H_{16})의 옥탄가를 0%로 했을 때 이소옥탄의 비율로 구한다.

$$\text{Octane Number}(\%) = \frac{C_8H_{18}(mL)}{C_8H_{18}(mL)+C_7H_{16}(mL)} \times 100$$

- TEL(사에틸납, Tetraethyl lead)은 금속유기화합물의 일종으로 옥탄가를 향상시키나 독성이 강해 법적으로 제한하고 있다.
- 에테르계 물질인 MTBE(Methyl Tert-Butyl Ether), ETBE(Ethyl Tert-Butyl Ether), DIPE(Di-Iso Propyl Ether) 등이 옥탄가 향상제로 사용되고 있다.

정답 ④

2019년

32

★☆☆

내용적 160m^{3}의 밀폐된 실내에서 2.23kg의 부탄을 완전연소할 때, 실내에서의 산소농도(V/V, %)는? (단, 표준상태, 기타조건은 무시하며, 공기 중 용적산소비율은 21%이다.)

① 15.6% ② 17.5%
③ 19.4% ④ 20.8%

해설

$C_4H_{10}+6.5O_2 \rightarrow 4CO_2+5H_2O$
이론산소량 구하기
C_4H_{10}의 분자량$=(12\times4)+(1\times10)=58$
$58kg : 6.5\times22.4Sm^3=2.23kg : xSm^3$
$x=5.5980Sm^3$

공기 중 산소농도비율$=\dfrac{160\times0.21-5.5980}{160}\times100=17.5012\%$

※ 부탄이 연소되면 산소가 소모되기 때문에 공기 중의 산소의 부피(160×0.21)에서 부탄의 연소로 소모된 산소의 부피(5.5980)를 빼야 실내에서의 산소의 부피가 된다.

정답 ②

33

★★★

연소가스 분석결과 CO_2는 17.5%, O_2는 7.5%일 때 $(CO_2)_{max}$(%)는?

① 19.6 ② 21.6
③ 27.2 ④ 34.8

해설

최대탄산가스율 공식을 이용한다.

$$(CO_2)_{max}(\%)=\frac{21\times(CO_2+CO)}{21-O_2+0.395CO}$$

CO=0일 때 $(CO_2)_{max}(\%)=\dfrac{21\times CO_2}{21-O_2}$

$$(CO_2)_{max}(\%)=\frac{21\times17.5}{21-7.5}=27.2222\%$$

정답 ③

34

★☆☆

액체연료의 연소용 버너 중 유량의 조절범위가 일반적으로 가장 큰 것은?

① 저압기류분무식 버너 ② 회전식 버너
③ 고압기류분무식 버너 ④ 유압분무식 버너

해설

유량의 조절범위
① 저압기류분무식 버너 - 1 : 5
② 회전식 버너 - 1 : 5
③ 고압기류분무식 버너 - 1 : 10
④ 유압분무식 버너 - 1 : 3

정답 ③

35

★☆☆

다음 중 그을음이 잘 발생하기 쉬운 연료순으로 나열한 것은? (단, 쉬운 연료>어려운 연료 순서이다.)

① 타르>중유>석탄가스>LPG
② 석탄가스>LPG>타르>중유
③ 중유>LPG>석탄가스>타르
④ 중유>타르>LPG>석탄가스

해설

타르>중유>석탄가스>LPG 순으로 그을음이 발생하기 쉽다.

정답 ①

36

★★☆

착화점이 낮아지는 조건으로 거리가 먼 것은?

① 산소의 농도는 낮을수록
② 반응활성도는 클수록
③ 분자의 구조는 복잡할수록
④ 발열량은 높을수록

해설

산소의 농도가 높을수록 착화점이 낮아진다.

정답 ①

37

★★☆

미분탄 연소의 특징으로 거리가 먼 것은?

① 스토커 연소에 비해 작은 공기비로 완전연소가 가능하다.
② 사용연료의 범위가 넓고, 스토커 연소에 적합하지 않은 점결탄과 저발열량탄 등도 사용 가능하다.
③ 부하변동에 쉽게 적용할 수 있다.
④ 설비비와 유지비가 적게 들고, 재비산의 염려가 없으며, 별도 설비가 불필요하다.

해설
미분탄 연소는 설비비와 유지비가 많이 들고, 재비산의 염려가 있으며, 별도 설비가 필요하다.

정답 ④

38

★☆☆

고압기류분무식 버너에 관한 설명으로 옳지 않은 것은?

① 2~8kg/cm^2의 고압공기를 사용하여 연료유를 분무화시키는 방식이다.
② 분무각도는 30° 정도, 유량조절비는 1 : 10 정도이다.
③ 분무에 필요한 1차 공기량은 이론공기량의 80~90% 범위이다.
④ 연료유의 점도가 커도 분무화가 용이하나 연소 시 소음이 큰 편이다.

해설
고압기류분무식 버너에서 분무에 필요한 1차 공기량은 이론공기량의 7~12% 범위이다.

정답 ③

39

★☆☆

가연한계에 대한 설명으로 옳지 않은 것은?

① 일반적으로 가연한계는 산화제 중의 산소분율이 커지면 넓어진다.
② 파라핀계 탄화수소의 가연범위는 비교적 좁다.
③ 기체연료는 압력이 증가할수록 가연한계가 넓어지는 경향이 있다.
④ 혼합기체의 온도를 높게 하면 가연범위는 좁아진다.

해설
혼합기체의 온도를 높게 하면 가연범위는 넓어진다.

정답 ④

40

★☆☆

저 NO_x 연소기술 중 배가스 순환기술에 관한 설명으로 거리가 먼 것은?

① 일반적으로 배가스 재순환비율은 연소공기 대비 10~20%에서 운전된다.
② 희석에 의한 산소농도 저감효과보다는 화염온도 저하효과가 작기 때문에, 연료 NO_x보다는 고온 NO_x 억제효과가 작다.
③ 장점으로 대부분의 다른 연소제어기술과 병행해서 사용할 수 있다.
④ 저 NO_x 버너와 같이 사용하는 경우가 많다.

해설
배가스 순환기술은 희석에 의한 산소농도 저감효과보다는 화염온도 저하효과가 크기 때문에, 연료 NO_x보다는 고온 NO_x 억제효과가 크다.

정답 ②

2019년

대기오염방지기술

41

★☆☆

악취물질의 성질과 발생원에 관한 설명으로 가장 거리가 먼 것은?

① 에틸아민($C_2H_5NH_2$)은 암모니아취 물질로 수산가공, 약품제조 시에 발생한다.

② 메틸머캡탄(CH_3SH)은 부패양파취 물질로 석유정제, 가스제조, 약품제조 시에 발생한다.

③ 황화수소(H_2S)는 썩는 계란취 물질로 석유정제, 약품제조 시에 발생한다.

④ 아크로레인(CH_2CHCHO)은 생선취 물질로 하수처리장, 축산업에서 발생한다.

해설

아크로레인(CH_2CHCHO)은 자극취 물질로 석유화학, 약품제조 시에 발생한다.

정답 ④

42

★☆☆

각 집진장치의 특징에 관한 설명으로 옳지 않은 것은?

① 여과집진장치에서 여포는 가스온도가 350℃를 넘지 않도록 하여야 하며, 고온가스를 냉각시킬 때에는 산노점 이하로 유지해야 한다.

② 전기집진장치는 낮은 압력손실로 대량의 가스처리에 적합하다.

③ 제트스크러버는 처리가스량이 많은 경우에는 잘 쓰지 않는 경향이 있다.

④ 중력집진장치는 설치면적이 크고 효율이 낮아 전처리 설비로 주로 이용되고 있다.

해설

여과집진장치는 가스온도가 여과포의 상용온도를 넘지 않도록 하여야 하며, 고온가스를 냉각시킬 때에는 산노점 이상으로 유지해야 한다.

정답 ①

43

★★★

배출가스 중 먼지농도가 3,200mg/Sm^{3}인 먼지처리를 위해 집진율이 각각 60%, 70%, 75%인 중력집진장치, 원심력집진장치, 세정집진장치를 직렬로 연결해서 사용해왔다. 여기에 집진장치 하나를 추가로 직렬 연결하여 최종 배출구 먼지농도를 20mg/Sm^3 이하로 줄이려면, 추가 집진장치의 집진율은 최소 몇 %가 되어야 하는가?

① 약 79.2%　　② 약 85.6%

③ 약 89.6%　　④ 약 92.4%

해설

구분	내용
1차 중력집진장치 (60%)	유입: 3,200mg/Sm^3 유출: $3,200\times(1-0.6)=1,280$mg/Sm^3
2차 원심력집진장치 (70%)	유입: 1,280mg/Sm^3 유출: $1,280\times(1-0.7)=384$mg/Sm^3
3차 세정집진장치 (75%)	유입: 384mg/Sm^3 유출: $384\times(1-0.75)=96$mg/Sm^3
4차	유입: 96mg/Sm^3 유출: 20mg/Sm^3

추가 집진장치의 집진율$=\frac{96-20}{96}\times100=79.1666\%$

정답 ①

44

★☆☆

복합 국소배기장치에서 댐퍼조절평형법(또는 저항조절평형법)의 특징으로 옳지 않은 것은?

① 오염물질 배출원이 많아 여러 개의 가지덕트를 주덕트에 연결할 필요가 있는 경우 사용한다.

② 덕트의 압력손실이 큰 경우 주로 사용한다.

③ 작업 공정에 따른 덕트의 위치 변경이 가능하다.

④ 설치 후 송풍량 조절이 불가능하다.

해설

댐퍼조절평형법은 설치 후 송풍량 조절이 가능하다.

정답 ④

45 ★★☆

유해가스 처리를 위한 흡수액의 구비조건으로 거리가 먼 것은?

① 용해도가 커야 한다.
② 휘발성이 적어야 한다.
③ 점성이 커야 한다.
④ 용매의 화학적 성질과 비슷해야 한다.

해설
흡수액은 점성이 작아야 한다.

정답 ③

46 ★☆☆

탈황과 탈질 동시제어 공정으로 거리가 먼 것은?

① SCR공정 ② 전자빔공정
③ NOXSO공정 ④ 산화구리공정

해설
SCR은 탈질 제어 공정이다.

관련이론 | 선택적 촉매환원기술(SCR: Selective Catalytic Reduction)

- 선택적 촉매환원법이라고도 하며 200~400℃에서 촉매(TiO_2와 V_2O_5 등)에 NH_3, H_2, CO, H_2S 등의 환원가스를 작용시켜 NO_x를 N_2로 환원시키는 방법이다.
  $4NO + 4NH_3 + O_2 \rightarrow 4N_2 + 6H_2O$(산소가 공존하는 상태)
- 촉매: 백금, 산화알루미늄계, 산화철계, 산화티타늄계 등
- 환원가스: NH_3, CO, H_2S, H_2 등

정답 ①

47 ★☆☆

선택적 촉매환원법과 선택적 비촉매환원법으로 주로 제거하는 오염물질은?

① 휘발성유기화합물 ② 질소산화물
③ 황산화물 ④ 악취물질

해설
질소산화물은 선택적 촉매환원법과 선택적 비촉매환원법으로 주로 제거한다.

정답 ②

48 ★★☆

벤츄리 스크러버 적용 시 액가스비를 크게 하는 요인으로 옳지 않은 것은?

① 먼지의 친수성이 클 때
② 먼지의 입경이 작을 때
③ 처리가스의 온도가 높을 때
④ 먼지의 농도가 높을 때

해설
먼지의 친수성이 작을 때 액가스비가 커진다.

정답 ①

49 ★☆☆

벤츄리 스크러버에 관한 설명으로 가장 적합한 것은?

① 먼지부하 및 가스유동에 민감하다.
② 집진율이 낮고 설치 소요면적이 크며, 가압수식 중 압력손실이 매우 크다.
③ 액가스비가 커서 소량의 세정액이 요구된다.
④ 점착성, 조해성 먼지처리 시 노즐막힘 현상이 현저하여 처리가 어렵다.

선지부석
② 집진율이 높고 설치 소요면적이 작으며, 가압수식 중 압력손실이 매우 크다.
③ 액가스비가 커서 대량의 세정액이 요구된다.
④ 점착성, 조해성 먼지처리가 용이하다.

정답 ①

2019년

50

★★☆

사이클론에서 가스 유입속도를 2배로 증가시키고, 입구폭을 4배로 늘리면 50% 효율로 집진되는 입자의 직경, 즉 Lapple의 절단입경(d_{p50})은 처음에 비해 어떻게 변화되겠는가?

① 처음의 2배
② 처음의 $\sqrt{2}$배
③ 처음의 1/2
④ 처음의 $1/\sqrt{2}$

해설

절단입경 공식을 이용한다.

$$d_{p50}=\left[\frac{9\times\mu\times B_c}{2\times(\rho_p-\rho)\times\pi\times N_e\times V}\right]^{0.5}$$

d_{p50}: 절단입경(m)
μ: 배출가스의 점도(kg/m·sec)
B_c: 유입구의 폭(m)
N_e: 유효회전수
V: 입구의 유속(m/sec)
ρ_p: 입자의 밀도(kg/m^3)
ρ: 가스의 밀도(kg/m^3)

문제에서 입구의 유속(V), 입구폭(B_c) 외에 다른 조건에 대한 언급은 없으므로 다른 조건은 상수 K로 둘 수 있다.

$$d_{p50-1}=\left[\frac{B_c}{V}\right]^{0.5}\times K$$

$$d_{p50-2}=\left[\frac{4B_c}{2V}\right]^{0.5}\times K$$

$$\frac{d_{p50-2}}{d_{p50-1}}=\frac{\left[\frac{4B_c}{2V}\right]^{0.5}\times K}{\left[\frac{B_c}{V}\right]^{0.5}\times K}=\sqrt{2}$$

정답 ②

51

★★★

전기집진장치의 장해현상 중 2차 전류가 현저하게 떨어질 때의 원인 또는 대책에 관한 설명으로 거리가 먼 것은?

① 분진의 농도가 너무 높을 때 발생한다.
② 대책으로는 스파크의 횟수를 늘리는 방법이 있다.
③ 대책으로는 조습용 스프레이의 수량을 늘리는 방법이 있다.
④ 분진의 비저항이 비정상적으로 낮을 때 발생하며, CO를 주입시킨다.

해설

분진의 비저항이 비정상적으로 높을 때 2차 전류가 현저하게 떨어지며, 대책으로는 황함량이 높은 연료, SO_3, H_2SO_4, NaCl, 트라이에틸아민을 주입시킨다.

정답 ④

52

★☆☆

유해물질을 함유하는 가스와 그 제거장치의 조합으로 거리가 먼 것은?

① 시안화수소 함유 가스 – 물에 의한 세정
② 사불화규소 함유 가스 – 충전탑
③ 벤젠 함유 가스 – 촉매연소법
④ 삼산화인 함유 가스 – 표면적이 충분히 넓은 충전물을 채운 흡수탑 안에서 알칼리성 용액에 의한 흡수 제거

해설

사불화규소 함유 가스는 세정탑(스크러버)으로 제거한다.
사불화규소는 물과 반응하여 콜로이드 상태의 규산과 H_2SiF_6이 생성된다.

정답 ②

53
★☆☆

흡수탑의 충전물에 요구되는 사항으로 거리가 먼 것은?

① 단위 부피 내의 표면적이 클 것
② 간격의 단면적이 클 것
③ 단위 부피의 무게가 가벼울 것
④ 가스 및 액체에 대하여 내식성이 없을 것

해설
흡수탑의 충전물은 가스 및 액체에 대하여 내식성이 있어야 한다.

정답 ④

54
★☆☆

석유정제 시 배출되는 H_2S의 제거에 사용되는 세정제는?

① 암모니아수 ② 사염화탄소
③ 다이에탄올아민 용액 ④ 수산화칼슘 용액

해설
다이에탄올아민(DEA): $(CH_2CH_2OH)_2NH$ 또는 R_2NH
$R_2NH + H_2S \rightleftarrows R_2NH_2^+ + HS^-$
황화수소(H_2S)는 아민계 용제(에탄올아민[$(CH_2CH_2OH)NH_2$], 다이에탄올아민 등)로 흡수 제거한다.

관련이론 | 황화수소의 흡수과정
- 흡열반응으로 가역적인 반응이며 10~30atm의 고압으로 황화수소를 아민용액에 흡수하여 다른 가스와 분별 후 흡수된 아민용액을 0.5~3atm으로 감압한다.
- 100℃의 온도에서 황화수소를 다시 방출시켜 황화수소를 분리하며 아민용제는 이후 재사용하는 방법으로 제거한다.

정답 ③

55
★☆☆

후드 설계 시 고려사항으로 옳지 않은 것은?

① 잉여공기의 흡입을 적게 하고 충분한 포착속도를 가지기 위해 가능한 한 후드를 발생원에 근접시킨다.
② 분진을 발생시키는 부분을 중심으로 국부적으로 처리하는 로컬 후드방식을 취한다.
③ 후드 개구면의 중앙부를 열어 흡입풍량을 최대한 늘리고, 포착속도를 최소한으로 작게 유지한다.
④ 실내의 기류, 발생원과 후드 사이의 장애물 등에 의한 영향을 고려하여 필요에 따라 에어커튼을 이용한다.

해설
후드 설계 시 후드 개구면의 중앙부를 닫아 개구면적을 줄이고 포착속도를 최대한으로 크게 유지해야 한다.

정답 ③

56
★☆☆

다음 입경측정법에 해당하는 것은?

주로 1μm 이상인 먼지의 입경 측정에 이용되고 그 측정장치로는 엔더슨 피펫, 침강천칭, 광투과장치 등이 있다.

① 표준체 측정법 ② 관성충돌법
③ 공기투과법 ④ 액상침강법

해설
액상침강법에 대한 설명이다.

정답 ④

57
★☆☆

입자상 물질과 NO_x 저감을 위한 디젤엔진 연료분사시스템의 적용기술로 가장 거리가 먼 것은?

① 분사압력 저압화 ② 분사압력 최적제어
③ 분사율 제어 ④ 분사시기 제어

해설
디젤엔진에는 분사압력 고압화 기술이 적용된다.

정답 ①

58

★☆☆

배출가스 내의 황산화물 처리방법 중 건식법의 특징으로 가장 거리가 먼 것은? (단, 습식법과 비교이다.)

① 장치의 규모가 큰 편이다.
② 반응효율이 높은 편이다.
③ 배출가스의 온도 저하가 거의 없는 편이다.
④ 연돌에 의한 배출가스의 확산이 양호한 편이다.

해설

습식법의 반응효율이 높은 편이다.

정답 ②

59

★☆☆

펄스젯 여과집진기에서 압축공기량 조절장치와 가장 관련이 깊은 것은?

① 확산관(Diffuser tube)
② 백케이지(Bag cage)
③ 스크레이퍼(Scraper)
④ 방전극(Discharge electrode)

해설

① 확산관(Diffuser tube): 펄스젯 여과집진기의 경우 여과포 상단에서 압축공기를 불어넣어 여과포 외피에 부착된 분진을 제거하게 되는데 압축공기의 힘이 여과포 하단까지 도달하기 위해 여과포를 통과하여 외부로 빠지는 압축공기량을 조절해 주는 장치이다.
② 백케이지(Bag cage): 여과포에서 분진을 집진할 수 있도록 여과포를 지지하는 장치이다.
③ 스크레이퍼(Scraper): 주로 슬러지 수집장치로 사용한다.
④ 방전극(Discharge electrode): 전기집진장치에서 코로나 방전을 하는 데 사용되는 장치이다.

정답 ①

60

★★☆

밀도 $0.8g/cm^3$인 유체의 동점도가 3Stokes이라면 절대점도는?

① 2.4poise ② 2.4centi poise
③ 2,400poise ④ 2,400centi poise

해설

절대점도(μ)의 단위: poise=g/cm·sec
절대점도=동점도×밀도
동점도(ν)의 단위: Stokes=cm^2/sec

절대점도$=\frac{3cm^2}{sec}\times\frac{0.8g}{cm^3}=2.4g/cm\cdot sec=2.4poise$

정답 ①

대기오염공정시험기준

61

★☆☆

환경대기 중의 옥시던트 측정법에 사용되는 용어의 설명으로 옳지 않은 것은?

① 옥시던트는 전옥시던트, 광화학옥시던트, 오존 등의 산화성 물질의 총칭을 말한다.
② 전옥시던트는 중성요오드화 칼륨용액에 의해 요오드를 유리시키는 물질을 총칭한다.
③ 광화학옥시던트는 전옥시던트에서 오존을 제외한 물질이다.
④ 제로가스는 측정기의 영점을 교정하는 데 사용하는 교정용 가스이다.

해설

광화학옥시던트는 전옥시던트에서 이산화질소를 제외한 물질이다.

정답 ③

62 ★★☆

흡광차분광법(DOAS)의 원리와 적용범위에 관한 설명으로 거리가 먼 것은?

① 50~1,000m 정도 떨어진 곳의 빛의 이동경로(Path)를 통과하는 가스를 실시간으로 분석할 수 있다.
② 이산화황, 질소산화물, 오존 등의 대기 오염물질 분석에 적용할 수 있다.
③ 측정에 필요한 광원은 180~380nm 파장을 갖는 자외선램프를 사용한다.
④ 흡광광도법의 기본 원리인 Beer-Lambert법칙을 응용하여 분석한다.

해설

흡광차분광법(DOAS)의 측정에 필요한 광원은 180~2,850nm 파장을 갖는 제논램프를 사용한다.

관련이론 | 흡광차분광법(DOAS)

- 일반적으로 빛을 조사하는 발광부와 50~1,000m 정도 떨어진 곳에 위치되는 수광부(또는 발·수광부와 반사경) 사이에 형성되는 빛의 이동경로(Path)를 통과하는 가스를 실시간으로 분석한다.
- 측정에 필요한 광원은 180~2,850nm 파장을 갖는 제논(Xenon)램프를 사용하여 이산화황, 질소산화물, 오존 등의 대기오염물질 분석에 적용한다.

정답 ③

63 ★☆☆

메틸렌블루법은 배출가스 중 어떤 물질을 측정하기 위한 방법인가?

① 황화수소　② 플루오린화수소
③ 염화수소　④ 사이안화수소

해설

① 황화수소: 자외선가시선분광법-메틸렌블루법, 기체크로마토그래피
② 플루오린화합물: 자외선가시선분광법-란타넘-알리자린콤플렉손법, 이온크로마토그래피, 이온선택전극법, 연속흐름법
③ 염화수소: 이온크로마토그래피, 자외선가시선분광법-싸이오사이안산제이수은
④ 사이안화수소: 자외선가시선분광법-4-피리딘카복실산-피라졸론법, 연속흐름법

정답 ①

64 ★☆☆

자기분광광전광도계를 사용하여 과망간산포타슘 용액(20~60mg/L)의 흡수곡선을 작성할 경우 다음 중 흡광도 값이 최대가 나오는 파장의 범위는?

① 350~400nm　② 400~450nm
③ 500~550nm　④ 600~650nm

해설

자기분광광전광도계를 사용하여 과망간산포타슘 용액(20~60mg/L)의 흡수곡선을 작성한 경우 500~550nm 파장에서 흡광도값이 최대가 된다.

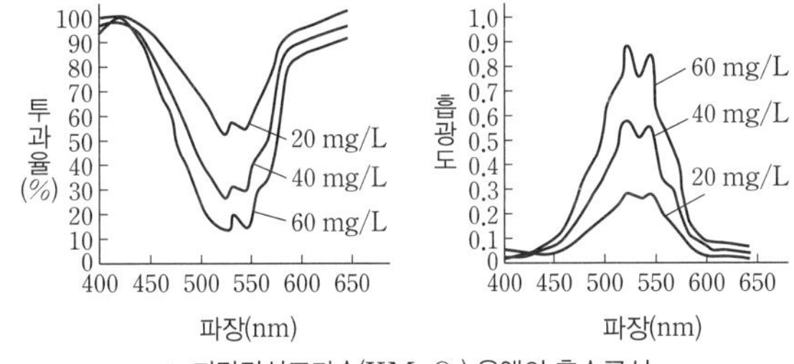

▲ 과망간산포타슘($KMnO_4$) 용액의 흡수곡선

정답 ③

65 ★★☆

원형굴뚝의 직경이 4.3m이었다. 굴뚝 배출가스 중의 먼지 측정을 위한 측정점수는 몇 개로 하여야 하는가?

① 12　② 16
③ 20　④ 24

해설

원형단면의 측정점

굴뚝직경(m)	반경구분수	측정점수
1 이하	1	4
1 초과 2 이하	2	8
2 초과 4 이하	3	12
4 초과 4.5 이하	4	16
4.5 초과	5	20

정답 ②

66 ★★★

이온크로마토그래피에서 사용되는 써프렛서에 관한 설명으로 옳지 않은 것은?

① 관형과 이온교환막형이 있다.
② 용리액으로 사용되는 전해질 성분을 분리검출 하기 위하여 분리관 앞에 병렬로 접속시킨다.
③ 관형 써프렛서 중 음이온에는 스티롤계 강산형(H^+)수지가 충진된 것을 사용한다.
④ 전해질을 물 또는 저전도도의 용매로 바꿔줌으로써 전기 전도도 셀에서 목적이온성분과 전기 전도도만을 고감도로 검출할 수 있게 해준다.

해설

써프렛서는 용리액에 사용되는 전해질 성분을 제거하기 위하여 분리관 뒤에 직렬로 접속시킨다.

관련이론 | 써프렛서

- 써프렛서란 용리액에 사용되는 전해질 성분을 제거하기 위하여 분리관 뒤에 직렬로 접속시킨 것으로써 전해질을 물 또는 저전도도의 용매로 바꿔줌으로써 전기 전도도 셀에서 목적이온성분과 전기 전도도만을 고감도로 검출할 수 있게 해 준다.
- 써프렛서는 관형과 이온교환막형이 있으며, 관형은 음이온에는 스티롤계 강산형(H^+) 수지가, 양이온에는 스티롤계 강염기형(OH^-)의 수지가 충진된 것을 사용한다.

정답 ②

67 ★☆☆

환경대기 중에 있는 아황산가스 농도를 자동연속측정법으로 분석하고자 한다. 이에 해당하지 않는 것은?

① 적외선형광법　② 용액전도율법
③ 흡광차분광법　④ 불꽃광도법

해설

환경대기 중 아황산가스 자동연속측정법: 자외선형광법, 용액전도율법, 불꽃광도법, 흡광차분광법
환경대기 중 아황산가스 측정방법: 파라로자닐린법, 산정량 수동법, 산정량 반자동법

정답 ①

68 ★★★

원자흡수분광광도법에서 사용하는 용어 설명으로 거리가 먼 것은?

① 공명선(Resonance Line): 원자가 외부로 빛을 반사했다가 방사하는 스펙트럼선
② 근접선(Neighbouring Line): 목적하는 스펙트럼선에 가까운 파장을 갖는 다른 스펙트럼선
③ 역화(Flame Back): 불꽃의 연소속도가 크고 혼합기체의 분출속도가 작을 때 연소형상이 내부로 옮겨지는 것
④ 원자흡광(분광)측광: 원자흡광스펙트럼을 이용하여 시료 중의 특정원소의 농도와 그 휘선의 흡광정도와의 상관관계를 측정하는 것

해설

공명선(Resonance Line): 원자가 외부로부터 빛을 흡수했다가 다시 먼저 상태로 돌아갈 때 방사하는 스펙트럼선

정답 ①

69 ★☆☆

굴뚝 배출가스 중 사이안화수소를 피리딘 피라졸론법으로 분석할 경우 사이안화수소 표준원액을 제조하기 위해서는 사이안화수소 용액 몇 mL를 취하여 수산화소듐용액(1N) 100mL를 가하고 다시 물로 전량을 1L로 하여야 하는가? (단, 사이안화수소 표준원액 1mL는 기체상 HCN 0.01mL (0℃, 760mmHg)에 상당하며, f: 0.1N 질산은 용액의 역가, a: 0.1N 질산은 용액의 소비량(mL)이다.)

① $\frac{10}{0.448 \times a \times f}$　② $\frac{10}{0.0448 \times a \times f}$
③ $\frac{10}{0.112 \times a \times f}$　④ $\frac{10}{0.0112 \times a \times f}$

해설

문제 출제 당시 정답은 ②번이었지만 대기오염공정시험기준이 개정되어 해당 방법은 삭제되었다.

정답 정답 없음

70
★★☆

시험분석에 사용하는 용어 및 기재사항에 관한 설명으로 옳지 않은 것은?

① "약"이란 그 무게 또는 부피에 대하여 ±10% 이상의 차가 있어서는 안 된다.
② "정확히 단다"라 함은 규정한 양의 검체를 취하여 분석용 저울로 0.1mg까지 다는 것을 뜻한다.
③ "항량이 될 때까지 건조한다 또는 강열한다"라 함은 따로 규정이 없는 한 보통의 건조방법으로 30분간 더 건조 또는 강열할 때 전후 무게의 차가 0.3mg 이하일 때를 뜻한다.
④ 액체성분의 양을 "정확히 취한다"라 함은 홀피펫, 부피플라스크 또는 이와 동등 이상의 정도를 갖는 용량계를 사용하여 조작하는 것을 뜻한다.

해설
"항량이 될 때까지 건조한다 또는 강열한다"라 함은 따로 규정이 없는 한 보통의 건조방법으로 1시간 더 건조 또는 강열할 때 전후 무게의 차가 매 g당 0.3mg 이하일 때를 뜻한다.

정답 ③

71
★☆☆

소각로, 소각시설 및 그 밖의 배출원에서 배출되는 입자상 및 가스상 수은(Hg)의 측정·분석방법 중 냉증기 원자흡수 분광광도법에 관한 설명으로 옳지 않은 것은?

① 배출원에서 등속으로 흡입된 입자상과 가스상 수은은 흡수액인 산성 과망간산포타슘 용액에 채취된다.
② 정량범위는 0.005~0.075mg/m^{3}이고(건조시료가스량 1m^{3}인 경우), 방법검출한계는 0.003mg/m^{3}이다.
③ Hg^{2+}형태로 채취한 수은을 Hg 형태로 환원시켜서 측정한다.
④ 시료채취 시 배출가스 중에 존재하는 산화 유기물질은 수은의 채취를 방해할 수 있다.

해설
냉증기 원자흡수 분광광도법의 정량범위는 0.0005mg/Sm^3 이상이고, 방법검출한계는 0.0002mg/Sm^{3}이다.
(건조시료가스량 1Sm^3, 분석시료 정용량 250mL인 경우)

정답 ②

72
★☆☆

굴뚝 배출가스 중 산소를 오르자트(Orsat) 분석법(화학분석법)으로 시료의 흡수를 통해 시료 중 산소농도를 구하고자 할 때, 장치 내의 흡수액을 넣은 흡수병에 가장 먼저 흡수되는 가스 성분은?

① CO_2(탄산가스)　② O_2(산소)
③ CO(일산화탄소)　④ N_2(질소)

해설
개정된 대기오염공정시험기준의 배출가스 중 산소 측정방법에서 오르자트 분석법은 삭제되었다.

관련이론
배출가스 중 산소–자동측정법–전기화학식이 주 시험방법이며, 시험방법들의 정량범위는 표와 같다.

분석방법		정량범위
자동측정법	전기화학식	0~25.0%
자동측정법	자기식(자기풍)	0~5.0%
	자기식(자기력)	0~10.0%

정답 정답 없음

73
★★☆

배출허용기준 중 표준산소농도를 적용받는 항목에 대한 배출가스유량보정식으로 옳은 것은? (단, Q: 배출가스유량(Sm^3/일), Q_a: 실측배출가스유량(Sm^3/일), O_a: 실측산소농도(%), O_s: 표준산소농도(%)이다.)

① $Q=Q_a\times[(21-O_s)/(21-O_a)]$
② $Q=Q_a\div[(21-O_s)/(21-O_a)]$
③ $Q=Q_a\times[(21+O_s)/(21+O_a)]$
④ $Q=Q_a\div[(21+O_s)/(21+O_a)]$

해설
②번이 배출가스유량보정식이다.

정답 ②

74 ★★☆

다음 원자흡수분광광도법의 측정순서 중 일반적으로 가장 먼저 하여야 하는 것은?

① 분광기의 파장눈금을 분석선의 파장에 맞춘다.
② 광원램프를 점등하여 적당한 전류값으로 설정한다.
③ 가스유량 조절기의 밸브를 열어 불꽃을 점화한다.
④ 시료용액을 불꽃 중에 분무시켜 지시한 값을 읽어 둔다.

해설

원자흡수분광광도법의 측정순서

1. 전원 스위치 및 관련 스위치를 넣어 측광부에 전류를 통한다.
2. 광원램프를 점등하여 적당한 전류값으로 설정한다. 다수의 광원램프를 동시에 사용할 경우에는 미리 예비점등 시켜두면 편리하다.
3. 가연성 가스 및 조연성 가스 용기가 각각 가스유량조정기를 통하여 버너에 파이프로 연결되어 있는가를 확인한다.
4. 가스유량 조절기의 밸브를 열어 불꽃을 점화하여 유량조절 밸브로 가연성 가스와 조연성 가스의 유량을 조절한다.
5. 분광기의 파장눈금을 분석선의 파장에 맞춘다.
6. 0을 맞춘다.(이 때 광원으로부터 광속을 차단하고 용매를 불꽃 중에 분무시킨다.) 0을 맞춘다는 것은 투과백분율 눈금으로 지시계기의 가르침을 0%에 맞추는 것이다.
7. 100을 맞춘다.(이 때 광원으로부터의 광속은 차단을 푼다.) 100을 맞춘다는 것은 투과백분율 눈금으로 지시계기를 100%에 맞추는 것이다.
8. 시료용액을 불꽃 중에 분무시켜 지시한 값을 읽어 둔다. 지시한 값이 투과백분율만으로 표시되는 경우에는 보통 흡광도로 환산한다.

※ 6, 7, 8에 나타낸 바와 같이 0이나 100을 맞추는 조작을 행하지 않고 표준용액 영역에 지시된 값에 대응하는 적당한 눈금을 맞추는 방법도 있다.

정답 ②

75 ★★★

특정발생원에서 일정한 굴뚝을 거치지 않고 외부로 비산되는 먼지를 고용량공기시료채취법으로 측정한 결과 다음과 같은 자료를 얻었다. 이 때 비산먼지의 농도는 몇 mg/m³인가?

- 채취먼지량이 가장 많은 위치에서의 먼지농도: 65mg/m³
- 대조위치에서의 먼지농도: 0.23mg/m³
- 전 시료채취 기간 중 주 풍향이 90° 이상 변하고 풍속이 0.5m/s 미만 또는 10m/s 이상되는 시간이 전 채취시간의 50% 이상이다.

① 117　② 102
③ 94　④ 87

해설

각 측정지점의 채취먼지량과 풍향풍속의 측정결과로부터 비산먼지의 농도를 구한다.

비산먼지농도$(C)=(C_H-C_B)\times W_D\times W_S$

$C=(65-0.23)\times1.5\times1.2=116.586\text{mg/m}^3$

C_H=채취먼지량이 가장 많은 위치에서의 먼지 농도(mg/m³)

C_B=대조위치에서의 먼지 농도(mg/m³)

W_D, W_S=풍향, 풍속 측정결과로부터 구한 보정계수

단, 대조위치를 선정할 수 없는 경우에는 C_B는 0.15mg/m³로 한다.

- 풍향에 대한 보정

풍향변화범위	보정계수
전 시료채취 기간 중 주 풍향이 90° 이상 변할 때	1.5
전 시료채취 기간 중 주 풍향이 45°~90° 변할 때	1.2
전 시료채취 기간 중 풍향의 변동이 없을 때(45° 미만)	1.0

- 풍속에 대한 보정

풍속범위	보정계수
풍속이 0.5m/s 미만 또는 10m/s 이상되는 시간이 전 채취시간의 50% 미만일 때	1.0
풍속이 0.5m/s 미만 또는 10m/s 이상되는 시간이 전 채취시간의 50% 이상일 때	1.2

정답 ①

76 ★★☆

환경대기 중 위상차현미경을 사용한 석면시험방법과 그 용어의 설명으로 옳지 않은 것은?

① 위상차 현미경은 굴절률 또는 두께가 부분적으로 다른 무색투명한 물체의 각 부분의 투과광 사이에 생기는 위상차를 화상면에서 명암의 차로 바꾸어, 구조를 보기 쉽도록 한 현미경이다.
② 석면먼지의 농도 표시는 0℃, 760mmH_2O의 기체 1μL 중에 함유된 석면섬유의 개수(개/μL)로 표시한다.
③ 대기 중 석면은 강제 흡인 장치를 통해 여과장치에 채취한 후 위상차현미경으로 계수하여 석면 농도를 산출한다.
④ 위상차현미경을 사용하여 섬유상으로 보이는 입자를 계수하고 같은 입자를 보통의 생물현미경으로 바꾸어 계수하여, 그 계수치들의 차를 구하면 굴절률이 거의 1.5인 섬유상의 입자 즉 석면이라고 추정할 수 있는 입자를 계수할 수가 있게 된다.

해설

석면먼지의 농도 표시는 20℃, 1기압 상태의 기체 1mL 중에 함유된 석면섬유의 개수(개/mL)로 표시한다.

정답 ②

77 ★★☆

대기오염공정시험기준상 따로 규정이 없는 한 "시약 명칭 – 화학식 – 농도(%) – 비중(약)" 기준으로 옳은 것은?

① 암모니아수 – NH_4OH – 30.0~34.0(NH_3로서) – 1.05
② 아이오드화수소산 – HI – 46.0~48.0 – 1.25
③ 브로민화수소산 – HBr – 47.0~49.0 – 1.48
④ 과염소산 – H_2ClO_3 – 60.0~62.0 – 1.34

선지분석

① 암모니아수 – NH_4OH – 28.0~30.0(NH_3로서) – 0.90
② 아이오딘화수소산 – HI – 55.0~58.0 – 1.70
④ 과염소산 – $HClO_4$ – 60.0~62.0 – 1.54

정답 ③

78 ★★☆

비분산적외선분광분석법(Non Dispersive Infrared Photometer Analysis)에서 사용되는 용어에 관한 설명으로 옳지 않은 것은?

① 비교가스는 시료셀에서 적외선 흡수를 측정하는 경우 대조가스로 사용하는 것으로 적외선을 흡수하지 않는 가스를 말한다.
② 비교셀은 시료셀과 동일한 모양을 가지며 아르곤 또는 질소 같은 불활성 기체를 봉입하여 사용한다.
③ 광학필터는 시료광속과 비교광속을 일정주기로 단속시켜, 광학적으로 변조시키는 것으로 단속방식에는 1~20Hz의 교호단속 방식과 동시단속 방식이 있다.
④ 시료셀은 시료가스가 흐르는 상태에서 양단의 창을 통해 시료광속이 통과하는 구조를 갖는다.

해설

광학필터는 시료가스 중에 간섭 물질가스의 흡수파장역의 적외선을 흡수제거하기 위하여 사용하며, 가스필터와 고체필터가 있는데 이것은 단독 또는 적절히 조합하여 사용한다.

정답 ③

79 ★★★

기체크로마토그래피에 의한 정량분석에서 이용되는 정량법으로 거리가 먼 것은?

① 표준넓이추가법　② 보정넓이 백분율법
③ 상대검정곡선법　④ 절대검정곡선법

해설

정량법: 절대검정곡선법, 넓이 백분율법, 보정넓이 백분율법, 상대검정곡선법, 표준물첨가법

정답 ①

80 ★★☆

다음 중 현행 대기오염공정시험기준상 일반적으로 자외선/가시선분광법으로 분석하지 않는 물질은?

① 배출가스 중 이황화탄소
② 유류 중 황함유량
③ 배출가스 중 황화수소
④ 배출가스 중 플루오린화합물

해설

① 배출가스 중 이황화탄소: 기체크로마토그래피, 자외선가시선분광법
② 유류 중 황함유량: 연소관식 공기법, 방사선 여기법
③ 배출가스 중 황화수소: 자외선가시선분광법 – 메틸렌블루법, 기체크로마토그래피법
④ 배출가스 중 플루오린화합물: 자외선가시선분광법 – 란타넘 – 알리자린콤플렉손법, 이온크로마토그래피, 이온선택전극법, 연속흐름법

정답 ②

대기환경관계법규

81 ★★★

실내공기질 관리법규상 자일렌 항목의 신축 공동주택의 실내공기질 권고기준은?

① $30\mu g/m^3$ 이하
② $210\mu g/m^3$ 이하
③ $300\mu g/m^3$ 이하
④ $700\mu g/m^3$ 이하

해설

신축 공동주택의 실내공기질 권고기준 「실내공기질 관리법 시행규칙 별표 4의2」

1. 폼알데하이드 $210\mu g/m^3$ 이하
2. 벤젠 $30\mu g/m^3$ 이하
3. 톨루엔 $1,000\mu g/m^3$ 이하
4. 에틸벤젠 $360\mu g/m^3$ 이하
5. 자일렌 $700\mu g/m^3$ 이하
6. 스티렌 $300\mu g/m^3$ 이하
7. 라돈 $148Bq/m^3$ 이하

정답 ④

82 ★★☆

다음은 대기환경보전법상 과징금 처분기준이다. (　　) 안에 알맞은 것은?

> 환경부장관은 자동차제작자가 거짓으로 제작차의 인증 또는 변경인증을 받은 경우에는 그 자동차제작자에 대하여 매출액에 (㉠)(을)를 곱한 금액을 초과하지 아니하는 범위에서 과징금을 부과할 수 있다. 이 경우 과징금의 금액은 (㉡)을 초과할 수 없다.

① ㉠ 100분의 3, ㉡ 100억원
② ㉠ 100분의 3, ㉡ 500억원
③ ㉠ 100분의 5, ㉡ 100억원
④ ㉠ 100분의 5, ㉡ 500억원

해설

과징금 처분 「법 제56조」

환경부장관은 자동차제작자에 대하여 매출액에 100분의 5를 곱한 금액을 초과하지 아니하는 범위에서 과징금을 부과할 수 있다. 이 경우 과징금의 금액은 500억원을 초과할 수 없다.

정답 ④

83 ★☆☆

대기환경보전법규상 배출시설 및 방지시설 등과 관련된 행정처분기준 중 "부식 · 마모로 인하여 대기오염물질이 누출되는 배출시설을 정당한 사유 없이 방치한 경우"의 3차 행정처분기준은?

① 개선명령
② 경고
③ 조업정지 10일
④ 조업정지 30일

해설

부식 · 마모로 인하여 대기오염물질이 누출되는 배출시설이나 방지시설을 정당한 사유 없이 방치한 경우의 행정처분기준 「시행규칙 별표 36」

1차	2차	3차	4차
경고	조업정지 10일	조업정지 30일	허가취소 또는 폐쇄

정답 ④

84

★★☆

다음은 대기환경보전법규상 "초미세먼지(PM-2.5)"의 주의보 발령기준이다. ( ) 안에 알맞은 것은?

> 기상조건 등을 고려하여 해당지역의 대기자동측정소 PM-2.5 시간당 평균농도가 ( ) 지속인 때

① 50μg/m^3 이상 1시간 이상
② 50μg/m^3 이상 2시간 이상
③ 75μg/m^3 이상 1시간 이상
④ 75μg/m^3 이상 2시간 이상

해설

초미세먼지(PM-2.5)의 경보단계 농도기준「시행규칙 별표 7」

경보단계	발령기준	해제기준
주의보	기상조건 등을 고려하여 해당지역의 대기자동측정소 PM-2.5 시간당 평균농도가 75μg/m^3 이상 2시간 이상 지속인 때	주의보가 발령된 지역의 기상조건 등을 검토하여 대기자동측정소의 PM-2.5 시간당 평균농도가 35μg/m^3 미만인 때
경보	기상조건 등을 고려하여 해당지역의 대기자동측정소 PM-2.5 시간당 평균농도가 150μg/m^3 이상 2시간 이상 지속인 때	경보가 발령된 지역의 기상조건 등을 검토하여 대기자동측정소의 PM-2.5 시간당 평균농도가 75μg/m^3 미만인 때는 주의보로 전환

정답 ④

85

★☆☆

대기환경보전법상 해당 연도의 평균 배출량이 평균 배출허용기준을 초과하여 그에 따른 상환명령을 이행하지 아니하고 자동자를 제삭한 자에 대한 벌칙기순은?

① 7년 이하의 징역이나 1억원 이하의 벌금
② 5년 이하의 징역이나 5천만원 이하의 벌금
③ 3년 이하의 징역이나 3천만원 이하의 벌금
④ 1년 이하의 징역이나 1천만원 이하의 벌금

해설

해당 행위에 대한 벌칙기준은 7년 이하의 징역이나 1억원 이하의 벌금이다.

정답 ①

86

★☆☆

다음은 대기환경보전법령상 부과금의 납부통지 기준에 관한 사항이다. ( ) 안에 알맞은 것은?

> 초과부과금은 초과부과금 부과 사유가 발생한 때(자동측정자료의 (㉠)가 배출허용기준을 초과한 경우에는 (㉡))에, 기본부과금은 해당 부과기간의 확정배출량 자료제출기간 종료일부터 (㉢)에 부과금의 납부통지를 하여야 한다. 다만, 배출시설이 폐쇄되거나 소유권이 이전되는 경우에는 즉시 납부통지를 할 수 있다.

① ㉠ 30분 평균치, ㉡ 매 분기 종료일부터 30일 이내, ㉢ 30일 이내
② ㉠ 30분 평균치, ㉡ 매 반기 종료일부터 60일 이내, ㉢ 60일 이내
③ ㉠ 1시간 평균치, ㉡ 매 분기 종료일부터 30일 이내, ㉢ 30일 이내
④ ㉠ 1시간 평균치, ㉡ 매 반기 종료일부터 60일 이내, ㉢ 60일 이내

해설

부과금의 납부통지「시행령 제33조」

초과부과금은 초과부과금 부과 사유가 발생한 때(자동측정자료의 30분 평균치가 배출허용기준을 초과한 경우에는 매 반기 종료일부터 60일 이내)에, 기본부과금은 해당 부과기간의 확정배출량 자료제출기간 종료일부터 60일 이내에 부과금의 납부통지를 하여야 한다. 다만, 배출시설이 폐쇄되거나 소유권이 이전되는 경우에는 즉시 납부통지를 할 수 있다.

정답 ②

87

★★☆

대기환경보전법규상 운행차 배출허용기준에 관한 설명으로 옳지 않은 것은?

① 휘발유와 가스를 같이 사용하는 자동차의 배출가스 측정 및 배출허용기준은 가스의 기준을 적용한다.
② 알코올만 사용하는 자동차는 탄화수소 기준을 적용한다.
③ 건설기계 중 덤프트럭, 콘크리트믹서트럭, 콘크리트펌프트럭에 대한 배출허용기준은 화물자동차기준을 적용한다.
④ 수입자동차는 최초등록일자를 제작일자로 본다.

해설

운행차배출허용기준「시행규칙 별표 21」

알코올만 사용하는 자동차는 탄화수소 기준을 적용하지 아니한다.

정답 ②

88

★☆☆

대기환경보전법규상 자동차 종류 구분기준 중 전기만을 동력으로 사용하는 자동차로서 1회 충전 주행거리가 80km 이상 160km 미만에 해당하는 것은?

① 제1종　② 제2종
③ 제3종　④ 제4종

해설

전기만을 동력으로 사용하는 자동차의 종류 구분기준「시행규칙 별표 5」

구분	1회 충전 주행거리
제1종	80km 미만
제2종	80km 이상 160km 미만
제3종	160km 이상

정답 ②

89

★★☆

대기환경보전법규상 자가측정 시 사용한 여과지 및 시료채취기록지의 보존기간은 환경오염공정시험기준에 따라 측정한 날부터 얼마로 하는가?

① 3개월　② 6개월
③ 1년　④ 3년

해설

자가측정의 대상 및 방법 등「시행규칙 제52조」

자가측정 시 사용한 여과지 및 시료채취기록지의 보존기간은「환경분야 시험·검사 등에 관한 법률」에 따른 환경오염공정시험기준에 따라 측정한 날부터 6개월로 한다.

정답 ②

90

★★☆

대기환경보전법상 환경부장관은 대기오염물질과 온실가스를 줄여 대기환경을 개선하기 위하여 대기환경개선 종합계획을 몇 년마다 수립하여 시행하여야 하는가?

① 1년마다　② 3년마다
③ 5년마다　④ 10년마다

해설

대기환경개선 종합계획의 수립 등「법 제11조」

환경부장관은 대기오염물질과 온실가스를 줄여 대기환경을 개선하기 위하여 대기환경개선 종합계획을 10년마다 수립하여 시행하여야 한다.

정답 ④

91 ★★★

대기환경보전법규상 위임업무 보고사항 중 "자동차 연료 및 첨가제의 제조·판매 또는 사용에 대한 규제현황"의 보고 횟수 기준은?

① 연 1회 ② 연 2회
③ 연 4회 ④ 수시

해설

위임업무 보고사항 「시행규칙 별표 37」

업무내용	보고횟수	보고기일
환경오염사고 발생 및 조치 사항	수시	사고발생 시
수입자동차 배출가스 인증 및 검사현황	연 4회	매분기 종료 후 15일 이내
자동차 연료 및 첨가제의 제조·판매 또는 사용에 대한 규제현황	연 2회	매반기 종료 후 15일 이내
자동차 연료 또는 첨가제의 제조기준 적합 여부 검사현황	연료: 연 4회 첨가제: 연 2회	연료: 매분기 종료 후 15일 이내 첨가제: 매반기 종료 후 15일 이내
측정기기 관리대행업의 등록, 변경등록 및 행정처분 현황	연 1회	다음 해 1월 15일까지

정답 ②

92 ★★☆

대기환경보전법규상 대기오염방지시설과 가장 거리가 먼 것은? (단, 그 밖의 경우 등은 제외한다.)

① 산화·환원에 의한 시설
② 응축에 의한 시설
③ 미생물을 이용한 처리시설
④ 이온교환시설

해설

이온교환시설은 대기환경보전법규상 대기오염방지시설로 명시되어 있지 않다.

관련이론 | 대기오염방지시설 「시행규칙 별표 4」

중력집진시설, 관성력집진시설, 원심력집진시설, 세정집진시설, 여과집진시설, 전기집진시설, 음파집진시설, 흡수에 의한 시설, 흡착에 의한 시설, 직접연소에 의한 시설, 촉매반응을 이용하는 시설, 응축에 의한 시설, 산화·환원에 의한 시설, 미생물을 이용한 처리시설, 연소조절에 의한 시설

정답 ④

93 ★★★

대기환경보전법령상 초과부과금 산정기준에서 다음 중 오염물질 1킬로그램당 부과금액이 가장 적은 것은?

① 이황화탄소 ② 암모니아
③ 황화수소 ④ 불소화물

해설

오염물질 1킬로그램당 부과금액

① 이황화탄소: 1,600원 ② 암모니아: 1,400원
③ 황화수소: 6,000원 ④ 불소화물: 2,300원

관련이론 | 초과부과금 산정기준 「시행령 별표 4」

구분 오염물질		오염물질 1킬로그램당 부과금액
황산화물		500
먼지		770
질소산화물		2,130
암모니아		1,400
황화수소		6,000
이황화탄소		1,600
특정대기 유해물질	불소화물	2,300
	염화수소	7,400
	시안화수소	7,300

정답 ②

94 ★☆☆

실내공기질 관리법상 다중이용시설을 설치하는 자는 환경부령으로 정한 기준을 초과하고 표지를 붙이지 아니한 건축자재를 사용해서는 안 되는데, 이 규정을 위반하여 사용한 자에 대한 벌칙기준으로 옳은 것은?

① 1년 이하의 징역 또는 1천만원 이하의 벌금
② 500만원 이하의 과태료
③ 200만원 이하의 과태료
④ 100만원 이하의 과태료

해설

해당 행위에 대한 벌칙기준은 1년 이하의 징역 또는 1천만원 이하의 벌금이다.
※ 법령 개정으로 개정기준에 맞게 문제를 수정하였습니다.

정답 ①

95 ★☆☆

대기환경보전법령상 특별대책지역에서 환경부령에 따라 신고해야 하는 휘발성유기화합물 배출시설 중 "대통령령으로 정하는 시설"에 해당하지 않는 것은? (단, 그 밖에 휘발성유기화합물을 배출하는 시설로서 환경부장관이 관계중앙행정기관의 장과 협의하여 고시하는 시설 등은 제외한다.)

① 저유소의 저장시설 및 출하시설
② 주유소의 저장시설 및 주유시설
③ 석유정제를 위한 제조시설, 저장시설, 출하시설
④ 휘발성유기화합물 분석을 위한 실험실

해설

휘발성유기화합물 배출시설 중 대통령령으로 정하는 시설 「시행령 제45조」

1. 석유정제를 위한 제조시설, 저장시설 및 출하시설(出荷施設)과 석유화학제품 제조업의 제조시설, 저장시설 및 출하시설
2. 저유소의 저장시설 및 출하시설
3. 주유소의 저장시설 및 주유시설
4. 세탁시설

정답 ④

96 ★★★

환경정책기본법령상 환경기준으로 옳은 것은? (단, ㉠, ㉡은 대기환경기준, ㉢, ㉣은 수질 및 수생태계 '하천'에서의 사람의 건강보호기준이다.)

	항목	기준값
㉠	O_3(1시간 평균치)	0.06ppm 이하
㉡	NO_2(1시간 평균치)	0.15ppm 이하
㉢	Cd	0.5mg/L 이하
㉣	Pb	0.05mg/L 이하

① ㉠　② ㉡
③ ㉢　④ ㉣

해설

	항목	기준값
㉠	O_3(1시간 평균치)	0.1ppm 이하
㉡	NO_2(1시간 평균치)	0.10ppm 이하
㉢	Cd	0.005mg/L 이하

정답 ④

97 ★☆☆

다음은 대기환경보전법상 용어의 뜻이다. (　　) 안에 알맞은 것은?

> (　　)(이)란 연소할 때 생기는 유리탄소가 응결하여 입자의 지름이 1미크론 이상이 되는 입자상 물질을 말한다.

① 스모그　② 안개
③ 검댕　④ 먼지

해설

검댕에 대한 설명이다.

관련이론

"먼지"란 대기 중에 떠다니거나 흩날려 내려오는 입자상 물질을 말한다.
스모그, 안개는 대기환경보전법상 용어가 정의되어 있지 않다.

정답 ③

98 ★★★

다음 중 대기환경보전법령상 3종사업장 분류기준에 속하는 것은?

① 대기오염물질발생량의 합계가 연간 9톤인 사업장
② 대기오염물질발생량의 합계가 연간 12톤인 사업장
③ 대기오염물질발생량의 합계가 연간 22톤인 사업장
④ 대기오염물질발생량의 합계가 연간 33톤인 사업장

해설

사업장 분류기준「시행령 별표 1의3」

종별	오염물질발생량 구분
1종사업장	대기오염물질발생량의 합계가 연간 80톤 이상인 사업장
2종사업장	대기오염물질발생량의 합계가 연간 20톤 이상 80톤 미만인 사업장
3종사업장	대기오염물질발생량의 합계가 연간 10톤 이상 20톤 미만인 사업장
4종사업장	대기오염물질발생량의 합계가 연간 2톤 이상 10톤 미만인 사업장
5종사업장	대기오염물질발생량의 합계가 연간 2톤 미만인 사업장

정답 ②

99 ★★☆

대기환경보전법령상 일일 기준초과배출량 및 일일유량의 산정방법으로 옳지 않은 것은?

① 특정대기유해물질의 배출허용기준초과 일일오염물질배출량은 소수점 이하 셋째 자리까지 계산하고, 일반오염물질은 소수점 이하 둘째 자리까지 계산한다.
② 먼지의 배출농도 단위는 표준상태(0℃, 1기압을 말함)에서의 세세곱미터당 밀리그램(mg/Sm^3)으로 한다.
③ 측정유량의 단위는 시간당 세제곱미터(m^3/h)로 한다.
④ 일일조업시간은 배출량을 측정하기 전 최근 조업한 30일 동안의 배출시설 조업시간 평균치를 시간으로 표시한다.

해설

일일 기준초과배출량 및 일일유량의 산정방법「시행령 별표 5」

특정대기유해물질의 배출허용기준초과 일일오염물질배출량은 소수점 이하 넷째 자리까지 계산하고, 일반오염물질은 소수점 이하 첫째 자리까지 계산한다.

정답 ①

100 ★☆☆

악취방지법상 악취방지계획에 따라 악취방지에 필요한 조치를 하지 아니하고 악취배출시설을 가동한 자에 대한 벌칙기준으로 옳은 것은?

① 1천만원 이하의 벌금
② 500만원 이하의 벌금
③ 300만원 이하의 벌금
④ 100만원 이하의 벌금

해설

300만원 이하의 벌금에 처하는 벌칙기준「악취방지법 제28조」

1. 개선명령을 이행하지 아니한 자
2. 관계 공무원의 출입·채취 및 검사를 거부 또는 방해하거나 기피한 자
3. 악취방지계획에 따라 악취방지에 필요한 조치를 하지 아니하고 악취배출시설을 가동한 자
4. 악취방지계획에 따라 악취방지에 필요한 조치를 하지 아니한 자

정답 ③

2019년 | 2회 기출문제

자동채점 

대기오염개론

01 ★★★

지구온난화가 환경에 미치는 영향 중 옳은 것은?

① 온난화에 의한 해면상승은 지역의 특수성에 관계없이 전지구적으로 동일하게 발생한다.
② 대류권 오존의 생성반응을 촉진시켜 오존의 농도가 지속적으로 감소한다.
③ 기상조건의 변화는 대기오염의 발생횟수와 오염농도에 영향을 준다.
④ 기온상승과 토양의 건조화는 생물성장의 남방한계에는 영향을 주지만 북방한계에는 영향을 주지 않는다.

선지분석
① 온난화에 의한 해면상승은 전지구적으로 일정하지 않게 발생한다.
② 대류권 오존의 생성반응을 촉진시켜 오존의 농도가 증가한다.
④ 기온상승과 토양의 건조화는 생물성장의 남방한계와 북방한계에 영향을 준다.

정답 ③

02 ★☆☆

다음 중 CFCs(염화불화탄소)의 배출원과 거리가 먼 것은?

① 스프레이의 분사제　② 우레탄 발포제
③ 형광등 안정기　④ 냉장고의 냉매

해설
형광등 안정기는 수은 배출원이다.

정답 ③

03 ★★☆

대기오염모델 중 수용모델에 관한 설명으로 거리가 먼 것은?

① 기초적인 기상학적 원리를 적용, 미래의 대기질을 예측하여 대기오염제어 정책 입안에 도움을 준다.
② 입자상 물질, 가스상 물질, 가시도 문제 등 환경과학 전반에 응용할 수 있다.
③ 모델의 분류로는 오염물질의 분석방법에 따라 현미경분석법과 화학분석법으로 구분할 수 있다.
④ 측정자료를 입력자료로 사용하므로 시나리오 작성이 곤란하다.

해설
수용모델을 통해 현재나 과거에 일어났던 일을 추정, 미래를 위한 전략은 세울 수 있으나 미래예측은 어렵다.

정답 ①

04 ★☆☆

가스상 물질의 영향에 관한 설명으로 거리가 먼 것은?

① SO_2는 1ppm 정도에서도 수시간 내에 고등식물에게 피해를 준다.
② SO_2 독성은 10ppm 정도에서 인체와 식물에 해롭다.
③ CO는 100ppm까지는 1~3주간 노출되어도 고등식물에 대한 피해는 약한 편이다.
④ HCl은 SO_2보다 식물에 미치는 영향이 훨씬 적으며, 한계농도는 10ppm에서 수시간 정도이다.

해설
SO_2 독성은 0.1~0.3ppm 정도에서부터 인체와 식물에 해로운 영향을 준다.

정답 ②

05

★★☆

대기오염 농도를 추정하기 위한 상자모델에서 사용하는 가정으로 옳지 않은 것은?

① 고려되는 공간에서 오염물질의 농도는 균일하다.
② 오염물질의 배출원이 지면 전역에 균등히 분포되어 있다.
③ 오염물질의 분해는 0차 반응에 의한다.
④ 고려되는 공간의 수직단면에 직각방향으로 부는 바람의 속도가 일정하여 환기량이 일정하다.

해설

오염물질의 분해는 1차 반응에 의한다.

관련이론 | 상자모델

- 배출원으로부터 배출되는 오염물질의 확산이 상자 안에서 이루어져 균일하게 혼합되어 확산된 오염물질의 물질수지를 산정하는 모델이다.
- 고려되는 공간의 수직단면에 직각방향으로 부는 바람의 속도가 일정하여 환기량이 일정하다.
- 상자 안에서는 밑면에서 방출되는 오염물질이 상자 높이인 혼합층까지 즉시 균등하게 혼합된다.

정답 ③

06

★★☆

광화학반응과 관련된 오염물질 일변화의 일반적인 특징으로 가장 거리가 먼 것은?

① NO_2와 HC의 반응에 의해 오후 3시경을 전후로 NO가 최대로 발생하기 시작한다.
② NO에서 NO_2로의 산화가 거의 완료되고 NO_2가 최고 농도에 도달하는 때부터 O_3가 증가되기 시작한다.
③ Aldehyde는 O_3 생성에 앞서 반응초기부터 생성되며 탄화수소의 감소에 대응한다.
④ 주요 생성물로는 PAN, Aldehyde, 과산화기 등이 있다.

해설

NO_2와 HC의 반응에 의해 오후 3시경을 전후로 O_3가 최대로 발생하기 시작한다.

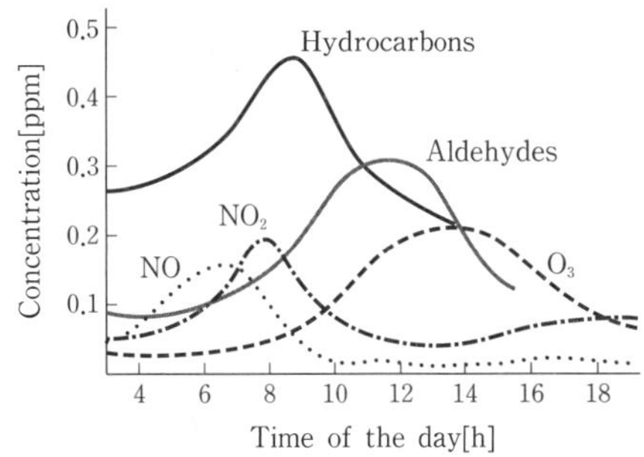

정답 ①

07

★★☆

유효굴뚝높이 200m인 연돌에서 배출되는 가스량은 $20m^3/sec$, SO_2 농도는 1,750ppm이다. K_y=0.07, K_z=0.09인 중립 대기조건에서 SO_2의 최대 지표농도(ppb)는? (단, 풍속은 30m/sec이다.)

① 34ppb ② 22ppb
③ 15ppb ④ 9ppb

해설

최대지표농도공식을 이용한다.

$$C_{max}=\frac{2Q}{\pi e U H_e^2}\times\left(\frac{K_z}{K_y}\right)$$

Q: 오염물질 배출량($ppm\cdot m^3/sec$)
U: 풍속(m/sec)
H_e: 유효굴뚝높이(m)
K_z: 수직방향확산계수, K_y: 수평방향확산계수

$$C_{max}=\frac{2\times1,750ppm\times20m^3/sec}{\pi\times e\times30m/sec\times(200m)^2}\times\left(\frac{0.09}{0.07}\right)$$
$$=8.7824\times10^{-3}ppm=8.7824ppb$$

※ $1ppm=10^3ppb$

정답 ④

08

★☆☆

해륙풍에 관한 설명으로 옳지 않은 것은?

① 육지와 바다는 서로 다른 열적 성질 때문에 주간에는 육지로부터, 야간에는 바다로부터 바람이 분다.
② 야간에는 바다의 온도 냉각률이 육지에 비해 작으므로 기압차가 생겨나 육풍이 존재한다.
③ 육풍은 해풍에 비해 풍속이 작고, 수직·수평적인 범위도 좁게 나타나는 편이다.
④ 해륙풍이 장기간 지속되는 경우에는 폐쇄된 국지 순환의 결과로 인하여 해안가에 공업단지 등의 산업도시가 있는 지역에서는 대기오염물질의 축적이 일어날 수 있다.

해설

육지와 바다는 서로 다른 열적 성질 때문에 주간에는 바다로부터, 야간에는 육지로부터 바람이 분다.

관련이론

- 해풍: 낮에는 햇빛에 의해 육지가 빨리 따뜻해져 공기가 상승하여 바다에서 육지 쪽으로 부는 바람을 해풍이라 하고 내륙 쪽으로 8~15km까지 바람이 불어 들어간다.(육지: 저기압, 바다: 고기압)
- 육풍: 밤에는 육지가 빨리 차가워져 공기가 하강하고 바다는 천천히 식어 따뜻한 공기가 형성되어 육지에서 바다로 부는 바람을 육풍이라 하고 바다 쪽으로 5~6km까지 바람이 불어 나간다.(육지: 고기압, 바다: 저기압)

정답 ①

09

★☆☆

다음 분산모델 중 미국에서 개발한 것으로 광화학모델이며, 점오염원이나 면오염원에 적용하고, 도시지역의 오염물질 이동을 계산할 수 있는 것은?

① ISCLT　　② TCM
③ UAM　　④ RAMS

해설

UAM에 대한 설명이다.

정답 ③

10

★★☆

열섬현상에 관한 설명으로 가장 거리가 먼 것은?

① Dust dome effect라고도 하며, 직경 10km 이상의 도시에서 잘 나타나는 현상이다.
② 도시지역 표면의 열적 성질의 차이 및 지표면에서의 증발잠열의 차이 등으로 발생된다.
③ 태양의 복사열에 의해 도시에 축적된 열이 주변지역에 비해 크기 때문에 형성된다.
④ 대도시에서 발생하는 기후현상으로 주변지역보다 비가 적게 오며, 건조해져 코, 기관지 염증의 원인이 되며, 태양복사량과 관련된 비타민 C의 결핍을 초래한다.

해설

열섬현상이 발생하면 일반적으로 공기가 뜨거워져 상승기류가 발생하므로 비가 많이 내리게 된다.

정답 ④

11

★★☆

먼지농도가 40μg/m^{3}일 때 가시거리는? (단, 상대습도 70%, A=1.2이다.)

① 25km　　② 30km
③ 35km　　④ 40km

해설

상대습도 70%에서의 가시거리식을 이용한다.

$$L(\text{km})=\frac{A\times 10^3}{G}$$

A: 상수, G: 분진농도(μg/m^3)

$$L=\frac{1.2\times 10^3}{40}=30\text{km}$$

정답 ②

12 ★★☆

다음 중 PAN(Peroxy Acetyl Nitrate)의 구조식을 옳게 나타낸 것은?

① $C_6H_6-C(=O)-O-O-NO_2$

② $CH_3-C(=O)-O-O-NO_2$

③ $C_2H_6-C(=O)-O-O-NO_2$

④ $C_4H_8-C(=O)-O-O-NO_2$

해설

PAN($CH_3COOONO_2$)
- 광화학반응을 통해 생성되며 강산화제로 작용하고, 눈에 통증을 일으키고 빛을 분산시키므로 가시거리를 단축시킨다.
- PAN은 알데히드의 생성과 동시에 생기기 시작하며, 일반적으로 오존농도와 관계가 있다.
- 지표식물: 시금치, 강낭콩, 상추 등
- 강한 식물: 딸기, 사과, 옥수수, 무, 양배추 등

정답 ②

13 ★★☆

다음은 어떤 연기 형태에 해당하는 설명인가?

> 대기가 매우 안정한 상태일 때에 아침과 새벽에 잘 발생하며 강한 역전조건에서 잘 생긴다. 이런 상태에서는 연기의 수직방향 분산은 최소가 되고 풍향에 수직되는 수평방향의 분산은 아주 적다.

① Fanning ② Coning
③ Looping ④ Lofting

선지분석

② 원추형(Coning)
- 가우시안분포를 나타낸다.
- 대기상태가 중립조건일 때 발생한다.
- 연기의 수직이동보다 수평이동이 크기 때문에 오염물질이 멀리까지 퍼져 나가며 지표면 가까이에는 오염의 영향이 거의 없다.

③ 환상형(Looping)
- 대기가 불안정상태(과단열)일 때 발생한다.
- 난류로 인해 오염물질을 확산시킨다.
- 바람이 약한 날, 주로 낮에 발생한다.

④ 지붕형(Lofting)
- 대기의 상태가 하층부는 안정하고 상층부는 불안정할 때 볼 수 있다.
- 초저녁~아침에 발생한다.

정답 ①

14 ★☆☆

아래 그림은 고도에 따른 대기의 기온 변화를 나타낸 것이다. 다음 중 대기 중에 섞인 오염물질이 가장 잘 확산되는 기온변화 형태는?

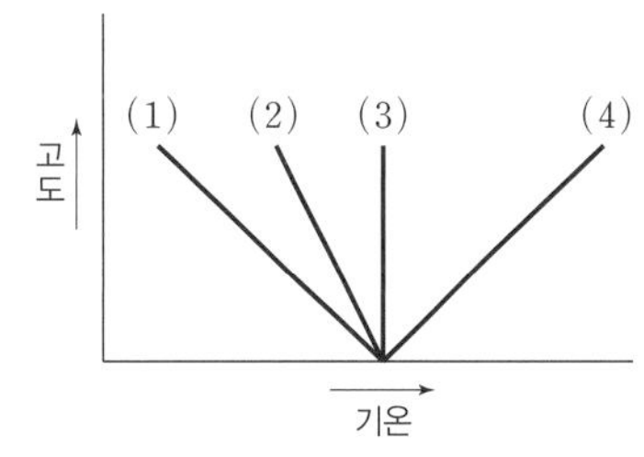

① (1) ② (2)
③ (3) ④ (4)

해설

고도가 증가함에 따라 기온이 가장 많이 감소하는 (1)의 형태가 가장 확산이 잘 일어난다.

정답 ①

15

★★☆

다음 대기오염물질의 분류 중 2차 오염물질에 해당하지 않는 것은?

① NOCl ② 알데하이드
③ 케톤 ④ N_2O_3

해설

삼산화이질소(N_2O_3)는 1차 오염물질이다.

관련이론

- 1차 오염물질: 먼지, 매연, 일산화탄소(CO), 염화수소(HCl), 탄화수소(HC), 암모니아(NH_3), 납(Pb), 삼산화이질소(N_2O_3) 등
- 2차 오염물질: 오존(O_3), PAN($CH_3COOONO_2$), 과산화수소(H_2O_2), 염화나이트로실(NOCl), 알데하이드 등
- 1, 2차 오염물질: SO_2, SO_3, H_2SO_4, NO, NO_2, HCHO, 케톤류, 유기산, 알데하이드 등

정답 ④

16

★☆☆

가솔린 연료를 사용하는 차량은 엔진 가동형태에 따라 오염물질 배출량이 달라진다. 다음 중 통상적으로 탄화수소가 제일 많이 발생하는 엔진 가동형태는?

① 정속(60km/h) ② 가속
③ 정속(40km/h) ④ 감속

해설

구분	HC(탄화수소)	CO	NO_x
발생량이 많을 때	감속	공회전	가속
발생량이 적을 때	정상운행	정상운행	공회전

정답 ④

17

★☆☆

지표부근에 존재하는 오존(O_3)에 관한 설명 중 틀린 것은?

① 질소산화물과 탄화수소의 광화학적 반응에 의해 생성되며, 강력한 산화작용을 한다.
② 오존에 강한 식물로는 담배, 앨팰퍼, 무 등이 있다.
③ 식물의 엽록소 파괴, 동화작용의 억제, 산소작용의 저해 등을 일으킨다.
④ 식물의 피해정도는 기공의 개폐, 증산작용의 대소 등에 따라 달라진다.

해설

오존에 강한 식물로는 양파, 해바라기, 국화 등이 있다.
오존의 지표식물로는 담배, 무, 파, 시금치, 토마토 등이 있다.

정답 ②

18

★★☆

Down Wash 현상에 관한 설명은?

① 원심력집진장치에서 처리가스량의 5~10%정도를 흡인하여 줌으로써 유효원심력을 증대시키는 방법이다.
② 굴뚝의 높이가 건물보다 높은 경우 건물 뒤편에 공동현상이 생기고 이 공동에 대기오염물질의 농도가 낮아지는 현상을 말한다.
③ 굴뚝 아래로 오염물질이 휘날리어 굴뚝 밑 부분에 오염물질의 농도가 높아지는 현상을 말한다.
④ 해가 뜬 후 지표면이 가열되어 대기가 지면으로부터 열을 받아 지표면 부근부터 역전층이 해소되는 현상을 말한다.

선지분석

① Blow down이다.
② Down draft 현상을 잘못 설명한 것이다.
굴뚝의 높이가 건물 높이보다 낮을 경우 건물 뒤편에 압력차가 생겨 공동현상이 생기고, 이 공동에 대기오염물질의 농도가 높아지는 것을 Down draft 현상이라고 한다.
④ 복사역전의 해소에 대한 설명이다.

정답 ③

19

★★☆

가우시안 모델에 도입된 가정조건으로 거리가 먼 것은?

① 연기의 분산은 정상상태 분포를 가정한다.
② 바람에 의한 오염물질의 주 이동방향은 x축이며, 풍속은 일정하다.
③ 연직방향의 풍속은 통상 수평방향의 풍속보다 크므로 고도변화에 따라 반영한다.
④ 난류확산계수는 일정하다.

해설

가우시안 모델에서 고도변화에 따른 풍속의 변화는 고려하지 않는다.

정답 ③

20

★★☆

지상으로부터 500m까지의 평균기온감율이 0.85℃/100m이다. 100m 고도의 기온이 15℃라 하면 400m에서의 기온은?

① 13.30℃　② 12.45℃
③ 11.45℃　④ 10.45℃

해설

대류권에서는 고도가 높아지면 기온이 낮아진다.

$$15℃+\frac{-0.85℃}{100m}\times(400-100)m=12.45℃$$

정답 ②

연소공학

21

★☆☆

중유의 특성에 관한 설명으로 가장 거리가 먼 것은?

① 중유는 비중이 클수록 유동점, 점도가 증가한다.
② 중유는 인화점이 150℃ 이상으로 이 온도 이하에서는 인화의 위험이 적다.
③ 중유의 잔류 탄소함량은 일반적으로 7~16% 정도이다.
④ 점도가 낮은 것은 일반적으로 낮은 비점의 탄화수소를 함유한다.

해설

중유는 인화점이 60~150℃로 이 온도 이하에서는 인화의 위험이 적다.

정답 ②

22

★★★

공기를 사용하여 Propane을 완전연소 시킬 때 건조 연소가스 중의 CO_{2max}(%)는?

① 13.76　② 17.76
③ 18.25　④ 22.85

해설

Propane(C_3H_8)이 $1Sm^3$이라고 가정하고 푼다.

$C_3H_8+5O_2 \rightarrow 3CO_2+4H_2O$

이론산소량 $=5Sm^3$

이론공기량 $=\frac{\text{이론산소량}}{0.21}=\frac{5Sm^3}{0.21}=23.8095Sm^3$

이론공기 중 질소량 = 이론공기량 $\times 0.79$

$=23.8095\times0.79=18.8095Sm^3$

건조 연소생성물(CO_2) $=3Sm^3$

이론 건조 연소가스량 = 이론공기 중 질소량 + 건조 연소생성물

$=18.8095+3=21.8095Sm^3$

$$CO_{2max}(\%)=\frac{\text{이산화탄소량}}{\text{이론 건조 연소가스량}}\times100$$

$$=\frac{3}{21.8095}\times100=13.7554\%$$

정답 ①

2019년

23

★★☆

화학반응속도 및 반응속도상수에 관한 설명으로 옳지 않은 것은?

① 1차 반응에서 반응속도상수의 단위는 s^{-1}이다.
② 반응물의 농도를 무제한 증가할지라도 반응속도에는 영향을 미치지 않는 반응을 0차 반응이라 한다.
③ 화학반응속도론에서 반응속도상수 결정에 활성화에너지가 가장 주요한 영향인자로 작용하며, 넓은 온도 범위에 걸쳐 유효하게 적용된다.
④ 반응속도상수는 온도에 영향을 받는다.

해설
특정 온도 범위에서 활성화에너지가 반응속도상수 결정에 주요한 영향 인자로 작용한다.

정답 ③

24

★★☆

착화점의 설명으로 옳지 않은 것은?

① 화학적으로 발열량이 적을수록 착화점은 낮다.
② 화학결합의 활성도가 클수록 착화점은 낮다.
③ 분자구조가 복잡할수록 착화점은 낮다.
④ 산소 농도가 클수록 착화점은 낮다.

해설
발열량이 크고 반응성이 큰 물질일수록 착화온도가 낮아진다.

정답 ①

25

★☆☆

다음 중 기체연료 연소장치에 해당하지 않는 것은?

① 송풍 버너　　② 선회 버너
③ 방사형 버너　　④ 로터리 버너

해설
로터리 버너는 액체연료 연소장치이다.

정답 ④

26

★★☆

석유류의 물성에 관한 설명으로 옳지 않은 것은?

① 비중이 커지면 화염의 휘도가 커지며, 점도가 증가한다.
② 증기압이 크면 인화점 및 착화점이 높아져서 안전하지만, 연소효율은 저하된다.
③ 점도가 낮아지면 인화점이 낮아지고 연소가 잘 된다.
④ 유체온도를 서서히 냉각하였을 때 유체가 유동할 수 있는 최저온도를 유동점이라 하고, 일반적으로 응고점보다 2.5℃ 높은 온도를 유동점이라 한다.

해설
증기압이 낮으면 인화점이 높아져서 연소효율이 저하된다.

정답 ②

27

★★☆

용적 $100m^3$의 밀폐된 실내에서 황 함량 0.01%인 등유 200g을 완전연소 시킬 때 실내의 평균 SO_2 농도(ppb)는? (단, 표준상태를 기준으로 하고, 황은 전량 SO_2로 전환된다.)

① 140　　② 240
③ 430　　④ 570

해설
S의 원자량은 32이고, 표준상태에서 SO_2 1mol의 부피는 22.4L이다.

$S+O_2 \rightarrow SO_2$

$$\frac{200g \times \frac{0.01}{100} \times \frac{22.4L}{32g} \times \frac{10^6\mu L}{L}}{100m^3} = 140\mu L/m^3 = 140ppb$$

※ ppb는 10^{-9}을 나타내고, 단위로는 $\mu L/m^3$이다.

정답 ①

28 ★★☆

탄화도의 증가에 따른 연소특성의 변화에 대한 설명으로 옳지 않은 것은?

① 착화온도는 상승한다.
② 발열량은 증가한다.
③ 산소의 양이 줄어든다.
④ 연료비(고정탄소%/휘발분%)는 감소한다.

해설

탄화도가 증가하면 연료비(고정탄소%/휘발분%)는 증가한다.

관련이론

연료비

- 탄화도의 정도를 나타내는 지수로서 고정탄소가 높을수록 연료비도 높아지며 연소 시 발열량도 높아진다.
- 연료비 = 고정탄소/휘발분
- 고정탄소(w%) = 100 − (휘발분 + 수분 + 회분)

탄화도

- 석탄에서 수분과 회분을 제외한 나머지 성분 중에 탄소가 차지하는 중량백분율이다.
- 탄화도가 증가할 경우 변화
  - 증가하는 것: 연료비, 고정탄소, 착화온도, 발열량
  - 감소하는 것: 수분, 휘발분, 비열, 매연발생률, 연소속도

정답 ④

29 ★☆☆

다음 중 연료 연소 시 공기비가 이론치보다 작을 때 나타나는 현상으로 가장 적합한 것은?

① 완전연소로 연소실 내의 열손실이 작아진다.
② 배출가스 중 일산화탄소의 양이 많아진다.
③ 연소실벽에 미연탄화물 부착이 줄어든다.
④ 연소효율이 증가하여 배출가스의 온도가 불규칙하게 증가 및 감소를 반복한다.

선지분석

① 불완전연소로 연소실 내의 열손실이 커진다.
③ 연소실벽에 미연탄화물 부착이 늘어난다.
④ 연소효율이 감소하여 배출가스의 온도가 불규칙하게 증가 및 감소를 반복한다.

정답 ②

30 ★★★

탄소 85%, 수소 15%된 경유(1kg)를 공기과잉계수 1.1로 연소했더니 탄소 1%가 검댕(그을음)으로 된다. 건조 배기가스 $1Sm^3$ 중 검댕의 농도(g/Sm^3)는?

① 약 0.72　　② 약 0.86
③ 약 1.72　　④ 약 1.86

해설

검댕의 양 $= 850g \times 0.01 = 8.5g$

이론산소량 $= 1.867C + 5.6H + 0.7S - 0.7O$

$= (1.867 \times 0.85) + (5.6 \times 0.15) = 2.4269Sm^3$

검댕을 고려한 이론산소량

$= (1.867 \times 0.85 \times 0.99) + (5.6 \times 0.15) = 2.4110Sm^3$

이론공기량 $= \dfrac{\text{이론산소량}}{0.21} = \dfrac{2.4269Sm^3}{0.21} = 11.5566Sm^3$

※ 실제건연소가스량 산정시 검댕으로 반응하지 않은 이론산소량을 보정하기 때문에 연료의 성분에 따른 이론공기량을 구한다.

이론공기 중 질소량 = 이론공기량 × 0.79

$= 11.5566 \times 0.79 = 9.1297Sm^3$

과잉공기량 $= (m-1) \times$ 이론공기량 (m: 공기과잉계수)

$= (1.1 - 1) \times 11.5566 = 1.1556Sm^3$

CO_2 배출량

$C + O_2 \rightarrow CO_2$

$12kg : 22.4Sm^3 = 0.85kg \times 0.99 : xSm^3$

$x = 1.5708Sm^3$

※ 검댕(그을음)은 연소하지 않으므로 CO_2 발생량을 구할 때 제외해야 한다.

실제건연소가스량

= 이론공기 중 질소량 + 검댕으로 반응하지 않은 이론산소량 + 과잉공기량 + 건연소생성물(CO_2)

$= 9.1297Sm^3 + (2.4269 - 2.4110)Sm^3 + 1.1556Sm^3 + 1.5708Sm^3$

$= 11.872Sm^3$

검댕의 농도 $= \dfrac{\text{검댕의 양(g)}}{\text{실제건연소가스량}(Sm^3)}$

$= \dfrac{8.5g}{11.872Sm^3} = 0.7159g/Sm^3$

정답 ①

31

★☆☆

다음 연료의 연소 시 이론공기량의 개략치(Sm^3/Sm^3)가 가장 큰 것은?

① LPG ② 고로가스
③ 발생로가스 ④ 석탄가스

해설

연소 시 이론공기량은 일반적으로 고체연료 > 액체연료 > 기체연료 순이다. LPG는 액화석유가스로서 연소 시 공기함량이 많은 편이다.

선지분석

보기에 있는 물질의 연소 시 이론공기량

① LPG: 프로판으로서 약 $23Sm^3/Sm^3$
② 고로가스: $0.7\sim0.9Sm^3/Sm^3$
③ 발생로가스: $0.9\sim1.2Sm^3/Sm^3$
④ 석탄가스: $4.5\sim5.5Sm^3/Sm^3$

정답 ①

32

★☆☆

유압분무식 버너의 특징과 거리가 먼 것은?

① 유량조절범위가 1 : 10 정도로 넓어서 부하변동에 적응이 쉽다.
② 연료분사범위는 15~2,000L/h 정도이다.
③ 연료의 점도가 크거나 유압이 $5kg/cm^2$ 이하가 되면 분무화가 불량하다.
④ 구조가 간단하여 유지 및 보수가 용이한 편이다.

해설

유량조절범위가 환류식의 경우는 1 : 3, 비환류식의 경우는 1 : 2 정도여서 부하변동에 적응하기 어렵다.

정답 ①

33

★☆☆

9,000kcal/kg의 열량을 내는 석탄을 시간당 80kg 연소하는 보일러가 있다. 실제로 이 보일러에서 시간당 흡수된 열량이 600,000kcal라면 이 보일러의 열효율(%)은?

① 66.7 ② 75.0
③ 83.3 ④ 90.0

해설

$$\eta(\%)=\frac{H_a}{H_b}\times100$$

η: 보일러 열효율

H_a: 실제 흡수열량(kcal/hr), H_b: 보일러의 발열량(kcal/hr)

$$\eta=\frac{600{,}000\text{kcal/hr}}{9{,}000\text{kcal/kg}\times80\text{kg/hr}}\times100=83.3333\%$$

정답 ③

34

★★☆

저위발열량이 $7{,}000kcal/Sm^3$의 가스연료의 이론연소온도(℃)는? (단, 이론연소가스량은 $10Sm^3/Sm^3$, 연료연소가스의 평균정압비열은 $0.35kcal/Sm^3℃$, 기준온도는 15℃, 지금 공기는 예열되지 않으며, 연소가스는 해리되지 않는다.)

① 1,515 ② 1,825
③ 2,015 ④ 2,325

해설

$$\text{이론연소온도}=\text{기준온도}+\frac{\text{발열량}}{\text{평균정압비열}\times\text{연소가스량}}$$

$$=15℃+\frac{\frac{7{,}000\text{kcal}}{\text{Sm}^3}}{\frac{0.35\text{kcal}}{\text{Sm}^3\cdot℃}\times\frac{10\text{Sm}^3}{\text{Sm}^3}}=2{,}015℃$$

정답 ③

35

★☆☆

폐열회수장치가 설치된 소각로의 특징에 관한 설명으로 거리가 먼 것은? (단, 폐열회수를 안 하는 소각로와 비교한다.)

① 연소가스 배출 부분과 수증기 보일러관에서 부식의 염려가 없다.
② 열 회수 연소가스의 온도와 부피를 줄일 수 있다.
③ 공기와 연소가스의 양이 비교적 적으므로 용량이 작은 송풍기를 쓸 수 있다.
④ 수증기 생산을 위한 수냉로벽, 보일러 등 설비가 필요하다.

해설

폐열회수장치가 설치된 소각로는 연소가스 배출 부분과 수증기 보일러관에서 부식이 발생한다.

정답 ①

36

★★★

기체연료의 연소방식과 연소장치에 관한 설명으로 옳지 않은 것은?

① 확산연소는 주로 탄화수소가 적은 발생로가스, 고로가스 등에 적용되는 연소방식이다.
② 예혼합연소는 화염온도가 낮아 국부가열의 염려가 없고 연소부하가 작은 경우 사용이 가능하며, 화염의 길이가 길다.
③ 저압버너는 역화방지를 위해 1차 공기량을 이론공기량의 약 60% 정도만 흡입하고 2차 공기로는 로 내의 압력을 부압(−)으로 하여 공기를 흡인한다.
④ 예혼합연소에 사용되는 버너에는 저압버너, 고압버너, 송풍버너 등이 있다.

해설

예혼합연소는 화염온도가 높고 국부가열의 염려가 없어 균일하게 연소가 되며 연소부하가 큰 경우 사용이 가능하며, 화염의 길이가 짧고 그을음 발생이 적다.

정답 ②

37

★★★

A 기체연료 $2Sm^3$을 분석한 결과 C_3H_8 $1.7Sm^3$, CO $0.15Sm^3$, H_2 $0.14Sm^3$, O_2 $0.01Sm^3$였다면 이 연료를 완전 연소 시켰을 때 생성되는 이론 습연소가스량(Sm^3)은?

① 약 $41Sm^3$　② 약 $45Sm^3$
③ 약 $52Sm^3$　④ 약 $57Sm^3$

해설

C_3H_8의 부피: $1.7Sm^3$
$C_3H_8+5O_2 \rightarrow 3CO_2+4H_2O$
이론산소량$=5\times1.7=8.5Sm^3$
이론 습연소생성물$=(3+4)\times1.7=11.9Sm^3$
CO의 부피: $0.15Sm^3$
$CO+0.5O_2 \rightarrow CO_2$
이론산소량$=0.5\times0.15=0.075Sm^3$
이론 습연소생성물(CO_2): $0.15Sm^3$
H_2의 부피: $0.14Sm^3$
$H_2+0.5O_2 \rightarrow H_2O$
이론산소량$=0.5\times0.14=0.07Sm^3$
이론 습연소생성물(H_2O): $0.14Sm^3$
전체 이론산소량$=8.5+0.075+0.07-0.01=8.635Sm^3$
※ 연료에 포함된 산소는 이론공기량에서 빼 주어야 한다.

$$\text{전체 이론공기량}=\frac{\text{이론산소량}}{0.21}=\frac{8.635Sm^3}{0.21}=41.119Sm^3$$

전체 이론공기 중 질소량$=$이론공기량$\times0.79$
$=41.119\times0.79=32.484Sm^3$

전체 이론 습연소가스량
$=$전체 이론공기 중 질소량$+$전체 이론 습연소생성물량
$=32.484+11.9+0.15+0.14=44.674Sm^3$

정답 ②

2019년

38

★★☆

CH_4: 30%, C_2H_6: 30%, C_3H_8: 40%인 혼합가스의 폭발범위로 가장 적합한 것은? (단, 르샤틀리에의 식을 적용한다.)

> CH_4 폭발범위: 5~15%
> C_2H_6 폭발범위: 3~12.5%
> C_3H_8 폭발범위: 2.1~9.5%

① 약 2.9~11.6% ② 약 3.7~13.8%
③ 약 4.9~14.6% ④ 약 5.8~15.4%

해설

(1) 폭발하한값 구하기

$$\frac{100}{LEL}=\frac{V_1}{L_1}+\frac{V_2}{L_2}+\frac{V_3}{L_3}$$

V_n: 각 성분가스의 체적(%)

L_n: 각 성분가스의 폭발하한값(%)

$$\frac{100}{LEL}=\frac{30}{5}+\frac{30}{3}+\frac{40}{2.1}$$

$LEL=2.8532\%$

(2) 폭발상한값 구하기

$$\frac{100}{UEL}=\frac{V_1}{U_1}+\frac{V_2}{U_2}+\frac{V_3}{U_3}$$

V_n: 각 성분가스의 체적(%)

U_n: 각 성분가스의 폭발상한값(%)

$$\frac{100}{UEL}=\frac{30}{15}+\frac{30}{12.5}+\frac{40}{9.5}$$

$UEL=11.6136\%$

(3) 폭발범위

폭발하한값~폭발상한값: 2.8532~11.6136%

정답 ①

39

★★☆

Butane 2kg을 표준상태에서 완전연소 시키는 데 필요한 이론산소의 양(kg)은?

① 3.59 ② 5.02
③ 7.17 ④ 11.17

해설

부탄(C_4H_{10})의 분자량$=(12\times4)+(1\times10)=58$

산소 기체(O_2)의 분자량$=2\times16=32$

$C_4H_{10}+6.5O_2 \rightarrow 4CO_2+5H_2O$

$58kg : 6.5\times32kg = 2kg : x$

$x=7.1724kg$

정답 ③

40

★★☆

미분탄연소의 특징에 관한 설명으로 거리가 먼 것은?

① 부하변동에 대한 응답성이 좋은 편이어서 대용량의 연소에 적합하다.
② 화격자연소보다 낮은 공기비로서 높은 연소효율을 얻을 수 있다.
③ 분무연소와 상이한 점은 가스화 속도가 빠르고, 화염이 연소실 중앙부에 집중하여 명료한 화염면이 형성된다는 것이다.
④ 석탄의 종류에 따른 탄력성이 부족하고, 로벽 및 전열면에서 재의 퇴적이 많은 편이다.

해설

접선기울형버너(Tangential tilting burner)가 화염이 연소실 중앙부에 집중하여 명료한 화염면이 형성된다.

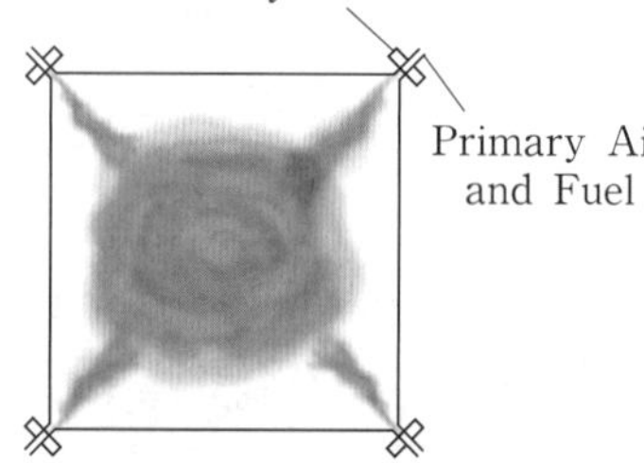

정답 ③

대기오염방지기술

41
★★☆

사이클론의 반경이 50cm인 원심력 집진장치에서 입자의 접선방향속도가 10m/sec이라면 분리계수는?

① 10.2 ② 20.4
③ 34.5 ④ 40.9

해설

원심력 집진장치의 분리계수 공식을 이용한다.

$S=\frac{V^2}{R \times g}$

V: 유입가스의 속도(m/sec)

R: 내통의 반경(m)

g: 중력가속도(9.8m/sec²)

$S=\frac{(10\text{m/sec})^2}{0.5\text{m} \times 9.8\text{m/sec}^2}=20.4081$

정답 ②

42
★★☆

유해가스의 물리적 흡착에 관한 설명으로 옳지 않은 것은?

① 온도가 낮을수록 흡착량은 많다.
② 흡착제에 대한 용질의 분압이 높을수록 흡착량이 증가한다.
③ 가역성이 높고 여러 층의 흡착이 가능하다.
④ 흡착열이 높고, 분자량이 작을수록 잘 흡착된다.

해설

유해가스의 물리적 흡착은 흡착열이 낮으며, 분자량이 클수록 잘 흡착된다.

정답 ④

43
★★☆

시간당 5톤의 중유를 연소하는 보일러의 배기가스를 수산화나트륨 수용액으로 세정하여 탈황하고 부산물로 아황산나트륨을 회수하려고 한다. 중유 중 황(S) 함량이 2.56%, 탈황장치의 탈황효율이 87.5%일 때, 필요한 수산화나트륨의 이론량은 시간당 몇 kg인가?

① 300kg ② 280kg
③ 250kg ④ 225kg

해설

황(S) 1mol이 산소(O_2) 1mol과 반응하면 이산화황(SO_2) 1mol이 생성된다.

$S+O_2 \rightarrow SO_2$

이산화황(SO_2) 1mol은 수산화나트륨(NaOH) 2mol과 반응하여 아황산나트륨(Na_2SO_3) 1mol이 생성된다.

$SO_2+2NaOH \rightarrow Na_2SO_3+H_2O$

결국 황(S, 원자량 32) 1mol은 수산화나트륨(NaOH, 분자량 40) 2mol과 반응하는 것이다.

$\frac{5{,}000\text{kg}}{\text{hr}} \times \frac{2.56}{100} \times \frac{87.5}{100} \times \frac{2 \times 40\text{kg}}{32\text{kg}}=280\text{kg/hr}$

정답 ②

44
★☆☆

다음 중 $(CH_3)CHCH_2CHO$의 냄새 특성으로 가장 적합한 것은?

① 양파, 양배추 썩는 냄새
② 분뇨 냄새
③ 땀 냄새
④ 자극적이며, 새콤하고 타는 듯한 냄새

해설

$(CH_3)CHCH_2CHO$는 자극적이며, 새콤하고 타는 듯한 냄새가 난다.

정답 ④

45

★★☆

암모니아의 농도가 용적비로 200ppm인 실내공기를 송풍기로 환기시킬 때 실내용적이 $4,000m^3$이고, 송풍량이 $100m^3/min$이면 농도를 20ppm으로 감소시키기 위해 소요되는 시간은?

① 82min　② 92min
③ 102min　④ 112min

해설

1차 반응식을 이용한다.

$$\ln\frac{C_t}{C_o}=-k\times t$$

C_t: t시간 후 물질의 농도(ppm), C_o: 초기농도(ppm)

k: 반응속도상수(min^{-1})

$$k=\frac{Q}{V}=\frac{100m^3/min}{4,000m^3}$$

Q: 송풍량(m^3/min), V: 실내용적(m^3)

t: 반응시간(min)

$$\ln\frac{20}{200}=-\frac{100m^3/min}{4,000m^3}\times t$$

$t=92.1034min$

정답 ②

46

★★☆

냄새물질에 관한 다음 설명 중 가장 거리가 먼 것은?

① 물리화학적 자극량과 인간의 감각강도 관계는 Ranney 법칙과 잘 맞다.
② 골격이 되는 탄소(C) 수는 저분자일수록 관능기 특유의 냄새가 강하고 자극적이며, 8~13에서 가장 향기가 강하다.
③ 분자 내 수산기의 수는 1개일 때 가장 강하고 수가 증가하면 약해져서 무취에 이른다.
④ 불포화도가 높으면 냄새가 보다 강하게 난다.

해설

물리화학적 자극량과 인간의 감각강도 관계는 베버-페히너(Weber-fechner) 법칙과 잘 맞는다.

정답 ①

47

★☆☆

유해가스의 연소처리에 관한 설명으로 가장 거리가 먼 것은?

① 직접연소법은 경우에 따라 보조연료나 보조공기가 필요하며, 대체로 오염물질의 발열량이 연소에 필요한 전체 열량의 50% 이상일 때 경제적으로 타당하다.
② 직접연소법은 After burner법이라고도 하며, HC, H_2, NH_3, HCN 및 유독가스 제거법으로 사용한다.
③ 가열연소법은 배기가스 중 가연성 오염물질의 농도가 매우 높아 직접연소법으로 불가능할 경우에 주로 사용되고 조업의 유동성이 적어 NO_x 발생이 많다.
④ 가열연소법에서 연소로 내의 체류시간은 0.2~0.8초 정도이다.

해설

가열연소법은 배기가스 중 가연성 오염물질의 농도가 낮아 직접연소법으로 불가능할 경우에 주로 사용되고 조업의 유동성이 높고 NO_x 발생이 적다.

정답 ③

48

★☆☆

여과집진장치에 사용되는 각종 여과재의 성질에 관한 연결로 가장 거리가 먼 것은? (단, 여과재의 종류-산에 대한 저항성-최고사용온도이다.)

① 목면-양호-150℃
② 글라스화이버-양호-250℃
③ 오론-양호-150℃
④ 비닐론-양호-100℃

해설

목면-불량-80℃

목면은 내알칼리성이 약간 양호하다.

정답 ①

49

★☆☆

탈취방법에 관한 설명으로 옳지 않은 것은?

① BALL 차단법은 밀폐형 구조물을 설치할 필요가 없고, 크기와 색상이 다양한 편이다.
② 약액세정법은 조작이 복잡하고, 대상 악취물질에 대한 제한성이 크지만, 산성가스 및 염기성 가스의 별도 처리가 필요하지 않다.
③ 산화법 중 염소주입법은 페놀이 다량 함유되었을 때에는 클로로페놀을 형성하여 2차 오염문제를 발생시킨다.
④ 수세법은 수온 변화에 따라 탈취효과가 변하고, 처리풍향 및 압력손실이 크다.

해설

약액세정법은 악취의 산알칼리세정법으로 조작이 복잡하고, 대상 악취물질에 대한 제한성이 크고 산성가스 및 염기성 가스의 별도 처리가 필요하다.

정답 ②

50

★☆☆

흡수에 관한 설명으로 옳지 않은 것은?

① 가스측 경막저항은 흡수액에 대한 유해가스의 농도가 클 때 경막저항을 지배하고, 반대로 액측 경막저항은 용해도가 작을 때 지배한다.
② 대기오염물질은 보통 공기 중에 소량 포함되어 있고, 유해가스의 농도가 큰 흡수제를 사용하므로 가스측 경막저항이 주로 지배한다.
③ Baker는 평형선과 조작선을 사용하여 NTU를 결정하는 방법을 제안하였다.
④ 충전탑의 조건이 평형곡선에서 멀어질수록 흡수에 대한 추진력은 더 작아지며, NTU는 Berl number에 의해 지배된다.

해설

충전탑의 조건이 평형곡선에서 멀어질수록 흡수에 대한 추진력은 더 커지며, 이동단위수(NTU: Number of Transfer Units)는 제거효율에 영향을 받는다.

정답 ④

51

★☆☆

직경이 15cm인 원형관에서 층류로 흐를 수 있게 임계 레이놀계수를 2,100으로 할 때, 최대 평균유속(cm/sec)은? (단, $\nu=1.8\times10^{-6}m^2/sec$이다.)

① 1.52 ② 2.52
③ 4.59 ④ 6.74

해설

$$N_{Re}=\frac{D\times\rho\times V}{\mu}=\frac{D\times V}{\nu}$$

D: 유체의 직경, ρ: 유체의 밀도
V: 유체의 속도, μ: 점성계수, ν: 동점성계수
문제에서 ν(동점성계수)가 주어졌으므로

$N_{Re}=\frac{D\times V}{\nu}$를 이용하여 풀 수 있다.

$$2{,}100=\frac{15cm\times V}{\frac{1.8\times10^{-6}m^2}{sec}\times\frac{(100cm)^2}{m^2}}$$

$V=2.52cm/sec$

※ V값은 공학용계산기의 SOLVE 기능을 이용해서 푸는 것이 더 편리합니다.

정답 ②

52

★☆☆

덕트 설치 시 주요원칙으로 거리가 먼 것은?

① 공기가 아래로 흐르도록 하향구배를 만든다.
② 구부러짐 전후에는 청소구를 만든다.
③ 밴드는 가능하면 완만하게 구부리며, 90°는 피한다.
④ 덕트는 가능한 한 길게 배치하도록 한다.

해설

덕트는 가능한 한 짧게 배치해야 한다.

정답 ④

53

★★★

전기집진장치에서 비저항과 관련된 내용으로 옳지 않은 것은?

① 배연설비에서 연료에 S 함유량이 많은 경우는 먼지의 비저항이 낮아진다.
② 비저항이 낮은 경우에는 건식 전기집진장치를 사용하거나, 암모니아 가스를 주입한다.
③ 10^{11}~$10^{13}\Omega\cdot cm$ 범위에서는 역전리 또는 역이온화가 발생한다.
④ 비저항이 높은 경우는 분진층의 전압손실이 일정하더라도 가스상의 전압손실이 감소하게 되므로, 전류는 비저항의 증가에 따라 감소된다.

해설

비저항이 낮은 경우에는 습식 전기집진장치를 사용하거나, 암모니아 가스를 주입한다.

정답 ②

54

★☆☆

설치 초기 전기집진장치의 효율이 98%였으나, 2개월 후 성능이 96%로 떨어졌다. 이때 먼지 배출농도는 설치 초기의 몇 배인가?

① 2배 ② 4배
③ 8배 ④ 16배

해설

배출농도는 설치 초기의 2배이다.

구분	내용
98%일 때	유입: 100, 유출: 2
96%일 때	유입: 100, 유출: 4

정답 ①

55

★★☆

다음 입자상 물질의 크기를 결정하는 방법 중 입자상 물질의 그림자를 2개의 등면적으로 나눈 선의 길이를 직경으로 하는 입경은?

① 마틴직경 ② 스톡스직경
③ 피렛직경 ④ 투영면적경

해설

입자상 물질의 그림자를 2개의 등면적으로 나눈 선의 길이를 직경으로 하는 것을 마틴직경이라고 한다.

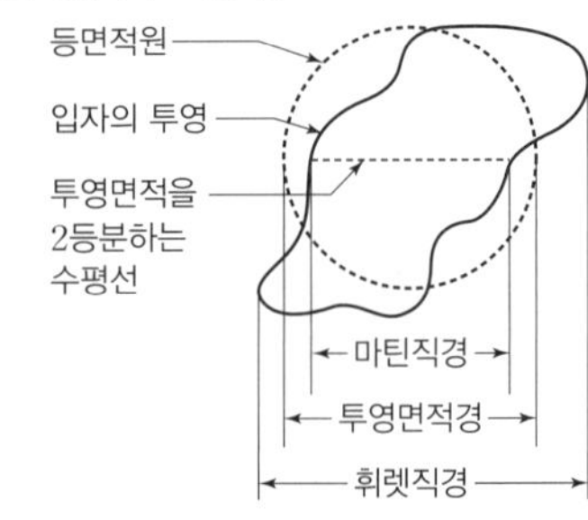

정답 ①

56

★☆☆

유해가스에 대한 설명 중 가장 거리가 먼 것은?

① Cl_2가스는 상온에서 황록색을 띤 기체이며 자극성 냄새를 가진 유독물질로 관련 배출원은 표백공업이다.
② F_2는 상온에서 무색의 발연성 기체로 강한 자극성이며 물에 잘 녹고 배출원은 알루미늄 제련공업이다.
③ SO_2는 무색의 강한 자극성 기체로 환원성 표백제로도 이용되고 화석연료의 연소에 의해서도 발생한다.
④ NO는 적갈색의 특이한 냄새를 가진 물에 잘 녹는 맹독성 기체로 자동차배출이 가장 많은 부분을 차지한다.

해설

NO는 무색, 무취의 물에 잘 녹지 않는 난용성 기체로 화학적으로 불안정하며 화석연료의 연소에 의한 Fuel NO_x, 고온으로 인한 Thermal NO_x 등에 의해 생성된다.

정답 ④

57

★★☆

가스 $1m^3$당 50g의 아황산가스를 포함하는 어떤 폐가스를 흡수 처리하기 위하여 가스 $1m^3$에 대하여 순수한 물 2,000kg의 비율로 연속 향류 접촉시켰더니 폐가스 내 아황산가스의 농도가 1/10로 감소하였다. 물 1,000kg에 흡수된 아황산가스의 양(g)은?

① 11.5 ② 22.5
③ 33.5 ④ 44.5

해설

(1) 수식을 이용한 풀이

$$50g \times \frac{9}{10} \times \frac{1,000kg}{2,000kg} = 22.5g$$

(2) 문제의 조건을 해석한 풀이

순수한 물 2,000kg으로 50g의 아황산가스의 농도가 1/10로 감소했으므로 물 2,000kg으로 아황산가스 45g을 처리했다.
물 1,000kg으로는 45g의 절반인 22.5g을 처리할 수 있다.

정답 ②

58

★☆☆

흡착장치에 관한 다음 설명 중 가장 거리가 먼 것은?

① 고정층 흡착장치에서 보통 수직으로 된 것은 대규모에 적합하고, 수평으로 된 것은 소규모에 적합하다.
② 일반적으로 이동층 흡착장치는 유동층 흡착장치에 비해 가스의 유속을 크게 유지할 수 없는 단점이 있다.
③ 유동층 흡착장치는 고정층과 이동층 흡착장치의 장점만을 이용한 복합형으로 고체와 기체의 접촉을 좋게 할 수 있다.
④ 유동층 흡착장치는 흡착제의 유동에 의한 마모가 크게 일어나고, 조업조건에 따른 주어진 조건의 변동이 어렵다.

해설

고정층 흡착장치에서 소규모는 수직형, 대규모는 수평형 또는 실린더형이 유리하다.

정답 ①

59

★★☆

Bag filter에서 먼지부하가 $360g/m^2$일 때마다 부착먼지를 간헐적으로 탈락시키고자 한다. 유입가스 중의 먼지농도가 $10g/m^3$이고, 겉보기 여과속도가 1cm/sec일 때 부착먼지의 탈락시간 간격은? (단, 집진율은 80%이다.)

① 약 0.4hr ② 약 1.3hr
③ 약 2.4hr ④ 약 3.6hr

해설

부착먼지의 탈락시간 간격$(t) = \dfrac{L_d}{C_i \times V_f \times \eta}$

L_d: 먼지부하(g/m^2), C_i: 입구 먼지농도(g/m^3)
V_f: 여과속도(m/hr), η: 집진효율

$$t = \frac{\frac{360g}{m^2}}{\frac{10g}{m^3} \times \frac{0.01m}{sec} \times \frac{3,600sec}{hr} \times \frac{80}{100}} = 1.25hr$$

정답 ②

60

★☆☆

원심력 집진장치에서 압력손실의 감소 원인으로 가장 거리가 먼 것은?

① 장치 내 처리가스가 선회되는 경우
② 호퍼 하단 부위에 외기가 누입될 경우
③ 외통의 접합부 불량으로 함진가스가 누출될 경우
④ 내통이 마모되어 구멍이 뚫려 함진가스가 by pass될 경우

해설

장치 내 처리가스가 선회되지 않는 경우가 해당된다.

정답 ①

대기오염공정시험기준

61

★★☆

다음은 시험의 기재 및 용어에 관한 설명이다. (   ) 안에 알맞은 것은?

> 시험조작 중 "즉시"란 (㉠) 이내에 표시된 조작을 하는 것을 뜻하며, "감압 또는 진공"이라 함은 따로 규정이 없는 한 (㉡) 이하를 뜻한다.

① ㉠ 10초, ㉡ 15mmH_2O
② ㉠ 10초, ㉡ 15mmHg
③ ㉠ 30초, ㉡ 15mmH_2O
④ ㉠ 30초, ㉡ 15mmHg

해설
㉠은 30초, ㉡은 15mmHg이다.

정답 ④

62

★☆☆

굴뚝 배출가스 중 사이안화수소를 질산은적정법으로 분석할 때 필요한 시약으로 거리가 먼 것은?

① p-다이메틸아미노벤질리덴로다닌의 아세톤 용액
② 아세트산(99.7%)(부피분율 10%)
③ 메틸레드-메틸렌 블루우 혼합지시약
④ 수산화소듐 용액(질량분율 2%)

해설
굴뚝 배출가스 중 사이안화수소를 질산은적정법으로 분석하는 것은 대기오염공정시험기준에서 삭제되었다.

정답 정답 없음

63

★☆☆

대기오염공정시험기준상 굴뚝 배출가스 중 플루오린화수소를 연속적으로 자동 측정하는 방법은?

① 자외선형광법　② 이온전극법
③ 적외선흡수법　④ 자외선흡수법

해설
플루오린화수소는 이온전극법으로 자동 연속 측정한다.

정답 ②

64

★★★

이온크로마토그래피에 관한 설명으로 옳지 않은 것은?

① 분리관의 재질은 용리액 및 시료액과 반응성이 큰 것을 선택하며 스테인레스관이 널리 사용된다.
② 용리액조는 일반적으로 폴리에틸렌이나 경질 유리제를 사용한다.
③ 송액펌프는 일반적으로 맥동이 적은 것을 사용한다.
④ 검출기는 일반적으로 전도도 검출기를 많이 사용하고, 그 외 자외선, 가시선 흡수검출기(UV, VIS 검출기), 전기화학적 검출기 등이 사용된다.

해설
분리관의 재질은 내압성, 내부식성으로 용리액 및 시료액과 반응성이 적은 것을 선택하며 에폭시수지관 또는 유리관이 사용된다. 일부는 스테인레스관이 사용되지만 금속이온 분리용으로는 좋지 않다.

정답 ①

65 ★★☆

원자흡수분광광도법에 사용되는 용어의 정의로 옳지 않은 것은?

① 분무실(Nebulizer-Chamber): 분무기와 함께 분무된 시료용액의 미립자를 더욱 미세하게 해주는 한편 큰 입자와 분리시키는 작용을 갖는 장치

② 선프로파일(Line Profile): 파장에 대한 스펙트럼선의 강도를 나타내는 곡선

③ 예복합 버너(Premix Type Burner): 가연성 가스, 조연성 가스 및 시료를 분무실에서 혼합시켜 불꽃 중에 넣어주는 방식의 버너

④ 근접선(Neighbouring Line): 원자가 외부로부터 빛을 흡수했다가 다시 먼저 상태로 돌아갈 때 방사하는 스펙트럼선

해설

근접선(Neighbouring Line): 목적하는 스펙트럼선에 가까운 파장을 갖는 다른 스펙트럼선

정답 ④

66 ★☆☆

다음은 굴뚝 배출가스 중의 이황화탄소 분석방법에 관한 설명이다. (　　) 안에 알맞은 것은?

> 자외선/가시선분광법은 다이에틸아민구리 용액에서 시료가스를 흡수시켜 생성된 다이에틸다이싸이오카밤산구리의 흡광도를 (㉠)의 파장에서 측정한다. 이 방법은 시료가스 채취량 10L인 경우 배출가스 중의 이황화탄소 농도 (㉡)의 분석에 적합하다.

① ㉠ 340nm, ㉡ 0.05~1ppm

② ㉠ 340nm, ㉡ 3.0~60.0ppm

③ ㉠ 435nm, ㉡ 0.05~1ppm

④ ㉠ 435nm, ㉡ 4.0~60.0ppm

해설

㉠ 435nm, ㉡ 4.0~60.0ppm이다.
시험 출제당시 ④번 보기의 ㉡은 3.0~60.0이었으나 대기오염공정시험기준 개정에 맞게 보기를 수정했다.

관련이론 | 배출가스 중 이황화탄소 자외선/가시선분광법

- 이 시험기준은 화학반응 등에 따라 굴뚝으로부터 배출되는 기체 중의 이황화탄소를 분석하는 방법에 관하여 규정한다. 다이에틸아민구리 용액에서 시료가스를 흡수시켜 생성된 다이에틸다이싸이오카밤산구리의 흡광도를 435nm의 파장에서 측정하여 이황화탄소를 정량한다.
- 이 시험기준은 시료가스 채취량 10L인 경우 배출가스 중의 이황화탄소 농도가 4.0~60.0ppm인 것의 분석에 적합하다.
- 이황화탄소의 방법검출한계는 1.3ppm이다.

정답 ④

67 ★★☆

자외선/가시선분광법에 관한 설명으로 옳지 않은 것은?

① 시료물질 등에 적당한 시약을 넣어 발색시킨 용액의 흡광도를 측정하여 시료 중의 목적성분을 정량하는 방법으로 파장 200~1,200nm에서의 액체의 흡광도를 측정한다.

② 일반적으로 광원으로 나오는 빛을 단색화장치(Monochrometer) 또는 필터(Filter)에 의하여 좁은 파장범위의 빛만을 선택하여 액층을 통과시킨 다음 광전측광으로 흡광도를 측정하여 목적성분의 농도를 정량하는 방법이다.

③ (투사광의 강도/입사광의 강도)를 투과도(t)라 하며, 투과도(t)의 상용대수를 흡광도라 한다.

④ 광원부 – 파장선택부 – 시료부 – 측광부로 구성되어 있고, 가시부와 근적외부의 광원으로는 주로 텅스텐램프를 사용한다.

해설

(투사광의 강도/입사광의 강도)를 투과도(t)라 하며, 투과도(t)의 역수의 상용대수를 흡광도라 한다.

흡광도(A)$=\log \frac{1}{t(\text{투과도})}=\log \frac{1}{I_t/I_o}=\log \frac{I_o}{I_t}=\varepsilon Cl$

정답 ③

68

★☆☆

다음은 비분산적외선분광분석기의 성능기준이다. ( ) 안에 알맞은 것은?

> 제로 조정용 가스를 도입하여 안정된 후 유로를 스팬가스로 바꾸어 기준 유량으로 분석기에 도입하여 그 농도를 눈금 범위 내의 어느 일정한 값으로부터 다른 일정한 값으로 갑자기 변화시켰을 때 스텝(Step) 응답에 대한 소비시간이 (㉠) 이어야 한다. 또 이때 최종 지시값에 대한 90%의 응답을 나타내는 시간은 (㉡)이어야 한다.

① ㉠ 10초 이내, ㉡ 30초 이내
② ㉠ 10초 이내, ㉡ 40초 이내
③ ㉠ 1초 이내, ㉡ 30초 이내
④ ㉠ 1초 이내, ㉡ 40초 이내

해설
㉠은 1초 이내, ㉡은 40초 이내이다.

정답 ④

69

★★★

비산먼지의 농도를 구하기 위해 측정한 조건 및 결과가 다음과 같을 때 비산먼지의 농도(mg/m^3)는?

> 〈측정조건 및 결과〉
> - 채취먼지량이 가장 많은 위치에서의 먼지농도(mg/m^3): 5.8
> - 대조위치에서 먼지농도(mg/m^3): 0.17
> - 전시료채취 기간 중 주 풍향이 45°~90° 변한다.
> - 풍속이 0.5m/sec 미만 또는 10m/sec 이상되는 시간이 전 채취시간의 50% 이상이다.

① 5.6　② 6.8
③ 8.1　④ 10.1

해설
각 측정지점의 채취먼지량과 풍향풍속의 측정결과로부터 비산먼지의 농도를 구한다.
비산먼지농도(C)$=(C_H-C_B)\times W_D\times W_S$
$C=(5.8-0.17)\times 1.2\times 1.2=8.1072mg/m^3$
C_H: 채취먼지량이 가장 많은 위치에서의 먼지농도(mg/m^3)
C_B: 대조위치에서의 먼지농도(mg/m^3)
W_D, W_S: 풍향, 풍속 측정결과로부터 구한 보정계수
단, 대조위치를 선정할 수 없는 경우에는 C_B는 $0.15mg/m^3$로 한다.

풍향에 대한 보정

풍향변화범위	보정계수
전 시료채취 기간 중 주 풍향이 90° 이상 변할 때	1.5
전 시료채취 기간 중 주 풍향이 45°~90° 변할 때	1.2
전 시료채취 기간 중 풍향이 변동이 없을 때(45° 미만)	1.0

풍속에 대한 보정

풍속범위	보정계수
풍속이 0.5m/sec 미만 또는 10m/sec 이상되는 시간이 전 채취시간의 50% 미만일 때	1.0
풍속이 0.5m/sec 미만 또는 10m/sec 이상되는 시간이 전 채취시간의 50% 이상일 때	1.2

정답 ③

70

★☆☆

수산화소듐(NaOH)용액을 흡수액으로 사용하는 분석대상 가스가 아닌 것은?

① 염화수소　② 사이안화수소
③ 플루오린화합물　④ 벤젠

해설
벤젠은 흡수액이 아니라 흡착관, 시료채취 주머니로 시료를 채취한다.

관련이론 | 배출가스 중 벤젠-기체크로마토그래피
흡착관을 이용한 방법, 시료채취 주머니를 이용한 방법을 시료채취방법으로 하고 열탈착장치를 통하여 기체크로마토그래프(GC, Gas Chromatograph) 방법으로 분석한다.
배출가스 중에 존재하는 벤젠의 정량범위는 0.10~2,500ppm이며, 방법검출한계는 0.03ppm이다.

정답 ④

71 ★★★

기체크로마토그래피에 관한 설명으로 옳지 않은 것은?

① 기체시료 또는 기화한 액체나 고체시료를 운반가스에 의하여 분리, 관내에 전개, 응축시켜 액체상태로 각 성분을 분리 분석한다.
② 일반적으로 대기의 무기물 또는 유기물의 대기오염 물질에 대한 정성, 정량분석에 이용된다.
③ 일정유량으로 유지되는 운반가스는 시료도입부로부터 분리관 내를 흘러서 검출기를 통해 외부로 방출된다.
④ 시료도입부로부터 기체, 액체 또는 고체시료를 도입하면 기체는 그대로, 액체나 고체는 가열기화되어 운반가스에 의하여 분리관 내로 송입된다.

해설
기체크로마토그래피는 기체시료 또는 기화한 액체나 고체시료를 운반가스(Carrier gas)에 의하여 분리 후 관내에 전개시켜 기체상태에서 분리되는 각 성분을 크로마토그래프로 분석하는 방법이다.

정답 ①

72 ★☆☆

굴뚝 배출가스 중 폼알데하이드를 정량할 때 쓰이는 흡수액은?

① 아세틸아세톤 함유 흡수액
② 아연아민착염 함유 흡수액
③ 질산암모늄+황산(1+5)
④ 수산화소듐용액(0.4W/V%)

해설
배출가스 중 폼알데하이드 흡수액
아세틸아세톤법: 아세틸아세톤 함유 흡수액
고성능액체크로마토그래피: DNPH 2g/L 40mL×흡수병 2개 또는 DNPH가 코팅된 카트리지
크로모트로핀산법: 크로모트로핀산+황산

정답 ①

73 ★☆☆

분석대상 가스별 흡수액으로 잘못 짝지어진 것은?

① 암모니아 – 붕산 용액(5g/L)
② 비소 – 수산화소듐 용액(0.1mol/L)
③ 브로민화합물 – 수산화소듐 용액(0.1mol/L)
④ 질소산화물 – 수산화소듐 용액(0.1mol/L)

해설
개정된 대기오염공정시험기준의 분석대상 가스별 흡수액

분석물질	분석방법	흡수액
암모니아	인도페놀법	붕산 용액(5g/L)
비소	수소화물생성원자흡수분광광도법 흑연로원자흡수분광광도법 유도결합플라스마/원자발광분광법	수산화소듐 용액(0.1mol/L)
브로민화합물	자외선/가시선분광법 적정법 이온크로마토그래피	수산화소듐 용액(0.1mol/L)
질소산화물	아연환원나프틸에틸렌다이아민법	황산 용액(0.005mol/L)

※ 개정된 대기오염공정시험기준에 맞게 보기를 수정했습니다.

정답 ④

74 ★★☆

화학분석 일반사항에 관한 설명으로 옳지 않은 것은?

① 1억분율은 ppm, 10억분율은 pphm으로 표시한다.
② 실온은 1~35℃로 하고, 찬 곳은 따로 규정이 없는 한 0~15℃의 곳을 뜻한다.
③ "냉후"(식힌 후)라 표시되어 있을 때는 보온 또는 가열 후 실온까지 냉각된 상태를 뜻한다.
④ 액의 농도를 (1 → 2), (1 → 5) 등으로 표시한 것은 그 용질의 성분이 고체일 때는 1g을, 액체일 때는 1mL를 용매에 녹여 전량을 각각 2mL 또는 5mL로 하는 비율을 뜻한다.

해설
1억분율은 pphm, 10억분율은 ppb으로 표시한다.

정답 ①

2019년

75

★★☆

대기오염공정시험기준에 의거, 환경대기 중 각 항목별 분석 방법으로 옳지 않은 것은?

① 질소산화물 – 살츠만법
② 옥시던트 – 광산란법
③ 탄화수소 – 비메탄 탄화수소 측정법
④ 아황산가스 – 파라로자닐린법

해설

옥시던트(오존으로서): 자외선광도법, 화학발광법, 흡광차분광법이 있으며 자외선광도법이 주시험법이다.
오존: 자외선광도법
오존(자동측정법): 흡광차분광법
옥시던트: 중성요오드화칼륨법, 알칼리성요오드화칼륨법
옥시던트(자동측정법): 중성요오드화칼륨법

정답 ②

76

★★☆

다음은 연료용 유류 중의 황 함유량을 연소관식 공기법으로 분석하는 방법이다. (   ) 안에 알맞은 것은?

> 950~1,100℃로 가열한 석영재질 연소관 중에 공기를 불어넣어 시료를 연소시킨다. 생성된 황산화물을 (㉠)에 흡수시켜 황산으로 만든 다음 (㉡)으로 중화적정하여 황 함유량을 구한다.

① ㉠ 과산화수소(3%), ㉡ 수산화칼륨표준액
② ㉠ 과산화수소(3%), ㉡ 수산화소듐표준액
③ ㉠ 10% $AgNO_3$, ㉡ 수산화칼륨표준액
④ ㉠ 10% $AgNO_3$, ㉡ 수산화소듐표준액

해설

㉠은 과산화수소(3%), ㉡은 수산화소듐표준액이다.

정답 ②

77

★☆☆

고용량공기시료채취기로 비산먼지를 채취하고자 한다. 측정결과가 다음과 같을 때 비산먼지의 농도는?

> • 채취시간: 24시간
> • 채취개시 직후의 유량: $1.8m^3/min$
> • 채취종료 직전의 유량: $1.2m^3/min$
> • 채취 후 여과지의 질량: 3.828g
> • 채취 전 여과지의 질량: 3.419g

① $0.13mg/m^3$　② $0.19mg/m^3$
③ $0.25mg/m^3$　④ $0.35mg/m^3$

해설

총 공기흡입량$(m^3) = \frac{Q_s + Q_e}{2} \times t$

Q_s: 채취개시 직후의 유량(m^3/min)
Q_e: 채취종료 직전의 유량(m^3/min), t: 채취시간(min)

총 공기흡입량$= \frac{(1.8+1.2)m^3/min}{2} \times 24hr \times \frac{60min}{hr} = 2{,}160m^3$

비산먼지의 농도$(mg/m^3) = \frac{W_e - W_s}{V}$

W_e: 채취 후 여과지의 질량(mg)
W_s: 채취 전 여과지의 질량(mg), V: 총 공기흡입량(m^3)

비산먼지의 농도$= \frac{(3.828-3.419)g}{2{,}160m^3} \times \frac{1{,}000mg}{g}$
$= 0.1893mg/m^3$

정답 ②

78

★☆☆

기체–고체 크로마토그래피법에서 사용하는 흡착형 충전물과 거리가 먼 것은?

① 알루미나　② 활성탄
③ 담체　④ 실리카겔

해설

흡착성 고체분말은 실리카겔, 활성탄, 알루미나, 합성제올라이트(Zeolite) 등이다.

정답 ③

79

★☆☆

A 도시면적이 150km^2이고 인구밀도가 4,000명/km^2이며 전국 평균 인구밀도가 800명/km^2일 때, 인구비례에 의한 방법으로 결정한 A 도시의 환경기준 시험을 위한 시료 측정점수는? (단, A 도시면적은 지역의 가주지 면적(총면적에서 전답, 호수, 임야, 하천 등의 면적을 뺀 면적)이다.)

① 30 ② 35
③ 40 ④ 45

해설

인구비례에 의한 환경기준 시험을 위한 시료 채취방법

인구밀도가 5,000명/km^2 이하일 때는 그 지역의 가주지 면적으로부터 다음 식에 의하여 측정점의 수를 결정한다.

$$측정점수 = \frac{그\ 지역\ 가주지\ 면적}{25km^2} \times \frac{그\ 지역\ 인구밀도}{전국\ 평균인구밀도}$$

$$측정점수 = \frac{150km^2}{25km^2} \times \frac{4,000명/km^2}{800명/km^2} = 30개$$

정답 ①

80

★★☆

굴뚝 배출가스 중 불꽃이온화검출기에 의한 총탄화수소 측정에 관한 설명으로 옳지 않은 것은?

① 결과 농도는 프로페인 또는 탄소등가농도로 환산하여 표시한다.
② 배출원에서 채취된 시료를 여과지 등을 이용하여 먼지를 제거한 후 가열채취관을 통하여 불꽃이온화검출기로 유입한 후 분석한다.
③ 반응시간은 오염물질농도의 단계변화에 따라 최종값의 50% 이상에 도달하는 시간을 말한다.
④ 시료채취관은 스테인리스강 또는 이와 동등한 재질의 것으로 하고 굴뚝중심 부분의 10% 범위 내에 위치할 정도의 길이의 것을 사용한다.

해설

반응시간은 오염물질 농도의 단계변화에 따라 최종값의 90%에 도달하는 시간으로 한다.

정답 ③

대기환경관계법규

81

★★☆

실내공기질 관리법규상 건축자재의 오염물질 방출기준이다. ( ) 안에 알맞은 것은? (단, 단위는 mg/m^2 · h이다.)

오염물질	접착제	페인트
톨루엔	0.08 이하	(㉠)
총휘발성유기화합물	(㉡)	(㉢)

① ㉠ 0.02 이하, ㉡ 0.05 이하, ㉢ 1.5 이하
② ㉠ 0.02 이하, ㉡ 0.1 이하, ㉢ 2.0 이하
③ ㉠ 0.08 이하, ㉡ 2.0 이하, ㉢ 2.5 이하
④ ㉠ 0.10 이하, ㉡ 2.5 이하, ㉢ 4.0 이하

해설

건축자재의 오염물질 방출기준「실내공기질 관리법 시행규칙 별표 5」

구분 \ 종류		폼알데하이드	톨루엔	총휘발성 유기화합물
접착제		0.02 이하	0.08 이하	2.0 이하
페인트		0.02 이하	0.08 이하	2.5 이하
실란트		0.02 이하	0.08 이하	1.5 이하
퍼티		0.02 이하	0.08 이하	20.0 이하
벽지		0.02 이하	0.08 이하	4.0 이하
바닥재		0.02 이하	0.08 이하	4.0 이하
표면가공 목질판상 제품	2021년 12월 31일까지 적용	0.12 이하	0.08 이하	0.8 이하
	2022년 1월 1일부터 적용	0.05 이하	0.08 이하	0.4 이하

오염물질의 종류별 측정단위는 mg/m^2·h로 한다. 다만, 실란트의 측정단위는 mg/m·h로 한다.

정답 ③

2019년

82

★☆☆

대기환경보전법규상 자동차의 종류에 대한 설명으로 옳지 않은 것은? (단, 2015년 12월 10일 이후로 적용한다.)

① 이륜자동차의 규모는 차량총중량이 1천킬로그램을 초과하지 않는 것이다.
② 이륜자동차는 운반차를 붙인 이륜자동차와 이륜자동차에서 파생된 삼륜 이상의 자동차는 제외한다.
③ 소형화물자동차에는 승용자동차에 해당되지 않는 승차인원이 9명 이상인 승합차를 포함한다.
④ 초대형 승용자동차의 규모는 차량총중량이 15톤 이상이다.

해설

자동차 등의 종류「시행규칙 별표 5」
이륜자동차는 운반차를 붙인 이륜자동차와 이륜자동차에서 파생된 삼륜 이상의 자동차를 포함한다.

정답 ②

83

★★★

환경정책기본법령상 초미세먼지(PM-2.5)의 연간 평균치 기준은?

① 15μg/m^3 이하　② 35μg/m^3 이하
③ 50μg/m^3 이하　④ 100μg/m^3 이하

해설

초미세먼지(PM-2.5) 환경기준「환경정책기본법 시행령 별표 1」
- 연간 평균치 15μg/m^3 이하
- 24시간 평균치 35μg/m^3 이하

정답 ①

84

★☆☆

대기환경보전법규상 휘발유를 연료로 사용하는 자동차연료 제조기준으로 옳지 않은 것은?

① 90% 유출온도(℃): 170 이하
② 산소 함량(무게%): 2.3 이하
③ 황 함량(ppm): 50 이하
④ 벤젠 함량(부피%): 0.7 이하

해설

황 함량(ppm): 10 이하

관련이론

자동차연료 중 휘발유의 제조기준「시행규칙 별표 33」

항목	제조기준
방향족화합물 함량(부피%)	24(21) 이하
벤젠 함량(부피%)	0.7 이하
납 함량(g/ℓ)	0.013 이하
인 함량(g/ℓ)	0.0013 이하
산소 함량(무게%)	2.3 이하
올레핀 함량(부피%)	16(19) 이하
황 함량(ppm)	10 이하
증기압(kPa, 37.8℃)	60 이하
90% 유출온도(℃)	170 이하

정답 ③

85

★☆☆

대기환경보전법령상 배출허용 기준초과와 관련한 개선명령을 받은 사업자는 그 명령을 받은 날부터 며칠 이내에 개선계획서를 환경부령으로 정하는 바에 따라 시·도지사에게 제출하여야 하는가? (단, 연장이 없는 경우이다.)

① 즉시　② 10일 이내
③ 15일 이내　④ 30일 이내

해설

개선계획서의 제출「시행령 제21조」
조치명령 또는 개선명령을 받은 사업자는 그 명령을 받은 날부터 15일 이내에 개선계획서를 환경부령으로 정하는 바에 따라 환경부장관 또는 시·도지사에게 제출해야 한다.

정답 ③

86

★★☆

대기환경보전법규상 환경부장관이 대기오염물질을 총량으로 규제하고자 할 때 고시해야 하는 사항으로 거리가 먼 것은? (단, 기타사항은 제외한다.)

① 총량규제구역
② 총량규제 대기오염물질
③ 대기오염물질의 저감계획
④ 규제기준농도

해설

환경부장관이 대기오염물질을 총량으로 규제하려는 경우에 고시해야 하는 사항 「시행규칙 제24조」

1. 총량규제구역
2. 총량규제 대기오염물질
3. 대기오염물질의 저감계획
4. 그 밖에 총량규제구역의 대기관리를 위하여 필요한 사항

정답 ④

87

★★☆

다음은 대기환경부전법규상 자가측정 자료의 보존기간(기준)이다. (   ) 안에 가장 적합한 것은?

> 법에 따라 사업자는 자가측정에 관한 기록을 보존하여야 하는데 자가측정 시 사용한 여과지 및 시료채취기록지의 보존기간은 「환경분야 시험·검사 등에 관한 법률」에 따른 환경오염공정시험기준에 따라 측정한 날부터 (   )(으)로 한다.

① 1개월　② 3개월
③ 6개월　④ 1년

해설

자가측정의 대상 및 방법 등 「시행규칙 제52조」

자가측정 시 사용한 여과지 및 시료채취기록지의 보존기간은 「환경분야 시험·검사 등에 관한 법률」에 따른 환경오염공정시험기준에 따라 측정한 날부터 6개월로 한다.

정답 ③

88

★☆☆

대기환경보전법규상 대기환경규제지역을 관할하는 시·도지사 등이 해당 지역의 환경기준을 달성, 유지하기 위해 수립하는 실천계획에 포함될 사항과 거리가 먼 것은?

① 대기오염측정결과에 따른 대기오염기준 설정
② 계획달성연도의 대기질 예측결과
③ 대기보전을 위한 투자계획과 오염물질 저감효과를 고려한 경제성 평가
④ 대기오염원별 대기오염물질 저감계획 및 계획의 시행을 위한 수단

해설

법령의 개정으로 해당 기준은 삭제되었다.

정답 정답 없음

89

★☆☆

대기환경보전법령상 오염물질의 초과부과금 산정 시 위반횟수별 부과계수 산출방법이다. (   ) 안에 알맞은 것은?

> 2차 이상 위반한 경우는 위반 직전의 부과계수에 (   )을(를) 곱한 것으로 한다.

① 100분의 100　② 100분의 105
③ 100분의 110　④ 100분의 120

해설

위반횟수별 부과계수 「시행령 제26조」

위반횟수별 부과계수는 다음 각 호의 구분에 따른 비율을 곱한 것으로 한다.

1. 위반이 없는 경우: 100분의 100
2. 처음 위반한 경우: 100분의 105
3. 2차 이상 위반한 경우: 위반 직전의 부과계수에 100분의 105를 곱한 것

정답 ②

90

★★☆

실내공기질 관리법령의 적용대상이 되는 다중이용시설 중 대통령령이 정하는 규모기준으로 옳지 않은 것은?

① 항만시설 중 연면적 5천제곱미터 이상인 대합실
② 연면적 1천제곱미터 이상인 실내주차장(기계식 주차장을 포함)
③ 모든 대규모점포
④ 연면적 430제곱미터 이상인 어린이집

해설

연면적 2천제곱미터 이상인 실내주차장(기계식 주차장은 제외)이 실내공기질관리법령의 적용대상이 된다.
실내공기질관리법령의 적용대상이 되는 다중이용시설은 「시행령 제2조」에 규정되어 있다.

정답 ②

91

★★☆

대기환경보전법규상 대기오염방지시설과 가장 거리가 먼 것은?

① 미생물을 이용한 처리시설
② 촉매반응을 이용하는 시설
③ 흡수에 의한 시설
④ 확산에 의한 시설

해설

대기오염방지시설의 종류 「시행규칙 별표 4」

- 중력집진시설
- 관성력집진시설
- 원심력집진시설
- 세정집진시설
- 여과집진시설
- 전기집진시설
- 음파집진시설
- 흡수에 의한 시설
- 흡착에 의한 시설
- 직접연소에 의한 시설
- 촉매반응을 이용하는 시설
- 응축에 의한 시설
- 산화·환원에 의한 시설
- 미생물을 이용한 처리시설
- 연소조절에 의한 시설

정답 ④

92

★☆☆

대기환경보전법상 황함유 기준을 초과하는 연료를 공급·판매한 자에 대한 벌칙기준으로 옳은 것은?

① 5년 이하의 징역이나 5천만원 이하의 벌금
② 3년 이하의 징역이나 3천만원 이하의 벌금
③ 2년 이하의 징역이나 2천만원 이하의 벌금
④ 1년 이하의 징역이나 1천만원 이하의 벌금

해설

해당 행위에 대한 벌칙기준은 3년 이하의 징역이나 3천만원 이하의 벌금이다.

정답 ②

93

★☆☆

다음은 대기환경보전법규상 휘발성유기화합물 배출억제·방지시설 설치 및 검사·측정결과의 기록보존에 관한 기준 중 주유소 저장시설에 관한 기준이다. (　　) 안에 알맞은 것은?

- 회수설비의 유증기 회수율은 (㉠)이어야 한다.
- 회수설비의 적정 가동 여부 등을 확인하기 위한 압력감쇄·누설 등을 (㉡) 검사하고 그 결과를 다음 검사를 완료하는 날까지 기록 및 보존하여야 한다.

① ㉠ 75% 이상, ㉡ 1년마다
② ㉠ 75% 이상, ㉡ 2년마다
③ ㉠ 90% 이상, ㉡ 1년마다
④ ㉠ 90% 이상, ㉡ 2년마다

해설

회수설비의 유증기 회수율은 90% 이상이어야 하고, 회수설비의 적정 가동 여부 등을 확인하기 위한 압력감쇄·누설 등을 2년마다 검사하고, 그 결과를 다음 검사를 완료하는 날까지 기록 및 보존하여야 한다.

정답 ④

94

★★☆

대기환경보전법령상 II지역의 기본부과금의 지역별 부과계수로 옳은 것은? (단, II지역은 「국토의 계획 및 이용에 관한 법률」에 따른 공업지역 등이 해당된다.)

① 0.5　② 1.0
③ 1.5　④ 2.0

해설

기본부과금의 지역별 부과계수 「시행령 별표 7」

구분	지역별 부과계수
I 지역	1.5
II 지역	0.5
III 지역	1.0

정답 ①

95

★☆☆

대기환경보전법상 사용하는 용어의 정의로 옳지 않은 것은?

① "검댕"이란 연소할 때에 생기는 유리(遊離) 탄소가 응결하여 입자의 지름이 1미크론 이상이 되는 입자상물질을 말한다.
② "온실가스 평균배출량"이란 자동차제작자가 판매한 자동차 중 환경부령으로 정하는 자동차의 온실가스 배출량의 합계를 해당 자동차 총 대수로 나누어 산출한 평균값(g/km)을 말한다.
③ "온실가스"란 적외선 복사열을 흡수하거나 다시 방출하여 온실효과를 유발하는 대기 중의 가스상태 물질로서 이산화탄소, 메탄, 아산화질소, 수소불화탄소, 과불화탄소, 육불화황을 말한다.
④ "냉매(冷媒)"란 열전달을 통한 냉난방, 냉동·냉장 등의 효과를 목적으로 사용되는 물질로서 산업통상자원부령으로 정하는 것을 말한다.

해설

냉매의 정의 「법 제2조」

"냉매(冷媒)"란 기후·생태계 변화유발물질 중 열전달을 통한 냉난방, 냉동·냉장 등의 효과를 목적으로 사용되는 물질로서 환경부령으로 정하는 것을 말한다.

정답 ④

96

★☆☆

악취방지법상에서 사용하는 용어의 뜻으로 옳지 않은 것은?

① "상승악취"란 두 가지 이상의 악취물질이 함께 작용하여 사람의 후각을 자극하여 불쾌감과 혐오감을 주는 냄새를 말한다.
② "악취배출시설"이란 악취를 유발하는 시설, 기계, 기구, 그 밖의 것으로서 환경부장관이 관계 중앙행정기관의 장과 협의하여 환경부령으로 정하는 것을 말한다.
③ "악취"란 황화수소, 메르캅탄류, 아민류, 그 밖에 자극성이 있는 물질이 사람의 후각을 자극하여 불쾌감과 혐오감을 주는 냄새를 말한다.
④ "지정악취물질"이란 악취의 원인이 되는 물질로서 환경부령으로 정하는 것을 말한다.

해설

복합악취의 정의 「악취방지법 제2조」

"복합악취"란 두 가지 이상의 악취물질이 함께 작용하여 사람의 후각을 자극하여 불쾌감과 혐오감을 주는 냄새를 말한다.

정답 ①

97

★☆☆

대기환경보전법규상 배출시설에서 배출되는 입자상 물질인 아연화합물(Zn로서)의 배출허용기준은? (단, 모든 배출시설이고, 2020년 1월 1일부터 적용되는 기준이다.)

① $4mg/Sm^3$ 이하　② $10mg/Sm^3$ 이하
③ $15mg/Sm^3$ 이하　④ $20mg/Sm^3$ 이하

해설

아연화합물(Zn로서)의 배출허용기준은 $4mg/Sm^3$ 이하이다.
※ 법 개정으로 ①번 보기를 수정한 문제입니다.

정답 ①

98

★★★

대기환경보전법규상 위임업무 보고사항 중 보고횟수가 연 1회인 것은?

① 자동차 연료 제조·판매 또는 사용에 대한 규제현황
② 수입자동차 배출가스 인증 및 검사현황
③ 측정기기 관리대행업의 등록, 변경등록 및 행정처분 현황
④ 환경오염사고 발생 및 조치사항

해설

위임업무 보고사항「시행규칙 별표 37」

업무내용	보고횟수	보고기일
환경오염사고 발생 및 조치 사항	수시	사고발생 시
수입자동차 배출가스 인증 및 검사현황	연 4회	매분기 종료 후 15일 이내
자동차 연료 및 첨가제의 제조·판매 또는 사용에 대한 규제현황	연 2회	매반기 종료 후 15일 이내
자동차 연료 또는 첨가제의 제조기준 적합 여부 검사현황	연료: 연 4회 첨가제: 연 2회	연료: 매분기 종료 후 15일 이내 첨가제: 매반기 종료 후 15일 이내
측정기기 관리대행업의 등록, 변경등록 및 행정처분 현황	연 1회	다음 해 1월 15일까지

정답 ③

99

★★★

대기환경보전법령상 대기오염물질발생량의 합계가 연간 25톤인 사업장에 해당하는 것은? (단, 기타사항은 제외한다.)

① 1종 사업장　② 2종 사업장
③ 3종 사업장　④ 4종 사업장

해설

사업장 분류기준「시행령 별표 1의3」

종별	오염물질발생량 구분
1종 사업장	대기오염물질발생량의 합계가 연간 80톤 이상인 사업장
2종 사업장	대기오염물질발생량의 합계가 연간 20톤 이상 80톤 미만인 사업장
3종 사업장	대기오염물질발생량의 합계가 연간 10톤 이상 20톤 미만인 사업장
4종 사업장	대기오염물질발생량의 합계가 연간 2톤 이상 10톤 미만인 사업장
5종 사업장	대기오염물질발생량의 합계가 연간 2톤 미만인 사업장

정답 ②

100

★★☆

다음은 대기환경보전법령상 시·도지사가 배출시설의 설치를 제한할 수 있는 경우이다. (　) 안에 알맞은 것은?

> 배출시설 설치 지점으로부터 반경 1킬로미터 안의 상주인구가 (㉠)명 이상인 지역으로서 특정대기유해물질 중 한 가지 종류의 물질을 연간 10톤 이상 배출하거나 두 가지 이상의 물질을 연간 (㉡)톤 이상 배출하는 시설을 설치하는 경우

① ㉠ 1만, ㉡ 20　② ㉠ 2만, ㉡ 20
③ ㉠ 1만, ㉡ 25　④ ㉠ 2만, ㉡ 25

해설

배출시설의 설치를 제한할 수 있는 경우「시행령 제12조」

1. 배출시설 설치지점으로부터 반경 1킬로미터 안의 상주인구가 2만 명 이상인 지역으로서 특정대기유해물질 중 한 가지 종류의 물질을 연간 10톤 이상 배출하거나 두 가지 이상의 물질을 연간 25톤 이상 배출하는 시설을 설치하는 경우
2. 대기오염물질(먼지·황산화물 및 질소산화물)의 발생량 합계가 연간 10톤 이상인 배출시설을 특별대책지역에 설치하는 경우

정답 ④

2019년 | 1회 기출문제

대기오염개론

01

★★☆

굴뚝 유효높이를 3배로 증가시키면 지상 최대오염도는 어떻게 변화되는가? (단, Sutton식에 의한다.)

① 처음의 3배 ② 처음의 1/3배
③ 처음의 9배 ④ 처음의 1/9배

해설

최대지표농도 공식을 이용한다.

$$C_{max}=\frac{2Q}{\pi eUH_e^2}\times\left(\frac{K_z}{K_y}\right)$$

Q: 오염물질 배출량
U: 풍속
H_e: 유효굴뚝높이
K_z: 수직방향확산계수
K_y: 수평방향확산계수

$C_{max}\propto\frac{1}{H_e^2}$ 이므로 처음의 1/9배가 된다.

정답 ④

02

★★☆

체적이 100m³인 복사실의 공간에서 오존 배출량이 분당 0.2mg인 복사기를 연속 사용하고 있다. 복사기 사용 전의 실내 오존의 농도가 0.1ppm이라고 할 때 5시간 사용 후 오존농도는 몇 ppb인가? (단, 0℃, 1기압 기준, 환기는 고려하지 않는다.)

① 260 ② 380
③ 420 ④ 520

해설

$ppb=\mu L/m^3=10^{-3}ppm$

오존(O_3)의 분자량=48

$$0.1ppm\times\frac{1,000ppb}{ppm}+\frac{\frac{0.2mg}{min}\times 5hr\times\frac{60min}{hr}\times\frac{22.4mL}{48mg}\times\frac{1,000\mu L}{1mL}}{100m^3}=380ppb$$

정답 ②

03

★★☆

2,000m에서 대기압력(최초 기압)이 860mbar, 온도가 5℃, 비열비 K가 1.4일 때 온위(Potential temperature)는? (단, 표준 압력은 1,000mbar이다.)

① 약 284K ② 약 290K
③ 약 294K ④ 약 309K

해설

$\theta=T\times\left(\frac{1,000}{P}\right)^{\frac{K-1}{K}}$ 또는 $\theta=T\times\left(\frac{1,000}{P}\right)^{0.288}$ 이다.

θ: 온위(K), T: 절대온도(K), K: 비열비, P: 최초 기압(mbar)

$$\theta=(273+5)\times\left(\frac{1,000}{860}\right)^{\frac{1.4-1}{1.4}}=290.2415K$$

정답 ②

04

★★☆

지상에서부터 600m까지의 평균기온감률은 0.88℃/100m이다. 100m 고도에서의 기온이 20℃라면 300m에서의 기온은?

① 15.5 ② 16.2
③ 17.5 ④ 18.2

해설

$20℃+\frac{-0.88℃}{100m}\times(300-100)m=18.24℃$

정답 ④

05

★☆☆

내경이 2m이고 실제높이가 45m인 연돌에서 15m/s로 배출되는 배기가스의 온도는 127℃, 대기 중의 공기압은 1기압, 기온은 27℃이다. 연돌 배출구에서의 풍속이 5m/s일 때, 유효연돌 높이는? (단, Holland의 연기 상승 높이 결정식은 다음과 같다.)

$$\varDelta H=\frac{V_s\times D}{U}\left[1.5+2.68\times10^{-3}\times P\times\left(\frac{T_s-T_a}{T_s}\right)\times D\right]$$

① 74.1m ② 67.1m
③ 65.1m ④ 62.1m

해설

$$\varDelta H=\frac{V_s\times D}{U}\left[1.5+2.68\times10^{-3}\times P\times\left(\frac{T_s-T_a}{T_s}\right)\times D\right]$$

$\varDelta H$: 연기의 상승높이(m)
V_s: 연기의 배출속도(m/s)
D: 굴뚝의 내경(m), U: 풍속(m/s)
P: 대기압(mbar)
1atm=1,013.25mbar
T_s: 굴뚝 배출가스의 온도(K), T_a: 대기의 온도(K)

$$\varDelta H=\frac{15\times2}{5}\left[1.5+2.68\times10^{-3}\times1{,}013.25\times\left(\frac{400-300}{400}\right)\times2\right]=17.1465m$$

유효연돌 높이=45m+17.1465m=62.1465m

정답 ④

06

★☆☆

다음 중 지표부근 대기 중에서 성분함량이 가장 낮은 것은?

① Ar ② He
③ Xe ④ Kr

해설

Xe(크세논 또는 제논)은 방사능 물질로 대기 중에 극미량만 존재한다.

관련이론 | 대기의 성분

성분		부피비(%)	중량비(%)
질소	N_2	78.088	75.527
산소	O_2	20.949	23.143
아르곤	Ar	0.93	1.282
이산화탄소	CO_2	0.03	0.0456
네온	Ne	1.8×10^{-3}	1.25×10^{-5}
헬륨	He	5.24×10^{-4}	7.24×10^{-5}
메탄	CH_4	1.4×10^{-4}	7.25×10^{-5}
크립톤	Kr	1.14×10^{-4}	3.30×10^{-4}
아산화질소	N_2O	5×10^{-5}	7.6×10^{-5}
수소	H_2	5×10^{-5}	3.48×10^{-6}
일산화탄소	CO	1×10^{-5}	1×10^{-5}
오존	O_3	2×10^{-6}	3×10^{-5}

정답 ③

07

★★☆

광화학물질인 PAN에 관한 설명으로 옳지 않은 것은?

① PAN의 분자식은 $C_6H_5COOONO_2$이다.
② 식물의 경우 주로 생활력이 왕성한 초엽에 피해가 크다.
③ 식물의 영향은 잎의 밑부분이 은(백)색 또는 청동색이 되는 경향이 있다.
④ 눈에 통증을 일으키며 빛을 분산시키므로 가시거리를 단축시킨다.

해설

PAN(Peroxyacetyl nitrate): $CH_3COOONO_2$

정답 ①

08

★★★

역사적으로 유명한 대기오염사건 중 LA smog 사건에 대한 설명으로 옳지 않은 것은?

① 아침, 저녁 환원반응에 의한 발생
② 자동차 등의 석유연료의 소비 증가
③ 침강역전 상태
④ Aldehyde, O_3 등의 옥시던트 발생

해설

런던 스모그: 늦은 저녁~이른 아침 환원반응에 의한 발생
LA 스모그: 한낮 산화반응에 의한 발생

관련이론 | 런던 스모그와 LA 스모그

항목	런던 스모그	LA 스모그
기온	4℃ 이하	24~32℃
기간	겨울(12~1월)	여름(7~9월)
습도	85% 이상	70% 이하
시간	이른 아침	한낮
역전형태	접지역전(방사성역전)	공중역전(침강성역전)
대기의 안정도	기온역전, 무풍상태(매우 안정된 대기)	
오염물질	황산화물, H_2SO_4, 미스트 등	질소산화물, 오존, HC, PAN 등 광화학적 부산물
오염원	공장, 가정난방, 화력발전소 등 화석연료 사용	자동차
반응형태	열적 환원반응	광화학적 산화반응
가시거리	100m 이하	1km 이하
색	짙은 회색	연한 갈색

정답 ①

09

★★☆

스테판-볼쯔만의 법칙에 의하면 표면온도가 1,500K에서 1,800K가 되었다면 흑체에서 복사되는 에너지는 약 몇 배가 되는가?

① 1.2배　　② 1.4배
③ 2.1배　　④ 3.2배

해설

$E=\sigma\times T^4$

E: 단위면적당 복사에너지, σ: 비례상수, T: 흑체의 절대온도(K)

$E=\frac{1,800^4}{1,500^4}=2.0736$

정답 ③

10

★★☆

다음 중 오존층 보호를 위한 국제환경협약으로만 옳게 연결된 것은?

① 바젤협약 - 비엔나협약
② 오슬로협약 - 비엔나협약
③ 비엔나협약 - 몬트리올의정서
④ 몬트리올의정서 - 람사협약

해설

바젤협약: 유해폐기물의 국가간 이동 관련 협약
오슬로협약: 해양투기 관련 협약
람사협약: 습지보호 관련 협약

정답 ③

11

★☆☆

파장이 5,240Å인 빛 속에서 싱대습도가 70% 이하인 경우 밀도가 1,700mg/cm³이고, 직경이 0.4μm인 기름방울의 분산면적비가 4.5일 때, 가시거리가 959m이라면 먼지농도(mg/m³)는?

① 0.21　　② 0.31
③ 0.41　　④ 0.51

해설

분산면적비(K)와 파장 5,240Å일 경우의 가시거리 공식을 이용한다.

$L_v(\text{m})=\frac{5.2\times\rho\times r}{K\times C}$

L_v: 가시거리(m), ρ: 빌도(g/cm³)
r: 입자의 반경(μm), K: 분산면적비, C: 먼지농도(g/m³)

$959=\frac{5.2\times1.7\times0.2}{4.5\times C}$

$C=4.0968\times10^{-4}\text{g/m}^3=0.4096\text{mg/m}^3$

정답 ③

2019년

12

★☆☆

오존(O_3)의 특성과 광화학반응에 관한 설명으로 가장 거리가 먼 것은?

① 산화력이 강하여 눈을 자극하고 물에 난용성이다.
② 대기 중 지표면 오존의 농도는 NO_2로 산화된 NO량에 비례하여 증가한다.
③ 과산화기가 산소와 반응하여 오존이 생길 수도 있다.
④ 오존의 탄화수소 산화반응률은 원자상태의 산소에 의한 탄화수소의 산화보다 빠르다.

해설
원자상태의 산소에 의한 탄화수소 산화반응률은 오존의 탄화수소 산화보다 빠르다.

정답 ④

13

★☆☆

지표 부근의 대기의 일반적인 체류시간의 순서로 가장 적합한 것은?

① $O_2 > N_2O > CH_4 > CO$
② $O_2 > CH_4 > CO > N_2O$
③ $CO > O_2 > N_2O > CH_4$
④ $CO > CH_4 > O_2 > N_2O$

해설
대기성분의 체류시간
$N_2 > O_2 > N_2O > CO_2 > CH_4 > H_2 > CO > SO_2$

정답 ①

14

★☆☆

다음 중 석면의 구성성분과 거리가 먼 것은?

① K ② Na
③ Fe ④ Si

해설
석면은 자연계에 존재하는 사문석 및 각섬석의 광물에서 채취한 섬유 모양의 규산 화합물로 K 성분과는 거리가 멀다.

정답 ①

15

★☆☆

바람을 일으키는 힘 중 전향력에 관한 설명으로 가장 거리가 먼 것은?

① 전향력은 운동방향은 변화시키지 않지만, 속도에는 영향을 미친다.
② 북반구에서는 항상 움직이는 물체의 운동방향의 오른쪽 직각방향으로 작용한다.
③ 전향력은 극지방에서 최대가 되고 적도 지방에서 최소가 된다.
④ 전향력의 크기는 위도, 지구자전 각속도, 풍속의 함수로 나타낸다.

해설
전향력은 운동방향에 영향을 미치나 운동속도에는 영향을 주지 않는다.
전향력 $= U \times 2\Omega \sin\theta$
U: 풍속, Ω: 지구 자전 각속도, θ: 위도

정답 ①

16

★☆☆

암모니아가 식물에 미치는 영향으로 가장 거리가 먼 것은?

① 토마토, 메밀 등은 40ppm 정도의 암모니아 가스 농도에서 1시간 지나면 피해증상이 나타난다.
② 최초의 증상은 잎 선단부에 경미한 황화현상으로 나타난다.
③ 잎의 일부분에 영향이 나타나며, 강한 식물로는 겨자, 해바라기 등이 있다.
④ 암모니아의 독성은 HCl과 비슷한 정도이다.

해설
식물이 암모니아에 노출되면 잎의 전체에 영향이 나타나며, 암모니아에 약한 식물로는 토마토, 해바라기 등이 있다.

정답 ③

17
★☆☆

대기오염물의 분산과정에서 최대혼합깊이(Maximum Mixing Depth)를 가장 적합하게 표현한 것은?

① 열부상 효과에 의한 대류 혼합층의 높이
② 풍향에 의한 대류 혼합층의 높이
③ 기압의 변화에 의한 대류 혼합층의 높이
④ 오염물간 화학반응에 의한 대류 혼합층의 높이

해설

최대혼합고(MMD: Maximum Mixing Depth)

- 대기의 수직적인 대류현상(혼합)이 가능한 고도를 혼합고라 하며 이 혼합고의 최대고도를 최대혼합고라 한다.
- 최대혼합고는 지표로부터 환경감률선과 건조단열감률선이 만나는 점까지의 고도로서 결정된다.
- 혼합고가 높을수록 환경용량의 증가로 대기오염부하는 낮아진다.

$C_2=C_1\times\left(\frac{H_1}{H_2}\right)^3 \leftrightarrow \frac{C_2}{C_1}=\left(\frac{H_1}{H_2}\right)^3$, C: 농도, H: 혼합고

정답 ①

18
★☆☆

석면폐증에 관한 설명으로 가장 거리가 먼 것은?

① 석면폐증은 폐의 석면분진 침착에 의한 섬유화이며, 흉막의 섬유화와는 무관하다.
② 석면폐증은 폐상엽에서 주로 발생하며 전이되지 않는다.
③ 폐의 섬유화는 폐조직의 신축성을 감소시키고, 혈액으로의 산소공급을 불충분하게 한다.
④ 석면폐증은 비가역적이며, 석면노출이 중단된 이후에도 악화되는 경우가 있다.

해설

석면폐증은 폐하엽에서 주로 발생하며 폐암으로 발전될 수 있다.

관련이론 | 석면폐증

- 석면폐증은 폐의 섬유화를 초래하는 진폐증의 일종이다.
- 석면노출량과 상관관계가 있고 약 5~45%는 폐암으로 발전한다.

정답 ②

19
★☆☆

질소산화물(NO_x)에 관한 설명으로 옳지 않은 것은?

① NO_x의 인위적 배출량 중 거의 대부분이 연소과정에서 발생된다.
② NO_x는 그 자체도 인체에 해롭지만 광화학스모그의 원인물질로도 중요한 역할을 한다.
③ 연소과정에서 초기에 발생되는 NO_x는 주로 NO이다.
④ 연소 시 연료 중 질소의 NO 변환율은 대체로 약 2~5% 범위이다.

해설

연소 시 연료 중 질소의 NO 변환율은 대체로 약 20~50% 범위로 약 90% 이상이 NO로 배출된다.

정답 ④

20
★★☆

다음은 지구온난화와 관련된 설명이다. (　　) 안에 알맞은 것은?

> (㉠)는 온실기체들의 구조상 또는 열축적 능력에 따라 온실효과를 일으키는 잠재력을 지수로 표현한 것으로 이 온실기체들은 CH_4, N_2O, CO_2, SF_6 등이 있으며 이 중 (㉠)가 가장 큰 값을 나타내는 물질은 (㉡)이다.

① ㉠ GHG, ㉡ CO_2
② ㉠ GHG, ㉡ SF_6
③ ㉠ GWP, ㉡ CO_2
④ ㉠ GWP, ㉡ SF_6

해설

GWP가 가장 큰 값을 나타내는 물질은 SF_6이다.

정답 ④

연소공학

21 ★★☆

미분탄 연소장치에 관한 설명으로 옳지 않은 것은?

① 설비비와 유지비가 많이 들고 재의 비산이 많아 집진장치가 필요하다.
② 부하변동의 적응이 어려워 대형과 대용량설비에는 적합지 않다.
③ 연소제어가 용이하고 점화 및 소화 시 손실이 적다.
④ 스토커 연소에 적합하지 않는 점결탄과 저발열량탄 등도 사용할 수 있다.

해설
미분탄 연소장치는 부하변동의 적응이 용이하며 대형과 대용량설비에 적합하다.

정답 ②

22 ★★☆

다음 중 연소와 관련된 설명으로 가장 적합한 것은?

① 공연비는 예혼합연소에 있어서의 공기와 연료의 질량비(또는 부피비)이다.
② 등가비가 1보다 큰 경우, 공기가 과잉인 경우로 열손실이 많아진다.
③ 등가비와 공기비는 상호 비례관계가 있다.
④ 최대탄산가스량(%)은 실제 건조연소 가스량을 기준한 최대탄산가스의 용적 백분율이다.

선지분석
② 등가비가 1보다 작은 경우, 공기가 과잉인 경우로 열손실이 많아진다.
③ 등가비와 공기비는 상호 반비례관계가 있다.
④ 최대탄산가스량(%)은 이론 건조연소 가스량을 기준한 최대탄산가스의 용적 백분율이다.

관련이론 | 당량비(등가비)
- 이론공연비와 실제 공급되는 공연비에 대한 비이다.
- 등가비(Ø)$=\dfrac{\text{실제 연료량/산화제}}{\text{완전연소를 위한 이상적 연료량/산화제}}$
- 등가비>1: 연료에 비해 공기 부족, 불완전연소, 일산화탄소 발생량 증가
- 등가비=1: 이상적인 연소 형태
- 등가비<1: 연료에 비해 공기 과잉, 질소산화물 증가

정답 ①

23 ★★★

분자식 C_mH_n인 탄화수소 1Sm^3를 완전연소 시 이론공기량이 19Sm^3인 것은?

① C_2H_4　② C_2H_2
③ C_3H_8　④ C_3H_4

해설
① C_2H_4(에텐): $C_2H_4+3O_2 \rightarrow 2CO_2+2H_2O$
② C_2H_2(아세틸렌): $C_2H_2+2.5O_2 \rightarrow 2CO_2+H_2O$
③ C_3H_8(프로판): $C_3H_8+5O_2 \rightarrow 3CO_2+4H_2O$
④ C_3H_4(사이클로프로펜): $C_3H_4+4O_2 \rightarrow 3CO_2+2H_2O$
C_3H_4 1kmol(22.4m^3)이 완전연소할 때 산소는 4kmol(4×22.4m^3)이 필요하다.
$22.4m^3 : 4\times22.4m^3 = 1m^3 : x$
$x=4m^3$(여기서 구한 x값은 이론산소량임)
이론공기량$=\dfrac{4}{0.21}=19.0476m^3$

정답 ④

24 ★☆☆

유류버너 중 회전식버너에 관한 설명으로 옳지 않은 것은?

① 연료유의 점도가 작을수록 분무화입경이 작아진다.
② 분무는 기계적 원심력과 공기를 이용한다.
③ 유압식버너에 비하여 연료유의 분무화 입경이 1/10 이하로 매우 작다.
④ 분무각도는 40~80° 정도로 크며, 유량조절범위도 1 : 5 정도로 비교적 큰 편이다.

해설
회전식버너는 유압식에 비해 분무화 입경이 크다.

정답 ③

25

★★☆

액화석유가스(LPG)에 관한 설명으로 옳지 않은 것은?

① 비중이 공기보다 작고, 상온에서 액화가 되지 않는다.
② 액체에서 기체로 될 때, 증발열이 발생한다.
③ 프로판과 부탄을 주성분으로 하는 혼합물이다.
④ 발열량이 20,000~30,000kcal/Sm^3 정도로 높다.

해설

액화석유가스는 비중이 공기보다 무거워 누출될 경우 인화 폭발 위험성이 크며 상온에서 액화가 가능하다.
액화석유가스는 1기압 하에서 −42℃ 정도 또는 상온에서 7kg/cm^2 이상의 압력을 가해 냉각하여 액화가 가능한 연료이다. (프로판 기준이며 부탄은 −0.5℃ 이하에서 액화됨)

정답 ①

26

★★☆

탄소, 수소의 중량 조성이 각각 86%, 14%인 액체연료를 매시 30kg 연소한 경우 배기가스의 분석치가 CO_2 12.5%, O_2 3.5%, N_2 84%이라면 매시간 필요한 공기량(Sm^3/hr)은?

① 약 794　　② 약 675
③ 약 591　　④ 약 410

해설

완전연소 시 과잉공기비(m)$=\dfrac{21}{21-O_2}=\dfrac{21}{21-3.5}=1.2$

이론산소량$=1.867C+5.6H+0.7S-0.7O$
$=(1.867\times0.86)+(5.6\times0.14)=2.3896Sm^3/kg$

이론공기량$=\dfrac{\text{이론산소량}}{0.21}=\dfrac{2.3896}{0.21}=11.3790Sm^3/kg$

실제공기량=이론공기량×과잉공기비×연료량
$=11.3790Sm^3/kg\times1.2\times30kg/hr=409.644Sm^3/hr$

정답 ④

27

★★★

기체연료의 일반적 특징으로 가장 거리가 먼 것은?

① 저발열량의 것으로 고온을 얻을 수 있다.
② 연소효율이 높고 검댕이 거의 발생하지 않으나, 많은 과잉공기가 소모된다.
③ 저장이 곤란하고 시설비가 많이 드는 편이다.
④ 연료 속에 황이 포함되지 않은 것이 많고, 연소조절이 용이하다.

해설

기체연료는 연소효율이 높고 검댕이 거의 발생하지 않으며, 적은 과잉공기가 소모된다.

정답 ②

28

★☆☆

과잉공기가 지나칠 때 나타나는 현상으로 거리가 먼 것은?

① 연소실 내의 온도가 저하된다.
② 배기가스에 의한 열손실이 증가된다.
③ 배기가스의 온도가 높아지고 매연이 증가한다.
④ 열효율이 감소되고 배기가스 중 NO_x 증가의 가능성이 있다.

해설

과잉공기가 지나치면 배기가스의 온도가 낮아질 수 있으며 매연 등의 불완전연소생성물이 감소한다.

정답 ③

29

★☆☆

다음 중 저온부식의 원인과 대책에 관한 설명으로 가장 거리가 먼 것은?

① 연소가스 온도를 산노점 온도보다 높게 유지해야 한다.
② 예열공기를 사용하거나 보온시공을 한다.
③ 저온부식이 일어날 수 있는 금속표면은 피복을 한다.
④ 250℃ 이상의 전열면에 응축하는 황산, 질산 등에 의하여 발생된다.

해설
저온부식은 150℃ 이하의 전열면에 응축하는 황산, 질산 등에 의하여 발생된다.

정답 ④

30

★☆☆

연소의 종류에 관한 설명으로 옳지 않은 것은?

① 포트액면연소는 액면에서 증발한 연료가스 주위를 흐르는 공기와 혼합하면서 연소하는 것으로 연소속도는 주위 공기의 흐름속도에 거의 비례하여 증가한다.
② 심지연소는 공급공기의 유속이 낮을수록, 공기의 온도가 높을수록 화염의 높이는 높아진다.
③ 증발연소는 일반적으로 가정용 석유스토브, 보일러 등 연료가 경질유이며, 소형인 것에 사용된다.
④ 분무연소는 연소장치를 작게 할 수 있는 장점은 있으나, 고부하의 연소는 불가능하다.

해설
분무연소는 고부하의 연소가 가능하나 유량조절 범위가 좁아 부하변동에 대한 대응이 용이하지 못하다.

정답 ④

31

★☆☆

다음 기체연료 중 고위발열량(kJ/mol)이 가장 큰 것은? (단, 25℃, 1atm을 기준으로 한다.)

① carbon monoxide ② methane
③ ethane ④ n-pentane

해설
탄화수소는 분자량이 크고 C/H비가 클수록 발열량이 높다.
① carbon monoxide(CO)
② methane(CH_4)
③ ethane(C_2H_6)
④ n-pentane($CH_3CH_2CH_2CH_2CH_3$, C_5H_{12})

정답 ④

32

★★☆

착화온도에 관한 설명으로 옳지 않은 것은?

① 휘발성분이 적고 고정탄소량이 많을수록 높아진다.
② 반응활성도가 작을수록 낮아진다.
③ 석탄의 탄화도가 증가하면 높아진다.
④ 공기의 산소농도가 높아지면 낮아진다.

해설
착화온도는 반응활성도(화학반응성)가 클수록 낮아진다.

관련이론 | 착화온도(발화점)

- 착화온도(발화점)는 외부의 점화원 없이 가연물 스스로 연소가 시작되는 최저온도이다.
- 화학결합의 활성도가 클수록 착화온도는 낮아진다.
- 분자구조가 복잡할수록 착화온도는 낮아진다.
- 발열량이 클수록 착화온도는 낮아진다.
- 활성화에너지가 작을수록 착화온도는 낮아진다.
- 반응활성도(화학반응성)가 클수록 낮아진다.
- 산소농도가 낮을수록 착화온도는 높아진다.
- 휘발성분이 적고 고정탄소량이 많을수록 높아진다.
- 석탄의 탄화도가 증가하면 높아진다.

정답 ②

33

★★☆

다음 조건에서의 메탄의 이론연소 온도는? (단, 메탄, 공기는 25℃에서 공급되며, CO_2, $H_2O(g)$, N_2의 평균정압 몰비열(상온~2,100℃)은 각각 13.1, 10.5, 8.0[kcal/kmol · ℃]이고, 메탄의 저위발열량은 8,600[kcal/Sm^3]이다.)

① 약 1,870℃ ② 약 2,070℃
③ 약 2,470℃ ④ 약 2,870℃

해설

$CH_4+2O_2 \rightarrow CO_2+2H_2O$

메탄 $1Sm^3$ 연소 시 이론산소량$=2Sm^3/Sm^3$

이론공기량$=\dfrac{\text{이론산소량}}{0.21}=\dfrac{2}{0.21}=9.5238Sm^3/Sm^3$

이론공기 중 질소량$=$이론공기량$\times 0.79$
$=9.5238\times 0.79=7.5238Sm^3/Sm^3$

이론연소온도$=$기준온도$+\dfrac{\text{저위발열량}}{\text{연소가스량}\times\text{평균정압비열}}$

연소가스량×평균정압비열(N_2)
$=7.5238Sm^3/Sm^3\times\dfrac{8.0kcal}{kmol\cdot ℃}=60.1904kcal/kmol\cdot ℃$

연소가스량×평균정압비열(CO_2)
$=1Sm^3/Sm^3\times\dfrac{13.1kcal}{kmol\cdot ℃}=13.1kcal/kmol\cdot ℃$

연소가스량×평균정압비열(H_2O)
$=2Sm^3/Sm^3\times\dfrac{10.5kcal}{kmol\cdot ℃}=21kcal/kmol\cdot ℃$

합계$=94.2904kcal/kmol\cdot ℃$

이론연소온도$=25℃+\dfrac{\dfrac{8,600kcal}{Sm^3}\times\dfrac{22.4Sm^3}{kmol}}{94.2904kcal/kmol\cdot ℃}=2,068.0499℃$

정답 ②

34

★★★

탄소 85%, 수소 15%의 구성비를 갖는 중유를 연소할 때 CO_{2max}(%)는 얼마인가? (단, 공기비는 1.1이다.)

① 11.6% ② 13.4%
③ 14.8% ④ 16.4%

해설

이론산소량$=1.867C+5.6H+0.7S-0.7O$
$=(1.867\times 0.85)+(5.6\times 0.15)=2.4269Sm^3$

이론공기량$=\dfrac{\text{이론산소량}}{0.21}=\dfrac{2.4269}{0.21}=11.5566Sm^3$

이론공기 중 질소량$=$이론공기량$\times 0.79$
$=11.5566\times 0.79=9.1297Sm^3$

CO_2 배출량(C의 원자량은 12)

$C+O_2 \rightarrow CO_2$

$12kg : 22.4Sm^3=0.85kg : xSm^3$

$x=1.5866Sm^3$

이론건연소가스량$=$이론공기 중 질소량$+$건연소생성물(CO_2)
$=9.1297Sm^3+1.5866Sm^3=10.7163Sm^3$

$CO_{2max}(\%)=\dfrac{CO_2\ \text{배출량}}{\text{이론건연소가스량}}\times 100$
$=\dfrac{1.5866}{10.7163}\times 100=14.8054\%$

정답 ③

35

★★★

수소 8%, 수분 2%가 포함된 고체연료의 고위발열량이 8,000kcal/kg일 때 이 연료의 저위발열량은?

① 7,984kcal/kg ② 7,779kcal/kg
③ 7,556kcal/kg ④ 6,835kcal/kg

해설

저위발열량$=$고위발열량$-600(9H+W)$

H: 수소의 함량, W: 수분의 함량

저위발열량$=8,000kcal/kg-600(9\times 0.08+0.02)=7,556kcal/kg$

정답 ③

36

★★☆

다음 연료 중 착화온도가 가장 높은 것은?

① 천연가스 ② 황
③ 중유 ④ 휘발유

해설

착화온도

① 천연가스: 650~750℃ ② 황: 200~250℃
③ 중유: 530~580℃ ④ 휘발유: 250~280℃

정답 ①

37

★★☆

연료연소 시 매연발생에 관한 설명으로 옳지 않은 것은?

① 연료의 C/H비율이 클수록 매연이 발생하기 쉽다.
② 중합 및 고리화합물 등과 같이 반응이 일어나기 쉬운 탄화수소일수록 매연발생이 적다.
③ 분해하기 쉽거나 산화하기 쉬운 탄화수소는 매연발생이 적다.
④ 탄소결합을 절단하기보다는 탈수소가 쉬운 쪽이 매연이 발생하기 쉽다.

해설

중합 및 고리화합물 등과 같이 반응이 일어나기 쉬운 탄화수소일수록 매연발생이 많다.

정답 ②

38

★★☆

화학반응속도는 일반적으로 Arrhenius식으로 표현된다. 어떤 반응에서 화학반응상수가 27℃일 때에 비하여 77℃일 때 3배가 되었다면 이 화학반응의 활성화 에너지는?

① 2.3kcal/mol　② 4.6kcal/mol
③ 6.9kcal/mol　④ 13.2kcal/mol

해설

아레니우스식을 이용한다.

$k=A\times e^{\left(-\frac{E}{RT}\right)}$

k: 화학반응상수, A: 빈도인자
E: 활성화에너지(J/mol), R: 기체상수(8.314J/K·mol)
T: 절대온도(K)

(1) 27℃일 경우

$$k=A\times e^{\left(-\frac{E}{8.314\text{J/K}\cdot\text{mol}\times(273+27)\text{K}}\right)}$$

$$\ln k=\ln A+\left(-\frac{E}{8.314\text{J/K}\cdot\text{mol}\times(273+27)\text{K}}\right)$$

$$\ln k=\ln A-\frac{E}{2{,}494.2}$$

$$\ln A=\ln k+\frac{E}{2{,}494.2}$$

(2) 77℃일 경우

$$3k=A\times e^{\left(-\frac{E}{8.314\text{J/K}\cdot\text{mol}\times(273+77)\text{K}}\right)}$$

$$\ln(3k)=\ln A+\left(-\frac{E}{8.314\text{J/K}\cdot\text{mol}\times(273+77)\text{K}}\right)$$

$$\ln(3k)=\ln A-\frac{E}{2{,}909.9}$$

$$\ln A=\ln(3k)+\frac{E}{2{,}909.9}$$

(3) (1), (2)번 식을 이용하여 E를 구한다.

$$\ln(3k)+\frac{E}{2{,}909.9}=\ln k+\frac{E}{2{,}494.2}$$

$$\ln(3k)-\ln k=\left(\frac{1}{2{,}494.2}-\frac{1}{2{,}909.9}\right)\times E$$

$$\ln\left(\frac{3k}{k}\right)=\left(\frac{1}{2{,}494.2}-\frac{1}{2{,}909.9}\right)\times E$$

$$E=19{,}181.1113\text{J/mol}$$

$$\frac{19{,}181.1113\text{J}}{\text{mol}}\times\frac{1\text{cal}}{4.18\text{J}}\times\frac{\text{kcal}}{1{,}000\text{cal}}=4.5887\text{kcal/mol}$$

※ 1cal=4.18J

정답 ②

39

★★☆

다음 연료별 이론공기량(A_0, Sm^3/Sm^3)이 가장 큰 것은?

① 석탄가스　② 발생로가스
③ 탄소　④ 고로가스

해설

일반적으로 이론공기량은 고체연료>액체연료>기체연료 순이다. 보기에서는 탄소가 고체연료이므로 이론공기량이 가장 크다.

선지분석

보기에 있는 연료의 이론공기량

① 석탄가스: 4.5~5.5Sm^3/Sm^3
② 발생로가스: 0.9~1.2Sm^3/Sm^3
③ 탄소: 8.8904Sm^3/kg
④ 고로가스: 0.7~0.9Sm^3/Sm^3

정답 ③

40

★★★

탄소 84.0%, 수소 13.0%, 황 2.0%, 질소 1.0%의 조성을 가진 중유 1kg당 15Sm^{3}의 공기로 완전연소 할 경우 습배출가스 중 SO_2의 농도(ppm)는? (단, 표준상태 기준, 중유의 황성분은 모두 SO_2로 된다.)

① 약 680ppm ② 약 735ppm
③ 약 800ppm ④ 약 890ppm

해설

이론산소량$=1.867C+5.6H+0.7S-0.7O$
$=(1.867\times0.84)+(5.6\times0.13)+(0.7\times0.02)=2.3102Sm^3$

이론공기량$=\frac{\text{이론산소량}}{0.21}=\frac{2.3102}{0.21}=11.0009Sm^3$

이론공기 중 질소량$=$이론공기량$\times0.79$
$=11.0009\times0.79=8.6907Sm^3$

과잉공기량$=$실제공기량$-$이론공기량
$=15-11.0009=3.9991Sm^3$

CO_2 배출량(C의 원자량은 12)
$C+O_2\rightarrow CO_2$
$12kg:22.4Sm^3=0.84kg:xSm^3$
$x=1.568Sm^3$

H_2O 배출량(H_2의 분자량은 2)
$2H_2+O_2\rightarrow 2H_2O$
$2\times2kg:2\times22.4Sm^3=0.13kg:xSm^3$
$x=1.456Sm^3$

SO_2 배출량(S의 원자량은 32)
$S+O_2\rightarrow SO_2$
$32kg:22.4Sm^3=0.02kg:xSm^3$
$x=0.014Sm^3$

N_2 발생량(N의 원자량은 14)
$N\rightarrow 0.5N_2$
$14kg:0.5\times22.4Sm^3=0.01kg:xSm^3$
$x=0.008Sm^3$

실제습연소가스량
$=$이론공기 중 질소량$+$과잉공기량
$+$습연소생성물($CO_2+H_2O+SO_2+N_2$)
$=8.6907Sm^3+3.9991Sm^3+1.568Sm^3+1.456Sm^3+0.014Sm^3+0.008Sm^3=15.7358Sm^3$

$SO_2(ppm)$ 농도$=\frac{SO_2\text{ 배출량}}{\text{실제습연소가스량}}\times10^6$

$=\frac{0.014}{15.7358}\times10^6=889.6910ppm$

정답 ④

대기오염방지기술

41

★☆☆

휘발성유기화합물(VOCs)의 배출량을 줄이도록 요구받을 경우 그 저감방안으로 가장 거리가 먼 것은?

① VOCs 대신 다른 물질로 대체한다.
② 용기에서 VOCs 누출 시 공기와 희석시켜 용기 내 VOCs 농도를 줄인다.
③ VOCs를 연소시켜 인체에 덜 해로운 물질로 만들어 대기중으로 방출시킨다.
④ 누출되는 VOCs를 고체흡착제를 사용하여 흡착 제거한다.

해설

오염물질을 희석하는 것은 전체 배출량을 줄이는 것이 아니기 때문에 저감방안으로 적절하지 않다.

정답 ②

42

★★☆

충전탑(Packed tower) 내 충전물이 갖추어야할 조건으로 적절하지 않은 것은?

① 단위체적당 넓은 표면적을 가질 것
② 압력손실이 작을 것
③ 충전밀도가 작을 것
④ 공극율이 클 것

해설

충전물은 충전밀도가 커야 한다.

정답 ③

43

★★☆

레이놀드 수(Reynold number)에 관한 설명으로 옳지 않은 것은? (단, 유체흐름 기준이다.)

① 관성력/점성력으로 나타낼 수 있다.

② 무차원의 수이다.

③ $\frac{(\text{유체밀도} \times \text{유속} \times \text{유체흐름관 직경})}{\text{유체점도}}$로 나타낼 수 있다.

④ 점성계수/밀도로 나타낼 수 있다.

해설

동점도를 점성계수/밀도로 나타낸다.

정답 ④

44

★★★

전기집진장치에서 먼지의 전기비저항이 높은 경우 전기비저항을 낮추기 위해 주입하는 물질과 거리가 먼 것은?

① 수증기 ② NH_3

③ H_2SO_4 ④ NaCl

해설

전기비저항이 낮은 경우: NH_3, 온도와 습도 조절

전기비저항이 높은 경우: 황함량이 높은 연료, SO_3 주입, H_2SO_4, NaCl, 트라이에틸아민 주입

정답 ②

45

★☆☆

물을 가압(加壓) 공급하여 함진가스를 세정하는 형식의 가압수식 스크러버가 아닌 것은?

① Venturi Scrubber ② Impulse Scrubber

③ Spray Tower ④ Jet Scrubber

해설

Impulse Scrubber는 회전식이다.

관련이론 | 세정집진장치의 종류

- 유수식: 세정액을 장치 내에 채운 후 가스를 유입시키는 방법으로 가스분수형, Impeller형, 로터형 등이 있다.
- 가압수식: 세정액을 가스 속으로 가압분사하는 방법으로 벤츄리 스크러버, 제트 스크러버, 충전탑, 분무탑 등이 있다.
- 회전식: fan을 이용하여 기포의 형태로 세정액을 가스로 유입시키는 방법으로 Impulse Scrubber, Theisen washer 등이 있다.

정답 ②

46

★☆☆

송풍기의 크기와 유체의 밀도가 일정할 때 송풍기의 회전수를 2배로 하면 풍압은 몇 배가 되는가?

① 2배 ② 4배

③ 6배 ④ 8배

해설

$P_2 = P_1 \times \left(\frac{N_2}{N_1}\right)^2$

P_1, P_2: 풍압

N_1, N_2: 회전수

송풍기의 풍압은 회전수의 제곱에 비례하기 때문에 회전수가 2배가 되면 풍압은 4배가 된다.

정답 ②

47

★☆☆

공기 중 CO_2 가스의 부피가 5%를 넘으면 인체에 해롭다고 한다면, 지금 $600m^3$되는 방에서 문을 닫고 80%의 탄소를 가진 숯을 최소 몇 kg을 태우면 해로운 상태로 되겠는가? (단, 기존의 공기 중 CO_2 가스의 부피는 고려하지 않고, 실내에서 완전혼합하며, 표준상태 기준이다.)

① 약 5kg ② 약 10kg

③ 약 15kg ④ 약 20kg

해설

C(원자량 12) 1kmol이 연소하면 CO_2 1kmol($22.4m^3$)이 생성된다.

$C + O_2 \rightarrow CO_2$

$x(\text{kg}) \times \frac{80}{100} \times \frac{22.4\text{Sm}^3}{12\text{kg}} = 600\text{Sm}^3 \times \frac{5}{100}$

$x = 20.0892\text{kg}$

정답 ④

48

★★☆

유해가스와 물이 일정한 온도에서 평형상태에 있다. 기상의 유해가스의 분압이 40mmHg일 때 수중가스의 농도가 16.5kmol/m³이다. 이 경우 헨리정수(atm · m³/kmol)는 약 얼마인가?

① 1.5×10^{-3} ② 3.2×10^{-3}
③ 4.3×10^{-2} ④ 5.6×10^{-2}

해설

헨리의 법칙을 이용한다.

$P = HC$

P: 분압(atm), H: 헨리정수(atm·m³/kmol)

C: 유해가스의 농도(kmol/m³)

$$40\text{mmHg} \times \frac{\text{atm}}{760\text{mmHg}} = H \times 16.5\text{kmol/m}^3$$

$H = 3.1897 \times 10^{-3}\text{atm} \cdot \text{m}^3/\text{kmol}$

정답 ②

49

★☆☆

전기집진장치에서 전류밀도가 먼지층 표면부근의 이온전류 밀도와 같고 양호한 집진작용이 이루어지는 값이 2×10^{-8}A/cm²이며, 또한 먼지층 중의 절연파괴 전계강도를 5×10^3V/cm로 한다면, 이 때 ㉠ 먼지층의 겉보기 전기저항과 ㉡ 이 장치의 문제점으로 옳은 것은?

① ㉠ $1 \times 10^{-4}(\Omega \cdot \text{cm})$, ㉡ 먼지의 재비산
② ㉠ $1 \times 10^{4}(\Omega \cdot \text{cm})$, ㉡ 먼지의 재비산
③ ㉠ $2.5 \times 10^{11}(\Omega \cdot \text{cm})$, ㉡ 역전리 현상
④ ㉠ $4 \times 10^{12}(\Omega \cdot \text{cm})$, ㉡ 역전리 현상

해설

$$\text{겉보기 전기저항} = \frac{\text{절연파괴 전계강도}}{\text{전류밀도}}$$

$\frac{5 \times 10^3\text{V/cm}}{2 \times 10^{-8}\text{A/cm}^2} = 2.5 \times 10^{11}\Omega \cdot \text{cm}$이므로 역전리 현상이 발생한다.

구분	기준	현상
저 비저항	$10^4\Omega \cdot \text{cm}$ 이하	재비산 현상
고 비저항	$10^{11}\Omega \cdot \text{cm}$ 이상	역전리 현상

정답 ③

50

★☆☆

황산화물 처리방법 중 건식 석회석 주입법에 관한 설명으로 옳지 않은 것은?

① 초기 투자비용이 적게 들어 소규모 보일러나 노후 보일러용으로 많이 사용되었다.
② 부대시설은 많이 필요하나, 아황산가스의 제거효율은 비교적 높은 편이다.
③ 배기가스의 온도가 잘 떨어지지 않는다.
④ 연소로 내에서의 화학반응은 소성, 흡수, 산화의 3가지로 구분할 수 있다.

해설

건식 석회석 주입법은 석회석을 재생하여 쓸 필요가 없어 부대시설이 거의 필요 없으며, 아황산가스의 제거효율은 40% 정도로 비교적 낮은 편이다.

정답 ②

51

★☆☆

후드의 형식 중 외부식 후드에 해당하지 않는 것은?

① 장갑부착 상자형(Glove box형)
② 슬롯형(Slot형)
③ 그리드형(Grid형)
④ 루버형(Louver형)

해설

외부식 후드: 슬롯형 후드, 그리드형 후드, 루버형 후드 등

포위식 후드: 커버형 후드, 장갑부착 상자형 후드, 부스형 후드, 드래프트 챔버형 후드 등

정답 ①

52

★☆☆

다음 여과재의 재질 중 내산성 여과재로 적합하지 않은 것은?

① 목면　② 카네카론
③ 비닐론　④ 글라스화이버

해설
목면은 내산성이 불량하다.

정답 ①

53

★☆☆

유해가스 흡수장치 중 다공판탑에 관한 설명으로 옳지 않은 것은?

① 비교적 대량의 흡수액이 소요되고, 가스겉보기 속도는 10~20m/s 정도이다.
② 액가스비는 0.3~5L/m^3, 압력손실은 100~200mmH_2O/단 정도이다.
③ 고체부유물 생성 시 적합하다.
④ 가스량의 변동이 격심할 때는 조업할 수 없다.

해설
다공판탑은 비교적 적은 액가스비로 처리할수 있어 대량의 흡수액이 소요되지 않으며, 가스겉보기 속도는 0.3~1m/s 정도이다.

정답 ①

54

★★☆

길이 5m, 높이 2m인 중력침강실이 바닥을 포함하여 8개의 평행판으로 이루어져 있다. 침강실에 유입되는 분진가스의 유속이 0.2m/s일 때 분진을 완전히 제거할 수 있는 최소입경은 얼마인가? (단, 입자의 밀도는 1,600kg/m^3, 분진가스의 점도는 2.1×10^{-5}kg/m·s, 밀도는 1.3kg/m^3이고 가스의 흐름은 층류로 가정한다.)

① 31.0μm　② 23.2μm
③ 15.5μm　④ 11.6μm

해설
100% 제거하기 위한 중력집진장치의 설계 공식

$$\frac{V_g}{V}=\frac{H}{L}$$

V: 유속(m/s), H: 높이(m), L: 길이(m)

중력침강속도$(V_g)=\frac{d_p^2(\rho_p-\rho)g}{18\mu}$

V_g: 침강속도(m/s), d_p: 입자의 직경(m)
ρ_p: 입자의 밀도(kg/m^3), ρ: 공기의 밀도(kg/m^3)
g: 중력가속도(m/s^2), μ: 가스의 점도(kg/m·s)

$$\frac{\frac{d_p^2(\rho_p-\rho)g}{18\mu}}{V}\times n=\frac{H}{L}$$ (n은 평행판의 수)

$$\frac{d_p^2(\rho_p-\rho)g}{18\mu V}\times n=\frac{H}{L}$$

$$\frac{d_p^2\times(1{,}600-1.3)\times9.8}{18\times2.1\times10^{-5}\times0.2}\times8=\frac{2}{5}$$

$d_p=1.5532\times10^{-5}\text{m}=15.532\mu\text{m}$

※ d_p의 값은 공학용계산기의 SOLVE 기능을 이용하여 구하는 것이 편리합니다.

정답 ③

55

★☆☆

지름 20cm, 유효높이 3m, 원통형 Bag Filter로 4m^3/s의 함진가스를 처리하고자 한다. 여과속도를 0.04m/s로 할 경우 필요한 Bag Filter수는 얼마인가?

① 35개　② 54개
③ 70개　④ 120개

해설
여과유량=여과속도×필터면적×필터 수

$4\text{m}^3/\text{s}=0.04\text{m/s}\times(\pi\times0.2\text{m}\times3\text{m})\times n$

$$n=\frac{4\text{m}^3/\text{s}}{0.04\text{m/s}\times(\pi\times0.2\text{m}\times3\text{m})}=53.0516\text{개}$$

$n=54$개

정답 ②

56

★☆☆

NO_x와 SO_x 동시 제어기술에 대한 설명으로 옳지 않은 것은?

① SO_xNO 공정은 감마 알루미나 담체의 표면에 나트륨을 첨가하여 SO_x와 NO_x를 동시에 흡착시킨다.
② CuO 공정은 알루미나 담체에 CuO를 함침시켜 SO_2는 흡착반응하고 NO_x는 선택적 촉매환원되어 제거되는 원리를 이용하는 공정이다.
③ CuO 공정에서 온도는 보통 850~1,000℃ 정도로 조정하며, $CuSO_2$ 형태로 이동된 솔벤트 재생기에서 산소 또는 오존으로 재생된다.
④ 활성탄 공정은 S, H_2SO_4 및 액상 SO_2 등의 부산물이 생성되며, 공정 중 재가열이 없으므로 경제적이다.

해설
CuO 공정에서 온도는 보통 370~430℃ 정도로 조정하며, $CuSO_4$ 형태로 이동된 솔벤트는 재생기에서 수소, 메탄으로 재생한다.

정답 ③

57

★☆☆

벤츄리 스크러버의 특성에 관한 설명으로 옳지 않은 것은?

① 유수식 중 집진율이 가장 높고, 목부의 처리가스유속은 보통 15~30m/s 정도이다.
② 물방울 입경과 먼지 입경의 비는 150 : 1 전후가 좋다.
③ 액가스비의 경우 일반적으로 친수성은 10μm 이상의 큰 입자가 0.3L/m^3 전후이다.
④ 먼지 및 가스유동에 민감하고 대량의 세정액이 요구된다.

해설
벤츄리 스크러버는 가압수식 중 집진율이 가장 높고, 목부의 처리가스 유속은 보통 60~90m/s 정도이다.

정답 ①

58

★★☆

중력식 집진장치의 집진율 향상조건에 관한 설명 중 옳지 않은 것은?

① 침강실 내 처리가스의 속도가 작을수록 미립자가 포집된다.
② 침강실 입구폭이 클수록 유속이 느려지며 미세한 입자가 포집된다.
③ 다단일 경우에는 단수가 증가할수록 집진효율은 상승하나, 압력손실도 증가한다.
④ 침강실의 높이가 낮고, 중력장의 길이가 짧을수록 집진율은 높아진다.

해설
침강실의 높이가 낮고, 중력장의 길이가 길수록 집진율은 높아진다.

관련이론 | 중력집진장치의 집진효율 향상조건

- 침강실 내의 처리가스의 속도가 작을수록 미립자가 포집된다.
- 유입부의 유속이 느릴수록 처리 효율이 높다.
- 침강실의 높이는 낮고 길이는 길수록 집진율이 높아진다.
- 침강실 내의 배기가스 기류는 균일해야 한다.
- 다단일 경우 단수가 증가할수록 압력손실은 커지나 효율은 증가한다.

정답 ④

59

★☆☆

배출가스 중의 질소산화물의 처리방법인 비선택적 촉매환원법(NSCR)에서 사용하는 환원제로 거리가 먼 것은?

① CH_4　② NH_3
③ H_2　④ CO

해설
NH_3는 선택적 촉매환원기술(SCR: Selective Catalytic Reduction)와 선택적 비촉매환원기술(SNCR: Selective Non Catalytic Reduction)의 환원제로 사용된다.

정답 ②

2019년

60

★☆☆

전기집진장치에서 입자가 받는 Coulomb힘(kg · m/s²)을 옳게 나타낸 것은? (단, e_0: 전하(1.602×10⁻¹⁹Coulomb), n: 전하수, E: 하전부의 전계 강도(Volt/m), μ: 가스점도(kg/m · s), D: 입자직경(m), V_e: 입자분리속도(m/s)이다.)

① ne_0E ② $2ne_0/E$
③ $3\pi\mu DV_e$ ④ $6\pi\mu DV_e$

해설
입자가 받는 Coulomb힘(kg·m/s²)$=ne_0E$

정답 ①

대기오염공정시험기준

61

★★☆

황성분 1.6% 이하 함유한 액체연료를 사용하는 연소시설에서 배출되는 황산화물(표준산소농도를 적용받는 항목)의 실측농도측정 결과 741ppm이었고, 배출가스 중의 실측산소농도는 7%, 표준산소농도는 4%이다. 황산화물의 농도(ppm)는 약 얼마인가?

① 750ppm ② 800ppm
③ 850ppm ④ 900ppm

해설
배출농도 보정공식을 이용한다.

$$C=C_a\times\frac{21-O_s}{21-O_a}$$

C: 오염물질의 농도(ppm), C_a: 실측오염물질 농도(ppm)
O_s: 표준산소농도(%), O_a: 실측산소농도(%)

$$C=741\times\frac{21-4}{21-7}=899.7857\text{ppm}$$

정답 ④

62

★☆☆

전자포획검출기(ECD)에 관한 설명으로 옳지 않은 것은?

① 탄화수소, 알코올, 케톤 등에 대해 감도가 우수하다.
② 유기할로겐화합물, 나이트로화합물 및 유기금속화합물 등 전자 친화력이 큰 원소가 포함된 화합물을 수 ppt의 매우 낮은 농도까지 선택적으로 검출할 수 있다.
③ 방사성 물질인 Ni-63 혹은 삼중수소로부터 방출되는 β선이 운반 기체를 전리하여 이로 인해 전자포획검출기 셀(Cell)에 전자구름이 생성되어 일정 전류가 흐르게 된다.
④ 고순도(99.9995%)의 운반기체를 사용하여야 하고 반드시 수분트랩(Trap)과 산소트랩을 연결하여 수분과 산소를 제거할 필요가 있다.

해설
전자포획검출기(ECD)는 탄화수소, 알코올, 케톤 등에 대해 감도가 낮다.

정답 ①

63

★★☆

흡광차분광법(Differential Optical Absorption Spectroscopy)에 관한 설명으로 옳지 않은 것은?

① 광원은 180~2,850nm 파장을 갖는 제논램프를 사용한다.
② 주로 사용되는 검출기는 자외선 및 가시선 흡수 검출기이다.
③ 분광계는 Czerny-Turner 방식이나 Holographic 방식을 채택한다.
④ 이산화황, 질소산화물, 오존 등의 대기오염물질분석에 적용된다.

해설
흡광차분광법에서 분광된 빛은 반사경을 통해 광전자증배관(Photo Multiplier Tube) 검출기나 PDA(Photo Diode Array) 검출기로 들어간다.

정답 ②

64 ★★★

이온크로마토그래피의 일반적인 장치 구성순서로 옳은 것은?

① 펌프 – 시료주입장치 – 용리액조 – 분리관 – 검출기 – 써프렉서
② 용리액조 – 펌프 – 시료주입장치 – 분리관 – 써프렉서 – 검출기
③ 시료주입장치 – 펌프 – 용리액조 – 써프렉서 – 분리관 – 검출기
④ 분리관 – 시료주입장치 – 펌프 – 용리액조 – 검출기 – 써프렉서

해설

이온크로마토그래피의 장치 구성순서

정답 ②

65 ★☆☆

자외선/가시선 분광법에서 미광(Stray Light)의 유무조사에 사용되는 것은?

① Cell Holder ② Holmium Glass
③ Cut Filter ④ Monochrometer

선지분석

① Cell Holder: 셀을 보호하기 위한 장치
② Holmium Glass: 자동기록식 광전분광광도계의 파장 교정에 사용되는 장치
④ Monochrometer : 단색화장치, 좁은 파장 범위의 빛만을 선택하여 액층을 통과시키는 장치

정답 ③

66 ★☆☆

굴뚝 배출가스 중 먼지를 보통형(1형) 흡입노즐을 이용할 때 등속흡입을 위한 흡입량(L/min)은?

- 대기압: 765mmHg
- 측정점에서의 정압: −1.5mmHg
- 건식가스미터의 흡입가스 게이지압: 1mmHg
- 흡입노즐의 내경: 6mm
- 배출가스의 유속: 7.5m/s
- 배출가스 중 수증기의 부피 백분율: 10%
- 건식가스미터의 흡입온도: 20℃
- 배출가스 온도: 125℃

① 14.8 ② 11.6
③ 9.9 ④ 8.4

해설

$$q_m=\frac{\pi}{4}d^2v\left(1-\frac{X_w}{100}\right)\times\frac{273+\theta_m}{273+\theta_s}\times\frac{P_a+P_s}{P_a+P_m-P_v}\times 60\times 10^{-3}$$

q_m: 가스미터에 있어서의 등속 흡입유량(L/min)
d: 흡입노즐의 내경(mm)
v: 배출가스 유속(m/s)
X_w: 배출가스 중의 수증기의 부피 백분율(%)
θ_m: 가스미터의 흡입가스 온도(℃)
θ_s: 배출가스 온도(℃)
P_a: 측정공 위치에서의 대기압(mmHg)
P_s: 측정점에서의 정압(mmHg)
P_m: 가스미터의 흡입가스 게이지압(mmHg)
P_v: θ_m의 포화수증기압(mmHg)
건식가스미터를 사용하거나 수분을 제거하는 장치를 사용할 때는 P_v를 제거한다.

$$q_m=\frac{\pi}{4}\times 6^2\times 7.5\times\left(1-\frac{10}{100}\right)\times\frac{273+20}{273+125}\times\frac{765+(-1.5)}{765+1}\times 60\times 10^{-3}=8.4025\text{L/min}$$

정답 ④

2019년

67

★☆☆

다음 중 자외선/가시선 분광법에서 흡광도를 측정하기 위한 순서로써 원칙적으로 제일 먼저 행하여야 할 행위는?

① 시료셀을 광로에 넣고 눈금판의 지시치를 흡광도 또는 투과율로 읽는다.
② 광로를 차단 후 대조셀로 영점을 맞춘다.
③ 광원으로부터 광속을 통하여 눈금 100에 맞춘다.
④ 눈금판의 지시가 안정되어 있는지 여부를 확인한다.

해설

흡광도의 측정 순서

1. 눈금판의 지시가 안정되어 있는지 여부를 확인한다.
2. 대조셀을 광로에 넣고 광원으로부터의 광속을 차단하고 영점을 맞춘다. 영점을 맞춘다는 것은 투과율 눈금으로 눈금판의 지시가 영이 되도록 맞추는 것이다.
3. 광원으로부터 광속을 통하여 눈금 100에 맞춘다.
4. 시료셀을 광로에 넣고 눈금판의 지시치를 흡광도 또는 투과율로 읽는다. 투과율로 읽을 때는 나중에 흡광도로 환산해 주어야 한다.
5. 필요하면 대조셀을 광로에 바꿔 넣고 영점과 100에 변화가 없는지를 확인한다.

정답 ④

68

★☆☆

굴뚝 배출가스 중 암모니아의 인도페놀 분석방법으로 옳지 않은 것은?

① 시료채취량이 20L이고 분석용 시료용액의 양이 250mL인 경우 시료 중의 암모니아 농도가 1.2ppm 이상인 것의 분석에 적합하다.
② 분석용 시료용액 10mL를 취하고 여기에 페놀-나이트로프루시드소듐 용액 10mL를 가한 후 하이포아염소산암모늄용액 10mL을 가한 다음 마개를 하고 조용히 흔들어 섞는다.
③ 25~30℃의 물중탕에서 약 1시간 방치한 후 측정한다.
④ 용액의 일부를 10mm 흡수셀에 넣고 640nm 부근의 파장에서 흡광도를 측정한다.

해설

배출가스 중 암모니아 인도페놀법

유리마개가 있는 시험관에 분석용 시료용액 10mL를 넣는다. 여기에 페놀-나이트로프루시드소듐 용액 5mL를 넣고 흔들어 섞은 다음 하이포아염소산소듐 용액 5mL를 넣은 후 마개를 하여 조용히 흔들어 섞는다.

※ 대기오염공정시험기준 개정으로 보기를 수정한 문제입니다.

정답 ②

69

★★☆

굴뚝 배출가스 중 브로민화합물 분석에 사용되는 흡수액으로 옳은 것은?

① 황산+과산화수소+증류수
② 붕산 용액(질량분율 0.5%)
③ 수산화소듐 용액(0.1mol/L)
④ 다이에틸아민구리 용액

해설

브로민화합물의 흡수액은 수산화소듐 용액(0.1mol/L)이다.

정답 ③

70

★☆☆

환경대기 중의 각 항목별 분석방법의 연결로 옳지 않은 것은?

① 질소산화물: 살츠만법
② 옥시던트(오존으로서): 베타선법
③ 일산화탄소: 불꽃이온화검출기법(기체크로마토그래피)
④ 아황산가스: 파라로자닐린법

해설

옥시던트(오존으로서): 자외선광도법, 화학발광법, 흡광차분광법이 있으며 자외선광도법이 주 시험법이다.

정답 ②

71

★☆☆

굴뚝 배출가스상 물질의 시료채취방법으로 옳지 않은 것은?

① 채취관은 흡입기체의 유량, 채취관의 기계적 강도, 청소의 용이성 등을 고려해서 안지름 6~25mm 정도의 것을 쓴다.
② 채취관의 길이는 선정한 채취점까지 끼워 넣을 수 있는 것이어야 하고, 배출가스의 온도가 높을 때는 관이 구부러지는 것을 막기 위한 조치를 해두는 것이 필요하다.
③ 여과재를 끼우는 부분은 교환이 쉬운 구조의 것으로 한다.
④ 일반적으로 사용되는 플루오로수지 도관은 100℃ 이상에서는 사용할 수 없다.

해설

일반적으로 사용되는 플루오로수지 도관(녹는점 260℃)은 250℃ 이상에서는 사용할 수 없다.

정답 ④

72

★☆☆

굴뚝 배출가스 중 암모니아의 중화적정 분석방법에 관한 설명으로 옳은 것은?

① 분석용 시료용액을 황산으로 적정하여 암모니아를 정량한다.
② 시료가스를 산성조건에서 지시약을 넣고 N/100 NaOH로 적정하는 방법이다.
③ 시료가스 채취량이 40L일 때 암모니아 농도 1~5ppm인 경우에 적용한다.
④ 지시약은 페놀프탈레인 용액과 메틸레드 용액을 1 : 2 부피비로 섞어 사용한다.

해설

출제당시 정답은 ①번이었지만 해당 방법은 대기오염공정시험기준에서 삭제되었다.

관련이론 | 배출가스 중 암모니아 분석법

- 배출가스 중 자외선/가시선분광법 – 인도페놀법이 주 시험방법이며, 시험방법의 정량범위는 표와 같다.
- 배출가스 중 암모니아를 붕산 용액으로 흡수하여 페놀 – 나이트로프루시드소듐 용액과 하이포아염소산소듐 용액을 첨가하고 암모늄 이온과 반응하여 생성하는 인도페놀류의 흡광도를 측정하여 암모니아를 정량한다. (640nm)

정량범위	방법검출한계	정밀도
1.2ppm 이상(시료채취량: 20L, 분석용 시료용액: 250mL)	0.4ppm	10% 이내

정답 정답 없음

73

★☆☆

휘발성유기화합물 누출확인에 사용되는 휴대용 VOCs 측정기기에 관한 설명으로 옳지 않은 것은?

① 휴대용 VOCs 측정기기의 계기눈금은 최소한 표시된 누출농도의 ±5%를 읽을 수 있어야 한다.
② 휴대용 VOCs 측정기기는 펌프를 내장하고 있어 연속적으로 시료가 검출기로 제공되어야 하며, 일반적으로 시료유량은 0.5L/min~3L/min이다.
③ 휴대용 VOCs 측정기기의 응답시간은 60초보다 작거나 같아야 한다.
④ 측정될 개별 화합물에 대한 기기의 반응인자(Response factor)는 10보다 작아야 한다.

해설

휴대용 VOCs 측정기기의 응답시간은 30초보다 작거나 같아야 한다.

정답 ③

74

★★☆

굴뚝 배출가스 중 벤젠을 분석하고자 할 때, 사용하는 채취관이나 도관의 재질로 적절하지 않는 것은?

① 경질유리 ② 석영
③ 플루오로수지 ④ 보통강철

해설

배출가스 중 벤젠 시료채취 시 채취관 재질은 경질유리, 석영, 플루오로수지이어야 한다.

정답 ④

2019년

75

★★★

원자흡수분광광도법에 사용되는 용어설명으로 옳지 않은 것은?

① 역화(Flame Back): 불꽃의 연소속도가 크고 혼합기체의 분출속도가 작을 때 연소현상이 내부로 옮겨지는 것
② 중공음극램프(Hollow Cathode Lamp): 원자흡광분석의 광원이 되는 것으로 목적원소를 함유하는 중공음극 한 개 또는 그 이상을 고압의 질소와 함께 채운 방전관
③ 멀티 패스(Multi-Path): 불꽃 중에서의 광로를 길게 하고 흡수를 증대시키기 위하여 반사를 이용하여 불꽃 중에 빛을 여러 번 투과시키는 것
④ 공명선(Resonance Line): 원자가 외부로부터 빛을 흡수했다가 다시 먼저 상태로 돌아갈 때 방사하는 스펙트럼선

해설

중공음극램프(Hollow Cathode Lamp): 원자흡광분석의 광원이 되는 것으로 목적원소를 함유하는 중공음극 한 개 또는 그 이상을 저압의 네온과 함께 채운 방전관

정답 ②

76

★★☆

연료용 유류 중의 황 함유량을 측정하기 위한 분석방법은?

① 방사선 여기법
② 자동 연속 열탈착 분석법
③ 테들라 백 – 열 탈착법
④ 몰린 형광 광도법

해설

연료용 유류 중의 황 함유량을 측정하기 위한 분석 방법은 연소관식 공기법, 방사선 여기법이다.

정답 ①

77

★★☆

굴뚝 단면이 원형이고, 굴뚝 직경이 3m인 경우 배출가스먼지 측정을 위한 측정점 수는?

① 8 ② 12
③ 16 ④ 20

해설

원형단면의 측정점 수

굴뚝직경(m)	반경 구분 수	측정점 수
1 이하	1	4
1 초과 2 이하	2	8
2 초과 4 이하	3	12
4 초과 4.5 이하	4	16
4.5 초과	5	20

정답 ②

78

★★★

다음은 기체크로마토그래피에 사용되는 검출기에 관한 설명이다. (   ) 안에 가장 적합한 것은?

> (   )는 안정된 직류전기를 공급하는 전원회로, 전류조절부, 신호검출 전기회로, 신호감쇄부 등으로 구성되며, 둘 사이의 열전도도 차이를 측정함으로써 시료를 검출하여 분석한다. 모든 화합물을 검출할 수 있어 분석대상에 제한이 없고, 값이 싸며 시료를 파괴하지 않는 장점이 있으나, 다른 검출기에 비해 감도가 낮다.

① Flame Ionization Detector
② Electron Capture Detector
③ Thermal Conductivity Detector
④ Flame Photometric Detector

해설

① 불꽃이온화 검출기(Flame Ionization Detector, FID)
② 전자 포획 검출기(Electron Capture Detector, ECD)
③ 열전도도 검출기(Thermal Conductivity Detector, TCD)
④ 불꽃 광도 검출기(Flame Photometric Detector, FPD)

정답 ③

79 ★☆☆

굴뚝 배출가스 중 이산화황 자동연속측정방법에서 사용하는 용어의 의미로 가장 적합한 것은?

① 편향(Bias): 측정결과에 치우침을 주는 원인에 의해서 생기는 우연오차
② 제로드리프트: 연속자동측정기가 정상가동 되는 조건 하에서 제로가스를 일정시간 흘려 준 후 발생한 출력신호가 변화된 정도
③ 시험가동시간: 연속자동측정기를 정상적인 조건에 따라 운전할 때 예기치 않는 수리, 조정, 부품교환 없이 연속 가동할 수 있는 최대시간
④ 점(Point) 측정시스템: 굴뚝 단면 직경의 20% 이하의 경로 또는 여러 지점에서 오염물질 농도를 측정하는 연속 자동측정시스템

선지분석

① 편향(Bias): 계통오차. 측정결과에 치우침을 주는 원인에 의해서 생기는 오차
③ 시험가동시간: 연속자동측정기를 정상적인 조건에 따라 운전할 때 예기치 않는 수리, 조정 및 부품교환 없이 연속 가동할 수 있는 최소시간을 말한다.
④ 점(Point) 측정시스템: 굴뚝 또는 덕트 단면 직경의 10% 이하의 경로 또는 단일점에서 오염물질 농도를 측정하는 배출가스 연속자동측정시스템

정답 ②

80 ★★☆

환경대기 중의 석면농도를 측정하기 위해 멤브레인필터에 포집한 대기부유먼지 중의 석면 섬유를 위상차현미경을 사용하여 계수하는 방법에 관한 설명으로 옳지 않은 것은?

① 석면먼지의 농도표시는 20℃, 1기압 상태의 기체 1mL 중에 함유된 석면섬유의 개수(개/mL)로 표시한다.
② 멤브레인 필터는 셀룰로오스 에스테르를 원료로 한 얇은 다공성의 막으로, 구멍의 지름은 평균 0.01~10μm의 것이 있다.
③ 대기 중 석면은 강제 흡인 장치를 통해 여과장치에 채취한 후 위상차현미경으로 계수하여 석면 농도를 산출한다.
④ 빛은 간섭성을 띄우기 위해 단일 빛을 사용하며, 후광 또는 차광이 발생하더라도 측정에 영향을 미치지 않는다.

해설

간섭성 빛은 위상차가 일정해서 간섭을 일으킬 수 있는 빛이다.
빛은 파장과 주기가 모두 짧아서 간섭성을 띄려면 하나의 광원에서 갈라진 두 갈래의 빛일 경우에만 가능하다.
후광(Halo)이나 차광(Shading)과 같은 물리적 간섭은 관찰을 방해하기도 한다.
초점이 정확하지 않고 콘트라스트가 역전되는 경우도 있다.

정답 ④

대기환경관계법규

81
★☆☆

환경정책기본법상 용어의 정의 중 (　　) 안에 가장 적합한 것은?

> (　　)이란 일정한 지역에서 환경오염 또는 환경훼손에 대하여 환경이 스스로 수용, 정화 및 복원하여 환경의 질을 유지할 수 있는 한계를 말한다.

① 환경기준　② 환경용량
③ 환경보전　④ 환경보존

해설
환경용량에 대한 설명이다.

정답 ②

82
★☆☆

대기환경보전법규상 배출시설 등의 가동개시 신고와 관련하여 환경부령으로 정하는 시운전 기간은?

① 가동개시일부터 7일까지의 기간
② 가동개시일부터 15일까지의 기간
③ 가동개시일부터 30일까지의 기간
④ 가동개시일부터 90일까지의 기간

해설
시운전 기간 「시행규칙 제35조」
법에서 "환경부령으로 정하는 기간"이란 신고한 배출시설 및 방지시설의 가동개시일부터 30일까지의 기간을 말한다.

정답 ③

83
★★☆

대기환경보전법규상 휘발유를 연료로 사용하는 "경자동차"의 배출가스 보증기간 적용기준으로 옳은 것은? (단, 2016년 1월 1일 이후 제작 자동차이다.)

① 15년 또는 240,000km
② 10년 또는 192,000km
③ 2년 또는 160,000km
④ 1년 또는 20,000km

해설
휘발유 사용 자동차의 배출가스 보증기간 「시행규칙 별표 18」
2016년 1월 1일 이후 제작자동차

자동차의 종류	적용기간	
경자동차, 소형 승용·화물자동차, 중형 승용·화물자동차	15년 또는 240,000km	
대형 승용·화물자동차, 초대형 승용·화물자동차	2년 또는 160,000km	
이륜자동차	최고속도 130km/h 미만	2년 또는 20,000km
	최고속도 130km/h 이상	2년 또는 35,000km

정답 ①

84
★★★

환경정책기본법령상 아황산가스(SO_2)의 대기환경기준(ppm)으로 옳은 것은? (단, ㉠ 연간, ㉡ 24시간, ㉢ 1시간의 평균치 기준이다.)

① ㉠ 0.02 이하, ㉡ 0.05 이하, ㉢ 0.15 이하
② ㉠ 0.03 이하, ㉡ 0.15 이하, ㉢ 0.25 이하
③ ㉠ 0.06 이하, ㉡ 0.10 이하, ㉢ 0.15 이하
④ ㉠ 0.03 이하, ㉡ 0.06 이하, ㉢ 0.10 이하

해설
아황산가스(SO_2) 환경기준 「환경정책기본법 시행령 별표 1」
연간 평균치 0.02ppm 이하, 24시간 평균치 0.05ppm 이하, 1시간 평균치 0.15ppm 이하

정답 ①

85

★☆☆

대기환경보전법규상 의료법에 따른 의료기관의 배출시설 등에 조업정지 처분을 갈음하여 과징금을 부과하고자 할 때, "2종 사업장"의 규모별 부과계수로 옳은 것은?

① 0.4 ② 0.7
③ 1.0 ④ 1.5

해설

과징금 처분「시행령 제38조」

과징금은 법에 따른 위반행위별 행정처분기준에 따른 조업 정지일수에 1일당 300만원과 다음의 구분에 따른 부과계수를 곱하여 산정한다.

가. 1종 사업장: 2.0
나. 2종 사업장: 1.5
다. 3종 사업장: 1.0
라. 4종 사업장: 0.7
마. 5종 사업장: 0.4

정답 ④

86

★★☆

대기환경보전법규상 측정기기의 부착·운영 등과 관련된 행정처분기준 중 굴뚝 자동측정기기의 부착이 면제된 보일러(사용연료를 6개월 이내에 청정연료로 변경할 계획이 있는 경우)로서 사용연료를 6월 이내에 청정연료로 변경하지 아니한 경우의 4차 행정처분기준으로 가장 적합한 것은?

① 조업정지 10일 ② 조업정지 30일
③ 조업정지 5일 ④ 경고

해설

측정기기의 부착·운영 등과 관련된 행정처분기준「시행규칙 별표 36」

위반사항	행정처분기준			
	1차	2차	3차	4차
굴뚝 자동측정기기의 부착이 면제된 보일러로서 사용연료를 6월 이내에 청정연료로 변경하지 아니한 경우	경고	경고	조업 정지 10일	조업 정지 30일

정답 ②

87

★★☆

대기환경보전법령상 대기배출시설의 설치허가를 받고자 하는 자가 제출해야 할 서류목록에 해당하지 않는 것은?

① 오염물질 배출량을 예측한 명세서
② 배출시설 및 방지시설의 설치명세서
③ 방지시설의 연간 유지관리 계획서
④ 배출시설 및 방지시설의 실시계획도면

해설

배출시설의 설치허가신청서 또는 배출시설 설치신고서에 첨부해야 할 서류「시행령 제11조」

1. 원료(연료를 포함)의 사용량 및 제품 생산량과 오염물질 등의 배출량을 예측한 명세서
2. 배출시설 및 방지시설의 설치명세서
3. 방지시설의 일반도(一般圖)
4. 방지시설의 연간 유지관리 계획서
5. 사용 연료의 성분 분석과 황산화물 배출농도 및 배출량 등을 예측한 명세서
6. 배출시설 설치허가증(변경허가를 신청하는 경우만 해당)

정답 ④

88

★★☆

악취방지법규상 악취검사기관의 준수사항 중 실험일지 및 검량선 기록지, 검사 결과 발송 대장, 정도관리 수행기록철 등의 보존기간으로 옳은 것은?

① 1년간 보존 ② 2년간 보존
③ 3년간 보존 ④ 5년간 보존

해설

악취검사기관의 준수사항「악취방지법 시행규칙 별표 8」

검사기관은 다음의 서류를 작성하여 3년간 보존해야 한다.

가. 실험일지 및 검량선(檢量線) 기록지
나. 검사 결과 발송 대장
다. 정도관리 수행기록철

정답 ③

89

★★★

대기환경보전법령상 초과부과금 산정기준에서 오염물질 1킬로그램당 부과금액이 가장 낮은 것은?

① 먼지 ② 황산화물
③ 암모니아 ④ 불소화물

해설

초과부과금 산정기준「시행령 별표 4」

구분 / 오염물질		오염물질 1킬로그램당 부과금액
황산화물		500
먼지		770
질소산화물		2,130
암모니아		1,400
황화수소		6,000
이황화탄소		1,600
특정대기 유해물질	불소화물	2,300
	염화수소	7,400
	시안화수소	7,300

정답 ②

해설

유증기 회수배관을 설치한 후에는 회수배관 액체막힘 검사를 하고 그 결과를 5년간 기록 · 보존하여야 한다.

관련이론

주유시설의 휘발성유기화합물 배출 억제 · 방지시설 설치 및 검사 측정 결과의 기록보존에 관한 기준「시행규칙 별표 16」

1) 주유소에서 차량에 유류를 공급할 때 배출되는 휘발성유기화합물은 주유시설에 부착된 유증기 회수설비를 이용하여 대기로 직접 배출되지 아니하도록 하여야 한다.
2) 회수설비의 처리효율은 90퍼센트 이상이어야 한다.
3) 유증기 회수배관은 배관이 막히지 아니하도록 적절한 경사를 두어야 한다.
4) 유증기 회수배관을 설치한 후에는 회수배관 액체막힘 검사를 하고 그 결과를 5년간 기록 · 보존하여야 한다.
5) 회수설비의 유증기 회수율(회수량/주유량)이 적정범위(0.88～1.2)에 있는지를 회수설비를 설치한 날부터 1년이 되는 날 또는 직전에 검사한 날부터 1년이 되는 날마다 전후 45일 이내에 검사하고, 그 결과를 5년간 기록 · 보존하여야 한다.

정답 ②

90

★☆☆

대기환경보전법규상 휘발성유기화합물 배출 억제 · 방지 시설 설치 및 검사 · 측정결과의 기록보존에 관한 기준 중 주유소 주유시설 기준으로 옳지 않은 것은?

① 회수설비의 처리효율은 90퍼센트 이상이어야 한다.
② 유증기 회수배관을 설치한 후에는 회수배관 액체막힘 검사를 하고 그 결과를 3년간 기록 · 보존하여야 한다.
③ 회수설비의 유증기 회수율(회수량/주유량)이 적정범위(0.88～1.2)에 있는지를 회수설비를 설치한 날부터 1년이 되는 날 또는 직전에 검사한 날부터 1년이 되는 날마다 전후 45일 이내에 검사한다.
④ 주유소에서 차량에 유류를 공급할 때 배출되는 휘발성유기화합물은 주유시설에 부착된 유증기 회수설비를 이용하여 대기로 직접 배출되지 아니하도록 하여야 한다.

91

★☆☆

대기환경보전법상 사업자는 조업을 할 때에는 환경부령으로 정하는 바에 따라 배출시설과 방지시설의 운영에 관한 상황을 사실대로 기록하여 보존하여야 하나 이를 위반하여 배출시설 등의 운영상황을 기록 · 보존하지 아니하거나 거짓으로 기록한 자에 대한 과태료 부과기준으로 옳은 것은?

① 1,000만원 이하의 과태료
② 500만원 이하의 과태료
③ 300만원 이하의 과태료
④ 200만원 이하의 과태료

해설

해당 행위는 300만원 이하의 과태료에 해당된다.

정답 ③

92 ★☆☆

대기환경보전법규상 고체연료 환산계수가 가장 큰 연료(또는 원료명)는? (단, 무연탄 환산계수는 1.00, 단위는 kg 기준이다.)

① 톨루엔 ② 유연탄
③ 에탄올 ④ 석탄타르

해설

고체연료 환산계수 「시행규칙 별표 3」

① 톨루엔: 2.06 ② 유연탄: 1.34
③ 에탄올: 1.44 ④ 석탄타르: 1.88

정답 ①

93 ★★☆

대기환경보전법령상 일일 기준초과배출량 및 일일유량의 산정방법에 관한 설명으로 옳지 않은 것은?

① 일일유량 산정을 위한 측정유량의 단위는 m^3/일로 한다.
② 일일유량 산정을 위한 일일조업시간은 배출량을 측정하기 전 최근 조업한 30일 동안의 배출시설의 조업시간 평균치를 시간으로 표시한다.
③ 먼지 이외의 오염물질의 배출농도 단위는 ppm으로 한다.
④ 특정대기유해물질의 배출허용기준초과 일일오염물질 배출량은 소수점 이하 넷째 자리까지 계산한다.

해설

일일 기준초과배출량 및 일일유량의 산정방법 「시행령 별표 5」

1. 측정유량의 단위는 시간당 세제곱미터(m^3/h)로 한다.
2. 일일조업시간은 배출량을 측정하기 전 최근 조업한 30일 동안의 배출시설 조업시간 평균치를 시간으로 표시한다.

정답 ①

94 ★★★

환경정책기본법령상 대기환경기준으로 옳지 않은 것은?

구분	항목	기준	농도
㉠	CO	8시간 평균치	9ppm 이하
㉡	NO_2	24시간 평균치	0.1ppm 이하
㉢	PM-10	연간 평균치	50$\mu g/m^3$ 이하
㉣	벤젠	연간 평균치	5$\mu g/m^3$ 이하

① ㉠ ② ㉡
③ ㉢ ④ ㉣

해설

이산화질소(NO_2): 24시간 평균치 0.06ppm 이하

관련이론 | 환경기준 「환경정책기본법 시행령 별표 1」

항목	기준
아황산가스 (SO_2)	연간 평균치 0.02ppm 이하 24시간 평균치 0.05ppm 이하 1시간 평균치 0.15ppm 이하
일산화탄소 (CO)	8시간 평균치 9ppm 이하 1시간 평균치 25ppm 이하
이산화질소 (NO_2)	연간 평균치 0.03ppm 이하 24시간 평균치 0.06ppm 이하 1시간 평균치 0.10ppm 이하
미세먼지 (PM-10)	연간 평균치 50$\mu g/m^3$ 이하 24시간 평균치 100$\mu g/m^3$ 이하
초미세먼지 (PM-2.5)	연간 평균치 15$\mu g/m^3$ 이하 24시간 평균치 35$\mu g/m^3$ 이하
오존(O_3)	8시간 평균치 0.06ppm 이하 1시간 평균치 0.1ppm 이하
납(Pb)	연간 평균치 0.5$\mu g/m^3$ 이하
벤젠	연간 평균치 5$\mu g/m^3$ 이하

정답 ②

95

★☆☆

실내공기질 관리법규상 "공동주택의 소유자"에게 권고하는 실내 라돈 농도의 기준으로 옳은 것은?

① 1세제곱미터당 148베크렐 이하
② 1세제곱미터당 300베크렐 이하
③ 1세제곱미터당 500베크렐 이하
④ 1세제곱미터당 800베크렐 이하

해설

출제당시 정답인 ①번 보기는 200베크렐 이하였지만 개정된 법령을 기준으로 보기를 148베크렐 이하로 수정했다.

관련이론 | 실내 라돈 농도의 권고기준「실내공기질 관리법 시행규칙 제10조의12」

다중이용시설 또는 공동주택의 소유자 등에게 권고하는 실내 라돈 농도의 기준은 다음 각 호의 구분에 따른다.

1. 다중이용시설의 소유자 등: 별표 3에 따른 라돈의 권고기준
2. 공동주택의 소유자 등: 1세제곱미터당 148베크렐 이하

정답 ①

96

★★☆

대기환경보전법상 환경부장관은 대기오염물질과 온실가스를 줄여 대기환경을 개선하기 위한 대기환경개선 종합계획을 얼마마다 수립하여 시행하여야 하는가?

① 매년마다　　② 3년마다
③ 5년마다　　④ 10년마다

해설

대기환경개선 종합계획의 수립「법 제11조」

환경부장관은 대기오염물질과 온실가스를 줄여 대기환경을 개선하기 위하여 대기환경개선 종합계획을 10년마다 수립하여 시행하여야 한다.

정답 ④

97

★☆☆

대기환경보전법상 1년 이하의 징역이나 1천만원 이하의 벌금에 처하는 벌칙기준이 아닌 것은?

① 배출시설의 설치를 완료한 후 신고를 하지 아니하고 조업한 자
② 환경상 위해가 발생하여 그 사용규제를 위반하여 자동차 연료 · 첨가제 또는 촉매제를 제조하거나 판매한 자
③ 측정기기 관리대행업의 등록 또는 변경등록을 하지 아니하고 측정기기 관리 업무를 대행한 자
④ 부품결함시정명령을 위반한 자동차 제작자

해설

부품결함시정명령을 위반한 자동차 제작자에게는 5년 이하의 징역이나 5천만원 이하의 벌금에 처한다.

정답 ④

98

★☆☆

악취방지법상 악취로 인한 주민의 건강상 위해(危害) 예방 등을 위해 기술진단을 실시하지 아니한 자에 대한 과태료 부과기준으로 옳은 것은?

① 500만원 이하의 과태료
② 300만원 이하의 과태료
③ 200만원 이하의 과태료
④ 100만원 이하의 과태료

해설

해당 행위에 대한 과태료 기준은 200만원 이하이다.

정답 ③

99

★★☆

대기환경보전법규상 운행차 배출허용기준 중 일반기준으로 옳지 않은 것은?

① 건설기계 중 덤프트럭, 콘크리트믹서트럭, 콘크리트펌프트럭에 대한 배출허용기준은 화물자동차 기준을 적용한다.

② 알코올만 사용하는 자동차는 탄화수소 기준을 적용하지 아니한다.

③ 1993년 이후에 제작된 자동차 중 과급기(Turbo charger)나 중간냉각기(Intercooler)를 부착한 경유사용 자동차의 배출허용기준은 무부하급가속 검사방법의 매연 항목에 대한 배출허용기준에 5%를 더한 농도를 적용한다.

④ 희박연소(Lean Burn) 방식을 적용하는 자동차는 공기과잉률 기준을 적용한다.

해설

운행차배출허용기준 「시행규칙 별표 21」

희박연소(Lean Burn) 방식을 적용하는 자동차는 공기과잉률 기준을 적용하지 아니한다.

※ 선지 ③번은 개정 법령에 의해 삭제된 내용이다.

정답 ④

100

★★★

실내공기질 관리법규상 폼알데하이드의 신축 공동주택의 실내공기질 권고기준은?

① 30μg/m^3 이하

② 210μg/m^3 이하

③ 300μg/m^3 이하

④ 700μg/m^3 이하

해설

신축 공동주택의 실내공기질 권고기준 「실내공기질 관리법 시행규칙 별표 4의2」

1. 폼알데하이드 210μg/m^3 이하
2. 벤젠 30μg/m^3 이하
3. 톨루엔 1,000μg/m^3 이하
4. 에틸벤젠 360μg/m^3 이하
5. 자일렌 700μg/m^3 이하
6. 스티렌 300μg/m^3 이하
7. 라돈 148Bq/m^3 이하

정답 ②

2018년 | 4회 기출문제

자동채점

대기오염개론

01
★★★

다음 중 SO_2가 주 오염물질로 작용한 대기오염 피해사건으로 가장 거리가 먼 것은?

① London smog 사건　② Poza Rica 사건
③ Donora 사건　④ Meuse Valley 사건

해설
포자리카(Poza Rica) 사건은 H_2S에 의한 피해이다.

정답 ②

02
★★☆

다음에서 설명하는 대기분산모델로 가장 적합한 것은?

- 적용 모델식: 가우시안모델
- 적용 배출원 형태: 점, 선, 면
- 개발국: 미국
- 특징: 미국에서 널리 이용되는 범용적인 모델로 장기 농도 계산용 모델임

① RAMS　② ADMS
③ ISCLT　④ MM5

해설
ISCLT에 대한 설명이다.

정답 ③

03
★★☆

광화학반응에 의한 고농도 오존이 나타날 수 있는 기상조건으로 거리가 먼 것은?

① 시간당 일사량이 $5MJ/m^2$ 이상으로 일사가 강할 때
② 질소산화물과 휘발성 유기화합물의 배출이 많을 때
③ 지면에 복사역전이 존재하고 대기가 불안정할 때
④ 기압경도가 완만하여 풍속 4m/sec 이하의 약풍이 지속될 때

해설
지면에 역전이 존재하고 대기가 안정할 때 광화학반응에 의한 고농도 오존이 나타날 수 있다.

정답 ③

04
★★☆

수용모델(Receptor Model)의 특징과 거리가 먼 것은?

① 불법배출 오염원을 정량적으로 확인 평가 할 수 있다.
② 2차 오염원의 확인이 가능하다.
③ 지형, 기상학적 정보 없이도 사용 가능하다.
④ 현재나 과거에 일어났던 일을 추정하여 미래를 위한 전략은 세울 수 있으나, 미래 예측은 어렵다.

해설
분산모델로 2차 오염원의 확인이 가능하다.

정답 ②

05

★★☆

유효굴뚝높이 130m의 굴뚝으로부터 배출되는 SO_2가 지표면에서 최대농도를 나타내는 착지지점(X_{max})은?
(단, Sutton의 확산식을 이용하여 계산하고, 수직 확산계수 K_z=0.05, 대기 안정도계수 n=0.25이다.)

① 4,880m ② 5,797m
③ 6,877m ④ 7,995m

해설

최대착지거리 공식을 이용한다.

$$X_{\max}=\left(\frac{H_e}{K_z}\right)^{\frac{2}{2-n}}$$

H_e: 유효굴뚝높이(m)

K_z: 수직 확산계수, n: 대기 안정도계수

$$X_{\max}=\left(\frac{130}{0.05}\right)^{\frac{2}{2-0.25}}=7{,}995.1512\text{m}$$

정답 ④

06

★★☆

다음 중 공중역전에 해당하지 않는 것은?

① 난류역전 ② 접지역전
③ 전선역전 ④ 침강역전

해설

지표역전(접지역전): 복사역전, 이류역전
공중역전: 난류역전, 전선역전, 침강역전

정답 ②

07

★☆☆

온실기체와 관련한 다음 설명 중 ( ) 안에 가장 알맞은 것은?

> (㉠)는 지표부근 대기 중 농도가 약 1.5ppm 정도이고 주로 미생물의 유기물 분해작용에 의해 발생하며, (㉡)의 특수파장을 흡수하여 온실기체로 작용한다.

① ㉠ CO_2, ㉡ 적외선 ② ㉠ CO_2, ㉡ 자외선
③ ㉠ CH_4, ㉡ 적외선 ④ ㉠ CH_4, ㉡ 자외선

해설

㉠은 CH_4, ㉡은 적외선이다.

정답 ③

08

★★☆

최대혼합깊이(MMD)에 관한 설명으로 옳지 않은 것은?

① 일반적으로 대단히 안정된 대기에서의 MMD는 불안정한 대기에서보다 MMD가 작다.
② 실제 측정 시 MMD는 지상에서 수 km 상공까지의 실제공기의 온도종단도로 작성하여 결정된다.
③ 일반적으로 MMD가 높은 날은 대기오염이 심하고 낮은 날에는 대기오염이 적음을 나타낸다.
④ 통상 계절적으로 MMD는 이른 여름에 최대가 되고, 겨울에 최소가 된다.

해설

일반적으로 MMD가 낮은 날은 대기오염이 심하고 높은 날에는 대기오염이 적음을 나타낸다.

관련이론 | 최대혼합깊이(MMD)의 특징

- 최대혼합깊이는 통상 밤에 가장 낮고, 낮 시간을 통하여 점차 증가한다.
- 야간에 역전이 극심한 경우 최대혼합깊이는 아주 낮거나 존재하지 않을 수 있다.
- 계절적으로 최대혼합깊이는 주로 겨울에 최소가 되고 이른 여름에 최대값을 나타낸다.

정답 ③

09

★★★

다음 중 크롬 발생과 가장 관련이 적은 업종은?

① 피혁공업 ② 염색공업
③ 시멘트제조업 ④ 레이온제조업

해설

비스코스섬유공업(레이온제조업)은 이황화탄소(CS_2) 발생과 관련이 있다.

정답 ④

10 ★☆☆

다음 물질의 특성에 대한 설명 중 옳은 것은?

① 탄소의 순환에서 탄소(CO_2로서)의 가장 큰 저장고 역할을 하는 부분은 대기이다.
② 불소(Fluorine)는 주로 자연상태에서 존재하며, 주 관련 배출업종으로는 황산제조공정, 연소공정 등이다.
③ 질소산화물은 연소 전 연료의 성분으로부터 발생하는 fuel NO_x와 저온연소에서 공기 중의 질소와 수소가 반응하여 생기는 thermal NO_x 등이 있다.
④ 염화수소는 플라스틱공업, PVC소각, 소다공업 등이 관련 배출업종이다.

선지분석

① 탄소의 순환에서 탄소(CO_2로서)의 가장 큰 저장고 역할을 하는 부분은 해양이다.
② 불소(Fluorine)는 주로 자연상태에서 광물질 속에 존재하며, 주 관련 배출업종으로는 알루미늄공업, 유리공업 등이다.
③ 질소산화물은 연소 전 연료의 성분으로부터 발생하는 fuel NO_x와 고온연소에서 공기 중의 질소와 산소가 반응하여 생기는 thermal NO_x 등이 있다.

정답 ④

11 ★★☆

대기오염물질의 분산을 예측하기 위한 바람장미(Wind rose)에 관한 설명으로 가장 거리가 먼 것은?

① 풍속이 1m/sec 이하일 때를 정온(Calm)상태로 본다.
② 바람장미는 풍향별로 관측된 바람의 발생빈도와 풍속을 16방향으로 표시한 기상도형이다.
③ 관측된 풍향별 발생빈도를 %로 표시한 것을 방향량(Vector)이라 한다.
④ 가장 빈번히 관측된 풍향을 주풍(Prevailing wind)이라 하고, 막대의 길이를 가장 길게 표시한다.

해설

바람장미에서 풍속이 0.2m/sec 이하일 때를 정온(Calm)상태로 본다.

정답 ①

12 ★★☆

다음 중 대기 내 오염물질의 일반적인 체류시간 순서로 옳은 것은?

① $CO_2 > N_2O > CO > SO_2$
② $N_2O > CO_2 > CO > SO_2$
③ $CO_2 > SO_2 > N_2O > CO$
④ $N_2O > SO_2 > CO_2 > CO$

해설

대기성분의 체류시간

$N_2 > O_2 > N_2O > CO_2 > CH_4 > H_2 > CO > SO_2$

대기성분의 구성비

질소(N_2) > 산소(O_2) > 아르곤(Ar) > 이산화탄소(CO_2) > 네온(Ne) > 헬륨(He)

정답 ②

13 ★★☆

스테판-볼츠만의 법칙에 따르면 흑체복사를 하는 물체에서 물체의 표면온도가 1,500K에서 1,997K로 변화된다면, 복사에너지는 약 몇 배로 변화되는가?

① 1.25배 ② 1.33배
③ 2.56배 ④ 3.14배

해설

$E = \sigma \times T^4$

E: 흑체의 단위면적당 방출하는 에너지 세기
σ: 비례상수, T: 흑체의 온도(K)

(1) 표면온도가 1,500K인 경우

$E_1 = \sigma \times 1{,}500^4$

(2) 표면온도가 1,997K인 경우

$E_2 = \sigma \times 1{,}997^4$

(3) 복사에너지의 변화

$$\frac{E_2}{E_1} = \frac{\sigma \times 1{,}997^4}{\sigma \times 1{,}500^4} = 3.1415$$

정답 ④

14 ★★★

아래 대기오염사건들의 발생순서가 오래된 것부터 순서대로 올바르게 나열된 것은?

> ㉠ 인도 보팔시의 대기오염사건
> ㉡ 미국의 도노라 사건
> ㉢ 벨기에의 뮤즈계곡 사건
> ㉣ 영국의 런던 스모그 사건

① ㉠ → ㉡ → ㉢ → ㉣ ② ㉢ → ㉡ → ㉣ → ㉠
③ ㉡ → ㉠ → ㉣ → ㉢ ④ ㉢ → ㉣ → ㉠ → ㉡

해설

주요 대기오염 사건의 발생순서

뮤즈계곡 사건(1930년 벨기에) → 도노라 사건(1948년 미국) → 포자리카 사건(1950년 멕시코) → 런던 스모그(1952년 영국) → 보팔 사건(1984년 인도)

정답 ②

15 ★★☆

가우시안모델에 관한 설명 중 가장 거리가 먼 것은?

① 주로 평탄지역에 적용하도록 개발되어왔으나, 최근 복잡지형에도 적용이 가능하도록 개발되고 있다.
② 간단한 화학반응을 묘사할 수 있다.
③ 섬오염원에서는 모든 방향으로 확산되어가는 plume은 동일하다고 가정하여 유도한다.
④ 장, 단기적인 대기오염도 예측에 사용이 용이하다.

해설

점오염원에서는 풍하방향으로 확산되어 가는 plume이 정규분포를 이루며 확산된다고 가정하여 유도한다.

관련이론 | 가우시안모델 가정조건

- 연기의 확산은 정상상태를 가정하며 바람에 의한 오염물질은 x축 방향으로 이동되며 풍속은 일정하다.
- 대기안정도와 확산계수는 변하지 않으며 오염물질이 연기 속에서 소멸되거나 생성되지 않으며 굴뚝(점오염원)으로부터 연속적으로 배출된다.
- 난류확산계수는 일정하다.
- 고도변화에 따른 풍속의 변화는 고려하지 않는다.

정답 ③

16 ★☆☆

지구 대기의 성질에 관한 설명으로 옳지 않은 것은?

① 지표면의 온도는 약 15℃ 정도이나 상공 12km 정도의 대류권계면에서는 약 −55℃ 정도까지 하강한다.
② 성층권계면에서의 온도는 지표보다는 약간 낮으나 성층권계면 이상의 중간권에서 기온은 다시 하강한다.
③ 중간권 이상에서의 온도는 대기의 분자운동에 의해 결정된 온도로서 직접 관측된 온도와는 다르다.
④ 대류권과 비교하였을 때 열권에서 분자의 운동속도는 매우 느리지만 공기평균자유행로는 짧다.

해설

대류권과 비교하였을 때 열권에서 분자의 운동속도는 매우 빠르고, 공기평균자유행로는 길다.

정답 ④

17 ★☆☆

다음 설명에 해당하는 특정대기유해물질은?

> - 회백색이며, 높은 장력을 가진 가벼운 금속이다.
> - 합금을 하면 전기 및 열전도가 크고 마모와 부식에 강하다.
> - 인체에 대한 영향으로는 직업성 폐질환이 우려되고 발암성이 크고 폐, 뼈, 간, 비장에 침착되므로 노출에 주의해야 한다.

① V ② As
③ Be ④ Zn

해설

Be에 대한 설명이다.

정답 ③

18 ★★☆

상대습도가 70%이고, 상수를 1.2로 정의할 때, 먼지 농도가 70μg/m³이면 가시거리는 얼마인가?

① 약 12km　② 약 17km
③ 약 22km　④ 약 27km

해설

상대습도 70%에서의 가시거리 공식을 이용한다.

$$L_v(\text{km})=\frac{A\times10^3}{G}$$

A: 상수, G: 먼지의 농도($\mu g/m^3$)

$$L_v=\frac{1.2\times10^3}{70}=17.1428\text{km}$$

정답 ②

19 ★★☆

정규(Gaussian) 확산모델과 Turner의 확산계수(10분 기준)를 이용해서 대기가 약간 불안정할 때 하나의 굴뚝에서 배출되는 SO_2의 풍하 1km 지점에서의 지상농도가 0.20ppm인 것으로 평가(계산)하였다면 SO_2의 1시간 평균 농도는? (단, $C_2=C_1\times\left(\frac{t_1}{t_2}\right)^q$ 이용, q=0.17이다.)

① 약 0.26ppm　② 약 0.22ppm
③ 약 0.18ppm　④ 약 0.15ppm

해설

문제의 주어진 식에 수치를 대입하여 푼다.

$$C_2=C_1\times\left(\frac{t_1}{t_2}\right)^q$$

$$C_2=0.2\text{ppm}\times\left(\frac{10\text{min}}{60\text{min}}\right)^{0.17}=0.1474\text{ppm}$$

정답 ④

20 ★☆☆

성층권에 관한 다음 설명으로 가장 거리가 먼 것은?

① 하층부의 밀도가 커서 매우 안정한 상태를 유지하므로 공기의 상승이나 하강 등의 연직운동은 억제된다.
② 화산분출 등에 의하여 미세한 분진이 이 권역에 유입되면 수년간 남아 있게 되어 기후에 영향을 미치기도 한다.
③ 고도에 따라 온도가 상승하는 이유는 성층권의 오존이 태양광선 중의 자외선을 흡수하기 때문이다.
④ 오존의 밀도는 일반적으로 지상으로부터 50km 부근이 가장 높고, 이와 같이 오존이 많이 분포한 층을 오존층이라 한다.

해설

오존의 밀도는 일반적으로 지상으로부터 25~30km 부근이 가장 높고, 이와 같이 오존이 많이 분포한 층을 오존층이라 한다.

정답 ④

연소공학

21 ★☆☆

각종 연료의 $(CO_2)_{max}$(%)으로 거리가 먼 것은?

① 탄소 10.5~11.0%
② 코우크스 20.0~20.5%
③ 역청탄 18.5~19.0%
④ 고로가스 24.0~25.0%

해설

탄소의 $(CO_2)_{max}$(%)는 21%이다.

정답 ①

22 ★★☆

기체연료의 특징과 거리가 먼 것은?

① 저장이 용이, 시설비가 적게 든다.
② 점화 및 소화가 간단하다.
③ 부하의 변동범위가 넓다.
④ 연소 조절이 용이하다.

해설
기체연료는 저장이 용이하지 못하며, 시설비가 많이 든다.

정답 ①

23 ★★☆

기체연료의 종류 중 액화석유가스에 관한 설명으로 가장 거리가 먼 것은?

① LPG라 하며 가정, 업무용으로 많이 사용되어 온 석유계 탄화수소가스이다.
② 1기압 하에서 $-168℃$ 정도로 냉각하여 액화시킨 연료이다.
③ 탄소수가 3~4개까지 포함되는 탄화수소류가 주성분이다.
④ 대부분 석유정제 시 부산물로 얻어진다.

해설
액화천연가스는 메탄을 주성분으로 하는 천연가스를 1기압 하에서 $-160℃$ 근처에서 냉각·액화시켜 대량수송 및 저장을 가능하게 한 것이다.
액화석유가스는 프로판과 부탄을 주성분으로 하는 탄화수소계 연료로 비교적 낮은 압력에서 액화되어 저장과 운송에 편리하다. 1기압 하에서 $-42℃$ 정도로 냉각하여 액화가 가능한 연료이다.(프로판 기준이며 부탄은 $-0.5℃$에서 냉각됨)

정답 ②

24 ★★☆

불꽃 점화기관에서의 연소과정 중 생기는 노킹현상을 효과적으로 방지하기 위한 기관구조에 대한 설명으로 가장 거리가 먼 것은?

① 말단가스를 고온으로 하기 위한 산화촉매시스템을 사용한다.
② 연소실을 구형(Circular type)으로 한다.
③ 점화플러그는 연소실 중심에 부착시킨다.
④ 난류를 증가시키기 위해 난류생성 pot를 부착시킨다.

해설
①번은 노킹현상과 관계가 없는 설명이다. 일반적으로 노킹현상을 방지하기 위해서는 말단가스의 온도를 낮춰야 한다.

정답 ①

25 ★★★

메탄을 이론공기로 완전연소 할 때 부피를 기준으로 한 공연비(AFR)는 얼마인가?

① 6.84 ② 7.68
③ 9.52 ④ 11.58

해설
메탄(CH_4) 1mol이 완전연소 할 때 산소(O_2)는 2mol이 필요하다.

$$CH_4 + 2O_2 \rightarrow CO_2 + 2H_2O$$

$$\text{이론공기량} = \frac{\text{이론산소량}}{0.21} = \frac{2}{0.21} = 9.5238\text{mol}$$

$$AFR = \frac{\text{산소의 부피(L)}}{\text{연료의 부피(L)}} = \frac{9.5238 \times 22.4}{1 \times 22.4} = 9.5238$$

정답 ③

2018년

26
★★☆

연소 시 발생하는 매연 또는 그을음 생성에 미치는 인자 등에 대한 설명으로 옳지 않은 것은?

① 산화하기 쉬운 탄화수소는 매연 발생이 적다.
② 탈수소가 용이한 연료일수록 매연이 잘 생기지 않는다.
③ 일반적으로 탄수소비(C/H)가 클수록 매연이 생기기 쉽다.
④ 중합 및 고리화합물 등이 매연이 잘 생긴다.

해설
탈수소가 용이한 연료일수록 매연이 잘 생긴다.

정답 ②

27
★☆☆

연료의 연소 시 질소산화물(NO_x)의 발생을 줄이는 방법으로 가장 거리가 먼 것은?

① 예열연소 ② 2단연소
③ 저산소연소 ④ 배가스 재순환

해설
예열연소를 하면 질소산화물의 발생이 증가할 수 있다.

정답 ①

28
★★☆

화격자 연소 중 상부투입 연소(Over feeding firing)에서 일반적인 층의 구성순서로 가장 적합한 것은? (단, 상부 → 하부순서이다.)

① 석탄층 → 건류층 → 환원층 → 산화층 → 재층 → 화격자
② 화격자 → 석탄층 → 건류층 → 산화층 → 환원층 → 재층
③ 석탄층 → 건류층 → 산화층 → 환원층 → 재층 → 화격자
④ 화격자 → 건류층 → 석탄층 → 환원층 → 산화층 → 재층

해설
상부투입 연소에서 일반적인 층의 순서는 ①번이다.

정답 ①

29
★★☆

3.0% 황을 함유하는 중유를 매시 2,000kg 연소할 때 생기는 황산화물(SO_2)의 이론량(Sm^3/hr)은? (단, 중유 중 황은 전량 SO_2로 배출된다.)

① 42 ② 66
③ 84 ④ 105

해설
황(S)의 원자량은 32이고, 황(S) 1mol이 완전연소하면 이산화황(SO_2) 1mol 발생한다.

$S + O_2 \rightarrow SO_2$

$$\frac{2,000\text{kg}}{\text{hr}} \times \frac{3.0}{100} \times \frac{22.4\text{Sm}^3}{32\text{kg}} = 42\text{Sm}^3/\text{hr}$$

정답 ①

30
★★☆

A(g) → 생성물 반응에서 그 반감기가 0.693/k인 반응은? (단, k는 반응속도상수이다.)

① 0차 반응 ② 1차 반응
③ 2차 반응 ④ 3차 반응

해설
1차 반응식을 이용한다.

$$\ln\frac{C_t}{C_o} = -k \times t$$

C_t: t시간이 지난 후의 농도, C_o: 초기농도
k: 반응속도상수, t: 반응시간
반감기란 물질의 농도가 50%로 감소하는 데 걸리는 시간이다. 따라서 초기농도(C_o)를 100이라고 하면 t시간이 지난 후의 농도(C_t)는 50이다.

$$\ln\frac{50}{100} = -k \times t$$

$t = 0.693/k$
1차 반응식의 반감기(t)가 $0.693/k$이다.

정답 ②

31 ★★★

프로판(C_3H_8) 1Sm^3을 완전연소하였을 때, 건연소가스 중의 CO_2가 8%(V/V%)이었다. 공기 과잉계수 m은 얼마인가?

① 1.32 ② 1.43
③ 1.52 ④ 1.66

해설

프로판(C_3H_8) 1mol이 완전연소할 때 산소(O_2)는 5mol이 필요하고, 이산화탄소(CO_2)는 3mol이 생성된다.

$C_3H_8+5O_2 \rightarrow 3CO_2+4H_2O$

이론산소량$=5Sm^3$

$$\text{이론공기량}=\frac{\text{이론산소량}}{0.21}=\frac{5}{0.21}=23.8095Sm^3$$

$$\text{이론공기 중 질소량}=\text{이론공기량}\times 0.79=23.8095\times 0.79=18.8095Sm^3$$

과잉공기량$=xSm^3$

CO_2 배출량$=3Sm^3$

건조연소가스량

$=$이론공기 중 질소량$+$과잉공기량$+$건조연소생성물(CO_2)

$=(18.8095+x+3)Sm^3$

$$CO_2\text{ 농도}=\frac{CO_2\text{ 배출량}(Sm^3)}{\text{건조연소가스량}(Sm^3)}\times 100=\frac{3}{18.8095+x+3}\times 100=8\%$$

$x=15.6905Sm^3$

$$\text{공기 과잉계수}=\frac{\text{실제공기량}(Sm^3)}{\text{이론공기량}(Sm^3)}=\frac{23.8095+15.6905}{23.8095}=1.659$$

정답 ④

32 ★★★

프로판의 고위발열량이 20,000kcal/Sm^3이라면 저위발열량(kcal/Sm^3)은?

① 17,040 ② 17,620
③ 18,080 ④ 18,830

해설

프로판(C_3H_8) 1mol이 연소하면 물(H_2O) 4mol이 생성된다.

$C_3H_8+5O_2 \rightarrow 3CO_2+4H_2O$

$$\text{저위발열량}=\text{고위발열량}-480\times\sum H_2O(H_2O\text{: }H_2O\text{의 몰수})=20{,}000-(480\times 4)=18{,}080\text{kcal}/Sm^3$$

480은 물의 증발잠열으로 물이 증발할 때 필요한 열량이다.

0℃ 기준으로 물의 증발잠열은 597kcal/kg이다. 이 수치를 단위환산하면 다음과 같다.

$$\frac{597\text{kcal}}{\text{kg}}\times\frac{18\text{kg}}{22.4Sm^3}=479.73\text{kcal}/Sm^3$$

※ 저위발열량을 구할 때 물의 몰 수에 480을 곱하는 것은 공식처럼 생각해도 된다.

정답 ③

33 ★★☆

석탄의 탄화도와 관련된 설명으로 거리가 먼 것은?

① 탄화도가 클수록 고정탄소가 많아져 발열량이 커진다.
② 탄화도가 클수록 휘발분이 감소하고 착화온도가 높아진다.
③ 탄화도가 클수록 연소속도가 빨라진다.
④ 탄화도가 클수록 연료비가 증가한다.

해설

탄화도가 커질 경우의 변화

증가하는 것: 연료비, 고정탄소, 착화온도, 발열량
감소하는 것: 수분, 휘발분, 비열, 매연발생률, 연소속도

관련이론 | 탄화도

- 석탄에서 수분과 회분을 제외한 나머지 성분 중에 탄소가 차지하는 중량백분율이다.
- 탄화도는 깊은 땅속에 오래 묻혀 있을수록 커지며 깊은 곳일수록 높은 압력을 받아 휘발분이 감소하게 된다.

정답 ③

34

★★★

기체연료의 연소장치 및 연소방식에 관한 설명으로 옳지 않은 것은?

① 확산연소는 주로 탄화수소가 적은 발생가스, 고로가스에 적용되는 연소방식이고, 천연가스에도 사용될 수 있다.
② 확산연소에 사용되는 버너 중 포트형은 기체연료와 공기를 다같이 고온으로 예열할 수 있다.
③ 예혼합연소는 화염온도가 높아 연소부하가 큰 경우에 사용되고 화염길이가 길고, 그을음 생성이 많다.
④ 예혼합연소에 사용되는 고압버너는 기체연료의 압력을 $2kg/cm^2$ 이상으로 공급하므로 연소실 내의 압력은 정압이다.

해설

예혼합연소는 화염온도가 높고 국부가열의 염려가 없어 균일하게 연소가 돼서 연소부하가 큰 경우 사용이 가능하며, 화염의 길이가 짧고 그을음 발생이 적다.

정답 ③

35

★☆☆

최적 연소부하율이 $100{,}000kcal/m^3 \cdot hr$인 연소로를 설계하여 발열량이 5,000kcal/kg인 석탄을 200kg/hr로 연소하고자 한다면 이 때 필요한 연소로의 연소실 용적은? (단, 열효율은 100%이다.)

① $200m^3$　② $100m^3$
③ $20m^3$　④ $10m^3$

해설

$$\text{연소실 용적} = \frac{\text{발열량} \times \text{시간당 연료소비량}}{\text{연소부하율}}$$

$$\text{연소실 용적} = \frac{\frac{5{,}000kcal}{kg} \times \frac{200kg}{hr}}{\frac{100{,}000kcal}{m^3 \cdot hr}} = 10m^3$$

정답 ④

36

★★★

화염으로부터 열을 받으면 가연성 증기가 발생하는 연소로서 휘발유, 등유, 알코올, 벤젠 등의 액체연료의 연소형태는?

① 증발연소　② 자기연소
③ 표면연소　④ 발화연소

해설

휘발유, 등유, 알코올, 벤젠 등의 액체연료는 증발연소를 한다.

정답 ①

37

★☆☆

연료에 관한 다음 설명 중 가장 거리가 먼 것은?

① 연료비는 탄화도의 정도를 나타내는 지수로서, 고정탄소/휘발분으로 계산된다.
② 석유계 액체연료는 고위발열량이 10,000~12,000 kcal/kg 정도이고, 메탄올과 같이 산소를 함유한 연료의 경우 발열량은 일반 석유계 액체연료보다 높아진다.
③ 일산화탄소의 고위발열량은 $3{,}000kcal/Sm^3$ 정도이며, 프로판과 부탄보다는 발열량이 낮다.
④ LPG는 상온에서 압력을 주면 용이하게 액화되는 석유계의 탄화수소를 말한다.

해설

석유계 액체연료는 고위발열량이 10,000~12,000kcal/kg 정도이고, 메탄올과 같이 산소를 함유한 연료의 경우 발열량은 일반 석유계 액체연료보다 낮아진다.

정답 ②

38

★★★

C 85%, H 7%, O 5%, S 3%인 중유(1kg)의 이론적인 $(CO_2)_{max}$(%) 값은?

① 9.6 ② 12.6
③ 17.6 ④ 20.6

해설

이론산소량$=1.867C+5.6H+0.7S-0.7O$
$=(1.867\times0.85)+(5.6\times0.07)+(0.7\times0.03)-(0.7\times0.05)$
$=1.9649Sm^3$

이론공기량$=\frac{\text{이론산소량}}{0.21}=\frac{1.9649Sm^3}{0.21}=9.3566Sm^3$

이론공기 중 질소량$=$이론공기량$\times0.79$
$=9.3566\times0.79=7.3917Sm^3$

CO_2 배출량(C의 원자량은 12)
탄소(C) 1mol이 연소하면 이산화탄소(CO_2) 1mol이 발생한다.
$C+O_2\rightarrow CO_2$
$12kg : 22.4Sm^3=0.85kg : xSm^3$
$x=1.5866Sm^3$

SO_2 배출량(S의 원자량은 32)
황(S) 1mol이 연소하면 이산화황(SO_2) 1mol이 발생한다.
$S+O_2\rightarrow SO_2$
$32kg : 22.4Sm^3=0.03kg : xSm^3$
$x=0.021Sm^3$

이론건연소가스량
$=$이론공기 중 질소량$+$건연소생성물(CO_2+SO_2)
$=7.3917Sm^3+1.5866Sm^3+0.021Sm^3=8.9993Sm^3$

$(CO_2)_{max}(\%)=\frac{CO_2\ \text{배출량}}{\text{이론건연소가스량}}\times100$
$=\frac{1.5866}{8.9993}\times100=17.6302\%$

정답 ③

39

★★☆

가연성 가스의 폭발범위와 위험성에 대한 설명으로 가장 거리가 먼 것은?

① 하한값은 낮을수록, 상한값은 높을수록 위험하다.
② 폭발범위가 넓을수록 위험하다.
③ 온도와 압력이 낮을수록 위험하다.
④ 불연성 가스를 첨가하면 폭발범위가 좁아진다.

해설

가연성 가스의 온도와 압력이 높을수록 위험하다.

정답 ③

40

★★☆

시간당 1ton의 석탄을 연소시킬 때 발생하는 SO_2는 $0.31Sm^3/min$였다. 이 석탄의 황 함유량(%)은? (단, 표준상태를 기준으로 하고, 석탄 중의 황 성분은 연소하여 전량 SO_2가 된다.)

① 2.66% ② 2.97%
③ 3.12% ④ 3.40%

해설

황(S, 원자량 32) 1mol이 연소하면 이산화황(SO_2) 1mol이 생성된다.
$S+O_2\rightarrow SO_2$

$$\frac{1{,}000kg}{hr}\times\frac{x}{100}\times\frac{22.4Sm^3}{32kg}\times\frac{hr}{60min}=0.31Sm^3/min$$

$x=2.6571\%$

※ x값을 구하기 위해 식을 이항하지 않고, 공학용계산기의 SOLVE 기능을 이용하는 것이 더 편리합니다.

정답 ①

대기오염방지기술

41
★★☆

공장 배출가스 중의 일산화탄소를 백금계의 촉매를 사용하여 연소시켜 처리하고자 할 때, 촉매독으로 작용하는 물질로 가장 거리가 먼 것은?

① Ni ② Zn
③ As ④ S

해설
촉매의 수명을 단축시키거나 효율을 감소시킬 수 있는 물질을 촉매독이라 한다.
촉매독의 종류로는 분진, Fe, Si, Pb, P, Zn, S, Hg, As, F, Cl, Br 등이 있다.

정답 ①

42
★☆☆

가솔린 자동차의 후처리에 의한 배출가스 저감방안의 하나인 삼원 촉매장치의 설명으로 가장 거리가 먼 것은?

① CO와 HC의 산화촉매로는 주로 백금(Pt)이 사용된다.
② 일반적으로 촉매는 백금(Pt)과 로듐(Rh)의 비율이 2 : 1로 사용되며, 로듐(Rh)은 NO의 산화반응을 촉진시킨다.
③ CO와 HC는 CO_2와 H_2O로 산화되며 NO는 N_2로 환원된다.
④ CO, HC, NO_x 3성분의 동시 저감을 위해 엔진에 공급되는 공기연료비는 이론공연비 정도로 공급되어야 한다.

해설
로듐(Rh)은 NO의 환원반응을 촉진시킨다.

정답 ②

43
★☆☆

입경측정방법 중 관성충돌법(Cascade impactor법)에 관한 설명으로 옳지 않은 것은?

① 관성충돌을 이용하여 입경을 간접적으로 측정하는 방법이다.
② 입자의 질량크기분포를 알 수 있다.
③ 되튐으로 인한 시료의 손실이 일어날 수 있다.
④ 시료채취가 용이하고 채취준비에 시간이 걸리지 않는 장점이 있으나, 단수의 임의 설계가 어렵다.

해설
관성충돌법은 시료채취가 용이하지 않고 채취준비에 시간이 오래 걸리는 단점이 있으나, 단수의 임의 설계가 가능하다.

관련이론 | 관성충돌법(Cascade impactor법)
- 여러 단계의 충돌판을 배치하여 단계별로 입도 범위가 다른 입자들을 분리 포집한다.
- 다단충돌분진포집기를 이용하여 분진을 크기에 따라 분류하는 장치로 공기역학적직경에 의해 입자의 크기별로 분류할 수 있으며 하부로 내려갈수록 작고 미세한 입자가 포집된다.

정답 ④

44
★☆☆

송풍기 회전판 회전에 의하여 집진장치에 공급되는 세정액이 미립자로 만들어져 집진하는 원리를 가진 회전식 세정 집진 장치에서 직경이 10cm인 회전판이 9,620rpm으로 회전할 때 형성되는 물방울의 직경은 몇 μm인가?

① 93 ② 104
③ 208 ④ 316

해설

$$d_p=\frac{200}{N\sqrt{R}}\times 10^4$$

d_p: 물방울의 직경(μm)
R: 회전판의 반경(cm), N: 회전판의 회전수(rpm)

$$d_p=\frac{200}{9{,}620\sqrt{5}}\times 10^4=92.9757\mu\text{m}$$

정답 ①

45

★★☆

Cyclone으로 집진 시 입경에 따라 집진효율이 달라지게 되는 데 집진효율이 50%인 입경을 의미하는 용어는?

① Cut size diameter
② Critical diameter
③ Stokes diameter
④ Projected area diameter

해설

임계입경과 절단입경

- 임계입경(Critical diameter): 100% 제거되는 입자의 최소 입경
- 절단입경(Cut size diameter): 50% 제거되는 입자의 최소 입경

정답 ①

46

★★☆

A굴뚝 배출가스 중의 염화수소 농도가 250ppm이었다. 염화수소의 배출허용기준을 80mg/Sm³로 하면 염화수소의 농도를 현재 값의 몇 % 이하로 하여야 하는가? (단, 표준상태 기준이다.)

① 약 10% 이하　② 약 20% 이하
③ 약 30% 이하　④ 약 40% 이하

해설

염화수소(HCl)의 분자량: 36.5

250ppm을 문제에서 주어진 배출허용기준의 단위인 mg/Sm³으로 단위환산한 후 계산한다.

$$\frac{250\text{mL}}{\text{Sm}^3}\times\frac{36.5\text{mg}}{22.4\text{mL}}=407.3660\text{mg/Sm}^3$$

$$\frac{80}{407.3660}\times 100=19.6383\%$$

정답 ②

47

★★☆

내경이 120mm의 원통 내를 20℃, 1기압의 공기가 30m³/hr로 흐른다. 표준상태의 공기의 밀도가 1.3kg/Sm³, 20℃의 공기의 점도가 1.81×10^{-4}poise이라면 레이놀즈 수는?

① 약 4,500　② 약 5,900
③ 약 6,500　④ 약 7,300

해설

$$Re=\frac{D\times\rho\times V}{\mu}$$

D: 원통의 직경(m)

$D=120\text{mm}=0.12\text{m}$

ρ: 유체의 밀도(kg/Sm³)

표준상태 기준의 밀도를 현재 온도 기준으로 보정해주어야 한다.

$$\rho=\frac{1.3\text{kg}}{\text{Sm}^3\times\frac{273+20}{273}}=1.2112\text{kg/m}^3$$

V: 유체의 속도(m/sec)

$$V=\frac{Q}{A}=\frac{\frac{30\text{m}^3}{\text{hr}}\times\frac{\text{hr}}{3{,}600\text{sec}}}{\frac{\pi}{4}\times(0.12\text{m})^2}=0.7368\text{m/sec}$$

μ: 유체의 점성계수(kg/m·sec)

$$\frac{1.81\times10^{-4}\text{g}}{\text{cm}\cdot\text{sec}}\times\frac{1\text{kg}}{1{,}000\text{g}}\times\frac{100\text{cm}}{\text{m}}=1.81\times10^{-5}\text{kg/m}\cdot\text{sec}$$

※ poise는 점도의 단위로 g/cm·sec이다.

$$Re=\frac{0.12\times1.2112\times0.7368}{1.81\times10^{-5}}=5{,}916.5447$$

정답 ②

2018년

48
★☆☆

중력 집진장치에서 수평이동속도 V_x, 침강실폭 B, 침강실 수평길이 L, 침강실 높이 H, 종말침강속도가 V_t라면 주어진 입경에 대한 부분집진효율은? (단, 층류기준이다.)

① $\frac{V_x \times B}{V_t \times H}$ ② $\frac{V_t \times H}{V_x \times B}$

③ $\frac{V_t \times L}{V_x \times H}$ ④ $\frac{V_x \times H}{V_t \times L}$

해설

입경에 대한 부분집진효율은 ③번 식으로 구할 수 있다.

정답 ③

49
★☆☆

Venturi scrubber에서 액가스비가 0.6L/m³, 목부의 압력손실이 330mmH₂O일 때 목부의 가스속도(m/sec)는? (단, γ=1.2kg/m³, Venturi scrubber의 압력손실식 $\Delta P=(0.5+L)\times\frac{\gamma V^2}{2g}$를 이용한다.)

① 60 ② 70

③ 80 ④ 90

해설

$\Delta P=(0.5+L)\times\frac{\gamma V^2}{2g}$

L: 액가스비, γ: 배출가스의 비중량 또는 밀도(kg/m³)

V: 가스유속(m/s), g: 중력가속도(9.8m/s²)

$\Delta P=(0.5+0.6)\times\frac{1.2\times V^2}{2\times 9.8}=330$

$V=70\text{m/sec}$

※ V값은 식을 이항하지 않고, 공학용계산기의 SOLVE 기능을 이용하는 것이 더 편리합니다.

정답 ②

50
★★☆

다음 중 다른 VOC 방지장치와 상대 비교한 생물여과장치의 특성으로 거리가 먼 것은?

① CO 및 NO_x를 포함한 생성 오염부산물이 적거나 없다.

② 고농도 오염물질의 처리에 적합하고, 설치가 복잡한 편이다.

③ 습도 제어에 각별한 주의가 필요하다.

④ 생체량의 증가로 장치가 막힐 수 있다.

해설

생물여과장치는 저농도 오염물질의 처리에 적합하고, 설치가 간단한 편이다.

정답 ②

51
★☆☆

NO_x 발생을 억제하는 방법으로 가장 거리가 먼 것은?

① 과잉 공기를 적게 하여 연소시킨다.

② 연소용 공기에 배기가스의 일부를 혼합 공급하여 산소농도를 감소시켜 운전한다.

③ 이론공기량의 70% 정도를 버너에 공급하여 불완전 연소시키고, 그 후 30~35% 공기를 하부로 주입하여 완전 연소시켜 화염온도를 증가시킨다.

④ 고체, 액체 연료에 비해 기체 연료가 공기와의 혼합이 잘 되어 신속히 연소함으로써 고온에서 연소가스의 체류시간을 단축시켜 운전한다.

해설

NO_x의 발생을 억제하기 위해서는 이론공기량의 85~95% 정도를 버너에 공급하여 불완전 연소시키고, 그 후 10~15% 공기를 하부로 주입하여 완전 연소시킨다.

정답 ③

52

★★☆

H_{OG}가 0.7m이고 제거율이 99%면 흡수탑의 충전높이는?

① 1.6m ② 2.1m
③ 2.8m ④ 3.2m

해설

흡수탑의 충전층 높이$=H_{OG}\times N_{OG}$

H_{OG}: 기상총괄이동단위높이(m)

N_{OG}: 기상총괄단위수

$N_{OG}=\ln\frac{1}{1-\eta}$ (η: 효율)

$N_{OG}=\ln\frac{1}{1-0.99}=4.6051$

충전층 높이$=0.7\times4.6051=3.2235$m

정답 ④

53

★★☆

사이클론의 유입구 높이가 18.75cm, 원통부의 높이가 1.0m, 원추부의 높이가 1.0m일 때 외부선회류의 회전수는?

① 2 ② 4
③ 6 ④ 8

해설

$N_e=\frac{1}{H}\times\left(L_b+\frac{L_c}{2}\right)$

N_e: 유효회진수

H: 유입구 높이(m)

L_b: 원통부의 높이(m), L_c: 원추부의 높이(m)

$N_e=\frac{1}{0.1875}\times\left(1.0+\frac{1.0}{2}\right)=8$m

정답 ④

54

★☆☆

유해가스 처리를 위한 흡수액의 선정조건으로 옳은 것은?

① 용해도가 적어야 한다.
② 휘발성이 적어야 한다.
③ 점성이 높아야 한다.
④ 용매의 화학적 성질과 확연히 달라야 한다.

선지분석

① 용해도가 커야 한다.
③ 점성이 작아야 한다.
④ 용매의 화학적 성질과 비슷해야 한다.

정답 ②

55

★★★

2개의 집진장치를 조합하여 먼지를 제거하려고 한다. 2개를 직렬로 연결하는 방식(A)과 2개를 병렬로 연결하는 방식(B)에 대한 다음 설명 중 가장 거리가 먼 것은? (단, 각 집진장치의 처리량과 집진율은 80%로 둘 다 동일하다고 가정한다.)

① (A)방식이 (B)방식보다 더 일반적이다.
② (B)방식은 처리가스의 양이 많은 경우 사용된다.
③ (A)방식의 총집진율은 94%이다.
④ (B)방식의 총집진율은 단일집진장치와 같이 80%이다.

해설

유입농도를 100으로 가정하면 (A) 방식의 총집진율은 96%이다.

(1) 직렬로 연결하는 방식(A)
- 1차 유입: 100
- 1차 유출: $100\times(1-0.8)=20$
- 2차 유입: 20
- 2차 유출: $20\times(1-0.8)=4$
- 총효율 : 96%

(2) 병렬로 연결하는 방식(B)
- 유입: 100
- 유출: $100\times(1-0.8)=20$
- 총효율: 80%

정답 ③

56

★★★

3개의 집진장치를 직렬로 조합하여 집진한 결과 총집진율이 99%이었다. 1차 집진장치의 집진율이 70%, 2차 집진장치의 집진율이 80%라면 3차 집진장치의 집진율은 약 얼마인가?

① 약 75.6%　② 약 83.3%
③ 약 89.2%　④ 약 93.4%

해설

총집진율이 99%이므로 유입가스의 농도를 100으로 가정하고 유출가스의 농도를 1이라고 하고 계산한다.

(1) 1차 집진장치
- 유입: 100
- 유출: $100\times(1-0.7)=30$

(2) 2차 집진장치
- 유입: 30
- 유출: $30\times(1-0.8)=6$

(3) 3차 집진장치
- 유입: 6
- 유출: $6\times(1-x)=1$
- $x=0.8333=83.33\%$

정답 ②

57

★★☆

가로 5m, 세로 8m인 두 집진판이 평행하게 설치되어 있고, 두 판 사이 중간에 원형철심 방전극이 위치하고 있는 전기집진장치에 굴뚝가스가 $120m^3/min$로 통과하고, 입자이동속도가 0.12m/s일 때의 집진효율은? (단, Deutsch-Anderson 식을 적용한다.)

① 98.2%　② 98.7%
③ 99.2%　④ 99.7%

해설

Deutsch-Anderson 식을 이용한다.

$\eta=1-e^{\left(-\frac{A\times W_e}{Q}\right)}$

A: 단면적(m^2)

$A=5m\times8m=40m^2$

W_e: 먼지의 겉보기 이동속도(m/s)

Q: 처리가스량(m^3/s)

$Q=\frac{120m^3}{min}\times\frac{min}{60s}=2m^3/s$

$\eta=1-e^{\left(-\frac{40\times2\times0.12}{2}\right)}=0.9917=99.17\%$

※ 문제의 조건에서 집진판이 2개라고 했으므로 단면적에 2를 곱해줘야 한다.

정답 ③

58

★★☆

흡착제에 관한 설명으로 옳지 않은 것은?

① 마그네시아는 표면적이 $50\sim100m^2/g$으로 NaOH 용액 중 불순물 제거에 주로 사용된다.
② 활성탄은 표면적이 $600\sim1,400m^2/g$으로 용제회수, 악취제거, 가스정화 등에 사용된다.
③ 일반적으로 활성탄의 물리적 흡착방법으로 제거할 수 있는 유기성 가스의 분자량은 45 이상이어야 한다.
④ 활성탄은 비극성 물질은 흡착하며 대부분의 경우 유기용제 증기를 제거하는데 탁월하다.

해설

마그네시아는 표면적이 $200m^2/g$으로 유류의 정제에 주로 사용된다.

정답 ①

59

★☆☆

석회세정법의 특성으로 거리가 먼 것은?

① 배기온도가 높아(120℃ 정도) 통풍력이 높다.
② 먼지와 연소재의 동시제거가 가능하므로 제진시설이 따로 불필요하다.
③ 소규모 소용량 이용에 편리하다.
④ 통풍팬을 사용할 경우 동력비가 비싸다.

해설

석회세정법은 세정에 의해 배기가스의 온도가 낮아 통풍력이 낮다.

정답 ①

60

★☆☆

다음 세정집진장치 중 세정액을 가압 공급하여 함진가스를 세정하는 가압수식에 해당하지 않는 것은?

① Venturi scrubber ② Impulse scrubber
③ Packed tower ④ Jet scrubber

해설

Impulse scrubber는 회전식이다.

정답 ②

대기오염공정시험기준

61

★☆☆

굴뚝을 통하여 대기 중으로 배출되는 가스상 물질을 분석하기 위한 시료 채취방법에 대한 주의사항 중 옳지 않은 것은?

① 흡수병을 공용으로 할 때에는 대상 성분이 달라질 때마다 묽은 산 또는 알칼리 용액과 정제수로 깨끗이 씻은 다음 다시 흡수액으로 3회 정도 씻은 후 사용한다.
② 가스미터는 500mmH_2O 이내에서 사용한다.
③ 습식 가스미터를 이동 또는 운반할 때에는 반드시 물을 빼고, 오랫동안 쓰지 않을 때에도 그와 같이 배수한다.
④ 굴뚝 내의 압력이 매우 큰 부압(−300mmH_2O 정도 이하)인 경우에는, 시료 채취용 굴뚝을 부설하여 부피가 큰 펌프를 써서 시료가스를 흡입하고 그 부설한 굴뚝에 채취구를 만든다.

해설

가스미터는 100mmH_2O 이내에서 사용한다.

정답 ②

62

★★☆

기체－액체크로마토그래피에서 일반적으로 사용되는 분배형 충전물질인 고정상 액체의 종류 중 탄화수소계에 해당되는 것은?

① 플루오린화규소 ② 스쿠아란(Squalane)
③ 폴리페닐에테르 ④ 활성알루미나

해설

일반적으로 사용하는 고정상 액체의 종류

종류	물질명
탄화수소계	헥사데칸 스쿠아란(Squalane) 고진공 그리이스
실리콘계	메틸실리콘 페닐실리콘 사이아노실리콘 플루오린화규소
폴리글리콜계	폴리에틸렌글리콜 메톡시폴리에틸렌글리콜
에스테르계	이염기산다이에스테르
폴리에스테르계	이염기산폴리글리콜다이에스테르
폴리아미드계	폴리아미드수지
에테르계	폴리페닐에테르
기타	인산트라이크레실 다이에틸폼아미드 다이메틸설포란

정답 ②

63

★☆☆

굴뚝 배출가스 중 플루오린화합물의 자외선가시선분광법에 관한 설명으로 옳지 않은 것은?

① 0.1mol/L 수산화소듐 용액을 흡수액으로 사용한다.
② 흡수 파장은 620nm를 사용한다.
③ 란타넘과 알리자린콤플렉손을 가하여 생성되는 생성물의 흡광도를 측정한다.
④ 페놀프탈레인 용액(5g/L) 2방울~3방울을 가한 후, 0.1mol/L 황산을 적당량 가해서 산성으로 한다.

해설

페놀프탈레인 용액(5g/L) 2방울~3방울을 가한 후, 0.1mol/L 수산화소듐 용액을 적당량 가해서 약알칼리성으로 한다.

관련이론 | 배출가스 중 플루오린화합물 – 자외선가시선분광법 – 란타넘 – 알리자린콤플렉손법

- 배출가스 중 무기 플루오린화합물을 수산화소듐 용액으로 흡수하고 완충 용액을 첨가하여 pH를 조절한 후 란타넘–알리자린콤플렉손 용액을 첨가하고 플루오린화 이온과 반응하여 생성하는 복합 착화합물의 흡광도를 측정하여 플루오린화합물을 정량한다.
- 흡수 파장은 620nm를 사용한다.
- 배출가스 중 알루미늄(Ⅲ), 철(Ⅱ), 구리(Ⅱ), 아연(Ⅱ) 등의 중금속 이온이나 인산이온 등이 공존하면 영향을 받으므로 그 영향을 무시하거나 제거할 수 있는 경우에 적용한다.

※ 대기오염공정시험기준 개정으로 보기를 수정한 문제입니다.

정답 ④

64

★☆☆

질산은 적정법으로 배출가스 중의 사이안화수소를 분석할 때 필요시약으로 거리가 먼 것은?

① 수산화소듐 용액
② 아세트산
③ p–다이메틸아미노벤질리덴로다닌의 아세톤 용액
④ 차아염소산소듐 용액

해설

대기오염공정시험기준 개정으로 해당 방법은 삭제되었다.

정답 정답 없음

65

★★☆

굴뚝배출가스 중 질소산화물을 연속적으로 자동측정하는 방법 중 자외선흡수분석계의 구성에 관한 설명으로 옳지 않은 것은?

① 광원: 중수소방전관 또는 중압수은 등을 사용한다.
② 시료셀: 시료가스가 연속적으로 흘러갈 수 있는 구조로 되어 있으며 그 길이는 200~500mm이고, 셀의 창은 석영판과 같이 자외선 및 가시광선이 투과할 수 있는 재질이어야 한다.
③ 광학필터: 프리즘과 회절격자 분광기 등을 이용하여 자외선 영역 또는 가시광선 영역의 단색광을 얻는 데 사용된다.
④ 합산증폭기: 신호를 증폭하는 기능과 일산화질소 측정 파장에서 이산화황의 간섭을 보정하는 기능을 가지고 있다.

해설

분광기: 프리즘과 회절격자 분광기 등을 이용하여 자외선 영역 또는 가시광선 영역의 단색광을 얻는데 사용된다.
광학필터: 특정파장 영역의 흡수나 다층박막의 광학적 간섭을 이용하여 자외선 영역 또는 가시광선 영역의 일정한 폭을 갖는 빛을 얻는데 사용한다.

정답 ③

66 ★☆☆

배출가스 중 오르자트 분석계로 산소를 측정할 때 사용되는 산소 흡수액은?

① 수산화칼슘용액＋피로가롤용액
② 염화제일주석용액＋피로가롤용액
③ 수산화포타슘용액＋피로가롤용액
④ 입상아연＋피로가롤용액

해설

개정된 대기오염공정시험기준에서 오르자트 분석계에 의한 산소 측정법은 삭제되었다.

관련이론 | 배출가스 중 산소 측정법

자동측정법 – 전기화학식이 주 시험방법이며, 시험방법들의 정량범위는 표와 같다.

분석방법	정량범위	
자동측정법	전기화학식	0~25.0%
자동측정법	자기식(자기풍)	0~5.0%
	자기식(자기력)	0~10.0%

정답 정답 없음

67 ★☆☆

굴뚝 배출가스 중의 황화수소 분석방법에 관한 설명으로 옳은 것은?

① 오르토 톨리딘을 함유하는 흡수액에 황화수소를 통과시켜 얻어지는 발색액의 흡광도를 측정한다.
② 시료 중의 황화수소를 아연아민착염 용액에 흡수시켜 p-아미노다이메틸아닐린 용액과 염화철(Ⅲ) 용액을 가하여 생성되는 메틸렌블루의 흡광도를 측정한다.
③ 다이에틸아민구리 용액에서 황화수소가스를 흡수시켜 생성된 다이에틸 다이싸이오카밤산구리의 흡광도를 측정한다.
④ 황화수소 흡수액을 일정량으로 묽게 한 다음 완충액을 가하여 pH를 조절하고, 란탄과 알리자린 콤플렉손을 가하여 얻어지는 발색액의 흡광도를 측정한다.

해설

배출가스 중 황화수소 – 자외선/가시선분광법 – 메틸렌블루법이 주 시험방법이다.

자외선가시선분광법 – 메틸렌블루법은 배출가스 중 황화수소를 아연아민착염 용액으로 흡수하여 p – 아미노다이메틸아닐린 용액과 염화철(Ⅲ) 용액을 첨가하고 황화 이온과 반응하여 생성하는 메틸렌블루의 흡광도를 측정하여 황화수소를 정량하는 방법이다.

정답 ②

68 ★☆☆

환경대기 중 먼지를 저용량 공기시료 채취기로 분당 20L씩 채취할 경우, 유량계의 눈금값 Q_r(L/min)을 나타내는 식으로 옳은 것은? (단, 1기압에서의 기준이며, ΔP(mmHg)는 마노미터로 측정한 유량계 내의 압력손실이다.)

① $20\sqrt{\dfrac{760-\Delta P}{760}}$　② $20\sqrt{\dfrac{760}{760-\Delta P}}$
③ $20\sqrt{\dfrac{20/\Delta P}{760}}$　④ $20\sqrt{\dfrac{760}{20/\Delta P}}$

해설

유량이 20L/min일 때 유량계의 눈금값을 나타내는 식은 ②번이다.

정답 ②

69 ★★★

대기오염공정시험기준의 총칙에 근거한 "방울수"의 의미로 가장 적합한 것은?

① 20℃에서 정세수 20 방울을 떨어뜨릴 때 그 부피가 약 1mL 되는 것을 뜻한다.
② 20℃에서 정제수 10 방울을 떨어뜨릴 때 그 부피가 약 1mL 되는 것을 뜻한다.
③ 0℃에서 정제수 10 방울을 떨어뜨릴 때 그 부피가 약 1mL 되는 것을 뜻한다.
④ 0℃에서 정제수 1 방울을 떨어뜨릴 때 그 부피가 약 1mL 되는 것을 뜻한다.

해설

①번이 방울수의 의미이다.

정답 ①

70 ★☆☆

굴뚝배출가스 중 오염물질 연속자동측정기기의 설치 위치 및 방법으로 옳지 않은 것은?

① 병합굴뚝에서 배출허용기준이 다른 경우에는 측정기기 및 유량계를 합쳐지기 전 각각의 지점에 설치하여야 한다.
② 분산굴뚝에서 측정기기는 나뉘기 전 굴뚝에 설치하거나, 나뉜 각각의 굴뚝에 설치하여야 한다.
③ 병합굴뚝에서 배출허용기준이 같은 경우에는 측정기기 및 유량계를 오염물질이 합쳐진 후 또는 합쳐지기 전 지점에 설치하여야 한다.
④ 불가피하게 외부공기가 유입되는 경우에 측정기기는 외부공기 유입 후에 설치하여야 한다.

해설
불가피하게 외부공기가 유입되는 경우에 측정기기는 외부공기 유입 전에 설치하여야 하고, 표준산소농도를 적용받는 시설의 가스상 오염물질 측정기기는 산소측정기기의 측정시료와 동일한 시료로 측정할 수 있도록 하여야 한다.

정답 ④

71 ★★☆

시판되는 염산시약의 농도가 35%이고 비중이 1.18인 경우 0.1M의 염산 1L를 제조할 때 시판 염산시약 약 몇 mL 취하여 증류수로 희석하여야 하는가?

① 3　② 6
③ 9　④ 15

해설
염산(HCl)의 분자량은 36.5이다.
염산시약에 증류수를 넣는 것이기 때문에 증류수를 넣기 전과 넣은 후의 염산의 몰수는 같고, 부피가 다르다.

$$\frac{1.18\mathrm{g}}{\mathrm{mL}}\times\frac{35}{100}\times x\mathrm{mL}\times\frac{\mathrm{mol}}{36.5\mathrm{g}}=\frac{0.1\mathrm{mol}}{\mathrm{L}}\times 1\mathrm{L}$$

$x=8.8377\mathrm{mL}$

정답 ③

72 ★☆☆

굴뚝 등에서 배출되는 오염물질별 분석 방법으로 옳지 않은 것은?

① 자외선가시선분광법에 의한 암모니아 분석 시 분석용 시료 용액에 페놀-나이트로프루시드소듐 용액과 하이포아염소산소듐 용액을 가하고 암모늄 이온과 반응시킨다.
② 염화수소를 자외선가시선분광법으로 분석시료에 메탄올 10mL 등을 가하고 마개를 한 후 흔들어 잘 섞는다.
③ 이황화탄소를 자외선가시선분광법으로 분석 시 황화수소를 제거하기 위해 흡수병 중 한 개는 전처리용으로 아세트산카드뮴 용액을 넣는다.
④ 황산화물을 중화적정법으로 분석 시 이산화탄소가 공존하면 방해성분으로 작용한다.

해설
대기오염공정시험기준 개정으로 황산화물의 중화적정법은 삭제되었고, 자동측정법과 침전적정법(아르세나조 Ⅲ 법)으로 분석한다.

정답 정답 없음

73 ★☆☆

다음 액체시약 중 비중이 가장 큰 것은? (단, 브로민의 원자량은 79.9, 염소는 35.5, 아이오딘(요오드)은 126.9이다.)

① 브로민화수소(HBr, 농도: 49%)
② 염산(HCl, 농도: 37%)
③ 질산(HNO_3, 농도: 62%)
④ 아이오딘화수소(HI, 농도: 58%)

해설
용액 중에 질량이 클수록 비중이 크다.
① 브로민화수소(HBr, 농도: 49%): $80.9\times0.49=39.641\mathrm{g}$
② 염산(HCl, 농도: 37%): $36.5\times0.37=13.505\mathrm{g}$
③ 질산(HNO_3, 농도: 62%): $63\times0.62=39.06\mathrm{g}$
④ 아이오딘화수소(HI, 농도: 58%): $127.9\times0.58=74.182\mathrm{g}$

정답 ④

74 ★★★

원자흡수분광광도법에서 원자흡광 분석장치의 구성과 거리가 먼 것은?

① 분리관 ② 광원부
③ 파장선택부 ④ 시료원자화부

해설

원자흡광 분석장치는 일반적으로 광원부, 시료원자화부, 파장선택부(분광부) 및 측광부로 구성되어 있고 단광속형과 복광속형이 있다.
※ 대기오염공정시험기준 개정으로 보기를 수정한 문제입니다.

정답 ①

75 ★☆☆

대기오염공정시험기준에 의거 환경대기 중 휘발성 유기화합물(유해 VOCs 고체흡착법)을 추출할 때 추출용매로 가장 적합한 것은?

① Ethyl alcohol ② PCB
③ CS_2 ④ n-Hexane

해설

고체흡착 용매추출법

- 일정량의 흡착제로 충전된 흡착관을 사용하여 분석대상의 휘발성 유기화합물질을 선택적으로 채취한다.
- 채취된 시료를 이황화탄소(CS_2) 추출용매를 가하여 분석물질을 추출하여 낸다.

정답 ③

76 ★★☆

광원에서 나오는 빛을 단색화장치에 의하여 좁은 파장범위의 빛만을 선택하여 어떤 액층을 통과시킬 때 입사광의 강도가 1이고, 투사광의 강도가 0.5였다. 이 경우 Lambert-Beer법칙을 적용하여 흡광도를 구하면?

① 0.3 ② 0.5
③ 0.7 ④ 1.0

해설

$$\text{흡광도}(A)=\log\frac{1}{t(\text{투과도})}=\log\frac{1}{I_t/I_o}=\log\frac{I_o}{I_t}=\varepsilon Cl$$

$$t(\text{투과도})=\frac{I_t(\text{투사광의 강도})}{I_o(\text{입사광의 강도})}=\frac{0.5}{1}=0.5$$

$$\text{흡광도}(A)=\log\frac{1}{0.5}=0.3010$$

정답 ①

77 ★★★

굴뚝의 측정공에서 피토우관을 이용하여 측정한 조건이 다음과 같을 때 배출가스의 유속은?

- 동압: 13mmH_2O
- 피토우관 계수: 0.85
- 가스의 밀도: 1.2kg/m^3

① 10.6m/sec ② 12.4m/sec
③ 14.8m/sec ④ 17.8m/sec

해설

$$V=C\sqrt{\frac{2gh}{\gamma}}$$

C: 피토우관 계수
g: 중력가속도(9.8m/sec^2)
h: 배출가스 동압 측정치(mmH_2O)
γ: 굴뚝 내의 습한 배출가스 밀도(kg/m^3)

$$V=0.85\times\sqrt{\frac{2\times9.8\times13}{1.2}}=12.3859\text{m/sec}$$

정답 ②

2018년

78

★☆☆

비분산적외선분광분석법에서 용어의 정의 중 "측정성분이 흡수되는 적외선을 그 흡수파장에서 측정하는 방식"을 의미하는 것은?

① 정필터형 ② 복광필터형
③ 회절격자형 ④ 적외선흡광형

해설
정필터형에 대한 설명이다. ②, ③, ④번은 대기오염공정시험기준상 명시되어 있지 않다.

정답 ①

79

★☆☆

다음은 자외선가시선분광법에서 측광부에 관한 설명이다. ( ) 안에 가장 알맞은 것은?

> 측광부의 광전측광에는 광전관, 광전자증배관, 광전도셀 또는 광전지 등을 사용한다. 광전관, 광전자증배관은 주로 (㉠) 범위에서, 광전도셀은 (㉡) 범위에서, 광전지는 주로 (㉢) 범위 내에서의 광전측광에 사용된다.

① ㉠ 근적외파장, ㉡ 자외파장, ㉢ 가시파장
② ㉠ 가시파장, ㉡ 근자외 내지 가시파장, ㉢ 적외파장
③ ㉠ 근적외파장, ㉡ 근자외파장, ㉢ 가시내지 근적외 파장
④ ㉠ 자외 내지 가시파장, ㉡ 근적외파장, ㉢ 가시파장

해설
자외선가시선분광법에서의 측광부
광전관, 광전자증배관: 자외 내지 가시파장
광전도셀: 근적외파장
광전지: 가시파장

정답 ④

80

★☆☆

굴뚝 배출가스 중 알데하이드 분석방법으로 옳지 않은 것은?

① 자외선/가시선분광법 크로모트로핀산법은 배출가스를 아황산수소소듐 용액으로 채취하고 크로모트로핀산 용액으로 발색시켜 얻은 흡광도를 측정하여 농도를 구한다.
② 자외선/가시선분광법 아세틸아세톤법은 정제수로 채취하고 아세틸아세톤 용액으로 발색시켜 얻은 흡광도를 측정하여 농도를 구한다.
③ 흡수액 2,4-DNPH(Dinitrophenylhydrazine)과 반응하여 하이드라존 유도체를 생성하게 되고 이를 액체크로마토그래프로 분석한다.
④ 수산화나트륨용액(0.4W/V%)에 흡수·포집시켜 이 용액을 산성으로 한 후 초산에틸로 용매를 추출해서 이온화 검출기를 구비한 가스크로마토그래프로 분석한다.

해설
굴뚝 배출가스 중 알데하이드 분석방법으로 가스크로마토그래프는 사용할 수 없다.
※ 대기오염공정시험기준 개정으로 보기를 수정한 문제입니다.

정답 ④

대기환경관계법규

81 ★★★

실내공기질관리법규상 "의료기관"의 폼알데하이드(μg/m^3) 실내공기질 유지기준은?

① 10 이하 ② 25 이하
③ 80 이하 ④ 50 이하

해설

출제 당시 ③번 보기는 100 이하였으나 개정된 법령에 맞게 80μg/m^{3}으로 보기를 수정했다.

관련이론

의료기관, 산후조리원, 노인요양시설, 어린이집, 실내 어린이 놀이시설의 실내공기질 유지기준 「실내공기질 관리법 시행규칙 별표 2」

구분	유지기준
미세먼지(PM-10)(μg/m^3)	75 이하
미세먼지(PM-2.5)(μg/m^3)	35 이하
이산화탄소(ppm)	1,000 이하
폼알데하이드(μg/m^3)	80 이하
총부유세균(CFU/m^3)	800 이하
일산화탄소(ppm)	10 이하

정답 ③

82 ★★☆

대기환경보전법규상 가스를 사용연료로 하는 경자동차의 배출가스 보증 적용기간기준으로 옳은 것은? (단, 2016년 1월 1일 이후 제작자동차 기준이다.)

① 2년 또는 10,000km
② 2년 또는 160,000km
③ 6년 또는 10,000km
④ 10년 또는 192,000km

해설

가스를 사용연료로 하는 자동차의 배출가스 보증기간 「시행규칙 별표 18」
2016년 1월 1일 이후 제작자동차

자동차의 종류	적용기간
경자동차	10년 또는 192,000km
소형 승용·화물자동차, 중형 승용·화물자동차	15년 또는 240,000km
대형 승용·화물자동차, 초대형 승용·화물자동차	2년 또는 160,000km

정답 ④

83 ★★★

환경정책기본법령상 아황산가스(SO_2)의 대기환경기준으로 옳게 연결된 것은?

- 24시간 평균치: (㉠)ppm 이하
- 1시간 평균치: (㉡)ppm 이하

① ㉠ 0.05, ㉡ 0.15 ② ㉠ 0.06, ㉡ 0.10
③ ㉠ 0.07, ㉡ 0.12 ④ ㉠ 0.08, ㉡ 0.12

해설

아황산가스의 환경기준 「환경정책기본법 시행령 별표 1」

- 연간 평균치 0.02ppm 이하
- 24시간 평균치 0.05ppm 이하
- 1시간 평균치 0.15ppm 이하

정답 ①

84

★☆☆

대기환경보전법상 장거리이동대기오염물질 대책위원회에 관한 사항으로 옳지 않은 것은?

① 위원회는 위원장 1명을 포함한 25명 이내의 위원으로 구성한다.
② 위원회의 위원장은 환경부장관이 되고, 위원은 환경부령으로 정하는 중앙행정기관의 공무원 등으로서 환경부장관이 위촉하거나 임명하는 자로 한다.
③ 위원회와 실무위원회 및 장거리이동대기오염물질 연구단의 구성 및 운영 등에 관하여 필요한 사항은 대통령령으로 정한다.
④ 환경부장관은 장거리이동대기오염물질 피해방지를 위하여 5년마다 관계 중앙행정기관의 장과 협의하고 시·도지사의 의견을 들어야 한다.

해설

출제 당시 정답은 ②번이었지만 해당 법령이 개정되어 삭제되었다.

정답 정답 없음

85

★☆☆

대기환경보전법상 배출시설을 설치·운영하는 사업자에게 조업정지를 명하여야 하는 경우로서 그 조업정지가 공익에 현저한 지장을 줄 우려가 있다고 인정되는 경우, 조업정지 처분에 갈음하여 시·도지사가 부과할 수 있는 최대 과징금 액수는?

① 5,000만원　② 1억원
③ 2억원　④ 5억원

해설

조업정지처분에 갈음하여 매출액에 100분의 5를 곱한 금액을 초과하지 아니하는 범위에서 과징금을 부과할 수 있다. 다만, 매출액이 없거나 매출액의 산정이 곤란한 경우로서 대통령령으로 정하는 경우에는 2억원을 초과하지 아니하는 범위에서 과징금을 부과할 수 있다.

정답 ③

86

★☆☆

대기환경보전법령상 경유를 사용하는 자동차의 배출가스 중 대통령령으로 정하는 오염물질의 종류에 해당하지 않는 것은?

① 탄화수소　② 알데히드
③ 질소산화물　④ 일산화탄소

해설

알데히드는 휘발유, 알코올 또는 가스를 사용하는 자동차의 오염물질이다.

관련이론 | 대통령령으로 정하는 오염물질「시행령 제46조」

1. 휘발유, 알코올 또는 가스를 사용하는 자동차
   가. 일산화탄소　나. 탄화수소
   다. 질소산화물　라. 알데히드
   마. 입자상물질(粒子狀物質)　바. 암모니아
2. 경유를 사용하는 자동차
   가. 일산화탄소　나. 탄화수소
   다. 질소산화물　라. 매연
   마. 입자상물질　바. 암모니아

정답 ②

87

★☆☆

대기환경보전법령상 시·도지사가 대기오염물질 기준 이내 배출량 조정 시 사업자가 제출한 확정배출량 자료가 명백히 거짓으로 판명되었을 경우에는 확정배출량의 얼마에 해당하는 배출량을 기준 이내 배출량으로 산정하는가?

① 100분의 20　② 100분의 50
③ 100분의 120　④ 100분의 150

해설

기준 이내 배출량의 조정 등「시행령 제30조」

사업자가 제출한 확정배출량에 관한 자료가 명백히 거짓으로 판명된 경우: 추정한 배출량의 100분의 120에 해당하는 기준 이내 배출량

정답 ③

88

★☆☆

대기환경보전법규상 특별대책지역 또는 대기환경규제지역 안에서 "휘발성유기화합물"을 배출하는 시설로서 대통령령이 정하는 시설을 설치하고자 할 경우 시·도지사 등에게 배출시설 설치신고서를 제출해야 하는 기간기준은?

① 시설 설치일 7일 전까지
② 시설 설치일 10일 전까지
③ 시설 설치 후 7일 이내
④ 시설 설치 후 10일 이내

해설

휘발성유기화합물 배출시설의 신고 등「시행규칙 제59조의2」

법에 따라 휘발성유기화합물을 배출하는 시설을 설치하려는 자는 휘발성유기화합물 배출시설 설치신고서에 휘발성유기화합물 배출시설 설치명세서와 배출 억제·방지시설 설치명세서를 첨부하여 시설 설치일 10일 전까지 시·도지사 또는 대도시 시장에게 제출하여야 한다.

정답 ②

89

★★★

대기환경보전법규상 시·도지사가 설치하는 대기오염 측정망에 해당하지 않는 것은?

① 도시지역의 휘발성유기화합물 등의 농도를 측정하기 위한 광화학대기오염물질측정망
② 도시지역의 대기오염물질 농도를 측정하기 위한 도시대기측정망
③ 도로변의 대기오염물질 농도를 측정하기 위한 도로변대기측정망
④ 대기 중의 중금속 농도를 측정하기 위한 대기중금속측정망

해설

①은 수도권대기환경청장, 국립환경과학원장 또는 한국환경공단이 설치하는 대기오염 측정망이다.

관련이론

특별시장·광역시장·특별자치시장·도지사 또는 특별자치도지사가 설치하는 대기오염 측정망의 종류「시행규칙 제11조」

1. 도시지역의 대기오염물질 농도를 측정하기 위한 도시대기측정망
2. 도로변의 대기오염물질 농도를 측정하기 위한 도로변대기측정망
3. 대기 중의 중금속 농도를 측정하기 위한 대기중금속측정망

정답 ①

90

★★★

환경정책기본법령상 이산화질소(NO_2)의 대기환경기준은? (단, 24시간 평균치 기준이다.)

① 0.03ppm 이하　② 0.05ppm 이하
③ 0.06ppm 이하　④ 0.10ppm 이하

해설

이산화질소(NO_2)의 환경기준「환경정책기본법 시행령 별표 1」

- 연간 평균치 0.03ppm 이하
- 24시간 평균치 0.06ppm 이하
- 1시간 평균치 0.10ppm 이하

정답 ③

2018년

91

★★☆

대기환경보전법령상 사업장별 환경기술인의 자격기준에 관한 사항으로 거리가 먼 것은?

① 2종 사업장의 환경기술인의 자격기준은 대기환경산업기사 이상의 기술자격 소지자 1명 이상이다.
② 4종 사업장과 5종 사업장 중 환경부령으로 정하는 기준 이상의 특정대기유해물질이 포함된 오염물질을 배출하는 경우에는 3종 사업장에 해당하는 기술인을 두어야 한다.
③ 1종 사업장과 2종 사업장 중 1개월 동안 실제 작업한 날만을 계산하여 1일 평균 17시간 이상 작업하는 경우에는 해당 사업장의 기술인을 각각 2명 이상 두어야 한다.
④ 공동방지시설에서 각 사업장의 대기오염물질 발생량의 합계가 4종 사업장과 5종 사업장의 규모에 해당하는 경우에는 5종 사업장에 해당하는 기술인을 두어야 한다.

해설

사업장별 환경기술인의 자격기준 「시행령 별표 10」

공동방지시설에서 각 사업장의 대기오염물질 발생량의 합계가 4종 사업장과 5종 사업장의 규모에 해당하는 경우에는 3종 사업장에 해당하는 기술인을 두어야 한다.

정답 ④

92

★☆☆

악취방지법규상 악취검사기관의 검사시설 및 장비가 부족하거나 고장난 상태로 7일 이상 방치한 경우로서 규정에 의한 악취검사기관의 지정기준에 미치지 못하게 된 경우 3차 행정처분기준으로 가장 적합한 것은?

① 지정취소　② 업무정지 3개월
③ 업무정지 6개월　④ 업무정지 12개월

해설

검사시설 및 장비가 부족하거나 고장난 상태로 7일 이상 방치한 경우의 행정처분 「악취방지법 시행규칙 별표 9」

1차	2차	3차	4차 이상
경고	업무정지 1개월	업무정지 3개월	지정취소

정답 ②

93

★★☆

다음은 대기환경보전법령상 시·도지사가 배출시설의 설치를 제한할 수 있는 경우이다. (　　) 안에 가장 알맞은 것은?

> 배출시설 설치 지점으로부터 반경 1킬로미터 안의 상주인구가 (㉠)인 지역으로서 특정대기유해물질 중 한 가지 종류의 물질을 연간 (㉡) 배출하거나 두 가지 이상의 물질을 연간 (㉢) 배출하는 시설을 설치하는 경우

① ㉠ 1만명 이상, ㉡ 5톤 이상, ㉢ 10톤 이상
② ㉠ 1만명 이상, ㉡ 10톤 이상, ㉢ 20톤 이상
③ ㉠ 2만명 이상, ㉡ 5톤 이상, ㉢ 10톤 이상
④ ㉠ 2만명 이상, ㉡ 10톤 이상, ㉢ 25톤 이상

해설

㉠은 2만명 이상, ㉡은 10톤 이상, ㉢은 25톤 이상이다.

정답 ④

94

★★☆

대기환경보전법령상 기본부과금의 지역별 부과계수로 옳게 연결된 것은? (단, 지역구분은 「국토의 계획 및 이용에 관한 법률」에 따르고, 대표적으로 Ⅰ지역은 주거지역, Ⅱ지역은 공업지역, Ⅲ지역은 녹지지역이 해당한다.)

① Ⅰ지역 – 0.5, Ⅱ지역 – 1.0, Ⅲ지역 – 1.5
② Ⅰ지역 – 1.5, Ⅱ지역 – 0.5, Ⅲ지역 – 1.0
③ Ⅰ지역 – 1.0, Ⅱ지역 – 0.5, Ⅲ지역 – 1.5
④ Ⅰ지역 – 1.5, Ⅱ지역 – 1.0, Ⅲ지역 – 0.5

해설

기본부과금의 지역별 부과계수 「시행령 별표 7」

구분	지역별 부과계수
Ⅰ지역	1.5
Ⅱ지역	0.5
Ⅲ지역	1.0

정답 ②

95

★★☆

악취방지법규상 지정악취물질의 배출허용기준 및 그 범위로 옳지 않은 것은?

항목	구분	배출허용기준(ppm)	
		공업지역	기타지역
㉠	암모니아	2 이하	1 이하
㉡	메틸메르캅탄	0.008 이하	0.005 이하
㉢	황화수소	0.06 이하	0.02 이하
㉣	트라이메틸아민	0.02 이하	0.005 이하

① ㉠　② ㉡
③ ㉢　④ ㉣

해설

메틸메르캅탄의 배출허용기준 「악취방지법 시행규칙 별표 3」

배출허용기준(ppm)		엄격한 배출허용 기준의 범위(ppm)
공업지역	기타 지역	공업지역
0.004 이하	0.002 이하	0.002~0.004

정답 ②

96

★★☆

실내공기질관리법규상 건축자재의 오염물질 방출 기준 중 페인트의 ㉠ 톨루엔, ㉡ 총휘발성유기화합물 기준으로 옳은 것은? (단, 단위는 $mg/m^2 \cdot h$이다.)

① ㉠ 0.05 이하, ㉡ 20.0 이하
② ㉠ 0.05 이하, ㉡ 4.0 이하
③ ㉠ 0.08 이하, ㉡ 20.0 이하
④ ㉠ 0.08 이하, ㉡ 2.5 이하

해설

건축자재의 오염물질 방출 기준 「실내공기질 관리법 시행규칙 별표 5」

구분 \ 오염물질 종류		폼알데하이드	톨루엔	총휘발성 유기화합물
접착제		0.02 이하	0.08 이하	2.0 이하
페인트		0.02 이하	0.08 이하	2.5 이하
실란트		0.02 이하	0.08 이하	1.5 이하
퍼티		0.02 이하	0.08 이하	20.0 이하
벽지		0.02 이하	0.08 이하	4.0 이하
바닥재		0.02 이하	0.08 이하	4.0 이하
표면가공 목질판상 제품	2021년 12월 31일까지 적용	0.12 이하	0.08 이하	0.8 이하
	2022년 1월 1일부터 적용	0.05 이하	0.08 이하	0.4 이하

위 표에서 오염물질의 종류별 측정단위는 $mg/m^2 \cdot h$로 한다. 다만, 실란트의 측정단위는 $mg/m \cdot h$로 한다.

정답 ④

97
★☆☆

대기환경보전법상 한국자동차환경협회의 회원이 될 수 있는 자로 거리가 먼 것은?

① 배출가스저감장치 제작자
② 저공해엔진 제조·교체 등 배출가스저감사업 관련 사업자
③ 저공해자동차 판매사업자
④ 자동차 또는 건설기계 조기 폐차 관련 사업자

해설

한국자동차환경협회의 회원이 될 수 있는 자「법 제79조」

1. 배출가스저감장치 제작자
2. 저공해엔진 제조·교체 등 배출가스저감사업 관련 사업자
3. 전문정비사업자
4. 배출가스저감장치 및 저공해엔진 등과 관련된 분야의 전문가
5. 「자동차관리법」에 따른 종합검사대행자 및 「건설기계관리법」에 따른 검사대행자
6. 「자동차관리법」에 따른 종합검사 지정정비사업자
7. 자동차 또는 건설기계 조기 폐차 관련 사업자

※ 개정된 법령에 따라 보기를 수정하였습니다.

정답 ③

98
★★★

대기환경보전법규상 수도권대기환경청장, 국립환경과학원장 또는 한국환경공단이 설치하는 대기오염 측정망의 종류에 해당하지 않는 것은?

① 대기오염물질의 지역배경농도를 측정하기 위한 교외대기측정망
② 대기 중의 중금속 농도를 측정하기 위한 대기중금속측정망
③ 초미세먼지(PM-2.5)의 성분 및 농도를 측정하기 위한 미세먼지성분측정망
④ 산성 대기오염물질의 건성 및 습성 침착량을 측정하기 위한 산성강하물측정망

해설

②번 보기는 특별시장·광역시장·특별자치시장·도지사 또는 특별자치도지사가 설치하는 대기오염 측정망이다.

관련이론

수도권대기환경청장, 국립환경과학원장 또는 한국환경공단이 설치하는 대기오염 측정망의 종류「시행규칙 제11조」

1. 대기오염물질의 지역배경농도를 측정하기 위한 교외대기측정망
2. 대기오염물질의 국가배경농도와 장거리이동 현황을 파악하기 위한 국가배경농도측정망
3. 도시지역 또는 산업단지 인근지역의 특정대기유해물질(중금속은 제외)의 오염도를 측정하기 위한 유해대기물질측정망
4. 도시지역의 휘발성유기화합물 등의 농도를 측정하기 위한 광화학대기오염물질측정망
5. 산성 대기오염물질의 건성 및 습성 침착량을 측정하기 위한 산성강하물측정망
6. 기후·생태계 변화유발물질의 농도를 측정하기 위한 지구대기측정망
7. 장거리이동대기오염물질의 성분을 집중 측정하기 위한 대기오염집중측정망
8. 초미세먼지(PM-2.5)의 성분 및 농도를 측정하기 위한 미세먼지성분측정망

정답 ②

99

★★☆

대기환경보전법규상 관제센터로 측정결과를 자동전송하지 않는 먼지 · 황산화물 및 질소산화물의 연간 발생량의 합계가 80톤 이상인 사업장 배출구의 자가측정횟수 기준은? (단, 기타사항 등은 제외한다.)

① 매일 1회 이상
② 매주 1회 이상
③ 매월 2회 이상
④ 2개월마다 1회 이상

해설

관제센터로 측정결과를 자동전송하지 않는 사업장의 배출구 「시행규칙 별표 11」

구분	배출구별 규모	측정횟수
제1종 배출구	먼지 · 황산화물 및 질소산화물의 연간 발생량 합계가 80톤 이상인 배출구	매주 1회 이상
제2종 배출구	먼지 · 황산화물 및 질소산화물의 연간 발생량 합계가 20톤 이상 80톤 미만인 배출구	매월 2회 이상
제3종 배출구	먼지 · 황산화물 및 질소산화물의 연간 발생량 합계가 10톤 이상 20톤 미만인 배출구	2개월마다 1회 이상
제4종 배출구	먼지 · 황산화물 및 질소산화물의 연간 발생량 합계가 2톤 이상 10톤 미만인 배출구	반기마다 1회 이상
제5종 배출구	먼지 · 황산화물 및 질소산화물의 연간 발생량 합계가 2톤 미만인 배출구	반기마다 1회 이상

정답 ②

100

★★☆

다음은 대기환경보전법규상 제작자동차의 배출가스 보증기간에 관한 사항이다. (   ) 안에 알맞은 것은? (단, 2016년 1월 1일 이후 제작자동차 기준이다.)

> 배출가스 보증기간의 만료는 (㉠)을 기준으로 한다. 휘발유와 가스를 병용하는 자동차는 (㉡) 사용 자동차의 보증기간을 적용한다.

① ㉠ 기간 또는 주행거리, 가동시간 중 나중 도달하는 것, ㉡ 휘발유
② ㉠ 기간 또는 주행거리, 가동시간 중 나중 도달하는 것, ㉡ 가스
③ ㉠ 기간 또는 주행거리, 가동시간 중 먼저 도달하는 것, ㉡ 휘발유
④ ㉠ 기간 또는 주행거리, 가동시간 중 먼저 도달하는 것, ㉡ 가스

해설

배출가스 보증기간 「시행규칙 별표 18」

1. 배출가스 보증기간의 만료는 기간 또는 주행거리, 가동시간 중 먼저 도달하는 것을 기준으로 한다.
2. 휘발유와 가스를 병용하는 자동차는 가스 사용 자동차의 보증기간을 적용한다.

정답 ④

2018년 | 2회 기출문제

대기오염개론

01 ★★☆

이동 배출원이 도심지역인 경우, 하루 중 시간대별 각 오염물의 농도 변화는 일정한 형태를 나타내는데, 다음 중 일반적으로 가장 이른 시간에 하루 중 최대농도를 나타내는 물질은?

① O_3　② NO_2
③ NO　④ Aldehydes

해설

도심지역의 오염물의 농도 변화

하루 중 NO가 가장 이른 시간에 최대농도를 나타낸다.

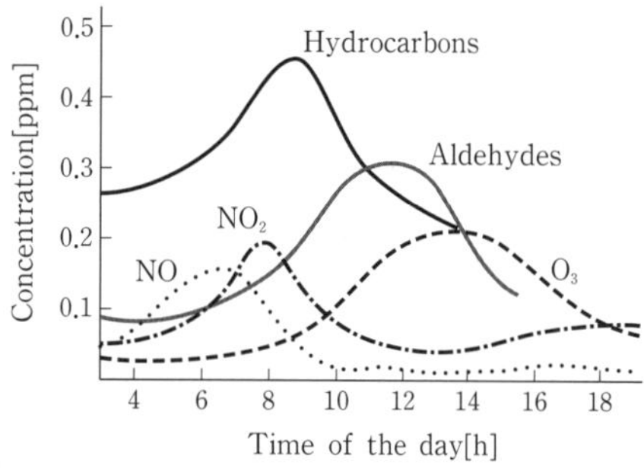

정답 ③

02 ★★☆

표준상태에서 SO_2 농도가 1.28g/m³라면 몇 ppm인가?

① 약 250　② 약 350
③ 약 450　④ 약 550

해설

SO_2의 분자량 $=32+(16\times2)=64$

ppm $=$ mL/m³

$$\frac{1.28\text{g}\times\frac{22.4\text{L}}{64\text{g}}\times\frac{1{,}000\text{mL}}{\text{L}}}{\text{m}^3}=448\text{mL/m}^3=448\text{ppm}$$

정답 ③

03 ★★☆

다음 중 대기오염물질의 분산을 예측하기 위한 바람장미(Wind rose)에 관한 설명으로 가장 거리가 먼 것은?

① 바람장미는 풍향별로 관측된 바람의 발생빈도와 풍속을 16 방향인 막대기형으로 표시한 기상도형이다.
② 가장 빈번히 관측된 풍향을 주풍(Prevailing wind)이라 하고, 막대의 굵기를 가장 굵게 표시한다.
③ 관측된 풍향별 발생빈도를 %로 표시한 것을 방향량(Vector)이라 하며, 바람장미의 중앙에 숫자로 표시한 것은 무풍률이다.
④ 풍속이 0.2m/sec 이하일 때를 정온(Calm)상태로 본다.

해설

바람장미에서 가장 빈번히 관측된 풍향을 주풍(Prevailing wind)이라 하고, 막대의 길이를 가장 길게 표시한다.

정답 ②

04 ★★★

다음 중 London형 스모그에 관한 설명으로 가장 거리가 먼 것은? (단, Los Angeles형 스모그와 비교한다.)

① 복사성 역전
② 습도가 85% 이상
③ 시정거리가 100m 이하
④ 산화반응

해설

런던 스모그: 환원반응
LA 스모그: 산화반응

관련이론 | 런던 스모그와 LA 스모그

항목	런던 스모그	LA 스모그
기온	4℃ 이하	24~32℃
기간	겨울(12~1월)	여름(7~9월)
습도	85% 이상	70% 이하
시간	이른 아침	한낮
역전형태	접지역전(방사성역전)	공중역전(침강성역전)
대기의 안정도	기온역전, 무풍상태(매우 안정된 대기)	
오염물질	황산화물, H_2SO_4, 미스트 등	질소산화물, 오존, HC, PAN 등 광화학적 부산물
오염원	공장, 가정난방, 화력발전소 등 화석연료 사용	자동차
반응형태	열적 환원반응	광화학적 산화반응
가시거리	100m 이하	1km 이하
색	짙은 회색	연한 갈색

정답 ④

05 ★★☆

다음 특정물질 중 오존파괴지수가 가장 큰 것은?

① CFC-113 ② CFC-114
③ Halon-1211 ④ Halon-1301

해설

오존파괴지수 순서
Halon-1301 > Halon-1211 > CFC-114 > CFC-113

정답 ④

06 ★★☆

리차드슨 수에 관한 설명으로 옳은 것은?

① 리차드슨 수가 −0.04보다 작으면 수직방향의 혼합은 없다.
② 리차드슨 수가 0이면 기계적 난류만 존재한다.
③ 리차드슨 수가 0에 접근하면 분산이 커져 대류혼합이 지배적이다.
④ 일차원 수로서 기계난류를 대류난류로 전환시키는 율을 측정한 것이다.

선지분석

① 리차드슨 수가 0.25보다 크면 수직방향의 혼합은 없다.
③ 리차드슨 수가 음의 값으로 클수록 분산이 커져 대류혼합이 지배적이다.
④ 무차원 수로서 대류난류를 기계난류로 전환시키는 율을 측정한 것이다.

관련이론 | 리차드슨 수의 안정도 판정

- 0.25보다 크게 되면 수직혼합은 없어지고 수평상의 소용돌이만 남게 된다.
- 리차드슨 수가 0에 접근하면 분산이 줄어들며 결국 기계적 난류만 존재하게 된다.
- 리차드슨 수가 음의 값으로 클수록 분산이 커져 대류혼합이 지배적이고 대기는 불안정한 상태이며 굴뚝의 연기는 수직 및 수평 방향으로 빠르게 분산한다.

R_i	−1.0 이하	−0.1	−0.01	0	+0.01	+0.1	+1.0 이상
대기운동	자유대류	자유대류 증가	강제대류만 존재			강제대류 감소	대류 없음
안정도	불안정		중립			안정	

- $0 < R_i < 0.25$: 성층에 의해 약화된 기계적 난류가 존재한다.
- $R_i < -0.04$: 대류에 의한 혼합이 기계적 혼합을 지배한다.
- $-0.03 < R_i < 0$: 기계적 난류와 대류가 존재하나 기계적 난류가 혼합을 주로 일으킨다.

정답 ②

2018년

07

★★☆

혼합층에 관한 설명으로 가장 적합한 것은?

① 최대혼합깊이는 통상 낮에 가장 적고, 밤 시간을 통하여 점차 증가한다.

② 야간에 역전이 극심한 경우 최대혼합깊이는 5,000m 정도까지 증가한다.

③ 계절적으로 최대혼합깊이는 주로 겨울에 최소가 되고 이른 여름에 최대값을 나타낸다.

④ 환기량은 혼합층의 온도와 혼합층 내의 평균풍속을 곱한 값으로 정의된다.

선지분석

① 최대혼합깊이는 통상 밤에 가장 적고, 낮 시간을 통하여 점차 증가한다.

② 야간에 역전이 극심한 경우 최대혼합깊이는 아주 낮거나 존재하지 않을 수 있다.

④ 환기량은 혼합층의 고도와 혼합층 내의 평균풍속을 곱한 값으로 정의된다.

정답 ③

08

★★★

주요 배출오염물질과 그 발생원과의 연결로 가장 관계가 적은 것은?

① HF – 도장공업, 석유정제

② HCl – 소다공업, 활성탄 제조, 금속제련

③ C_6H_6 – 포르말린 제조

④ Br_2 – 염료, 의약품 및 농약 제조

해설

HF의 발생원은 비료공업, 알루미늄공업 등이다.

정답 ①

09

★☆☆

각 오염물질의 대사 및 작용기전으로 옳지 않은 것은?

① 알루미늄화합물은 소장에서 인과 결합하여 인 결핍과 골연화증을 유발한다.

② 암모니아와 아황산가스는 물에 대한 용해도가 높기 때문에 흡입된 대부분의 가스가 상기도 점막에서 흡수되므로 즉각적으로 자극증상을 유발한다.

③ 삼염화에틸렌은 다발성신경염을 유발하고, 중추신경계를 억제하는데 간과 신경에 미치는 독성이 사염화탄소에 비해 현저하게 높다.

④ 이황화탄소는 중추신경계에 대한 특징적인 독성작용으로 심한 급성 또는 아급성 뇌병증을 유발한다.

해설

삼염화에틸렌은 간과 신경에 미치는 독성이 사염화탄소에 비해 현저하게 낮다.

정답 ③

10

★☆☆

각 오염물질의 특성에 관한 설명으로 옳지 않은 것은?

① 염소는 암모니아에 비해서 훨씬 수용성이 약하므로 후두에 부종만을 일으키기 보다는 호흡기계 전체에 영향을 미친다.

② 포스겐 자체는 자극성이 경미하지만 수중에서 재빨리 염산으로 분해되어 거의 급성 전구증상이 없이 치사량을 흡입할 수 있으므로 매우 위험하다.

③ 브롬화합물은 부식성이 강하며 주로 상기도에 대하여 급성 흡입효과를 지니고, 고농도에서는 일정기간이 지나면 폐부종을 유발하기도 한다.

④ 불화수소는 수용액과 에테르 등의 유기용매에 매우 잘 녹으며, 무수불화수소는 약산성의 물질이다.

해설

불화수소는 물에 매우 잘 녹으며, 무수불화수소는 강산성의 물질이다.

정답 ④

11 ★★☆

다음은 입경(직경)에 대한 설명이다. (   ) 안에 알맞은 것은?

> (   )은 입자상 물질의 끝과 끝을 연결한 선 중 가장 긴 선을 직경으로 하는 것을 말한다.

① 휘렛직경 ② 마틴직경
③ 공기역학적 직경 ④ 스토크스직경

해설
휘렛직경은 입자상 물질의 끝과 끝을 연결한 선 중 가장 긴 선을 직경으로 하는 것이다.

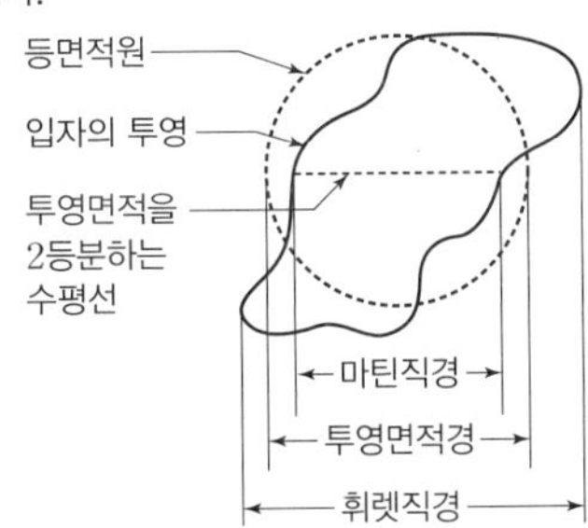

정답 ①

12 ★☆☆

지표부근의 공기덩이가 지면으로부터 열을 받는 경우 부력을 얻어 상승하게 되는데 상승과정에서 단열변화가 이루어져 어떤 고도에 이르면 상승한 공기 중에 들어있는 수증기는 포화되고 응결이 이루어진다. 이와 같이 열적 상승에 의해 응결이 이루어지는 고도를 일컫는 용어로 가장 적합한 것은?

① 대류응결고도(CCL) ② 상승응결고도(LCL)
③ 혼합응결고도(MCL) ④ 상승지수(LI)

해설
대류응결고도(CCL)에 대한 설명이다.

정답 ①

13 ★★☆

최대혼합고도를 400m로 예상하여 오염농도를 3ppm으로 추정하였는데, 실제 관측된 최대혼합고도는 200m였다. 실제 나타날 오염농도는? (단, 기타 조건은 같다.)

① 21ppm ② 24ppm
③ 27ppm ④ 29ppm

해설

$$\frac{C_2}{C_1}=\left(\frac{MMD_1}{MMD_2}\right)^3$$

C_1: 예상오염농도(ppm), MMD_1: 예상최대혼합고(m)
C_2: 실제오염농도(ppm), MMD_2: 실제최대혼합고(m)

$$\frac{C_2}{3\text{ppm}}=\left(\frac{400\text{m}}{200\text{m}}\right)^3$$

$C_2=24\text{ppm}$

정답 ②

14 ★★☆

냄새물질에 대한 다음 설명 중 옳지 않은 것은?

① 분자 내 수산기의 수가 1개일 때 가장 약하고, 수가 증가하면 강한 냄새를 유발한다.
② 골격이 되는 탄소 수는 저분자일수록 관능기 특유의 냄새가 강하다.
③ 에스테르화합물은 구성하는 산이나 알코올류보다 방향이 우세하다.
④ 분자 내에 황 및 질소가 있으면 냄새가 강하다.

해설
냄새물질은 분자 내 수산기의 수가 1개일 때 가장 강하고, 수가 증가하면 점점 냄새가 없어진다.

정답 ①

2018년

15

★★☆

라돈에 관한 설명으로 가장 거리가 먼 것은?

① 일반적으로 인체의 조혈기능 및 중추신경계통에 가장 큰 영향을 미치는 것으로 알려져 있으며, 화학적으로 반응성이 크다.
② 무색, 무취의 기체로 액화되어도 색을 띠지 않는 물질이다.
③ 공기보다 9배 정도 무거워 지표에 가깝게 존재한다.
④ 주로 토양, 지하수, 건축자재 등을 통하여 인체에 영향을 미치고 있으며 흙속에서 방사선 붕괴를 일으킨다.

해설

라돈은 일반적으로 폐에 가장 큰 영향을 미치는 것으로 알려져 있으며, 화학적으로 반응성이 작다.

정답 ①

16

★★☆

질소산화물(NO_x)에 관한 설명으로 가장 거리가 먼 것은?

① N_2O는 대류권에서는 온실가스로, 성층권에서는 오존층 파괴물질로서 보통 대기 중에 약 0.5ppm 정도 존재한다.
② 연소과정 중 고온에서는 90% 이상이 NO로 발생한다.
③ NO_2는 적갈색, 자극성 기체로 독성이 NO보다 약 5배 정도나 더 크다.
④ NO의 독성은 오존보다 10~15배 강하여 폐렴, 폐수종을 일으키며, 대기 중에 체류시간은 20~100년 정도이다.

해설

NO의 독성은 일반적으로 오존보다 약하고, 대기 중의 체류시간은 2~5일 정도이다.

정답 ④

17

★★☆

다음 오염물질의 균질층 내에서의 건조공기 중 체류시간의 순서배열(짧은 시간에서부터 긴 시간)로 옳게 나열된 것은?

① $N_2 - CO - CO_2 - H_2$
② $CO - CH_4 - O_2 - N_2$
③ $O_2 - N_2 - H_2 - CO$
④ $CO_2 - H_2 - N_2 - CO$

해설

대기성분의 체류시간

$N_2 > O_2 > N_2O > CO_2 > CH_4 > H_2 > CO > SO_2$

정답 ②

18

★☆☆

다음 식물 중 에틸렌가스에 대한 저항성이 가장 큰 것은?

① 완두 ② 스위트피
③ 양배추 ④ 토마토

해설

에틸렌에 강한 식물로는 양배추, 상추 등이 있으며 지표식물로는 토마토, 스위트피 등이 있다.

정답 ③

19

★★☆

Deacon의 공식을 이용하여 지표높이 10m에서의 풍속이 2m/s일 때, 고도 100m에서의 풍속은? (단, P는 0.4이다.)

① 약 5.0m/s ② 약 8.7m/s
③ 약 10.6m/s ④ 약 15.1m/s

해설

$\frac{U_2}{U_1}=\left(\frac{Z_2}{Z_1}\right)^P$

U_1: 기준 높이에서의 풍속(m/s)
U_2: 임의 고도에서의 풍속(m/s)
Z_1: 기준 높이(m), Z_2: 임의 높이(m)
P: 풍속지수

$\frac{U_2}{2\text{m/s}}=\left(\frac{100\text{m}}{10\text{m}}\right)^{0.4}$

$U_2=5.0237\text{m/s}$

정답 ①

20

★☆☆

역선풍(Anticyclone)구역 내에서 차가운 공기가 장시간 침강(단열적)하였을 때 공기 덩어리 상부면(Top)과 하부면(Bottom)의 온도차(변화)를 바르게 표시한 것은? (단, dT/dP는 압력에 대한 온도변화이며, 이상기체로 작용한다.)

① $(dT/dP)_{Top}<(dT/dP)_{Bottom}$
② $(dT/dP)_{Top}>(dT/dP)_{Bottom}$
③ $(dT/dP)_{Top}=(dT/dP)_{Bottom}$
④ $(dT/dP)_{Top}\le(dT/dP)_{Bottom}$

해설

공기 덩어리 상부면과 하부면의 온도차는 ②번 식으로 표기한다.

정답 ②

연소공학

21

★★☆

다음 중 기체연료의 연소장치로서 천연가스와 같은 고발열량 연료를 연소시키는 데 가장 적합하게 사용되는 버너의 종류는?

① 선화형 버너 ② 방사형 버너
③ 회전식 버너 ④ 건타입 버너

해설

방사형 버너에 대한 설명이다.

정답 ②

22

★★☆

중유에 관한 설명과 거리가 먼 것은?

① 점도가 낮은 것이 사용상 유리하고, 용적당 발열량이 적은 편이다.
② 인화점이 높은 경우 역화의 위험이 있으며, 보통 그 예열온도보다 약 2℃ 정도 높은 것을 쓴다.
③ 점도가 낮을수록 유동점이 낮아진다.
④ 잔류탄소의 함량이 많아지면 점도가 높게 된다.

해설

중유는 인화점이 낮은 경우 역화의 위험이 있으며, 보통 그 예열온도보다 약 5℃ 정도 높은 것을 쓴다.

정답 ②

23

★☆☆

다음은 가동화격자의 종류에 관한 설명이다. (　　) 안에 알맞은 것은?

> (　　　)는 고정화격자와 가동화격자를 횡방향으로 나란히 배치하고 가동화격자를 전후로 왕복운동시킨다. 비교적 강한 교반력과 이송력을 갖고 있으며 화격자 눈의 메워짐이 별로 없어 낙진량이 많고 냉각작용이 부족하다.

① 부채형 반전식 화격자　　② 병렬요동식 화격자
③ 이상식 화격자　　④ 회전 롤러식 화격자

해설

병렬요동식 화격자에 대한 설명이다.

정답 ②

24

★★★

메탄 1mol이 완전연소할 때 AFR은? (단, 몰 기준이다.)

① 6.5　　② 7.5
③ 8.5　　④ 9.5

해설

메탄(CH_4) 1mol이 완전연소할 때 산소(O_2) 2mol이 필요하다.

$CH_4+2O_2 \rightarrow CO_2+2H_2O$

$$\text{이론공기량}=\frac{\text{이론산소량}}{0.21}=\frac{2}{0.21}=9.5238\text{mol}$$

$$AFR=\frac{\text{이론공기량(mol)}}{\text{연료(mol)}}=\frac{9.5238}{1}=9.5238$$

정답 ④

25

★☆☆

연료의 종류에 따른 연소 특성으로 옳지 않은 것은?

① 기체연료는 저발열량의 것으로 고온을 얻을 수 있고, 전열효율을 높일 수 있다.
② 액체연료는 화재, 역화 등의 위험이 크며, 연소온도가 높아 국부적인 과열을 일으키기 쉽다.
③ 액체연료는 기체연료에 비해 적은 과잉공기로 완전연소가 가능하다.
④ 액체연료의 경우 회분은 아주 적지만, 재 속의 금속산화물이 장애원인이 될 수 있다.

해설

기체연료는 액체연료에 비해 적은 과잉공기로 완전연소가 가능하다.

정답 ③

26

★☆☆

연소물을 연소하는 과정에서 질소산화물(NO_x)이 발생하게 된다. 다음 반응 중 질소산화물(NO_x) 생성과정에서 발생하는 Prompt NO_x의 주된 반응식으로 가장 적합한 것은?

① $N+NH_3 \rightarrow N_2+1.5H_2$
② $N_2+O_5 \rightarrow 2NO+1.5O_2$
③ $CH+N_2 \rightarrow HCN+N$
④ $N+N \rightarrow N_2$

해설

Prompt NO_x는 탄소(C)와 수소를 포함한 연료 중의 탄화수소가 CN, HCN 형태로 급속하게 변환된 후 NO_x가 발생하는 것이다.

$CH+N_2 \rightarrow HCN+N$

$C+N_2 \rightarrow CN+N$

정답 ③

27

★★☆

S 함량 5%의 B-C유 400kL를 사용하는 보일러에 S 함량 1%인 B-C유를 50% 섞어서 사용하면 SO_2의 배출량은 몇 % 감소하겠는가? (단, 기타 연소조건은 동일하며, S는 연소 시 전량 SO_2로 변환되고, B-C유 비중은 0.95(S 함량에 무관)이다.)

① 30%　　② 35%
③ 40%　　④ 45%

해설

황(S, 원자량 32) 1mol이 산소(O_2) 1mol과 반응하면 이산화황(SO_2) 1mol이 생성된다.

$S+O_2 \rightarrow SO_2$

전량을 황 함량 5% 사용 시 SO_2의 배출량

$$\frac{0.95\text{kg}}{\text{L}} \times 400{,}000\text{L} \times \frac{5}{100} \times \frac{22.4\text{Sm}^3}{32\text{kg}} = 13{,}300\text{Sm}^3$$

황 함량 1%를 50% 섞었을 때 SO_2의 배출량

$$\left(\frac{0.95\text{kg}}{\text{L}} \times 400{,}000\text{L} \times \frac{5}{100} \times \frac{22.4\text{Sm}^3}{32\text{kg}} \times 0.5\right) + \left(\frac{0.95\text{kg}}{\text{L}} \times 400{,}000\text{L} \times \frac{1}{100} \times \frac{22.4\text{Sm}^3}{32\text{kg}} \times 0.5\right) = 7{,}980\text{Sm}^3$$

$$\text{저감량} = \frac{13{,}300-7{,}980}{13{,}300} \times 100 = 40\%$$

정답 ③

28

★★☆

다음 설명에 해당하는 기체연료는?

> 고온으로 가열된 무연탄이나 코크스 등에 수증기를 반응시켜 얻은 기체연료이며, 반응식은 아래와 같다.
> $C+H_2O \rightarrow CO+H_2+Q$
> $C+2H_2O \rightarrow CO_2+2H_2+Q$

① 수성가스　　② 고로가스
③ 오일가스　　④ 발생로가스

해설

수성가스에 대한 설명이다.

정답 ①

29

★☆☆

미분탄연소로에 사용되는 버너 중 접선기울형버너(Tangential tilting burner)에 관한 설명으로 거리가 먼 것은?

① 선회흐름을 보일러에 활용한 것으로 선회버너라고도 하며, 연소로 외벽쪽으로 화염을 분산·형성한다.
② 사각연소로인 경우 각 모퉁이에 3~5개의 버너가 높이가 다르게 설치되어 있다.
③ 1차 공기 및 석탄 주입관 끝은 10~30° 정도의 각도범위에서 조정할 수 있도록 되어 있다.
④ 화염을 상하로 이동시켜서 과열을 방지할 수 있도록 되어 있다.

해설

접선기울형버너(Tangential tilting burner)는 각 모서리에서 중앙으로 화염이 분사된다.

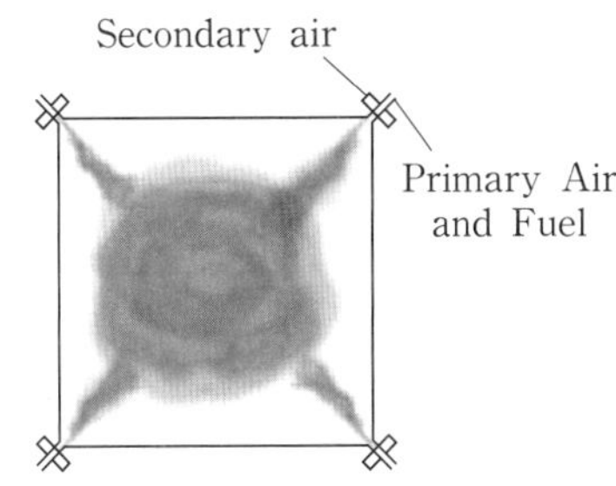

▲ 접선기울기형버너의 화염 분사

정답 ①

2018년

30 ★★☆

프로판 $1Sm^3$을 공기비 1.3로 완전연소시킬 경우, 발생되는 건조연소가스량(Sm^3)은?

① 약 23.7　　② 약 26.4
③ 약 28.9　　④ 약 33.7

해설

프로판(C_3H_8) 1mol 완전연소 시 산소(O_2) 5mol이 필요하다.

$C_3H_8+5O_2 \rightarrow 3CO_2+4H_2O$

이론산소량$=5Sm^3$

이론공기량$=\frac{\text{이론산소량}}{0.21}=23.8095Sm^3$

이론공기 중 질소량$=$이론공기량$\times 0.79$
$=23.8095\times 0.79=18.8095Sm^3$

과잉공기량$=(m-1)\times$이론공기량 (m: 공기비)
$=(1.3-1)\times 23.8095=7.1428Sm^3$

CO_2 배출량$=3Sm^3$

건조연소가스량
$=$이론공기 중 질소량$+$과잉공기량$+$건조연소생성물(CO_2)
$=18.8095+7.1428+3=28.9523Sm^3$

정답 ③

31 ★★☆

고체연료 연소장치 중 하급식 연소방법으로 연소과정이 미착화탄 → 산화층 → 환원층 → 회층으로 변하여 연소되고, 연료층을 항상 균일하게 제어할 수 있고, 저품질 연료도 유효하게 연소시킬 수 있어 쓰레기 소각로에 많이 이용되는 화격자 연소장치로 가장 적합한 것은?

① 포트식 스토커(Pot stoker)
② 플라즈마 스토커(Plasma stoker)
③ 로타리 킬른(Rotary kiln)
④ 체인 스토커(Chain stoker)

해설

체인 스토커(Chain stoker)에 대한 설명이다.

정답 ④

32 ★★☆

착화온도에 관한 다음 설명 중 옳지 않은 것은?

① 반응활성도가 클수록 높아진다.
② 분자구조가 간단할수록 높아진다.
③ 산소농도가 클수록 낮아진다.
④ 발열량이 낮을수록 높아진다.

해설

반응활성도(화학반응성)가 클수록 착화온도가 낮아진다.

관련이론

착화온도(발화점)의 의미

착화온도는 외부의 점화원 없이 가연물 스스로 연소가 시작되는 최저 온도이다.

착화온도의 특성

- 화학결합의 활성도가 클수록 착화온도는 낮아진다.
- 분자구조가 복잡할수록 착화온도는 낮아진다.
- 발열량이 클수록 착화온도는 낮아진다.
- 활성화에너지가 작을수록 착화온도는 낮아진다.
- 반응활성도(화학반응성)가 클수록 낮아진다.
- 산소농도가 낮을수록 착화온도는 높아진다.
- 휘발성분이 적고 고정탄소량이 많을수록 높아진다.
- 석탄의 탄화도가 증가하면 높아진다.

정답 ①

33 ★☆☆

다음의 액체 탄화수소 중 탄소수가 가장 적고, 비점이 30~200℃, 비중이 0.72~0.76 정도인 것은?

① 중유　　② 경유
③ 등유　　④ 휘발유

해설

휘발유에 대한 설명이다.

정답 ④

34

★★★

Propane 1Sm³을 연소시킬 경우 이론 건조연소가스 중의 탄산가스 최대농도(%)는?

① 12.8%　② 13.8%
③ 14.8%　④ 15.8%

해설

Propane(C_3H_8) 1mol 완전연소 시 산소(O_2) 5mol이 필요하다.

$C_3H_8+5O_2 \rightarrow 3CO_2+4H_2O$

이론산소량$=5Sm^3$

이론공기량$=\frac{\text{이론산소량}}{0.21}=\frac{5}{0.21}=23.8095Sm^3$

이론공기 중 질소량$=$이론공기량$\times 0.79$

$=23.8095\times 0.79=18.8095Sm^3$

CO_2 배출량$=3Sm^3$

이론 건조연소가스량$=$이론공기 중 질소량$+$건조연소생성물(CO_2)

$=18.8095+3=21.8095Sm^3$

$$(CO_2)_{max}(\%)=\frac{CO_2\text{ 배출량}(Sm^3)}{\text{이론 건조연소가스량}(Sm^3)}\times 100$$

$$=\frac{3}{21.8095}\times 100=13.7554\%$$

정답 ②

35

★★☆

석탄의 탄화도 증가에 따른 특성으로 가장 거리가 먼 것은?

① 연소속도가 커진다.
② 수분 및 휘발분이 감소한다.
③ 산소의 양이 줄어든다.
④ 발열량이 증가한다.

해설

탄화도가 증가할 경우의 변화

증가하는 것: 연료비, 고정탄소, 착화온도, 발열량
감소하는 것: 수분, 휘발분, 비열, 매연발생률, 연소속도

관련이론 | 탄화도

- 석탄에서 수분과 회분을 제외한 나머지 성분 중에 탄소가 차지하는 중량백분율을 의미한다.
- 탄화도는 깊은 땅속에 오래 묻혀있을수록 커지며 깊은 곳일수록 높은 압력을 받아 휘발분이 감소하게 된다.

정답 ①

36

★★☆

확산형 가스버너인 포트형 사용 및 설계 시의 주의사항으로 옳지 않은 것은?

① 구조상 가스와 공기압을 높이지 못한 경우에 사용한다.
② 가스와 공기를 함께 가열 할 수 있는 이점이 있다.
③ 고발열량 탄화수소를 사용할 경우는 가스압력을 이용하여 노즐로부터 고속으로 분출케 하여 그 힘으로 공기를 흡인하는 방식을 취한다.
④ 밀도가 큰 가스 출구는 하부에, 밀도가 작은 공기 출구는 상부에 배치되도록 하여 양쪽의 밀도 차에 의한 혼합이 잘 되도록 한다.

해설

밀도가 큰 공기 출구는 상부에, 밀도가 작은 가스 출구는 하부에 배치되도록 하여 양쪽의 밀도 차에 의한 혼합이 잘 되도록 한다.

정답 ④

37 ★★★

유동층 연소로의 특성과 거리가 먼 것은?

① 유동층을 형성하는 분체와 공기와의 접촉면적이 크다.
② 격심한 입자의 운동으로 층 내가 균일온도로 유지된다.
③ 석탄 연소 시 미연소된 Char가 배출될 수 있으므로 재연소장치에서의 연소가 필요하다.
④ 부하변동에 따른 적응력이 높다.

해설

유동층 연소로는 부하변동에 따른 적응력이 낮다.

관련이론 | 유동층 연소로의 장점과 단점

- **장점**
  - 사용연료의 입도범위가 넓기 때문에 연료를 미분쇄할 필요가 없다. (미분탄장치가 필요 없음)
  - 연료의 층내 체류시간이 길어 저발열량의 석탄도 완전연소가 가능하다.
  - 균일한 연소가 가능하고 연소실 부하가 크며 과잉공기량이 적다.
  - 유동매체에 석회석 등의 탈황제를 사용하여 로내 탈황도 가능하다.
  - 열생성 NO_x와 황산화물의 생성이 억제되어 전열관의 부식이 문제가 되지 않는다.
  - 주방쓰레기, 슬러지 등 수분함량이 높은 폐기물을 층 내에서 건조와 연소를 동시에 할 수 있다.
  - 화염층을 작게 할 수 있어 장치를 소형으로 할 수 있다.
  - 클링커에 의한 장해가 없다.
- **단점**
  - 부하변동에 따른 적응성이 낮은 편이다.
  - 석탄 연소 시 미연소된 Char가 배출될 수 있으므로 재연소장치에서의 연소가 필요하다.
  - 비산분진의 발생량이 많다.
  - 유동화에 따른 압력손실이 커 동력비가 많이 든다.
  - 조대한 연료는 투입 전 전처리과정으로 파쇄공정을 거쳐야 한다.
  - 손실되는 유동매체를 보충해야 한다.

정답 ④

38 ★★★

다음 각종 연료의 이론공기량의 개략치 값(Sm^3/kg)으로 가장 거리가 먼 것은?

① 코우크스: 0.8~1.2
② 고로가스: 0.7~0.9
③ 발생로 가스: 0.9~1.2
④ 가솔린: 11.3~11.5

해설

이론공기량의 개략치 값(Sm^3/kg)

① 코우크스: 8.0~9.0Sm^3/kg
② 고로가스: 0.7~0.9Sm^3/Sm^3
③ 발생로 가스: 0.9~1.2Sm^3/Sm^3
④ 가솔린: 11.3~11.5Sm^3/kg

정답 ①

39 ★★★

$C_{18}H_{20}$ 1.5kg을 완전연소시킬 때 필요한 이론공기량(Sm^3)은?

① 10.4 ② 11.5
③ 12.6 ④ 15.6

해설

$C_{18}H_{20}$의 분자량$=(12\times18)+(1\times20)=236$

$C_{18}H_{20}$ 1kmol이 완전연소할 때 산소는 23kmol이 필요하다.

$C_{18}H_{20}+23O_2 \rightarrow 18CO_2+10H_2O$

표준상태에서 기체 1kmol의 부피는 22.4m^3이므로 산소 23kmol의 부피는 $23\times22.4Sm^3$이다.

이론산소량 구하기

$236kg : 23\times22.4Sm^3=1.5kg : xSm^3$

$x=3.2745Sm^3$

이론공기량$=\frac{\text{이론산소량}}{0.21}=\frac{3.2745}{0.21}=15.5928Sm^3$

정답 ④

40
★☆☆

고압기류 분무식 버너에 관한 설명으로 옳지 않은 것은?

① 연료분사범위는 외부혼합식이 3~500L/hr, 내부혼합식이 10~1,200L/hr 정도이다.
② 분무각도는 30~60° 정도이고 유량조절비는 1 : 5로 비교적 커서 부하변동에 적응이 용이하다.
③ 2~8kg/cm^{2}의 고압공기를 사용하여 연료유를 무화시키는 방식이다.
④ 분무에 필요한 1차 공기량은 이론연소공기량의 7~12% 정도이다.

해설
고압기류 분무식 버너의 분무각도는 20~30° 정도이고 유량조절비는 1 : 10으로 비교적 커서 부하변동에 적응이 용이하다.

정답 ②

대기오염방지기술

41
★★★

상온에서 밀도가 1,000kg/m^3, 입경 50μm인 구형 입자가 높이 5m 정지대기 중에서 침강하여 지면에 도달하는 데 걸리는 시간(sec)은 약 얼마인가? (단, 상온에서 공기밀도는 1.2kg/m^3, 점도는 1.8x10^{-5}kg/m · sec이며, Stokes 영역이다.)

① 66　　② 86
③ 94　　④ 105

해설
스토크스 공식을 이용한다.

$$V_g=\frac{d_p^2(\rho_p-\rho)g}{18\mu}$$

V_g: 침강속도(m/sec)
d_p: 입자의 직경(m)
ρ_p: 입자의 밀도(kg/m^3), ρ: 공기의 밀도(kg/m^3)
g: 중력가속도(m/sec^2), μ: 가스의 점도(kg/m·sec)

$$V_g=\frac{(50\times10^{-6}\text{m})^2\times(1{,}000-1.2)\text{kg/m}^3\times9.8\text{m/sec}^2}{18\times1.8\times10^{-5}\text{kg/m}\cdot\text{sec}}$$
$$=0.0755\text{m/sec}$$

$$\text{시간}=\frac{5\text{m}}{0.0755\text{m/sec}}=66.2251\text{sec}$$

정답 ①

42
★☆☆

유해물질 제거를 위한 흡수장치 중 다공판탑에 관한 설명으로 가장 거리가 먼 것은?

① 판간격은 보통 40cm이고, 액가스비는 0.3~5L/m^3 정도이다.
② 압력손실이 20mmH$_2$O 정도이고, 가스량의 변동이 심한 경우에도 용이하게 조업할 수 있다.
③ 판수를 증가시키면 고농도 가스도 일시처리가 가능하다.
④ 가스속도는 0.3~1m/s 정도이다.

해설
다공판탑은 압력손실이 100~200mmH$_2$O 정도이고, 가스량의 변동이 심한 경우에는 용이하게 조업할 수 없다.

정답 ②

43
★☆☆

외부식 후드의 특성으로 옳지 않은 것은?

① 다른 종류의 후드에 비해 근로자가 방해를 많이 받지 않고 작업할 수 있다.
② 포위식 후드보다 일반적으로 필요 송풍량이 많다.
③ 외부 난기류의 영향으로 흡인효과가 떨어진다.
④ 천개형 후드, 그라인더용 후드 등이 여기에 해당하며, 기류속도가 후드 주변에서 매우 느리다.

해설
외부식 후드는 슬롯형 후드, 그리드형 후드, 루버형 후드 등이 해당한다.

정답 ④

44

★☆☆

대기오염물 중 연소성이 있는 것은 연소나 재연소시켜 제거한다. 다음 중 재연소법의 장점으로 거리가 먼 것은?

① 시설이 배기의 유량과 농도가 크게 변하지 않는 한 잘 적응할 수 있다.

② 시설비는 비교적 많이 소요되지만, 유지비는 낮고, 연소생성물에 대한 독성의 우려가 없다.

③ 경제적인 폐열회수가 가능하다.

④ 효율 저하가 거의 없다.

해설

재연소법은 시설비, 운전비용이 비교적 많이 소요되고, 연소생성물에 대한 독성의 우려가 있다.

정답 ②

45

★☆☆

다음은 어떤 법칙에 관한 설명인가?

> 휘발성인 에탄올을 물에 녹인 용액의 증기압은 물의 증기압보다 높다. 그러나 비휘발성인 설탕을 물에 녹인 용액인 설탕물의 증기압은 물보다 낮아진다.

① 헨리(Henry)의 법칙

② 렌츠(Lenz)의 법칙

③ 샤를(Charle)의 법칙

④ 라울(Raoult)의 법칙

해설

라울(Raoult)의 법칙에 대한 설명이다.

정답 ④

46

★★☆

다음 악취물질 중 통상적으로 공기 중의 최소감지농도가 가장 낮은 것은?

① 아세톤 ② 암모니아

③ 염소 ④ 황화수소

해설

공기 중의 최소감지농도

① 아세톤: 42ppm ② 암모니아: 0.1ppm

③ 염소: 0.05ppm ④ 황화수소: 0.0005ppm

정답 ④

47

★★☆

입자상 물질에 관한 설명으로 가장 거리가 먼 것은?

① 공기동력학경은 stokes경과 달리 입자밀도를 $1g/cm^3$으로 가정함으로써 보다 쉽게 입경을 나타낼 수 있다.

② 비구형입자에서 입자의 밀도가 1보다 클 경우 공기동력학경은 stokes경에 비해 항상 크다고 볼 수 있다.

③ Cascade impactor는 관성충돌을 이용하여 입경을 간접적으로 측정하는 방법이다.

④ 직경 d인 구형입자의 비표면적(단위체적당 표면적)은 $d/6$이다

해설

직경 d인 구형입자의 비표면적(단위체적당 표면적)은 $6/d$이다.

관련이론 | 입자의 비표면적

- 입자가 미세할수록 부착성이 커진다.
- 먼지의 입경과 비표면적은 반비례관계이다. (입경이 작을수록 비표면적이 큼)
- 비표면적이 크게 되면 원심력 집진장치의 경우에는 장치벽면을 폐색시킨다.
- 비표면적 $= \dfrac{\text{구의 표면적}}{\text{구의 부피}} = \dfrac{\dfrac{\pi d_p^2}{1}}{\dfrac{\pi d_p^3}{6}} = \dfrac{6}{d_p}$

정답 ④

48

★★☆

전기집진장치에서 입구 먼지농도가 10g/Sm^3, 출구 먼지농도가 0.1g/Sm^{3}이었다. 출구 먼지농도를 50mg/Sm^{3}로 하기 위해서는 집진극 면적을 약 몇 배 정도로 넓게 하면 되는가? (단, 다른 조건은 변하지 않는다.)

① 1.15배　② 1.55배
③ 1.85배　④ 2.05배

해설

$\eta(\%)=\dfrac{C_i-C_o}{C_i}\times 100$

C_o: 출구 먼지농도(g/Sm^3), C_i: 입구 먼지농도(g/Sm^3)

(1) 입구 먼지농도가 10g/Sm^3, 출구 먼지농도가 0.1g/Sm^{3}일 경우

$\eta=\dfrac{(10-0.1)\text{g/Sm}^3}{10\text{g/Sm}^3}\times 100=99\%$

(2) 입구 먼지농도가 10g/Sm^3, 출구 먼지농도가 50mg/Sm^{3}일 경우

$\eta=\dfrac{(10-0.05)\text{g/Sm}^3}{10\text{g/Sm}^3}\times 100=99.5\%$

(3) (1), (2)의 값으로 집진극의 면적 구하기

$\eta=1-e^{\left(-\frac{A\times W_e}{Q}\right)}$

A: 집진극의 면적(m^2)

W_e: 먼지의 겉보기 이동속도(m/sec)

Q: 처리가스량(m^3/sec)

문제의 조건에서 다른 조건은 변하지 않는다고 했으므로 W_e, Q는 상수 K로 볼 수 있다.

$\dfrac{0.995=1-e^{K\times A_{0.995}}}{0.99=1-e^{K\times A_{0.99}}}=\dfrac{1-0.995=e^{K\times A_{0.995}}}{1-0.99=e^{K\times A_{0.99}}}$

$=\dfrac{\ln 0.005=A_{0.995}}{\ln 0.01=A_{0.99}}=\dfrac{A_{0.995}}{A_{0.99}}=\dfrac{\ln 0.005}{\ln 0.01}=1.1505$

정답 ①

49

★★☆

기상 총괄이동단위높이가 2m인 충전탑을 이용하여 배출가스 중의 HF를 NaOH 수용액으로 흡수제거하려 할 때, 제거율을 98%로 하기 위한 충전탑의 높이는? (단, 평형분압은 무시한다.)

① 5.6m　② 5.9m
③ 6.5m　④ 7.8m

해설

흡수탑의 충전층 높이공식을 이용한다.

$H=H_{OG}\times N_{OG}$

H_{OG}: 기상총괄이동단위높이(m)

N_{OG}: 기상총괄단위수

$N_{OG}=\ln\dfrac{1}{1-\eta}$ (η: 효율)

$N_{OG}=\ln\dfrac{1}{1-0.98}=3.9120$

$H=2\times 3.9120=7.824\text{m}$

정답 ④

50

★☆☆

중력식집진장치의 이론적 집진효율을 계산할 때 응용되는 Stokes 법칙을 만족하는 가정(조건)에 해당하지 않는 것은?

① $10^{-4}<N_{Re}<0.5$
② 구는 일정한 속도로 운동
③ 구는 강체
④ 전이영역흐름(Intermediate flow)

해설

Stokes 법칙에서는 층류영역흐름(Laminar Flow)으로 가정한다.

정답 ④

2018년

51
★☆☆

유해가스로 오염된 가연성 물질을 처리하는 방법 중 연료 소비량이 적은 편이며, 산화온도가 비교적 낮기 때문에 NO_x의 발생이 매우 적은 처리방법은?

① 직접연소법 ② 고온산화법
③ 촉매산화법 ④ 산, 알칼리세정법

해설
촉매산화법에 대한 설명이다.

정답 ③

52
★★☆

벤츄리스크러버에서 액가스비를 크게 하는 요인으로 옳은 것은?

① 먼지의 농도가 낮을 때
② 먼지 입자의 점착성이 클 때
③ 먼지 입자의 친수성이 클 때
④ 먼지 입자의 입경이 클 때

선지분석
① 먼지의 농도가 높을 때
③ 먼지 입자의 친수성이 작을 때
④ 먼지 입자의 입경이 작을 때

정답 ②

53
★★☆

흡착제를 친수성(극성)과 소수성(비극성)으로 구분할 때, 다음 중 친수성 흡착제에 해당하지 않는 것은?

① 활성탄 ② 실리카겔
③ 활성 알루미나 ④ 합성 지올라이트

해설
활성탄은 소수성(비극성)이다.

정답 ①

54
★★☆

후드의 유입계수가 0.85, 속도압이 $25mmH_2O$일 때 후드의 압력손실은?

① $8.1mmH_2O$ ② $8.8mmH_2O$
③ $9.6mmH_2O$ ④ $10.8mmH_2O$

해설
후드의 압력손실 공식을 이용한다.

$\Delta P = F \times P_v$

F: 압력 손실계수, P_v: 속도압(mmH_2O)

$F = \frac{1-K^2}{K^2} = \frac{1-0.85^2}{0.85^2} = 0.3840$ (K: 유입계수)

$\Delta P = 0.3840 \times 25mmH_2O = 9.6mmH_2O$

정답 ③

55
★☆☆

배출가스 중의 일산화탄소를 제거하는 방법 중 가장 적절한 방법은?

① 벤츄리스크러버나 충전탑 등으로 세정하여 제거
② 백금계 촉매를 사용하여 무해한 이산화탄소로 산화시켜 제거
③ 황산나트륨을 이용하여 흡수하는 시보드법을 적용하여 제거
④ 분무탑 내에서 알칼리 용액으로 중화하여 흡수 제거

해설
일산화탄소는 백금계 촉매를 사용하여 이산화탄소로 산화시켜 제거한다.

정답 ②

56

★★☆

흡수탑에 적용되는 흡수액 선정 시 고려할 사항으로 가장 거리가 먼 것은?

① 휘발성이 커야 한다.
② 용해도가 커야 한다.
③ 비점이 높아야 한다.
④ 점도가 낮아야 한다.

해설
흡수액은 휘발성이 작아야 한다.

정답 ①

57

★★☆

Henry 법칙이 적용되는 가스로서 공기 중 유해가스의 평형분압이 16mmHg일 때, 수중 유해가스의 농도는 3.0kmol/m^{3}였다. 같은 조건에서 가스분압이 435mmH$_2$O가 되면 수중 유해가스의 농도는? (단, Hg의 비중은 13.6이다.)

① 약 1.5kmol/m^3 ② 약 3.0kmol/m^3
③ 약 6.0kmol/m^3 ④ 약 9.0kmol/m^3

해설
헨리의 법칙을 이용한다.

$P = HC$

P: 분압(mmHg)

H: 헨리상수(mmHg·m^3/kmol)

C: 유해가스의 농도(kmol/m^3)

(1) 분압이 16mmHg일 때 기준으로 H 구하기

$16\text{mmHg} = H \times 3.0\text{kmol/m}^3$

$H = 5.3333\text{mmHg} \cdot \text{m}^3/\text{kmol}$

(2) 435mmH$_2$O에서의 수중 유해가스의 농도 구하기

$435\text{mmH}_2\text{O} \times \dfrac{760\text{mmHg}}{10,332\text{mmH}_2\text{O}}$

$= 5.3333\text{mmHg} \cdot \text{m}^3/\text{kmol} \times C$

$C = 5.9996\text{kmol/m}^3$

정답 ③

58

★☆☆

송풍기 운전에서 필요 유량이 과부족을 일으켰을 때 송풍기의 유량조절 방법에 해당하지 않는 것은?

① 회전수 조절법 ② 안내익 조절법
③ Damper 부착법 ④ 체걸음 조절법

해설
체걸음 조절법은 고체연료 등의 입자 크기를 조절하는 방법으로 송풍기와는 관계가 없다.

정답 ④

59

★★☆

광학현미경으로 입자의 투영면적을 이용하여 측정한 먼지 입경 중 입자의 투영면적을 2등분하는 선의 길이로 나타내는 것은?

① Martin경 ② Feret경
③ 등면적경 ④ Heywood경

해설
Martin경은 입자의 투영면적을 2등분하는 선의 길이로 나타낸다. Heywood경은 투영면적경에 해당한다.

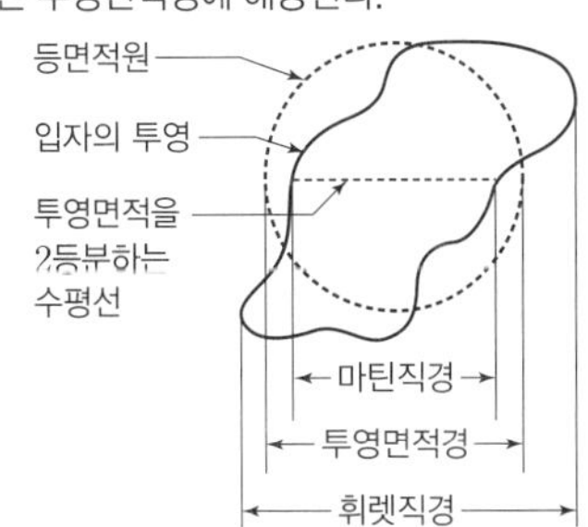

정답 ①

2018년

60

★★★

여과집진장치 중 간헐식 탈진방식에 관한 설명으로 옳지 않은 것은? (단, 연속식과 비교한다.)

① 먼지의 재비산이 적고, 여과포 수명이 길다.
② 탈진과 여과를 순차적으로 실시하므로 높은 집진효율을 얻을 수 있다.
③ 고농도 대량의 가스 처리가 용이하다.
④ 진동형과 역기류형, 역기류 진동형이 여기에 해당한다.

해설

연속식이 대량의 가스의 처리에 적합하며, 점성 있는 조대먼지의 탈진에 효과적이다.

정답 ③

대기오염공정시험기준

61

★☆☆

기체 - 고체 크로마토그래피에서 분리관 내경이 3mm일 경우 사용되는 흡착제 및 담체의 입경범위(μm)로 가장 적합한 것은? (단, 흡착성 고체분말, 100~80mesh 기준이다.)

① 120~149μm
② 149~177μm
③ 177~250μm
④ 250~590μm

해설

분리관의 내경에 따른 흡착제 및 담체의 입경 범위

분리관 내경(mm)	흡착제 및 담체의 입경 범위(μm)
3	149~177(100~80mesh)
4	177~250(80~60mesh)
5~6	250~590(60~28mesh)

정답 ②

62

★★☆

자외선/가시선 분광법에서 적용되는 램버어트 - 비어(Lambert - Beer)의 법칙에 관계되는 식으로 옳은 것은? (단, I_0: 입사광의 강도, C: 농도, ε: 흡광계수, I_t: 투사광의 강도, ℓ: 빛의 투사거리이다.)

① $I_0 = I_t \times 10^{-\varepsilon C \ell}$
② $I_t = I_o \times 10^{-\varepsilon C \ell}$
③ $C = (I_t/I_o) \times 10^{-\varepsilon C \ell}$
④ $C = (I_o/I_t) \times 10^{-\varepsilon C \ell}$

해설

강도 I_o인 단색광속이 농도 C, 길이 ℓ이 되는 용액층을 통과하면 이 용액에 빛이 흡수되어 입사광의 감소가 감소한다.
통과한 직후의 빛의 강도 I_t와 I_o의 사이에는 램버어트–비어의 법칙에 의해 다음 관계가 성립한다.

$I_t = I_o \times 10^{-\varepsilon C \ell}$

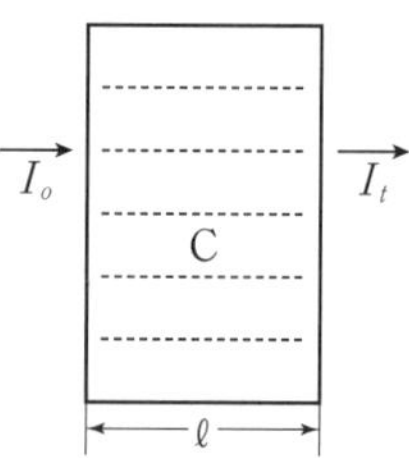

정답 ②

63

★☆☆

어떤 굴뚝 배출가스의 유속을 피토우관으로 측정하고자 한다. 동압 측정 시 확대율이 10배인 경사 마노미터를 사용하여 액주 55mm를 얻었다. 동압은 약 몇 mmH_2O인가? (단, 경사 마노미터에는 비중 0.85의 톨루엔을 사용한다.)

① 7.0
② 6.5
③ 5.5
④ 4.7

해설

$$동압(mmH_2O) = \frac{액주거리(mm) \times 비중}{확대율} = \frac{55 \times 0.85}{10} = 4.675mmH_2O$$

정답 ④

64
★★☆

환경대기 중의 석면을 위상차현미경법으로 측정하는 방법에 관한 설명으로 옳지 않은 것은?

① 멤브레인 필터의 광굴절률은 약 5.0 이상을 원칙으로 한다.
② 채취지점은 바닥면으로부터 1.2~1.5m 되는 위치에서 측정하고, 대상시설의 측정지점은 2개소 이상을 원칙으로 한다.
③ 헝클어져 다발을 이루고 있는 섬유는 길이가 5μm 이상이고, 길이와 폭의 비가 3 : 1 이상인 섬유를 석면섬유 개수로서 계수한다.
④ 석면먼지의 농도표시는 20℃, 1기압 상태의 기체 1mL 중에 함유된 석면섬유의 개수로 표시한다.

해설
현행 기준(ES 01608. 1)상 멤브레인 필터의 광굴절률은 명시되어 있지 않다. 위상차현미경을 사용하여 섬유상으로 보이는 입자를 계수하고 같은 입자를 보통의 생물현미경으로 바꾸어 계수하여, 그 계수치들의 차를 구하면 굴절율이 거의 1.5인 섬유상의 입자 즉 석면이라고 추정할 수 있는 입자를 계수할 수가 있게 된다.

정답 ①

65
★★☆

굴뚝 반경(단면이 원형)이 3m인 경우, 배출가스 중 먼지측정을 위한 굴뚝 측정점수로 적합한 것은?

① 20　　② 16
③ 12　　④ 8

해설
원형단면의 측정점

굴뚝 직경(m)	반경 구분수	측정점수
1 이하	1	4
1 초과 2 이하	2	8
2 초과 4 이하	3	12
4 초과 4.5 이하	4	16
4.5 초과	5	20

정답 ①

66
★★★

다음은 이온크로마토그래피의 검출기에 관한 설명이다. (　　) 안에 가장 적합한 것은?

> (㉠)는 고성능 액체크로마토그래피 분야에서 가장 널리 사용되는 검출기이며 최근에는 이온크로마토그래피에서도 전기전도도 검출기와 병행하여 사용되기도 한다. 또한 (㉡)는 전이금속 성분의 발색반응을 이용하는 경우에 사용된다.

① ㉠ 자외선흡수검출기, ㉡ 가시선흡수검출기
② ㉠ 전기화학적검출기, ㉡ 염광광도검출기
③ ㉠ 이온전도도검출기, ㉡ 전기화학적검출기
④ ㉠ 광전흡수검출기, ㉡ 암페로메트릭검출기

해설
㉠은 자외선흡수검출기, ㉡은 가시선흡수검출기이다.

정답 ①

67
★☆☆

굴뚝 배출가스의 연속자동측정 방법에서 측정항목과 측정방법이 잘못 연결된 것은?

① 염화수소 – 비분산적외선분광분석법
② 암모니아 – 이온전극법
③ 질소산화물 – 화학발광법
④ 이산화황 – 용액전도율법

해설
암모니아 측정방법은 용액전도율법과 적외선가스분석법이다.

선지분석
① 염화수소 – 이온전극법, 비분산적외선분광분석법
② 암모니아 – 용액전도율법, 적외선가스분석법
③ 질소산화물 – 화학발광법, 적외선흡수법, 자외선흡수법, 정전위전해법
④ 이산화황 – 용액전도율법, 적외선흡수법, 자외선흡수법, 정전위전해법, 불꽃광도법

정답 ②

68

★☆☆

링겔만 매연 농도법을 이용한 매연 측정에 관한 내용으로 옳지 않은 것은?

① 매연의 검은 정도는 6종으로 분류한다.
② 될 수 있는 한 바람이 불지 않을 때 측정한다.
③ 굴뚝 배경의 검은 장해물을 피해 연기의 흐름에 직각인 위치에 태양광선을 측면으로 받는 방향으로부터 농도표를 측정치의 앞 16m에 놓는다.
④ 굴뚝배출구에서 30∼40m 떨어진 곳의 농도를 측정자의 눈높이에 수직이 되게 관측 비교한다.

해설

측정위치의 선정은 될 수 있는 한 바람이 불지 않을 때 굴뚝 배경의 검은 장해물을 피해 연기의 흐름에 직각인 위치에 태양광선을 측면으로 받는 방향으로부터 농도표를 측정치의 앞 16m에 놓고 200m 이내(가능하면 연도에서 16m)의 적당한 위치에 서서 굴뚝배출구에서 30∼45cm 떨어진 곳의 농도를 측정자의 눈높이의 수직이 되게 관측 비교한다.

정답 ④

69

★★★

원자흡수분광광도법에서 사용하는 용어의 정의로 옳은 것은?

① 공명선(Resonance Line): 원자가 외부로부터 빛을 흡수했다가 다시 먼저 상태로 돌아갈 때 방사하는 스펙트럼선
② 중공음극램프(Hollow Cathode Lamp): 원자흡광분석의 광원이 되는 것으로 목적원소를 함유하는 중공음극 한 개 또는 그 이상을 고압의 질소와 함께 채운 방전관
③ 역화(Flame Back): 불꽃의 연소속도가 작고 혼합기체의 분출속도가 클 때 연소현상이 내부로 옮겨지는 것
④ 멀티 패스(Multi-Path): 불꽃 중에서 광로를 짧게 하고 반사를 증대시키기 위하여 반사 현상을 이용하여 불꽃 중에 빛을 여러 번 투과시키는 것

선지분석

② 중공음극램프(Hollow Cathode Lamp): 원자흡광분석의 광원이 되는 것으로 목적원소를 함유하는 중공음극 한 개 또는 그 이상을 저압의 네온과 함께 채운 방전관
③ 역화(Flame Back): 불꽃의 연소속도가 크고 혼합기체의 분출속도가 작을 때 연소현상이 내부로 옮겨지는 것
④ 멀티 패스(Multi-Path): 불꽃 중에서의 광로를 길게 하고 흡수를 증대시키기 위하여 반사를 이용하여 불꽃 중에 빛을 여러 번 투과시키는 것

정답 ①

70

★☆☆

저용량 공기시료채취기에 의해 환경대기 중 먼지 채취 시 여과지 또는 샘플러 각 부분의 공기저항에 의하여 생기는 압력손실을 측정하여 유량계의 유량을 보정해야 한다. 유량계의 설정조건에서 1기압에서의 유량을 20L/min, 사용조건에 따른 유량계 내의 압력손실을 150mmHg라 할 때, 유량계의 눈금값은 얼마로 설정하여야 하는가?

① 16.3L/min ② 20.3L/min
③ 22.3L/min ④ 25.3L/min

해설

$$Q_r=20\sqrt{\frac{760}{760-\varDelta P}}$$

Q_r: 유량이 20L/min일 때 유량계의 눈금값(L/min)
$\varDelta P$: 1기압(760mmHg)일 때 유량계 내의 압력손실(mmHg)

$$Q_r=20\sqrt{\frac{760}{760-150}}=22.3239\text{L/min}$$

정답 ③

71

★★☆

비중이 1.88, 농도 97%(중량 %)인 농황산(H_2SO_4)의 규정농도(N)는?

① 18.6N ② 24.9N
③ 37.2N ④ 49.8N

해설

황산(H_2SO_4)의 분자량$=(1\times2)+32+(16\times4)=98$

N=eq/L

$$\text{N}=\frac{1.88\text{g}}{\text{mL}}\times\frac{97}{100}\times\frac{\text{eq}}{(98/2)\text{g}}\times\frac{1{,}000\text{mL}}{\text{L}}=37.2163\text{N}$$

정답 ③

72 ★☆☆

굴뚝에서 배출되는 배출가스 중 플루오린화합물을 자외선/가시선분광법으로 분석하여 다음과 같은 결과를 얻었다. 이때, 플루오린화합물의 농도(ppm, F)는? (단, 방해이온이 존재할 경우이다.)

- 검정곡선에서 구한 플루오린화합물 이온의 질량: 1mg
- 건조시료가스량: 20L
- 분취한 액량: 50mL

① 100　② 155
③ 250　④ 295

해설

현장바탕시료의 양은 주어지지 않았으므로 "$b=0$", "10"은 분석용 시료용액의 전체 부피 (250mL)/분석용 시료용액 중 정량에 사용한 부피 (25mL)를 의미하지만 주어진 조건에서 정량에 사용한 부피가 50mL 이므로 $\frac{250}{50}$을 적용한다. 변경된 기준 이전의 출제 문제이지만 현행 기준에 적용하여 계산할 수 있다.

$$C=\frac{(a-b)\times 10}{V_s}\times\frac{22.4}{18.998}$$

$$=\frac{(1{,}000-0)\times\frac{250}{50}}{V_s}\times\frac{22.4}{18.998}=294.7678\text{ppm}$$

관련이론 | 현행 기준상 공식

$$C=\frac{(a-b)\times 10}{V_s}\times\frac{22.4}{18.998}$$

C: 플루오린화합물의 농도(ppm 또는 μmol/mol)
a: 분석용 시료용액의 플루오린화 이온 질량(μg)
b: 현장바탕시료용액의 플루오린화 이온 질량(μg)
V_s: 표준상태 건조가스 시료채취량(L)
10: 분석용 시료용액의 전체 부피(250mL)/분석용 시료용액 중 정량에 사용한 부피(25mL)

정답 ④

73 ★★★

다음은 기체크로마토그래피에 사용되는 충전물질에 관한 설명이다. (　　) 안에 가장 적합한 것은?

(　　　)은 다이바이닐벤젠(Divinyl Benzene)을 가교제(Bridge Intermediate)로 스타이렌계 단량체를 중합시킨 것과 같이 고분자 물질을 단독 또는 고정상 액체로 표면처리하여 사용한다.

① 흡착형 충전물질
② 분배형 충전물질
③ 다공성 고분자형 충전물질
④ 이온교환막형 충전물질

해설

다공성 고분자형 충전물질에 대한 설명이다.

정답 ③

74 ★★☆

굴뚝에서 배출되는 가스 중 이황화탄소(CS_2)를 채취하기 위한 흡수액은? (단, 자외선/가시선분광법 기준이다.)

① 페놀디술폰산 용액
② p-다이메틸아미노벤질리덴로다닌의 아세톤용액
③ 다이에틸아민구리 용액
④ 수산화소듐용액

해설

자외선/가시선분광법 기준으로 배출가스 중 이황화탄소를 채취하기 위한 흡수액은 다이에틸아민구리 용액이다.

정답 ③

75

★★☆

화학분석 일반사항에 관한 규정으로 옳은 것은?

① 방울수라 함은 20℃에서 정제수 20 방울을 떨어뜨릴 때 그 부피가 약 10mL 되는 것을 뜻한다.
② 기밀용기라 함은 물질을 취급 또는 보관하는 동안에 기체 또는 미생물이 침입하지 않도록 내용물을 보호하는 용기를 뜻한다.
③ "감압 또는 진공"이라 함은 따로 규정이 없는 한 15mmHg 이하를 뜻한다.
④ 시험조작 중 "즉시"란 10초 이내에 표시된 조작을 하는 것을 뜻한다.

선지분석

① 방울수라 함은 20℃에서 정제수 20 방울을 떨어뜨릴 때 그 부피가 약 1mL 되는 것을 뜻한다.
② 밀봉용기라 함은 물질을 취급 또는 보관하는 동안에 기체 또는 미생물이 침입하지 않도록 내용물을 보호하는 용기를 뜻한다.
④ 시험조작 중 "즉시"란 30초 이내에 표시된 조작을 하는 것을 뜻한다.

정답 ③

76

★☆☆

굴뚝에서 배출되는 가스에 대한 시료채취 시 주의해야 할 사항으로 거리가 먼 것은?

① 굴뚝 내의 압력이 매우 큰 부압($-300mmH_2O$ 정도 이하)인 경우에는 시료채취용 굴뚝을 부설한다.
② 굴뚝 내의 압력이 부압(−)인 경우에는 채취구를 열었을 때 유해가스가 분출될 염려가 있으므로 충분한 주의를 필요로 한다.
③ 가스미터는 $100mmH_2O$ 이내에서 사용한다.
④ 시료가스의 양을 재기 위하여 쓰는 채취병은 미리 0℃ 때의 참부피를 구해둔다.

해설

굴뚝 내의 압력이 정압(+)인 경우에는 채취구를 열었을 때 유해가스가 분출될 염려가 있으므로 충분한 주의가 필요하다.

정답 ②

77

★☆☆

대기오염공정시험기준상 연료의 연소, 금속제련 또는 화학반응 공정 등에서 배출되는 굴뚝 배출가스 중의 일산화탄소 분석방법과 거리가 먼 것은?

① 비분산 적외선분광분석법
② 기체크로마토그래피
③ 정전위전해법
④ 화학발광법

해설

배출가스 중 일산화탄소 측정방법

자동측정법(비분산적외선분광분석법)이 주 시험방법이며, 시험방법들의 정량범위는 표와 같다.

분석방법	정량범위
자동측정법 – 비분산적외선분광분석법	0~1,000ppm
자동측정법 – 전기화학식(정전위전해법)	0~1,000ppm
기체크로마토그래피	TCD: 1,000ppm 이상 FID: 1~2,000ppm

정답 ④

78

★★★

다음 중 원자흡수분광광도법에 사용되는 분석장치인 것은?

① Stationary Liquid
② Detector Oven
③ Nebulizer-Chamber
④ Electron Capture Detector

해설

분무실(Nebulizer-Chamber, Atomizer Chamber)은 분무기와 함께 분무된 시료용액의 미립자를 더욱 미세하게 해준다.

선지분석

① Stationary Liquid: 기체-액체크로마토그래피에서 고정상 액체
② Detector Oven: 기체크로마토그래피에서의 검출기 오븐
④ Electron Capture Detector: 기체크로마토그래피에서의 전자포획 검출기

정답 ③

79

★★☆

굴뚝 배출가스 중 수분량이 체적백분율로 10%이고, 배출가스의 온도는 80℃, 시료채취량은 10L, 대기압은 0.6기압, 가스미터 게이지압은 25mmHg, 가스미터온도 80℃에서의 수증기포화압이 255mmHg라 할 때, 흡수된 수분량(g)은?

① 0.459 ② 0.328
③ 0.205 ④ 0.147

해설

습식 가스미터를 사용하는 경우의 공식을 이용한다.

$$X_w = \frac{\frac{22.4}{18}m_a}{V_m \times \frac{273}{273+\theta_m} \times \frac{P_a+P_m-P_v}{760} + \frac{22.4}{18}m_a} \times 100$$

X_w: 배출가스 중의 수증기의 부피 백분율(%)
m_a: 흡습 수분의 질량($m_{a2}-m_{a1}$)(g)
V_m: 흡입한 가스량(습식 가스미터에서 읽은 값, L)
θ_m: 가스미터에서의 흡입 가스 온도(℃)
P_a: 측정공 위치에서의 대기압(mmHg)

$$P_a = 0.6\text{atm} \times \frac{760\text{mmHg}}{1\text{atm}} = 456\text{mmHg}$$

P_m: 가스미터에서의 기체 게이지압(mmHg)
P_v: θ_m에서의 포화 수증기압(mmHg)

$$10 = \frac{\frac{22.4}{18}m_a}{10 \times \frac{273}{273+80} \times \frac{456+25-255}{760} + \frac{22.4}{18}m_a} \times 100$$

※ 위의 식은 숫자를 간단하게 정리한 후 공학용계산기의 SOLVE 기능을 이용해서 푸는 것이 편리하다.

$m_a = 0.2053\text{g}$

정답 ③

80

★☆☆

배출가스의 흡수를 위한 분석대상가스와 그 흡수액을 연결한 것으로 옳지 않은 것은?

① 페놀 – 수산화소듐 용액(0.1mol/L)
② 비소 – 수산화소듐 용액(0.1mol/L)
③ 황화수소 – 아연아민착염 용액
④ 사이안화수소 – 아세틸아세톤함유흡수액

해설

사이안화수소 – 수산화소듐 용액(0.5mol/L)

정답 ④

대기환경관계법규

81

★☆☆

환경정책기본법상 시·도지사가 해당 지역의 환경적 특수성을 고려하여 규정에 의한 환경기준보다 확대·강화된 별도의 환경기준을 설정할 경우, 누구에게 통보하여야 하는가?

① 환경부장관 ② 보건복지부장관
③ 국토교통부장관 ④ 국무총리

해설

시·도지사가 확대·강화된 별도의 환경기준을 설정할 경우 환경부장관에게 통보해야 한다.

정답 ①

82

★★★

실내공기질관리법규상 노인요양시설 내부의 쾌적한 공기질을 유지하기 위한 실내공기질 유지기준이 설정된 오염물질이 아닌 것은?

① 미세먼지(PM-10) ② 폼알데하이드
③ 아산화질소 ④ 총부유세균

해설

노인요양시설에서 아산화질소는 실내공기질 유지기준이 설정되어 있지 않고, 이산화질소가 실내공기질 권고기준에 포함되어 있다.

관련이론 | 실내공기질 유지·권고기준 오염물질의 구분

구분	내용
유지기준 「실내공기질 관리법 시행규칙 별표 2」	미세먼지(PM-10), 미세먼지(PM-2.5), 이산화탄소, 폼알데하이드, 총부유세균, 일산화탄소
권고기준 「실내공기질 관리법 시행규칙 별표 3」	이산화질소, 라돈, 총휘발성유기화합물, 곰팡이

정답 ③

83

★★☆

대기환경보전법규상 특정대기유해물질에 해당하지 않는 것은?

① 아닐린　② 아세트알데히드
③ 1,3-부타디엔　④ 망간

해설

망간은 특정대기유해물질에 해당되지 않는다.

관련이론 | 특정대기유해물질 「시행규칙 별표 2」

카드뮴 및 그 화합물, 시안화수소, 납 및 그 화합물, 폴리염화비페닐, 크롬 및 그 화합물, 비소 및 그 화합물, 수은 및 그 화합물, 프로필렌 옥사이드, 염소 및 염화수소, 불소화물, 석면, 니켈 및 그 화합물, 염화비닐, 다이옥신, 페놀 및 그 화합물, 베릴륨 및 그 화합물, 벤젠, 사염화탄소, 이황화메틸, 아닐린, 클로로포름, 포름알데히드, 아세트알데히드, 벤지딘, 1,3-부타디엔, 다환 방향족 탄화수소류, 에틸렌옥사이드, 디클로로메탄, 스틸렌, 테트라클로로에틸렌, 1,2-디클로로에탄, 에틸벤젠, 트리클로로에틸렌, 아크릴로니트릴, 히드라진

정답 ④

84

★☆☆

대기환경보전법규상 배출시설을 설치·운영하는 사업자에 대하여 과징금을 부과할 때, "2종 사업장"에 대하여 부과하는 사업장 규모별 부과계수는?

① 0.4　② 0.7
③ 1.0　④ 1.5

해설

과징금 처분 「시행령 제38조」

과징금은 법에 따른 위반행위별 행정처분기준에 따른 조업 정지일수에 1일당 300만원과 다음의 구분에 따른 부과계수를 곱하여 산정한다.

가. 1종 사업장: 2.0
나. 2종 사업장: 1.5
다. 3종 사업장: 1.0
라. 4종 사업장: 0.7
마. 5종 사업장: 0.4

정답 ④

85

★★☆

대기환경보전법규상 측정기기의 부착·운영 등과 관련된 행정처분기준 중 "부식·마모·고장 또는 훼손되어 정상적인 작동을 하지 아니하는 측정기기를 정당한 사유 없이 7일 이상 방치하는 경우" 1차~4차 행정처분기준으로 옳은 것은?

① 경고 – 경고 – 경고 – 조업정지 5일
② 경고 – 경고 – 경고 – 조업정지 10일
③ 경고 – 조업정지 10일 – 조업정지 30일 – 허가 취소 또는 폐쇄
④ 경고 – 경고 – 조업정지 10일 – 조업정지 30일

해설

부식·마모·고장 또는 훼손되어 정상적인 작동을 하지 아니하는 측정기기를 정당한 사유 없이 7일 이상 방치하는 경우의 행정처분기준 「시행규칙 별표 36」

1차	2차	3차	4차
경고	경고	조업정지 10일	조업정지 30일

정답 ④

86

★☆☆

대기환경보전법규상 자동차 운행정지표지에 기재되는 사항이 아닌 것은?

① 점검당시 누적주행거리
② 운행정지기간 중 주차장소
③ 자동차 소유자 성명
④ 자동차등록번호

해설

운행정지표지에 기재되는 사항 「시행규칙 별표 31」

자동차등록번호, 점검당시 누적주행거리, 운행정지기간, 운행정지기간 중 주차장소

정답 ③

87
★☆☆

다음은 실내공기질관리법상 측정기기의 부착 및 운영·관리와 규제의 재검토 사항이다. ( ) 안에 가장 적합한 것은?

> 환경부장관은 다중이용시설의 실내공기질 실태를 파악하기 위하여 다중이용시설의 소유자·점유자 등 관리책임이 있는 자에게 환경부령으로 정하는 측정기기를 부착하고 환경부령으로 정하는 기준에 따라 운영·관리할 것을 권고할 수 있다. 환경부장관은 위에 따른 측정기기의 부착 및 운영·관리에 대하여 2017년 1월 1일을 기준으로 (   ) 그 타당성을 검토하여 개선 등의 조치를 하여야 한다.

① 1년 마다　② 2년 마다
③ 3년 마다　④ 5년 마다

해설

규제의 재검토 「실내공기질 관리법 제13조의5」

환경부장관은 측정기기의 부착 및 운영·관리에 대하여 2017년 1월 1일을 기준으로 5년 마다(매 5년이 되는 해의 1월 1일 전까지를 말함) 그 타당성을 검토하여 개선 등의 조치를 하여야 한다.

정답 ④

88
★☆☆

대기환경보전법령상 초과부과금 부과대상 오염물질이 아닌 것은?

① 이황화탄소　② 시안화수소
③ 황화수소　④ 메탄

해설

배출부과금 부과대상 오염물질 「시행령 제23조」

구분	내용
기본부과금 부과대상	황산화물, 먼지, 실소산화물
초과부과금 부과대상	황산화물, 암모니아, 황화수소, 이황화탄소, 먼지, 불소화물, 염화수소, 질소산화물, 시안화수소

정답 ④

89
★☆☆

다음은 대기환경보전법상 실천계획의 수립·시행 및 평가에 관한 사항이다. ( ) 안에 알맞은 것은?

> 대기환경규제지역을 관할하는 시·도지사 또는 대도시 시장은 그 지역이 대기환경규제지역으로 지정·고시된 후 (㉠) 이내에 그 지역의 환경기준을 달성·유지하기 위한 계획을 (㉡)으로 정하는 내용과 절차에 따라 수립하고 환경부장관의 승인을 받아 시행하여야 한다. 이를 변경하는 경우에도 또한 같다.

① ㉠ 2년, ㉡ 대통령령　② ㉠ 2년, ㉡ 환경부령
③ ㉠ 5년, ㉡ 대통령령　④ ㉠ 5년, ㉡ 환경부령

해설

해당 기준은 법령의 개정으로 삭제되었다.

정답 정답 없음

90
★☆☆

대기환경보전법규상 사업자가 스스로 방지시설을 설계·시공하고자 하는 경우에 시·도지사에 제출하여야 할 서류와 거리가 먼 것은?

① 기술능력 현황을 적은 서류
② 공정도
③ 배출시설의 공정도, 그 도면 및 운영규약
④ 원료(연료 포함) 사용량, 제품생산량 및 대기오염물질 등의 배출량을 예측한 명세서

해설

사업자가 스스로 방지시설을 설계·시공하려는 경우에 유역환경청장, 지방환경청장, 수도권대기환경청장 또는 시·도지사에게 제출해야 하는 서류 「시행규칙 제31조」

1. 배출시설의 설치명세서
2. 공정도
3. 원료(연료 포함) 사용량, 제품생산량 및 대기오염물질 등의 배출량을 예측한 명세서
4. 방지시설의 설치명세서와 그 도면
5. 기술능력 현황을 적은 서류

정답 ③

91

★★☆

악취방지법규상 지정악취물질이 아닌 것은?

① 아세트알데하이드　② 메틸메르캅탄
③ 톨루엔　④ 벤젠

해설

벤젠은 지정악취물질이 아니다.

관련이론 | 지정악취물질의 종류「악취방지법 시행규칙 별표 1」
암모니아, 메틸메르캅탄, 황화수소, 다이메틸설파이드, 다이메틸다이설파이드, 트라이메틸아민, 아세트알데하이드, 스타이렌, 프로피온알데하이드, 뷰틸알데하이드, n-발레르알데하이드, i-발레르알데하이드, 톨루엔, 자일렌, 메틸에틸케톤, 메틸아이소뷰틸케톤, 뷰틸아세테이트, 프로피온산, n-뷰틸산, n-발레르산, i-발레르산, i-뷰틸알코올

정답 ④

92

★★☆

대기환경보전법령상 비산먼지 발생사업으로서 "대통령령으로 정하는 사업" 중 환경부령으로 정하는 사업과 가장 거리가 먼 것은?

① 비금속물질의 채취업, 제조업 및 가공업
② 제1차 금속 제조업
③ 운송장비 제조업
④ 목재 및 광석의 운송업

해설

시멘트, 석탄, 토사, 사료, 곡물 및 고철의 운송업이 비산먼지 발생사업이다.

관련이론 | 비산먼지 발생사업으로 대통령령으로 정하는 사업의 종류「시행령 제44조」
1. 시멘트·석회·플라스터 및 시멘트 관련 제품의 제조업 및 가공업
2. 비금속물질의 채취업, 제조업 및 가공업
3. 제1차 금속 제조업
4. 비료 및 사료제품의 제조업
5. 건설업(지반 조성공사, 건축물 축조공사, 토목공사, 조경공사 및 도장공사로 한정함)
6. 시멘트, 석탄, 토사, 사료, 곡물 및 고철의 운송업
7. 운송장비 제조업
8. 저탄시설(貯炭施設)의 설치가 필요한 사업
9. 고철, 곡물, 사료, 목재 및 광석의 하역업 또는 보관업
10. 금속제품의 제조업 및 가공업
11. 폐기물 매립시설 설치·운영 사업

정답 ④

93

★☆☆

환경정책기본법령상 대기환경기준 항목과 그 측정방법이 알맞게 짝지어진 것은?

① 아황산가스: 원자흡수분광광도법
② 일산화탄소: 비분산자외선분석법
③ 오존: 자외선광도법
④ 미세먼지(PM-10): 가스크로마토그래피

해설

「환경정책기본법 시행령 별표 1」 개정으로 대기환경기준 측정방법이 삭제되었다.

정답 정답 없음

94

★☆☆

악취방지법상 악취배출시설 설치자가 환경부령으로 정하는 사항을 변경하려는 경우 변경신고를 해야 하는데 이 변경신고를 하지 아니한 경우 과태료 부과기준으로 옳은 것은?

① 50만원 이하의 과태료
② 100만원 이하의 과태료
③ 200만원 이하의 과태료
④ 500만원 이하의 과태료

해설

해당 행위에 대한 과태료 부과기준은 100만원 이하이다.

정답 ②

95

★★☆

대기환경보전법령상 대기오염물질 배출허용기준 일일유량의 산정방법(일일유량=측정유량×일일조업시간) 중 일일조업시간 표시에 대한 설명으로 가장 적합한 것은?

① 일일조업시간은 배출량을 측정하기 전 최근 조업한 7일 동안의 배출시설 조업시간 평균치를 시간으로 표시한다.
② 일일조업시간은 배출량을 측정하기 전 최근 조업한 15일 동안의 배출시설 조업시간 평균치를 시간으로 표시한다.
③ 일일조업시간은 배출량을 측정하기 전 최근 조업한 30일 동안의 배출시설 조업시간 평균치를 시간으로 표시한다.
④ 일일조업시간은 배출량을 측정하기 전 최근 조업한 60일 동안의 배출시설 조업시간 평균치를 시간으로 표시한다.

해설

③번이 옳은 정의이다.

정답 ③

96

★★☆

대기환경보전법규상 자동차연료형 첨가제의 종류에 해당하지 않는 것은?

① 청정분산제 ② 옥탄가향상제
③ 매연발생제 ④ 세척제

해설

매연발생제가 아니라 매연억제제가 자동차연료형 첨가제이다.

관련이론 | 자동차연료형 첨가제의 종류「시행규칙 별표 6」

세척제, 청정분산제, 매연억제제, 다목적첨가제, 옥탄가향상제, 세탄가향상제, 유동성향상제, 윤활성향상제

정답 ③

97

★☆☆

대기환경보전법령상 황함유 기준에 부적합한 유류를 판매하여 그 해당 유류의 회수처리 명령을 받은 자는 시·도지사 등에게 그 명령을 받은 날부터 며칠 이내에 이행완료보고서를 제출하여야 하는가?

① 5일 이내에 ② 7일 이내에
③ 10일 이내에 ④ 30일 이내에

해설

저황유의 사용「시행령 제40조」

해당 유류의 회수처리명령 또는 사용금지명령을 받은 자는 명령을 받은 날부터 5일 이내에 다음 각 호의 사항을 구체적으로 밝힌 이행완료보고서를 시·도지사에게 제출하여야 한다.

1. 해당 유류의 공급기간 또는 사용기간과 공급량 또는 사용량
2. 해당 유류의 회수처리량, 회수처리방법 및 회수처리기간
3. 저황유의 공급 또는 사용을 증명할 수 있는 자료 등에 관한 사항

정답 ①

98

★☆☆

대기환경보전법상 평균 배출허용기준을 초과한 자동차제작자에 대한 상환명령을 이행하지 아니하고 자동차를 제작한 자에 대한 벌칙기준으로 옳은 것은?

① 7년 이하의 징역이나 1억원 이하의 벌금에 처한다.
② 5년 이하의 징역이나 5천만원 이하의 벌금에 처한다.
③ 3년 이하의 징역이나 3천만원 이하의 벌금에 처한다.
④ 1년 이하의 징역이나 1천만원 이하의 벌금에 처한다.

해설

해당 행위에 대한 벌칙기준은 7년 이하의 징역이나 1억원 이하의 벌금이다.

정답 ①

99 ★★★

환경정책기본법령상 "벤젠"의 대기환경기준(μg/m^3)은? (단, 연간평균치이다.)

① 0.1 이하 ② 0.15 이하
③ 0.5 이하 ④ 5 이하

해설

환경기준 「환경정책기본법 시행령 별표 1」

항목	기준
아황산가스 (SO_2)	연간 평균치 0.02ppm 이하 24시간 평균치 0.05ppm 이하 1시간 평균치 0.15ppm 이하
일산화탄소 (CO)	8시간 평균치 9ppm 이하 1시간 평균치 25ppm 이하
이산화질소 (NO_2)	연간 평균치 0.03ppm 이하 24시간 평균치 0.06ppm 이하 1시간 평균치 0.10ppm 이하
미세먼지 (PM-10)	연간 평균치 50$\mu g/m^3$ 이하 24시간 평균치 100$\mu g/m^3$ 이하
초미세먼지 (PM-2.5)	연간 평균치 15$\mu g/m^3$ 이하 24시간 평균치 35$\mu g/m^3$ 이하
오존(O_3)	8시간 평균치 0.06ppm 이하 1시간 평균치 0.1ppm 이하
납(Pb)	연간 평균치 0.5$\mu g/m^3$ 이하
벤젠	연간 평균치 5$\mu g/m^3$ 이하

정답 ④

100 ★★★

대기환경보전법규상 위임업무 보고사항 중 "자동차 연료 및 첨가제의 제조·판매 또는 사용에 대한 규제현황" 업무의 보고 횟수 기준은?

① 연 1회 ② 연 2회
③ 연 4회 ④ 수시

해설

위임업무 보고사항 「시행규칙 별표 37」

업무내용	보고 횟수	보고기일
환경오염사고 발생 및 조치 사항	수시	사고발생 시
수입자동차 배출가스 인증 및 검사현황	연 4회	매분기 종료 후 15일 이내
자동차 연료 및 첨가제의 제조·판매 또는 사용에 대한 규제현황	연 2회	매반기 종료 후 15일 이내
자동차 연료 또는 첨가제의 제조기준 적합 여부 검사현황	연료: 연 4회 첨가제: 연 2회	연료: 매분기 종료 후 15일 이내 첨가제: 매반기 종료 후 15일 이내
측정기기 관리대행업의 등록, 변경등록 및 행정처분 현황	연 1회	다음 해 1월 15일까지

정답 ②

2018년 | 1회 기출문제

자동채점

대기오염개론

01

★★☆

1시간에 10,000대의 차량이 고속도로 위에서 평균시속 80km로 주행하며, 각 차량의 평균 탄화수소 배출률은 0.02g/sec이다. 바람이 고속도로와 측면 수직방향으로 5m/sec로 불고 있다면 도로지반과 같은 높이의 평탄한 지형의 풍하 500m 지점에서의 지상오염농도는? (단, 대기는 중립상태이며 풍하 500m에서의 $\sigma_z=15$m, $C(x,y,0)=\frac{2Q}{(2\pi)^{0.5}\sigma_z U}\exp\left[-\frac{1}{2}\left(\frac{H_e}{\sigma_z}\right)^2\right]$를 이용한다.)

① 26.6μg/m³ ② 34.1μg/m³

③ 42.4μg/m³ ④ 51.2μg/m³

해설

$C(x,y,0)=\frac{2Q}{(2\pi)^{0.5}\sigma_z U}\exp\left[-\frac{1}{2}\left(\frac{H_e}{\sigma_z}\right)^2\right]$

Q: 오염물질 배출량(μg/m·sec)

$Q=\frac{10{,}000\text{대}}{\text{hr}}\times\frac{\text{hr}}{80\text{km}}\times\frac{0.02\text{g}}{\text{sec}}\times\frac{\text{km}}{10^3\text{m}}\times\frac{10^6\mu\text{g}}{\text{g}}$

$=2{,}500\mu\text{g/m}\cdot\text{sec}$

U: 바람의 속도(m/sec)

H_e: 유효굴뚝높이(m)

문제에서 도로지반과 같은 높이라고 했으므로 유효굴뚝높이는 "0"임

$C=\frac{2\times 2{,}500\mu\text{g/m}\cdot\text{sec}}{(2\pi)^{0.5}\times 15\text{m}\times 5\text{m/sec}}\exp\left[-\frac{1}{2}\left(\frac{0}{15}\right)^2\right]$

$=26.5961\mu\text{g/m}^3$

※ exp(0)=1

정답 ①

02

★★☆

부피가 3,500m³이고 환기가 되지 않은 작업장에서 화학반응을 일으키지 않는 오염물질이 분당 60mg씩 배출되고 있다. 작업을 시작하기 전에 측정한 이 물질의 평균농도가 10mg/m³이라면 1시간 이후의 작업장의 평균농도는 얼마인가? (단, 상자모델을 적용하며, 작업시작 전, 후의 온도 및 압력조건은 동일하다.)

① 11.0mg/m³ ② 13.6mg/m³

③ 18.1mg/m³ ④ 19.9mg/m³

해설

1시간 이후의 작업장의 평균농도

=처음 농도(mg/m³)+1시간 이후의 농도(mg/m³)

$\frac{10\text{mg}}{\text{m}^3}+\frac{\frac{60\text{mg}}{\text{min}}\times 60\text{min}}{3{,}500\text{m}^3}=11.0285\text{mg/m}^3$

정답 ①

03

★☆☆

다음 지표면 상태 중 일반적으로 알베도(%)가 가장 큰 것은?

① 삼림 ② 사막

③ 수면 ④ 얼음

해설

알베도는 얼음과 같이 지형의 빛 반사량이 클수록 증가하고 태양의 고도가 높아질수록 작아진다.

정답 ④

2018년

04

★☆☆

정상상태 조건 하에서 단위면적 당 확산되는 조건 하에서 물질의 이동속도는 농도의 기울기에 비례한다는 것과 관련된 법칙은?

① Fick's law ② Fourier's law
③ 르샤틀리에 법칙 ④ Reynold의 법칙

해설
Fick's law에 대한 설명이다.

정답 ①

05

★☆☆

잠재적인 대기오염물질로 취급되고 있는 물질인 이산화탄소에 관한 설명으로 가장 거리가 먼 것은?

① 지구온실효과에 대한 추정기여도는 CO_2가 50% 정도로 가장 높다.
② 대기 중의 이산화탄소 농도는 북반구의 경우 계절적으로는 보통 겨울에 증가한다.
③ 대기 중에 배출되는 이산화탄소의 약 5%가 해수에 흡수된다.
④ 지구 북반구의 이산화탄소 농도가 상대적으로 높다.

해설
대기 중에 배출되는 이산화탄소의 약 25%가 해수에 흡수된다.

정답 ③

06

★☆☆

대기오염 예측의 기본이 되는 난류확산 방정식은 시간에 따른 오염물 농도의 변화를 선형화한 여러 항으로 구성된다. 다음 중 방정식을 선형화하고자 할 때, 고려해야 할 사항으로 가장 거리가 먼 것은?

① 바람에 의한 수평방향 이류항
② 난류에 의한 분산항
③ 분자확산에 의한 항
④ 복잡한 화학(연소)반응에 의해 변화하는 항

해설
확산방정식을 선형화할 경우 단순한 화학반응에 의해 변화하는 항을 정리해야 한다.

정답 ④

07

★★☆

대기압력이 900mb인 높이에서의 온도가 25℃였다. 온위는 얼마인가? (단, $\theta = T \times \left(\frac{1{,}000}{P}\right)^{0.288}$이다.)

① 307.2K ② 377.8K
③ 421.4K ④ 487.5K

해설
$\theta = T \times \left(\frac{1{,}000}{P}\right)^{0.288}$
θ: 온위
T: 절대온도(K), P: 최초의 압력(mb)
$\theta = (273+25) \times \left(\frac{1{,}000}{900}\right)^{0.288} = 307.1810\text{K}$

정답 ①

08

★★★

다음 중 불소화합물의 가장 주된 배출원은?

① 알루미늄공업 ② 코크스 연소로
③ 냉동공장 ④ 석유정제

해설
알루미늄공업, 화학비료업 등에서 불소화합물을 많이 배출한다.

정답 ①

09

★★★

LA 스모그를 유발시킨 역전현상으로 가장 적합한 것은?

① 침강역전 ② 전선역전
③ 접지역전 ④ 복사역전

해설
LA 스모그는 침강역전에 의해 발생했고, 런던 스모그는 복사역전에 의해 발생했다.

정답 ①

10

★☆☆

다음 중 일반적으로 대도시의 산성강우 속에 가장 미량으로 존재할 것으로 예상되는 것은? (단, 산성강우는 pH 5.6 이하로 본다.)

① SO_4^{2-} ② K^+
③ Na^+ ④ F^-

해설

산성강우의 일반적인 이온 농도 크기는 다음과 같다.

$H^+ > SO_4^{2-} > NO_3^- > Cl^- > NH_4^+ > Ca^{2+} > Na^+ > Mg^{2+} > K^+$

F^-는 산성강우 속에 농도 크기를 산정하기 어려울 만큼 미량으로 존재한다.

정답 ④

11

★☆☆

아래 그림은 고도에 따른 풍속과 온도(실선: 환경감률, 점선: 건조단열감률) 그리고 굴뚝연기의 모양을 나타낸 것이다. 이에 대한 설명과 거리가 먼 것은?

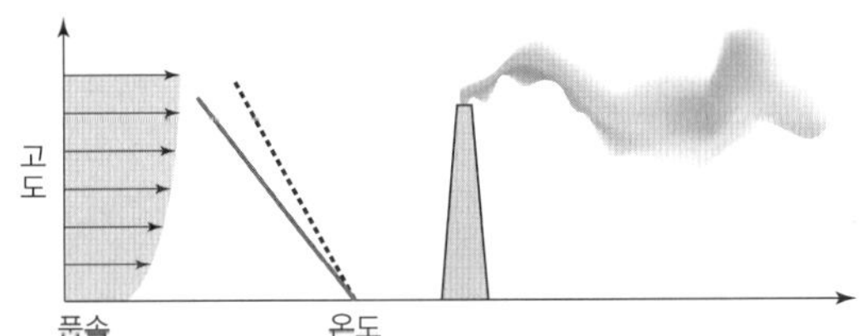

① 대기가 아주 불안정한 경우로 난류가 심하다.
② 날씨가 맑고 태양복사가 강한 계절에 잘 발생하며 수직 온도 경사가 과단열적이다.
③ 일출과 함께 역전층이 해소되며 하부의 불안정층이 연돌높이를 막 넘었을 때 발생한다.
④ 연기가 지면에 도달하는 경우 연돌부근 지표에서 고농도 오염을 야기하기도 하지만 빨리 분산된다.

해설

그림은 환상형의 연기확산모형이다.

③ 훈증형: 일출과 함께 역전층이 해소되며 하부의 불안정층이 연돌높이를 막 넘어 굴뚝 상단에 위치할 때 발생한다.

관련이론 | 환상형(Looping)

- 대기가 불안정상태(과단열)일 때 발생한다.
- 난류로 인해 오염물질을 확산시킨다.
- 바람이 약한 날, 주로 낮에 발생한다.

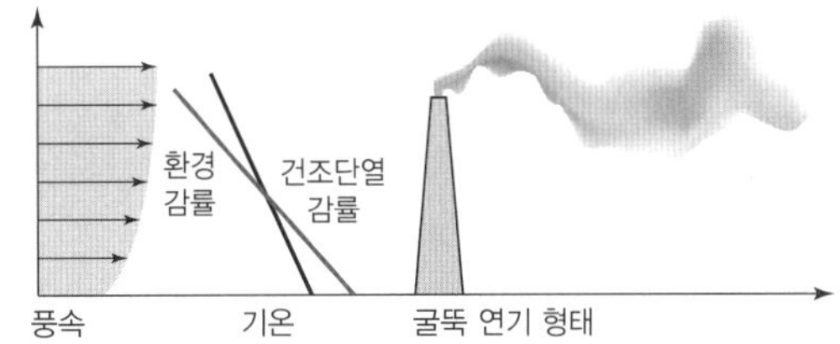

정답 ③

12

★★★

대기오염 사건과 대표적인 주 원인물질 또는 전구물질의 연결로 가장 거리가 먼 것은?

① 뮤즈계곡사건 – SO_2
② 도노라사건 – NO_2
③ 런던 스모그 사건 – SO_2
④ 보팔사건 – MIC(Methyl Isocyanate)

해설

도노라사건은 1948년에 미국의 도노라시에서 발생한 스모그 현상으로 SO_2가 주 원인물질이다.

정답 ②

13

★★☆

다음 기체 중 비중이 가장 작은 것은?

① NH_3 ② NO
③ H_2S ④ SO_2

해설

비중$=\dfrac{\text{기체의 밀도(g/mL)}}{\text{공기의 밀도(g/mL)}}$이다.

같은 부피일 때 분자량과 비중은 비례하기 때문에 분자량이 작을수록 비중이 작다.

보기에 있는 기체의 분자량

① NH_3: 17 ② NO: 30
③ H_2S: 34 ④ SO_2: 64

정답 ①

14

★☆☆

분산모델의 특징에 관한 설명으로 가장 거리가 먼 것은?

① 미래의 대기질을 예측할 수 있으며 시나리오를 작성할 수 있다.
② 점, 선, 면 오염원의 영향을 평가할 수 있다.
③ 단기간 분석 시 문제가 될 수 있고, 새로운 오염원이 지역 내 신설될 때 매번 재평가하여야 한다.
④ 지형, 기상학적 정보 없이도 사용할 수 있다.

해설

수용모델이 지형, 기상학적 정보 없이도 사용할 수 있다.

정답 ④

15

★☆☆

오존의 광화학반응 등에 관한 설명으로 옳지 않은 것은?

① 광화학 반응에 의한 오존생성률은 RO_2 농도와 관계가 깊다.
② 야간에는 NO_2와 반응하여 O_3가 생성되며, 일련의 반응에 의해 HNO_3가 소멸된다.
③ 대기 중 오존의 배경농도는 0.01~0.02ppm 정도이다.
④ 고농도 오존은 평균기온 32℃, 풍속 2.5m/sec 이하 및 자외선 강도 $0.8mW/cm^2$ 이상일 때 잘 발생되는 경향이 있다.

해설

주간에는 NO_2와 반응하여 O_3가 생성되며, 일련의 반응에 의해 HNO_3가 생성된다.

$NO_2+O_3 \rightarrow NO_3+O_2$

$NO_3+NO_2+M \rightarrow N_2O_5+M$

$N_2O_5+H_2O \rightarrow 2HNO_3$

정답 ②

16

★★☆

대기 중에 배출된 "A"라는 물질은 광분해반응(1차 반응)에 의해 반감기 2hr의 속도로 분해된다. "A" 물질이 대기 중으로 배출되어 초기 농도의 80%가 분해되는 데 소요되는 시간은?

① 약 0.6hr　　② 약 2.5hr
③ 약 3.1hr　　④ 약 4.6hr

해설

1차 반응식을 이용한다.

$\ln \frac{C_t}{C_o} = -kt$

C_t: t시간이 지난 후의 농도(ppm), C_o: 초기농도(ppm)
k: 속도상수(hr^{-1}), t: 시간(hr)

(1) 반감기를 이용하여 k 구하기

반감기란 처음 물질의 농도가 절반으로 감소하는 시간으로, 반감기가 2hr이라는 것은 처음 물질의 농도를 100%라고 했을 때 2hr이 지나면 농도가 50%가 된다는 의미이다.

$\ln \frac{50}{100} = -k \times 2hr$

$k = 0.3465/hr$

(2) 80%가 분해되는 데 필요한 소요시간 구하기

$\ln \frac{20}{100} = -0.3465 \times t$

$t = 4.6448hr$

정답 ④

17

★★☆

세포 내에서 SH기와 결합하여 헴(Heme)합성에 관여하는 효소를 포함한 여러 세포의 효소작용을 방해하며, 적혈구 내의 전해질이 감소되어 적혈구 생존기간이 짧아지고, 심한 경우 용혈성 빈혈이 나타나기도 하는 대기오염물질은?

① 카드뮴　　② 납
③ 수은　　④ 크롬

해설

대기오염물질 중 납에 대한 설명이다.

정답 ②

18

★☆☆

호흡을 통해 인체의 폐에 250ppm의 일산화탄소를 포함하는 공기가 흡입되었을 때, 혈액 내 최종포화 COHb는 몇 %인가? (단, 흡입공기 중 O_2는 21%, $\frac{COHb}{O_2Hb}=240\frac{PCO}{PO_2}$이다.)

① 22.2%   ② 28.6%

③ 33.3%   ④ 41.2%

해설

호흡을 통해 유입된 공기 중 일산화탄소와 산소만이 혈액 속의 Hb와 결합하므로 각 성분의 분율의 합은 1로 볼 수 있다.

$COHb+O_2Hb=1$

$\frac{COHb}{O_2Hb}=240\frac{PCO}{PO_2}$

$\frac{COHb}{1-COHb}=240\times\frac{0.025\%}{21\%}$

$COHb=0.2222=22.22\%$

※ COHb를 미지수로 놓고 공학용계산기의 SOLVE 기능을 이용하여 푸는 것이 편리합니다.

※ $250ppm=250\times10^{-4}\%=0.025\%$

정답 ①

19

★☆☆

전기자동차의 일반적 특성으로 가장 거리가 먼 것은?

① 엔진소음과 진동이 적다.

② 대형차에 잘 맞으며, 자동차의 수명보다 전지수명이 길다.

③ 친환경 자동차에 해당한다.

④ 충전 시간이 오래 걸리는 편이다.

해설

전기자동차는 소형차에 잘 맞으며, 자동차의 수명보다 전지수명이 짧다.

정답 ②

20

★☆☆

대기의 안정도 조건에 관한 설명으로 옳지 않은 것은?

① 과단열적 조건은 환경감률이 건조단열감률보다 클 때를 말한다.

② 중립적 조건은 환경감률과 건조단열감률이 같을 때를 말한다.

③ 미단열적 조건은 건조단열감률이 환경감률보다 작을 때를 말하며, 이 때의 대기는 아주 안정하다.

④ 등온 조건은 기온감률이 없는 대기상태이므로 공기의 상하 혼합이 잘 이루어지지 않는다.

해설

미단열적 조건은 건조단열감률이 환경감률보다 약간 클 때(환경감률이 건조단열감률보다 약간 작을 때)를 말하며, 이때의 대기는 약한 안정상태이다.

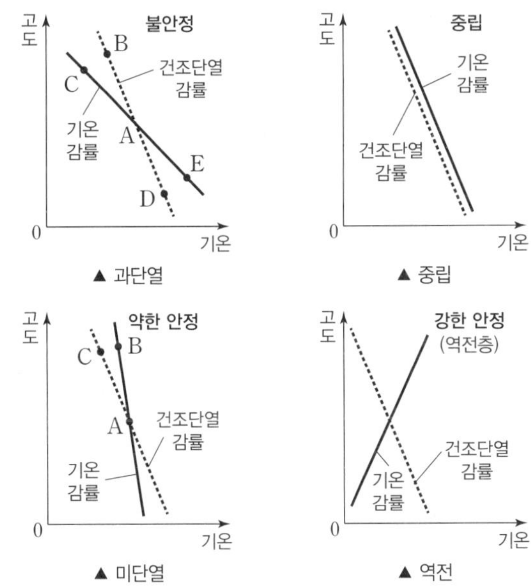

▲ 과단열   ▲ 중립

▲ 미단열   ▲ 역전

※ 기온감률과 환경감률은 거의 같은 의미로 사용된다.

정답 ③

연소공학

21 ★★★

액체연료의 연소형태와 거리가 먼 것은?

① 액면연소 ② 표면연소
③ 분무연소 ④ 증발연소

해설

표면연소는 고체연료의 연소형태이다.

관련이론 | 표면연소

- 고체연료가 화염을 내지 않고 연소하는 형태이다.
- 흑연, 코크스, 목탄 등과 같이 대부분 탄소만으로 되어 있고, 휘발성분이 거의 없는 연소의 형태로 표면의 탄소분부터 연소된다.

정답 ②

22 ★☆☆

기체연료의 특징 및 종류에 관한 설명으로 거리가 먼 것은?

① 부하변동범위가 넓고 연소의 조절이 용이한 편이다.
② 천연가스는 화염전파속도가 크며, 폭발범위가 크므로 1차 공기를 적게 혼합하는 편이 유리하다.
③ 액화천연가스는 메탄을 주성분으로 하는 천연가스를 1기압 하에서 −168℃ 근처에서 천연가스를 냉각, 액화시켜 대량수송 및 저장을 가능하게 한 것이다.
④ 액화석유가스는 액체에서 기체로 될 때 증발열(90~100kcal/kg)이 있으므로 사용하는데 유의할 필요가 있다.

해설

천연가스는 착화온도가 높은 편이고 화염전파속도가 느리며, 폭발범위가 크지 않다.

정답 ②

23 ★☆☆

다음 각종 연료성분의 완전연소 시 단위체적당 고위발열량($kcal/Sm^3$) 크기의 순서로 옳은 것은?

① 일산화탄소 > 메탄 > 프로판 > 부탄
② 메탄 > 일산화탄소 > 프로판 > 부탄
③ 프로판 > 부탄 > 메탄 > 일산화탄소
④ 부탄 > 프로판 > 메탄 > 일산화탄소

해설

탄화수소는 C/H가 클수록 고위발열량이 높다.

보기에 있는 물질의 C/H비

탄소(C)의 원자량은 12, 수소(H)의 원자량은 1이다.

부탄(C_4H_{10})$=\frac{12\times4}{1\times10}=4.8$

프로판(C_3H_8)$=\frac{12\times3}{1\times8}=4.5$

메탄(CH_4)$=\frac{12}{1\times4}=3$

일산화탄소(CO)$=0$

정답 ④

24 ★★☆

다음 중 $1Sm^3$의 중량이 2.59kg인 포화탄화수소 연료에 해당하는 것은?

① CH_4 ② C_2H_6
③ C_3H_8 ④ C_4H_{10}

해설

분자량이 $x$kg인 기체 1kmol의 부피는 $22.4m^3$이다.

$\frac{x kg}{22.4Sm^3}=2.59kg/Sm^3$

$x=58.016$kg이다.

이와 가장 가까운 분자량을 가진 연료는 C_4H_{10}이다.

C_4H_{10}의 분자량$=(12\times4)+(1\times10)=58$

정답 ④

25

★☆☆

석탄의 물리화학적인 성상에 관한 설명으로 옳은 것은?

① 연료 조성변화에 따른 연소특성으로서 회분은 착화불량과 열손실을, 고정탄소는 발열량 저하 및 연소불량을 초래한다.

② 석탄 회분의 용융 시 SiO_2, Al_2O_3 등의 산성 산화물량이 많으면 회분의 용융점이 상승한다.

③ 석탄을 고온건류하여 코크스를 생산할 때 온도는 250~300℃ 정도이다.

④ 석탄의 휘발분은 매연발생에 영향을 주지 않는다.

선지분석

① 연료 조성변화에 따른 연소특성으로서 수분은 착화불량과 열손실을, 고정탄소는 발열량 저하 및 연소불량을 초래한다.

③ 석탄을 고온건류하여 코크스를 생산할 때 온도는 약 1,000℃ 정도이다.

④ 석탄의 휘발분은 매연발생에 영향을 준다.

정답 ②

26

★★★

부탄가스를 완전연소시키기 위한 공기연료비(Air Fuel Ratio)는? (단, 부피 기준이다.)

① 15.23 ② 20.15

③ 30.95 ④ 60.46

해설

연료를 $1Sm^3$으로 가정한다.

$C_4H_{10} + 6.5O_2 \rightarrow 4CO_2 + 5H_2O$

이론산소량 = $6.5Sm^3$

$$\text{이론공기량} = \frac{\text{이론산소량}}{0.21} = \frac{6.5}{0.21} = 30.9523Sm^3$$

$$\text{공기연료비(AFR)} = \frac{\text{이론공기량}(m^3)}{\text{연료의 양}(m^3)} = \frac{30.9523}{1} = 30.9523$$

정답 ③

27

★☆☆

다음 알콜연료 중 에테르, 아세톤, 벤젠 등 많은 유기물질을 용해하며, 무색의 독특한 냄새를 가지고, 모두 8종의 이성질체가 존재하는 것은?

① Ethanol(C_2H_5OH)

② Propanol(C_3H_7OH)

③ Butanol(C_4H_9OH)

④ Pentanol($C_5H_{11}OH$)

해설

Pentanol($C_5H_{11}OH$)의 이성질체

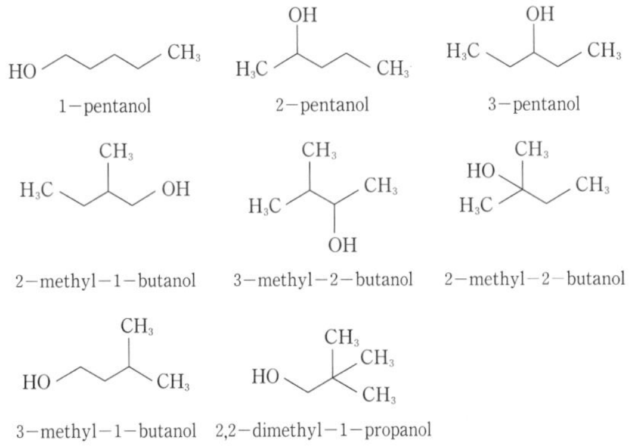

1−pentanol　2−pentanol　3−pentanol

2−methyl−1−butanol　3−methyl−2−butanol　2−methyl−2−butanol

3−methyl−1−butanol　2,2−dimethyl−1−propanol

정답 ④

28

★☆☆

다음 중 연소 또는 폐기물 소각공정에서 생성될 수 있는 대기오염물질과 가장 거리가 먼 것은?

① 염화수소 ② 다이옥신

③ 벤조(a)피렌 ④ 라돈

해설

라돈은 토양, 시멘트, 암석 등에서 배출되는 대기오염물질이다.

정답 ④

29 ★★☆

어떤 화학반응 과정에서 반응물질이 25% 분해하는 데 41.3분 걸린다는 것을 알았다. 이 반응이 1차라고 가정할 때, 속도상수 k는?

① $1.437\times10^{-4}\ s^{-1}$ ② $1.232\times10^{-4}\ s^{-1}$
③ $1.161\times10^{-4}\ s^{-1}$ ④ $1.022\times10^{-4}\ s^{-1}$

해설

1차반응식을 이용한다.

$$\ln\frac{C_t}{C_o}=-kt$$

C_t: t시간이 지난 후의 농도(ppm), C_o: 초기농도(ppm)

k: 속도상수(s^{-1}), t: 시간(s)

$$\ln\frac{75}{100}=-k\times41.3\text{min}\times\frac{60\text{s}}{\text{min}}$$

$k=1.1609\times10^{-4}\ s^{-1}$

정답 ③

30 ★★★

메탄 $3.0Sm^3$을 완전연소시킬 때 발생되는 이론습연소 가스량(Sm^3)은?

① 약 25.6 ② 약 28.6
③ 약 31.6 ④ 약 34.6

해설

메탄(CH_4) 1mol이 완전연소할 때 산소(O_2) 2mol이 필요하고, 이산화탄소(CO_2) 1mol, 물(H_2O) 2mol이 생성된다.

$CH_4+2O_2\rightarrow CO_2+2H_2O$

이론산소량$=3\times2=6Sm^3$

이론공기량$=\dfrac{\text{이론산소량}}{0.21}=\dfrac{6}{0.21}=28.5714Sm^3$

이론공기 중 질소량=이론공기량$\times0.79$

$=28.5714\times0.79=22.5714Sm^3$

이론습연소 생성물$=(3\times1)+(3\times2)=9Sm^3$

이론습연소 가스량=이론공기 중 질소량+이론습연소 생성물

$=22.5714+9=31.5714Sm^3$

정답 ③

31 ★☆☆

다음 조건에 해당되는 액체연료와 가장 가까운 것은?

- 비점: 200~320℃ 정도
- 비중: 0.8~0.9 정도
- 정제한 것은 무색에 가깝고, 착화성 적부는 cetane값으로 표시된다.

① Naphtha ② Heavy Oil
③ Light Oil ④ Kerosene

해설

Light Oil(경유)에 대한 설명이다.

정답 ③

32 ★★☆

저위발열량이 $5,000kcal/Sm^3$인 기체연료의 이론연소온도(℃)는 약 얼마인가? (단, 이론연소가스량 $15Sm^3/Sm^3$ 연료 연소가스의 평균정압비열 $0.35kcal/Sm^3\cdot$℃, 기준온도 0℃, 공기는 예열하지 않으며, 연소가스는 해리되지 않는다고 본다.)

① 952 ② 994
③ 1,008 ④ 1,118

해설

이론연소온도=기준온도$+\dfrac{\text{저위발열량}}{\text{평균정압비열}\times\text{연소가스량}}$

$$=0℃+\frac{\frac{5,000\text{kcal}}{Sm^3}}{\frac{0.35\text{kcal}}{Sm^3\cdot℃}\times\frac{15Sm^3}{Sm^3}}=952.3809℃$$

정답 ①

33

★☆☆

석유의 물리적 성질에 관한 설명으로 옳지 않은 것은?

① 비중이 커지면 화염의 휘도가 커지며 점도도 증가한다.
② 증기압이 높으면 인화점이 높아져서 연소효율이 저하된다.
③ 유동점(Pouring point)은 일반적으로 응고점보다 2.5℃ 높은 온도를 말한다.
④ 점도가 낮아지면 인화점이 낮아지고 연소가 잘 된다.

해설

증기압이 낮으면 인화점이 높아져서 연소효율이 저하된다.

정답 ②

34

★★☆

주어진 기체연료 $1Sm^3$를 이론적으로 완전연소시키는 데 가장 적은 이론산소량(Sm^3)을 필요로 하는 것은? (단, 연소 시 모든 조건은 동일하다.)

① Methane ② Hydrogen
③ Ethane ④ Acetylene

해설

Hydrogen(H_2)이 완전연소될 때 필요한 산소가 0.5mol로 가장 적다.

① Methane: $CH_4+2O_2 \rightarrow CO_2+2H_2O$
② Hydrogen: $H_2+0.5O_2 \rightarrow H_2O$
③ Ethane: $C_2H_6+3.5O_2 \rightarrow 2CO_2+3H_2O$
④ Acetylene: $C_2H_2+2.5O_2 \rightarrow 2CO_2+H_2O$

정답 ②

35

★★★

자동차 내연기관에서 휘발유(C_8H_{18}: 옥탄)를 연소시킬 때 공기연료비(Air Fuel ratio)는? (단, 완전연소 무게 기준이다.)

① 60 ② 40
③ 30 ④ 15

해설

연료를 옥탄 1kmol에 해당하는 114kg으로 가정한다.

$C_8H_{18}+12.5O_2 \rightarrow 8CO_2+9H_2O$

이론산소량 $=12.5\times32=400kg$

$$\text{중량 기준 이론공기량}=\frac{\text{이론산소량}}{0.232}=\frac{400}{0.232}=1,724.1379kg$$

$$\text{공기연료비(AFR)}=\frac{\text{이론공기량(kg)}}{\text{연료의 질량(kg)}}=\frac{1,724.1379}{114}=15.1240$$

정답 ④

36

★★☆

황 함량이 무게비로 2.0%인 액체연료 1L를 연소하여 배출되는 배출가스가 표준상태 기준으로 $10m^3$라고 한다면 배출가스 중 SO_2 농도는 몇 ppm인가? (단, 연료비중은 0.8, 표준상태 기준이다.)

① 140 ② 280
③ 560 ④ 1,120

해설

황 1kmol이 완전연소하면 이산화황(SO_2) 1kmol이 생성된다.

$S+O_2 \rightarrow SO_2$

$ppm=mL/m^3$

$$\frac{\frac{0.8kg}{L}\times1L\times\frac{2}{100}\times\frac{22.4Sm^3}{32kg}\times\frac{10^6mL}{Sm^3}}{10Sm^3}=1,120ppm$$

정답 ④

37

★☆☆

절충식 방법으로서 연소용 공기의 일부를 미리 기체연료와 혼합하고 나머지 공기는 연소실 내에서 혼합하여 확산연소시키는 방식으로 소형 또는 중형버너로 널리 사용되며, 기체연료 또는 공기의 분출속도에 의해 생기는 흡인력을 이용하여 공기 또는 연료를 흡인하는 것은?

① 확산연소 ② 예혼합연소
③ 유동층연소 ④ 부분예혼합연소

해설

부분예혼합연소에 관한 설명이다.

정답 ④

38

★☆☆

액체 연료의 연소버너에 관한 다음 설명 중 옳지 않은 것은?

① 유압식 버너의 연료 분무각도는 40~90° 정도이다.
② 고압공기식 버너의 분무각도는 40~80° 정도이고 유량 조절범위는 1 : 5 정도이다.
③ 회전식 버너는 유압식 버너에 비해 분무의 입자는 비교적 크고, 유압은 0.5kg/cm² 전후이다.
④ 저압공기식 버너는 주로 소형 가열로 등에 이용되고 무화에 사용하는 공기량은 전 이론공기량의 30~50% 정도이다.

해설

고압공기식 버너의 분무각도는 20~30° 정도이고 유량조절범위는 1 : 10 정도이다.

관련이론

저압공기식 버너

- 공기압의 범위는 0.05~0.2kg/cm²이다.
- 유량조절비는 1 : 5 정도이고 연소량은 2~200L/hr, 분무각도는 30~60°로 분무각도는 비교적 좁고 짧은 화염을 가진다.
- 저압공기식 버너는 주로 소형 가열로 등에 이용되고 무화에 사용하는 공기량은 이론공기량의 30~50% 정도이다.

고압공기식 버너(고압기류식버너)

- 공기압의 범위는 2~8(또는 10)kg/cm²이다.
- 분무각도는 20~30° 정도로 좁고 유량조절범위는 1 : 10 정도로 크다.
- 연료분사범위는 외부혼합식이 3~500L/hr, 내부혼합식이 10~1,200L/hr 정도이다.
- 고점도 연료에도 사용이 가능하며, 장염이나 연소 시 소음이 발생된다.
- 구조가 간단하고, 무화상태가 좋아서 대형 가열로에 주로 사용한다.
- 무화에 사용하는 공기량은 이론공기량의 7~12% 정도이다.

정답 ②

39

★★☆

어떤 반응에서 0℃에서의 반응속도상수가 0.001s⁻¹이고 100℃에서의 반응속도상수가 0.05s⁻¹일 때 활성화에너지(kJ/mol)는?

① 25　　② 33
③ 41　　④ 50

해설

아레니우스 공식을 이용한다.

$k=A\times e^{\left(-\frac{E}{RT}\right)}$

R: 기체상수(8.314J/K·mol), E: 활성화에너지(J/mol)

T: 절대온도(K), A: 빈도인자, k: 반응속도상수(s^{-1})

(1) 0℃인 경우

$$0.001=A\times e^{\left(-\frac{E}{8.314\times(273+0)}\right)}$$

$$\ln(0.001)=\ln A+\left(-\frac{E}{8.314\times(273+0)}\right)$$

$$-6.9077=\ln A-\frac{E}{2,269.722}$$

(2) 100℃인 경우

$$0.05=A\times e^{\left(-\frac{E}{8.314\times(273+100)}\right)}$$

$$\ln(0.05)=\ln A+\left(-\frac{E}{8.314\times(273+100)}\right)$$

$$-2.9957=\ln A-\frac{E}{3,101.122}$$

(3) E 구하기

$$-6.9077=\ln A-\frac{E}{2,269.722}$$

$$\ln A=-6.9077+\frac{E}{2,269.722}$$

$$-2.9957=\ln A-\frac{E}{3,101.122}$$

위 두 식을 이용하여 E를 구한다.

$$-2.9957=-6.9077+\frac{E}{2,269.722}-\frac{E}{3,101.122}$$

$$E\times\left(\frac{1}{2,269.722}-\frac{1}{3,101.122}\right)=3.912$$

$$E=33,119.2386\text{J/mol}=33.1192\text{kJ/mol}$$

정답 ②

40
★★★

중유의 중량 성분 분석결과 탄소 82%, 수소 11%, 황 3%, 산소 1.5%, 기타 2.5%라면 이 중유의 완전연소 시 시간당 필요한 이론공기량은?(단, 연료사용량 100L/hr, 연료비중 0.95이며, 표준상태 기준이다.)

① 약 $630Sm^3$ ② 약 $720Sm^3$
③ 약 $860Sm^3$ ④ 약 $980Sm^3$

해설

이론산소량 $=1.867C+5.6H+0.7S-0.7O$
$=(1.867\times0.82)+(5.6\times0.11)+(0.7\times0.03)-(0.7\times0.015)$
$=2.1574Sm^3/kg$

이론공기량 $=\dfrac{\text{이론산소량}}{0.21}=\dfrac{2.1574}{0.21}=10.2733Sm^3/kg$

연료량 $=\dfrac{0.95kg}{L}\times\dfrac{100L}{hr}=95kg/hr$

시간당 필요한 이론공기량
$=10.2733Sm^3/kg\times95kg/hr=975.9635Sm^3/hr$

정답 ④

대기오염방지기술

41
★☆☆

유해가스 종류별 처리제 및 그 생성물과의 연결로 옳지 않은 것은? (단, 순서대로 유해가스－처리제－생성물이다.)

① $SiF_4-H_2O-SiO_2$
② $F_2-NaOH-NaF$
③ $HF-Ca(OH)_2-CaF_2$
④ $Cl_2-Ca(OH)_2-Ca(ClO_3)_2$

해설

$Cl_2-Ca(OH)_2-Ca(OCl)_2$
전체반응: $2Cl_2+2Ca(OH)_2\rightarrow Ca(OCl)_2+CaCl_2+2H_2O$

정답 ④

42
★☆☆

흡착제의 종류 중 각종 방향족 유기용제, 할로겐화된 지방족 유기용제, 에스테르류, 알콜류 등의 비극성 유기용제를 흡착하는 데 탁월한 효과가 있는 것은?

① 활성백토 ② 실리카겔
③ 활성탄 ④ 활성알루미나

해설

활성탄은 비극성 유기용제를 흡착하는 데 탁월한 효과가 있다.

정답 ③

43
★★★

처리가스량 $30,000m^3/hr$, 압력손실 $300mmH_2O$인 집진장치의 송풍기 소요동력은 몇 kW가 되겠는가? (단, 송풍기의 효율은 47%이다.)

① 약 38kW ② 약 43kW
③ 약 49kW ④ 약 52kW

해설

$$P(kW)=\frac{Q\times\Delta P}{102\times\eta}\times\alpha$$

Q: 처리가스량(m^3/sec), ΔP: 압력손실(mmH_2O)
η: 송풍기 효율, α: 여유율(문제에 주어지지 않으면 1로 간주)

$$P=\frac{\dfrac{30,000m^3}{hr}\times\dfrac{hr}{3,600sec}\times300mmH_2O}{102\times0.47}=52.1485kW$$

정답 ④

44
★★☆

다음 중 가스분산형 흡수장치로만 짝지어진 것은?

① 단탑, 기포탑 ② 기포탑, 충전탑
③ 분무탑, 단탑 ④ 분무탑, 충전탑

해설

액측 저항이 클 경우 유리한 가스분산형 흡수장치: 단탑, 포종탑, 다공판탑, 기포탑 등
가스측 저항이 클 경우 유리한 액분산형 흡수장치: 충전탑, 분무탑, 벤투리 스크러버, 사이클론 스크러버 등

정답 ①

45
★★★

다음 중 여과집진장치에서 여포를 탈진하는 방법이 아닌 것은?

① 기계적 진동(Mechanical shaking)
② 펄스제트(Pulse jet)
③ 공기역류(Reverse air)
④ 블로다운(Blow down)

해설

블로다운(Blow down)
- 원심력집진장치(사이클론)의 집진효율을 높이는 방법이다.
- 하부의 더스트 박스(Dust box)에서 처리가스량의 5~10%를 흡입하여 사이클론 내의 난류현상을 억제시킴으로 먼지의 재비산을 막아주며, 장치 내벽 부착으로 일어나는 먼지의 축적도 방지하는 방법이다.

정답 ④

46
★☆☆

유체의 운동을 결정하는 점도(Viscosity)에 대한 설명으로 옳은 것은?

① 온도가 증가하면 대개 액체의 점도는 증가한다.
② 액체의 점도는 기체에 비해 아주 크며, 대개 분자량이 증가하면 증가한다.
③ 온도가 감소하면 대개 기체의 점도는 증가한다.
④ 온도에 따른 액체의 운동점도(Kinematic viscosity)의 변화폭은 절대점도의 경우보다 넓다.

선지분석

① 온도가 증가하면 대개 액체의 점도는 감소한다.
③ 온도가 증가하면 대개 기체의 점도는 증가한다.
④ 온도에 따른 액체의 운동점도(Kinematic viscosity)의 변화폭은 절대점도의 경우보다 좁다.

정답 ②

47
★☆☆

400ppm의 HCl을 함유하는 배출가스를 처리하기 위해 액가스비가 2L/Sm^3인 충전탑을 설계하고자 한다. 이 때 발생되는 폐수를 중화하는 데 필요한 시간당 0.5N NaOH 용액의 양은? (단, 배출가스는 400Sm^3/h로 유입되며, HCl은 흡수액인 물에 100% 흡수된다.)

① 9.2L　　② 11.4L
③ 14.2L　　④ 18.8L

해설

$N_1V_1=N_2V_2$

N_1, N_2: 산, 염기의 노르말농도(eq/L)

V_1, V_2: 산, 염기의 시간당 소요량(L/hr)

HCl의 분자량$=1+35.5=36.5$

$$\frac{400\text{mL}}{\text{Sm}^3}\times\frac{400\text{Sm}^3}{\text{hr}}\times\frac{36.5\text{mg}}{22.4\text{mL}}\times\frac{\text{g}}{1{,}000\text{mg}}\times\frac{\text{eq}}{(36.5/1)\text{g}}$$

$$=\frac{0.5\text{eq}}{\text{L}}\times X(\text{L/hr})$$

$X=14.2857\text{L}$

정답 ③

48
★☆☆

Co-Ni-Mo을 수소첨가촉매로 하여 250~450℃에서 30~150kg/cm^2의 압력을 가하면 S이 H_2S, SO_2 등의 형태로 제거되는 중유탈황법은?

① 직접탈황법　　② 흡착탈황법
③ 활성탈황법　　④ 산화탈황법

해설

직접탈황법에 대한 설명이다.

정답 ①

49

★☆☆

HF 3,000ppm, SiF_4 1,500ppm 들어있는 가스를 시간당 22,400Sm^3씩 물에 흡수시켜 규불산을 회수하려고 한다. 이론적으로 회수할 수 있는 규불산의 양은? (단, 흡수율은 100%이다.)

① 67.2Sm^3/h　② 1.5kmol/h
③ 3.0kmol/h　④ 22.4Sm^3/h

해설

$2HF + SiF_4 \rightarrow H_2SiF_6$

HF와 SiF_4가 2 : 1로 반응하며 존재하는 가스의 양도 2 : 1이므로 두 가스가 모두 반응하여 규불산(H_2SiF_6) 1만큼 생성한다.

$$\frac{1,500mL}{Sm^3} \times \frac{22,400Sm^3}{h} \times \frac{1mmol}{22.4mL} \times \frac{kmol}{10^6 mmol}$$
$= 1.5kmol/h$

정답 ②

50

★☆☆

국소배기장치 중 후드의 설치 및 흡인방법과 거리가 먼 것은?

① 발생원에 최대한 접근시켜 흡인시킨다.
② 주 발생원을 대상으로 하는 국부적 흡인방식이다.
③ 흡인속도를 크게 하기 위해 개구면적을 넓게 한다.
④ 포착속도(Capture velocity)를 충분히 유지시킨다.

해설

흡인속도를 크게 하기 위해 개구면적을 좁게 해야 한다.

관련이론 | 환기장치에서 후드(Hood)의 특징

- 발생원에 최대한 접근시켜 흡인시킨다.
- 주 발생원을 대상으로 하는 국부적 흡인방식이다.
- 포착속도(Capture velocity)를 충분히 유지시킨다.
- 흡인속도를 크게 하기 위해 개구면적을 좁게 한다.

정답 ③

51

★☆☆

다음은 활성탄의 고온 활성화 재생방법으로 적용될 수 있는 다단로(Multi-hearth furnace)와 회전로(Rotary kiln)의 비교표이다. 옳지 않은 것은?

	구분	다단로	회전로
㉠	온도 유지	여러 개의 버너로 구분된 반응영역에서 온도 분포 조절이 가능하고 열효율이 높음	단 1개의 버너로 열공급, 영역별 온도유지가 불가능하고 열효율이 낮음
㉡	수증기 공급	반응영역에서 일정하게 분사	입구에서만 공급하므로 일정치 않음
㉢	입도 분포	입도에 비례하여 큰 입자가 빨리 배출	입도 분포에 관계없이 체류시간을 동일하게 유지 가능
㉣	품질	고품질 입상재생설비로 적합	고품질 입상재생설비로 부적합

① ㉠　② ㉡
③ ㉢　④ ㉣

해설

	구분	다단로	회전로
㉢	입도 분포	입도분포에 관계없이 체류시간을 동일하게 유지 가능	입도에 비례하여 큰 입자가 빨리 배출

정답 ③

2018년

52

★☆☆

흡수에 관한 설명으로 옳지 않은 것은?

① 습식세정장치에서 세정흡수효율은 세정수량이 클수록, 가스의 용해도가 클수록, 헨리정수가 클수록 커진다.
② SiF_4, HCHO 등은 물에 대한 용해도가 크나 NO, NO_2 등은 물에 대한 용해도가 작은 편이다.
③ 용해도가 작은 기체의 경우에는 헨리의 법칙이 성립한다.
④ 헨리정수(atm·m^3/kg·mol)값은 온도에 따라 변하며, 온도가 높을수록 그 값이 크다.

해설

습식세정장치에서 세정흡수효율은 세정수량이 클수록, 가스의 용해도가 클수록, 헨리정수가 작을수록 커진다.

정답 ①

53

★☆☆

10개의 bag을 사용한 여과집진장치에서 입구먼지농도가 25g/Sm^3, 집진율이 98%였다. 가동 중 1개의 bag에 구멍이 열려 전체 처리가스량의 1/5이 그대로 통과하였다면 출구의 먼지농도는? (단, 나머지 bag의 집진율 변화는 없다.)

① 3.24g/Sm^3　　② 4.09g/Sm^3
③ 4.82g/Sm^3　　④ 5.40g/Sm^3

해설

전체 처리가스량(25g/Sm^3)의 1/5인 5g/Sm^{3}은 그대로 통과한다.
문제의 조건에서 나머지 bag의 집진율 변화는 없다고 했으므로 그대로 통과하지 않는 4/5의 가스에는 집진율 98%를 적용한다.

$$5+\left\{25\times\frac{4}{5}\times(1-0.98)\right\}=5.4\text{g/Sm}^3$$

정답 ④

54

★☆☆

각종 유해가스 처리법으로 가장 거리가 먼 것은?

① 아크로레인은 NaClO 등의 산화제를 혼입한 가성소다 용액으로 흡수제거한다.
② CO는 백금계의 촉매를 사용하여 연소시켜 제거한다.
③ 이황화탄소는 암모니아를 불어넣는 방법으로 제거한다.
④ Br_2는 산성 수용액에 의한 선정법으로 제거한다.

해설

Br_2는 염기성 수용액(NaOH)에 의한 흡수법으로 제거한다.

정답 ④

55

★★★

습식전기집진장치의 특징에 관한 설명 중 틀린 것은?

① 작은 전기저항에 의해 생기는 먼지의 재비산을 방지할 수 있다.
② 집진면이 청결하여 높은 전계 강도를 얻을 수 있다.
③ 건식에 비하여 가스의 처리속도를 2배 정도 크게 할 수 있다.
④ 고저항의 먼지로 인한 역전리 현상이 일어나기 쉽다.

해설

습식전기집진장치는 역전리 현상의 제어가 용이하다.

정답 ④

56

★★☆

다음은 원심송풍기에 관한 설명이다. ( ) 안에 알맞은 것은?

> ( )은 익현길이가 짧고 깃폭이 넓은 36~64매나 되는 다수의 전경깃이 강철판의 회전차에 붙여지고 용접해서 만들어진 케이싱 속에 삽입된 형태의 팬으로서 시로코팬이라고도 널리 알려져 있다.

① 레이디얼 팬　② 터보 팬
③ 다익팬　④ 익형팬

해설

원심송풍기 중 다익팬에 대한 설명이다.

관련이론 | 유체 흐름에 따른 송풍기의 분류

구분	축류 송풍기	원심력 송풍기
원동력	양력	원심력
흐름	축방향	축에 대해 수직방향
종류	평판형(프로펠러형), 베인형(고정날개축류형), 튜브형(원통축류형)	다익형(전향날개형), 익형(비행기날개형), 레디얼형(방사날개형), 터보형(후향날개형)
형태		

다익형[전향날개형(Forward curved)]
- 날개가 작고 비교적 느린 속도로 이용된다.
- 날개의 형상에 따라 저속운전이 가능해 소음이 적다.
- 풍량변동에 따른 풍압의 변화가 적다.
- 베인댐퍼(Vane damper)의 설치로 풍량 및 정압 조정이 용이해 position에 따라 정압조정이 용이하다.
- 중앙난방장치 및 패키지 에어컨과 같이 저압 난방, 환기 및 에어컨 장치, 저속덕트 공조용, 공조 급배기용 등에 사용된다.

정답 ③

57

★☆☆

먼지의 Stoke's 직경이 5×10^{-4}cm, 입자의 밀도가 1.8g/cm^{3}일 때 이 분진의 공기역학적 직경(cm)은?

① 7.8×10^{-4}　② 6.7×10^{-4}
③ 5.4×10^{-4}　④ 2.6×10^{-4}

해설

스토크스 공식을 이용한다.

$$V_g=\frac{d_p^2(\rho_p-\rho)g}{18\mu}$$

V_g: 침강속도(m/sec), d_p: 입자의 직경(cm)
ρ_p: 입자의 밀도(g/cm^3), ρ: 공기의 밀도(g/cm^3)
g: 중력가속도(m/sec^2), μ: 가스의 점도(kg/m·sec)
공기역학적 직경은 대상 먼지와 침강속도가 동일하며 밀도가 1g/cm^{3}인 구형입자의 직경이다.
공기의 밀도는 문제의 조건에 주어지지 않았으므로 무시하고 중력가속도, 가스의 점도는 동일하다고 보고 각 직경의 관계를 본다.
$V_g=(5\times10^{-4}\text{cm})^2\times1.8\text{g/cm}^3\times K=d_p^2\times1\text{g/cm}^3\times K$
$d_p=6.7082\times10^{-4}$cm

정답 ②

58

★★★

전기집진장치의 특성에 관한 설명으로 가장 거리가 먼 것은?

① 전압변동과 같은 조건 변동에 쉽게 적응하기 어렵다.
② 다른 고효율 집진장치에 비해 압력손실(10~20mmH$_2$O)이 적어 소요동력이 적은 편이다.
③ 대량가스 및 고온(350℃ 정도)가스의 처리도 가능하다.
④ 입자의 하전을 균일하게 하기 위해 장치 내부의 처리가스 속도는 보통 7~15m/s를 유지하도록 한다.

해설

전기집진장치는 입자의 하전을 균일하게 하기 위해 장치 내부의 처리가스 속도는 보통 건식 1~2m/s, 습식 2~4m/s를 유지하도록 한다.

정답 ④

2018년

59 ★★☆

일반적으로 더스트의 체적당 표면적을 비표면적이라 하는데 구형입자의 비표면적의 식을 옳게 나타낸 것은? (단, d는 구형입자의 직경이다.)

① $2/d$ ② $4/d$
③ $6/d$ ④ $8/d$

해설

입자의 비표면적

- 먼지의 입경과 비표면적은 반비례 관계이다. (입경이 작을수록 비표면적이 큼)
- 비표면적이 크게 되면 원심력 집진장치의 경우에는 장치벽면을 폐색시킨다.
- 비표면적$=\frac{\text{구의 표면적}}{\text{구의 부피}}=\frac{\frac{\pi d_p^2}{1}}{\frac{\pi d_p^3}{6}}=\frac{6}{d_p}$

정답 ③

60 ★★☆

백필터의 먼지부하가 420g/m^{2}에 달할 때 먼지를 탈락시키고자 한다. 이 때 탈락시간 간격은? (단, 백필터 유입가스 함진농도는 10g/m^3, 여과속도는 7,200cm/hr이다.)

① 25분 ② 30분
③ 35분 ④ 40분

해설

$$t=\frac{L_d}{C_i\times V_f\times\eta}$$

t: 탈락시간 간격(min), L_d: 먼지부하(g/m^2)
C_i: 입구 먼지농도(g/m^3), V_f: 여과속도(m/min)
η: 집진효율(문제에 주어지지 않으면 1로 간주)

$$t=\frac{\frac{420\text{g}}{\text{m}^2}}{\frac{10\text{g}}{\text{m}^3}\times\frac{72\text{m}}{\text{hr}}\times\frac{\text{hr}}{60\text{min}}}=35\text{min}$$

정답 ③

대기오염공정시험기준

61 ★☆☆

대기오염공정시험기준 중 환경대기 내의 아황산가스 측정방법으로 옳지 않은 것은?

① 적외선 형광법 ② 용액전도율법
③ 불꽃광도법 ④ 자외선 형광법

해설

환경대기 중의 아황산가스 자동연속측정방법: 자외선 형광법(주 시험법), 용액전도율법, 불꽃광도법, 흡광차분광법
환경대기 중의 아황산가스 측정방법: 파라로자닐린법, 산정량 수동법, 산정량 반자동법

정답 ①

62 ★☆☆

휘발성 유기화합물질(VOCs) 누출확인방법에 관한 설명으로 거리가 먼 것은?

① 검출불가능 누출농도는 누출원에서 VOCs가 대기 중으로 누출되지 않는다고 판단되는 농도로서 국지적 VOCs 배경농도의 최고 농도값이다.
② 휴대용 측정기기를 사용하여 개별 누출원으로부터의 직접적인 누출량을 측정한다.
③ 누출농도는 VOCs가 누출되는 누출원 표면에서의 농도로서 대조 화합물을 기초로 한 기기의 측정값이다.
④ 응답시간은 VOCs가 시료채취로 들어가 농도변화를 일으키기 시작하여 기기계기판의 최종값이 90%를 나타내는 데 걸리는 시간이다.

해설

휴대용 측정기기를 이용하여 개별 누출원으로부터 간접적인 누출량을 측정한다.

정답 ②

63

★★★

다음 설명은 대기오염공정시험기준 총칙의 설명이다. ( ) 안에 들어갈 단어로 가장 적합하게 나열된 것은? (순서대로 ㉠, ㉡, ㉢이다.)

> 이 시험기준의 각 항에 표시한 검출한계는 (㉠), (㉡) 등을 고려하여 해당되는 각 조의 조건으로 시험하였을 때 얻을 수 있는 (㉢)를 참고하도록 표시한 것이므로 실제 측정 시 채취량이 줄어들거나 늘어날 경우 (㉢)가 조정될 수 있다.

① 반복성, 정밀성, 바탕치
② 재현성, 안정성, 한계치
③ 회복성, 정량성, 오차
④ 재생성, 정확성, 바탕치

해설
㉠은 재현성, ㉡은 안정성, ㉢은 한계치이다.

정답 ②

64

★☆☆

굴뚝 배출가스 중 황산화물을 아르세나조Ⅲ법으로 측정할 때에 관한 설명으로 옳지 않은 것은?

① 흡수액은 과산화수소수를 사용한다.
② 지시약은 아르세나조Ⅲ를 사용한다.
③ 아세트산바륨 용액으로 적정한다.
④ 이 시험법은 수산화소듐으로 적정하는 킬레이트 침전법이다.

해설
아르세나조Ⅲ법은 시료를 과산화수소수에 흡수시켜 황산화물을 황산으로 만든 후 아이소프로필알코올과 아세트산을 가하고 아르세나조Ⅲ을 지시약으로 하여 아세트산바륨 용액으로 적정한다.

정답 ④

65

★★☆

다음은 굴뚝 배출가스 중의 질소산화물에 대한 아연환원 나프틸에틸렌다이아민 분석방법이다. ( ) 안에 들어갈 말로 올바르게 연결된 것은? (순서대로 ㉠-㉡-㉢이다.)

> 시료 중의 질소산화물을 오존 존재 하에서 흡수액에 흡수시켜 (㉠)으로 만든다. 이 (㉠)을 (㉡)을 사용하여 (㉢)으로 환원한 후 설파닐아마이드 및 나프틸에틸렌다이아민을 반응시켜 얻어진 착색의 흡광도로부터 질소산화물을 정량하는 방법이다.

① 아질산이온 – 분말금속아연 – 질산이온
② 아질산이온 – 분말황산아연 – 질산이온
③ 질산이온 – 분말황산아연 – 아질산이온
④ 질산이온 – 분말금속아연 – 아질산이온

해설
㉠은 질산이온, ㉡은 분말금속아연, ㉢은 아질산이온이다.

정답 ④

66

★★★

다음 기체크로마토그래피의 장치구성 중 가열장치가 필요한 부분과 그 이유로 가장 적합하게 연결된 것은?

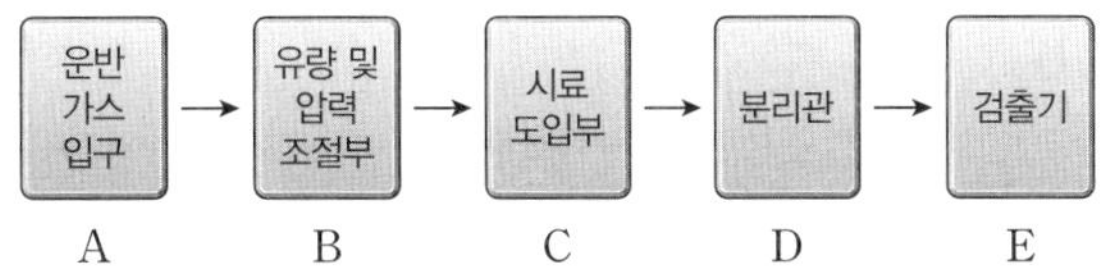

① A, B, C – 운반가스 및 시료의 응축을 방지하기 위해
② A, C, D – 운반가스의 응축을 방지하고 시료를 기화하기 위해
③ C, D, E – 시료를 기화시키고 기화된 시료의 응축 및 응결을 방지하기 위해
④ B, C, D – 운반가스의 유량의 적절한 조절과 분리관 내 충진제의 흡착 및 흡수능을 높이기 위해

해설
C, D, E 부분에 가열장치가 필요하다.

정답 ③

2018년

67

★★★

굴뚝 내 배출가스 유속을 피토우관으로 측정한 결과 그 동압이 35mmH_2O였다면 굴뚝 내의 배출유속(m/s)은? (단, 배출가스 온도는 225℃, 공기의 비중량은 1.3kg/Sm^3, 피토우관 계수는 0.98이다.)

① 28.5 ② 30.4
③ 32.6 ④ 35.8

해설

$V = C\sqrt{\frac{2gh}{\gamma}}$

C: 피토우관 계수
h: 동압(mmH_2O)
γ: 굴뚝 내의 배출가스 밀도(kg/m^3)

$$\gamma = \frac{1.3\text{kg}}{\text{Sm}^3 \times \frac{273+225}{273}} = 0.7126\text{kg/m}^3$$

$$V = 0.98 \times \sqrt{\frac{2 \times 9.8 \times 35}{0.7126}} = 30.4064\text{m/s}$$

정답 ②

68

★★★

원자흡수분광광도법에서 원자흡광분석 시 스펙트럼의 불꽃 중에서 생성되는 목적원소의 원자증기 이외의 물질에 의하여 흡수되는 경우에 일어나는 간섭의 종류는?

① 이온학적 간섭 ② 분광학적 간섭
③ 물리적 간섭 ④ 화학적 간섭

선지분석

① 이온학적 간섭: 해당 없음
③ 물리적 간섭: 시료용액의 점성이나 표면장력 등 물리적 조건의 영향에 의하여 일어나는 것
④ 화학적 간섭: 불꽃 중에서 원자가 이온화하는 경우나 공존물질과 작용하여 해리하기 어려운 화합물이 생성되어 흡광에 관계하는 기저상태의 원자수가 감소하는 경우

정답 ②

69

★★☆

대기오염공정시험기준상 굴뚝 배출가스 중 일산화탄소 분석방법으로 옳지 않은 것은?

① 자외선가시선분광법
② 정전위전해법
③ 비분산적외선분광분석법
④ 기체크로마토그래피법

해설

굴뚝 배출가스 중 일산화탄소 분석방법

자동측정법(비분산적외선분광분석법)이 주 시험방법이며, 시험방법들의 정량범위는 표와 같다.

분석방법	정량범위	방법검출한계
자동측정법 – 비분산적외선분광분석법	0~1,000ppm	–
자동측정법 – 전기화학식(정전위전해법)	0~1,000ppm	–
기체크로마토그래피	TCD: 1,000ppm 이상	314ppm
	FID: 1~2,000ppm	0.3ppm

정답 ①

70

★☆☆

대기오염공정시험기준상 원자흡수분광광도법을 적용할 수 없는 것은?

① 카드뮴화합물 ② 니켈화합물
③ 페놀화합물 ④ 구리화합물

해설

페놀화합물은 기체크로마토그래피(주 시험방법), 4-아미노안티피린 자외선가시선분광법을 적용한다.

※ 대기오염공정시험기준 개정으로 문제를 수정했습니다.

정답 ③

71

★★☆

흡광차분광법(DOAS)으로 측정 시 필요한 광원으로 옳은 것은?

① 1,800～2,850nm 파장을 갖는 Zeus램프
② 200～900nm 파장을 갖는 Zeus램프
③ 180～2,850nm 파장을 갖는 Xenon램프
④ 200～900nm 파장을 갖는 Hollow cathode램프

해설

흡광차분광법

- 일반적으로 빛을 조사하는 발광부와 50～1,000m 정도 떨어진 곳에 설치되는 수광부(또는 발·수광부와 반사경) 사이에 형성되는 빛의 이동경로(Path)를 통과하는 가스를 실시간으로 분석한다.
- 측정에 필요한 광원은 180～2,850nm 파장을 갖는 제논(Xenon) 램프를 사용하여 이산화황, 질소산화물, 오존 등의 대기오염물질 분석에 적용한다.

정답 ③

72

★★☆

대기오염공정시험기준상 화학분석 일반사항에 관한 규정 중 옳은 것은?

① 상온은 15～25℃, 실온은 1～35℃, 찬 곳은 따로 규정이 없는 한 0～15℃의 곳을 뜻한다.
② 방울수라 함은 20℃에서 정제수 10 방울을 떨어뜨릴 때 그 부피가 약 1mL 되는 것을 뜻한다.
③ "약"이란 그 무게 또는 부피에 대하여 ±1% 이상의 차가 있어서는 안 된다.
④ 10억분율은 pphm으로 표시하고 따로 표시가 없는 한 기체일 때는 용량 대 용량(부피분율), 액체일 때는 중량 대 중량(질량분율)을 표시한 것을 뜻한다.

선지분석

② 방울수라 함은 20℃에서 정제수 20 방울을 떨어뜨릴 때 그 부피가 약 1mL 되는 것을 뜻한다.
③ "약"이란 그 무게 또는 부피에 대하여 ±10% 이상의 차가 있어서는 안 된다.
④ 1억분율(Parts Per Hundred Million)은 pphm, 10억분율(Parts Per Billion)은 ppb로 표시하고 따로 표시가 없는 한 기체일 때는 용량 대 용량(부피분율), 액체일 때는 중량 대 중량(질량분율)을 표시한 것을 뜻한다.

정답 ①

73

★☆☆

환경대기 중 시료채취위치 선정기준으로 옳지 않은 것은?

① 주위에 건물 등이 밀집되어 있을 때는 건물 바깥벽으로부터 적어도 1.5m 이상 떨어진 곳에 채취점을 선정한다.
② 시료 채취의 높이는 그 부분의 평균오염도를 나타낼 수 있는 곳으로서 가능한 한 1.5～30m 범위로 한다.
③ 주위에 장애물이 있을 경우에는 채취위치로부터 장애물까지의 거리가 그 장애물 높이의 1.5배 이상이 되도록 한다.
④ 주위에 장애물이 있을 경우에는 채취점과 장애물 상단을 연결하는 직선이 수평선과 이루는 각도가 30° 이하 되는 곳을 선정한다.

해설

주위에 건물이나 수목 등의 장애물이 있을 경우에는 채취위치로부터 장애물까지의 거리가 그 장애물 높이의 2배 이상 또는 채취점과 장애물 상단을 연결하는 직선이 수평선과 이루는 각도가 30° 이하 되는 곳을 선정한다.

정답 ③

74

★★☆

굴뚝 배출가스 중 수분의 부피백분율을 측정하기 위하여 흡습관에 배출가스 10L를 흡인하여 유입시킨 결과 흡습관의 중량 증가는 0.82g이었다. 이 때 가스흡인은 건식 가스미터로 측정하여 그 가스미터의 가스 게이지압은 4mmHg이고, 온도는 27℃였다. 그리고 대기압은 760mmHg였다면 이 배출가스 중 수분량(%)은?

① 약 10% ② 약 13%
③ 약 16% ④ 약 18%

해설

건식 가스미터를 사용하는 경우

$$X_w=\frac{\frac{22.4}{18}m_a}{V_m'\times\frac{273}{273+\theta_m}\times\frac{P_a+P_m}{760}+\frac{22.4}{18}m_a}\times 100$$

X_w: 배출가스 중의 수증기의 부피 백분율(%)
m_a: 흡습 수분의 질량($m_{a2}-m_{a1}$)(g)
V_m': 흡입한 가스량(건식 가스미터에서 읽은 값)(L)
θ_m: 가스미터에서의 흡입 가스온도(℃)
P_a: 측정공 위치에서의 대기압(mmHg)
P_m: 가스미터에서의 기체 게이지압(mmHg)

$$X_w=\frac{\frac{22.4}{18}\times 0.82}{10\times\frac{273}{273+27}\times\frac{760+4}{760}+\frac{22.4}{18}\times 0.82}\times 100$$

$=10.0355\%$

정답 ①

75

★☆☆

보통형(I형) 흡입노즐을 사용한 굴뚝 배출가스 흡입 시 10분간 채취한 흡입가스량(습식 가스미터에서 읽은 값)이 60L였다. 이때 등속흡입이 행해지기 위한 가스미터에 있어서의 등속흡입유량의 범위로 가장 적합한 것은? (단, 등속흡입정도를 알기 위한 등속흡입계수 $I(\%)=\frac{V_m}{q\times t}\times 100$이다.)

① 3.3~5.3L/min ② 5.5~6.7L/min
③ 6.5~7.3L/min ④ 7.5~8.3L/min

해설

등속흡입 범위: 90~110%
V_m: 흡입가스량(습식 가스미터에서 읽은 값)(L)
q: 가스미터에서의 등속흡입유량(L/min)
t: 가스 흡입시간(min)

(1) 90%일 때

$$90=\frac{60\text{L}}{q\times 10\text{min}}\times 100$$

$q=6.6666\text{L/min}$

(2) 110%일 때

$$110=\frac{60\text{L}}{q\times 10\text{min}}\times 100$$

$q=5.4545\text{L/min}$

※ 개정된 대기오염공정시험기준으로 90~110%에 해당하는 5.5L/min~6.7L/min이 적합한 유량이다. 이에 따라 ②번 보기를 개정된 기준에 맞게 수정했다.

정답 ②

76

★☆☆

2,4-다이나이트로페닐하이드라진(DNPH)과 반응하여 하이드라존유도체를 생성하게 하여 이를 액체크로마토그래피로 분석하는 물질은?

① 아민류 ② 알데하이드류
③ 벤젠 ④ 다이옥신류

해설

배출가스 중 폼알데하이드 및 알데하이드류 분석방법 - 고성능액체크로마토그래피

배출가스 중의 알데하이드류를 흡수액 2,4-다이나이트로페닐하이드라진(DNPH, dinitrophenylhydrazine)과 반응하여 하이드라존유도체(Hydrazone derivative)를 생성하게 되고 이를 액체크로마토그래프로 분석하여 정량한다.
하이드라존(Hydrazone)은 UV 영역, 특히 350~380nm에서 최대 흡광도를 나타낸다.

정답 ②

77

★★☆

환경대기 중의 탄화수소 농도를 측정하기 위한 시험방법 중 주 시험법인 것은?

① 총 탄화수소 측정법
② 비메탄 탄화수소 측정법
③ 활성 탄화수소 측정법
④ 비활성 탄화수소 측정법

해설

비메탄 탄화수소 측정법

- 대기 중의 메탄과 메탄 이외의 탄화수소(비메탄 탄화수소) 농도를 연속적으로 측정하는 방법이다.
- 환경대기를 수소염이온화 검출기가 부착된 가스크로마토그래피에 도입하여 분리관에 의해 메탄과 메탄을 제외한 비메탄 탄화수소가 분리되어 수소염 중에 연소될 때 발생하는 이온에 의한 미소전류를 측정한다.

정답 ②

78

★☆☆

건식 가스미터를 사용하여 굴뚝에서 배출되는 가스상 물질을 시료채취하고자 할 때, 건조시료 가스채취량을 구하기 위해 필요한 항목과 거리가 먼 것은?

① 가스미터의 게이지압
② 가스미터의 온도
③ 가스미터로 측정한 흡입가스량
④ 가스미터 온도에서의 포화수증기압

해설

가스미터 온도에서의 포화수증기압은 습식 가스미터를 사용할 때 필요한 항목이다.

정답 ④

79

★☆☆

원자흡수분광광도법에서 목적원소에 의한 흡광도 A_S와 표준원소에 의한 흡광도 A_R과의 비를 구하고 A_S/A_R값과 표준물질 농도와의 관계를 그래프에 작성하여 검정곡선을 만들어 시료 중의 목적원소 농도를 구하는 정량법은?

① 표준첨가법
② 상대검정곡선법
③ 절대검정곡선법
④ 검정곡선법

해설

상대검정곡선법에 대한 설명이다. 이 방법은 측정치가 흩어졌을 때 흩어진 측정치를 상쇄하므로 분석값의 재현성이 높아지고 정밀도가 향상된다.

정답 ②

80

★★☆

A 오염물질의 실측농도가 250mg/Sm³이고 이 때 실측산소농도가 3.5%이다. A 오염물질의 보정농도(mg/Sm³)는? (단, 표준산소농도는 4%이다.)

① 약 219mg/Sm³
② 약 243mg/Sm³
③ 약 247mg/Sm³
④ 약 286mg/Sm³

해설

배출농도 보정공식을 이용한다.

$$C = C_a \times \frac{21 - O_s}{21 - O_a}$$

C: 오염물질 보정농도(mg/Sm³)
C_a: 실측 오염물질농도(mg/Sm³)
O_s: 표준산소농도(%)
O_a: 실측산소농도(%)

$$C = 250 \times \frac{21 - 4}{21 - 3.5} = 242.8571\text{mg/Sm}^3$$

정답 ②

2018년

대기환경관계법규

81

★★★

대기환경보전법규상 위임업무 보고사항 중 자동차 연료 및 첨가제의 제조·판매 또는 사용에 대한 규제 현황의 보고 횟수 기준은?

① 연 1회 ② 연 2회
③ 연 4회 ④ 연 12회

해설

위임업무 보고사항「시행규칙 별표 37」

업무내용	보고횟수	보고기일
환경오염사고 발생 및 조치 사항	수시	사고발생 시
수입자동차 배출가스 인증 및 검사 현황	연 4회	매분기 종료 후 15일 이내
자동차 연료 및 첨가제의 제조·판매 또는 사용에 대한 규제 현황	연 2회	매반기 종료 후 15일 이내
자동차 연료 또는 첨가제의 제조기준 적합 여부 검사 현황	연료: 연 4회 첨가제: 연 2회	연료: 매분기 종료 후 15일 이내 첨가제: 매반기 종료 후 15일 이내
측정기기 관리대행업의 등록, 변경등록 및 행정처분 현황	연 1회	다음 해 1월 15일까지

정답 ②

82

★☆☆

대기환경보전법령상 비산배출의 저감대상 업종으로 거리가 먼 것은?

① 제1차 금속 제조업 중 제강업
② 육상운송 및 파이프라인 운송업 중 파이프라인 운송업
③ 의약물질 제조업 중 의약품 제조업
④ 창고 및 운송관련 서비스업 중 위험물품 보관업

해설

비산배출의 저감대상 업종「시행령 별표 9의2」

1. 코크스, 연탄 및 석유정제품 제조업
2. 화학물질 및 화학제품 제조업: 의약품 제외
3. 1차 금속 제조업(제철업, 제강업)
4. 고무 및 플라스틱제품 제조업
5. 전기장비 제조업
6. 기타 운송장비 제조업
7. 육상운송 및 파이프라인 운송업
8. 창고 및 운송관련 서비스업(위험물품 보관업)
9. 금속가공제품 제조업: 기계 및 가구 제외
10. 섬유제품 제조업: 의복 제외
11. 펄프, 종이 및 종이제품 제조업
12. 전자부품, 컴퓨터, 영상, 음향 및 통신장비 제조업
13. 자동차 및 트레일러 제조업

정답 ③

83

★☆☆

대기환경보전법상 환경부령으로 정하는 제조기준에 맞지 아니하게 자동차연료·첨가제 또는 촉매제를 제조한 자에 대한 벌칙기준으로 옳은 것은?

① 7년 이하의 징역이나 1억원 이하의 벌금
② 5년 이하의 징역이나 5천만원 이하의 벌금
③ 1년 이하의 징역이나 1천만원 이하의 벌금
④ 300만원 이하의 벌금

해설

해당 행위에 대한 벌칙기준은 7년 이하의 징역이나 1억원 이하의 벌금이다.

정답 ①

84

★★☆

대기환경보전법규상 배출허용기준 초과와 관련하여 개선명령을 받은 경우로써 개선하여야 할 사항이 배출시설 또는 방지시설인 경우 사업자가 시·도지사에게 제출하여야 하는 개선계획서에 포함 또는 첨부되어야 하는 사항으로 거리가 먼 것은?

① 배출시설 또는 방지시설의 개선명세서 및 설계도
② 대기오염물질 등의 처리방식 및 처리효율
③ 운영기기 진단계획
④ 공사기간 및 공사비

해설

개선계획서에 운영기기 진단계획은 포함되지 않아도 된다.

관련이론 | 개선계획서에 포함되어야 하는 사항「시행규칙 제38조」

1. 법에 따른 조치명령을 받은 경우
   가. 개선기간·개선내용 및 개선방법
   나. 굴뚝 자동측정기기의 운영·관리 진단계획
2. 법에 따른 개선명령을 받은 경우로서 개선하여야 할 사항이 배출시설 또는 방지시설인 경우
   가. 배출시설 또는 방지시설의 개선명세서 및 설계도
   나. 대기오염물질의 처리방식 및 처리효율
   다. 공사기간 및 공사비

정답 ③

85

★☆☆

악취방지법상 악취 배출 허용기준 초과와 관련하여 받은 개선명령을 이행하지 아니한 자에 대한 벌칙기준으로 옳은 것은?

① 300만원 이하의 벌금에 처한다.
② 500만원 이하의 벌금에 처한다.
③ 1,000만원 이하의 벌금에 처한다.
④ 1년 이하의 징역 또는 1천만원 이하의 벌금에 처한다.

해설

해당 행위에 대한 벌칙기준은 300만원 이하의 벌금이다.

정답 ①

86

★★☆

대기환경보전법상 기후·생태계 변화유발물질과 가장 거리가 먼 것은?

① 이산화질소　　② 메탄
③ 과불화탄소　　④ 염화불화탄소

해설

아산화질소는 기후·생태계 변화유발물질에 해당되지만 이산화질소는 해당되지 않는다.

관련이론

정의「법 제2조」

2. "기후·생태계 변화유발물질"이란 지구 온난화 등으로 생태계의 변화를 가져올 수 있는 기체상물질(氣體狀物質)로서 온실가스와 환경부령으로 정하는 것을 말한다.
3. "온실가스"란 적외선 복사열을 흡수하거나 다시 방출하여 온실효과를 유발하는 대기 중의 가스상태 물질로서 이산화탄소, 메탄, 아산화질소, 수소불화탄소, 과불화탄소, 육불화황을 말한다.

기후·생태계 변화유발물질「시행규칙 제3조」

법에서 "환경부령으로 정하는 것"이란 염화불화탄소와 수소염화불화탄소를 말한다.

정답 ①

87

★☆☆

대기환경보전법규상 전기만을 동력으로 사용하는 자동차의 1회 충전 주행거리가 80km 이상 160km 미만인 경우 제 몇 종 자동차에 해당하는가?

① 제1종　　② 제2종
③ 제3종　　④ 제4종

해설

전기만을 동력으로 사용하는 자동차의 구분「시행규칙 별표 5」

구분	1회 충전 주행거리
제1종	80km 미만
제2종	80km 이상 160km 미만
제3종	160km 이상

정답 ②

2018년

88 ★★★

대기환경보전법규상 수도권대기환경청장, 국립환경과학원장 또는 한국환경공단이 설치하는 대기오염 측정망의 종류가 아닌 것은?

① 도시지역의 휘발성유기화합물 등의 농도를 측정하기 위한 광화학대기오염물질측정망
② 기후·생태계 변화유발물질의 농도를 측정하기 위한 지구대기측정망
③ 대기 중의 중금속농도를 측정하기 위한 대기중금속측정망
④ 대기오염물질의 지역배경농도를 측정하기 위한 교외대기측정망

해설

대기 중의 중금속 농도를 측정하기 위한 대기중금속측정망은 특별시장·광역시장·특별자치시장·도지사 또는 특별자치도지사가 설치하는 대기오염 측정망의 종류이다.

관련이론

수도권대기환경청장, 국립환경과학원장 또는 한국환경공단이 설치하는 대기오염 측정망의 종류「시행규칙 제11조」

1. 대기오염물질의 지역배경농도를 측정하기 위한 교외대기측정망
2. 대기오염물질의 국가배경농도와 장거리이동 현황을 파악하기 위한 국가배경농도측정망
3. 도시지역 또는 산업단지 인근지역의 특정대기유해물질(중금속은 제외)의 오염도를 측정하기 위한 유해대기물질측정망
4. 도시지역의 휘발성유기화합물 등의 농도를 측정하기 위한 광화학대기오염물질측정망
5. 산성 대기오염물질의 건성 및 습성 침착량을 측정하기 위한 산성강하물측정망
6. 기후·생태계 변화유발물질의 농도를 측정하기 위한 지구대기측정망
7. 장거리이동대기오염물질의 성분을 집중 측정하기 위한 대기오염집중측정망
8. 초미세먼지(PM-2.5)의 성분 및 농도를 측정하기 위한 미세먼지성분측정망

정답 ③

89 ★★☆

대기환경보전법상 환경기술인 등의 교육을 받게 하지 아니한 자에 대한 과태료 부과기준은?

① 30만원 이하의 과태료를 부과한다.
② 50만원 이하의 과태료를 부과한다.
③ 100만원 이하의 과태료를 부과한다.
④ 200만원 이하의 과태료를 부과한다.

해설

해당 행위에 대한 과태료 부과기준은 100만원 이하이다.

정답 ③

90 ★★★

대기환경보전법령상 배출시설에서 발생하는 연간 대기오염물질 발생량의 합계로 사업장을 분류할 때 다음 중 4종 사업장에 속하는 양은?

① 80톤 ② 50톤
③ 12톤 ④ 5톤

해설

사업장의 분류「시행령 별표 1의3」

종별	오염물질발생량 구분
1종 사업장	대기오염물질발생량의 합계가 연간 80톤 이상인 사업장
2종 사업장	대기오염물질발생량의 합계가 연간 20톤 이상 80톤 미만인 사업장
3종 사업장	대기오염물질발생량의 합계가 연간 10톤 이상 20톤 미만인 사업장
4종 사업장	대기오염물질발생량의 합계가 연간 2톤 이상 10톤 미만인 사업장
5종 사업장	대기오염물질발생량의 합계가 연간 2톤 미만인 사업장

정답 ④

91 ★★★

환경정책기본법령상 대기환경기준(1시간 평균치 기준)의 연결로 옳은 것은? (단, ㉠ 아황산가스(SO_2), ㉡ 이산화질소(NO_2)이다.)

① ㉠ 0.05ppm 이하 ㉡ 0.06ppm 이하
② ㉠ 0.06ppm 이하 ㉡ 0.05ppm 이하
③ ㉠ 0.15ppm 이하 ㉡ 0.10ppm 이하
④ ㉠ 0.10ppm 이하 ㉡ 0.15ppm 이하

해설

환경기준「환경정책기본법 시행령 별표 1」

항목	기준
아황산가스 (SO_2)	연간 평균치 0.02ppm 이하 24시간 평균치 0.05ppm 이하 1시간 평균치 0.15ppm 이하
일산화탄소 (CO)	8시간 평균치 9ppm 이하 1시간 평균치 25ppm 이하
이산화질소 (NO_2)	연간 평균치 0.03ppm 이하 24시간 평균치 0.06ppm 이하 1시간 평균치 0.10ppm 이하
미세먼지 (PM-10)	연간 평균치 50$\mu g/m^3$ 이하 24시간 평균치 100$\mu g/m^3$ 이하
초미세먼지 (PM-2.5)	연간 평균치 15$\mu g/m^3$ 이하 24시간 평균치 35$\mu g/m^3$ 이하
오존(O_3)	8시간 평균치 0.06ppm 이하 1시간 평균치 0.1ppm 이하
납(Pb)	연간 평균치 0.5$\mu g/m^3$ 이하
벤젠	연간 평균치 5$\mu g/m^3$ 이하

정답 ③

92 ★★☆

대기환경보전법령상 3종 사업장의 환경기술인의 자격기준에 해당되는 자는?

① 환경기능사
② 1년 이상 대기분야 환경관련 업무에 종사한 자
③ 2년 이상 대기분야 환경관련 업무에 종사한 자
④ 피고용인 중에서 임명하는 자

해설

사업장별 환경기술인의 자격기준「시행령 별표 10」

구분	환경기술인의 자격기준
1종 사업장(대기오염물질 발생량의 합계가 연간 80톤 이상인 사업장)	대기환경기사 이상의 기술자격 소지자 1명 이상
2종 사업장(대기오염물질 발생량의 합계가 연간 20톤 이상 80톤 미만인 사업장)	대기환경산업기사 이상의 기술자격 소지자 1명 이상
3종 사업장(대기오염물질 발생량의 합계가 연간 10톤 이상 20톤 미만인 사업장)	대기환경산업기사 이상의 기술자격 소지자, 환경기능사 또는 3년 이상 대기분야 환경관련 업무에 종사한 자 1명 이상
4종 사업장(대기오염물질 발생량의 합계가 연간 2톤 이상 10톤 미만인 사업장)	배출시설 설치허가를 받거나 배출시설 설치신고가 수리된 자 또는 배출시설 설치허가를 받거나 수리된 자가 해당 사업장의 배출시설 및 방지시설 업무에 종사하는 피고용인 중에서 임명하는 자 1명 이상
5종 사업장(1종 사업장부터 4종 사업장까지에 속하지 아니하는 사업장)	

정답 ①

93

★★☆

대기환경보전법규상 특정대기유해물질에 해당하지 않는 것은?

① 크롬화합물　　② 석면
③ 황화수소　　④ 스틸렌

해설

황화수소는 대기환경보전법규상 특정대기유해물질에 해당되지 않는다.

관련이론 | 특정대기유해물질「시행규칙 별표 2」

카드뮴 및 그 화합물, 시안화수소, 납 및 그 화합물, 폴리염화비페닐, 크롬 및 그 화합물, 비소 및 그 화합물, 수은 및 그 화합물, 프로필렌 옥사이드, 염소 및 염화수소, 불소화물, 석면, 니켈 및 그 화합물, 염화비닐, 다이옥신, 페놀 및 그 화합물, 베릴륨 및 그 화합물, 벤젠, 사염화탄소, 이황화메틸, 아닐린, 클로로포름, 포름알데히드, 아세트알데히드, 벤지딘, 1,3-부타디엔, 다환 방향족 탄화수소류, 에틸렌옥사이드, 디클로로메탄, 스틸렌, 테트라클로로에틸렌, 1,2-디클로로에탄, 에틸벤젠, 트리클로로에틸렌, 아크릴로니트릴, 히드라진

정답 ③

94

★★☆

다음은 대기환경보전법규상 첨가제·촉매제 제조기준에 맞는 제품의 표시방법이다. (　　) 안에 알맞은 것은?

> 첨가제 또는 촉매제 용기 앞면의 제품명 밑에 제품명 글자크기의 (　　)에 해당하는 크기로 표시하여야 한다.

① 100분의 10 이상　　② 100분의 15 이상
③ 100분의 20 이상　　④ 100분의 30 이상

해설

첨가제·촉매제는 제품명 글자 크기의 100분의 30 이상에 해당하는 크기로 제조기준에 맞는 제품임을 표시해야 한다.

정답 ④

95

★★☆

대기환경보전법규상 오존의 대기오염경보단계별 오염물질의 농도기준에 관한 설명으로 거리가 먼 것은?

① 경보가 발령된 지역의 기상조건 등을 고려하여 대기자동측정소의 오존농도가 0.12ppm 이상 0.3ppm 미만인 때에는 주의보로 전환한다.
② 오존농도는 24시간 평균농도를 기준으로 한다.
③ 해당 지역의 대기자동측정소 오존농도가 1개소라도 경보단계별 발령기준을 초과하면 해당 경보를 발령할 수 있다.
④ 중대경보단계는 기상조건 등을 고려하여 해당지역의 대기자동측정소의 오존농도가 0.5ppm 이상일 때 발령한다.

해설

오존농도는 1시간당 평균농도를 기준으로 한다.

관련이론

오존의 대기오염경보 단계별 농도기준「시행규칙 별표 7」

경보 단계	발령기준	해제기준
주의보	기상조건 등을 고려하여 해당지역의 대기자동측정소 오존농도가 0.12ppm 이상인 때	주의보가 발령된 지역의 기상조건 등을 검토하여 대기자동측정소의 오존농도가 0.12ppm 미만인 때
경보	기상조건 등을 고려하여 해당지역의 대기자동측정소 오존농도가 0.3ppm 이상인 때	경보가 발령된 지역의 기상조건 등을 고려하여 대기자동측정소의 오존농도가 0.12ppm 이상 0.3ppm 미만인 때는 주의보로 전환
중대 경보	기상조건 등을 고려하여 해당지역의 대기자동측정소 오존농도가 0.5ppm 이상인 때	중대경보가 발령된 지역의 기상조건 등을 고려하여 대기자동측정소의 오존농도가 0.3ppm 이상 0.5ppm 미만인 때는 경보로 전환

정답 ②

96

★★★

실내공기질 관리법규상 신축 공동주택의 실내공기질 권고기준으로 옳은 것은?

① 스티렌 360㎍/m^3 이하
② 폼알데하이드 360㎍/m^3 이하
③ 자일렌 360㎍/m^3 이하
④ 에틸벤젠 360㎍/m^3 이하

해설

신축 공동주택의 실내공기질 권고기준「실내공기질 관리법 시행규칙 별표 4의2」

1. 폼알데하이드 210㎍/m^3 이하
2. 벤젠 30㎍/m^3 이하
3. 톨루엔 1,000㎍/m^3 이하
4. 에틸벤젠 360㎍/m^3 이하
5. 자일렌 700㎍/m^3 이하
6. 스티렌 300㎍/m^3 이하
7. 라돈 148Bq/m^3 이하

정답 ④

97

★★☆

대기환경보전법령상 연료의 황 함유량이 1.0% 이하인 경우 기본부과금의 농도별 부과계수로 옳은 것은? (단, 연료를 연소하여 황산화물을 배출하는 시설(황산화물의 배출량을 줄이기 위해 방지시설을 설치한 경우와 생산공정상 황산화물의 배출량이 줄어든다고 인정하는 경우는 제외)이다.)

① 0.2 ② 0.3
③ 0.4 ④ 1.0

해설

연료를 연소하여 황산화물을 배출하는 시설의 농도별 부과계수「시행령 별표 8」

구분	연료의 황함유량(%)		
	0.5% 이하	1.0% 이하	1.0% 초과
농도별 부과계수	0.2	0.4	1.0

정답 ③

98

★★★

대기환경보전법령상 초과부과금 산정기준 중 1kg당 부과금액이 가장 적은 것은?

① 염화수소 ② 황화수소
③ 시안화수소 ④ 이황화탄소

해설

이황화탄소의 부과금액이 1,600원으로 가장 적다.

관련이론 | 초과부과금 산정기준「시행령 별표 4」

오염물질 \ 구분		오염물질 1킬로그램당 부과금액
황산화물		500
먼지		770
질소산화물		2,130
암모니아		1,400
황화수소		6,000
이황화탄소		1,600
특정대기 유해물질	불소화물	2,300
	염화수소	7,400
	시안화수소	7,300

정답 ④

2018년

99

★☆☆

실내공기질 관리법상 용어의 정의로 옳지 않은 것은?

① "공동주택"이라 함은 건축법 규정에 따른 공동주택을 말한다.

② "다중이용시설"이라 함은 불특정다수인이 이용하는 시설을 말한다.

③ "공기정화설비"라 함은 오염된 실내공기를 밖으로 내보내고 신선한 바깥공기를 실내로 끌어들여 실내공간의 공기를 쾌적한 상태로 유지시키는 설비를 말하며, 환기설비와 동일한 의미로 사용되는 것을 말한다.

④ "오염물질"이라 함은 실내공간의 공기오염의 원인이 되는 가스와 떠다니는 입자상물질 등으로서 환경부령으로 정하는 것을 말한다.

해설

"공기정화설비"라 함은 실내공간의 오염물질을 없애거나 줄이는 설비로서 환기설비의 안에 설치되거나, 환기설비와는 따로 설치된 것을 말한다.

정답 ③

100

★☆☆

대기환경보전법규상 시멘트수송의 경우 비산먼지 발생을 억제하기 위한 시설 및 필요한 조치기준으로 옳지 않은 것은?

① 적재함 상단으로부터 5cm 이하까지 적재물을 수평으로 적재할 것

② 수송차량은 세륜 및 측면살수 후 운행하도록 할 것

③ 먼지가 흩날리지 아니하도록 공사장 안의 통행차량은 시속 40km 이하로 운행할 것

④ 적재함을 최대한 밀폐할 수 있는 덮개를 설치하여 적재물이 외부에서 보이지 아니할 것

해설

비산먼지 발생을 억제하기 위한 시설의 설치 및 필요한 조치에 관한 기준「시행규칙 별표 14」

먼지가 흩날리지 아니하도록 공사장 안의 통행차량은 시속 20km 이하로 운행할 것

정답 ③

에듀윌이
너를
지지할게

ENERGY

삶의 순간순간이
아름다운 마무리이며
새로운 시작이어야 한다.

– 법정 스님

여러분의 작은 소리
에듀윌은 크게 듣겠습니다.

본 교재에 대한 여러분의 목소리를 들려주세요.
공부하시면서 어려웠던 점, 궁금한 점,
칭찬하고 싶은 점, 개선할 점, 어떤 것이라도 좋습니다.

에듀윌은 여러분께서 나누어 주신 의견을
통해 끊임없이 발전하고 있습니다.

에듀윌 도서몰 book.eduwill.net

- 부가학습자료 및 정오표: 에듀윌 도서몰 → 도서자료실
- 교재 문의: 에듀윌 도서몰 → 문의하기 → 교재(내용, 출간) / 주문 및 배송

eduwill

YES24 수험서 자격증 한국산업인력공단 환경분야 대기환경 베스트셀러 1위 (2023년 10월 4주, 2024년 10월 3주 주별 베스트)
2023, 2022 대한민국 브랜드만족도 대기환경기사 교육 1위 (한경비즈니스)

2026 에듀윌 대기환경기사 필기 4주끝장+무료특강

1 핵심이론, 빈출공식&계산문제 해설 무료특강 제공
이용경로 에듀윌 도서몰(book.eduwill.net) ▶ 동영상강의실 ▶ '대기환경기사' 검색

2 빈출공식&법령 우선순위 암기노트로 마무리 학습
이용경로 교재 내 별책부록 수록

3 최신 8개년 기출 자동채점으로 합격 진단
이용경로 교재 내 QR 코드로 접속

고객의 꿈, 직원의 꿈, 지역사회의 꿈을 실현한다

에듀윌 도서몰
book.eduwill.net
• 부가학습자료 및 정오표: 에듀윌 도서몰 > 도서자료실
• 교재 문의: 에듀윌 도서몰 > 문의하기 > 교재(내용, 출간) / 주문 및 배송

합격자 수가 선택의 기준!

2026

에듀윌 대기환경기사 필기 4주끝장 +무료특강

YES24 수험서 자격증
한국산업인력공단 환경분야
대기환경 베스트셀러 1위

❷권 | 핵심이론

KEYWORD 100 핵심이론&무료특강 제공!
빈출공식+8개년 기출 반복으로 단기합격!

- 최신기출 | 2025년 CBT 복원문제 3회 수록
- 무료특강 | 핵심이론, 빈출공식&계산문제 특강 제공
- 별책부록 | 빈출공식&법령 우선순위 암기노트 수록

eduwill

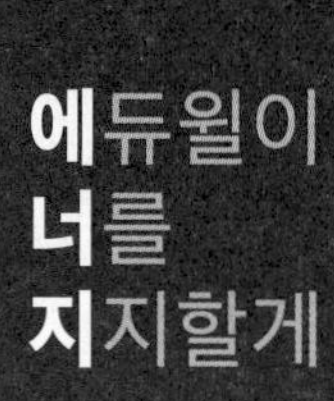

ENERGY

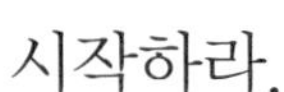

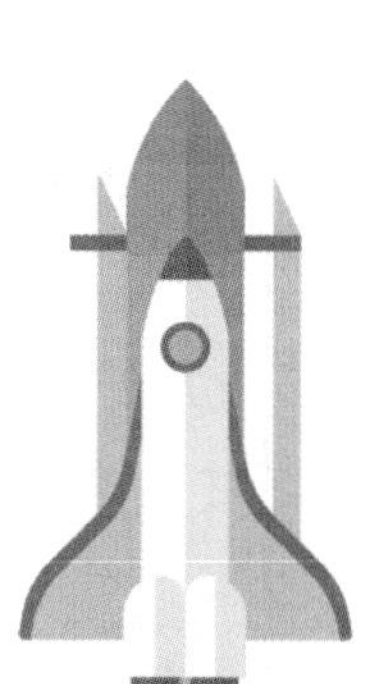

그 자체가 천재성이고,
힘이며, 마력이다.

– 요한 볼프강 폰 괴테(Johann Wolfgang von Goethe)

NOTICE

1

개편 출제기준 적용사항

2026년 시험부터는 새로운 출제기준에 따라 시행될 예정입니다.

1. 기존 5과목인 대기환경관계법규가 1과목인 대기환경관리의 항목 중 하나로 통합되며 5과목에서 4과목으로 변경됨
2. 대기관리권역법 등 신규 항목이 추가됨

이에 저희 에듀윌 교재에는 2026년 시험의 완벽 대비를 위해 개편 출제기준에 따른 모든 내용을 반영하였습니다. 학습에 불편함이 없도록 참고하시어 합격하시기 바랍니다.

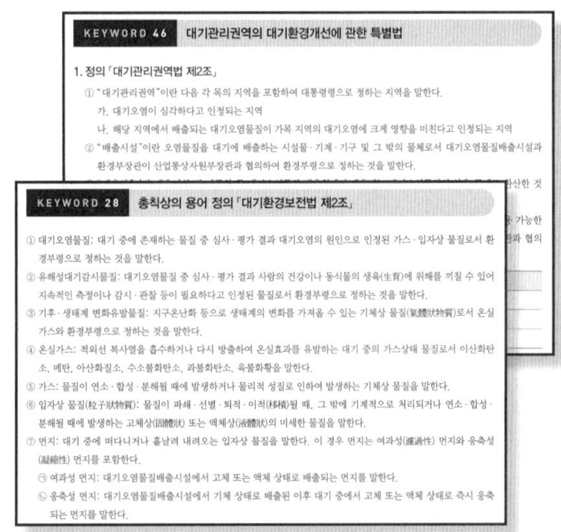

KEYWORD 46 대기관리권역의 대기환경개선에 관한 특별법

1. 정의 「대기관리권역법 제2조」

① "대기관리권역"이란 다음 각 목의 지역을 포함하여 대통령령으로 정하는 지역을 말한다.

가. 대기오염이 심각하다고 인정되는 지역

나. 해당 지역에서 배출되는 대기오염물질이 가목 지역의 대기오염에 크게 영향을 미친다고 인정되는 지역

② "배출시설"이란 오염물질을 대기에 배출하는 시설물 · 기계 · 기구 및 그 밖의 물체로서 대기오염물질배출시설과 환경부장관이 산업통상자원부장관과 협의하여 환경부령으로 정하는 것을 말한다.

KEYWORD 28 총칙상의 용어 정의 「대기환경보전법 제2조」

① 대기오염물질: 대기 중에 존재하는 물질 중 심사 · 평가 결과 대기오염의 원인으로 인정된 가스 · 입자상 물질로서 환경부령으로 정하는 것을 말한다.

② 유해성대기감시물질: 대기오염물질 중 심사 · 평가 결과 사람의 건강이나 동식물의 생육(生育)에 위해를 끼칠 수 있어 지속적인 측정이나 감시 · 관찰 등이 필요하다고 인정된 물질로서 환경부령으로 정하는 것을 말한다.

③ 기후 · 생태계 변화유발물질: 지구온난화 등으로 생태계의 변화를 가져올 수 있는 기체상 물질(氣體狀物質)로서 온실가스와 환경부령으로 정하는 것을 말한다.

④ 온실가스: 적외선 복사열을 흡수하거나 다시 방출하여 온실효과를 유발하는 대기 중의 가스상태 물질로서 이산화탄소, 메탄, 아산화질소, 수소불화탄소, 과불화탄소, 육불화황을 말한다.

⑤ 가스: 물질이 연소 · 합성 · 분해될 때에 발생하거나 물리적 성질로 인하여 발생하는 기체상 물질을 말한다.

⑥ 입자상 물질(粒子狀物質): 물질이 파쇄 · 선별 · 퇴적 · 이적(移積)될 때, 그 밖에 기계적으로 처리되거나 연소 · 합성 · 분해될 때에 발생하는 고체상(固體狀) 또는 액체상(液體狀)의 미세한 물질을 말한다.

⑦ 먼지: 대기 중에 떠다니거나 흩날려 내려오는 입자상 물질을 말한다. 이 경우 먼지는 여과성(濾過性) 먼지와 응축성(凝縮性) 먼지를 포함한다.

㉠ 여과성 먼지: 대기오염물질배출시설에서 고체 또는 액체 상태로 배출되는 먼지를 말한다.

㉡ 응축성 먼지: 대기오염물질배출시설에서 기체 상태로 배출된 이후 대기 중에서 고체 또는 액체 상태로 즉시 응축되는 먼지를 말한다.

대기오염공정시험기준 및 대기환경관계법규 개정에 따른 변경사항

대기환경기사 필기 1과목과 4과목에서는 대기환경보전법, 환경정책기본법, 대기오염공정시험기준 등 대기 관련 법령이 출제됩니다. 이 법령들은 사전 고지 없이 자주 개정되며, 시행일 이후 치러지는 시험부터 개정된 내용이 적용됩니다. 이에 따라 저희 에듀윌 교재는 개정안이 고시될 때마다 이론과 기출문제에 즉시 반영하고 있습니다. (최신 반영: 대기환경보전법 2025.06.30 개정안) 다만, 향후에도 개정 가능성이 있으며, 시험에 반영될 수 있습니다. 추가 개정안이 고시될 경우 에듀윌 도서몰(book.eduwill.net)에 관련 내용을 정리하여 안내드릴 예정이니 학습에 참고해 주시기 바랍니다.

경로 안내 에듀윌 도서몰(book.eduwill.net) ▶ 회원가입/로그인 ▶ 도서자료실 ▶ 부가학습자료 ▶ 대기환경기사 검색

에듀윌 대기환경기사

필기 4주끝장

핵심이론

차례 CONTENTS

SUBJECT 1 대기환경관리

SUBJECT 2 연소공학

3 대기오염방지기술

4 대기오염공정시험기준

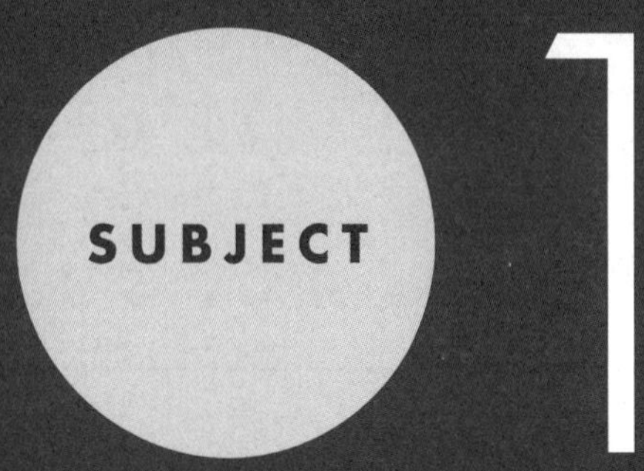

대기환경관리

CHAPTER 01 대기환경 입문

CHAPTER 02 대기오염의 특성과 종류

CHAPTER 03 대기오염물질의 특성과 영향

CHAPTER 04 대기의 미기상학적 특성

CHAPTER 05 대기오염모델

CHAPTER 06 대기환경보전법

CHAPTER 07 기타 법령

합격 GUIDE

대기환경관리는 대기환경기사에서 가장 기초적인 과목으로, 기초 용어에 대한 이해가 중요합니다. 특히, 대기환경관리에서 언급되는 용어는 3과목인 대기오염 방지기술과의 연관성이 높으므로 처음부터 정확하게 이해하고 넘어가야 합니다. 대기환경관리는 매회 계산문제가 5문제 정도 출제되며, 기본 공식만 잘 암기하면 풀 수 있습니다. 따라서 대기환경관리에서 80점 이상 고득점을 목표로 공부하는 전략이 필요합니다.

2026년도 개편 사항

2026년부터 출제 기준이 5과목에서 4과목으로 개편됨에 따라 기존 5과목이었던 대기환경관계법규가 1과목으로 통합되었습니다. 또한 대기관리권역법이 개정되면서 출제 기준에 추가되었습니다.
에듀윌 대기환경기사 필기 교재는 모든 이론을 나열하지 않고 자주 출제되는 기출 KEYWORD 100개를 중심으로 핵심이론을 구성했습니다. 기출문제 위주로 학습한 후 핵심이론편으로 최종 마무리하면 단기간에 합격할 수 있습니다.

출제빈도별 기출 KEYWORD

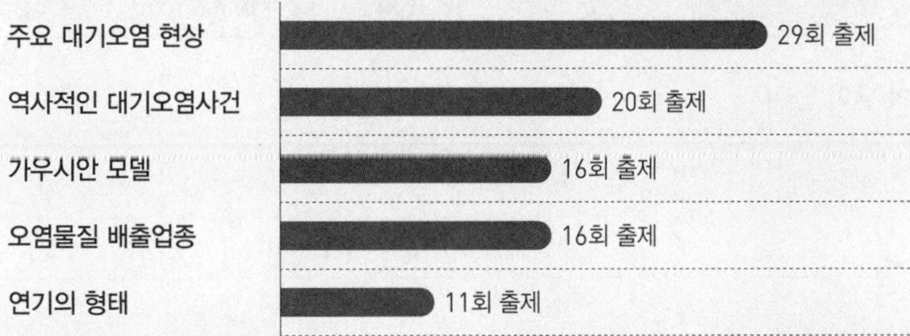

※ 최근 8개년 기출분석 결과로 분류방법에 따라 수치는 달라질 수 있음

CHAPTER 01 대기환경 입문

KEYWORD 01 차원과 단위(계)

1. 개요

(1) 구분

차원		길이(L)	질량(M)	시간(T)
단위		km, m, cm, ft, inch	ton, kg, g, lb	day, hr, min, sec
단위계	MKS	m	kg	sec
	CGS	cm	g	sec
	FPS	ft	lb	sec

(2) 기본적인 단위

① 면적: 길이×길이$=L^2$

② 부피(체적): 길이×길이×길이$=L^3$

③ 1lb=0.4536kg, 1inch=2.54cm, 1ft=0.3048m

2. 계산문제에 출제되는 단위

(1) 길이 단위

km	$\times 10^3$ →	m	$\times 10^2$ →	cm	$\times 10$ →	mm	$\times 10^3$ →	μm	$\times 10^3$ →	nm

$1km=10^3m=10^5cm=10^6mm=10^9\mu m=10^{12}nm$

(2) 질량 단위

ton	$\times 10^3$ →	kg	$\times 10^3$ →	g	$\times 10^3$ →	mg	$\times 10^3$ →	μg	$\times 10^3$ →	ng

$1ton=10^3kg=10^6g=10^9mg=10^{12}\mu g=10^{15}ng$

(3) 부피 단위

m^3	$\times 10^3$ →	L	$\times 10^3$ →	mL	$\times 10^3$ →	μL	$\times 10^3$ →	nL	$\times 10^3$ →	pL

$1m^3=10^3L=10^6mL=10^9\mu L=10^{12}nL=10^{15}pL$

(4) 온도 단위

① 절대온도(K)=273+℃

② 화씨온도(°F)=1.8×℃+32

(5) 점성계수와 동점성계수

① 점성계수(μ)$=\frac{\text{전단응력}}{\text{속도 변화율}}$

② 동점성계수(ν)$=\frac{\text{점성계수}(\mu)}{\text{밀도}(\rho)}$

③ 온도가 증가하면 액체의 점도는 감소하고, 기체의 점도는 증가한다.

점성계수			동점성계수
MKS		kg/m · sec, N · sec/m^2	m^2/sec
CGS	Poise	g/cm · sec	cm^2/sec
	cP	mg/mm · sec	mm^2/sec

④ 레이놀즈 수(Reynolds Number)

$$Re=\frac{\text{관성력}}{\text{점성력}}=\frac{D\rho V}{\mu}=\frac{DV}{\nu}$$

D: 관의 직경, ρ: 유체의 밀도, V: 유속, μ: 점성계수, ν: 동점성계수

㉠ 난류영역: $Re>4,000$

㉡ 천이영역: $2,100<Re<4,000$

㉢ 층류영역: $Re<2,100$

(6) 밀도와 비중

$$\rho(\text{밀도})=\frac{m(\text{질량})}{V(\text{부피})},\ \text{비중}=\frac{\text{대상물질의 밀도}}{\text{표준물질의 밀도}}$$

① 기체의 표준물질: 0℃, 760mmHg의 공기(ρ=1.293kg/Sm^3)

② 액체, 고체의 표준물질: 4℃의 물(ρ=1,000kg/m^3)

(7) 유속(속도)과 유량

유량(Q)	=	면적(A)	×	유속(V)
유량$=\frac{\text{부피}}{\text{시간}}$ m^3/day, L/min …		원: $\frac{\pi}{4}D^2$ m^2, cm^2 …		속도$=\frac{\text{거리}}{\text{시간}}$ m/hr, km/hr, cm/sec…

$Q=A_1V_1=A_2V_2$: 단면적에 따라 유속은 변하지만 유량은 동일함

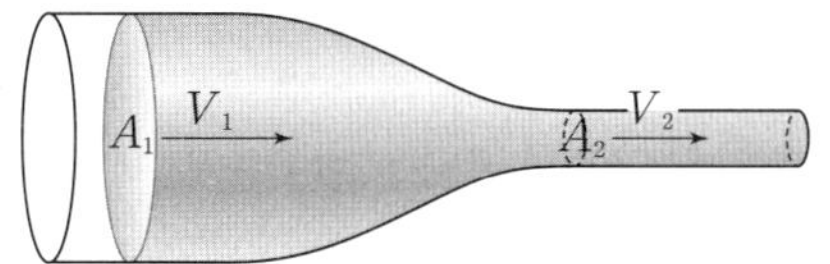

(8) 힘, 압력, 표면장력

구분	정의	단위
힘	힘＝질량×가속도	$1N=kg \cdot m/sec^2$ $1dyne=g \cdot cm/sec^2$
압력	압력＝힘/면적	$1atm=760mmHg=10,332mmH_2O=101.325kPa=1.0332kgf/cm^2=14.7psi$
표면장력	힘/길이	N/m, dyne/cm

KEYWORD 02 기초양론

1. 분율

구분		백분율	천분율	백만분율	십억분율
기호		%	ppt 또는 ‰	ppm	ppb
정의		$\frac{1}{100}$	$\frac{1}{1,000}$	$\frac{1}{10^6}$	$\frac{1}{10^9}$
단위	V/V	1mL/100mL, 1L/100L 등	1mL/L, $1L/m^3$ 등	1μL/L, $1mL/m^3$ 등	$1\mu L/m^3$ 등
	W/W	1mg/100mg, 1g/100g 등	1g/kg, 1kg/ton 등	1mg/kg, 1g/ton 등	1mg/ton 등
	W/V	1g/100mL, 1kg/100L 등	1g/L, $1kg/m^3$ 등	1mg/L, $1g/m^3$ 등	$1mg/m^3$ 등

- $1\%=10,000ppm\left(\frac{1}{100}=\frac{10,000}{1,000,000}\right)$
- W/V의 경우 주로 액체 상태에서 사용되며, 수질에서 1ppm은 1mg/L로 쓰인다.
- V/V의 경우 주로 기체 상태에서 사용되며, 대기에서 1ppm은 $1mL/m^3$로 쓰인다.
- 농도$=\frac{\text{용질}}{\text{용액(용질+용매)}}$로, %, ppm, ppb 등의 기호를 사용하여 표현한다.

2. 혼합과 희석

(1) 혼합

총량(부하량)＝유량×농도

$$C_m=\frac{C_1Q_1+C_2Q_2}{Q_1+Q_2}=\frac{\text{총 부하량}}{\text{총 유량}}$$

C_m: 혼합농도

C_1, C_2: 각 지점의 농도

Q_1, Q_2: 각 지점의 유량

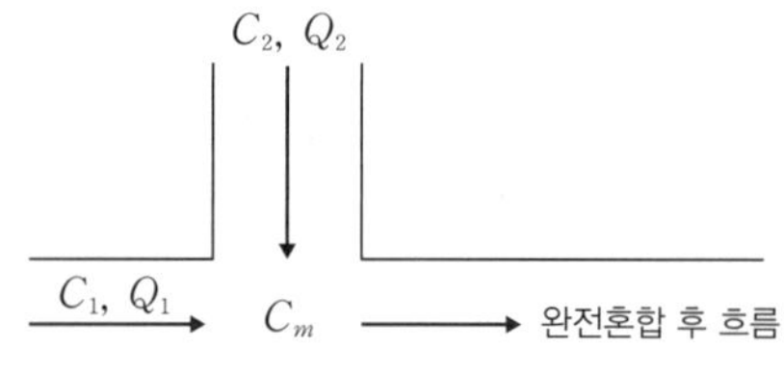

(2) 희석

① 용질의 양은 변하지 않고 용매가 늘어나 농도가 줄어드는 현상이다.

② $\text{희석배율} = \frac{\text{초기농도(희석 전)}}{\text{나중농도(희석 후)}}$

3. 통과율과 제거율

(1) 통과율

$\text{통과율}(\%) = \frac{C_{out}}{C_{in}} \times 100$

C_{in}: 유입농도, C_{out}: 출구농도

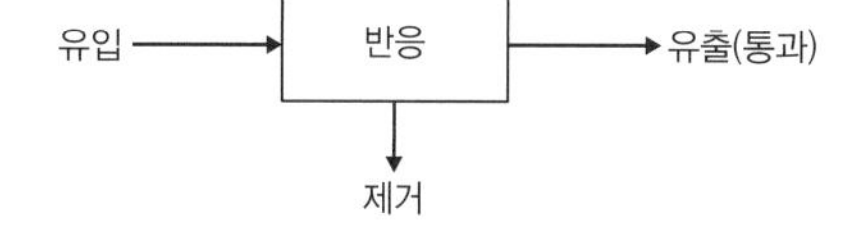

(2) 제거율

효율계산(단일 연결)	효율계산(2단 연결)
$\eta = \left(1 - \frac{C_{out}}{C_{in}}\right) \times 100$ C_{in}: 유입농도, C_{out}: 출구농도	$\eta_T = 1 - (1-\eta_1)(1-\eta_2)$ η_T: 총효율, η_1: 1단 효율, η_2: 2단 효율

KEYWORD 03 기초화학

1. 원자량과 분자량

(1) 원자량

① 원자: 양성자, 중성자, 전자로 구성되어 있으며 돌턴의 원자설에서는 더 이상 쪼개지지 않는 가장 작은 입자라고 정의하였다.

② 원자량: 탄소(C, 12)를 기준으로 각 원자들의 상대적인 질량비를 나타낸 것이다.

③ 주요 원소들의 원자량과 원소기호

명칭	원소기호	원자량	명칭	원소기호	원자량
수소	H	1	질소	N	14
탄소	C	12	불소(플루오린)	F	19
산소	O	16	알루미늄	Al	27
나트륨(소듐)	Na	23	인	P	31
마그네슘	Mg	24.3 또는 24	칼륨	K	39
황	S	32	크롬	Cr	52
염소	Cl	35.5	망간	Mn	55
칼슘	Ca	40	철	Fe	56

(2) 분자량

① 분자: 고유의 성질을 유지하는 가장 작은 입자이다.

② 분자량: 각 원자량의 합이다.

분자식	명칭	분자량
NH_3	암모니아	$14+(3\times1)=17$
H_2O	물	$(1\times2)+16=18$
HCl	염화수소	$1+35.5=36.5$
NaOH	수산화나트륨	$23+16+1=40$
CO_2	이산화탄소	$12+(2\times16)=44$
$Ca(OH)_2$	수산화칼슘	$40+\{(16+1)\times2\}=74$
H_2SO_4	황산	$(1\times2)+32+(4\times16)=98$
$CaCO_3$	탄산칼슘	$40+12+(3\times16)=100$

2. 몰과 당량

(1) 몰(mol)

① 1mol은 6.023×10^{23}개의 분자(원자)이며 기체상태로 표준상태에서 22.4L의 부피를 차지한다.

② 1mol일 때의 질량이 g분자량(g원자량)이다.

③ 1mol$=6.023\times10^{23}$개$=$22.4L at STP(0℃, 1atm)$=$g분자량(g원자량)

(2) 당량(eq)

① 가수: H^+, OH^-의 수, 양이온의 산화수, 산화제의 내보낸 전자수이다.

② 원자나 분자의 가수

가수	종류
1가	K^+, Na^+, H^+, OH^-
2가	Mg^{2+}, Ca^{2+}, Sr^{2+}
3가	Al^{3+}, Cr^{3+}
5가	$KMnO_4$
6가	$K_2Cr_2O_7$

③ 당량 계산

$$\text{당량(eq)}=\frac{\text{분자량(원자량)}}{\text{가수}}$$

④ 주요 물질의 당량

명칭	분자기호	분자량	가수	당량
염산	HCl	36.5g	1가	$1eq=\frac{36.5g}{1가}=36.5g$
수산화칼슘	$Ca(OH)_2$	74g	2가	$1eq=\frac{74g}{2가}=37g$
황산	H_2SO_4	98g	2가	$1eq=\frac{98g}{2가}=49g$
탄산칼슘	$CaCO_3$	100g	2가	$1eq=\frac{100g}{2가}=50g$

(3) 몰농도(M)과 노르말농도(N)

① 몰농도(M)=mol/L

② 노르말농도(N)=eq/L

③ 노르말농도는 가수와 몰농도의 곱(N=nM)이다.

3. 중화반응

(1) 산과 염기

① 산: 수용액에서 수소 이온(H^+)을 내어 놓는 물질이다.

② 염기: 수용액에서 수산화 이온(OH^-)을 내어 놓는 물질이다.

③ 산과 염기의 다양한 정의

구분	산(Acid)	염기(Base)
아레니우스의 정의	H^+를 내는 물질	OH^-를 내는 물질
브뢴스테드와 로우리 정의	양성자를 주는 물질	양성자를 받는 물질
루이스 정의	전자쌍을 받는 물질(수용)	전자쌍을 주는 물질(공여)

④ pH와 pOH

㉠ 수소 이온 농도 지수(pH)$=-\log[H^+]$

㉡ 수산화 이온 농도 지수(pOH)$=-\log[OH^-]$

㉢ pH+pOH=14.00

(2) 중화반응

① 중화반응: 산과 염기가 만나 물과 염을 형성하는 반응이다.

② 완전 중화반응

㉠ 산의 eq와 염기의 eq가 같을 때의 반응이다.

㉡ 관계식: $N_1 \times V_1 = N_2 \times V_2$($N$: 노르말농도, V: 용액의 부피)

③ 불완전 중화반응

구분	관계식
산의 eq(N_1V_1)>염기의 eq(N_2V_2) → 반응 후 남은 산의 eq($N_0(V_1+V_2)$)	$N_1V_1-N_2V_2=N_0(V_1+V_2)$
염기의 eq(N_1V_1)>산의 eq(N_2V_2) → 반응 후 남은 염기의 eq($N_0(V_1+V_2)$)	
산과 산의 혼합 또는 염기와 염기의 혼합	$N_1V_1+N_2V_2=N_0(V_1+V_2)$

4. 화학반응식

(1) 기본적인 화학반응식 작성방법

① "반응물 → 생성물"로 표시한다.

② 반응물의 원자 종류와 수가 생성물의 원자 종류와 수와 같아야 한다.

(2) 화학반응식 작성예시

기호	명칭	산화반응
CH_4	메탄	$CH_4+2O_2 \rightarrow CO_2+2H_2O$
C_2H_6	에탄	$C_2H_6+3.5O_2 \rightarrow 2CO_2+3H_2O$
C_3H_8	프로판	$C_3H_8+5O_2 \rightarrow 3CO_2+4H_2O$
C_4H_{10}	부탄	$C_4H_{10}+6.5O_2 \rightarrow 4CO_2+5H_2O$
$C_6H_{12}O_6$	글루코스	$C_6H_{12}O_6+6O_2 \rightarrow 6CO_2+6H_2O$
$C_mH_n+\left(m+\frac{n}{4}\right)O_2 \rightarrow mCO_2+\frac{n}{2}H_2O$		

5. 산화와 환원

(1) 산화와 환원의 구분

구분	산화	환원
산소	얻음	잃음
산화수	증가	감소
수소	잃음	얻음
전자	잃음	얻음

(2) 산화와 환원 관련 용어

① 산화제: 상대방은 산화시키고, 자신은 환원되는 물질이다.

② 환원제: 상대방은 환원시키고, 자신은 산화되는 물질이다.

③ 산화수: 화합물을 구성하는 원자에 전자를 배분했을 때 원자가 가진 전하의 수이다.

6. 기본적인 화학법칙

(1) 기체, 액체와 관련된 다양한 법칙

① Gay-Lussac 법칙: 기체분석법의 이해에 바탕이 되는 법칙으로 기체가 관련된 화학반응에서 반응하는 기체와 생성된 기체의 부피 사이에는 정수관계가 성립된다.

② Graham 법칙: 기체의 확산속도(조그마한 구멍을 통한 기체의 탈출)는 기체 분자량의 제곱근에 반비례한다.

③ Charles 법칙: 일정한 압력에서 기체의 부피는 절대온도에 정비례한다.

④ Boyle의 법칙: 일정한 온도에서 기체의 부피는 압력에 반비례한다.

⑤ Dalton 법칙: 혼합 기체의 총 압력은 혼합 기체 내의 각 기체의 부분압력의 합과 같다.

⑥ Henry의 법칙: 일정한 온도에서 일정량의 액체에 용해되는 기체의 질량은 그 기체의 분압에 비례한다.

⑦ Avogadro의 법칙: 같은 온도와 압력에서 기체는 같은 부피 속에 같은 수의 분자가 존재한다.

⑧ Raoult의 법칙: 여러 물질이 혼합된 용액에서 어느 물질의 증기압(분압)은 혼합액에서 그 물질의 몰분율에 순수한 상태에서 그 물질의 증기압을 곱한 것과 같다.

(2) 이상기체상태방정식

$$PV = nRT = \frac{w}{M}RT$$

P: 압력, V: 부피, n: mol, R: 기체상수(0.082L · atm/mol · K), T: 절대온도, w: 질량, M: 분자량

7. 화학평형

(1) 개요

① 화학평형은 "정반응속도＝역반응속도"일 때를 의미한다.

② 겉으로는 멈춰져 있는 반응처럼 보이나 연속적인 반응이 일어나는 상태이다.

③ 화학평형상수

$$a[A] + b[B] \rightleftharpoons c[C] + d[D]$$

$$\text{화학평형상수}(K) = \frac{\text{생성물의 몰농도의 곱}}{\text{반응물의 몰농도의 곱}} = \frac{[C]^c[D]^d}{[A]^a[B]^b}$$

(2) 르 샤틀리에의 화학평형 원리

① 가역반응이 평형에 도달했을 때 농도, 압력, 온도 등의 조건이 변하면 그 변화를 감소하는 방향으로 평형이 이동하여 새로운 평형에 도달한다.

② 고체나 물과 같은 용매는 양에 관계없이 평형에 영향을 주지 않는다.

③ 화학평형상수는 온도의 영향을 받는다.

④ 조건의 변화에 따른 화학반응의 진행방향

구분	증가	감소
압력	기체의 몰수가 감소하는 방향	기체의 몰수가 증가하는 방향
온도	흡열반응 방향	발열반응 방향
반응물 농도	정반응 방향	역반응 방향
생성물 농도	역반응 방향	정반응 방향

8. 반응속도

(1) 개요

① 시간의 변화에 따른 반응물의 농도 변화로, 차수에 따라 반응속도식이 결정된다.

② $\gamma=\frac{dC}{dt}=-kC^m$

(2) 차수에 따른 반응속도

① 반감기: 초기농도가 반으로 줄어드는 데 걸리는 시간이다.($C_t=0.5\times C_o$)

② 'C_o: 초기농도, C_t: t시간 후의 반응물질 농도, k: 반응속도상수, t: 시간'일 때 반응식은 다음과 같다.

구분	0차 반응	1차 반응	2차 반응
정의	반응속도∝시간	반응속도∝반응물농도	반응속도∝(반응물농도)^2
반응식	$C_t-C_o=-k\times t$	$\ln\frac{C_t}{C_o}=-k\times t$	$\frac{1}{C_t}-\frac{1}{C_o}=k\times t$

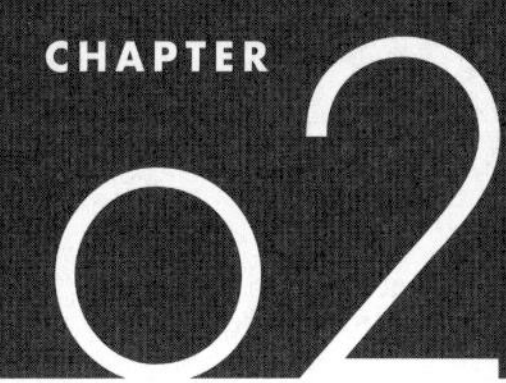

대기오염의 특성과 종류

KEYWORD 04 대기오염물질의 분류

1. 대기환경보전법상 대기오염물질의 정의

"대기오염물질"이란 대기 중에 존재하는 물질 중 대기오염의 원인으로 인정된 가스·입자상 물질로서 환경부령으로 정하는 것을 말한다.

2. 대기오염물질의 분류

(1) 발생원에 따른 분류

① 1차 대기오염물질

㉠ 배출 및 발생원에서 직접 대기 중으로 배출되는 오염물질이다.

㉡ 종류: 먼지, 매연, 일산화탄소(CO), 이산화탄소(CO_2), 염화수소(HCl), 탄화수소(HC), 암모니아(NH_3), 납(Pb), 삼산화이질소(N_2O_3), NaCl, SiO_2 등

② 2차 대기오염물질

㉠ 1차 오염물질이 대기 중에서 자외선에 의한 광화학적 반응으로 생성된 오염물질이다.

㉡ 종류: 오존(O_3), PAN($CH_3COOONO_2$), 과산화수소(H_2O_2), 염화나이트로실(NOCl), 알데히드 등

③ 1·2차 대기오염물질

㉠ 배출 및 발생원에서 직접 대기 중으로 배출되거나 광화학적 반응으로 생성되는 오염물질이다.

㉡ 종류: SO_2, SO_3, H_2SO_4, NO, NO_2, HCHO, 케톤류, 유기산, 알데히드 등 1차 대기오염물질이면서 2차 대기오염물질인 오염물질이다.

(2) 상태에 따른 분류

① 입자상 오염물질

㉠ 고체 또는 액체상 물질로 배출되는 오염물질이다.

㉡ 종류: 미스트, 먼지, 매연, 검댕, 안개, 훈연, 박무, 스모그 등

② 가스상 오염물질

㉠ 기체 상태로 배출되는 오염물질이다.

㉡ 종류: 일산화탄소(CO), 황산화물(SO_x), 염화수소(HCl), 질소산화물(NO_x), 암모니아(NH_3) 등

(3) 오염형태에 따른 분류

① 점오염원: 공장, 소각처리시설, 발전소 등 하나의 시설에서 배출되는 오염원이다.

② 면오염원: 산업단지, 대규모 공단 또는 시설 등이 밀집된 일정 면적에서 소규모 오염원이 모여 오염물질을 발생시키는 오염원이다.

③ 선오염원: 도로 위에서 자동차의 운행으로 발생되는 오염원으로 주요 도로를 중심으로 오염물질을 발생시키는 오염원이다.

KEYWORD 05 주요 대기오염 현상

1. 산성비

(1) 개요

① 대기 중의 이산화탄소는 약 360~400ppm 정도이며 대기 중 이산화탄소(CO_2)에 의해 강우의 pH는 약 5.6 정도이다.

② 대기 중의 이산화탄소의 영향을 고려하여 pH 5.6 이하의 비를 산성비라고 한다.

③ 산성비에 가장 큰 영향을 미치는 것은 황산화물(화석연료의 연소)로, 약 50% 이상을 차지하며 질소산화물과 염소이온이 그 다음으로 기여한다. (황산화물 > 질소산화물 > 염화수소)

(2) 영향

① 호수의 산성화, 토양의 산성화를 초래하며 금속이온의 용출로 생태계와 사람, 농산물 등에 큰 영향을 미친다.

② 금속과 콘크리트 건물 등의 부식을 초래한다.

③ 산성비의 피해는 광역적으로 나타나며 예측이 어렵다.

(3) 대책

① 산성비의 주된 원인 물질인 황산화물과 질소산화물의 생성을 억제하는 방법으로 청정연료 또는 에너지의 사용, 화석연료의 사용저감, 배연탈황 및 배연탈질 기술 적용, 원유의 탈황 등이 있다.

② 산성비는 광역적인 피해를 일으키기 때문에 국제협약을 통해 원인 물질을 저감하는 노력이 필요하며 헬싱키 의정서, 소피아 의정서 등이 산성비 관련 국제협약이다.

2. 오존층파괴

(1) 오존층의 개요

① 성층권(지상 12~50km 부근)에 존재하는 오존층(지상 약 25~35km)은 대기 내 전체 오존량의 90% 이상이 존재하며 평균적으로 약 10ppm의 최대농도를 나타낸다.

② 오존층이 파괴되면 피부암, 백내장, 결막염 등 질병과 인간의 면역기능의 저하를 유발할 수 있다.

③ 오존층의 두께는 적도상공이 약 200돕슨, 극지방이 약 400돕슨 정도인 것으로 알려져 있으나 오존층의 파괴로 극지방의 오존층 두께가 줄어들고 있다.

용어 CHECK 돕슨(dobson)

100돕슨(dobson)=1mm로 돕슨(dobson)은 오존층의 두께를 나타내는 단위이다.

(2) 오존층을 파괴하는 물질

① 염화불화탄소(CFC), 염화브롬화탄소(Halons), 아산화질소(N_2O), 일산화질소(NO), 염화메틸(CH_3Cl), 사염화탄소(CCl_4), 메틸클로로포름(CH_3CCl_3), 메탄(CH_4) 등이 있으며 ODP(Ozone Depletion Potential)에 따라 오존층에 미치는 영향은 다르다.

② 프레온류와 할론류 물질이 대표적인 오존층 파괴물질이다.

③ ODP(Ozone Depletion Potential): CFC－11(CCl_3F)을 1.0으로 기준하여 오존층 파괴물질의 상대적인 크기를 나타낸 수치로 오존층 파괴물질의 단위 중량당 오존의 소모능력을 나타내는 지수이다.

(3) 프레온류의 명명법

① 프레온류(CFCs: Chloro Fluoro Carbon): 탄소에 수소, 불소, 염소가 결합된 물질로, 단일결합으로 이루어져 있다.

② 명명법

CFC－□□□ → □□□+90 → [탄소수] [수소수] [불소수] 나머지는 염소의 수					
CFC－11	11＋90＝101				
	탄소＝1	수소＝0	불소＝1	염소＝3	CCl_3F
CFC－12	12＋90＝102				
	탄소＝1	수소＝0	불소＝2	염소＝2	CCl_2F_2
CFC－113	113＋90＝203				
	탄소＝2	수소＝0	불소＝3	염소＝3	$C_2Cl_3F_3$
CFC－114	114＋90＝204				
	탄소＝2	수소＝0	불소＝4	염소＝2	$C_2Cl_2F_4$

※ 마지막 숫자 "0"은 생략합니다.

(4) 할론류의 명명법

① 할론가스는 탄소에 브롬, 불소, 염소, 요오드가 결합된 물질로, 단일결합으로 이루어져 있다.

② 명명법

할론－□□□□□ → [탄소수] [불소수] [염소수] [브롬수] [요오드]					
할론－1211	탄소＝1	불소＝2	염소＝1	브롬＝1	CF_2ClBr
할론－1301	탄소＝1	불소＝3	염소＝0	브롬＝1	CF_3Br
할론－2402	탄소＝2	불소＝4	염소＝0	브롬＝2	$C_2F_4Br_2$

※ 마지막 숫자 "0"은 생략합니다.

(5) **오존의 파괴과정**

① 대류권에서 발생한 CFC가 오존층에 도달하여 자외선에 의해 염소라디칼(Cl·)로 분해된다.

$$CFCl_3 + \text{자외선} \rightarrow CFCl_2 + Cl\cdot$$

② 염소라디칼(Cl·)은 오존층에 존재하는 오존(O_3)을 분해한다.

$$Cl\cdot + O_3 \rightarrow ClO + O_2$$

③ O_2는 자외선에 의해 산소원자로 분해된다.

$$O_2 + \text{자외선} \rightarrow O + O$$

④ ClO는 산소원자와 반응하여 염소라디칼(Cl·)과 O_2를 생성하며 염소라디칼(Cl·)은 오존을 파괴하는 반응에 다시 참여하며 재순환된다.

$$ClO + O \rightarrow Cl\cdot + O_2$$

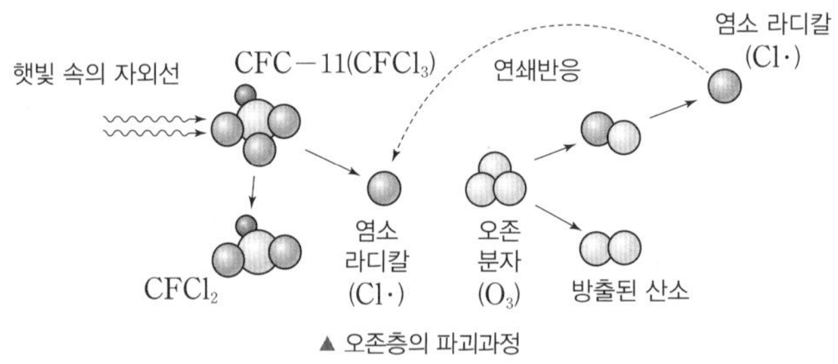

▲ 오존층의 파괴과정

고득점 POINT **오존층 보호 국제협약**

오존층 보호 국제 협약은 비엔나 협약, 몬트리올 의정서, 런던 회의, 코펜하겐 회의 등이 있다.

3. 지구온난화 현상

(1) **개요**

① 지구온난화 현상: 태양의 활동과 온실효과 등으로 인해 지구 평균 기온이 올라가는 현상이다.

② 지구복사에너지(장파)가 외부로 방출되지 못하고 온실가스(대부분 CO_2)에 의해 다시 지구로 재복사 되어 지구의 온도가 올라간다.

③ 대표적인 지구온난화 원인물질로 CO_2, CFC, N_2O, CH_4, H_2O 등이 있다.

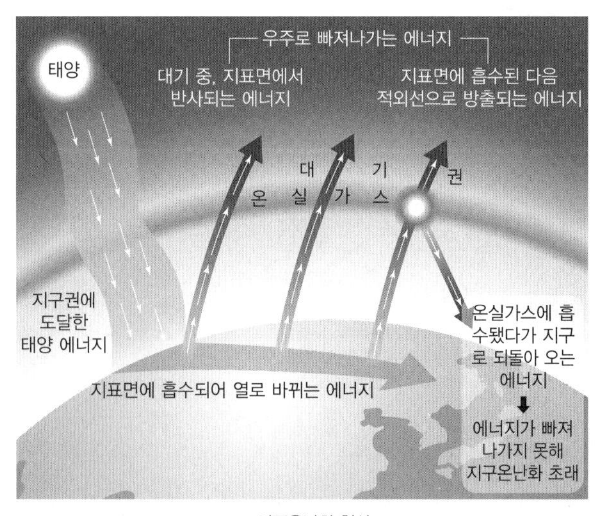

▲ 지구온난화 현상

(2) 지구온난화가 환경에 미치는 영향

① 기상조건의 변화는 대기오염의 발생횟수와 오염농도에 영향을 준다.

② 온난화에 의한 해면상승은 전 지구적으로 일정하지 않게 발생한다.

③ 대류권 오존의 생성반응을 촉진시켜 오존의 농도가 증가한다.

④ 기온상승과 토양의 건조화는 생물성장의 남방한계와 북방한계에 영향을 준다.

(3) 온실효과

① 자동차와 공장에서 뿜어내는 가스가 대기권을 덮어 지구의 기온을 상승시키고 기후의 변화를 초래하는 대기오염 현상이다.

② 온실의 유리처럼 온실기체가 지구에서 방출되는 적외선 영역의 에너지를 흡수하여 다시 지구로 반사시켜 온도가 상승하는 현상이다.

③ "온실가스"란 적외선 복사열을 흡수하거나 다시 방출하여 온실효과를 유발하는 대기 중의 가스상 물질로, 이산화탄소(CO_2), 아산화질소(N_2O), 수소불화탄소(HFCs), 과불화탄소(PFCs), 육불화황(SF_6)을 말한다.

④ 북반구에서 대기 중의 CO_2 농도는 여름에 감소하고 겨울에 증가하는 경향이 있다.

(4) 온실과 온실가스의 온실효과 비교

① 온실(유리 온실 등)

㉠ 유리 또는 투명 플라스틱으로 만든 구조물이다.

㉡ 태양광(주로 가시광선)은 유리를 통과해 온실 내부로 들어오고, 내부 물체가 가열되면서 적외선을 방출하지만 유리는 이 적외선을 잘 통과시키지 못해 내부에 열이 갇히게 된다.

㉢ 즉, 주된 원리는 '복사 차단'으로, 적외선의 방출이 억제되며 온실 내부 온도가 상승한다.

② 온실가스

㉠ 태양 복사에너지는 대기를 통과해 지표를 따뜻하게 하고, 지표는 다시 적외선을 방출한다.

㉡ 적외선은 이산화탄소(CO_2), 메탄(CH_4) 등 온실가스가 흡수하고 일부를 다시 지구로 재방사함으로써 지표면으로 되돌아온다.

㉢ 즉, '복사 흡수－재방사' 작용으로 인해 대기 중 열이 머무는 시간이 길어져 지구 평균 기온이 상승한다.

㉣ 대기의 온실효과는 특정 기체의 적외선 흡수 스펙트럼에 의한 에너지 재방사라는 점이 가장 큰 차이점이다.

고득점 POINT **교토 의정서상 온실효과에 기여하는 6대 물질**

이산화탄소(CO_2), 메탄(CH_4), 아산화질소(N_2O), 과불화탄소(PFC), 수소화불화탄소(HFC), 육불화황(SF_6)

※ 파리협정의 주요 내용

- 지구온난화로 인한 기온 상승을 산업화 이전 대비 2℃ 아래로 막고, 산업화 이전 대비 1.5℃ 이상 기온 상승을 제한하도록 노력하는 것을 추구한다.
- 기후 변화로 인한 적응 능력을 향상시키고, 식량 지원을 지키며, 온실가스 배출량을 줄이는 방향으로의 개발을 추구한다.
- 기후변화대응에 금융경제가 움직이도록 만든다.

(5) 지구온난화지수(GWP, Global Warming Potential)

① 이산화탄소 1kg을 기준으로 특정 온실가스 1kg이 대기 중에서 일정 기간 동안 일으키는 온난화 효과가 어느 정도인가를 평가하는 척도이다.

② GWP는 온실기체들의 구조상 또는 열축적 능력에 따라 온실효과를 일으키는 잠재력을 지수로 표현한 것으로 이 온실기체들은 CH_4, N_2O, CO_2, SF_6 등이 있으며 이 중 GWP가 가장 큰 값을 나타내는 물질은 SF_6이다.

온실가스의 종류	GWP
이산화탄소(CO_2)	1
메탄(CH_4)	21
아산화질소(N_2O)	310
수소불화탄소(HFCs)	140~11,700
과불화탄소(PFCs)	6,500~9,200
육불화황(SF_6)	23,900

※ 온실가스 배출권의 할당 및 거래에 관한 법률 「시행령 별표 2」 온실가스별 지구온난화 계수(제31조제1항 관련)

(6) 지구온난화 대책

리우 선언, 교토 의정서, 공동이행제도, 배출권거래제도, 신(新)기후체제, 파리 협정 등이 있다.

(7) 지구온난화로 인한 기상이변현상

① 엘니뇨현상: 열대 태평양 남미 해안으로부터 중태평양에 이르는 넓은 범위에서 해수면의 온도가 평균보다 0.5℃ 이상 높은 상태가 6개월 이상 지속되는 현상으로 스페인어로 아기예수를 의미한다.

② 라니냐현상

㉠ 여자아이라는 뜻으로 적도무역풍이 평년보다 강하여 서태평양의 해수면과 수온이 평년보다 상승하게 되고, 찬 해수의 용승현상 때문에 적도 동태평양에서 저수온 현상이 강화되어 나타나는 현상이다.

㉡ 해수면의 온도가 6개월 이상 0.5℃ 이상 낮은 현상이 지속되는 것을 말한다.

③ 열섬현상

㉠ 대기오염으로 인한 지구환경 변화 중 도시지역의 공장, 자동차 등에서 배출되는 고온의 가스와 냉난방시설로부터 배출되는 더운 공기가 상승하면서 주변의 찬 공기가 도시로 유입되어 도시 지역의 대기오염물질에 의한 거대한 지붕을 만드는 현상이다.

㉡ 도시의 지표면은 시골보다 열용량이 크고 열전도율이 낮아 열섬효과의 원인이 된다. 이는 도시지역 표면의 열적 성질의 차이 및 지표면에서의 증발잠열의 차이 때문에 발생한다.

㉢ 열섬효과로 도시 주위의 시골에서 도시로 바람이 부는데, 이를 전원풍이라 한다.

㉣ 열섬현상으로 인해 대기오염물질이 축적되고 응결핵이 되어 주변지역보다 비가 많이 내린다.

고득점 POINT 열섬현상이 잘 나타나는 경우

- 직경 10km 이상의 도시에서 잘 나타나는 현상이다.
- 고기압의 영향으로 하늘이 맑고 바람이 약한 때에 잘 발생한다.
- 여름보다는 겨울철에 더욱 뚜렷하며, 맑고 잔잔한 날의 야간에 잘 나타난다.

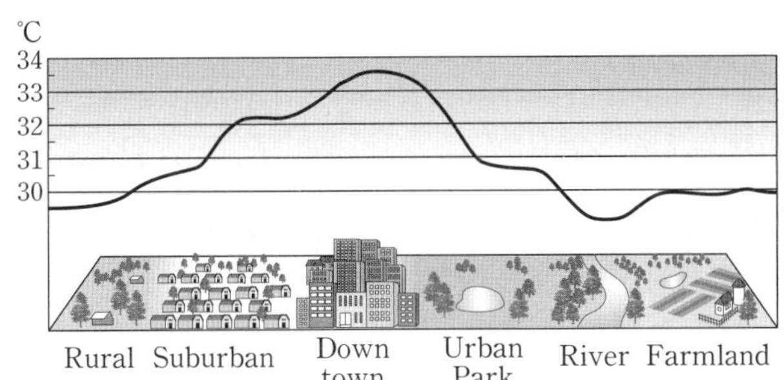

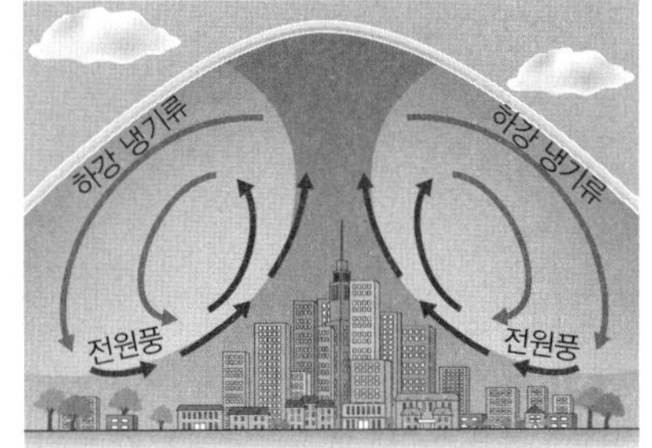

▲ 열섬현상의 발생

KEYWORD 06 역사적인 대기오염 사건

1. 대기오염의 역사

(1) 개요

역사적인 대기오염 사건은 기온역전과 무풍상태의 기상조건에서 오염물질의 축적 또는 누출로 발생하였다.

(2) 주요 대기오염 사건의 역사

① 뮤즈계곡 사건(1930년, 벨기에): 금속, 유리, 아연, 제철, 황산공장 및 비료공장 등에서 배출되는 불소 및 아황산가스와 분진 및 안개에 의한 스모그로 발생한 사건이다.

② 요코하마(횡빈) 사건(1946년, 일본): 산화티타늄공장에서 발생한 황산화물과 질소산화물을 포함한 공장매연과 스모그에 의한 사건으로 이 지역에 주둔하던 미군과 가족들에게 큰 피해를 준 사건이다. (공장에서 배출된 대기오염물질이 원인으로, 정확한 원인은 밝혀지지 않음)

③ 도노라 사건(1948년, 미국): 아황산가스와 황산미세먼지를 포함한 공장매연과 스모그에 의한 사건이다.

④ 포자리카 사건(1950년, 멕시코): 공업지역에서 발생한 오염사건으로 황화수소가 대량으로 인근 마을로 누출되어 피해를 일으킨 사건이다.

⑤ 보팔 사건(1984년, 인도): 농약공장 저장탱크에서 MIC(메틸이소시아네이트, CH_3CNO) 누출사고에 의해 발생했다.

2. 런던 스모그와 LA 스모그

(1) 개요

① 런던 스모그(1952년)는 1950년대 산업혁명과 연료의 전환으로 화석연료의 사용량이 증가하여 연소 시 발생하는 황산화물과 먼지, 안개 등에 의해 발생하였으며 새벽에 형성되는 접지역전 상태에서 오염의 부하가 가중되어 많은 피해를 일으켰다.

② LA 스모그(1954년)는 자동차의 사용량 증가로 자동차에서 발생되는 질소산화물과 탄화수소 등이 한낮의 자외선과 반응하여 광화학적인 부산물(광화학 스모그)을 발생시켜 한낮에 형성되는 침강성 역전상태에서 오염의 부하가 가중되어 많은 피해를 일으켰다.

(2) 런던 스모그와 LA 스모그의 비교

항목	런던 스모그	LA 스모그
기온	4℃ 이하	24~32℃
기간	겨울(12~1월)	여름(7~9월)
습도	85% 이상	70% 이하
시간	이른 아침	한낮
역전형태	접지역전(방사성 역전)	공중역전(침강성 역전)
대기의 안정도	기온역전, 무풍상태(매우 안정된 대기)	
오염물질	황산화물, H_2SO_4, 미스트 등	질소산화물, 오존, HC, PAN 등 광화학적 부산물
오염원	공장, 가정난방, 화력발전소 등 화석연료 사용	자동차
반응형태	열적 환원반응	광화학적 산화반응
가시거리	100m 이하	1km 이하
색	짙은 회색	연한 갈색

① 침강역전은 고기압 중심부분에서 기층이 서서히 침강하면서 기온이 단열변화로 승온되어 발생하는 현상이다.

② 복사역전은 지표에 접한 공기가 그보다 상공의 공기에 비하여 더 차가워져서 생기는 현상이다.

③ LA 스모그의 원인물질인 탄화수소는 올레핀계 탄화수소로, 이중결합을 포함한 C_nH_{2n}의 형태이며 반응성이 크다.

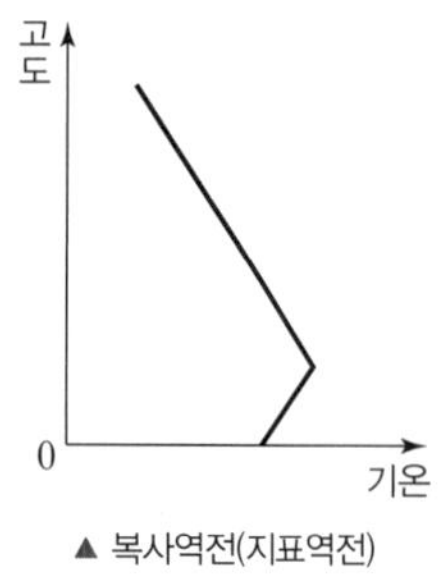

▲ 복사역전(지표역전)

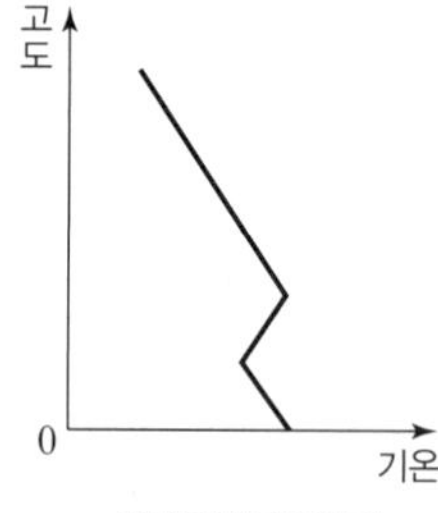

▲ 침강역전(공중역전)

CHAPTER 03

대기오염물질의 특성과 영향

KEYWORD 07 입자상 물질

1. 입자상 물질의 개념

(1) 대기환경보전법상 용어의 정의

① "입자상 물질(粒子狀 物質)"이란 물질이 파쇄 · 선별 · 퇴적 · 이적(移積)될 때, 그 밖에 기계적으로 처리되거나 연소 · 합성 · 분해될 때에 발생하는 고체상(固體狀) 또는 액체상(液體狀)의 미세한 물질을 말한다.

② "먼지"란 대기 중에 떠다니거나 흩날려 내려오는 입자상 물질을 말한다.

③ "매연"이란 연소할 때에 생기는 유리(遊離) 탄소가 주가 되는 미세한 입자상 물질을 말한다.

④ "검댕"이란 연소할 때에 생기는 유리(遊離) 탄소가 응결하여 입자의 지름이 1미크론 이상이 되는 입자상 물질을 말한다.

(2) 입자상 물질의 구분

① 인위적인 배출: 사람의 일상적인 생활이나 공장의 가동, 연소 등의 형태로 배출되는 것이다.

② 자연적인 배출: 화산, 바람에 의한 침식작용, 꽃가루 등에 의해 배출되는 것이다.

2. 미세먼지(PM – 10, PM – 2.5)

(1) 개요

① PM-10(Particulate Matter Less than 10μm): 공기역학적 직경이 10μm 미만인 입자상 물질을 총칭하며 미세먼지라고도 한다.

② PM-2.5(Particulate Matter Less than 2.5μm): 공기역학적 직경이 2.5μm 미만인 입자상 물질을 총칭하며 초미세먼지라고도 하며 광화학반응을 통해 생성되는 부산물인 질산염 등도 포함된다.

(2) 입자의 직경

구분	내용
공기역학적 직경	측정하고자 하는 입자와 동일한 침강속도를 가지며, 밀도가 1g/cm^{3}인 구형입자의 직경이다. (밀도를 고려하지 않음)
스토크스직경	원래의 먼지와 밀도 및 침강속도가 동일한 구형입자의 직경이다.
휘렛직경	입자상 물질의 끝과 끝을 연결한 선 중 가장 긴 선을 직경으로 하는 것이다.
마틴직경	입자상 물질의 그림자를 2개의 등면적으로 나눈 선의 길이를 직경으로 하는 것이다.
투영면적경	먼지의 면적과 동일한 면적을 갖는 원의 직경으로 하는 것이다.

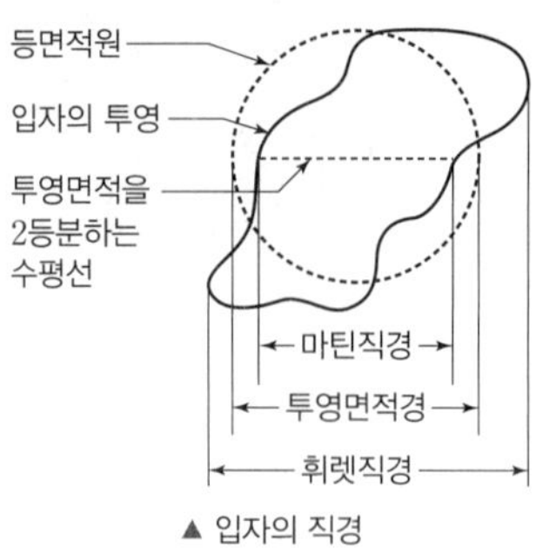

▲ 입자의 직경

3. 백연, 흄, 미스트, 안개, 박무

구분	내용
백연(White plume)	연소과정에서 생성되는 수증기가 굴뚝을 통해 나갈 때 생성되는 연기이다.
흄(Fume)	증류, 승화 등을 통해 발생되는 고체상의 연기로 1μm 이하의 미립자이며 금속정련, 도금 등의 공정에서 주로 발생한다.
미스트(Mist)	0.01~10μm 정도의 증기 응축에 의해 생성되는 액체상 입자로 가시거리는 보통 1km 이상이다.
안개(Fog)	습도 100%의 눈에 보이는 액체상 입자로 가시거리는 보통 1km 이하이다.
연무(Haze)	습도 70% 이하의 건조한 미립자가 대기 중에 분산되어 있는 것이다.

4. 석면

(1) 개요

① 석면(Asbestos)은 그리스어의 A=not, sbestos=quenchable(멸하다)에서 유래한 것으로, '불멸의 끌 수 없는'이라는 의미로서 100만년 전에 화산활동에 의해서 발생된 화성암의 일종이다.

② 석면은 천연의 자연계에 존재하는 사문석 및 각섬석의 광물에서 채취한 섬유모양의 규산 화합물이다.

③ 석면이 폐에 흡입되면 폐암 등의 악성 질병을 유발하게 된다는 사실이 알려지고 석면의 유해성에 대한 인식이 높아지면서 사용이 금지되었고, 석면 대체물질이 개발되어 사용되고 있다.

(2) 분류

① 석면은 크게 사문석계 석면과 각섬석계 석면으로 분류된다.

② 사문석계 석면이 가장 널리 사용되어졌으며, 백석면(Chrysotile)이 대표적이다.

③ 각섬석계 석면으로는 청석면(Crocidolite), 갈석면(Amosite), 안소필라이트 석면(Anthophyllite asbestos), 액티노라이트 석면(Actinolite asbestos), 트레모라이트 석면(Tremolite asbestos) 등으로 구분된다.

④ 석면에 노출되면 만성기관지염, 석면폐증, 폐암을 유발시키며 백석면<갈석면<청석면 순으로 유해하다.

(3) 석면폐증

① 석면폐증은 폐의 석면분진 침착에 의한 섬유화이며, 흉막의 섬유화와는 무관하다.

② 석면폐증은 폐하엽에서 주로 발생하며 폐암으로 발전될 수 있다.

③ 석면폐증은 비가역적이며, 석면 노출이 중단된 이후에도 악화되는 경우가 있다.

④ 폐의 섬유화는 폐조직의 신축성을 감소시키고, 혈액으로의 산소 공급을 불충분하게 한다.

5. 다이옥신(Dioxine)

(1) 생성

① 염소가 포함된 유기물질을 연소시키는 과정에서 생성되는 고체상 물질로 대기와 토양오염을 유발한다.

② 2개의 벤젠고리에 산소와 치환된 염소의 결합으로 이루어진 방향족 화합물로 다이옥신류와 퓨란류가 있다.

③ 산소원자 2개가 포함된 다이옥신류(PCDDs)의 이성질체는 75개, 산소원자 1개가 포함된 퓨란류(PCDFs)는 135개의 이성질체를 갖는다. 또한 2,3,7,8-TCDD가 가장 유독하다.

④ 다이옥신은 PCB의 불완전연소에 의해서 발생하고 저온에서 촉매화 반응에 의해 먼지와 결합하여 생성되기도 한다.

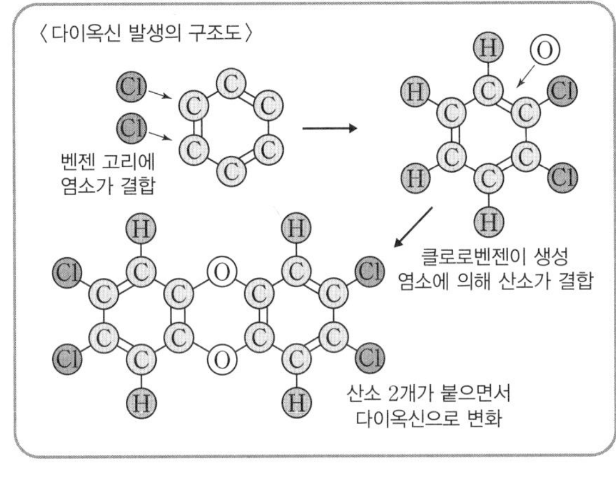

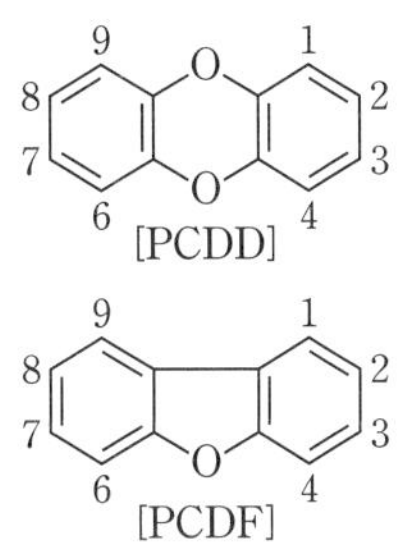

〈다이옥신과 퓨란의 구조〉

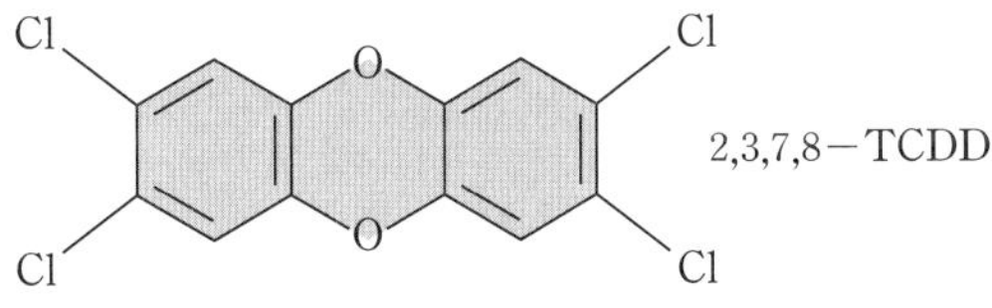

2,3,7,8-TCDD

(2) 특징

① 다이옥신은 비점이 높은 유기결합 고체상 물질로 열적 안정성이 좋아 고온인 700℃ 이상에서 분해되기 시작하여 온도가 올라갈수록 분해가 잘 이루어지며, 300~400℃의 저온에서는 다시 재생되는 특성을 가지고 있어 처리에 유의해야 한다.

② 벤젠 등 유기용제에 잘 녹는 성질을 가지고 있으며 물에는 잘 녹지 않는 성질을 가지고 있다.

③ 다이옥신은 기형아 출산, 발암성 등 인체의 면역에 독성 물질로 작용한다.

(3) 처리방법

① 촉매분해법: 촉매로는 금속 산화물(V_2O_5, TiO_2 등), 귀금속(Pt, Pd)이 사용된다.

② 광분해법: 자외선 파장(250~340nm)이 가장 효과적이다.

③ 열분해방법: 산소가 아주 적은 환원성 분위기에서 탈염소화, 수소첨가반응 등에 의해 분해시킨다.

④ 오존분해법: 수중 분해 시 순수의 경우는 염기성일수록, 온도는 높을수록 분해속도가 커진다.

6. PAH(다환방향족탄화수소, Polycyclic Aromatic Hydrocarbon)

(1) 발생원

① 주요 발생원은 자동차, 난방설비, 산업시설, 소각로, 발전소 등 화석연료의 연소와 폐기물 등의 불완전 연소, 토양 잔재의 연소 등이다.

② PAH는 석탄, 기름, 가스, 쓰레기, 각종 유기물질의 불완전 연소가 일어나는 동안에 형성된 화학물질 그룹이라 할 수 있다.

(2) 특징

① 2개 이상의 벤젠고리가 결합되어 있는 유기화합물질로 많은 종류가 있다. (고리형태를 갖고 있는 방향족 탄화수소임)

② 물에는 잘 녹지 않고 유기용매에 용해되며 쉽게 휘발한다.

③ 대부분 공기역학적 직경이 2.5μm 미만인 입자상 물질이다.

④ 대부분의 PAH는 발암성 물질로 미량으로도 암 및 돌연변이를 일으킬 수 있으며 자동차에서 배출되는 벤조(a)피렌이 가장 발암성이 높다.

7. 다양한 입자상 유해물질의 종류와 특징

(1) 카드뮴

① 아연정련공업, 합금, 도금 등의 공정에서 배출된다.

② 사람의 신장기능을 저하시켜 단백뇨, 심장계통의 질환, 골연화증을 유발하고 일본에서 이따이이따이병을 발생시켰다.

(2) 납

① 가솔린 자동차의 배기가스, 전자제품 제조업에서 주로 배출되며 혈액 속의 헤모글로빈과 결합력이 강하여 인체에 노출 시 빈혈, 헤모글로빈 결핍, 적혈구 감소, 신장기능 장애, 중추신경 손상 등을 유발하게 된다.

② 혈액 헤모글로빈의 기본요소인 포르피린 고리의 형성을 방해함으로써 인체 내 헤모글로빈의 형성을 억제하여 만성빈혈이 발생할 수 있다.

(3) 수은

① 원자량 200.592, 비중 13.534로, 진한 황산과 할로겐에 반응하며 염소와 반응하여 염화제2수은이 된다.

② 상온에서 액체인 금속으로 농약, 계기제조, 전기제품 등의 생산공정에서 발생한다.

③ 유기수은과 무기수은으로 구분되는데, 유기수은은 어패류와 같은 수은이 함유된 음식을 섭취함으로써 인체 내에 흡수되고 무기수은은 위장을 통해 직접 흡수가 된다.

④ 유기수은이 무기수은보다 생물농축되기 쉬워 더 유해한 것으로 알려져 있다.

⑤ 탄소와 수은의 결합으로 형성된 알킬수은에 의해 미나마타병이 발생한 사례가 있으며 수은 중독으로 신경과 뇌에 심각한 손상을 초래하여 구심성 시야협착, 난청, 언어장해 등이 나타난다.

⑥ 만성중독의 경우 특수한 구내염이 발생하고, 눈, 입술, 혀, 손발 등이 빠르고 엷게 떨리며 손과 팔의 근력이 저하되며, 다발성 신경염도 일어날 수 있다.

(4) 크롬

① 피혁, 염색공업, 시멘트 제조업 등에 의해 발생되며 3가 크롬보다 6가 크롬의 독성이 더 강하다.

② 6가크롬은 비중격천공(코에 구멍이 뚫리는 현상)을 초래하고 기관지염과 폐기종 등을 일으킨다.

③ 크롬산 미스트는 비교적 입자 크기가 크고 친수성이므로 수세법으로 제거한다.

(5) 바나듐

① 석탄, 석유 등 화석연료의 연소에 의해서 주로 발생하는 입자상 물질에 함유되어 있는 물질로 광부나 석탄연료 배출구 주위에 거주하는 사람들의 폐 중 농도가 증대되고, 배설은 주로 신장을 통해 이루어진다.

② 촉매제, 합금제조, 잉크와 도자기 제조공정 등에서도 발생한다.

③ 대기 중 $0.1 \sim 1\mu g/m^3$ 정도 존재하며 코, 눈, 기도를 자극하는 물질로 뼈에 소량 축적될 수 있고, 만성 폭로 시 설태가 끼이며 혈장 콜레스테롤 수치가 저하될 수 있다.

(6) 망간

① 직업성 폭로는 철강제조에서 아주 많으며, 알루미늄, 마그네슘, 구리와의 합금제조 등에서도 흔한 편이다.

② 흄에 급성폭로되면 열, 오한, 호흡 곤란 등의 증상을 특징으로 하는 금속열을 일으키나 자연히 치유된다.

③ 만성폭로가 계속 되면 파킨슨 증후군과 거의 비슷한 증후군으로 진전되어 말이 느리고 단조로워진다.

(7) 비소

① 살충제제조업, 유리공업, 안료제조업 등에서 배출된다.

② 피부염, 주름살 부분의 궤양을 비롯하여 색소침착, 손·발바닥의 각화, 피부암 등을 일으킨다.

KEYWORD 08 입자상 물질의 영향

1. 빛의 산란과 가시거리

(1) 산란의 특징

① 산란: 파장이나 빠른 속도의 입자가 분자, 원자, 미립자 등과 충돌하여 운동방향이 바뀌거나 흩이지는 현상이다.

② 빛을 입자가 들어있는 어두운 상자 안으로 도입시킬 때 산란광이 나타나며 이것을 틴달빛(光)이라고 한다.

③ 대기 중에 부유하는 입자는 활발한 브라운운동을 하며 빛을 산란시킨다.

④ 입자에 빛이 조사될 때 산란의 경우 동일한 파장의 빛이 여러 방향으로 다른 강도로 산란되는 반면, 흡수의 경우는 빛에너지가 열, 화학반응의 에너지로 변환된다.

⑤ 산란의 세기는 입사되는 빛의 파장(λ)에 대한 입자크기(반경)의 비에 의해 결정된다.

(2) 레일리(Rayleigh) 산란과 미(Mie) 산란

① 레일리(Rayleigh) 산란

㉠ Rayleigh는 "맑은 하늘 또는 저녁노을은 공기 분자에 의한 빛의 산란에 의한 것"이라는 것을 발견하였다.

㉡ Rayleigh 산란의 결과는 입사광의 파장에 대하여 입자가 대단히 작은 경우에만 적용되며 그 세기는 빛의 파장의 4제곱에 반비례한다.

㉢ 레일리 산란 특성에 의해 파장이 짧은 청색광이 긴 적색광보다 더욱 강하게 산란되기 때문에 맑은 날 하늘이 푸르게 보인다.

② 미(Mie) 산란

㉠ Mie 산란의 결과는 입사빛의 파장에 대하여 입자의 크기가 비슷한 경우에 적용된다.

㉡ 빛의 파장보다는 입자의 밀도, 크기, 모양 등에 영향을 받으며 수증기, 얼음, 매연 등이 빛과 충돌하는 경우에 해당되고 먼지가 태양 광선의 산란으로 인해 하늘이 뿌옇게 보이는 것이나 구름이 하얀 것 등이 미 산란의 예이다.

㉢ 광화학반응에 의해 생성된 물질은 미 산란 효과에 의해 대기의 파장변화와 가시도의 감소를 초래한다.

㉣ 미 산란은 입자의 크기에 따라 다양한 산란광 색을 나타낸다.

㉤ 미 산란은 후방산란보다 전방산란이 우세하다.

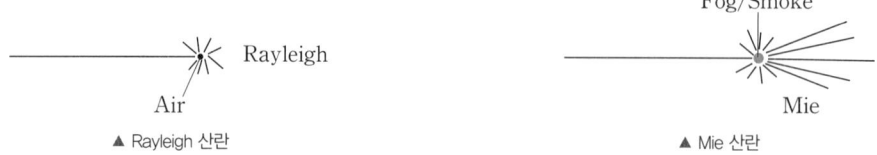

▲ Rayleigh 산란　　▲ Mie 산란

2. 입자와 가시거리(시정거리)

(1) 시정장애 현상의 원인과 특징

① 시정장애 현상의 직접적인 원인은 주로 미세먼지로, 특히 0.1~1.0μm 크기의 미세먼지들에 의한 빛의 산란 및 흡수현상 때문이다.

② 대부분 대기 중에서 1차 오염물질들이 서로 반응, 응축, 응집하여 생성, 성장하기 때문에 2차 오염물질이라고 불리며 이들 2차 오염물질의 입경분포, 화학성분, 수분함량 등의 여러 인자들이 시정장애 현상에 영향을 미친다.

(2) 시정거리의 감소와 가시거리 산정

① 시정거리의 감소는 입자의 산란이 큰 영향을 미치며 입자 산란에 의해서만 빛이 감쇠되고, 입자상 물질은 모두 같은 크기의 구형태로 분포하고 있다고 가정했을 때 다음의 관계가 성립한다.

② 시정거리는 대기 중 입자의 밀도와 직경에 비례한다.

③ 시정거리는 대기 중 입자의 농도와 산란계수에 반비례한다.

(3) 상대습도 70%일 때 가시거리

$$L_v(\text{km}) = \frac{A \times 10^3}{G}$$

L_v: 가시거리(km), G: 분진농도(μg/m^3), A: 상수(1.2~1.5)

(4) 분산면적비를 이용한 가시거리

입자상 물질의 농도는 균일하며 구형이고 상대습도는 70% 이하이고 빛의 양이 감소하는 소광현상은 분산에 의해서만 일어남을 가정한다.

$$L_v(\text{m}) = \frac{5.2 \times \rho_p \times r}{K \times C}$$

L_v: 가시거리(m), ρ_p: 입자상 물질의 밀도(g/cm^3), C: 입자상 물질의 농도(g/m^3), K: 분산면적비, r: 입자의 반경(μm)

(5) 헤이즈계수(Coh: Coefficient of haze)

① 깨끗한 여과지에 먼지를 모아 빛 전달률의 감소를 측정함으로써 결정되며 광화학적 밀도가 0.01이 되도록 하는 여과지상의 고형물의 양을 의미한다.

② Coh는 광화학적 밀도를 0.01로 나눈 값으로 산정하며 1,000m당 Coh값이 클수록 대기오염의 정도는 심해진다.

③ 1,000m당 Coh값의 산정

$$Coh=\frac{\frac{OD}{0.01}}{L}\times 1,000=\frac{\frac{\log(1/t)}{0.01}}{L}\times 1,000=\frac{\frac{\log\left(\frac{1}{I_t/I_o}\right)}{0.01}}{L}\times 1,000$$

OD: 광화학적 밀도, $1/t$: 불투명도, t: 빛전달률(투과율), I_t: 투과광의 세기, I_o: 입사광의 세기, L: 여과지 이동거리

④ Coh값에 따른 대기오염의 정도

Coh/1,000m	대기오염의 정도
0~3.2	약하다.
3.3~6.5	보통이다.
6.6~9.8	심하다.
9.9~13.1	아주 심하다.
13.2 이상	극심하다.

KEYWORD 09 가스상 물질 중 질소화합물

1. 질소화합물

(1) 개요

① 질소와 산소의 결합으로 생성되는 화합물로 NO와 NO_2 등의 반응성 질소화합물과 NH_3와 같은 환원성 질소화합물이 있다.

② 일반적으로 NO_x는 NO와 NO_2를 말하며 자외선과 반응하여 광화학적 부산물인 오존, PAN 등을 생성하는 데 기여한다.

③ 산업용 보일러시설, 화력발전소, 자동차 등에서 주로 발생된다.

④ 고온의 연소과정에서 주로 생성되며 발생되는 비율은 NO 90%, NO_2 10% 정도이다.

⑤ 전 세계의 질소화합물 배출량 중 인위적인 배출량은 자연적 배출량의 약 10% 정도 차지하고 있으며, 그 비율은 점차 증가하는 추세이다.

(2) 지표식물과 강한 식물

① 지표식물: 담배, 해바라기, 신날래 등

② 강한식물: 명아주, 아스파라거스 등

2. 질소화합물의 종류

(1) 일산화질소(NO)

① 무색, 무취, 무자극성의 기체로, 비중 1.035로 공기보다 무겁고 화학적으로 불안정하여 NO_2로 쉽게 산화된다.

② 물에 잘 녹지 않는 난용성 기체로 헨리의 법칙이 잘 적용된다. (헨리의 법칙 : P=HC)

③ 일산화탄소(CO)보다 약 1,000배 이상 혈액 중의 헤모글로빈과의 결합력이 강하다.

④ NO-Hb는 혈액 속에서 산화되어 메타헤모글로빈을 형성하여 중추신경계 장애를 일으킨다.

⑤ 물과 반응하여 HNO_2(아질산), HNO_3(질산)를 만들고 일산화질소의 독성은 오존 독성의 약 1/10~1/15 정도이며 폐렴, 폐수종을 일으킨다.

(2) 이산화질소(NO_2)

① 적갈색의 자극성을 가진 기체로, 비중 1.59로 공기보다 무거우며 대기 중의 체류시간은 2~5일 정도이다.

② 혈액 중 헤모글로빈과의 결합력이 O_2에 비해 아주 크다.

③ 내연기관, 폭약제조, 비료제조 등에서 발생되며 빛의 흡수가 현저하여 시정거리 단축의 원인으로 작용하는 대기오염물질이다.

④ 산성비의 원인물질이다.

⑤ 배출원은 자동차 가속 시, 고온연소 시 발생한다.

⑥ 독성이 NO보다 5~10배 정도나 더 강하여 폐렴, 폐수종 등을 일으킨다.

⑦ 부식성이 강하고, 산화력이 크며, 생리적인 독성과 자극성을 유발할 수도 있다.

⑧ 광화학적 스모그의 원인물질이다.

(3) 아산화질소(N_2O)

① 상온에서 안정한 무색무취의 비휘발성 기체로, 비중은 1.52로 공기보다 무겁다.

② 웃음가스로 알려져 있으며 수술 시 마취제로 사용되기도 한다.

③ 고온에서는 강력한 산화제로 작용한다.

④ N_2O는 안정한 물질로 대류권에서는 온실가스로 작용하고 성층권에서는 오존층 파괴물질로서 작용하며, 보통 대기 중에 약 0.5ppm 정도 존재한다.

(4) NO_x의 생성

① Fuel NO_x(연료 NO_x): 연료 속에 포함된 질소(N)가 산소와 반응하는 연소과정을 통해 생성되는 NO_x를 의미한다. (연료 중 질소화합물은 일반적으로 석탄에 많고 중유, 경유 순으로 적어짐)

② Thermal NO_x(온도 또는 열적 NO_x): 연소 시 공급되는 공기 속에 포함된 질소와 고온에서 산소가 반응하여 생성되는 NO_x를 의미한다.

③ Prompt NO_x: 탄소와 수소를 포함한 연료 중의 탄화수소가 CN, HCN 형태로 급속하게 변환한 후 NO_x가 발생하는 것이다.

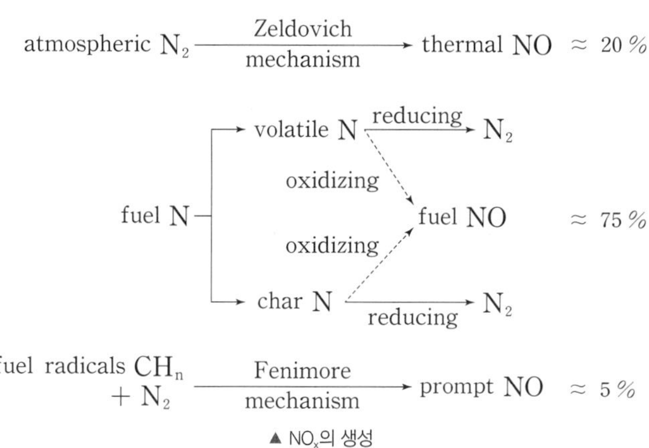

▲ NO_x의 생성

(5) 질소산화물의 광화학적 반응

① 오존+질소산화물+VOCs와 자외선이 반응(광화학적 반응)하여 2차 오염물질이 생성된다.

② NO광산화율이란 탄화수소에 의하여 NO가 NO_2로 산화되는 비율을 뜻한다.

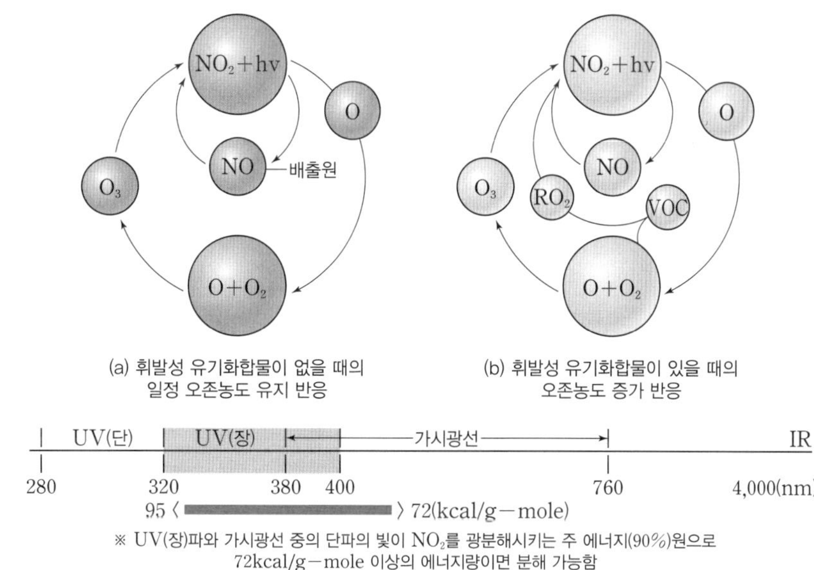

▲ 광화학반응에 의한 오존생성

③ 휘발성 유기화합물이 존재하지 않는 경우 → 오존은 증가하지 않고 일정함

㉠ 대기 중에서 NO → NO_2로 산화된다.

㉡ NO_2는 햇빛에 의해 O와 NO로 광분해된다.

㉢ 분해된 산소원자(O)+대기 중의 산소분자 → 오존 생성

㉣ 이 오존은 다시 NO를 NO_2로 산화시키며 산소원자와 산소분자로 분해된다.

④ 휘발성 유기화합물이 존재할 경우 → 대기 중의 오존농도는 증가

㉠ 산소원자 +휘발성 유기화합물 → 과산화기(RO_2) 생성

㉡ 과산화기에 의해 NO → NO_2로 산화시키는 반응이 추가된다.

㉢ NO → NO_2로 산화시키는 오존의 소모량이 감소하며 대기 중의 오존농도는 증가한다.

고득점 POINT 광화학반응 부산물

O_3(오존), PAN($CH_3COOONO_2$, peroxyacetyl nitrate, 질산과산화아세틸), HCHO, CH_2CHCHO(아크롤레인), 케톤류 등

(6) 하루 중 NO_x의 농도 변화

① 출근시간 전후: 자동차의 교통량이 증가 → NO_x 농도 점차 증가

② 일출 후: NO → NO_2로 산화(NO 농도 감소, NO_2 농도 증가)

③ 한낮: 자외선의 증가로 NO_2(오전 8~10시)와 O_3의 농도 최대

④ 오후: 일사량(자외선) 감소 → NO_2와 오존의 생성량은 감소

⑤ 퇴근시간 전후: 교통량의 증가 → NO, NO_2 농도 소폭 상승

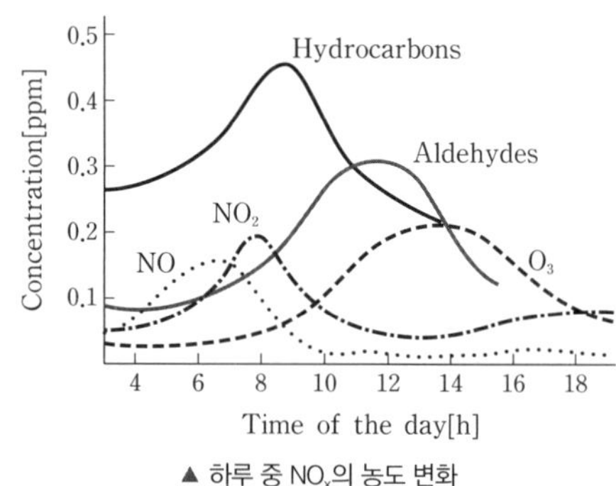

▲ 하루 중 NO_x의 농도 변화

(7) NO_x 저감대책

① 질소의 함량이 낮은 연료를 사용하는 등의 연료를 개선하는 방법과 연소 시 공기비를 조절하여 연소공기 중의 질소를 조절하고 연소실의 온도 부하를 조절하는 단계적 연소시설 등을 운영하는 연소방법에 대한 개선방법이 있다.

② 굴뚝으로 배출되는 NO_x를 제거하는 방법으로 선택적촉매환원법(SCR), 선택적무촉매환원법(SNCR), 흡착에 의한 방법 등이 있으며 이러한 방법으로 처리한 후 배기가스로 배출한다.

KEYWORD 10 가스상 물질 중 황화합물

1. 황화합물

(1) 개요

① 황과 산소의 결합으로 생성되는 화합물로 SO_2와 SO_3 등의 산화반응에 의한 화합물과 CS_2와 H_2S와 같은 환원반응에 의한 화합물이 있다.

② 일반적으로 SO_x는 SO_2와 SO_3를 말하며 산성비의 원인물질이고, H_2S는 악취 유발물질이다.

(2) 발생원

① 산업용 보일러시설, 화력발전소, 자동차 등에서 주로 발생된다.

② 97% 이상이 화석연료의 연소과정에서 발생하며 SO_2 95%, SO_3 5%의 비율로 발생된다.

2. 황화합물의 종류

(1) 아황산가스(SO_2)

① 무색, 자극성 가스로 물에 잘 녹는 수용성이며 비중은 2.26으로 공기보다 무겁다.

② 산성비의 원인물질이며 약 60~70% 정도 기여한다.

③ 배출원은 석탄, 석유연료를 사용하는 연소시설이다.

④ 대기 중 산화 또는 환원반응을 하며 표백작용을 한다.

⑤ 대기 온도가 낮을 때 SO_2가 SO_3로 산화되는 반응속도는 매우 느리게 일어난다.

⑥ 지표식물(SO_2): 보리, 목화, 알팔파(Alfalfa), 소나무과, 담배, 메밀, 콩과, 맥류 등

⑦ 강한식물(SO_2): 까치밤나무, 쥐똥나무, 협죽도, 감귤, 양배추, 옥수수, 무궁화 등

(2) 삼산화황(SO_3)

① 연소 시 발생하거나 SO_2가 산화하여 생성되기도 한다.

② 수증기 또는 안개+SO_3 → 황산 Mist(독성이 SO_2의 10배임)

(3) 황화수소(H_2S)

① 썩은 계란 냄새가 나는 물질로, 석유 정제, 약품 제조 시 발생한다. (최소감지농도: 0.0005ppm)

② 금속의 표면에 검은 피막을 형성하여 외관상의 피해를 주며, 도료를 변색시킨다.

③ 어린잎과 새싹에 피해가 많은 편이다.

④ 지표식물: 토마토, 무, 담배, 오이, 코스모스 등

⑤ 강한식물: 복숭아, 딸기, 사과 등

(4) SO_x 저감대책

① 억제방법: 주 발생원인 화석연료의 사용을 억제하고 청정연료로 전환하거나 태양열·조력 등의 대체에너지를 사용함으로써 SO_x의 발생량을 저감할 수 있다.

② 처리방법: 배연탈황은 배출가스 속의 황을 제거하여 배출하는 방법으로 흡수, 흡착, 산화법 등을 통하여 제거한 후 배출한다.

KEYWORD 11 가스상 물질 중 일산화탄소와 이산화탄소

1. 일산화탄소(CO)

(1) 개요

① 대기 중 농도는 약 0.1ppm이며 무색, 무미, 무취의 기체로 공기보다 가벼우며 연료의 불완전연소 시 발생한다.

② 자연적 발생원에는 화산폭발, 테르펜류의 산화, 클로로필의 분해, 산불 및 해수 중 미생물의 작용 등이 있다.

③ 인위적 발생원에는 연소, 소각, 자동차에 의해 많이 발생한다.

④ 지구 위도별 분포로 보면 북위 중위도(30~50° 부근)에서 최대치를 보이고, 적도 부근에서 최소치를 나타낸다.

⑤ 대기 중에서 평균 체류시간은 1~3개월이다.

(2) 일산화탄소(CO)의 특징

① 물에 난용성이므로 수용성 가스와는 달리 비에 의한 영향을 거의 받지 않는다.

② 활성탄을 제외하고, 다른 물질에 흡착현상이 거의 나타나지 않는다.

③ 헤모글로빈과의 결합력이 강하며(산소의 210배) 헤모글로빈과 결합하여 CO-Hb를 형성하고 적혈구의 산소운반 능력을 저하시킨다.

④ 일산화탄소는 식물에는 별로 심각한 영향을 주지 않으나 500ppm 정도에서 토마토 잎에 피해를 나타낸다.

2. 이산화탄소(CO_2)

(1) 개요

① 실내 전반의 상황을 유추할 수 있으므로 실내공기오염의 지표로 이용된다.

② 무색, 무취의 기체로 대기 중 약 360~400ppm 정도 존재한다.

③ 식물의 광합성량에 따라 변화를 나타낸다.

④ 지구 북반구의 이산화탄소 농도가 남반구보다 상대적으로 높다.

⑤ 대기 중의 이산화탄소 농도는 북반구의 경우 계절적으로는 보통 겨울에 증가한다.

⑥ 대기 중에 배출되는 이산화탄소의 약 25%가 해수에 흡수된다.

⑦ 전 지구적인 배출량은 화석연료 연소 등에 의한 인위적인 배출량보다 자연적인 배출량이 훨씬 많다.

⑧ 미국 하와이 마우나로아에서 측정한 이산화탄소의 계절별 농도는 1년을 주기로 봄·여름에는 감소하는 경향을 나타낸다.

(2) 특징

① 지구온실효과에 대한 추정기여도가 가장 높으며, 온실효과에 가장 많이 기여하는 물질이다.

② 고층대기에서 광화학적인 분해반응을 일으키는 경우를 제외하면 대류권 내에서 화학적으로 극히 안정한 편이다.

③ 3,000K 정도의 고온조건으로 연소할 때 이산화탄소는 열분해되어 일산화탄소로 전환된다.

KEYWORD 12 가스상 물질 중 오존

1. 오존의 특징

(1) 물리화학적 특징

① 오존은 질소산화물과 휘발성 유기화합물 등에 의해 일어나는 복잡한 광화학반응으로 생성된다.

② 광화학반응으로 생성된 오존은 중간 생성물질로서 소비되어 2차 오염물질을 부생시킨다. (국지적인 광화학스모그로 생성된 옥시던트 지표임)

③ 가죽제품이나 고무제품을 각질화시키고 마늘냄새 같은 특유의 냄새가 나는 가스상 오염물질이다.

④ 기체 상태에서 엷은 청색을 나타내며 특이한 취기가 있어 공기 중에 1/500,000 정도의 부피로 존재하더라도 감지할 수 있다.

⑤ 오존의 생성 및 분해반응에 의해 자연상태의 성층권 영역에는 일정 수준의 오존량이 평형을 이루게 되고, 다른 대기권 영역에 비해 오존의 농도가 높은 오존층이 생성된다.

⑥ 대기 중 오존의 배경농도는 0.04ppm 이하(0.01~0.02ppm 포함)이다. (오존주의보 발령기준은 0.12ppm임)

⑦ 오존층의 두께는 돕슨(Dobson) 단위로 나타내는데, 1Dobson은 지구 대기 중 오존의 총량을 0℃, 1기압의 표준상태에서 두께로 환산하였을 때 0.01mm에 상당하는 양이다.(100Dobson=1mm)

(2) 오존과 광화학반응

① 오존(O_3)은 국지적인 광화학스모그로 생성된 Oxidant의 지표물질이다.

② O_3의 광화학반응에 영향을 미치는 빛은 파장이 짧은 자외선으로 파장 200~320nm에서 강한 흡수가, 450~700nm에서는 약한 흡수가 일어난다.

③ 오염된 대기 중 오존농도에 영향을 주는 것은 태양빛의 강도, NO_2/NO의 비, 반응성 탄화수소농도 등이다.

④ 고농도 오존은 평균기온 32℃, 풍속 2.5m/sec 이하 및 자외선 강도 0.8mW/cm^2 이상일 때 잘 발생되는 경향이 있다.

⑤ 온실가스로 작용하며 NO_2와 HC의 반응에 의해 하루 중 자외선이 강한 낮 12시~오후 3시경에 O_3가 최대로 발생하기 시작한다.

⑥ 일반적으로 대기에서의 오존농도는 NO_2로 산화된 NO의 양에 비례하여 증가한다.

⑦ 과산화기가 산소와 반응하여 오존이 생성될 수도 있다.

⑧ 주간에는 NO_2와 반응하여 O_3가 생성되며, 일련의 반응에 의해 HNO_3가 생성된다.

2. 오존의 영향

(1) 일반적인 영향

오존은 0.2ppm 정도의 농도에서 2~3시간 접촉하면 피해를 일으키며, 보통 엽록소 파괴, 동화작용 억제, 산소작용의 저해 등을 일으킨다.

(2) 인체에 미치는 영향

① 인체의 DNA와 RNA에 작용하여 유전인자에 변화를 일으킬 수 있다.

② 오존층 파괴로 인해 피부암, 백내장, 결막염 등의 질병 및 인간의 면역기능의 저하를 유발할 수 있다.

③ 산화력이 강하여 눈을 자극하고, 폐수종과 폐충혈 등을 유발시킨다.

④ 오존은 섬모운동의 기능장애를 일으키며, 염색체 이상이나 적혈구의 노화를 초래하기도 한다.

(3) 식물에 미치는 영향

① 식물의 피해 정도는 기공의 개폐, 증산작용의 대소 등에 따라 달라진다.

② 식물의 경우 어린잎보다는 고엽이나 성숙한 잎에 주로 피해를 일으킨다.

③ 오존에 강한식물로는 아카시아, 양파, 해바라기, 국화 등이 있다.

④ 오존의 지표식물로는 알팔파(Alfalfa), 담배, 무, 파, 시금치, 토마토 등이 있다.

고득점 POINT **광화학반응에 의한 고농도 오존이 나타날 수 있는 기상조건**

- 시간당 일사량이 5MJ/m^2 이상으로 일사가 강할 때
- 질소산화물과 휘발성 유기화합물의 배출이 많을 때
- 기압경도가 완만하여 풍속 4m/sec 이하의 약풍이 지속될 때
- 지면에 역전이 존재하고 대기가 안정할 때

KEYWORD 13 다양한 가스상 물질

1. 휘발성 유기화합물(VOCs)

(1) 특징

① 탄소수 12개 이하의 탄화수소로 구성되며 방향족탄화수소(벤젠고리 함유)와 지방족탄화수소(사슬모양 탄화수소)로 구분된다.

② 상온에서 공기 중으로 쉽게 휘발되는 성질을 가진 톨루엔, 자일렌 등의 물질을 말한다.

③ VOCs는 광화학반응을 통해 오존, PAN, 아크롤레인(CH_2CHCHO) 등을 생성한다.

(2) 배출원

① 건축자재, 접착제, 페인트, 세탁용제, 각종 유기용매 등으로부터 발생되며 특히 자동차에서도 배출된다.

② 새로 지은 집, 새 가구를 들여 놓았을 때 맡을 수 있는 냄새 등이 이에 해당된다.

2. 이황화탄소

(1) 특징

① 상온에서 무색투명하고, 일반적으로 불쾌한 자극성 냄새를 내는 액체이다.

② 대단히 증발하기 쉬우며, 연소하기 쉽다.

③ 증기는 공기보다 2.64배 정도 무겁다.

④ 끓는점은 46.45℃(760mmHg)이며 인화점은 −30℃ 정도이다.

⑤ 햇빛에 파괴될 정도로 불안정하다.

⑥ 중추신경계에 대한 특징적인 독성작용으로 심한 급성 또는 아급성 뇌병증을 유발하고 운동신경, 정신장애, 무감각, 성격변화, 근육통 등을 유발한다.

(2) 배출원

비스코스 섬유공업에서 많이 발생하는 대기오염물질이다.

3. PAN(Peroxyacetyl nitrate, $CH_3COOONO_2$)

(1) 특징

① 광화학반응을 통해 생성되며 강산화제로 작용한다.

② 눈에 통증을 일으키고 빛을 분산시키므로 가시거리를 단축시킨다.

③ PAN은 알데히드의 생성과 동시에 생기기 시작하며, 일반적으로 오존농도와 관계가 있다.

④ PBN(peroxybenzoyl nitrate)은 PAN보다 100배 이상 눈에 강한 통증을 준다.

⑤ 눈을 강하게 자극하며 호흡기 점막에 강한 자극을 준다.

⑥ 무색, 무미를 갖는 액체로서 대기 중에서 강산화제로 작용한다.

⑦ 초엽(어린 잎)에 특히 피해가 큰 편이다.

(2) 지표식물과 강한식물

① 지표식물: 시금치, 강낭콩, 상추 등

② 강한식물: 딸기, 사과, 옥수수, 무, 양배추 등

4. 옥시던트

구분	내용
특징	• KI를 산화시키는 물질을 총칭한다. • O_3, PAN 등이 해당되며 질소산화물과 탄화수소가 자외선에 의한 광화학반응을 통해 광화학스모그가 발생될 때 생성되며 2차 오염물질에 속한다.
영향	광화학 옥시던트 물질은 인체의 눈, 코, 점막 등 호흡기 계통을 자극하고 폐기능을 약화시킨다.

5. 라돈

(1) 특징

① 자연 방사능 물질 중 하나로, 무색, 무취의 기체로 α선을 방출한다.

② 공기보다 9배 정도 무겁고 액화 시 거의 색을 띠지 않는다.

③ 실내공기오염물질로 주요 발생원은 토양, 시멘트, 콘크리트, 대리석 등의 건축자재와 지하수, 동굴 등이다.

④ 화학적으로 반응성이 작은 비활성 물질이다.

⑤ 라돈은 자연계의 물질 중에 함유된 우라늄이 연속 붕괴하면서 생성되는 라듐이 붕괴할 때 생성되는 물질이며 반감기는 3.8일간이다.

(2) 영향

① 라돈은 호흡에 의해 인체에 영향을 미치고 있으며 흙 속에서 방사선 붕괴를 일으킨다.

② 라돈 붕괴에 의해 생성된 낭핵종이 α선을 방출하여 폐암을 발생시키는 것으로 알려져 있다.

6. 염소(Cl_2)

(1) 특징

① 황록색의 유독한 기체로 물에 잘 녹으며 강한 자극성이 있는 기체로 소다공업, 플라스틱공업, 고무제조업 등에서 발생한다.

② 강한 산화력을 이용하여 살균제, 표백제로 쓰인다.

③ 염소는 암모니아에 비해서 훨씬 수용성이 약하므로 후두에 부종만을 일으키기보다는 호흡기 계통 전체에 영향을 미친다.

④ 잎맥 사이의 표백현상이 나타나며 성숙한 잎에서 가장 민감하다.

⑤ 식물의 피해한계는 $280\mu g/m^3$(2hr 노출) 정도이다.

(2) 지표식물과 강한식물

① 지표식물: 알팔파(Alfalfa), 메밀, 코스모스 등

② 강한식물: 콩, 올리브, 가지 등

7. 염화수소(HCl)

(1) 특징

① 무색의 가연성을 갖는 자극성이 강한 기체이며 흡습성이 강하다.

② 대기 중에 노출될 경우 백색의 연무를 형성하기도 한다.

(2) 주 배출업종과 사용처

① 주 배출업종은 플라스틱공업, PVC소각, 소다공업 등이다.

② 전지, 약품, 비료 등의 제조에 사용된다.

8. 불소화합물

(1) 특징

① 주 배출공정은 알루미늄공업, 인산비료공장, 유리공업 등이며 유리 제조품을 부식시킨다.

② 불소화합물인 불화수소는 무색이며 물에 대한 용해도가 높은 기체이다.

(2) 지표식물과 강한식물

① 지표식물: 옥수수, 살구나무, 메밀, 배나무, 고구마, 글라디올러스, 어린 소나무 등

② 강한식물: 목화(가장 저항성이 큼), 양배추, 알팔파(Alfalfa), 담배, 귤, 고추, 콩 등

9. 벤젠

(1) 특징

① 석유정제, 포르말린 제조 등에서 발생된다.

② 휘발성이 높은 물질이다.

(2) 인체에 미치는 영향

① 일반적으로 인체의 조혈기능 및 중추신경계통에 가장 큰 영향을 미치는 것으로 알려져 있으며, 화학적으로 반응성이 크다.

② VOCs 중 하나인 벤젠은 호흡을 통해 약 50% 정도 침투되며, 체내에 흡수된 벤젠은 지방이 풍부한 피하조직과 골수에서 고농도로 축적되어 오래 잔존할 수 있다.

10. 납(Pb)

(1) 특징

① 부드러운 청회색의 금속이다.

② 밀도가 크고 내식성이 강하다.

(2) **인체에 미치는 영향**

① 소화기로 섭취되면 대략 10% 정도가 소장에서 흡수되고, 나머지는 대변으로 배출된다.

② 세포 내에서는 SH기와 결합하여 헴(Heme)합성에 관여하는 효소 등 여러 효소작용을 방해한다.

③ 인체에 축적되면 적혈구 형성을 방해하며, 심하면 복통, 빈혈, 구토를 일으키고 뇌세포에 손상을 준다.

11. 그 외 가스상 오염물질

구분	내용
에틸렌	• 매우 낮은 농도에서 피해를 일으킬 수 있다. • 식물에 대한 주된 증상으로 상편생장, 전도운동의 저해, 황화현상, 줄기의 신장저해, 성장감퇴 등이 있다. • 0.1ppm 정도의 저농도에서도 스위트피와 토마토에 상편생장을 일으킨다.
탄화수소(HC)	• 자동차 감속 시, 가스나 휘발유 누출 시, 불완전연소 시 발생한다. • 탄화수소의 한 종류인 벤젠은 디젤(경유차) 배기가스와 석유정제, 포르말린 제조 시 발생한다.
페놀	도장, 피혁제조, 종이 및 금속공업, 의약, 농약공업에서 발생한다.
암모니아	비료공장, 냉동공장, 색소 제조공정에서 발생하며 무색의 특유한 자극성 냄새를 유발한다.
폼알데하이드	자극성 냄새를 갖는 무색기체로 폭발의 위험이 있으며, 살균 방부제로도 이용된다.
포스겐	• 분자량이 98.9이고, 비등점이 약 8℃인 독특한 풀냄새가 나는 무색(시판용품은 담황녹색) 기체(액화가스)이다. • 수분이 존재하면 가수분해되어 염산을 생성하여 금속을 부식시킨다.

※ 상편생장: 잎의 위쪽 세포들이 아래쪽보다 더 많이 성장하여 잎이 아래로 처지는 현상

KEYWORD 14 오염물질 주요 배출업종

구분	주요 배출업종
불화수소(HF)	화학비료공업, 알루미늄공업 등
염소(Cl) 또는 염화수소(HCl)	플라스틱공업, 소다공업, 고무제조업 등
폼알데하이드(HCHO)	피혁제조공업, 합성수지공업, 포르말린제조공업
크롬(Cr)	시멘트제조업
시안화수소(HCN)	청산제조업, 가스공업, 제철공업
이황화탄소(CS_2)	비스코스 섬유공업
황화수소(H_2S)	가스공업, 펄프공업, 석유정제공업
암모니아(NH_3)	염료공업, 냉동공업
페놀(C_6H_5OH)	타르공업, 도장공업
납	페인트공업, 인쇄공업 등

CHAPTER 04

대기의 미기상학적 특성

KEYWORD 15 대기의 구성과 구분

1. 대기의 구성

(1) 구성비

질소(N_2) > 산소(O_2) > 아르곤(Ar) > 이산화탄소(CO_2) > 네온(Ne) > 헬륨(He)

(2) 성분함량

① 용적비 N_2 : O_2 = 0.79 : 0.21

② 중량비 N_2 : O_2 = 0.77 : 0.23

③ 건조공기의 주요 성분과 농도

성분		부피비(%)	중량비(%)	체류시간
질소	N_2	78.088	75.527	4×10^8년
산소	O_2	20.949	23.143	6,000년
아르곤	Ar	0.93	1.282	축적
이산화탄소	CO_2	0.03	0.0456	5~200년
네온	Ne	1.8×10^{-3}	1.25×10^{-5}	축적
헬륨	He	5.24×10^{-4}	7.24×10^{-5}	축적
메탄	CH_4	1.4×10^{-4}	7.25×10^{-5}	3~8년
크립톤	Kr	1.14×10^{-4}	3.30×10^{-4}	축적
아산화질소	N_2O	5×10^{-5}	7.6×10^{-5}	20~100년
수소	H_2	5×10^{-5}	3.48×10^{-6}	4~7년
일산화탄소	CO	1×10^{-5}	1×10^{-5}	5개월
오존	O_3	2×10^{-6}	3×10^{-5}	장소와 시간에 따라 변함

2. 대기의 분류

(1) 개요

① 대기의 수직온도 분포에 따라 대류권, 성층권, 중간권, 열권으로 구분할 수 있다.

② 대기의 밀도는 기온이 낮을수록 높아지므로 고도에 따른 기온분포로부터 밀도분포가 결정된다.

③ 고도에 따라 지상~88km는 균질층, 88km 이상은 이질층이 형성된다.

(2) 대기의 수직온도 분포에 따른 구분

① 대류권

㉠ 지표로부터 약 11km까지의 대기를 대류권이라 하며 고도가 상승함에 따라 기온이 감소하여 공기의 수직이동에 의한 대류현상이 일어나 눈과 비 등의 기상현상이 일어난다.

㉡ 단열체감률(건조단열감률): 건조상태에서 공기온도 변화율로 약 −0.98℃/100m이다.

㉢ 습윤단열감률: 습윤상태에서 공기온도 변화율로 약 −0.65℃/100m이다.

㉣ 대류권의 높이는 통상적으로 여름철에 높고 겨울철에 낮으며, 고위도 지방이 저위도 지방에 비해 낮다.

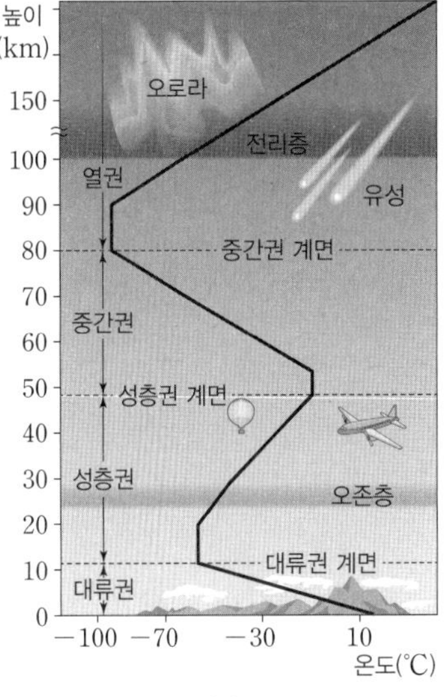

▲ 대기의 구분

② 성층권

㉠ 지면으로부터 약 11~50km까지의 권역으로 고도가 높아짐에 따라 기온이 올라가 공기의 상승이나 하강 등의 수직이동이 없는 안정된 권역 이다.

㉡ 성층권 내 지상 20~30km 사이에 오존층이 존재하며 오존이 많이 분포하여 태양광선 중의 자외선을 흡수한다.

㉢ 오존농도의 고도분포는 지상으로부터 약 25km 부근인 성층권에서 10ppm 정도의 최대 농도를 나타낸다. (오존층의 두께를 표시하는 단위: Dobson, 100Dobson＝1mm)

㉣ 오존층에서는 오존의 생성과 소멸이 계속적으로 일어나면서 오존의 농도를 유지한다.

㉤ 성층권의 오존층이 대부분의 자외선을 차단하여 대류권으로 들어오지 못하는 태양 빛의 파장은 290nm 이하의 단파장(UV-C)이다. (오존층의 O_3은 자외선파장 200~290nm 파장의 태양빛을 흡수함)

③ 중간권

㉠ 지면으로부터 50~80km까지의 권역으로 고도가 높아짐에 따라 기온이 감소하나 대류권에서처럼 뚜렷한 대류현상이 일어나지 않는다.

㉡ 중간권 중 상부 80km 부근은 지구대기층 중 가장 기온이 낮다.

㉢ 중간권 이상에서의 온도는 대기의 분자운동에 의해 결정된 온도로서 직접 관측된 온도와는 다르다.

㉣ 유성이 관측된다.

④ 열권

㉠ 열권은 지상 80km 이상에 위치한다.

㉡ 인공위성의 궤도로 이용되며 오로라가 발견된다.

㉢ 대류권과 비교하였을 때 열권에서 분자의 운동속도는 매우 빠르고, 공기 평균자유행로는 길다.

㉣ 열권의 온도가 높아 분자의 운동속도가 매우 빠르며, 열권의 공기밀도가 매우 희박하여 입자 간 충돌이 드물고, 평균 자유행로(분자 간 충돌거리)는 길어진다.

㉤ 열권은 전리층(공기 분자가 이온화되어 존재하는 층)이 존재하여 라디오파의 송수신에 중요한 역할을 한다.

KEYWORD 16 대기의 안정도

1. 기온감률

(1) 건조단열감률

① 수분을 포함하지 않는 건조공기를 상승시키면 기압은 낮아지고 부피는 팽창하게 되는데 이때 고도 증가에 따른 온도의 변화율을 건조단열감률이라 한다.

② 고도가 100m 상승할 때 온도는 0.98℃ 감소하며 $dT/dZ = -0.98$℃/100m로 표현한다.

(2) 습윤단열감률

① 수분을 포함한 습윤공기를 상승시키면 수분이 응결되어 수증기의 응축잠열만큼의 열량이 온도변화에 영향을 주어 건조단열감률보다는 작은 감률 변화가 생기며 이때 고도가 증가함에 따른 온도의 변화율을 습윤단열감률이라고 한다.

② 고도가 100m 상승할 때 온도는 0.5~0.6℃ 감소하며 $dT/dZ = -0.5 \sim -0.6$℃/100m로 표현한다.

(3) 국제표준대기감률

① 해면상의 공기압력 1,013.25hPa, 해면상의 온도 15℃, 기온체감률은 고도 11km까지 −0.65℃/100m인 대기를 국제표준대기라고 한다.

② 국제표준대기에서의 감률인 −0.65℃/100m를 국제표준대기감률이라고 한다.

(4) 환경감률

높은 고도의 기상관측기기(라디오존데)를 이용하여 관측된 실제감률을 환경감률이라고 한다.

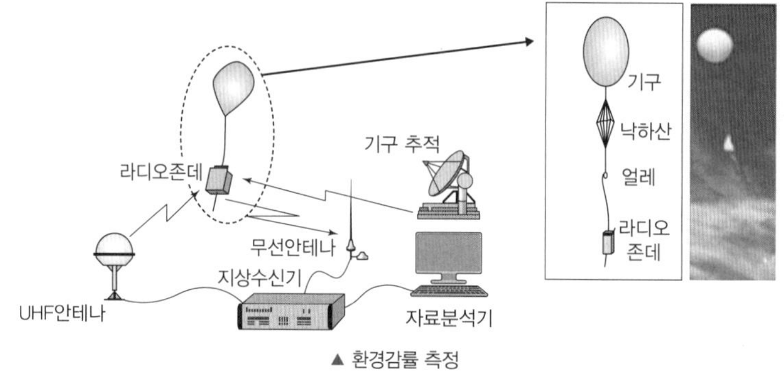

▲ 환경감률 측정

2. 대기안정도와 오염부하

(1) 개요

① 상층부의 공기가 따뜻하고 하층의 공기가 차가운 상태를 기온역전이라 하며 이때 대기는 안정된 상태라고 한다.

② 안정한 대기는 오염물질의 확산이 잘 이루어지지 않아 오염부하가 가중되고, 반대로 상층의 공기가 차갑고 하층의 공기가 따뜻하여 공기의 수직운동이 활발하고 대류가 왕성한 불안정한 상태에서는 오염물질의 확산이 일어나 지표 부근에서 받는 오염부하는 적다.

(2) 대기안정도의 판정

① 대기안정도와 기온감률

구분	내용
안정(역전)조건 ($\gamma_d > \gamma$)	• 역전조건은 환경감률이 건조단열감률보다 작을 때이다. • 고도가 높아질수록 온도가 높아지며 매우 안정적이어서 대기오염이 심해진다. • 굴뚝연기: 부채형
불안정(과단열)조건 ($\gamma_d \ll \gamma$)	• 과단열적 조건은 환경감률이 건조단열감률보다 클 때이다. • 고도가 높아질수록 온도가 낮아지며 대기안정도는 매우 불안정하다. • 굴뚝연기: 환상형
약한 안정(미단열)조건 ($\gamma_d < \gamma$)	• 미단열적 조건은 환경감률이 건조단열감률보다 약간 작을 때이다. • 이때의 대기는 약한 안정상태이다. • 굴뚝연기: 원추형
중립조건 ($\gamma_d = \gamma$)	• 중립적 조건은 환경감률과 건조단열감률이 같을 때이다. • 굴뚝연기: 원추형

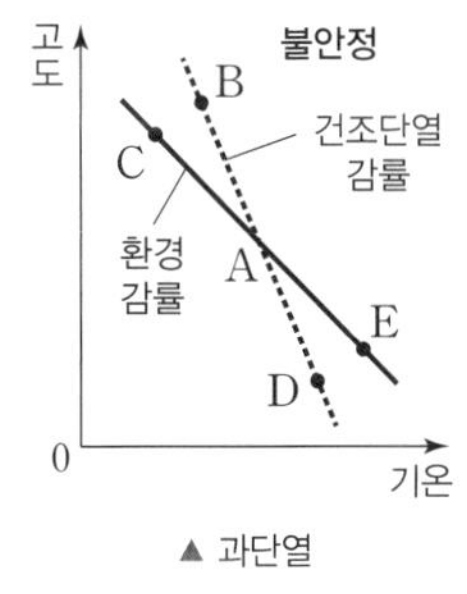

▲ 과단열

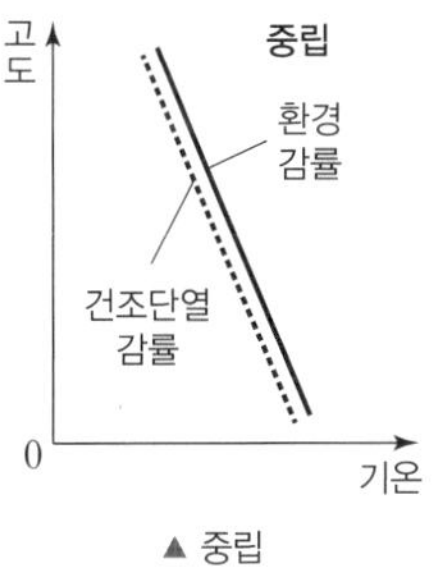

▲ 중립

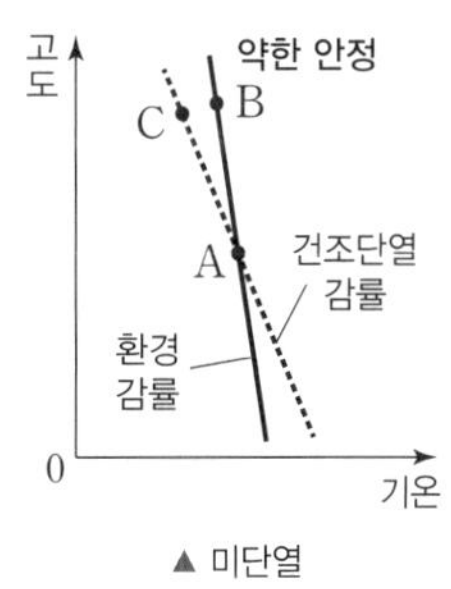

▲ 미단열

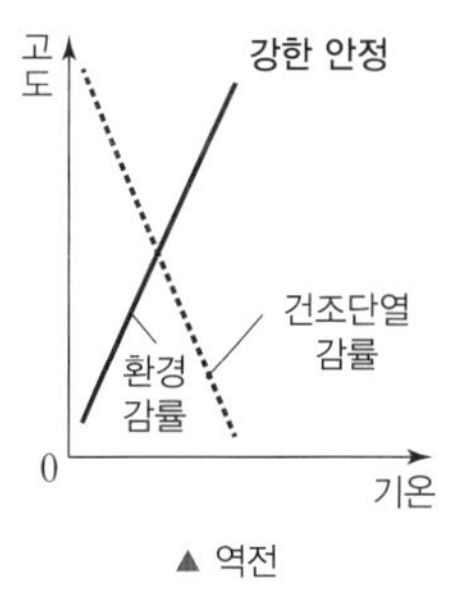

▲ 역전

② 기온역전

㉠ 하층부에 차가운 공기가 위치하고 상층부에 따뜻한 공기가 위치하여 대기가 안정된 상태가 되었을 때 "기온역전"이라 한다.

㉡ 역전층이 형성되면 오염물질의 확산이 어려워져 대기오염의 영향이 커진다.

㉢ 복사역진(지표역진, 접지역전): 늦은 저녁부터 새벽까지 지표면이 먼저 냉각하기 시작하면서 지표 부근의 공기가 먼저 차가워져 생성되는 역전을 의미하며 런던 스모그가 대표적인 사례이다.

㉣ 침강역전(공중역전): 보통 일출 후 불안정한 대기층 사이에 형성되는 역전으로 LA 스모그가 대표적인 사례이다.

㉤ 이류역전(지표역전, 접지역전): 따뜻한 공기가 차가운 지표면이나 수면 위를 지날 때 형성되는 역전이다.

㉥ 전선역전(공중역전): 따뜻한 기단이 차가운 기단 위를 통과하면서 발생되는 역전이다.

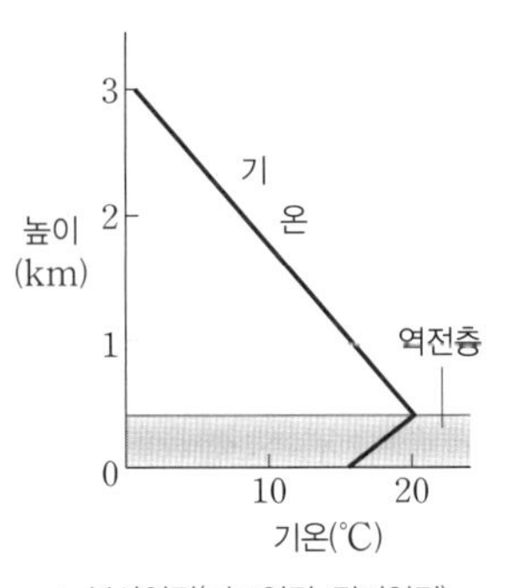

▲ 복사역전(지표역전, 접지역전)

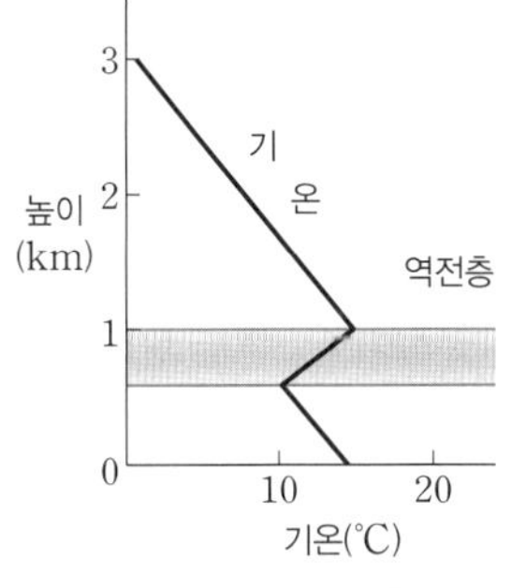

▲ 침강역전(공중역전)

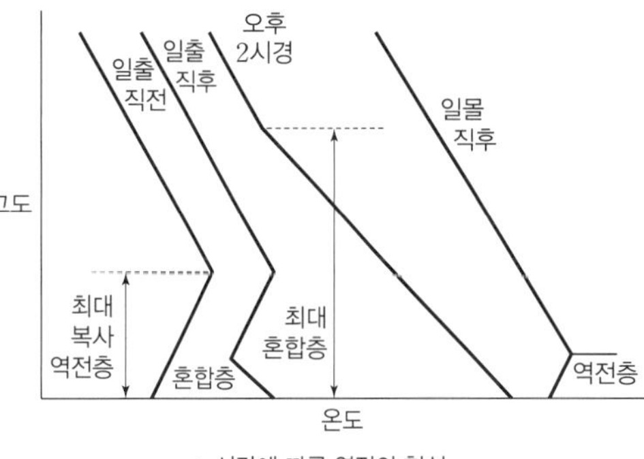

▲ 시간에 따른 역전의 형성

KEYWORD 17 온위

1. 온위의 개념

① 온위란 특정 고도의 건조공기를 1,000hPa(또는 1,000mb)인 고도까지 단열적으로 이동시켰을 때 건조공기가 갖는 온도를 의미한다.

② 온위는 밀도와 반비례한다.

$$\theta=T\left(\frac{1,000}{P}\right)^{\frac{K-1}{K}} \text{ 또는 } \theta=T\left(\frac{P_0}{P}\right)^{R/C}=T\left(\frac{1,000}{P}\right)^{0.288}$$

θ: 온위, R, C: 상수, K: 비열비, T: 절대온도, P_0: 기준 높이에서의 압력(1,000mb), P: 변위된 높이에서의 기압(mb)

2. 안정도의 판정

$$\text{온위경사: } \frac{\Delta\theta}{\Delta Z}=\underbrace{\left(-\frac{\Delta T}{\Delta Z}\right)_{\gamma d}}_{\text{건조단열감률}}-\underbrace{\left(-\frac{\Delta T}{\Delta Z}\right)_{\gamma}}_{\text{환경감률}}$$

① 온위가 감소하는 경우: 고도에 따라 온위가 감소$\left(\frac{\Delta\theta}{\Delta Z}<0\right)$하며 불안정한 상태

$\left(-\frac{\Delta T}{\Delta Z}\right)_{\gamma}>\left(-\frac{\Delta T}{\Delta Z}\right)_{\gamma d}$ → 온위경사는 (−) 값

② 온위가 불변인 경우: 고도에 따라 온위는 일정$\left(\frac{\Delta\theta}{\Delta Z}=0\right)$하며 중립 상태

$\left(-\frac{\Delta T}{\Delta Z}\right)_{\gamma}=\left(-\frac{\Delta T}{\Delta Z}\right)_{\gamma d}$ → 온위경사는 0

③ 온위가 증가하는 경우: 고도에 따라 온위가 증가$\left(\frac{\Delta\theta}{\Delta Z}>0\right)$하며 안정한 상태

$\left(-\frac{\Delta T}{\Delta Z}\right)_{\gamma}<\left(-\frac{\Delta T}{\Delta Z}\right)_{\gamma d}$ → 온위경사는 (+) 값

KEYWORD 18 리차드슨 수(Richardson number)

1. 리차드슨 수의 의미

(1) 개요

① 상부층과 하부층의 기온과 풍속, 밀도 등의 차이를 통해 열적 난류를 기계적 난류의 수치로 전환하여 안정도를 평가한 지수이다.

② 무차원수로서 근본적으로 대류난류(열적 난류)를 기계적인 난류로 전환시키는 율을 측정한 것이다.

용어 CHECK **기계적 난류와 열적 난류**

- 기계적 난류: 바람이 건물 등을 통과할 때 발생하는 불규칙한 기체의 흐름을 의미하며 마찰이 크고 풍속의 차이가 클수록 큰 값을 나타낸다.
- 열적 난류: 일부 공기층이 먼저 뜨거워져 상승하며 생기는 난류를 의미한다.

(2) 공식

$$R_i=\frac{g}{T_m}\left(\frac{\Delta T/\Delta Z}{(\Delta U/\Delta Z)^2}\right) \text{ 또는 } R_i=\frac{(g/\theta)(d\theta/dz)}{(du/dz)^2}$$

T_m: 상하층의 평균절대온도(K)$=\frac{T_1+T_2}{2}$, ΔT: 온도차, ΔU: 풍속차,

ΔZ: 고도차(m), g: 그 지역의 중력가속도, θ: 잠재온도, u: 풍속, z: 고도

2. 안정도의 판정

① 0.25보다 크게 되면 수직혼합은 없어지고 수평상의 소용돌이만 남게 된다.

② 리차드슨 수가 0에 접근하면 분산은 줄어들며 결국 기계적 난류만 존재한다.

③ 리차드슨 수가 음의 값으로 클수록 분산이 커져 대류혼합이 지배적이고 대기는 불안정한 상태이며 굴뚝의 연기는 수직 및 수평방향으로 빨리 분산한다.

R_i	−1.0 이하	−0.1	−0.01	0	+0.01	+0.1	+1.0 이상
대기운동	자유대류	자유대류 증가		강제대류만 존재		강제대류 감소	대류 없음
안정도	불안정			중립		안정	

- $0<R_i<0.25$: 성층에 의해 약화된 기계적 난류가 존재한다.
- $R_i<-0.04$: 대류에 의한 혼합이 기계적 혼합을 지배한다.
- $-0.03<R_i<0$: 기계적 난류와 대류가 존재하나 기계적 난류가 혼합을 주로 일으킨다.

KEYWORD 19 연기의 형태

1. 부채형(Fanning)

① 매우 안정적인 복사역전 상태($\gamma_d>\gamma$)이다.

② 주로 아침과 새벽에 발생한다.

③ 최대착지거리는 크고 최대착지농도는 낮다.

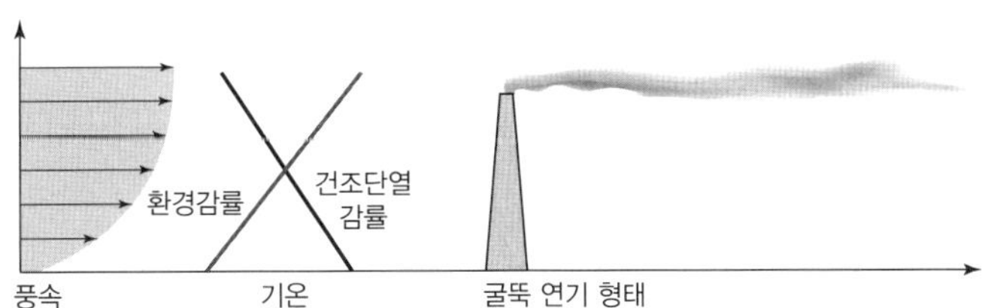

2. 환상형(Looping)

① 대기가 불안정 상태($\gamma_d < \gamma$)일 때 발생한다.

② 난류로 인해 오염물질을 확산시킨다.

③ 바람이 약한 날, 주로 낮에 발생한다.

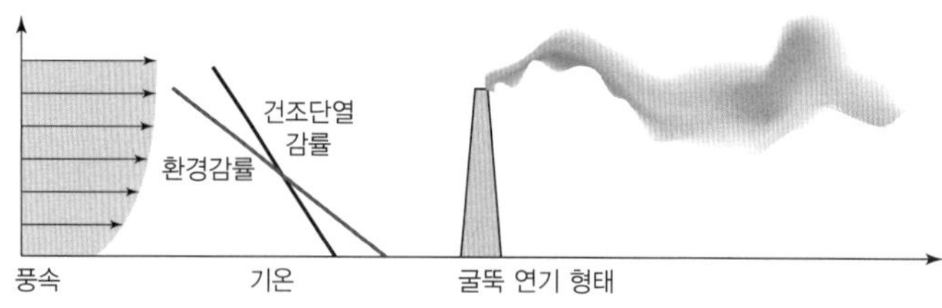

3. 훈증형(Fumigation)

① 지표의 오염도가 높다.

② 대기의 상태가 하층부는 불안정하고 상층부는 안정할 때 볼 수 있다.

③ 하늘이 맑고 바람이 약한 날의 아침에 볼 수 있다.

④ 지표면의 오염농도가 매우 높게 된다.

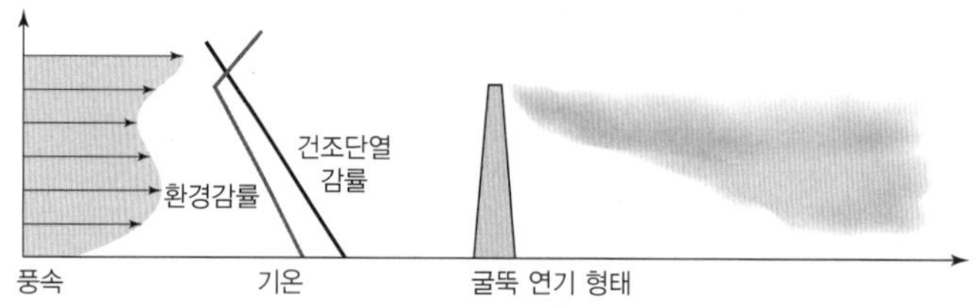

4. 지붕형(Lofting)

① 대기의 상태가 하층부는 안정하고 상층부는 불안정할 때 볼 수 있다.

② 초저녁~아침에 발생한다.

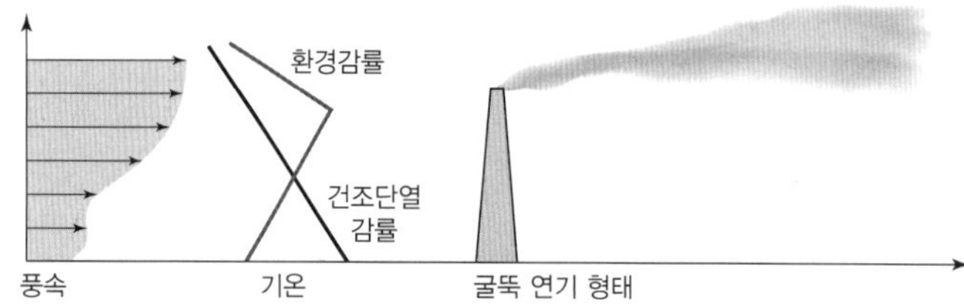

5. 원추형(Coning)

① 가우시안분포를 나타낸다.

② 대기상태가 중립조건일 때 발생한다.

③ 연기의 수직이동보다 수평이동이 크기 때문에 오염물질이 멀리까지 퍼져 나가며 지표면 가까이에는 오염의 영향이 거의 없다.

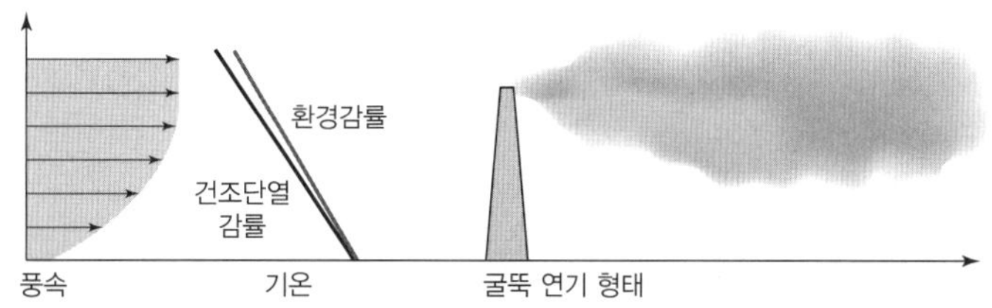

6. 구속형(Trapping)

① 상층은 침강성 역전 형성 시, 하층은 복사역전 형성 시 발생한다.

② 고기압 지역에서 발생한다.

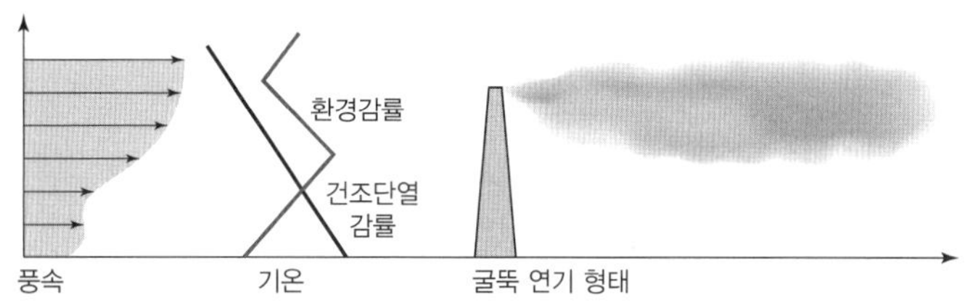

KEYWORD 20 유효굴뚝높이

1. 유효굴뚝높이

(1) 유효굴뚝높이

① 유효굴뚝높이는 실제 굴뚝높이+부력 및 운동력에 의한 가스의 상승높이를 의미한다.

② 영향인자: 굴뚝의 높이, 풍속, 배출가스의 온도

(2) 연기의 유효상승고 공식

$\Delta H(\text{m})=1.5\times\left(\frac{V_s}{U}\right)\times D$	$\Delta H(\text{m})=150\times\left(\frac{F}{U^3}\right)$	$\Delta H(\text{m})=2.3\times\left(\frac{F}{S\cdot U}\right)^{1/3}$
V_s: 배출가스 토출속도(m/sec) D: 굴뚝의 내경(m) U: 풍속(m/sec) S: 안정도 피리미디	F: 부력계수(m⁴/sec³), $\left(F=g\cdot V_s\cdot\left(\frac{D}{2}\right)^2\cdot\left(\frac{T_s-T_a}{T_a}\right)\right)$ T_s: 굴뚝배기가스의 절대온도 T_a: 외기의 절대온도	

2. 굴뚝의 통풍력

(1) 유효굴뚝높이를 증가시키기 위한 방안

① 배출가스의 속도를 증가시킨다.

② 굴뚝의 배출구 직경을 감소시킨다.

③ 배출가스의 온도를 증가시킨다.

(2) 굴뚝의 통풍력 공식

$$통풍력(mmH_2O)=273\times H\times\left[\frac{\gamma_a}{273+t_a}-\frac{\gamma_g}{273+t_g}\right]$$

H: 굴뚝높이(m), t_a: 외기 온도(℃), t_g: 배기가스 온도(℃), γ_a: 공기 비중량(kgf/m^3), γ_g: 배기가스 비중량(kgf/m^3)

3. 세류현상(Down wash)과 다운 드래프트 현상

(1) 세류현상

① 원인: 배출가스의 유속보다 외기의 풍속이 더 커서 생기는 현상으로 배출가스의 와류로 인해 굴뚝 인근의 오염부하가 높아지는 현상이다.

② 대책: 배출속도를 풍속보다 2배 이상 높게 한다.

(2) 다운 드래프트 현상

① 원인: 굴뚝의 높이보다 주위 건물의 높이가 더 커 생기는 현상으로 배출가스의 와류로 인해 인근의 오염부하가 높아지는 현상이다.

② 대책: 굴뚝높이를 2.5배 높게 한다.

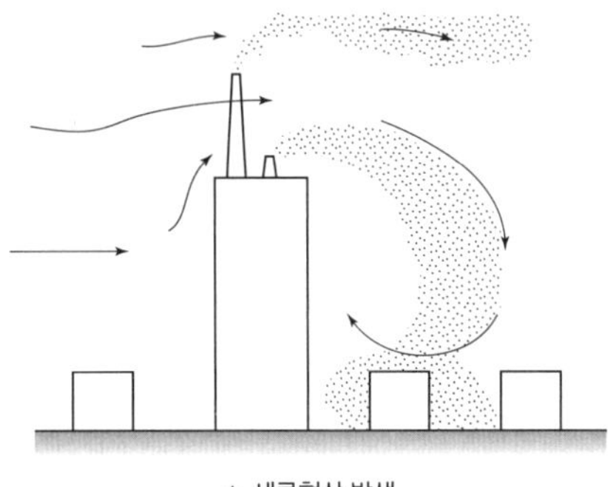

▲ 세류현상 발생

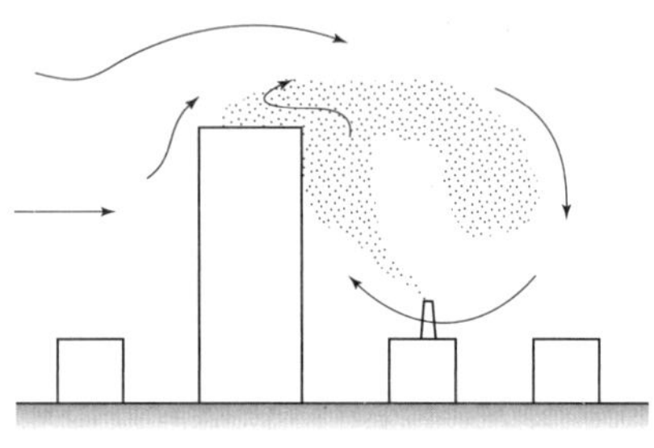

▲ 다운 드래프트 현상 발생

고득점 POINT 유효굴뚝높이 감소조건

- 수평풍속이 클수록 유효높이가 감소한다.
- 배출구의 직경이 넓을 경우 토출속도가 감소하여 유효높이가 감소한다.

KEYWORD 21 최대혼합고(MMD)

1. 최대혼합고(MMD: Maximum Mixing Depth)

(1) 개념

① 대기의 수직적인 대류현상(혼합)이 가능한 고도를 혼합고라 하며 이 혼합고의 최대고도를 최대혼합고라고 한다.

② 최대혼합고는 지표로부터 환경감률선과 건조단열감률선이 만나는 점까지의 고도로서 결정된다.

③ 혼합고가 높을수록 환경용량이 증가하여 대기오염부하는 낮아진다.

$$C_2=C_1\times\left(\frac{MMD_1}{MMD_2}\right)^3 \leftrightarrow \frac{C_2}{C_1}=\left(\frac{MMD_1}{MMD_2}\right)^3$$

C: 농도, MMD: 최대혼합고

(2) 혼합층의 특징

① 최대혼합깊이는 통상 밤에 가장 낮고, 낮 시간을 통하여 점차 증가한다.

② 야간에 역전이 극심한 경우 최대혼합깊이는 아주 낮거나 존재하지 않을 수 있다.

③ 계절적으로 최대혼합깊이는 주로 겨울에 최소가 되고 이른 여름에 최대값을 나타낸다.

④ 환기량은 혼합층의 고도와 혼합층 내의 평균풍속을 곱한 값으로 정의된다.

KEYWORD 22 바람의 원동력

1. 바람의 원동력

기압경도력, 전향력(코리올리의 힘), 마찰력, 원심력에 의해 바람이 생성된다.

2. 바람의 원동력의 특징

(1) 기압경도력

① 서로 다른 지점의 기압차로 인해 작용하는 힘으로 고기압에서 저기압으로 작용한다.

② 거리가 멀수록 기압경도력이 작아지고, 등압선이 조밀할수록 기압경도력이 증가하여 풍속은 빨라진다.

$$P_n = -\frac{1}{\rho} \times \frac{\Delta P}{\Delta n}$$

Δn: 등압선 간격, ΔP: 기압차, ρ: 밀도

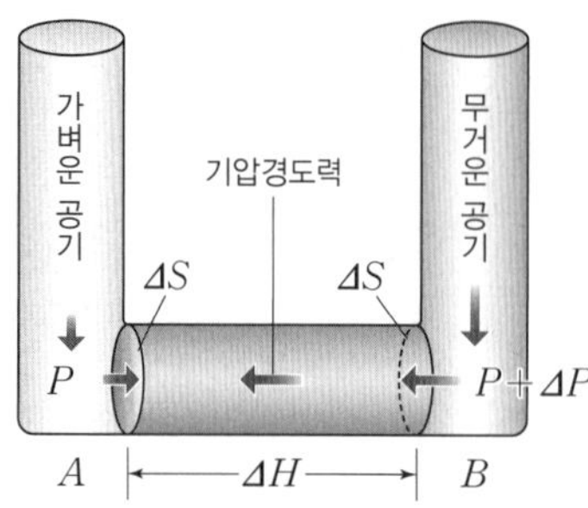

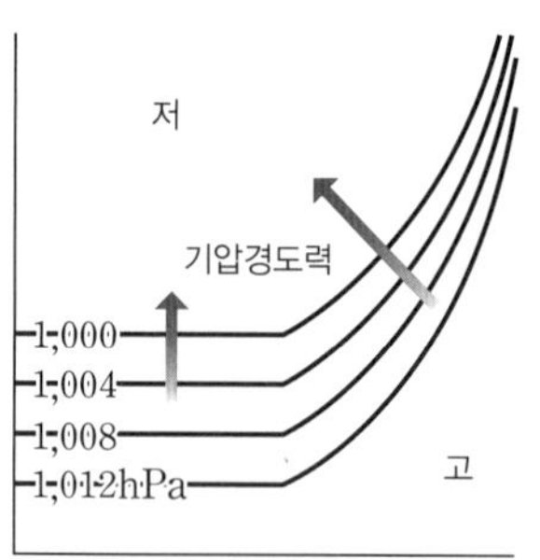

(2) 전향력(코리올리의 힘)

① 지구 자전에 의해 운동하는 물체에 작용하는 힘으로 가상적인 겉보기 힘이다.

② 풍속과는 무관하고 바람의 방향에만 영향이 있으며, 경도력과는 반대방향으로 힘이 작용하고 북반구에서는 바람방향의 우측 직각방향으로 작용한다.

③ 극지방($\theta=90°$)에서는 전향력이 최대가 되고 적도지방($\theta=0°$)에서 전향력은 0이다.

④ 전향력의 크기

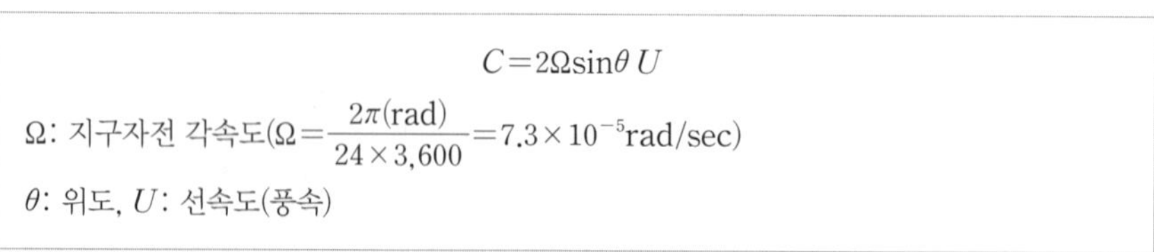

$$C = 2\Omega \sin\theta\, U$$

Ω: 지구자전 각속도($\Omega = \frac{2\pi(\text{rad})}{24 \times 3{,}600} = 7.3 \times 10^{-5}\text{rad/sec}$)

θ: 위도, U: 선속도(풍속)

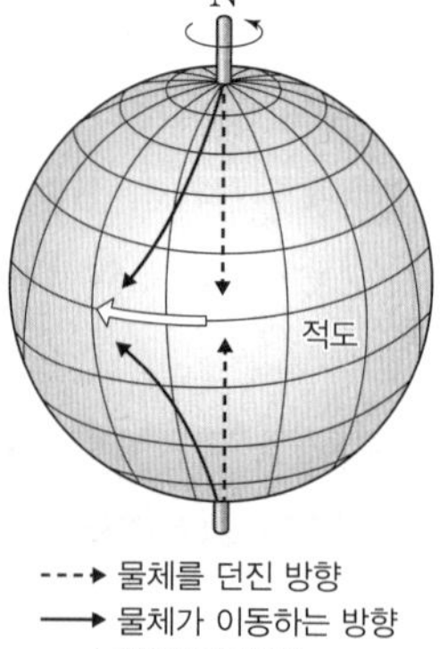

(3) 마찰력

① 지표면의 거칠기로 인해 바람의 움직임을 방해하는 힘을 의미하며 바람과 반대방향으로 힘이 작용한다.

② 마찰력이 클수록 바람의 방향(풍향) 변화는 커지고 풍속은 감소하게 된다.

③ 고도가 증가함에 따라 마찰력이 감소한다.

(4) 원심력

① 회전하는 물체에 나타나는 힘으로 원의 중심에서 바깥쪽으로 힘의 방향이 향한다.

② 지구 자전에 의한 원심력은 극지방에서 가장 작고 적도지방에서 가장 크다.

KEYWORD 23 바람의 종류 및 풍속

1. 바람의 종류

(1) 지균풍

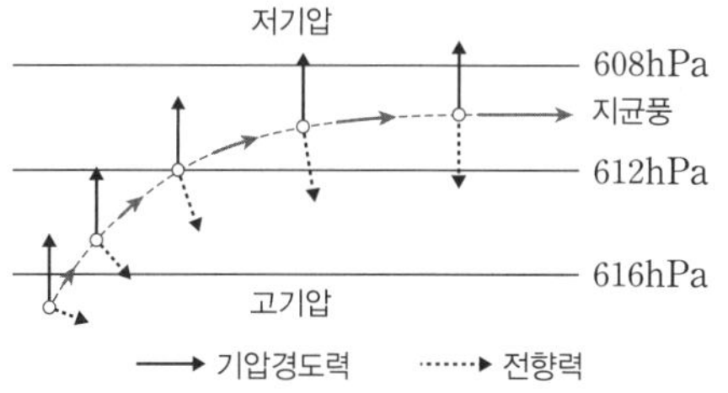

① 기압경도력+전향력에 의해 부는 바람으로 마찰력이 존재하지 않는 고도 1km 이상의 자유대기층(행성경계층(PBL)보다 높은 고도)에서 등압선과 평행하게 부는 바람이다.

② 이때 기압경도력과 전향력은 힘의 크기는 같고 방향은 서로 반대이다.

③ 북반구에서 지균풍은 오른쪽에 고기압, 왼쪽에 저기압을 두고 분다.

(2) 경도풍

① 기압경도력이 원심력+전향력과 평형을 이루면서 고기압과 저기압의 중심부에서 발생하는 바람을 경도풍이라 한다.

② 북반구의 경도풍은 저기압에서는 반시계 방향으로 회전하면서 위쪽으로 상승하면서 분다.

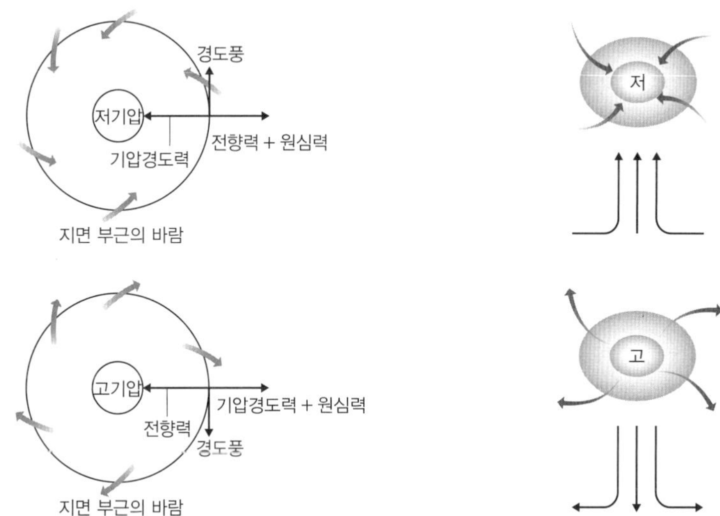

(3) 지상풍

지표 부근에서 기압경도력과 마찰력+전향력이 평형을 이루면서 발생하는 바람을 지상풍이라고 한다.

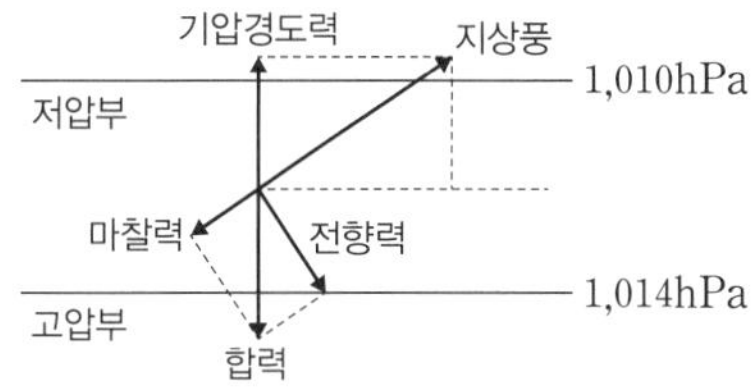

2. 풍속과 오염물질

(1) 풍속과 고도와의 관계식

Deacon 식	Sutton 식
$U_2 = U_1 \times \left(\frac{Z_2}{Z_1}\right)^n$	$U_2 = U_1 \times \left(\frac{Z_2}{Z_1}\right)^{\frac{2}{2-n}}$
U: 풍속, Z: 고도, n: 지수	

(2) 풍속과 오염물질의 농도

① 풍속과 오염물질의 농도는 반비례한다.

② 선상, 면상, 공간농도

선상농도	면상농도	공간농도
$\frac{1}{U}$	$\frac{1}{U^2}$	$\frac{1}{U^3}$

3. 바람장미

① 풍향별로 관측된 바람의 발생빈도와 풍속을 동심원상에 8방향 또는 16방향인 막대기로 표시하여 그린 것을 바람장미라고 한다.

② 이때 풍향(바람이 불어오는 쪽의 방향) 중 가장 빈도수가 많은 것을 주풍이라고 한다.

③ 바람장미에서 풍향 중 주풍(풍향에서 가장 빈번히 관측된 풍향)은 막대의 길이를 가장 길게 표시한다.

④ 풍속은 막대의 굵기로 표시한다.

⑤ 풍속이 0.2m/s 이하일 때를 정온(Calm) 상태로 본다.

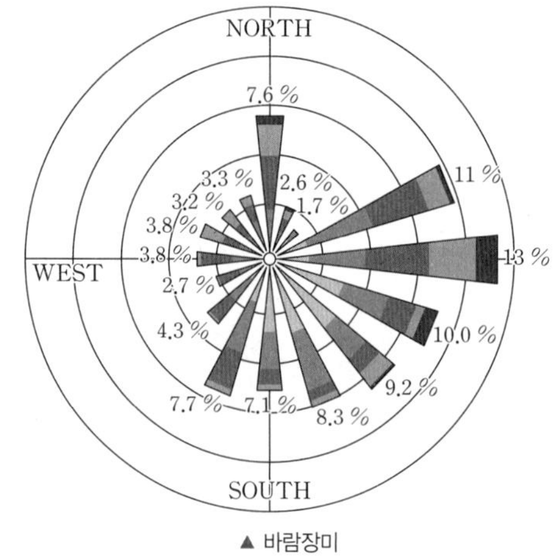

▲ 바람장미

4. 국지풍의 종류

국지풍은 지형적인 영향으로 인해 발생되는 바람으로 해풍, 육풍, 산풍, 곡풍, 푄풍, 전원풍 등이 있다.

(1) 푄풍

수증기를 포함한 공기가 산맥을 넘어가면서 단열팽창되면서 냉각되어 수분의 응축과 함께 비와 구름을 형성하고, 산맥을 넘어 하강하면서 공기단이 압축과정을 거치면서 기온이 높고 건조한 바람이 부는데 이를 푄풍이라 한다. 우리나라의 태백산맥 부근 동해 쪽에서 부는 높새바람이 이에 해당한다.

(2) 전원풍

도시의 열섬현상으로 인해 상승 기류가 형성되어 주변의 차가운 공기가 불어오는 바람을 의미한다.

(3) 산곡풍

① 평지와 계곡 및 분지지역의 일사량차로 인하여 생긴다.

② 곡풍: 낮에 산의 비탈면을 따라 상승하는 바람이다.

③ 산풍: 밤에 산의 비탈면을 따라 하강하는 바람이다.

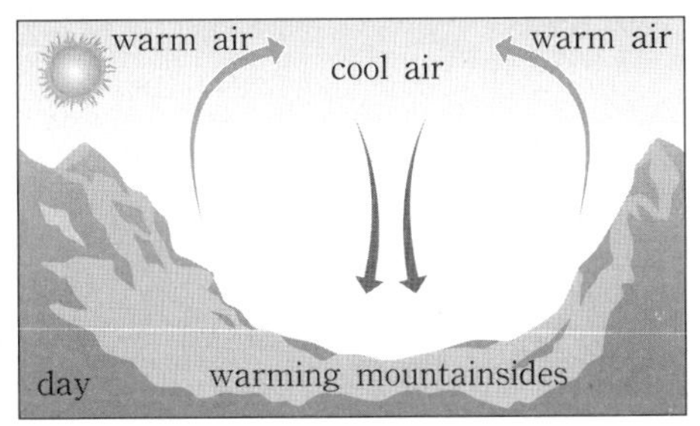

▲ 곡풍

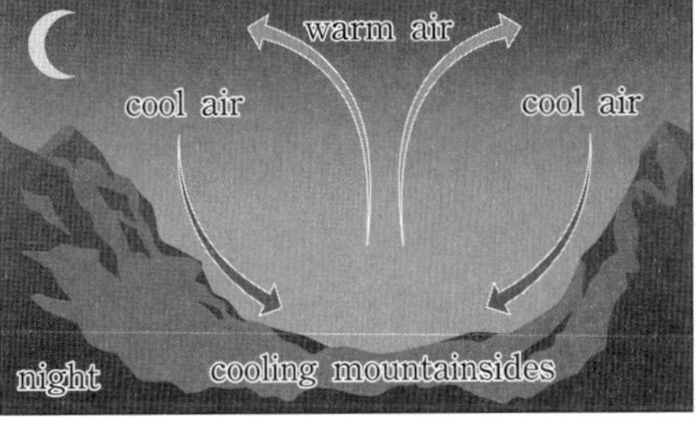

▲ 산풍

(4) 해륙풍

① 해안 근처의 지역에서 바다와 육지의 열용량 차에 의해 발생하는 바람이다.

② 해풍: 낮에는 햇빛에 의해 육지가 빨리 따뜻해져 공기가 상승하여 바다에서 육지 쪽으로 부는 바람을 해풍이라 하며, 내륙 쪽으로 8~15km까지 바람이 불어 들어간다. (육지: 저기압, 바다: 고기압)

③ 육풍: 밤에는 육지가 빨리 차가워져 공기가 하강하고 바다는 천천히 식어 따뜻한 공기가 형성되어 육지에서 바다로 부는 바람을 육풍이라 하며, 바다 쪽으로 5~6km까지 바람이 불어 나간다. (육지: 고기압, 바다: 저기압)

④ 보상류: 지상 1km 상층에서 부는 반대방향의 순환풍을 보상류라고 한다.

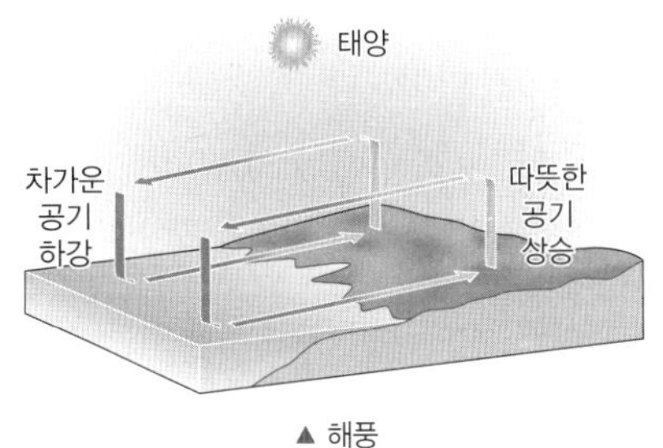

▲ 해풍

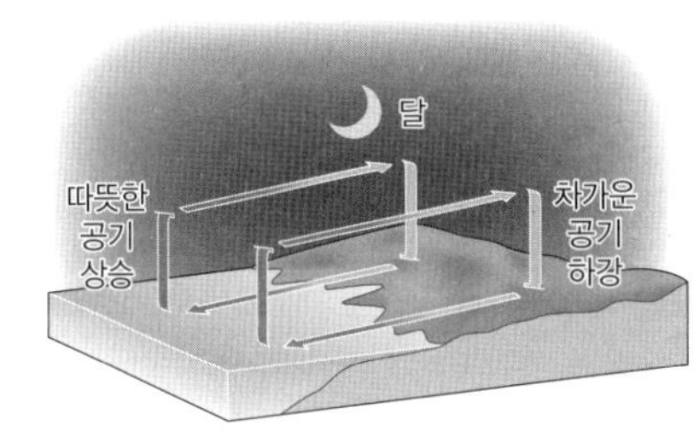

▲ 육풍

CHAPTER 05

대기오염모델

KEYWORD 24 분산모델, 수용모델, 상자모델

1. 분산모델

(1) 개요

분산모델은 특정한 오염원의 배출속도와 바람에 의한 분산요인을 입력자료로 하여 수용체 위치에서의 영향을 계산한다.

(2) 장점

① 점, 선, 면 오염원의 영향을 평가할 수 있다.

② 미래의 대기질을 예측할 수 있으며 시나리오를 작성할 수 있다.

③ 2차 오염원의 확인이 가능하다.

(3) 단점

① 지형 및 오염원의 조업조건에 영향을 받는다.

② 먼지의 영향평가는 기상의 불확실성과 오염원의 미확인인 경우에 문제점을 가진다.

③ 단기간 분석 시 문제가 될 수 있고, 새로운 오염원이 지역 내 신설될 때 매번 재평가하여야 한다.

④ 기상과 관련하여 대기 중의 특성을 적절하게 묘사할 수는 없으며 이에 따라 정확한 결과를 도출할 수 없다.

2. 수용모델(Receptor Model)

(1) 개요

① 수용체에서 오염물질의 특성을 분석한 후 오염원의 기여도를 평가하는 것이다.

② 모델의 분류로는 오염물질의 분석방법에 따라 현미경분석법과 화학분석법으로 구분할 수 있다.

(2) 장점

① 지형, 기상학적 정보 없이도 사용할 수 있다.

② 입자상 물질, 가스상 물질, 가시도 문제 등 환경과학 전반에 응용할 수 있다.

③ 수용체 입장에서 영향평가가 현실적으로 이루어질 수 있다.

④ 오염원의 조업 및 운영 상태에 대한 정보 없이도 사용 가능하다.

⑤ 새로운 오염원, 불확실한 오염원과 불법 배출 오염원을 정량적으로 확인, 평가할 수 있다.

(3) 단점

① 측정자료를 입력자료로 사용하므로 시나리오 작성이 곤란하다.

② 현재나 과거에 일어났던 일을 추정하여 미래를 위한 전략은 세울 수 있으나 미래예측이 어렵다.

(4) 수용모델의 분석법

① 전자주사현미경은 광학현미경보다 작은 입자를 측정할 수 있고, 정성적으로 먼지의 오염원을 확인할 수 있다.

② 시계열분석법은 대기오염 제어의 기능을 평가하고 특정 오염원의 경향을 추적할 수 있으며, 타 방법을 통해 제시된 오염원을 확인하는 데 매우 유용한 정성적 분석법이다.

③ 공간계열법은 시료채취기간 중 오염배출속도 및 기상학 등에 크게 의존하여 분산모델과 큰 연관성을 갖는다.

④ 광학현미경은 입경이 1μm보다 큰 입자만을 대상으로 먼지의 형상, 모양 및 색깔별로 오염원을 구별할 수 있고, 숙련성이 요구되는 분석방법이다.

3. 상자모델(Box Model)

(1) 개요

① 배출원으로부터 배출되는 오염물질의 확산이 상자 안에서 이루어져 균일하게 혼합되어 확산된 오염물질의 물질수지를 산정하는 모델이다.

② 고려되는 공간의 수직단면에 직각방향으로 부는 바람의 속도가 일정하여 환기량이 일정하다.

③ 상자 안에서는 밑면에서 방출되는 오염물질이 상자 높이인 혼합층까지 즉시 균등하게 혼합된다.

(2) 가정조건

① 상자 공간에서 오염물의 농도는 균일하다.

② 오염물의 분해는 일차반응에 의한다.

③ 오염배출원은 이 상자가 차지하고 있는 지면 전역에 균등하게 분포되어 있다.

④ 오염물은 방출과 동시에 균등하게 혼합된다.

KEYWORD 25 가우시안모델(Gaussian Model)

1. 가우시안모델(Gaussian Model)의 의미와 가정

(1) 개요

① 대기에서 연기의 확산을 해석하는 모델 중 하나이다.

② 주로 평탄지역에 적용하도록 개발되어왔으나, 최근 복잡지형에도 적용이 가능하도록 개발되고 있다.

③ 간단한 화학반응을 묘사할 수 있다.

④ 장 · 단기적인 대기오염도 예측에 사용이 용이하다.

⑤ 대기의 안정도가 중립인 경우 가우시안분포에 가까우며 x축 방향의 이류확산(대기로 방출된 물질이 이동하는 도중에 농도가 높은 쪽에서 낮은 쪽으로 퍼져나가는 현상)에 의한 지표면에서의 중심축상 점오염원의 농도를 산출하는 경우에 사용한다.

(2) 가정조건

① 점오염원에서는 풍하방향으로 확산되어가는 Plume은 정규분포를 이루며 확산된다고 가정하여 유도한다.

② 연기의 확산은 정상상태를 가정하며 바람에 의한 오염물질은 x축 방향으로 이동되며 풍속은 일정하다.

③ 대기안정도와 확산계수는 변하지 않으며 오염물질이 연기 속에서 소멸되거나 생성되지 않으며 굴뚝(점오염원)으로부터 연속적으로 배출된다.

④ 난류확산계수는 일정하다.

⑤ 고도변화에 따른 풍속의 변화는 고려하지 않는다.

2. 가우시안 분산식을 이용한 농도 계산

(1) 기본공식

$$C(x,y,z;H_e)=\frac{Q}{2\pi\sigma_y\sigma_z U}\exp\left[-\frac{1}{2}\left(\frac{y}{\sigma_y}\right)^2\right]\times\left[\exp\left\{-\frac{1}{2}\left(\frac{z-H_e}{\sigma_z}\right)^2\right\}+\exp\left\{-\frac{1}{2}\left(\frac{z+H_e}{\sigma_z}\right)^2\right\}\right]$$

Q: 오염물질 배출량(g/sec), U: 풍속(m/sec)

y: 풍향에 직각인 수평거리(m), z: 지면으로부터 오염물질까지의 높이(m), H_e: 유효굴뚝높이(m)

(2) 지표에서의 농도를 계산하는 경우(z=0)

$$C(x,y,0;H_e)=\frac{Q}{\pi\sigma_y\sigma_z U}\exp\left[-\frac{1}{2}\left\{\left(\frac{y}{\sigma_y}\right)^2+\left(\frac{H_e}{\sigma_z}\right)^2\right\}\right]$$

(3) 지표의 중심축상 농도를 계산하는 경우(z=0, y=0)

$$C(x,0,0;H_e)=\frac{Q}{\pi\sigma_y\sigma_z U}\exp\left[-\frac{1}{2}\left(\frac{H_e}{\sigma_z}\right)^2\right]$$

(4) 지표의 점배출원에 의한 중심축상 농도를 계산하는 경우(H_e=0, z=0, y=0)

$$C(x,0,0;0)=\frac{Q}{\pi\sigma_y\sigma_z U}$$

KEYWORD 26 최대착지농도와 최대착지거리

1. Sutton의 최대착지농도와 최대착지거리의 관계식

최대착지농도	최대착지거리
$C_{\max}=\frac{2\cdot Q}{\pi\cdot e\cdot U\cdot H_e^2}\times\frac{K_z}{K_y}$	$X_{\max}=\left(\frac{H_e}{K_z}\right)^{\frac{2}{2-n}}$
Q: 오염물질의 배출량, U: 풍속, H_e: 유효굴뚝높이 K_z: 수직확산계수, K_y: 수평확산계수	H_e: 유효굴뚝높이, K_z: 수직확산계수 n: 대기안정도지수

2. Fick의 확산방정식

(1) 개념

정상상태에서 오염물질이 단위 면적당 확산되는 조건 하에서 물질의 이동속도는 농도의 기울기에 비례한다.

(2) Fick의 확산방정식의 가정조건

① 시간에 따른 농도변화가 없는 정상상태이다.

② 오염물질은 점배출원으로부터 연속적으로 배출된다.

③ 바람에 의한 오염물질의 주 이동방향은 x축이다.

④ 풍속은 x, y, z 좌표시스템 내의 어느 점에서든 일정하다.

KEYWORD 27 기타 모델

구분	내용
UAM	• 적용 모델식: 광화학모델 • 적용 배출원 형태: 점, 면 • 개발국: 미국 • 특징: 도시지역의 오염물질 이동을 계산할 수 있다.
ISCLT	• 적용 모델식: 가우시안모델 • 적용 배출원 형태: 점, 선, 면 • 개발국: 미국 • 특징: 미국에서 널리 이용되는 범용적인 모델로 장기 농도계산용 모델이다.
SMOGSTOP	• 대기분산모델 중 벨기에에서 개발되었다. • 통계모델로서 도시지역의 오존농도를 계산하는 데 이용한다.
경도모델 (K-이론모델)	• 연기의 축에 직각인 단면에서 오염의 농도분포는 가우스 분포(정규분포)이다. • 오염물질은 지표를 침투하지 못하고 반사한다. • 배출원에서 배출된 오염물질은 그 후 소멸되거나 생성되지 않고, 확산계수는 시간에 따라 변하지 않는다. • 배출원에서 오염물질의 농도는 무한하다. • 풍하 측으로 지표면은 평평하고 균등하다. • 풍하 쪽으로 가면서 대기의 안정도는 일정하고 확산계수는 변하지 않는다.
ADMS	• 적용모델식: 가우시안모델 • 적용배출원 형태: 점, 선, 면 • 개발국: 영국 • 특징: 도시지역에서 오염물질의 이동을 계산한다.

대기환경보전법

KEYWORD 28 총칙상의 용어 정의 「대기환경보전법 제2조」

① 대기오염물질: 대기 중에 존재하는 물질 중 심사 · 평가 결과 대기오염의 원인으로 인정된 가스 · 입자상 물질로서 환경부령으로 정하는 것을 말한다.

② 유해성대기감시물질: 대기오염물질 중 심사 · 평가 결과 사람의 건강이나 동식물의 생육(生育)에 위해를 끼칠 수 있어 지속적인 측정이나 감시 · 관찰 등이 필요하다고 인정된 물질로서 환경부령으로 정하는 것을 말한다.

③ 기후 · 생태계 변화유발물질: 지구온난화 등으로 생태계의 변화를 가져올 수 있는 기체상 물질(氣體狀物質)로서 온실가스와 환경부령으로 정하는 것을 말한다.

④ 온실가스: 적외선 복사열을 흡수하거나 다시 방출하여 온실효과를 유발하는 대기 중의 가스상태 물질로서 이산화탄소, 메탄, 아산화질소, 수소불화탄소, 과불화탄소, 육불화황을 말한다.

⑤ 가스: 물질이 연소 · 합성 · 분해될 때에 발생하거나 물리적 성질로 인하여 발생하는 기체상 물질을 말한다.

⑥ 입자상 물질(粒子狀物質): 물질이 파쇄 · 선별 · 퇴적 · 이적(移積)될 때, 그 밖에 기계적으로 처리되거나 연소 · 합성 · 분해될 때에 발생하는 고체상(固體狀) 또는 액체상(液體狀)의 미세한 물질을 말한다.

⑦ 먼지: 대기 중에 떠다니거나 흩날려 내려오는 입자상 물질을 말한다. 이 경우 먼지는 여과성(濾過性) 먼지와 응축성(凝縮性) 먼지를 포함한다.

㉠ 여과성 먼지: 대기오염물질배출시설에서 고체 또는 액체 상태로 배출되는 먼지를 말한다.

㉡ 응축성 먼지: 대기오염물질배출시설에서 기체 상태로 배출된 이후 대기 중에서 고체 또는 액체 상태로 즉시 응축되는 먼지를 말한다.

⑧ 매연: 연소할 때에 생기는 유리(遊離)탄소가 주가 되는 미세한 입자상 물질을 말한다.

⑨ 검댕: 연소할 때에 생기는 유리(遊離)탄소가 응결하여 입자의 지름이 1미크론 이상이 되는 입자상 물질을 말한다.

⑩ 특정대기유해물질: 유해성 대기감시물질 중 심사 · 평가 결과 저농도에서도 장기적인 섭취나 노출에 의하여 사람의 건강이나 동식물의 생육에 직접 또는 간접으로 위해를 끼칠 수 있어 대기 배출에 대한 관리가 필요하다고 인정된 물질로서 환경부령으로 정하는 것을 말한다.

⑪ 휘발성 유기화합물: 탄화수소류 중 석유화학제품, 유기용제, 그 밖의 물질로서 환경부장관이 관계 중앙행정기관의 장과 협의하여 고시하는 것을 말한다.

⑫ 대기오염물질배출시설: 대기오염물질을 대기에 배출하는 시설물, 기계, 기구, 그 밖의 물체로서 환경부령으로 정하는 것을 말한다.

⑬ 대기오염방지시설: 대기오염물질배출시설로부터 나오는 대기오염물질을 연소조절에 의한 방법 등으로 없애거나 줄이는 시설로서 환경부령으로 정하는 것을 말한다.

⑭ 첨가제: 자동차의 성능을 향상시키거나 배출가스를 줄이기 위하여 자동차의 연료에 첨가하는 탄소와 수소만으로 구성된 물질을 제외한 화학물질을 말한다.

⑮ 촉매제: 배출가스를 줄이는 효과를 높이기 위하여 배출가스저감장치에 사용되는 화학물질로서 환경부령으로 정하는 것을 말한다.

⑯ 온실가스 배출량: 자동차에서 단위 주행거리당 배출되는 이산화탄소(CO_2) 배출량(g/km)을 말한다.

⑰ 온실가스 평균배출량: 자동차제작자가 판매한 자동차 중 환경부령으로 정하는 자동차의 온실가스 배출량의 합계를 해당 자동차 총 대수로 나누어 산출한 평균값(g/km)을 말한다.

⑱ 장거리이동대기오염물질: 황사, 먼지 등 발생 후 장거리 이동을 통하여 국가 간에 영향을 미치는 대기오염물질로서 환경부령으로 정하는 것을 말한다.

⑲ 냉매(冷媒): 기후·생태계 변화유발물질 중 열전달을 통한 냉난방, 냉동·냉장 등의 효과를 목적으로 사용되는 물질로서 환경부령으로 정하는 것을 말한다.

KEYWORD 29 대기오염물질과 대기오염방지시설「대기환경보전법 시행규칙 별표 1~4」

1. 특정대기유해물질의 종류

1. 카드뮴 및 그 화합물, 2. 시안화수소, 3. 납 및 그 화합물, 4. 폴리염화비페닐, 5. 크롬 및 그 화합물, 6. 비소 및 그 화합물, 7. 수은 및 그 화합물, 8. 프로필렌 옥사이드, 9. 염소 및 염화수소, 10. 불소화물, 11. 석면, 12. 니켈 및 그 화합물, 13. 염화비닐, 14. 다이옥신, 15. 페놀 및 그 화합물, 16. 베릴륨 및 그 화합물, 17. 벤젠, 18. 사염화탄소, 19. 이황화메틸, 20. 아닐린, 21. 클로로포름, 22. 포름알데히드, 23. 아세트알데히드, 24. 벤지딘, 25. 1,3-부타디엔, 26. 다환 방향족 탄화수소류, 27. 에틸렌옥사이드, 28. 디클로로메탄, 29. 스틸렌, 30. 테트라클로로에틸렌, 31. 1,2-디클로로에탄, 32. 에틸벤젠, 33. 트리클로로에틸렌, 34. 아크릴로니트릴, 35. 히드라진

2. 대기오염방지시설의 종류

중력집진시설, 관성력집진시설, 원심력집진시설, 세정집진시설, 여과집진시설, 전기집진시설, 음파집진시설, 흡수에 의한 시설, 흡착에 의한 시설, 직접연소에 의한 시설, 촉매반응을 이용하는 시설, 응축에 의한 시설, 산화·환원에 의한 시설, 미생물을 이용한 처리시설, 연소조절에 의한 시설

KEYWORD 30 자동차 등의 종류「대기환경보전법 시행규칙 별표 5」

1. 자동차의 종류(2015년 12월 10일 이후)

종류	정의	규모	
경자동차	사람이나 화물을 운송하기 적합하게 제작된 것	엔진배기량이 1,000cc 미만	
승용자동차	사람을 운송하기 적합하게 제작된 것	소형	엔진배기량이 1,000cc 이상이고, 차량총중량이 3.5톤 미만이며, 승차인원이 8명 이하
		중형	엔진배기량이 1,000cc 이상이고, 차량총중량이 3.5톤 미만이며, 승차인원이 9명 이상
		대형	차량총중량이 3.5톤 이상 15톤 미만
		초대형	차량총중량이 15톤 이상
화물자동차	화물을 운송하기 적합하게 제작된 것	소형	엔진배기량이 1,000cc 이상이고, 차량총중량이 2톤 미만
		중형	엔진배기량이 1,000cc 이상이고, 차량총중량이 2톤 이상 3.5톤 미만
		대형	차량총중량이 3.5톤 이상 15톤 미만
		초대형	차량총중량이 15톤 이상
이륜자동차	자전거로부터 진화한 구조로서 사람 또는 소량의 화물을 운송하기 위한 것	차량총중량이 1천킬로그램을 초과하지 않는 것	

① 승용자동차 및 다목적자동차는 다목적형 승용자동차와 승차인원이 8명 이하인 승합차(차량의 너비가 2,000mm 미만이고 차량의 높이가 1,800mm 미만인 승합차만 해당)를 포함한다.

② 소형화물자동차는 엔진배기량이 800cc 이상인 밴(VAN)과, 승용자동차에 해당되지 아니하는 승차인원이 9명 이상인 승합차를 포함한다.

③ 중형자동차는 승용자동차 또는 다목적자동차에 해당되지 아니하는 승차인원이 15명 이하인 승합차와 엔진배기량이 800cc 이상인 밴(VAN)을 포함한다.

2. 전기만을 동력으로 사용하는 자동차의 구분

구분	1회 충전 주행거리
제1종	80km 미만
제2종	80km 이상 160km 미만
제3종	160km 이상

KEYWORD 31 대기오염 측정망 「대기환경보전법 시행규칙 제11~12조」

1. 대기오염 측정망의 종류

(1) 수도권대기환경청장, 국립환경과학원장 또는 한국환경공단이 설치하는 대기오염 측정망의 종류

① 대기오염물질의 지역배경농도를 측정하기 위한 교외대기측정망

② 대기오염물질의 국가배경농도와 장거리 이동 현황을 파악하기 위한 국가배경농도측정망

③ 도시지역 또는 산업단지 인근지역의 특정대기유해물질(중금속은 제외)의 오염도를 측정하기 위한 유해대기물질측정망

④ 도시지역의 휘발성 유기화합물 등의 농도를 측정하기 위한 광화학대기오염물질측정망

⑤ 산성 대기오염물질의 건성 및 습성 침착량을 측정하기 위한 산성강하물측정망

⑥ 기후 · 생태계 변화유발물질의 농도를 측정하기 위한 지구대기측정망

⑦ 장거리이동대기오염물질의 성분을 집중 측정하기 위한 대기오염집중측정망

⑧ 초미세먼지(PM-2.5)의 성분 및 농도를 측정하기 위한 미세먼지성분측정망

(2) 특별시장 · 광역시장 · 특별자치시장 · 도지사 또는 특별자치도지사(시 · 도지사)가 설치하는 대기오염 측정망의 종류

① 도시지역의 대기오염물질 농도를 측정하기 위한 도시대기측정망

② 도로변의 대기오염물질 농도를 측정하기 위한 도로변대기측정망

③ 대기 중의 중금속 농도를 측정하기 위한 대기중금속측정망

2. 대기오염 측정망 설치계획의 고시

(1) 고시에 포함되어야 할 내용

유역환경청장, 지방환경청장, 수도권대기환경청장 및 시 · 도지사는 다음의 사항이 포함된 측정망 설치계획을 결정하고 최초로 측정소를 설치하는 날부터 3개월 이전에 고시하여야 한다.

① 측정망 설치시기

② 측정망 배치도

③ 측정소를 설치할 토지 또는 건축물의 위치 및 면적

(2) 협의사항

시 · 도지사가 측정망설치계획을 결정 · 고시하려는 경우에는 그 설치위치 등에 관하여 미리 유역환경청장, 지방환경청장 또는 수도권대기환경청장과 협의하여야 한다.

KEYWORD 32 대기오염경보

1. 대기오염경보 단계 및 단계별 조치 사항 「대기환경보전법 시행령 제2조」

(1) 대기오염경보 단계

① 미세먼지(PM-10): 주의보, 경보

② 초미세먼지(PM-2.5): 주의보, 경보

③ 오존(O_3): 주의보, 경보, 중대경보

(2) 단계별 조치 사항

① 주의보 발령: 주민의 실외활동 및 자동차 사용의 자제 요청 등

② 경보 발령: 주민의 실외활동 제한 요청, 자동차 사용의 제한 및 사업장의 연료 사용량 감축 권고 등

③ 중대경보 발령: 주민의 실외활동 금지 요청, 자동차의 통행금지 및 사업장의 조업시간 단축명령 등

2. 대기오염경보 단계별 대기오염물질의 농도 기준 「대기환경보전법 시행규칙 별표 7」

대상물질	경보단계	발령기준	해제기준
미세먼지 (PM-10)	주의보	해당 지역의 시간당 평균농도가 150㎍/m^3 이상 2시간 이상 지속인 때	주의보가 발령된 지역의 대기자동측정소의 PM-10 시간당 평균농도가 100㎍/m^3 미만인 때
	경보	해당 지역의 시간당 평균농도가 300㎍/m^3 이상 2시간 이상 지속인 때	경보가 발령된 지역의 대기자동측정소의 PM-10 시간당 평균농도가 150㎍/m^3 미만인 때는 주의보로 전환
초미세 먼지 (PM-2.5)	주의보	해당 지역의 시간당 평균농도가 75㎍/m^3 이상 2시간 이상 지속인 때	주의보가 발령된 지역의 대기자동측정소의 PM-2.5 시간당 평균농도가 35㎍/m^3 미만인 때
	경보	해당 지역의 시간당 평균농도가 150㎍/m^3 이상 2시간 이상 지속인 때	경보가 발령된 지역의 대기자동측정소의 PM-2.5 시간당 평균농도가 75㎍/m^3 미만인 때는 주의보로 전환
오존	주의보	해당 지역의 대기자동측정소 오존농도가 0.12ppm 이상인 때	주의보가 발령된 지역의 대기자동측정소의 오존농도가 0.12ppm 미만인 때
	경보	해당 지역의 대기자동측정소 오존농도가 0.3ppm 이상인 때	경보가 발령된 지역의 대기자동측정소의 오존농도가 0.12ppm 이상 0.3ppm 미만인 때는 주의보로 전환
	중대경보	해당 지역의 대기자동측정소 오존농도가 0.5ppm 이상인 때	중대경보가 발령된 지역의 대기자동측정소의 오존농도가 0.3ppm 이상 0.5ppm 미만인 때는 경보로 전환

KEYWORD 33 배출시설의 설치허가 및 신고 등「대기환경보전법 시행령 제11조」

1. 설치허가를 받아야 하는 배출시설

① 특정대기유해물질이 환경부령으로 정하는 기준 이상으로 발생되는 배출시설

②「환경정책기본법」에 따라 지정 · 고시된 특별대책지역에 설치하는 배출시설(다만, 특정대기유해물질이 기준 이상으로 배출되지 아니하는 배출시설로서 5종 사업장에 설치하는 배출시설은 제외함)

2. 배출시설 설치허가를 받거나 설치신고를 할 경우 제출서류

배출시설 설치허가신청서 또는 배출시설 설치신고서에 다음의 서류를 첨부하여 환경부장관 또는 시 · 도지사에게 제출해야 한다.

① 원료(연료를 포함함)의 사용량 및 제품 생산량과 오염물질 등의 배출량을 예측한 명세서

② 배출시설 및 대기오염방지시설(방지시설)의 설치명세서

③ 방지시설의 일반도(一般圖)

④ 방지시설의 연간 유지관리 계획서

⑤ 사용 연료의 성분 분석과 황산화물 배출농도 및 배출량 등을 예측한 명세서

⑥ 배출시설 설치허가증(변경허가를 신청하는 경우만 해당)

3. 변경허가

대통령령으로 정하는 중요한 사항을 변경하려면 변경허가를 받아야 하며 해당되는 중요한 사항은 아래와 같다.

① 설치허가 또는 변경허가를 받거나 변경신고를 한 배출시설 규모의 합계나 누계의 100분의 50 이상(특정대기유해물질 배출시설의 경우에는 100분의 30 이상으로 함) 증설(이 경우 배출시설 규모의 합계나 누계는 배출구별로 산정함)

② 설치허가 또는 변경허가를 받은 배출시설의 용도 추가

4. 배출시설의 변경신고

① 같은 배출구에 연결된 배출시설을 증설 또는 교체하거나 폐쇄하는 경우. 다만, 배출시설의 규모[허가 또는 변경허가를 받은 배출시설과 같은 종류의 배출시설로서 같은 배출구에 연결되어 있는 배출시설(방지시설의 설치를 면제받은 배출시설의 경우에는 면제받은 배출시설)의 총 규모를 말함]를 10퍼센트 미만으로 증설 또는 교체하거나 폐쇄하는 경우로서 다음의 모두에 해당하는 경우에는 그러하지 아니하다.

㉠ 배출시설의 증설 · 교체 · 폐쇄에 따라 변경되는 대기오염물질의 양이 방지시설의 처리용량 범위 내일 것

㉡ 배출시설의 증설 · 교체로 인하여 다른 법령에 따른 설치 제한을 받는 경우가 아닐 것

② 배출시설에서 허가받은 오염물질 외의 새로운 대기오염물질이 배출되는 경우

③ 방지시설을 증설 · 교체하거나 폐쇄하는 경우

④ 사업장의 명칭이나 대표자를 변경하는 경우

⑤ 사용하는 원료나 연료를 변경하는 경우. 다만, 새로운 대기오염물질을 배출하지 아니하고 배출량이 증가되지 아니하는 원료로 변경하는 경우 또는 종전의 연료보다 황함유량이 낮은 연료로 변경하는 경우는 제외한다.

⑥ 배출시설 또는 방지시설을 임대하는 경우
⑦ 그 밖의 경우로서 배출시설 설치허가증에 적힌 허가사항 및 일일조업시간을 변경하는 경우

KEYWORD 34 배출시설 설치의 제한 「대기환경보전법 시행령 제12조」

환경부장관 또는 시 · 도지사가 배출시설의 설치를 제한할 수 있는 경우는 다음 각 호와 같다.

① 배출시설 설치지점으로부터 반경 1킬로미터 안의 상주인구가 2만명 이상인 지역으로서 특정대기유해물질 중 한 가지 종류의 물질을 연간 10톤 이상 배출하거나 두 가지 이상의 물질을 연간 25톤 이상 배출하는 시설을 설치하는 경우
② 대기오염물질(먼지 · 황산화물 및 질소산화물만 해당)의 발생량 합계가 연간 10톤 이상인 배출시설을 특별대책지역(총량규제구역으로 지정된 특별대책지역은 제외)에 설치하는 경우

KEYWORD 35 사업장의 분류기준 「대기환경보전법 시행령 별표 1의3」

종별	오염물질발생량 구분
1종 사업장	대기오염물질발생량의 합계가 연간 80톤 이상인 사업장
2종 사업장	대기오염물질발생량의 합계가 연간 20톤 이상 80톤 미만인 사업장
3종 사업장	대기오염물질발생량의 합계가 연간 10톤 이상 20톤 미만인 사업장
4종 사업장	대기오염물질발생량의 합계가 연간 2톤 이상 10톤 미만인 사업장
5종 사업장	대기오염물질발생량의 합계가 연간 2톤 미만인 사업장

KEYWORD 36 배출시설 등의 가동개시 「대기환경보전법 시행령 제15~16조」

1. 배출시설 등의 가동개시 신고

(1) 개요

사업자는 배출시설이나 방지시설의 설치를 완료하거나 배출시설의 변경(변경신고를 하고 변경을 하는 경우에는 대통령령으로 정하는 규모 이상의 변경만 해당)을 완료하여 그 배출시설이나 방지시설을 가동하려면 환경부령으로 정하는 바에 따라 미리 환경부장관 또는 시 · 도지사에게 가동개시 신고를 하여야 한다.

(2) 변경신고에 따른 가동개시신고의 대상규모

설치허가 또는 변경허가를 받거나 설치신고 또는 변경신고를 한 배출구별 배출시설 규모의 합계보다 100분의 20 이상 증설(대기배출시설 증설에 따른 변경신고의 경우에는 증설의 누계를 발함)하는 배출시설의 변경을 말한다.

2. 시운전

(1) 시운전을 할 수 있는 시설

① 황산화물제거시설을 설치한 배출시설

② 질소산화물제거시설을 설치한 배출시설

③ 그 밖에 방지시설을 설치하거나 보수한 후 상당한 기간 시운전이 필요하다고 환경부장관이 인정하여 고시하는 배출시설

(2) 시운전 기간

배출시설 및 방지시설의 가동개시일부터 30일까지의 기간이다.

KEYWORD 37 배출시설과 방지시설의 운영 및 기록보존「대기환경보전법 제31조」

1. 배출시설과 방지시설의 운영

(1) 개요

사업자(공동 방지시설의 대표자 포함)는 배출시설과 방지시설을 운영할 때 다음 (2)의 행위를 해서는 아니 된다.

(2) 배출시설과 방지시설 운영 시 해서는 안 되는 행위

① 배출시설을 가동할 때에 방지시설을 가동하지 아니하거나 오염도를 낮추기 위하여 배출시설에서 나오는 오염물질에 공기를 섞어 배출하는 행위. 다만, 화재나 폭발 등의 사고를 예방할 필요가 있어 환경부장관 또는 시·도지사가 인정하는 경우에는 그러하지 아니하다.

② 방지시설을 거치지 아니하고 오염물질을 배출할 수 있는 공기 조절장치나 가지 배출관 등을 설치하는 행위. 다만, 화재나 폭발 등의 사고를 예방할 필요가 있어 환경부장관 또는 시·도지사가 인정하는 경우에는 그러하지 아니하다.

③ 부식(腐蝕)이나 마모(磨耗)로 인하여 오염물질이 새나가는 배출시설이나 방지시설을 정당한 사유 없이 방치하는 행위

④ 방지시설에 딸린 기계와 기구류의 고장이나 훼손을 정당한 사유 없이 방치하는 행위

⑤ 그 밖에 배출시설이나 방지시설을 정당한 사유 없이 정상적으로 가동하지 아니하여 배출허용기준을 초과한 오염물질을 배출하는 행위

2. 배출시설 및 방지시설의 운영기록 보존

(1) 개요

사업자는 조업을 할 때에는 환경부령으로 정하는 바에 따라 그 배출시설과 방지시설의 운영에 관한 상황을 사실대로 기록하여 보존하여야 한다.

(2) 세부사항

① 1종·2종·3종 사업장을 설치·운영하는 사업자는 배출시설 및 방지시설의 운영기간 중 다음의 사항을 국립환경과학원장이 정하여 고시하는 전산에 의한 방법으로 기록·보존하여야 한다. 다만, 굴뚝자동측정기기를 부착하여 모든 배출구에 대한 측정결과를 굴뚝 원격감시체계 관제센터로 자동전송하는 사업장의 경우에는 해당 자료의 자동전송으로 이를 갈음할 수 있다.

㉠ 시설의 가동시간

㉡ 대기오염물질 배출량

㉢ 자가측정에 관한 사항

㉣ 시설관리 및 운영자

㉤ 그 밖에 시설운영에 관한 중요사항

② 4종·5종 사업장을 설치·운영하는 사업자는 배출시설 및 방지시설의 운영기록부를 매일 기록하고 최종 기재한 날부터 1년간 보존하여야 한다.

KEYWORD 38 배출부과금의 부과·징수「대기환경보전법 제35조」

1. 배출부과금의 개요

(1) 배출부과금의 구분

① 기본부과금: 대기오염물질을 배출하는 사업자가 배출허용기준 이하로 배출하는 대기오염물질의 배출량 및 배출농도 등에 따라 부과하는 금액

② 초과부과금: 배출허용기준을 초과하여 배출하는 경우 대기오염물질의 배출량과 배출농도 등에 따라 부과하는 금액

(2) 배출부과금을 부과할 때 고려할 사항

① 배출허용기준 초과 여부

② 배출되는 대기오염물질의 종류

③ 대기오염물질의 배출기간

④ 대기오염물질의 배출량

⑤ 자가측정(自家測定)을 하였는지 여부

⑥ 그 밖에 대기환경의 오염 또는 개선과 관련되는 사항으로서 환경부령으로 정하는 사항

2. 배출부과금 부과

(1) 부과대상 오염물질

① 기본부과금 부과대상: 황산화물, 먼지, 질소산화물

② 초과부과금 부과대상: 황산화물, 암모니아, 황화수소, 이황화탄소, 먼지, 불소화물, 염화수소, 질소산화물, 시안화수소

(2) 초과부과금 산정의 방법 및 기준

① 개선계획서를 제출하고 개선하는 경우: 오염물질 1킬로그램당 부과금액×배출허용기준초과 오염물질배출량×지역별 부과계수×연도별 부과금산정지수

② 개선계획서를 제출하고 개선하지 않은 경우: 오염물질 1킬로그램당 부과금액×배출허용기준초과 오염눌질배출량×배출허용기준 초과율별 부과계수×지역별 부과계수×연도별 부과금산정지수×위반횟수별 부과계수

③ 초과부과금 산정기준(금액: 원)

구분 오염물질		오염물질 1킬로그램당 부과금액	지역별 부과계수		
			Ⅰ지역	Ⅱ지역	Ⅲ지역
황산화물		500	2	1	1.5
먼지		770	2	1	1.5
질소산화물		2,130	2	1	1.5
암모니아		1,400	2	1	1.5
황화수소		6,000	2	1	1.5
이황화탄소		1,600	2	1	1.5
특정대기 유해물질	불소화물	2,300	2	1	1.5
	염화수소	7,400	2	1	1.5
	시안화수소	7,300	2	1	1.5

1. 배출허용기준 초과율(%)=(배출농도－배출허용기준농도)÷배출허용기준농도×100
2. Ⅰ지역: 주거지역·상업지역, 취락지구, 택지개발지구
3. Ⅱ지역: 공업지역, 개발진흥지구(관광·휴양개발진흥지구는 제외한다), 수산자원보호구역, 국가산업단지·일반산업단지·도시첨단산업단지, 전원개발사업구역 및 예정구역
4. Ⅲ지역: 녹지지역·관리지역·농림지역 및 자연환경보전지역, 관광·휴양개발진흥지구

(3) 기본부과금 산정의 방법과 기준

① 기본부과금은 배출허용기준 이하로 배출하는 오염물질배출량(기준이내배출량)에 오염물질 1킬로그램당 부과금액, 연도별 부과금산정지수, 지역별 부과계수 및 농도별 부과계수를 곱한 금액으로 한다.

② 기본부과금의 지역별 부과계수

구분	지역별 부과계수
Ⅰ지역	1.5
Ⅱ지역	0.5
Ⅲ지역	1.0

KEYWORD 39 허가의 취소 등 사유「대기환경보전법 제36조」

① 거짓이나 그 밖의 부정한 방법으로 허가·변경허가를 받은 경우
② 거짓이나 그 밖의 부정한 방법으로 신고·변경신고를 한 경우
③ 배출시설의 설치 허가 및 신고에 따른 변경허가를 받지 아니하거나 변경신고를 하지 아니한 경우
④ 방지시설을 설치하지 아니하고 배출시설을 설치·운영한 경우
⑤ 배출시설 등의 가동개시 신고에 따른 가동개시 신고를 하지 아니하고 조업을 한 경우
⑥ 배출시설이나 방지시설의 운영과 관련하여 위반된 행위를 한 경우
⑦ 배출시설 및 방지시설의 운영에 관한 상황을 거짓으로 기록하거나 기록을 보존하지 아니한 경우

⑧ 측정기기를 부착하는 등 배출시설 및 방지시설의 적합한 운영에 필요한 조치를 하지 아니한 경우
⑨ 측정기기와 관련된 위반행위를 한 경우
⑩ 측정기기의 부착에 따른 측정기기의 운영 · 관리기준을 지키지 아니하는 사업자에 따른 조업정지명령을 이행하지 아니한 경우
⑪ 개선명령을 이행하지 아니하거나 이행은 하였으나 배출허용기준을 계속 초과함에 따라 받은 조업정지명령을 이행하지 아니한 경우
⑫ 자가측정을 하지 아니하거나 측정방법을 위반하여 측정한 경우
⑬ 자가측정결과를 거짓으로 기록하거나 기록을 보존하지 아니한 경우
⑭ 환경기술인을 임명하지 아니하거나 자격기준에 못 미치는 환경기술인을 임명한 경우
⑮ 환경기술인이 법에 따른 명령을 위반하지 아니하도록 감독을 하지 아니한 경우
⑯ 연료용 유류 및 그 밖의 연료의 황 함유기준에 따른 연료의 공급 · 판매 또는 사용금지 · 제한이나 조치명령을 이행하지 아니한 경우
⑰ 연료의 제조와 사용 등의 규제에 따른 연료의 제조 · 공급 · 판매 또는 사용금지 · 제한이나 조치명령을 이행하지 아니한 경우
⑱ 조업정지 기간 중에 조업을 한 경우
⑲ 배출시설의 설치 허가 및 신고에 따른 허가를 받거나 신고를 한 후 특별한 사유 없이 5년 이내에 배출시설 또는 방지시설을 설치하지 아니하거나 배출시설의 멸실 또는 폐업이 확인된 경우
⑳ 배출시설을 설치 · 운영하던 사업자가 사업을 하지 아니하기 위하여 해당 시설을 철거한 경우

KEYWORD 40 과징금 「대기환경보전법 제37조」

1. 과징금 처분

(1) 개요

환경부장관 또는 시 · 도지사는 다음 (2)의 어느 하나에 해당하는 배출시설을 설치 · 운영하는 사업자에 대하여 조업정지를 명하여야 하는 경우로서 그 조업정지가 주민의 생활, 대외적인 신용 · 고용 · 물가 등 국민경제, 그 밖에 공익에 현저한 지장을 줄 우려가 있다고 인정되는 경우 등 그 밖에 대통령령으로 정하는 경우에는 조업정지처분을 갈음하여 매출액에 100분의 5를 곱한 금액을 초과하지 아니하는 범위에서 과징금을 부과할 수 있다. 다만, 매출액이 없거나 매출액의 산정이 곤란한 경우로서 대통령령으로 정하는 경우에는 2억원을 초과하지 아니하는 범위에서 과징금을 부과할 수 있다.

(2) 과징금 처분 대상 배출시설

① 「의료법」에 따른 의료기관의 배출시설
② 사회복지시설 및 공동주택의 냉난방시설
③ 발전소의 발전설비
④ 「집단에너지사업법」에 따른 집단에너지시설
⑤ 「초 · 중등교육법」 및 「고등교육법」에 따른 학교의 배출시설

⑥ 제조업의 배출시설

⑦ 그 밖에 대통령령으로 정하는 배출시설

2. 과징금의 산정

(1) 개요

과징금은 위반행위별 행정처분기준에 따른 조업 정지일수에 1일당 300만원과 사업장별로 다음의 구분에 따라 정한 부과계수를 곱하여 산정한다.

(2) 사업장별 부과계수

① 1종 사업장: 2.0

② 2종 사업장: 1.5

③ 3종 사업장: 1.0

④ 4종 사업장: 0.7

⑤ 5종 사업장: 0.4

KEYWORD 41 자가측정「대기환경보전법 제39조」

1. 사업자가 측정대행업자에게 측정하게 할 때 해서는 안 되는 행위

① 측정결과를 누락하게 하는 행위

② 거짓으로 측정결과를 작성하게 하는 행위

③ 정상적인 측정을 방해하는 행위

2. 자가측정의 대상 및 방법 등

(1) 측정결과의 제출기한

① 상반기 측정결과: 7월 31일까지

② 하반기 측정결과: 다음 해 1월 31일까지

(2) 굴뚝 원격감시체계 관제센터로 측정결과를 자동전송하지 않는 사업장의 배출구의 자가측정횟수

구분	배출구별 규모	측정횟수
제1종 배출구	먼지 · 황산화물 및 질소산화물의 연간 발생량 합계가 80톤 이상인 배출구	매주 1회 이상
제2종 배출구	먼지 · 황산화물 및 질소산화물의 연간 발생량 합계가 20톤 이상 80톤 미만인 배출구	매월 2회 이상
제3종 배출구	먼지 · 황산화물 및 질소산화물의 연간 발생량 합계가 10톤 이상 20톤 미만인 배출구	2개월마다 1회 이상
제4종 배출구	먼지 · 황산화물 및 질소산화물의 연간 발생량 합계가 2톤 이상 10톤 미만인 배출구	반기마다 1회 이상
제5종 배출구	먼지 · 황산화물 및 질소산화물의 연간 발생량 합계가 2톤 미만인 배출구	반기마다 1회 이상

고득점 POINT **자가측정 예외규정**

- 제3종부터 제5종까지의 배출구에서 기준 이상의 특정대기유해물질이 배출되는 경우에는 위 표에도 불구하고 매월 2회 이상 해당 오염물질에 대하여 자가측정을 하여야 한다.
- 위 표에도 불구하고 특정대기유해물질 중 다환방향족탄화수소에 대해서는 반기마다 1회 이상 자가측정을 해야 한다.
- 방지시설설치면제사업장은 해당 시설에 대하여 연 1회 이상 자가측정을 해야 한다. 다만, 자가측정이 필요하지 않다고 환경부장관 또는 시·도지사가 인정하는 경우에는 그렇지 않다.

KEYWORD 42 환경기술인「대기환경보전법 제40조」

1. 환경기술인의 임명

(1) 개요

① 사업자는 배출시설과 방지시설의 정상적인 운영·관리를 위하여 환경기술인을 임명하여야 한다.

② 환경기술인은 그 배출시설과 방지시설에 종사하는 자가 이 법 또는 이 법에 따른 명령을 위반하지 아니하도록 지도·감독하고, 배출시설 및 방지시설의 운영결과를 기록·보관하여야 하며, 사업장에 상근하는 등 환경부령으로 정하는 준수사항을 지켜야 한다.

(2) 환경기술인의 임명기간

① 최초로 배출시설을 설치한 경우에는 가동개시 신고를 할 때

② 환경기술인을 바꾸어 임명하는 경우에는 그 사유가 발생한 날부터 5일 이내. 다만, 환경기사 또는 환경산업기사 이상의 자격이 있는 자를 임명하여야 하는 사업장으로서 5일 이내에 채용할 수 없는 부득이한 사정이 있는 경우에는 30일의 범위에서 4종·5종 사업장의 기준에 준하여 환경기술인을 임명할 수 있다.

(3) 사업장별 환경기술인의 자격기준

구분	환경기술인의 자격기준
1종 사업장(대기오염물질발생량의 합계가 연간 80톤 이상인 사업장)	대기환경기사 이상의 기술자격 소지자 1명 이상
2종 사업장(대기오염물질발생량의 합계가 연간 20톤 이상 80톤 미만인 사업장)	대기환경산업기사 이상의 기술자격 소지자 1명 이상
3종 사업장(대기오염물질발생량의 합계가 연간 10톤 이상 20톤 미만인 사업장)	대기환경산업기사 이상의 기술자격 소지자, 환경기능사 또는 3년 이상 대기분야 환경 관련 업무에 종사한 자 1명 이상
4종 사업장(대기오염물질발생량의 합계가 연간 2톤 이상 10톤 미만인 사업장)	배출시설 설치허가를 받거나 배출시설 설치신고가 수리된 자 또는 배출시설 설치허가를 받거나 수리된 자가 해당 사업장의 배출시설 및 방지시설 업무에 종사하는 피고용인 중에서 임명하는 자 1명 이상
5종 사업장(1종 사업장부터 4종 사업장까지에 속하지 아니하는 사업장)	

① 4종 사업장과 5종 사업장 중 기준 이상의 특정대기유해물질이 포함된 오염물질을 배출하는 경우에는 3종 사업장에 해당하는 기술인을 두어야 한다.

② 1종 사업장과 2종 사업장 중 1개월 동안 실제 작업한 날만을 계산하여 1일 평균 17시간 이상 작업하는 경우에는 해당 사업장의 기술인을 각각 2명 이상 두어야 한다. 이 경우, 1명을 제외한 나머지 인원은 3종 사업장에 해당하는 기술인 또는 환경기능사로 대체할 수 있다.

③ 공동방지시설에서 각 사업장의 대기오염물질발생량의 합계가 4종 사업장과 5종 사업장의 규모에 해당하는 경우에는 3종 사업장에 해당하는 기술인을 두어야 한다.

④ 전체 배출시설에 대하여 방지시설 설치 면제를 받은 사업장과 배출시설에서 배출되는 오염물질 등을 공동방지시설에서 처리하는 사업장은 5종 사업장에 해당하는 기술인을 둘 수 있다.

⑤ 대기환경기술인이 「물환경보전법」에 따른 수질환경기술인의 자격을 갖춘 경우에는 수질환경기술인을 겸임할 수 있으며, 대기환경기술인이 「소음 · 진동관리법」에 따른 소음 · 진동환경기술인 자격을 갖춘 경우에는 소음 · 진동환경기술인을 겸임할 수 있다.

⑥ 배출시설 중 일반보일러만 설치한 사업장과 대기 오염물질 중 먼지만 발생하는 사업장은 5종 사업장에 해당하는 기술인을 둘 수 있다.

⑦ "대기오염물질발생량"이란 방지시설을 통과하기 전의 먼지, 황산화물 및 질소산화물의 발생량을 환경부령으로 정하는 방법에 따라 산정한 양을 말한다.

2. 환경기술인의 관리사항 및 교육

(1) 환경기술인의 관리사항

① 배출시설 및 방지시설의 관리 및 개선에 관한 사항

② 배출시설 및 방지시설의 운영에 관한 기록부의 기록 · 보존에 관한 사항

③ 자가측정 및 자가측정한 결과의 기록 · 보존에 관한 사항

④ 그 밖에 환경오염 방지를 위하여 유역환경청장, 지방환경청장, 수도권대기환경청장 또는 시 · 도지사가 지시하는 사항

(2) 환경기술인의 교육

① 개요: 환경기술인은 다음의 구분에 따라 한국환경보전원, 환경부장관, 시 · 도지사 또는 교육기관에서 실시하는 교육을 받아야 한다. 다만, 교육 대상이 된 사람이 그 교육을 받아야 하는 기한의 마지막 날 이전 3년 이내에 동일한 교육을 받았을 경우에는 해당 교육을 받은 것으로 본다.

㉠ 신규교육: 환경기술인으로 임명된 날부터 1년 이내에 1회

㉡ 보수교육: 신규교육을 받은 날을 기준으로 3년마다 1회

② 교육기간은 4일 이내로 한다. 다만, 정보통신매체를 이용하여 원격교육을 하는 경우에는 환경부장관이 인정하는 기간으로 한다.

③ 환경기술인 등의 교육을 받게 하지 아니한 자는 100만원 이하의 과태료를 부과한다.

KEYWORD 43 비산먼지 발생사업 「대기환경보전법 시행령 제44조」

① 시멘트 · 석회 · 플라스터 및 시멘트 관련 제품의 제조업 및 가공업
② 비금속물질의 채취업, 제조업 및 가공업
③ 제1차 금속 제조업
④ 비료 및 사료제품의 제조업
⑤ 건설업(지반 조성공사, 건축물 축조공사, 토목공사, 조경공사 및 도장공사로 한정함)
⑥ 시멘트, 석탄, 토사, 사료, 곡물 및 고철의 운송업
⑦ 운송장비 제조업
⑧ 저탄시설(貯炭施設)의 설치가 필요한 사업
⑨ 고철, 곡물, 사료, 목재 및 광석의 하역업 또는 보관업
⑩ 금속제품의 제조업 및 가공업
⑪ 폐기물 매립시설 설치 · 운영 사업

KEYWORD 44 제작차의 배출허용기준

1. 제작차에 대한 인증 「대기환경보전법 제48조」

(1) 개요

자동차제작자가 자동차를 제작하려면 미리 환경부장관으로부터 그 자동차의 배출가스가 배출가스보증기간에 제작차 배출허용기준(저공해자동차등의배출허용기준을 포함한다. 이하 같다)에 맞게 유지될 수 있다는 인증을 받아야 한다. 다만, 환경부장관은 대통령령으로 정하는 자동차에는 인증을 면제하거나 생략할 수 있다.

(2) 인증을 면제할 수 있는 자동차

① 군용 및 경호업무용 등 국가의 특수한 공용 목적으로 사용하기 위한 자동차와 소방용 자동차
② 주한 외국공관 또는 외교관이나 그 밖에 이에 준하는 대우를 받는 자가 공용 목적으로 사용하기 위한 자동차로서 외교부장관의 확인을 받은 자동차
③ 주한 외국군대의 구성원이 공용 목적으로 사용하기 위한 자동차
④ 수출용 자동차와 박람회나 그 밖에 이에 준하는 행사에 참가하는 자가 전시의 목적으로 일시 반입하는 자동차
⑤ 여행자 등이 다시 반출할 것을 조건으로 일시 반입하는 자동차
⑥ 자동차제작자 및 자동차 관련 연구기관 등이 자동차의 개발 또는 전시 등 주행 외의 목적으로 사용하기 위하여 수입하는 자동차
⑦ 외국인 또는 외국에서 1년 이상 거주한 내국인이 주거(住居)를 옮기기 위하여 이주물품으로 반입하는 1대의 자동차

(3) 인증을 생략할 수 있는 자동차

① 국가대표 선수용 자동차 또는 훈련용 자동차로서 문화체육관광부장관의 확인을 받은 자동차
② 외국에서 국내의 공공기관 또는 비영리단체에 무상으로 기증한 자동차
③ 외교관 또는 주한 외국군인의 가족이 사용하기 위하여 반입하는 자동차

④ 항공기 지상 조업용 자동차
⑤ 인증을 받지 아니한 자가 그 인증을 받은 자동차의 원동기를 구입하여 제작하는 자동차
⑥ 국제협약 등에 따라 인증을 생략할 수 있는 자동차
⑦ 그 밖에 환경부장관이 인증을 생략할 필요가 있다고 인정하는 자동차

2. 과징금 처분 「대기환경보전법 제56조」

(1) 개요

환경부장관은 자동차제작자가 (2)의 어느 하나에 해당하는 경우에는 그 자동차제작자에 대하여 매출액에 100분의 5를 곱한 금액을 초과하지 아니하는 범위에서 과징금을 부과할 수 있다. 이 경우 과징금의 금액은 500억원을 초과할 수 없다.

(2) 과징금 부과대상

① 인증을 받지 아니하고 자동차를 제작하여 판매한 경우
② 거짓이나 그 밖의 부정한 방법으로 인증 또는 변경인증을 받아 자동차를 제작하여 판매한 경우
③ 인증 또는 인증받은 내용과 다르게 자동차를 제작하여 판매한 경우. 다만, 중요사항 외의 사항의 변경으로 인하여 인증 또는 변경인증받은 내용과 다르게 자동차를 제작하여 판매한 경우는 제외한다.

KEYWORD 45 위임업무 보고사항 「대기환경보전법 시행규칙 별표 37」

업무내용	보고 횟수	보고기일	보고자
환경오염사고 발생 및 조치 사항	수시	사고발생 시	시·도지사, 유역환경청장 또는 지방환경청장
수입자동차 배출가스 인증 및 검사현황	연 4회	매분기 종료 후 15일 이내	국립환경과학원장
자동차 연료 및 첨가제의 제조·판매 또는 사용에 대한 규제현황	연 2회	매반기 종료 후 15일 이내	유역환경청장 또는 지방환경청장
자동차 연료 또는 첨가제의 제조기준 적합 여부 검사현황	• 연료: 연 4회 • 첨가제: 연 2회	• 연료: 매분기 종료 후 15일 이내 • 첨가제: 매반기 종료 후 15일 이내	국립환경과학원장
측정기기 관리대행업의 등록, 변경등록 및 행정처분 현황	연 1회	다음 해 1월 15일까지	유역환경청장, 지방환경청장 또는 수도권대기환경청장

CHAPTER 07

기타 법령

KEYWORD 46 대기관리권역의 대기환경개선에 관한 특별법

1. 정의 「대기관리권역법 제2조」

① "대기관리권역"이란 다음 각 목의 지역을 포함하여 대통령령으로 정하는 지역을 말한다.

가. 대기오염이 심각하다고 인정되는 지역

나. 해당 지역에서 배출되는 대기오염물질이 가목 지역의 대기오염에 크게 영향을 미친다고 인정되는 지역

② "배출시설"이란 오염물질을 대기에 배출하는 시설물·기계·기구 및 그 밖의 물체로서 대기오염물질배출시설과 환경부장관이 산업통상자원부장관과 협의하여 환경부령으로 정하는 것을 말한다.

③ "배출량"이란 배출시설 및 자동차 등 대기오염물질 배출원에서 배출되는 대기오염물질의 양을 무게로 환산한 것을 말한다.

④ "최적방지시설"이란 대기오염방지시설 중 현재 사용되고 있거나 향후 기술발전 가능성을 고려하여 적용 가능한 대기오염물질 저감기술 중 저감효율이 우수하다고 인정되는 시설로서 환경부장관이 산업통상자원부장관과 협의하여 환경부령으로 정하는 시설을 말한다.

오염물질	최적방지시설
질소산화물(NO_2로서)	촉매 반응을 이용하는 시설 등
황산화물(SO_2로서)	흡수에 의한 시설 등
먼지	여과집진시설, 전기집진시설 등

⑤ "특정경유자동차"란 「대기환경보전법」에 따른 자동차 중 배출가스보증기간이 지난 자동차로서 대기관리권역에 등록된 경유자동차를 말한다. 다만, 엔진배기량 등이 환경부령으로 정하는 기준에 해당하는 경유자동차는 제외한다.

⑥ "특정건설기계"란 「대기환경보전법」에 따른 건설기계 중 배출가스보증기간이 지나거나 2004년 1월 1일 이전에 제작된 건설기계로서 대기관리권역에 등록된 것을 말한다.

2. 대기환경보전법과의 관계 「대기관리권역법 제3조」

이 법은 「대기환경보전법」에 우선하여 적용하며, 이 법에서 규정하지 아니한 사항은 「대기환경보전법」으로 정하는 바에 따른다.

3. 대기환경관리 기본계획의 수립 등「대기관리권역법 제9조」

(1) 대기환경관리 기본계획의 수립

환경부장관은 대기관리권역의 대기환경개선을 위하여 관계 중앙행정기관의 장과 대기관리권역을 관할하는 특별시장·광역시장·특별자치시장·도지사 또는 특별자치도지사(이하 "시·도지사"라 한다)의 의견을 들어 5년마다 다음 각 호의 대기오염물질을 줄이기 위한 대기환경관리 기본계획(이하 "기본계획"이라 한다)을 대기관리권역별로 수립하여야 한다.

1. 질소산화물
2. 황산화물
3. 휘발성유기화합물
4. 먼지
5. 미세먼지(PM－10)
6. 초미세먼지(PM－2.5)
7. 오존(O_3)

(2) 대기환경관리 기본계획에 포함되어야 하는 내용

기본계획에는 다음 각 호의 사항이 포함되어야 한다.

1. 대기환경개선의 목표 및 기본방향에 관한 사항
2. 배출원별 대기오염물질 배출량의 현황과 그 전망
3. 대기오염도의 현황과 그 전망
4. 대기관리권역의 배출원별 대기오염물질 배출허용총량
5. 대기관리권역의 배출원별 대기오염물질 배출량의 저감계획
6. 대기관리권역에 포함된 특별시·광역시·특별자치시·도 및 특별자치도(이하 "시·도"라 한다)별 대기오염물질 배출허용총량(이하 "지역배출허용총량"이라 한다)
7. 「대기환경보전법」에 따른 저공해자동차의 보급에 관한 사항
8. 대기관리권역에 있는 사업장에 대한 총량관리대상 오염물질(질소산화물·황산화물·먼지를 말한다. 이하 같다) 배출허용총량의 할당기준
9. 총량관리대상 오염물질의 배출허용총량을 할당받은 사업장에 대한 지원
10. 대기관리권역의 대기환경개선사업을 위한 지방자치단체 또는 사업자에 대한 지원
11. 기본계획의 시행에 필요한 재원의 규모와 재원조달계획에 관한 사항
12. 직전 기본계획에 대한 평가
13. 그 밖에 대기관리권역의 대기환경개선을 위하여 필요하다고 인정하여 대통령령으로 정하는 사항

4. 권역별 대기환경관리위원회

(1) 권역별 대기환경관리위원회 「대기관리권역법 제12조」

① 정부는 대기관리권역의 대기환경개선을 위한 다음 각 호의 사항을 심의·조정하기 위하여 각 대기관리권역별로 대기환경관리위원회(이하 "위원회"라 한다)를 둔다.

1. 기본계획 및 시행계획의 수립·변경에 관한 사항
2. 사업장 오염물질 총량관리에 관한 사항
3. 그 밖에 대기관리권역의 대기환경개선을 위하여 필요한 사항으로서 대통령령으로 정하는 사항

② 위원회는 환경부장관을 위원장으로 하고, 대통령령으로 정하는 관계 중앙행정기관의 차관과 각 권역별 대기관리권역에 포함된 시·도의 부시장 또는 부지사, 전문성과 식견이 높은 전문가를 위원으로 한다.

③ 위원장은 위원회를 대표하며, 위원회의 사무를 총괄한다.

④ 권역별로 위원회의 사무를 처리하기 위하여 대통령령으로 정하는 바에 따라 환경부에 사무기구를 둘 수 있다.

(2) 권역별 대기환경관리위원회의 구성 「대기관리권역법 시행령 제8조」

① "대통령령으로 정하는 관계 중앙행정기관의 차관"이란 기획재정부1차관, 농림축산식품부차관, 산업통상자원부1차관, 국토교통부2차관, 해양수산부차관, 중소벤처기업부차관 및 국무조정실 국무2차장을 말한다.

② 환경부장관은 전문성과 식견이 높은 전문가를 권역별로 10명 이내의 범위에서 성별을 고려하여 위원회의 위원으로 위촉한다.

KEYWORD 47 실내공기질 관리법

1. 실내공기질 관리법상 용어의 정의 「실내공기질 관리법 제2조」

(1) 용어의 정의

① 다중이용시설: 불특정다수인이 이용하는 시설

② 공동주택: 「건축법」에 따른 공동주택

③ 대중교통차량: 불특정인을 운송하는 데 이용되는 차량

④ 오염물질: 실내공간의 공기오염의 원인이 되는 가스와 떠다니는 입자상 물질 등으로서 환경부령으로 정하는 것

⑤ 환기설비: 오염된 실내공기를 밖으로 내보내고 신선한 바깥공기를 실내로 끌어들여 실내공간의 공기를 쾌적한 상태로 유지시키는 설비

⑥ 공기정화설비: 실내공간의 오염물질을 없애거나 줄이는 설비로서 환기설비의 안에 설치되거나, 환기설비와는 따로 설치된 것

(2) 실내공기질 관리법상 오염물질

① 미세먼지(PM-10)

② 이산화탄소(CO_2; Carbon Dioxide)

③ 폼알데하이드(Formaldehyde)

④ 총부유세균(TAB; Total Airborne Bacteria)

⑤ 일산화탄소(CO; Carbon Monoxide)

⑥ 이산화질소(NO_2; Nitrogen Dioxide)

⑦ 라돈(Rn; Radon)

⑧ 휘발성유기화합물(VOCs; Volatile Organic Compounds)

⑨ 석면(Asbestos)

⑩ 오존(O_3; Ozone)

⑪ 초미세먼지(PM-2.5)

⑫ 곰팡이(Mold)

⑬ 벤젠(Benzene)

⑭ 톨루엔(Toluene)

⑮ 에틸벤젠(Ethylbenzene)

⑯ 자일렌(Xylene)

⑰ 스티렌(Styrene)

2. 실내공기질 관리법의 적용대상 「실내공기질 관리법 제3조」

(1) 공동주택(다음의 공동주택으로서 대통령령으로 정하는 규모 이상으로 신축되는 것)

아파트, 연립주택, 기숙사

(2) 다중이용시설

① 모든 지하역사(출입통로 · 대합실 · 승강장 및 환승통로와 이에 딸린 시설을 포함)

② 연면적 2천제곱미터 이상인 지하도상가(지상건물에 딸린 지하층의 시설을 포함). 이 경우 연속되어 있는 둘 이상의 지하도상가의 연면적 합계가 2천제곱미터 이상인 경우를 포함한다.

③ 철도역사의 연면적 2천제곱미터 이상인 대합실

④ 여객자동차터미널의 연면적 2천제곱미터 이상인 대합실

⑤ 항만시설 중 연면적 5천제곱미터 이상인 대합실

⑥ 공항시설 중 연면적 1천5백제곱미터 이상인 여객터미널

⑦ 연면적 3천제곱미터 이상인 도서관

⑧ 연면적 3천제곱미터 이상인 박물관 및 미술관

⑨ 연면적 2천제곱미터 이상이거나 병상 수 100개 이상인 의료기관

⑩ 연면적 500제곱미터 이상인 산후조리원

⑪ 연면적 1천제곱미터 이상인 노인요양시설

⑫ 연면적 430제곱미터 이상인 어린이집, 연면적 430제곱미터 이상인 실내 어린이놀이시설

⑬ 모든 대규모점포

⑭ 연면적 1천제곱미터 이상인 장례식장(지하에 위치한 시설로 한정함)

⑮ 모든 영화상영관(실내 영화상영관으로 한정함)

⑯ 연면적 1천제곱미터 이상인 학원

⑰ 연면적 2천제곱미터 이상인 전시시설(옥내시설로 한정함)

⑱ 연면적 300제곱미터 이상인 인터넷컴퓨터게임시설제공업의 영업시설

⑲ 연면적 2천제곱미터 이상인 실내 주차장(기계식 주차장은 제외함)

⑳ 연면적 3천제곱미터 이상인 업무시설

㉑ 연면적 2천제곱미터 이상인 둘 이상의 용도(「건축법」에 따라 구분된 용도를 말함)에 사용되는 건축물

㉒ 객석 수 1천석 이상인 실내 공연장

㉓ 관람석 수 1천석 이상인 실내 체육시설

㉔ 연면적 1천제곱미터 이상인 목욕장업의 영업시설

3. 실내공기질 기준

(1) 실내공기질 유지기준 「실내공기질 관리법 시행규칙 별표 2」

<table>
<tr><th>오염물질 항목
다중이용시설</th><th>미세먼지
(PM−10)
(μg/m³)</th><th>초미세먼지
(PM−2.5)
(μg/m³)</th><th>이산화탄소
(ppm)</th><th>폼
알데하이드
(μg/m³)</th><th>총부유세균
(CFU/m³)</th><th>일산화탄소
(ppm)</th></tr>
<tr><td>지하역사, 지하도상가, 철도역사의 대합실, 여객자동차터미널의 대합실, 항만시설 중 대합실, 공항시설 중 여객터미널, 장례식장, 영화상영관, 전시시설, 인터넷컴퓨터게임시설제공업의 영업시설, 목욕장업의 영업시설</td><td rowspan="2">100
이하</td><td>50
이하</td><td rowspan="4">1,000
이하</td><td rowspan="2">100
이하</td><td rowspan="2">–</td><td rowspan="3">10
이하</td></tr>
<tr><td>도서관, 박물관, 미술관, 대규모점포, 학원</td><td>40 이하</td></tr>
<tr><td>의료기관, 산후조리원, 노인요양시설, 어린이집, 실내어린이놀이시설</td><td>75
이하</td><td>35
이하</td><td>80
이하</td><td>800
이하</td></tr>
<tr><td>실내 주차장</td><td>200
이하</td><td>–</td><td>100
이하</td><td>–</td><td>25
이하</td></tr>
<tr><td>실내 체육시설, 실내 공연장, 업무시설, 둘 이상의 용도에 사용되는 건축물</td><td>200
이하</td><td>–</td><td>–</td><td>–</td><td>–</td><td>–</td></tr>
</table>

1. 도서관, 영화상영관, 학원, 인터넷컴퓨터게임시설제공업 영업시설 중 자연환기가 불가능하여 자연환기설비 또는 기계환기설비를 이용하는 경우에는 이산화탄소의 기준을 1,500ppm 이하로 한다.
2. 실내 체육시설, 실내 공연장, 업무시설 또는 둘 이상의 용도에 사용되는 건축물로서 실내 미세먼지(PM−10)의 농도가 200μg/m³에 근접하여 기준을 초과할 우려가 있는 경우에는 실내공기질의 유지를 위하여 다음 각 목의 실내공기정화시설(덕트) 및 설비를 교체 또는 청소하여야 한다.
   가. 공기정화기와 이에 연결된 급·배기관(급·배기구를 포함한다)
   나. 중앙집중식 냉·난방시설의 급·배기구
   다. 실내공기의 단순배기관
   라. 화장실용 배기관
   마. 조리용 배기관

※ 엄격한 공기질 유지기준의 적용 (시행령 제4조의3)

① 엄격한 공기질 유지기준이 적용되는 "대통령령으로 정하는 시설"이란 다음 각 호의 어느 하나에 해당하는 시설을 말한다.

1. 의료기관
2. 산후조리원
3. 노인요양시설
4. 어린이집
5. 실내 어린이놀이시설

② "미세먼지 등 대통령령으로 정하는 오염물질"이란 다음 각 호의 어느 하나에 해당하는 물질을 말한다.

1. 미세먼지(PM−10)
2. 초미세먼지(PM−2.5)
3. 폼알데하이드

(2) 실내공기질 권고기준「실내공기질 관리법 시행규칙 별표 3」

오염물질 항목 / 다중이용시설	이산화질소 (ppm)	라돈 (Bq/m^3)	총휘발성유기화합물 ($\mu g/m^3$)	곰팡이 (CFU/m^3)
지하역사, 지하도상가, 철도역사의 대합실, 여객자동차터미널의 대합실, 항만시설 중 대합실, 공항시설 중 여객터미널, 도서관·박물관 및 미술관, 대규모점포, 장례식장, 영화상영관, 학원, 전시시설, 인터넷컴퓨터게임시설제공업의 영업시설, 목욕장업의 영업시설	0.1 이하	148 이하	500 이하	–
의료기관, 산후조리원, 노인요양시설, 어린이집, 실내 어린이놀이시설	0.05 이하		400 이하	500 이하
실내 주차장	0.30 이하		1,000 이하	–

(3) 신축 공동주택의 실내공기질 권고기준「실내공기질 관리법 시행규칙 별표 4의 2」

① 폼알데하이드: $210\mu g/m^3$ 이하

② 벤젠: $30\mu g/m^3$ 이하

③ 톨루엔: $1,000\mu g/m^3$ 이하

④ 에틸벤젠: $360\mu g/m^3$ 이하

⑤ 자일렌: $700\mu g/m^3$ 이하

⑥ 스티렌: $300\mu g/m^3$ 이하

⑦ 라돈: $148Bq/m^3$ 이하

(4) 실내공기질의 측정「실내공기질 관리법 제12조」

① 다중이용시설의 소유자 등은 실내공기질을 스스로 측정하거나 환경부령으로 정하는 자로 하여금 측정하도록 하고 그 결과를 10년 동안 기록·보존하여야 한다.

② 다중이용시설의 소유자 등은 실내공기질 유지기준의 오염물질 항목에 해당되면 1년에 한 번, 실내공기질 권고기준의 오염물질 항목에 해당되면 2년에 한 번 측정하여야 한다.

KEYWORD 48 환경정책기본법

1. 환경정책기본법상 용어의 정의 「환경정책기본법 제3조」

① 환경: 자연환경과 생활환경

② 자연환경: 지하 · 지표(해양을 포함) 및 지상의 모든 생물과 이들을 둘러싸고 있는 비생물적인 것을 포함한 자연의 상태(생태계 및 자연경관을 포함)

③ 생활환경: 대기, 물, 토양, 폐기물, 소음 · 진동, 악취, 일조(日照), 인공조명, 화학물질 등 사람의 일상생활과 관계되는 환경

④ 환경오염: 사업활동 및 그 밖의 사람의 활동에 의하여 발생하는 대기오염, 수질오염, 토양오염, 해양오염, 방사능오염, 소음 · 진동, 악취, 일조 방해, 인공조명에 의한 빛공해 등으로서 사람의 건강이나 환경에 피해를 주는 상태

⑤ 환경훼손: 야생동식물의 남획(濫獲) 및 그 서식지의 파괴, 생태계 질서의 교란, 자연경관의 훼손, 표토(表土)의 유실 등으로 자연환경의 본래적 기능에 중대한 손상을 주는 상태

⑥ 환경보전: 환경오염 및 환경훼손으로부터 환경을 보호하고 오염되거나 훼손된 환경을 개선함과 동시에 쾌적한 환경 상태를 유지 · 조성하기 위한 행위

⑦ 환경용량: 일정한 지역에서 환경오염 또는 환경훼손에 대하여 환경이 스스로 수용, 정화 및 복원하여 환경의 질을 유지할 수 있는 한계

⑧ 환경기준: 국민의 건강을 보호하고 쾌적한 환경을 조성하기 위하여 국가가 달성하고 유지하는 것이 바람직한 환경상의 조건 또는 질적인 수준

2. 환경기준의 설정 「환경정책기본법 제12조」

(1) 환경기준의 설정의 개요

국가는 생태계 또는 인간의 건강에 미치는 영향 등을 고려하여 환경기준을 설정하여야 하며, 환경 여건의 변화에 따라 그 적정성이 유지되도록 하여야 한다.

(2) 별도의 환경기준의 설정

① 특별시 · 광역시 · 특별자치시 · 도 · 특별자치도는 해당 지역의 환경적 특수성을 고려하여 필요하다고 인정할 때에는 해당 시 · 도의 조례로 확대 · 강화된 별도의 환경기준(지역환경기준)을 설정 또는 변경할 수 있다.

② 특별시장 · 광역시장 · 특별자치시장 · 도지사 · 특별자치도지사(시 · 도지사)는 지역환경기준을 설정하거나 변경한 경우에는 이를 지체 없이 환경부장관에게 통보하여야 한다.

3. 환경기준 「환경정책기본법 시행령 별표 1」

항목	기준
아황산가스(SO_2)	연간 평균치 0.02ppm 이하
	24시간 평균치 0.05ppm 이하
	1시간 평균치 0.15ppm 이하
일산화탄소(CO)	8시간 평균치 9ppm 이하
	1시간 평균치 25ppm 이하
이산화질소(NO_2)	연간 평균치 0.03ppm 이하
	24시간 평균치 0.06ppm 이하
	1시간 평균치 0.10ppm 이하
미세먼지(PM-10)	연간 평균치 50$\mu g/m^3$ 이하
	24시간 평균치 100$\mu g/m^3$ 이하
초미세먼지(PM-2.5)	연간 평균치 15$\mu g/m^3$ 이하
	24시간 평균치 35$\mu g/m^3$ 이하
오존(O_3)	8시간 평균치 0.06ppm 이하
	1시간 평균치 0.1ppm 이하
납(Pb)	연간 평균치 0.5$\mu g/m^3$ 이하
벤젠	연간 평균치 5$\mu g/m^3$ 이하

KEYWORD 49 악취방지법

1. 지정악취물질

(1) 지정악취물질의 종류 「악취방지법 시행규칙 별표 1」

종류	적용시기
암모니아, 메틸메르캅탄, 황화수소, 다이메틸설파이드, 다이메틸다이설파이드, 트라이메틸아민, 아세트알데하이드, 스타이렌, 프로피온알데하이드, 뷰틸알데하이드, n-발레르알데하이드, i-발레르알데하이드	2005년 2월 10일부터
톨루엔, 자일렌, 메틸에틸케톤, 메틸아이소뷰틸케톤, 뷰틸아세테이트	2008년 1월 1일부터
프로피온산, n-뷰틸산, n-발레르산, i-발레르산, i-뷰틸알코올	2010년 1월 1일부터

(2) 지정악취물질의 배출허용기준 「악취방지법 시행규칙 별표 3」

구분	배출허용기준(ppm)		엄격한 배출허용기준의 범위(ppm)	적용시기
	공업지역	기타 지역	공업지역	
암모니아	2 이하	1 이하	1~2	2005년 2월 10일부터
메틸메르캅탄	0.004 이하	0.002 이하	0.002~0.004	
황화수소	0.06 이하	0.02 이하	0.02~0.06	
다이메틸설파이드	0.05 이하	0.01 이하	0.01~0.05	
트라이메틸아민	0.02 이하	0.005 이하	0.005~0.02	
아세트알데하이드	0.1 이하	0.05 이하	0.05~0.1	
스타이렌	0.8 이하	0.4 이하	0.4~0.8	
프로피온알데하이드	0.1 이하	0.05 이하	0.05~0.1	
톨루엔	30 이하	10 이하	10~30	2008년 1월 1일부터
자일렌	2 이하	1 이하	1~2	
메틸에틸케톤	35 이하	13 이하	13~35	
프로피온산	0.07 이하	0.03 이하	0.03~0.07	2010년 1월 1일부터
i-발레르산	0.004 이하	0.001 이하	0.001~0.004	
i-뷰틸알코올	4.0 이하	0.9 이하	0.9~4.0	

※ 법에 명시되어 있는 물질 중 출제비중이 낮은 물질은 제외했습니다.

2. 악취검사기관

(1) 악취검사기관의 준수사항 「악취방지법 시행규칙 별표 8」

① 시료는 기술인력으로 고용된 사람이 채취해야 한다.

② 검사기관은 「환경분야 시험 · 검사 등에 관한 법률」에 따라 국립환경과학원장이 실시하는 정도관리를 받아야 한다.

③ 검사기관은 「환경분야 시험 · 검사 등에 관한 법률」에 따른 환경오염공정시험기준에 따라 정확하고 엄정하게 측정 · 분석을 해야 한다.

④ 검사기관이 법인인 경우 보유차량에 국가기관의 악취검사차량으로 잘못 인식하게 하는 문구를 표시하거나 과대표시를 해서는 안 된다.

⑤ 검사기관에서 3년간 보존해야 하는 서류

㉠ 실험일지 및 검량선(檢量線) 기록지

㉡ 검사 결과 발송 대장

㉢ 정도관리 수행기록철

(2) 위임업무 보고사항 「악취방지법 시행규칙 별표 10」

업무내용	보고 횟수	보고기일	보고자
악취검사기관의 지정, 지정사항 변경보고 접수 실적	연 1회	다음 해 1월 15일까지	국립환경과학원장
악취검사기관의 지도 · 점검 및 행정처분 실적	연 1회	다음 해 1월 15일까지	

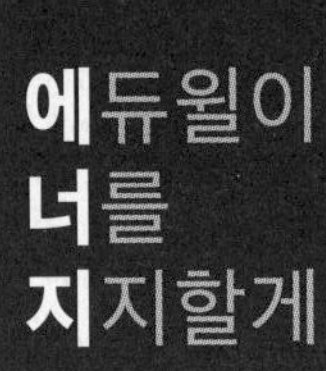

시작하는 데 있어서
나쁜 시기란 없다.

– 프란츠 카프카(Franz Kafka)

연소공학

합격 GUIDE

연소공학은 계산 문제가 많이 출제되며, 단순히 공식을 암기하여 수치를 대입해 풀 수 있는 문제보다는 화학적·수학적 지식을 함께 이용해야 하는 문제가 많습니다. 따라서 암기 위주로 공부하는 것보다 교재의 풀이과정을 이해하고 수치나 조건이 다르게 출제되었을 때에도 문제를 풀어낼 수 있도록 반복 학습하는 것이 중요합니다.

연소공학에서 가장 많이 출제된 KEYWORD인 연소가스량 계산 문제의 경우, 건연소가스량·습연소가스량에 따라 계산 방식에 차이가 있으며 조건에 따라 풀이 과정이 달라지므로 관련 해설을 정확하게 이해해야 합니다.

또한 연료의 일반적인 특성에서는 고체 연료, 액체 연료보다 기체 연료에 대한 문제가 더 자주 출제되므로 기체 연료의 특성을 정확하게 이해하여 암기해야 합니다.

출제빈도별 기출 KEYWORD

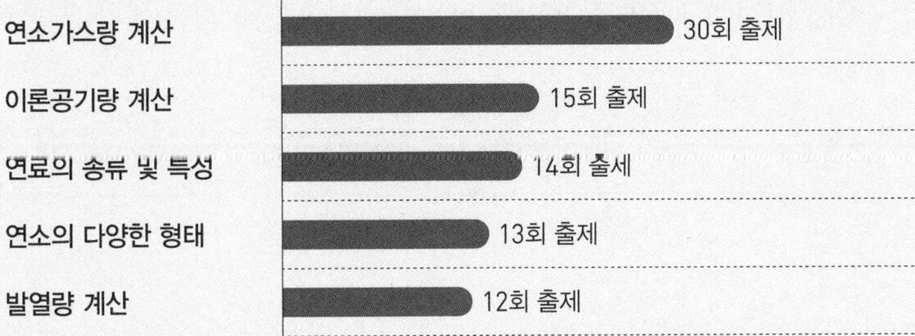

※ 최근 8개년 기출분석 결과로 분류방법에 따라 수치는 달라질 수 있음

CHAPTER 01

연소의 특성과 연료

KEYWORD 50 연소의 특성

1. 연소반응

(1) 개념

① 연료가 산소와 결합하는 산화반응으로 주위의 온도가 올라가는 고속의 발열반응이다.

② 산소의 농도, 산소의 확산속도, 반응물의 온도, 반응물의 농도, 활성화에너지 등이 연소속도에 영향을 미친다.

③ 연소효율을 판단하는 인자는 배출가스 중 이산화탄소의 농도이다.

④ 공급 공기량이 적은 상태에서 가연성 기체의 화염은 탄소입자가 발생해 황색을 나타낸다.

⑤ 연료의 혼합기체 연소 시 불꽃색이 청색으로 보이는 부분은 연소속도가 아주 빠른 상태이다.

⑥ 연료와 공기가 혼합된 상태에서는 균질반응을 하며, 균질반응속도는 Arrhenius식으로 나타낸다.

(2) Arrhenius's Law

$$k=A\times e^{\left(-\frac{E}{RT}\right)}$$

R: 8.314J/K · mol, k: 반응속도상수(sec^{-1}), T: 절대온도(K), E: 활성화에너지(J/mol), A: 빈도인자

2. 흡열반응과 발열반응

구분	흡열반응	발열반응
열의 출입	화학반응 시 주위의 열을 흡수하는 반응	화학반응 시 주위에 열을 방출하는 반응
반응열(ΔQ)	$Q<0$	$Q>0$
엔탈피(ΔH)	$\Delta H>0$	$\Delta H<0$

용어 CHECK **엔탈피**

- 엔탈피는 반응 전후의 온도를 같게 하기 위하여 계가 흡수하거나 방출하는 열(에너지)을 의미한다.
- ΔH는 엔탈피의 변화량으로, 반응물이 생성물보다 에너지상태가 높으면 발열반응이고 반응물이 생성물보다 에너지상태가 낮으면 흡열반응이다.
- ΔH=생성물의 엔탈피 합−반응물의 엔탈피 합
- 반응열은 ΔH와 부호는 반대이고 값은 같다. (반응열=반응물의 에너지−생성물의 에너지)

3. 완전연소와 불완전연소

(1) 연료의 완전연소 조건(3TO)

① 공기(산소)의 공급이 충분해야 한다. (Oxygen)

② 공기와 연료의 혼합이 잘 되어야 한다. (Turbulence)

③ 연소를 위한 체류시간이 충분해야 한다. (Time)

④ 연소실 내의 온도를 가능한 한 높게 유지해야 한다. (Temperature)

(2) 연료의 불완전연소

① 검댕(매연)의 발생

㉠ 불완전연소 시 검댕이 발생한다.

㉡ 탄소 – 탄소 간의 결합이 절단되기보다 탈수소가 쉬운 연료일수록 검댕이 쉽게 발생한다.

㉢ 분해, 산화하기 쉬운 탄화수소 연료일수록 검댕 발생이 적다.

㉣ 연료의 탄소/수소의 비가 클수록 검댕이 발생하기 쉽다.

㉤ 중합 및 고리화합물 등과 같이 반응이 일어나기 쉬운 탄화수소일수록 매연 발생량이 많다.

㉥ 매연이 잘 발생되는 순서(연료): 타르 > 중유 > 아탄 > 코크스 > 석탄가스 > 제조가스 > LPG > 천연가스

㉦ 방향족계 탄화수소는 C/H비가 가장 커 매연의 발생량이 많고 파라핀계 탄화수소는 C/H비가 가장 작아 매연의 발생량이 적다. (방향족 > 올레핀계 > 나프텐계 > 파라핀계)

고득점 POINT 탄화수소의 종류

- 나프텐계(Naphten series, Cycloalkane): 이중결합이 없이 고리 모양의 결합을 이루는 C_nH_{2n}의 형태
  ㉰ 사이클로프로판(C_3H_6), 사이클로헥산(C_6H_{12}) 등
- 올레핀계(Olefin series, Alkenes): 이중결합을 포함한 C_nH_{2n}의 형태
  ㉰ 프로펜(C_3H_6), 1-부텐(C_4H_8), 1-펜텐(C_5H_{10}), 헥센(C_6H_{12}), 이소프렌(C_5H_8) 등
- 방향족계(Aromatic series, Benzene derivatives): 단일결합과 이중결합 사이의 결합을 포함하며 공명구조의 C_nH_{2n-6}의 형태
  ㉰ 벤젠(C_6H_6), 톨루엔(C_7H_8), 에틸벤젠(C_8H_{10}) 등
- 파라핀계(Paraffin series, Alkanes): 이중결합이 없는 C_nH_{2n+2}의 형태
  ㉰ 메탄(CH_4), 프로판(C_3H_8), 부탄(C_4H_{10}) 등

② 검댕(매연) 발생을 감소시키는 방법

㉠ 과잉공기율은 적정 범위 내에서 크게 한다.

㉡ 연소실의 온도를 높게 한다.

㉢ 고체연료는 분말화한다. (덩어리보다 가루가 완전연소되기에 더 유리함)

㉣ 액체연료 연소 시에는 분무 유적을 작게 한다.

용어 CHECK 분무와 유적

- 분무: 물을 안개처럼 뿜어내는 것이다.
- 유적: 기름방울이다.

KEYWORD 51 연소온도

1. 착화온도(발화점)

(1) 개념

공기가 충분한 상태에서 연료를 가열했을 때 외부에서 점화하지 않더라도 연료 자신의 열에 의해 연소가 일어나는 최저온도이다.

(2) 착화온도의 특성

① 화학결합의 활성도가 클수록 착화온도는 낮아진다.
② 분자구조가 복잡할수록 착화온도는 낮아진다.
③ 발열량이 클수록 착화온도는 낮아진다.
④ 활성화에너지가 작을수록 착화온도는 낮아진다.
⑤ 반응활성도(화학반응성)가 클수록 낮아진다.
⑥ 산소농도가 낮을수록 착화온도는 높아진다.
⑦ 휘발성분이 적고 고정탄소량이 많을수록 높아진다.
⑧ 석탄의 탄화도가 증가하면 높아진다.

(3) 주요 연료의 착화온도

연료	착화온도	연료	착화온도
황	200~250℃	휘발유	250~280℃
갈탄(건조)	250~450℃	중유	530~580℃
역청탄	320~400℃	천연가스	650~750℃
무연탄	440~500℃		

2. 인화온도(인화점)

연료가 가열되면 가연성 증기를 발생하게 되고, 그 증기가 연료 표면에서 빛을 내며 연소하기 시작하는 최저온도이다.

KEYWORD 52 발열량 계산

1. 연료의 발열량

(1) 개요

① 연료의 단위량(기체연료 $1Sm^3$, 고체 및 액체연료 1kg)이 완전연소할 때 발생하는 열량을 발열량이라 한다.
② 발열량은 열량계로 측정하거나 연료의 화학성분 분석결과를 이용하여 이론적으로 구할 수 있다.

(2) 발열량 계산의 필요성

① 실제 연소에 있어서는 연소 배출가스 중의 수분은 보통 수증기 형태로 배출되어 이용이 불가능하므로 발열량에서 응축열을 제외한 나머지 열량이 유효하게 이용된다.

② 고위발열량은 총발열량이라고도 하며 연료 중의 수분 및 연소에 의해 생성된 수분의 응축열을 포함한 열량이다.

고득점 POINT **연료성분의 완전연소 시 단위 체적당 고위발열량(kcal/Sm³) 크기**

부탄>프로판>메탄>일산화탄소

2. 발열량 산정공식

(1) 기본공식

① 저위발열량(H_l)=고위발열량(H_h)−물의 증발잠열

② 액체와 고체연료의 저위발열량 계산식: $H_l = H_h - 600(9H + W)$

③ 기체연료의 저위발열량 계산식: $H_l = H_h - 480 \times \sum H_2O$

(2) Dulong의 고위발열량 식

① 공식

$$H_h = 8{,}100\mathrm{C} + 34{,}250\left(\mathrm{H} - \frac{\mathrm{O}}{8}\right) + 2{,}250\mathrm{S}$$

C, H, O, S: 탄소, 수소, 산소, 황의 함량

② 유효발열수소 $\left(\mathrm{H} - \frac{\mathrm{O}}{8}\right)$: 연료의 발열량에 기여하는 수소로 수소 중 물로 전환되는 비율을 뺀 값이다.

KEYWORD 53 연소의 다양한 형태

1. 연소의 형태

(1) 표면연소

① 고체연료가 화염을 내는 연소 후에 잔류하는 탄소에 의해 화염을 내지 않고 연소하는 형태이다.

② 흑연, 코크스, 목탄 등과 같이 대부분 탄소만으로 되어 있고, 휘발성분이 거의 없는 연소의 형태로 표면의 탄소분부터 직접 연소된다.

(2) 분해연소

① 분자량이 큰 연료가 일정 온도에 도달하면 열분해되면서 휘발분(가연성 가스)을 방출하는데, 이 휘발분이 화염을 발생시키며 연소하는 것을 분해연소라 한다.

② 착화온도에 도달하기 전에 휘발분이 생성되고 그 휘발분이 연소되면서 연소가 시작된다.

③ 석탄, 목재, 중유, 타르 등은 연소 초기에 가연성 가스가 생성되고 긴 화염이 발생된다.

(3) 증발연소

① 화염으로부터 열을 받으면 가연성 증기가 발생하여 연소하는 형태이다.

② 탄소성분이 많은 중질유 등은 초기에는 증발연소를 하고, 그 열에 의해 연료성분이 분해되면서 연소한다.

③ 휘발유, 등유, 알코올, 벤젠, 경유, 왁스 등의 연료에 해당되는 연소형태이다.

(4) 자기연소

① 공기 중의 산소 공급 없이 그 물질의 분자 자체에 함유하고 있는 산소를 이용하여 스스로 연소하는 형태이다.

② 니트로글리세린 등의 연료에 해당되는 연소형태이다.

(5) 확산연소

① 기체연료를 버너노즐로 분사시켜 외부공기와 혼합하면서 연소하는 방법이다.

② 기체연료의 연소방법으로 주로 탄화수소가 적은 발생로가스, 고로가스에 적용되는 연소방식이고, 천연가스에도 사용될 수 있다.

③ 역화의 위험성이 없고 붉고 긴 화염을 만든다.

④ 연료의 분출속도가 클 경우에는 그을음이 발생하기 쉽다.

⑤ 확산연소장치인 포트형의 경우 가스와 공기를 예열할 수 있다.

⑥ 확산연소에 사용되는 방사형 버너는 주로 천연가스와 같은 고발열량의 가스를 연소시키는 데 사용된다.

(6) 예혼합연소

① 가연성 기체에 공기 중의 산소를 미리 혼합한 뒤 연소시키는 방법이다.

② 연소기 내부에서 연료와 공기의 혼합비가 변하지 않고 균일하게 연소된다.

③ 예혼합연소에 사용되는 고압버너는 기체연료의 압력을 $2kg/cm^2$ 이상으로 공급하므로 연소실 내의 압력은 정압이다.

④ 예혼합연소는 화염온도가 높고 국부가열의 염려가 없어 균일하게 연소가 되며 연소부하가 큰 경우 사용이 가능하다.

⑤ 화염의 길이가 짧고 그을음 발생이 적다.

⑥ 예혼합연소는 연소조절이 쉬우나 혼합기의 분출속도가 느릴 경우 역화의 위험이 있으므로 역화방지기를 부착해야 한다.

⑦ 예혼합연소에 사용되는 버너에는 저압버너, 고압버너, 송풍버너 등이 있다.

(7) 부분예혼합연소

① 확산연소와 예혼합연소를 절충한 방법으로써 연소용 공기의 일부를 미리 기체연료와 혼합하고 나머지 공기는 연소실 내에서 혼합하여 확산연소 시키는 방식이다.

② 소형 또는 중형버너로 널리 사용된다.

③ 기체연료 또는 공기의 분출속도에 의해 생기는 흡인력을 이용하여 공기 또는 연료를 흡인하는 방법의 연소이다.

2. 폭굉유도거리

(1) 개념

폭굉가스가 존재할 때 최초의 완만한 연소가 격렬한 폭굉으로 발전할 때까지의 거리이다.

(2) 폭굉유도거리가 짧아지기 위한 조건

① 관 속에 방해물이 있는 경우
② 관 내경이 작은 경우
③ 압력이 높은 경우
④ 점화원의 에너지가 강한 경우
⑤ 정상의 연소속도가 큰 혼합가스인 경우

KEYWORD 54 연료의 종류 및 특성

1. 고체연료

(1) 개요

① 석탄, 연탄, 코크스, 숯 등이 고체연료이다.
② 일반적으로 휘발분이나 수분, 회분 등이 많아 완전연소가 어렵고 매연이 많이 발생한다.
③ 발열량이 다른 연료에 비해 적어 연소효율이 낮다.
④ 연소 시 분무시설에 의한 소음이 발생하지 않고 연료의 누설이나 역화로 인한 폭발의 위험이 없다.
⑤ 다른 연료에 비해 연소실의 규모가 크다.
⑥ 보통 산성 성분의 회분이 염기성 성분의 회분보다 융점이 높다.
㉠ 산성 성분 회분: SiO_2, Al_2O_3, TiO_2
㉡ 염기성 성분 회분: CaO, MgO, K_2O

(2) 연료비

① 탄화도의 정도를 나타내는 지수로서 고정탄소가 높을수록 연료비도 높아지며 연소 시 발열량도 높아진다.
② 공식

$$\text{연료비} = \frac{\text{고정탄소}}{\text{휘발분}}$$

고정탄소(wt%)=100−(휘발분+수분+회분)

(3) 탄화도

① 석탄에서 수분과 회분을 제외한 나머지 성분 중에 탄소가 차지하는 중량백분율이다.
② 탄화도는 깊은 땅속에 오래 묻혀있을수록 커지며 깊은 곳일수록 높은 압력을 받아 휘발분이 감소하게 된다.
③ 탄화도가 증가할 경우의 변화
㉠ 증가하는 것: 연료비, 고정탄소, 착화온도, 발열량
㉡ 감소하는 것: 수분, 휘발분, 비열, 매연발생률, 연소속도

(4) 석탄의 특징

① 성분 함량에 따라 구분되며 갈탄, 역청탄, 무연탄 등이 있으며 일반적으로 역청탄의 효율이 가장 좋다.
② 건조된 석탄은 탄화도가 진행된 것일수록 착화온도가 상승한다.
③ 석탄류의 비중은 석탄화도가 진행됨에 따라 증가되는 경향을 보인다.
④ 비열은 석탄화도가 진행됨에 따라 감소한다.

⑤ 연료비(고정탄소/휘발분)와 탄수소비(C/H비), 회분이 증가할수록, 수분이 적을수록 비열은 감소한다.

(5) 미분탄의 특징

① 석탄을 미분쇄하여 만든 0.5mm 이하의 직경을 갖는 미세한 석탄이다.

② 저질탄도 연소가 가능하며 동력이 많이 필요한 대형 연소시설에 주로 적용된다.

③ 적은 공기비로 연소가 가능하며 연소효율이 높다.

④ 연소의 제어가 용이하고 부하변동에 대응이 용이하다.

⑤ 분진의 발생량이 많아 고효율의 집진장치 등 부대시설이 많이 필요하다.

2. 액체연료

(1) 개요

① 휘발유, 경유, 중유 등이 있다.

② 발열량이 높아 대형설비에 적합하며 저장 및 운반, 계량이 용이하고 연료의 품질이 균일한 편이다.

③ 점화, 소화 및 연소의 조절이 비교적 용이하다.

④ 회분은 아주 적지만, 재 속의 금속산화물이 장애원인이 될 수 있다.

⑤ 고체연료에 비하여 화재, 역화 등의 위험이 있어 예열 시 주의가 필요하며 연소온도가 높아 국부적인 과열을 일으키기 쉽다.

⑥ 석유계 액체연료는 고위발열량이 10,000~12,000kcal/kg 정도로 높고 품질이 대체로 일정하며 효율이 높다.

⑦ 메탄올과 같이 산소를 함유한 연료의 경우 발열량은 일반 석유계 액체연료보다 낮아진다.

(2) 액체연료의 탄수소비(C/H비)

① 연료의 탄소와 수소의 비로 석유계 연료의 탄수소비는 연소공기량과 발열량, 연소특성에도 영향을 미친다.

② 탄수소비가 클수록, 비교적 비점이 높을수록 연료는 매연 발생량이 증가한다.

③ 탄수소비가 클수록 비교적 점성이 높은 연료이며, 매연이 발생되기 쉽다.

④ 중질연료일수록 C/H비가 크다.

⑤ 탄수소비가 클수록 이론공연비(AFR)가 감소하며 휘도 및 방사율은 커진다.

$$AFR(w/w)=\frac{34.21+11.48(C/H)}{1+(C/H)}$$

⑥ 탄수소비: 휘발유＜등유＜경유＜중유

(3) 석유의 특징

① 개요

㉠ 석유(Petroleum)라는 말은 지하에서 생성된 액체, 기체, 고체 상태의 탄화수소 혼합물을 말하지만 보통은 원유로부터 생성된 액체 및 기체상태의 연료를 의미한다.

㉡ 비중이 커지면 화염의 휘도가 커지며 점도도 증가한다.

ⓒ 점도가 낮아지면 인화점이 낮아지고 연소가 잘 된다.

ⓔ 증기압이 낮으면 인화점이 높아져서 연소효율이 저하된다.

용어 CHECK **유동점(Pouring point)**

- 석유를 냉각시켰을 때 점차 유동성을 잃고 굳어지기 시작하는 온도이다.
- 유동점은 일반적으로 응고점보다 2.5℃ 정도 높다.

② 석유의 정제

ⓐ 석유가 가공되지 않은 형태에서는 여러 종류의 탄화수소를 주성분으로 하고 미량성분으로서 황, 질소, 금속 등을 함유하고 있으며 불순물로 수분, 가스분을 함유하고 있다.

ⓑ 가공되지 않은 석유를 수출 또는 정유공장으로의 이송에 앞서 보통 간단한 처리를 거쳐 수분, 가스분을 제거하는데 이 단계까지의 것을 원유라고 부른다.

ⓒ 이 원유를 정제공정을 거쳐 각각 이용목적에 따라 여러 가지 제품을 만들어내는데, 이를 석유제품이라 한다.

ⓔ 연료의 황 함량 비교: 천연가스<LPG<휘발유<등유<경유<중유<석탄

③ 석유의 연소

ⓐ 석유는 액체 그 자체가 직접 불타는 것이 아니라, 석유에서 증발된 기체에 함유된 탄화수소가 공기 속의 산소와 혼합되어 연소한다.

ⓑ 석유에서 증발된 기체에 함유된 탄화수소와 산소와의 혼합비율이 일정한 범위가 되었을 때 점화원을 가하면 착화하게 되는데 이때의 온도를 인화점이라고 한다.

ⓒ 석유의 인화점은 다른 물질이 타기 시작하는 온도에 비해서 낮기 때문에 불이 붙기 쉬운 성질을 가지고 있다.

ⓔ 석유는 종류에 따라 그 연소방식이 다르며 인화점도 상온에서 가스화하여 인화되기 쉬운 가스로부터 휘발유(−50~0℃), 등유(30~70℃), 경유(50~90℃), 중유(90~120℃), 윤활유(130~350℃), 아스팔트(200~300℃) 등 종류에 따라 각각 다르다.

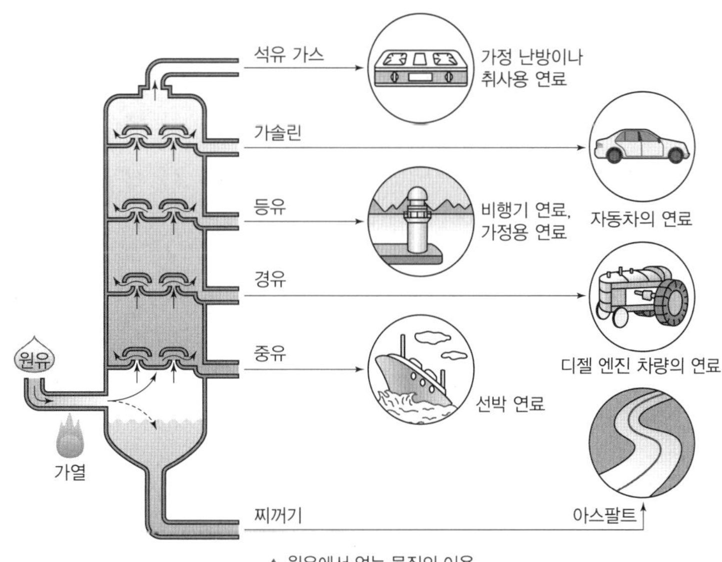

▲ 원유에서 얻는 물질의 이용

고득점 POINT 중유의 특성

- 중유는 점도를 기준으로 하여 주로 A, B, C 중유로 분류된다.
- 점도가 낮을수록 유동점이 낮아진다.
- 점도가 낮은 것이 사용상 유리하고, 용적당 발열량이 적은 편이다.
- 잔류탄소의 함량이 많아지면 점도가 높아진다.
- 인화점이 낮은 경우에는 역화의 위험성이 있고, 높을 경우(140℃ 이상)에는 착화가 어렵다.
- 인화점은 보통 그 예열온도보다 약 5℃ 이상 높은 것이 좋다.

(4) 슬러리 연료

① 석탄과 물 또는 액체 연료 등을 혼합하여 만든 연료이다.

② COM(Coal Oil Mixture, 석탄+석유), CWM(Coal Water Mixture, 석탄+물), 에멀젼 연료(석유+물+계면활성제)로 구분된다.

3. 기체연료

(1) 종류

① 기체연료의 종류로는 LPG[프로판(C_3H_8), 부탄(C_4H_{10})], LNG[메탄(CH_4)] 등이 있다.

② 발생로가스(석탄이 불완전연소 시 발생하는 가스)도 기체연료에 포함된다.

(2) 기체연료의 일반적인 특징

① 확산연소(기체연료를 버너노즐로 분출시켜 외부공기와 혼합하여 연소시키는 방법)의 형태로 연소되며 부하변동에 대응이 쉽고 연소의 조절 및 예열이 용이하나 취급에 위험성이 있다.

② 수송과 저장이 불편하고 저장탱크, 배관공사 등 시설비가 많이 든다.

③ 공기와 혼합해서 점화하면 폭발 등의 위험도 있다.

④ 연료 중에 황의 함량이 매우 낮으며 배출가스 중에 황산화물이 거의 발생하지 않는다.

⑤ 고체, 액체연료에 비해 완전연소하기 위해 많은 과잉공기가 필요하지 않다.

⑥ 기체연료는 재가 거의 발생하지 않는다.

⑦ 기체연료의 탄수소비: 올레핀계 > 나프텐계 > 파라핀계

⑧ 저발열량의 것으로 고온을 얻을 수 있고, 전열효율을 높일 수 있다.

⑨ 회분은 아주 적지만, 재 속의 금속산화물이 장해원인이 될 수 있다.

⑩ 화재, 역화 등의 위험이 크며, 연소온도가 높아 국부적인 과열을 일으키기 쉽다.

(3) LPG(Liquefied Petroleum Gas, 액화석유가스)와 LNG(Liquefied Natural Gas, 액화천연가스)의 비교

구분	특징
LPG	• 가정, 업무용으로 많이 사용되어 온 석유계 탄화수소가스로 탄소 수가 3~4개까지 포함되는 탄화수소가 주성분이다. • 다른 연료에 비해 수송이 용이하고 취급이 편리하며 열량이 높기 때문에 다양하게 사용되고 있다. (발열량: 20,000~30,000kcal/Sm^3 정도) • 액체에서 기체로 기화될 때 증발열이 90~100kcal/kg으로 열손실이 크며 취급에 주의해야 한다. • 황분이 적고 유독성분이 거의 없다. • 비중이 공기보다 무거워 누출될 경우 인화 폭발 위험성이 크다. • 유지 등을 잘 녹이기 때문에 고무 패킹이나 유지로 된 도포제로 누출을 막는 것은 어렵다.
LNG	• 메탄을 주성분으로 하는 천연가스를 1기압 하에서 −168℃ 정도로 냉각하여 액화시켜 대량수송 및 저장을 가능하게 한 것이다. • 착화온도가 높은 편이고 화염전파속도가 느리며, 폭발범위가 크지 않다. • 폭발범위가 좁아 1차 공기를 혼합하여 연소하여도 위험성이 적은 편이다.

(4) 그 외 기체연료의 특징

① 발생로가스

㉠ 코크스나 석탄, 목재 등을 적열 상태로 가열하여 공기 또는 산소를 보내 불완전연소시켜 얻은 기체연료이다.

㉡ 주성분은 질소이며 그 외에는 CO, CH_4, H_2로 구성된다.

② 고로가스

㉠ 코크스를 용광로에 넣어 선철을 제조할 때 발생하는 기체연료이다.

㉡ 주로 CO로 이루어져 있으며 발열량은 900~1,000kcal/Sm^3이다.

③ 코크스로가스(석탄가스)

㉠ 석탄을 고온으로 건류하였을 때 발생하는 기체연료이다.

㉡ H_2(약 48%), CH_4(31%)가 주성분으로 발열량은 약 5,000kcal/Sm^3이다.

④ 수성가스

㉠ 고온으로 가열된 무연탄이나 코크스 등에 수증기를 반응시켜 얻은 기체연료이다.

㉡ 반응식

$$C+H_2O \rightarrow CO+H_2+Q$$
$$C+2H_2O \rightarrow CO_2+2H_2+Q$$

SUBJECT 02 연소공학

KEYWORD 55 연소범위(폭발범위)와 위험도

1. 연소범위(폭발범위)

(1) 개요

① 연소범위와 폭발범위는 구하는 공식이 같고, 거의 같은 의미로 사용된다.

② 폭발하한과 폭발상한 구하는 공식

폭발하한	폭발상한
$\frac{100}{LEL}=\frac{V_1}{L_1}+\frac{V_2}{L_2}+\frac{V_3}{L_3}$	$\frac{100}{UEL}=\frac{V_1}{U_1}+\frac{V_2}{U_2}+\frac{V_3}{U_3}$
V_n: 각 가스의 부피(%), L_n 또는 U_n: 각 가스의 폭발하한계 또는 폭발상한계	

③ 연소범위(폭발범위): 폭발하한값~폭발상한값

(2) 가연성 가스의 폭발범위와 위험성

① 하한값은 낮을수록, 상한값은 높을수록 위험하다.

② 폭발범위가 넓을수록 위험하다.

③ 불연성 가스를 첨가하면 폭발범위가 좁아진다.

④ 가스의 온도가 높아지면 폭발범위가 넓어진다.

⑤ 가스압력이 높아졌을 때 폭발하한값은 크게 변하지 않으나 폭발상한값은 높아진다.

⑥ 폭발한계농도 이하에서는 폭발성 혼합가스가 생성되기 어렵다.

2. 위험도

위험도는 폭발하한값과 폭발상한값을 이용하여 산정하며, 값이 클수록 위험도가 증가한다.

$$H=\frac{UEL-LEL}{LEL}$$

H: 위험도, UEL: 폭발상한값(%), LEL: 폭발하한값(%)

CHAPTER 02 연소계산

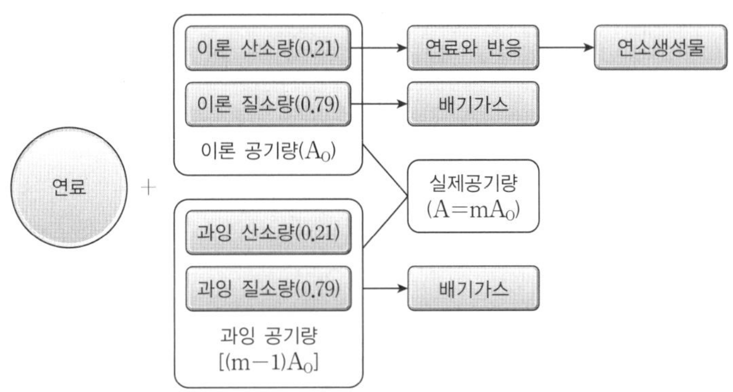

KEYWORD 56 이론공기량 계산

1. 고체/액체연료의 이론산소량 계산

(1) 부피 기준 이론산소량을 구하는 공식

부피기준 이론산소량(Sm^3) = 필요산소량(Sm^3) − 연료 중 산소량(Sm^3)

$$O_o(Sm^3/\text{연료 1kg})=\frac{22.4}{12}C+\frac{22.4/2}{2}(H-\frac{O}{8})+\frac{22.4}{32}S=1.867C+5.6H+0.7S-0.7O$$

C, H, O, S: 연료 1kg당 탄소, 수소, 산소, 황의 함량

(2) 질량 기준 이론산소량을 구하는 공식

질량기준 이론산소량 무게(kg) = 필요산소량(kg) − 연료 중 산소량(kg)

$$O_o(kg/\text{연료 1kg})=\frac{32}{12}C+8(H-\frac{O}{8})+S=2.667C+8H+S-O$$

C, H, O, S: 연료 1kg당 탄소, 수소, 산소, 황의 함량

2. 고체/액체연료의 이론공기량 계산

$$A_o(Sm^3/\text{연료 1kg})=O_o(Sm^3/\text{연료 1kg})\times\frac{1}{0.21}(\text{산소의 부피비})$$

$$A_o(kg/\text{연료 1kg})=O_o(kg/\text{연료 1kg})\times\frac{1}{0.232}(\text{산소의 중량비})$$

고득점 POINT 연료의 연소 시 이론공기량의 개략치

- 고로가스: 0.7~0.9Sm^3/Sm^3
- 석탄가스: 7.5~8.5Sm^3/kg
- 탄소: 8.8904Sm^3/kg
- 코크스: 8.0~9.0Sm^3/kg
- 발생로가스: 0.9~1.2Sm^3/Sm^3
- 가솔린: 11.3~11.5Sm^3/kg
- LPG: 프로판으로 약 23Sm^3/Sm^3

3. 고체/액체연료의 실제공기량

$$m(\text{공기비, 과잉공기비})=\frac{A(\text{실제공기량})}{A_o(\text{이론공기량})}$$

$$A(\text{실제공기량})=m\times A_o$$

$$\text{과잉공기량}=\text{실제공기량}(A)-\text{이론공기량}(A_o)=m\times A_o-A_o=(m-1)A_o$$

$$\text{과잉공기율}=\frac{A-A_o}{A_o}$$

KEYWORD 57 연소가스량 계산

1. 고체, 액체연료의 가스량 계산

(1) 이론가스량 구하기

① 이론가스량=이론공기 중의 질소량+연소생성물(CO_2, H_2O 등)

② 실제가스량=이론공기 중의 질소량+연소생성물(CO_2, H_2O 등)+과잉공기량(N_2, O_2 등)

③ 부피 기준 이론가스량

$$G_{ow}=0.79A_o+(CO_2+H_2O+\text{기타 연소생성물})$$

공기 중의 질소의 부비피=1−0.21=0.79

④ 무게 기준 이론가스량

$$G_{ow}=0.768A_o+(CO_2+H_2O+\text{기타 연소생성물})$$

공기 중의 질소의 중량비=1−0.232=0.768

(2) 이론건조가스량 구하기

이론건조가스량 = 이론가스량 − 연소가스 중 수분량
$G_{od} = G_{ow} -$ 수분 $= 0.79A_o +$ (CO_2 + 수분을 제외한 기타 연소생성물)

(3) 실제가스량 구하기

실제가스량(G) = 이론가스량 + 과잉공기량

(4) 공기비(m) 계산

① 완전연소 시($CO = 0$) 또는 산소의 값만 이용하는 경우

$$m = \frac{21}{21 - O_2}$$

② 불완전연소 시($CO \neq 0$) 또는 질소와 산소의 값을 이용하는 경우

$$m = \frac{N_2}{N_2 - 3.76(O_2 - 0.5CO)}$$

2. 과잉공기비(m)와 연소 특성

(1) 과잉공기비(m)를 너무 크게 하였을 때 연소 특성

① 공연비가 커지고 연소실의 연소온도가 낮아지며 에너지 손실이 커진다. (냉각효과)
② 통풍력이 강하여 배기가스에 의한 열손실이 크다.
③ 배기가스 중 황산화물과 질소산화물의 함량이 많아져 연소장치의 부식이 크다.
④ 연소가스의 희석효과가 높아진다.
⑤ 화염의 크기가 작아지고 연소가스 중 불완전 연소물질(CO, HC 등)의 농도가 감소한다.

(2) 과잉공기비(m)가 너무 낮을 때 연소 특성

① 가연성 물질인 CO, HC 등의 농도가 증가하여 폭발의 위험성과 매연 발생량이 증가한다.
② 연소실벽에 미연탄화물 부착이 늘어난다.
③ 가연성분과 산소의 접촉이 원활하게 이루어지지 못한다.
④ 배출가스 중 일산화탄소의 양이 많아진다.
⑤ 불완전연소로 연소실 내의 열손실이 커져 연소효율이 저하된다.
⑥ 연소효율이 감소하여 배출가스의 온도가 불규칙하게 증가 및 감소를 반복한다.

3. 최대탄산가스율 계산

(1) 개요

최대탄산가스율(%)은 이론건조연소가스량을 기준으로 한 최대탄산가스의 용적 백분율이다.

(2) 공식

① 연료의 구성성분을 이용한 경우

$$CO_{2max}(\%)=\frac{CO_2\ \text{발생량}}{\text{이론건조가스량}(G_{od})}\times 100(\%)$$

② 배기가스의 구성성분을 이용한 경우

$$CO_{2max}(\%)=\frac{21[(CO_2)+(CO)]}{21-(O_2)+0.395(CO)}\cdots CO\neq 0$$

$$CO_{2max}(\%)=\frac{21(CO_2)}{21-(O_2)}\cdots CO=0$$

4. 기체연료의 연소 계산

(1) 개요

① 대부분의 기체연료는 탄화수소류로 탄화수소의 연소반응식에 의해 산소의 양, 연소생성물의 양을 산정한다.

② 이러한 방식은 고체 · 액체연료의 내용과 동일하다.

(2) 탄화수소(C_mH_n) 완전연소 반응식

$$C_mH_n+(m+\frac{n}{4})O_2\rightarrow mCO_2+(\frac{n}{2})H_2O$$

CHAPTER 03

자동차의 연료와 연소

KEYWORD 58 내연기관

1. 공연비(AFR)

(1) 개요

① 공기와 연료의 혼합 비율을 의미하며 부피비, 질량비, 몰비로 구분할 수 있다.

② 삼원촉매장치를 통한 제어를 위해 가솔린의 효율적인 이론공연비는 14.7 정도이다.

③ 14.7 이하에서는 HC와 CO가 많이 발생하고 NO_x는 적게 발생한다.

④ 14.7 이상에서는 HC와 CO가 적게 발생하고 NO_x는 많이 발생한다.

⑤ 18 이상일 때 오염물질의 배출량을 줄일 수 있지만 연료의 소비량이 커 비효율적이게 된다.

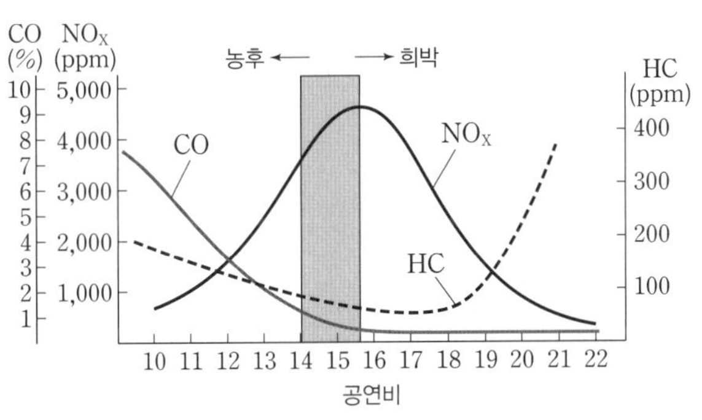

▲ 공연비와 오염물질 농도와의 관계

(2) 관계식

$$AFR_{부피} = \frac{연소공기의\ 부피}{연료의\ 부피},\ AFR_{mol} = \frac{연소공기의\ mol}{연료의\ mol},\ AFR_{질량} = \frac{연소공기의\ 질량}{연료의\ 질량}$$

2. 당량비(등가비)

(1) 개요

① 이론공연비와 실제 공급되는 공연비에 대한 비로 등가비라고도 한다.

② 등가비와 공연비는 역수 관계로, 서로 반비례한다.

③ 등가비와 공기비는 상호 반비례관계에 있다.

$$등가비(\phi) = \frac{실제\ 연료량/산화제}{완전연소를\ 위한\ 이상적\ 연료량/산화제}$$

(2) 관계식

① 등가비 > 1: 연료에 비해 공기가 부족, 불완전연소, 일산화탄소 발생량 증가

② 등가비 = 1: 이상적인 연소 형태

③ 등가비 < 1: 연료에 비해 공기가 과잉, 질소산화물 증가

3. 자동차연료의 특징

(1) 옥탄가

① 휘발유의 특성을 나타내는 수치로 노킹(Knocking) 현상에 대한 저항성을 의미한다.

② 자동차의 엔진이 요구하는 옥탄가보다 낮은 옥탄가의 휘발유를 사용하면 노킹(Knocking) 현상이 발생한다.

③ 옥탄가는 이소옥탄(C_8H_{18})의 옥탄가를 100%, n-헵탄(C_7H_{16})의 옥탄가를 0%로 했을 때 이소옥탄의 비율로 구한다.

$$\text{Octane Number}(\%)=\frac{C_8H_{18}(\text{mL})}{C_8H_{18}(\text{mL})+C_7H_{16}(\text{mL})}\times 100$$

④ TEL(사에틸납, tetraethyl lead): 금속유기화합물의 일종으로 옥탄가를 향상시키나 독성이 강해 법적으로 제한하고 있다.

⑤ 에테르계 물질인 MTBE(methyl tert-butylether), ETBE(ethyl tert-butylether), DIPE(diisopropylether) 등이 옥탄가 향상제로 사용되고 있다.

(2) 세탄가

① 디젤기관의 착화성을 정량적으로 나타내는 데 이용되는 수치로 값이 큰 연료일수록 디젤노크(Diesel knock)를 일으키기 어렵다.

② 착화성이 뛰어난 n-세탄($C_{16}H_{34}$)의 세탄가를 100%으로 하고 착화성이 나쁜 α-메틸나프탈렌($C_{11}H_{10}$)의 세탄가를 0%로 했을 때 n-세탄의 비율을 산정한다.

$$\text{Cetane Number}(\%)=\frac{C_{16}H_{34}(\text{mL})}{C_{16}H_{34}(\text{mL})+C_{11}H_{10}(\text{mL})}\times 100$$

③ 세탄가 향상제로는 알킬 및 에테르질산염, 과산화물, 니트로소화합물 등이 있다.

(3) 노킹(Knocking) 현상

① 개요

㉠ 내연기관은 흡입 → 압축 → 폭발 → 배기의 4행정을 거쳐 작동한다.

㉡ 노킹현상이란 폭발행정이 아닌 비정상적인 착화와 폭발 등으로 인해 비정상적인 압력이 발생하여 실린더를 때리는 현상이다.

㉢ 디젤엔진의 노킹현상: 압축점화방식(공기를 높은 압력으로 압축한 후, 연료를 고압으로 분사함으로써 스스로 착화)으로 인해 상사점을 지난 후 착화가 지연될 경우 피스톤이 하사점에 도달했을 때 착화되어 비정상적인 압력이 발생하는 현상이다.

㉣ 가솔린엔진의 노킹현상: 불꽃점화방식으로 인해 압축행정을 끝내기 전(스파크 플러그가 불꽃을 튀기기 전)에 착화되어 압력이 급격히 상승하면서 발생하는 현상이다.

㉤ 디젤엔진과 가솔린엔진의 비교

구분	디젤엔진	가솔린엔진
점화방식	압축점화	불꽃점화
압축비	16~23	7~10
운전공연비	22	14.7
노킹원인	착화지연	조기발화
노킹방지	세탄가 향상제 첨가	옥탄가 향상제 첨가

② 노킹방지방법

구분	내용
디젤기관 (압축점화기관)	• 급기온도를 높이고 기관의 압축비를 크게 하여 압축압력을 높게 한다. • 회전속도를 낮게 한다. • 연료 분사개시 때 분사량을 줄여 착화지연시간을 짧게 한다. • 분사시기를 적절히 조절하여 발화시킨다.
가솔린기관 (불꽃점화기관)	• 연소실을 구형(Circular type)으로 한다. • 점화플러그는 연소실 중심에 부착시킨다. • 난류를 증가시키기 위해 난류생성 Pot를 부착시킨다. • 옥탄가가 높은 연료를 사용한다.

KEYWORD 59 자동차의 대기오염 물질 배출과 특징

1. 주행상태에 따른 오염물질의 배출 특성

(1) 가솔린자동차

구분	HC	CO	NO_x
많이 배출	감속	공회전	가속
적게 배출	운행	운행	공회전

(2) 디젤자동차

① NO_x, CO, HC 외에 매연, 황산화물, 소음, 악취 등이 문제가 된다.

② 가솔린엔진에 비하여 디젤엔진에서는 CO 및 HC의 배출량은 매우 낮고 미세먼지와 NO_x의 배출량은 높다.

③ 정지가동시 배출가스 중 CO 농도가 낮다.

④ 디젤자동차 운행 시 오염물질별 배출특성

구분	HC	CO	NO_x
많이 배출	감속	운행, 가속	가속
적게 배출	가속, 운행	감속, 공회전	공회전, 감속

2. 오염물질의 배출과 저감

자동차의 배기가스에는 CO, NO_x, 매연, 미세먼지 등이 포함되어 있다.

(1) 삼원촉매장치

① 삼원촉매장치는 촉매(Pt, Rh, Pd)를 이용하여 HC, NO_x, CO를 N_2, CO_2, H_2O로 처리하는 장치이다.

② 가솔린기관에서 삼원촉매장치를 통해 CO, HC, NO_x 등의 배출가스를 동시에 저감할 수 있다.

③ 환원촉매[Rh(로듐)]: $NO_x \rightarrow N_2$, O_2 환원 처리

④ 산화촉매[Pt(백금)]: CO, HC $\rightarrow CO_2$, H_2O 산화 처리

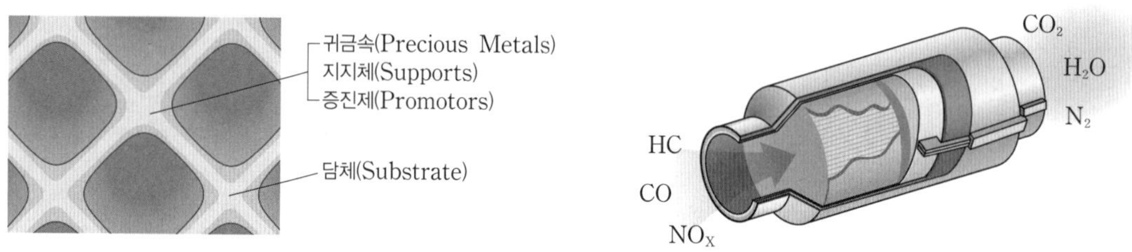

▲ 삼원촉매장치

(2) 배기가스 재순환장치(EGR: Exhaust Gas Recirculation)

① EGR는 배기가스의 일부를 흡기에 혼입하여 열용량을 증가시켜 연소온도를 저하시키고 저산소 연소를 촉진하여 NO_x의 생성을 억제하는 장치이다.

② EGR은 디젤자동차처럼 AFR이 높은 혼합기에 적합하고, 가솔린자동차처럼 AFR이 낮은 혼합기에는 FGR이 유리하다.

③ 디젤자동차에 EGR을 적용하면 입자상 오염물질의 배출량이 증가하고 연비가 안 좋아져 연료의 소비율이 증가하게 된다.

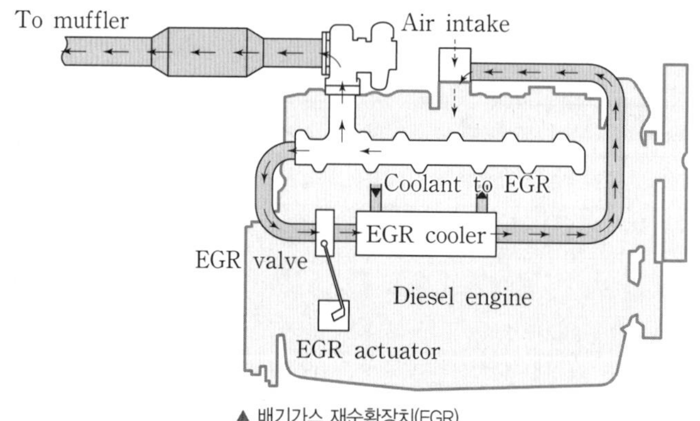

▲ 배기가스 재순환장치(EGR)

CHAPTER 04 연소장치와 통풍장치

KEYWORD 60 고체연료의 주입과 배출

1. 고체연료의 주입방식

(1) 화격자 연소

① 상부투입 연소(Over feeding firing)

㉠ 일반적인 층의 구성순서는 석탄층 → 건류층 → 환원층 → 산화층 → 재층 → 화격자이다.

㉡ 연소공기가 고온의 재층을 통과하여 고온의 가스를 형성하므로 착화속도가 빠르고 착화기능이 우수하다.

㉢ 착화가 나쁜 무연탄이나 수분의 함량이 높은 연료를 연소시키기 적합하다.

② 하부투입 연소(Under feeding firing)

㉠ 일반적인 층의 구성순서는 미착화탄 → 산화층 → 환원층 → 회층이다.

㉡ 연료에 가스가 직접 접촉되지 않고 산화층에서 복사되는 열에 의해 가열된다.

㉢ 과잉의 공기가 공급되면 연소되지 않을 수 있으며 회층과 환원층이 최상부에서 덮고 있어 착화가 나쁜 연료는 적당하지 않다.

연료투입 ↓ ↓ ↓
석탄층
건류층
환원층
산화층
재층
화격자
↑ ↑ ↑ 1차 공기

▲ 상부투입 연소

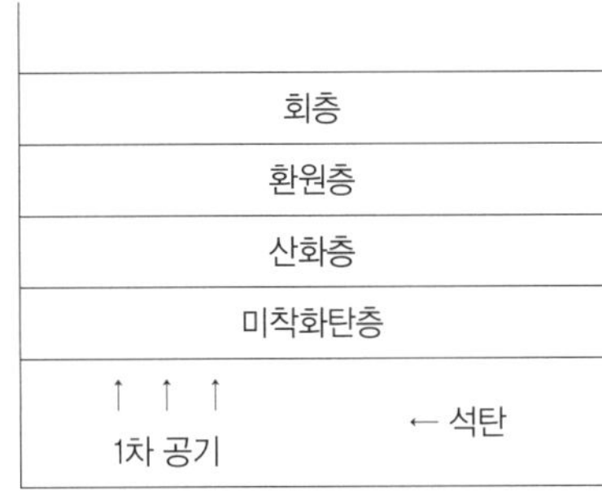

▲ 하부투입 연소

(2) 체인 스토커(Chain stoker)

① 고체연료 연소장치 중 하급식 연소방법으로 연소과정이 미착화탄 → 산화층 → 환원층 → 회층으로 변하여 연소된다.

② 연료층을 항상 균일하게 제어할 수 있고, 저품질 연료도 유효하게 연소시킬 수 있어 쓰레기 소각로에 많이 이용되는 화격자 연소장치이다.

2. 연소가스의 배출방식

구분	내용
향류식	연료와 연소가스의 방향이 반대로 되는 형식으로 수분이 많은 저질연료에 적합하다.
병류식	연료와 연소가스의 방향이 평행하게 되는 형식으로 발열량이 높은 연료에 적합하다.
중간류식(교류식)	향류식과 병류식의 중간적인 형태로 연료질의 변동성이 클 때 적합하다.
2회류식	댐퍼의 조절을 통해 향류식과 병류식의 특성을 모두 적용할 수 있다.

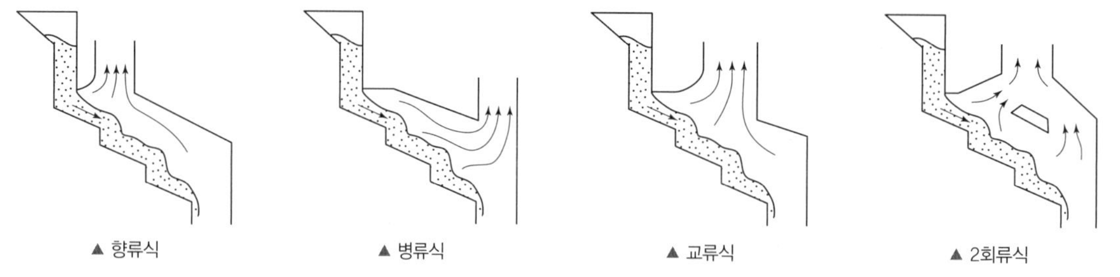

▲ 향류식 ▲ 병류식 ▲ 교류식 ▲ 2회류식

KEYWORD 61 고체연료의 연소

1. 화격자(스토커)연소

(1) 개요

① 착화온도 이상의 고온의 스토커 상부에 가연성 물질을 투입하여 연소와 함께 화층을 형성하며 연소되는 방식이다.

② 연소효율의 향상을 위해 이동식 스토커와 고정식 스토커를 구동하여 폐기물을 교반 및 이동시켜 완전연소를 가능하게 하며 연속적인 연소와 소각이 가능하다.

③ 연소에 필요한 공기는 스토커 하부에서 균등하게 공급되며 소각 후 남은 재는 스토커 하부로 배출된다.

(2) 장단점

구분	내용
장점	• 유동층연소에 비해 비산분진량이 적고 로 내 제어가 용이하며 내구연한이 길다. • 전처리 시설이 필요 없다.
단점	• 용융성이 큰 물질이나 수분이 많은 슬러지의 연소에 부적합하다. • 과잉공기비가 1.6~2.5 정도로 높은 편이고 소각시간이 길며 배가스량이 많은 편이다. • 가동과 정지 등이 불편하다. • 클링커 장애에 대한 문제가 가장 크다.

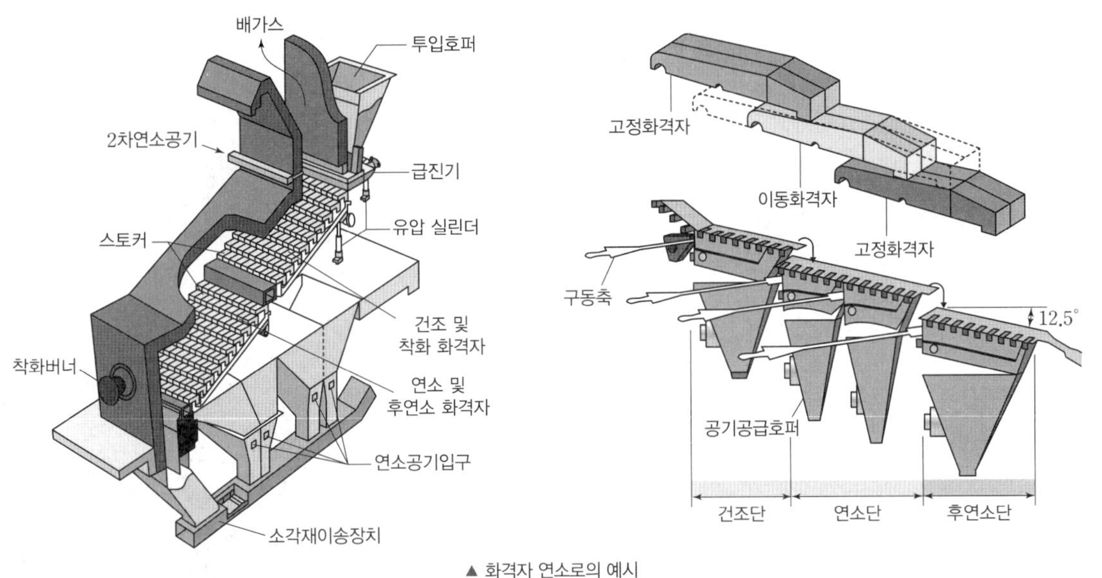

▲ 화격자 연소로의 예시

용어 CHECK **클링커 장애(Clinker trouble)**

석탄재 등이 녹아 덩어리 상태로 굳어 연소의 장애를 일으키는 현상으로 주로 화격자 연소장치의 문제점으로 나타난다.

(3) 화격자 연소로에서 화염이동속도의 특징

① 입경이 작을수록 화염이동속도는 커진다.

② 발열량이 높을수록 화염이동속도는 커진다.

③ 공기온도가 높을수록 화염이동속도는 커진다.

④ 석탄화도가 높을수록 화염이동속도는 감소한다.

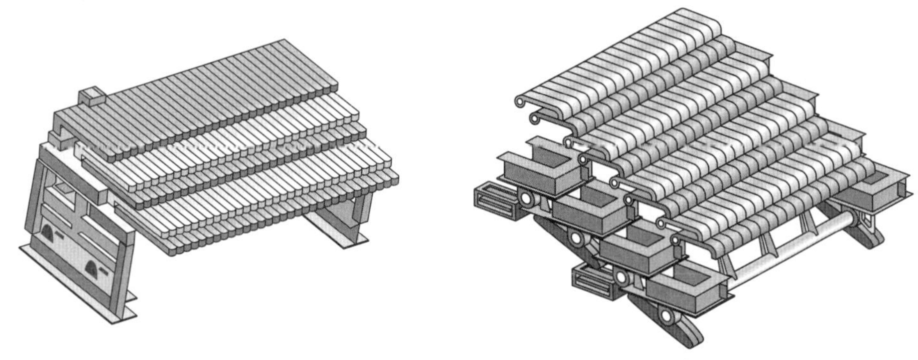
▲ 계단식 화격자

2. 유동층연소

(1) 개요

① 소각로 내에 고온의 유동사 등의 유동매체를 넣고 600~800℃의 고온상태에서 소각대상 폐기물을 투입하여 순간적으로 건조·소각한다.

② 소각 후 잔재는 유동사와 함께 하부로 배출하여 소각잔재만 분리배출하고 유동사는 다시 소각로로 투입하며 유동사의 손실을 최소화한다.

③ 높은 열용량을 갖는 균일 온도의 층 내에서는 화염전파는 필요 없고, 층의 온도를 유지할 만큼의 발열만 있으면 된다.

④ 유동층을 형성하는 분체와 공기와의 접촉면적이 크며 격심한 입자의 운동으로 층 내가 균일온도로 유지된다.

⑤ 저열량, 높은 함수율, 점착성, 고유황인 연료를 효율적으로 연소시킬 수 있다.

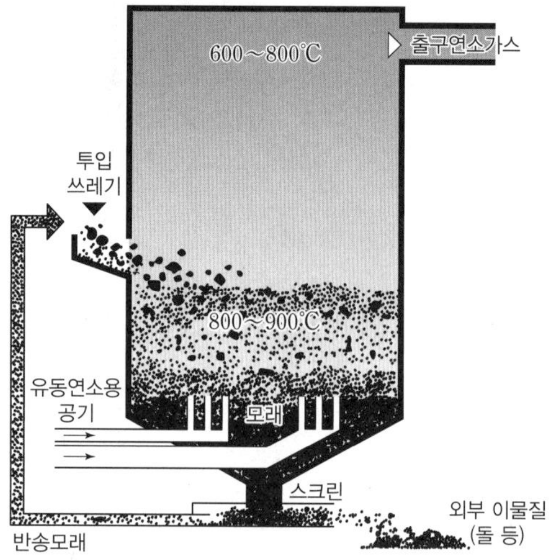

▲ 유동층연소로의 예시

(2) 장점

① 사용연료의 입도범위가 넓기 때문에 연료를 미분쇄 할 필요가 없다.(미분탄장치가 필요 없음)

② 연료의 층 내 체류시간이 길어 저발열량의 석탄도 완전연소가 가능하다.

③ 균일한 연소가 가능하고 연소실 부하가 크며 과잉공기량이 적다.

④ 유동매체에 석회석 등의 탈황제를 사용하여 로 내 탈황도 가능하다.

⑤ 열생성 NO_x의 생성이 억제되어 전열관의 부식이 문제가 되지 않는다.

⑥ 주방쓰레기, 슬러지 등 수분함량이 높은 폐기물을 층 내에서 건조와 연소를 동시에 할 수 있다.

⑦ 화염층을 작게 할 수 있어 장치를 소형으로 할 수 있다.

⑧ 클링커에 의한 장애가 없다.

(3) 단점

① 부하변동에 따른 적응성이 낮은 편이다.

② 석탄연소 시 미연소된 Char가 배출될 수 있으므로 재연소장치에서의 연소가 필요하다.

③ 비산분진의 발생량이 많다.

④ 유동화에 따른 압력손실이 커 동력비가 많이 든다.

⑤ 조대한 연료는 투입 전 전처리과정으로 파쇄공정을 거쳐야 한다.

⑥ 손실되는 유동매체를 보충해야 한다.

고득점 POINT **부하변동에 대한 적응성을 향상시키기 위한 방법**

- 공기분산판을 분할하여 층을 부분적으로 유동시킨다.
- 유동층을 몇 개의 셀로 분할하여 부하에 따라 작동시키는 수를 변화시킨다.
- 층의 높이를 변화시킨다.
- 층 내의 연료비율을 적절히 변화시킨다.

(4) 유동매체의 구비조건

① 불활성이고, 내마모성이 있고, 가격이 저렴하고, 비중이 작고, 미세하며 입도가 균일하고, 융점이 높아야 한다.

② 공급이 안정적이며 열 충격에 강한 매체를 사용해야 한다.

3. 회전로(로터리킬른)

(1) 개요

① 경사진 원통형 킬른을 0.5~8rpm 정도로 저속 회전시켜 연소시키는 방식이다.

② 연소공기량과 킬른의 회전속도를 조절하여 투입되는 부하에 대응하며 최적의 연소상태를 유지할 수 있다.

③ 연속적인 연소와 배출이 원활하게 진행되어 후연소 부분에서의 클링커 형성이 방지된다.

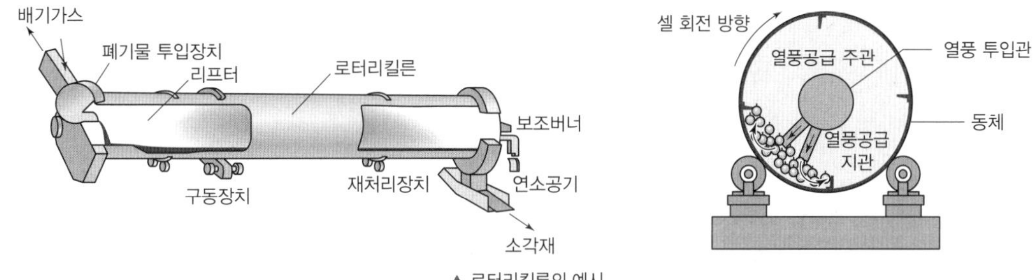

▲ 로터리킬른의 예시

(2) 특징

① 넓은 범위의 액상, 고상 폐기물을 소각할 수 있으며 대체로 예열, 혼합, 파쇄 등 전처리 없이 주입 가능하나 대형 폐기물로 인한 내화재의 파손 때문에 운영에 주의를 요한다.

② 폐기물의 소각에 방해됨이 없이 연속적인 재배출이 가능하나 완전연소되기 전에 대기 중으로 부유성 물질이 배출될 수 있다.

③ 설치비가 높으나 1,400℃ 이상에서 가동할 수 있어 독성물질의 파괴에 좋다.

4. 다단로

(1) 개요

① 다수의 층을 형성하고 중앙에 회전축에 의해 회전하면서 원료를 아래 단으로 이동시키며 연소한다.

② 상부에서 하부로 순차적으로 연소가 일어나며 상층에서는 주로 수분이 제거되고 중간층에서는 휘발분과 탄소가 연소되며 마지막 하층에선 생성물이 냉각되고 생성물의 열은 열원 매체로 유입된다.

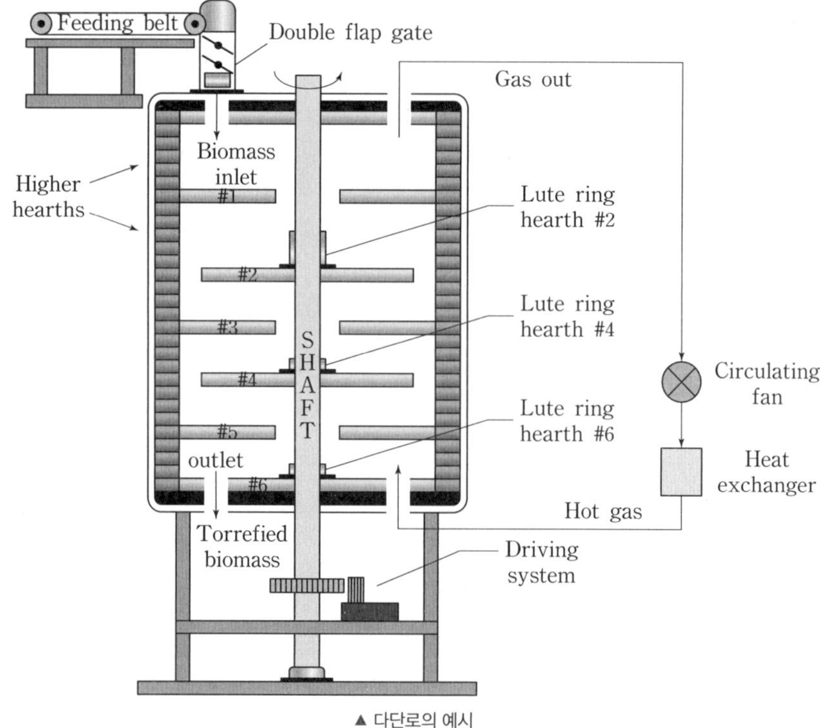

▲ 다단로의 예시

(2) 특징

① 수분이 많이 포함된 하수슬러지나 분뇨 등의 저열량 유기성 성분의 연소가 가능하다.

② 국부가열과 클링커의 생성을 방지할 수 있다.

③ 로 내의 열전달이 잘되는 편으로 열효율이 높다.

④ 다양한 입자 크기의 물질을 연소시킬 수 있고 반응온도와 체류시간의 제어가 용이하고 혼합이 우수하다.

⑤ 공급 원료의 특성 변화에 민감하고 구조상 다수의 구동부로 인하여 밀폐구조의 문제점과 높은 유지비가 요구된다.

5. 미분탄연소

(1) 개요

분탄을 미분쇄 투입하여 석탄 입자의 체류시간을 짧게 유지하며 연소하는 방식이다.

(2) 특징

① 연소제어가 용이하고 점화 및 소화 시 손실이 적다.

② 사용연료의 범위가 넓고 스토커 연소에 적합하지 않는 점결탄과 저발열량탄 등도 사용할 수 있다.

③ 연료의 접촉표면이 크므로 스토커식 연소에 비해 작은 공기비로도 완전연소가 가능하다.

④ 부하변동에 대한 응답성이 좋은 편이어서 대용량의 연소에 적합하다.

⑤ 화격자 연소보다 낮은 공기비로 높은 연소효율을 얻을 수 있다.

⑥ 로벽 및 전열면에서 재의 퇴적이 많은 편이다.

⑦ 설비비와 유지비가 많이 들고 재의 비산이 많아 집진장치가 필요하다.

6. 접선기울기형버너(Tangential tilting burner)

(1) 특징

① 화염이 각 모서리에서 연소실 중앙부에 집중하여 명료한 화염면이 형성된다.

② 사각연소로인 경우 각 모퉁이에 3~5개의 버너가 높이가 다르게 설치되어 있다.

(2) 연소의 조절

① 1차 공기 및 석탄 주입관 끝은 10~30° 정도의 범위에서 각도를 조정할 수 있도록 되어 있다.

② 화염을 상하로 이동시켜서 과열을 방지할 수 있도록 되어 있다.

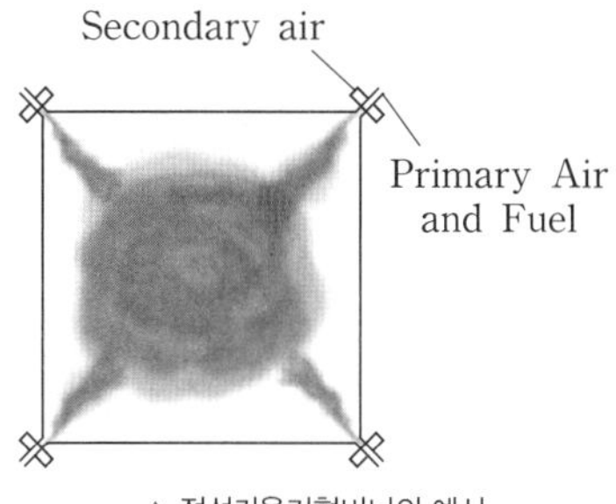

▲ 접선기울기형버너의 예시

KEYWORD 62 액체연료의 연소

1. 기화연소방식과 분무화연소방식

(1) 기화연소방식

① 액체연료를 고온에 노출시켜 가연성 증기를 발생시켜 연소하는 방식이다.

② 주로 휘발성이 강한 경질유(輕質油)의 연소에 사용한다.

③ 포트액면연소: 액면에서 증발한 연료가스 주위를 흐르는 공기와 혼합하면서 연소하는 것으로 연소속도는 주위 공기의 흐름속도에 거의 비례하여 증가한다.

④ 심지연소: 액체에 심지를 넣어 연소시키는 방식으로 공급공기의 유속이 낮을수록, 공기의 온도가 높을수록 화염의 높이는 높아진다. 점화 및 소화 시 그을음 및 악취가 발생할 수 있다.

(2) 분무화연소방식

① 분무용 버너를 이용하여 액체연료를 미립자화하여 표면적을 증가시켜 연소하는 방법이다.

② 중질유(重疾油) 연소에 많이 이용된다.

③ 액체연료를 효율적으로 연소시키기 위해서는 연료를 미립화하여야 한다. 이때 미립화 특성을 결정하는 인자는 분무유량, 분무입경, 분무의 도달거리, 분사압력, 분사속도, 연료점도 등이 있다.

2. 연소장치

(1) 유압분무식 버너

① 구조가 간단하고 유지보수가 용이하며 연소장치가 큰 대형보일러에 이용되며 고부하의 연소가 가능하다.

② 유압식 버너에서 연료유의 분무각도는 압력, 점도 등으로 약간 달라지지만 40~90° 정도이다.

③ 연료의 분사유량은 15~2,000L/h 정도이다.

④ 유압은 5~30kg/cm^{2}로 분무화연소방식 버너 중 가장 크다.

⑤ 유량조절범위가 환류식의 경우는 1 : 3, 비환류식의 경우는 1 : 2 정도여서 부하변동에 적응하기 어렵다.

⑥ 연료의 점도가 크거나 유압이 5kg/cm^2 이하가 되면 분무화가 불량하다.

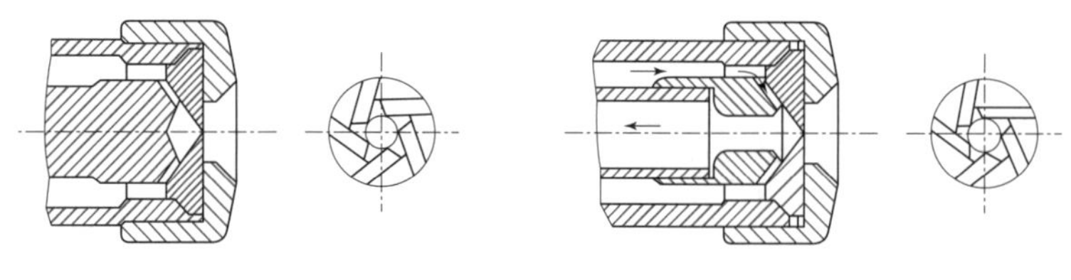

▲ 유압분무식 버너의 노즐

(2) 회전식 버너(로터리버너)

① 분무컵을 고속(3,000~10,000rpm)으로 회전시켜 원심력에 의해 미립화된 액적을 연소시키는 방법이다.

② 회전하는 컵 모양의 분무컵에 송입되는 연료유가 원심력으로 비산됨과 동시에 송풍기에서 나오는 1차 공기에 의해 분무되는 형식이다.

③ 입경이 큰 슬러지나 수분이 많은 폐유기용제, 폐유의 소각에 많이 사용되고 중유, 경유 등에도 많이 사용된다.

④ 연료유의 점도가 작을수록 분무화입경이 작아진다.

⑤ 회전식 버너는 유압식 버너에 비해 분무의 입자는 비교적 크고, 유압은 0.5kg/cm^2 전후이다.

⑥ 분무각도는 40~80° 정도로 크며, 유량조절범위도 1 : 5 정도로 비교적 큰 편이다.

⑦ 구조가 간단하고 취급이 용이하며 부하변동이 있는 중소형 보일러에 많이 사용된다.

⑧ 회전식 버너는 유압식 버너에 비해 연료유의 입경이 크며, 직결식은 분무컵의 회전수와 전동기의 회전수가 같은 방식이다.

⑨ 연료유는 0.3~0.5kg/cm^2 정도로 가압하여 공급하며, 직결식의 분사유량은 1,000L/hr 이하이다.

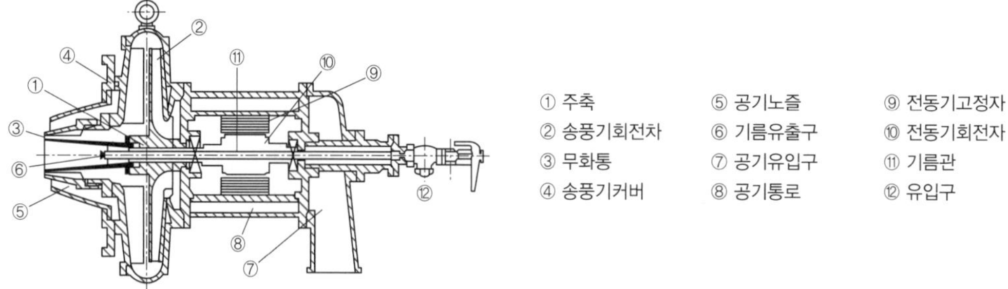

▲ 회전식 버너

(3) 저압 · 고압공기식(버너)

① 고압 또는 저압의 가열된 공기를 노즐에 통과시켜 액적을 미립화하여 연소시키는 방식이다.

② 가열된 증기를 이용하면 점도가 높은 유류를 쉽게 무화하여 연소시킬 수 있다.

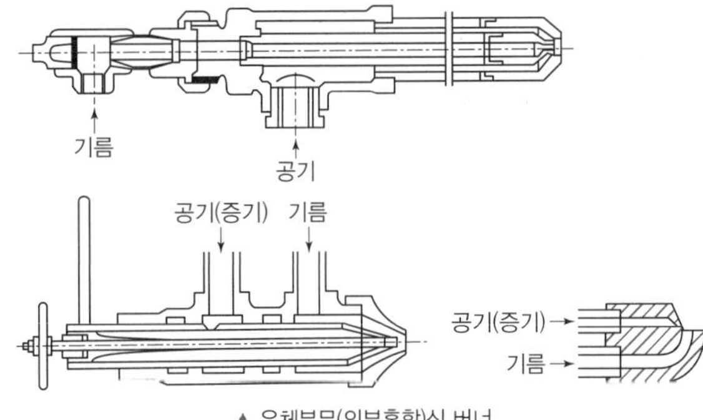

▲ 유체분무(외부혼합)식 버너

③ 저압공기식 버너(저압기류식 버너)

㉠ 공기압의 범위는 0.05~0.2kg/cm^{2}이다.

㉡ 유량조절비는 1 : 5 정도이고 연소량은 2~200L/hr, 분무각도는 30~60°로 비교적 좁고 짧은 화염을 가진다.

㉢ 저압공기식 버너는 주로 소형 가열로 등에 이용되고 무화에 사용하는 공기량은 이론공기량의 30~50% 정도이다.

④ 고압공기식 버너(고압기류식 버너)

㉠ 공기압의 범위는 2~8(또는 10)kg/cm^{2}이다.

㉡ 분무각도는 20~30° 정도로 좁고 유량조절범위는 1 : 10 정도로 크다.

㉢ 연소량은 외부혼합식이 3~500L/hr, 내부혼합식이 10~1,200L/hr 정도이다.

㉣ 고점도 연료 사용에도 가능하며, 장염이나 연소 시 소음이 발생된다.

㉤ 구조가 간단하고, 무화상태가 좋아서 대형 가열로에 주로 사용한다.

㉥ 무화에 사용하는 공기량은 이론공기량의 7~12% 정도이다.

(4) 건타입(Gun type)버너

① 연료에 높은 압력을 주어 노즐을 통과시켜 미세한 액적을 만들어 연소시키는 방식이다.

② 유압은 보통 7kg/cm^2 이상이다.

③ 연소가 양호하고 전자동 연소가 가능하다.

④ 형식은 유압식과 공기분무식을 합한 것이다.

⑤ 유량조절범위가 넓지 않고 부하변동에 대응이 어려우며 소형 보일러 같은 적은 용량에 적합하다.

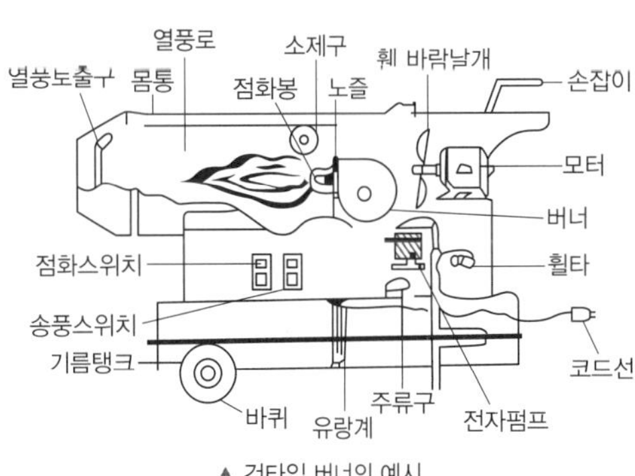

▲ 건타입 버너의 예시

KEYWORD 63 기체연료의 연소

1. 확산연소

(1) 개요

① 버너의 노즐에서 연료를 분사하고 별도로 공기를 따로 분사하여 혼합시켜 연소시키는 방법이다.

② 탄화수소가 적은 고로가스나 발생로가스에 적용할 수 있다.

(2) 특징

① 역화의 위험이 없고 부하의 변동에 대응범위가 넓다.

② 연료분출속도가 느리고 장염(긴 화염)을 만드나 분출속도가 클 경우 그을음이 발생되기 쉽다.

③ 화염의 방사율이 크며 균일하게 가열된다.

(3) 연소방식의 종류

구분	특징
포트형	• 버너가 로 벽과 함께 내화벽돌로 조립되어 로 내부에 개구된 것이며, 가스와 공기를 함께 가열할 수 있는 이점이 있다. • 고발열량 탄화수소를 사용할 경우에는 가스압력을 이용하여 노즐로부터 고속으로 분출하게 하여 그 힘으로 공기를 흡인하는 방식을 취한다. • 밀도가 큰 공기 출구는 상부에, 밀도가 작은 가스 출구는 하부에 배치되도록 한다.
버너형	• 가스와 공기를 가이드베인을 통해 혼합시켜 연소하는 방식이다. • 방사식은 고발열량 가스(천연가스), 선회식은 저발열량 가스(고로가스)를 연소시키는 데 적합하다.

2. 예혼합연소

(1) 개요

① 연소용 공기와 연료를 미리 혼합하여 버너로 분출시켜 연소하는 방식이다.

② 예혼합연소에 사용되는 버너에는 저압버너, 고압버너, 송풍버너 등이 있다.

(2) 특징

① 예혼합연소는 화염온도가 높고 국부가열의 염려가 없어 균일하게 연소가 되며 연소부하가 큰 경우 사용이 가능하며, 화염의 길이가 짧고 그을음 발생이 적다.

② 연료의 유량조절비가 크며 분출속도가 느릴 경우 역화의 위험이 있다.

(3) 연소방식의 종류

구분	특징
저압버너	• 70~160mmH_2O 정도의 낮은 압력으로 가스가 공급된다. • 저압버너의 연소용 공기는 역화방지를 위해 1차 공기량을 이론공기량의 약 60% 정도만 흡입하고 2차 공기는 로 내의 압력을 부압(−)으로 하여 공기를 흡인한다.
고압버너	• 2kg/cm^2 이상의 높은 압력으로 가스가 공급된다. • 연소실 내를 양압(+)로 유지하며 연소시키고 LPG, 부탄가스, 도시가스 등을 연소하는 소형 가열장치에 사용된다.
송풍버너	• 공기를 압축하여 연소하는 버너이다. • 로 내의 압력은 대기압 이상이다.

3. 부분예혼합연소

① 연소용 공기의 일부를 연료와 미리 혼합하고 나머지 공기는 연소실에서 혼합시켜 확산연소시키는 방법이다.

② 소형 또는 중형 버너로 많이 사용된다.

4. 장애현상

(1) 저온부식

① 개요: 150℃ 이하의 전열면에 응축하는 황산, 질산 등에 의하여 발생된다.

② 방지대책

㉠ 과잉공기를 줄여서 연소한다.

㉡ 연료를 전처리하여 황 함량을 낮춘다.

㉢ 장치표면을 내식재료로 피복한다.

㉣ 연소가스 온도를 산노점 온도보다 높게 유지한다.

㉤ 예열공기를 사용하거나 보온시공을 한다.

(2) 고온부식

① 개요: 320~350℃ 범위에서 황산화물, 질소산화물, 염화수소 등에 의해 급격히 부식이 발생하는 현상이다.

② 방지대책

㉠ 장치 표면을 피복하거나 내식성이 뛰어난 재료를 선정한다.

㉡ 온도를 조절하여 부식을 피한다.

㉢ 침적된 먼지를 제거하거나 침적되지 않게 설계한다.

㉣ 부식성 가스의 농도를 낮춘다.

(3) 클링커 장애(Clinker trouble)

① 개요

㉠ 석탄재 등이 녹아 덩어리 상태로 굳어 연소의 장애를 일으키는 현상으로 주로 화격자 연소장치의 문제점으로 나타난다.

㉡ 연료층 내부온도가 높을 때 회분이 환원 분위기 속에서 고온열화로 발생된다.

㉢ 연료 연소층의 교반속도를 크게 할수록 회분의 접촉이 많아져 클링커 발생량이 증가할 수 있다.

② 방지대책

㉠ 연료 연소층의 온도분포가 균일한 경우 클링커 발생이 억제된다.

㉡ 연료 중의 회분 유입을 억제하여 클링커 발생을 예방할 수 있다.

㉢ 연료 연소층의 교반속도를 적절히 하여 클링커의 생성을 억제한다.

KEYWORD 64 통풍장치

1. 통풍장치의 개요

통풍방식에 따라 자연통풍(연돌통풍)과 강제통풍(인공통풍)으로 구분된다.

자연통풍(연돌통풍)	–
강제통풍(인공통풍)	가압통풍(압입통풍), 흡인통풍, 평행통풍

2. 자연통풍(연돌통풍)

(1) 개요

① 연소 후 배출되는 배기가스의 부력, 온도, 밀도차 등과 연돌의 높이에 의해 통풍되는 방식이다.

② 가스의 온도가 높고 연돌이 높을수록 통풍력은 커진다.

③ 보통 가스유속 3~4m/sec, 통풍력은 15mmH_2O 정도이다.

(2) 특징

① 송풍기를 필요로 하지 않아 동력의 소모가 적고 설비가 간단한 구조이다.

② 소음이 적고 유지비용이 적게 든다.

③ 연소실 내로 외기의 유입이 있을 수 있으며 대용량 설비에는 적합하지 않다.

④ 외기의 온도와 습도 등에 영향을 받는다.

(3) 통풍력 산정공식

$$\text{통풍력}(mmH_2O)=273\times H\times\left[\frac{\gamma_a}{273+t_a}-\frac{\gamma_g}{273+t_g}\right]$$

H: 굴뚝의 높이, t_a: 공기의 온도(℃), t_g: 배기가스의 온도(℃),
γ_a: 공기의 비중량(kgf/m^3), γ_g: 배기가스의 비중량(kgf/m^3)

고득점 POINT 자연통풍력을 증대시키는 방법

- 굴뚝을 높인다.
- 굴뚝 통로를 단순하게 한다.
- 굴뚝가스의 체류시간을 증가시킨다.
- 굴뚝가스의 온도를 높인다.
- 굴뚝의 단면적을 작게 하여 배출속도를 높인다.

3. 강제통풍(인공통풍)

(1) 가압통풍(압입통풍)

① 압입통풍은 노앞에 설치된 가압송풍기에 의해 연소용 공기를 연소로 안으로 압입하는 통풍방식이다.

② 내압이 정압(+)으로 연소효율이 좋다.

③ 송풍기의 고장이 적고 점검 및 보수가 용이하다.

④ 흡인통풍방식보다 송풍기의 동력 소모가 적다.

⑤ 역화의 위험성이 있다.

(2) 흡인통풍

① 연소실 뒤에 설치된 흡입송풍기에 의해 로 내의 배기가스를 흡인하여 로 내 압력을 부압(−)으로 유지시키며 통풍하는 방식이다.

② 흡인통풍은 연소용 공기를 예열하는 데 적합하지 않다.

③ 역화의 위험이 없으며 통풍력이 큰 경우에 적합하다.

④ 연소실 내의 압력이 부압이므로 외기의 유입이 있을 수 있다.

⑤ 송풍기의 소요동력이 크고 점검 및 보수가 용이하지 못하다.

(3) 평행통풍

① 연소실 내의 압력을 정압(+)과 부압(−)을 번갈아가며 조절하여 통풍하는 방식이다.

② 통풍력이 커서 대형 연소장치에 적용할 수 있으며 외기의 침입이나 연소가스의 누설을 막을 수 있다.

③ 평형통풍은 2대의 송풍기를 설치, 운용하므로 설비비가 많이 소요되고 소음이 많이 발생되는 단점이 있다.

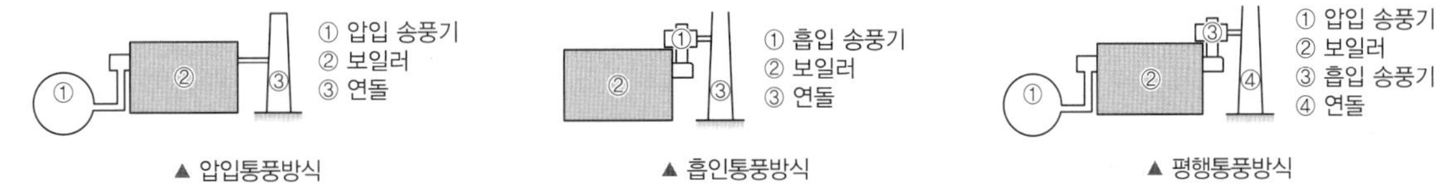

▲ 압입통풍방식 ▲ 흡인통풍방식 ▲ 평행통풍방식

내가 찾고 있는 것은 바깥에 있지 않다.
그것은 내 안에 있다.

– 헬렌 켈러(Helen Keller)

대기오염 방지기술

합격 GUIDE

대기오염방지기술은 1과목 대기환경관리와 연계되는 내용이 많습니다. 대기환경관리가 전체적인 대기오염에 관한 내용이라면, 대기오염방지기술은 보다 세부적인 내용을 다루고 있습니다.

대기오염방지기술의 내용은 실기시험에도 많이 출제되기 때문에 필기시험부터 고득점을 목표로 정확하게 이해하며 학습하는 전략이 필요합니다.

전기집진장치 및 여과집진장치에 관련된 내용이 가장 많이 출제되므로 이 두 장치의 특징과 장애현상 등은 정확히 이해하고 암기해야 합니다.

또한 흡수법 중 흡수액이 갖추어야 할 조건 및 헨리의 법칙과 관련된 문제, 송풍기 중 송풍기의 소요동력을 구하는 문제가 자주 출제됩니다.

출제빈도별 기출 KEYWORD

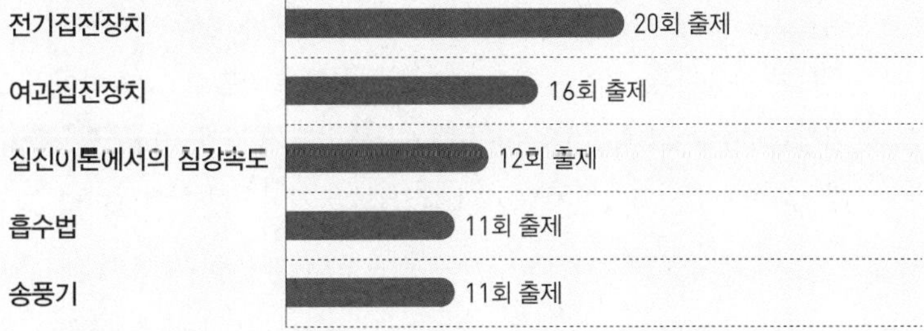

※ 최근 8개년 기출분석 결과로 분류방법에 따라 수치는 달라질 수 있음

CHAPTER 01 입자상 물질의 처리

KEYWORD 65 집진이론에서의 침강속도

1. 집진이론

(1) 개요

① 집진장치는 주로 입자상 물질을 제거하는 장치이다.

② 장치를 선택할 때 처리해야 하는 입자의 밀도, 입경분포, 부식성, 용해성, 효율 등을 고려해야 한다.

(2) 중력침강속도

① 중력에 의해 침강하는 입자의 속도이다.

② 중력, 부력, 항력의 평형에 의해 속도가 결정된다.

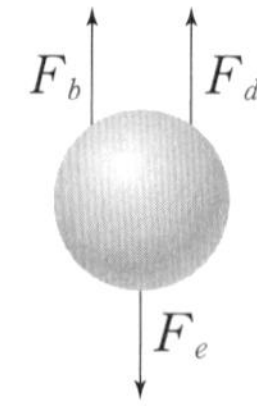

외력(F_e): 중력 또는 원심력
부력(F_b): 외력과 평행하게 작용하는 반대 힘
항력(F_d): 입자와 유체의 상대적 움직임에 의한 힘 (이동방향에 평행하게 작용)

(3) 스토크스 법칙(Stokes' law)

① 중력침강속도는 입경의 제곱, 중력가속도, 입자와 유체와의 밀도차에 비례한다.

② 중력침강속도는 유체의 점도에 반비례한다.

$$V_g = \frac{d_p^2(\rho_p - \rho)g}{18\mu}$$

V_g: 중력침강속도(m/sec), ρ: 유체의 밀도(kg/m^3), ρ_p: 입자의 밀도(kg/m^3),
g: 중력가속도(m/sec^2), d_p: 입자의 직경(m), μ: 유체의 점도(kg/m · sec)

(4) 커닝험(Cunningham) 보정계수(C_f)

① 입경 10μm 이하의 분진에 적용되며, 이는 미세입자가 기체 분자와 충돌할 때 미끄러지는 현상이 발생하기 때문에 스토크스 법칙의 값보다 크게 되어 이를 보정하기 위해 사용된다.

② 온도가 높을수록, 직경이 작을수록, 점성저항이 작을수록, 압력이 낮을수록 증가한다.

③ 커닝험계수는 입경 $d > 3\mu$m일 때 $C_f = 1$이고 입경이 10μm일 때는 스토크스 값의 2% 정도($C_f = 1.02$)지만, 입경 1μm에서는 15% 이상($C_f \geq 1.15$)으로 증가하여야 한다.

$$V_g=\frac{d_p^2(\rho_p-\rho)g}{18\mu}\times C_f$$

$$C_f=1+\frac{2\lambda}{d_p}\left[1.257+0.4\times e^{\left(-0.55\times\frac{d_p}{\lambda}\right)}\right]$$

λ: 평균자유거리(≒0.067)

고득점 POINT 항력(Drag force)의 특징

$F_D=C_D\times\frac{1}{2}\times\rho\times V^2\times A$

C_D: 항력계수, ρ: 유체의 밀도, V: 유체에 대한 물체의 상대속도, A: 물체의 단면적

- 항력계수가 커질수록 항력은 증가한다.
- 입자의 투영면적이 클수록 항력은 증가한다.
- 상대속도의 제곱에 비례하여 항력은 증가한다.
- 레이놀즈수가 커질수록 항력계수는 감소한다.
- 완전구형 입자가 층류영역에서 스토크스법칙의 적용을 받을 때 $C_D=24/Re$의 관계가 성립한다.

2. 입도측정

(1) 관성충돌법(Cascade impactor)

① 개요

㉠ 관성충돌을 이용하여 입경을 간접적으로 측정하는 방법이다.

㉡ 여러 단계의 충돌판을 배치하여 단계별로 입도 범위가 다른 입자들을 분리한다. 예 Cascade impactor

㉢ 다단충돌분진포집기를 이용하여 분진을 크기에 따라 분류하는 장치로 공기역학적 직경에 의해 입자의 크기별로 분류할 수 있으며 하부로 내려갈수록 작고 미세한 입자가 포집된다.

② 특징

㉠ 입자의 질량크기분포를 알 수 있다.

㉡ 되튐으로 인한 시료의 손실이 일어날 수 있다.

㉢ 시료채취가 용이하지 않고 채취준비에 시간이 오래 걸리는 단점이 있으나, 단수의 임의 설계가 가능하다.

(2) 액상침강법

① 물이나 공기 등의 유체에서 침강시키며 속도를 구하고, 스토크스법칙에 적용하여 입자의 직경을 구하는 방법이다.

② 주로 1μm 이상인 먼지의 입경 측정에 이용되고 그 측정장치로는 엔더슨 피펫, 침강천칭, 광투과장치 등이 있다.

(3) 입자의 비표면적

① 입자가 미세할수록 부착성이 커진다.

② 먼지의 입경과 비표면적은 반비례 관계이다. (입경이 작을수록 비표면적이 큼)

③ 비표면적이 크게 되면 원심력 집진장치의 경우에는 장치벽면을 폐색시킨다.

$$\text{비표면적}=\frac{\text{구의 표면적}}{\text{구의 부피}}=\frac{\pi d_p^2}{\frac{\pi d_p^3}{6}}=\frac{6}{d_p}\ [\text{단, } d_p\text{: 입자의 직경(m)}]$$

SUBJECT 03 대기오염방지기술

(4) 입도 측정방법의 분류

① 간접측정법: 광산란법, 공기투과법, 액상침강법, 관성충돌법

② 직접측정법: 현미경법, 표준체측정법

3. 먼지의 입경분포

(1) 개요

① 먼지의 입경분포를 나타내는 방법 중 적산분포에는 정규분포, 대수정규분포, Rosin Rammler 분포가 있다.

② 빈도분포는 먼지의 입경분포를 적당한 입경간격의 개수 또는 질량의 비율로 나타내는 방법이다.

③ 적산분포(R)는 일정한 입경보다 큰 입자가 전체의 입자에 대하여 몇 % 있는가를 나타내는 것으로 입경분포가 0이면 $R=100\%$이다.

④ 대수정규분포는 미세한 입자의 특성과 잘 일치하지 않는다.

(2) Rosin Rammler 분포

① $R(\%)$은 체상누적분포이고 n이 클수록 입경분포 폭은 좁다.

② β가 커지면 임의의 누적분포를 갖는 입경 d_p는 작아져서 미세한 분진이 많다는 것을 의미한다.

$$R(\%)=100\exp(-\beta d_p^{\,n})$$

KEYWORD 66 중력집진장치

1. 중력집진장치의 개요 및 일반적인 특성

(1) 개요

① 입자상 물질을 중력에 의해 자연침강을 유도하여 기체로부터 분리하는 장치이다.

② 취급입자: 50μm 이상

③ 효율: 40~60%

④ 압력손실: 10~15mmH_2O

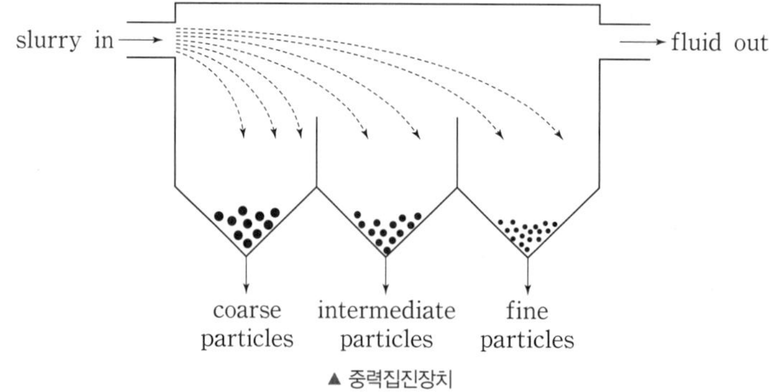

▲ 중력집진장치

(2) 일반적인 특성

① 장치의 구조가 간단하고 집진효율이 좋지 않아 고농도 함진가스의 전처리로 이용된다.

② 설치면적은 크나 압력손실이 적고 운전유지 비용이 작다.

③ 배출가스의 유속은 보통 0.3~3m/sec 정도가 되도록 설계한다.

④ 입자가 100% 제거되기 위한 침강실의 설계기준

$$\frac{V}{V_g}=\frac{L}{H} \text{ 또는 } \frac{V_g}{V}=\frac{H}{L}$$

V: 유속(m/sec), V_g: 중력침강속도(m/sec), L: 길이(m), H: 높이(m)

(3) 중력집진장치의 집진효율 향상조건

① 침강실 내의 처리가스의 속도가 작을수록 미립자가 포집된다.

② 유입부의 유속이 느릴수록 처리 효율이 높다.

③ 침강실의 높이는 낮고 길이는 길수록 집진율이 높아진다.

④ 침강실 내의 배기가스 기류는 균일해야 한다.

⑤ 다단일 경우 단수가 증가될수록 압력손실은 커지나 효율은 증가한다.

$$\text{집진효율}(\eta)=\frac{V_g \times L}{V \times H}$$

V: 유속(m/sec), V_g: 중력침강속도(m/sec), L: 길이(m), H: 높이(m)

2. 집진효율과 장치의 설계

(1) 개요

$$\text{효율}=\frac{\text{입자의 중력침강속도}}{\text{100\% 제거되는 입자의 침강속도}}$$

$$\text{100\% 제거되는 입자의 침강속도}=\frac{\text{유량}}{\text{집진바닥면적}}=\frac{WHV}{WL}=\frac{HV}{L}=\frac{H}{\text{체류시간}}$$

$$\text{입자의 중력침강속도}(V_g)=\frac{d_p^2(\rho_p-\rho)g}{18\mu}$$

$$\text{효율}=\frac{\frac{V_g}{1}}{\frac{HV}{L}}=\frac{V_g}{\frac{HV}{L}}=\frac{\frac{d_p^2(\rho_p-\rho)g}{18\mu}}{\frac{HV}{L}}=\frac{d_p^2(\rho_p-\rho)gL}{18\mu HV}$$

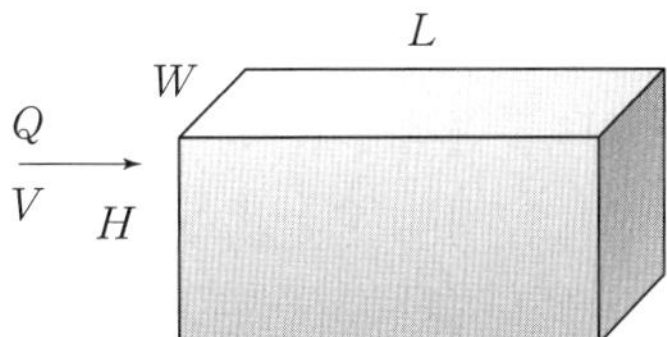

(2) 효율을 100%로 가정한 경우

$$1=\frac{V_gL}{HV} \rightarrow \frac{V_g}{V}=\frac{H}{L}$$

KEYWORD 67 관성력집진장치

1. 관성력집진장치의 개요

① 함진가스를 방해판에 충돌시켜 기류의 급격한 방향전환을 이용하여 입자를 분리 · 포집하는 집진장치이다.

② 취급입자: 10μm 이상

③ 효율: 50~70%

④ 압력손실: 30~70mmH_2O

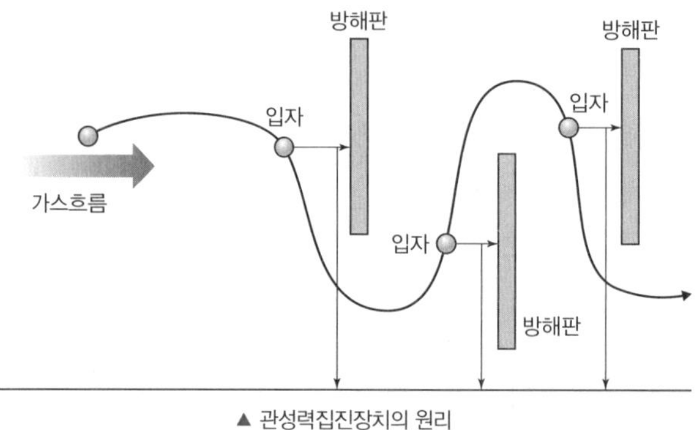

▲ 관성력집진장치의 원리

2. 관성력집진장치에서 집진율 향상조건

① 기류의 방향전환 각도가 작고 방향전환 횟수가 많을수록 압력손실은 커지나 집진율은 높아진다.

② 함진가스의 충돌 또는 기류의 방향전환 직전의 가스속도가 빠르고 방향전환 시의 곡률반경이 작을수록 미세입자의 포집이 가능하다.

③ 관성력집진장치는 일반적으로 처리 후의 출구 가스속도가 느릴수록 미립자의 제거가 쉽다.

④ 적당한 Dust box의 형상과 크기가 필요하다.

KEYWORD 68 원심력집진장치(사이클론)

1. 원심력집진장치(사이클론)의 개요 및 특징

(1) 개요

① 입자에 원심력을 작용시켜(선회운동) 입자를 분리해내는 장치이다.

② 취급입자: 3~100μm 이상

③ 효율: 50~80%

④ 압력손실: 50~150mmH_2O

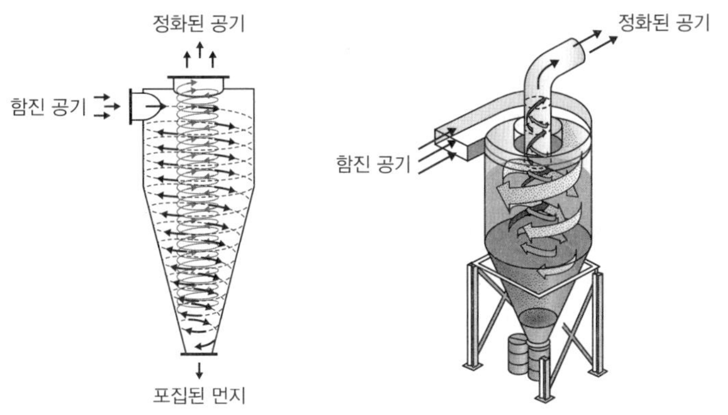

▲ 원심력집진장치

(2) 임계입경과 절단입경

① 임계입경(Critical diameter): 100% 제거되는 입자의 최소 입경이다.

② 절단입경(Cut size diameter): 50% 제거되는 입자의 최소 입경이다.

$$절단입경(d_{p50}) = \left[\frac{9 \times \mu \times B_c}{2 \times (\rho_p - \rho) \times \pi \times N_e \times V} \right]^{0.5}$$

μ: 배출가스의 점도(kg/m·sec), B_c: 유입구의 폭(m), ρ_p: 입자의 밀도(kg/m^3),
ρ: 가스의 밀도(kg/m^3), N_e: 유효회전수, V: 입구의 유속(m/sec)

(3) 원심력집진장치의 일반적인 특징

① 구조가 간단하고 취급이 용이한 편이다.

② 점착성 배출가스 처리는 부적합하며, 딱딱한 입자는 장치의 마모를 일으킨다.

③ 블로다운 효과를 사용하여 집진효율 증대가 가능하다.

④ 저효율 집진장치 중 집진율이 우수하고 경제적인 이유로 전처리 장치로 많이 사용된다.

⑤ 설치비와 유지비가 저렴한 편이다.

⑥ 효율이 클수록 압력손실이 크다.

2. 원심력집진장치에서의 집진율 향상조건 및 종류

(1) 원심력집진장치의 집진율 향상조건

① Blow down 효과를 이용하여 난류를 억제한다.

② 블로다운 효과(Blow down effect): 원심력집진장치(사이클론)의 집진효율을 높이는 방법으로, 하부의 더스트 박스(Dust box)에서 처리가스량의 5~10%를 흡입하여 사이클론 내의 난류현상을 억제시킴으로써 먼지의 재비산을 막아주며 장치 내벽의 먼지 축적도 방지하는 방법이다.

③ 원심력집진장치(사이클론)의 효율을 높이려면 몸통을 작게 하고 길이를 길게 하여 유속을 빠르게 하고 회전수를 늘려야 한다.

④ 입구유속에는 한계가 있지만, 그 한계 내에서는 입구유속이 빠를수록 효율이 높은 반면에 압력손실도 커진다.

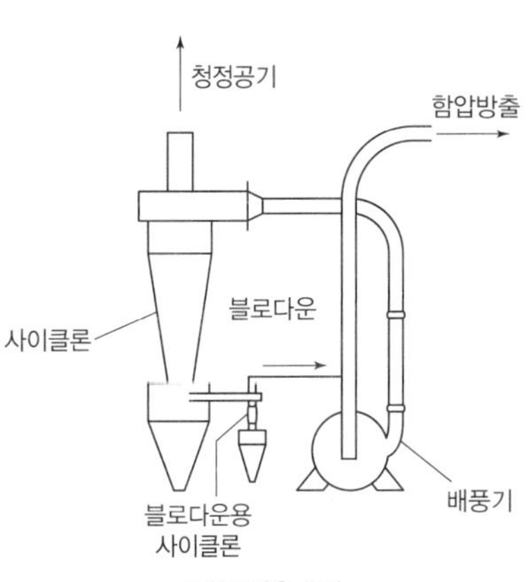

▲ 블로다운 효과

⑤ 적당한 Dust box의 모양과 크기도 효율에 영향을 미친다.

⑥ 배기관경(내관)이 작을수록 입경이 작은 입자를 제거할 수 있다.

⑦ 미세먼지의 재비산 방지를 위해 스키머와 회전깃, 살수설비 등을 설치하여 제거효율을 증대시킨다.

⑧ 고농도일 경우는 병렬연결하여 사용하고, 응집성이 강한 먼지는 직렬연결(단수 3단 이내)하여 사용한다.

(2) 원심력집진장치의 구조에 따른 분류

① 원심력집진장치는 유입과 유출형식에 따라 접선유입식과 축류식으로 분류한다.

② 축류식 집진장치는 도익선회식이라고도 하며 직진형과 반전형이 있다.

③ 각 구분별 특징

구분	특징	
접선유입식	• 압력손실은 100∼150mmH$_2$O이다. • 장치입구의 가스속도는 7∼15m/sec이다.	
축류식	직진형	• 압력손실은 40∼50mmH$_2$O이다. • 설치 시 필요면적이 적게 드는 편이다. • 다른 형식의 집진장치에 비해 먼지부착이 심하고 집진효율이 낮은 편이다.
	반전형	• 입구가스의 속도가 10m/sec 전후이다. • 압력손실은 80mmH$_2$O로 접선유입식에 비해 압력손실이 적은 편이다. • 가스의 균일한 분배가 용이한 이점이 있으며 대용량 처리에 적합하다. • 함진가스 입구의 안내익에 따라 집진효율이 달라진다.

3. 원심력집진장치의 설계

(1) 분리속도

$$V_r = \frac{d_p^2(\rho_p - \rho)V^2}{18\mu R}$$

V_r: 입자의 원심분리속도, d_p: 직경, ρ_p: 입자의 밀도, ρ: 유체의 밀도
V: 선회가스의 속도, R: 내통의 반경, μ: 점성계수

(2) 분리계수

$$\text{분리계수} = \frac{\text{원심분리속도}}{\text{중력분리속도}} = \frac{\dfrac{d_p^2(\rho_p - \rho)V^2}{18\mu R}}{\dfrac{d_p^2(\rho_p - \rho)g}{18\mu}} = \frac{V^2}{R \times g}$$

(3) 압력손실

$$\Delta H = \text{압력손실계수} \times \frac{\gamma V^2}{2g}$$

γ: 비중량, V: 속도, g: 중력가속도

KEYWORD 69 세정집진장치

1. 세정집진장치의 개요 및 처리원리

(1) 개요

① 가스를 기포, 액적, 액막 등으로 세정하며 관성충돌, 확산, 증습, 응집, 부착원리를 이용하여 입자상 물질과 가스상 물질을 동시에 제거하는 장치이다.

② 사용하는 액체는 보통 물이지만 특수한 경우에는 표면활성제를 혼합하는 경우도 있다.

③ 효율: 80~95%

④ 취급입자: 0.1~100μm 이상

⑤ 형식별 압력손실과 취급입자

형식	압력손실(mmH_2O)	취급입자(μm)
벤츄리 스크러버	300~800	0.1~50
사이클론 스크러버	100~300	0.5~50
충전탑	100~250	1~100
제트 스크러버	−200~0	0.1~50

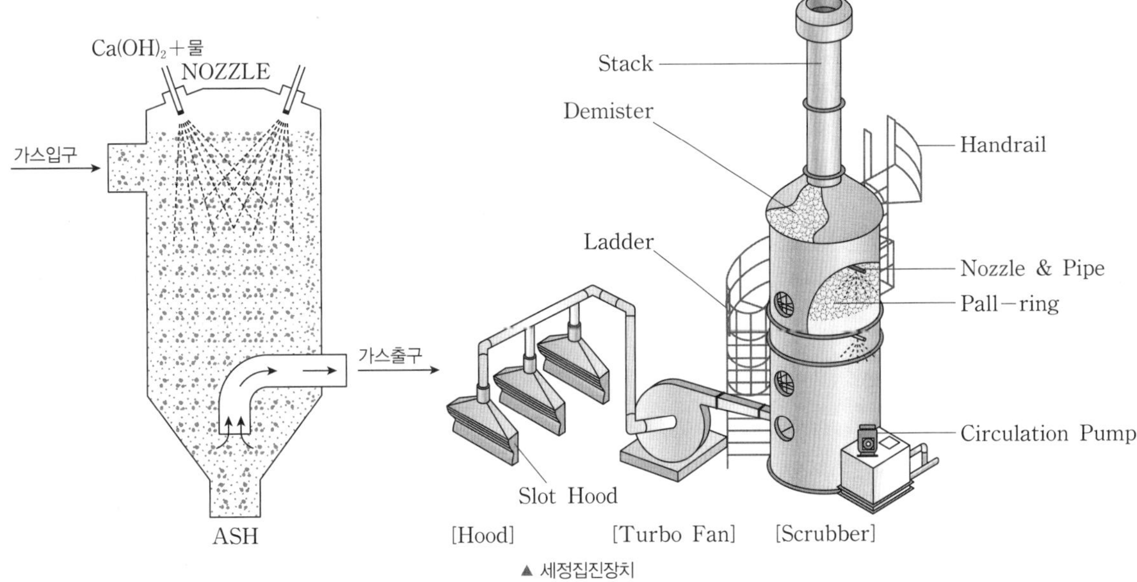

▲ 세정집진장치

(2) 세정집진장치의 처리원리

① 관성충돌, 확산포집, 응집작용, 직접흡수(차단)이다.

② 배기증습에 의하여 입자가 서로 응집한다.

③ 미립자 확산에 의하여 액적과의 접촉이 쉬워진다.

④ 액적에 입자가 충돌하여 부착한다.

⑤ 입자를 핵으로 한 증기의 응결에 따라 응집성이 증가된다.

2. 세정집진장치의 특징

(1) 세정집진장치의 장점

① 점착성 및 조해성 분진의 처리가 가능하고 연소성 및 폭발성 가스의 처리가 가능하여 분진입자와 유해가스를 동시에 제거할 수 있다.

② 고온의 가스를 처리할 수 있다.

③ 집진된 먼지의 재비산 염려가 없다.

④ 부식성 입자의 제거가 가능하다.

⑤ 구조가 간단하고 설치비용이 저렴한 편이며 설치면적도 적게 필요하다.

용어 CHECK **조해성**

고체가 대기 중의 수분을 흡수하여 녹는 성질을 조해성이라고 한다.

(2) 세정집진장치의 단점

① 소수성 입자의 집진율이 낮은 편이다.

② 폐수처리 장치가 필요하다.

③ 압력손실이 크고 동력소비가 많아 운전비가 많이 든다.

④ 친수성, 부착성이 높은 먼지에 의한 폐쇄 염려가 있다.

⑤ 처리가스의 확산이 크지 못하며 부식의 염려가 있다.

⑥ 백연을 방지하기 위한 재가열이 필요하다.

(3) 세정액의 접촉방법에 따른 분류

① 유수식: 세정액을 장치 내에 채운 후 가스를 유입시키는 방법으로 가스분수형, Impeller형, 로터형 등이 있다.

② 가압수식: 세정액을 가스 속으로 가압분사하는 방법으로 벤츄리 스크러버, 제트 스크러버, 충전탑, 분무탑 등이 있다.

③ 회전식: Fan을 이용하여 기포의 형태로 세정액을 가스로 유입시키는 방법으로 Impulse Scrubber, Theisen washer 등이 있다.

(4) 세정집진장치의 유지 관리

① 먼지의 성상과 농도를 고려하여 액가스비를 결정한다.

② 목부는 처리가스의 속도가 매우 크기 때문에 마모가 일어나기 쉬우므로 수시로 점검하여 교환한다.

③ 기액분리기는 시설의 작동이 정지해도 잠시 공회전을 하여 부착된 먼지에 의한 산성의 세정수를 제거해야 한다.

④ 집진효율을 높이기 위하여 될 수 있는 한 처리가스 온도를 낮게 하여 운전하는 것이 바람직하다.

⑤ 입자와 액적 간의 충돌횟수가 많을수록 집진효율은 증가된다. (관성충돌계수가 클수록 효율이 증가함)

(5) 액가스비를 높게 유지해야 하는 경우

① 분진의 점착성이 클 때

② 분진의 소수성이 클 때

③ 처리가스의 온도가 높을 때

④ 분진의 입경이 작을 때

⑤ 분진의 농도가 높을 때

고득점 POINT 관성충돌계수(효과)를 크게 하기 위한 조건

- 분진의 입경이 커야 한다.
- 분진의 밀도가 커야 한다.
- 처리가스의 점도가 낮아야 한다.
- 액적의 직경이 작아야 한다.

KEYWORD 70 여과집진장치

1. 여과집진장치의 개요 및 집진원리

(1) 개요

① 먼지를 함유하는 가스를 여과재(Bag Filter)를 통과시켜 입자를 분리, 포집하는 장치이다.

② 0.1~20μm의 미세한 입자의 집진이 가능하며 집진효율이 90~99%로 우수하고 압력손실은 100~200mmH_2O 정도이다.

③ 여과집진장치의 주된 집진원리는 관성충돌, 직접차단, 확산, 정전기적 인력, 중력이다.

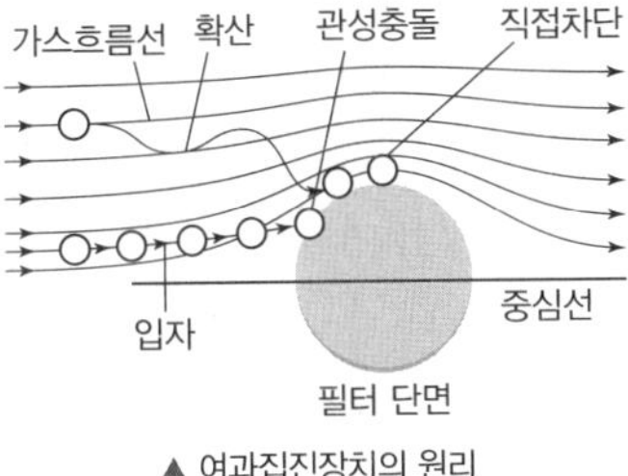

▲ 여과집진장치의 원리

(2) 여과집진장치의 집진원리

① 관성충돌(Inertial Impaction)

㉠ 함진가스가 필터를 통과할 때 먼지입자는 필터에 충돌하고 부착된다.

㉡ 가스의 점도는 작을수록, 먼지입자의 크기와 밀도, 여과속도가 클수록 집진이 잘된다.

② 차단(Interception)

㉠ 가스는 필터를 통과하지만 미세한 먼지 입자는 필터를 통과하지 못하고 차단되어 집진된다.

㉡ 0.1~1μm의 입자를 치리하는 데 있어서 가장 중요한 작용이다.

③ 확산(Diffusion)

㉠ 함진가스의 농도 차에 의해 고농도 영역에서 저농도 영역으로 입자가 이동하려는 성질을 이용한 것으로 0.1μm 이하의 미세한 입자를 처리하는 데 있어서 가장 중요한 작용이다.

㉡ 농도 차가 발생하지 않더라도 먼지입자는 브라운 운동을 하므로 기류와 각 방향으로 이동하려는 성질이 있으며 이 때문에 필터를 통과하면서 포집된다.

㉢ 확산작용에 따른 포집은 입자의 크기와 가스의 점도가 작을수록 효과가 있다.

용어 CHECK 브라운 운동

작은 입자는 기체 분자와 부딪혔을 때 불규칙한 운동을 하는데, 이를 브라운 운동이라 하며 입자가 작을수록 심한 브라운 운동을 하게 된다.

④ 중력(Gravity)

㉠ 함진가스의 유속이 필터를 통과하면서 줄어들며 무겁고 큰 입자는 중력에 의해 분리되어 낙하된다.

㉡ 중력에 의한 분리는 입자의 크기와 밀도가 클수록, 가스의 밀도와 유속이 작을수록 효과적으로 이루어진다.

⑤ 가교현상(Bridge)

㉠ 필터에 부착된 먼지에 계속적인 먼지입자의 퇴적이 일어나 가교가 형성되면서 정상적인 여과를 방해하는 현상이다.

㉡ 가교현상에 의해 생성된 먼지층에서 가스는 통과하고 먼지입자는 계속 퇴적되는데, 탈진 후에도 일부 남아 있는 층을 1차 cake층이라 한다.

2. 여과집진장치의 특성 및 탈진방법

(1) 여과집진장치의 특징

① 폭발성 및 점착성 먼지 제거가 곤란하고 수분에 대한 적응성이 낮으며, 여과재의 교환으로 유지비용이 많이 들고 다른 집진장치에 비해 설치면적이 넓다.

② 여과포의 종류에 따라 제거 가능한 물질의 종류가 다르므로 여과포 선택 시 가스의 성상이 중요하다.

③ 다양한 여과재의 사용으로 인하여 설계 시 융통성이 있다.

④ 여포의 손상과 온도 및 압력은 관계가 있으며 350℃ 이상의 고온의 가스 처리에 부적합하다.

⑤ 가스 온도에 따른 여재의 사용이 제한된다.

(2) 여과집진장치의 탈진방법

여과시간과 탈진시간의 비율은 10 : 1 이상이 되도록 설계해야 한다.

① 간헐식

㉠ 집진실을 여러 개의 방으로 구분하고 방 하나씩 처리가스의 흐름을 차단하여 순차적으로 탈진하는 방식이다.

㉡ 진동형과 역기류형, 역기류 진동형이 여기에 해당한다.

㉢ 간헐식은 먼지의 재비산이 적고, 탈진과 여과를 순차적으로 실시하므로 높은 집진율을 얻을 수 있으며, 여포의 수명이 연속식에 비해 길다.

㉣ 연속식에 비하여 먼지의 재비산이 적으나 고농도, 대용량의 처리에는 용이하지 못하다.

㉤ 간헐식 중 진동형은 여포의 음파진동, 횡진동, 상하진동에 의해 포집된 먼지층을 털어내는 방식이다.

㉥ 간헐식 중 진동형은 점착성 먼지집진에는 사용할 수 없다.

㉦ 간헐식 중 역기류형의 적정 여과속도는 0.5~1.5cm/sec이다.

② 연속식

㉠ 연속식에는 충격기류식[역제트기류(Reverse jet) 분사형과 충격제트기류(Pulse jet) 분사형], 음파제트형 등이 있다.

㉡ 연속식은 포집과 탈진이 동시에 이루어지므로 압력손실이 거의 일정하고 고농도, 대용량의 가스를 처리할 수 있다.

㉢ 대량의 가스의 처리에 적합하며, 점성있는 조대먼지의 탈진에 효과적이다.

㉣ 역제트기류 분사형은 여과자루에 상하로 이동하는 블로워에 몇 개의 슬롯을 설치하고 여기에 고속제트기류를 주입하여 여과자루를 위, 아래로 이동하면서 탈진하는 방식으로 내면여과이다.

3. 여과재의 특성 및 효율향상조건

(1) 개요

① 여과재의 형상은 원통형, 평판형, 봉투형 등이 있으나 원통형을 많이 사용한다.

② 여과재(여포)는 가스온도가 여과포의 상용온도를 넘지 않도록 하여야 하며, 고온가스를 냉각시킬 때에는 산노점 이상으로 유지해야 한다.

③ 여과재는 내열성이 약하므로 가스온도 250℃를 넘지 않도록 주의한다.

④ 여과자루 길이(L)/여과자루 직경(D)≒20 이하로 많이 설계하고, 여과자루의 길이는 1.5~10m, 직경은 15~45cm가 많이 사용된다.

(2) 여과포의 구비조건

① 충분한 기계적 강도를 가져 탈리 시 여과포에 손상이 없어야 한다.

② 가스의 pH에 영향이 없도록 내산성과 내알칼리성을 가져야 한다.

③ 처리가스가 고온일 때도 여과가 잘 될 수 있는 내열성이 있어야 하며 수분을 흡수하는 성질인 흡습성이 작아야 한다.

(3) 여과포의 사용온도와 특성

종류	최고사용온도(℃)	내산성	내알칼리성
목면	80	없음	보통
사란	80	보통	없음
양모	80	보통	없음
데비론	95	우수	우수
카네카론	100	우수	우수
비닐론	100	우수	우수
나일론(폴리아미드계)	110	보통	우수
오론	150	우수	없음
나일론(폴리에스테르계)	150	우수	없음
테트론	150	우수	없음
유리섬유(Glass fiber)	250	우수	없음
테프론	250	우수	우수

(4) 여과집진장치의 효율 향상조건

① 간헐식 털어내기 방식은 높은 집진율을 얻는 경우에 적합하고, 연속식 털어내기 방식은 고농도의 함진가스 처리에 적합하다.

② 필요에 따라 유리섬유의 실리콘 처리 등을 하여 적합한 여포재를 선택하도록 한다.

③ 여포의 파손 및 온도, 압력 등을 상시 파악하여 기능의 손상을 방지한다.

④ 겉보기 여과속도가 작을수록 미세입자를 포집한다. (여과속도가 작을수록 집진효율이 커짐)

KEYWORD 71 전기집진장치

1. 전기집진장치의 개요 및 일반적인 특성

(1) 개요

① 코로나 방전으로 인해 (−)전하로 대전된 분진입자를 (+)전하로 대전되어 있는 집진극과의 정전기적 인력에 의해 입자상 물질을 제거하는 장치이다.

② 0.01~20μm의 입자를 90~99.9%의 효율로 처리할 수 있으며 압력손실은 10~20mmH_2O 정도이다.

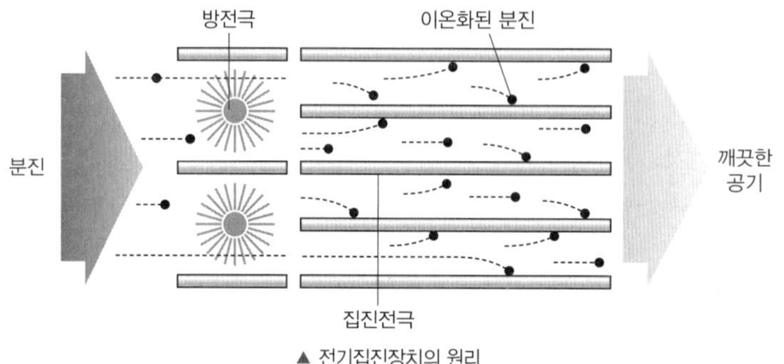

▲ 전기집진장치의 원리

(2) 전기집진장치의 일반적인 특징

① 전기집진장치는 함진가스 중의 먼지에 (−)전하를 부여하여 대전시킨다. (코로나 방전)

② 0.1μm 이하의 미세입자까지 포집이 가능하다.

③ 대량가스 및 고온가스(500℃ 정도)의 처리도 가능하다.

④ 압력손실의 경우 건식은 10mmH_2O, 습식은 20mmH_2O로 낮은 편이다.

⑤ 부식성 가스가 함유된 먼지도 처리가 가능하며 소요동력이 적다.

⑥ 설치면적이 넓고, 설치비용이 많이 드는 편이다.

⑦ 전압 변동과 같은 조건 변동에 쉽게 적응하기 어렵다.

⑧ 입자의 하전을 균일하게 하기 위해 장치 내부의 처리가스 속도는 보통 건식 1~2m/sec, 습식 2~4m/sec를 유지하도록 한다.

⑨ 집진효율을 높이고, 효율적으로 전력을 사용하기 위해 독립된 하전설비를 가진 집진실로 전기적 구획한다.

2. 전기집진장치의 종류

(1) 습식과 건식

① 건식 전기집진장치

㉠ 미세한 입자상 물질을 건조한 상태로 처리하므로 폐수발생에 대한 문제점이 없다.

㉡ 역전리와 재비산에 대한 대응이 용이하다.

㉢ 습식에 비해서 장치의 구조가 단순하다.

② 습식 전기집진장치

㉠ 낮은 전기저항 때문에 발생하는 재비산을 방지할 수 있다.

㉡ 처리가스 속도를 건식보다 2배 정도 높일 수 있다.

㉢ 집진극면이 청결하게 유지되며 강전계를 얻을 수 있다.

㉣ 습식 전기집진장치는 역전리가 잘 발생하지 않고 대응에 용이하다.

㉤ 건식에 비해 집진효율이 높은 편이고 장치의 구조가 복잡하다.

㉥ 폐수 및 슬러지 발생과 배기가스의 냉각으로 인한 응축으로 부식에 대한 문제가 생길 수 있으며 누전위험도 있다.

(2) 1단과 2단

① 1단식 전기집진장치

㉠ 하전과 집진이 동일전계에서 진행되는 방식이다.

㉡ 1단식은 보통 산업용으로 많이 쓰인다.

㉢ 재비산 분진에 대해 효과적으로 제어할 수 있으나 역전리 현상에 대해서는 대응이 어렵다.

② 2단식 전기집진장치

㉠ 하전과 집진이 서로 다른 전계에서 일어난다.

㉡ 비교적 함진농도가 낮은 가스처리에 유용하다.

㉢ 2단식은 1단식에 비해 오존의 생성을 감소시킬 수 있다.

㉣ 2단식은 역전리의 억제는 효과적이나 재비산 방지는 곤란하다.

㉤ 주로 공기청정 분야에서 많이 사용된다.

3. 전기집진장치의 집진극과 비저항

(1) 전기집진장치의 집진극

① 집진극의 모양은 여러 가지가 있으나 평판형과 관(管)형이 많이 사용된다.

② 보통 방전극의 재료와 비슷한 탄소 함량이 많은 스테인리스강 및 합금을 사용한다.

③ 집진극면이 항상 깨끗하여야 강한 전계(電界)를 얻을 수 있다.

④ 처리가스량이 많고 고집진효율을 얻기 위해서는 평판형 집진극이 사용된다.

⑤ 부착된 먼지를 털어내기 쉬워야 한나.

⑥ 열, 부식성 가스에 강하고 기계적인 강도가 있어야 한다.

⑦ 부착된 먼지의 탈진 시 재비산이 일어나지 않는 구조를 가져야 한다.

⑧ 집진극의 전기장 강도가 균일하게 분포해야 한다.

(2) 전기집진장치의 비저항

비저항은 겉보기 전기저항의 정도를 의미하며 집진된 분진의 전류에 대한 전기적 저항(전류의 흐름에 저항하는 성질)을 의미한다.

① 낮은 전기저항(저 비저항)

㉠ $10^4\Omega\cdot cm$ 이하이면 재비산 현상이 발생한다.

㉡ 배연시설에서 연료에 황 함유량이 많은 경우에는 먼지의 비저항이 낮아진다.

㉢ 비저항이 낮은 경우에는 습식 전기집진장치를 사용하거나, 암모니아 가스를 주입한다.

② 높은 전기저항(고 비저항)

㉠ 10^{11}~10^{13}Ω·cm 범위에서는 역전리 또는 역이온화가 발생한다.

㉡ 비저항이 높은 경우는 분진층의 전압손실이 일정하더라도 가스상의 전압손실이 감소하게 되므로, 전류는 비저항의 증가에 따라 감소된다.

㉢ 처리가스 내 수분은 그 함유량이 증가하면 비저항이 감소하므로, 고 비저항의 분진은 수증기를 분사하거나 물을 뿌려 비저항을 낮출 수 있다.

㉣ 황 함량이 높은 연료, SO_3, H_2SO_4, NaCl, 트라이에틸아민을 주입시켜 비저항을 낮출 수 있다.

③ 정상 전기저항

㉠ 분진의 비저항이 10^5~10^{10}Ω·cm 정도의 범위이면 입자의 대전과 집진된 분진의 탈진이 정상적으로 진행된다.

㉡ 저 비저항과 고 비저항의 비교

구분	기준	발생현상	대책
저 비저항	10^4Ω·cm 이하	재비산 현상	NH_3 주입, 온도와 습도 조절
고 비저항	10^{11}Ω·cm 이상	역전리 현상	황 함량이 높은 연료, SO_3, H_2SO_4, NaCl, 트라이에틸아민 주입

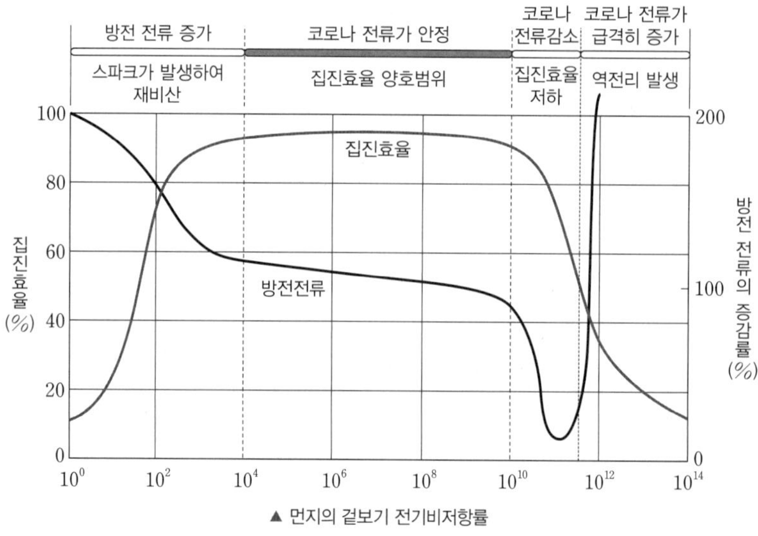

▲ 먼지의 겉보기 전기비저항률

4. 전기집진장치의 유지관리

(1) 유지관리

① 정지 시에는 접지저항을 적어도 연 1회 이상 점검하고 10Ω 이하로 유지한다.

② 시동 시에는 애자, 애관 등의 표면을 깨끗이 닦아 고압회로의 절연저항이 100MΩ 이상이 되도록 한다.

③ 조습용 스프레이 노즐은 운전 중 막히기 쉽기 때문에 운전 중에도 점검, 교환이 가능해야 한다.

④ 미분탄 연소 등에 따라 역전리 현상이 발생할 때에는 집진극의 타격을 강하게 하거나, 빈도수를 늘린다.

⑤ 재비산이 발생할 때에는 처리가스의 속도를 낮추어 준다.

⑥ 온도 조절 시 장치의 부식을 방지하기 위해서는 노점 온도 이상으로 유지해야 한다.

⑦ 운전 종료 시 전극의 구부러짐, 먼지의 부착여부 등을 점검 보수한다.

(2) 전기집진장치의 각종 장해에 따른 대책

① 먼지의 비저항이 비정상적으로 높아 2차 전류가 현저히 떨어질 때

㉠ 먼지농도가 높거나 먼지의 겉보기 저항이 비정상적으로 높을 경우 발생한다.

㉡ 스파크 횟수를 늘리거나 부착된 먼지를 탈락시킨다.

㉢ 조습용 스프레이의 수량을 증가시켜 겉보기 저항을 낮춘다.

② 2차 전류가 주기적으로 변하거나 불규칙적으로 흐르는 장애현상이 발생할 때

㉠ 집진극에 집진된 먼지의 스파크가 심하거나 방전극과 집진극의 간격이 이완되었을 때 발생한다.

㉡ 분진을 충분하게 탈리시킨다.

㉢ 방전극과 집진극을 점검한다.

㉣ 1차 전압을 스파크와 전류의 흐름이 안정될 때까지 낮추어 준다.

③ 2차 전압에 방전전류가 많이 흐를 때

㉠ 고압절연회로의 절연이 불량하거나 먼지농도가 너무 낮거나 방전극이 가늘 때 발생한다.

㉡ 고압절연회로를 점검하고 방전극을 교체한다.

5. 전기집진장치의 설계

(1) 이론적 집진율

이론적 효율 $=\dfrac{A\times W_e}{Q}$

$\eta=\dfrac{2WL\times W_e}{SWV}$

Q: 처리가스량, A: 집진면적

S: 집진극 사이의 거리(=2×방전극과 집진극 사이의 거리)

W: 집진극의 폭, L: 집진극의 길이

V: 가스의 유속, W_e: 먼지의 겉보기 이동속도

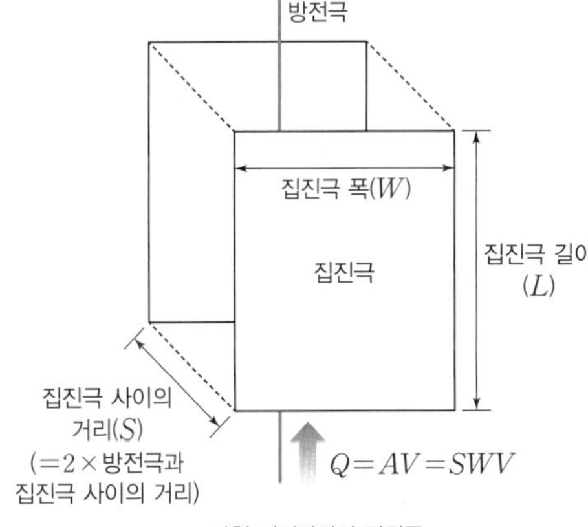

▲ 판형 집진장치의 집진극

(2) 실제 집진율 산정

① Deutsch-Anderson 식

$$\eta=1-e^{-\frac{A\cdot W_e}{Q}}$$

A: 집진면적(m^2), W_e: 분진의 겉보기 이동속도(m/sec), Q: 유량(m^3/sec)

② 겉보기 이동속도: (−)로 대전된 분진입자가 집진극을 향하여 이동하는 속도로, 집진효율과 비례한다.

CHAPTER 02

가스상 물질의 처리

KEYWORD 72 흡착법

1. 흡착이론

(1) 개요

① 흡착이란 제거해야 하는 고체, 액체, 기체상 물질들이 흡착제 표면에 부착되는 것이다.

② 흡착제 종류: 활성탄, 실리카겔, 합성 제올라이트, 활성 알루미나, 보크사이트, 마그네시아 등

(2) 물리적 흡착

① 입자 간의 인력(Van der waals 힘)이 주된 원동력으로 흡착제에 피흡착 물질이 부착되는 흡착으로 가역적인 흡착반응이 일어난다.

② 일반적으로 기체의 분자량이 클수록, 흡착되는 피흡착 물질의 분압이 높을수록 흡착량이 증가한다.

▲ 흡착

③ 온도가 낮을수록 흡착량이 많아지며 일정 온도(임계온도) 이상에서는 흡착되지 않는다.

④ 흡착열이 낮고 다분자 흡착이며 오염가스 회수가 용이하다.

(3) 화학적 흡착

① 화학적인 반응에 의한 화학결합으로 흡착제와 피흡착 물질이 반응하며 비가역적인 흡착반응이 일어난다.

② 표면에 단분자막을 형성하며, 발열량이 크다.

(4) 물리적 흡착과 화학적 흡착의 비교

구분	물리적 흡착	화학적 흡착
온도 범위	낮은 온도	대체로 높은 온도
흡착층	여러 층이 가능	단일 분자층
가역 정도	가역성이 높음	가역성이 낮음
흡착열	낮음	높음

2. 흡착제

(1) 흡착제의 요구조건

① 흡착제의 재생이 용이하고 흡착 물질의 회수가 용이해야 한다.

② 압력손실이 작아야 하고 흡착효율이 좋아야 한다.

③ 일정 강도를 가져야 하며 처리 중 흡착제의 손실이 없어야 한다.

④ 온도와 같은 환경 변화에 대한 대응성이 뛰어나야 한다.

(2) 흡착제의 종류와 특징

① 활성탄

㉠ 악취 및 휘발성 유기화합물질 제거에 일반적으로 가장 많이 사용하는 소수성(비극성) 흡착제이다.

㉡ 각종 방향족 유기용제, 할로겐화 유기용제, 에스테르류, 알콜류 등의 비극성 유기용제를 흡착하는 데 탁월한 효과가 있다. (알코올류, 담배 연기, 벤젠 등)

㉢ 암모니아, 아민류, 알데히드류 등은 흡착성이 낮아 흡착으로 제거가 어렵다.

㉣ 활성탄은 표면적이 600~1,400m^2/g으로 유기성 가스는 분자량이 45 이상이 되어야 활성탄의 물리적 흡착방법으로 제거할 수 있다.

② 기타흡착제의 종류와 특성

㉠ 합성 제올라이트(Synthetic Zeolite): 제조과정에서 그 결정구조를 조절하여 특정한 물질을 선택적으로 흡착시키거나 흡착속도를 다르게 할 수 있는 장점이 있으며, 극성이 다른 물질이나 포화 정도가 다른 탄화수소의 분리가 가능하다.

㉡ 마그네시아는 표면적이 200m^2/g으로 유류의 제거와 정제에 주로 사용된다.

㉢ 실리카겔은 250℃ 이하에서 물과 유기물을 잘 흡착한다.

㉣ 활성 알루미나는 물과 유기물을 잘 흡착하며 175~325℃로 가열하여 재생시킬 수 있다.

3. 등온 흡착식

(1) 개요

① 흡착되는 물질의 양은 일정 온도에서 농도의 함수로 나타내는데, 이를 흡착등온선(Adsorption isotherm)이라 한다.

② Freundlich, Langmuir, Brunauer-Emmett-Teller(BET 등온선) 등의 식이 있다.

Freundlich 식	Langmuir 식
$\frac{X}{M}=KC^{\frac{1}{n}} \rightarrow \log\left(\frac{X}{M}\right)=\frac{1}{n}\log C+\log K$ X: 흡착된 용질의 양, M: 흡착제(활성탄)의 양 S: X/M, C: 용질의 평형농도, K, n: 상수	$\frac{X}{M}=\frac{abC}{1+aC} \rightarrow \frac{C}{X/M}=\frac{1}{ab}+\frac{C}{b}$ X: 흡착된 용질의 양, M: 흡착제(활성탄)의 양 C: 용질의 평형농도, a, b: 상수

(2) Langmuir 식의 가정조건

① 결합력이 약한 화학흡착이다.

② 흡착의 결합력은 단분자층의 두께에 제한된다. (단분자층 흡착)

③ 가역적이다.

④ 흡착은 평형조건 상태에서 이루어진다.

(3) 포화점(Saturation point)과 파과점(Break point)

① 포화점(Saturation point)에서는 주어진 온도와 압력 조건에서 흡착제가 가장 많은 양의 흡착질을 흡착하는 과정이다.

② 흡착제층 전체가 포화되어 배출가스 중에 오염가스 일부가 남게 되는 점을 파과점(Break point)이라 하고, 이 점 이후부터는 오염가스의 농도가 급격히 증가한다.

③ 파과곡선의 형태는 흡착탑의 경우에 따라서 비교적 기울기가 큰 것이 바람직하다.

④ 실제의 흡착은 비정상상태에서 진행되므로 흡착의 초기에는 흡착이 빠르게 진행되다가 어느 정도 흡착이 진행되면 천천히 흡착이 이루어진다.

KEYWORD 73 흡착처리기술

1. 흡착처리기술의 개요

① 주로 활성탄에 의한 흡착처리기술이 휘발성 유기화합물(VOCs), 악취처리, 다이옥신 등의 제거에 많이 사용되고 있다.

② 흡착제의 장치구성방식에 따라 고정된 흡착층으로 가스를 통과시키는 고정층 방식과 흡착제와 가스를 서로 반대 방향으로 흐르게 하여 처리하는 이동층 방식, 이 두 가지를 적절히 섞어 사용하는 유동층 방식 등이 있다.

2. 흡착처리기술의 방식

(1) 고정층 흡착장치

① 활성탄을 충진한 흡착층을 고정시킨 후 가스를 통과시키며 흡착하는 장치이다.

② 흡착제가 포화되면 탈착하여 다시 사용하고 이를 반복하는 방식이기 때문에 보통 2~4개의 흡착탑이 필요하다.

③ 고정층 흡착장치 중 수직형은 저농도, 소규모에 적합하고 처리가스량이 많은 경우 수평형이 효율적이다.

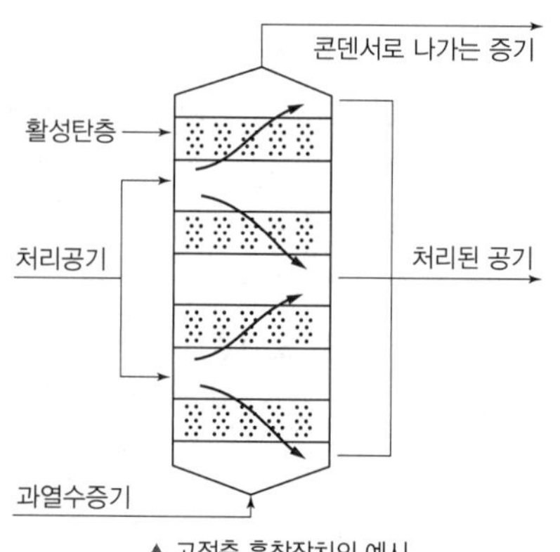

▲ 고정층 흡착장치의 예시

(2) 이동층 흡착장치

① 흡착제와 가스를 서로 반대방향으로 흐르게 하면서 흡착시키는 방식으로 흡착제는 연속적으로 흡착과 탈착을 반복한다.

② 흡착제가 적은 상태에서 운전할 수 있으며 탈착에 필요한 에너지를 줄일 수 있다.

③ 계속되는 흡착제의 이동으로 흡착제의 마모와 손실이 발생한다.

④ 일반적으로 이동층 흡착장치는 유동층 흡착장치에 비해 가스의 유속을 크게 유지할 수 없다는 단점이 있다.

(3) 유동층 흡착장치

① 유동층 흡착장치는 고정층과 이동층 흡착장치의 장점만을 이용한 복합형으로 고체와 기체의 접촉을 좋게 할 수 있다.

② 유동층 흡착장치는 흡착제의 유동에 의한 마모가 크게 일어나고, 주어진 조업조건에 따른 변동이 어렵다.

KEYWORD 74 흡수법

1. 흡수법의 개요

① 주로 친수성 가스를 제거하기 위해 널리 사용되는 방법이다.

② 기체상태의 오염물질을 흡수액을 사용하여 흡수시켜 제거하는 방법이다.

2. 흡수이론

(1) 기체의 용해도

① $HCl > HF > NH_3 > SO_2 > Cl_2 > H_2S > CO_2 > O_2 > CO$

② 용해도는 기체의 압력에 비례한다.

③ 용해도가 작은 기체는 헨리상수가 크다.

④ 헨리의 법칙이 잘 적용되는 기체는 용해도가 작은 기체이다.

⑤ 기체의 용해도는 온도가 증가할수록 작아진다.

▲ 흡수

(2) 이중경막설

① 두 상(Phase)이 접할 때 두 상이 접한 경계면의 양측에 경막이 존재한다는 가정을 Lewis-Whitman의 이중경막설이라 한다.

② 확산을 일으키는 추진력은 두 상(Phase)에서의 확산물질의 농도차 또는 분압차가 주 원인이다.

③ 주어진 온도, 압력에서 평형상태가 되면 물질의 이동은 정지한다.

④ 액상으로의 가스흡수는 기－액 두 상(Phase)의 본체에서 확산물질의 농도기울기는 거의 없으나 기－액의 각 경막 내에서는 농도 기울기가 큰데, 이것은 두 상의 경계면에서 효과적인 평형을 이루기 위함이다.

(3) 헨리의 법칙

① 온도가 일정할 때 용해되는 난용성 기체의 양은 압력에 비례한다. (난용성 기체에 적용됨)

② 온도와 기체의 부피가 일정할 때 기체의 용해도는 용매와 평형을 이루고 있는 기체의 분압에 비례한다.

③ 헨리상수의 값은 온도가 높을수록, 용해도가 작을수록 커진다.

④ 헨리상수의 단위는 $atm \cdot m^3/kmol$이다.

⑤ 대표적인 난용성 기체: CO, NO_2, H_2S, N_2, O_2, NO 등

⑥ 대표적인 친수성 기체: HCl, HF, SiF_4, SO_2, Cl_2, HCHO 등

$$P=HC$$

P: 흡수되는 물질의 분압(atm), H: 헨리상수($atm \cdot m^3/kmol$), C: 용해되는 기체의 농도($kmol/m^3$)

(4) 기체의 용해도와 흡수장치

① 기체와 흡수액 간의 용해도가 큰 기체는 상대적으로 헨리상수가 작으며 가스(기체)의 저항이 지배적이므로 액분산형 흡수장치를 사용한다.

② 가스측 저항이 클 경우 유리한 액분산형 흡수장치: 충전탑, 분무탑, 벤츄리 스크러버, 사이클론 스크러버 등

③ 기체와 흡수액 간의 용해도가 작은 기체는 상대적으로 헨리상수가 크고 흡수액(액체)의 저항이 지배적이므로 가스분산형 흡수장치를 사용한다.

④ 액측 저항이 클 경우 유리한 가스분산형 흡수장치: 단탑, 포종탑, 다공판탑, 기포탑 등

(5) 흡수제(액)의 구비조건

① 적은 양의 흡수제로 많은 오염물을 제거하기 위해서는 유해가스의 용해도가 큰 흡수제를 선정한다.

② 부식성과 휘발성이 작고 어는점은 낮고 비점이 높아야 하며 화학적으로 안정적이어야 하고 용해도가 커야 한다.

③ 흡수율을 높이고 범람(Flooding)을 줄이기 위해서는 흡수제의 점도가 낮아야 한다.

④ 독성이 없어야 하며 가격이 저렴하고 용매와 화학적 성질이 비슷해야 한다.

⑤ 재생가치가 있는 물질이나 흡수제의 재사용은 탈착이나 Stripping을 통해 회수 또는 재생한다.

(6) 충전탑의 높이

$$\text{충전탑의 높이}=H_{OG}\times N_{OG}$$

H_{OG}: 기상총괄이동단위높이(m), N_{OG}: 기상총괄단위수

$N_{OG}=\ln\frac{1}{1-\eta}$ (η: 효율)

흡수처리기술 및 장치

1. 벤츄리 스크러버(Venturi scrubber)

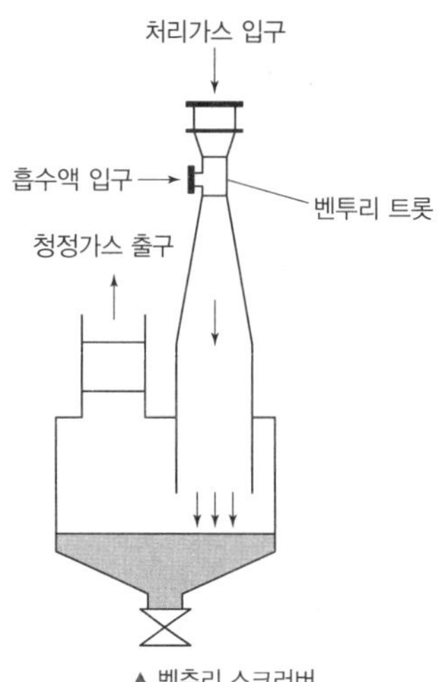

▲ 벤츄리 스크러버

① 가스를 Slot에 고속으로 흐르게 하여 소량의 물과 병류 혼합한다.

② 벤츄리 스크러버의 압력손실은 300~800mmH_2O로 가압수식 중 가장 크기 때문에 가스속도를 매우 높게 운전해야 처리가 가능하다.

③ 소형으로 대용량의 가스처리가 가능하며 액가스비는 0.3~1.5L/m^3로 대량의 세정액이 필요하다.

④ 목부의 처리가스 속도는 보통 60~90m/sec 정도이며, 미스트를 제거할 수 있다.

⑤ 물방울 입경과 먼지의 입경의 비는 충돌 효율면에서 150 : 1 전후가 좋다.

2. 제트 스크러버(Jet scrubber)

① 이젝터를 이용하여 세정액을 미립화하여 분출함으로써 처리하는 장치이다.

② 압력손실은 −200~0mmH_2O 정도이고 입구가스유속은 10~20m/sec이다.

③ 세정집진장치 중 액가스비가 10~50L/m^3 정도로 다른 가압수식에 비해 10배 이상이며 대형가스 처리에 불리하다.

④ 다량의 세정액이 사용되어 유지비가 고가이므로 처리가스량이 많지 않을 때 사용한다.

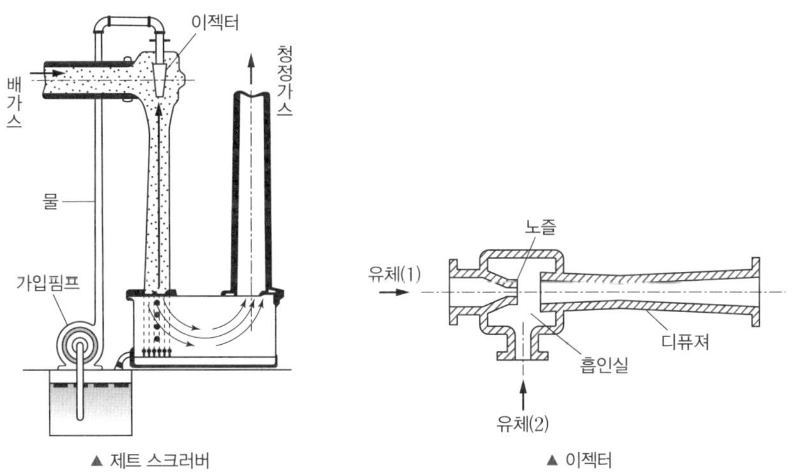

▲ 제트 스크러버 ▲ 이젝터

3. 사이클론 스크러버(Cyclone scrubber)

① 원심력을 이용하여 스크러버 내를 선회하며 상승하는 가스와 분무노즐에서 분사되는 미립자의 세정액을 접촉시켜 처리하는 방식이다.

② 압력손실은 100~300mmH_2O, 액가스비는 0.5~5L/m^3 정도로 높은 수압을 필요로 하여 동력의 요구량이 크다.

③ 미스트와 수용성 분진 처리에 효과적이다.

④ 수용성 가스에 효과적이며 대용량 처리가 가능하다.

⑤ 직경을 크게 하면 효율이 떨어질 수 있으며 분무노즐이 막힐 염려가 있다.

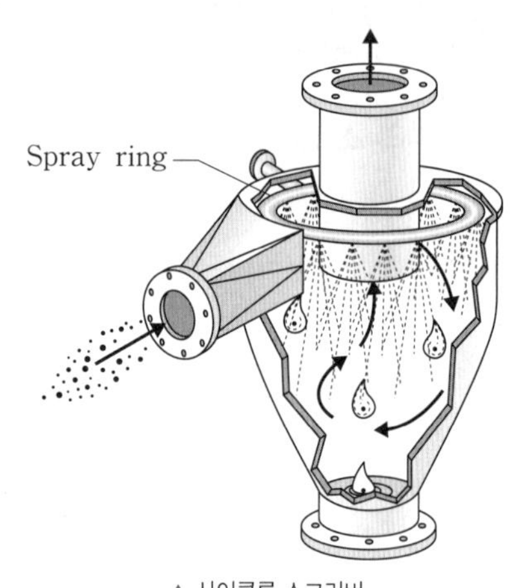

▲ 사이클론 스크러버

4. 분무탑(Spray tower)

① 탑 내에 물을 분무하여 가스를 저속도로 접촉시켜 처리하는 장치로, 수용성 기체에 잘 적용되나 다른 장치에 비해 효율이 낮아 전처리 개념의 처리가스 조절과 냉각장치로 사용되고 있다.

② 분무탑은 가스의 흐름이 균일하지 못하고 분무액과 가스의 접촉이 균일하지 못하여 효율이 낮은 편이다.

③ 가스의 압력손실은 작은 반면, 세정액 분무를 위해 상당한 동력이 요구되며, 장치의 압력손실은 2~20mmH_2O, 가스 겉보기 속도는 0.2~1m/s, 액가스비는 0.1~1L/m^3 정도이다.

④ 구조가 간단하고 충전탑에 비해 설치비와 유지관리비용이 저렴한 편이다.

⑤ 균일한 접촉이 어렵고 편류가 발생할 수 있으며 노즐이 막힐 염려가 있다.

⑥ 침전물이 생기는 경우에 효과적으로 처리할 수 있다.

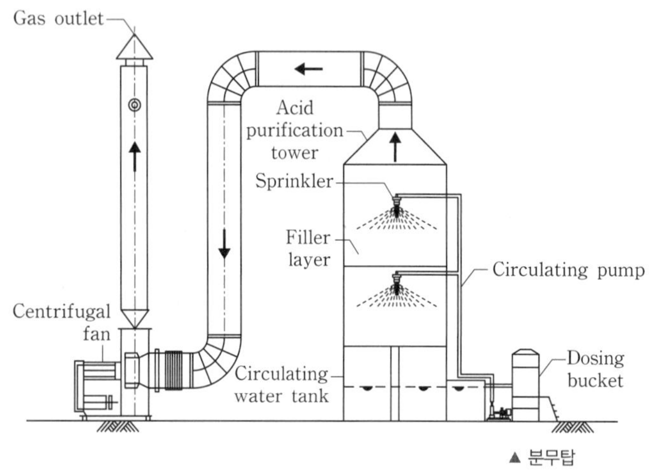

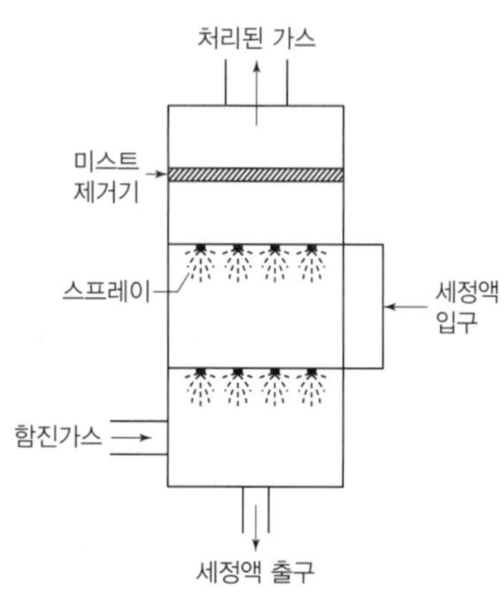

▲ 분무탑

5. 충전탑(Packed tower)

(1) 개요

① 표면적이 큰 충진물의 표면에 세정액을 흐르게 하여 가스를 저속으로 향류접촉시켜 처리한다.

② 압력손실은 탑의 높이에 따라 $50mmH_2O/m$로 탑의 높이는 보통 2~5m이며 총 압력손실은 $100 \sim 250mmH_2O$ 정도이다.

③ 액가스비는 $2 \sim 3L/m^3$, 가스 겉보기 속도는 0.3~1m/sec이다.

(2) 특징

① 적절한 급수량을 설정하면 효율이 우수한 편이며 부하변동에 적응성이 크다.

② 액분산형 가스에 적용이 잘 되며 가스분산형 처리 방법에 비해 압력손실이 크지 않고 동력비가 적게 든다.

③ 가스유속이 클 경우 흡수액이 범람하는 현상(Flooding)이 발생한다.

④ 흡수액의 충전층 내 액보유량(Hold-up)이 적은 편이다.

⑤ 충진물의 비용이 고가이며 유지비용이 많이 소요된다.

⑥ 포말성 흡수액에도 적응성이 좋으나 흡수액이나 가스에 함유된 고형물에 의해 폐색이 일어날 수 있다.

⑦ 온도변화에 대한 대응이 용이하지 못하다.

⑧ 초기 설치비용은 비싼 편이다.

(3) 충전물이 갖추어야 할 조건

① 공극률, 비표면적, 충진밀도 등이 커야 한다.

② 압력손실이 작고 가벼워야 하며 내구성과 내식성이 있어야 한다.

③ 가스와 흡수액을 균일하게 통과할 수 있는 구조여야 한다.

고득점 POINT **Hold-up과 Flooding point의 특징**

- 액분산형 흡수장치로서 충전물의 충전방식을 불규칙적으로 했을 때 접촉면적은 크나, 압력손실이 커진다.
- 충전탑에서 Hold-up은 흡수액을 통과시키면서 유량속도를 증가할 경우 충전층 내의 액보유량이 증가하게 되는 상태이다.
- 일정량의 흡수액을 흘릴 때 유해가스의 압력손실은 가스속도의 대수값에 비례하며, 가스속도 증가 시 나타나는 첫 번째 파과점을 Loading point라 한다.
- 충전탑은 보통 Flooding point의 40~70%에서 설계된다.

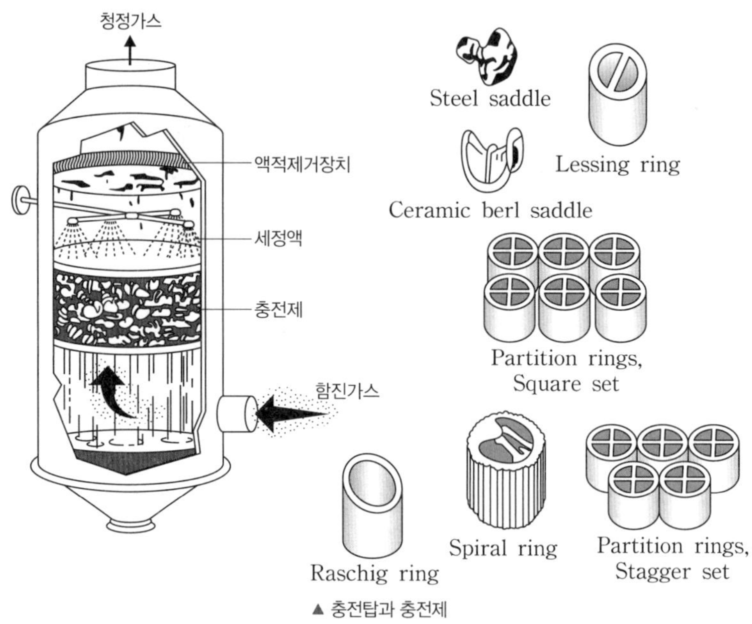

▲ 충전탑과 충전제

6. 다공판탑(단탑)(Plate tower)

① 탱크 안에 다공판을 설치하여 가스와 흡수액이 분산되게 한 후 가스와 흡수액을 서로 반대 방향으로 흐르게 하면서 흡수처리하는 방법이다.

② 가스속도는 0.3~1m/sec 정도이고 압력손실은 100~200mmH_2O/단 정도이며, 판 간격은 보통 40cm이고 액가스비는 0.3~5L/m^3 정도이다.

③ 비교적 적은 액가스비로 처리할 수 있어 대량의 흡수액이 소요되지 않는다.

④ 가스량의 변동이 심한 경우에는 용이하게 조업할 수 없다.

⑤ 다공판을 다단으로 설치하면 처리 효율이 증대되며 적은 액가스비로 처리할 수 있어 대용량 처리에 적합하다.

⑥ 스케일이 잘 생기지 않고, 다공판만 설치하는 경우 충전탑에 비해 부유물질을 함유하는 가스를 효과적으로 처리할 수 있으나 초기 투자비용이 크다.

⑦ 다공판만 설치하는 경우 충전탑에 비해 압력손실과 액보유량이 큰 것이 단점이다.

⑧ 판수를 증가시키면 고농도 가스도 일시처리가 가능하다.

고득점 POINT **충전탑(Packed tower)과 단탑(Plate tower)**

- 포말성 흡수액일 경우 충전탑이 유리하다.
- 흡수액에 부유물이 포함되어 있을 경우 단탑을 사용하는 것이 더 효율적이다.
- 온도 변화에 따른 팽창과 수축이 우려될 경우에는 충전제 손상이 예상되므로 단탑이 유리하다.
- 운전 시 용매에 의해 발생되는 용해열을 제거해야 할 경우 냉각오일을 설치하기 쉬운 단탑이 유리하다.

7. 포종탑(Bubble-cap tray tower)

① 탱크 안에 포종을 설치하여 흡수액이 분사되게 한 후 가스와 흡수액을 서로 반대 방향으로 흐르게 하면서 흡수처리하는 방법이다.

② 충전탑에 비해 흡수액에 부유물질이 많은 경우 유리하며 온도 변화에 대응성이 좋다.

③ 압력손실이 크고 설치비용이 비싼 편이며 액보유량이 큰 것이 단점이다.

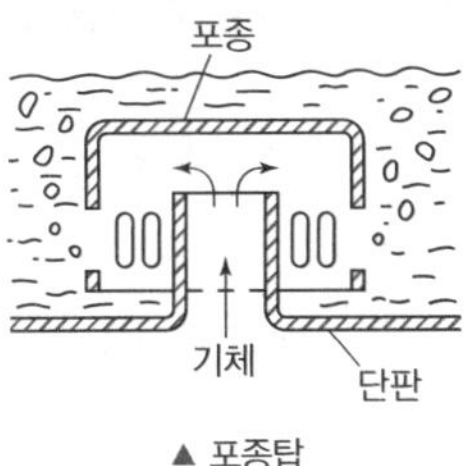

▲ 포종탑

KEYWORD 76 연소처리법

1. 연소처리법의 개요

① 가연성 가스와 분진, 악취유발 물질, 휘발성 유기화합물 등을 연소시켜 처리하는 방법이다.

② 배기가스의 유량과 농도에 따라 적절히 대응할 수 있다.

③ 가연성 물질의 연소 시 발생하는 폐열을 회수하여 이용할 수 있다.

2. 연소처리법의 종류와 특징

(1) 직접연소법

① 직접연소법은 경우에 따라 보조연료나 보조공기가 필요하며, 대체로 오염물질의 발열량이 연소에 필요한 전체 열량의 50% 이상일 때 경제적으로 타당하다.

② 직접연소법은 After burner법이라고도 하며, HC, H_2, NH_3, HCN 및 유독가스 제거법으로 사용한다.

③ 고농도의 VOCs, 열용량이 높은 물질을 함유한 가스에 효과적으로 적용된다.

(2) 가열연소법

① 가열연소법은 배기가스 중 가연성 오염물질의 농도가 낮아 직접연소법으로 불가능할 경우에 주로 사용되고 조업의 유동성이 높고 NO_x 발생이 적다.

② 가열연소법에서 연소로 내의 체류시간은 0.2~0.8초 정도이다.

(3) 촉매연소법

① 배출가스 중의 가연성 오염물질은 연소로 내에서 촉매를 사용하여 주로 연소한다.

② 촉매는 백금, 코발트, 니켈, 팔라듐 등이 있으며, 고가이지만 성능이 우수한 백금계의 것이 많이 이용된다.

③ 직접연소법에 비해 연료소비량이 적어 운전비는 절감되나, 촉매독이 문제가 된다.

④ 일반적으로 구리, 금, 은, 아연, 카드뮴 등은 촉매의 수명을 단축시킨다.

⑤ 대부분의 촉매는 800~900℃ 이하에서 촉매역할이 활발하므로 촉매연소에서의 온도는 낮게 유지하는 것이 좋다.

⑥ 유해가스로 오염된 가연성 물질을 처리하는 방법 중 연료소비량이 적은 편이며, 산화온도가 비교적 낮기 때문에 NO_x의 발생이 매우 적은 처리방법이다.

⑦ 적용 가능한 악취성분은 가연성 악취성분, 황화수소, 암모니아 등이 있다.

⑧ 비교적 낮은 농도의 오염물질이 유입될 때 사용한다.

질소산화물 처리기술

1. 선택적 촉매환원기술(SCR: Selective Catalytic Reduction)

(1) 개요

① 선택적 촉매환원법이라고도 한다.

② 200~400℃에서 촉매(TiO_2와 V_2O_5 등)에 NH_3, H_2, CO, H_2S 등의 환원가스를 작용시켜 NO_x를 N_2로 환원시키는 방법이다.

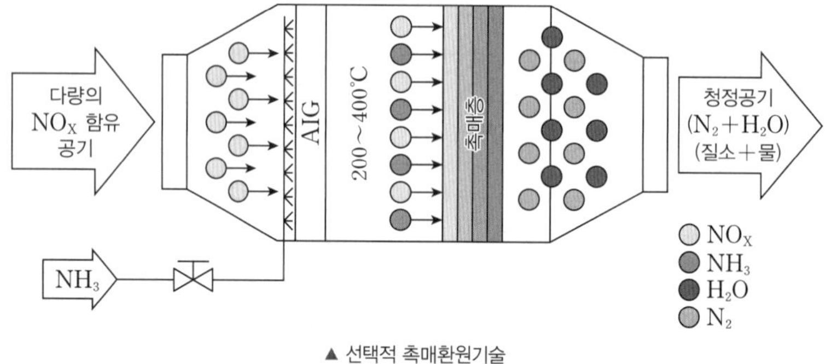

▲ 선택적 촉매환원기술

(2) 반응

$6NO_2+8NH_3 \rightarrow 7N_2+12H_2O$
$6NO+4NH_3 \rightarrow 5N_2+6H_2O$
$4NO+4NH_3+O_2 \rightarrow 4N_2+6H_2O$ (산소가 공존하는 상태)

(3) 특징

① 산소는 탄화수소, 수소, 일산화탄소가 공존하여도 선택적으로 질소산화물과 반응하며, 암모니아는 산소보다 질소산화물과 우선적으로 반응한다.

② 선택적인 접촉환원법에서 Al_2O_3계의 촉매는 SO_2, SO_3, O_2와 반응하여 황산염이 되기 쉽고, 촉매의 활성이 저하된다.

③ 선택적인 접촉환원법은 첨가된 반응물인 질소산화물을 선택적으로 환원시키며, 산소와 무관하다.

④ 탈질효율이 높은 편이지만 압력손실이 크고 운전비용이 많이 들며 수명이 짧은 편이다.

⑤ 촉매의 사용으로 비용이 비싸며 먼지나 황산화물의 영향을 받는다.

2. 선택적 비촉매환원기술(SNCR: Selective Non Catalytic Reduction)

(1) 개요

① 선택적 무촉매환원법이라고도 한다.

② 900~1,000℃에서 촉매를 사용하지 않고 환원제를 반응시켜 질소산화물을 N_2로 환원시키는 방법으로 제거효율이 40~70%로 낮은 편이다.

③ 환원제로는 암모니아 또는 요소[$(NH_2)_2CO$]를 사용한다.

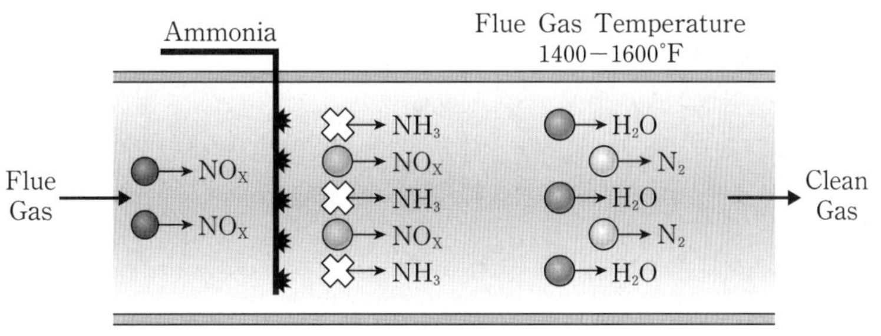

▲ 선택적 비촉매환원기술

(2) 반응

$4NO+2(NH_2)_2CO+O_2 \rightarrow 4N_2+4H_2O+2CO_2$
$4NO+4NH_3+O_2 \rightarrow 4N_2+6H_2O$

(3) 특징

① 장치가 간단하고 운전과 보수가 용이하며 다양한 가스에 적용할 수 있다.

② 운전온도를 잘 조절해야 하며 백연의 발생에 유의해야 한다.

3. 비선택적 접촉환원법(NCR 또는 NSCR, NonSelective Catalytic Reduction)

(1) 개요

① 환원제에 의해 질소산화물과 배기가스 중 산소까지 소비하면서 NO_x를 환원하는 방법이다.

② 비선택적 접촉환원법의 촉매로는 Pt뿐만 아니라 CO, Ni, Cu, Cr 등의 산화물도 이용 가능하다.

③ 환원제로는 CO, 탄화수소류(C_nH_m), H_2 등이 사용된다.

(2) 반응

$NO_2+CO \rightarrow NO+CO_2$
$2NO_2+4H_2 \rightarrow N_2+4H_2O$
$4NO_2+CH_4 \rightarrow 4NO+2H_2O+CO_2$

(3) 특징

구분	특징
장점	• 장치의 구성이 단순하여 보수가 용이한 편이다. • 건식처리인 경우 폐수발생이 없다. • 질소가스로 배출되므로 2차 오염을 야기하지 않으며 배출가스의 온도 저하가 없는 편이어서 배출가스의 확산이 좋은 편이다.
단점	• 촉매를 사용하는 경우 비용이 많이 든다. • 열교환기 등 장치가 커서 설치면적이 많이 소요된다. • 기존 시설을 그대로 사용하기 어려우며 처리비용이 많이 든다. • 황산화물이 있는 경우 암모늄염의 처리를 고려해야 한다.

고득점 POINT 연소상태 조절을 통한 질소산화물의 저감(억제법)

- 연소조건을 변화시켜서 질소산화물의 생성을 방지하는 방법이다.
- 수증기 분무, 저산소 연소, 저온도 연소, 저과잉공기비 연소법, 2단 연소법, 배기가스 재순환법이 있다.
- 공급공기량의 과량 주입은 일정구간에서 질소산화물의 발생을 촉진시킨다.

KEYWORD 78 황산화물 처리기술

1. 중유탈황법

(1) 개요

① 연료 중 황 함량을 제거하여 배출가스 중의 황산화물 생성을 방지하는 방법이다.

② 미생물을 이용한 생화학적 탈황법, 금속산화물을 이용한 탈황법, 접촉수소화 탈황법 등이 있으며 이 중 접촉수소화 탈황법이 가장 많이 사용되고 있다.

(2) 접촉수소화 탈황법

① 직접탈황법: Co-Ni-Mo을 수소첨가촉매로 하여 250~450℃에서 30~150kg/cm^2의 압력을 가하면 황(S)이 H_2S, SO_2 등의 형태로 제거되는 중유탈황법이다.

② 중간탈황법: 감압증류에 의해 분리한 감압잔유에서 아스팔트와 벤젠을 제거하고 감압경유와 혼합하여 탈황하는 방법으로, 촉매독을 어느정도 낮출 수 있으며 간접법에 비해 탈황효과가 뛰어나다.

③ 간접탈황법: 원유를 상압, 감압 증류를 순차적으로 시행하여 분리한 경유를 수소화 정제한 후 감압잔유와 혼합하여 저황유를 제조하는 방법으로, 직접탈황법에 비해 탈황효과는 낮지만 촉매 수명을 길게 할 수 있는 장점이 있다.

2. 배연탈황법

(1) 개요

① 배출가스 속에 포함된 황산화물을 장치를 통과시키면서 제거하는 방법이다.

② 구분

구분		방법
배연탈황법	건식법	석회석주입법, 활성탄흡착법, 활성산화망간법
	습식법	가성소다흡수법, 황산나트륨흡수법, 암모니아흡수법
	반건식법	석회석주입법(석회세정법), 소석회주입법

(2) 석회석주입법(건식법)

① 개요: 석회석($CaCO_3$)을 연소시켜 생성된 생석회(CaO)를 고온(약 1,000℃)에서 SO_2와 반응시켜 석고($CaSO_4$)와 이산화탄소(CO_2)로써 제거하는 방법이다.

② 반응식: $SO_2+CaCO_3+0.5O_2 \rightarrow CaSO_4+CO_2$

③ 특징

㉠ 기존 시설에 적용이 용이하며 석회석을 재생하여 쓸 필요가 없어 부대시설이 거의 필요 없고 설비가 간단하다.

㉡ 연소로 내에서의 화학반응은 주로 소성, 흡수, 산화의 3가지로 나눌 수 있다.

㉢ 초기 투자비용이 적게 들어 소규모 보일러나 노후 보일러용으로 많이 사용되었다.

㉣ pH에 영향을 받지 않고 배출가스를 고온으로 유지하여 배기가스의 온도가 잘 떨어지지 않는다.

㉤ 연소로 내에서 짧은 접촉시간과 아황산가스가 석회분말의 표면 안으로 침투되지 못해 아황산가스의 제거효율은 약 40%로 비교적 낮다.

㉥ 반응률이 낮아 탈황효율이 낮으며 석회석의 사용으로 처리해야 할 고형물의 양이 많다.

㉦ 석회석과 배출가스 중 재가 반응하여 연소로 내에 달라붙어 열전달을 낮춘다.

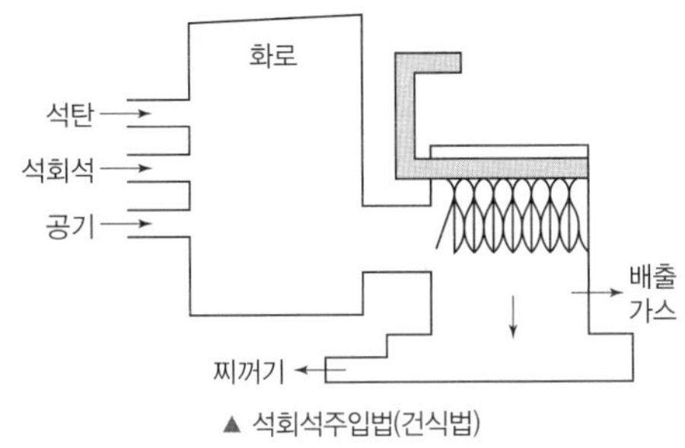

▲ 석회석주입법(건식법)

(3) 석회석주입법(석회세정법, 반건식법)

① 개요

㉠ 흡수제로 슬러리(Slurry) 상태의 석회석($CaCO_3$)을 주입하여 흡수하는 반건식 흡수법이다.

㉡ 반응식: $SO_2 + CaCO_3 + 2H_2O + 0.5O_2 \rightarrow CaSO_4 \cdot 2H_2O + CO_2$

② 특징

㉠ 건식법에 비해 제거율이 높고 입자상 물질도 동시에 제거할 수 있으며 소규모 처리시설에 적용이 용이하다.

㉡ 배출가스의 통풍력이 줄어들고 압력손실이 높아 동력의 소모가 크다. (가스배출이 어려움)

㉢ 부식과 스케일의 문제가 있으며 부산물(고형폐기물)의 발생이 많아 처리에 어려움이 있다.

(4) 가성소다(NaOH)흡수법

① 흡수탑으로 NaOH를 주입시켜 SO_2와 반응하게 하여 Na_2SO_3로 회수함으로써 SO_2를 흡수제거하는 방법이다.

② 반응식

$$SO_2 + 2NaOH \rightarrow Na_2SO_3 + H_2O$$
$$Na_2SO_3 + 0.5O_2 \rightarrow Na_2SO_4$$

③ 탈황률이 90% 정도로 높고 반응속도가 빠르며 처리수를 중화하기 용이하고 부식과 스케일에 대한 문제가 거의 없다.

(5) 암모니아흡수법

① 흡수탑으로 NH_4OH를 주입시켜 SO_2와 반응하여 $(NH_4)_2SO_4$로 회수함으로써 SO_2를 흡수제거하는 방법이다.

② 반응식: $SO_2 + 2NH_4OH + 0.5O_2 \rightarrow (NH_4)_2SO_4 + H_2O$

③ 황산암모늄이 생성되며 비료로서 가치가 있다.

④ 암모니아의 재생이 용이하며 가격이 저렴한 편이다.

⑤ 탈황률이 높고 슬러지의 생성량이 적으며 처리수의 중화가 용이하다.

⑥ 설비비가 많이 든다.

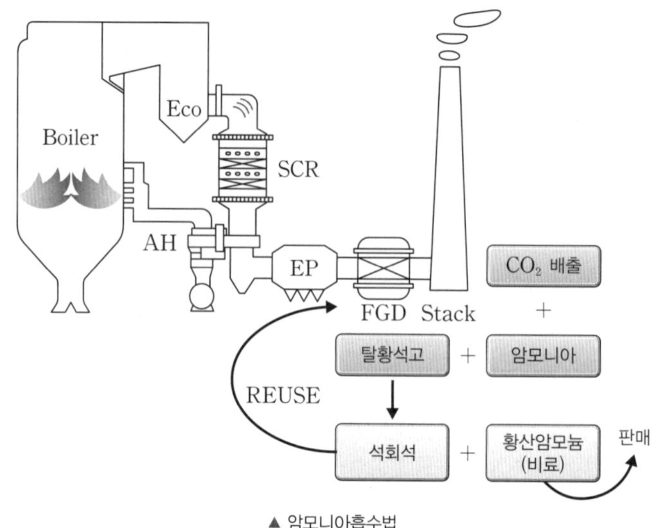

▲ 암모니아흡수법

고득점 POINT NO_x와 SO_x 동시 제어기술의 특징

- $SO_xNO(NOXSO)$ 공정은 감마 알루미나 담체의 표면에 나트륨을 첨가하여 SO_x와 NO_x를 동시에 흡착시킨다.
- CuO 공정은 알루미나 담체에 CuO를 함침시켜 SO_2는 흡착반응하고 NO_x는 선택적 촉매환원되어 제거되는 원리를 이용하는 공정이다.
- CuO 공정에서 온도는 보통 370~430℃ 정도로 조정하며, $CuSO_4$ 형태로 이동된 솔벤트는 재생기에서 수소, 메탄으로 재생한다.
- 활성탄 공정은 S, H_2SO_4 및 액상 SO_2 등의 부산물이 생성되며, 공정 중 재가열이 없으므로 경제적이다.

KEYWORD 79 악취이론

1. 악취의 개요 및 정의

(1) 개요

① 악취란 주위에 불쾌한 냄새를 풍기어 생활환경을 깨뜨릴 우려가 있는 냄새를 말한다.

② 악취는 육체에 미치는 해보다는 이로 인한 정신적 스트레스가 더 크다.

③ 악취는 식욕을 잃게 하고, 호흡을 곤란하게 하며, 멀미와 구토를 일으켜 정신의 혼란을 초래한다.

(2) 악취의 정의(악취방지법)

① "악취"란 황화수소, 메르캅탄류, 아민류, 그 밖에 자극성이 있는 물질이 사람의 후각을 자극하여 불쾌감과 혐오감을 주는 냄새를 말한다.

② "지정악취물질"이란 악취의 원인이 되는 물질로서 환경부령으로 정하는 것을 말한다.

③ "악취배출시설"이란 악취를 유발하는 시설, 기계, 기구, 그 밖의 것으로서 환경부장관이 관계 중앙행정기관의 장과 협의하여 환경부령으로 정하는 것을 말한다.

④ "복합악취"란 두 가지 이상의 악취물질이 함께 작용하여 사람의 후각을 자극하여 불쾌감과 혐오감을 주는 냄새를 말한다.

(3) 악취의 단위

① 악취를 나타내는 단위에는 최소감지농도(Threshold), 농도(Concentration), 악취세기(Odor Intensity Index), 희석배수(Dilution Threshold) 등이 있다.

② 냄새의 세기(직접관능법 냄새표시법)

악취도	0	1	2	3	4	5
악취세기 구분	무취	감지 취기	보통 취기	강한 취기	극심한 취기	참기 어려운 취기

2. 주요 물질별 냄새의 특성

화합물	냄새의 특성	원인물질명
황화합물	양파, 양배추 썩는 냄새	메틸메르캅탄(CH_3SH) 다이메틸설파이드(CH_3SCH_3) 등
	계란 썩는 냄새	황화수소(H_2S) 등
질소화합물	분뇨 냄새	암모니아(NH_3), 에틸아민($CH_3CH_2NH_2$) 등
	생선 썩는 냄새	메틸아민(CH_3NH_2) 트라이메틸아민($(CH_3)_3N$) 등
알데하이드류	자극적이며, 새콤하고 타는 듯한 냄새	아세트알데하이드(CH_3CHO) 프로피온알데하이드(CH_3CH_2CHO) n-뷰틸알데하이드($CH_3(CH_2)_2CHO$) i-뷰틸알데하이드($(CH_3)_2CHCHO$) n-발레르알데하이드($CH_3(CH_2)_3CHO$) i-발레르알데하이드($(CH_3)_2CHCH_2CHO$) 등
탄화수소류	자극적인 시너 냄새	아세트산에틸($CH_3CO_2C_2H_5$) 메틸아이소뷰틸케톤($(CH_3)COCH_2CH(CH_3)_2$) 등
	가솔린 냄새	톨루엔($C_6H_5CH_3$), 스티렌($C_6H_5CHCH_2$)
지방산류	자극적인 신 냄새	프로피온산(CH_3CH_2COOH)
	땀냄새	n-뷰틸산($CH_3(CH_2)_2COOH$)
	젖은 구두에서 나는 냄새	n-발레르산($CH_3(CH_2)_3COOH$) i-발레르산($(CH_3)_2CHCH_2COOH$)
할로겐원소	자극적인 냄새	염소, 불소 등

3. 악취의 특성 및 세기와 농도의 관계

(1) 악취의 물리화학적 특성

① 악취의 강도에 있어 휘발성이 강한 물질일수록 증기압이 높아 강한 악취를 유발한다.

② 악취유발물질은 대부분 친유성과 친수성을 나타내며 흡착이 잘되는 편에 속한다.

③ 분자의 구조에 따라 냄새를 결정짓게 되며 불포화 정도가 클수록 냄새가 심하게 된다.

④ 골격이 되는 탄소(C) 수는 저분자일수록 관능기 특유의 냄새가 강하고 자극적이며, 8~13에서 가장 향기가 강하다.

⑤ 분자 내 수산기의 수는 1개일 때 가장 강하고 수가 증가하면 약해져서 무취에 이른다.

⑥ 악취유발물질들은 Paraffin과 CS_2를 제외하고는 일반적으로 적외선을 강하게 흡수한다.

⑦ 악취유발가스는 통상 활성탄과 같은 표면흡착제에 잘 흡수된다.

⑧ 악취는 화학적 구성보다는 물리적 차이에 의해서 결정된다는 주장이 더 지배적이다.

(2) 악취의 세기와 농도의 관계

① 악취의 세기와 공기 중의 악취물질 농도 사이에는 대체로 다음과 같은 대수관계가 성립하며 이를 베버-페히너(Weber-Fechner)법칙이라 한다.

$$I = K \log C + b$$

I: 냄새(악취)의 세기, C: 악취물질의 농도, K: 냄새물질별 상수, b: 상수(무취농도의 가상대수치)

② 악취물질의 농도가 감소하여도 악취의 세기는 농도의 대수에 비례하기 때문에 농도 감소에 상응하는 양만큼의 세기로 감소하지 않음을 뜻한다.

③ K값은 물질에 따라서 다르기 때문에 동일한 농도 감소에서도 물질별로 체감되는 악취세기는 다를 수 있다.

KEYWORD 80 악취방지 기술

1. 악취방지 기술의 개요

(1) 악취 발생요인의 개선

① 악취물질의 증발방지대책: 유기용제 등 휘발성이 높은 악취물질은 저장시설, 보관용기 등에서 증발·누출되지 않도록 충분한 대책을 마련할 필요가 있다.

② 건물 등의 악취누출 방지대책: 사업장, 건물 내에서 발생하는 악취는 후드나 덕트, 에어커튼 등을 설치하여 창문, 출입구 등 건물의 개방부분에서 악취물질이 누출되는 것을 줄이도록 한다.

③ 대기확산 및 희석에 의한 대책: 유해가스 대책과는 다르게 악취대책은 기본적으로 악취를 최소감지농도 이하로 줄이면 되는 것으로 대기확산 및 희석을 유용하게 적용시킬 수 있다. (이는 근본적인 제거방법은 아니므로 대기의 정체로 인해 악취문제를 더 가중시킬 수 있음)

④ 악취가 적은 물질로의 전환: 유기용제 등 화학물질 사용으로 악취문제가 발생하는 경우 해당 물질을 비교적 악취가 적은 물질로 대체하는 방법을 검토할 수 있다.

(2) 발생된 악취의 처리기술

① 악취를 저감하기 위한 방지시설을 선정할 때 배출가스 종류, 공정변수(온도, 압력, 습도 등), 오염배출원의 수, 연간 운영시간, 장치위치, 보조연료 및 에너지 비율, 전체 경제성 등을 고려하여 결정한다.

② 현재 널리 사용되는 악취방지방법으로는 연소법, 흡수법, 흡착법, 생물탈취법, 마스킹법 등이 있으며 물리흡착법이 주로 이용된다.

③ 희석방법은 악취를 대량의 공기로 희석시켜 감지되지 않도록 하는 방법이다.

④ 백금이나 금속산화물 등의 산화 촉매를 이용하여 260~450℃ 정도의 온도에서 산화 처리할 수 있다.

⑤ 유기성의 냄새유발 물질을 태워서 산화시키면 완전연소가 될 때 냄새의 강도를 줄일 수 있다. (불완전연소 시 악취가 더 심해질 수 있음)

⑥ 산화법은 O_3, $KMnO_4$, $NaOCl$, ClO_2, Cl_2 등의 강력한 산화제를 이용하여 악취물질을 산화분해시키는 화학적 처리방법으로 이 중 염소주입법은 페놀이 다량 함유되었을 때에는 클로로페놀을 형성하여 2차 오염문제를 발생시킨다.

⑦ 위장(Masking)법은 악취를 다른 냄새로 위장하는 방법으로 악취유발물질을 제거하지 못하기 때문에 인체에 독성이 있는 악취물질의 경우 처리 방법으로 부적합하다.

2. 휘발성 유기화합물(VOCs)의 처리

(1) 소각처리

① 직접연소법

㉠ 800℃ 이상의 고온영역에서 직접 연소시켜 VOCs를 처리하는 방식이다.

㉡ 고농도의 VOCs, 열용량이 높은 물질을 함유한 가스에 효과적으로 적용된다.

㉢ 다량의 가스를 경제적으로 처리할 수 있다.

㉣ 배출가스의 흐름을 유동적으로 원활히 할 수 있다.

㉤ 배기가스 중 SO_x, NO_x, CO 등 오염물질이 배출된다.

㉥ 할로겐화합물의 제거는 효율이 낮고 열손실률이 높은 편이다.

② 열산화처리

㉠ 800℃ 이하의 고온영역에서 열을 이용하여 VOCs를 처리하는 방식이다.

㉡ 열회수식과 축열식 방법이 있다.

㉢ 처리효율과 폐열회수율이 높은 편이다.

㉣ 직접연소법에 비해 질소산화물의 발생량이 적은 편이다.

㉤ 연료의 비용이 많이 들며 소형 또는 중형 처리시설에 적합하다.

③ 촉매연소법

㉠ 배출가스 중의 가연성 오염물질을 연소로 내에서 팔라듐, 코발트 등의 촉매를 사용하여 주로 연소한다.

㉡ 대부분의 촉매는 800~900℃ 이하에서 촉매역할이 활발하므로 연소실의 온도를 300~400℃ 정도로 유지하되 촉매연소에서의 온도상승은 50~100℃ 정도로 유지하는 것이 좋다.

㉢ 저농도의 VOCs 및 열용량이 낮은 물질을 함유한 가스는 연소열을 낮춰 촉매활성화를 촉진시키므로 유용하게 사용할 수 있다.

㉣ 일반적으로 구리, 금, 은, 아연, 카드뮴 등은 촉매의 수명을 단축시키고 Pb, As, P, Hg 등은 촉매의 활성을 저하시킨다.

(2) 흡수처리

① 용매에 VOCs를 흡수하여 처리하는 방법이다.

② 흡수제로는 물, NaOH, 암모니아 등 VOCs의 특성에 따라 선택적으로 사용한다.

③ 흡수액의 사용으로 비용이 흡착이나 소각에 비해 많이 들며 폐수가 발생한다.

(3) 흡착처리

① 활성탄 등 흡착제를 이용하여 처리하는 방법이다.

② 흡착된 물질을 재생하여 이용할 수 있으며 VOCs 제거효율이 높고 장치가 간단하여 운전이 용이하다.

③ 재생할 수 있는 장치나 시설이 필요하며 재생이 어려운 물질은 적용하기 어렵다.

④ 고농도의 흡착률이 낮은 가스는 활성탄의 수명을 감소시켜 교환 주기가 짧아진다.

⑤ 운전비용이 많이 드는 편이며 흡착률이 일정하지 않는 경우가 많다.

⑥ 암모니아, 아민류, 알데히드류 등은 활성탄에 흡착성이 낮아 흡착으로 제거가 어렵다.

⑦ 활성탄은 소수성(비극성 물질)으로 각종 방향족 유기용제, 할로겐화된 유기용제, 에스테르류, 알콜류 등을 흡착하는 데 탁월한 효과가 있다.

흡착률 낮음	C_2H_4 등 불포화지방족탄화수소류	제거가 거의 안 됨
↕	암모니아, 아민류, 알데히드류 등	제거가 잘 안 됨
	아세톤 등 유기용제의 증기, 황화수소 등	비교적 제거가 됨
흡착률 높음	알콜류, 벤젠, 초산 등	제거가 잘됨

(4) 생물여과

① VOCs 함유가스를 미생물이 포함된 여과장치를 통해 여과와 미생물 산화과정을 거쳐 VOCs를 처리하는 방법이다.

② CO 및 NO_x 등을 포함하여 생성되는 오염부산물이 적거나 없다.

③ 습도 제어에 각별한 주의가 필요하다.

④ 생체량 증가로 인해 장치가 막힐 수 있다.

⑤ 저농도 오염물질의 처리에 적합하다.

3. 기타 유해가스의 처리방법

① 벤젠은 촉매연소법이나 활성탄 흡착법을 사용하여 제거한다.

② 염화인은 충전물을 채운 흡수탑을 이용하여 알칼리성 용액에 흡수시켜 제거한다.

③ 크롬산 미스트는 비교적 입자크기가 크고 친수성이므로 수세법으로 제거한다.

④ 비소는 알칼리용액에 의한 세정법으로 제거한다.

⑤ 시안화수소는 물에 대한 용해도가 매우 크므로 가스를 물로 세정하여 처리한다.

⑥ 아크로레인은 그대로 흡수가 불가능하며 NaClO 등의 산화제를 혼입한 가성소다 용액으로 흡수 제거한다.

⑦ CO는 백금계의 촉매를 사용하여 연소시켜 제거한다.

⑧ 이황화탄소는 암모니아를 불어넣는 방법으로 제거한다.

⑨ Br_2는 염기성 수용액(NaOH)에 의한 흡수법으로 제거한다.

CHAPTER 03

환기

KEYWORD 81 국소환기

1. 국소환기의 개요

① 국소배출장치에 의한 환기는 후드, 덕트, 배풍기, 배기구 등으로 구성되며 발생한 오염물질이 사람에게 노출되기 전에 포집, 제거, 배출하는 장치를 말한다.

② 적은 소요동력으로 국소적인 흡인을 가능하게 하며 오염물질의 제어효율이 좋으나 부대시설 비용이 많이 드는 편이다.

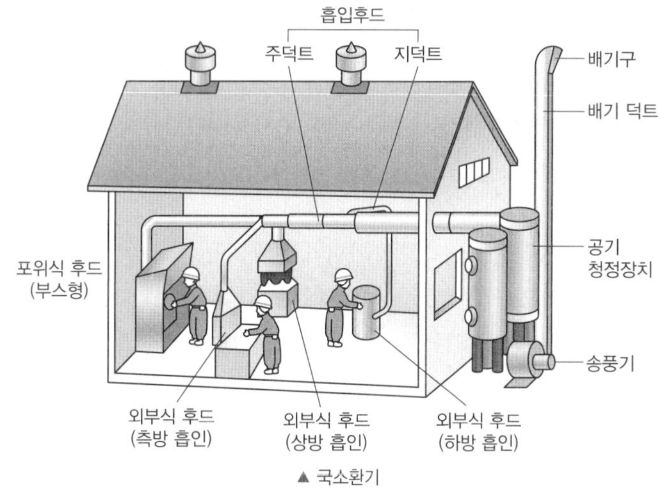

▲ 국소환기

2. 후드(Hood)

(1) 개요

① 후드(Hood)는 대기오염물질 배출시설에서 배출되는 오염물질이 근처의 공간으로 비산되는 것을 방지하기 위해 비산범위 내의 오염공기를 배출원에서 직접 포집하기 위한 국소배기장치의 입구부이다.

② 후드는 유해물질이 발생하는 곳마다 설치해야 한다.

③ 후드의 형식은 가능하면 포위식 또는 부스식 후드를 설치해야 하며 외부식 또는 리시버식 후드를 설치해야 하는 경우에는 발산원에 가장 가까운 곳에 설치해야 한다.

(2) **특징**

① 폭이 넓은 오염원 탱크에서는 주로 '밀고 당기는(Push/Pull)' 방식의 환기공정이 요구된다.

② 후드는 일반적으로 개구면적을 좁게 하여 흡인속도를 크게 하고, 필요시 에어커튼을 이용한다.

③ 폭이 좁고 긴 직사각형의 슬로트후드(Slot hood)는 전기도금공정과 같은 상부개방형 탱크에서 방출되는 유해물질을 포집하는 데 효율적으로 이용된다.

④ 천개형 후드는 포착형(포획형)보다 유입공기의 속도가 느릴 때 사용되며, 주로 고온의 오염공기를 배출하고 과잉 습도를 제거할 때 제한적으로 사용되지만 유해가스를 환기할 때는 적합하지 않다.

(3) **환기장치에서 후드(Hood)의 일반적인 흡인요령**

① 발생원에 최대한 접근시켜 흡인시킨다.

② 주 발생원을 대상으로 하는 국부적 흡인방식이다.

③ 포착속도(Capture velocity)를 충분히 유지시킨다.

④ 흡인속도를 크게 하기 위해 개구면적을 좁게 한다.

고득점 POINT **환기시설 설계에 사용되는 보충용 공기**

- 보충용 공기는 환기시설에 의해 작업장 내에서 배기된 만큼의 공기를 작업장 내로 재공급해야 하는 공기의 양이다.
- 보충용 공기가 배기용 공기보다 약 10~15% 정도 많도록 조절하여 실내를 약간 양압으로 하는 것이 좋다.
- 여름에는 보통 외부공기를 그대로 공급하지만, 공정 내의 열부하가 커서 제어해야 하는 경우에는 보충용 공기를 냉각하여 공급한다.
- 보충용 공기의 유입구는 배출된 유해물질의 재유입을 막을 수 있도록 위치시켜야 하며 바닥에서 2.4~3.0m 높이로 유입되어야 한다.

(4) **후드(Hood)의 설계 시 고려사항**

① 잉여공기의 흡입을 적게 하고 충분한 포착속도를 가지기 위해 가능한 한 후드를 발생원에 근접시킨다.

② 분진을 발생시키는 부분을 중심으로 국부적으로 처리하는 로컬 후드방식을 취한다.

③ 실내의 기류, 발생원과 후드 사이의 장애물 등에 의한 영향을 고려하여 필요에 따라 에어커튼을 이용한다.

④ 후드 개구면의 중앙부를 닫아 개구면적을 줄이고 포착속도를 최대한으로 크게 유지한다.

(5) **후드의 형식 및 설치위치의 결정**

① 가능한 한 발생원을 모두 포위할 수 있는 포위식 또는 부스식을 선택한다.

② 작업 또는 공정상 발생원을 포위할 수 없는 경우 외부식을 선택한다.

③ 오염물질의 발생상태를 조사한 결과 오염기류가 공정 또는 작업 자체에 의해 일정 방향으로 발생하고 있을 경우 리시버식을 선택한다.

④ 후드 개구의 바깥 주변에 플랜지를 부착하면 후드 뒤쪽의 공기 흡입을 방지할 수 있고, 그 결과 포착속도를 높일 수 있다.

(6) 후드의 제어속도(Control Velocity)

① 오염물질이 주위로 확산되지 않고 안전하게 후드에 유입되도록 적절한 안전율을 고려한 공기의 유속이며 포착속도(Capture velocity)라고도 한다.

② 확산조건, 오염원의 주변 기류에 영향이 크다.

③ 유해물질의 발생조건이 조용한 대기 중 거의 속도가 없는 상태로 비산하는 경우(가스, 흄 등)의 제어속도 범위는 0.3~0.5m/s 정도이다.

④ 유해물질의 발생조건이 빠른 공기의 움직임이 있는 곳에서 활발히 비산하는 경우(분쇄기 등)의 제어속도 범위는 1~3m/s 정도이다.

⑤ 포위형 또는 부스형에서는 포착점을 후드의 개구면에 놓아야 하므로 이때는 포착속도가 개구면속도가 된다.

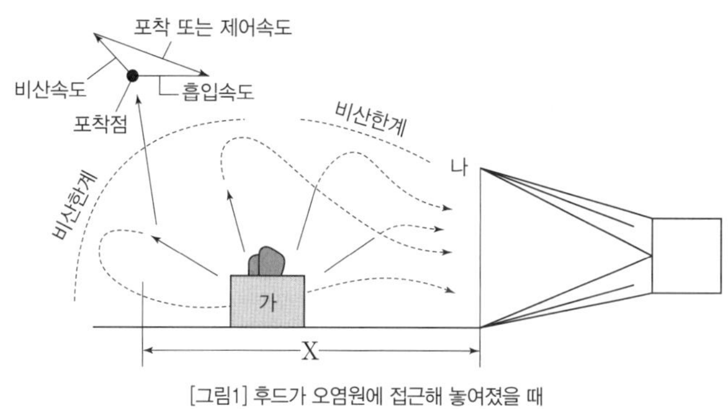

[그림1] 후드가 오염원에 접근해 놓여졌을 때

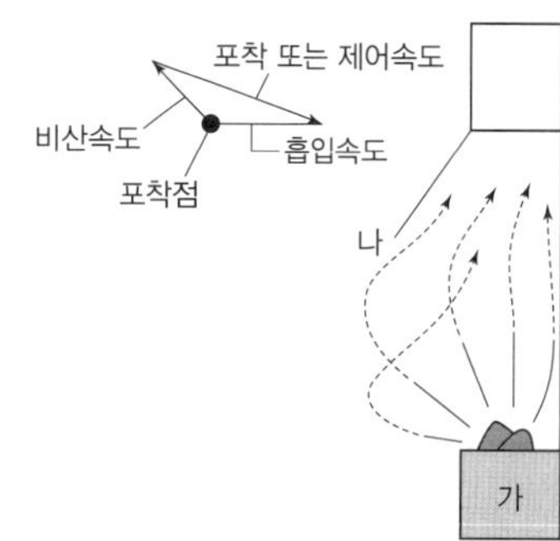

[그림2] 오염원이 후드의 중앙에 있을 때

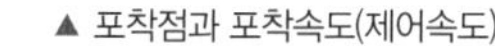
▲ 포착점과 포착속도(제어속도)

(7) 후드의 압력손실

$$\Delta P = F \times \frac{\gamma V^2}{2g},\ F = \frac{1-K^2}{K^2}$$

ΔP: 압력손실(mmH_2O), F: 압력손실계수, K: 유입계수

$$P_v = \frac{\gamma V^2}{2g}$$

P_v: 속도압(mmH_2O), γ: 비중량(kgf/m^3), V: 유속(m/sec), g: 중력가속도(m/sec^2)

(8) 후드의 형태 중 포위식 후드

① 발생원이 후드 안에 있는 경우로 커버형, 글로브 박스형, 부스형, 드래프트 챔버형 후드 등이 있다.

② 유해물질의 발생원을 전부 또는 부분적으로 포위하는 후드이다.

③ 발생원의 유출을 완전히 차단하여 오염물질의 확산을 막을 수 있으며 주변의 기류영향을 가장 덜 받는다.

④ 발생원의 오염물질을 고농도로 흡인할 수 있다.

⑤ 잉여공기량을 가장 적게 할 수 있다.

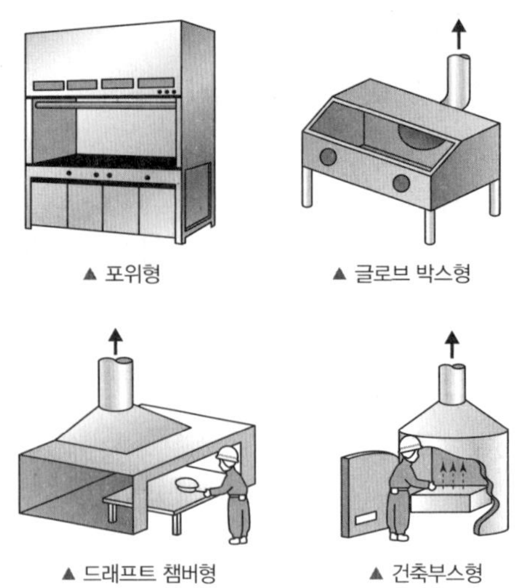

▲ 포위형 ▲ 글로브 박스형

▲ 드래프트 챔버형 ▲ 건축부스형

(9) 후드의 형태 중 외부식 후드

① 발생원과 후드가 떨어져 있는 경우 사용되며 슬롯형, 그리드형, 루버형 후드 등이 있다.

② 유해물질의 발생원을 포위하지 않고 발생원 가까운 위치에 설치하는 후드이다.

③ 다른 종류의 후드에 비해 근로자가 방해를 많이 받지 않고 작업할 수 있다.

④ 포위식 후드보다 일반적으로 필요 송풍량이 많다.

⑤ 외부 난기류의 영향으로 흡인효과가 떨어진다.

⑥ 기류속도가 후드 주변에서 매우 느리다.

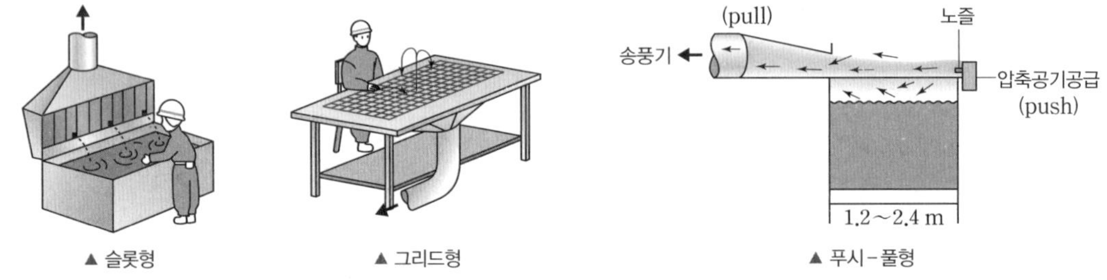

▲ 슬롯형 ▲ 그리드형 ▲ 푸시-풀형

(10) 후드의 형태 중 리시버식 후드

① 발생원이 이동하는 경우로 천개형(캐노피형) 후드, 그라인더용 후드 등이 있다.

② 유해물질이 발생원에서 상승기류, 관성기류 등 일정방향의 흐름을 가지고 발생할 때 설치하는 후드이다.

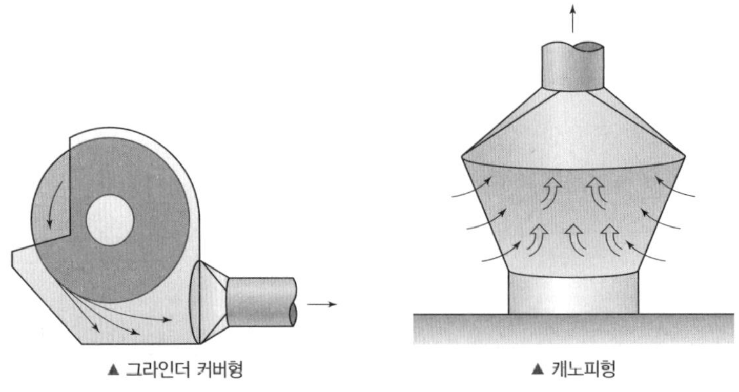

▲ 그라인더 커버형 ▲ 캐노피형

3. 덕트(Duct)

(1) 개요

① 덕트(Duct)는 오염된 공기를 오염원으로부터 방지시설까지 또는 방지시설로부터 최종 배출구까지 운반하는 도관으로, 일반적으로 주관(Main duct)과 분지관(Branch duct)으로 구성된다.

② 후드에 직접 연결되는 덕트가 오염된 공기를 분지관으로 연결된 방지시설로 운반해 준다.

③ 일반적으로 간단한 배기시스템이든 복잡한 배기시스템이든 모든 배기시스템은 공통적으로 후드, 덕트, 피팅류 및 배기팬을 사용하고 있다. 복합시스템(Complex system)이란 몇 개의 단순시스템(Simple system)을 하나의 공통덕트로 연결시켜 정렬한 것이다.

④ 공통덕트(Common duct)란 배기시스템의 주관(Main duct)이며, 이러한 주관에 각 단순시스템의 주관(Submain duct)들이 연결되어 있고, 여기에 다시 지관(Branch duct)들이 연결되어 있다.

(2) 덕트 설치 시 주요원칙

① 공기가 아래로 흐르도록 하향구배를 만든다.

② 구부러짐 전후에는 청소구를 만든다.

③ 밴드는 가능하면 완만하게 구부리며, 90°는 피한다.

④ 덕트는 가능한 한 짧게 배치하도록 한다.

(3) 덕트의 설계

① 덕트의 직경: 배출가스량과 이송속도를 감안하여 산정한다.

$$A=\frac{Q}{V\times 60},\ D=\left(\frac{4A}{\pi}\right)^{\frac{1}{2}}$$

A: 관의 단면적(m^2), Q: 배출가스량(m^3/min), V: 덕트 내 유속(m/sec), D: 덕트직경(m)

② 압력손실의 결정

㉠ 압력손실은 후드에서 흡입된 배기가스가 방지시설을 통하여 외부로 방출되는 동안 기류가 가지고 있는 기계적 에너지에 대하여 덕트 내벽면의 마찰 또는 상태와 관의 모양(곡관, 관 수축, 관 확대 등)에 의해 발생되는 손실을 총칭한다.

㉡ 방지시설에서 다루는 송풍관 내의 기류는 일반적으로 난류로서 압력손실은 속도의 제곱에 비례한다.

㉢ 기류는 결국 속도압에 비례한다.

㉣ 원형 덕트의 압력손실(식에 의한 방법)

$$\Delta P=4f\times\frac{L}{D}\times\frac{\gamma\times V^2}{2g}=4f\times\frac{L}{D}\times P_v$$

ΔP: 압력손실(mmH_2O), f: 마찰계수, L: 관의 길이(m), D: 관의 직경(m),
γ: 공기의 밀도(kg/m^3), V: 유속(m/sec), g: 중력가속도(m/sec^2),
P_v(속도압)$=\frac{\gamma\times V^2}{2g}$

㉤ 장방형 덕트의 압력손실(식에 의한 방법)

$$\Delta P = f \times \frac{L}{D_0} \times \frac{\gamma \times V^2}{2g}$$

ΔP: 압력손실(mmH_2O), f: 마찰계수, L: 관의 길이(m),
γ: 공기의 밀도(kg/m^3), V: 유속(m/sec), g: 중력가속도(m/sec^2)

D_0(상당직경)$=\frac{2ab}{a+b}$ (a: 가로, b: 세로)

KEYWORD 82 송풍기

1. 송풍기의 개요 및 기본공식

(1) 개요

① 송풍기는 공기의 이동을 일으키는 장치이다.

② 송풍기는 날개차(Impeller)와 케이싱(Casing), 동력부(Motor) 등으로 구성되어 있다.

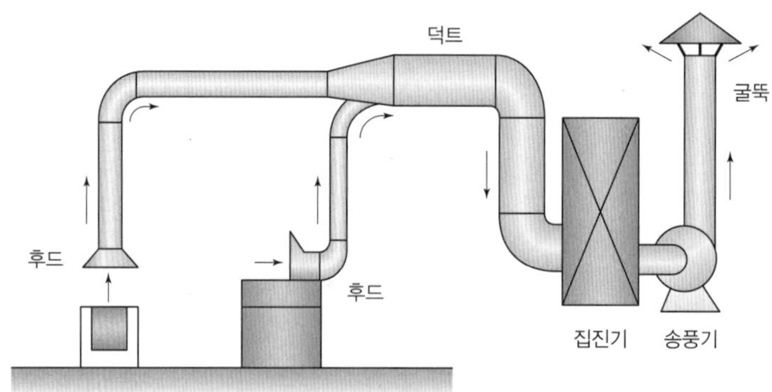

▲ 환기시스템 계통도

(2) 송풍기의 유량, 소요동력, 비교회전도 공식

유량	동력	비교회전도
$Q=AV$	$P=\frac{Q\times \Delta P}{102\times \eta}\times \alpha$	$N_s=N\times \frac{Q^{1/2}}{H^{3/4}}$
$V=C\sqrt{\frac{2gh}{\gamma}}$(m/sec) Q: 유량(m^3/sec), A: 단면적(m^2) h: 동압, g: 중력가속도 γ: 가스의 비중량, C: 피토우관 계수	P: 동력(kW) ΔP : 압력손실(mmH_2O) Q: 유량(m^3/sec) η: 효율 α: 여유율	N_s: 비교회전도(rpm) N: 회전수(rpm) H: 전양정

(3) 송풍기의 상사법칙

① 송풍기의 풍압은 회전수의 제곱에 비례한다.

② 송풍기의 풍량은 회전수에 비례한다.

③ 송풍기의 동력은 회전수의 세제곱에 비례한다.

④ 송풍기의 크기와 유체밀도가 일정할 때 회전수와 유량, 풍압, 동력의 관계를 알 수 있다.

⑤ 송풍기의 상사법칙 정리

구분	유량	풍압	동력	조건
제1법칙	$\frac{Q_1}{N_1}=\frac{Q_2}{N_2}$	$\frac{\Delta P_1}{N_1^2}=\frac{\Delta P_2}{N_2^2}$	$\frac{W_1}{N_1^3}=\frac{W_2}{N_2^3}$	송풍기 크기와 공기밀도 일정
제2법칙	$\frac{Q_1}{D_1^3}=\frac{Q_2}{D_2^3}$	$\frac{\Delta P_1}{D_1^2}=\frac{\Delta P_2}{D_2^2}$	$\frac{W_1}{D_1^5}=\frac{W_2}{D_2^5}$	회전수와 공기밀도 일정
제3법칙	$\frac{Q_1}{D_1^3 N_1}=\frac{Q_2}{D_2^3 N_2}$	$\frac{\Delta P_1}{N_1^2 D_1^2}=\frac{\Delta P_2}{N_2^2 D_2^2}$	$\frac{W_1}{N_1^3 D_1^5}=\frac{W_2}{N_2^3 D_2^5}$	공기밀도 일정

Q: 풍량, N: 회전수, W: 동력, ΔP: 풍압, D: 송풍기 크기

고득점 POINT 송풍기 운전에서 필요 유량이 과부족을 일으켰을 때 송풍기의 유량조절 방법

회전수 조절법, 안내익 조절법, Damper 부착법

2. 송풍기의 분류

(1) 배출압력에 따른 분류

송풍기		압축기
Fan	Blower	Compressor
1,000mmH_2O 미만	1,000~10,000mmH_2O	10,000mmH_2O 이상

(2) 유체 흐름에 따른 분류

구분	축류송풍기	원심력송풍기
원동력	양력	원심력
흐름	축 방향	축에 대해 수직방향
종류	평판형(프로펠러형), 베인형(고정날개축류형), 튜브형(원통축류형)	다익형(전향 날개형), 익형(비행기 날개형), 레디얼형(방사날개형, 방사경사형), 터보형(후향 날개형)
형태		

SUBJECT 03 대기오염방지기술

(3) 축류송풍기의 원리 및 종류

① 원리: 축 방향으로 흘러 들어온 공기가 축 방향으로 흘러 나갈 때의 임펠러의 양력을 이용한 것이다.

② 종류

구분	이용	형태
평판형 (Propeller)	• 두꺼운 날개를 틀 속에 가지고 있다. • 효율이 낮고 저압 응용 시 사용된다. • 덕트가 없는 벽에 부착되어 대용량 공기순환에 이용된다.	
베인형 (Vane axial)	• 축류형 중 가장 효율이 높으며 직선형 날개를 사용한다. • 비행기 날개형과 날개는 유사하며 간격을 변형하기도 한다. • 중~고압의 풍압을 얻을 수 있고 공기의 하류방향 분포가 양호한 특성이 있다.	
튜브형 (Tube axial)	• 프로펠러형보다 날개가 많다. • 드럼을 내재하여 효율과 압력 상승에 도움이 된다. • 하향부의 압력손실이 작은 곳에 사용되며 오븐, 페인트 분무실 등에 적용된다.	

(4) 원심력송풍기의 종류

원심송풍기는 익현 길이가 짧고 깃폭이 넓은 36~64매나 되는 다수의 전경깃이 강철판의 회전차에 붙여지고 용접해서 만들어진 케이싱 속에 삽입된 형태의 팬으로서 시로코팬이라고도 널리 알려져 있다.

① 다익형(전향 날개형, Forward curved)

㉠ 날개가 작고 회전방향으로 휘었으며 비교적 느린속도로 이용된다.

㉡ 타 기종에 비해 송풍량이 크고, 저정압 구조로서 설치면적이 작다.

㉢ 날개의 형상에 따라 저속운전으로 저소음 및 운전상태가 정숙하다.

㉣ 풍량 변동에 따른 풍압의 변화가 적다.

㉤ 베인댐퍼(Vane damper)의 설치로 풍량 및 정압 조정이 용이해 Position에 따라 정압조정이 용이하다.

㉥ 중앙난방장치 및 패키지 에어컨과 같이 저압 난방, 환기 및 에어컨 장치, 저속덕트 공조용, 공조 급배기용 등에 사용된다.

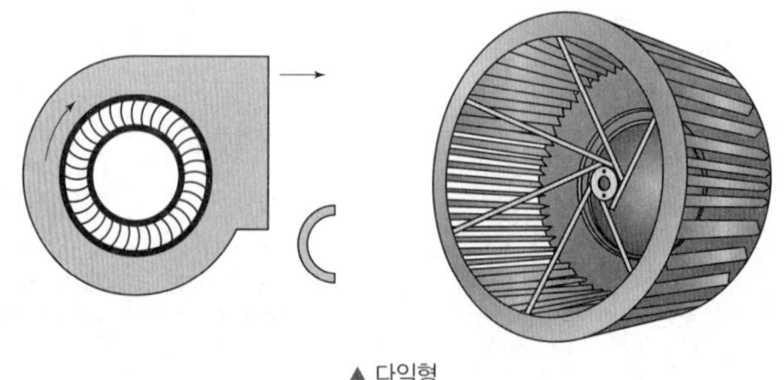

▲ 다익형

② 익형(비행기 날개형, Airfoil blade)

㉠ 표준형 평판 날개형보다 비교적 고속에서 가동되고, 후향 날개형을 정밀하게 변형시킨 것이다.

㉡ 원심력 송풍기 중 효율이 가장 좋아 대형 냉난방 공기조화장치, 산업용 공기청정장치 등에 주로 이용된다.

㉢ 에너지 절감효과가 뛰어난 송풍기 유형이다.

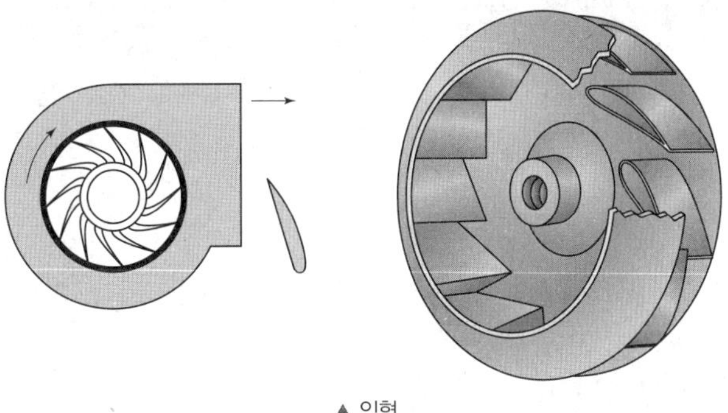

▲ 익형

③ 래디얼형(방사날개형, 방사경사형, Radial blade)

㉠ 날개가 회전방향과 직각으로 설치되어 있고 송풍기의 유속은 보통인 편이며 건설현장 등에서 물질의 이송 등에 이용되고 고압장치에도 사용된다.

㉡ 원심력 송풍기 중 방사날개형은 자체 정화기능을 가지기 때문에 분진이 많은 작업장에 사용한다.

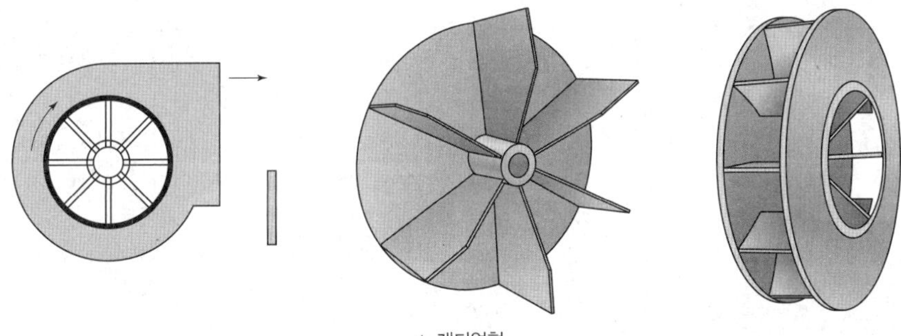

▲ 래디얼형

④ 터보형(후향 날개형): 비교적 큰 압력손실에도 잘 견디기 때문에 공기정화장치가 있는 국소배기 시스템에 사용한다.

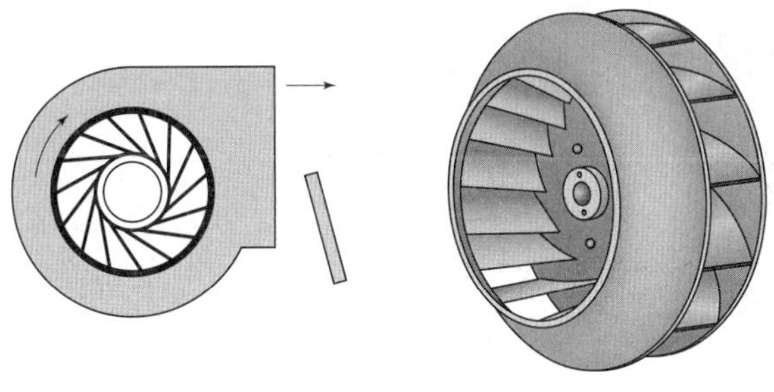

▲ 터보형

SUBJECT 03 대기오염방지기술

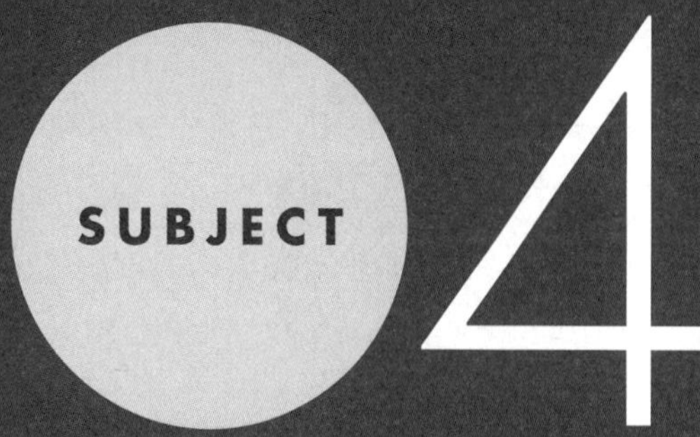

대기오염 공정시험기준

합격 GUIDE

대기오염공정시험기준에서는 법으로 규정된 시험기준에 대한 문제가 출제되며, 다루는 내용의 범위가 방대하여 과락이 자주 발생하는 과목입니다.
대기오염공정시험기준에서 가장 많이 출제되는 KEYWORD는 원자흡수분광광도법으로, 같은 문제가 그대로 출제되는 경우는 적고 용어의 정의, 금속 원소별 측정 파장, 분석 원리 등 다양한 유형으로 출제됩니다.
대기오염공정시험기준의 내용을 모두 암기하는 것은 현실적으로 어렵기 때문에 기출문제에 출제된 개념 위주로 암기하여 50점 이상을 취득하는 전략으로 공부하는 것이 좋습니다.

출제빈도별 기출 KEYWORD

원자흡수분광광도법	23회 출제
총칙상의 용어	15회 출제
기체크로마토그래피	14회 출제
이온크로마토그래피	13회 출제
비산먼지	10회 출제

※ 최근 8개년 기출분석 결과로 분류방법에 따라 수치는 달라질 수 있음

총칙 및 일반시험방법

KEYWORD 83 총칙상의 용어

1. 화학분석 일반사항

(1) 농도 표시

① 중량백분율로 표시할 때는 질량분율(%)의 기호를 사용한다.

② 액체 1,000mL 중의 성분질량(g) 또는 기체 1,000mL 중의 성분질량(g)을 표시할 때는 g/L의 기호를 사용한다.

③ 액체 100mL 중의 성분용량(mL) 또는 기체 100mL 중의 성분용량(mL)을 표시할 때는 부피분율(%)의 기호를 사용한다.

④ 백만분율(Parts Per Million)을 표시할 때에는 ppm의 기호를 사용하며 따로 표시가 없는 한 기체일 때는 용량 대 용량(부피분율), 액체일 때는 중량 대 중량(질량분율)을 표시한 것을 뜻한다.

⑤ 기체 중의 농도를 mg/m^3로 표시했을 때는 m^3은 표준상태(0℃, 760mmHg)의 기체용적을 뜻하고 Sm^3로 표시한 것과 같다. 그리고 am^3로 표시한 것은 실측상태(온도 · 압력)의 기체용적을 뜻한다.

(2) 온도의 표시

① 표준온도는 0℃, 상온은 15~25℃, 실온은 1~35℃로 하고, 찬 곳은 따로 규정이 없는 한 0~15℃의 곳을 뜻한다.

② 냉수는 15℃ 이하, 온수는 60~70℃, 열수는 약 100℃를 말한다.

③ "수욕상 또는 수욕 중에서 가열한다."라 함은 따로 규정이 없는 한 수온 100℃에서 가열함을 뜻하고 약 100℃ 부근의 증기욕을 대응할 수 있다.

(3) 시약, 시액, 표준물질

① 시험에 사용하는 시약은 따로 규정이 없는 한 특급 또는 1급 이상 또는 이와 동등한 규격의 것을 사용하여야 한다.

② "약"이란 그 무게 또는 부피에 대하여 ±10% 이상의 차가 있어서는 안 된다.

(4) 방울수

"방울수"라 함은 20℃에서 정제수 20 방울을 떨어뜨릴 때 그 부피가 약 1mL 되는 것을 뜻한다.

(5) 기구

① 공정시험기준에서 사용하는 모든 유리기구는 KS L 2302에 적합한 것 또는 이와 동등 이상의 규격에 적합한 것으로 국가 또는 국가에서 지정하는 기관에서 검정을 필한 것을 사용해야 한다.

② 여과용 기구 및 기기를 기재하지 아니하고 "여과한다"라고 하는 것은 KS M 7602 거름종이 5종 또는 이와 동등한 여과지를 사용하여 여과함을 말한다.

(6) 용기

① "용기"라 함은 시험용액 또는 시험에 관계된 물질을 보존, 운반 또는 조작하기 위하여 넣어두는 것으로 시험에 지장을 주지 않도록 깨끗한 것을 뜻한다.

② "밀폐용기"라 함은 물질을 취급 또는 보관하는 동안에 이물이 들어가거나 내용물이 손실되지 않도록 보호하는 용기를 뜻한다.

③ "기밀용기"라 함은 물질을 취급 또는 보관하는 동안에 외부로부터의 공기 또는 다른 가스가 침입하지 않도록 내용물을 보호하는 용기를 뜻한다.

④ "밀봉용기"라 함은 물질을 취급 또는 보관하는 동안에 기체 또는 미생물이 침입하지 않도록 내용물을 보호하는 용기를 뜻한다.

⑤ "차광용기"라 함은 광선을 투과하지 않은 용기 또는 투과하지 않게 포장을 한 용기로서 취급 또는 보관하는 동안에 내용물의 광화학적 변화를 방지할 수 있는 용기를 뜻한다.

(7) 분석용 저울 및 분동

이 시험에서 사용하는 분석용 저울은 적어도 0.1mg까지 달 수 있는 것이어야 하며 분석용 저울 및 분동은 국가검정을 필한 것을 사용하여야 한다.

(8) 관련 용어

① "정확히 단다"라 함은 규정한 양의 검체를 취하여 분석용 저울로 0.1mg까지 다는 것을 뜻한다.

② 액체성분의 양을 "정확히 취한다" 함은 홀피펫, 부피플라스크 또는 이와 동등 이상의 정도를 갖는 용량계를 사용하여 조작하는 것을 뜻한다.

③ "항량이 될 때까지 건조한다 또는 강열한다"라 함은 따로 규정이 없는 한 보통의 건조방법으로 1시간 더 건조 또는 강열할 때 전후 무게의 차가 매 g당 0.3mg 이하일 때를 뜻한다.

④ 시험조작 중 "즉시"란 30초 이내에 표시된 조작을 하는 것을 뜻한다.

⑤ "감압 또는 진공"이라 함은 따로 규정이 없는 한 15mmHg 이하를 뜻한다.

⑥ "바탕시험을 하여 보정한다" 함은 시료에 대한 처리 및 측정을 할 때 시료를 사용하지 않고 같은 방법으로 조작한 측정치를 빼는 것을 뜻한다.

⑦ 용액의 액성 표시는 따로 규정이 없는 한 유리전극법에 의한 pH 측정기로 측정한 것을 뜻한다.

(9) 시험결과의 표시 및 검토

시험결과의 표시단위는 따로 규정이 없는 한 가스상 성분은 ppm(μmol/mol) 또는 ppb(nmol/mol)로 입자상 성분은 mg/Sm^3, μg/Sm^3 또는 ng/Sm^{3}으로 표시한다.

2. 오염물질 농도와 배출가스 유량 보정 공식

오염물질 농도 보정	배출가스 유량 보정
$C=C_a\times\frac{21-O_s}{21-O_a}$ C: 오염물질농도(mg/Sm^3 또는 ppm) O_s: 표준산소농도(%), O_a: 실측산소농도(%) C_a: 실측오염물질농도(mg/Sm^3 또는 ppm)	$Q=Q_a\div\frac{21-O_s}{21-O_a}$ Q: 배출가스유량(Sm^3/일) O_s: 표준산소농도(%), O_a: 실측산소농도(%) Q_a: 실측배출가스유량(Sm^3/일)

KEYWORD 84 배출가스 중의 가스상 물질 시료채취 방법

1. 시료채취장치의 구성 및 특징

(1) 장치의 구성

① 흡수병, 채취병 등을 쓰는 시료채취장치는 다음의 각 요소로 구성된다.

② 채취관 → 연결관 → 채취부

(2) 채취관

① 채취관, 충전 및 여과재의 재질은 배출가스의 조성, 온도 등을 고려해서 다음의 조건을 만족시키는 것을 선택한다.

㉠ 화학반응이나 흡착작용 등으로 배출가스의 분석결과에 영향을 주지 않는 것

㉡ 배출가스 중의 부식성 성분에 의하여 잘 부식되지 않는 것

㉢ 배출가스의 온도, 유속 등에 견딜 수 있는 충분한 기계적 강도를 갖는 것

㉣ 채취관, 충전 및 여과재의 재질은 일반적으로 분석물질, 공존가스 및 사용온도 등에 따라서 다음 표에 나타낸 것 중에서 선택한다.

분석물질, 공존가스	채취관, 연결관의 재질	여과재	비고
암모니아	① ② ③ ④ ⑤ ⑥	ⓐ ⓑ ⓒ	① 경질유리 ② 석영 ③ 보통강철 ④ 스테인리스강 재질 ⑤ 세라믹 ⑥ 플루오로수지 ⑦ 염화바이닐수지 ⑧ 실리콘수지 ⑨ 네오프렌 ⓐ 알칼리 성분이 없는 유리솜 또는 실리카솜 ⓑ 소결유리 ⓒ 카보런덤
일산화탄소	① ② ③ ④ ⑤ ⑥ ⑦	ⓐ ⓑ ⓒ	
염화수소	① ② ⑤ ⑥ ⑦	ⓐ ⓑ ⓒ	
염소	① ② ⑤ ⑥ ⑦	ⓐ ⓑ ⓒ	
황산화물	① ② ④ ⑤ ⑥ ⑦	ⓐ ⓑ ⓒ	
질소산화물	① ② ④ ⑤ ⑥	ⓐ ⓑ ⓒ	
이황화탄소	① ② ⑥	ⓐ ⓑ	
폼알데하이드	① ② ⑥	ⓐ ⓑ	
황화수소	① ② ④ ⑤ ⑥ ⑦	ⓐ ⓑ ⓒ	
플루오린화합물	④ ⑥	ⓒ	
사이안화수소	① ② ④ ⑤ ⑥ ⑦	ⓐ ⓑ ⓒ	
브로민	① ② ⑥	ⓐ ⓑ	
벤젠	① ② ⑥	ⓐ ⓑ	
페놀	① ② ④ ⑥	ⓐ ⓑ	
비소	① ② ④ ⑤ ⑥ ⑦	ⓐ ⓑ ⓒ	

② 규격: 채취관은 흡입가스의 유량, 채취관의 기계적 강도, 청소의 용이성 등을 고려해서 안지름 6~25mm 정도의 것을 쓴다.

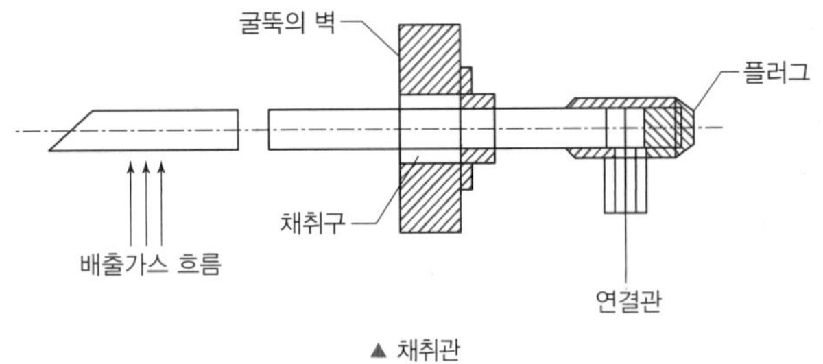

▲ 채취관

③ 보온 및 가열

㉠ 배출가스 중의 수분 또는 이슬점이 높은 기체 성분이 응축해서 채취관이 부식될 염려가 있는 경우, 여과재가 막힐 염려가 있는 경우, 분석물질이 응축수에 용해되어 오차가 생길 염려가 있는 경우에는 채취관을 보온 또는 가열한다.

㉡ 보온재료는 암면, 유리섬유제 등을 쓰고 가열은 전기가열, 수증기 가열 등의 방법을 쓴다.

(3) 연결관

① 연결관의 재질은 사용하는 채취관의 종류에 따라 적당한 것을 쓴다.

② 일반적으로 사용되는 플루오로수지 연결관(녹는점 260℃)은 250℃ 이상에서는 사용할 수 없다.

③ 입자가 제거된 고온의 습한 배출가스가 유입되는 측정시스템이나 전처리 장치가 측정기 앞부분에 있는 경우에는 시료 중의 수분 및 이슬점이 높은 가스 성분이 연결관 속에서 응축되는 것을 막기 위하여 보온 또는 가열한다.

④ 전처리 시설이 시료채취관에 있는 측정시스템의 경우에는 연결관을 보온 또는 가열할 필요가 없다.

(4) 채취부

① 가스 흡수병, 바이패스용 세척병, 펌프, 가스미터 등으로 조립한다.

② 접속에는 갈아맞춤(직접접속), 실리콘 고무, 플루오로 고무 또는 연질 염화바이닐관을 쓴다.

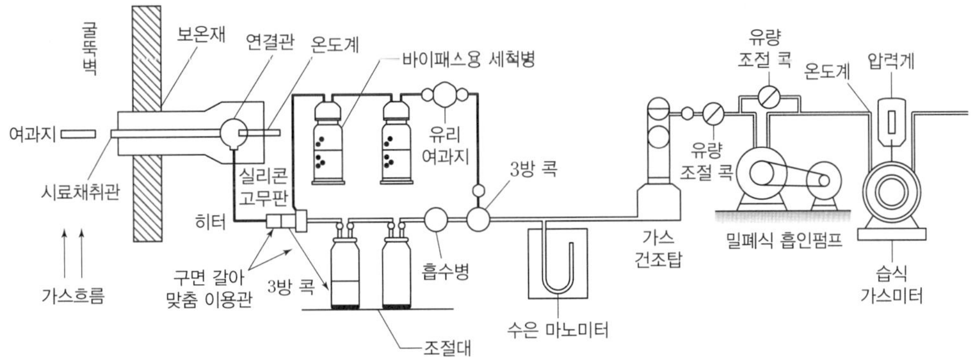

▲ 흡수병을 쓰는 경우(시료채취량 10~20L인 경우)

2. 조립

(1) 채취관과 연결관의 부착

① 채취관: 채취관은 배출가스의 흐름에 따라서 직각이 되도록 연결한다.

② 연결관: 연결관은 되도록 짧은 것이 좋으나, 부득이 길게 할 때에는 받침 기구를 써서 고정한다.

(2) 채취부

① 분석용 흡수병은 1개 이상 준비하고 각각에 규정량의 흡수액을 넣는다.

② 분석물질별 분석방법 및 흡수액은 다음 표와 같다.

분석물질	분석방법	흡수액
암모니아	인도페놀법	붕산 용액(5g/L)
염화수소	• 이온크로마토그래피법 • 싸이오사이안산제이수은법	• 정제수 • 수산화소듐 용액(0.1mol/L)
염소	오르토톨리딘법	오르토톨리딘 염산 용액(0.1g/L)
황산화물	침전적정법	과산화수소수 용액(1+9)
질소산화물	아연환원나프틸에틸렌다이아민법	황산 용액(0.005mol/L)
이황화탄소	• 자외선/가시선분광법 • 가스크로마토그래피	다이에틸아민구리 용액
폼알데하이드	• 크로모트로핀산법 • 아세틸아세톤법	• 크로모트로핀산+황산 • 아세틸아세톤 함유 흡수액
황화수소	자외선/가시선분광법	아연아민착염 용액
플루오린화합물	• 자외선/가시선분광법 • 적정법 • 이온선택전극법	수산화소듐 용액(0.1mol/L)
사이안화수소	자외선/가시선분광법	수산화소듐 용액(0.5mol/L)
브로민화합물	• 자외선/가시선분광법 • 적정법	수산화소듐 용액(0.1mol/L)
페놀	• 자외선/가시선분광법 • 가스크로마토그래피	수산화소듐 용액(0.1mol/L)
비소	• 자외선/가시선분광법 • 원자흡수분광광도법 • 유도결합플라스마 분광법	수산화소듐 용액(0.1mol/L)

3. 시료채취장치의 취급

(1) 흡수병을 사용할 때 취급법

① 흡수병에 시료를 보내기 전에 바이패스 등을 써서 배관 속을 시료로 충분히 바꾸어 놓는다.

② 시료의 흡입유량은 최고 2L/min 정도로 한다.

③ 채취하는 시료량은 시료 중의 분석대상 성분의 농도에 따라서 증감한다.

④ 시료가스 채취량(L)은 다음 식에 따라 계산한다.

습식 가스미터를 사용할 시	건식 가스미터를 사용할 시
$V_s=V\times\frac{273}{273+t}\times\frac{P_a+P_m-P_v}{760}$	$V_s=V\times\frac{273}{273+t}\times\frac{P_a+P_m}{760}$

V: 가스미터로 측정한 흡입가스량(L), V_s: 건조시료가스 채취량(L)

t: 가스미터의 온도(℃)

P_a: 대기압(mmHg), P_m: 가스미터의 게이지압(mmHg), P_v: t℃에서의 포화수증기압(mmHg)

(2) 채취병을 사용할 때 취급법

① 채취병에 시료를 채취하기 전에 배관 속을 시료로 충분히 바꾸어 놓는다.

② 시료의 유량은 1~5L/min 정도로 한다.

KEYWORD 85 배출가스 중의 입자상 물질 시료채취 방법

1. 개요

(1) 목적 및 적용범위

① 목적: 물질의 파쇄, 선별, 퇴적, 이적, 기타 기계적 처리 또는 연소, 합성분해 시 굴뚝에서 배출되는 입자상 물질의 농도를 측정하기 위한 시험방법이다.

② 적용범위: 배출가스 중에 함유되어 있는 액체 또는 고체인 입자상 물질을 등속흡입하여 측정한 먼지로서, 먼지농도 표시는 표준상태(0℃, 760mmHg)의 건조 배출가스 1m^3 중에 함유된 먼지의 질량농도를 측정하는 데 사용된다.

(2) 간섭물질

① 습도: 습도에 의한 오차를 줄이기 위해 먼지의 질량을 측정하기 전 여과지 홀더 또는 여과지를 데시케이터에서 일반 대기압 하에서 20±5.6℃로 적어도 24시간 이상 건조시키며 6시간의 간격을 두고 먼지 질량의 차이가 0.1mg일 때까지 측정한다. 또 다른 방법으로, 여과지 홀더 또는 여과지를 105℃에 2시간 이상 충분히 건조시키는 방법이 있다. 질량측정의 정확성을 향상시키기 위하여 여과지는 상대습도가 50% 이상인 질량측정 실험실에서 2분 이상 노출되어서는 안 된다.

② 부산물에 의한 측정오차: 시료채취 여과지 위에서 가스상 물질들의 반응 등에 의해 먼지의 질량농도 측정량이 증가 또는 감소되는 오차가 일어날 수 있다.

2. 분석기기 및 기구 – 반자동식 시료 채취기

(1) 개요

흡입노즐, 흡입관, 피토관, 여과지홀더, 여과지 가열장치, 임핀저 트레인, 가스흡입 및 유량측정부 등으로 구성되며 여과지홀더의 위치에 따라 그림과 같이 1형과 2형으로 구별된다.

(2) 흡입노즐

① 흡입노즐의 안과 밖의 가스흐름이 흐트러지지 않도록 흡입노즐 내경(d)은 3mm 이상으로 한다.

② 흡입노즐의 내경(d)은 정확히 측정하여 0.1mm 단위까지 구하여 둔다.

③ 흡입노즐의 꼭지점은 30° 이하의 예각이 되도록 하고 매끈한 반구모양으로 한다.

④ 피토관 계수가 정해진 L형 피토관(C: 1.0 전후) 또는 S형(웨스턴형 C: 0.84) 피토관으로서 배출가스 유속의 계속적인 측정을 위해 흡입관에 부착하여 사용한다.

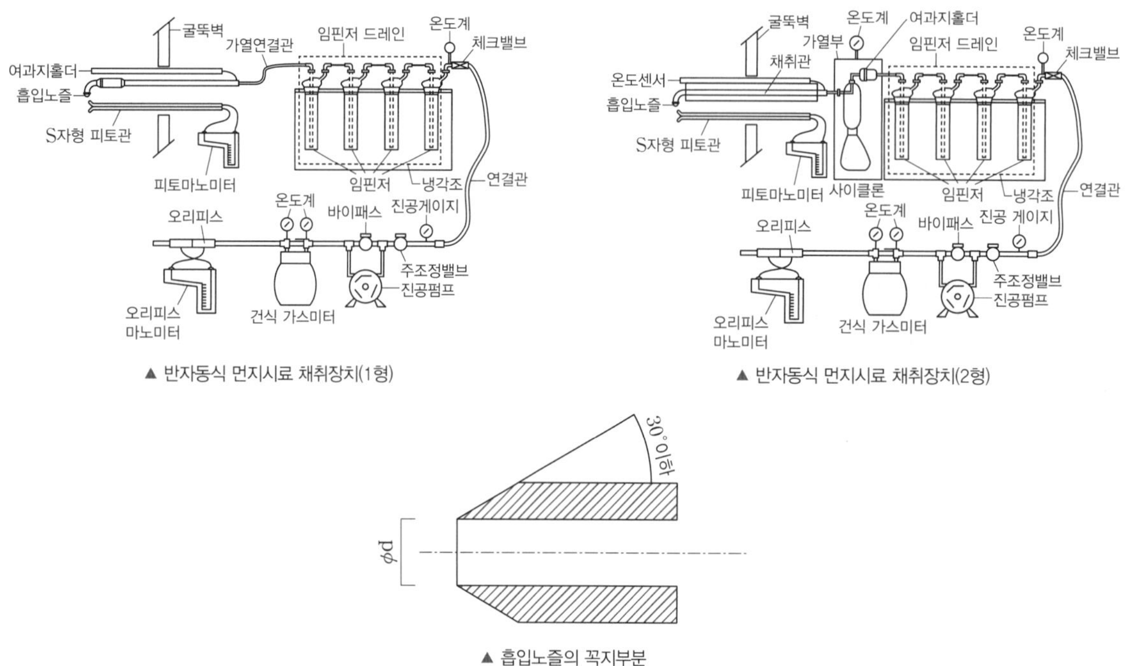

▲ 반자동식 먼지시료 채취장치(1형)

▲ 반자동식 먼지시료 채취장치(2형)

▲ 흡입노즐의 꼭지부분

3. 측정위치, 측정공 및 측정점의 선정

(1) 측정위치

① 측정위치는 원칙적으로 굴뚝의 굴곡부분이나 단면모양이 급격히 변하는 부분을 피하여 배출가스 흐름이 안정되고 측정작업이 쉽고 안전한 곳을 선정한다.

② 수직굴뚝 하부 끝단으로부터 위를 향하여 그곳의 굴뚝 내경의 8배 이상이 되고, 상부 끝단으로부터 아래를 향하여 그곳의 굴뚝내경의 2배 이상이 되는 지점에 측정공 위치를 선정하는 것을 원칙으로 한다.

③ 위의 기준에 적합한 측정공 설치가 곤란하거나 측정작업의 불편, 측정자의 안전성 등이 문제될 때에는 하부 내경의 2배 이상과 상부 내경의 1/2배 이상 되는 지점에 측정공 위치를 선정할 수 있다.

(2) 굴뚝 직경환산

① 굴뚝단면이 원형인 경우(상·하 동일 단면적): 굴뚝 상·하 직경은 수직굴뚝의 배출가스가 흐트러짐이 시작되는 위치의 내경을 기준으로 한다.

② 굴뚝단면이 사각형인 경우(상·하 동일 단면적의 정사각형 또는 직사각형): 굴뚝단면이 상·하 동일 단면적인 사각형 굴뚝의 직경산출은 다음과 같이 한다.

$$\text{환산직경} = 2 \times \left(\frac{A \times B}{A+B}\right) = 2 \times \left(\frac{\text{가로} \times \text{세로}}{\text{가로} + \text{세로}}\right)$$

A: 굴뚝내부 단면 가로규격, B: 굴뚝내부 단면 세로규격

(3) 측정점의 선정

측정점은 측정위치로 선정된 굴뚝단면의 모양과 크기에 따라 다음과 같은 요령으로 적당수의 등면적으로 구분하고 구분된 각 면적마다 측정점을 선정한다.

① 굴뚝단면이 원형일 경우

㉠ 그림과 같이 측정 단면에서 서로 직교하는 직경선상에 표에서 부여하는 위치를 측정점으로 선정한다.

㉡ 측정점수는 굴뚝직경이 4.5m를 초과할 때는 20점까지로 한다.

㉢ 굴뚝 단면적이 $0.25m^2$ 이하로 소규모일 경우에는 그 굴뚝 단면의 중심을 대표점으로 하여 1점만 측정한다.

㉣ 측정단면에서 유속의 분포가 비교적 대칭을 이루는 경우 수평굴뚝은 수직대칭 축에 대하여 1/2의 단면을 취하고 측정점의 수를 1/2로 줄일 수 있으며, 수직굴뚝은 1/4의 단면을 취하고 측정점의 수를 1/4로 줄일 수 있다.

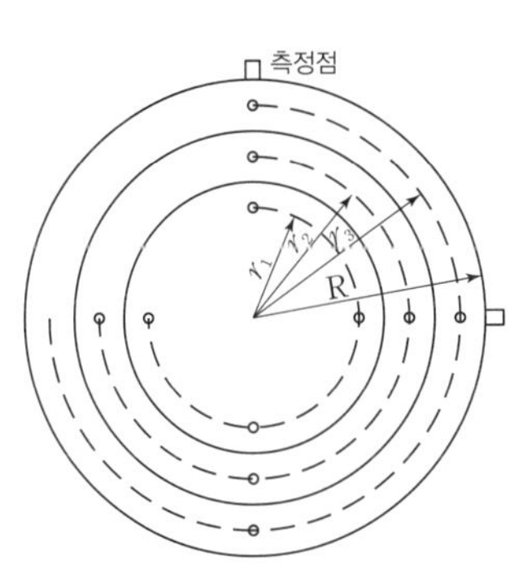

▲ 원형단면의 측정환산 예

굴뚝직경 $2R$(m)	반경 구분수	측정점 수	굴뚝 중심에서 측정점까지의 거리 r_n(m)				
			r_1	r_2	r_3	r_4	r_5
1 이하	1	4	$0.707R$	–	–	–	–
1 초과 2 이하	2	8	$0.500R$	$0.866R$	–	–	–
2 초과 4 이하	3	12	$0.408R$	$0.707R$	$0.913R$	–	–
4 초과 4.5 이하	4	16	$0.354R$	$0.612R$	$0.791R$	$0.935R$	–
4.5 초과	5	20	$0.316R$	$0.548R$	$0.707R$	$0.837R$	$0.949R$

▲ 원형단면의 측정점

② 굴뚝 단면이 사각형일 경우

㉠ 다음과 같이 단면적에 따라 등단면적의 사각형으로 구분하고 구분된 각 등단면적의 중심에 측정점 수를 선정한다.

굴뚝 단면적(m^2)	구분된 1변의 길이 L(m)
1 이하	$L \leq 0.5$
1 초과 4 이하	$L \leq 0.667$
4 초과 20 이하	$L \leq 1$

㉡ 측정 단면은 아래 그림과 같이 한 변의 길이(L)가 위 표의 규정에 따라 1m 이하의 범위에서 4개 이상의 등단면적의 직사방형 또는 정사방형으로 나누어 중심에 측정점을 선정한다.

㉢ 굴뚝의 단면적이 $20m^2$를 초과하는 경우는 측정점 수는 20점까지로 하고 등단면적으로 구분한다.

㉣ 측정 단면에서 흐름이 비대칭인 경우는 비대칭 방향으로 구분한 한 변의 길이는 그것과 수직방향의 한 변 길이보다도 짧게 취하여 측정점의 개수를 각각 증가시킨다.

㉤ 굴뚝 단면적이 $0.25m^2$ 이하로 소규모일 경우에는 그 굴뚝 단면의 중심을 대표점으로 하여 1점만 측정한다.

㉥ 측정 단면에서 유속의 분포가 비교적 대칭을 이루는 경우 수평굴뚝은 수직대칭 축에 대하여 1/2의 단면을 취하고 측정점의 수를 1/2로 줄일 수 있으며, 수직굴뚝은 1/4의 단면을 취하고 측정점의 수를 1/4로 줄일 수 있다.

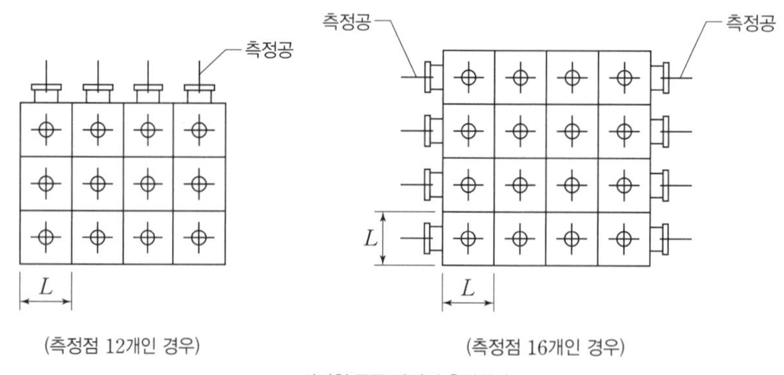

▲ 사각형 굴뚝 단면의 측정위치

고득점 POINT 등속흡입계수

등속흡입 정도를 보기 위해 등속흡입계수를 구하고 그 값이 90~110% 범위 내에 들지 않는 경우에는 다시 시료채취를 행한다.

4. 측정방법

(1) 배출가스 중의 수분량 측정방법(흡습관법)

① 배출가스 중의 수분량은 습한 가스 중의 수증기의 부피 백분율로 표시하고 다음 식에 의해 구한다.

② 습식 가스미터를 사용할 때

$$X_w = \frac{\frac{22.4}{18}m_a}{V_m \times \frac{273}{273+\theta_m} \times \frac{P_a+P_m-P_v}{760} + \frac{22.4}{18}m_a} \times 100$$

③ 건식 가스미터를 사용할 때

$$X_w = \frac{\frac{22.4}{18} m_a}{V'_m \times \frac{273}{273+\theta_m} \times \frac{P_a + P_m}{760} + \frac{22.4}{18} m_a} \times 100$$

X_w: 배출가스 중의 수증기의 부피 백분율(%)
m_a: 흡습 수분의 질량($m_{a2} - m_{a1}$)(g)
V_m, V'_m: 흡입한 가스량(L)
θ_m: 가스미터에서의 흡입 가스온도(℃)
P_a: 측정공 위치에서의 대기압(mmHg), P_m: 가스미터에서의 가스게이지압(mmHg)
P_v: θ_m에서의 포화 수증기압(mmHg)

④ 자동측정법: 측정공에서의 대기압을 측정하는 절대압력 센서와 배출가스 중 수증기의 부분압에만 반응하는 정전용량 방식의 센서를 이용하여 배출가스 중 수분량(%)을 측정하는 원리이다.

(2) 유속 측정방법

① 피토관이 전압(Total pressure)공을 측정점에서 가스의 흐르는 방향에 직면하게 놓고 전압과 정압(Static pressure)의 차이로 동압(Velocity pressure)을 측정한다.

② 각 측정점의 유속은 다음 식에 따라 구한다.

$$V = C\sqrt{\frac{2gh}{\gamma}}$$

V: 유속(m/sec)
C: 피토관 계수
h: 피토관에 의한 동압 측정치(mmH_2O)
g: 중력가속도($9.81 m/sec^2$)
γ: 굴뚝 내의 배출가스 밀도(kg/m^3)

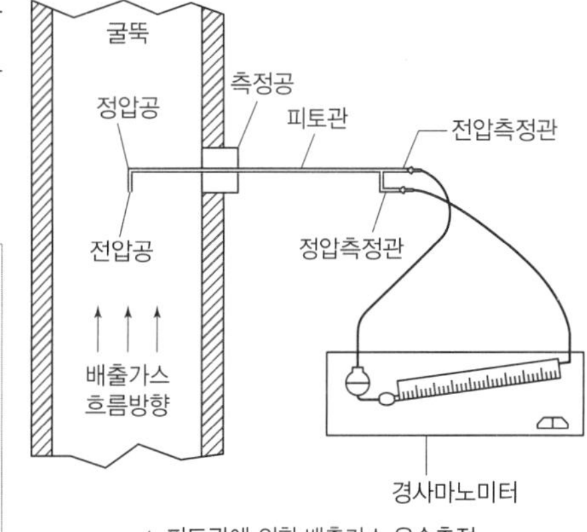

▲ 피토관에 의한 배출가스 유속측정

KEYWORD 86 배출가스 중의 휘발성유기화합물(VOCs) 시료채취 방법

1. 개요 및 용어의 정의

(1) 개요

이 시험기준은 연소, 화학 반응 등에 의하여 굴뚝 등에서 배출되는 배출가스 중 휘발성 유기화합물 (VOCs, Volatile Organic Compounds)의 시료채취 방법에 대하여 규정한다.

(2) 용어의 정의

파과부피(Breakthrough volume): 시료채취 시 분석대상물질이 흡착관에 채취되지 않고 흡착관을 통과하는 부피. 즉, 흡착관에 충전된 흡착제의 최대흡착부피를 말한다. 또는 2개의 흡착관을 직렬로 연결할 경우 후단의 흡착관에 채취된 양이 전체의 5% 이상을 차지할 경우의 부피를 말한다.

2. 시료채취장치

(1) 흡착관법

① 채취관: 채취관은 부식성 가스에 영향을 받지 않는 재질(플루오로 수지, 유리, 석영 등)로 120℃ 이상 가열 가능한 것이어야 하며, 채취관의 적당한 곳에 배출가스 성분과 화학 반응 등을 일으키지 않는 재질(무알칼리 유리섬유, 석영섬유 등)의 여과재를 넣어 먼지가 혼입되는 것을 방지한다.

② 밸브: 밸브는 플루오로 수지, 유리, 석영 등의 재질로 밀봉 윤활유(Sealing grease)를 사용하지 않고 가스의 누출이 없는 구조이어야 한다.

③ 응축기 및 응축수 트랩: 유리 등의 재질로 응축기는 가스가 흡착관을 통과하기 전 가스를 20℃ 이하로 낮출 수 있는 부피가 되어야 하고 상단 연결부는 밀봉 윤활유를 사용하지 않고도 누출이 없도록 연결해야 한다.

④ 흡착관: 보통 350℃(흡착제의 종류에 따라 조절가능)에서 99.99% 이상의 헬륨 또는 질소를 (50~100)mL/min의 속도로 흘려 2시간 이상 안정화(시판된 제품은 최소 30분 이상)시키고, 흡착관은 양쪽 끝단을 PTFE (Polytetrafluoroethylene) 재질의 마개를 이용하여 밀봉하거나, 불활성 재질의 필름을 사용하여 밀봉한 후 마개가 달린 용기 등에 넣어 이중 밀봉하여 보관한다.

⑤ 유량 측정부: 기기의 온도 및 압력 측정이 가능해야 하며, 최소 100mL/min의 흡입속도로 시료채취가 가능해야 한다.

(2) 시료채취 주머니법

① 시료채취 주머니: 플루오로 수지, 폴리에스터 수지 등의 불활성 재질로 시료 채취 동안이나 채취 후 보관 시 반드시 직사광선을 받지 않도록 하여 시료성분이 시료채취 주머니 안에서 흡착, 투과 또는 서로 간의 반응에 의하여 손실 또는 변질되지 않아야 한다. 배출가스의 온도가 100℃ 미만으로 시료채취 주머니 내에 수분응축의 우려가 없는 경우에는 응축기 및 응축수 트랩을 사용하지 않아도 무방하다.

② 진공 흡입상자: 진공 흡입상자는 (1~10)L 시료채취 주머니를 담을 수 있어야 하며, 용기가 완전 진공이 되도록 밀폐된 구조의 것을 사용하여야 한다.

KEYWORD 87 일반시험방법 – 기체크로마토그래피

1. 기체크로마토그래피의 개요

(1) 원리 및 적용범위

이 법은 기체시료 또는 기화한 액체나 고체시료를 운반가스(Carrier gas)에 의하여 분리 후 관내에 전개시켜 기체상태에서 분리되는 각 성분을 크로마토그래프로 분석하는 방법으로 무기물 또는 유기물의 대기오염물질에 대한 정성, 정량 분석에 이용한다.

(2) 장치의 기본구성

가스유로계 → 시료도입부 → 가열오븐(분리관 오븐, 검출기 오븐) → 검출기

2. 설치조건

(1) 설치장소

설치장소는 진동이 없고 분석에 사용하는 유해물질을 안전하게 처리할 수 있으며 부식가스나 먼지가 적고 실험실 온도 5~35℃, 상대습도 85% 이하로서 직사광선이 쪼이지 않는 곳으로 한다.

(2) 전기관계

① 공급전원은 지정된 전력 및 주파수이어야 하고, 전원변동은 지정전압의 10% 이내로서 주파수의 변동이 없는 것이어야 한다.

② 대형변압기, 고주파가열로와 같은 것으로부터 전자기의 유도를 받지 않는 것이어야 한다.

3. 검출기 및 운반가스

(1) 기체크로마토그래피에서 사용하는 검출기

① 열전도도 검출기(TCD): 모든 화합물을 검출할 수 있어 분석 대상에 제한이 없고 값이 싸며 시료를 파괴하지 않는 장점에 비하여 다른 검출기에 비해 감도(Sensitivity)가 낮다.

② 불꽃이온화 검출기(FID): 대부분의 화합물에 대하여 열전도도 검출기보다 약 1,000배 높은 감도를 나타내고 대부분의 유기화합물의 검출이 가능하므로 가장 흔히 사용된다.

③ 전자 포획 검출기(ECD): 유기 할로겐 화합물, 나이트로 화합물 및 유기 금속 화합물 등 전자친화력이 큰 원소가 포함된 화합물을 수 ppt의 매우 낮은 농도까지 선택적으로 검출할 수 있다.

④ 질소인 검출기(NPD): 질소나 인을 함유하는 화합물에 대한 감도는 일반 탄화수소 화합물에 대한 감도의 약 100,000배로 질소 또는 인 화합물에 대한 선택성이 커서, 살충제나 제초제의 분석에 일반적으로 사용된다.

⑤ 불꽃 광도 검출기(FPD): 불꽃 광도 검출기에 의한 황 또는 인 화합물의 감도(Sensitivity)는 일반 탄화수소 화합물에 비하여 100,000배 커서, H_2S나 SO_2와 같은 황 화합물은 약 200ppb까지, 인 화합물은 약 10ppb까지 검출이 가능하다.

⑥ 광이온화 검출기(PID): 10.6eV의 자외선(UV) 램프에서 발산하는 120nm의 빛이 벤젠이나 톨루엔과 같은 대부분의 방향족 화합물을 충분히 이온화시킬 수 있고, 또한 H_2S, 헥세인, 에탄올과 같이 이온화 에너지가 10.6eV 이하인 화합물을 이온화시킴으로써 이들을 선택적으로 검출할 수 있다.

⑦ 그 외 검출기 : 불꽃 열이온 검출기(FTD), 펄스 방전 검출기(PDD), 원자 방출 검출기(AED), 전해질 전도도 검출기(ELCD), 질량 분석 검출기(MSD)

(2) 운반가스(Carrier gas)

① 운반가스는 충전물이나 시료에 대하여 불활성이고 사용하는 검출기의 작동에 적합한 것을 사용한다.

② 운반가스의 종류

㉠ 열전도도 검출기(TCD): 순도 99.8% 이상의 수소나 헬륨

㉡ 불꽃이온화 검출기(FID): 순도 99.8% 이상의 질소 또는 헬륨

4. 머무름 값

(1) 종류

머무름 값의 종류로는 머무름시간(Retention time), 머무름부피(Retention volume), 머무름비(Retention ratio), 머무름지표(Retention indicator) 등이 있다.

(2) 측정

① 머무름시간을 측정할 때에는 3회 측정하여 그 평균치를 구한다.

② 일반적으로 5~30분 정도에서 측정하는 봉우리의 머무름시간은 반복시험을 할 때 ±3%의 오차범위 이내이어야 한다.

③ 머무름 값의 표시는 무효부피(Dead volume)의 보정유무를 기록하여야 한다.

KEYWORD 88 일반시험방법 – 자외선/가시선분광법

1. 자외선/가시선분광법의 개요

(1) 원리 및 적용범위

이 시험방법은 시료물질이나 시료물질의 용액 또는 여기에 적당한 시약을 넣어 발색시킨 용액의 흡광도를 측정하여 시료 중의 목적성분을 정량하는 방법으로 파장 200~1,200nm에서의 액체의 흡광도를 측정함으로써 대기 중이나 굴뚝 배출가스 중의 오염물질 분석에 적용한다.

(2) 램버어트 비어(Lambert – Beer)의 법칙

$$\text{흡광도}(A)=\log\frac{1}{t(\text{투과도})}=\log\frac{1}{I_t/I_0}=\varepsilon Cl \rightarrow I_t=I_0\times 10^{-\varepsilon Cl}$$

I_0: 입사광의 강도, I_t: 투사광의 강도, C: 용액의 농도

l: 빛의 투사거리, ε: 비례상수(흡광계수)

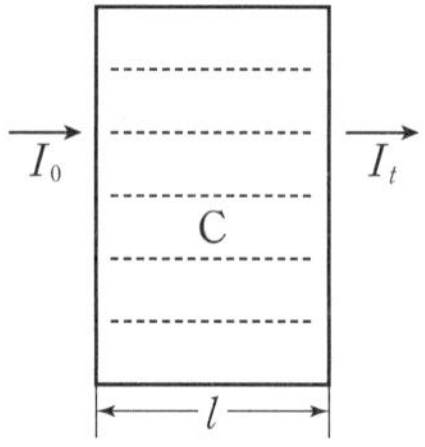

2. 자외선/가시선분광법의 장치

(1) 개요

① 일반적으로 사용하는 자외선/가시선분광법은 아래 그림과 같이 광원부, 파장선택부, 시료부 및 측광부로 구성되고 광원부에서 측광부까지의 광학계에는 측정목적에 따라 여러 가지 형식이 있다.

② 측정된 흡광도는 되도록 0.2~0.8의 범위에 들도록 시험용액의 농도 및 흡수셀의 길이를 선정한다.

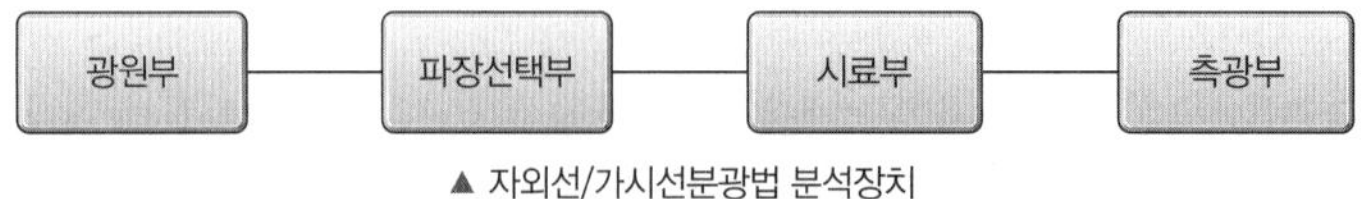

▲ 자외선/가시선분광법 분석장치

(2) 광원부

① 가시부와 근적외부의 광원으로는 주로 텅스텐램프를 사용한다.

② 자외부의 광원은 주로 중수소 방전관을 사용한다.

(3) 흡수셀

① 흡수셀의 재질로는 유리, 석영, 플라스틱 등을 사용한다.

② 유리제는 주로 가시 및 근적외부 파장범위를 측정할 때 사용한다.

③ 석영제는 자외부 파장범위를 측정할 때 사용한다.

④ 플라스틱제는 근적외부 파장범위를 측정할 때 사용한다.

KEYWORD 89 일반시험방법 – 원자흡수분광광도법

1. 원리 및 용어

(1) 원리 및 적용범위

① 이 시험방법은 시료를 적당한 방법으로 해리시켜 중성원자로 증기화하여 생긴 기저상태(Ground State or Normal State)의 원자가 이 원자 증기층을 투과하는 특유파장의 빛을 흡수하는 현상을 이용하여 광전측광과 같은 개개의 특유 파장에 대한 흡광도를 측정하여 시료 중의 원소 농도를 정량하는 방법이다.

② 대기 또는 배출가스 중의 유해 중금속, 기타 원소의 분석에 적용한다.

(2) 용어의 정의

① 역화(Flame back)란 불꽃의 연소속도가 크고 혼합기체의 분출속도가 작을 때 연소현상이 내부로 옮겨지는 것이다.

② 원자흡광(분광)측광이란 원자흡광 스펙트럼을 이용하여 시료 중의 특정원소의 농도와 그 휘선의 흡광정도(보통은 보정되지 않은 흡광도로 나타냄)와의 상관관계를 측정하는 것이다.

③ 공명선(Resonance Line)이란 원자가 외부로부터 빛을 흡수했다가 다시 먼저 상태로 돌아갈 때 방사하는 스펙트럼선이다.

④ 근접선(Neighbouring Line)이란 목적하는 스펙트럼선에 가까운 파장을 갖는 다른 스펙트럼선이다.

⑤ 중공음극램프(Hollow Cathode Lamp)란 원자흡광분석의 광원이 되는 것으로 목적원소를 함유하는 중공음극 한 개 또는 그 이상을 저압의 네온과 함께 채운 방전관이다.

⑥ 분무실(Nebulizer-Chamber)이란 분무기와 함께 분무된 시료용액의 미립자를 더욱 미세하게 해주는 한편 큰 입자와 분리시키는 작용을 갖는 장치이다.

⑦ 예복합 버너(Premix Type Burner)란 가연성 가스, 조연성 가스 및 시료를 분무실에서 혼합시켜 불꽃 중에 넣어주는 방식의 버너이다.

⑧ 선프로파일(Line Profile)이란 파장에 대한 스펙트럼선의 강도를 나타내는 곡선이다.

⑨ 멀티 패스(Multi-Path)란 불꽃 중에서의 광로를 길게 하고 흡수를 증대시키기 위하여 반사를 이용하여 불꽃 중에 빛을 여러 번 투과시키는 것이다.

2. 장치 및 불꽃

(1) 장치구성

원자흡광분석장치는 일반적으로 광원부, 시료원자화부, 파장선택부(분광부) 및 측광부로 구성되어 있고 단광속형과 복광속형이 있다.

(2) 불꽃

① 원자흡광분석에 사용되는 불꽃을 만들기 위한 조연성 가스와 가연성 가스의 조합은 수소 - 공기, 수소 - 공기 - 아르곤, 수소 - 산소, 아세틸렌 - 공기, 아세틸렌 - 산소, 아세틸렌 - 아산화질소, 프로페인 - 공기, 석탄가스 - 공기 등이 있다.

② 수소 - 공기, 아세틸렌 - 공기, 아세틸렌 - 아산화질소 및 프로판 - 공기가 가장 널리 이용된다.

③ 이 중에서도 수소 - 공기와 아세틸렌 - 공기는 대부분의 원소분석에 유효하게 사용된다.

④ 아세틸렌 - 아산화질소 불꽃은 불꽃 온도가 높기 때문에 불꽃 중에서 해리하기 어려운 내화성 산화물(Refractory Oxide)을 만들기 쉬운 원소의 분석에 적당하다.

⑤ 프로페인 - 공기 불꽃은 불꽃 온도가 낮고 일부 원소에 대하여 높은 감도를 나타낸다.

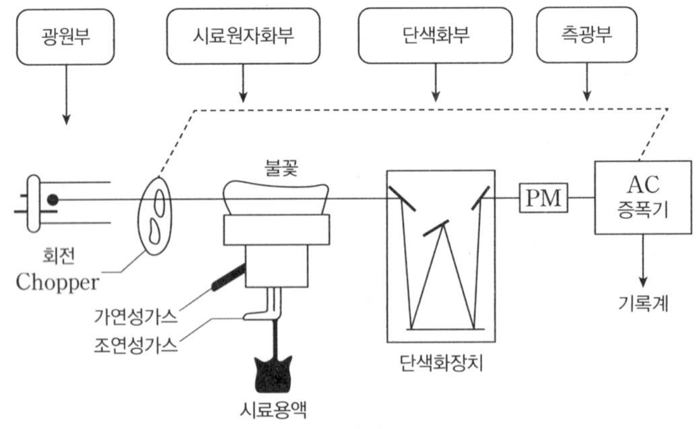

▲ 원자흡수분광광도법 분석장치의 구성

KEYWORD 90 일반시험방법 - 이온크로마토그래피

1. 원리 및 적용범위

(1) 원리

이 방법은 이동상으로는 액체, 그리고 고정상으로는 이온교환수지를 사용하여 이동상에 녹는 혼합물을 고분리능 고정상이 충전된 분리관 내로 통과시켜 시료성분의 용출상태를 전도도 검출기 또는 광학 검출기로 검출하여 그 농도를 정량하는 방법이다.

(2) 적용범위

일반적으로 강수(비, 눈, 우박 등), 대기먼지, 하천수 중의 이온성분을 정성, 정량 분석하는 데 이용한다.

2. 장치

(1) 장치의 개요

일반적으로 사용하는 이온크로마토그래프는 용리액조, 송액펌프, 시료주입장치, 분리관, 써프렛서, 검출기 및 기록계로 구성되며 분리관에서 검출기까지는 측정목적에 따라 다소 차이가 있다.

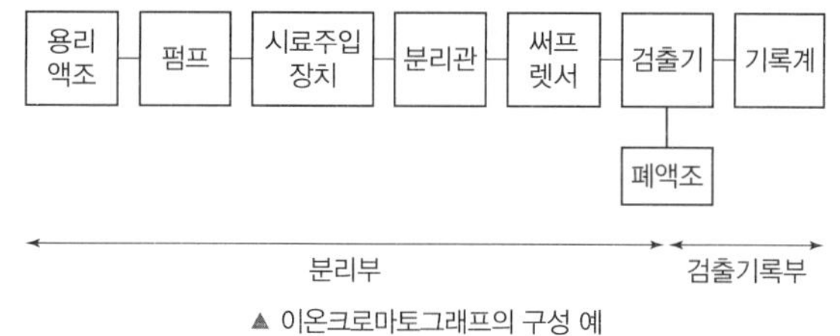

▲ 이온크로마토그래프의 구성 예

(2) 용리액조

① 이온성분이 용출되지 않는 재질로써 용리액을 직접 공기와 접촉시키지 않는 밀폐된 것을 선택한다.

② 일반적으로 폴리에틸렌이나 경질 유리제를 사용한다.

(3) 송액펌프의 조건

① 맥동이 적은 것

② 필요한 압력을 얻을 수 있는 것

③ 유량조절이 가능할 것

④ 용리액 교환이 가능할 것

(4) 시료주입장치

① 일정량의 시료를 밸브조작에 의해 분리관으로 주입하는 루프주입방식이 일반적이다.

② 셉텀(Septum)방법, 셉텀레스(Septumless)방식 등이 사용되기도 한다.

(5) 분리관의 재질

① 내압성, 내부식성으로 용리액 및 시료액과 반응성이 적은 것을 선택하며 에폭시수지관 또는 유리관이 사용된다.

② 일부는 스테인레스관이 사용되지만 금속이온 분리용으로는 좋지 않다.

(6) 써프렛서

① 용리액에 사용되는 전해질 성분을 제거하기 위하여 분리관 뒤에 직렬로 접속시킨 것으로써 전해질을 물 또는 저전도도의 용매로 바꿔줌으로써 전기전도도셀에서 목적 이온성분과 전기전도도만을 고감도로 검출할 수 있게 해주는 것이다.

② 써프렛서는 관형과 이온교환막형이 있으며, 관형은 음이온에는 스티롤계 강산형(H^+) 수지가, 양이온에는 스티롤계 강염기형(OH^-)의 수지가 충진된 것을 사용한다.

(7) 검출기

① 전기전도도 검출기: 분리관에서 용출되는 각 이온 종을 직접 또는 써프렛서를 통과시킨 전기전도도계 셀 내의 고정된 전극 사이에 도입시키고 이때 흐르는 전류를 측정한다.

② 자외선 및 가시선 흡수 검출기

㉠ 자외선흡수검출기(UV 검출기): 고성능 액체크로마토그래피 분야에서 가장 널리 사용하는 검출기이며, 최근에는 이온크로마토그래피에서도 전기전도도 검출기와 병행하여 사용하기도 한다.

㉡ 가시선흡수검출기(VIS 검출기): 전이금속 성분의 발색반응을 이용하는 경우에 사용된다.

③ 전기화학적 검출기: 정전위 전극반응을 이용하는 전기화학 검출기는 검출 감도가 높고 선택성이 있는 검출기로써 분석화학 분야에 널리 이용되는 검출기이며 전량검출기, 암페로 메트릭 검출기 등이 있다.

3. 설치조건

① 실험실 온도 15~25℃, 상대습도 30~85% 범위로 급격한 온도변화가 없어야 한다.

② 진동이 없고 직사광선을 피해야 한다.

③ 부식성 가스 및 먼지 발생이 적고 환기가 잘 되어야 한다.

④ 대형변압기, 고주파가열 등으로부터 전자유도를 받지 않아야 한다.

⑤ 공급전원은 기기의 사양에 지정된 전압 전기용량 및 주파수로 전압변동은 10% 이하이고 주파수 변동이 없어야 한다.

KEYWORD 91 기타 일반시험방법

구분	내용
비분산적외선 분광분석법	• 비분산은 빛을 프리즘(Prism)이나 회절격자와 같은 분산소자에 의해 분산하지 않는 것이다. • 이 시험법은 적외선 영역에서 고유 파장 대역의 흡수 특성을 갖는 성분가스의 농도 분석을 비분산적외선분광분석법으로 측정하는 방법에 대해 규정하며, 비분산적외선분광분석법의 표준분석절차를 기술함으로서 비분산적외선분광분석법에 의한 측정의 정확성과 통일성을 갖추도록 함을 목적으로 한다. • 간섭물질로는 입자상 물질과 수분이 있다.
흡광차 분광법	• 이 방법은 일반적으로 빛을 조사하는 발광부와 50~1,000m 정도 떨어진 곳에 설치되는 수광부(또는 발 · 수광부와 반사경) 사이에 형성되는 빛의 이동경로(Path)를 통과하는 가스를 실시간으로 분석한다. • 측정에 필요한 광원은 180~2,850nm 파장을 갖는 제논(Xenon) 램프를 사용하여 이산화황, 질소산화물, 오존 등의 대기오염물질 분석에 적용한다.
고성능 액체 크로마토그래피	• 비휘발성 화학종 또는 열적으로 불안정한 물질을 분리할 수 있으며 유기물과 무기물의 대기오염물질에 대한 정성분석, 정량분석에 사용된다. • 기기장치의 기본구성 용매 저장기 → 펌프 → 시료 주입기 → 분리관 → 검출기 → 기록기

CHAPTER 02

배출가스 측정 분석

KEYWORD 92 무기물질 – 먼지, 비산먼지

1. 배출가스 중 먼지

(1) 개요

배출가스 중에 함유되어 있는 액체 또는 고체인 입자상 물질을 등속흡입하여 측정한 먼지로서, 먼지 농도 표시는 표준상태(0℃, 760mmHg)의 건조 배출가스 $1Sm^3$ 중에 함유된 먼지의 질량농도를 측정하는 데 사용된다.

(2) 적용가능한 시험방법

반자동식 측정법, 수동식 측정법, 자동식 측정법이 있다.

2. 비산먼지

(1) 개요

① 비산먼지란 대기 중에 부유하는 고체 및 액체의 입자상 물질로서, 대기환경보전법에서는 굴뚝을 거치지 않고 대기 중에 직접 배출되는 경우를 말하고, 날림먼지라고도 한다.

② 시멘트 공장, 전기아크로를 사용하는 철강공장, 연탄공장, 석탄야적장, 도정공장, 골재공장 등 특정 발생원에서 일정한 굴뚝을 거치지 않고 외부로 비산되거나 물질의 파쇄, 선별, 기타 기계적 처리에 의하여 비산배출되는 먼지의 농도를 측정한다.

③ 적용 가능한 시험방법: 고용량공기시료채취법, 저용량공기시료채취법, 베타선법, 광학기법

(2) 결과보고 – 고용량/저용량공기시료채취법

① 채취된 먼지의 농도 계산: 채취 전후의 여과지의 질량 차이와 흡입공기량으로부터 다음 식에 의하여 먼지 농도를 구한다.

$$\text{먼지 농도}(mg/Sm^3) = \frac{W_e - W_s}{V}$$

W_e: 채취 후 여과지의 질량(mg), W_s: 채취 전 여과지의 질량(mg), V: 총 공기흡입량(Sm^3)

② 비산먼지 농도의 계산: 각 측정지점의 채취 먼지량과 풍향 풍속의 측정결과로부터 비산먼지의 농도를 구한다.

$$\text{비산먼지 농도}(C) = (C_H - C_B) \times W_D \times W_S$$

C_H: 채취먼지량이 가장 많은 위치에서의 먼지 농도(mg/Sm^3)

C_B: 대조위치에서의 먼지 농도(mg/Sm^3)

W_D, W_S: 풍향, 풍속 측정결과로부터 구한 보정계수

단, 대조위치를 선정할 수 없는 경우에는 C_B는 $0.15mg/Sm^3$로 한다.

③ 풍향, 풍속 보정계수

㉠ 풍향에 대한 보정

풍향변화범위	보정계수
전 시료채취 기간 중 주 풍향이 90° 이상 변할 때	1.5
전 시료채취 기간 중 주 풍향이 45°~90° 변할 때	1.2
전 시료채취 기간 중 풍향이 변동이 없을 때(45° 미만)	1.0

㉡ 풍속에 대한 보정

풍속범위	보정계수
풍속이 0.5m/sec 미만 또는 10m/sec 이상되는 시간이 전 채취시간의 50% 미만일 때	1.0
풍속이 0.5m/sec 미만 또는 10m/sec 이상되는 시간이 전 채취시간의 50% 이상일 때	1.2

KEYWORD 93 무기물질 – 암모니아, 일산화탄소, 염화수소

1. 암모니아

① 배출가스 중 자외선/가시선분광법 – 인도페놀법이 주 시험방법이며, 시험방법의 정량범위는 표와 같다.

② 자외선/가시선분광법(인도페놀법): 분석용 시료 용액에 페놀 – 나이트로프루시드소듐 용액과 하이포아염소산소듐 용액을 가하고 암모늄 이온과 반응하여 생성하는 인도페놀류의 흡광도를 측정하여 암모니아를 정량한다.

분석방법	정량범위	방법검출한계	정밀도
자외선/가시선분광법 – 인도페놀법	1.2ppm 이상 (시료채취량: 20L, 분석용 시료용액: 250mL)	0.4ppm	10% 이내

2. 일산화탄소

① 자동측정법 – 비분산적외선분광분석법이 주 시험방법이며, 시험방법들의 정량범위는 표와 같다.

② 자동측정법: 측정기를 사용하여 현장에서 일산화탄소 농도를 측정하는 경우에는 배출시설의 가동상황을 고려하여 5분 이상 측정한 5분 평균값을 계산하고, 이를 3회 이상 연속 측정하여 3개의 5분 평균값을 평균하여 최종 결과값으로 한다.

분석방법	정량범위	방법검출한계	정밀도(%RSD)
자동측정법 – 비분산적외선분광분석법	0~1,000ppm	–	–
자동측정법 – 전기화학식 (정전위전해법)	0~1,000ppm	–	–
기체크로마토그래피	TCD: 1,000ppm 이상 FID: 1~2,000ppm	TCD: 314ppm FID: 0.3ppm	10% 이내

3. 염화수소

① 배출가스 중 염화수소 – 이온크로마토그래피가 주 시험방법이며 시험방법의 정량범위는 표와 같다.

② 이온크로마토그래피법에서의 간섭물질: 염화물 염(Chloride salts) 등의 입자상물질 또는 황화합물 등의 환원성 가스가 측정에 영향을 줄 수 있다.

분석방법	정량범위	방법검출한계	정밀도
이온크로마토그래피	0.4ppm 이상 (시료채취량: 20L, 분석용 시료용액: 100mL)	0.1ppm	10% 이내
자외선/가시선분광법 – 싸이오사이안산제이수은법	1.6ppm 이상 (시료채취량: 40L, 분석용 시료용액: 250mL)	0.5ppm	10% 이내

KEYWORD 94 무기물질 – 황산화물

1. 시험방법

배출가스 중 황산화물 – 자동측정법이 주 시험방법이며, 시험방법들의 정량범위는 표와 같다.

분석방법	분석원리 및 개요	정량범위
자동측정법 – 전기화학식(정전위전해법)	정전위전해분석계를 사용하여 시료를 가스투과성격막을 통하여 전해조에 도입시켜 전해액 중에 확산 흡수되는 이산화황을 산화전위로 정전위전해하여 전해전류를 측정하는 방법이다.	0~1,000ppm SO_2
자동측정법 – 용액전도율법	시료를 과산화수소에 흡수시켜 용액의 전기전도율(Electro conductivity)의 변화를 용액전도율 분석계로 측정하는 방법이다.	0~1,000ppm SO_2
자동측정법 – 적외선흡수법	시료가스를 셀에 취하여 7,300nm 부근에서 적외선가스분석계를 사용하여 이산화황의 광흡수를 측정하는 방법이다.	0~1,000ppm SO_2
자동측정법 – 자외선흡수법	자외선흡수분석계를 사용하여 280~320nm에서 시료 중 이산화황의 광흡수를 측정하는 방법이다.	0~1,000ppm SO_2
자동측정법 – 불꽃광도법	불꽃광도검출분석계를 사용하여 시료를 공기 또는 질소로 묽힌 다음 수소불꽃 중에 도입할 때에 394nm 부근에서 관측되는 발광광도를 측정하는 방법이다.	0~1,000ppm SO_2
침전적정법 – 아르세나조 Ⅲ법	시료를 과산화수소수에 흡수시켜 황산화물을 황산으로 만든 후 아이소프로필알코올과 아세트산을 가하고 아르세나조 Ⅲ을 지시약으로 하여 아세트산바륨 용액으로 적정한다.	※ 아래 참고

※ 침전적정법 – 아르세나조 Ⅲ법의 정량범위: 시료 20L를 흡수액에 통과시켜 250mL로 묽게 하여 분석용 시료용액으로 할 때 전 황산화물의 농도가 약 140.0~700.0ppm의 시료에 적용된다. 광도 적정법일 때의 정량범위는 50.0~700.0ppm이다.

2. 자동측정법의 측정방법에 따른 간섭물질

측정방법	간섭물질
전기화학식(정전위전해법)	황화수소, 이산화질소, 염화수소, 탄화수소, 염소
용액 전도율법	염화수소, 암모니아, 이산화질소, 이산화탄소
적외선 흡수법	수분, 이산화탄소, 탄화수소
자외선 흡수법	이산화질소
불꽃 광도법	황화수소, 이황화탄소, 탄화수소, 이산화탄소

KEYWORD 95 무기물질 – 질소산화물

1. 시험방법

배출가스 중 질소산화물 – 자동측정법이 주 시험방법이며, 시험방법들의 정량범위는 표와 같다.

분석방법	분석원리 및 개요	정량범위
자동측정법 – 전기화학식 (정전위 전해법)	가스투과성 격막을 통하여 전해질 용액에 시료가스 중의 질소산화물을 확산·흡수시키고 일정한 전위의 전기에너지를 부가하면 질산이온으로 산화시켜서 생성되는 전해전류로 시료가스 중 질소산화물의 농도를 측정한다.	0~1,000ppm
자동측정법 – 화학 발광법	• 일산화질소와 오존이 반응하여 이산화질소가 될 때 발생하는 발광강도를 590~875nm 부근의 근적외선 영역에서 측정하여 시료 중의 일산화질소의 농도를 측정하는 방법이다. • 이산화질소는 일산화질소로 환원시킨 후 측정한다.	0~1,000ppm
자동측정법 – 적외선 흡수법	• 일산화질소의 5,300nm 적외선 영역에서 광흡수를 이용하여 시료 중의 일산화질소의 농도를 비분산형 적외선분석계로 측정하는 방법이다. • 이산화질소는 일산화질소로 환원시킨 후 측정한다.	0~1,000ppm
자동측정법 – 자외선 흡수법	일산화질소는 195~230nm, 이산화질소는 350~450nm 부근에서 자외선의 흡수량 변화를 측정하여 시료 중의 일산화질소 또는 이산화질소의 농도를 측정하는 방법이다.	0~1,000ppm
자외선/가시선분광법 – 아연환원 나프틸에틸렌다이아민법	–	6.7~230ppm (시료채취량: 150mL, 분석용 시료용액: 20mL)

2. 자동측정법의 측정방법에 따른 간섭물질

측정방법	간섭물질
전기화학식(정전위 전해법)	염화수소, 황화수소, 염소
화학 발광법	이산화탄소
적외선 흡수법	수분, 이산화탄소, 이산화황, 탄화수소
자외선 흡수법	이산화황, 탄화수소

KEYWORD 96 무기물질 – 황화수소, 플루오린화합물, 사이안화수소

1. 황화수소

자외선/가시선분광법 – 메틸렌블루법이 주 시험방법이며, 시험방법들의 정량범위는 표와 같다.

분석방법	정량범위	방법검출한계	정밀도
자외선/가시선분광법 – 메틸렌블루법	1.7ppm 이상 (시료채취량: 20L, 분석용 시료용액: 200mL)	0.5ppm	10% 이내
기체크로마토그래피	0.5ppm 이상 (시료채취주머니 채취 및 직접주입)	0.2ppm	10% 이내

2. 플루오린화합물

자외선/가시선분광법 – 란타넘 – 알리자린콤플렉손법이 주 시험방법이며, 시험방법의 정량범위는 표와 같다.

분석방법	정량범위	방법검출한계	정밀도
자외선/가시선분광법 – 란타넘 – 알리자린콤플렉손법	0.05ppm 이상 (시료채취량: 80L, 분석용 시료용액: 250mL)	0.02ppm	10% 이내
이온크로마토그래피	0.30ppm 이상 (시료채취량: 40L, 분석용 시료용액: 100mL)	0.10ppm	10% 이내
이온선택전극법	7.37ppm～737ppm (시료채취량: 40L, 분석용 시료용액: 250mL)	2.31ppm	10% 이내
연속흐름법	0.30ppm 이상 (시료채취량: 40L, 분석용 시료용액: 100mL)	0.10ppm	10% 이내

3. 사이안화수소

자외선/가시선분광법 – 4 – 피리딘카복실산 – 피라졸론법이 주 시험방법이며, 시험방법의 정량범위는 표와 같다.

분석방법	정량범위	방법검출한계	정밀도
자외선/가시선분광법 – 4 – 피리딘카복실산 – 피라졸론법	0.05ppm 이상 (시료채취량: 10L, 분석용 시료용액: 250mL)	0.02ppm	10% 이내
연속흐름법	0.11ppm 이상 (시료채취량: 20L, 분석용 시료용액: 250mL)	0.03ppm	10% 이내

KEYWORD 97 무기물질 – 배출가스 중 매연

1. 링겔만 매연 농도법

(1) 개요

이 시험기준은 굴뚝 등에서 배출되는 매연을 링겔만 매연 농도표(Ringelman smoke chart)에 의해 비교 측정하기 위한 시험방법이다.

(2) 측정방법

보통 가로 14cm, 세로 20cm의 백상지에 각각 0mm, 1.0mm, 2.3mm, 3.7mm, 5.5mm 전폭의 격자형 흑선을 그려 백상지의 흑선부분이 전체의 0%, 20%, 40%, 60%, 80%, 100%를 차지하도록 하여 이 흑선과 굴뚝에서 배출하는 매연의 검은 정도를 비교하여 각각 0~5도까지 6종으로 분류한다.

2. 광학기법

(1) 개요

① 적용범위: 굴뚝, 플레어스택 등에서 배출되는 매연을 측정하는 광학기법에 대하여 적용한다.

② 불투명도: 대기 중 배출되는 가스 흐름을 투과해서 물체를 식별하고자 할 때 불명확하게 하는 정도를 말하며, 매연이 배출되는 지점과 배경지점을 카메라로 촬영한 후, 비교하여 산정하며, 결과는 0~100% 사이에서 5% 단위로 나타낸다.

(2) 측정위치의 선정

① 매연 촬영 시 되도록 바람이 불지 않을 때 관측자는 깨끗한 시야를 확보할 수 있는 시점에서 굴뚝높이의 3배 이상 떨어진 거리에서 촬영한다.

② 카메라와 매연의 촬영지점의 관측 각도(매연측정지점과 관측자의 눈높이와의 각)가 18° 이상일 경우 추가적인 보정이 필요하다.

③ 굴뚝에서 140° 이내 각도에서 태양을 등지고 서야 하고, 관찰자는 카메라를 매연 확산 방향에 가능한 한 수직이 되도록 놓은 후 매연과 배경지점이 잘 대조되는 지점이 나타나도록 촬영한다.

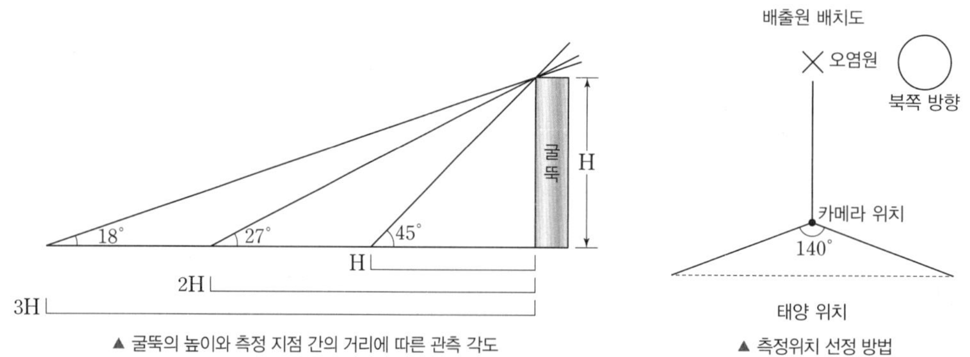

▲ 굴뚝의 높이와 측정 지점 간의 거리에 따른 관측 각도

▲ 측정위치 선정 방법

KEYWORD 98 무기물질 – 배출가스 중 산소

1. 적용가능한 방법

배출가스 중 산소 – 자동측정법 – 전기화학식이 주 시험방법이며, 시험방법들의 정량범위는 표와 같다.

분석방법	정량범위	정량범위
자동측정법	전기화학식	0~25.0%
자동측정법	자기식(자기풍)	0~5.0%
	자기식(자기력)	0~10.0%

2. 자동측정법 – 전기화학식

① 이 방법은 산소의 전기화학적 산화환원 반응을 이용하여 산소농도를 연속적으로 측정한다.

② 전극방식과 질코니아(Zirconia) 방식이 있다.

③ 측정기를 사용하여 현장에서 산소 농도를 측정하는 경우에는 배출시설의 가동상황을 고려하여 5분 이상 측정한 5분 평균값을 계산하고, 이를 3회 이상 연속 측정하여 3개의 5분 평균값을 평균하여 최종 결과값으로 한다.

KEYWORD 99 배출가스 중 금속화합물

1. 적용가능한 시험방법

① 배출가스 중 금속분석을 위한 시료는 일반적으로 적절한 방법으로 전처리하여 기기분석을 실시한다.

② 원자흡수분광광도법을 주 시험방법으로 하며 원자흡수분광광도법, 유도결합플라스마 원자발광분광법, 자외선/가시선분광법 등이 사용된다.

측정금속	원자흡수분광광도법	유도결합플라스마원자발광분광법	자외선/가시선분광법
비소	○	○	○
카드뮴	○	○	–
납	○	○	–
크로뮴	○	○	–
구리	○	○	–
니켈	○	○	–
아연	○	○	–
수은	○	–	–
베릴륨	○	○	–

2. 원자흡수분광광도법

① 이 시험기준은 연소, 화학 반응 등에 의하여 굴뚝 등에서 배출되는 배출가스 중 입자상 금속 및 그 화합물을 분석하는 방법에 대하여 규정한다.

② 배출가스 중 입자상 금속 (카드뮴, 납, 크로뮴, 구리, 니켈, 아연, 베릴륨 등) 및 그 화합물을 여과지로 채취하여 산(Acid) 분해하고 아세틸렌－공기 불꽃에 직접 주입하여 원자화 시킨 후 측정파장에서 흡광세기를 측정하여 입자상 금속 및 그 화합물을 정량한다.

③ 원자흡수분광광도법의 측정파장, 정량범위, 정밀도 및 방법검출한계

금속	측정파장(nm)	정량범위(mg/Sm^3)	방법검출한계(mg/Sm^3)
Cd	228.8	0.010 이상	0.003
Pb	217.0/283.3	0.050 이상	0.016
Cr	357.9	0.100 이상	0.031
Cu	324.7	0.100 이상	0.031
Ni	232.0	0.010 이상	0.003
Zn	213.9	0.100 이상	0.031
Be	234.9	0.040 이상	0.013

고득점 POINT 원자흡수분광광도법의 간섭물질

- 광학적 간섭 : 분석하고자 하는 금속과 근접한 파장에서 발광하는 물질이 존재하거나, 측정파장의 스펙트럼이 넓어질 때, 이온과 원자의 재결합으로 연속 발광할 때 또는 분자띠 발광 시에 발생할 수 있다.
- 물리적 간섭 : 표준용액과 분석용 시료용액 또는 분석용 시료용액 간의 물리적성질(점도, 밀도, 표면장력 등)의 차이 또는 표준물질과 분석용 시료용액의 매질(Matrix) 차이에 의해 발생할 수 있다.
- 화학적 간섭 : 원자화 불꽃 중에서 이온화하거나, 공존물질과 작용하여 해리하기 어려운 화합물이 생성되는 경우에 발생할 수 있다.
- 크로뮴 분석 시 아세틸렌–공기 불꽃에서는 철, 니켈 등에 의한 방해를 받는다. 이 경우에는 아세틸렌－산화이질소(Acetylene－nitrous oxide) 불꽃을 사용하여 간섭효과를 줄일 수 있다.

KEYWORD 100 배출가스 중 휘발성 유기화합물

1. 배출가스 중 폼알데하이드 및 알데하이드류에 적용 가능한 시험방법

분석방법	정량범위	방법검출한계	주 시험방법
고성능액체크로마토그래피	0.010ppm 이상 (시료채취량이 10L인 경우)	0.003ppm	○
자외선/가시선분광법 크로모트로핀산법	0.080ppm 이상 (분석용 시료용액 100L, 시료채취량 60L인 경우)	0.025ppm	-
자외선/가시선분광법 아세틸아세톤법	0.080ppm 이상 (분석용 시료용액 25L, 시료채취량 60L인 경우)	0.025ppm	-

2. 배출가스 중 브로민화합물

분석방법	정량범위	방법검출한계	주 시험방법
자외선/가시선분광법	1.8~17.0ppm (시료채취량: 40L, 분석용 시료용액: 250mL)	0.6ppm	○
적정법	1.2~59.0ppm (시료채취량: 40L, 분석용 시료용액: 250mL)	0.4ppm	-
이온크로마토그래피	0.1ppm 이상 (시료채취량: 40L, 분석용 시료용액: 100mL)	0.04ppm	-

3. 배출가스 중 페놀화합물

분석방법	정량범위	방법검출한계	주 시험방법
기체크로마토그래피	0.20~300.0ppm (시료채취량 10L인 경우)	0.07ppm	○
자외선/가시선분광법 4-아미노안티피린법	1.00ppm 이상 (시료채취량: 20L, 분석용 시료용액: 200mL)	0.32ppm	-

4. 배출가스 중 벤젠

분석방법	정량범위	방법검출한계	주 시험방법
기체크로마토그래피	0.10~2,500ppm	0.03ppm	○

5. 배출가스 중 총탄화수소

불꽃이온화검출기법과 비분산형적외선분광분석법이 있으며, 불꽃이온화검출기법이 주 시험방법이다.

삶의 순간순간이
아름다운 마무리이며
새로운 시작이어야 한다.

– 법정 스님

대기환경기사

필기

eduwill

필수암기 빈출공식

01 1차 반응

$$\ln\frac{C_t}{C_0}=-kt$$

C_o: 초기농도, C_t: t시간 후의 반응물질 농도, k: 반응속도상수, t: 시간

02 상대습도 70%일 때 가시거리

$$L_v(\text{km})=\frac{A\times 10^3}{G}$$

L_v: 가시거리(km), G: 분진농도(μg/m^3), A: 상수(1.2~1.5)

03 헤이즈계수(Coh: Coefficient of haze)

$$Coh=\frac{\frac{OD}{0.01}}{L}\times 1{,}000=\frac{\frac{\log(1/t)}{0.01}}{L}\times 1{,}000=\frac{\frac{\log\left(\frac{1}{I_t/I_o}\right)}{0.01}}{L}\times 1{,}000$$

OD: 광화학적 밀도, $1/t$: 불투명도, t: 빛전달률(투과율), I_t: 투과광의 세기, I_o: 입사광의 세기, L: 여과지 이동거리

04 온위

$$\theta = T\left(\frac{1,000}{P}\right)^{0.288}$$

θ: 온위, T: 절대온도, P: 변위된 높이에서의 기압(mb)

05 리차드슨 수(Richardson number)

$$R_i = \frac{g}{T_m}\left(\frac{\Delta T/\Delta Z}{(\Delta U/\Delta Z)^2}\right) \text{ 또는 } R_i = \frac{(g/\theta)(d\theta/dz)}{(du/dz)^2}$$

T_m: 상하층의 평균절대온도$(K) = (T_1 + T_2)/2$, ΔT: 온도차, ΔU: 풍속차,
ΔZ: 고도차(m), g: 그 지역의 중력가속도, θ: 잠재온도, u: 풍속, z: 고도

06 굴뚝의 통풍력

$$Z(\text{mmH}_2\text{O}) = 273 \times H \times \left[\frac{\gamma_a}{273 + t_a} - \frac{\gamma_g}{273 + t_g}\right]$$

H: 굴뚝높이, t_a: 외기 온도, t_g: 배기가스 온도, γ_g: 배기가스 비중량, γ_a: 공기 비중량

07 최대혼합고

$$\frac{C_2}{C_1} = \left(\frac{MMD_1}{MMD_2}\right)^3$$

C: 농도, MMD: 최대혼합고

08 Deacon 식(풍속과 고도와의 관계)

$$\frac{U_2}{U_1}=\left(\frac{Z_2}{Z_1}\right)^n$$

U: 풍속, Z: 고도, n: 지수

09 가우시안 분산식을 이용한 농도 계산

$$C(x, y, z; H_e)=\frac{Q}{2\pi\sigma_y\sigma_z U}\left[\exp\left(-\frac{1}{2}\left(\frac{y}{\sigma_y}\right)^2\right)\right] \times\left[\exp\left\{-\frac{1}{2}\left(\frac{z-H_e}{\sigma_z}\right)^2\right\}+\exp\left\{-\frac{1}{2}\left(\frac{z+H_e}{\sigma_z}\right)^2\right\}\right]$$

Q: 오염물질 배출량, U: 풍속, y: 풍향에 직각인 수평거리,

z: 지면으로부터 오염물질까지의 높이, H_e: 유효굴뚝높이,

σ_y: 수평확산계수, σ_z: 수직확산계수

10 Sutton의 최대착지농도

$$C_{\max}=\frac{2Q}{\pi e U H_e^2}\times\left(\frac{K_z}{K_y}\right)$$

Q: 오염물질 배출량, U: 풍속, H_e: 유효굴뚝높이,

K_z: 수직확산계수, K_y: 수평확산계수

11 Sutton의 최대착지거리

$$X_{\max}=\left(\frac{H_e}{K_z}\right)^{\frac{2}{2-n}}$$

H_e: 유효굴뚝높이, K_z: 수직확산계수, n: 대기안정도지수

12 Dulong의 고위발열량

$$H_h = 8{,}100C + 34{,}250\left(H - \frac{O}{8}\right) + 2{,}250S$$

C, H, O, S: 탄소, 수소, 산소, 황의 함량

13 연료비

$$연료비 = \frac{고정탄소}{휘발분}$$

$$고정탄소(wt\%) = 100 - (휘발분 + 수분 + 회분)$$

14 폭발성 혼합가스의 연소범위(L)

$$L = \frac{100}{\frac{p_1}{n_1} + \frac{p_2}{n_2} + \cdots}$$

n_i: 각 성분 단일의 연소한계(상한 또는 하한), p_i: 각 성분 가스의 부피

15 이론산소량(Sm^3/kg)

$$이론산소량 = 1.867C + 5.6H + 0.7S - 0.7O$$

C, H, O, S: 연료 1kg당 탄소, 수소, 산소, 황의 함량

16 최대탄산가스율(%)

$$CO_{2max}(\%)=\frac{CO_2\ 발생량}{이론건조가스량(G_{od})}\times 100$$

17 실제습연소가스량

실제습연소가스량
=이론공기 중 질소량+과잉공기량+습연소생성물($CO_2+H_2O+SO_2$)

18 중력침강속도

$$V_g=\frac{d_p^2(\rho_p-\rho)g}{18\mu}$$

V_g: 중력침강속도, d_p: 입자의 직경, ρ_p: 입자의 밀도, ρ: 유체의 밀도,
g: 중력가속도, μ: 점성계수

19 입자가 100% 제거되기 위한 중력집진장치의 설계기준

$$\frac{V}{V_g}=\frac{L}{H}$$

V: 유속(m/sec), V_g: 중력침강속도(m/sec), L: 길이(m), H: 높이(m)

20 Lapple의 절단입경(d_{p50})

$$d_{p50}=\left[\frac{9\times\mu\times B_c}{2\times(\rho_p-\rho)\times\pi\times N_e\times V}\right]^{0.5}$$

d_{p50}: 절단입경, μ: 점성계수, B_c: 입구 폭, ρ_p: 입자의 밀도, ρ: 유체의 밀도, N_e: 회전수, V: 가스의 유속

21 원심력 집진장치의 분리계수

$$S=\frac{V^2}{R\times g}$$

V: 유입가스의 속도, R: 내통의 반경, g: 중력가속도

22 여과집진장치의 분진부하

분진부하(g/m^2) = 유입가스 함진농도(g/m^3) × 여과속도(m/min) × 탈진주기(min)

23 전기집진장치의 Deutsch-Anderson식

$$\eta=1-e^{\left(-\frac{A\times W_e}{Q}\right)}$$

A: 집진면적(m^2), W_e: 분진의 겉보기 이동속도(m/sec), Q: 유량(m^3/sec)

24 헨리의 법칙

$$P=HC$$

P: 흡수되는 물질의 분압(atm), H: 헨리상수(atm · m^3/kmol),
C: 용해되는 기체의 농도(kmol/m^3)

25 충전탑의 높이

$$\text{충전탑의 높이}=H_{OG}\times N_{OG}$$

$$N_{OG}=\ln\frac{1}{1-\eta}$$

H_{OG}: 기상총괄이동단위높이(m), N_{OG}: 기상총괄단위수, η: 효율

26 베버 – 페히너(Weber–Fechner) 법칙

$$I=K\log C+b$$

I: 냄새(악취)의 세기, C: 악취물질의 농도, K: 냄새물질별 상수,
b: 상수(무취농도의 가상대수치)

27 후드의 압력손실

$$\Delta P=F\times\frac{\gamma V^2}{2g}$$

$$F=\frac{1-K^2}{K^2}$$

$$P_v=\frac{\gamma V^2}{2g}$$

ΔP: 압력손실(mmH_2O), F: 압력손실계수, K: 유입계수,
P_v: 속도압(mmH_2O), γ: 비중량(kgf/m^3), V: 유속(m/sec), g: 중력가속도(m/sec^2)

28 송풍기 소요동력(kW)

$$P(\mathrm{kW})=\frac{Q\times \Delta P}{102\times \eta}\times \alpha$$

Q: 유량($\mathrm{m^3/sec}$), ΔP: 압력손실($\mathrm{mmH_2O}$), η: 효율, α: 여유율

29 오염물질의 농도 보정

$$C=C_a\times \frac{21-O_s}{21-O_a}$$

C: 오염물질농도($\mathrm{mg/Sm^3}$ 또는 ppm), C_a: 실측오염물질농도($\mathrm{mg/Sm^3}$ 또는 ppm),
O_s: 표준산소농도(%), O_a: 실측산소농도(%)

30 비산먼지의 농도계산

$$\text{비산먼지농도}(C)=(C_{\mathrm{H}}-C_{\mathrm{B}})\times W_{\mathrm{D}}\times W_{\mathrm{S}}$$

C_{H}: 채취먼지량이 가장 많은 위치에서의 먼지농도($\mathrm{mg/Sm^3}$)
C_{B}: 대조위치에서의 먼지농도($\mathrm{mg/Sm^3}$)
W_{D}, W_{S}: 풍향, 풍속 측정결과로부터 구한 보정계수
㉠ 풍향에 대한 보정계수(W_{D})

풍향변화범위	보정계수
전 시료채취 기간 중 주 풍향이 90° 이상 변할 때	1.5
전 시료채취 기간 중 주 풍향이 45~90° 변할 때	1.2
전 시료채취 기간 중 풍향이 변동이 없을 때(45° 미만)	1.0

㉡ 풍속에 대한 보정계수(W_{S})

풍속범위	보정계수
풍속이 0.5m/s 미만 또는 10m/s 이상되는 시간이 전 채취시간의 50% 미만일 때	1.0
풍속이 0.5m/s 미만 또는 10m/s 이상되는 시간이 전 채취시간의 50% 이상일 때	1.2

필수암기 **법령**

01 실내공기질 유지기준 실내공기질 관리법

<table>
<tr><th>오염물질 항목 / 다중이용 시설</th><th>미세먼지 (PM-10) (μg/m³)</th><th>초미세먼지 (PM-2.5) (μg/m³)</th><th>이산화탄소 (ppm)</th><th>폼알데하이드 (μg/m³)</th><th>총부유세균 (CFU/m³)</th><th>일산화탄소 (ppm)</th></tr>
<tr><td>지하역사, 지하도상가, 철도역사의 대합실, 여객자동차터미널의 대합실, 항만시설 중 대합실, 공항시설 중 여객터미널, 장례식장, 영화상영관, 전시시설, 인터넷컴퓨터게임시설제공업의 영업시설, 목욕장업의 영업시설</td><td rowspan="2">100 이하</td><td>50 이하</td><td rowspan="4">1,000 이하</td><td rowspan="2">100 이하</td><td rowspan="2">—</td><td rowspan="3">10 이하</td></tr>
<tr><td>도서관, 박물관, 미술관, 대규모점포, 학원</td><td>40 이하</td></tr>
<tr><td>의료기관, 산후조리원, 노인요양시설, 어린이집, 실내 어린이놀이시설</td><td>75 이하</td><td>35 이하</td><td>80 이하</td><td>800 이하</td></tr>
<tr><td>실내주차장</td><td>200 이하</td><td>—</td><td>100 이하</td><td>—</td><td>25 이하</td></tr>
<tr><td>실내 체육시설, 실내 공연장, 업무시설, 둘 이상의 용도에 사용되는 건축물</td><td>200 이하</td><td>—</td><td>—</td><td>—</td><td>—</td><td>—</td></tr>
</table>

02 실내공기질 권고기준 실내공기질 관리법

오염물질 항목 / 다중이용시설	이산화질소 (ppm)	라돈 (Bq/m^3)	총휘발성 유기화합물 ($\mu g/m^3$)	곰팡이 (CFU/m^3)
지하역사, 지하도상가, 철도역사의 대합실, 여객자동차터미널의 대합실, 항만시설 중 대합실, 공항시설 중 여객터미널, 도서관·박물관 및 미술관, 대규모점포, 장례식장, 영화상영관, 학원, 전시시설, 인터넷컴퓨터게임시설제공업의 영업시설, 목욕장업의 영업시설	0.1 이하	148 이하	500 이하	–
의료기관, 산후조리원, 노인요양시설, 어린이집, 실내 어린이놀이시설	0.05 이하		400 이하	500 이하
실내주차장	0.30 이하		1,000 이하	–

03 배출가스 평균유속 구하기 대기오염공정시험기준

$$V = C\sqrt{\frac{2gh}{\gamma}}$$

V: 유속(m/s), C: 피토관 계수, h: 피토관에 의한 동압 측정치(mmH_2O)

g: 중력가속도($9.81m/s^2$), γ: 굴뚝 내의 배출가스 밀도(kg/m^3)

04 총칙상 용어의 정의 대기오염공정시험기준

① 표준온도는 0℃, 상온은 15~25℃, 실온은 1~35℃로 하고, 찬 곳은 따로 규정이 없는 한 0~15℃의 곳을 뜻한다.

② 냉수는 15℃ 이하, 온수는 60~70℃, 열수는 약 100℃를 말한다.

③ 약이란 그 무게 또는 부피에 대하여 ±10% 이상의 차가 있어서는 안 된다.

④ 방울수라 함은 20℃에서 정제수 20방울을 떨어뜨릴 때 그 부피가 약 1mL 되는 것을 뜻한다.

⑤ 밀폐용기라 함은 물질을 취급 또는 보관하는 동안에 이물이 들어가거나 내용물이 손실되지 않도록 보호하는 용기를 뜻한다.

⑥ 기밀용기라 함은 물질을 취급 또는 보관하는 동안에 외부로부터의 공기 또는 다른 가스가 침입하지 않도록 내용물을 보호하는 용기를 뜻한다.

⑦ 밀봉용기라 함은 물질을 취급 또는 보관하는 동안에 기체 또는 미생물이 침입하지 않도록 내용물을 보호하는 용기를 뜻한다.

⑧ 차광용기라 함은 광선을 투과하지 않은 용기 또는 투과하지 않게 포장을 한 용기로서 취급 또는 보관하는 동안에 내용물의 광화학적 변화를 방지할 수 있는 용기를 뜻한다.

⑨ 분석용 저울은 적어도 0.1mg까지 달 수 있는 것이어야 하며 분석용 저울 및 분동은 국가검정을 필한 것을 사용하여야 한다.

⑩ "정확히 단다"라 함은 규정한 양의 검체를 취하여 분석용 저울로 0.1mg까지 다는 것을 뜻한다.

⑪ 액체성분의 양을 "정확히 취한다" 함은 홀피펫, 부피플라스크 또는 이와 동등 이상의 정도를 갖는 용량계를 사용하여 조작하는 것을 뜻한다.

⑫ "항량이 될 때까지 건조한다 또는 강열한다"라 함은 따로 규정이 없는 한 보통의 건조방법으로 1시간 더 건조 또는 강열할 때 전후 무게의 차가 매 g당 0.3mg 이하일 때를 뜻한다.

⑬ 시험조작 중 즉시란 30초 이내에 표시된 조작을 하는 것을 뜻한다.

⑭ 감압 또는 진공이라 함은 따로 규정이 없는 한 15mmHg 이하를 뜻한다.

⑮ "바탕시험을 하여 보정한다" 함은 시료에 대한 처리 및 측정을 할 때 시료를 사용하지 않고 같은 방법으로 조작한 측정치를 빼는 것을 뜻한다.

05 환경기준 환경정책기본법

항목	기준
아황산가스 (SO_2)	연간 평균치 0.02ppm 이하
	24시간 평균치 0.05ppm 이하
	1시간 평균치 0.15ppm 이하
일산화탄소 (CO)	8시간 평균치 9ppm 이하
	1시간 평균치 25ppm 이하
이산화질소 (NO_2)	연간 평균치 0.03ppm 이하
	24시간 평균치 0.06ppm 이하
	1시간 평균치 0.10ppm 이하
미세먼지 (PM-10)	연간 평균치 50$\mu g/m^3$ 이하
	24시간 평균치 100$\mu g/m^3$ 이하
초미세먼지 (PM-2.5)	연간 평균치 15$\mu g/m^3$ 이하
	24시간 평균치 35$\mu g/m^3$ 이하
오존(O_3)	8시간 평균치 0.06ppm 이하
	1시간 평균치 0.1ppm 이하
납(Pb)	연간 평균치 0.5$\mu g/m^3$ 이하
벤젠	연간 평균치 5$\mu g/m^3$ 이하

06 사업장의 분류기준 대기환경보전법

종별	오염물질발생량 구분
1종 사업장	대기오염물질발생량의 합계가 연간 80톤 이상인 사업장
2종 사업장	대기오염물질발생량의 합계가 연간 20톤 이상 80톤 미만인 사업장
3종 사업장	대기오염물질발생량의 합계가 연간 10톤 이상 20톤 미만인 사업장
4종 사업장	대기오염물질발생량의 합계가 연간 2톤 이상 10톤 미만인 사업장
5종 사업장	대기오염물질발생량의 합계가 연간 2톤 미만인 사업장

07 초과부과금 산정기준 대기환경보전법

오염물질 \ 구분		오염물질 1킬로그램당 부과금액(원)
황산화물		500
먼지		770
질소산화물		2,130
암모니아		1,400
황화수소		6,000
이황화탄소		1,600
특정대기 유해물질	불소화물	2,300
	염화수소	7,400
	시안화수소	7,300

08 원형단면의 측정점 수 대기오염공정시험기준

굴뚝직경 $2R$(m)	반경 구분수	측정점 수
1 이하	1	4
1 초과 2 이하	2	8
2 초과 4 이하	3	12
4 초과 4.5 이하	4	16
4.5 초과	5	20

09 위임업무 보고사항 대기환경보전법

업무내용	보고 횟수	보고기일
환경오염사고 발생 및 조치 사항	수시	사고발생 시
수입자동차 배출가스 인증 및 검사현황	연 4회	매분기 종료 후 15일 이내
자동차 연료 및 첨가제의 제조·판매 또는 사용에 대한 규제현황	연 2회	매반기 종료 후 15일 이내
자동차 연료 또는 첨가제의 제조기준 적합 여부 검사현황	연료: 연 4회 첨가제: 연 2회	연료: 매분기 종료 후 15일 이내 첨가제: 매반기 종료 후 15일 이내
측정기기 관리대행업의 등록, 변경등록 및 행정처분 현황	연 1회	다음 해 1월 15일까지

10 대기오염 측정망의 종류 대기환경보전법

구분	종류
수도권대기환경청장, 국립환경과학원장 또는 한국환경공단이 설치하는 것	• 대기오염물질의 지역배경농도를 측정하기 위한 교외대기측정망 • 대기오염물질의 국가배경농도와 장거리이동 현황을 파악하기 위한 국가배경농도측정망 • 도시지역 또는 산업단지 인근지역의 특정대기유해물질(중금속은 제외)의 오염도를 측정하기 위한 유해대기물질측정망 • 도시지역의 휘발성 유기화합물 등의 농도를 측정하기 위한 광화학대기오염물질측정망 • 산성 대기오염물질의 건성 및 습성 침착량을 측정하기 위한 산성강하물측정망 • 기후 · 생태계 변화유발물질의 농도를 측정하기 위한 지구대기측정망 • 장거리이동대기오염물질의 성분을 집중 측정하기 위한 대기오염집중측정망 • 초미세먼지(PM-2.5)의 성분 및 농도를 측정하기 위한 미세먼지성분측정망
특별시장 · 광역시장 · 특별자치시장 · 도지사 또는 특별자치도지사(시 · 도지사)가 설치하는 것	• 도시지역의 대기오염물질 농도를 측정하기 위한 도시대기측정망 • 도로변의 대기오염물질 농도를 측정하기 위한 도로변대기측정망 • 대기 중의 중금속 농도를 측정하기 위한 대기중금속측정망

START

여러분의 작은 소리
에듀윌은 크게 듣겠습니다.

본 교재에 대한 여러분의 목소리를 들려주세요.
공부하시면서 어려웠던 점, 궁금한 점,
칭찬하고 싶은 점, 개선할 점, 어떤 것이라도 좋습니다.

에듀윌은 여러분께서 나누어 주신 의견을
통해 끊임없이 발전하고 있습니다.

에듀윌 도서몰 book.eduwill.net
- 부가학습자료 및 정오표: 에듀윌 도서몰 → 도서자료실
- 교재 문의: 에듀윌 도서몰 → 문의하기 → 교재(내용, 출간) / 주문 및 배송

2026 에듀윌 대기환경기사 필기 4주끝장

발 행 일	2025년 9월 15일 초판
편 저 자	이찬범
펴 낸 이	양형남
개발책임	목진재
개 발	나현아
펴 낸 곳	(주)에듀윌
I S B N	979-11-360-3892-0
등록번호	제25100-2002-000052호
주 소	08378 서울특별시 구로구 디지털로34길 55 코오롱싸이언스밸리 2차 3층

www.eduwill.net
대표전화 1600-6700